S. FISCHER

Josef M. Gaßner (www.Josef-Gassner.de), Astronom, Mathematiker, Physiker, Kosmologe und Grundlagenforscher, hat an der LMU München in theoretischer Astrophysik promoviert. Er ist Lehrbeauftragter für Naturwissenschaft, Astronomie und Kosmologie an der Hochschule für angewandte Wissenschaft in Landshut. Sein Anliegen ist es, physikalische Themen einem breiten Publikum zu vermitteln. Gemeinsam mit Harald Lesch schrieb er 2012 den großen Erfolg »Urknall, Weltall und das Leben«, zu dem es eine eigene Website und einen YouTube-Kanal gibt. Das vorliegende Buch basiert auf einer Vorlesungsreihe, die in über 90 YouTube-Videos bereits mehrere Millionen Aufrufe verzeichnet.

Jörn Müller ist Physiker und hat am Deutschen Elektronensynchrotron »DESY« auf dem Gebiet Festkörperphysik promoviert. Er arbeitete in Forschungs- und Entwicklungsabteilungen im Bereich Optik und Elektrofotografie sowie an der Entwicklung von Hochenergielasern. Nach einem Studium der Astronomie war er freiberuflich am Institut für Astronomie und Astrophysik an der Universität München tätig. Gemeinsam mit Harald Lesch schrieb er fünf Bücher zum Thema Kosmologie, darunter den Longseller »Kosmologie für Fußgänger«.

Weitere Informationen finden Sie auf www.fischerverlage.de

Josef M. Gaßner / Jörn Müller

Können wir die Welt verstehen?

Meilensteine der Physik
von Aristoteles zur Stringtheorie

Mit einem Vorwort
von Harald Lesch

S. FISCHER

FSC www.fsc.org
MIX
Papier | Fördert gute Waldnutzung
FSC® C084279

Originalausgabe

Erschienen bei S. FISCHER
6. Auflage 2023

Umschlaggestaltung:
Andreas Heilmann und Gundula Hißmann, Hamburg
nach einer Vorlage von Mustafa Basaran, It-Prisma
Umschlagabbildung:
© LUNCH / CC BY-SA 2.5 CC BY-SA und Shutterstock
Satz: Dörlemann Satz, Lemförde
Druck und Bindung: Print Consult GmbH, München
Printed in Czech Republic
ISBN 978-3-10-397481-2

Inhalt

Vorwort Harald Lesch 11

Prolog – Können wir die Welt verstehen? 15

1 Himmelsmechanik – Vom Mythos zum Logos 27

1.1 Scheibe von Nebra.
Wie erstellt man einen Kalender? 27

1.2 Aristoteles, Aristarch und Eratosthenes.
Welche Form hat unser Planet, und wie groß ist er? . . . 31

2 Klassische Mechanik – auf den Schultern von Riesen 43

2.1 Kopernikus, Brahe und Kepler.
Alles dreht sich – aber um was eigentlich? 43

2.2 Galilei. Wie fallen Körper zu Boden? 54

2.3 Newton und Cavendish.
Wie wirkt Gravitation auf Massen? 70

2.4 Newton und seine geometrischen Beweise.
Es geht auch ohne höhere Mathematik 81

2.5 Rømer. Wie schnell ist das Licht? 91

2.6 Potential und Lagrange-Punkte.
Wie spüren entfernte Körper die Gravitation? 95

2.7 Spektralanalyse – der kosmische Code.
Was sehen wir da draußen? Woraus besteht das alles? 113

2.8 Planck und Wien.
Wie messen wir Temperatur im Universum? 122

2.9 Leavitt und Chandrasekhar.
Wie weit sind Sterne und Galaxien von uns entfernt? . . 125

2.10 Prinzip der minimalen Wirkung.
Wie funktioniert die Welt? 134

3 Elektromagnetismus.
Eine Entdeckung wird die Welt verändern 149

4 Woraus besteht die Welt? Aus Atomen! 166
4.1 Gibt es wirklich Atome?
Wenn wir sie doch nicht sehen? 172
4.2 Woraus bestehen die Atome? Geht es noch kleiner? ... 179
4.3 Kann man Atome spalten?
Eine Frage erschüttert die Menschheit. 181

5 Spezielle Relativitätstheorie.
Wie addieren sich Geschwindigkeiten? 185
5.1 Bezugssysteme. Sieht die Welt für alle gleich aus? 185
5.2 Lichtgeschwindigkeit.
Gibt es ein Tempolimit im Universum? 188
5.3 Lorentzfaktor.
Was passiert bei sehr hohen Geschwindigkeiten? 189
5.4 Experimente und Beobachtungen.
Wie kann man die Spezielle Relativitätstheorie testen? 198
5.5 Zeitreisen.
Kann man in die Vergangenheit oder die
Zukunft reisen? 200
5.6 $E = m \cdot c^2$. Wie viel wiegt Energie? 208

6 Allgemeine Relativitätstheorie.
Kann man die Gravitation geometrisch verstehen? 220
6.1 Äquivalenzprinzip.
Kann man Raum und Zeit krümmen?. 220
6.2 Dimensionen. Was ist das, und wie viele davon gibt es? 232
6.3 Einsteinsche Feldgleichung. Was ist ein Tensor? 233
6.4 Zeitdilatation und Schwarzschildradius.
Wie verändern sich Raum und Zeit im Gravitationsfeld? 241
6.5 Schwarzschildmetrik.
Was passiert am Ereignishorizont Schwarzer Löcher? .. 252
6.6 Experimente und Beobachtungen.
Wie wurde die Allgemeine Relativitätstheorie bestätigt? 260

6.7 Eigenzeit.
Gibt es auch in der ART ein Extremalprinzip? 275

6.8 Geodäte.
Wenn es keine Kraft ist, was drückt uns dann zu Boden? 280

7 Quantenmechanik.
Alles kann – nichts muss 285

7.1 Plancksches Wirkungsquantum.
Gibt es kleinste Portionen von allem? 285

7.2 Fermatsches und Huygenssches Prinzip.
Ist Licht eine Welle? 299

7.3 Doppelspalt. Erster Akt. 308

7.4 Photoeffekt und Compton-Streuung.
Das Teilchen schlägt zurück. 315

7.5 Wellenfunktion und Schrödingers Katze.
Gott würfelt nicht, aber er ist ein Hütchenspieler 325

7.6 Schrödingergleichung und Tunneleffekt.
A bissel was geht immer 339

7.7 Pauliprinzip – Orbitale – Kernmodell.
Warum fallen Orangen nicht durch Tische? 351

7.8 Heisenbergsche Unbestimmtheitsrelation.
Wie genau kann man etwas messen? 371

7.9 Quantenfluktuationen – Casimir-Effekt – Lamb-Verschiebung.
Im Nichts ist einiges los! 377

7.10 Zeitabhängige Schrödingergleichung.
Die Welt beginnt sich zu drehen 382

7.11 Bohmsche Mechanik und Multiversen.
Kann man Quantenmechanik auch anders verstehen? . . 400

7.12 Quantenradierer.
Kann man die Vergangenheit ändern? 407

8 Quantenelektrodynamik.
Wie wechselwirkt Licht mit Materie? 416
8.1 Fermat reloaded.
Woher kennen Photonen den schnellsten Weg? 418
8.2 Reflexion am Spiegel.
Einfallswinkel gleich Ausfallswinkel? 425
8.3 Elektromagnetische Strahlung.
Fliegen Photonen geradeaus?. 433
8.4 Pfadintegralformalismus. Nichts ist unmöglich 441
8.5 Doppelspalt reloaded. Endlich Antworten! 462
8.6 Rotverschiebung reloaded. Drei auf einen Streich 464
8.7 Zweite Quantisierung. Vom Feld zum Quantenfeld 471
8.8 Renormierung und Vakuum. Wie viel ist nichts? 481
8.9 Sommerfeldsche Feinstrukturkonstante.
Woher kommt diese Zahl? 494
8.10 Feynman-Diagramme. Bildchen statt Mathematik. 507
8.11 Anomales magnetisches Moment.
Wie genau stimmt das alles eigentlich? 514

9 Quantenchromodynamik (QCD).
Was hält die Atomkerne zusammen? 524
9.1 Quarks und Farbladung. Jetzt wird's bunt! 525
9.2 Confinement und asymptotische Freiheit.
Gibt es einzelne Quarks? 538

10 Quantenflavourdynamik (QFD). Wie zerfallen Teilchen? 548

11 Standardmodell. Der große Wurf? 562
11.1 Eichsymmetrie und Noethertheorem.
Noch ein Abstraktionsgrad höher 563
11.2 Gruppentheorie. Mathematik verleiht Flügel 569
11.3 Higgsmechanismus.
Masse oder nicht Masse, das ist hier die Frage! 576
11.4 CPT-Invarianz.
Funktioniert unser Weltbild auch
im Spiegel betrachtet? 589

12 Jenseits des Standardmodells. Auf zu neuen Ufern! 599
12.1 Große vereinheitlichte Theorie.
Lässt sich die Welt mit nur einer Kraft beschreiben? ... 599
12.2 Supersymmetrie. Hat jeder Topf seinen Deckel? 603
12.3 Dunkle Materie und Dunkle Energie.
Was wir wissen, ist ein Tropfen –
was wir nicht wissen, ein Ozean 608
12.4 Weltformel.
Gibt es eine Gleichung, die alles beschreibt? 628
12.5 Quantengravitation.
Lässt sich die Gravitation quantisieren? 633
12.6 Stringtheorie.
Besteht die Welt aus schwingenden Fäden? 636

13 Epilog 648

Einschübe
Infinitesimalrechnung 50
Zwillingsparadoxon 203
Newtonscher Grenzfall 245
Plancksches Strahlungsgesetz 239
Komplexe Zahlen 339
Rechnen mit Unendlichkeiten 455
Fourier-Entwicklung 458

Anhang
Dank 653
Register 654
Bildnachweis 671

Vorwort

von Harald Lesch

Was, ich soll das Vorwort schreiben? Dieses Buch braucht kein Vorwort. Es geht ja um das große Ganze – um alles. Also ist das Vorwort auch schon mit eingeschlossen. Vorwort, was soll das eigentlich heißen? Vor dem Wort? Was war denn vor dem Wort? Stille, zumindest sprachliche Stille. Auf unserem Planeten wurde, bevor es Menschen gab, deren Kehlkopf in der Lage war, ganz spezielle Schallschwingungen zu erzeugen, nicht gesprochen. Es wurde vielleicht gedeutet, geschrien, gepfiffen oder sonstwie Zeichen gegeben, wenn Gefahr im Verzug war. Aber gesprochen wurde nichts. Mit der Erfindung der Sprache tritt diese Welt in eine neue Phase ein. Zum ersten Mal gibt es Wesen, die nicht nur auf äußere Reize reagieren, sondern die auch zu einer äußerst effizienten Form der Kommunikation fähig sind, mit deren Hilfe sie sich über ihre Erfahrungen austauschen können. Der Homo sapiens tritt auf den Plan, und dank seiner Sprache beginnt er, die Welt um sich herum nicht mehr ausschließlich als Welt der Gefahren und Bedrohungen zu beschreiben. Die Menschen stellen nicht nur fest, was der Fall ist, was offensichtlich ist, weil sie es sehen können. Sie beginnen schon in ganz früher Zeit, etwas zu tun, was bis dahin noch kein Tier getan hat: Sie stellen Fragen. Dabei geht es nicht nur um die Oberfläche, um das, was ihre Sinne ihnen präsentieren. Nein, sie fragen nach den Hintergründen, nach dem Woher und auch nach dem Wohin.

Damit sind wir auch beim Wesen der modernen Wissenschaft angelangt. Auch sie gibt sich nicht mit dem zufrieden, was uns unsere Sinne offenbaren. Wir trauen unseren Augen nicht, wir staunen vielmehr über die Welt und fragen uns, was hinter dem scheinbar Unerklärlichen steckt. Und mit diesem Staunen und

Fragen beginnt der Siegeszug der menschlichen Vernunft im Hinblick auf die verstandesmäßige, also rationale Durchdringung der Welt. Unsere Fragegier macht vor keinem Thema der Welt mehr halt. Unentwegt sind wir seit einigen tausend Jahren damit beschäftigt, die Welt mittels unserer geistigen Fähigkeiten zu durchforsten und die Ursachen und Zusammenhänge der (zunächst) sichtbaren Welt zu erkunden. Maulwürfen gleich arbeiten wir uns durch den Bestand an merkwürdigen Erscheinungen, die es wert sind, gewürdigt, also beachtet zu werden. Erste Erklärungen werden von den nachfolgenden Generationen wieder verworfen und neu interpretiert. Immer wieder wird die Welt neu ausgelegt, werden tiefere Schichten des materiellen und energetischen Seins aufgedeckt und offengelegt.

Längst schon ist Wissenschaft kein Geheimnis mehr. Indem sie sich von traditionellen und kulturellen Schranken befreit hat, versucht sie, den objektiven Charakter der Welt zu erschließen. Dabei lässt sie, soweit das möglich ist, das Subjekt beiseite. Dafür, für den objektiven Dialog mit der Natur, hat sie sich eine »Sprache« entwickelt, die Mathematik. Diese Wissenschaft handelt von logischen Strukturen, die real nicht existieren müssen. Aber sie erlaubt uns, dank elementarer quantitativer Methoden das, was da ist, zu messen, zu zählen und zu vergleichen, objektiv zu vergleichen. Dabei stellen die Wissenschaften, die sich mit realen, natürlichen Strukturen beschäftigen, fest, dass sich mathematische Strukturen in der Natur wiederfinden lassen. Trotz allem ist es nach wie vor ein Rätsel, warum die Mathematik so erfolgreich darin ist, diese Welt zu beschreiben. Gerade weil man sie aber für ein tieferes Verständnis der naturwissenschaftlichen Modelle benötigt, kratzen populärwissenschaftliche Bücher häufig nur an der Oberfläche. Wenn man sich eingehend mit Ägyptologie beschäftigt, kommt man schnell an einen Punkt, an dem man Hieroglyphen lesen können muss. Um theoretische Physik zu verstehen, muss man die Hieroglyphen der Mathematik lesen und verstehen können. Da hilft alles nichts, es sei denn, es gelingt jemandem, die Gleichungen anschaulich und allgemeinverständlich zu übersetzen und ihre innere Struktur und Bedeutung offenzulegen. Das ist tatsächlich neu und faszinierend an diesem Buch. Wenn es Ihnen gelingt, sich darauf einzulassen, garantiere ich Ihnen einen veränderten Blick auf diese Welt.

Die alten Griechen sprechen vom »Kosmos«, der Welt als mathematisch geordnetem Ganzen. In ihr herrschen Gesetze, Naturgesetze, deren Charakter absolut, nicht diskutierbar ist. Die Ergebnisse der modernen Forschung in Physik und Astronomie sind keine »Auslegware« mehr, vielmehr müssen wir heute schlicht zur Kenntnis nehmen, dass diese objektive mathematische Befragung der Natur einen epochalen Einschnitt in der Menschheitsgeschichte darstellt. Noch nie haben wir so viel über das Allergrößte, den Kosmos, und das Allerkleinste, die Elementarteilchen, gewusst. Doch auch die Verbindungen und Prozesse dazwischen sind heute in einem Ausmaß bestätigt, dass man vor der Wissenschaft der Physik und den dahintersteckenden intellektuellen Höchstleistungen nur den Hut ziehen kann. In der modernen Physik und Astronomie ist wirklich das Ganze Gegenstand der Forschung im ständigen Wechselspiel von Theorie und Experiment. Für den interessierten Laien tut sich hier ein höchst beeindruckendes Panorama an faszinierenden Theorien und Modellen auf.

Hier wäre ein freundlicher, aber auch sorgfältiger Begleiter nötig, der hilft, durch diesen faszinierenden Kristallpalast der Physik zu führen. Denn ein Labyrinth ist es schon, die Welt der Physik, aber ein wunderschönes. Meinen Freunden Josef und Jörn können Sie sich getrost anvertrauen. Sie haben ein wundervolles Meisterwerk geschrieben.

Harald Lesch

»Die Neugierde ist untrennbar mit dem
menschlichen Geist verbunden.«
Aristoteles

Prolog

Können wir die Welt verstehen?

Wir alle wurden in eine Welt hineingeboren, die bereits Milliarden von Jahren existiert. Vom ersten Atemzug an versuchen wir, sie mit all unseren Sinnen zu erforschen und zu begreifen. Für viele endet dieses Bemühen bereits im Zuge des Erwachsenwerdens. Manche bleiben jedoch in den zahllosen Rätseln ein Leben lang gefangen – angetrieben von einer unstillbaren Neugierde, lassen sie nicht locker im Bestreben, die Welt zu verstehen, und haben es sogar zu ihrem Beruf gemacht. Für diese Spezies aus der Unterordnung der Trockennasenaffen, die dieses pathologische Verhalten an den Tag legt, hat man einen Fachbegriff eingeführt: Man nennt sie »Naturwissenschaftler«. Wie ausweglos sich ihr Unterfangen darstellt, wird offenbar, sobald man sich die Größenordnungen unserer Welt in Raum und Zeit vergegenwärtigt.

Das Universum entstand vor 13,82 Milliarden Jahren. Unser Planet hat stolze viereinhalb Milliarden davon miterlebt und zieht mit 30 Kilometern pro Sekunde seine Bahn um einen durchschnittlichen Stern, der wiederum mit 220 Kilometern pro Sekunde in einer Spiralgalaxie mit über hunderttausend Lichtjahren Ausdehnung unterwegs ist. Vermutlich sind Ihnen diese Zahlen bereits in einschlägigen Büchern oder Dokumentationen begegnet, und Sie waren davon wenig beeindruckt. Das ist nicht weiter verwunderlich, sind doch angesichts von Staatsverschuldungen in Billionenhöhe vormals »astronomisch große Zahlen« auch nicht mehr das, was sie mal waren.

Deshalb möchte ich Sie bitten, mir bei einem Gedankenexperiment zu folgen. Stellen wir uns vor, wir würden einen Fußmarsch quer durch ganz Europa unternehmen, und für diese Wanderung hätten wir viereinhalb Milliarden Jahre Zeit. Wir beginnen am Cabo de São Vicente im Süden Portugals und laufen los in Richtung Hammerfest in Norwegen. Wie weit wären wir dann, zum Beispiel, nach tausend Jahren gekommen? Die verblüffende Antwort lautet: gerade mal einen Schritt weit. Mit anderen Worten: Wenn Sie alle tausend Jahre nur einen Schritt machen, sind Sie in viereinhalb Milliarden Jahren quer durch ganz Europa gelaufen. Für ein Lebewesen, das sich auf einer Zeitskala von etwa hundert Jahren bewegt, sind solche Dimensionen unvorstellbar.

Noch phantastischer wird es, wenn wir uns an den Raum heranwagen. Stellen Sie sich vor, Sie würden eine Orange in Ihrer Hand halten, welche die Sonne symbolisiert, d. h., die Sonne mit ihren 1,4 Millionen Kilometern Durchmesser wäre so weit verkleinert, dass sie in Ihrer Hand Platz hätte. In diesem Maßstab wäre unser Heimatplanet vergleichbar mit einem Reiskorn, und die Entfernung zur Sonne betrüge zehn Meter. Näher an der Orange wären mit 3,8 Meter Abstand der Merkur und mit sieben Meter Distanz die Venus. Fünf Meter hinter dem Reiskorn würde die Marsbahn verlaufen, und unser gesamtes Planetensystem hätte etwa einen Kilometer Ausdehnung. Wo wäre in diesem Maßstab – gewissermaßen der Blick über den Gartenzaun zu unserem nächsten kosmischen Nachbarstern Proxima Centauri – die nächstgelegene Orange zu platzieren? Nun, sie würde maßstabsgetreu nicht mehr innerhalb Ihres Wohnorts, nicht innerhalb Ihres Bundeslands oder innerhalb Deutschlands, sondern weit hinter Moskau liegen. Einem Lichtjahr entspräche in dieser Analogie die Entfernung von München nach Berlin, und Proxima Centauri ist 4,25 Lichtjahre von uns entfernt. Wohlgemerkt, das ist unser allernächster Nachbar in den Weiten des Alls.

Wer sich das noch vorzustellen vermag, insbesondere die endlose Leere zwischen den Sternen, der kann sich an unserer Heimatgalaxie versuchen, der Milchstraße mit ihren mehreren hundert Milliarden Sternen. Diese Insel des Lichts in der endlosen Finsternis des Weltraums erstreckt sich bereits über hunderttausend Lichtjahre. Dabei versagt auch unser anschaulicher Orangen-Maßstab – spätestens bei den zweieinhalb Millionen Lichtjahren Entfernung zur nächsten Sterneninsel, der Andromeda-Galaxie. Der Vollständigkeit halber sei noch erwähnt, dass es im Universum, nach aktueller kosmischer Volkszählung, einige hundert Milliarden Galaxien gibt.

Und diese Welt, mit unvorstellbaren Abgründen aus Raum und Zeit, wollen wir Trockennasenaffen verstehen, obwohl wir auf Skalen von Metern und Jahren auf einem Planeten leben, der mit vielfacher Geschwindigkeit einer Gewehrkugel durchs All rast? Ist das überhaupt möglich? Können wir diese Welt verstehen – zumindest ansatzweise? Fragen dieser Art fallen üblicherweise in den Aufgabenbereich der Philosophie. Einer ihrer bekanntesten Vertreter, Immanuel Kant, begann seine *Kritik der reinen Vernunft* mit der Feststellung: »Die menschliche Vernunft […] wird durch Fragen belästigt, die sie nicht abweisen kann, denn sie sind ihr durch die Natur der Vernunft selbst aufgegeben, die sie aber auch nicht beantworten kann, denn sie übersteigen alles Vermögen der menschlichen Vernunft.« Würde diese Aussage auch auf unsere Frage zutreffen, müssten wir konsequenterweise, kaum dass wir begonnen haben, auch schon wieder resigniert die Flinte ins Korn werfen. Viele Generationen von Wissenschaftlern haben sich jedoch anders entschieden, haben all ihr individuelles Können und ihre Begabung in die Waagschale geworfen, um sich einen Weg durch den scheinbar undurchdringlichen Erkenntnis-Dschungel zu bahnen. Man könnte ihr Tun auch mit einem Staffellauf vergleichen, wobei der Stab der Erkenntnis innerhalb einer Generation oft nur ein winzig kleines Stück weitergetragen werden konnte. In der Summe ist allerdings eine beträchtliche Strecke zurückgelegt worden, die wir in diesem Buch nachvollziehen wollen. Da uns dabei auch steilere Passagen erwarten, würde ich es eher eine Bergwanderung nennen, bei der wir beizeiten grandiose Ausblicke genießen werden – Blicke auf unsere Welt durch die Augen vieler außergewöhnlicher Menschen, allesamt Erstbesteiger auf ihrem jeweiligen Wegstück. Für diese Expedition zu den grundlegenden Theorien und Gesetzmäßigkeiten unseres Kosmos bedarf es natürlich eines erfahrenen Bergführers, und ich kenne niemanden, den ich dabei lieber an meiner Seite gehabt hätte, als meinen guten Freund Jörn Müller mit seiner fachlichen Kompetenz, seiner akribischen Arbeit am kleinsten Detail und seinem feinen didaktischen Gespür.

Gemeinsam werden wir Sie nach Kräften unterstützen auf diesem Weg zu den Stationen der Entwicklung des naturwissenschaftlichen Weltbildes, insbesondere an steilen oder ausgesetzten Passagen. Beginnend im Basislager der klassischen Mechanik und der Himmelsmechanik führt der Pfad über moderate Steigungen hinauf zu den ersten Anhöhen von Elektrodynamik, Atom-, Kern- und Teilchenphysik und von dort immer höher zu den Steilhängen von Spezieller und Allgemeiner Relativitätstheorie, von Quantenmechanik und Quantenfeldtheorie. Über den grandiosen Aussichtspunkt der Quantenelektrodynamik geht es weiter hinauf zu den Höhen der Quantenchromodynamik, Quantenflavourdynamik und zum Standardmodell, bis wir schließlich die Gipfelgruppe mit Eichsymmetrien, Vereinheitlichten Theorien, Supersymmetrie, Schleifenquantengravitation und Stringtheorien erreichen.

Leider ist der Weg, je höher wir kommen, nur noch mit festem Schuhwerk in Form von soliden mathematischen Grundlagen begehbar. Damit verlassen wir mit unserer Streckenführung die ausgetretenen Pfade der populärwissenschaftlichen Literatur, die üblicherweise diese Bereiche großräumig umgeht. Schlimmer noch: Einzelne Gipfel tauchen nicht einmal mehr im Tourenverzeichnis eines Physikstudiums auf.

Hoffentlich wird Stephen Hawking nicht recht behalten mit seiner Warnung, wonach jede Formel in einem Buch die Anzahl der Leserinnen und Leser halbiere. Diesbezüglich möchte ich mich bei den Studierenden der unterschiedlichsten Fachbereiche der Hochschule Landshut bedanken, die mit ihrem großen Interesse zum Erfolg der interdisziplinären Vorlesung »Können wir die Welt verstehen?« beigetragen haben. Ihre Begeisterung hat mich über mehrere Semester hinweg dazu ermutigt, die großen Theorien und Modelle der Naturwissenschaften in ihrer Klarheit und Schönheit für ein breiteres Publikum von Nichtphysikern so anschaulich wie möglich und mit dem nötigen Minimum an Mathematik zu formulieren – doch nie weiter vereinfacht, als es die korrekte wissenschaftliche Darstellung erlaubt.

Oft habe ich den Satz gelesen, die Mathematik sei die Sprache der Naturwissenschaften. Tatsächlich wird man damit ihrem Beitrag zum Verständnis bei weitem nicht gerecht. Denn sie liefert darüber hinaus noch einen entscheidenden Baustein, eine Methode von unschätzbarem Wert: den Beweis. Damit ist es möglich, Argumente und Aussagen nach wahr und falsch zu klassifizieren. Das mag auf den ersten Blick sehr formal und theoretisch klingen, doch genau diese Unterscheidung macht die Mathematik so wertvoll. Über all unserem Bemühen in den empirischen Wissenschaften schwebt stets das Damoklesschwert des sogenannten Rabenparadoxons. Es besagt, dass eine Hypothese durch Beobachtung stets nur auf Falschheit geprüft werden kann. Man kann bestenfalls zeigen, dass etwas nicht falsch ist – der Weg zur Wahrheit bleibt damit versperrt. Betrachten wir das Beispiel, dem das Paradoxon seinen Namen verdankt: Bei der Überprüfung der Hypothese »Alle Raben sind schwarz« können wir durch jede neue Beobachtung eines schwarzen Raben lediglich zeigen, dass sie bisher nicht falsch ist. Das macht sie aber nicht zu einer wahren Aussage, denn wir können nicht ausschließen, dass es irgendwo einen farbigen Raben gibt, den wir nur noch nicht gefunden haben. Umgekehrt genügt die Sichtung eines einzigen bunten Raben, um die Hypothese zu kippen, egal wie viele Bestätigungen sie bis dato erfahren hat. »Versuch und Irrtum« lautet das Credo der Naturwissenschaft – oder mit den Worten des Physikers und Philosophen Gerhard Vollmer: »Wir irren uns empor.« Zu jeder Zeit arbeiten wir mit Modellen zur Beschreibung der Welt, die sich bestenfalls als »bislang nicht falsch« erwiesen haben. Sicher können wir uns nur über das sein, was sich eindeutig als falsch erwiesen hat. Ein ungleich steinigerer Weg, verglichen mit dem mathematischen Beweis. Schließlich sind wir ja nicht angetreten, um zu erfahren, wie die Natur *nicht* ist.

Aber keine Angst! Wir haben den mathematischen Überbau so weit wie möglich zurückgedrängt und uns im Wesentlichen auf die vier Grundrechenarten (Arithmetik) und auf die Algebra einfacher, zumeist linearer Gleichungen beschränkt. Es ist schon erstaunlich, wie tief man mit diesem einfachen Rüstzeug in die theoretische Physik eintauchen kann. Wo dennoch gelegentlich die Differential- und Integralrechnung zur Anwendung kommt, wird die Methode leicht verständlich erklärt. Gelegentliche Abstecher zu prominenten Aussichtspunkten abseits des Weges werden wir durch ein Schleudersymbol kennzeichnen. Diese Passagen dienen einem vertieften Verständnis und sind für den roten Faden nicht zwingend erforderlich. Sie enden jeweils mit dem Symbol für freie Fahrt: .

Bevor wir aufbrechen, möchte ich noch auf eine weitere Gefahr in der Wissenschaft hinweisen: den sogenannten Beobachter-Selektionseffekt. Es ist eine Art blinder Fleck, der sich anhand des folgenden Beispiels leichter verstehen lässt: Fängt man in einem See nur Fische, die größer als 10 Zentimeter sind, so ist man versucht, daraus die Hypothese abzuleiten, dass es dort keine kleineren Fische gibt. Stellt sich nun heraus, dass die Fische mit einem Netz von 10 Zentimeter Maschenweite gefangen wurden, dann wurde durch diese spezielle Art des Fischfangs das Ergebnis entscheidend verfälscht. Wir sind also gut beraten, stets die Methoden sorgfältig zu prüfen, mit denen wir uns auf Informationsfang begeben – insbesondere wenn unser Netz aus Prognosen bestehender Modelle geknüpft wurde.

Zu Lebzeiten von Aristoteles, vor rund 2400 Jahren, waren die wissenschaftlichen Methoden, mit denen man die Welt zu ergründen suchte, noch vergleichsweise einfach, um nicht zu sagen rudimentär. Dennoch gelangten schon die griechischen Naturphilosophen zu erstaunlich genauen Aussagen etwa über die Größe der Erde oder die Entfernungen in unserem Sonnensystem. Im Lauf der Jahrhunderte entwickelte sich dann die Astronomie immer mehr zu einer ernsthaften Wissenschaft. Die Messinstrumente wurden zunehmend verbessert, neue, empfindlichere kamen hinzu, und die Experimentiertechniken wurden immer raffinierter. Insbesondere die intensive Beobachtung des Naturgeschehens eröffnete einen immer tieferen Einblick in die Geheimnisse des

Kosmos. Schließlich erwuchsen aus den gewonnenen Daten neue Hypothesen und erweiterte wissenschaftliche Theorien zu den physikalischen Vorgängen in dieser Welt. Und nicht zuletzt gelang es auch immer besser, die theoretischen Prognosen mit Hilfe gezielter Experimente zu überprüfen und die Theorien gegebenenfalls zu korrigieren bzw. zu verwerfen.

Heute versteht man die Welt, wenn auch nicht in allen Details, so doch zumindest im Großen und Ganzen. Man hat eine konkrete Vorstellung von den Kräften, welche das Geschehen in der Natur auf den großen wie auch den kleinen Skalen bestimmen, man kennt die Regeln, nach denen sich die Materie ordnet und die entsprechenden Prozesse ablaufen, man weiß über das Alter unseres Universums, seine Struktur und dessen Bestandteile zumindest halbwegs Bescheid. Und nicht zuletzt hat man mit Hilfe der Mathematik tiefe Einblicke in die zeitliche Entwicklung des Kosmos gewonnen.

Dass auch der moderne Mensch untrennbarer Teil dieses alles umfassenden Weltgefüges ist, dessen sind sich aber wohl nur wenige bewusst. In unserer von Hektik und Reizüberflutung geprägten Zeit bleibt kaum Raum für eine Beschäftigung mit diesen Themen. Auf diesen gedanklichen Spuren treffen wir abermals auf Immanuel Kant. Auf seinem Grabstein in Kaliningrad, dem ehemaligen Königsberg, ist der Satz eingemeißelt: »Zwei Dinge erfüllen das Gemüt mit immer neuer und zunehmender Bewunderung und Ehrfurcht, je öfter und anhaltender sich das Nachdenken damit beschäftigt: Der gestirnte Himmel über mir, und das moralische Gesetz in mir.« In diesem vermutlich bekanntesten Leitgedanken aus Kants *Kritik der praktischen Vernunft* offenbart sich das große Interesse, aber auch die Demut und Achtung, mit der er und seine Zeitgenossen der Natur begegneten. Und heute?

Seit geraumer Zeit tut sich da was. Befeuert durch die Medien, die im Rahmen ihres Bildungsauftrages vermehrt neue Erkenntnisse aus Wissenschaft und Forschung der Allgemeinheit bekannt machen, wächst das Bedürfnis, die Stellung des Menschen in der Natur zu erkennen und zu begreifen. Fragen wie »Was habe ich mit dem Universum zu schaffen?« bzw. »Woher komme ich?« beschäftigen immer mehr Menschen. Wer zu Antworten kommen will, der muss sich auf eine vertiefte Auseinandersetzung mit den Spielregeln und Gesetzen der Natur einlassen. Um den kosmischen Materiekreislauf zu verstehen und um – frei nach Goethe – »zu erkennen, was die Welt im Innersten zusammenhält«, kommt man um eine gewisse geistige Anstrengung nicht herum.

Eine letzte Warnung bei der Interpretation des modernen Weltbildes möchten wir noch mit auf den Weg geben: Obwohl wir heute über mächtige Modelle zur Beschreibung dieser Welt verfügen, müssen wir uns jedoch immer wieder vergegenwärtigen, dass es eben nur Modelle sind. Die Wahrheit, die Realität hinter diesen Modellen, bleibt uns leider aus oben erwähnten Gründen nach wie vor verborgen.

Unser Erkenntnisgewinn beginnt stets mit Beobachtungen. Anhand der gesammelten empirischen Daten leiten wir sodann Gesetzmäßigkeiten ab, die wir wiederum an der Realität messen können, indem wir in Form von Experimenten gezielt Fragen an die Natur stellen. Mit den Ergebnissen präzisieren wir sodann zunächst schrittweise unsere Fragestellungen und schließlich auch die aus den Daten gewonnenen physikalischen Gesetze. Zuweilen sind auch Gedankenexperimente sehr hilfreich. All das tragen wir zu einem vorläufigen Bild zusammen, bestehend aus empirischen Daten, das ich mit folgender Graphik veranschaulichen möchte:

Unser Weltbild ist noch sehr löchrig. Der Versuch, unsere empirischen Einzelerkenntnisse zu einem Gesamtbild zu verbinden, ähnelt sehr dem Malen nach Zahlen. Anfangs ist es noch einfach, Bilder zu entwerfen, weil nur wenige Fixpunkte bestehen. Der Kreativität sind kaum Grenzen gesetzt. Über die Jahrhunderte gesellen sich aber stetig mehr Erkenntnisse zu unserem Bild hinzu. Immer mehr Punkte begrenzen nach und nach die Interpretation, und da sie allesamt in das jeweilige neue Weltbild integriert werden müssen, setzt das immer restriktivere Leitplanken – Wissenschaft wird mehr und mehr zur Imagination in der Zwangsjacke!

Verstärkt wird dies nicht nur durch jede neue Messung und Beobachtung, sondern insbesondere durch die Verbindung einzelner Erkenntnisse zu umspannenden, prognosefähigen Theorien. Im Weltbild kristallisieren sich erste klare Konturen heraus.

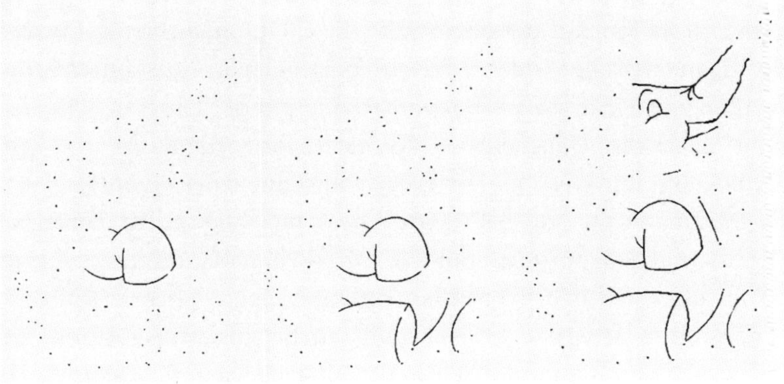

Das klingt vielversprechend, birgt jedoch neue Probleme. Je besser eine etablierte Theorie durch experimentelle Daten gestützt wird, desto schwieriger wird es, sie in Bausch und Bogen zu verwerfen. Die anfangs dynamische Kreativität in der Evolution der Modelle kommt mehr und mehr zum Erliegen – Paradigmenwechsel werden selten. Neue Ansätze ergänzen und erweitern nun die bestehende, immer weiter verfestigte Basis, anstatt sie vollständig zu verdrängen. So behielt beispielsweise die Newtonsche Mechanik für kleine und mittlere Massen und Geschwindigkeiten ihre Gültigkeit bei, auch nach der Entwicklung der Relativitätstheorien. Auch die Schrödinger-Gleichung liegt heute noch vielen quantenmechanischen Überlegungen zugrunde, obwohl Erwin Schrödinger daran gescheitert war, sie relativistisch zu formulieren. Vor rund hundert Jahren begannen die Modelle friedlich zu koexistieren – jede innerhalb ihres Gültigkeitsbereiches. Die Allgemeine Relativitätstheorie beanspruchte für sich das Terrain hoher Energien, und die Quantenmechanik war in der Welt des Allerkleinsten zu Hause. Doch dieser Burgfriede war nur von kurzer Dauer. Neue Phänomene und Denkansätze hielten Einzug – beispielsweise die Urknall-Hypothese –, mit Szenarien, die sehr wohl das Allerkleinste mit den höchsten Energien verbinden. Auch die Wechselwirkung von Licht und Materie konnte erst durch den Überbau der Quantenelektrodynamik schlüssig verstanden werden. Rufe nach einer vereinheitlichten Theorie wurden immer lauter, um den tiefen Graben zwischen den mächtigsten Schwergewichten zuzuschütten, die sich bezüglich der Deutungshoheit über unserer Welt in Stellung gebracht hatten: auf der einen Seite die Quantenmechanik, die das Springen zwischen quantisierten, portionierten Zuständen und Größen zum Grundsatz erhoben hat, und auf der anderen Seite die kontinuierliche Allgemeine Relativitätstheorie, die Raum und Zeit als beliebig fein verschmiert erklärt und mit einer Quantisierung partout nichts am Hut hat. Beide hatten unzählige Falsifizierungsangriffe mit Bravour überstanden, und doch muss mindestens eine davon offensichtlich irren. Eine Vereinheitlichte Theorie soll nun erneut einen Überbau bewerkstelligen, beispielsweise durch die Körnigkeit von Raum und Zeit in der Schleifenquantentheorie.

So starren wir in der Naturwissenschaft seit geraumer Zeit auf die obige Abbildung und erkennen immer offensichtlicher einen Elefanten. Aber sitzt auf dem Kopf des Elefanten vielleicht ein Äffchen, und könnte es auf einer Trommel spielen, und wenn ja, in welchem Takt? Mühsam entsteht ein »Big Picture« – und ja, es ist unvollständig, um nicht zu sagen: falsch. Allerdings falsch im Sinne von »verdammt gut falsch« bzw. weniger falsch als noch zu Zeiten von Albert Einstein und noch weniger falsch als zu Zeiten von Isaac Newton. Unser Weltbild wird von Generation zu Generation »besser falsch«. Trotz seiner verbliebenen Lücken lässt sich mittlerweile ein Gesamtmotiv erahnen. Dieses Bild werden wir auf den folgenden Seiten herausarbeiten. Vermutlich wird es nicht genügen, dass Sie sich zurücklehnen und dabei zusehen. Wir werden Interaktion benötigen – es wird eine Reihe von Fragen geben. Dafür haben wir auf www.urknall-weltall-leben.de ein Forum eingerichtet mit einer eigenen Kategorie »Von Aristoteles zur Stringtheorie«. Auf der Webseite finden Sie auch begleitende Videos zu den einzelnen Kapiteln. Mit Hilfe der QR-Codes im Buch gelangen Sie bequem dorthin, oder Sie wählen direkt die eigene Playlist auf unserem YouTube-Kanal »Urknall, Weltall und das Leben«.

In jedem Falle wünschen wir Ihnen viel Freude bei dem Versuch, diese Welt zu verstehen. Der Weg ist das Ziel – getreu dem Zitat von Richard Feynman: »Wissenschaft ist wie Sex. Nur manchmal kommt etwas Sinnvolles dabei heraus – aber das ist auch nicht der einzige Grund, warum wir es tun.«

1. Himmelsmechanik

Vom Mythos zum Logos

1.1 Scheibe von Nebra

Wie erstellt man einen Kalender?

Wer jetzt gemäß dem Untertitel des Buches den »Auftritt« von Aristoteles erwartet hat, wird sich verwundert die Augen reiben. Es kommt halt immer anders, als man denkt. Denn entgegen unserer Ankündigung beginnen wir nicht mit dem berühmten griechischen Philosophen und Naturforscher, sondern mit einer Geschichte, die sich auf dem Gebiet des heutigen Sachsen-Anhalt zugetragen hat. Doch der Reihe nach.

Spekulieren wir einmal, was die Menschen vor einigen tausend Jahren umgetrieben haben mag. Auch wenn sie noch keine schlüssigen Theorien zu all dem zu entwickeln vermochten, was sich »da draußen« zutrug, dürfte es ihnen gleichwohl wichtig gewesen sein, sich Fixpunkte im Lauf der Jahreszeiten zu schaffen, an denen sie sich zeitlich orientieren konnten. Die richtige Beantwortung von Fragen wie »Wann tritt der Fluss wieder über die Ufer und schwemmt den nährstoffreichen Schlamm auf die Felder?« oder »Wann ist die rechte Zeit, um das Saatgut auszubringen?« war von essentieller Bedeutung. Wer hier das richtige »Timing« hatte, war im Vorteil. Man brauchte also etwas, anhand dessen man eine Prognose wagen konnte – kurz: Man brauchte etwas, das man heute Kalender nennt.

Die vermutlich erste derartige Darstellung des Himmels stammt wider Erwarten nicht von den Griechen und auch nicht von den Ägyptern, sondern, wir haben es schon angedeutet, aus dem heutigen Sachsen-Anhalt. Dort, in der Nähe des Städtchens Nebra im Tal der Unstrut, haben Raubgräber 1999 eine aus Bronze gefertigte, 32 Zentimeter große Scheibe gefunden (Abb. 1.1 links), deren Alter man auf 3700 bis 4100 Jahre datiert.

1.1 Die Himmelsscheibe von Nebra. Sie besteht aus 2,3 kg Bronze und wird auf 2100 bis 1700 v. Chr. datiert. Geeignet justiert kennzeichnen ihre Goldapplikationen den Verlauf der Sonnenauf- und -untergänge (Bögen mit 82 Grad Öffnungswinkel, von denen nur einer erhalten blieb).

Auf dieser sogenannten Scheibe von Nebra sind mehrere markante Himmelskörper zu sehen. Am rechten Rand ist der Halbmond abgebildet, während die etwas aus der Mitte gerückte Scheibe links daneben vermutlich den Vollmond darstellt. Die sechs Plättchen aus Goldblech, die rechts oberhalb des Vollmondes einen Kreis bilden, mit einem weiteren Plättchen in ihrer Mitte, sind das sogenannte Siebengestirn – die mit bloßem Auge sichtbaren, leuchtkräftigsten Sterne des rund 440 Lichtjahre entfernten offenen Sternhaufens der Plejaden, zu dem insgesamt etwas mehr als tausend Sterne gehören. Dieses »Sternbild« hat man übrigens auch in anderen Kulturkreisen als etwas Besonderes angesehen. Der Beweis findet sich in den Höhlen von Lascaux, deren Wände neben anderen Zeichnungen auch ein Bild dieser herausragenden Sterngruppe schmückt. Die restlichen Plättchen auf der Scheibe symbolisieren weitere Sterne, die man jedoch bislang nicht eindeutig zuordnen konnte.

So weit, so gut, aber war das jetzt schon alles? Mitnichten! Zwar sieht man es der Scheibe nicht auf den ersten Blick an, doch ist sie auch ein Kalender, wenn auch ein etwas primitiver! Der Clou »versteckt« sich in den ursprünglich zwei am linken und rechten Rand eingelassenen (Horizont-)Bögen, die beide einen Winkel von genau 82 Grad umfassen (der linke Horizontbogen wurde später wieder entfernt). Diese 82 Grad entsprechen exakt dem Bogen, den die Sonnenauf- bzw. Sonnenuntergangspunkte zwischen dem 21. Juni, der Sommersonnwende, und dem 21. Dezember, der Wintersonnwende, auf der geographischen Breite von Nebra am Horizont markieren.

Wie wurde der Kalender benutzt? Dazu muss man wissen, dass von einem kleinen Hügel aus gesehen, dem heute bewaldeten Mittelberg, die Sonne am 21. Juni genau hinter dem Brocken, dem höchsten Berg im Harz, untergeht. Damit lässt sich die Scheibe justieren. Man montiert sie waagrecht auf einem Stock und peilt täglich über den Rand des Sonnenuntergangbogens auf den Brocken. Überschreitet der Sonnenuntergang den Rand des Bogens nicht mehr, hat man die sogenannte Sommersonnwende ermittelt, den 21. Juni. Die Ausrichtung der Scheibe darf jetzt nicht mehr verändert werden. Das nächste halbe Jahr wandert die untergehende Sonne Tag für Tag vom Brocken weg nach links bzw. nach Süden. Nach einem Vierteljahr, also am 21. September, ist sie genau auf der Hälfte des westlichen Horizontbogens angekommen, d. h., die Sichtlinie Auge – Scheibenmitte – Sonnenuntergangspunkt schneidet den Horizontbogen nun genau in der Mitte. Nach einem weiteren Vierteljahr steht die untergehende Sonne dann hinter dem linken Ende des Horizontbogens. Im Verlauf des folgenden Halbjahres wandert der Sonnenuntergangspunkt wieder zum Ausgangspunkt auf dem Horizontbogen zurück. Anhand der Stellung der untergehenden Sonne relativ zum Horizontbogen konnte man sich also jahreszeitlich ziemlich genau orientieren. Die Symbole für Plejaden und Mondsichel könnten auch ein Hinweis darauf sein, dass man anhand der Größe der Mondsichel am Nachthimmel vor den Plejaden den Zeitpunkt für einen Schaltmonat ermittelt hat, um Sonnenjahr (365 Tage) und Mondjahr (354 Tage) in Einklang zu halten. Es ist höchst eindrucksvoll, wie vertraut dem Konstrukteur der Scheibe das Geschehen am Himmel schon damals gewesen sein muss.

Wie der Landesarchäologe von Sachsen-Anhalt, Harald Meller, herausgefunden haben will, dürfte die Scheibe jedoch nur etwa

100 bis 150 Jahre in Gebrauch gewesen sein. Begründet wird das mit der Herkunft des für die Scheibe verwendeten Kupfers. Es soll aus Bischofshofen in Österreich stammen, wo man frühestens vor 3750 bis 3700 Jahren mit dem Abbau dieses Materials begonnen hat. Da die Scheibe vor rund 3600 Jahren vergraben wurde, verbleibt für ihre Nutzung nur die erwähnte Zeitspanne. Dass wir ausgerechnet hier den Startpunkt unserer Wanderung durch die Welt der Wissenschaft festlegen, mag stark abendländisch geprägt sein und wird den Leistungen beispielsweise chinesischer und arabischer Gelehrter nicht gerecht. Bitte sehen Sie uns das nach, wir sind keine ausgewiesenen Wissenschaftshistoriker und suchen einen möglichst geradlinigen Anstieg hinauf zu den Höhen der modernen Wissenschaftsdisziplinen.

Übrigens ist die Fund- und Entschlüsselungsgeschichte der Scheibe von Nebra auch ein Kriminalfall, der glücklicherweise gut ausging. Ein Kölner Händler hatte den beiden Raubgräbern bereits einen Tag nach der »Exhumierung« der Fundstücke 31 000 DM dafür bezahlt – im Glauben, es handle sich um ein Stück eines Schildes. Anschließend sollten Mittelsmänner die Scheibe in Berlin und München für eine Million DM an Interessenten losschlagen. Doch als bekannt wurde, dass die Scheibe Eigentum des Landes Sachsen-Anhalt ist, konnte man sie nur noch unter der Hand am Schwarzmarkt anbieten. Schließlich traf sich im Februar 2002 Landesarchäologe Meller in der Rolle eines Kaufinteressenten mit den Hehlern in einem Hotel in Basel. Ob er die geforderten 700 000 DM dabei hatte, wissen wir nicht. Tatsache ist jedoch, dass die Polizei die Hehler gleich im Hotel verhaftet hat.

1.2 Aristoteles, Aristarch und Eratosthenes
Welche Form hat unser Planet, und wie groß ist er?

Haben wir zu Beginn des Buches noch der Scheibe von Nebra den Vortritt gelassen, so kommen wir nun auf dem Weg zu unserem Weltbild an dem genialen Naturphilosophen Aristoteles nicht mehr vorbei. Gelebt hat er in der Zeit von 384 bis 322 v. Chr. Wie der griechische Philosoph Pythagoras, der knapp 200 Jahre vor Aristoteles geboren wurde, war auch er der Auffassung, dass die Erde eine Kugel ist. Begründet hat er diese Behauptung anhand folgender Überlegung: Alle Körper streben von allen Seiten gleichmäßig zum Mittelpunkt des Kosmos, und da die Erde den Mittelpunkt des Alls bildet, muss sie eine Kugel sein. Nun war zwar Aristoteles' Schlussfolgerung – zumindest in guter Näherung – richtig, allerdings steht sein »Beweis« doch auf sehr wackeligen Beinen, denn die Annahme, die Erde sei der Mittelpunkt des Alls, ist natürlich falsch! Ein schönes Beispiel dafür, wie man trotz falscher Voraussetzungen zum richtigen Ergebnis gelangen kann! Derartige Logiksprünge beruhen oft auf einem falschen Umkehrschluss, wie man an einem konkreten Beispiel leicht nachvollziehen kann: Die falsche Behauptung »Napoleon starb in Berlin« lässt den Schluss zu: »Er starb nicht in Paris.« Geschichtskundige wissen, dass das durchaus richtig ist – Napoleon starb auf St. Helena und somit tatsächlich nicht in Paris. Eine wahre Aussage am Ende einer Beweisführung führt also nicht zwangsläufig dazu, dass alle Annahmen auf dem Weg dorthin auch wahr sind. Derartigen »Scheinbeweisen« begegnet man hin und wieder auch in der Mathematik. Also: Aufpassen, wenn wir es später mit mathematischen Beweisen zu tun bekommen.

1.2 Aristoteles (384–322 v. Chr.)

Zu Aristoteles' Ehrenrettung sollte man jedoch nicht vergessen, dass er noch weitere, sehr gute Argumente für die Kugelgestalt der Erde angeführt hat. Da ist zum einen die Beobachtung, dass in südlichen Ländern die südlichen Sternbilder höher am Horizont stehen, und zum anderen das Phänomen, dass von einem auf dem Meer sich nähernden Schiff an der Küste zuerst nur die Mastspitzen am Horizont erblickt werden können. Da stellt sich doch gleich die Frage: Wie weit kann man denn, wenn die Erde eine Kugel ist, aus einer Höhe H über dem Erdboden sehen? Oder anders gefragt: In welcher Entfernung trifft unser Blick den Horizont?

Man kann das relativ einfach berechnen. Betrachten wir dazu Abb. 1.3. Dort steht ein Mann in einem Boot, seine Augen befinden sich in der Höhe H über der Wasseroberfläche.

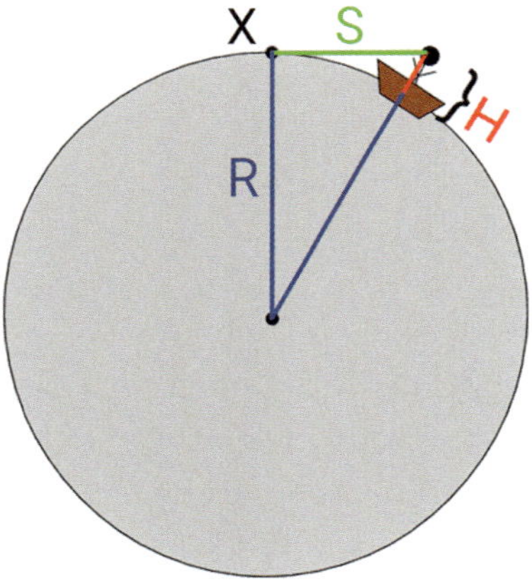

1.3 Ein Matrose überblickt aus der Höhe H die Sichtlinie $S = \sqrt{2R} \cdot \sqrt{H}$ bis zum Horizont. Bei einem mittleren Erdradius $R = 6371$ km ergibt das rund 5 km.

Nun ziehen wir von der Höhe seiner Augen eine Gerade, die wir Sichtlinie S nennen, bis zum Horizont. Den Punkt, wo die Gerade S den Horizont berührt, bezeichnen wir mit X. Der Erdradius R beträgt 6371 Kilometer. Abb. 1.3 zeigt, dass die Strecken S und R im Punkt X einen rechten Winkel bilden, und somit gilt nach dem Satz von Pythagoras:

$$S^2 + R^2 = (R + H)^2 \qquad (1.1)$$

Multiplizieren wir die Klammer aus, so erhalten wir:

$$S^2 + R^2 = R^2 + H^2 + 2RH \qquad (1.2)$$

Die beiden Erdradien zum Quadrat links und rechts des Gleichheitszeichens heben sich gegenseitig auf:

$$S^2 = H^2 + 2RH \qquad (1.3)$$

Diese Gleichung lässt sich weiter vereinfachen, besser gesagt, man kann sie durch eine Näherung ersetzen, indem man berücksichtigt, dass die Höhe H im Verhältnis zum Erdradius sehr klein ist. Selbst H gleich 100 Meter (0,1 km) ergäbe quadriert lediglich 0,01 km^2 und wäre somit gegenüber $2RH = 1274{,}2\ km^2$ unterhalb der Messgenauigkeit. Man darf also H^2 getrost vernachlässigen, ohne einen nennenswerten Fehler zu begehen. Damit erhalten wir für S die Näherung

$$S^2 = 2RH \text{ bzw. } S = \sqrt{2R} \cdot \sqrt{H} \qquad (1.4)$$

Eine Person, die sich in einem Boot aus einer Höhe H von zwei Metern über der Wasseroberfläche umsieht, kann also rund fünf Kilometer weit bis zum Horizont blicken. Obwohl atmosphärische Einflüsse die Sichtweite etwas einschränken, ist man mit der Näherung doch sehr nahe an der Realität. Doch damit nicht genug. Aristoteles hatte noch ein weiteres Argument für eine kugelförmige Erde parat. Ihm war aufgefallen, dass bei allen totalen wie auch bei allen partiellen Mondfinsternissen der Schatten, den die Erde auf den Mond wirft, stets ein mehr oder minder großer Kreisbogen ist. Das passt sehr gut mit dem Schattenwurf einer Kugel zusammen. Sollte hingegen die Erde eine Scheibe sein, so wäre das zwar auch möglich, jedoch nur bei einer sehr speziellen Ausrichtung der Scheibe im Raum, die allen Erde-Mond-Konstellationen gerecht werden müsste. Das kann per Zufall einmal klappen, jedoch nicht immer wieder aufs Neue.

Sind die Erklärungen von Aristoteles zur Form der Erde schon ziemlich trickreich, so sind die Methoden des griechischen Astronomen und Mathematikers Aristarchos von Samos zur Bestimmung einiger Größen und Entfernungen in unserem Sonnensystem nahezu genial. Aristarch wurde um 310 v. Chr. auf der Insel Samos geboren, wo er auch etwa 230 v. Chr. starb. Bei seinen Beobachtungen des Mondes wurde ihm klar, dass bei Halbmond, d. h., wenn von der Erde aus gesehen die Mondscheibe genau zur Hälfte von der Sonne erleuchtet wird, wohingegen die andere Hälfte dunkel ist, die Verbindungslinien Mond–Sonne und Mond–Erde einen rechten Winkel bilden müssen (Abb. 1.4). Und da er als Mathematiker natürlich auch seinen Pythagoras kannte, war es ihm ein Leichtes, das Verhältnis Entfernung Erde–Mond zur Entfernung Erde–Sonne zu berechnen. Obwohl Aristarch die richtige Methode verwendete, war das Ergebnis seiner Berechnung dennoch weit daneben. Warum? Nun, zum einen war es für ihn sehr schwierig, den Zeitpunkt exakt festzulegen, wann Halbmond ist, und zum anderen waren die damaligen Geräte zur Messung von Winkeln einfach zu unpräzise. Folglich konnte Aristarch den Winkel α nur mit unzureichender Genauigkeit bestimmen. Seiner Ansicht nach musste α mindestens 87 Grad betragen. Rechnet man mit diesem Wert, so erhält man als Ergebnis, dass die Sonne mindestens 19 Mal so weit von der Erde entfernt ist wie der Mond. Heute weiß man, dass α gleich 89,85 Grad beträgt, womit sich dann auch der korrekte Wert von 1 zu rund 400 ergibt.

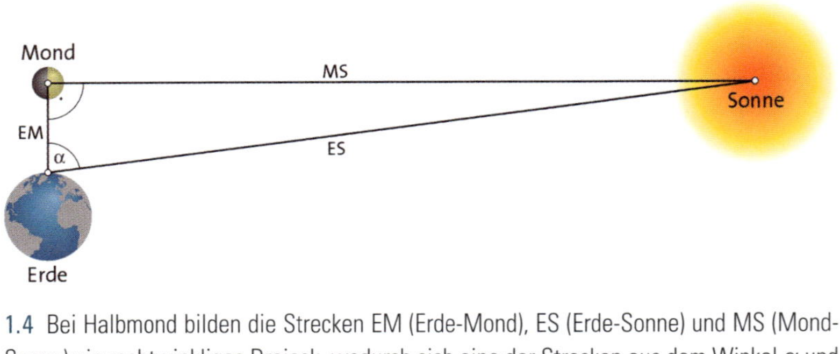

1.4 Bei Halbmond bilden die Strecken EM (Erde-Mond), ES (Erde-Sonne) und MS (Mond-Sonne) ein rechtwinkliges Dreieck, wodurch sich eine der Strecken aus dem Winkel α und den anderen Strecken bestimmen lässt.

Wie gesagt: Aristarch war ein genialer Beobachter. Und so blieb ihm auch nicht verborgen, dass bei einer totalen Sonnenfinsternis die Mondscheibe die Sonne gerade so verdeckt. Kennt man das Entfernungsverhältnis Erde-Mond zu Erde-Sonne, so lässt sich mit Hilfe des Strahlensatzes auch das Größenverhältnis Mond-Sonne bestimmen. Wenn, wie von ihm berechnet, die Sonne 19-mal so weit von der Erde entfernt ist wie der Mond, dann muss demnach die Sonne 19-mal so groß sein wie der Mond (siehe Abb. 1.5). Natürlich war auch das falsch, aber nur, weil Aristarch den oben erwähnten Winkel α nicht genau bestimmen konnte. In Wirklichkeit ist die Sonne rund 400-mal so groß wie der Mond.

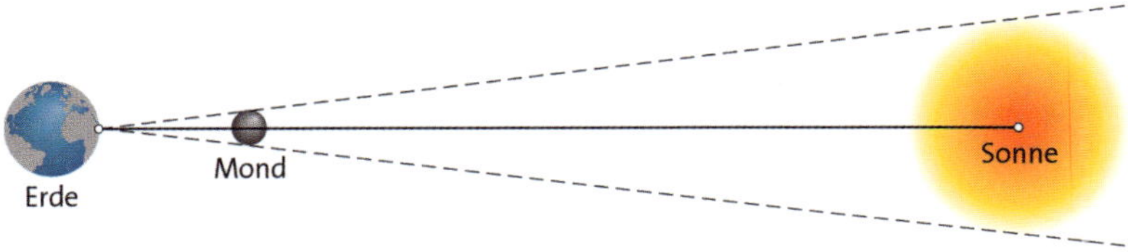

1.5 Mit dem Entfernungsverhältnis Erde-Mond lässt sich das Größenverhältnis Mond-Sonne mithilfe des Strahlensatzes berechnen.

Was jetzt noch fehlt, ist das Größenverhältnis Mond-Erde. Aber auch da fand Aristarch einen Weg zur Berechnung. Wieder nutzte er dazu eine Mondfinsternis. Bei einer Mondfinsternis wirft die Erde einen Schatten in Richtung Mond. Die Finsternis beginnt, wenn der Mond am Rande des Kernschattens angekommen ist und in den Schatten eintritt (siehe Abb. 1.6). Sie ist total, solange der Mond komplett im Schatten der Erde verschwunden ist, und sie endet, sobald der Mond in vollem Umfang wieder aus dem Schatten ausgetreten ist.

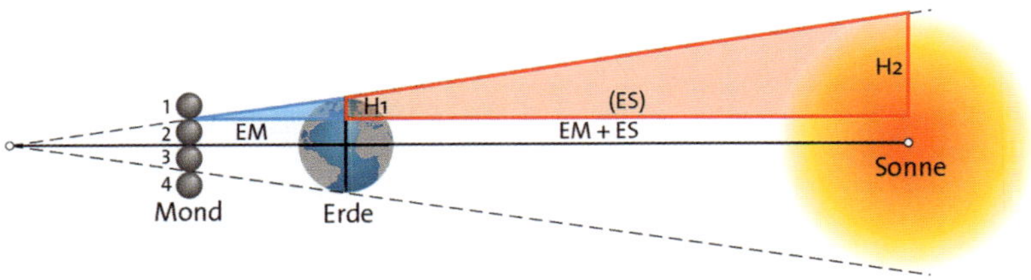

1.6 Durch Beobachtung der Mondphasen während einer totalen Mondfinsternis lassen sich fehlende Entfernungen mittels Strahlensatz ergänzen.

Aristarch hat nun die Zeit gemessen, die vergeht, bis der Mond in vollem Umfang im Erdschatten verschwindet (siehe 1. Phase in Abb. 1.7), dann die Zeitspanne, während derer er im Erdschatten

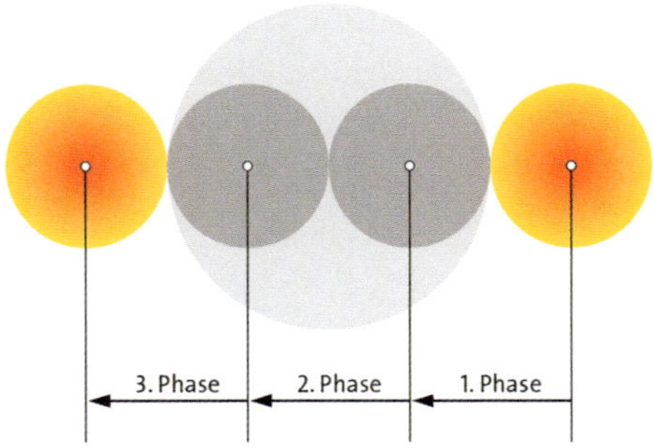

1.7 Unterschiedliche Phasen einer Mondfinsternis: Phase 1 ist der Beginn der Mondfinsternis bis zum vollständigen Eintauchen in den Erdschatten. Während Phase 2 befindet sich der Mond vollständig im Erdschatten. Phase 3 kennzeichnet den Austritt des Mondes aus dem Erdschatten.

verweilt (2. Phase), und schließlich den Zeitraum vom Beginn bis zum Ende des Austritts aus dem Erdschatten (3. Phase).

Die Zeiten für die Phasen 1 und 3 waren logischerweise gleich. Und da auch die für die 2. Phase gemessene Zeit in etwa so lang war wie die für die 1. bzw. 3. Phase, wurde ihm klar, dass der Mond gerade 2-mal (richtig wäre: nahezu 3-mal) in den Kernschatten der Erde passt (2. Phase). Mit diesen »Daten« und der von ihm gewonnenen Erkenntnis, dass die Sonne 19-mal so weit von der Erde entfernt wie der Mond und auch 19-mal so groß ist, konnte er mit Hilfe des Strahlensatzes (siehe Abb. 1.6) das Größenverhältnis Erde–Mond berechnen. Spielen wir das mal kurz durch. Da die Höhe *H1* in Abb. 1.6 gleich dem Erdradius minus dem doppelten Radius des Mondes ist, und die Höhe *H2* gleich dem Radius der Sonne minus dem doppelten Mondradius, gilt nach dem Strahlensatz

$$\frac{H1}{EM} = \frac{H2}{EM + ES} \tag{1.5}$$

Setzt man in diese Gleichung die Werte für *H1, H2, EM* und *ES* ein und berücksichtigt, dass nach Aristarch der Radius der Sonne 19-mal so groß ist wie der des Mondes, so erhält man:

$$\frac{R_{Erde} - 2R_{Mond}}{1} = \frac{19R_{Mond} - 2R_{Mond}}{20} \tag{1.6}$$

Aufgelöst nach R_{Mond} erhielt Aristarch die Beziehung:

$$R_{Mond} = 0{,}35 \cdot R_{Erde} \text{ bzw. } \frac{R_{Erde}}{R_{Mond}} = 2{,}86 \tag{1.7}$$

Der richtige Wert für das Verhältnis beträgt gerundet 3,68. Natürlich ist Aristarchs Faktor etwas zu klein. Wir wissen mittlerweile auch, warum. Aber bitte: In Anbetracht dessen, dass Aristarch diese Berechnungen im 3. Jahrhundert v. Chr. durchgeführt hat, kann man nur niederknien und den Hut ziehen. Wer von uns wäre auf solche für die damaligen Verhältnisse geradezu revolutionären Ideen gekommen?

Noch einen weiteren Punkt gilt es zu würdigen. Nachdem die Rechnungen gezeigt hatten, dass der Mond kleiner als die Erde und die wiederum kleiner als die Sonne ist, war sich Aristarch sicher, dass nicht die Erde, sondern der weitaus größere Himmelskörper – die Sonne – im Zentrum des Planetensystems steht und die Planeten sie auf Kreisbahnen umrunden. Eine wahrlich bahnbrechende Erkenntnis, und das 1800 Jahre vor Kopernikus! Die damaligen Wissenschaftskollegen konnten sich jedoch nicht mit dieser Idee anfreunden. Denn, so ihre Argumentation, wenn sich die Erde bewegt, dann müssten ja nahe Sterne, über das Jahr betrachtet, vor dem Hintergrund der weit entfernten Sterne hin und her wandern. Ein Phänomen, das man als Parallaxe bezeichnet. Doch davon war nichts zu erkennen. Heute weiß man, dass selbst die nächstgelegenen Sterne zu weit von der Erde entfernt sind, als dass man deren Parallaxe mit bloßem Auge beobachten könnte.

Mit der Annahme einer zentralen Sonne konnte Aristarch sogar die Schleifenbewegung der äußeren Planeten erklären, ein Phänomen, das mit einer ruhenden Erde im Zentrum und Planeten auf Kreisbahnen um sie herum unvereinbar ist. Was ist damit gemeint? Betrachtet man des Nachts den Mars, so bewegt er sich im Laufe des Jahres vor dem Hintergrund der Sterne von Westen nach Osten. Hin und wieder scheint er jedoch stehen zu bleiben, umzukehren, dann in die entgegengesetzte Richtung zu laufen, wieder stehen zu bleiben, um schließlich seine Bahn in der ursprünglichen Richtung fortzusetzen. Von der Erde aus gesehen vollführt der Mars dabei eine Schleifenbewegung vor dem Hintergrund der Sterne. Realiter läuft der Mars jedoch immer unbeirrt längs seiner Bahn. Doch wieso gaukelt uns der Mars diese Schleifenbewegung vor? Betrachten wir dazu die Abb. 1.8:

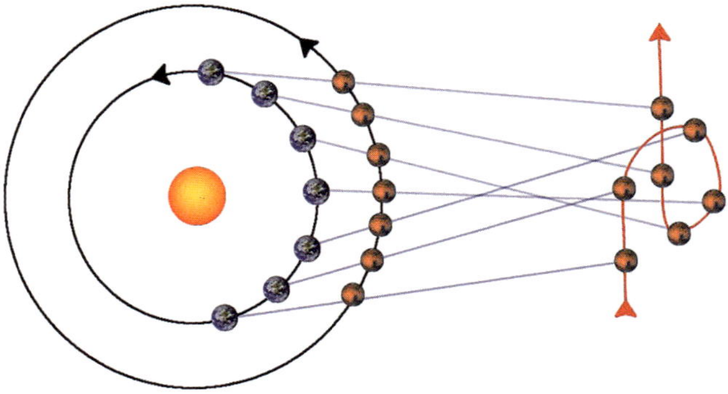

1.8 Im Mittelpunkt links steht die Sonne, umkreist von der blauen Erde und dem roten Mars. Betrachtet man von der Erde aus an sieben charakteristischen Punkten die Projektion des Mars auf den Fixsternhimmel, so ergibt sich eine Schlingerbewegung, die sogenannte retrograde Marsbahn.

Die Sonne wird auf der inneren Bahn von der Erde und weiter draußen vom Mars umrundet. Nach dem 3. Keplerschen Gesetz verhalten sich die Quadrate der Umlaufzeiten der Planeten wie die Kuben ihrer großen Halbachsen. Mit anderen Worten: Die äußeren Planeten laufen grundsätzlich langsamer auf ihren Bahnen als die inneren. Dies ist auch nicht anders zu erwarten, da Planeten in größerer Entfernung weniger »strampeln« müssen, um mit der Anziehung der Sonne ein Gleichgewicht auszuhandeln. Weniger kinetische Energie bedeutet weniger Geschwindigkeit. So hat z. B. der Mars eine Bahngeschwindigkeit von rund 24 Kilometern pro Sekunde, die Erde jedoch von rund 30 Kilometern pro Sekunde. Während die Erde gemäß der Graphik nahezu eine halbe Runde um die Sonne dreht, schafft der Mars gerade mal ein gutes Viertel seiner Bahn. Betrachtet man nun zu unterschiedlichen Zeiten die Projektion des Mars auf dem Fixsternhimmel, ergibt sich besagte Schlingerbewegung. Übrigens hat der mittlere Punkt im Vokabular der Astronomen eine besondere Bedeutung. In diesem Moment befinden sich die Sonne, die Erde und der Mars auf einer Linie.

Und da von der Erde aus gesehen der Mars genau gegenüber der Sonne steht, bezeichnen die Astronomen eine derartige Stellung auch als Opposition. Man sagt: Der Mars steht in Opposition zur Sonne. Planeten, welche die Sonne in einem größeren Abstand als die Erde umkreisen, können sowohl in eine Oppositions- als auch in eine Konjunktionsposition geraten. Die weiter innen liegenden Planeten können dagegen nur in Konjunktion mit der Sonne stehen, wobei zwischen der oberen und der unteren Konjunktion zu unterscheiden ist (siehe Abb. 1.9).

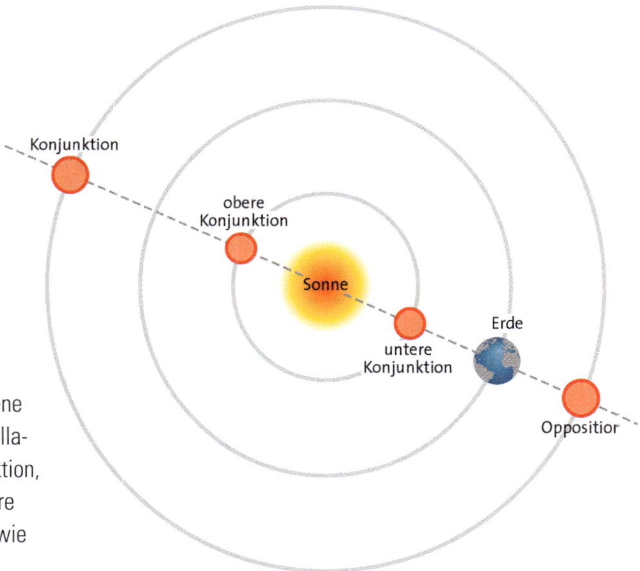

1.9 Verschiedene Planetenkonstellationen: Konjunktion, obere und untere Konjunktion sowie Opposition.

Neben den beiden Geistesriesen Aristoteles und Aristarch darf man den Mathematiker, Geographen, Astronomen, Historiker, Philologen, Philosophen und Dichter Eratosthenes nicht vergessen, der um 274 v. Chr. in Kyrene im heutigen Libyen zur Welt kam und 80 Jahre später in Alexandria verstarb. Da er rund 50 Jahre lang die Bibliothek von Alexandria leitete, die bedeutendste Bibliothek der Antike, hatte er Zugriff zu allen zu seiner Zeit wichtigen wissenschaftlichen Werken. Er war gewissermaßen Mister Google der Antike. Man geht wohl nicht fehl in der Annahme, dass auf diesem Fundament seine bahnbrechende Arbeit

1.10 Eratosthenes (ca. 276–194 v. Chr.)

aufbaute, die kurz gesagt darin gipfelte, dass er als Erster die Größe der Erde bestimmte, und zwar auf 4,2 Prozent genau. Und nicht vergessen: Das war rund 250 Jahre vor Christus!

Schauen wir uns an, wie er das geschafft hat. Eigentlich verdankte er die Idee zu diesem Experiment einem Zufall. Als dem Oberbibliothekar der Antike kam ihm zu Ohren, dass es in Syene, dem heutigen Assuan, einen tiefen Brunnen gab, in den das Sonnenlicht am 21. Juni zur Mittagszeit bis auf den Grund fiel. Eratosthenes war sich vermutlich darüber bewusst, dass das nur der Fall sein kann, wenn die Sonne im Zenit steht, also senkrecht über dem Brunnen. Eine derartige Konstellation lässt sich nur an den Orten der Erde beobachten, die gerundet zwischen dem 24. Grad südlicher und dem 24. Grad nördlicher Breite liegen. Dort steht die Sonne sogar zwei Mal im Jahr senkrecht über den Köpfen der Bewohner. Wer dagegen genau auf einem der genannten Breitengrade steht, erlebt das Phänomen nur einmal im Jahr, während alle anderen außerhalb dieses Bereiches dies nie tun. Assuan liegt auf 24 Grad, fünf Minuten nördlicher Breite und erlebt somit die senkrecht stehende Sonne gerade noch, und zwar zur Sommersonnwende.

Doch zurück zu Eratosthenes: Wenn die von ihm vertretene Ansicht, die Erde sei eine Kugel, richtig war, dann, so seine Idee, durfte zum besagten Zeitpunkt die Sonne an einem anderen Ort nicht im Zenit stehen bzw. mussten die Sonnenstrahlen dort schräg auf die Erdoberfläche fallen, weshalb ein senkrecht in die Erde gesteckter Stab dann einen Schatten werfen sollte. Um das zu überprüfen, stellte Eratosthenes in Alexandria einen als Gnomon bekannten Schattenzeiger auf. Und tatsächlich: Zu besagtem Datum zeigte das Gerät, dass das Sonnenlicht unter einem Winkel von 7,2 Grad auf die Erde fiel. Andere Quellen sprechen von einem in Alexandria stehenden Obelisken, der als Schattenzeiger gedient haben soll (siehe Abb. 1.11). Wie auch immer, das Ergebnis bestätigte erneut eindrucksvoll die Annahme, dass die Erde eine Kugel ist.

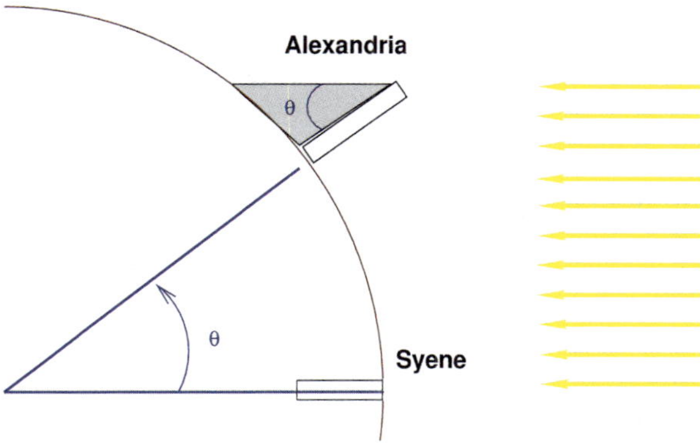

1.11 Zur Sommersonnwende scheint in Syene die im Zenit stehende Sonne bis auf den Grund eines Brunnens, während sie zeitgleich in Alexandria unter einem Winkel von 7,2° auf einen senkrechten Stab fällt. Dieser Winkel entspricht einem Fünfzigstel von 360° und somit die Entfernung Syene-Alexandria einem Fünfzigstel des Erdumfangs.

Doch damit ließ es Eratosthenes nicht bewenden. Plötzlich schien es in Reichweite zu sein, den Umfang der Erde abzuschätzen. 7,2 Grad entsprechen einem Fünfzigstel eines kompletten Umlaufs (360 Grad). Somit musste auch die Entfernung von Alexandria nach Syene einem Fünfzigstel des kompletten Erdumfangs entsprechen. Die Aufgabe reduziert sich also darauf, die Entfernung von Alexandria nach Syene zu ermitteln.

Aber wie wollte man zu einer Zeit ohne nennenswerte technische Hilfsmittel, als noch lange nicht die Entfernungseinheit Meter definiert war, eine Strecke abschätzen, von der wir heute wissen, dass sie stolze 835 Kilometer beträgt? Zu Lebzeiten von Eratosthenes waren königliche Schrittzähler für die Entfernungsmessung zuständig, wobei sie die zu bestimmende Strecke zu Fuß abgingen. Das Ergebnis drückte man in der Einheit »Stadion« aus, was als Länge eines Wettkampfstadions bzw. der Länge seiner Laufbahn definiert war. Wie viele Meter einem Stadion entsprechen, ist nicht überliefert, und da es unterschiedliche Stadionanlagen gab, z. B. das attische, das phönizisch-ägyptische, das olympische oder das ägyptische Stadion, deren Längen von 149 bis zu 209 Metern reichten, kann man nur vermuten, welches Stadionmaß Eratosthenes verwendete. Jedenfalls bestimmten die Schrittzähler die Entfernung Syene – Alexandria auf 5000 Stadien. Der Erdumfang entspricht dann 50-mal dieser Entfernung. Verwenden wir vertraute Einheiten, erhalten wir 50 · 835 km = 41 750 km. Wie bereits erwähnt, weicht dieses Ergebnis lediglich 4,2 Prozent vom tatsächlichen Äquatorumfang von 40 075 Kilometern ab. Ein »Chapeau und alle Achtung« ist das Mindeste, um diese Leistung zu würdigen.

Hätte es genauer gehen können? Vielleicht. Der größte Fehler bei den Berechnungen von Eratosthenes war, dass Alexandria nicht genau auf dem Längenkreis von Syene liegt. Zudem ist fraglich, wie genau die königlichen Schrittzähler die Entfernung Syene – Alexandria bestimmen konnten. Sich auf einer Strecke von 835 Kilometern in der Abfolge der Schritte nicht zu verzählen wäre ebenfalls aller Ehren wert. Nichtsdestotrotz hat Eratosthenes einfach mal losgerechnet und am Ende eine erstaunlich gute Antwort auf eine scheinbar unlösbare Aufgabe gefunden. Ich denke, das sollten wir als wesentliche Erkenntnis mitnehmen auf unsere Bergwanderung hoch zu den Gipfeln der theoretischen Physik: Wer erfolgreich sein möchte bei der Suche nach Antworten für die Beschreibung dieser Welt, der muss bereit sein, aus dem Elfenbeinturm der klinisch reinen Mathematik herabzusteigen und knöcheltief in den Niederungen der Physik zu waten. Wir müssen kontrollierte Fehler in Kauf nehmen – solange uns der Sumpf nur bis zu den Knöcheln und nicht bis zum Hals steht. Der Pfad der Erkenntnis, den wir in diesem Buch gemeinsam abschreiten, wurde sehr viel mehr von Machern bestimmt als von Bedenkenträgern. Das Ganze erinnert an eine Geschichte über Niels Bohr, wonach der dänische Physik-Nobelpreisträger einmal in der bayerischen Almhütte seines Freundes Werner Heisenberg den abendlichen Abwasch machte und sich dabei wunderte, dass man mit schmutzigem Wasser und einem schmutzigen Tuch schmutzige Gläser sauber machen kann.

2. Klassische Mechanik

Auf den Schultern von Riesen

2.1 Kopernikus, Brahe und Kepler

Alles dreht sich – aber um was eigentlich?

Gestützt auf die Erkenntnisse der griechischen Naturphilosophen bestanden bis weit hinein in das erste Jahrtausend n. Chr. kaum Zweifel daran, dass die Welt wirklich so ist, wie man sie sich vorstellte. Erst Jahrhunderte später konnten insbesondere Nikolaus Kopernikus, Tycho Brahe und Johannes Kepler neue Akzente setzen, die dazu beitrugen, das Weltbild revolutionär zu verändern. Dass mit dem ptolemäischen System (Abb. 2.1), das die Erde, von Sonne und Planeten um-

2.1 Das geozentrische Weltbild zur Zeit von Ptolemäus, mit zehn Sphären.

kreist, im Mittelpunkt des Geschehens sah, etwas nicht stimmen konnte, zeigte sich spätestens gegen Ende des 16. Jahrhunderts am damals verwendeten, von Julius Cäsar eingeführten julianischen Kalender.

Im Vergleich zum Sonnenjahr war das julianische Kalenderjahr mit 365,25 Tagen etwas zu lang, so dass der kalendarische Frühlingsbeginn nicht mehr mit dem astronomischen Frühlingspunkt, der Frühlings-Tagundnachtgleiche, übereinstimmte und sich das Datum des christlichen Osterfestes im Laufe der Jahrhunderte immer weiter nach hinten verschoben hatte. Mit der sogenannten gregorianischen Kalenderreform durch Papst Gregor XIII. im Jahre 1582 wurde dieser unhaltbare Zustand korrigiert, indem man per Dekret zehn Tage aus dem Kalender strich und die mittlere Jahreslänge auf 365,2425 Tage festsetzte.

Damit waren zumindest Kalender und jahreszeitlicher Verlauf wieder im Einklang. Der Weg zu einem entsprechend geänderten Weltbild war jedoch weitaus holpriger. Der Erste, der sich an diese Reform heranwagte, war Nikolaus Kopernikus, ein fürstbischöflicher Domherr sowie Astronom und Arzt.

2.2 Nikolaus Kopernikus (1473–1543)

Nach seiner Theorie steht nicht die Erde, sondern die Sonne im Zentrum, und die Planeten umrunden sie auf Kreisbahnen. Die Bewegung der Sonne und der Fixsterne am Himmel konnte Kopernikus mit der Drehung der Erde um ihre Achse und mit der Bewegung der Erde um die Sonne erklären (Abb. 2.3).

Ob sich Kopernikus bei seinen Überlegungen auf die von Aristarch ermittelten Daten zu den Größenverhältnissen im Sonnensystem und dessen Erkenntnis, dass die Sonne im Mittelpunkt des Geschehens steht, gestützt hat, ist nicht bekannt. Sehr wahrscheinlich jedoch hat er sich von Nikolaus von Kues (1401–1464) inspirieren lassen, der anhand rein philosophischer Überlegungen zu der Überzeugung gelangt war, dass die Erde nicht der Mittelpunkt des Kosmos sein kann. Und auch die Arbeiten des Mathematikers und Astronomen Regiomontanus (1436–1476) dürften als

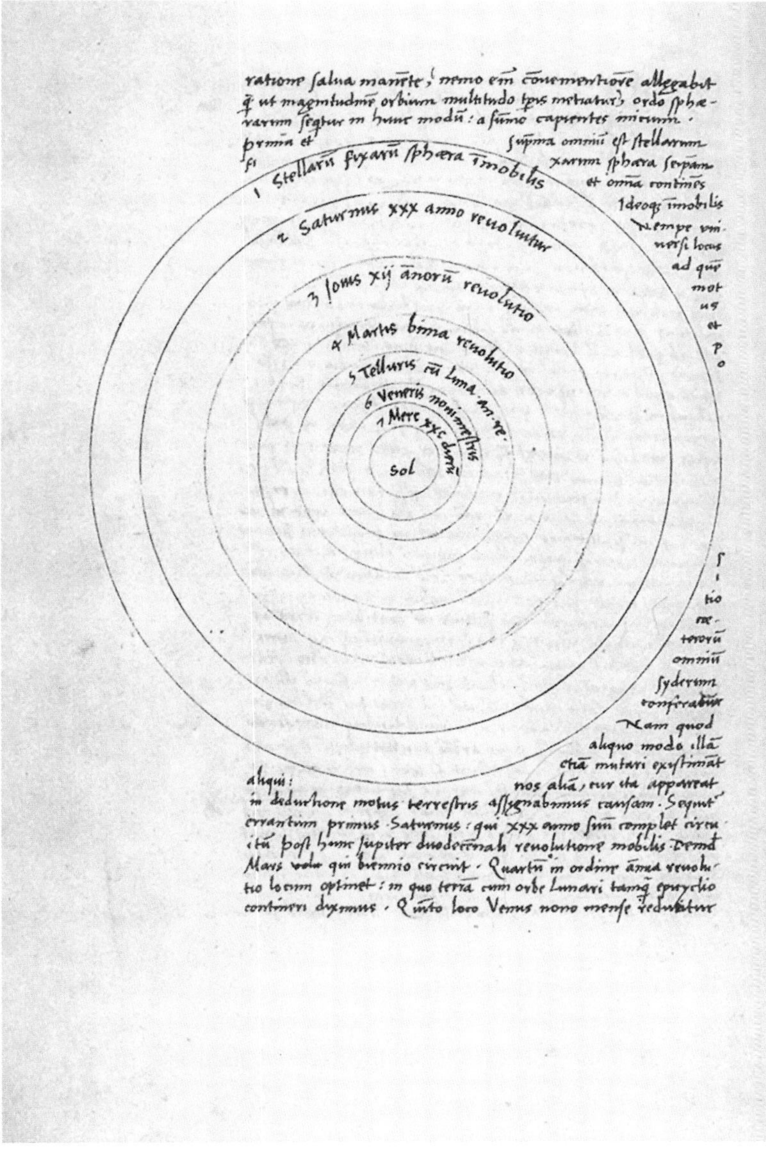

2.3 Seite aus *De revolutionibus orbium coelestium.*

Grundlage für seine Überlegungen gedient haben. Mit Sicherheit weiß man jedoch, dass Kopernikus seine Theorien zunächst in seinem sogenannten »Commentariolus« niederlegte, die Schrift aber nicht veröffentlichte. Als Grund dafür vermuten Historiker Kopernikus' Befürchtung, er könne sich damit lächerlich machen und die damalige wissenschaftliche Gemeinde könne ihm entgegenhalten, dass seine berechneten Planetenbewegungen, die ja auf Kreisbahnen beruhten, mit den Beobachtungen nicht ganz übereinstimmten. Möglicherweise hatte er auch Angst, mit seinen Ansichten gegen die Lehrmeinung der Kirche zu verstoßen und Gefahr zu laufen, verurteilt, exkommuniziert und schlimmstenfalls hingerichtet zu werden. Und nicht zuletzt bemängelten selbsternannte Astronomen, dass man nichts von dem Wind bemerke, den man doch verspüren müsste, wenn sich die Erde bewegt.

Im März 1543, zwei Monate vor seinem Tod durch einen Schlaganfall, wurde seine Schrift *De revolutionibus orbium coelestium*, in der er seine Theorien zu dem neuen Weltbild darlegt, in Nürnberg schließlich gedruckt. Vermutlich hat er das Buch noch am Sterbebett in Händen halten und einsehen können. Dass er dieses Werk dem damaligen Papst Paul III. gewidmet hat, entbehrt nicht einer gewissen Ironie. Solange jedoch im Vatikan Kopernikus' Ansichten als Hypothese durchgingen, hatte die Kirche keine Einwände gegen das Buch. Erst als sich Galileo Galilei vehement für das heliozentrische Weltbild einsetzte, beschäftigte sich auch die Inquisition mit Kopernikus' Werk. 1616 wurde es von Papst Paul V. auf den Index der verbotenen Bücher gesetzt und erst 1822 bzw. 1835 wieder freigegeben.

Der Geist eines neuen Weltbildes war jedoch aus der Flasche und nicht mehr einzufangen. Seine Mächtigkeit zeigte sich insbesondere in seiner Prognosefähigkeit. So hatte Kopernikus eine partielle Sonnenfinsternis vorhergesagt, die 17 Jahre nach seinem Tod, am 21. August 1560, auch von einem 13-jährigen Knaben in Dänemark bestaunt wurde. Die Tatsache, dass man derartige Himmelsschauspiele über den eigenen Tod hinaus so genau vorhersagen konnte, zog den jungen Tycho Brahe in ihren Bann.

Brahe (1546–1601), aus einer dänischen Adelsfamilie stammend, wuchs zu einem hitzigen jungen Mann heran, der in einem Duell seine Nase verlor und seitdem eine Nachbildung aus einer Metallfolie trug. Er war es, der dem heliozentrischen Weltbild zum Durchbruch verholfen hat. Allerdings war das gar nicht seine Intention, vielmehr suchte er nach einer Bestätigung für sein eigenes, etwas abweichendes, geo-heliozentrisches System, das sogenannte tychonische Weltbild, in dem der Mond und die Sonne die im Zentrum stehende Erde umrunden, wogegen alle anderen Planeten um die Sonne kreisen (Abb. 2.5).

2.4 Tycho Brahe (1546–1601)

Obwohl sich sein Weltbild letztlich als falsch erwies, war Brahe einer der bedeutendsten Astronomen seiner Zeit. Was ihn auszeichnete, war seine Fähigkeit zur akribischen Beobachtung der Planeten- und Sternbewegungen. Wie kein anderer vor ihm war er in der Lage, mit bloßem Auge die zeitlichen Veränderungen der Planetenpositionen exakt zu bestimmen und zu dokumentieren. Zu diesem Zweck entwickelte er mehrere Präzisionsmessinstrumente, unter anderem einen sogenannten Mauerquadranten mit einem Radius von 6,4 Metern, den er in Augsburg aufstellen ließ.

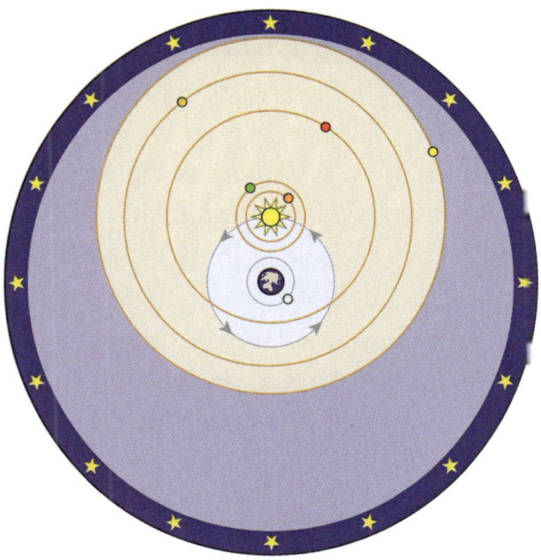

2.5 Das tychonische Weltbild mit der Erde im Zentrum der Gestirne, wobei sich die restlichen Planeten um die Sonne drehen.

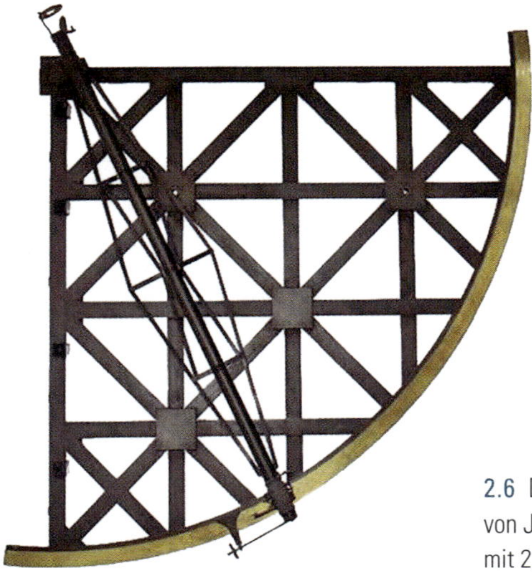

2.6 Der Mauerquadrant von John Bird (London 1773) mit 2,5 Meter Höhe.

Damit konnte er die Position der Himmelkörper bis auf zehn Bogensekunden genau bestimmen.

Im Jahr 1580 bezog Brahe auf der ihm von König Friedrich II. von Dänemark überlassenen Öresund-Insel Ven (heute zu Schweden, damals zu Dänemark gehörend) eine speziell für seine Beobachtungen erbaute Sternwarte. Im Laufe der Zeit entwickelte sich diese Uraniborg genannte Forschungsstätte zu einer der berühmtesten Sternwarten der frühen Neuzeit. 1584 bezog er die nur 100 Meter entfernte, aus Stabilitätsgründen in den Erdboden eingelassene, neue Sternwarte Stjerneborg.

Außer seinem Datenkatalog zu den Planetenpositionen verdankt Brahe seinen Ruhm nicht zuletzt zwei seltenen Himmelsereignissen. 1572 gelang ihm die Beobachtung eines neu am Himmel aufscheinenden »Sterns«, einer Supernova, und 1577 vermaß er die Bahn eines am Himmel aufgetauchten Kometen. Da beide Ereignisse keine Parallaxe zeigten, d. h., die Position des Sterns verschob sich nicht vor dem Hintergrund der anderen Sterne, wenn man ihn von unterschiedlichen Orten aus anvisierte, war für ihn klar, dass sie nicht zur Planetensphäre gehören konnten, sondern weit außerhalb, in der Fixsternregion, angesiedelt sein mussten.

Damit widerlegte er nicht nur die Ansicht Aristoteles', für den die Fixsternsphäre ewig und unveränderlich zu sein hatte, sondern zeigte auch, dass das beobachtbare Universum viel größer sein musste als bisher angenommen.

Als sein Förderer Friedrich II. 1588 starb, wurden Brahe immer mehr die Mittel gekürzt. Deshalb entschloss er sich, Ven zu verlassen und in das Herzogtum Holstein überzusiedeln. Im Oktober 1601 verstarb Brahe unter mysteriösen Umständen in Prag. Um seine Todesursache rankten sich lange wilde Gerüchte. War es Mord, begangen durch Johannes Kepler? Starb er an einer selbstverschuldeten Quecksilbervergiftung oder an einem Herzinfarkt im Bordell? Oder erlag er einer geplatzten Harnblase? Um die Spekulationen einzudämmen, wurde Brahes Grab in der Prager Teynkirche im Jahr 2010 nochmals geöffnet. Die Untersuchung seiner sterblichen Überreste durch dänische und tschechische Pathologen ergab, dass Quecksilbervergiftung als Todesursache ausgeschlossen werden kann und Brahe vermutlich an einer Blasenentzündung starb.

Machen wir einen kleinen Schritt zurück in das Jahr 1600. Im Februar dieses Jahres lud Brahe den deutschen Astronomen und Mathematiker Johannes Kepler (1571–1630) zu sich nach Prag ein, um ihn zu seinem Assistenten zu machen. Dadurch wurden zwei Menschen zusammengeführt, die unterschiedlicher nicht hätten sein können. War Brahe aufbrausend, jähzornig, ungeduldig und herrschsüchtig, mit begrenzten mathematischen Fähigkeiten, dafür jedoch ein begnadeter, akribischer Beobachter, so war Kepler ein ruhiger, besonnener, zurückhaltender, glänzender Mathematiker, aber nahezu »blind wie ein Huhn«, so dass er kaum die Sterne erkennen konnte. Insofern ergänzten sich die beiden Persönlichkeiten hervorragend.

2.7 Johannes Kepler (1571–1630)

Im Rahmen dieser »Zusammenarbeit« erhoffte sich Brahe eine mathematische Bestätigung seines tychonischen Weltbildes. Da er aber um seinen Ruhm fürchtete, gab er Kepler aus seinem Datenschatz stets nur so viel zur Kenntnis, wie dieser für seine jeweils aktuellen Berechnungen unbedingt benötigte. Erst als Brahe starb, gingen seine kompletten Beobachtungsdaten an Kepler über. Wie von Kepler überliefert, soll Brahe an seinem Sterbebett ausgerufen haben: »Herr, lass mich nicht umsonst gelebt haben!« Ob diese Bitte an Kepler oder an Gott gerichtet war, sei dahingestellt.

Wie auch immer, Brahes flehender Wunsch sollte in Erfüllung gehen, gleichwohl jedoch etwas anders, als er sich das vermutlich gewünscht hatte. Denn nicht das tychonische, sondern das von Kopernikus vorformulierte heliozentrische Planetensystem sollte als das die Realität richtig wiedergebende Weltbild die Anerkennung Keplers finden. Dazu hatte Brahe einen nicht zu unterschätzenden Beitrag geliefert. Denn ohne den von ihm über Jahrzehnte immer wieder verbesserten und erweiterten Datenkatalog der Planetenbewegungen wäre Kepler wohl nicht in der Lage gewesen, die »Mechanik des Sonnensystems« zu entschlüsseln und seine drei revolutionären Keplerschen Gesetze zu formulieren.

Das erste Keplersche Gesetz beschreibt die Form der Planetenbahnen, die sowohl bei Kopernikus als auch bei Brahe Kreise um einen Punkt in der »Nähe« der Sonne sein sollten. Anhand der genauen Aufzeichnungen Brahes zur Bewegung des Planeten Mars konnte Kepler zeigen, dass die Planeten auf elliptischen Bahnen um die in einem der Brennpunkte der Ellipsen stehende Sonne laufen. Abb. 2.8 zeigt eine derartige, jedoch etwas übertrieben elliptische Planetenbahn. Die Sonne muss man sich im linken der beiden Ellipsenbrennpunkte stehend denken. Den Bahnpunkt mit der geringsten Entfernung zur Sonne bezeichnet man als Perihel, den fernsten Punkt als Aphel. Zusätzlich sind die die Form der Ellipse bestimmenden Größen wie die große und die kleine Halbachse a und b der Ellipse sowie deren lineare Exzentrizität e eingezeichnet. Ist e gleich null, so fallen beide Brennpunkte zusammen, und die Ellipse gerät zu einem Kreis. Der Wert von a wird oft auch als mittlere Entfernung des Planeten vom Zentralstern angegeben. Das stimmt jedoch nicht ganz. Korrekt berechnet sich die mittlere Planetenentfernung D_m zu

$$D_m = a \cdot \left(1 + \frac{\varepsilon^2}{2}\right) \quad (2.1)$$

wobei ε die numerische Exzentrizität $\varepsilon = e / a$ bedeutet.

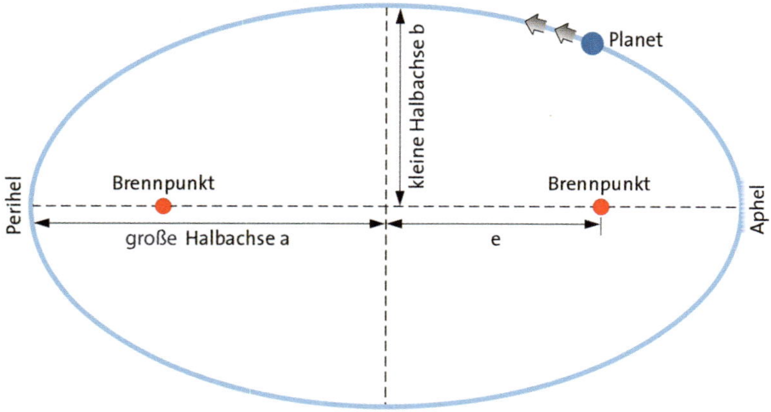

2.8 Erstes Keplersches Gesetz: Planeten bewegen sich entlang von Ellipsen um die Sonne im Brennpunkt.

Doch Brahes Datensatz gab noch mehr her. Kepler fiel auf, dass sich Planeten längs ihrer Bahn mit unterschiedlicher Geschwindigkeit bewegen, am schnellsten in der Nähe des Perihels, am langsamsten im Aphel. Dies kommt zum Ausdruck in Keplers zweitem Gesetz: »Der Fahrstrahl eines Planeten überstreicht in gleichen Zeiten gleiche Flächen.« In Abb. 2.9 ist der Fahrstrahl als rote Linie eingezeichnet. Indem er mit der Bewegung des Planeten über die Ellipsenfläche gleitet, überstreicht er die eingezeichneten orangen Flächen *A* und *B*. Kepler gelang nun der Beweis, dass diese Flächen gleich groß sind, wenn die Zeit, die von t_1 bis t_2 vergeht, gleich lang ist wie die von t_3 bis t_4. Wie aus Abb. 2.9 direkt abzulesen ist, muss sich demnach der Planet in Perihelnähe schneller bewegen als anderswo auf seiner Bahn.

Das dritte Keplersche Gesetz setzt die Umlaufzeiten *T* zweier Planeten, die ein und denselben Stern umrunden, zu deren Entfernungen, besser gesagt, zu deren großen Halbachsen *a*, in Bezie-

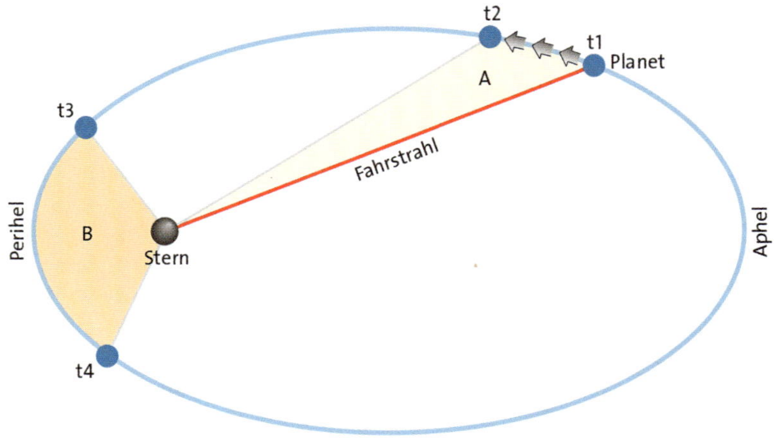

2.9 Zweites Keplersches Gesetz: Ein Fahrstrahl von der Sonne zum Planeten überstreicht in gleichen Zeiten gleiche Flächen.

hung. Es lautet: »Die Quadrate der Umlaufzeiten zweier Planeten verhalten sich wie die Kuben ihrer großen Halbachsen.« Als Gleichung geschrieben, hat das Gesetz die Form:

$$\frac{T_1^2}{T_2^2} = \frac{a_1^3}{a_2^3} \tag{2.2}$$

Kennt man also von einem Planeten die Umlaufperiode sowie dessen Entfernung zum Zentralstern, so genügt es, die Umlaufperiode eines zweiten Planeten zu messen, um dessen Sternentfernung zu berechnen. Aus diesem Gesetz folgt auch, dass mit wachsendem Abstand eines Planeten von seinem Zentralgestirn seine Bahngeschwindigkeit abnimmt. Der weiter entfernte Mars kommt auf seiner Bahn langsamer voran als die der Sonne näher gelegene Erde. Erwähnt sei noch, dass die Keplerschen Gesetze nicht nur für Planeten, sondern für alle Körper Gültigkeit haben, die einen Zentralkörper umlaufen, also auch für Asteroiden, Kometen und Satelliten.

Sprechen wir noch zwei weitere Themen an, um die sich Kepler verdient gemacht hat. Wie bereits Brahe, so gelang auch ihm 1606 die Beobachtung der Geburt eines »neuen Sterns«, einer Supernova. Anhand dieses aufsehenerregenden Ereignisses konnte er abermals die damals vorherrschende Vorstellung eines ewigen und unveränderlichen, lediglich auf die Sonne und die Planeten begrenzten Kosmos widerlegen. Wichtiger noch waren seine Beiträge zur Optik. Insbesondere revolutionierte er die Art, wie man sich den Sehvorgang vorzustellen hatte. Aus damaliger Sicht sollte vom Auge des Betrachters ein kegelförmiges Strahlenbündel ausgehen, das auf das zu betrachtende Objekt trifft. Kepler erkannte jedoch korrekt, dass vom Objekt Lichtstrahlen in alle Richtungen ausgehen, von denen einige durch die Pupille in das Auge gelangen und dort mittels einer Linse, der sogenannten Augenlinse, gebündelt werden. Augenleiden wie Kurz- bzw. Weitsichtigkeit wurden damit plötzlich erklärbar. Neben einigen Funktionsskizzen zu Fernrohren (Keplersches Fernrohr) fasste er 1611 die auf dem Gebiet der Optik erzielten Erkenntnisse in seinem bedeutenden Werk *Dioptrice* zusammen.

Kepler starb im November 1630 in Regensburg im Alter von 58 Jahren. 1806 bis 1808 wurde in der Nähe seines im Dreißigjährigen Krieg zerstörten Grabes eine Kepler-Gedenkstätte errichtet mit der von Kepler selbst verfassten Grabinschrift:

»Die Himmel hab ich gemessen,
jetzt mess' ich die Schatten der Erde.
Himmelwärts strebte der Geist, des Körpers Schatten ruht hier.«

Was Kepler gerade noch miterlebte und was die Astronomen endlich von ihrer »Kurzsichtigkeit« befreite, war die Erfindung eines optischen Instruments, des Teleskops. Zugeschrieben wird sie dem deutsch-niederländischen Brillenmacher Hans Lipperhey.

2.10 Hans Lipperhey (um 1570–1619)

Im Oktober 1608 bot Lipperhey sein »Instrument, um in die Ferne zu sehen« dem Rat von Zeeland an. Selbstverständlich wollte Lipperhey seine Erfindung patentieren lassen. Da jedoch noch zwei andere Optiker und Linsenschleifer, Jacob Metius und Zacharias Janssen, die Erfindung für sich reklamierten, wurde ihm die Patentschrift verweigert. Das änderte jedoch nichts daran, dass bereits kurze Zeit darauf Fernrohre sogar in Paris auftauchten. Viel durfte man sich von diesen Instrumenten jedoch nicht erwarten. Lipperheys Konstruktion, die man auch als das holländische Fernrohr bezeichnet, schaffte gerade mal eine dreifache Vergrößerung. Erst Kepler (1611) und Galilei konnten die Fernrohre entscheidend verbessern, was dann zu zwei unterschiedlichen Fernrohrtypen führte, dem Keplerschen und dem Galileischen Rohr. Der Unterschied liegt in der Wahl der verwendeten Linsen. Das Kepler-Fernrohr zeigt die betrachteten Gegenstände seitenverkehrt und auf dem Kopf stehend, während das Galileische eine seitenrichtige und vertikal korrekte Betrachtung ermöglichte. Vor allem war es diese Erfindung, die das Tor in die Tiefen des Alls weit aufstieß und den Astronomen einen völlig neuen Blick auf die Geschehnisse im Universum eröffnete.

2.2 Galilei

Wie fallen Körper zu Boden?

2.11 Galileo Galilei (1564–1642)

Warum wir diesem italienischen Astronomen, Physiker, Mathematiker, Kosmologen und Experimentator ein eigenes Kapitel widmen, hat vor allem damit zu tun, dass Galileo Galilei (1564–1642) als der Begründer der exakten Naturwissenschaften zu gelten hat. Er war der Erste, der die drei Grundpfeiler wissenschaftlicher Forschung, »Beobachten, Messen, mathematische Begründung«, zur Grundlage seines Bemühens machte, die Welt zu verstehen.

Schließen wir dort an, wo wir im vorausgegangenen Kapitel geendet haben: beim Fernrohr. Wie bereits erwähnt, hat Galilei das Lipperhey'sche Fernrohr so verbessert, dass er im August 1609 ein Instrument mit 9-facher Vergrößerung zur Verfügung hatte. Später sollten seine Fernrohre sogar einen Vergrößerungsfaktor von 33 erreichen. Aber so weit sind wir noch nicht. Galilei soll der Erste gewesen sein, der dieses ursprünglich für militärische Zwecke gedachte Instrument auf die Objekte des Himmels, den Mond, die Sterne und die Planeten, gerichtet hat. Dabei erkannte er, dass die Oberfläche des Mondes von Kratern übersät ist und der Mond nie komplett schwarz erscheint, weil das von der Erde zum Mond reflektierte Sonnenlicht seine dunklen Bereiche stets etwas aufhellt. Astronomen bezeichnen dieses Phänomen als »Erdschein«. Auch die Milchstraße verlor, mit dem Fernrohr betrachtet, ihr nebelartiges Aussehen und entpuppte sich als eine Ansammlung unzähliger Sterne, die aufgrund der großen Entfernung zu einem hellen Gewimmel verschwimmen. Dass die Planeten, anders als die punktartigen Sterne, als scheibenförmige Objekte zu sehen sind, war ein weiteres, für die damalige Zeit spektakuläres Ergebnis seiner Beobachtungen. Ob ihm damit auch klar wurde, dass die Planeten aus Materie geformte Kugeln sind, darüber kann man nur spekulieren. Und nicht zuletzt entdeckte er, dass so wie der Mond auch die Venus Phasen aufweist. Daraus folgerte er korrekt, dass das nur sein könne, wenn die Venus die Sonne innerhalb der Erdbahn umrundet. Auch die von ihm entdeckten Sonnenflecken hat ihm anfänglich kaum jemand geglaubt, da man die Beobachtung zunächst nicht nachvollziehen konnte. Das lag daran, dass die Astronomen noch lange lediglich über Teleskope mit deutlich schlechterem Auflösungsvermögen verfügten und überdies während des von 1645 bis 1715 andauernden sogenannten »Maunder-Minimums«, einer Periode besonders niedriger Temperaturen auf der Nordhalbkugel der Erde, die Sonne praktisch fleckenfrei war. Außerdem: Eine befleckte Sonne, ein »Ausschlag« auf dem nach Kirchenlehre reinsten Gestirn, das durfte nicht sein.

Sein spektakulärster »Fernrohr-Coup« war jedoch die Entdeckung der vier größten Monde des Planeten Jupiter. Galilei widmete sie dem Fürstenhaus der Medici und nannte sie »Mediceische Gestirne«. Heute bezeichnet man sie als die Galileischen Monde. Angeblich gelang ihm diese Beobachtung erstmals am 7. Januar 1610. Doch nur einen Tag später, am 8. Januar, berichtete auch der deutsche Mathematiker, Astronom und Arzt Simon Marius von der Entdeckung dreier Monde beim Planeten Jupiter. Galilei bezichtigte ihn darauf des Plagiats, und es kam zum Streit. Den genauen Ausgang des Verfahrens kennen wir nicht, aber Galileis

Vorwürfe führten dazu, dass Marius der verdiente Ruhm versagt blieb. Ungeachtet dessen genoss Marius weiterhin großes Ansehen in seiner Heimat.

Die Entdeckung der Jupitermonde ist für die damalige Zeit auch in anderer Hinsicht von Bedeutung: Noch streiten sich die Gelehrten um das richtige Weltbild: Ptolemäisch, tychonisch oder kopernikanisch? Galilei deutet den Jupiter und seine Monde als ein kopernikanisches System im »Miniaturformat«. Wenn es selbst bei Planeten möglich ist, dass ein großer massereicher Körper (Planet) als Zentralmasse für kleinere Objekte (Monde) fungieren kann, dann sollte dahinter wohl ein System stecken und Gleiches auch für das gesamte Sonnensystem Gültigkeit haben. Mit anderen Worten: Galilei favorisiert fortan das heliozentrische Planetensystem, eine Entscheidung, die ihm noch zu schaffen machen sollte.

Noch im Jahr 1610 veröffentlichte Galilei seine durch die Beobachtung des Himmels gewonnenen Erkenntnisse in der auf Lateinisch verfassten Schrift *Siderius Nuntius*, deutsch »Der Himmelsbote«. 550 Exemplare wurden davon gedruckt – und sie machten ihn schlagartig berühmt.

Im Februar 1630 legte Galilei nach. Er veröffentlichte ein Werk, in dem sich Befürworter und Gegner in Dialogform einen Disput über das ptolemäische und das kopernikanische System liefern, wobei sich die Waage deutlich auf die Seite der »Kopernikaner« neigt. Diesen *Dialogo di Galileo Galilei sopra i due Massimi Sistemi del Mondo Tolemaico e Copernicano* widmete er dem Großherzog Ferdinando II. de' Medici, aber auch sein Gegner, der Inquisitor Serriston, bekam ein Exemplar. Wie nicht anders zu erwarten, wurde Galilei kurz darauf von der Inquisition vernommen, und erst als er bei einer weiteren Anhörung bekannte, sich geirrt zu haben, sah man von einer harten Strafe ab und verurteilte ihn »lediglich« zu einer Kerkerhaft, die jedoch kurz darauf in einen lebenslangen Hausarrest umgewandelt wurde. Doch ein einmal von der Kirche gefälltes Urteil haftet an wie Pech. Erst am 2. November 1992 konnte sich die römisch-katholische Kirche dazu durchringen, Galileo Galilei zu rehabilitieren.

Wer jetzt glaubt, Galilei hätte nun zu Hause herumgesessen und hätte nichts mit sich anzufangen gewusst, der irrt. Auf dem Gebiet der Physik gehört dieses »sesshafte« Dasein Galileis vielleicht zur fruchtbarsten Periode seines Lebens. Zunächst beschäftigte er sich mit den Fallgesetzen. Aristoteles konnte noch unwidersprochen behaupten: Schwere, also massereiche Körper fallen schneller als leichte. Der Mathematiker und Astronom Giovanni Battista Benedetti (1530–1590) hatte diese Ansicht schon 1554 mit einer klugen Überlegung in Frage gestellt. Man denke sich zwei gleich große Kugeln, eine aus Holz, die andere aus Eisen. Nach Aristoteles fällt die Eisenkugel schneller als die Holzkugel. Montiert man jedoch beide Kugeln an eine stabile Stange, so ist die Masse der »verbundenen Elemente« größer als die jeder einzelnen Kugel, und das gekoppelte System müsste sogar schneller fallen als die Eisenkugel. Andererseits würde bei einer Verbindung der beiden Kugeln durch eine dünne Schnur die langsamer fallende Holzkugel die schnellere Eisenkugel hemmen, so dass beide insgesamt langsamer zu Boden fallen sollten. Dieser Widerspruch, einmal schneller, dann wieder langsamer, machte Aristoteles' Ansicht schon zu Benedettis Zeiten unglaubwürdig.

Sehr wahrscheinlich wusste Galilei von Benedettis Argumentation, und vielleicht hat ihn das auch veranlasst, der Sache auf den Grund zu gehen. Also stellte er Fallversuche mit einer Kugel an. Dabei gab es jedoch ein schier unüberwindbares Problem, an dem das Experiment zu scheitern drohte: Es ging einfach alles zu schnell. Galilei konnte die Zeitspannen, in denen die frei fallende Kugel jeweils eine bestimmte Strecke durchmessen hatte, nur sehr ungenau bestimmen. Als Zeitmesser standen ihm nur mehr oder weniger untaugliche »Instrumente« zur Verfügung. Zunächst dachte er daran, Wasser über eine bestimmte Zeitdauer aus einem Gefäß herausfließen zu lassen und dann mit Hilfe einer Waage die Wassermenge und somit die Zeit zu bestimmen. Die Genauigkeit reichte jedoch nicht aus. Auch die Frequenz seines Pulsschlags war viel zu niedrig und der Puls überdies zu unregelmäßig. Ein Trommler konnte zwar leicht eine höhere Schlagfrequenz erreichen, aber auch das half nicht weiter. Weiterhelfen konnte nur eine Vorrichtung, mit der man die Beschleunigung bzw. die Kraft, die auf die Kugel wirkt, verringern kann, so dass sich die Kugel entsprechend langsamer bewegt. Das gelingt am besten mit einer schiefen Ebene, über die man die Kugel herabrollen lässt. Wie Abb. 2.12 zeigt, kann man damit die aufgrund der Erdanziehung auf die Kugel wirkende Kraft F in eine parallel zur schiefen Ebene wirkende, sogenannte Hangabtriebskraft F_1 und eine senkrecht auf die Unterlage drückende Normalkraft F_2 zerlegen. Über den Neigungswinkel α der Ebene lässt sich F_1 in den Grenzen von 0 bis F einstellen. Das Ergebnis lässt sich dann problemlos in den freien, senkrechten Fall der Kugel umrechnen.

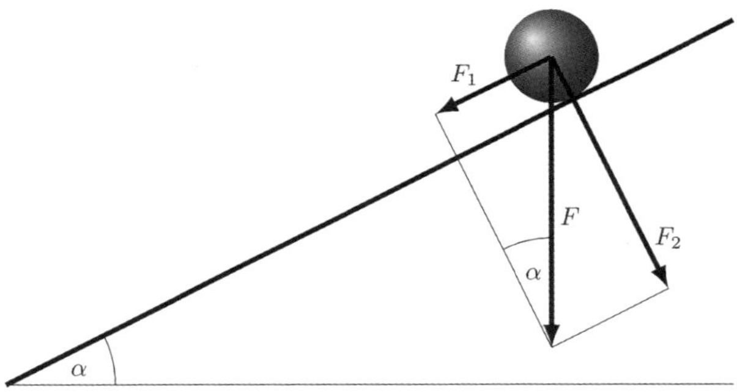

2.12 Kugel auf schiefer Ebene. Die Gewichtskraft F lässt sich in zwei Komponenten zerlegen: F_1 entlang der schiefen Ebene und F_2 senkrecht dazu.

Die Analogie zwischen freiem Fall und schiefer Ebene ist jedoch nicht vollständig, da bei dem Experiment die Energie, die zur Überwindung der Rollreibung und zum Aufbau der Rotationsenergie der Kugel nötig ist, unberücksichtigt bleibt. Beide Größen beeinflussen das Ergebnis jedoch nur unwesentlich.

Die schwarzen Balken und Zahlen von Abb. 2.13 zeigen Galileis Messergebnisse. Die Kugel rollt bzw. fällt zum Zeitpunkt null los (erster Balken) und legt innerhalb einer Zeiteinheit die Strecke bis zum zweiten Balken zurück. Nach einer weiteren Zeiteinheit ist die Kugel schon viermal so weit gekommen wie der Abstand zwischen der Nullstellung (erster Balken) und der Position nach

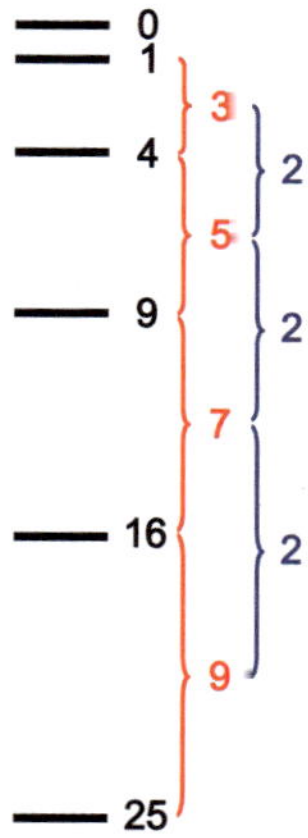

2.13 Freier Fall eines Testkörpers im Gravitationsfeld der Erde. Schwarz: durchfallene Strecke pro Zeiteinheit. Rot: Zunahme der Fallstrecke pro Zeiteinheit. Blau: Zunahme der Zunahme der Fallstrecke pro Zeiteinheit.

der ersten Zeiteinheit (zweiter Balken). Nach drei Zeiteinheiten ist die insgesamt zurückgelegte Strecke neunmal so groß, nach vier Zeiteinheiten 16-mal und nach fünf Einheiten 25-mal so groß und so weiter. Offensichtlich hängt die Strecke quadratisch von der Zeit ab. Mit welcher mittleren Geschwindigkeit ist die Kugel nun in jeder Zeiteinheit unterwegs, oder anders gefragt: Wie viel Strecke macht sie jeweils pro Zeiteinheit? Das sind die roten Zahlen, sie steigen kontinuierlich an. Auch innerhalb eines Zeitabschnitts steigt die Geschwindigkeit, deshalb erhalten wir die roten Zahlen, anhand des Mittelwerts aus Anfangs- und Endgeschwindigkeit in der jeweiligen Zeiteinheit. Der konstante Betrag, um den sich in jedem Zeitabschnitt die Geschwindigkeit erhöht, entspricht der Beschleunigung (blaue Zahlen). Üblicherweise bezeichnet man die Strecke mit dem Buchstaben x, die Geschwindigkeit mit v und die Beschleunigung mit a. Wenn sich v mit jeder Zeiteinheit t um jeweils a erhöht, gilt offensichtlich:

$$v = a \cdot t \qquad (2.3)$$

Zur Ableitung der Fallstrecke x musste Galilei nur noch diese Geschwindigkeit mit der Zeit multiplizieren und den Faktor $\frac{1}{2}$ berücksichtigen, um dem Mittelwert Rechnung zu tragen:

$$x = \frac{1}{2} a \cdot t^2 \qquad (2.4)$$

Galilei hat diese Ergebnisse empirisch gewonnen. Aufgrund des Rabenparadoxons konnte er sich jedoch nicht sicher sein, ob seine Fallgesetze wirklich immer und überall gelten. Ein Jahr nach seinem Tod wird ein Vertreter einer neuen Wissenschaftsgeneration geboren, der endlich Gesetzmäßigkeiten durch mathematische Beweisführung allgemeingültig formulieren wird: Isaac Newton. Galileis Leistung wird dadurch nicht geschmälert. Für seine Zeit war sie herausragend.

Einen wesentlichen Baustein für die Argumentation der nachfolgenden Wissenschaftler wird die von Isaac Newton und Gottfried Wilhelm Leibniz entwickelte Infinitesimalrechnung liefern. Damit sind wir jetzt an einem Punkt angelangt, wo wir die Sache etwas grundsätzlicher betrachten sollten. Wir müssen uns mit einer in der Physik immer wiederkehrenden Aufgabe beschäftigen, nämlich mit dem Ableiten bzw. dem Differenzieren einer Funktion. Falls Sie, liebe Leserin und lieber Leser, mit diesen Begriffen vertraut sind, dann können Sie getrost den folgenden Einschub überspringen. Wer mit Mathematik partout nichts am Hut hat, kann diesen Exkurs auch überlesen, ohne gleich den »roten Faden« zu verlieren. Aber ich verspreche Ihnen, die Aussichten auf unserer Wanderung von Aristoteles zur Stringtheorie werden noch beeindruckender sein, wenn Sie sich ein Stück weit auf die Mathematik als Werkzeug zur Beschreibung dieser Welt einlassen.

EINSCHUB INFINITESIMALRECHNUNG

Der Begriff »Ableitung« stammt aus der Infinitesimalrechnung, die Ende des 17. Jahrhunderts von Isaac Newton und unabhängig davon auch von Gottfried Wilhelm Leibniz entwickelt wurde. Wandeln wir ein paar Schritte auf den Spuren dieser großen Denker. Zeichnet man einen Funktionsverlauf in ein Diagramm ein und stellt sich gedanklich auf einen beliebigen Punkt dieser Funktion, dann informiert die Ableitung darüber, wie stark sich die Funktion im nächsten Schritt verändern wird – gewissermaßen wie steil es bergauf oder bergab geht. Deshalb spricht man auch von der »Steigung« der Funktion an diesem Punkt. Verläuft beispielsweise ein Weg-Zeit-Diagramm an einer Stelle sehr steil, spricht das für eine hohe Geschwindigkeit. An den Galileischen Fallgesetzen lässt sich das gut demonstrieren.

Galilei hatte erkannt, dass sich die von einer frei fallenden Kugel zurückgelegte Wegstrecke quadratisch mit der Zeit ändert. Die in eine Fallkurve »übersetzte« Funktion $x(t)$ ist eine Parabel. Zeichnen wir diese Parabel in ein Koordinatensystem ein, so ergibt sich das untenstehende Bild. Dabei ist auf der horizontalen Koordinatenachse die Zeit t und auf der vertikalen Achse die zurückgelegte Wegstrecke x aufgetragen.

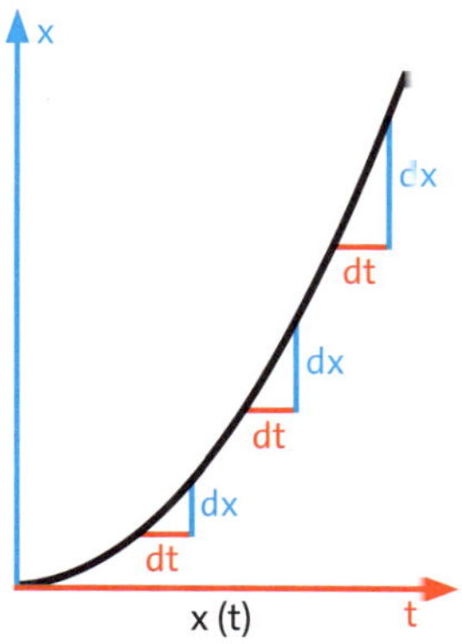

2.14 Trägt man für den freien Fall in einem Diagramm die Fallstrecke *x* für unterschiedliche Zeiten *t* ein, so ergibt sich eine Parabel. Das Verhältnis Fallstrecke pro Zeiteinheit steigt dabei stetig an – dieses Verhältnis nennt man Steigung der Funktion an einem bestimmten Punkt.

Die Kurve beginnt zum Zeitpunkt $t = 0$ im Punkt $x = 0$ und steigt ab da immer steiler an. Um die Veränderung der Steigung in einem bestimmten Kurvenpunkt zu veranschaulichen, trägt man dort einen kleinen Zeitschritt dt parallel zur t-Achse ab und vom rechten Ende von dt eine Strecke dx senkrecht bis zur Parabel nach oben. Der Differenzenquotient, dx dividiert durch dt, ergibt dann die mittlere Steigung der Kurve im Streckenabschnitt dx. Wiederholt man das, wie in der Graphik eingetragen, an verschiedenen Punkten der Kurve, jedoch mit immer gleichem dt, so wächst in unserem Beispiel der Differenzenquotient bzw. die Steigung der Kurve von unten nach oben kontinuierlich an.

Im täglichen Leben informieren uns Straßenschilder etwa über die Steigung einer Straße. Da steht dann beispielsweise: Steigung

10%. Dem Betrachter des Schildes wird damit angezeigt, dass die Straße längs einer horizontalen Stecke von 100 Metern 10 Meter in die Höhe führt. In Grad ausgedrückt heißt das: Die Straße steigt in einem Winkel von knapp sechs Grad an. Bei einer Steigung von 100% führt die Straße auf 100 Metern Länge 100 Meter in die Höhe. Der entsprechende Winkel beträgt, entgegen der ersten Intuition, nicht 90 Grad, sondern nur 45 Grad. Erst eine unendlich große Steigung hat einen Steigungswinkel von 90 Grad.

Doch zurück zu Galileis Parabel. In der Mathematik wird dieser Differenzenquotient *dx* geteilt durch *dt* als »Ableitung von *x* nach *t*« bezeichnet. Newton hat dafür eine sehr elegante Schreibweise in Form eines Punktes über der Funktion eingeführt:

$$\frac{dx}{dt} = \dot{x} \tag{2.5}$$

Was aber ist dieser Differenzenquotient? Nun, in unserem Fall ist es eine Wegstrecke *dx* geteilt durch eine Zeit *dt*, und das ist eine Geschwindigkeit *v*, genauer ist es die mittlere Geschwindigkeit, mit der die frei fallende Kugel im Streckenabschnitt *dx* zu Boden fällt. Um die Geschwindigkeit für einen spezifischen Kurvenpunkt *P* zu erhalten, müssen *dx* und *dt* sehr klein gewählt werden, im Grenzfall müssen beide Größen gegen null gehen – dann nennt man sie infinitesimal, was der mathematischen Methode ihren Namen einbrachte. Genau genommen schreibt man nur bei infinitesimal kleinen Werten ein *d* davor, wie wir es mit *dx* und *dt* praktiziert haben, während man bei endlichen Werten zur Unterscheidung ein Δ verwendet. Das ergibt:

$$v_P = \lim_{\Delta t \to 0} \frac{\Delta x}{\Delta t} = \frac{dx}{dt} = \dot{x} \tag{2.6}$$

Trägt man nun die Geschwindigkeiten zu jedem Zeitpunkt in einem Diagramm zusammen, dann lässt sich für diese Kurve wiederum die Steigung ermitteln. Wie Galilei sich mühsam hat erarbeiten müssen, steigt *v* mit der Zeit *t* linear an. Die Geschwindigkeitskurve ist also eine Gerade und die senkrechte Koordinatenachse gibt jetzt nicht mehr den Wert von *x* an, sondern von *v*.

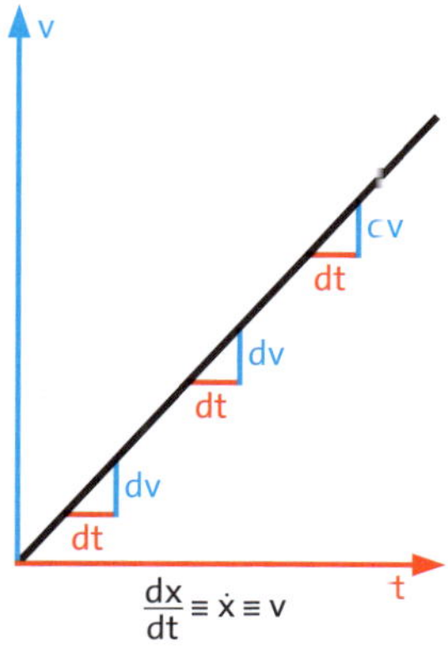

2.15 Trägt man die Steigungen der Parabel in Abb. 2.14 in ein neues Diagramm ein, erhält man den Verlauf der Fallgeschwindigkeit. Diese Geschwindigkeit v erhöht sich in jedem Zeitschritt um einen konstanten Betrag, d. h. die Steigung von v ist konstant.

An dieser Geraden können wir wieder das Spiel mit den Dreiecken machen bzw. die Ableitung von v nach t bilden. Man bezeichnet das auch als die zweite Ableitung von x nach t, gesprochen wird das als »d zwei x nach dt Quadrat«. Aus einem Punkt über dem x werden dann zwei:

$$\frac{d^2x}{dt^2} = \frac{dv}{dt} = \ddot{x} \qquad (2.7)$$

Wie die Graphik zeigt, sind die Dreiecke längs der Geraden v alle gleich groß – wie sich das gehört für eine konstante Steigung. Diesen konstanten Zuwachs – diese Änderung der Geschwindigkeit pro Zeit – nennen wir Beschleunigung. Die Ableitung der Geschwindigkeit nach der Zeit t liefert somit die konstante Beschleunigung, die die Kugel längs der Fallstrecke erfährt:

$$a = \frac{d^2x}{dt^2} = \frac{dv}{dt} = \ddot{x} \qquad (2.8)$$

In Abb. 2.16 ist a gegen die Zeit aufgetragen, und weil sich a mit der Zeit ja nicht ändert, erhält man eine zur t-Achse parallele Gerade.

Wie bereits erwähnt, hat sich Galilei all das anhand vieler Versuche und Experimente mühsam erarbeitet. Mithilfe der Differentialrechnung wird sich Newton nicht nur wesentlich leichter tun, sondern er wird auch die Fallgesetze allgemein beweisen –

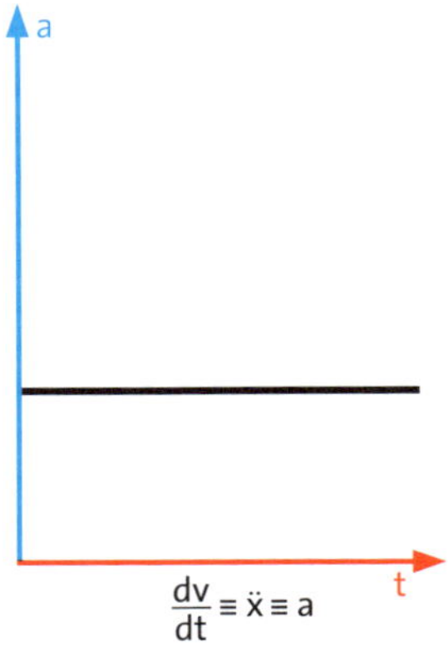

2.16 Trägt man die Steigung der Geschwindigkeit in einem eigenen Diagramm auf, ergibt sich eine horizontale Linie, d.h. ein konstanter Funktionswert, wie es Galilei ja bereits erkannt hatte. Die Änderung der Geschwindigkeit pro Zeiteinheit nennen wir Beschleunigung.

unabhängig von den empirischen Daten. Allein aus der Kenntnis der Fallkurve $x(t)$ lassen sich die Größen v und a berechnen. Genau das ist es, was das Konzept der Ableitung in der Physik zu einem so mächtigen Werkzeug macht.

Wie sieht das nun im Einzelnen aus? Galilei hatte die Fallgeschwindigkeit noch als mittlere Geschwindigkeit erhalten:

$$x = v_{Mittel} \cdot t \tag{2.9}$$

Diese mittlere Geschwindigkeit berechnet sich aus der Endgeschwindigkeit v, plus der Anfangsgeschwindigkeit, die den Wert null hat, und davon die Hälfte, also:

$$v_{Mittel} = \frac{1}{2}(v + 0) = \frac{1}{2} \cdot v \tag{2.10}$$

Damit erhält man für die Wegstrecke x den Ausdruck

$$x = \frac{1}{2} v \cdot t \tag{2.11}$$

Setzen wir für v die von Galilei erkannte Beziehung $v = a \cdot t$, so folgt:

$$x = \frac{1}{2} a \cdot t^2 \tag{2.12}$$

So weit nochmals die Argumentation von Galilei. Anhand dieser Gleichung können wir jetzt gleich mal das Differenzieren üben und zunächst v berechnen. Wir wissen, $v = \dot{x}$, also müssen wir x nach t ableiten oder, wie man auch sagt, x nach t differenzieren. Differenziert wird nach festgesetzten Regeln, die man in den Lehrbüchern zur Infinitesimalrechnung nachlesen kann. Dabei gilt: Ein konstanter Faktor bleibt unverändert, und beim Differenzieren von t hoch einer Zahl wird zunächst die Hochzahl (der Exponent) als Faktor vor den Term gesetzt und der Exponent um 1 erniedrigt. In unserem Beispiel haben wir es mit t^2 zu tun, d. h., die 2 wird als Faktor nach vorne gestellt und mit dem konstanten Faktor ½ a multipliziert, und aus t^2 wird t^1. Diese Operationen sind in der folgenden Zeile rot gekennzeichnet:

$$v = \dot{x} = \frac{dx}{dt} = 2 \cdot \frac{1}{2} a \cdot t^{2-1} = \not{2} \cdot \frac{\not{1}}{\not{2}} a \cdot t^1 = a \cdot t \qquad (2.13)$$

Damit haben wir die Geschwindigkeit eines frei fallenden Körpers auf elegante Weise neu gefunden, und das Ergebnis stimmt mit demjenigen von Galilei überein.

Das macht Appetit auf mehr. Leiten wir die neu gefundene Beziehung für v wiederum nach t ab und berücksichtigen, dass jede Größe hoch null den Wert 1 ergibt, dann erhalten wir:

$$\ddot{x} = \frac{dv}{dt} = \frac{d}{dt}(a \cdot t) = 1 \cdot a \cdot t^{1-1} = \not{1} \cdot a \cdot t^0 = a \qquad (2.14)$$

Die Ableitung der Fallgeschwindigkeit ergibt eine konstante Beschleunigung a, so wie es Abb. 2.16 zeigt und wie es auch Galilei herausgefunden hat.

In der Hoffnung, anhand der Fallgesetze eine der wichtigsten »Allzweckwaffen« der mathematischen Physik verständlich gemacht zu haben, jetzt wieder zurück zu – Galilei. Warum tritt in den Fallgesetzen die Masse des fallenden Körpers nicht auf? Oder anders gefragt: Fallen alle Körper gleich schnell zu Boden? Auf der Erde stimmt das nicht immer, da der Luftwiderstand unterschiedlich geformte Objekte verschieden stark bremst. Im Vakuum sollte jedoch kein Unterschied bemerkbar sein. In einem Video, das auf dem Mond gedreht wurde, ist das dokumentiert. Es zeigt, wie ein

Astronaut gleichzeitig einen Hammer und eine Feder fallen lässt und wie beide Gegenstände zeitgleich am Boden auftreffen.

Wie bereits angesprochen, hatte Galilei bei seiner Suche nach den Fallgesetzen große Probleme damit, die Zeit genau zu messen. Zwar konnte er dieses Problem weitgehend entschärfen, indem er die frei fallende Kugel durch eine auf einer schiefen Ebene rollende Kugel ersetzte, doch die Zeitmessung hat ihm keine Ruhe gelassen. Auf der Suche nach einem geeigneten Taktgeber kam er schließlich auf das Pendel, mit dessen Schwingungsverhalten er sich eingehend beschäftigt hat. Die folgende Abb. 2.17 zeigt ein Fadenpendel, bestehend aus einer Masse (gelbe Kugel), die an einem Faden der Länge l hängt. Wird das Pendel um den Winkel φ aus seiner Ruhelage ausgelenkt, so wird die an der Kugel senkrecht nach unten angreifende Kraft F_G, die Erdanziehungskraft, zerlegt in eine radiale Kraft, die in Verlängerung des Fadens an der Kugel zerrt, und in eine Kraft F, die man auch als rücktreibende Kraft bezeichnet und die tangential zur Schwingungsbahn der Kugel an der Kugel angreift.

Wie groß ist nun die Schwingungsperiode T des Pendels, also die Zeit, die vergeht, bis das Pendel einmal eine volle Schwingung ausführt oder – anders ausgedrückt – bis es aus seiner maximalen Auslenkung über die Ruhelage in die gegenüberliegende Position der maximalen Auslenkung und wieder zurück in die Ausgangs-

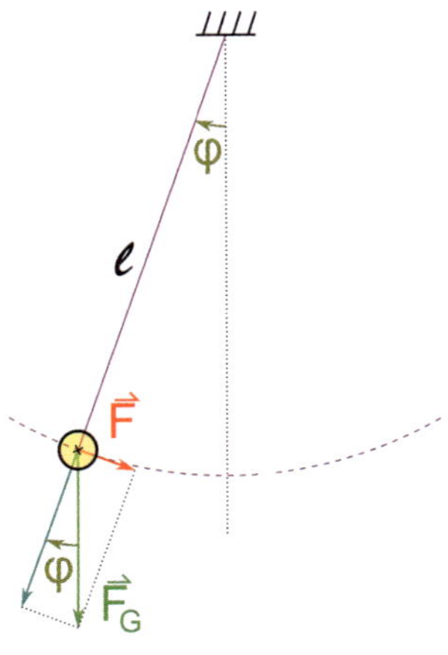

2.17 Lenkt man eine Probemasse an einem Faden im Gravitationsfeld der Erde um einen Winkel φ aus, so beginnt sie aufgrund der rücktreibenden Kraft F um die Ruheposition zu schwingen.

position schwingt? Galilei hat herausgefunden, dass T unabhängig vom Ausmaß der Auslenkung ist, d.h. weder vom Winkel φ noch von der Masse der Kugel abhängt. Mit der Erdbeschleunigung g gilt in guter Näherung:

$$T = 2\pi \cdot \sqrt{\frac{l}{g}} \qquad (2.15)$$

Wie aus der Graphik zum Pendel zu entnehmen ist, gilt für F und F_G (gemäß $\sin \varphi$ = Gegenkathete / Hypothenuse) folgender Zusammenhang:

$$\frac{F}{F_G} = \sin\varphi \text{ bzw. } F = F_G \cdot \sin\varphi \qquad (2.16)$$

Die rücktreibende Kraft F ist also leicht zu ermitteln, vorausgesetzt man kann den Sinus berechnen. Galilei umging das Problem. Also arbeitete er mit folgender Näherung:

$$F = F_G \cdot \sin\varphi \approx F_G \cdot \varphi \qquad (2.17)$$

Da stellt sich sogleich die Frage: Darf man das, einen komplizierten Ausdruck, besser gesagt einen komplizierten Term, hier $\sin \varphi$, durch einen weniger komplizierten Term, hier den einfachen Winkel φ, ersetzen? Die Antwort: Ja, man darf, vorausgesetzt man bleibt innerhalb gewisser Grenzen. Das Verfahren bezeichnet man allgemein als »Linearisierung«. An Galileis Pendelversuch wollen wir das demonstrieren.

Dass die rücktreibende Kraft F das Pendel sinusförmig schwingen lässt, erkennen wir sehr schön, wenn wir gedanklich aus der schwingenden Kugel einen dünnen Tintenstrahl auf ein Papierband laufen lassen, das wir mit gleichbleibender Geschwindigkeit senkrecht zur Schwingungsebene unter der Kugel durchziehen. Als Ergebnis erhalten wir die in Abb. 2.18 dargestellte, auf dem Papier entstandene Sinusschwingung. Dabei ist auf der horizontalen Koordinatenachse der Winkel $\varphi(t)$ und auf der vertikalen Achse die Amplitude der Schwingung aufgetragen oder, anders ausgedrückt, die Schwingungsweite bzw. die Auslenkung des Pendels aus der Ruhelage.

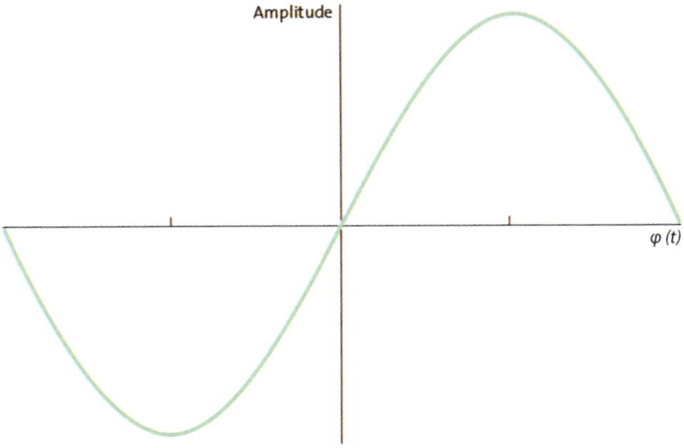

2.18 Verlauf einer Sinusschwingung *sin φ*.

Wie »praktiziert« man nun eine Linearisierung? Man ersetzt einen Kurvenverlauf durch eine geschickt gewählte Gerade. In unserem Beispiel ist es sinnvoll, die Gerade (rote Linie) durch den Nullpunkt des Koordinatensystems zu legen und ihre Steigung so zu wählen, dass sie mit der Steigung der Kurve im Nullpunkt übereinstimmt. Diese Steigung ist übrigens gleich der Ableitung der Sinusfunktion im Koordinatennullpunkt. Damit erhalten wir folgendes Bild:

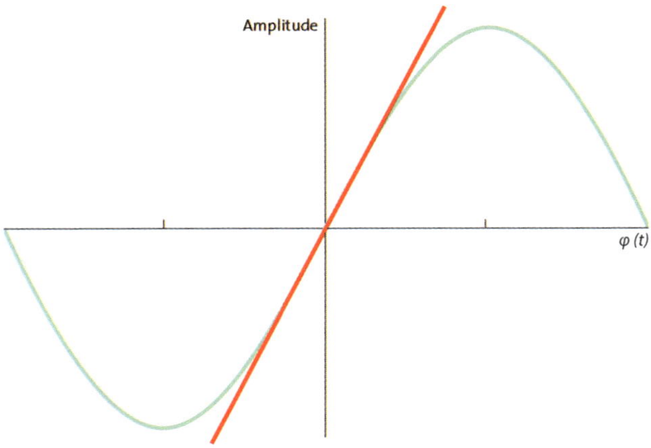

2.19 Der Vergleich von Grün, *sin φ*, und Rot, *φ*, ergibt eine hohe Übereinstimmung für kleine Werte *φ*.

Man sieht, für kleine Winkel φ stimmt der Verlauf der Geraden sehr gut mit dem Verlauf der Sinusfunktion überein. Wird der Winkel größer, so wird die Abweichung zwischen Funktion und Gerade immer größer. Bei einem Winkel von 30 Grad weicht die Gerade lediglich 4,7 Prozent vom Sinus von 30 Grad ab. Bei 90 Grad sind es jedoch bereits 57 Prozent. Da Galilei bei seinen Pendelversuchen jedoch nur relativ kleine Winkel untersucht hatte, blieb er stets in dem Bereich, in dem Sinusfunktion und Verlauf der Gerade weitgehend übereinstimmen. Man sieht das besonders gut, wenn man die Randbereiche der Sinusfunktion, wie in Abb. 2.20 dargestellt, ausblendet. Ein Unterschied zwischen der Sinusfunktion und dem Verlauf der Geraden ist mit bloßem Auge nicht mehr zu erkennen.

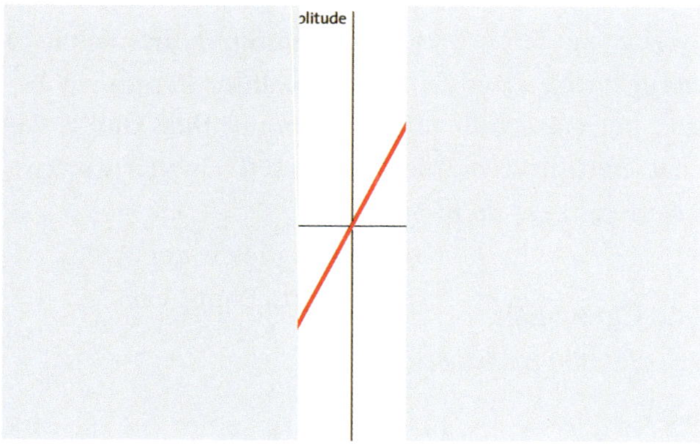

2.20 Blendet man in Abb. 2.19 die Bereiche für größere Auslenkwinkel φ ab, wird die hohe Übereinstimmung von *sin*(φ) und φ deutlich.

Mit anderen Worten: Beschränkt man sich auf kleine Auslenkwinkel, so kann man unbesorgt die Sinusfunktion durch eine Gerade ersetzten. Dann ist für kleine Winkel die rücktreibende Kraft F in guter Näherung proportional zum Winkel φ.

Erinnern Sie sich noch an das Waten im Sumpf der Erkenntnis das wir bereits bei Eratosthenes beobachten konnten? Mit diesem Verfahren der Linearisierung werden wir im weiteren Verlauf des Buches noch öfter kontrollierte Fehler eingehen und unangenehme Terme durch einfachere ersetzen.

Kommen wir nochmals zurück auf die Schwingungsperiode des Pendels. Wie erwähnt hat Galilei für die Schwingungsperiode T den Ausdruck

$$T = 2\pi \cdot \sqrt{\frac{l}{g}} \tag{2.18}$$

gefunden. Für kleine Winkel φ ist das eine gute Näherung. Rechnet man jedoch mit *sin* φ und ersetzt die Funktion nicht durch φ, dann lautet der korrekte Wert für T

$$T = 2\pi \cdot \sqrt{\frac{l}{g}} \cdot \left(1 + \frac{1}{16}\varphi^2 + \frac{11}{3072}\varphi^4 + \cdots\right) \tag{2.19}$$

Offensichtlich hängt T, entgegen der Annahme Galileis, sehr wohl vom Auslenkwinkel φ des Pendels ab und steigt mit wachsendem φ sogar immer weiter an. Für $\varphi = \pi/6$ beträgt der Fehler, den man mit der Näherung macht, rund 1,7 Prozent, bei $\pi/4$ sind es bereits fast vier und bei $\pi/2$ schon rund 15 Prozent. Dass Galilei das nicht bemerkt hat, beruht vermutlich auf seinen Schwierigkeiten, kleine Zeitdifferenzen exakt zu messen.

2.3 Newton und Cavendish
Wie wirkt Gravitation auf Massen?

Dass Sir Isaac Newton (1643–1727) zu seiner Zeit als Philosoph galt, hat wenig damit zu tun, dass er sich auf diesem Gebiet besonders hervorgetan hätte, sondern vielmehr damit, dass man damals die Theologie, die Mathematik, die Naturwissenschaften, die Alchemie und die Philosophie unter dem Sammelbegriff »Philosophie« zusammengefasst hat. Seine herausragenden Leistungen liegen eindeutig auf dem Gebiet der Physik. Zählen wir mal kurz auf: Zum Beispiel konnte er zeigen, dass weißes Licht aus verschiedenen Spektralfarben zusammengesetzt ist. Er erfand das Spiegelteleskop, und er war – ganz modern – davon überzeugt, dass Licht eine Korpuskularstrahlung darstellt, obwohl er mit dieser Theorie weder die ihm bekannten Interferenz- noch die Beugungserscheinungen erklären konnte.

Über dieses Thema hat er sich übrigens mit Christiaan Huygens, dem Vertreter der Wellentheorie, aufs heftigste gestritten. Fundamental für die Physik sind Newtons drei Bewegungsgesetze, welche die Grundlage der Mechanik bilden: erstens das Trägheitsgesetz, wonach kräftefreie Körper in Ruhe verharren bzw. sich geradlinig und mit gleichbleibender Geschwindigkeit bewegen; zweitens die Grundgleichung der Mechanik, nach der Kraft gleich Masse mal Beschleunigung ist; und schließlich das dritte Gesetz von Actio gleich Reactio, dem zufolge die von einem Körper auf einen anderen Körper ausgeübte Kraft eine gleich große Gegenkraft bewirkt. Und natürlich nicht zu vergessen auf dem Gebiet der Mathematik die bereits im vorhergehenden Kapitel erwähnte Einführung der Differentialrechnung. Wie Newton selbst gesagt hat, waren ihm diese weit über das Wissen seiner Zeit hinausgehenden Erkenntnisse nur möglich, weil er auf den Schultern von Riesen stand. Den Titel »Sir«, den ihm Königin Anne 1705 verliehen hat, bekam er jedoch nicht für seine wissenschaftlichen Verdienste, sondern vornehmlich für sein politisches Engagement, insbesondere für seine Aktivitäten im Wahlkampf zum britischen Unterhaus. Das Filetstück seiner Arbeiten, die Formulierung des Gravitationsgesetzes, haben wir uns bis jetzt noch aufgehoben. Wie er darauf gekommen ist und wie er das Gesetz mathematisch hergeleitet hat, das wollen wir uns im Folgenden genauer ansehen.

2.21 Isaac Newton (1643–1727)

Galilei hat ja bereits erkannt, dass sich ein kräftefreier Körper der Masse m mit gleichbleibender Geschwindigkeit v geradlinig bewegt. Mathematisch heißt das:

$$m \cdot v = \text{constant} \tag{2.20}$$

Die Strecke s, die er dabei in der Zeit t zurücklegt, berechnet sich so:

$$s = v \cdot t. \tag{2.21}$$

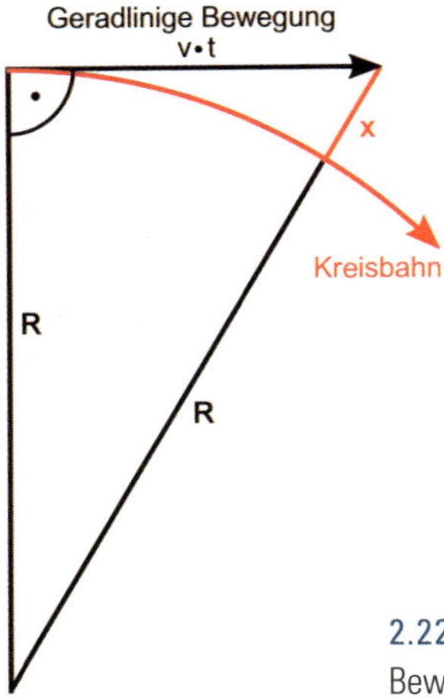

2.22 Abweichung einer Kreisbahn (rot) von der geradlinigen Bewegung.

In Abb. 2.22 soll der schwarze, nach rechts gerichtete Pfeil gleich der Strecke s sein. So weit, so gut. Doch was passiert, oder besser gesagt, was muss geschehen, damit beispielsweise ein Planet von dieser geradlinigen Bewegung abgebracht und auf eine kreisförmige Bewegung (rote Kurve) um die Sonne gezwungen werden kann? Nun, es bedarf einer Kraft, die an dem Körper angreift. Der Ausdruck $m \cdot v$ wird also nicht mehr konstant sein, sondern er muss sich ändern. Da Newton die Masse m als unveränderliche Größe ansah, konnte die Änderung nur die Geschwindigkeit v betreffen. Wie die zeitliche Änderung einer Größe mathematisch zu behandeln ist, haben wir bereits bei Galilei kennengelernt: Es ist die Ableitung nach der Zeit t. Damit erhalten wir:

$$\frac{d}{dt}(m \cdot v) = m \cdot \dot{v} = F \tag{2.22}$$

Da $\dot{v}$ eine Beschleunigung darstellt, ist die Kraft F, welche die zeitliche Veränderung von v herbeiführt, gleich Masse m mal Beschleunigung. Wie diese »Ablenkung« aus der Kreisbahn zu berechnen ist, hat Christiaan Huygens schon durchexerziert, und auch wir haben diese Aufgabe schon einmal gelöst, als es um die Frage ging, wie weit man auf einer Kugel mit dem Radius R blicken kann, wenn man sich mit dem Kopf zwei Meter über dem Boden befindet. Weil die Rechnung so schön war, machen wir sie einfach noch einmal. Dazu sollten Sie bitte nochmals in Abb. 2.22 das rechtwinklige Dreieck mit den Seiten R, $v \cdot t$ und $(R + x)$ ansehen. An diesem Dreieck interessiert uns die rote Strecke x, die die Abweichung der Kreisbahn von der Geraden darstellt. Wenden wir auf das Dreieck den »Pythagoras« an, so können wir schreiben

$$R^2 + (v \cdot t)^2 = (R + x)^2 \tag{2.23}$$

was ausmultipliziert zu folgender Gleichung führt.

$$R^2 + v^2 \cdot t^2 = R^2 + x^2 + 2 \cdot R \cdot x \tag{2.24}$$

Wie Abb. 2.22 erkennen lässt, ist x im Verhältnis zum Kreisradius R für sehr kleine Zeitabschnitte lediglich eine sehr kleine Größe, da sich nur sehr geringe Abweichungen der Kreisbahn von der Geraden ergeben. Da x gegenüber R sehr klein ist, kann x^2 gegenüber $2 \cdot R \cdot x$ und erst recht gegenüber R^2 vernachlässigt werden. Wir begehen also einen kontrollierten Fehler und streichen x^2. Und da sich außerdem das R^2 links und rechts vom Gleichheitszeichen wegkürzt, erhalten wir

$$v^2 \cdot t^2 = 2 \cdot R \cdot x \text{ bzw. } x = \frac{1}{2}\frac{v^2}{R} \cdot t^2 \tag{2.25}$$

Newton hat nun diese Gleichung in Beziehung gesetzt zu der von Galilei erarbeiteten Formel für den freien Fall, nach der sich die in der Zeit t zurückgelegte Strecke x berechnet zu:

$$x = \frac{1}{2} a \cdot t^2 \tag{2.26}$$

a ist darin die Beschleunigung, die auf die frei fallende Kugel wirkt. Und jetzt blicken wir den beiden Gleichungen mal tief in die Augen. Wo in Gleichung (2.25) der Ausdruck (v^2 / R) steht, steht in Gleichung (2.26) die Beschleunigung a. Das heißt nun, dass

$$a = \frac{v^2}{R} \tag{2.27}$$

gesetzt werden kann. Kraft wiederum ist Masse mal Beschleunigung.

$$F = m \cdot a \tag{2.28}$$

Ersetzen wir darin die Beschleunigung *a* durch unseren gewonnenen Ausdruck, so erhalten wir die gesuchte Kraft *F*, die zentral an der Masse *m* zieht:

$$F = m \cdot \frac{v^2}{R} \tag{2.29}$$

Konzentrieren wir uns jetzt auf v^2. Was ist das denn für eine Geschwindigkeit, die wir hier quadrieren? Nun, es ist die Bahngeschwindigkeit des Planeten auf seiner Bahn um die Sonne. Lassen wir den Planeten auf einer Kreisbahn umlaufen, so ist *v* gleich dem Kreisumfang dividiert durch die Zeit *T*, die der Planet für einen kompletten Umlauf benötigt:

$$v = \frac{2 \cdot \pi \cdot R}{T} \tag{2.30}$$

Setzen wir das in Gleichung (2.29) ein, so erhalten wir

$$F = m \cdot \frac{(2 \cdot \pi \cdot R)^2}{T^2 \cdot R}. \tag{2.31}$$

Die Klammer ausmultipliziert und ein *R* gekürzt liefert für die Kraft *F*, die nötig ist, um einen Körper aus einer geraden Bewegung heraus auf eine Kreisbahn zu zwingen, die Beziehung:

$$F = \frac{4 \cdot \pi^2 \cdot m \cdot R}{T^2} \tag{2.32}$$

Da die Kraft immer auf das Zentrum hin, in Richtung des Kreismittelpunktes, bzw. in Richtung Sonne zieht, bezeichnet man sie auch als Zentral- oder Radialkraft.

Blicken wir kurz zurück. Es hat sich gezeigt, dass die Erkenntnisse, die Galilei bei seinen Studien zum freien Fall gewonnen hatte, dazu beigetragen haben, die Gleichung (2.32) zu entwickeln. Wie soll Newton schon gesagt haben: »Ich konnte weiter blicken, weil ich auf den Schultern von Riesen stand.« Galilei war einer davon. Ein anderer war Kepler, der seine Erkenntnisse wiederum einem dritten »Riesen« verdankte: Brahe. Im dritten Keplerschen Gesetz, das wir schon kennen, heißt es bekanntermaßen: »Die Quadrate der Umlaufzeiten *T* zweier Planeten verhalten sich wie die Kuben ihrer großen Halbachsen *R*.« Als Gleichung geschrieben hat das Gesetz die Form:

$$\frac{T_1^2}{T_2^2} = \frac{R_1^3}{R_2^3} \tag{2.33}$$

Die Rede ist hier von zwei Planeten, deren Werte *T* und *R* die Gleichung zueinander in Beziehung setzt. Wenn wir dieses Gesetz in unsere Überlegungen einbauen wollen, aber nur über eine Gleichung (2.32) für die Kraft verfügen, na, dann müssen wir halt noch eine zweite Kraftgleichung für den zweiten Planeten hinzufügen und die Parameter mit den Indizes 1 bzw. 2 bezeichnen. Damit lauten unsere zwei Gleichungen für die Kraft auf den jeweiligen Planeten:

$$F_1 = \frac{4 \cdot \pi^2 \cdot m_1 \cdot R_1}{T_1^2} \text{ und } F_2 = \frac{4 \cdot \pi^2 \cdot m_2 \cdot R_2}{T_2^2} \tag{2.34}$$

Bilden wir jetzt den Quotienten F_1 geteilt durch F_2, wobei sich unten und oben $4 \cdot \pi^2$ gegenseitig wegheben, so erhalten wir:

$$\frac{F_1}{F_2} = \frac{m_1 \cdot R_1}{m_2 \cdot R_2 \cdot \frac{T_1^2}{T_2^2}} \tag{2.35}$$

Nun findet sich aber der rote Term auch in Gleichung (2.33) wieder, so dass wir ihn entsprechend ersetzen können und damit die folgende Beziehung erhalten:

$$\frac{F_1}{F_2} = \frac{m_1 \cdot R_1}{m_2 \cdot R_2 \cdot \frac{R_1^3}{R_2^3}} = \frac{m_1 \cdot R_1 \cdot R_2^3}{m_2 \cdot R_2 \cdot R_1^3} = \frac{m_1 \cdot R_2^2}{m_2 \cdot R_1^2} = \frac{\frac{m_1}{R_1^2}}{\frac{m_2}{R_2^2}} \tag{2.36}$$

Da wir bis auf weiteres den Mittelteil dieser Gleichung nicht benötigen, schreiben wir nur das Ergebnis des Kräfteverhältnisses nochmals an, also:

$$\frac{F_1}{F_2} = \frac{\frac{m_1}{R_1^2}}{\frac{m_2}{R_2^2}} \tag{2.37}$$

Erweitern wir jetzt noch die beiden Brüche rechts vom Gleichheitszeichen um eine Konstante *G*, die wir Gravitationskonstante nennen wollen, dann sind wir an einem Gravitationsgesetz schon nahe dran. Eine derartige Erweiterung darf man immer vornehmen, vorausgesetzt, man führt die Operation sowohl oberhalb als auch unterhalb des zentralen Bruchstriches durch. Machen wir das, so erhalten wir:

$$\frac{F_1}{F_2} = \frac{\frac{G \cdot m_1}{R_1^2}}{\frac{G \cdot m_2}{R_2^2}} \tag{2.38}$$

Man sieht, da ist nichts Unerlaubtes passiert, denn *G* ließe sich auch wieder kürzen, ohne dass sich dadurch das Ergebnis der Gleichung verändern würde.

Der entscheidende letzte Schritt hin zu einer Gravitationsgleichung geht allein auf Newton zurück. Vielleicht war der Auslöser wirklich der Apfel, der ihm, wie die Geschichte berichtet, auf den Kopf gefallen sein soll. Gut möglich, dass ihm dabei klarwurde, dass zwischen dem Apfel und der Erde, auf die der Apfel fällt, eine wechselseitige Beziehung besteht, nach dem Motto: Wechselwirkst du mit mir, so wechselwirke ich auch mit dir. Mit der gleichen Kraft, mit der die Erde den Apfel anzieht, zieht auch der Apfel die Erde an. In seinem dritten Gesetz »Actio gleich Reactio«, das wir schon erwähnt haben, hat Newton dieser Wechselwirkung später Ausdruck verliehen. In der Gleichung (2.38) ist aber bei den Kräften F_1 bzw. F_2 nur von einer Masse die Rede, nämlich der Masse des jeweiligen Planeten. Die zweite Masse *M*, also diejenige, mit der die Planeten wechselwirken – in unserem Fall ist es die Sonnenmasse –, die fehlt. Diese Erkenntnis war neben der Zusammenschau Newtons eigener Baustein, mit dem er sich neben den genannten Größen ebenfalls zu einem Riesen erhob. Mit Newtons genialer Erweiterung erhält man schließlich:

$$\frac{F_1}{F_2} = \frac{\frac{G \cdot M \cdot m_1}{R_1^2}}{\frac{G \cdot M \cdot m_2}{R_2^2}} \tag{2.39}$$

Und damit sind wir auch schon fertig! Die beiden Kräfte F_1 bzw. F_2 beschreiben die Anziehungskraft zwischen der Masse M und der Masse m_1 bzw. m_2 die sich im Abstand von R_1 bzw. R_2 zur Masse M befindet. Es ist faszinierend, wie relativ einfach, aufbauend allein auf dem damaligen Wissen einiger begnadeter Naturwissenschaftler, sich ein derart fundamentales Gesetz herleiten lässt. Schreiben wir das Gravitationsgesetz nochmals an:

$$F = \frac{G \cdot M \cdot m}{R^2} \tag{2.40}$$

In Worten lautet dieses Gesetz: Die Kraft, mit der sich zwei massebehaftete Körper gegenseitig anziehen, ist proportional zum Produkt der beiden Massen und umgekehrt proportional zum Quadrat ihres Abstandes. So weit, so gut. Aber solange wir über die Größe G, über die von uns hinzugefügte Gravitationskonstante, nicht Bescheid wissen, können wir nichts berechnen. Kümmern wir uns zunächst einmal nur um die Dimension von G, will heißen, um deren qualitative Eigenschaft. In diesem Sinne hat beispielsweise die Masse die Dimension Kilogramm (kg), eine Länge die Dimension Meter (m), die Geschwindigkeit die Dimension Meter pro Sekunde (m/s) und die Beschleunigung Meter pro Sekunde zum Quadrat (m/s^2). Um die Dimension von G zu bestimmen, lösen wir zunächst nach G auf und setzen für die Kraft F wiederum Masse mal Beschleunigung:

$$G = \frac{m \cdot a \cdot R^2}{M \cdot m} \tag{2.41}$$

Setzen wir nun die Dimensionen der einzelnen Parameter ein und schreiben sie, wie in der Physik üblich, in eine eckige Klammer, so ergibt sich:

$$G\left[\frac{\mathrm{kg} \cdot \frac{\mathrm{m}}{\mathrm{s}^2} \cdot \mathrm{m}^2}{\mathrm{kg} \cdot \mathrm{kg}}\right] = G\left[\frac{\mathrm{m}^3}{\mathrm{kg\ s}^2}\right] \tag{2.42}$$

Fehlt noch der numerische Wert von *G*. Newton selbst war nicht in der Lage, ihn zu bestimmen. Das blieb dem britischen Naturwissenschaftler Henry Cavendish (1731–1810) vorbehalten, der vier Jahre nach Newtons Tod in eine alteingesessene Adelsfamilie hineingeboren wurde.

Cavendish war ein seltsam exzentrischer Mensch. So vermied er es etwa, mit anderen Menschen zu sprechen. Erst im Laufe der Jahre legte sich diese Beklemmung so weit, dass er zumindest mit einem Gegenüber kommunizieren konnte. Kam jedoch eine dritte Person hinzu, verließ er fluchtartig den Raum. Auch mit seinem Personal »sprach« er nur mit Hilfe von Zetteln, und er achtete streng darauf, dass er seine Bediensteten nicht zu Gesicht bekam. Der amerikanische Neurologe Olivers Sacks vermutet denn auch, dass Cavendish am Asperger-Syndrom, einer Form des Autismus, litt.

2.23 Henry Cavendish (1731–1810)

Eigentlich war Cavendish Chemiker und auf diesem Gebiet auch recht erfolgreich. So hat er erstmals die Luft genau untersucht und daraus Wasserstoff in gasförmigem Zustand isoliert. Dass es sich bei diesem Gas um ein Element handelt, hat er jedoch nicht erkannt. Des Weiteren konnte er nachweisen, dass es sich bei der Flüssigkeit, die bei seinen Knallgasexperimenten entstand, um reines Wasser handelt. Damit wurde erstmals klar, dass Wasser kein chemisches Element sein konnte, sondern dass es sich um eine Verbindung von Wasserstoff mit dem 1774 von dem amerikanischen Theologen, Physiker und Chemiker Joseph Priestley entdeckten Sauerstoff handeln musste. Und schließlich, 1797, führte er das Experiment durch, das wohl am meisten zu seinem Ruhm beigetragen hat: die Bestimmung der Masse und der Dichte der Erde. Heute gilt dieses Experiment als die erste Bestimmung der Naturkonstanten *G*, obwohl Cavendish mit seinen Versuchen eigentlich in eine ganz andere Richtung gezielt hat.

Was war das für ein Experiment? Im Grunde hat sich Cavendish einer Messapparatur bedient, einer sogenannten Drehwaage, die schon von dem Geologen John Michell zur Bestimmung der Anziehungskraft zwischen zwei Körpern konstruiert worden war. Michell hat jedoch dieses Experiment nie durchgeführt. Erst nachdem Cavendish diese Apparatur und vor allem deren Empfindlichkeit entscheidend verbessert und von störenden Umwelteinflüssen weitgehend abgeschirmt hatte, konnten die Versuche gelingen. Wie Abb. 2.24 zeigt, besteht eine Drehwaage aus einem in der Mitte an einem dünnen Draht aufgehängten beweglichen horizontalen Balken, an dessen Enden zwei kleine, gleich große Massen *m* angebracht sind. Auf gleicher Höhe zu den Massen *m* befinden sich zwei weitere, fest installierte schwere Massen *M*. Cavendish wählte Bleikugeln mit *m* gleich 0,73 Kilogramm und *M* gleich 158 Kilogramm. Bilden der Balken, der die Massen *m* trägt, und der Balken, der die beiden Massen *M* verbindet, einen rechten Winkel, so heben sich die Anziehungskräfte, die die beiden großen Massen auf die beiden kleinen ausüben, gerade auf. Dreht man jedoch den Balken mit den großen Kugeln *M* so, dass sie nahe an die Kugeln *m* heranrücken, so heben sich die Kräfte nicht mehr auf, und der kleine Balken wird geringfügig aus seiner Ruhelage herausgedreht. Das Ausmaß der Drehung lässt sich an der Ablenkung eines Lichtstrahls ablesen, der von einem an dem Draht befestigten Spiegel reflektiert wird.

Ist *F* die Gravitationskraft, die zwischen einer großen und einer kleinen Kugel wirkt, und *r* der Abstand zwischen den beiden Kugeln, so wirkt auf die kleinen Kugeln ein Drehmoment der Größe

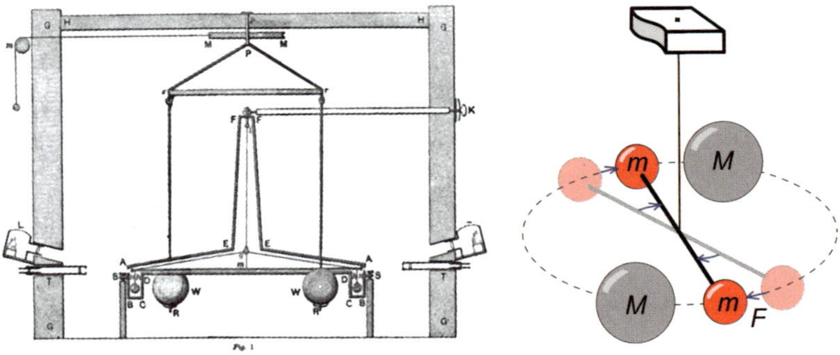

2.24 Links: Versuchsaufbau von Henry Cavendish 1797: Eine Hantel mit zwei leichten Bleikugeln (0,73 kg) wird an einem Torsionsfaden aufgehängt und durch die gravitative Anziehung zweier fest montierter schwerer Bleikugeln (158 kg) entgegen dem Torsionswiderstand ausgelenkt. Die Idee dieses Aufbaus stammte von dem Geologen John Michell, der ihn kurz vor seinem Tod 1793 fertigstellte. Um Störfaktoren weitestgehend auszuschließen, bediente Cavendish den Aufbau während eines Jahres 17-mal mit jeweils 29 Messungen aus einem Nebenraum und las die Ergebnisse per Fernrohr ab.
Rechts: Prinzip einer Drehwaage. Schwere, fest montierte Massen lenken eine Hantel mit Probemassen gravitativ aus der Ruhelage aus. Der Torsionswiderstand wird dabei gemäß dem Hookschen Gesetz als linear angenommen.

$$2 \cdot r \cdot F, \tag{2.43}$$

das den Balken mit den kleinen Kugeln dreht. Dem wirkt aber ein Drehmoment D entgegen, das durch die Verdrillung des Drahtes entsteht. Dieses Drehmoment D ist gleich der sogenannten Winkelrichtgröße D_φ des Drahtes, multipliziert mit dem Auslenkwinkel φ, also

$$D = D_\varphi \cdot \varphi. \tag{2.44}$$

Kennt man also D_φ, so kann man die beiden Drehmomente gleichsetzen und mit dem bekannten r die zwischen den Kugeln m und M wirkende Gravitationskraft F berechnen. Die gesuchte Gravitationskonstante G erhält man schließlich, wenn man die bekannten Werte für die Kugelmassen m und M einsetzt. In der Praxis ist die Berechnung von G nicht ganz so leicht, da der Balken mit den kleinen Kugeln zu schwingen beginnt und man noch andere, hier nicht aufgeführte Größen berücksichtigen muss.

Mit den von Cavendish erzielten Messergebnissen erhielt man für G einen numerischen Wert von $6{,}74 \cdot 10^{-11}$. Der aktuelle Wert ist gleich $6{,}67 \cdot 10^{-11}$. Die Abweichung beträgt gerade mal rund 1 Prozent! Man kann die Genialität, die die Forscher des 18. Jahrhunderts auszeichnete, und das Geschick, mit dem Cavendish bei seinen Messungen zu Werke ging, gar nicht genug würdigen.

In Anbetracht der Bedeutung, die diese fundamentale Naturkonstante in der Physik und vor allem in der Astronomie hat, wollen wir G und ihre Dimension nochmals notieren:

$$G = 6{,}67 \cdot 10^{-11} \left[\frac{\mathrm{m}^3}{\mathrm{kg} \cdot \mathrm{s}^2} \right] \tag{2.45}$$

Cavendish, Newton, Brahe und Kepler sind hier auf das wunderbarste vereint. Der Erste liefert den Zahlenwert, der Nächste die Erkenntnis, dass es einer weiteren Masse bedarf, und die anderen beiden tragen mit einem Gesetz bei, wonach eine charakteristische Länge hoch drei in einem bestimmten Verhältnis zu einer charakteristischen Zeit zum Quadrat steht. Offenbar wurde das Flehen von Tycho Brahe erhört. Um mit Goethes *Faust* zu sprechen, lässt sich die Dimension von G etwa so ausdrücken: »Wie alles sich zum Ganzen webt, Eins in dem andern wirkt und lebt!«

2.4 Newton und seine geometrischen Beweise
Es geht auch ohne höhere Mathematik

Lassen wir Fausts »verfluchtes dunkles Mauerloch« hinter uns und konzentrieren uns wieder auf die Fakten. Newton verdanken wir nicht nur das Gravitationsgesetz, neue Erkenntnisse zum Wesen des Lichts und die Differentialrechnung, sondern auch eine Vielzahl an Beweisen zu mehr oder weniger empirisch gefundenen Gesetzmäßigkeiten. Zusammengefasst hat er sie in seinem grundlegenden Werk *Philosophiae Naturalis Principia Mathematica*. Eigenartigerweise hat Newton seine Differentialrechnung nicht für die Beweisführung genutzt, vielmehr hat er sich geometrischer Verfahren bedient. Warum er dies tat, entzieht sich unserer Kenntnis. Vielleicht befürchtete er, dass dieses neue mathematische »Werkzeug« Differentialrechnung von manchem noch mit Skepsis betrachtet werden könnte, wogegen ein auf den Grundlagen der Geometrie aufgebauter Beweis klar und eindeutig und schwerlich zu erschüttern ist.

Beginnen wir mit Dreiecken. Wir tun das, weil dieser geometrischen Figur in Newtons Beweisführung eine entscheidende Rolle zukommt. Die grundlegende Frage, die es zu klären gilt, lautet: Wie berechnet man die Fläche F eines Dreiecks? Am einfachsten ist es, Sie kramen jetzt Ihre Formelsammlung hervor, um zu erfahren: $F = \frac{1}{2}$ Grundlinie mal Höhe. Aber sehr anschaulich ist das nicht. Anschaulich wird es jedoch, wenn wir die Geometrie zu Hilfe nehmen. Dazu haben wir zwei gleiche Dreiecke gezeichnet (Abb. 2.25), die zusammengelegt ein sogenanntes Parallelogramm bilden.

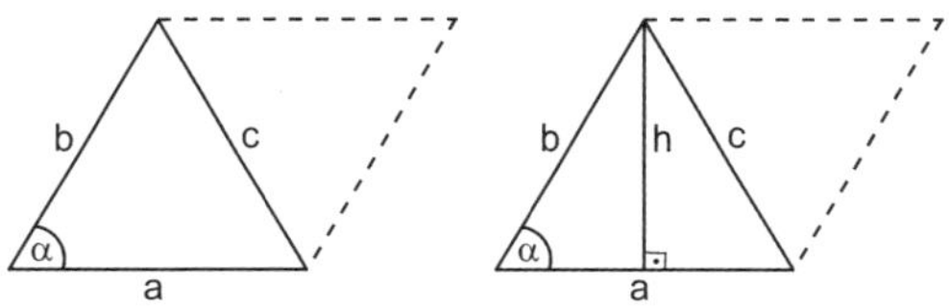

2.25 Zwei gleiche Dreiecke lassen sich zu einem Parallelogramm formen.

Der Name der Figur beruht auf dem Umstand, dass einander gegenüberliegende Seiten zueinander parallel sind. Aber das nur nebenbei. In der rechts eingetragenen Figur haben wir die später benötigte Höhe h des aus den Seiten a, b und c gebildeten Dreiecks eingezeichnet. Die Höhe steht übrigens immer senkrecht auf der Grundlinie des Dreiecks, die in unserem Fall von der Seite a gebildet wird.

Nun zurück zur Dreiecksfläche. Im nächsten Schritt trennen wir vom Dreieck mit den Seiten a, b, c das kleine blaue Dreieck ab, schieben es nach rechts und fügen es an das zweite, auf dem Kopf stehende, gestrichelt gezeichnete Dreieck an (Abb. 2.26).

Damit erhalten wir ein Rechteck, bestehend aus der Höhe h und der Grundlinie a. Abb. 2.27 zeigt das Rechteck rot umrandet.

Die Fläche dieses Rechtecks ist das Produkt aus der bekannten Grundlinie a mal der Höhe h. Da wir h nicht kennen, müssen

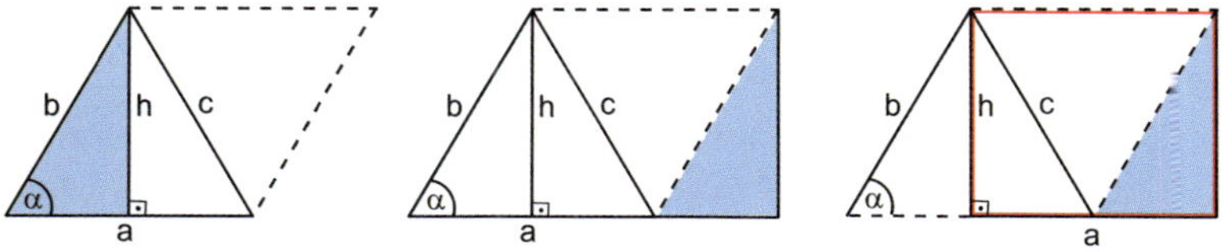

2.26 Durch die Verschiebung des blauen Flächeninhalts entsteht rechts wiederum ein rechter Winkel.

wir es vorab noch berechnen. Dazu bemühen wir den Sinussatz: sin α = Gegenkathete / Hypotenuse, und wenden ihn auf das linke blaue Dreieck der Abb. 2.26 an. Wir erhalten:

$$\sin\alpha = \frac{h}{b} \text{ bzw. } h = b \cdot \sin\alpha \qquad (2.46)$$

Mit diesem Ausdruck für h errechnet sich die Fläche F des roten Rechtecks in Abb. 2.27 zu:

$$F = a \cdot b \cdot \sin\alpha \qquad (2.47)$$

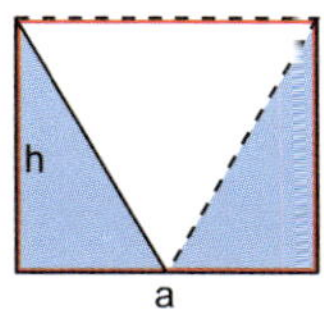

2.27 Das rote Rechteck weist denselben Flächeninhalt auf wie das ursprüngliche Parallelogramm und vereinfacht die Berechnung des Flächeninhalt zu $F_{Rechteck} = a \cdot h$.

Wie Abb. 2.27 zeigt, besteht unser Rechteck aus zwei identischen Dreiecken: dem auf dem Kopf stehenden weißen Dreieck und einem gleich großen, das man erhält, wenn man die beiden blauen Dreiecke zu einem Dreieck zusammenfügt. Folglich ist die Fläche F eines der beiden Dreiecke gleich

$$F_{Dreieck} = \frac{1}{2} \cdot F_{Rechteck} = \frac{1}{2} \cdot a \cdot b \cdot \sin\alpha = \frac{1}{2} \cdot a \cdot h \qquad (2.48)$$

Wie nicht anders zu erwarten, stimmt das Ergebnis mit der Dreiecksformel in der Formelsammlung überein. Wir merken uns: Die Fläche eines Dreiecks erhält man, indem man eine beliebige Seite des Dreiecks als Grundlinie wählt, darauf senkrecht die Dreiecks-höhe errichtet, dann das Produkt Grundlinie mal Höhe berechnet und davon die Hälfte nimmt.

Damit zurück zu Newton und seinen geometrischen Beweisen. In einem davon beschäftigt er sich mit dem zweiten Keplerschen Gesetz. Rekapitulieren wir kurz, was Kepler gefunden hat. Sein erstes Gesetz lautet: Planeten umlaufen ihren Zentralkörper auf elliptischen Bahnen. Das zweite besagt: Der Fahrstrahl eines Planeten überstreicht in gleichen Zeiten gleich große Flächen. Und das dritte Gesetz verbindet die Bahndaten zweier Planeten mit der Beziehung, dass sich die Quadrate ihrer Umlaufzeiten verhalten wie die Kuben ihrer großen Halbachsen. So weit, so gut. Aber wieso erachtet es Newton als notwendig, Keplers zweites Gesetz nachträglich noch geometrisch zu beweisen? Führen wir uns vor Augen, was Kepler gemacht hat: Er hat Brahes gesammelte Daten zu den Positionen und Umlaufzeiten einzelner Planeten ausgewertet, daraus in mühevoller Arbeit ihre Bahndaten abgeleitet und schließlich die Ergebnisse zu allgemeingültigen Regeln zusammengefügt. Doch der Anspruch auf »Allgemeingültigkeit« steht auf schwachen Beinen, denn Kepler konnte sich nur auf die Daten der inneren Planeten und auf die des Jupiters und des Saturns stützen. Die Planeten Uranus und Neptun waren zu Brahes bzw. Keplers Lebzeiten noch gar nicht bekannt. Konnte man sich trotz Keplers eingeschränkter Datenbasis wirklich sicher sein, dass auch alle anderen Planeten, die man vielleicht noch entdeckt, Keplers Gesetze befolgen? Was wäre gewesen, wenn Uranus und Neptun sich nicht daran gehalten hätten? Keplers Gesetze wären mit einem Schlag Makulatur und das Verhalten der Planeten wieder ungewiss gewesen! Doch wenn Newton eine über alle Zweifel erhabene Beweisführung gelang, dann wären Keplers Gesetze allgemein gültig, und es wäre ein für alle Mal sichergestellt, dass jeder Planet, wo auch immer er eine der vielen Sonnen umkreist, sich Keplers Gesetzen unterordnet. Für die Astronomie ist Newtons Bestätigung deshalb von großer Bedeutung.

Um Newtons Beweisführung nachzuvollziehen, beginnen wir mit einer einfachen, allerdings unrealistischen Planetenbahn, wie in Abb. 2.28 dargestellt. Der Planet soll geradlinig und mit gleich-

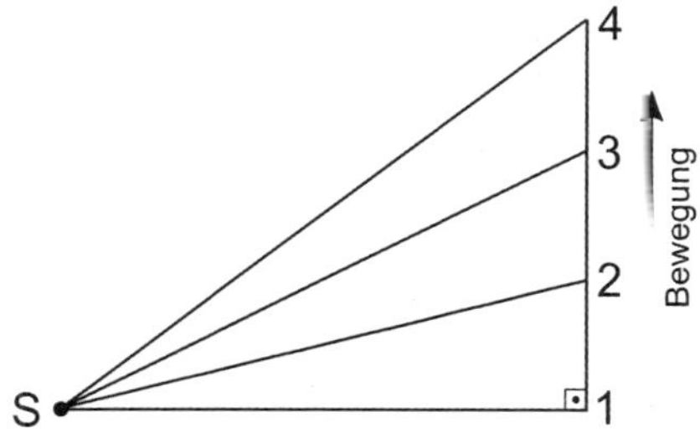

2.28 Die Dreiecke 1-S-2, 2-S-3 und 3-S-4 weisen identische Fläche auf, weil sie in der Grundlinie 1-S und in der Höhe übereinstimmen (die Strecken von 1 nach 2, von 2 nach 3 und von 3 nach 4 sind gleich lang).

bleibender Geschwindigkeit an der Sonne S vorbeilaufen. Wir wissen, dass das aufgrund der von der Sonne ausgeübten Anziehungskraft auf den Planeten nicht möglich ist, aber das soll uns erst mal egal sein.

Im ersten Zeitintervall legt der Planet die Strecke von 1 nach 2 zurück. Im zweiten, gleich langen Zeitintervall die Strecke von 2 nach 3 und im dritten, wiederum gleich langen Zeitabschnitt die Strecke von 3 nach 4. Damit erhalten wir die Dreiecke 1-S-2, 2-S-3 und 3-S-4. Jetzt stellen wir uns die Frage: Sind die Flächen dieser Dreiecke gleich groß? Wenden wir dazu das soeben über Dreiecke Gelernte an: Die Fläche eines Dreiecks ist gleich $\frac{1}{2}$ Grundlinie mal Höhe. Da es uns nur darauf ankommt, Flächen miteinander zu vergleichen, nicht aber deren absolute Größe zu bestimmen, können wir den Vorfaktor $\frac{1}{2}$ im Folgenden getrost weglassen. Also: Grundlinie mal Höhe. Als Grundlinie des untersten Dreiecks 1-S-2 wählen wir in Abb. 2.28 die Seite 1–2. Darauf senkrecht steht die Höhe des Dreiecks, die Seite 1-S. Nun zur Fläche des Dreiecks 2-S-3. Als Grundlinie wählen wir die Seite 2–3. Da sich unser Planet mit konstanter Geschwindigkeit bewegt und die Zeitabschnitte von 1 nach 2 und von 2 nach 3 gleich lang sind, sind auch die Stecken 1–2 und 2–3 gleich lang. Mit anderen Worten: Die Grundlinie des Dreiecks 2-S-3 ist genauso lang wie die des Dreiecks 1-S-2. Und die Höhe? Die ist, wie in der folgenden Graphik 2.29 rot eingezeichnet, ebenfalls gleich der Höhe des Dreiecks 1-S-2, denn wir müssen die Linie 1-S ja nur parallel nach oben verschieben. Folglich sind die Flächen der Dreiecke 2-S-3 und 1-S-2, trotz ihrer unterschiedlichen Form, gleich groß. Das

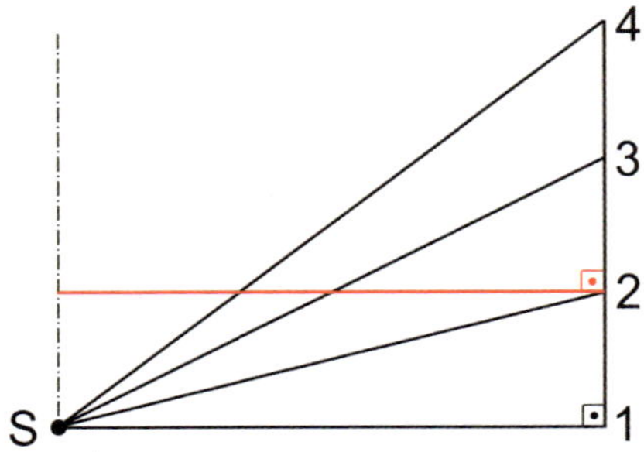

2.29 Die rot eingezeichnete Höhe der Dreiecke ist identisch.

gleiche Spiel kann man mit dem Dreieck 3-S-4 wiederholen. Auch dort haben Grundlinie und Höhe die gleichen Längen wie die der beiden anderen Dreiecke. Mithin lautet das Ergebnis unserer Berechnungen: Die Flächen der drei Dreiecke sind gleich groß.

Nun, wir haben es bereits angesprochen: Die angenommene geradlinige Bahn des Planeten ist Fiktion. Die Wirklichkeit ist eine andere. Der Planet wird ja von der Sonne angezogen. Er wird daher von der Gravitationskraft der Sonne von der geraden Bahn weg auf eine Bahn um die Sonne gezwungen. Wählen wir die Zeitintervalle klein genug, so darf man die Bahn des Planeten von 1 nach 2 noch als gerade ansehen, aber am Punkt 2 muss sich der Planet der Gravitation beugen und den nächsten Schritt weg von der Geraden, nach links in Richtung Sonne tun. Fragt sich, wie stark bzw. um wie viel neigt sich seine Bahn nach links? Betrachten wir wieder unsere ursprüngliche Graphik in Abb. 2.28. Im Punkt 1 wird der Planet von der Gravitationskraft der Sonne horizontal nach links in Richtung Sonne gezogen, d. h. unter einem Winkel von 0 Grad gegen die Linie 1-S. Bewegt sich der Planet von 1 nach 2, so wird der Winkel immer größer, bis er im Punkt 2 gleich dem rot eingezeichneten Winkel α ist (Abb. 2.30).

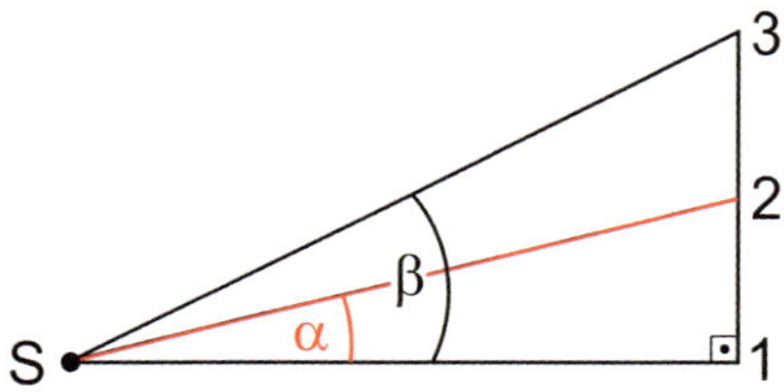

2.30

Auf dem Weg von 2 nach 3 wird dieser Winkel noch größer, bis er im Punkt 3 schließlich dem schwarzen Winkel β entspricht.

Und jetzt kommt Newtons entscheidender Gedanke: Wenn die Strecken 1–2 und 2–3 gleich lang sind und der Winkel, unter dem die Gravitationskraft an dem Planeten zieht, gleichmäßig anwächst, dann muss der Winkel, unter dem die Kraft am Planeten längs der Strecke 1–3 angreift, »im Mittel« gleich dem Winkel α sein! Das bedeutet aber auch, dass vom Punkt 3 ausgehend die Kraft ebenfalls unter dem mittleren Winkel α angreifen muss (siehe Abb. 2.31 gestrichelte Linie). Der Planet läuft demnach nicht mehr vom Punkt 2 aus weiter senkrecht nach oben, vielmehr schwenkt er, wie in Abb. 2.31 veranschaulicht, entlang des rot eingezeichneten Weges von Punkt 2 nach links. Die Strecke von 2 nach 4 kann und wird auch in der Realität länger sein als die Strecke 2 bis 3. Wir wollen ja auf unserer Ellipsenbahn unterschiedlich schnell unterwegs sein. Entscheidend ist aber, dass der Planet – egal ob im Punkt 4 oder anderswo – die unter dem Winkel α eingezeichnete gestrichene Linie schneidet.

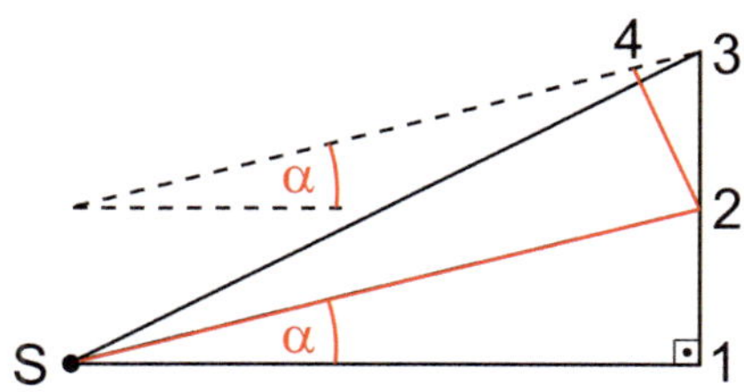

2.31

Damit erhalten wir ein neues, in der Abb. 2.32 rot eingezeichnetes Dreieck.

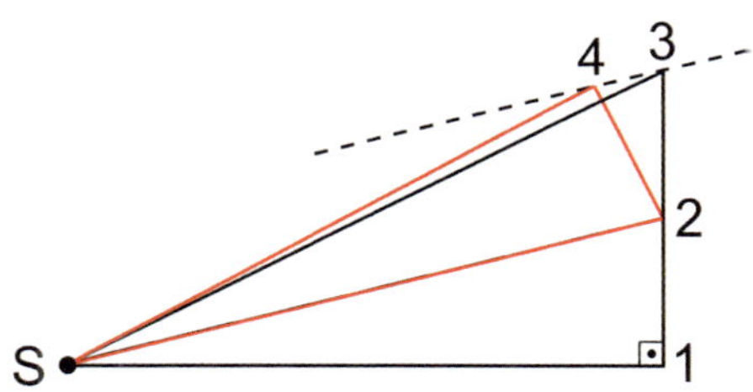

2.32

Doch wie groß ist die Fläche dieses roten Dreiecks? Da gemäß dem zweiten Keplerschen Gesetz der Fahrstrahl eines Planeten in gleichen Zeiten gleiche Flächen überstreicht, muss auch die Fläche des roten Dreiecks gleich groß sein wie die der Dreiecke 1-S-2 und 2-S-3. Dass 1-S-2 und 2-S-3 gleich groß sind, haben wir schon gezeigt. Können wir zeigen, dass auch 2-S-4 so groß ist wie 2-S-3, egal wo wir Punkt 4 entlang der gestrichelten Linie annehmen, dann wären wir am Ziel. Vergleichen wir also das rote Dreieck mit dem Dreieck 2-S-3. Als gemeinsame Grundlinie haben beide Dreiecke die Seite S-2. Die Höhe h des roten Dreiecks haben wir in der Abb. 2.33 blau eingezeichnet.

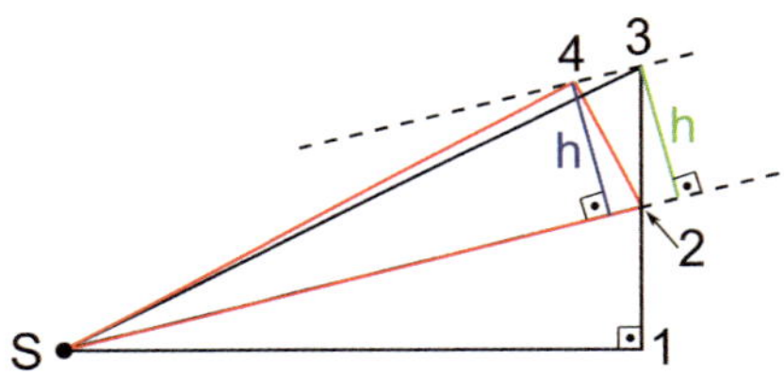

2.33

Sie ist genauso groß wie die grün eingezeichnete Höhe des Dreiecks 2-S-3, denn die blaue Höhe ist ja nur parallel nach rechts zwischen den verlängerten, gestrichelt eingezeichneten parallelen Linien S-2 und 3–4 verschoben. Dass S-2 und 3–4 zueinander parallel sind, hat sich ja daraus ergeben, dass der Winkel, unter dem die Kraft im Punkt 3 am Planeten angreift, der gleiche ist wie der »gemittelte« Winkel zwischen 1 und 3. Wenn aber beide Dreiecke gleiche Grundlinien und gleiche Höhen haben, dann haben sie auch gleiche Flächen. Das trifft auch auf alle anderen möglichen Positionen für den Punkt 4 auf der gestrichelten Linie zu – und damit sind wir schon fertig.

Wiederholt man dieses Spiel im Punkt 4, so gelangt man längs einer noch mehr geneigten Strecke zu einem noch weiter links liegenden Punkt 5 und von dort zu 6 und so fort. Auf diese Weise könnte man die gesamte Planetenbahn konstruieren. Auf diese Fleißaufgabe wollen wir jedoch verzichten.

Fassen wir zusammen: Auch wenn sich Keplers Erkenntnisse zur Bewegung der Planeten nur auf empirisch gewonnene Daten weniger Planetenbahnen stützen, konnte Newton mit seiner geometrischen Konstruktion zeigen, dass sie dennoch allgemein gültig sind.

Stellt sich noch die Frage: Was ist mit diesem Beweis gewonnen? Den Astronomen ist damit eine prognosefähige Regel an die Hand gegeben, die garantiert, dass sich ein Planet, wo auch immer man ihn beobachtet, nach Keplers zweitem Gesetz richten wird.

Heute würde man dieses Problem anders angehen. Man würde es mit Hilfe der Vektor- und Differentialrechnung lösen. Führen wir das kurz vor. Für die Fläche A eines Dreiecks haben wir die Gleichung

$$A = \frac{1}{2} \cdot a \cdot b \cdot \sin\alpha \qquad (2.49)$$

gefunden. Wenn wir in diesem Term die Größen a und b als Beträge von Vektoren auffassen – Vektoren sind physikalische Größen, die durch einen Betrag und eine Richtung gekennzeichnet sind und die mit einem Pfeil über der Größe dargestellt werden –, dann bezeichnet man diesen Ausdruck als »Kreuzprodukt«. Man schreibt das wie folgt:

$$a \cdot b \cdot \sin\alpha \equiv \vec{a} \times \vec{b} \qquad (2.50)$$

Und bitte merken: Das Kreuzprodukt zweier Vektoren, die einen Winkel α einschließen, spannt die Fläche des Parallelogramms der beiden Vektoren auf (Abb. 2.25 links).

Im Folgenden soll diese Fläche mit dem Buchstaben A bezeichnet werden, und die Vektoren nennen wir schlicht r_1 und r_2, entsprechend zwei von der Sonne weg gerichteten Vektoren. Damit erhalten wir für die Fläche

$$A = r_1 \times r_2. \qquad (2.51)$$

Die Pfeile über den Vektoren lassen wir zur Vereinfachung weg – ebenso den Faktor $\frac{1}{2}$, da wir uns nur für die relative Flächenänderung interessieren. Starten wir mit unserer Betrachtung zum Zeitpunkt, unmittelbar bevor der Planet beginnt, auf seiner elliptischen Bahn um die Sonne zu laufen. Zu diesem Zeitpunkt hat sich der Fahrstrahl des Planeten noch nicht bewegt und noch keine Fläche überstrichen, bzw. es ist noch keine Fläche »aufgespannt« worden. Das heißt: $A = 0$, und wir erhalten

$$A = r_1 \times r_2 = 0. \tag{2.52}$$

Offensichtlich ist r_1 gleich r_2, und natürlich hat das Parallelogramm, das zwei identische Vektoren aufspannen, die Fläche null – der Winkel zwischen ihnen ist ja auch null. Damit können wir im Folgenden auch die Indizes weglassen, einen Vektor festhalten und den anderen auf die Reise schicken. Seine Spitze wird sich mit dem Planeten entlang seiner elliptischen Bahn um die Sonne bewegen und mit dem festgehaltenen Vektor eine Fläche A aufspannen, deren Form sich in einem vorgegebenen Zeitintervall zwar ändert, deren Größe aber konstant sein soll, egal an welchem Punkt der Ellipse man startet. Die zeitliche Änderung des Vektors entlang seiner Reise ist gleichbedeutend mit seiner Ableitung nach der Zeit t. Wie wir schon wissen, schreibt man das als d/dt, wobei man die abgeleitete Größe mit einem darübergesetzten Punkt markiert. Bezeichnen wir den zeitlichen Flächenzuwachs wiederum mit A:

$$A = r \times \frac{d}{dt} r = r \times \dot{r} \tag{2.53}$$

Gehen wir jetzt noch einen Schritt weiter. Um nun das zweite Keplersche Gesetz zu beweisen, müssen wir zeigen, dass sich A mit der Zeit nicht ändert. Mit anderen Worten heißt das: Die Ableitung von A nach der Zeit muss null sein. Bilden wir also die Ableitung von A nach der Zeit, indem wir die Produktregel anwenden, und setzen sie gleich null:

$$\frac{d}{dt} A = \dot{A} = \frac{d}{dt}(r \times \dot{r}) = \dot{r} \times \dot{r} + r \times \ddot{r} = 0 \tag{2.54}$$

Da wiederum das Kreuzprodukt zweier identischer Vektoren null ist, reduziert sich die Gleichung zu

$$r \times \ddot{r} = 0 \tag{2.55}$$

Und jetzt wird es spannend: Denn was ist denn die zweite Ableitung von r nach der Zeit, d. h. die zweite Ableitung einer Länge nach der Zeit? Genau – es ist eine Beschleunigung! Bezeichnen wir die mit dem Buchstaben a, so ergibt sich

$$r \times a = 0. \tag{2.56}$$

Wenn wir uns jetzt noch an die Beziehung für die Kraft F erinnern mit

$$F = m \cdot a \tag{2.57}$$

so erhalten wir

$$r \times \frac{F}{m} = 0 \tag{2.58}$$

wobei natürlich auch F ein Vektor ist. Und da die Masse eine Konstante ist, um die wir uns nicht kümmern müssen, besagt diese Gleichung letztlich, dass der Term links vom Gleichheitszeichen immer dann null wird, wenn die Vektoren r und F in die gleiche Richtung weisen bzw. wenn sie zueinander parallel sind. Genau dann spannt nämlich ihr Kreuzprodukt wieder die Fläche null auf. In Worte gefasst heißt das: Die Fläche A, die der Fahrstrahl des Planeten in jedem Zeitschritt überstreicht, bleibt immer dann unverändert gleich groß, wenn die am Planeten angreifende Anziehungskraft F genau in Richtung Zentrum, d. h. in Richtung Sonne weist. – In der Hoffnung, dass Ihnen diese alternative Beweisführung zu Keplers zweitem Gesetz gefallen hat, jetzt wieder zurück zu unserer Geschichte.

2.5 Rømer
Wie schnell ist das Licht?

Wir haben es ja schon mal erwähnt: Keplers Gesetze gelten nicht nur für Planeten, sondern ganz allgemein für Körper, die gravitativ an eine zentrale Masse gebunden sind und sie umrunden. Auch die Monde des Jupiter haben sich danach zu richten. Bereits

1668 hatte der italienische Astronom Giovanni Domenico Cassini (1625–1712) Jupiter und dessen von Galilei entdeckte Monde Ganymed, Kallisto, Io und Europa eingehend studiert. Unter anderem konnte er eine »Zeittafel« mit Zeitangaben erstellen, wann die Monde, von der Erde aus betrachtet, hinter dem Jupiter verschwinden und wann sie auf der anderen Seite wieder auftauchen. Ihm fiel aber auch auf, dass Beobachtung und Fahrplan immer wieder voneinander abwichen. Was war da los? Newton hatte doch eindeutig bewiesen, dass alle gravitativ gebundenen Körper nach Keplers Gesetzen zu tanzen haben.

2.34 Ole Christensen Rømer (1644–1710)

Im Jahre 1672 beschäftigte sich der dänische Astronom Ole Christensen Rømer, kurz Olav Römer (1644–1710), in Paris erneut mit diesem Phänomen, indem er den Umlauf des Mondes Io um den Jupiter studierte. Zunächst bestimmte er die Zeit, die der Mond für einen Umlauf um den Planeten benötigt. Dazu maß er, wie viel Zeit vergeht zwischen dem Zeitpunkt, zu dem der Mond gerade hinter dem Jupiter hervortritt, und dem Zeitpunkt, zu dem sich der Mond ein weiteres Mal dort zeigt. Diese Zeitdifferenz entspricht der Umlaufperiode T des Mondes. Als Ergebnis erhielt er eine Zeit von 42,5 Stunden. Ausgeführt hat er diese Messung, als die Entfernung Erde – Jupiter am geringsten war, das heißt, als der Jupiter in Opposition zur Sonne stand. In der Abb. 2.35 befand sich die Erde zu diesem Zeitpunkt an der Position 1.

Als nun Römer nach einem Umlauf der Io, also nach weiteren 42,5 Stunden, erneut den Mond beobachten wollte, stellte er zu seiner Überraschung fest, dass Io rund 13 Sekunden später hinter dem Jupiter hervortrat. Im Laufe eines halben Jahres, also nach 103 Umläufen, hatte sich diese Verzögerung nach seinen Messungen auf rund 22 Minuten ausgedehnt. Doch im Laufe des folgenden halben Jahres schrumpfte die Verzögerung kontinuierlich, bis der Wert zu Beginn seiner Messungen erreicht war. Konnte das etwas damit zu tun haben, dass die Erde um die Sonne läuft und Erde und Jupiter nicht immer gleich weit voneinander ent-

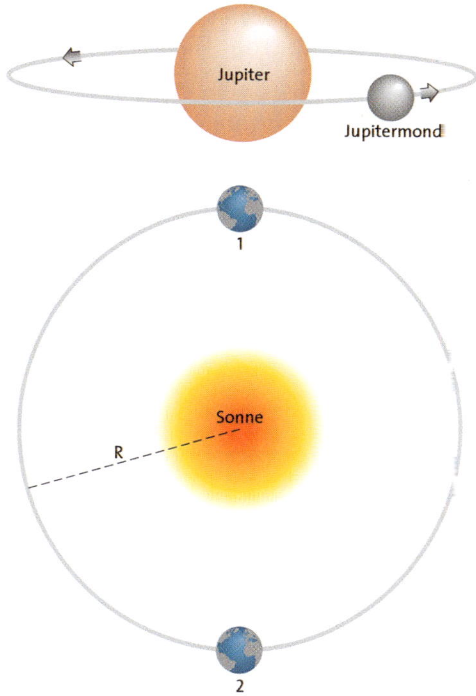

2.35 Die Lichtlaufzeit vom Jupiter zur Erde variiert wegen der Bahn der Erde um die Sonne. Diese Differenz nutzte Olav Römer zur Abschätzung der Lichtgeschwindigkeit.

fernt sind? Römer war klar, dass die Erde nach dem halben Jahr sich in der Position 2 der Abb. 2.35 befinden musste. Der Weg, den das Licht vom Jupiter zur Erde zurückzulegen hatte, war demnach um den Erdbahndurchmesser länger als zu Beginn der Messungen. Das aber bedeutete, dass sich Licht nicht unendlich schnell ausbreitet, sondern eine endliche Geschwindigkeit hat. Bei bekanntem Durchmesser der Erdbahn kann man diese Geschwindigkeit sogar berechnen. Obwohl Cassini mit 140 Millionen Kilometern schon einen relativ guten Wert für den Erdbahnradius *R* ermittelt hatte, hat Römer diese Berechnung nie durchgeführt. Dieser Schritt blieb Christiaan Huygens vorbehalten, der uns als Newtons Widersacher in puncto Licht, Welle oder Teilchen bereits begegnet ist. Dazu musste er nur den doppelten Erdbahnradius durch die 22 Minuten teilen, um auf einen Wert von 212 000 Kilometer pro Sekunde für die Lichtgeschwindigkeit zu kommen. Obwohl der Fehler zu dem heute gültigen Wert rund 29 Prozent beträgt, ist das Ergebnis in Anbetracht der damaligen Möglichkeiten – wir sind immer noch im 17. Jahrhundert – erstaunlich gut. Hätte Römer damals genauer messen können, dann hätte er anstelle der 22 Minuten den heute gültigen Wert von rund 17 Minuten ermittelt, und Huygens hätte mit dem heute gültigen Wert von 150 Millionen Kilometern für den Erdbahnradius die Lichtgeschwindigkeit mit rund 299 790 Kilometern pro Sekunde exakt angeben können. Nun, heute wissen wir es halt besser.

Die schon erwähnte, durch Newtons geometrischen Beweis gewonnene Prognosefähigkeit der Keplerschen Gesetze hat im Laufe der Zeit noch weitere Früchte getragen. Denken wir beispielsweise an den Planeten Uranus, der 1781 von Wilhelm Herschel entdeckt wurde. Anhand von dessen Bahndaten, die von dem Benediktiner Placidius Fixlmillner berechnet worden waren, konnte man zu jeder Zeit seine Position am Himmel bestimmen. Doch schon bald zeigte sich: Uranus hielt sich nicht an die berechneten Positionen, sondern wich unerklärlicherweise davon ab. Da diese Bahnstörungen nicht mit den Keplerschen Gesetzen in Einklang zu bringen waren, lag die Vermutung nahe, ein noch weiter von der Sonne entfernter Planet könnte aufgrund seiner Anziehungskraft die Störungen verursachen. Also begann man zu suchen. Dazu berechnete der französische Mathematiker Urbain Le Verrier anhand von Uranus' Abweichungen vom »rechten Weg«, wo der vermutete Planet zu finden sein sollte. Schließlich entdeckte der deutsche Astronom Johann Gottfied Galle am 23. September 1846 ein winziges Scheibchen nur etwa ein Grad neben der berechneten Position. Der nächste Abend brachte dann die Gewissheit, dass es sich um den gesuchten Planeten handelt, denn seine Position hatte sich entsprechend den Berechnungen verschoben. Seinen Namen »Neptun« erhielt der Planet jedoch erst Ende Dezember 1846.

2.6 Potential und Lagrange-Punkte
Wie spüren entfernte Körper die Gravitation?

In den bisherigen Kapiteln haben wir erfahren, auf welche Weise so geniale Geister wie Aristoteles, Aristarch und Eratosthenes bis hin zu Galilei, Brahe, Kepler und Newton gedacht und gearbeitet haben. Wir haben die Wege nachverfolgt, auf denen sie zu ihren bahnbrechenden Erkenntnissen gelangt sind, und wir haben die Entdeckung fundamentaler Gesetzmäßigkeiten auf dem Gebiet der Astronomie und Physik miterlebt. Wir hoffen, dass all das gut nachvollziehbar war und man sich auch unter den dabei verwendeten Begriffen Masse, Geschwindigkeit, Beschleunigung oder Kraft etwas vorstellen konnte. Insgesamt sollten die behandelten Probleme und die von den Wissenschaftlern beschrittenen Lösungswege das Vorstellungsvermögen noch nicht ungebührlich strapaziert haben.

Freilich, in der Physik und Astronomie sind die Themen nicht immer so anschaulich. Oft wird es auch abstrakt, wie beispielsweise beim Begriff »Potential«. Er leitet sich ab vom lateinischen Wort *potentia*, was so viel wie Stärke, Macht bzw. Kraft bedeutet. Etwas griffiger könnte man den Terminus auch mit »Möglichkeit« oder »Fähigkeit, etwas zu bewirken« übersetzen. In der Physik begegnet man diesem Begriff z. B. im Skalarpotential, im Vektorpotential oder auch im Gravitationspotential, auf das wir noch zu sprechen kommen.

Beginnen wir mit etwas bereits Vertrautem, mit dem Gravitationsgesetz:

$$F = \frac{G \cdot M \cdot m}{r^2} \qquad (2.59)$$

Als Abstand r zählt die Entfernung der beiden Massenmittelpunkte. Fragt sich, warum gerade die Massenmittelpunkte und nicht irgendein anderer Punkt innerhalb des Körpers als Bezugspunkte genommen werden. Eine einfache Symmetriebetrachtung verdeutlicht, warum dies so ist. Stellen wir uns einen kugelförmigen Körper vor, auf den eine Kraft einwirkt. Gibt es einen

Punkt innerhalb der Kugel, an dem eine Kraft von allen Seiten gleichmäßig angreift? Zur Beantwortung der Frage betrachten wir Abb. 2.36. Wählt man den Punkt A zum Angriffspunkt der Kraft, so ist die Wirkung, je nachdem, ob die Kraft von oben oder von unten, von links oder von rechts angreift, in diesem Punkt unterschiedlich. Nur der im Zentrum der Kugel befindliche Punkt Z als Angriffspunkt garantiert, dass die Wirkung immer gleich ausfällt.

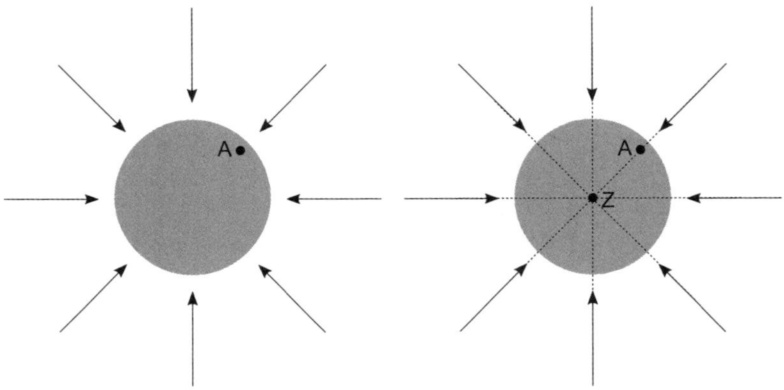

2.36 Eine radialsymmetrische Kraft kann allein aus Symmetriegründen nur im Zentrum angreifen.

Reine Symmetriebetrachtungen führen also zum ausgezeichneten Punkt, dem Mittelpunkt der Kugel. Nehmen wir jetzt an, die Kugel wäre unsere Erde mit der Masse M und die zweite kleine Masse m wäre z. B. eine Orange. Die Anziehungskraft F zwischen Erde und Orange ändert sich praktisch nicht, wenn wir anstelle von r, dem Radius der Erde, einen im Verhältnis dazu nur geringfügig größeren Wert $r + \Delta r$ einsetzen. Solange wir uns also mit unserer Orange nicht weit von der Erdoberfläche entfernen, können wir r näherungsweise als konstant betrachten. Folglich darf man im Gravitationsgesetz die Konstanten G, M und r näherungsweise zu einer neuen Konstanten zusammenfassen, die wir g nennen wollen:

$$F = \frac{G \cdot M \cdot m}{r^2} = g \cdot m \qquad (2.60)$$

Wie gesagt, diese Vereinfachung gilt nur, solange wir uns mit unserer Orange nahe der Erdoberfläche bewegen. Die Größe g entspricht der Ihnen wohl noch aus dem Physikunterricht bekannten Erdbeschleunigung mit dem Wert 9,81 Meter pro Sekunde zum Quadrat. Genau genommen ist das der Mittelwert von g, denn am Äquator ist g geringfügig kleiner und an den Polen etwas größer. Das hängt damit zusammen, dass man sich aufgrund der Abplattung der Erde am Äquator weiter vom Erdmittelpunkt entfernt befindet als an den Polen.

Mit dieser Gleichung lässt sich nun leicht rechnen. Stellen wir uns also folgende Frage: Wie viel Energie muss man aufwenden, bzw. welche Arbeit muss verrichtet werden, um z. B. die Orange um eine Strecke x gegen die Erdanziehung anzuheben? Nun, man muss eine Kraft F aufwenden, mit der man die Orange entlang des Weges x hochhebt. Bezeichnen wir die Arbeit mit dem Buchstaben W, so gilt:

$$W = F \cdot x = m \cdot g \cdot x \qquad (2.61)$$

Damit ergibt sich ein interessanter Aspekt. Nehmen wir an, wir heben unsere Orange an unterschiedlichen Punkten auf der Erdoberfläche immer um die gleiche Strecke x in die Höhe. Dann ist doch die Arbeit, die wir jeweils verrichten müssen, stets die gleiche. Wie Abb. 2.37 zeigt, erhält man also eine Kugelfläche (roter Kreis) mit dem Radius $r + x$ um den Erdmittelpunkt, auf der die verrichtete Arbeit überall gleich groß ist.

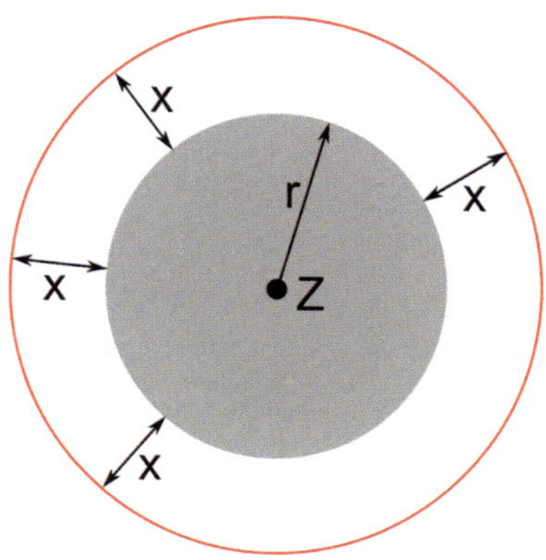

2.37 Die aufzuwendende Energie, um einen Körper im Gravitationsfeld der Erde anzuheben, hängt theoretisch nicht von der Richtung, bzw. dem Weg, sondern ausschließlich von der Höhe x ab.

Und weil dort die Arbeit überall gleich groß ist, kann man auf dieser Kugelfläche auch die Orange beliebig verschieben, ohne dafür Arbeit verrichten zu müssen. Das Potential auf dieser Fläche ist also überall gleich groß, weshalb man derartige Flächen, auf denen die Verschiebung eines Objekts »keine Arbeit macht«, auch »Äquipotentialflächen« nennt.

Gehen wir noch einen Schritt weiter. Angenommen, wir wollen, ausgehend von einer Äquipotentialfläche *F1*, unsere Orange auf eine darüberliegende, zweite Potentialfläche *F2* anheben, so muss wieder Arbeit verrichtet werden. Die dazu nötige Arbeit ΔW entspricht der Arbeit, die nötig ist, um die Orange entlang der Strecke Δx von der Potentialfläche *F1* auf die Fläche *F2* zu heben. ΔW ist also gleich der Differenz der Arbeit *W2*, die nötig ist um die Orange auf die Fläche *F2* zu heben, minus der Arbeit *W1*, die man aufwenden muss, um die Orange auf die Fläche *F1* zu befördern.

In den Graphiken sind für die Strecken x bzw. Δx stets die kürzestmöglichen Wege eingetragen. Da stellt sich doch die Frage: Muss das so sein, muss die Orange unbedingt radial vom Punkt Z aus, also auf dem kürzesten Weg, von *F1* nach *F2* gehoben werden, oder darf man auch einen anderen Weg wählen? Die Antwort ist vielleicht überraschend: Es ist völlig egal, wie verschlungen der Weg ist, vorausgesetzt, er beginnt auf der Fläche *F1* und endet auf der Fläche *F2*. Das ist leicht einzusehen, wenn man sich verge-

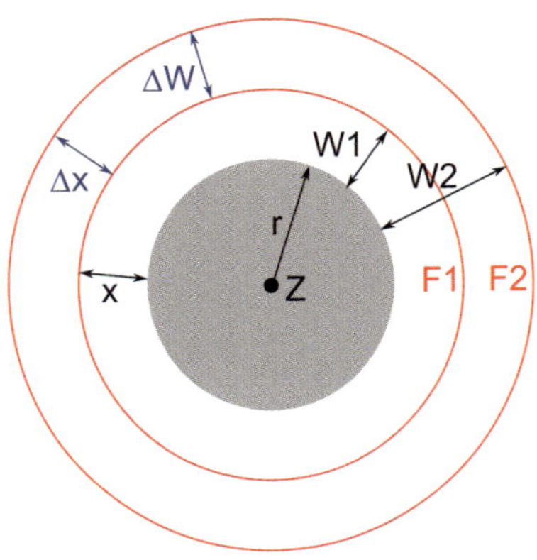

2.38 Die Erdoberfläche, *F1* und *F2* bilden sogenannte Äquipotentialflächen im Gravitationsfeld der Erde. Es bedarf einer einheitlichen Energie, bzw. es muss eine einheitliche Arbeit ΔW verrichtet werden, um mit einer Probemasse von einer Äquipotentialfläche zur nächsten zu gelangen (*W1* ist die Arbeit, um die Probemasse von der Erdoberfläche auf *F1*, und *W2* die Arbeit, um sie von der Erdoberfläche auf *F2* zu heben). Umgekehrt steht die entsprechende Energie zur Verfügung, wenn die Masse auf eine tiefer liegende Äquipotentialfläche fällt.

genwärtigt, dass jedes Teilstück des Weges zerlegt werden kann in eine Strecke, die entlang einer Äquipotentialfläche verläuft, und in ein Streckenstück, das radial zum Zentrum Z der Erde weist. Da wie erwähnt Verschiebungen längs einer Äquipotentalfläche keine Arbeit erfordern, kann man all diese Wegstrecken vernachlässigen. Übrig bleiben nur die Teilstücke, die radial in Richtung Z weisen, und deren Summe ist gleich dem kürzesten Weg von der Fläche 1 zur Fläche 2. Fazit: Welchen Weg auch immer man wählt, die zu verrichtende Arbeit bzw. die Energie, die dazu nötig ist, bleibt immer gleich groß.

An dieser Stelle werden kritische Geister vielleicht ungeduldig und fragen, was das Ganze soll. Wozu das »Getue« um Kraft, Arbeit und Energie? Versetzen wir uns in die Situation unserer Erde, die um die Sonne läuft – eine zugegebenermaßen schwierige Übung –, so wird die Antwort schnell klar. Nehmen wir an, die Erde ist gerade ein Stück auf ihrer Bahn in eine neue Position vorgerückt. Doch wie geht es nun weiter? Woher weiß die Erde, wohin der nächste Schritt zu tun ist? Die Sonne ist rund 150 Millionen Kilometer entfernt, und bis klar ist, in welche Richtung die Gravitation der Sonne an der Erde in ihrer neuen Position angreift, dauert es rund 8,3 Minuten! Bleibt die Erde so lange stehen, um auf die »sonnige Eingebung« zu warten? Natürlich nicht! Diese Art »Fernwirkung«, die auch schon Newton zur Verzweiflung getrieben hat, kann also nicht den Weg weisen. Aber woher »weiß« die Erde den Weg? Es muss also lokal, am aktuellen Ort der Erde, festgelegt sein, wohin der nächste Schritt zu erfolgen hat.

Zur Lösung des Problems stellen wir uns ein Feld vor, das jedem Punkt im Raum einen bestimmten Wert zuordnet (siehe Abb. 2.39). Ferner soll jeder Punkt des Feldes auf ein im Feld befindliches Objekt eine Wirkung entfalten, die der Größe des jeweiligen Wertes entspricht. In diesem Fall wird sich ein Objekt, das ich an einen beliebigen Punkt im Feld setze, dahin bewegen, wo es wertemäßig am günstigsten ist. Nehmen wir der Einfachheit halber die Geschwindigkeit des Objekts als so gering an, dass wir seine Trägheitskräfte vernachlässigen können. Abb. 2.39 zeigt, was gemeint ist.

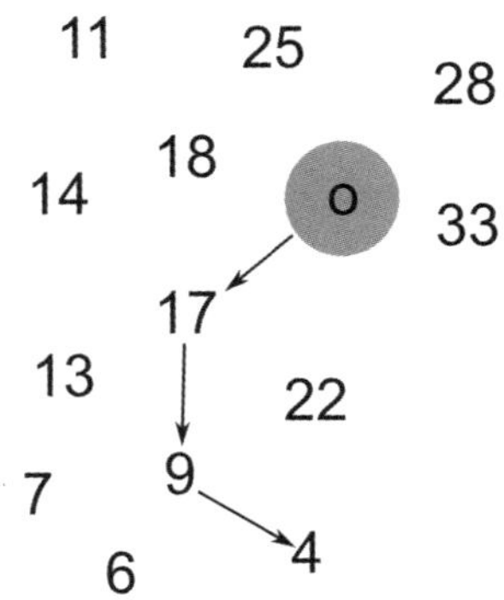

2.39 Jedem Punkt im Raum kann man einen Wert zuordnen, entsprechend der Arbeit, die zu verrichten wäre, um einen Probekörper der Masse 1 kg von seiner gegenwärtigen Position gegen die Gravitation dorthin zu bewegen.

Das Objekt *O*, das sich im Kreise von Punkten mit verschiedenen Werten befindet, wird sich also in einem ersten Schritt freiwillig nur zum Punkt 17 begeben, von dort zum Punkt 9 und dann weiter zu Punkt 4. Alles andere wäre mit einem Aufwand von was auch immer verbunden. Daher fließt Wasser auch immer nur bergab und nie bergauf.

Derartigen Feldern begegnet man in den unterschiedlichsten Formen. So gibt es z. B. Temperaturfelder, wo jedem Raumpunkt eine bestimmte Temperatur zukommt. Andere Felder sind das Druckfeld, das elektrische oder das Magnetfeld oder ganz allgemein das Kraftfeld. Für uns von besonderem Interesse sind Gravitationsfelder, die durch die Gravitation von Massen hervorgerufen werden und in denen sich z. B. die Planeten bewegen. Gravitationsfelder zählen zur Kategorie der Kraftfelder.

Auf welche Weise lassen sich nun die Punkte des Gravitationsfeldes eines Sterns, beispielsweise der Sonne, charakterisieren? Je weiter man eine Masse von der Sonne gegen deren Anziehungskraft verschiebt, umso größer ist die Arbeit, die man dazu verrichten muss. Die Punkte im Raum bekommen also mit wachsender Entfernung von der Sonne immer größere Werte zugewiesen, d. h. größere Werte an aufgewendeter Arbeit. Für eine in einer gewissen Entfernung zur Sonne befindliche Masse ist es also günstig, sich in Richtung Sonne zu bewegen, da dabei Energie gewonnen wird. Aus Gründen, auf die wir noch zu sprechen kommen, teilt man den Punkten im Raum jedoch negative Werte zu.

Dabei geht man wie folgt vor: Entsprechend seiner Entfernung r von der Sonne, ordnet man einem Punkt den Wert minus $1/r$ zu. Punkte in unendlicher Entfernung zur Sonne erhalten damit den Wert null. Für alle anderen Punkte gilt: Je geringer die Entfernung von der Sonne, umso größer wird $1/r$. Beispiel: Ein Punkt in der Entfernung $r = 10$ hat den Wert minus 0,1, ein Punkt in der Entfernung $r = 1$ den Wert minus 1. Da minus 0,1 größer ist als minus 1 (am besten macht man sich das anhand eines Zahlenstrahls klar), wird Energie gewonnen, wenn man die Masse vom Punkt mit dem Wert minus 0,1 zum Punkt mit dem Wert minus 1, also aus der Entfernung $r = 10$ in die Entfernung $r = 1$ verschiebt. Auf diese Weise kommt demnach jedem Punkt im Raum ein bestimmtes »Potential« zu. Folgerichtig bezeichnet man ein derartiges Feld von Punkten als »Potentialfeld«.

Damit wird auch der bereits verwendete Begriff »Äquipotentialfläche«, was ja bedeutet, dass eine Masse ohne Arbeitsaufwand verschoben werden kann, noch deutlicher: Man erhält eine derartige Fläche, indem man Punkte gleicher Energie, oder besser: gleichen Potentials, miteinander verbindet.

Der Begriff des Potentialfeldes wird besonders anschaulich, wenn man ihn mit einer mit Höhenlinien überzogenen topographischen Karte vergleicht. In gewissen Bereichen bleibt die Form des Geländes annähernd gleich, in anderen fällt es steil ab bzw steigt es an. Wie das Wasser in einem derartigen Gelände immer von einem höher zu einem niedriger gelegen Geländepunkt fließt, so bewegt sich auch eine Masse in einem Potentialfeld immer dahin, wo es für sie energetisch am günstigen ist, also von einem Punkt höheren zu einem Punkt niedrigeren Potentials, oder anders gesagt, in die Richtung, in der das Potential am stärksten abfällt. Es bedarf also keiner Fernwirkung, die der Masse vermittelt, wohin sie sich zu bewegen hat. Die Richtungsinformation ist im Potentialfeld sozusagen gespeichert, und zwar lokal, d. h. unmittelbar am Ort der Masse.

Betrachten wir das Gravitationsgesetz nochmals im Lichte dieser neuen Erkenntnis und berücksichtigen wir, dass die Kraft F zwischen zwei Massen m und M mit dem Abstand quadratisch abfällt. Die Arbeit, bzw. die Energie, die aufzuwenden ist, um die Masse m in einem bestimmten Abstand r von der Masse M um ein beliebig kleines Stück dr zu verschieben, beträgt Kraft mal Weg, d. h. $F(r) \cdot dr$. Die Gesamtenergie E entlang eines ausgedehnten Weges von r_1 nach r_2 erhalten wir durch die Summe (bzw. das Integral) der Teilenergien entlang infinitesimal kleiner Wegstücke:

$$E = \int_{r_1}^{r_2} F(r)\, dr = G \cdot M \cdot m \cdot \left(\frac{1}{r_1} - \frac{1}{r_2} \right) \qquad (2.62)$$

Bewegt sich die Masse m auf M zu, d. h. $r_2 < r_1$, so wird die aufzuwendende Energie negativ, bzw. m gewinnt kinetische Energie. Von besonderem Interesse ist nun der Spezialfall r_1 gleich unendlich und m gleich der Einheitsmasse 1 Kilogramm. Diese Energie, die notwendig ist, um die Einheitsmasse aus dem Unendlichen an einen bestimmten Punkt r im Gravitationsfeld zu bringen, nennt man das Potential $\phi(r)$:

$$\Phi = -\frac{G \cdot M}{r} \qquad (2.63)$$

Was haben wir nun mit der Einführung des Potentialbegriffs gewonnen? Tragen wir $\Phi(r)$ in ein Diagramm ein:

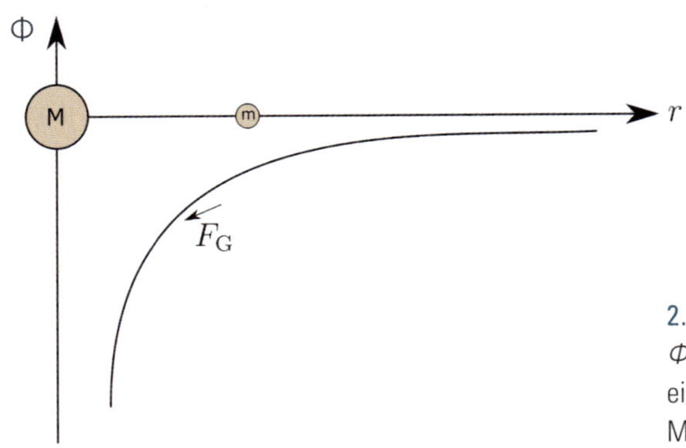

2.40 Der Potentialverlauf $\Phi(r)$ im Gravitationsfeld einer kugelförmigen Masse M.

Der Potentialverlauf visualisiert, wie ein Probekörper m (mit der Masse 1 kg) im Gravitationsfeld der Masse M gegen eine rücktreibende Kraft F_G »anstrampeln« muss. Je steiler der Streckenabschnitt, umso stärker zieht die Gravitationskraft. Die Steigung (bzw. Ableitung) des Potentials entspricht also der Stärke der Kraft, und wir erhalten für eine beliebige Masse m die Beziehung:

$$F = -m \cdot \frac{d}{dr} \Phi \qquad (2.54)$$

Kennt man demnach das Potential in einem Punkt des Gravitationsfeldes, so kann man daraus unmittelbar die Gravitationskraft berechnen, die dort auf eine Masse m im Gravitationsfeld wirkt.

Betrachten wir jetzt das Potentialfeld einer kugelförmigen homogenen Masse M etwas genauer. Weil das Potential bei gleicher Entfernung von M in alle Richtungen gleich groß ist, bilden die Äquipotentialflächen Kugelschalen, deren Mittelpunkt mit dem Mittelpunkt von M zusammenfällt. Im Prinzip erstreckt sich das Potentialfeld dieser Masse unendlich weit hinaus in den Raum. Auch das Potentialfeld der Sonne lässt sich mit diesem Ansatz näherungsweise beschreiben. In der Realität sind allerdings Massen wie die Sonne nicht allein auf weiter Flur. Kommt eine zweite Masse hinzu, beispielsweise die Erde, so bringt diese ihr eigenes Potentialfeld mit, das sich dem der Sonne überlagert. Damit erhält man in jedem Raumpunkt ein neues Potential, das der Summe der Potentiale der beiden Massen in diesem Punkt entspricht. Nahe bei den einzelnen Körpern dominiert zwar noch deren Potential, so dass die Äquipotentialflächen nur geringfügig verzerrt werden.

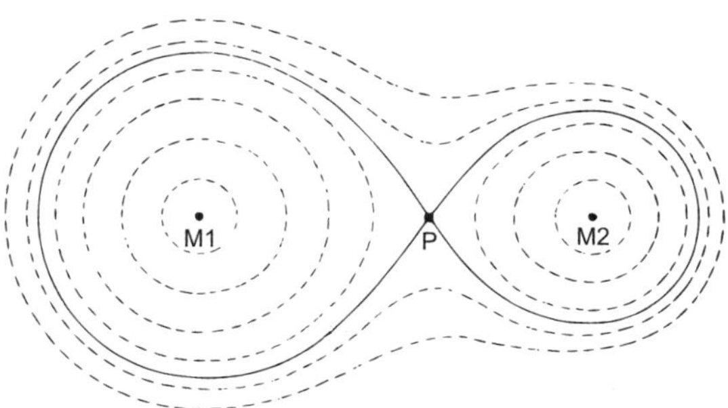

2.41 Äquipotentialflächen im Gravitationsfeld zweier unterschiedlicher Massen. Im Punkt P heben sich die beiden Anziehungskräfte weg.

doch im Bereich zwischen den Massen macht sich die Überlagerung stark bemerkbar. Das geht so weit, dass sich eine Äquipotentialfläche ausbildet, die beiden Massen angehört (durchgezogene Linie in Abb. 2.41).

Bei engen Doppelsternen kann das dazu führen, dass Masse auf dieser gemeinsamen Potentialfläche am Punkt P von einem Stern kräftefrei auf den anderen Stern überströmt. Novae und Supernovae des Typs Ia funktionieren nach diesem Prinzip.

Gehen wir jetzt noch einen Schritt weiter und bringen in ein statisches Zweikörpersystem, wie es Abb. 2.41 zeigt, eine dritte Masse ein. Natürlich unterliegt sie der »vereinigten« Gravitation der beiden anderen Massen. Vorausgesetzt, diese dritte Masse ist so klein, dass sie mit ihrem Feld die Gravitationsfelder der beiden anderen Massen praktisch nicht stört, dann gibt es in dem System ausgezeichnete Punkte, wo sich die von den beiden großen Massen auf den kleinen Körper ausgeübten Kräfte gegenseitig aufheben. Freilich ist diese Situation nicht real. Real ist vielmehr, dass das gesamte System um den Massenschwerpunkt S der beiden großen Massen, das sogenannte Baryzentrum, rotiert (Abb. 2.42). Das Baryzentrum von Sonne und Erde befindet sich auf der Verbindungslinie Sonne-Erde etwa 450 km entfernt vom Mittelpunkt der Sonne. Berücksichtigt man die Wirkung aller Planeten im Sonnensystem, insbesondere die Lage der schweren Gasriesen Jupiter und Saturn, so rückt das veränderliche Baryzen-

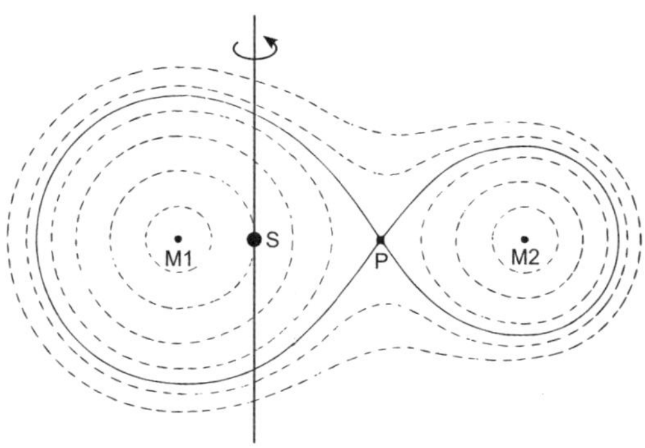

2.42 Rotationsachse durch den gemeinsamen Schwerpunkt – das sogenannte Baryzentrum –, senkrecht zur Rotationsebene

trum immer wieder nahe heran an die Oberfläche der Sonne. Aufgrund der Rotation kommt allerdings noch eine weitere Kraft ins Spiel, die Zentrifugalkraft. Sie wirkt auf alle Körper des Systems.

2.43 Joseph-Louis Lagrange (1736–1813).

Im rotierenden Zwei- bzw. Dreikörpersystem zeigen sich nun ausgezeichnete Punkte, in denen sich die vereinte Wirkung der Gravitationskräfte der beiden großen Massen auf eine kleine Masse und die Zentrifugalkraft, welche die kleine Masse erfährt, aufheben. Diese Punkte machen natürlich auch die Rotation des Systems mit. Erstmals bestimmt hat sie der italienische Mathematiker Joseph-Louis Lagrange (1736–1813).

Anhand des Systems Sonne-Erde wollen wir das mal studieren (Abb. 2.44). Insgesamt gibt es fünf derartige Punkte, die man mit L1 bis L5 bezeichnet. Die Punkte L1 bis L3 liegen auf der Verbindungslinie Sonne (gelb) – Erde (blau), die beiden anderen an den Enden zweier gleichseitiger Dreiecke mit Winkeln von 60 Grad.

Betrachten wir den Punkt L1, der sich nahe der Erde zwischen Sonne und Erde befindet. Ein Körper an diesem Punkt ist näher an der Sonne dran als die Erde. Folglich ist dort die Gravitationskraft der Sonne, die ja umgekehrt proportional zum Quadrat des Abstandes abnimmt, größer als bei uns auf der Erde, so dass entsprechend dem dritten Keplerschen Gesetz ein dort befindlicher Körper die Sonne schneller umlaufen sollte als die Erde. Um dieser stärkeren Anziehung standhalten zu können, müsste er offensichtlich mehr »strampeln«, d. h., er müsste mehr Bewegungsener-

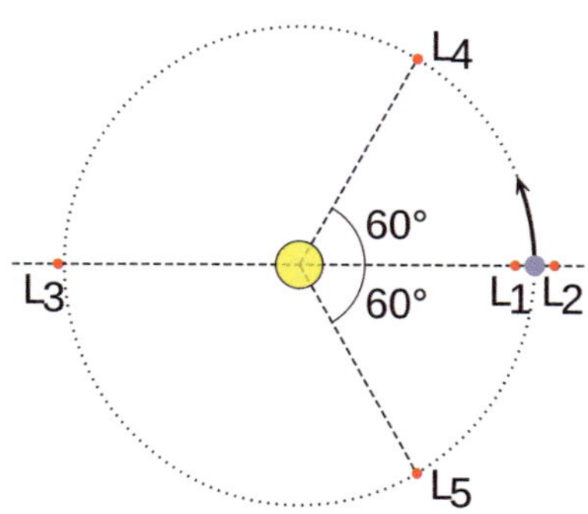

2.44 Lagrange-Punkte (rot) im rotierenden System Sonne-Erde.

gie investieren und somit schneller unterwegs sein. Doch warum läuft dann L1 nicht schneller um die Sonne als die Erde? Nun, auf eine Masse in L1 wirkt eben nicht nur die Anziehung der Sonne, sondern in umgekehrter Richtung auch die Gravitationskraft der Erde. Die Resultierende der beiden Kräfte ist hier gerade so groß, dass sie die Zentrifugalkraft aufhebt. Ein Körper im Punkt L1 scheint kräftefrei und mit der gleichen Winkelgeschwindigkeit wie die Erde umzulaufen. Im System Sonne-Erde liegt L1 rund 1,5 Millionen Kilometer von der Erde entfernt.

Eine ähnliche Überlegung kann man mit dem Punkt L2 anstellen. L2 liegt von der Sonne weiter weg als die Erde, so dass dort ein Körper, der nur die Gravitation der Sonne verspürt, langsamer die Sonne umrunden sollte als die Erde – weniger Gravitation erfordert weniger Geschwindigkeit, um dagegen anzukommen. In L2 addiert sich jedoch zur Anziehungskraft der Sonne die der Erde, und zwar so, dass die resultierende Gravitation gerade gleich groß ist wie die Zentrifugalkraft eines dort befindlichen Körpers. Folglich rotiert auch ein in L2 befindlicher Körper synchron mit der Erde um die Sonne. Auch dieser Punkt liegt etwa 1,5 Millionen Kilometer von der Erde entfernt, jedoch von der Sonne aus gesehen hinter der Erde.

Schließlich noch ein Blick auf den Punkt L3, der von der Erde aus betrachtet in der Verlängerung der Verbindungslinie Erde-Sonne knapp außerhalb der Erdbahn liegt. Auch in L3 addieren sich die Gravitationskräfte von Sonne und Erde. Da jedoch, im Gegensatz zu L2, die Erde sehr weit von L3 entfernt ist, ist dort die resultierende Gesamt-Gravitationskraft nur geringfügig größer als die der Sonne allein. Folglich umrundet L3 die Sonne auf einer Bahn, deren Radius kaum größer ist als der Erdbahnradius.

Weitaus anschaulicher als in den bisherigen Erklärungen wird die ganze Sache, wenn wir uns der Potentiallinien eines Zweikörpersystems bedienen. Schließlich haben wir uns ja auch viel Mühe gegeben zu verstehen, was sich hinter dem Begriff »Potential« verbirgt. Abb. 2.45 zeigt am Beispiel des rotierenden Systems Sonne-Erde die Linien des Gesamtpotentials, das sich als Resultierende aus der Rotation und den Gravitationspotentialen der bei-

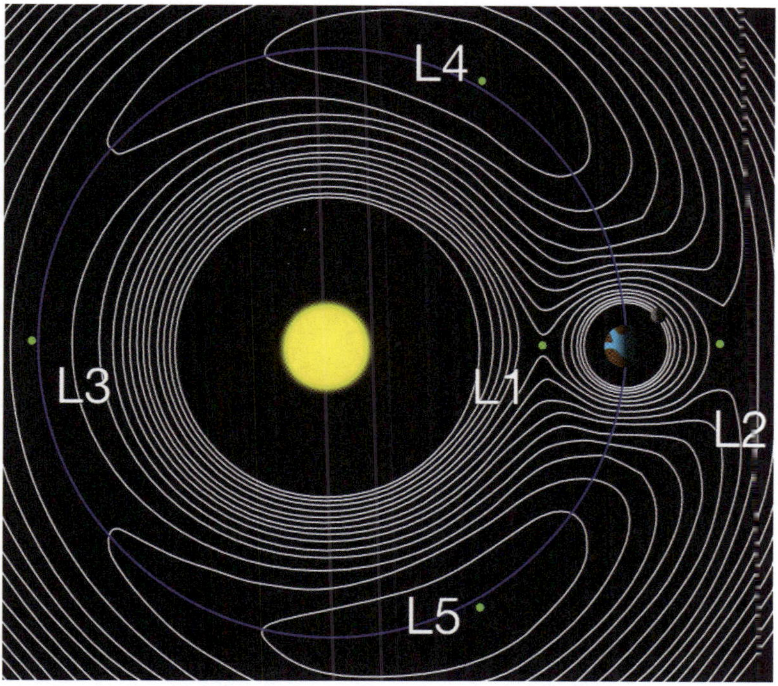

2.45 Grün: Lagrange-Punkte des rotierenden Systems Sonne-Erde. Weiß: Äquipotentiallinien. Blau: Erdbahn.

den Massen Sonne und Erde ergibt. Übrigens: Alle geschlossenen Linien sind Äquipotentialflächen.

Sonne und Erde liegen tief eingebettet in ihrem sogenannten Potentialtrichter, von dessen Zentrum die Gravitations- bzw. potentielle Energie nach außen mehr oder weniger steil ansteigt. Den Punkt L1 haben wir bereits als den Ort kennengelernt, an dem Masse ohne Aufwand an Energie von dem einen Körper auf den anderen übergehen kann. Im System Sonne-Erde ist dieser Transfer jedoch vernachlässigbar, da sich in L1 praktisch kaum nennenswerte Massen der Sonnen- und der Erdatmosphäre befinden.

In der folgenden Abb. 2.46 sind zusätzlich zu den Linien des Gravitationspotentials die zu den Lagrange-Punkten gehörenden »Stabilitätsmerkmale« eingetragen. Sie deuten an, in welche Rich-

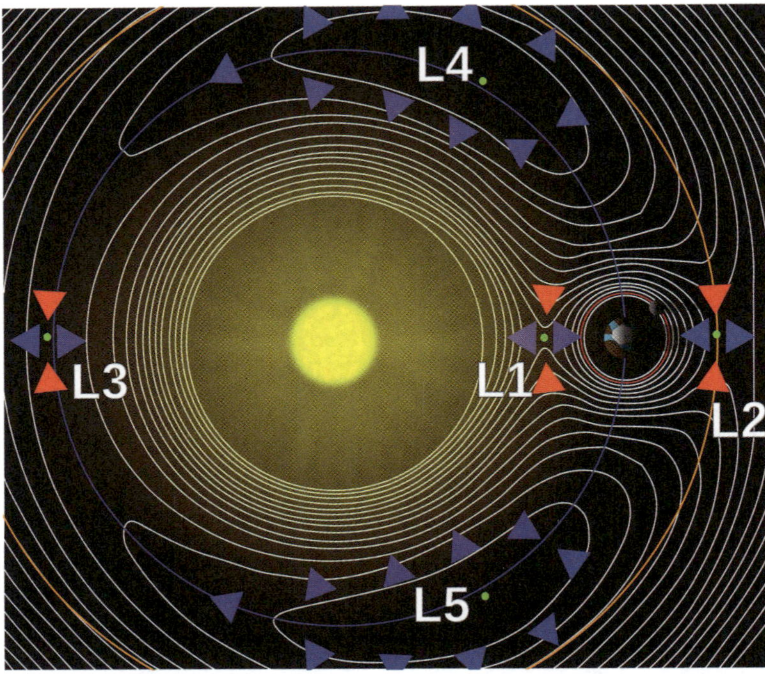

2.46 Das rotierende System Sonne-Erde mit den zugehörigen Äquipotentialflächen. Blau: Im Potentialverlauf geht es bergab. Rot: Im Potentialverlauf geht es bergauf.

tung die Verschiebung einer Masse mit einem Energiegewinn verbunden ist bzw. wohin sich eine Masse freiwillig bewegt.

In Richtung der Pfeile geht es immer zu einem niedrigeren Potential. Folglich sind die Punkte L1 bis L3 für dort befindliche Objekte in die eine Richtung Punkte stabiler Lage, in die andere Richtung Punkte der Instabilität. Betrachten wir das genauer anhand von Abb. 2.47, die eine Vergrößerung der Umgebung des Punktes L1 zeigt.

Von L1 geht es in Richtung der roten Pfeile zu niedrigeren Potentialwerten. Ein Körper, der entgegen der Pfeilrichtung Rot driftet, wird daher wieder in Richtung L1 zurückgetrieben. In Richtung der roten Pfeile ist demnach L1 für Massen ein Ort stabiler Lage. In Richtung der blauen Pfeile geht es dagegen entweder in den Potentialtrichter der Sonne oder den der Erde hinein.

2.47 Vergrößerung aus Abb. 2.46

Eine Drift in diese Richtung beschleunigt sich daher von selbst (Energiegewinn). Und da der Potentialabfall von L1 in Richtung der blauen Pfeile recht steil verläuft, bedarf es nur einer geringen Verschiebung in Richtung blauer Pfeil, damit sich ein Körper ziemlich rasch von L1 entfernt. Ein in L1 »geparkter« Satellit, der ständig mit Molekülen der irdischen Restatmosphäre kollidiert und dadurch gebremst wird, wird sich daher nicht lange auf L1 ausruhen. Damit der Satellit nicht »abwandert«, müssen daher hin und wieder seine Triebwerke kurz gezündet werden, um ihn zurück auf L1 zu bugsieren.

Bis auf einen kleinen Unterschied sind die Verhältnisse in L2 und L3 ähnlich zu denen in L1. Der Unterschied liegt in L2 bei dem nach rechts, in L3 bei dem nach links weisenden blauen Pfeil (siehe Abb. 2.46). In diese Richtungen fällt das Potential nicht ab, sondern es steigt sanft an. Eine Masse, die in eine dieser Richtungen wandert, sollte daher wieder zurückgetrieben werden. Aber man darf die Zentrifugalkraft nicht vergessen. Sie dominiert in diesen Punkten die Werte des sanft ansteigenden Potentials, so dass letztlich doch eine Kraft in Richtung der blauen Pfeile resultiert.

Diese die Lagrange-Punkte auszeichnenden Eigenschaften machen sich Wissenschaft wie auch Industrie zunutze. So dient der

Punkt L1 als Beobachtungspunkt der Sonne. Im Zeitraum von 1978 bis 1982 haben NASA und ESA dort die Raumsonde ISEE-3 stationiert, die unter anderem auch zur Erforschung von Kometen diente. 1995 wurde dann das Sonnenobservatorium SOHO dort geparkt, das bis heute aktiv ist. Auch die Raumsonde Genesis zur Erforschung des Sonnenwindes war von 2001 bis 2004 auf L1 in Dienst.

Auf L2 werden bevorzugt Satelliten geparkt, die ungestört vom Licht der Sonne in den Raum hinausschauen sollen. Dazu gehören die Raumsonde WMAP, die 2001 bis 2010 die kosmische Hintergrundstrahlung erforscht hat, und die Sonden Gaia und Planck zur Erkundung extrasolarer Planeten. Ab 2021 soll dann auch das James-Webb-Weltraumteleskop dort stationiert werden.

Über die Punkte L4 und L5 haben wir noch gar nicht gesprochen. Wie Abb. 2.46 zeigt, sitzen die beiden Punkte auf dem Plateau eines flachen, breiten Potentialberges. Die Kräfte, welche eine dort befindliche Masse von diesem Plateau herunter in Richtung der blauen Pfeile zerren, sind relativ gering, so dass die Tendenz abzuwandern nicht sehr ausgeprägt ist. Bewegt sich der Körper dennoch weg von L4 bzw. L5, so greift eine andere Kraft, die sogenannte Corioliskraft, die ihn auf eine mehr oder weniger ausgeprägte nierenförmige Bahn um den Lagrange-Punkt zwingt. Zwar treten Corioliskräfte auch in den Punkten L1 bis L3 auf, werden dort aber von den viel größeren Gravitationskräften »überspielt«. In den Punkten L4 und L5 dominieren sie dagegen die Gravitationskräfte. Und was sind nun Corioliskräfte? Stellen Sie sich vor, Sie sitzen in der Mitte einer rotierenden Scheibe und werfen einen Ball auf ein am Rand der Scheibe montiertes Ziel. Ein Beobachter außerhalb der Scheibe sieht wie der Ball in gerader Linie fliegt. Sie auf der Scheibe sehen jedoch, dass der Ball quer zu seiner Flugrichtung abgelenkt wird und je nach Drehrichtung der Scheibe rechts oder links vom angepeilten Ziel am Scheibenrand ankommt. Ursächlich dafür ist der Umstand, dass sich die Scheibe samt Ziel unter der Flugbahn des Balles durchdreht. Auch in der Meteorologie spielen Corioliskräfte eine wichtige Rolle. Sie sind beispielsweise dafür verantwortlich, dass sich Tiefdruckgebiete auf der Nordhalbkugel entgegen dem Uhrzeigersinn drehen, Hochdruckgebiete im Uhrzeigersinn. Im Sinne der Mechanik ist die Corioliskraft demnach keine echte Kraft, vielmehr handelt es sich um eine Scheinkraft, die hervorgerufen wird durch die Rotation des Systems.

Im Bereich um L4 bzw. L5 versammeln sich daher vornehmlich natürliche Objekte wie beispielsweise Staubwolken oder auch sonstige das Sonnensystem begleitende Körper. Gut zu beobachten ist das im System Sonne-Jupiter, in dem natürlich auch die Punkte L4 bis L5 zu finden sind. Dort tummeln sich rund 4200 Objekte um L4 und weitere 2268 im Bereich um L5. Man bezeichnet sie zusammenfassend als Trojaner. Kurzum, Objekte in den Punkten L4 und L5 können dort mehrere tausend bis zehntausend Jahre stabil gebunden bleiben.

Zugegebenermaßen mag der Begriff des Potentials ein bisschen gewöhnungsbedürftig sein. Er wird uns jedoch wertvolle Dienste leisten, weil damit im Raum unterschiedliche Kräfte zu einem resultierenden Gesamtpotential überlagert werden können, was wiederum – wie wir es ja soeben anhand der Gravitationskraft der Sonne, der Erde und der Zentrifugalkraft nachvollzogen haben – eine lokale Behandlung ihrer Wirkung erlaubt. Ich hoffe, dieses Beispiel hat die Mächtigkeit des Potentialbegriffs eindrucksvoll veranschaulicht. Die Bewegung eines Körpers im rotierenden Gravitationsfeld zweier anderer Körper ist nur sehr umständlich und mit einigem mathematischen Aufwand zu berechnen. Kennt man jedoch die Potentialverläufe der jeweiligen Zutaten, so ergibt sich die Lösung nahezu von selbst. Es hat sich also gelohnt, dass wir uns mit dem Begriff des Potentials eingehender auseinandergesetzt haben.

Zum Abschluss dieses Kapitels drängt sich auf unserem Pfad der Erkenntnis noch ein kurzer Blick in die Ferne, auf einen der schneebedeckten Berggipfel, auf. Betrachten wir nochmals den Potentialverlauf

$$\Phi = -\frac{G \cdot M}{r} \tag{2.65}$$

Den Verlauf der Funktion haben wir ja bereits in Abb. 2.40 dargestellt. Nun ist aber dieser Potentialverlauf nicht nur in einer Richtung gültig, sondern symmetrisch in alle Richtungen. Rotieren wir die Kurve um die Φ-Achse, so bilden die Potentialpunkte eine Fläche im Raum:

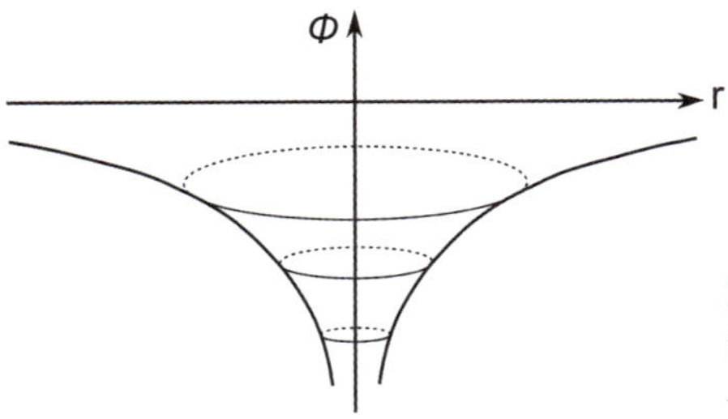

2.48 Trichterpotential durch Rotation des Funktionsverlaufs $-1/r$ um die Φ-Achse.

Man erhält eine trichterförmige Figur, einen sogenannten Potentialtrichter, dessen Wand, bei kleinem r beginnend, nach allen Seiten zunächst steil ansteigt und zu größerem r immer flacher ausläuft. Die Abb. 2.48 zeigt einen derartigen Trichter mit den zugehörigen kreisförmigen Linien gleichen Potentials.

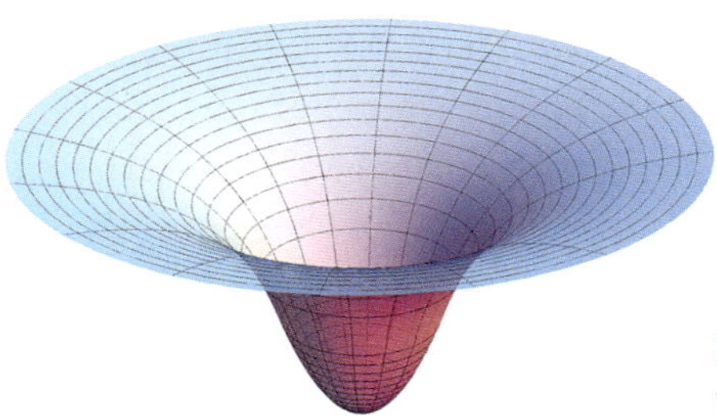

2.49 Potentialtrichter einer punktförmigen Gravitationsquelle.

Wenn Sie dieser Trichter jetzt an eine Person mit Schnauzer und grauem Wallehaar denken lässt, die sich intensiv mit Massen beschäftigt hat, dann liegen Sie genau richtig. Die Rede ist von Albert Einstein und seiner Theorie, der zufolge die Masse den Raum krümmt. Doch das nur vorab. Bei der Besprechung der Allgemeinen Relativitätstheorie werden wir diesem Trichter wieder begegnen und uns dann eingehender mit ihm beschäftigen.

2.7 Spektralanalyse – der kosmische Code
Was sehen wir da draußen? Woraus besteht das alles?

Bislang haben wir uns in dem Bemühen um Erkenntnis nur auf der Erde bzw. in unserer näheren Umgebung umgesehen. Doch wir möchten auch etwas erfahren über das gesamte Sonnensystem, über unserer Galaxie, die Milchstraße, und darüber hinaus auch über die geschätzt rund 200 Milliarden Galaxien in den Weiten des Alls. Da gilt es den Blick in die Ferne schweifen zu lassen. Doch um zu sehen, was »da draußen« los ist, müsste man hinfliegen und nachschauen. Aber das ist bis dato eine utopische Vorstellung. Noch können wir uns Daten über die Zustände vor Ort nicht einfach abholen. Glücklicherweise ist das auch gar nicht nötig, denn die Nachrichten vom Geschehen im All kommen von überallher direkt zu uns! Und das, ohne dass wir ausdrücklich danach fragen. Sie kommen in Form von Licht unterschiedlichster Wellenlängen. Man muss nur die mit dem Licht transportierte Botschaft lesen. Allerdings ist das nicht so einfach, denn die Botschaft ist verschlüsselt.

Einer der Ersten, die entscheidend dazu beigetragen haben, den Code zu knacken, war der deutsche Optiker und Physiker Joseph von Fraunhofer (1787–1826).

2.50 Joseph von Fraunhofer (1787–1826)

Seine Eltern gaben ihn schon als elfjähriges Kind in eine Spiegelschleiferlehre in München. Dort ereilte ihn das zweifelhafte Glück, dass eines Tages das gesamte Haus über ihm zusammenbrach. Doch wie durch ein Wunder blieb der Knabe unversehrt. Der zufällig vor Ort anwesende Kurfürst Maximilian IV. war ob dieser Errettung so erstaunt, dass er dem Knaben sogleich seine gesamte Barschaft von 18 Dukaten aushändigte. Fraunhofer, der das Geld zum Kauf einer Glasschneidemaschine verwendete, konnte sich damit aus der Lehre freikaufen und selbständig machen. Doch damit nicht genug des Glücks: Der ebenfalls beim Einsturz des Gebäudes anwesende Geheime Rat Joseph von Utzschneider nahm Fraunhofer unter seine Fittiche und ermöglichte ihm den Besuch der Sonntagsschule. Später trat Fraunhofer dann in das zur Herstellung astronomischer Instrumente gegründete Mathematisch-Feinmechanische Institut von Reichenbach, Utzschneider und Liebherr ein.

Die Arbeit an einem Institut für optische Instrumente bringt es zwangsläufig mit sich, dass man es mit dem Licht der Sterne zu tun bekommt. Was lag daher näher, als sich mit diesem Phänomen näher zu beschäftigen? Also fing Fraunhofer an, damit zu experimentieren. Wie schon Isaac Newton zog sich auch Fraunhofer in eine stockfinstere Kammer zurück, die mit der Außenwelt nur durch ein kleines Loch in den Jalousien verbunden war. Das durch dieses Loch eintretende Sonnenlicht fiel auf ein Glasprisma, das den ursprünglich »weißen« Lichtstrahl in ein breites, buntes Farbenbündel, die sogenannten Spektralfarben, auffächerte (Abb. 2.51).

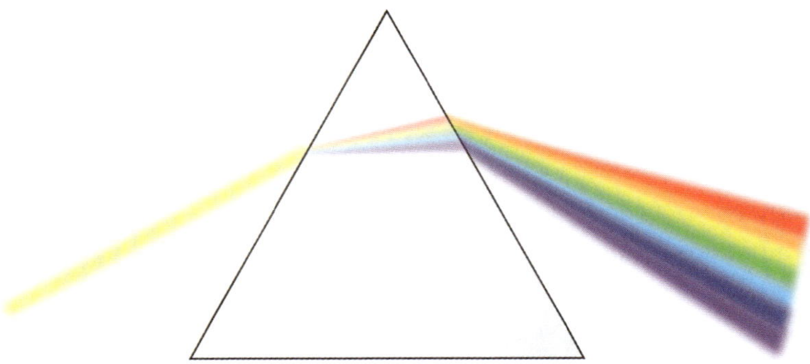

2.51 Die Spektralfarben des Sonnenlichts – aufgespalten durch ein Glasprisma.

Der Effekt kommt durch die Brechung des Lichts an der Grenzfläche Luft-Glas bzw. Glas-Luft sowohl beim Eintritt in das Prisma als auch beim Austritt daraus zustande. Man sieht deutlich, dass blaues Licht stärker gebrochen wird als rotes. Newton hat das Experiment noch etwas erweitert, indem er die hinter dem Prisma entstandenen Strahlen einer bestimmten Farbe durch ein weiteres Prisma gelenkt hat, mit dem Ergebnis, dass keines der Lichtbündel sich hinter dem zweiten Prisma weiter aufspalten ließ. Das

Licht der einzelnen Bündel hinter dem ersten Prisma ist also bereits monochromatisch. Eine Beobachtung, die Newton in seiner Auffassung bestätigte, Licht bestehe aus Teilchen.

Bis zu diesem Punkt lieferte Fraunhofers Experiment, im Vergleich mit Newtons Aufbau, keine neuen Erkenntnisse. Doch Fraunhofer schaute genauer hin – und er entdeckte dunkle »Linien« in dem Spektrum bzw. Lücken im kontinuierlichen Farbverlauf. Abb. 2.52 zeigt oben das kontinuierliche Farbband der Spektralfarben und darunter das mit einigen Fraunhofer-Linien durchsetzte Spektrum.

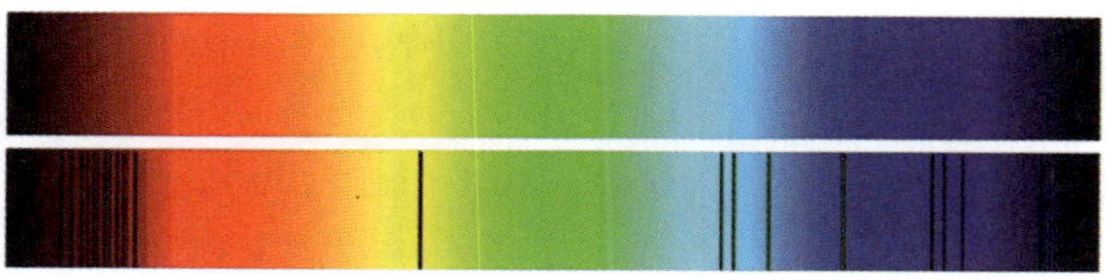

2.52 Oben: Das Spektrum einer thermischen Strahlungsquelle. Unten: Bei der Wechselwirkung von Licht mit Atomen werden Elektronen angeregt, d.h. auf ein höheres Niveau gehoben. Die dazu nötige Energie geht dem Licht verloren, sie wird vom Atom absorbiert. Im Spektrum macht sich das in Form von Lücken bzw. dunklen Linien bei bestimmten Wellenlängen bemerkbar.

Was jedoch diese Linien im Spektrum der Sonne zu bedeuten hatten, das war Fraunhofer nicht klar. Um das zu verstehen, musste erst 1913 Niels Bohr sein Atommodell entwickeln. Demnach besteht ein Atom aus einem Atomkern, der von Elektronen auf Bahnen genau definierter Energie umkreist wird. Um ein Elektron von einer Bahn niederer Energie auf eine Bahn höherer Energie zu heben, muss Energie aufgewendet werden. Umgekehrt wird Energie frei, wenn ein Elektron von einer Bahn höherer Energie auf eine solche niedrigerer Energie springt. Licht, sowohl in Form einer Welle als auch in Form von Photonen, ist Energie. Die Energie des fehlenden Lichts in den Lücken wurde also dazu verwendet, Atome anzuregen, genauer gesagt, Elektronen der Atome der Sonnenatmosphäre auf höhere Bahnen zu heben. Und da für diesen »Quantensprung« eine genau definierte Menge an Energie nötig ist, wird auch genau das Licht aus dem kontinuierlichen Spektrum von den Atomen absorbiert, dessen Wellenlänge exakt der zur Anregung erforderlichen Energie entspricht. Folglich fehlt es im »Spektralband«. Und weil es sich um die Absorption von Licht handelt, bezeichnet man diese Linien auch als Absorptionslinien.

2.53 Gustav Kirchhoff (1824–1887, oben) und Robert W. Bunsen (1811–1899).

Fraunhofers Entdeckung erscheint uns heute als nicht sonderlich aufregend. Damals jedoch, Ende des 18. Jahrhunderts, war es eine Entdeckung, die eine Tür zu den Sternen aufstieß. Welch enorme Bedeutung den Fraunhofer-Linien zukommt, konnten kurz darauf die Herren Gustav Kirchhoff (1824–1887) und Robert Wilhelm Bunsen (1811–1899) mit ihren Experimenten zeigen. Der eine, Kirchhoff, ein Physiker, und der andere, Bunsen, ein Chemiker, lieferten den entscheidenden Baustein zur Erklärung von Fraunhofers Entdeckung.

Die beiden Herren haben, salopp gesprochen, die Spektrallinien auf die Erde, ins Labor geholt. Indem sie verschiedene Substanzen in die Flamme eines Bunsenbrenners einbrachten, entweder als Staub hineingeblasen oder auf einem Stäbchen fixiert hineingehalten, konnten sie die Flamme »färben«. Zum Beispiel färbt Natrium die Flamme gelb, ein Farbton, den man von den modernen Straßenlaternen kennt, Kupfersulfat erzeugt eine grüne Flamme und Cadmium eine rote. Abb. 2.54 zeigt die entsprechenden Flammenfärbungen.

Nun, was geschieht bei diesen Experimenten? Heute wissen wir: Die Hitze der Flamme liefert ausreichend Energie, um die Atome der eingebrachten Substanzen anzuregen, das heißt, Elektronen von einer Bahn niedrigen Energieniveaus auf eine Bahn höheren Energieniveaus zu heben. Da das Atom jedoch bestrebt ist, wieder in den Zustand niedrigster Energie, den Grundzustand, zurückzukehren, hält diese sogenannte Besetzungsumkehr in den Elektronenschalen nur rund 10^{-8} Sekunden an. Fallen die Elektronen wieder auf ihre Ursprungsbahnen zurück, so wird die

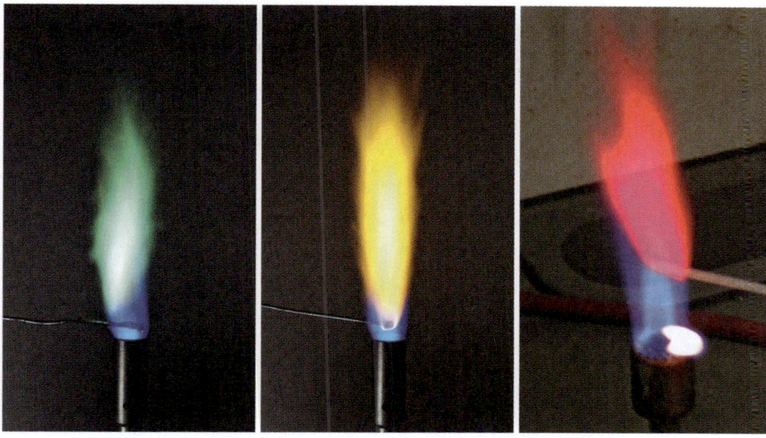

2.54 Verschiedene Substanzen in der Flamme eines Bunsenbrenners: Kupfer, Natrium und Cadmium

Energie, die nötig war um die Elektronen auf eine höhere Bahn zu heben, wieder frei und wird vom Atom als Licht genau der Wellenlänge emittiert, die der Energiedifferenz der involvierten Elektronenbahnen entspricht. Es entsteht also eine singuläre, charakteristische »Emissionslinie« einer bestimmten Wellenlänge. Die Abb. 2.55 zeigt oben einige Emissionslinien in einem ansonsten dunklen, »lichtlosen« Band und darunter, zum Vergleich, die gleichen Linien in Absorption im kontinuierlichen Farbspektrum

Damit ist klar: Die diversen Elemente hinterlassen im Spektrum einen spezifischen Fingerabdruck in Form von Linien charakteristischer Wellenlängen. In diesem »Barcode« steckt die gesamte Information über die Art des Elements und über den Anregungszustand seiner Atome. Hat man demnach im Labor, so wie es Kirchhoff und Bunsen vorgemacht haben, den Linien der Elemente die entsprechenden Wellenlängen zugeordnet, kann man mit diesem Katalog das Licht der Sterne analysieren und die chemische Zusammensetzung ihrer Atmosphären bestimmen. Physiker bezeichnen dieses Verfahren als »Spektralanalyse«.

Doch damit nicht genug. Mithilfe der Absorptionslinien lässt sich grob die Temperatur der Gashülle eines Sterns bestimmen. Denn je nach Höhe der Temperatur sind oft ganze Gruppen von Li-

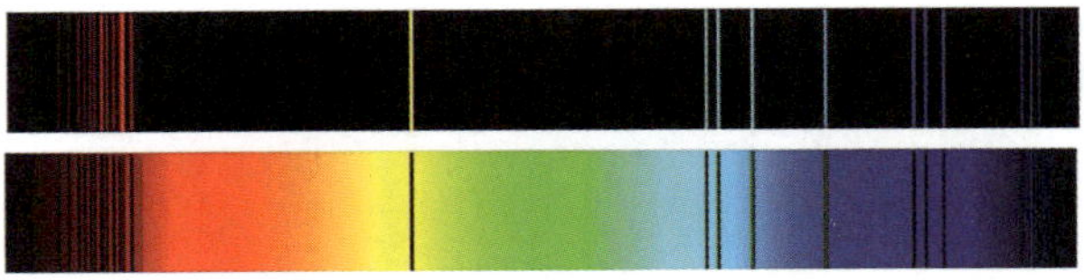

2.55 Oben: Atome geben Strahlung in gewissen Portionen ab, die durch die Energieniveaus in ihrer Elektronenhülle genau definiert sind. Da Elektronen auf höheren Bahnen mehr Energie besitzen, wird die Differenz beim Übergang eines Elektrons auf ein niedrigeres Niveau in Form eines Photons (Emissionslinie) freigesetzt. Unten: Den umgekehrten Vorgang, bei dem Atome aus einem vorgegebenen Spektrum Energie entnehmen, um sie in ihrer inneren Struktur zu verteilen, nennt man Absorption. Dabei wird z. B. ein Elektron auf eine höhere Bahn ausgelenkt. Die entsprechende Energie fehlt anschließend im Ausgangsspektrum, die charakteristischen schwarzen Linien nennt man Absorptionslinien.

nien in den Spektren mit unterschiedlicher Intensität vertreten. So finden sich z. B. in den heißen Sternen (T = 15 000–70 000 Grad) keine der Balmer-Linien des Wasserstoffs. Geht man in Richtung kühlerer Sterne (T = 15 000–5000 Grad), so zeigen sie sich zunächst sehr schwach ausgeprägt, werden dann zunehmend intensiver, erreichen bei Sternen von rund 7500 Grad ein Intensitätsmaximum, um dann in Richtung noch kühlerer Sterne (T = 3500 – 3000 Grad) wieder aus dem Sternspektrum zu verschwinden. Mithin lässt sich anhand der Intensität und des Auftretens der Spektrallinien in etwa die Temperatur der Sterne bestimmen.

Doch die Fraunhofer-Linien geben noch mehr her. Sie informieren uns sogar darüber, ob sich das Objekt bewegt, von dem das aufgenommene Spektrum stammt. Abb. 2.56 zeigt zweimal das Spektrum eines fiktiven Sterns mit seinen Absorptionslinien. Im oberen Band sitzen die Absorptionslinien der Elemente genau bei den Wellenlängen, die man im Labor ermittelt hat. Das Band unten zeigt die Linien eines ähnlichen Sterns, der sich vom Beobachter wegbewegt. Man sieht: Im Vergleich zu dem Laborspektrum sind alle Linien »ins Rote«, das heißt zu längeren Wellenlängen hin, verschoben.

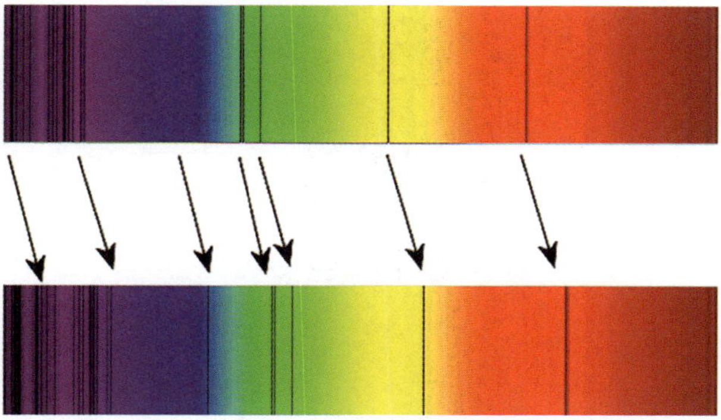

2.56 Oben ist das Spektrum eines Sterns dargestellt, der relativ zum Beobachter ruht, unten die Spektrallinien eines ähnlichen Sterns, der sich vom Beobachter wegbewegt. Seine Linien sind ins Rote verschoben.

Eine Erklärung dafür lieferte der österreichische Mathematiker und Physiker Christian A. Doppler (1803–1853). Doppler beschäftigte sich intensiv mit der Wellennatur des Lichts und mit akustischen Wellen. Berühmt geworden ist er durch den nach ihm benannten Dopplereffekt.

2.57 Christian Doppler (1803–1853)

Experimentell nachgewiesen wurde dieser erstmals nicht an Licht, sondern als akustischer Effekt. Das Prinzip veranschaulicht Abb. 2.58. Der linke Teil der Graphik zeigt ein in Ruhe befindliches Objekt, das Schallwellen aussendet. Die Wellen breiten sich nach allen Richtungen mit gleicher Geschwindigkeit in Form konzentrischer Kugelschalen aus.

Bewegt sich jedoch das Objekt während der Emission der Wellen in Pfeilrichtung nach rechts, so holt es praktisch die in Bewegungsrichtung vor ihm liegenden Wellenzüge ein, wogegen es sich von den hinter ihm liegenden Wellenzügen entfernt (Abb. 2.58, rechter Teil). Vor dem Objekt stauen sich die Wellen, oder anders gesagt, der zeitliche Abstand zwischen zwei Wellenzügen wird verkürzt. Bei einem Beobachter rechts vom Objekt kommen daher

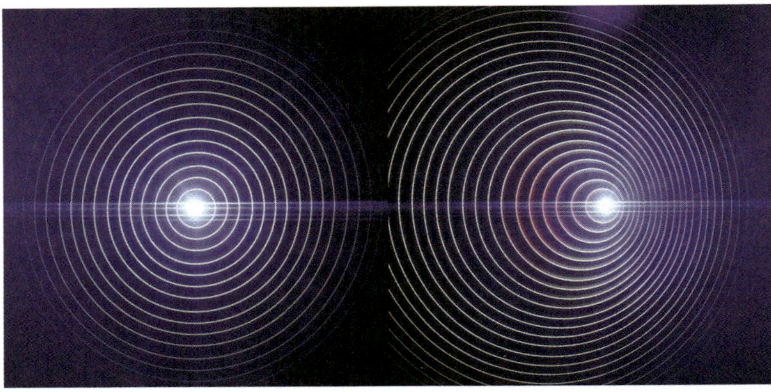

2.58 Links: Für eine ruhende Strahlungsquelle erhält man eine Kugelwelle um den Mittelpunkt, wobei jeweils der Abstand zwischen zwei konzentrischen Kugelschalen die Wellenlänge des abgestrahlten Lichts kennzeichnet. Rechts: Bewegt man die Strahlungsquelle kontinuierlich nach rechts, verkürzen sich die Wellenlängen in Bewegungsrichtung (Blauverschiebung). In der entgegengesetzten Richtung sind die Wellenlängen gedehnt (Rotverschiebung).

die Wellen, relativ zu den von dem ruhenden Objekt ausgehenden Wellen, in einem kürzeren Zeitabstand an, was gleichbedeutend ist mit einer höheren Frequenz bzw. einer kürzeren Wellenlänge. Das Gegenteil gilt für einen Beobachter, der sich links vom Objekt befindet, von dem sich also das Objekt entfernt. Da das Objekt aus Sicht des Beobachters vor seinen Wellen davonläuft, verlängert sich der zeitliche Abstand der beim Beobachter ankommenden Wellen, was einer relativ zu den vom ruhenden Objekt ausgehenden Wellen niedrigeren Frequenz entspricht.

Erstmals wahrnehmbar war der Dopplereffekt bei den damaligen Dampflokomotiven; sie waren gerade ausreichend schnell, um den Effekt hörbar zu machen. Heute begegnet er uns auf Schritt und Tritt. Wenn z. B. ein Polizeiauto mit Martinshorn auf uns zukommt, ist der Ton zunächst höher, um dann vom Augenblick des Vorbeifahrens an, wenn sich das Auto von uns entfernt, schlagartig tiefer zu werden.

Mit welcher Geschwindigkeit v es sich dabei bewegt, ist einfach zu berechnen. Es gilt:

$$v = \frac{\left(\frac{\Delta\lambda}{\lambda_0} + 1\right)^2 - 1}{\left(\frac{\Delta\lambda}{\lambda_0} + 1\right)^2 + 1} \cdot c \qquad (2.66)$$

wobei $\Delta\lambda$ die Differenz zwischen der gemessenen und der Laborwellenlänge ist, λ_0 die Laborwellenlänge, d. h. die Wellenlänge der nicht verschobenen Linie, und c die maximale Ausbreitungsgeschwindigkeit im Medium (Schallgeschwindigkeit). Für Licht ergeben sich bei bewegten Quellen analoge Konsequenzen, wobei hier relativistische Effekte die Wellenlänge verändern (Kapitel 5). Mit dem Wissen um den Dopplereffekt wird auch die Verschiebung der Absorptionslinien in der Abb. 2.56 verständlich. Da sie alle ins Rote, also nach längeren Wellenlängen hin, verschoben sind, muss sich das Objekt von uns entfernen.

Für die Astronomie ist der Dopplereffekt von großer Bedeutung. Schaut man z. B. auf die Kante der Umlaufbahn zweier Objekte, die um ihren gemeinsamen Massenschwerpunkt rotieren, so kommen die Objekte wechselweise periodisch auf uns zu und entfernen sich dann wieder. Folglich werden die Spektrallinien beider Körper abwechseln ins Rote, d. h. zu längeren, und anschließend ins Blaue, zu kürzeren Wellenlängen, verschoben. Der Witz an der Geschichte: Aus der zeitlichen Abfolge der Rot- und Blauverschiebungen lässt sich die Umlaufperiode der Objekte ableiten und aus der Dopplerverschiebung die Bahngeschwindigkeiten der beiden Körper. Mit dem dritten Keplerschen Gesetz kann man sogar den Abstand und die Massen der beiden Objekte berechnen. Und wohlgemerkt, das alles nur anhand von Spektrallinien!

Damit haben wir eine ganze Palette an Anwendungen, die auf dem Studium der Spektrallinien beruhen: Man erhält Auskunft über die chemische Zusammensetzung der betrachteten Objekte, darüber, ob und wie schnell sie sich bewegen, über ihre Temperatur und im Fall von Doppelsternen – etwa die Hälfte aller Sternsysteme sind Doppelsternsysteme – auch über deren Masse und

Bahnparameter. Übrigens: Die Temperatur, haben wir gesagt, lässt sich grob abschätzen anhand des Auftretens gewisser Linien in den Spektren. Eine genauere Temperaturbestimmung erlaubt die Messung der Breite der Linien. Normalerweise sind die Linien extrem schmal, doch mit steigender Objekttemperatur kommt es zu einer sogenannten Linienverbreiterung. Verursacht wird sie durch die thermische Bewegung der Licht emittierenden Atome. Je heißer es ist, desto schneller »zittern« sie in alle Richtungen. Diese erratische Bewegung überlagert sich der allgemeinen Objektgeschwindigkeit und verursacht eine zusätzliche minimale Rot- bzw. Blauverschiebung des emittierten Lichts, so dass die Linie als Ganzes verbreitert wird.

2.8 Planck und Wien
Wie messen wir Temperatur im Universum?

Über die Temperatur der Sterne gibt auch deren farbliche Erscheinung Auskunft. Und damit kommt der deutsche Physiker Wilhelm Wien (1864–1928) ins Spiel.

2.59 Wilhelm Wien (1864–1928)

Beim Studium von Sternen unterschiedlicher Temperatur fiel ihm auf, dass bei den heißen Sternen die meisten Photonen im Bereich der kurzen Wellenlängen emittiert werden, bei Sternen niedriger Temperatur jedoch im roten bzw. langwelligen Bereich des elektromagnetischen Spektrums. Das bedeutet: Heiße Sterne leuchten blau, kühle Sterne dagegen rot. Mit fallender Temperatur verschiebt sich also das Emissionsmaximum von Blau zu Rot. Wie das geschieht, konnte Wien mit dem nach ihm benannten Verschiebungsgesetz erklären: Verdoppelt sich beispielsweise die Temperatur des Sterns, so halbiert sich die Wellenlänge seines Strahlungsmaximums. Wie die Strahlungskurven in Abhängigkeit von der Temperatur aussehen, hat der deutsche Physiker Max Planck anhand seiner revolutionären Strahlungsformel berechnet (Abb. 2.60). Im Rahmen der Quantenmechanik (Kapitel 7) werden wir detailliert darauf eingehen.

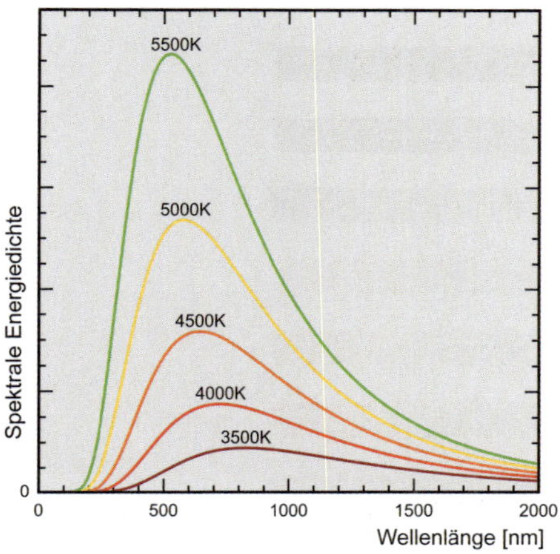

2.60 Jeder Körper – sogar bei vollständig schwarzer Oberfläche – emittiert Photonen unterschiedlicher Energie, abhängig von seiner Temperatur. Zählt man jeweils die Photonen einer bestimmten Energie bzw. einer bestimmten Wellenlänge und trägt diese Punkte in ein Diagramm ein, so erhält man das sogenannte Plancksche Strahlungsspektrum. Das Maximum, d. h. die Energie, bei der die meisten Photonen emittiert werden, wandert mit abnehmender Temperatur im Diagramm zu höheren Wellenlängen. Insgesamt flacht die charakteristische Form der Kurve bei diesen niedrigeren Energien stetig ab, wobei sich Planckverteilungen unterschiedlicher Temperatur nie schneiden.

Graphik 2.60 zeigt die Planckschen Strahlungskurven in Abhängigkeit von der Temperatur. Man sieht sehr schön, wie sich das Intensitätsmaximum mit der Temperatur verschiebt. Mithilfe dieser Kurven kann man nun die Temperatur der Sterne anhand ihrer Farbe direkt bestimmen. Also nochmals: Blau leuchtende Sterne haben eine Temperatur von über 6000 Kelvin, die rot leuchtenden sind maximal 3500 Kelvin heiß. Unsere Sonne mit etwa 5800 Kelvin leuchtet demnach gelblich. Übrigens, noch ein Wort zur Kelvin-Temperaturskala: 273,15 Kelvin entsprechen 0 Grad Celsius, und 0 Kelvin dem absoluten Temperaturnullpunkt.

Vielleicht ist Ihnen schon aufgefallen: Astronomen sind für eine klare Ordnung der Dinge. Da ist es nicht verwunderlich, dass man auch die Sterne systematisch sortiert hat. Da das Schema 1880 von den Astronomen Edward C. Pickering und Annie Cannon von der Harvard-Sternwarte entwickelt wurde, wird es konsequenterweise als Harvard-Sequenz bezeichnet. Dort sind die Sterne nach

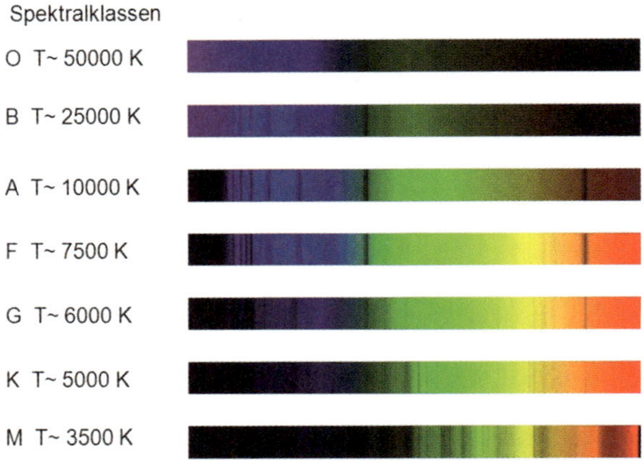

2.61 Die Spektralklassen der Sterne, sortiert nach ihrer Oberflächentemperatur.

Spektralklassen geordnet bzw. nach ihrer Temperatur, der Linienstärke ihrer Spektren und ihrer Farbe (Abb. 2.61).

Wie die Graphik zeigt, hat man die einzelnen Spektralklassen mit den Buchstaben O, B, A, F, G, K und M versehen. Die Wahl der Buchstaben ist rein historisch bedingt und hat keinen tieferen Sinn. Gemäß diesem Schema sprechen die Astronomen zur Charakterisierung eines Sterns auch kurz von einem O-Stern, B-Stern, A-Stern usw. Um die Reihung im Gedächtnis behalten zu können, haben sich die Studenten der betreffenden Universität auch einen Merksatz ausgedacht. Obwohl der angesichts der »Me-Too-Debatte« nicht mehr opportun erscheint, wagen wir es, trotz des von einschlägiger Seite zu erwartenden Shitstorms, ihn zu zitieren: »Oh, be a fine girl – kiss me.« Die Astronomen in Bayern setzen dem einen der bayerischen Geselligkeit geschuldeten anderen Merksatz entgegen, nämlich: »Ohne Bier aus'm Fass gibt's koa Maß«. Wir würden uns nicht wundern, wenn nun die Antialkoholikerliga fordern würde, den Satz auf den Index zu setzen.

Fassen wir kurz zusammen: Die Bedeutung der Spektrallinien ist kaum zu überschätzen. Sie liefern uns ein ganzes Bündel an Information über das, was da draußen vor sich geht. Mit ihrer Hilfe gelingt es, die irdischen Grenzen der Erkenntnis zu sprengen und in die Tiefen des Raumes zu schauen. Und nicht zuletzt sind die durch das Studium der Spektrallinien gewonnenen Einsichten in das kosmische Geschehen ein starkes Indiz für die universelle Gültigkeit der Gesetze, anhand deren wir auf der Erde die physikalischen und chemischen Prozesse zu erklären versuchen. Das rechtfertigt die Behauptung: Da draußen gilt die gleiche Physik wie im Labor! Hätten wir diese Gewissheit nicht, astronomische Forschung wäre pures Stochern im Nebel.

2.9 Leavitt und Chandrasekhar
Wie weit sind Sterne und Galaxien von uns entfernt?

Zwar sind wir jetzt mit unserem Ansinnen, die Welt verstehen zu können, bis zu den Sternen vorgedrungen, doch ihre Entfernung bleibt bisher noch im Dunkeln. Dem wollen wir nun abhelfen, indem wir uns kurz mit einigen Methoden zur astronomischen Entfernungsbestimmung befassen. Vorab jedoch ein Hinweis: Entfernungsbestimmungen im Kosmos zählen zu den schwierigsten Unterfangen der Astronomie. Folglich haben Astronomen eine Fülle komplexer Verfahren erdacht, auf die wir hier nur sehr eingeschränkt eingehen können. Eine umfassende Behandlung dieses Themas würde ein ganzes Buch füllen. Wer sich einen ersten Überblick verschaffen möchte, dem empfehlen wir, im Internet die Seite www.urknall-weltall-leben.de aufzurufen und dort in der Rubrik »Wissensbox« den Beitrag »Entfernungsbestimmung« zu lesen. Auch im Buch *Kosmologie für Fußgänger* von Harald Lesch und Jörn Müller findet sich eine ausführliche Abhandlung zu diesem Thema.

Eine Methode, die insbesondere zur Entfernungsbestimmung relativ naher Objekte Verwendung findet, ist die sogenannte trigonometrische Parallaxe. Das Verfahren beruht auf einer Winkelmessung, die man an unterschiedlichen Standorten ausführt. Anhand eines einfachen Experiments, dem sogenannten Daumensprung, wird verständlich, um was es geht. Betrachtet man ein nahes Objekt, z. B. den Daumen der ausgestreckten Hand, abwechselnd mit dem linken und dann mit dem rechten Auge, so scheint er vor dem weiter entfernten Hintergrund hin- und herzuspringen. In dem von den beiden Augen und dem Daumen aufgespannten

Dreieck bildet die Strecke vom einen zum anderen Auge die sogenannte Basis. Den Winkel, unter dem vom Daumen aus betrachtet diese Basis erscheint, nennt man Parallaxe. Kennt man in diesem Dreieck die beiden Winkel an den Basisenden, so kann man mit Hilfe der Trigonometrie die Entfernung des Daumens von der Basis berechnen. Übertragen auf astronomische Verhältnisse, wählt man als Basis die Strecke zwischen zwei möglichst weit voneinander entfernten Orten A und B und misst jeweils den Winkel, unter dem ein fernes Objekt, z. B. ein Planet, von den beiden Beobachtungsorten aus gesehen erscheint (Abb. 2.62 oben). Damit kennt man auch den Parallaxenwinkel α und mit Hilfe der Dreiecksgeometrie auch die Entfernung zum anvisierten Objekt.

Allerdings: Je weiter das Objekt entfernt ist, umso kleiner wird der Parallaxenwinkel. Verdoppelt sich die Objektentfernung, hal-

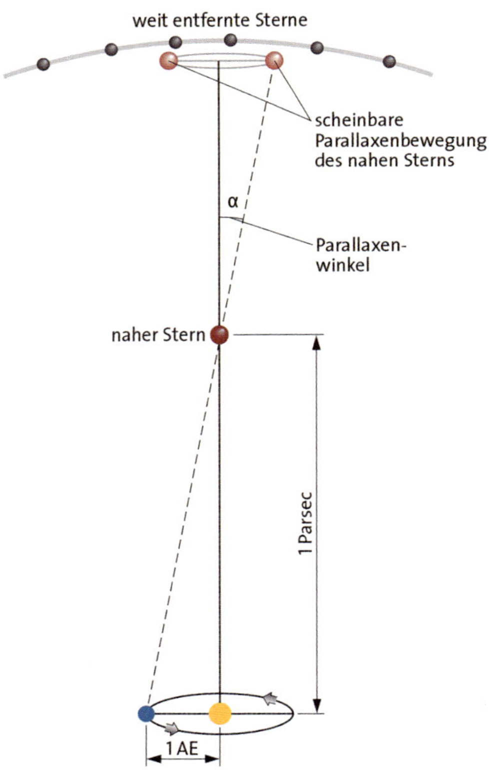

2.62 Triangulation zur Entfernungsbestimmung naher Objekte. Das Objekt wird von unterschiedlichen Orten aus angepeilt und seine Projektion auf den Fixsternhimmel gemessen. Der Projektionswinkel zwischen den möglichst weit voneinander entfernten Messorten ermöglicht die Entfernungsbestimmung durch Dreiecksgeometrie. Erscheint der Radius der Erdbahn von einem entfernten Objekt aus betrachtet unter einem Parallaxenwinkel von einer Bogensekunde, so spricht man von einem Parsec, einem in der Astronomie wichtigen Entfernungsmaß.

biert sich der Winkel. Schließlich kommt der Moment, wo man ihn nicht mehr messen kann. Dann hilft nur eine drastische Verlängerung der Basis. Will man nicht in den Weltraum ausweichen, so kann man sich die Wanderung der Erde um die Sonne zunutze machen. Dazu misst man, beispielsweise im April, von einem Punkt auf der Erde den Winkel zum Objekt, fährt dann ein halbes Jahr in Urlaub und wiederholt die Messung im Oktober vom gleichen Standpunkt aus. In der Zwischenzeit hat die Erde die Hälfte ihres Weges um die Sonne zurückgelegt und steht nun auf der anderen Seite unseres Gestirns. Wie aus Abb. 2.62 ersichtlich, hat man damit eine Basisstrecke entsprechend dem zweifachen Abstand Erde-Sonne erreicht. Obwohl mit dieser Basisverlängerung viel gewonnen ist, gelingt es damit lediglich, die Entfernung zu den nächstgelegenen Fixsternen zu bestimmen. Die kleinsten Winkel, die man mit den heutigen Methoden von der Erde aus noch messen kann, liegen im Bereich von etwa 0,01 Bogensekunden. Das entspricht einer Entfernung von rund 300 Lichtjahren.

Da wir gerade bei astronomischen Entfernungen sind: Meist sind sie so riesig, dass es gewaltiger Zahlenmonster bedürfte, um sie in Kilometern auszudrücken. Das ist unpraktisch. In der Astronomie hat sich daher ein Längenmaßstab durchgesetzt, der auf einem Winkel beruht: der sogenannten Parallaxen-Sekunde Parsec, abgekürzt pc. Man versteht darunter die Entfernung, aus der der Radius der Erdbahn unter einem Winkel von einer Bogensekunde bzw. 0,00028 Grad erscheint (siehe Abb. 2.62). In der Einheit Lichtjahre ausgedrückt, entspricht ein pc 3,26 Lichtjahren bzw. 30,8 Billionen Kilometern.

Den nächsten Schritt in die Tiefen des Alls verdankt die Astronomie einer Frau, die unter dem amerikanischen Physiker und Astronomen Edward Pickering (1846–1919), dem Direktor des Harvard College Observatory, mit der Auswertung von mit Teleskopen belichteten Fotoplatten betraut war. Ein Schwerpunkt ihrer Arbeit war die Katalogisierung von Sternen veränderlicher Helligkeit. Henrietta S. Leavitt (1868–1921), so hieß die Dame, war eine akribische Arbeiterin, ausgestattet mit einer außergewöhnlichen Beobachtungsgabe.

2.63 Henrietta S. Leavitt (1868–1921)

Bei ihren Untersuchungen stieß sie in den Magellanschen Wolken, zwei Begleitgalaxien unserer Milchstraße, auf Sterne mit einem ungewöhnlichen Verhalten. Zwar war dieser Typ veränderlicher Sterne, die sogenannten Cepheiden, schon bekannt, nicht aber, dass zwischen ihrer Leuchtkraft und der Periode, mit der sich ihre Helligkeit ändert, eine enge Beziehung besteht: Je heller der Stern im Helligkeitsmaximum, desto länger ist die Periode der Helligkeitsschwankung, wobei sich die Schwankungen sekundengenau wiederholen. Diese von Leavitt entdeckte sogenannte Perioden-Leuchtkraft-Beziehung der Cepheiden sollte zum Schlüssel für ein weiteres Tor hinaus ins All werden.

Doch was haben Leuchtkraft bzw. die Helligkeit eines Sterns mit der Entfernungsbestimmung zu tun? Anhand einer Wärmequelle, beispielsweise eines Lagerfeuers, lässt sich das gut verstehen. Je weiter man sich von dem Feuer entfernt, umso weniger verspürt man von dessen Wärme. Das Gleiche gilt auch für die Helligkeit einer Lichtquelle. Vergrößert man die Entfernung auf das Doppelte, so erscheint die Lichtquelle nur noch ein Viertel mal so hell. Die Helligkeit nimmt also mit dem Quadrat der Entfernung ab. In Abb. 2.64 ist das schematisch dargestellt.

Der Punkt links in Abb. 2.64 symbolisiert die Lichtquelle. In der Entfernung r von der Quelle sollen durch die Fläche A insgesamt N Photonen treten. In der doppelten Entfernung $2 \cdot r$ ist die von der Lichtquelle beleuchtete Fläche viermal so groß wie die Fläche A. Durch das Flächenelement A treffen demnach nur noch $N/4$ Photonen. In der dreifachen Entfernung $3 \cdot r$ ist die insgesamt beleuchte Fläche auf neun Flächenelemente A angewachsen, und die Anzahl der durch das Flächenelement A hindurchtretenden Photonen beträgt nur noch $N/9$. Wie bereits gesagt: Die Beleuchtungsstärke des Flächenelements A nimmt mit dem Quadrat der Entfernung ab. Ist demnach die Helligkeit der Leuchtquelle bekannt, so kann man anhand der auf ein Flächenelement auftreffenden Photonen auf die Entfernung der Quelle schließen. Man

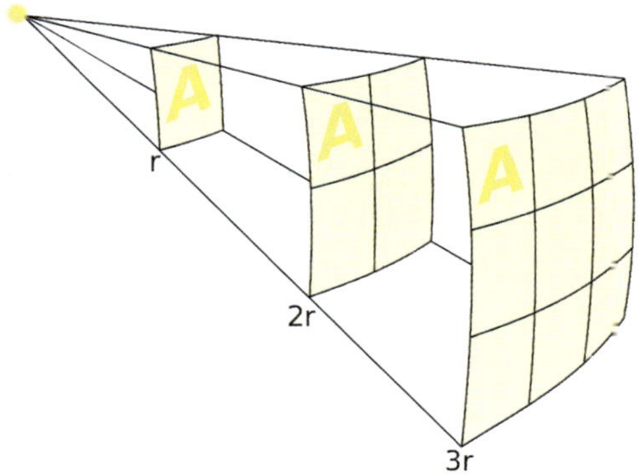

2.64 Der Intensitätsverlauf einer Lichtquelle. Misst man in einem Abstand *r* die Anzahl der Photonen, die pro Zeiteinheit auf eine Leinwand der Größe *A* fallen, so ist für dieselbe Anzahl im doppelten Abstand die vierfache und in dreifachem Abstand die neunfache Fläche nötig.

muss nur die Bestrahlungsstärke einer Fläche *A* bekannter Größe messen.

Doch es gibt ein Problem: Man weiß meist nichts über die Helligkeit, besser gesagt über die Leuchtkraft eines Sterns vor Ort, also dort, wo er sich befindet! Da Cepheiden mit unterschiedlich großen Massen vorkommen, unterscheiden sie sich auch in ihrer Leuchtkraft und somit auch in der Periode der Helligkeitsschwankung. Doch die allein sagt nichts aus über die Leuchtkraft eines Cepheiden. Um die festzulegen, muss man die Cepheiden an anderen Sternen eichen.

Um zu verstehen, wie man das macht, benötigen wir einen kurzen Einschub. Die moderne Astronomie verwendet zur Helligkeitsbestimmung natürlich nicht die von der Quelle ankommenden Photonen, sondern einen Maßstab, der auf den griechischen Astronomen Hipparchos zurückgeht. Der bezeichnete die hellsten Sterne am Himmel als »Sterne erster Größe« und solche, die mit bloßem Auge gerade noch sichtbar sind, als »Sterne sechster Größe«. Heute spricht man jedoch nicht mehr von Größen, sondern man verwendet statt dessen eine Helligkeitsskala deren Einheit die »Magnitude« ist. Aufgrund dessen spricht man auch nicht mehr von Helligkeitsgrößen, sondern man ordnet die Sterne nach Magnituden, wobei beispielsweise einem Stern sechster Größe eine Helligkeit von 6 Magnituden, abgekürzt 6 mag, zukommt. Eine Differenz von einer Magnitude entspricht einem Helligkeitsunterschied um den Faktor 2,51.

Nun sind bekanntermaßen die Sterne unterschiedlich weit von uns entfernt, und je größer die Entfernung, desto leuchtschwächer erscheint uns der Stern. Ein sehr heller, aber sehr weit entfernter Stern kann uns daher leuchtschwächer erscheinen als ein sehr leuchtschwacher, aber sehr naher Stern. Kennt man die Entfernung der Sterne nicht, so hat man keine Möglichkeit zu entscheiden, welcher von beiden nun tatsächlich der hellere ist. Um dem abzuhelfen, unterscheiden Astronomen zwischen scheinbarer und absoluter Helligkeit. Als scheinbare Helligkeit m bezeichnet man die auf der Erde gemessene Helligkeit eines Sterns, wogegen die absolute Helligkeit M die Helligkeit angibt, die man von einem Stern messen würde, wenn man ihn in eine Entfernung zur Erde von genau zehn Parsec bringen könnte. Die absolute Helligkeit ist also die Helligkeit eines Sterns in der Normentfernung zehn Parsec. Folglich lassen sich die Sterne anhand ihrer absoluten Helligkeiten vergleichen.

Jetzt wissen wir aber immer noch nicht, wie leuchtkräftig die diversen Cepheiden sind, mit deren Hilfe man Entfernungen bestimmen will. Glücklicherweise gibt es eine Gleichung, welche die scheinbare und die absolute Helligkeit eines Sterns mit der tatsächlichen Sternentfernung d verbindet. Wir schreiben sie ohne Herleitung einfach hin. Sie lautet:

$$m - M = -5 + 5 \cdot \log d \qquad (2.67)$$

Kennt man zwei der Parameter dieser Beziehung, beispielsweise die scheinbare und die absolute Helligkeit eines Sterns, so kann man die Entfernung zum Stern berechnen. Umgekehrt erhält man aus der tatsächlichen Sternentfernung und der gemessenen scheinbaren Helligkeit die absolute Sternhelligkeit. Und damit sind wir wieder bei Frau Leavitt und den Cepheiden. Wie gesagt: Man muss diese Sterne bezüglich ihrer Helligkeit an anderen Sternen eichen. Dazu sucht man sich einen Cepheiden, dessen Entfernung man mit anderweitigen Verfahren bereits ermitteln konnte, oder einen in der unmittelbaren Nachbarschaft eines Sterns bekannter Entfernung. Dann muss man nur noch die scheinbare Helligkeit m des Cepheiden messen, um mit Hilfe der obigen Gleichung auch dessen absolute Helligkeit *M* zu erhalten. Macht man das mit möglichst vielen Cepheiden in unterschiedlichen Entfernungen und misst dazu noch die Periode, mit der die Helligkeit dieser Sterne schwankt, so gewinnt man einen ganzen Katalog von Cepheiden mit bekannter absoluter Helligkeit *M* und bekannter Periodenlänge. Und da Cepheiden sehr leuchtkräftige Sterne sind, kann man sie noch über sehr große Entfernungen sehen. Zusammen mit der Perioden-Leuchtkraft-Beziehung eignen sie sich daher bestens als »Standardkerzen«. Übrigens: Der Begriff »Standardkerze« beschreibt in der Astronomie eine Lichtquelle stets gleicher, im Fall der Cepheiden gleicher maximaler Helligkeit, wo auch immer man im Universum auf sie stößt.

Damit funktioniert die Entfernungsbestimmung mit Cepheiden wie folgt: Man sucht in der Galaxie, deren Entfernung bestimmt werden soll, zunächst nach einem Cepheiden. Hat man einen gefunden, so misst man die Periode, mit der seine Helligkeit schwankt. Dann vergleicht man die Schwankungsperiode mit den im Katalog gelisteten Cepheiden und kann dort dank Frau Leavitts Perioden-Leuchtkraft-Beziehung dessen absolute Helligkeit ablesen. Misst man schließlich noch die scheinbare Helligkeit des Sterns, so kann mit obiger Gleichung dessen Entfernung berechnet werden.

Mithilfe der Cepheiden sind Entfernungsbestimmungen bis zu rund 20 Megaparsec bzw. 20 Millionen Parsec möglich. Damit konnte auch der bis dahin unter den Astronomen andauernde Streit entschieden werden, ob denn der »Andromedanebel« noch zu unserer Milchstraße gehört oder doch so weit entfernt ist, dass es sich um ein eigenständiges Objekt handeln muss. Wie wir heute wissen, ist Andromeda rund 760000 Parsec bzw. 2,5 Millionen Lichtjahre entfernt und damit die zu uns nächstgelegene Galaxie. Letztlich hat diese Art der Entfernungsbestimmung zu der Erkenntnis geführt, dass das Weltall doch viel größer ist, als man es sich lange Zeit vorstellen konnte.

Noch ein paar Worte zur Persönlichkeit Henrietta Leavitts. Zunächst: Sie war eine begnadete Musikerin. Tragischerweise verlor sie ihr Hörvermögen und konnte ihren Beruf nicht mehr ausüben. Da sie jedoch im Nebenfach Astronomie studiert hatte, fand sie bei Edward Pickering am Harvard College Observatory die bereits erwähnte Stelle, um ihren Lebensunterhalt zu verdienen. Vielleicht hat gerade ihr Hörverlust ihre Beobachtungsgabe so geschärft, dass ihr der Perioden-Leuchtkraft-Zusammenhang der Cepheiden aufgefallen ist. Zu Unrecht bezeichnet man bis heute die durch Frau Leavitt möglich gewordene Entfernungsbestimmung noch immer als den Harvard-Standard und nicht, wie es angebracht wäre, als Leavitt-Standard. Viele Jahre später hat man sich dann doch noch ihrer erinnert und erwogen, sie für den Nobelpreis vorzuschlagen. Doch als man sie zu kontaktieren versuchte, musste man feststellen, dass sie bereits verstorben war.

Obwohl die Cepheiden zu den extrem hellen Sternen gehören, sind ihrer Leuchtkraft dennoch Grenzen gesetzt: Irgendwann werden die Entfernungen so groß, dass die Cepheiden in den Tiefen des Alls verblassen und nicht mehr zu erkennen sind. Um jetzt noch einen weiteren Schritt hinaus in die »Unendlichkeit« des Kosmos tun zu können, bedarf es einer neuen, um vieles leuchtkräftigeren Standardkerze. Dem Inder Subrahmanyan Chandrasekhar (1910–1995) gelang es, die physikalischen Prozesse, die zu einer derartig hellen »Lichtquelle« führen, zu entschlüsseln und die Grundlagen zu deren Verständnis zu erarbeiten. Die Rede ist von einer Supernova Ia.

Chandrasekhar wurde in Lahore, Indien, geboren. Im Alter von acht Jahren zog er mit seinen Eltern nach Madras (heute: Chennai), wo er das dortige College besuchte. Nachdem sich dort seine ungewöhnliche Begabung gezeigt hatte, gewährte man ihm ein Stipendium, um sein Studium am Trinity College in Cambridge (England) fortzusetzen. Doch dazwischen lagen 18 Tage Überfahrt auf einem Schiff von Madras nach Southampton. Und was macht ein begabter, an Astrophysik interessierter junger Mann, der sich zu langweilen beginnt? Nun, er rechnet mal kurz aus, was geschieht, wenn die Leiche eines massearmen Sterns, ein sogenannter Weißer Zwerg, Materie von einem

2.65 Subrahmanyan Chandrasekhar (1910–1995)

Begleitstern aufsammelt. Chandrasekhar konnte zeigen, dass dieser Prozess nicht beliebig fortschreiten kann, sondern nur so weit, bis der Weiße Zwerg eine Masse von rund 1,4 Sonnenmassen, die sogenannte Chandrasekhar-Grenzmasse, erreicht hat. Dann explodiert der Sternrest in Form einer Supernova vom Typ Ia. Heute weiß man: Hat der Weiße Zwerg diese Grenzmasse erreicht, so wird er instabil, und in seinem Inneren zündet spontan das von der Sternentwicklung bekannte Kohlenstoffbrennen. Normalerweise würde sich der Zwerg jetzt aufblähen, was den Druck und die Temperatur in seinem Inneren senken würde. Doch aufgrund quantenmechanischer Zustände – Stichwort: Fermi-Druck, Stabilisierung des Weißen Zwergs durch ein entartetes Elektronengas – geschieht das nicht. Folglich kühlt der Sternrest nicht ab, sondern Druck und Temperatur steigen weiter an. Damit erlischt auch das Kohlenstoffbrennen nicht, sondern frisst sich durch den Weißen Zwerg, bis explosionsartig weitere Fusionsprozesse zünden: das Sauerstoff-, dann das Neon- und letztlich das Siliziumbrennen. Die bei diesen Prozessen frei werdende Energiemenge ist so gewaltig, dass schließlich der Weiße Zwerg vollständig in einer Supernova-Explosion vom Typ Ia zerrissen wird.

Supernovae vom Typ Ia entwickeln eine Helligkeit, mit der sie kurzzeitig alle Sterne ihrer Galaxie überstrahlen. Da die Explosion stets beim Erreichen der Chandrasekhar-Masse erfolgt, ist ihre Leuchtkraft in etwa gleich groß. Mit diesen Standardkerzen können noch Objekte aus einer Zeit detektiert werden, als das Universum knapp 5 Milliarden Jahre alt war. Das aus dieser Epoche abgeschickte Licht, war rund 9 Milliarden Jahre zu uns unterwegs.

Natürlich wurde Chandrasekhar für diese umwälzende Entdeckung, die ohne Bezug auf Experimente, sondern allein anhand physikalischer Gesetzmäßigkeiten zustande kam, der Nobelpreis verliehen, wenn auch erst im Jahr 1983. Immerhin lebte er da noch. In jüngerer Zeit mehren sich Hinweise darauf, dass die Zusammensetzung Weißer Zwerge – die von Chandrasekhar als nahezu identisch vorausgesetzt wurde – sich tatsächlich unterscheiden könnte. Sollten Weiße Zwerge neben Kohlenstoff und Sauerstoff signifikante Mengen schwerer Elemente enthalten, würde das Einfluss nehmen auf die Grenzmasse. Dies ist Gegenstand aktueller Forschung.

Wie schon angekündigt, haben wir nur eine enge Auswahl an Methoden zur Entfernungsbestimmung vorgestellt. Insgesamt kennt man etwa 20 weitere mehr oder weniger erfolgreiche Verfahren. Im zu Beginn dieses Abschnitts erwähnten Artikel »Entfernungsbestimmung« sind einige davon näher beschrieben. Schauen Sie doch mal rein in unsere »Wissensbox«! Es lohnt sich.

2.10 Prinzip der minimalen Wirkung
Wie funktioniert die Welt?

Erinnern Sie sich noch an die Einleitung zu diesem Buch? Unter anderem war da die Rede von theoretischer Physik bzw. davon, wie theoretische Physiker an die Aufgabe herangehen, diese Welt und die darin ablaufenden Prozesse zu verstehen und zu erklären. In dem Bemühen, die damit verbundenen Probleme möglichst universell zu lösen, werden wir jetzt ein Werkzeug, oder besser gesagt: ein Verfahren der theoretischen Physik kennenlernen, das für das Verständnis der modernen Theorien unverzichtbar ist. Zwar wird uns dabei einiges an »Geistesakrobatik« abverlangt, aber wie sich noch zeigen wird, ist das Ergebnis aller Mühen wert. Die Rede ist vom Lagrange-Formalismus.

Vermutlich hat sich schon Aristoteles mit der Ökonomie in der Natur auseinandergesetzt. Wie »tickt« die Natur? Nach welchen Kriterien laufen die Prozesse ab? Löst die Natur die gleiche Aufgabe einmal mit großem und ein anderes Mal mit geringem Aufwand? Oder gibt es ein übergeordnetes Gesetz, wonach sie von allen Möglichkeiten grundsätzlich den einfachsten Weg wählt? Eine »rationale Natur« sollte doch bestrebt sein, das Ziel mit dem geringsten Aufwand zu erreichen. Der Gedanke ist faszinierend, und er hat sich im Laufe der Zeit immer mehr verfestigt.

Schon im Mittelalter vertrat der englische Philosoph und Theologe Wilhelm von Ockham (um 1288–1347) die Meinung, dass in der Natur ein »Prinzip der größtmöglichen Sparsamkeit« vorherrsche. Kann ein Sachverhalt mit Hilfe mehrerer Theorien erklärt werden, so ist diejenige allen anderen vorzuziehen, die mit den wenigsten Annahmen, Hypothesen und frei wählbaren Parametern auskommt. Sinngemäß soll Ockham gesagt haben: »Im Allgemeinen ist die einfachste Erklärung auch die richtige.« Wenn es darum geht, neue Theorien, die man noch nicht falsifizieren kann, zu bewerten, dann orientiert sich die Wissenschaft auch heute noch an diesem Satz. Man ist eher geneigt, der einfachen Theorie zu vertrauen als der komplizierten – nach dem Motto: »Wenn du Hufgetrampel hörst, denke an Pferde und nicht an Zebras.« In diesem Sinne ist auch die Metapher »Ockhams Rasiermesser« zu verstehen: Alle komplizierten Erklärungen eines Sachverhalts können wie mit einem Rasiermesser abgetrennt werden.

Zu Beginn des 18. Jahrhunderts haben sich dann insbesondere die französischen Mathematiker und Physiker Pierre Louis Moreau de Maupertuis (1698–1759) und Jean-Baptiste le Rond D'Alembert (1717–1783) mit der Frage beschäftigt: Warum laufen Prozesse gerade so ab, wie sie ablaufen? Gehorchen die Prozesse einer übergeordneten Regel, bzw. steckt hinter dem Ganzen ein natürliches Prinzip, nach dem sich Dinge, unabhängig von den auf sie einwirkenden Kräften, so bewegen, wie sie sich bewegen? Etwas Ähnliches ist uns bei der Einführung des Potentials schon begegnet. Verbirgt sich hinter den Bewegungen vielleicht etwas »Extremales«, in dem Sinne, dass die beobachteten Teilchenbahnen z. B. die kürzesten, die schnellsten oder anderweitig die ökonomischsten sind? Derartige Extreme kennt die Natur ja zuhauf. So nimmt eine Seifenblase bei einem gegebenen Volumen mit der Kugelgestalt die kleinstmögliche Fläche ein, und in den Kristallen ordnen sich die Moleküle nach dem Prinzip der geringsten Energie. Lässt sich also die Welt so beschreiben, dass z. B. Teilchenbahnen einem »Extremalprinzip« genügen? Der italienische Mathematiker und Physiker Joseph-Louis de Lagrange, dem wir anlässlich der Diskussion eines rotierenden Zweikörpersystems und der Lagrange-Punkte bereits begegnet sind, hat sich damit intensiv beschäftigt und einen Formalismus entwickelt, mit dessen Hilfe in der klassischen Physik die Dynamik eines Systems mit einer einzigen Funktion, der sogenannten Lagrange-Funktion, beschrieben werden kann. Mithilfe dieser Funktion lassen sich die Bewegungsgleichungen der Teilchen nach dem Prinzip der kleinsten bzw. minimalen Wirkung bestimmen. Wirkung ist eine physikalische Größe, die von der Bahn der Teilchen abhängt. Die Dimension dieser Größe ist gleich Energie mal Zeit. Und da sich die Natur »rational« verhält, bevorzugt sie Bahnen, entlang deren die Wirkung kleiner ist als bei allen anderen möglichen Bahnen.

Nach dieser langen Einleitung sind wir endlich so weit, dass wir uns an die Berechnung der Wirkung heranwagen und in die Mathematik des Lagrange-Formalismus einsteigen können. Erinnern Sie sich noch an unsere Ausführungen zum Potential? Da ist uns auch der Begriff »potentielle Energie« begegnet. Beispielsweise, so haben wir erfahren, nimmt die potentielle Energie E_P eines Körpers der Masse m zu, wenn man ihn im Gravitationsfeld der Erde gegen die Erdanziehung $m \cdot g$ um die Strecke x hochhebt:

$$E_P = m \cdot g \cdot x \tag{2.68}$$

Der »Gegenspieler« der potentiellen Energie ist die Bewegungsenergie bzw. die kinetische Energie. Gegenspieler insofern, als sich potentielle Energie in kinetische Energie umwandeln lässt und umgekehrt. Betrachtet man ein Teilchen der Masse m, das sich mit der Geschwindigkeit v bewegt, so besitzt es die kinetische Energie E_k:

$$E_K = \frac{1}{2} \cdot m \cdot v^2 \tag{2.69}$$

Wie kommt man zu diesem Ausdruck? Wir wissen: Kraft ist gleich Masse m mal Beschleunigung a, und Energie ist gleich Kraft F mal Weg x:

$$E_K = m \cdot a \cdot x. \tag{2.70}$$

Ferner hat uns die Beschäftigung mit Galilei und dem Fallgesetz (Gleichung 2.4) gezeigt, dass gilt:

$$x = \frac{1}{2} \cdot a \cdot t^2 \tag{2.71}$$

und daraus

$$E_K = m \cdot a \cdot \frac{1}{2} \cdot a \cdot t^2 = \frac{1}{2} \cdot m \cdot a^2 \cdot t^2 = \frac{1}{2} \cdot m \cdot (a \cdot t)^2 \tag{2.72}$$

folgt. Galilei hat uns mit Gleichung (2.3) auch gezeigt, dass

$$a \cdot t = v \tag{2.73}$$

gilt, womit wir unmittelbar die kinetische Energie (Gleichung 2.69) erhalten.

Für die Freunde der Integralrechnung gibt es eine elegante Alternative, die kinetische Energie herzuleiten – ohne die Stützräder von Galilei. Man betrachtet die Arbeit entlang eines infinitesimal kleinen Teilschritts dx und integriert über alle diese Teilschritte auf

$$E_K = \int m \cdot a \cdot dx \tag{2.74}$$

Im Integrand ersetzen wir

$$a = \frac{dv}{dt} \text{ und } v = \frac{dx}{dt} \text{ bzw. } dx = v \cdot dt \tag{2.75}$$

und erhalten:

$$E_K = \int m \cdot \frac{dv}{dt} \cdot v \cdot dt \tag{2.76}$$

Wir kürzen dt und ziehen v nach vorne:

$$E_K = \int m \cdot v \cdot dv \tag{2.77}$$

Das Prozedere des Integrierens verläuft, salopp gesprochen, »spiegelbildlich« zu dem des Differenzierens. Wir stellen uns gewissermaßen die Frage: Welchen Term hätten wir differenzieren müssen, damit der Integrand rauskommt? Das führt unmittelbar auf

$$E_K = \int m \cdot v \cdot dv = \frac{1}{2} \cdot m \cdot v^2 \tag{2.78}$$

denn dieser Term ergibt differenziert nach v

$$\frac{d}{dv}\left(\frac{1}{2}\cdot m\cdot v^2\right)=\frac{1}{2}\cdot m\cdot 2\cdot v=m\cdot v \tag{2.79}$$

und zur größten Zufriedenheit stimmt alles.

Nach diesem Zwischenschritt knöpfen wir uns jetzt den Lagrange-Formalismus vor. Zunächst schreiben wir die beiden Gleichungen für die kinetische und die potentielle Energie zur besseren Übersicht nochmals an:

$$E_K=\frac{1}{2}\cdot m\cdot v^2 \tag{2.80}$$

$$E_P=m\cdot g\cdot x \tag{2.81}$$

Kann man aus dem Wechselspiel dieser Energieformen die Bahn eines Körpers festlegen, ohne mühsam die beteiligten Kräfte in allen Details zu betrachten? Wie könnte dieser übergeordnete Rahmen aussehen? Damit wandeln wir gedanklich auf den Spuren von Lagrange. Wenn alles Tun in unserem Universum von einem Prinzip der Sparsamkeit bestimmt würde, dann wäre die Energie die Währung, in der abgerechnet würde. Wie also setzen wir die Energien in Beziehung?

Zunächst kann man sie addieren. Man erhält damit die Gesamtenergie E_{Ges} des Systems:

$$E_{Ges}=E_K+E_P \tag{2.82}$$

Zwar kann sich E_{Ges} unterschiedlich auf E_K und E_P verteilen, insgesamt bleibt aber E_{Ges} konstant, das gebietet die Energieerhaltung. Mit der Addition von E_K und E_P ist also nicht viel gewonnen. Anders, wenn man die Differenz der beiden Größen bildet, also E_K minus E_P. Man bezeichnet diese Größe als Lagrange-Funktion L:

$$L=E_K-E_P \tag{2.83}$$

Diese Größe sollte in der theoretischen Physik eine fundamentale Bedeutung erlangen. Tatsächlich lässt sich mit der Lagrange-Funktion die allgemeine Bewegung eines Körpers in Kraftfeldern herlei-

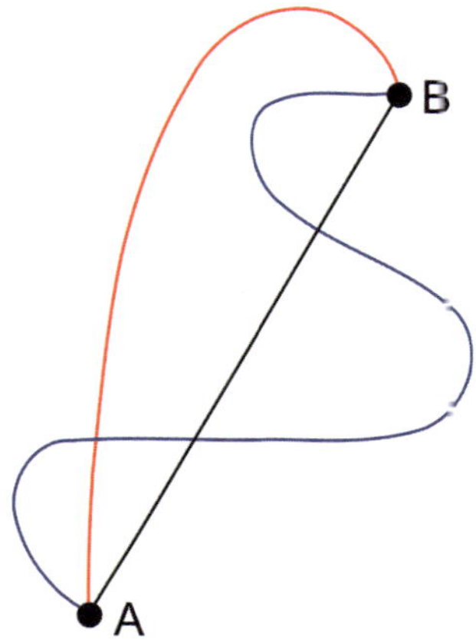

2.66 Mögliche Wege vom Punkt A zum Punkt B.

ten. Wie funktioniert das? Stellen wir uns dazu zwei feste Punkte A und B vor sowie ein Objekt, das zum Zeitpunkt t_0 bei A startet und zum Zeitpunkt t_1 bei B ankommt. Auf welchem Weg wird das Objekt dahin gelangen? Es könnte den direkten, den schwarzen Weg wählen, aber auch der rote bzw. der blaue Weg würde zum Ziel führen – allerdings wäre eine höhere mittlere Geschwindigkeit notwendig, weil die Strecken länger sind und die zur Verfügung stehende Zeit ja vorgegeben ist.

2.67 Sir William Rowan Hamilton (1805–1865)

Des Rätsels Lösung nennt man »Hamilton-Lagrange-Formalismus«. Der Namensbestandteil »Hamilton« rührt daher, dass der irische Physiker und Mathematiker Sir William Rowan Hamilton (1805–1865) einen weiteren wesentlichen Baustein dazu beigetragen hat.

Hamilton, der im Alter von 13 Jahren bereits 12 Sprachen beherrschte, war aufgefallen, dass die Integration der Lagrange-Funktion L über die Zeit t eine Wirkung S ergibt:

$$S = \int L \cdot dt \qquad (2.84)$$

Als Wirkung bezeichnet man in der Physik das Produkt aus Energie mal Zeit. Die Wirkung fällt umso größer aus, je länger eine gewisse Energie auf ein System einwirkt. So wird z. B. die Suppe im Mikrowellengerät mit der Zeit immer heißer, d. h., sie zeigt immer mehr Wirkung, je länger sie mit Mikrowellen bestrahlt wird. Aber das war noch nicht alles: Hamilton hat vor allem erkannt, dass hinter den Überlegungen von Lagrange ein Prinzip steckt, das man als das Prinzip der »minimalen Wirkung« bezeichnet. Es besagt, dass ein Körper stets den Weg einschlägt, entlang dem die Wirkung *S* am kleinsten ausfällt, d. h., wo sie minimal ist. Diese Erkenntnis ist fundamental, denn sie gilt nicht nur für das hier gewählte Beispiel eines Körpers im Gravitationsfeld der Erde, sondern ganz allgemein für beliebig komplexe Probleme mit beliebigen Potentialen.

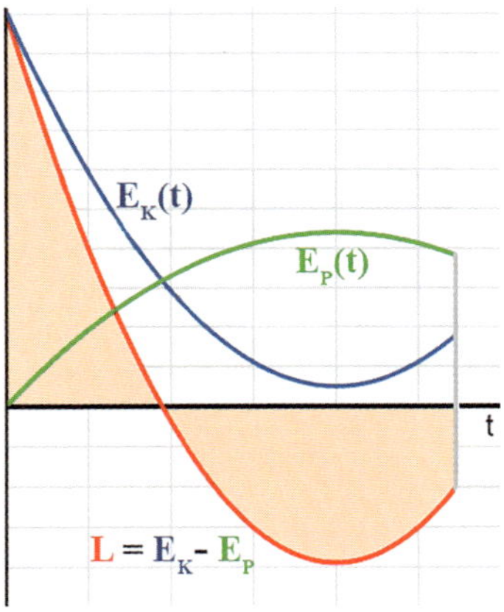

2.68 Wirft man eine Orange im Schwerefeld der Erde schräg nach oben, folgt sie einer Parabelbahn (rote Kurve in Abb. 2.66). Entlang des Weges verändern sich die kinetische Energie E_K (blau), die potentielle Energie E_P (grün) und die Lagrange-Funktion $L = E_K - E_P$ (rot). Das Integral von *L* über die Zeit *t*, d. h. die Fläche zwischen der Lagrange-Funktion und der *t*-Achse, entspricht der Wirkung *S*. Die Orange wird unter allen denkbaren Wegen denjenigen einschlagen, der die kleinstmögliche Wirkung *S* erfordert.

Betrachten wir nochmals die Gleichung für die kinetische Energie E_K. Dort kommt die Geschwindigkeit v stets als v zum Quadrat vor. Für das Prinzip der minimalen Wirkung ist das von fundamentaler Bedeutung, denn wir können unser Ziel in beliebig vielen Geschwindigkeitsvarianten pünktlich erreichen – anfangs schneller und dann langsamer oder umgekehrt etc. Unter diesen unendlich vielen möglichen Konstellationen nimmt die konstante Geschwindigkeit eine Sonderrolle ein. Nur sie ist zugleich die mittlere Geschwindigkeit. Alle anderen Geschwindigkeitskonstellationen schwanken um den Mittelwert, und das hinterlässt im Quadrat seine Spuren. Man könnte glauben, dass sich nichts nachhaltig ändert, wenn man zur mittleren Geschwindigkeit einen kleinen

Betrag hinzuaddiert, den man später wieder abzieht – im Mittel scheint doch alles gleich zu bleiben. Aber durch das Quadrieren hinterlässt diese Manipulation im Ergebnis einen zusätzlichen positiven Beitrag gegenüber der konstanten Geschwindigkeit. Wir können uns das an folgendem Beispiel klarmachen: Stellen wir uns vor, wir fahren mit dem Rad zur Arbeit. Bei gleichbleibender Geschwindigkeit kämen wir genau rechtzeitig dort an. Doch zu Beginn der Fahrt sind wir nur schwer aus den Startlöchern gekommen und deshalb zu langsam. Nachdem wir das bemerkt haben, geben wir ordentlich Gas, um nicht zu spät zu kommen. Auf diese Weise kommen wir zwar genauso schnell zur Arbeit, wie wenn wir immer mit gleichbleibender Geschwindigkeit gefahren wären, aber das Prinzip der minimalen Wirkung ist verletzt! Mit ein wenig Mathematik wird das sofort verständlich. Beginnen wir mit der mittleren Geschwindigkeit v, von der wir zunächst eine kleine Geschwindigkeit Δv abziehen. Später erhöhen wir v um Δv. Dann quadrieren wir die beiden Ausdrücke. Wir erhalten:

$$(v-\Delta v)^2 \text{ und } (v+\Delta v)^2 \tag{2.85}$$

Multiplizieren wir die beiden »Quadrate« aus, so ergibt sich nach den binomischen Formeln:

$$(v+\Delta v)^2 = v^2 + (\Delta v)^2 + 2 \cdot v \cdot \Delta v \tag{2.86}$$

$$(v-\Delta v)^2 = v^2 + (\Delta v)^2 - 2 \cdot v \cdot \Delta v \tag{2.87}$$

Um den Mittelwert zwischen der Geschwindigkeit zu Beginn und derjenigen gegen Ende unserer Fahrt zu erhalten, müssen wir die rechten Seiten der beiden Ausdrücke addieren und das Ergebnis durch zwei dividieren. Da sich dabei die blauen Terme gegenseitig wegheben, liefert die Operation das Ergebnis:

$$\frac{1}{\not 2}\left[\not 2 \cdot v^2 + \not 2 (\Delta v)^2\right] \tag{2.88}$$

Zu v^2, dem Quadrat der mittleren bzw. der konstanten Geschwindigkeit, kommt also noch ein $(\Delta v)^2$ hinzu! Damit wird die kinetische Energie entlang des Weges größer, und mit ihr auch die Wirkung – da hilft alles nichts. Fazit: Nur die Wirkung mit konstanter Geschwindigkeit ist minimal.

Kehren wir zurück zum Lagrange-Formalismus und zur minimalen Wirkung S. Wie lässt sich S berechnen, bzw. wie kommen wir zu der Bahn, entlang der sich ein Objekt entsprechend dem Prinzip der minimalen Wirkung bewegt? Schreiben wir die Wirkung als Integral der Lagrange-Funktion über die Zeit nochmals auf:

$$S = \int L \cdot dt \qquad (2.89)$$

Zunächst müssen wir die Lagrange-Funktion L aufstellen. Wie bereits erwähnt, ist das die Differenz der kinetischen Energie E_K minus der potentiellen Energie E_P.

Anschließend verfahren wir nach einem »Kochrezept« von Sir Hamilton – und Sie werden gleich bemerken, dass er ein wirklich schlaues Kerlchen war: Als Erstes leitet man L (partiell) nach der Geschwindigkeit v, also nach $\dot{x}$, ab. Sodann leitet man den gewonnenen Ausdruck nach der Zeit t ab. Mathematisch sieht diese Operation wie folgt aus:

$$\frac{d}{dt}\frac{\partial L}{\partial \dot{x}} \qquad (2.90)$$

Anschließend ziehen wir davon die nach x abgeleitete Lagrange-Funktion L ab und setzen schließlich das Ganze gleich null:

$$\frac{d}{dt}\frac{\partial L}{\partial \dot{x}} - \frac{\partial L}{\partial x} = 0 \qquad (2.91)$$

Puh – mit dieser fundamentalen Gleichung lassen sich nun die Bewegungsgleichungen eines Körpers mit der kinetischen und der potentiellen Energie E_K und E_P berechnen.

Wenn Sie jetzt das Gefühl haben, Sir Hamilton wäre gerade mit einer Dampfwalze über Sie gefahren, machen Sie sich bitte keine Sorgen. Den Formalismus benötigen wir glücklicherweise nicht auf unserem weiteren Weg – wohl aber die Erkenntnis, dass diese Welt einem Minimalprinzip genügt, wobei stets der Weg eingeschlagen wird, entlang dem die Wirkung S minimal ist. Die Wirkung entlang eines Weges erhalten wir, indem wir für alle infinitesimal kleinen Zeitabschnitte dt entlang der Bahn jeweils E_K minus E_P bilden und am Ende über alle dt aufsummieren bzw. aufintegrieren. Vielleicht tröstet es Sie zu erfahren, dass Hamilton und noch viele Wissenschaftlergenerationen nach ihm nicht wussten, *warum* die Natur seinem Kochrezept Folge leistet. Insofern werden Sie am Ende unserer Bergwanderung, wo wir für das »warum« eine Erklärung finden, dem Wunderkind um eine wesentliche Erkenntnis voraus sein. Aber bis dahin haben wir noch ein Stück Weg vor uns, und vor den Erfolg haben die Götter ja bekanntlich den Schweiß gesetzt.

Vielleicht wird es anhand von einfachen Beispielen leichter verständlich. Der einfachste Fall wäre ein *freies* Teilchen, d. h. ein Teilchen, das keine äußeren Kräfte spürt. Von Newton wissen wir, dass sich der Impuls eines freien Teilchens nicht ändert, er bleibt erhalten, da ja keine Kräfte auf das Teilchen einwirken. Welches Ergebnis liefert nun unser neuer Formalismus? Dazu schreiben wir E_K erst einmal etwas um, indem wir v gleich $\dot{x}$ setzen, denn v ist ja gleich der Ableitung von x nach t. Also:

$$E_K = \frac{1}{2} \cdot m \cdot \dot{x}^2 \tag{2.92}$$

Das leiten wir nun – wie im Kochrezept vorgeschrieben – nach $\dot{x}$ ab und erhalten:

$$\frac{d}{d\dot{x}}\left(\frac{1}{2} \cdot m \cdot \dot{x}^2\right) = \frac{1}{2} \cdot 2 \cdot m \cdot \dot{x} = m \cdot \dot{x} \tag{2.93}$$

Weiter im Kochrezept: Nun müssen wir die zeitliche Ableitung von $(m \cdot \dot{x})$ gleich null setzen:

$$\frac{d}{dt}(m \cdot \dot{x}) = 0 \tag{2.94}$$

Wie interpretieren wir dieses Ergebnis? Zunächst erkennen wir in $(m \cdot \dot{x})$, also $(m \cdot v)$, unseren wohlbekannten Impuls des Teilchens. Die Ableitung dieses Impulses nach der Zeit ist null, d. h., er wird sich nicht ändern. So gehört sich das auch für ein freies Teilchen. Der Hamilton-Lagrange-Formalismus hat uns das erste Newtonsche Gesetz ausgespuckt: Der Impuls eines freien Teilchens ist konstant.

Im nächsten Schritt führen wir die Ableitung von $(m \cdot \dot{x})$ nach der Zeit aus und erhalten:

$$\frac{d}{dt}(m \cdot \dot{x}) = m \cdot \ddot{x} = 0 \tag{2.95}$$

Das Ergebnis $m \cdot \ddot{x}$, sprich Masse mal Beschleunigung, stellt eine Kraft dar, und diese Kraft ist gleich null, so wie man es für ein freies Teilchen auch erwartet. Newton wäre stolz auf uns gewesen. Er musste sich diese Erkenntnisse erst mühsam erarbeiten.

Das macht Appetit auf mehr. Im nächsten Schritt betrachten wir eine Masse im Gravitationsfeld der Erde, d. h., wir berücksichtigen nun auch die potentielle Energie E_P. Somit lautet nun die Lagrange-Funktion L:

$$L = \frac{1}{2} \cdot m \cdot \dot{x}^2 - m \cdot g \cdot x \tag{2.96}$$

Und los geht's mit dem Kochrezept:

$$\frac{d}{dt}\frac{\partial L}{\partial \dot{x}} - \frac{\partial L}{\partial x} = 0. \tag{2.97}$$

Die Ableitung von ∂L nach $\partial \dot{x}$, und davon wieder die Ableitung nach der Zeit t, hatten wir ja schon im letzten Beispiel. Diesmal hängt aber die Lagrange-Funktion nicht nur von $\dot{x}$, sondern auch von x ab. Wenigstens betrifft es nur die potentielle Energie. Bei anziehenden Kräften schreibt man sie per Konvention mit einem Minuszeichen. E_P abgeleitet nach x ergibt

$$\frac{d}{dx}(-m \cdot g \cdot x) = -m \cdot g \tag{2.98}$$

Damit erhalten wir:

$$\frac{d}{dt}\frac{\partial L}{\partial \dot{x}} - \frac{\partial L}{\partial x} = m \cdot \ddot{x} - (-m \cdot g) = m \cdot \ddot{x} + m \cdot g = 0 \tag{2.99}$$

Stellen wir das Ergebnis um, so erhalten wir:

$$m \cdot \ddot{x} = -m \cdot g \tag{2.100}$$

Was hat das zu bedeuten? Nun, es bedeutet, dass die Kraft, die auf das Teilchen wirkt, anziehend ist (Minus-Zeichen) und dass sie gleich der Erdanziehungskraft ist.

Mit diesem Ergebnis wird klar, welches Potential in dem Lagrange-Formalismus bzw. in dem Prinzip der kleinsten Wirkung steckt: Alles, was sich Galilei und Newton in mühevollen Versuchen und Berechnungen erarbeiten mussten, liefert uns das Prinzip der kleinsten Wirkung sozusagen frei Haus! Und das Großartige daran: Alles ergibt sich, ohne dass wir vor allen Berechnungen etwas über die beteiligten Kräfte wissen müssen.

Und wie sehen jetzt die Bewegungsgleichungen aus? Dazu teilen wir auf beiden Seiten zunächst durch die Masse m und erhalten:

$$\ddot{x} = -g \tag{2.101}$$

Sodann fragen wir: Wie müsste $\dot{x}$, also die Geschwindigkeit des Teilchens, aussehen, damit deren Ableitung nach t wieder $\ddot{x}$ bzw. $-g$ ergibt? Nun, vermutlich ahnen Sie es schon, sie müsste sein:

$$\dot{x} = -g \cdot t \tag{2.102}$$

denn Gleichung (2.102) abgeleitet nach t ergibt minus g. Schließlich kann man sich noch fragen, wie die Gleichung für den Weg x auszusehen hätte. Wie muss die Beziehung lauten, die abgleitet nach der Zeit $-g \cdot t$ ergibt? Sie müsste lauten:

$$x = -\frac{1}{2} \cdot g \cdot t^2 \tag{2.103}$$

denn

$$\frac{d}{dt} x = \dot{x} \text{ und } \frac{d}{dt}\left(-\frac{1}{2} \cdot g \cdot t^2\right) = -\frac{1}{2} \cdot 2 \cdot g \cdot t = -g \cdot t \tag{2.104}$$

Wenn Ihnen diese Beziehungen bekannt vorkommen, dann liegen Sie völlig richtig. Es handelt sich nämlich um die Galileischen

Formeln eines im Gravitationsfeld der Erde fallenden Körpers. Bei der Herleitung dieser Fallgesetze haben wir ja in einem vorangegangenen Kapitel bereits Galileo Galilei über die Schulter gesehen.

Bereits an diesem einfachen Problem eines Körpers im Gravitationsfeld der Erde hat sich gezeigt, welch mächtiges Werkzeug der Lagrange-Formalismus darstellt. Aber auch für beliebig komplizierte Potentiale in der Lagrange-Funktion lassen sich die Bewegungsgleichungen ableiten. So kann man beispielsweise elektrische Ladungen einführen, man kann die Körper an Federn aufhängen oder irgendwo herunterrollen lassen – die Bandbreite ist nahezu unbegrenzt. Aus diesem Grund haben sich Heerscharen von Wissenschaftlern nur damit beschäftigt, für unterschiedliche Problemstellungen die entsprechenden Lagrange-Funktionen aufzustellen, um daraus die allgemeine Bewegung eines Körpers herzuleiten. Und noch etwas gilt es zu erwähnen: Der Lagrange-Formalismus lässt unmittelbar erkennen, ob in der Lagrange-Funktion

$$L = E_K - E_P \tag{2.105}$$

eine Erhaltungsgröße steckt. Das ist immer dann der Fall, wenn L nicht von x bzw. von einem bestimmten Parameter abhängt. Denn dann fällt bei der Gleichung

$$\frac{d}{dt}\frac{\partial L}{\partial \dot{x}} - \frac{\partial L}{\partial x} = 0 \tag{2.106}$$

die Ableitung ∂L nach ∂x weg, und die zeitliche Änderung der von $\dot{x}$ abhängigen Größe ist null. Folglich muss es sich bei dieser Größe um eine Konstante, um eine Erhaltungsgröße handeln. Mit Hilfe der Lagrange-Funktion erhält man also nicht nur die Bewegungsgleichungen, vielmehr sieht man dieser Beziehung auch unmittelbar an, ob es eine Erhaltungsgröße gibt. In unserem einfachen Beispiel, in dem die Lagrange-Funktion zunächst nur die kinetische Energie des Teilchens enthielt, hat sich das ja schon gezeigt. Dort war es der Impuls, der sich als Erhaltungsgröße erwiesen hat.

Ein weiterer Punkt ist die sogenannte Eichfreiheit, die im Lagrange-Formalismus bereits enthalten ist. So sind z. B. die sich aus dem Formalismus ergebenden Bewegungsgleichungen unabhängig von einer Verschiebung des Nullpunktes der potentiellen Energie, was einer lokalen Umeichung der Potentiale gleichkommt, einer sogenannten Eichtransformation. In der Lagrange-Funktion macht sich eine Umeichung durch eine zusätzliche konstante Größe C bemerkbar:

$$L = E_K - E_P + C \tag{2.107}$$

Diese Größe C fällt aber, da sie weder von x noch von $\dot{x}$ abhängt, bei den Ableitungen nach diesen Größen weg und verändert folglich das Ergebnis nicht. Damit greifen wir aber schon gehörig vorweg – lassen Sie sich bitte nicht verunsichern, wir werden diese Fragen beizeiten noch detailliert anpacken.

Kommen wir jetzt nochmals auf die Bahn zu sprechen, entlang der sich der Körper entsprechend dem Prinzip der minimalen Wirkung bewegt. Die Lagrange-Funktion wird immer dann besonders klein, also minimal, wenn die potentielle Energie E_P möglichst groß und die kinetische Energie E_K möglichst klein ausfällt. Im »Strecken-Bild« von A nach B (Abb. 2.66) wird der Körper demnach nicht den kürzesten, schwarzen Weg einschlagen, vielmehr wird er einen Weg wählen, auf dem er möglichst schnell an Höhe gewinnt, sprich: seine potentielle Energie möglichst schnell groß wird. Zu schnell darf das aber auch nicht geschehen, denn die kinetische Energie soll ja möglichst klein bleiben, damit die Lagrange-Funktion als Ganzes minimal wird. Der Kompromiss aus diesen beiden Forderungen führt schließlich zu dem roten Weg, zu einer Parabelbahn.

Wagen wir einen Ausblick auf das, was uns noch erwartet. Das Prinzip der minimalen Wirkung wird uns auch in der Allgemeinen Relativitätstheorie begegnen, indem wir uns auch dort mit der Zeit zu beschäftigen haben. Denn in einem Gravitationsfeld, z. B. im Feld einer großen Masse, vergeht die Zeit langsamer, und zwar umso langsamer, je geringer der Abstand zu der großen Masse ausfällt bzw., etwas wissenschaftlicher formuliert, je tiefer man sich im Potentialtopf der Masse befindet. Die Zeit vergeht auch langsamer, je schneller man sich bewegt. Für relativistische Teilchen entscheidet daher die Zeit, welchen Weg das Teilchen nimmt. Es wird nämlich den Weg einschlagen, der seine Eigenzeit, das ist die Zeit, die es auf einer mitgeführten Uhr abliest, maximal werden lässt. Da die Zeit im Gravitationsfeld langsamer vergeht, wird es sich daher möglichst schnell von dem Gravitationsfeld entfernen, d. h. sich in den Bereich geringerer Gravitationsfeldstärke bewegen, dahin, wo die Zeit schneller vergeht. Auf der Erde heißt das: weg von der Erde. Andererseits darf das wiederum nicht zu schnell geschehen, da ansonsten die Zeit auf der Objektuhr zu langsam vergeht, d. h., es sammelt sich zu wenig Zeit auf der »Eigenuhr« an. Ähnlich wie in der Mechanik wird das Objekt zur Maximierung der Eigenzeit also einen Weg einschlagen, der einen Kompromiss darstellt aus den beiden Anforderungen, sich einerseits möglichst schnell aus dem Gravitationsfeld zu entfernen und sich andererseits dabei nicht zu schnell zu bewegen.

Noch eine letzte Anmerkung: Bislang waren wir lediglich froh darüber, dass uns mit dem Lagrange-Formalismus ein Werkzeug an die Hand gegeben ist, mit dem man auf einfache Weise die Bewegungsgleichungen ableiten kann. Doch warum dieser Formalismus zum Ziel führt, das wusste man nicht. Der Schlüssel dazu ist auf dem Feld der Quantenelektrodynamik zu suchen. Aber bis wir dorthin gelangt sind, liegt noch ein gehöriges Stück Weg vor uns.

Und wie ist es eigentlich Sir Hamilton ergangen, dem wir diesen wunderbaren Formalismus verdanken? Er war das, was man heute ein Wunderkind nennt, und schon Professor, als er sein Studium noch gar nicht abgeschlossen hatte. Einem Wunderkind stehen alle Türen offen, und das Leben verspricht großartig zu werden – so könnte man meinen. Aber sind diese Menschen zwangsläufig glückliche Menschen? Bei Hamilton war dies wohl nicht der Fall. Denn seine große Jugendliebe hat ihn zugunsten einer lukrativeren Partie verlassen. Zwar hat er nochmals geheiratet, und seine Frau bekam drei Kinder. Doch offenbar hat er die Trennung nie verwunden und ist dem Alkohol verfallen.

3. Elektromagnetismus

Eine Entdeckung wird die Welt verändern

In der Physik fällt der Elektromagnetismus unter das übergeordnete Kapitel »Elektrizität«. Unter diesem Begriff sind alle Phänomene vereint, die auf ruhende oder bewegte elektrische Ladungen zurückzuführen sind. Dazu gehören z. B. so alltägliche Erscheinungen wie Blitze wie auch die Auswirkungen des Magnetismus. Der Begriff »Elektrizität« subsumiert insbesondere die elektrische Ladung im Zusammenhang mit elektrischen Feldern sowie den elektrischen Strom in Form bewegter Ladungsträger, ferner die von den bewegten Ladungen verursachten magnetischen Felder und deren Wirkung auf Ladungen sowie die Erscheinungen zeitlich unveränderlicher Prozesse, die sogenannte Elektrostatik.

Bleiben wir zunächst bei Letzterem, der Elektrostatik und deren bekanntester Erscheinungsform, der Reibungselektrizität. Erstmals beschrieben wurde dieses Phänomen von dem griechischen Naturphilosophen Thales von Milet (600 v. Chr.). Reibt man Bernstein oder einen Glasstab intensiv mit einem Tuch aus Wolle, so zieht der Bernstein bzw. der Stab kleine Partikel an oder stößt sie ab. Anscheinend wird der Stab durch den Vorgang des Reibens elektrisch aufgeladen. Tatsächlich sammeln sich auf dem Stab elektrische Ladungen an. Bei dem Reibvorgang fließt jedoch kein Strom, vielmehr werden dabei nur Ladungen getrennt. Der enge Kontakt zwischen Stab und Wolle begünstigt lediglich den Übertritt von Elektronen aus dem Material mit der geringeren Austrittsarbeit auf das mit der größeren Austrittsarbeit. Das geht so lange, bis der Potentialunterschied zwischen den beiden Materialien ausreichend groß ist, um den Übertritt weiterer Elektronen zu verhindern. Ähnliche Effekte lassen sich auch beim Kämmen trockener Haare, beim Gehen auf Teppichböden, bei der Reibung von Kleidung z. B. auf einem Autositz sowie beim Abziehen eines Klebestreifens von einer Rolle beobachten: Die Haare stehen zu Berge, beim Aussteigen aus dem Auto verspürt man einen »elektrischen Schlag«, wenn man Metall berührt, und der abgezogene Klebestreifen schnappt wieder auf die Rolle zurück. Alles Effekte, die der Ladungstrennung und der daraus resultierenden Potentialdifferenz geschuldet sind.

Entscheidend ist jedoch die Erkenntnis: Geladene Körper bzw. deren Ladungen üben eine Kraft auf andere Ladungen aus. Einer ähnlichen Situation sind wir bereits begegnet: zwei Massen, die sich gegenseitig anziehen. Zur Bestimmung der zwischen den Massen wirkenden Gravitationskraft hatte der Chemiker Henry Cavendish die von dem Geologen John Michell erdachte Gravitationswaage benutzt (Abb. 2.24). Damit ließ sich nicht nur Newtons bekanntes Abstandsgesetz bestätigen – die Kraft nimmt mit dem Quadrat des Abstandes der Massen ab –, sondern auch der Wert der Gravitationskonstanten G bestimmen (Gleichung 2.45).

3.1 Charles Augustin de Coulomb (1736–1806)

In einem sehr ähnlichen Experiment hat der französische Physiker Charles Augustin de Coulomb (1736–1806) anstelle zweier Massen die Anziehungskraft zwischen zwei Ladungen vermessen.

Er kam zu folgendem Ergebnis:

$$F_{elektr.} = \frac{1}{4\pi\varepsilon_0} \frac{q \cdot Q}{r^2} \tag{3.1}$$

Auch die elektrische Kraft zwischen zwei Ladungen q und Q nimmt mit dem Quadrat des Abstandes ab. Und so wie das Gravitationsgesetz einen Vorfaktor, die Gravitationskonstante G enthält, so gibt es auch beim elektrischen Kraftgesetz F_{elektr} einen konstanten Vorfaktor ε_0, die elektrische Feldkonstante, auch Permittivität genannt.

Der nächste Schritt auf dem Gebiet der Elektrizität war dem dänischen Physiker und Chemiker Hans Christian Ørsted (1777–1851) vorbehalten.

3.2 Hans Christian Ørsted (1777–1851)

Ørsted fiel auf, dass einige Dinge aus Eisen einander anziehen oder auch abstoßen. Als Ursache dafür machte er eine Eigenschaft verantwortlich, die man heute mit dem Begriff »Magnetismus« verbindet. Zudem fiel ihm auf, dass auch stromdurchflossene Leiter ein derartiges magnetisches Verhalten zeigen bzw. ein magnetisches Feld hervorrufen, das z. B. Kompassnadeln ablenkt. Wichtig in diesem Zusammenhang war die Erkenntnis, dass das nur funktioniert, wenn sich Ladungen bewegen, wogegen ein elektrisches Feld auch von einer ruhenden Ladung ausgeht.

3.3 Michael Faraday (1791–1867)

Dann betrat der englische Naturforscher und Experimentalphysiker Michael Faraday (1791–1867) die Bühne der Elektrizität. Faraday war ein genialer Forscher, der vor allem durch seine Experimente zum Elektromagnetismus berühmt wurde. Seine wohl bahnbrechendste Entdeckung war die der elektromagnetischen Induktion. Er fand heraus, dass ein Stabmagnet, den man durch eine zylindrische Drahtspule schiebt, in dieser eine elektrische Spannung hervorruft, sprich: induziert. Nach diesem Prinzip funktionieren nach wie vor die zur Stromerzeugung konstruierten Generatoren. Faraday war es auch, der entdeckte, dass das Innere eines metallischen Käfigs frei von elektrischen Feldern ist und sich eventuelle elektrische Ladungen auf der Außenseite des Käfigs sammeln. Aufgrund dessen ist man in einem Auto bei einem Gewitter auch sicher vor Verletzungen durch einen Blitzschlag. Die elektrischen Ladungen fließen auf der »Außenhaut« des Autos ab. Und nicht zuletzt gelang ihm der Nachweis, dass beim Durchgang linear polarisierten Lichts durch ein transparentes Medium die Polarisationsebene in Anwesenheit eines Magnetfeldes gedreht wird. Heute ist dieses Verhalten als Faraday-Effekt bekannt.

Die Entdeckung der elektromagnetischen Induktion gelang Faraday, weil er das Prinzip der Gravitation genial verallgemeinerte: So wie der Raum von den Feldlinien des Gravitationsfeldes eines massebehafteten Körpers durchsetzt ist, so dachte er, sollte auch ein Magnetfeld durch Magnetfeldlinien im Raum charakterisiert sein. Zieht man nun einen Leiter, z. B. einen Metallstab, wie in Abb. 3.4 durch Pfeile am Leiter angedeutet, quer durch das Magnetfeld *B*, so wird im Leiter eine Spannung induziert, d. h., auf die Elektronen des Leiters wirkt eine Kraft, welche die Elektronen im Leiter zu verschieben sucht. Da aber die Elektronen an den leitenden Stab gebunden sind, wirkt die Kraft auf den Stab als Ganzes.

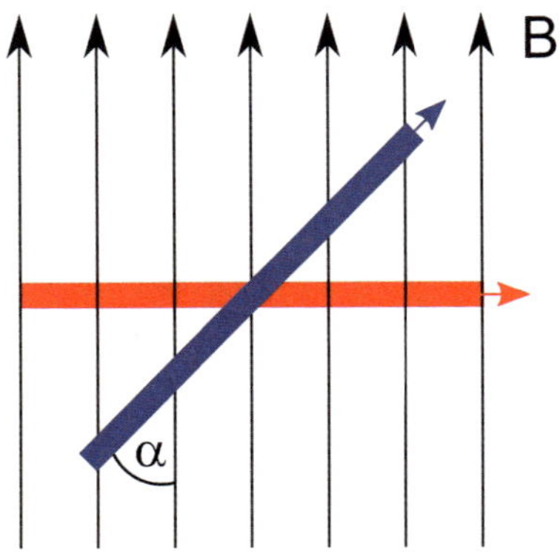

3.4 Induktionsgesetz: Bewegt man einen Leiter in einem Magnetfeld *B*, so wird eine Spannung induziert. Der Betrag der Spannung wird bestimmt von der Anzahl der Feldlinien, die der Leiter pro Zeit schneidet.

Die auf diese Weise induzierte Spannung bzw. die Größe der resultierenden Kraft hängt davon ab, mit welcher Geschwindigkeit v man den Leiter durch das Magnetfeld zieht und unter welchem Winkel α der Leiter die Feldlinien schneidet – offensichtlich schneidet der rote Leiter in Abb. 3.4 pro Zeiteinheit mehr Linien als der blaue. Der mathematische Ausdruck für diese Kraft, die man auch als Lorentz-Kraft F_L bezeichnet, lautet:

$$F_L = q(\vec{v} \times \vec{B}) = q \cdot v \cdot B \cdot \sin\alpha \tag{3.2}$$

Man erkennt: Die Kraft F_L verschwindet, wenn man den Leiter parallel zu den Feldlinien verschiebt ($\alpha = 0$ Grad bzw. $sin\ \alpha = 0$), und sie wird maximal bei einer Bewegung senkrecht zu den Magnetfeldlinien ($\alpha = 90$ Grad bzw. $sin\ \alpha = 1$).

Neben der Lorentzkraft übt auch ein elektrisches Feld E eine Kraft F_E auf eine Ladung q aus. Es gilt:

$$F_E = q \cdot E \tag{3.3}$$

In Summe ergeben die beiden Kraftkomponenten zusammen die gesamte elektromagnetisch wirkende Kraft F bzw. das »Lorentz-kraft-Gesetz«. Für v und B haben wir ausnahmsweise die Vektorenschreibweise gewählt, um die Bedeutung des Winkels α in Abb. 3.4 herauszustreichen (F und E sind ebenso Vektoren, d. h. richtungsabhängig).

$$F = q \cdot \left[E + \left(\vec{v} \times \vec{B} \right) \right] \tag{3.4}$$

Auf den ersten Blick wirkt die Beziehung ziemlich banal: Eine Ladung q erfährt in einem elektrischen Feld E und im Magnetfeld B, das sie unter dem Winkel α mit der Geschwindigkeit v durchquert, eine Kraft F. Na und? Aber diese Gleichung hat die Welt verändert. Dass wir heute Strom aus der Steckdose zapfen können, geht auf diese Gleichung zurück. Dieser Strom ist uns heute so selbstverständlich wie Wasser aus dem Hahn. Ein Klick, ein Dreh, und Strom bzw. Wasser fließen. Und dennoch sollten wir nicht vergessen: Rund 1,4 Milliarden Menschen auf der Erde, das ist etwas mehr als ein Sechstel der Weltbevölkerung, haben bis zum heutigen Tag keinen Zugang zu elektrischem Strom.

Doch zurück zur Lorentzkraft. Insbesondere der zweite Teil des Lorentzkraft-Gesetzes hat es in sich. Auf das Wesentliche reduziert geht es um einen Leiter, der mit der Geschwindigkeit v in einem Magnetfeld bewegt wird. Und genau das geschieht in unseren Kraftwerken. In den z. B. durch Wasserkraft angetriebenen Generatoren rotiert ein Leiter in Form eines zu einer Spule aufgewickelten Drahtes in einem Magnetfeld, und dabei wird ein Strom induziert, oder anders ausgedrückt: Auf die Elektronen in der Spule wirkt eine Kraft, die sie im Leiter »auf die Reise schickt«. Führen die Enden der Spule z. B. mittels einer Überlandleitung in eine andere Stadt, so kann der Strom dort Arbeit verrichten. Man benötigt dazu nur eine Maschine (Elektromotor), die im Prinzip genauso aufgebaut ist wie der Generator, der den Strom erzeugt hat: eine drehbare Spule in einem Magnetfeld. Lässt man die Elektronen durch die Drahtwicklungen der Spule fließen, so beginnt sie, sich zu drehen, weil auf einen stromdurchflossenen Leiter in einem Magnetfeld eine Kraft wirkt. Stromerzeugung und die Nutzung des Stromes sind demnach zwei spiegelbildliche Prozesse: Zum einen wird aus Rotationsenergie Strom gewonnen, zum anderen Strom in Rotationsenergie umgewandelt. Sieht man einmal von allen beim Ladungstransport auftretenden energiezehrenden Effekten wie Wärmeverlust und Reibung ab, so transportieren die Elektronen in der Leitung den Impuls, hier den Drehimpuls des Generators, zur Maschine in der anderen Stadt. Mit anderen Worten: Man kann Größen, die mit dem Elektromagnetismus gar nichts zu tun haben, z. B. den Drehimpuls, in einem Feld speichern.

Ein gutes Hilfsmittel zur Bestimmung, in welche Richtung die Lorentzkraft auf einen stromdurchflossenen Leiter wirkt, ist die sogenannte Drei-Finger-Regel.

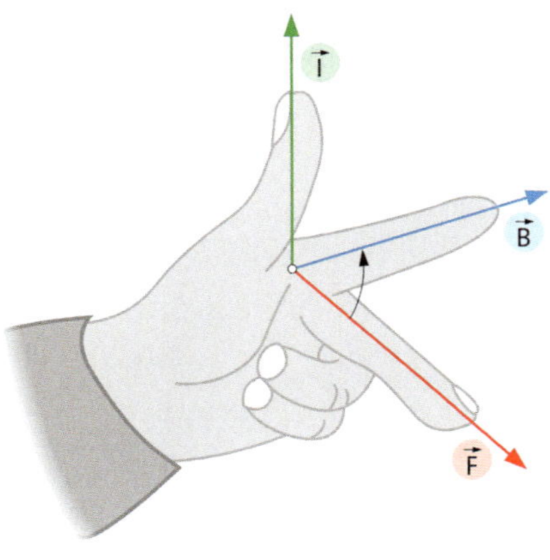

3.5 Drei-Finger-Regel: Für negative Ladungen verwendet man die linke, für positive Ladungen die rechte Hand. Zeigt der Daumen in Richtung der bewegten Ladungen, so gibt der Zeigefinger die Ausrichtung der magnetischen Feldlinien an, und der Mittelfinger ist in Richtung der Lorentzkraft gerichtet.

Hat man es mit negativen Ladungsträgern, also mit Elektronen, zu tun, so kommt die linke Hand zum Einsatz. Dazu dreht man die Hand so, dass der Daumen in Richtung des Stromes zeigt, d. h. in die Richtung, in die sich die Elektronen bewegen (physikalische Stromrichtung), und der Zeigefinger in Richtung des Magnetfeldes. Der Mittelfinger weist dann in die Richtung der Lorentzkraft. Bei diesem Verfahren stehen Daumen und die beiden Finger jeweils senkrecht zueinander. Aber Vorsicht: Es soll schon Leute gegeben haben, die sich dabei das Handgelenk gebrochen haben. Hat man es nicht mit Elektronen, sondern mit positiven Ladungsträgern, z. B. mit Protonen oder positiv geladenen Ionen, zu tun, so muss man anstelle der linken die rechte Hand benutzen. Wie bei der linken weisen auch bei der rechten Hand die drei Finger in Richtung des Stromes (Daumen), des Magnetfeldes (Zeigefinger) und der Lorentzkraft (Mittelfinger)

3.6 Robert Andrews Millikan (1868–1953).

Bis jetzt haben wir recht locker mit Ladungen jongliert, aber wie groß diese Ladungen sind, beispielsweise welche Ladung ein Elektron trägt, von dem hier laufend die Rede ist, darüber haben wir bislang noch nichts erfahren. Doch genau das wollte man wissen. Einer, der sich intensiv um die Lösung dieses Problems bemüht hat, war der amerikanische Physiker Robert Andrews Millikan (1868–1953). Dazu bediente sich Millikan eines genialen Experiments.

Den Versuchsaufbau in stark vereinfachter Form zeigt die folgende Graphik 3.7:

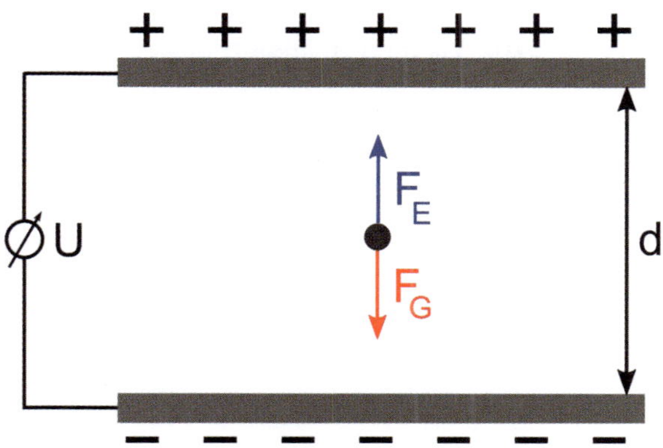

3.7 Das Millikan-Experiment. Flüssigkeitströpfchen werden zwischen zwei geladene Platten eingesprüht. Ziel ist es, die Spannung zwischen den Platten so einzuregeln, dass die Gravitationskraft F_G der Tröpfchen möglichst durch die elektrische Kraft F_E, die auf die geladenen Tröpfchen wirkt, ausgeglichen wird. Gleichzeitig wird der Radius der Tröpfchen bestimmt und daraus die Masse abgeleitet. Aus dem Kräftegleichgewicht soll dann die einzige verbleibende Unbekannte – die Elementarladung (oder ganzzahlige Vielfache davon) – bestimmt werden.

Zwei Metallplatten, die einen Kondensator bilden, stehen im Abstand d einander gegenüber. An die Platten angelegt ist eine regelbare Spannungsquelle U, deren Pluspol an der oberen und deren Minuspol an der unteren Platte anliegt. Das elektrische Feld E zwischen den Platten hat somit den Wert.

$$E = \frac{U}{d} \tag{3.5}$$

Auf ein zwischen den beiden Platten befindliches negativ geladenes Teilchen wirken die Gravitationskraft F_G

$$F_G = m \cdot g \tag{3.6}$$

mit m gleich der Masse des Teilchens und g gleich der Erdbeschleunigung sowie die elektrische Kraft F_E

$$F_E = q \cdot E = q \cdot \frac{U}{d} \tag{3.7}$$

Wobei wie erwähnt q die Ladung des Teilchens und E das elektrische Feld bedeuten. Da das Teilchen eine seinem Volumen entsprechende Luftmenge verdrängt, kommt zu den zwei Kräften noch die Auftriebskraft F_A hinzu (im Versuchsaufbau nicht eingezeichnet):

$$F_A = \frac{4}{3} \cdot \pi \cdot r^3 \cdot \rho_L \cdot g \tag{3.8}$$

dabei ist r der Radius des Teilchens und ρ_L die Dichte der Luft. Stellt man die Spannung U am Spannungsregler so ein, dass das Teilchen zwischen den Platten schwebt, so gilt:

$$F_G = F_E + F_A \tag{3.9}$$

Das heißt: Die nach oben gerichtete elektrische Kraft F_E und die ebenfalls nach oben gerichtete Auftriebskraft F_A halten sich mit der nach unten gerichteten Erdanziehungskraft F_G genau die Waage.

Im Prinzip könnte man anhand der obigen Beziehung nun die Ladung q, die das Teilchen trägt, berechnen. Experimentell ist es jedoch schwierig, das Teilchen zum Schweben zu bringen. Überdies lässt sich der Radius r des Teilchens nur näherungsweise bestimmen. Gleiches gilt auch für die Masse m, da diese ja vom Radius des Teilchens abhängt:

$$m = \frac{4}{3} \cdot \pi \cdot r^3 \cdot \rho_T \qquad (3.10)$$

Die Größe ρ_T steht für die Dichte des Teilchens. Erschwert wurden die Messungen auch durch den Umstand, dass die von Millikan als Teilchen verwendeten winzigen Wassertröpfchen schon nach wenigen Sekunden verdampften und nicht mehr beobachtbar waren. So ging es also nicht weiter. Doch Millikan brauchte einen Erfolg. Außerdem hatte er sich mit dem Bau seines Hauses erheblich verschuldet. Sollte das Experiment gelingen und den gesuchten Wert der Elektronenladung liefern, dann, so hoffte er, gäbe es auch einen Preis, der ihn aus der Schuldenfalle befreien würde. In dieser Situation kommt Harvey Fletcher (1884–1981), ein Student an der Brigham Young University, ins Spiel. Als Millikan ihm anbot, sich sein Experiment doch mal anzusehen, legte er sogleich los.

3.8 Harvey Fletcher (1884–1981)

Nach Aussage des Wissenschaftshistorikers Alexander Kohn in den 1980er-Jahren soll Harvey den Vorschlag gemacht haben, anstelle der Wassertröpfchen Quecksilber- oder, noch besser, Öltröpfchen zu verwenden, da die viel länger brauchen, um zu verdunsten, und somit auch über einen längeren Zeitraum zu beobachten sind. Außerdem sollte man, um das Problem der Radiusbestimmung zu lösen, die Tröpfchen zwischen den Kondensatorplatten nicht schweben, sondern mit konstanter Geschwindigkeit langsam sinken oder steigen lassen. Dabei wäre eine weitere Kraft, die Reibungskraft F_R, zu berücksichtigen. Diese Kraft F_R, die man »Stokessche Reibung« nennt und die alle in einem Medium bewegten Körper erfahren, hängt ab vom Radius r der Tröpfchen und von der Geschwindigkeit v, mit der sich die Tröpfchen bewegen. Da die Reibung die Bewegung der Teilchen bremst, ist sie immer der Bewegung entgegengesetzt gerichtet. Für kugelförmige Körper gilt:

$$F_R = 6 \cdot \pi \cdot r \cdot \eta \cdot v \tag{3.11}$$

Die Größe η bezeichnet man als dynamische Viskosität des Mediums. Für Luft von 20 Grad Celsius und einen Druck von 1 bar hat η den Wert $18{,}2 \cdot 10^{-6}$ [$\text{kg} \cdot \text{m}^{-1} \cdot \text{s}^{-1}$].

Im ersten Schritt erhöht man die Spannung an den Platten (Abb. 3.7) so lange, bis die Öltröpfchen beginnen, langsam zur oberen Platte zu wandern. Nach kurzer Zeit stellt sich eine konstante Driftgeschwindigkeit ein. Für die wirkenden Kräfte gilt näherungsweise die Beziehung

$$F_G + F_R \approx F_E + F_A \tag{3.12}$$

wobei die Gravitation und Reibung das Tröpfchen nach unten ziehen, die elektrische Kraft und der Auftrieb hingegen eine Kraft nach oben ausüben.

Im nächsten Schritt regelt man die Spannungsquelle so weit herunter, bis die Tröpfchen möglichst langsam nach unten sinken. Da die Reibungskraft stets der Bewegung entgegengesetzt gerichtet ist, wirkt sie jetzt nach oben, so dass sie zu den Kräften auf der rechten Seite von 3.12 hinzukommt. Damit erhält man für die nach unten sinkenden Tröpfchen die Kräftebeziehung

$$F_G \approx F_E + F_R + F_A \tag{3.13}$$

Die beiden unterschiedlichen Geschwindigkeiten im Steig- und Sinkflug lassen sich leicht messen. Man beleuchtet dazu die Platten von hinten und beobachtet die Bewegung des Tröpfchens mit einem Mikroskop. Man muss dann lediglich die Zeit messen, die das Tröpfchen benötigt, um eine gewisse Strecke zurückzulegen. Eingesetzt in die geschwindigkeitsabhängige Stokessche Reibung (3.11) ergeben sich unterschiedliche Werte für F_R im Steig- und Sinkflug – das ist der Schlüssel für die Bestimmung des jeweiligen Tröpfchenradius r. Ersetzt man sodann F_G, F_E, F_A und F_R durch

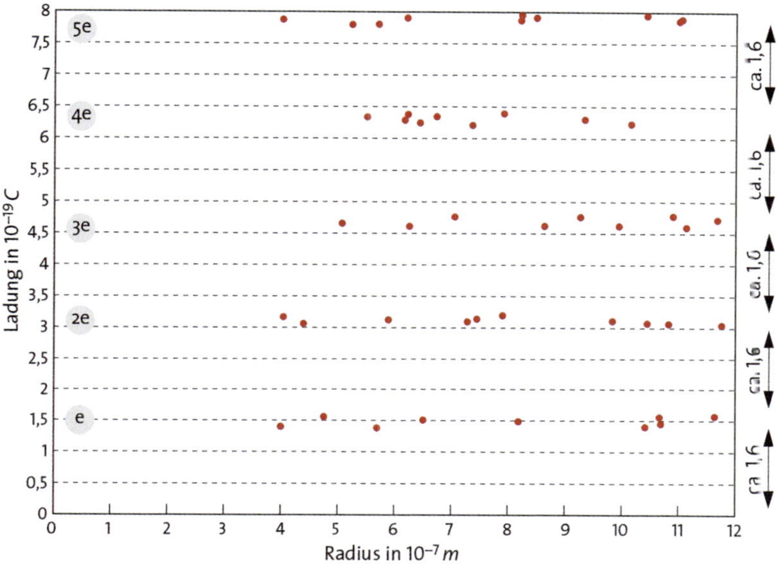

3.9 Die Auswertung des Millikan-Experiments zeigt bei N Versuchen über alle Radien der Öltröpfchen hinweg, dass die Ladung in Paketen, d. h. in ganzzahligen Vielfachen der Elementarladung, auftritt.

die gefundenen Ausdrücke, so kann man damit die Ladung *q*, die das Tröpfchen trägt, berechnen.

Das Ergebnis der Messungen zeigt die Tabelle in Abb. 3.9, in der die gemessenen Ladungen *Q* in Einheiten von 10^{-19} Coulomb in Abhängigkeit vom Teilchenradius eingetragen sind. Da jedes Teilchen eine oder auch mehrere Elementarladungen tragen kann, treten auch Vielfache der Elementarladung *e* auf. Die gemessene Ladung *Q* ist demnach stets ein ganzzahliges Vielfaches der Elementarladung. Insgesamt erhält man also keine kontinuierliche Verteilung der Ladungen über die Tabelle, vielmehr bilden die gemessenen Ladungen horizontale Zeilen. Von Zeile zu Zeile nimmt die gemessene Ladung *Q* in Sprüngen von einer Elementarladung zu. Damit lässt sich die Elementarladung, d. h. die Ladung *e*, die einem Elektron zukommt, direkt aus der Tabelle ablesen. Heute wird der Wert von *e* auf gerundete $1{,}6 \cdot 10^{-19}$ Coulomb bestimmt. Obwohl Millikans Ergebnis knapp unter diesem Wert lag, war es dennoch für seine Zeit ein hervorragendes Ergebnis.

So weit die wissenschaftliche Seite. Aber da gab es auch noch eine menschliche. Millikan war daran gelegen, als alleiniger Autor und Urheber des Experiments zu gelten. Folglich überredete er Fletcher zu einem Deal: Sollte dieser darauf verzichten, namentlich in der Veröffentlichung zur Elementarladung genannt zu werden, so würde Millikan ihm eine Doktorarbeit über die Brownsche Molekularbewegung überlassen, die er alleine publizieren dürfe. Fletcher ließ sich auf diesen Handel ein, und als Millikan 1923 für »seine« Arbeit den Nobelpreis zugesprochen bekam, erwähnte er Fletcher in seiner Dankesrede mit keinem Wort. Erst als nach Fletchers Tod dessen Biographie veröffentlicht wurde, erfuhr man von der zweifelhaften Abrede.

Und noch etwas war dubios: Als der österreichische Physiker Felix Ehrenhaft (1879–1952) das Millikan-Experiment mit großer Sorgfalt wiederholte, erhielt er nicht nur die erwarteten Ladungen längs der Zeilen der Tabelle, sondern auch einige zwischen den Zeilen. Ehrenfest vertrat daraufhin die Meinung, dass es auch Ladungen geben müsse, die nur einen Bruchteil der Elementarladung ausmachen. Mittlerweile hat sich diese Ansicht jedoch als abwegig herausgestellt. In Millikans Tabelle war von alldem jedoch nichts zu sehen. Einige Wissenschaftler vermuten daher, dass Millikan seine Ergebnisse wohl etwas »geschönt« haben könnte und diese Punkte unter den Tisch fallen ließ. Nichtsdestotrotz weiß man immer noch nicht, wie es zu diesen Ladungsausreißern kommen konnte. Eine mögliche Erklärung stützt sich auf das Phänomen der Photophorese, bei der sich kleinste Partikel unter dem Einfluss einer intensiven Bestrahlung mit Licht bewegen. Um sie im Mikroskop beobachten zu können, wurden die Öltröpfchen ja beleuchtet. Aufgrund dessen könnten einige Tröpfchen aus ihrer aufsteigenden oder abfallenden Bahn zur Seite oder nach hinten abgedrängt worden sein und das Messergebnis verfälscht haben.

3.10 James Clerk Maxwell (1831–1879).

Auf das Beste abgerundet wurde die Story vom Elektromagnetismus schließlich durch den schottischen Physiker James Clerk Maxwell (1831–1879). Maxwell gelang es, einen Satz von Gleichungen zu formulieren, die sogenannten Maxwell-Gleichungen, in denen die Phänomene elektrische Kraft, Ladung, Strom und Magnetismus zum Elektromagnetismus vereint waren und die zeigten, dass elektrische und magnetische Felder zwei Seiten einer Medaille bilden. Heute sind diese Gleichungen die Grundlage für Radio, Fernsehen, Mobilfunk und das breite Spektrum der elektromagnetischen Wellen. Kurzum: Die Maxwell-Gleichungen zählen zu den Meilensteinen der Physik, und deshalb dürfen sie als Aussichtspunkt auf unserer Wanderung natürlich nicht fehlen. Eine Warnung jedoch vorweg: In der modernen Schreibweise mittels Differentialoperatoren sind die vier gekoppelten Differentialgleichungen keine leichte Kost. Glücklicherweise müssen wir nicht en détail auf den Inhalt jeder Gleichung eingehen. Zur Orientierung haben wir die Gleichungen und nachfolgend ihre physikalische Bedeutung im Telegrammstil hinzugefügt.

$$\vec{\nabla} \cdot \vec{B} = 0 \tag{3.14}$$

Es gibt keine magnetischen Monopole.

$$\vec{\nabla} \cdot \vec{E} = \frac{\rho}{\varepsilon_0} \tag{3.15}$$

Die Ladungsdichte ρ ist die Quelle des elektrischen Feldes.

$$\vec{\nabla} \times \vec{E} = -\frac{\partial \vec{B}}{\partial t} \tag{3.16}$$

Änderungen des Magnetfeldes erzeugen ein elektrisches Wirbelfeld.

$$\vec{\nabla} \times \vec{B} = \mu_0 \vec{j} + \frac{1}{c^2} \frac{\partial \vec{E}}{\partial t} \tag{3.17}$$

Elektrische Ströme erzeugen ein magnetisches Wirbelfeld.

Übrigens hat Maxwell die nach ihm benannten Gleichungen selber in dieser modernen Form nie kennengelernt. Was er aber aus seinen Gleichungen entnehmen konnte, war die Erkenntnis, dass sich elektrische Wellen im Vakuum mit einer konstanten Geschwindigkeit c ausbreiten. Sehen Sie die Konstante c in Gleichung (3.17)? Maxwell hatte sie zu rund 300 000 Kilometern pro Sekunde bestimmt, und ihm war klar, dass es sich dabei nur um die Lichtgeschwindigkeit im Vakuum handeln konnte. Folglich war er davon überzeugt, dass man Licht nicht nur als Korpuskularstrahlung, sondern auch als eine elektromagnetische Welle auffassen muss.

Beschließen wir das Kapitel mit einem Beispiel aus der Praxis und einem damit verbundenen Rätsel. Dazu stellen wir uns zunächst einen stromdurchflossenen Leiter vor, in dem die Elektronen, die Ladungen, vom Minus- zum Pluspol fließen, in der Graphik 3.11 also von unten nach oben. Wir wissen: Um einen stromdurchflossenen Leiter entsteht ein Magnetfeld. Die Richtung des Magnetfeldes lässt sich wieder mit einer Finger-Regel bestimmen. Da es sich um Elektronen, also um negative Ladungen, handelt, muss man die linke Hand benutzen: Daumen in Stromrichtung, d. h. senkrecht nach oben, und die restlichen Finger weisen in die Richtung des Magnetfeldes. Wie die Skizze 3.11 zeigt, ist der Leiter von einem kreisförmigen Magnetfeld umgeben. In der Zeichenebene tritt das Magnetfeld rechts vom Stab senkrecht aus der Papierebene in Richtung auf den Betrachter aus.

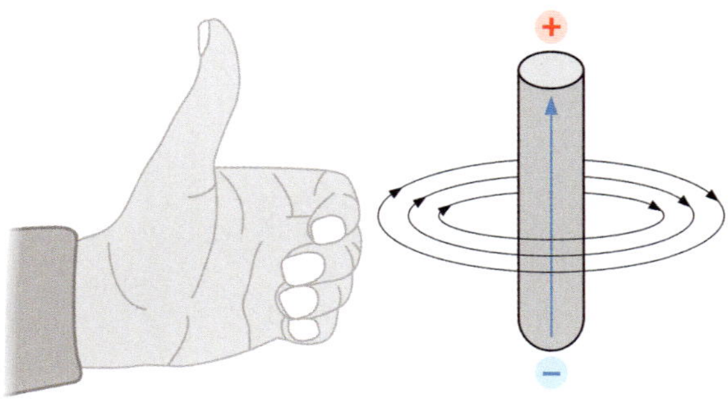

3.11 Die Linke-Hand-Regel angewandt auf einen stromdurchflossenen Leiter. Der Daumen zeigt in Richtung des Stromes, und die restlichen Finger sind in Richtung des Magnetfeldes gerichtet.

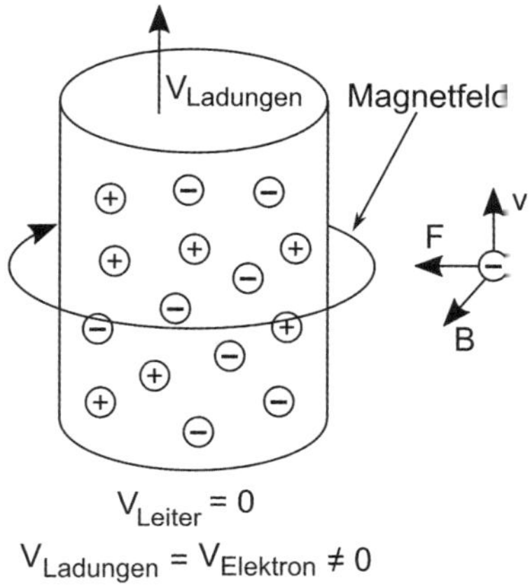

3.12 In einem ruhenden Leiter soll ein elektrischer Strom fließen, d. h., Elektronen bewegen sich mit einer Geschwindigkeit *v* im Leiter nach oben. Mit identischer Geschwindigkeit soll sich auch ein Elektron außerhalb des Leiters mitbewegen. Die Drei-Finger-Regel liefert die Ausrichtung des induzierten Magnetfeldes, in dem sich das äußere Elektron bewegt und somit eine Lorentzkraft in Richtung des Leiters erfährt.

Und jetzt zu unserem Beispiel, bei dem es um die Kraft auf eine Ladung, auf ein Elektron, neben einem stromdurchflossenen Leiter geht.

Auch in diesem Leiter sollen die negativen Ladungen von unten nach oben fließen. Wie das Magnetfeld um diesen Leiter aussieht, haben wir soeben geklärt. Betrachten wir nun ein Elektron, das sich neben dem Leiter mit der gleichen Geschwindigkeit v wie die Elektronen im Leiter nach oben bewegt. Im Magnetfeld des Leiters erfährt es eine Kraft F, die Lorentzkraft, deren Richtung sich wieder mit Hilfe der Drei-Finger-Regel der linken Hand bestimmen lässt: Bewegung des Elektrons (Strom) nach oben, also Daumen nach oben, und Zeigefinger senkrecht aus der Papierebene in Richtung des Magnetfeldes B, also in Richtung auf den Betrachter. Der Mittelfinger weist dann in Richtung des Leiters, d. h., das Elektron erfährt eine Kraft hin zum Leiter.

Bis hierher haben wir das Geschehen aus unserer Sicht geschildert, aus der Sicht unseres Bezugssystems. Doch jetzt wollen wir das Bezugssystem wechseln und uns in das Bezugssystem des externen Elektrons versetzen. Da sich die Elektronen im Leiter und das externe Elektron mit gleicher Geschwindigkeit nach oben bewegen, ruhen aus Sicht des externen Elektrons die Leitungselektronen. Zwischen den Elektronen des Leiters und dem externen Elektron ist die Relativgeschwindigkeit null. Das gilt jedoch

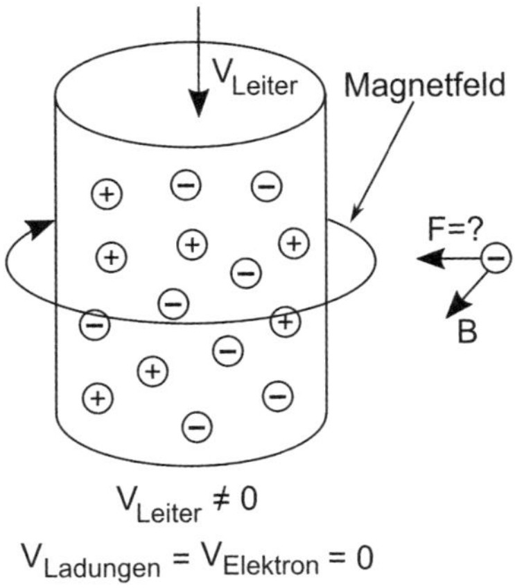

3.13 Im Ruhesystem des äußeren Elektrons scheinen die Elektronen im Leiter zu ruhen, und der Leiter selbst, d. h. seine positiven Ladungen, scheinen sich mit der Geschwindigkeit *v* nach unten zu bewegen. Das wiederum induziert ein Magnetfeld, das wegen der Ladungsumkehr und Richtungsumkehr wieder die identische Ausrichtung zeigt wie bei Abb. 3.12. Das äußere Elektron ruht jedoch in diesem Magnetfeld. Wenn es aber keine Feldlinien schneidet, woher soll dann die Kraft in Richtung des Leiters herrühren?

nicht für den Leiter. Befand der sich in unserem Bezugssystem in Ruhe, so bewegt er sich aus Sicht des externen Elektrons nach unten, und zwar mit der Geschwindigkeit, mit der sich die Leitungselektronen im Leiter nach oben bewegen. Das Elektron »sieht« demnach, wie sich der Leiter mit der Geschwindigkeit v an ihm vorbeibewegt.

Damit bewegen sich auch, immer aus Sicht des externen Elektrons, die positiven Ladungen im Leiter nach unten, da die ja im Gitter des Leiters örtlich fixiert sind. Der Strom nach unten bewegter positiver Ladungsträger ruft wieder ein Magnetfeld um den Leiter hervor, dessen Richtung sich nun, da es sich um positive Ladungsträger handelt, mit der Finger-Regel der rechten Hand bestimmen lässt. Wie sich zeigt, ist die Richtung identisch mit dem Magnetfeld des stromdurchflossenen ruhenden Leiters. Was das Magnetfeld anbelangt, ist also alles wie gehabt. Doch wie steht es mit der Kraft auf das externe Elektron? Zwar befindet es sich in einem Magnetfeld, aber es bewegt sich nicht! Seine Geschwindigkeit v ist gleich null! Folglich schneidet es keine Feldlinien, und die Drei-Finger-Regel versagt. Auf das Elektron scheint keine Kraft zu wirken. Da stellt sich doch die Frage: Kann es sein, dass das Elektron keine Kraft erfährt, nur weil wir das Bezugssystem gewechselt haben? Die Physik sollte doch unabhängig vom Bezugssystem Gültigkeit haben. Das ist das Rätsel, von dem eingangs die Rede war. Exakt hierzu wird ein Angestellter beim Schweizer Patentamt eine wissenschaftliche Arbeit verfassen, die den Titel »Zur Elektrodynamik bewegter Körper« trägt und das bisherige Weltbild auf den Kopf stellen wird. Aber dazu später mehr.

Zu guter Letzt noch eine kleine Anekdote: Michael Faraday wurde eines Tages zum Premierminister einbestellt, und der fragte ihn: »Sagen Sie mal, Michael, wie ist das denn mit Ihren Feldern, mit dem Elektromagnetismus und den unsichtbaren Linien Ihrer Magnetfelder, was bringt uns denn das Ganze überhaupt?« Faraday soll darauf geantwortet haben: »Sir, das kann ich Ihnen auch nicht genau sagen. Wir haben halt mal eine neue Endeckung gemacht. Aber ich bin mir sicher, was immer daraus wird, eines Tages werden Sie darauf Steuern erheben.« Und er sollte recht behalten …

4. Woraus besteht die Welt?

Aus Atomen!

Wer sich anschickt, die Welt zu verstehen, der stößt unweigerlich auf die Frage, aus welchen Bausteinen sie besteht oder – schöner formuliert – was die Welt im Innersten zusammenhält. Die Ersten, die sich über die Stofflichkeit der Welt vermutlich Gedanken gemacht haben, waren die griechischen Vorsokratiker des 5. Jahrhunderts v. Chr., insbesondere die Philosophen Leukipp und Demokrit. Ihrem Verständnis nach war die Welt aus kleinsten, unteilbaren Teilchen, den sogenannten Atomen, zusammengesetzt. Nach Auffassung Demokrits »hat ein Ding nur scheinbar eine Farbe, nur scheinbar ist es süß oder bitter, in Wirklichkeit gibt es nur Atome im leeren Raum«. Doch wie kommt es zu diesen Atomen? Nach Meinung der Naturphilosophen muss man dazu einen Körper teilen, die eine Hälfte wieder teilen, dann wieder und immer wieder, bis letztlich etwas verbleibt, das sich nicht mehr teilen lässt: ein Atom.

Der Begriff »Atom« rührt her von dem altgriechischen Wort ἄτομος, *átomos*, was so viel wie unteilbar bedeutet. Zwar ist, wie wir heute wissen, das Atom nicht unteilbar, doch davon später mehr. Beginnend mit den griechischen Naturphilosophen hat die Menschheit schon immer versucht, dem Atom seine Geheimnisse zu entlocken. Welche Bedeutung selbst die moderne Physik diesen Teilchen beimisst, mag ein Ausspruch des amerikanischen Physikers und Nobelpreisträger Richard Feynman verdeutlichen. Auf die Frage, was er sagen würde, wenn er der Nachwelt nur einen einzigen Satz hinterlassen könnte, antwortete er: »Die Welt ist zusammengesetzt aus Atomen.« Ein höheres Maß an Wertschätzung für die alten Griechen ist kaum vorstellbar.

Nur, wie sollte man dieser kleinen Partikel habhaft werden? Da diese Teilchen aufgrund ihrer Winzigkeit – ein Atom mittlerer Größe hat einen Durchmesser von rund 10^{-10} Metern, das entspricht einem Millionstel der Dicke eines menschlichen Haares – weder zu sehen noch zu greifen sind, stellte sich die Frage, mit welchen Werkzeugen man in diese Mikrowelt vordringen kann. Oder wie Goethes Faust fragt: Wo fass' ich dich, unendliche Natur? Damit klar wird, wovon die Rede ist, ein Beispiel: Nehmen wir an, wir könnten ein Atom auf die Größe einer Orange »aufblasen«, dann wären in diesem Maßstab reale Orangen so groß wie unsere Erde. Merken Sie, auf was man sich da einlässt, wenn man Atome studieren will?

Erste tastende Schritte, der Materie ihr »atomares Geheimnis« abzuringen, setzte schon Galilei, später dann der deutsche Physiker Otto von Guericke (1602–1686) und der französische Mathematiker und Physiker Blaise Pascal (1623–1662). Alle drei beschäftigten sich mit dem Medium Luft. Während Galilei versuchte, das Gewicht der Luft zu bestimmen, erkannte Pascal, dass die Höhe einer Quecksilbersäule in einem Glasrohr allein vom Druck der Luft abhängt, der, wie er richtig vermutete, mit zunehmender Höhe abnimmt. Schließlich konnte von Guericke mit seinen Magdeburger Halbkugeln auf spektakuläre Weise zeigen, welch große Kraft der Luftdruck auszuüben vermag – selbst 30 Pferde vermochten die Halbkugeln nicht zu trennen, nachdem er die Luft so weit wie möglich daraus abgepumpt hatte. Pascals Ansicht war damit eindrucksvoll bestätigt. Kurzum, all diese Experimente gipfelten in dem Bestreben, im Medium Luft und dessen Bestandteilen spezifische Eigenschaften zu erkennen.

Robert Boyle (1626–1691), im Süden Irlands geboren, war ein Naturforscher, der sich erst später der Physik zuwandte. Dass zu seinem Begräbnis sogar so erlauchte Persönlichkeiten wie Newton anreisten, belegt, welch großes Ansehen Boyle in der damaligen Wissenschaftsgemeinde hatte. Boyle gehörte übrigens zu den ersten Forschern, die ihre Experimente genau planten und den Verlauf und das Ergebnis detailliert protokollierten. Ein unverzichtbarer Wesenszug der modernen Physik und Chemie! In diesem Zusammenhang erhob er auch die Forderung, Beobachtungen zunächst akribisch zu prüfen, bevor man darangehe, daraus eine Theorie zu entwickeln.

Boyle beschäftigte sich intensiv mit Gasen. Im Rahmen dieser Experimente erfand er auch eine Vorrichtung in Form einer u-förmigen, mit Quecksilber gefüllten Glasröhre zur Messung des Luftdrucks. Sein besonderes Verdienst ist jedoch die Erkenntnis, dass sich Druck p und Volumen V eines (idealen) Gases bei gleichbleibender Temperatur umgekehrt proportional zueinander verhalten:

$$V \cdot p = constant \tag{4.1}$$

4.1 Robert Boyle (1626–1691)

1662 veröffentlichte Boyle dieses Gesetz. Da der französische Physiker Edme Mariotte de Chazeuil im Jahr 1676 unabhängig von Boyle erneut auf diese Gesetzmäßigkeit stieß, bezeichnet man diesen Zusammenhang heute als das Boyle-Mariottesche Gesetz. Auch auf dem Gebiet der Chemie gelangen Boyle bahnbrechende Einsichten. So konnte er z. B. zeigen, dass beim Verbrennen einer Substanz deren Gewicht zunahm. Dies widersprach schon damals klar der im späten 17. bzw. frühen 18. Jahrhundert aufgekommenen sogenannten Phlogistontheorie, der zufolge mit dem Feuer eine hypothetische gasförmige Substanz, bestehend aus Atomen, entweichen sollte.

Mit diesen Experimenten zum Medium Luft hatte man einen ersten Zugang zu dem Allerkleinsten, zu den Atomen, gefunden. Es musste etwas geben, das auf das feinste verteilt Raum in der Leere einnimmt. Nach geltendem Lehrsatz ist keine Leere, wo diese kleinsten Teilchen, die Atome, sind, und wo Leere ist, sind keine Atome. Und vor allem: Alles Bestehen und Vergehen beruht auf Bewegung, auf Verbindungen und Trennungen dieser kleinsten Bausteine. Entsprechend dieser materialistischen Theorie hatten die Atome ewig und »unentstanden« zu sein. Man muss sich nicht wundern, dass diese Ansicht auf den Widerspruch der kirchlichen Instanzen stieß und Vertreter dieser Lehre gefährlich lebten. Nichtsdestotrotz gelang es dem französischen Theologen, Naturwissenschaftler und Philosophen Pierre Gassendi (1592–1655), die damaligen Forscher aus dieser Zwickmühle zu befreien. Als Naturwissenschaftler war er zwar ein Anhänger des von dem griechischen Naturphilosophen Epikur vertretenen atomistischen Materialismus, aber als Theologe musste er auch der Kirche gerecht werden. Gassendi war ein fröhlicher, liebenswürdiger Mensch und außergewöhnlich eloquent. Er konnte sich anpassen, aber auch überzeugen, und es war ihm ein gewisses Maß an Schlitzohrigkeit zu eigen. In diesem Sinne gestand er der Kirche zu, Gott habe die Atome erschaffen und ihnen einen Antrieb zur Bewegung eingepflanzt, aus dem heraus sie sich zu den bekannten Substanzen vereinigen und die materiellen, aber seelenlosen Strukturen der Erde aufbauen und wandeln. Mit dieser listigen Argumentation gelang es Gassendi, die Gegner des Atomismus ruhigzustellen und die gefährliche Diskussion mit der Kirche zu befrieden: Die Ordnung in der Natur geht auf Gott zurück, wogegen sich die Wissenschaften lediglich mit den sekundären Eigenschaften der Materie beschäftigen.

4.2 John Dalton (1766–1844)

Kommen wir zu John Dalton (1766–1844), einem englischen Naturforscher und Lehrer. Aufgrund seiner grundlegenden Untersuchungen zur Atomtheorie gilt er heute als einer der Protagonisten der Chemie. So hatten z. B. seine Untersuchungen der Luft zum Ergebnis, dass sich dieses Gas aus 21 Volumenprozent Sauerstoff und 79 Volumenprozent Stickstoff zusammensetzt. Ein Ergebnis, das mit dem aktuellen Erkenntnisstand übereinstimmt. Überdies gelang ihm die Erstellung einer Tabelle der relativen Atomgewichte einiger Stoffe, wobei er das Atomgewicht von Wasserstoff gleich 1 setzte. Auch das Gesetz der »multiplen Proportionen« geht auf John Dalton zurück. Es besagt: Wenn zwei Elemente verschiedene chemische Verbindungen bilden können, dann stehen die Massen des einen Elements, die sich mit einer stets gleich bleibenden Masse des anderen Elements verbinden, zueinander im Verhältnis kleiner ganzer Zahlen. Es kann also die Verbindung AB geben, die Verbindung von zwei Teilen A mit einem Teil B, also A_2B, oder auch A_3B. Für die Atomhypothese war das der wissenschaftliche Ritterschlag.

4.3 Jöns Jakob Berzelius (1779–1848)

Neben Dalton ist auch noch der schwedische Mediziner und Chemiker Jöns Jakob Berzelius (1779–1848) zu erwähnen. Er bestimmte mit großer Genauigkeit die Atommassen vieler Elemente, und er war der Erste, der die chemischen Elemente mit Symbolen in Form von Buchstaben benannte. So stand am Anfang des Symbols immer der Anfangsbuchstabe des Elements, gegebenenfalls zusammen mit einem zweiten Buchstaben aus dem Elementnamen. So hat z. B. das Element Blei, lateinisch *plumbum*, das Symbol Pb bekommen. Damit war es erstmals möglich, für eine Verbindung eine chemische Formel anzugeben, z. B. für Wasser die Formel H_2O.

Aufgrund all dieser Experimente wurde immer klarer, dass sich gewisse Elemente in ihren Eigenschaften und in ihrer Bereitschaft, Verbindungen einzugehen, ähnlich sind. Dazu gehörten Elemente, die entweder das nahezu gleiche Atomgewicht aufwiesen, aber auch solche, deren Atomgewicht in gleichmäßigen Sprüngen steigt. Dass dem Ganzen eine übergeordnete Systematik zugrunde liegt, konnte als Erster der russischer Chemiker Dmitri Iwanowitsch Mendelejew (1834–1907) zeigen.

Mendelejew wurde als letztes von 17, andere Angaben sprechen von 14 Kindern geboren. Bei dem täglichen Kampf, sich gegen die »Übermacht« seiner Geschwister zu behaupten, hat er vermutlich das starke Durchsetzungsvermögen entwickelt, das ihm später auf vielen Gebieten nützlich war. So gilt er beispielsweise als Vater der russischen Ölindustrie, indem er etwa die Förderung der russischen Ölreserven vorantrieb und neue Verfahren zur Ölraffinierung ersann. Auch befasste er sich mit der Verbesserung des Kohle- und des Erzbergbaus. Im Jahr 1865 reichte er eine Doktorarbeit ein, in der er sich mit der Verbindung von Alkohol mit Wasser befasste. Doch die Behauptung, dass er damit einen wichtigen Bei-

4.4 Dmitri Iwanowitsch Mendelejew (1834–1907)

trag zur Wodkaherstellung im heutigen Mischungsverhältnis 40 zu 60 geliefert habe, steht auf wackligen Beinen. Zur Herstellung von Wodka hat Mendelejew nie etwas veröffentlicht.

Doch zurück zu Mendelejews bedeutendster Arbeit. Im März 1869 veröffentlichte er sein »Periodensystem der Elemente« unter dem Titel »Die Abhängigkeit der chemischen Eigenschaften der Elemente vom Atomgewicht«. Darin hatte er die 63 damals bekannten Elemente nach ansteigenden Atommassen in sieben Gruppen mit ähnlichen Eigenschaften geordnet. Mendelejew selbst erzählte, dass der Weg zu dieser Tabelle recht mühsam war. Nach eigenen Angaben hatte er zunächst auf den Rückseiten von Spielkarten eines Kartenspiels alle Elemente und deren Eigenschaften notiert. Sodann hat er die Karten auf seinem Tisch so lange hin und her geschoben, bis er Elemente mit ähnlichen Eigenschaften zu Gruppen zusammenfassen konnte. Die entscheidende Idee zu dieser Reihung soll ihm angeblich im Schlaf gekommen sein.

Mendelejew war übrigens nicht der Einzige, der die Elemente zu einem Periodensystem ordnete. Nur wenige Monate nach ihm veröffentlichte auch der deutsche Arzt und Chemiker Julius Lothar Meyer (1830–1895) eine fast identische Tabelle. Anhand dieser Ordnungssysteme konnten die beiden Forscher sogar die damals noch unbekannten Elemente Gallium, Scandium und Germanium vorhersagen. Gemeinsam erhielten sie auch die Davy-Medaille der britischen Royal Society.

Dank einer immer ausgedehnteren und zielgerichteteren Erforschung der Materie hatte man mittlerweile jede Menge an Erkenntnissen über die Atome gewonnen. Aber die Atome selbst, die hatten noch nichts von sich und ihrem Inneren preisgegeben. Man hatte noch keine Information darüber, was ein Atom ausmacht, was ein Atom ist und warum es sich so verhält, wie es sich verhält. Das änderte sich erst, als man beobachtete, dass gewisse kristalline Stoffe zu leuchten begannen, wenn sie z. B. durch Bestrahlung mit ultraviolettem Licht angeregt wurden. Heute firmiert dieses Verhalten unter dem Begriff »Fluoreszenz« bzw. »Phosphoreszenz«. Fluoreszierende Stoffe wie das Mineral Fluorit geben nur für sehr kurze Zeit Licht ab, und dies immer bei einer Wellenlänge, die größer ist als die des anregenden Lichts, also meist im Bereich des sichtbaren Spektrums. Schon 10^{-6} bis 10^{-4} Sekunden nach der Anregung ist das Leuchten wieder erloschen. Andere Stoffe, wie z.B. verunreinigte Bariumsulfid-Kristalle, leuchten dagegen mehrere Sekunden, teilweise sogar noch Minuten nach der Anregung. Man bezeichnet dieses Verhalten als Phosphoreszenz. Heutzutage begegnet man diesem Phänomen häufig in den Fan-Blöcken der Fußballstadien, und zwar in Form der mittlerweile etwas in Verruf geratenen pyrotechnischen »Bengalos«. Bei diesen Lichtfackeln erfolgt die Anregung nicht durch Licht, sondern durch die beim Verbrennen von Magnesium freiwerdende Wärme.

Von Bengalos hatten die damaligen Physiker natürlich noch nichts gehört, aber sie hatten notiert, dass gewisse Stoffe wohl in der Lage sind, kurzfristig Energie zu speichern, um sie mit einer gewissen Verzögerung in Form von Licht wieder abzugeben. Was läuft da ab in den Atomen der Kristalle, bzw. welcher Mechanismus ist für das Nachleuchten verantwortlich? Bald darauf sollte sich zeigen, dass auch andere Energiequellen anregend wirken können, so z. B. schnelle Elektronen und Röntgenstrahlen.

4.1 Gibt es wirklich Atome? Wenn wir sie doch nicht sehen?

An diesem Punkt kommt der deutsche Physiker Conrad Wilhelm Röntgen (1845–1923) ins Spiel. Seine Entdeckung der nach ihm benannten Strahlung revolutionierte die medizinische Diagnostik und führte zur Entdeckung und Erforschung der Radioaktivität.

4.5 Conrad Wilhelm Röntgen (1845–1923)

Doch der Reihe nach. Was hat Röntgen gemacht? Er experimentierte mit einer sogenannten Hittorfschen Röhre (Abb. 4.6).

Legt man an eine Vakuumröhre eine hohe Spannung an, so werden die aus der geheizten Kathode durch thermische Emission freigesetzten Elektronen im elektrischen Feld in Richtung der Anode be-

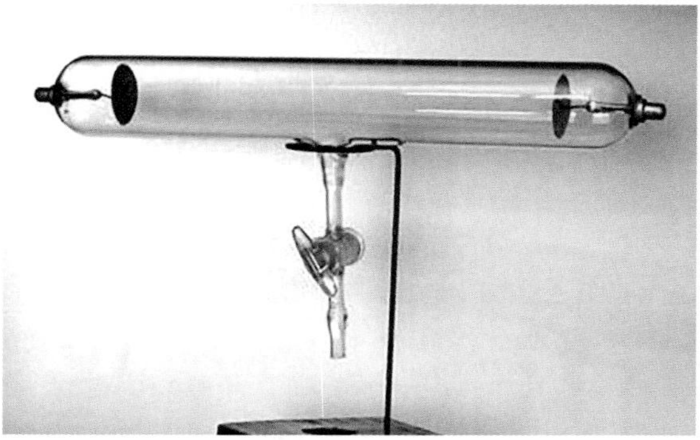

4.6 Eine Hittorfsche Röhre (auch Crookessche Röhre) besteht aus einer Kathode und einer Anode, die sich im bestmöglichen Vakuum eines Glaskolbens befinden. Aus der Glühkathode austretende Elektronen werden als sogenannte Kathodenstrahlen durch die angelegte Spannung in Richtung Anode beschleunigt.

schleunigt. Diese Elektronen, die man auch als Kathodenstrahlen bezeichnet, sind in der Röhre leicht durch ein in den Weg gestelltes Objekt abzuschirmen, auch den Glaskolben der Röhre vermögen sie nicht zu durchdringen. Am Abend des 8. Novembers 1895 bemerkte Röntgen, dass während seiner Experimente ein im Labor herumliegendes, speziell beschichtetes Blatt Papier zu leuchten begann. Andere Quellen berichten von einem in der Nähe befindlichen Leuchtschirm, der zu glimmen anfing. Da wie gesagt die Elektronen in der Röhre nicht für die Fluoreszenzanregung in Frage kamen, musste eine beim Experimentieren entstandene, bisher unbekannte Art Strahlung die Anregung der Substanzen verursacht haben. Was für eine grandiose Entdeckung! Endlich drang eine erste Information aus der verborgenen Welt des Allerkleinsten. In gewisser Weise hatten deren Bausteine mit Röntgen gesprochen, in einer Sprache, die er unromantisch als X-Strahlung bezeichnete. Das Tor in die Welt der Atome war aufgestoßen. 1901 erhielt er dafür den ersten für Physik verliehenen Nobelpreis.

Heute wissen wir, dass beschleunigte oder gebremste Ladungen Licht, sprich: elektromagnetische Wellen emittieren. Bei den Experimenten Röntgens waren es die Elektronen, die beim Auftreffen auf die Glaswand des Kolbens schlagartig abgebremst wurden. Ein Teil ihrer Bewegungsenergie wurde dabei in Wärme und der Rest in sogenannte Röntgenbremsstrahlung umgewandelt. Folglich zeigt ein Röntgenspektrum einen kontinuierlichen Verlauf, der schlagartig bei einer Wellenlänge endet, die der Energie entspricht, welche die Elektronen im elektrischen Feld der Röhre maximal gewinnen können (im Bild bei der Wellenlänge λ_0). Je nach Material, auf das die Elektronen treffen, ist dem Kontinuum noch eine charakteristische Strahlung übergelagert. Sie entsteht, da die Elektronen aus den Atomen des Anodenmaterials Elektronen »herausschlagen«. Die so entstandenen Lücken in den Elektronenschalen werden anschließend wieder besetzt, wobei die charakteristische Röntgenstrahlung emittiert wird.

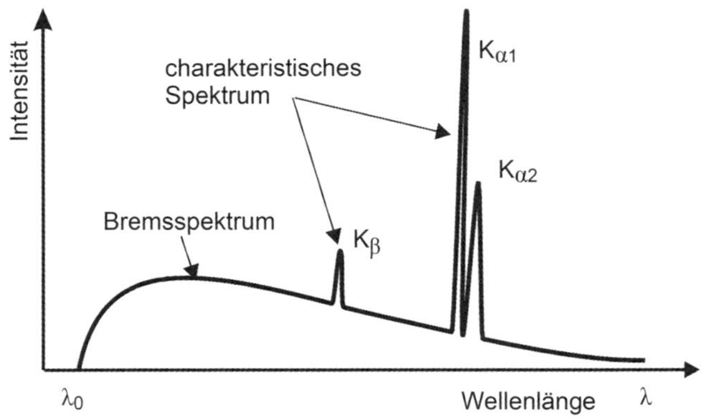

4.7 Röntgenbremskontinuum, überlagert vom charakteristischen Spektrum aus den Emissionslinien des verwendeten Kathodenmaterials

Röntgen konnte mit seinen Versuchen zeigen, dass »seine« Strahlung sehr hart sein kann, will heißen, dass sie in der Lage ist, sogar nicht allzu dicke Bleiplatten zu durchdringen. Wählt man jedoch die Energie der Elektronen entsprechend, so kann man auch eine relativ weiche Strahlung bekommen, die zwar das Gewebe des menschlichen Körpers durchdringt, jedoch nicht mehr die wesentlich dichtere Knochensubstanz. Schon Röntgen hatte erkannt, dass man damit die Knochen des menschlichen Skeletts bestens

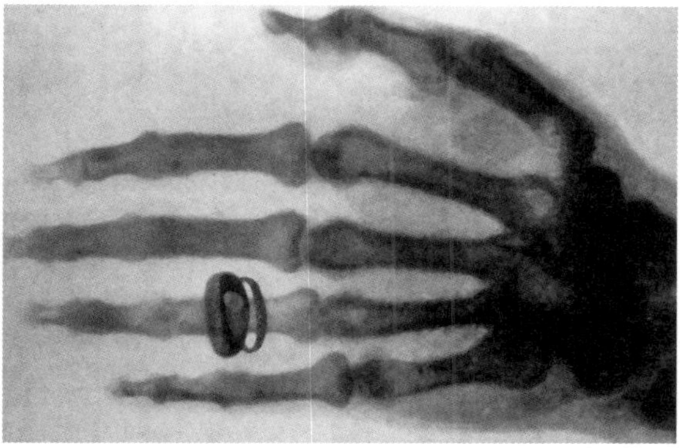

4.8 Röntgenbild, aufgenommen von Wilhelm Röntgen am 23. Januar 1896. Abgebildet ist die linke Hand von Albert von Koelliker.

in Augenschein nehmen kann. Ausprobiert hat er das zuerst an der Hand seiner Frau, weitere »Versuchskaninchen« folgten, die er mit seinen Strahlen »durchleuchtet« hat.

Die heutigen Röntgenröhren unterscheiden sich im Aufbau übrigens nur unwesentlich von der Hittorfschen Anordnung, wobei die Anoden, die man mit Wasser kühlt, vornehmlich aus Wolfram bestehen.

Neben Röntgen hat noch ein anderer Wissenschaftler einen wichtigen Beitrag zur Erforschung der kleinsten Teilchen geliefert. Gemeint ist der schottische Physiker Charles Thomson Rees Wilson (1869–1959), der 1927 für seine Experimente mit der von ihm erfundenen Nebelkammer den Nobelpreis zugesprochen bekam.

Die Nebelkammer ist ein mit einem herausziehbaren Kolben versehener Behälter, den eine Glasplatte nach oben abschließt, so dass man in das Innere der Kammer blicken kann. Über ein seitlich angebrachtes Fenster wird das Innere der Kammer beleuchtet.

4.9 Charles Thomson Rees Wilson (1869–1959)

In diese Kammer wird eine kleine Menge an Alkohol, meist Ethanol oder Isopropanol, eingebracht, so dass sich das Innere mit einem Gemisch aus Luft und Alkohol füllt. Wird nun der Kolben ruckartig aus der Kammer gezogen, so kühlt das Gasgemisch schlag-

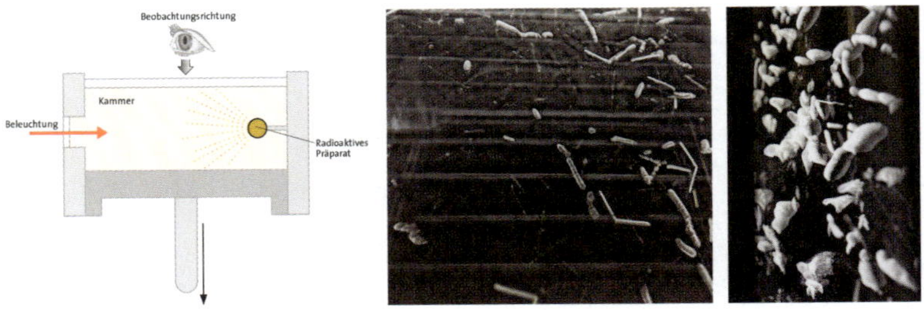

4.10 Aufbau einer Nebelkammer. Ein Luft-Alkohol-Gemisch wird durch einen Kolben ruckartig expandiert. Im übersättigten Gasgemisch hinterlässt ionisierende Strahlung Kondensationsspuren (α-Teilchen: kurze dicke Spuren; Elektronen: lange dünne Spuren). Rechts sind hochaufgelöste Details der Spuren dargestellt.

artig ab, was zu einer Übersättigung des Gemisches führt. Dabei schlägt sich das Gasgemisch in Form winziger Tröpfchen an in der Kammer befindlichen kleinen Kondensationskeimen, z. B. Staubteilchen, nieder. Gleiches geschieht, wenn ein geladenes Teilchen die Kammer durchquert. Auf seinem Weg durch die Kammer ionisiert es die Moleküle des Gases, die dann als Kondensationskeime fungieren. Auf diese Weise zieht ein ionisierendes Teilchen wie ein Flugzeug einen Kondensstreifen, eine gut sichtbare Nebelspur, hinter sich her.

Mit seiner Nebelkammer konnte Wilson insbesondere Teilchen sichtbar machen, die von radioaktiven, also strahlenden Atomen ausgesandt werden und deren Auftreten Auskunft über das Innere bzw. den Aufbau der Atome gibt. Dazu gehören vornehmlich Elektronen, die beim radioaktiven Zerfall von sogenannten Beta-Strahlern emittiert werden, sodann positiv geladene Alpha-Teilchen, also Atomkerne des Elements Helium, die aus zwei Protonen und zwei Neutronen zusammengesetzt sind, und schließlich auch die Antiteilchen des Elektrons, die Positronen. Wenn Röntgen die Sprache entdeckte, in der sich die Welt des Allerkleinsten äußert, so hat Wilson einen Weg gefunden, diese Sprache in Telegramme zu übersetzen. Das erlaubte tiefer gehende Studien. Legt man beispielsweise an die Kammer ein magnetisches Feld an, so erfahren die Teilchen eine Lorentzkraft. Dabei werden die positiv geladenen Teilchen in die eine, die negativ geladenen in die andere Richtung abgelenkt, so dass die Nebelspuren spiralförmig

4.11 Antoine Henri Becquerel (1852–1908)

gekrümmt werden. Anhand der Richtung und des Ausmaßes der Krümmung kann man Masse und Energie der Teilchen abschätzen.

Elektronen, Positronen und Alpha-Teilchen treten als Folge der Prozesse der natürlichen Radioaktivität in Erscheinung. Doch das wusste man zu dieser Zeit noch nicht. Obwohl einige Forscher bei ihren Experimenten unbewusst mit Substanzen hantierten, die man heute als radioaktiv bezeichnet, konnte man sich noch keinen Reim auf die Ergebnisse der Versuche machen. Mit dem französischen Physiker Antoine Henri Becquerel (1852–1908) sollte sich das ändern. Er gilt als Entdecker der natürlichen Radioaktivität.

Becquerel experimentierte bevorzugt mit Uransalzen, genauer: mit Urankaliumsulfat. Er wollte zeigen, dass das Licht, das die phosphoreszierenden Salze nach einer Anregung mit Sonnenlicht abstrahlen, in der Lage ist, Fotoplatten zu belichten bzw. zu schwärzen. Das funktionierte auch recht gut. Doch dann kamen Tage, an denen die Sonne nicht schien und Becquerel die Salze zusammen mit den Platten lichtdicht in einer Schublade verwahrte. Als die Sonne wieder hell am Himmel stand, wollte er seine Experimente erneut aufnehmen. Um sicher zu sein, dass die verwahrten Fotoplatten noch intakt waren, entwickelte er vorab einige davon. Zu seiner Überraschung stellte er jedoch fest, dass die Platte, auf der das Uransalz lag, auch ohne Sonnenlicht geschwärzt war und sich dort die Kontur des Salzpräparates deutlich abzeichnete. Woher kam die Energie bzw. die Strahlung, die zur Schwärzung führte? Es musste eine Strahlung sein, deren Spektrum jenseits des sichtbaren Lichts zu suchen ist.

Becquerels Assistentin Marie Skłodowska (1867–1934), eine polnische Physikerin und Chemikerin, die nach ihrer Heirat mit Pierre Curie dessen Familiennamen annahm, untersuchte die von Becquerel entdeckte Strahlung auch an anderen uranhaltigen Metallen, Salzen und Mineralien. Sie war es auch, die für das Verhalten dieser Substanzen den Begriff »radioaktiv« prägte. Bei ihren Versuchen stieß sie auf eine in uranhaltiger Pechblende enthaltene

Substanz, die wesentlich intensiver als alles bisher Untersuchte strahlte. Allerdings konnte sie dieses vermutete, radioaktive Element, das sie zu Ehren ihrer Heimat Polonium nannte, nicht extrahieren. Das gelang erst 1902 dem Chemiker Willy Marckwald. Nichtsdestotrotz erhielt sie für die Entdeckung dieses Elements, wie auch für die des Radiums, 1911 den Nobelpreis für Chemie. Marie Curie hat vermutlich zu Hause eine kleine Sammlung ihrer Preise angelegt. Denn schon 1903 hatte sie für ihre Arbeit zur Radioaktivität zusammen mit Henri Becquerel und ihrem Mann Pierre Curie den Nobelpreis für Physik erhalten.

Doch diese Auszeichnungen forderten ihren Preis. In Unkenntnis der Gefahr beim Umgang mit den radioaktiven Substanzen trugen beide ständig Proben des Elements Radium mit sich herum oder verwahrten sie in ihren Schreibtischen. Mit zunehmendem Alter zeigten sich bei ihnen die negativen Folgen der ständigen radioaktiven Bestrahlung. Sowohl Henri Becquerel als auch Marie Curie wurden nicht sehr alt: Curie starb mit 67 Jahren und Becquerel gar nur mit 56 Jahren. Erst viel später hat man entsprechende Verhaltensregeln und Sicherheitsmaßnahmen beim Umgang mit radioaktiven Substanzen erlassen.

Fassen wir kurz zusammen, was bisher an Nachrichten aus der Welt der Atome zutage getreten war. Zunächst waren da die Elektronen, die durch thermische Emission aus einer Glühkathode freigesetzt werden, beispielsweise in einer Röntgenröhre. Zudem hatte man eine sehr harte elektromagnetische Strahlung, die Röntgenstrahlen, entdeckt. Und schließlich hat man noch eine dritte Strahlung besonders schwerer Korpuskeln gefunden, die sich später als Kerne des Heliumatoms erwies und die den Namen α-Strahlung bekam. Auch diese Strahlung ist das Ergebnis atomarer Zerfallsprozesse. Sortiert nach dem griechischen Alphabet teilt man die Strahlungsarten entsprechend ein in α-Strahlung (Heliumkerne), β-Strahlung (Elektronen) und γ-Strahlung (harte Röntgenstrahlung). Die Atome hatten also schon ein paar Geheimnisse preisgegeben, doch bislang nahezu nichts über ihren Aufbau. Die Wissenschaftler hatten den Atomen anscheinend noch nicht die geeigneten Fragen gestellt.

4.2 Woraus bestehen die Atome?
Geht es noch kleiner?

4.12 Ernest Rutherford (1871–1937)

Mit dem neuseeländischen Physiker Ernest Rutherford (1871–1937) sollte sich das schnell ändern. Wenn die Atome in Form der gefundenen Strahlungen mit unserer makroskopischen Welt wechselwirken, dann konnte man vielleicht umgekehrt mit ebendieser Strahlung in die Welt des Allerkleinsten eingreifen, um dort Wechselwirkungen zu provozieren, die Rückschlüsse auf die Struktur des Mikrokosmos erlauben.

In seinem wichtigsten Experiment beschoss Rutherford eine nur 0,0005 Millimeter dicke Goldfolie mit den von einem Radiumpräparat emittierten Alpha-Teilchen (siehe Abb. 4.13 links). Um die Goldfolie hatte er einen Detektorschirm (schwarzer Kreis) aufgebaut, der anzeigte, wo die Teilchen ankamen.

Fast alle Teilchen durchquerten die Folie völlig ungehindert, sehr wenige wurden vom geraden Weg leicht abgelenkt, und nur ein Teilchen von rund 8000 prallte von der Folie ab und wurde in Richtung der Quelle zurückgeworfen. Als Rutherford das gleiche Experiment mit Elektronen ausführte, wurde gar keines dieser »Geschosse« aufgehalten oder abgelenkt. Rutherford schloss dar-

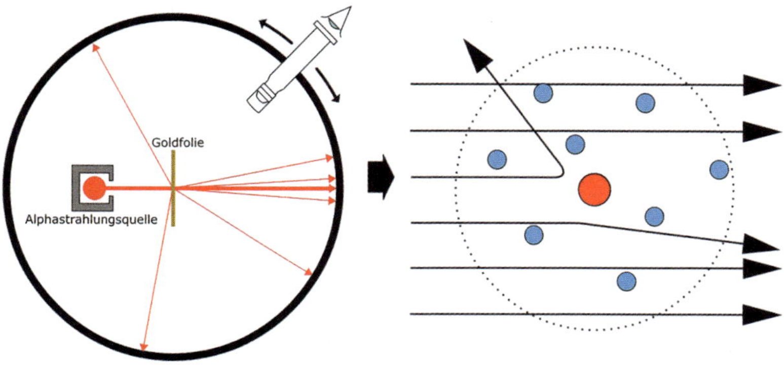

4.13 Beschießt man beim Rutherford'schen Streuexperiment eine dünne Goldfolie mit geladenen Teilchen, so wird nur jeweils eines von etwa 8000 an der Folie reflektiert.

aus, dass die Folie im Wesentlichen aus »nichts« besteht, ansonsten würden die Teilchen nicht ungehindert die Folie passieren. Wurde jedoch ein Teilchen zurückgeworfen, dann musste es etwas sehr Hartes getroffen haben. Dem heutigen Atommodell kommt das schon recht nahe: ein harter, kompakter Atomkern und in sehr großem Abstand einige Elektronen drum herum. »Sehr groß« wirkt hier schon fast untertrieben – immerhin reden wir von fünf Größenordnungen zwischen Atom (10^{-10} Meter) und Kern (10^{-15} Meter). Um sich die Dimensionen eines Atoms besser vorstellen zu können, vergrößern wir gedanklich den Kern auf das Ausmaß einer Orange. In diesem Maßstab hätte das Atom die Ausdehnung einer Kleinstadt.

Damit war ein erstes »stimmiges« Modell eines Atoms gefunden. Entscheidend verbessert wurde es kurz darauf von dem dänischen Physiker Niels Henrik David Bohr (1885–1962). In seinem Modell berücksichtigte Bohr erstmals die von Max Planck und Albert Einstein entwickelten Theorien zur Quantenphysik. Demnach durften sich die Elektronen um den Kern nicht in Form einer gestaltlosen Wolke bewegen, vielmehr sollten sie auf definierten Bahnen, den Elektronenschalen, den Kern umkreisen. Der Radius der Bahnen sollte in Sprüngen zunehmen, und zwischen den Bahnen durften sich keine Elektronen aufhalten. Mit diesem in die Geschichte der Physik eingegangenen Bohrschen Atommodell gelang es auch, das sichtbare Linienspektrum des Wasserstoffs zu erklären, und später die nach ihren Entdeckern benannten Spektralserien die Lyman-, Paschen-, Brackett- und Pfund-Serie. Obwohl das Bohrsche Atommodell mittlerweile überholt ist und durch ein quantenmechanisches Atommodell ersetzt wurde, leistet es in seiner vereinfachten Form nach wie vor gute Dienste, wenn es beispielsweise darum geht, das Zustandekommen von Absorptions- bzw. Emissionslinien zu erklären.

Kehren wir nochmals zurück zu Ernest Rutherford. Er hatte nicht nur seine berühmten Streuversuche durchgeführt, sondern auch erkannt, dass sich die vom Uran ausgehende Strahlung aus mehreren Strahlungsformen zusammensetzt. So geht die Unterteilung der von radioaktiven Elementen ausgehenden Strahlung in

α-, β- und γ-Strahlung auf Rutherford zurück. Darauf gründete sich auch seine Hypothese, dass ein radioaktiv zerfallendes Element in ein anderes Element übergeht. Und nicht zuletzt konnte er zeigen, dass man Elemente durch Beschuss mit α-Strahlen in andere Elemente umwandeln kann, so z. B. Stickstoff in Sauerstoff. Bei diesen Versuchen stieß Rutherford übrigens auch auf einen der Kernbausteine, das Proton. Aufgrund dieser Entdeckung vertrat er die Meinung, alle Atomkerne seien aus Elektronen und Protonen zusammengesetzt.

Kurz darauf bemerkte jedoch der britische Physiker Joseph John Thomson (1856–1940), dass die Masse von Atomen ein und desselben Elements um ein ganzzahliges Vielfaches der Masse eines Protons schwanken kann. Das stand im Widerspruch zur Erkenntnis, dass ein Element durch eine feste Anzahl von Kernprotonen bestimmt ist. Erst mit der Entdeckung des Neutrons durch den englischen Physiker James Chadwick (1891–1974) wurde jedoch dieses Problem gelöst, denn zu jedem Element gibt es einige Isotope, deren Kerne gleich viele Protonen enthalten, aber unterschiedlich viele Neutronen. Damit waren alle Bausteine der Atome »dingfest« gemacht: das Proton, das Neutron und die Elektronen. Das Ringen um die Struktur der Atome war an einem vorläufigen Ende angelangt.

Eigenartigerweise hat Rutherford für seine Entdeckungen nie den Physik-Nobelpreis bekommen, im Gegensatz zu allen seinen im Text benannten Assistenten. Schließlich wurde ihm in einer Art ausgleichender Gerechtigkeit doch noch der Nobelpreis für Chemie verliehen.

4.3 Kann man Atome spalten? Eine Frage erschüttert die Menschheit

Anhand des gefundenen Atommodells war es nun nicht mehr schwer, den Mechanismus der Vereinigung von Atomen zu Molekülen zu erklären. Man hatte erkannt, dass daran nur die Elektronen in den äußeren Schalen der Atome beteiligt sind. Je nachdem, ob in den Schalen ein oder mehrere Elektronen fehlen oder nur ein oder zwei Elektronen die Schale besetzen, unterschied man zwischen Ionenbindung, Molekülbindung und metallischer Bindung. Um diese Bindungen zu lösen, genügen Energien von wenigen Elektronenvolt (eV; 1 eV entspricht der Bewegungsenergie, die ein Elektron gewinnt, wenn es zwischen zwei Platten, an die eine Spannungsquelle von 1 Volt angeschlossen ist, beschleunigt wird). Im Vergleich dazu sind die Kernbausteine im Atomkern Millionen Mal stärker gebunden. Warum das so ist, wird sofort klar, wenn man sich vergegenwärtigt, dass es einer viel stärkeren Kraft als der elektromagnetischen bedarf, der sogenannten starken Kernkraft, um die im Atomkern versammelten positiv geladenen Protonen daran zu hindern, auseinanderzufliegen. Es verwundert daher nicht, dass man fortan mit Nachdruck daran geforscht hat, dieser Energien »habhaft« zu werden, d. h., sie zu nutzen. Begonnen haben diese Versuche jedoch mit einem Irrweg. Der italienische Kernphysiker Enrico Fermi (1901–1954) wollte nämlich, ausgehend von Uran, immer schwerere Elemente, sogenannte Transurane, herstellen. Dazu beschoss er Uran mit Neutronen in der Hoffnung, dass sich die vom Uran eingefangenen Neutronen im Kern über den sogenannten Betazerfall in Protonen umwandeln. Die »Umwandlung« gelang besonders gut, wenn er langsame, sogenannte thermische Neutronen für seine Experimente einsetzte. Und in der Tat stellte Fermi auch ein anderes chemisches Verhalten der Reaktionsprodukte fest. Da ferner deren Ordnungszahl Z (Anzahl der Kernprotonen) nicht zwischen der von Blei ($Z = 82$) und Uran ($Z = 92$) lag, waren Fermi und seine Mitarbeiter überzeugt, ein Transuran mit einer Ordnungszahl größer als 92 geschaffen zu haben.

4.14 Enrico Fermi (1901–1954)

4.15 Ida Noddack (1896–1978)

Die deutsche Chemikerin Ida Noddack (1896–1978) stand dem Ganzen jedoch skeptisch gegenüber. Ihrer Ansicht nach hatten die Experimente keine Transurane hervorgebracht, vielmehr war sie der Überzeugung, dass der Urankern durch den Neutronenbeschuss in leichtere Kerne gespalten wird. Da jedoch die Wissenschaftlergemeinde damals dem unhinterfragten Credo folgte, schwere Kerne könnten nicht in leichtere zerfallen, unternahm Noddack auch keine Versuche, ihre Hypothese zu untermauern.

4.16 Otto Hahn (1879–1968)

4.17 Lise Meitner (1878–1968)

Der Beweis, dass es doch zu einer Spaltung kommt, gelang im Dezember 1938 dem deutschen Chemiker Otto Hahn (1879–1968) gemeinsam mit seinen Assistenten, der Physikerin Lise Meitner (1878–1968) und dem Chemiker Fritz Straßmann (1902–1980). Dabei gelang Hahn und Straßmann der radiochemische Nachweis der Spaltprodukte, während Meitner zusammen mit dem österreichisch-britischen Physiker Otto Robert Frisch (1904–1979) den mathematisch-physikalischen Unterbau beisteuerte. Frisch war es auch, der für dieses Experiment den Fachbegriff »nuclear fission« (Kernspaltung) prägte. »Für seine Entdeckung der Spaltung schwerer Atomkerne«, so die Begründung, erhielt Hahn 1944 den Nobelpreis für Chemie.

Obwohl Fermis Interpretation seiner Experimente falsch war, erhielt auch er, wie das Nobelpreiskomitee ausführte, »für seinen Nachweis neuer radioaktiver Elemente, die durch Neutronenbeschuss entstehen, und für die damit verwandte Entdeckung von Kernreaktionen mit Hilfe langsamer Neutronen« 1938 den Nobelpreis für Physik. Später kam Fermi im Zusammenhang mit der Kernspaltung nochmals groß heraus: Im Dezember 1942 gelang ihm und seinem Team mit dem von ihm konstruierten primitiven Kernreaktor »Chicago Pile 1« die erste kontrollierte Kernspaltungskettenreaktion. Hierfür hatte er einen 7,6 Meter hohen, ungefähr kugelförmigen Reaktorkern aus 5,4 Tonnen Uranmetall, 45 Tonnen Uranoxid und zusätzlichen 360 Tonnen Graphit zur Abbremsung der frei werdenden Neutronen errichtet. Aufgebaut war das Ganze in einem Squashcourt, unter einer Tribüne eines auf dem Campus der University of Chicago gelegenen Football-Stadions. Zur Steuerung der Kettenreaktion dienten Cadmium-Bleche, die an Seilen in den Reaktor herabgelassen werden konnten. Der Plan für die Notabschaltung bestand darin, diese Seile im Ernstfall mit einer Axt durchzuschlagen. Mit unserem heutigen Wissen zu atomaren Kettenreaktionen war das inmitten der Millionenmetropole Chicago ein riskantes Unterfangen. Mit der Entfesselung der Kernkraft hat für die Menschheit ein Zeitalter begonnen, in dem die Frage »Können wir die Welt verstehen?« schnell umkippen kann zu »Können wir die Welt zerstören?«.

Kommen wir zurück auf die Überschrift dieses Kapitels: »Woraus besteht die Welt? Aus Atomen!« Dass dem so ist, haben Naturwissenschaftler vieler Nationen über Jahrhunderte hinweg Schritt für Schritt belegen können. Man hat die Struktur und den inneren Aufbau dieser Teilchen im Detail offengelegt. Man hat aber auch erkannt, dass ihnen die Eigenschaft *atomos*, unteilbar, nicht gerecht wird, denn Atome sind spaltbar. Rückblickend träumen sich manche Wissenschaftler zurück in die Zeit dieser Entdeckungen. Man hatte alles beisammen. woraus die Welt besteht, und die Wechselwirkungen der Teilchen schienen überschaubar zu sein. Kurzum, die Welt war relativ einfach. Aber man konnte es nicht dabei belassen. Man hat riesige Beschleuniger wie den Large Hadron Collider bei Genf gebaut – und neue Teilchen sind den Wissenschaftlern nur so um die Ohren geflogen. In einem der späteren Kapitel werden wir mehr darüber erfahren.

5 Spezielle Relativitätstheorie

Wie addieren sich Geschwindigkeiten?

5.1 Bezugssysteme

Sieht die Welt für alle gleich aus?

Auf unserer Wanderung von Aristoteles zur Stringtheorie verlassen wir nun die sanften Hügel und erreichen den ersten vorgelagerten Berg: Wir wollen jetzt die Relativitätstheorien verstehen! Von dieser Interpretation der Welt, die an unserer liebgewonnenen Anschauung von Raum und Zeit rüttelt, haben wir alle schon mal gehört. Aber was steckt im Detail dahinter? Der Weg dahin ist etwas steiler – mit ein paar ausgesetzten Abschnitten –, aber der Ausblick wird umso imposanter sein.

So um das Jahr 1880 haben einige Leute begonnen, darüber nachzudenken, was wohl geschieht, wenn man ein Ereignis aus unterschiedlichen Blickwinkeln betrachtet. In der Physik spricht man von unterschiedlichen Bezugssystemen. Beispielsweise kann man die Welt von einem Bahnsteig aus betrachten oder aus einem fahrenden Zug. Jeder Beobachter würde für seine Messungen ein eigenes räumliches Koordinatensystem x, y und z zugrunde legen, in dem er alle Ereignisse beschreibt. Wenn also am Bahnsteig eine Orange zu Boden fällt und sowohl ein Beobachter am Bahnsteig als auch ein Reisender im fahrenden Zug den Vorgang mit den Koordinaten jeweils seines Systems darstellen, werden sich die Entfernungsangaben unterscheiden – schließlich bewegt sich ja der Zug relativ zum Bahnsteig. Es wäre also gut zu wissen, wie man von dem einen in das andere Bezugssystem gelangt, d. h. wie man die Koordinaten x, y und z des einen Bezugssystems umrechnen muss, damit sie die Position der Orange im anderen System korrekt wiedergeben. Eine derartige Umrechnung nennt man in der Mathematik eine Koordinatentransformation.

Einer der Ersten, der sich damit beschäftigt hat – man mag es kaum glauben –, war wieder einmal ein alter Bekannter, nämlich der italienische Universalgelehrte und Meister aller fallenden Orangen Galileo Galilei. Er hat eine Transformation gefunden für Bezugssysteme, die sich mit konstanter Geschwindigkeit zueinander bewegen. Das wollen wir uns kurz ansehen. Dazu zeichnen wir zwei Koordinatensysteme S und $\hat{S}$ mit den Achsen x, y und z bzw. $\hat{x}$, $\hat{y}$ und $\hat{z}$ (siehe Abb. 5.1).

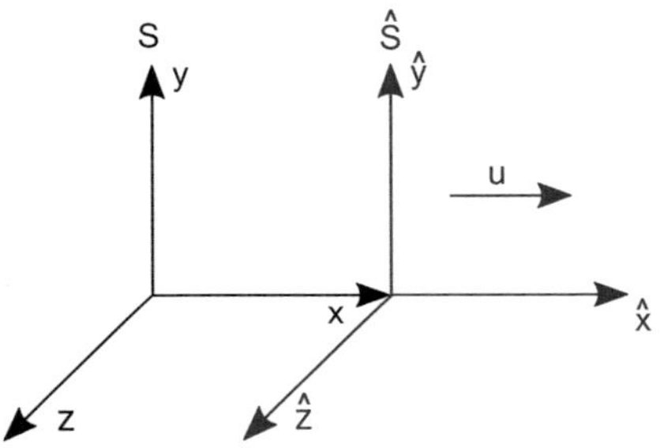

5.1 Zwei Koordinatensysteme S und $\hat{S}$, wobei sich $\hat{S}$ mit konstanter Geschwindigkeit u relativ zu S in Richtung der x-Achse bewegt.

Die beiden Systeme sollen so ausgerichtet sein, dass die Achsen x und $\hat{x}$ parallel verlaufen. Während das System S ruht, soll sich das System $\hat{S}$ mit konstanter Geschwindigkeit u parallel zur x-Achse nach rechts bewegen. Die Koordinaten S gelten also am Bahnsteig und die Koordinaten $\hat{S}$ im Zug, der mit konstanter Geschwindigkeit u am Bahnsteig entlangfährt. Wie transformiert sich nun die Koordinate $\hat{x}$ des bewegten Systems $\hat{S}$ in die Koordinate x des ruhenden Systems S? Da der Zug mit konstanter Geschwindigkeit u am Bahnsteig entlangfährt, muss zur x-Koordinate des ruhenden Systems die Wegstecke $u \cdot t$ – das ist die Wegstrecke, die der Zug (das System $\hat{S}$) in der Zeit t zurücklegt – hinzuaddiert werden, denn Geschwindigkeit mal Zeit ist gleich Weg. Damit gilt:

$$x = \hat{x} + u \cdot t \tag{5.1}$$

Die Zeit verstreicht in beiden Systemen gleichermaßen:

$$t = \hat{t} \tag{5.2}$$

Das sieht schon mal gut aus. Überdies erwarten wir natürlich, dass die Orange für beide Beobachter gleich groß ist. Das wollen wir kurz überprüfen. Erstreckt sie sich im Zug von Punkt A bis zum Punkt B (siehe Abb. 5.2), dann beträgt ihr Durchmesser in den Koordinaten des Zuges gemessen $\hat{x}_B - \hat{x}_A$. Transformieren wir das in unser Bahnsteigsystem S, dann erhalten wir

$$x_B = \hat{x}_B + u \cdot t \text{ und } x_A = \hat{x}_A + u \cdot t. \tag{5.3}$$

Da gilt:

$$x_B - x_A = \hat{x}_B + u \cdot t - (\hat{x}_A + u \cdot t) = \hat{x}_B - \hat{x}_A \tag{5.4}$$

ist der Orangendurchmesser in beiden Bezugssystemen gleich groß.

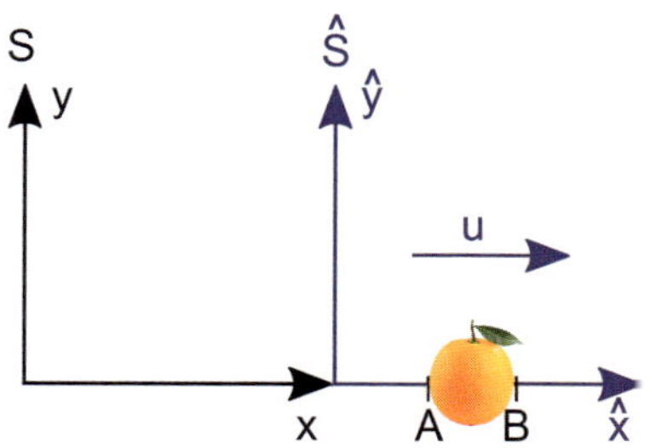

5.2 Eine Orange, die sich mit konstanter Geschwindigkeit u bewegt, sollte aus Sicht eines ruhenden Bezugssystem S und im mitbewegten System $\hat{S}$ denselben Durchmesser aufweisen.

Längen ändern sich durch unsere Transformation also nicht. Doch was ist mit den Geschwindigkeiten? Lassen wir im Zug jemanden mit der Orange Boccia spielen. In seinem System rollt sie mit der Geschwindigkeit $\hat{v} = \dot{\hat{x}}$ (bitte den Punkt für die zeitliche Ableitung beachten). Natürlich erwarten wir vom Bahnsteig aus betrachtet die Geschwindigkeit $v = \hat{v} + u$, d. h. Rollgeschwindigkeit der Orange plus Zuggeschwindigkeit u. Vertrauen ist gut – Kontrolle ist besser. Berechnen wir also stur nach Vorschrift

$$v = \dot{x} = \frac{d}{dt}(\hat{x} + u \cdot t) = \hat{v} + u \tag{5.5}$$

Das passt schon mal. Eine nochmalige Ableitung nach der Zeit ergibt die Beschleunigung, die ein Gegenstand in den beiden Bezugssystemen erfährt:

$$a = \dot{v} = \frac{d}{dt}(\hat{v} + u) = \hat{a} \tag{5.6}$$

Wie zu erwarten war, ist die Beschleunigung in beiden Bezugssystemen gleich, da wir die Zuggeschwindigkeit *u* ja als konstant vorausgesetzt haben und somit ihre Ableitung nach der Zeit null ist.

Das wirkt zunächst harmlos, doch tatsächlich sollte dies der Newtonschen Mechanik zum Verhängnis werden. Wenn die Beschleunigung in beiden Systemen gleich ist, wirken offensichtlich auch die gleichen Kräfte. Das wiederum bedeutet, dass die Gesetze der klassischen Mechanik in beiden Systemen gleichermaßen gelten. Würde man sich also in einem Zugabteil ohne Fenster befinden, so könnte man durch Fallexperimente oder andere mechanische Untersuchungen nicht unterscheiden, ob der Zug am Bahnsteig steht oder ob er fährt. Von der Geschwindigkeit des Zuges ist das unabhängig – solange sie konstant ist. Das entspricht auch unserer Erfahrung: In einem ICE können Sie sogar bei Tempo 250 km/h gemütlich umherschlendern, Orangen in die Höhe werfen oder eine Tasse Kaffee genießen. Alles verhält sich wie bei Ihnen zu Hause im Wohnzimmer. Die Orange fällt wieder in ihre Hand zurück, und auch der Kaffee springt nicht aus der Tasse.

5.2 Lichtgeschwindigkeit
Gibt es ein Tempolimit im Universum?

Um 1900 kam der französische Mathematiker Henri Poincaré mit einer neuen Idee um die Ecke. Dass die Gesetze der klassischen Mechanik in zueinander gleichförmig bewegten Bezugssystemen gelten, ist ja schön und gut, aber sollte das nicht gleichermaßen für alle Gesetze aller »Disziplinen« Gültigkeit haben, beispielsweise auch für die Elektrodynamik mit ihren Maxwell-Gleichungen? Wenn Naturgesetze, eine Theorie oder was auch immer unter einer Transformation unverändert bleiben, dann heißt das im Physikerjargon: Das Gesetz bzw. die Theorie ist »invariant unter dieser Transformation«. Dem Begriff der »Invarianz« werden wir noch häufiger begegnen. Denkt man jedoch die Idee, alle Gesetze sollten invariant unter Galilei-Transformation sein, konsequent zu Ende, dann stößt man schnell auf ein Problem: So fordern beispielsweise die Maxwell-Gleichungen, dass sich elektromagnetische Wellen im Vakuum mit Lichtgeschwindigkeit ausbreiten, der maximal möglichen Geschwindigkeit von 299.792,458 Kilometern pro Sekunde. Das heißt aber: Wenn in zueinander gleichförmig bewegten Systemen S und $\hat{S}$ die Gesetze der Physik uneingeschränkt gelten sollen, dann müssen in beiden Systemen auch die Maxwell-Gleichungen uneingeschränkt gelten, und dann muss in *beiden* Systemen auch die Ausbreitungsgeschwindigkeit der Wellen gleich 299.792,458 Kilometern pro Sekunde sein.

Das klingt zunächst völlig abwegig. Denn wenn die Geschwindigkeit in beiden Systemen gleich ist, wie soll sich dann eine Orange in einem fahrenden Zug genauso schnell bewegen wie vom Bahnsteig aus betrachtet, obwohl doch der Zug mit konstanter Geschwindigkeit vorbeifährt? Muss man die Geschwindigkeiten nicht addieren? Doch, muss man, das haben wir ja gerade berechnet. Das Missverständnis entsteht, weil die Maxwell-Gleichungen nicht für Orangen, sondern für Licht, d. h. für Photonen, eine einheitliche Geschwindigkeit vorschreiben.

Und genau das ist der »springende Punkt«! In dieser Welt scheinen für Photonen andere Regeln zu gelten als beispielsweise für Orangen – diese Regeln musste man erst erkennen. Zwar sprechen wir immer von Relativität, also davon, dass gewisse Größen in unterschiedlichen Bezugssystemen unterschiedliche Werte haben. Doch die Idee von Poincaré schöpft ihre Bedeutung gerade aus dem Umstand, dass eine gewisse »Sache« *nicht* relativ ist, sondern in unterschiedlichen Bezugssystemen unveränderlich, also konstant – und das ist die Lichtgeschwindigkeit im Vakuum – kurz: c.

5.3 Lorentzfaktor
Was passiert bei sehr hohen Geschwindigkeiten?

Die Idee war purer Sprengstoff am Fundament des bis dato geltenden Weltbildes. Dafür braucht man nur die Strecken zu betrachten, die Photonen im ruhenden System S bzw. im bewegten System $\hat{S}$ während einer Zeit t zurücklegen:

$$x = c \cdot t \text{ und } \hat{x} = c \cdot \hat{t} \tag{5.7}$$

Die Gleichungen sind so einfach, dass es einem sofort ins Auge springt: Betrachten wir den Zeitpunkt $t = \hat{t} = 0$, an dem sich der fahrende Zug gerade auf gleicher Höhe mit dem Beobachter am Bahnsteig befindet. S und $\hat{S}$ liegen in diesem Augenblick genau übereinander, x und $\hat{x}$ sind ebenfalls null. Die Welt ist noch in Ordnung – gewissermaßen die Ruhe vor dem Sturm! Bereits im nächsten Augenblick wird nämlich $\hat{x}$ nicht mehr gleich x sein, weil der Zug ja mit konstanter Geschwindigkeit weiterfährt. Was aber heißt das für die rechten Seiten der Gleichungen (5.7)? Die müssen sich jetzt auch unterscheiden. Wenn c aber konstant ist, dann bleibt nur eine Möglichkeit: Die Zeiten t und $\hat{t}$ können nicht mehr gleich sein, am Bahnsteig muss die Zeit anders vergehen als im Zug! Für die Physikergemeinde war das ein Schock. Dieses Ergebnis ist so fundamental, dass wir es der Deutlichkeit halber

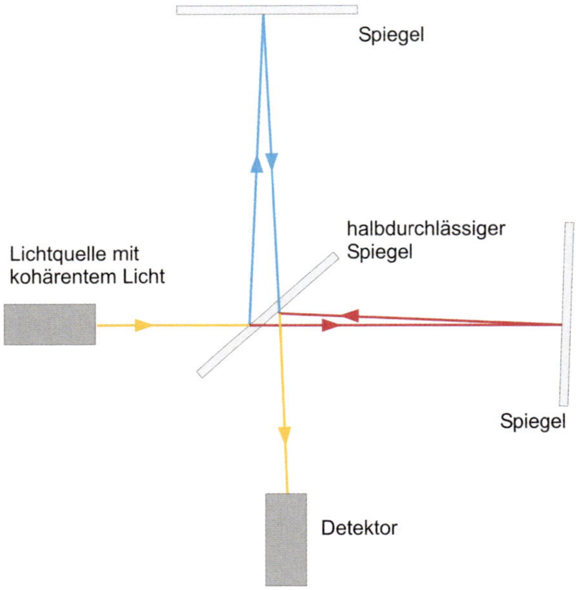

5.3 Licht trifft von einer Quelle auf einen halbdurchlässigen Spiegel und wird dort in zwei Strahlenbündel aufgespalten, die im rechten Winkel zueinander jeweils auf einen Spiegel treffen. Dort werden sie reflektiert, und je nach Gangunterschied überlagern sich die beiden Wellenzüge auf dem Weg zurück hinter dem halbdurchlässigen Spiegel. Am Detektor zeigt sich ein Interferenzmuster.

nochmals explizit hinschreiben wollen: *Beim Übergang von einem ruhenden in ein gleichmäßig dazu bewegtes Bezugssystem ändert sich – die Zeit!*

Das war eine bizarre Aussage, und es hat nicht an Versuchen gefehlt, die behauptete Konstanz der Lichtgeschwindigkeit zu widerlegen. Das wohl bekannteste Experiment dazu hat sich 1881 der deutsch-amerikanische Physiker Albert A. Michelson ausgedacht. Sein Versuchsaufbau ist in Abb. 5.3 skizziert.

Der Zweck dieses raffinierten Arrangements, dieser Rennstrecke für Photonen ist es, kleinste Relativgeschwindigkeiten entlang der beiden sogenannten Interferometerarme herauszukitzeln. Dazu müsste man diesen Aufbau in einen mit konstanter Geschwindigkeit fahrenden Zug oder in ein anderes möglichst schnelles Gefährt verfrachten, ihn so ausrichten, dass einer der Interferenzarme in Fahrtrichtung, der andere senkrecht dazu zeigt, und beobachten, was passiert. Entweder die Geschwindigkeit des Gefährts addiert sich zur Geschwindigkeit der Photonen, weil es auf dem Hin- und Rückweg zum jeweiligen Spiegel eine Art Rücken- bzw. Gegenwind gibt, oder eben nicht. Entsprechend wird sich das Interferenzbild ändern oder eben nicht. Welches Gefährt mit möglichst hoher Geschwindigkeit nehmen wir? Zur Erinnerung: Unser Planet rast mit atemberaubenden 30 Kilometern pro Sekunde auf seiner Bahn um die Sonne – der vielfachen Geschwindigkeit einer Gewehrkugel. Folglich sollte sich zwischen der Laufzeit der Photonen auf dem Weg in Bewegungsrichtung und der Laufzeit im dazu senkrechten Arm ein Laufzeitunterschied einstellen, der sich in Abhängigkeit von der Stellung des Interferometers im Raum ändert. Doch was auch immer die Experimentatoren unternahmen, ein nennenswerter Unterschied im Interferenzmuster wollte sich nicht einstellen. Die Lichtgeschwindigkeit erwies sich als eine konstante Größe. Auch als Michelson zusammen mit dem amerikanischen Chemiker Edward W. Morley 1887 die Interferometerarme auf elf Meter verlängerte, die Aufhängung erschütterungsfrei in einem Quecksilberbad lagerte und den Straßenverkehr weiträumig absperren ließ, blieb das Ergebnis negativ. Im selben Aufwasch hatte man auch einen zweiten Trugschluss aus der Welt geschafft, den sogenannten Lichtäther. Demnach hätten elektromagnetische Wellen ein Medium gebraucht, in dem sie sich ausbreiten, ähnlich wie Schallwellen in Luft. Auch dieser Äther, den man als ruhend annahm, hätte sich im Experiment zeigen sollen. Mal als Rückenwind, mal als Gegenwind, je nach Position der Erde auf ihrer Bahn um die Sonne, die sich durch den ruhenden Äther bewegen sollte.

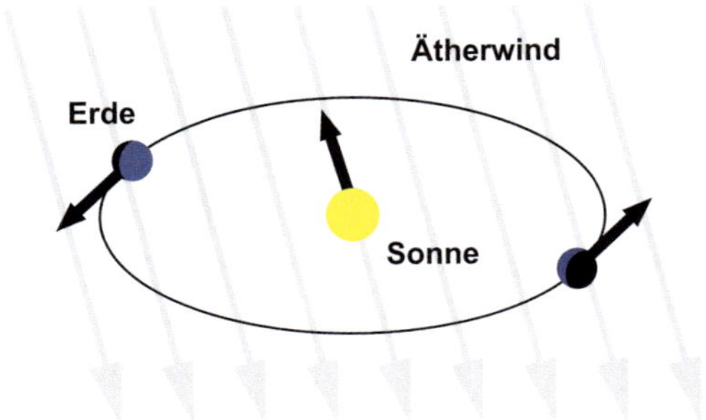

5.4 Gäbe es einen ruhenden Äther, würde sich die Sonne relativ dazu bewegen und die Erde verspürte auf ihrer Bahn abwechselnd Rücken- und Gegenwind.

Erinnern Sie sich: Wir irren uns empor – das ist das Credo der empirischen Wissenschaft. Auch ein Negativresultat kann einen Schritt nach vorne bedeuten. Schließlich musste die physikalische Gemeinde akzeptieren, dass man es bei der Lichtgeschwindigkeit mit einer Naturkonstante zu tun hat, und der Lichtäther wanderte in die ewigen Jagdgründe der falsifizierten Hypothesen.

Mit der Akzeptanz einer konstanten Lichtgeschwindigkeit hatte man sich jedoch ein Problem eingehandelt, und zwar ein Problem mit der Galileischen Koordinaten-Transformation: Konstantes c und Galilei-Transformation passen nicht zusammen! Schaltet der Lokführer die Scheinwerfer ein und betrachten wir die ankommenden Photonen vom Bahnsteig aus, dann addiert sich die Geschwindigkeit des Zuges eben nicht zur Geschwindigkeit der Photonen. Man kann es gar nicht oft genug wiederholen: Sowohl vom Bahnsteig aus betrachtet als auch im bewegten Bezugssystem sind die Photonen mit derselben Lichtgeschwindigkeit unterwegs.

Wie vereinbaren wir nun unsere Erfahrungswelt, wonach sich Geschwindigkeiten addieren, mit der Tatsache, dass die Lichtgeschwindigkeit in allen Bezugssystemen gleich ist? Offensichtlich müssen wir an der Beziehung $v = \hat{v} + u$ drehen. Wir teilen durch einen Ausdruck, der für kleine Geschwindigkeiten $\hat{v}$ und u gegen 1 geht, so dass unsere bisherige Beziehung gültig ist – aber andererseits sowohl für $\hat{v} = c$ als auch für $u = c$ bei der Addition genau c herauskommt:

$$v = \frac{\hat{v} + u}{1 + \frac{\hat{v} \cdot u}{c^2}} \tag{5.8}$$

Sieht schlimmer aus, als es ist. Für kleine Geschwindigkeiten erhalten wir annähernd unser gewohntes Ergebnis $v = \hat{v} + u$, weil der Nenner fast 1 ergibt. Stellen wir unsere neue Additionsregel auf eine strengere Probe, indem wir vom Bahnsteig aus beobachten, wie der Lokführer die Scheinwerfer einschaltet, d. h. wir setzen $\hat{v} = c$ und erhalten:

$$v = \frac{c + u}{1 + \frac{c \cdot u}{c^2}} = \frac{(c + u) \cdot c}{c + u} = c \tag{5.9}$$

Das passt schon mal! Tatsächlich haben die Photonen der Zugscheinwerfer vom Bahnsteig aus betrachtet die Geschwindigkeit c. Grundsätzlich könnten wir $\hat{v}$ und u in unserer Additionsregel sogar vertauschen, also $u = c$ setzen. Dann wäre die Additionsregel sogar für Züge gültig, die mit Lichtgeschwindigkeit am Bahnsteig vorbeizischen und in denen jemand Boccia spielt. Wie aber sieht es aus, wenn ein Zug mit Lichtgeschwindigkeit vorbeizischt *und* die Scheinwerfer einschaltet? Setzen wir also $\hat{v} = c$ und $u = c$:

$$v = \frac{c + c}{1 + \frac{c \cdot c}{c^2}} = \frac{2 \cdot c}{2} = c \tag{5.10}$$

Man sieht: Sobald wir mindestens eine der beteiligten Geschwindigkeiten gleich c setzen, liefert unsere neue Additionsregel mit stoischer Gelassenheit das Ergebnis c. Andererseits liefert sie für niedrige Geschwindigkeiten in guter Näherung die Summe beider Einzelgeschwindigkeiten, so wie wir das aus unserer Alltagswelt kennen. Tolle Sache!

Bleibt noch das Problem mit den unterschiedlichen Zeiten in gleichförmig zueinander bewegten Bezugssystemen. Dafür benötigen wir erst einmal zwei Uhren. Beispielsweise könnten wir die Zeit messen, indem wir ein Photon zwischen zwei Spiegeln hin- und her reflektieren und den Abstand *d* der Spiegel so wählen, dass ein kompletter Durchlauf genau 1 Sekunde entspricht (siehe Abb. 5.5).

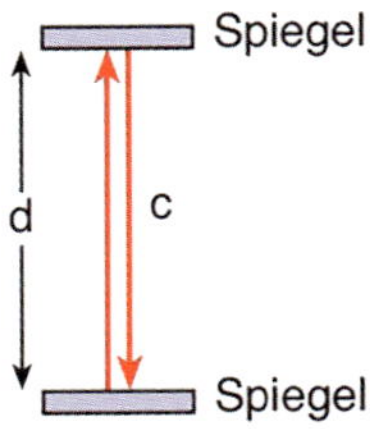

Abb. 5.5, Lichtuhr: Zwei Spiegel werden in einem Abstand *d* so justiert, dass ein Photon für einen kompletten Durchlauf eine Sekunde benötigt.

Eine dieser Uhren stellen wir an den Bahnsteig, die andere nehmen wir mit in den Zug, der natürlich wieder mit konstanter Geschwindigkeit – nennen wir sie diesmal v – am Bahnsteig entlangfahren soll. Im Zug scheint alles normal zu funktionieren – wir haben ja bereits gesehen, dass bei konstanter Geschwindigkeit alle Gesetze der Physik unverändert gelten. Doch vom Bahnsteig aus betrachtet tickt die Uhr im Zug anders, weil sich die Spiegel in Fahrtrichtung bewegen, während das Photon zwischen ihnen unterwegs ist (Abb. 5.6).

Vom Bahnsteig aus betrachtet scheint das Photon zwischen den Spiegeln eine längere Distanz zurückzulegen. Das verlangsamt ihr

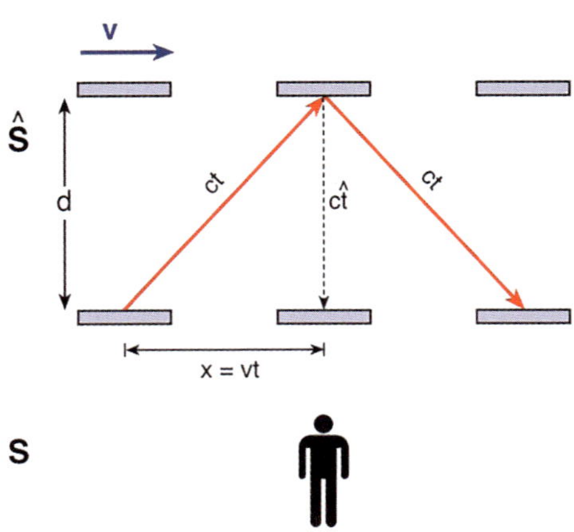

5.6 Betrachtet ein ruhender Beobachter die vorbeifahrende Lichtuhr, so legen die Spiegel in einem Zeitabschnitt t horizontal die Strecke $v \cdot t$ zurück. Der Lichtweg zwischen den Spiegeln (rot) beträgt $c \cdot t$ und ist länger als der Lichtweg $c \cdot \hat{t}$, anhand dessen ein Passagier im Zug die Zeit ablesen würde.

Ticken, da das Photon natürlich mit der Geschwindigkeit c unterwegs ist und für eine längere Strecke eben mehr Zeit braucht. Doch wie viel mehr an Zeit? Vom Bahnsteig aus betrachtet und mit der Uhr am Bahnsteig gemessen legt das Photon im Zug die Strecke $2c \cdot t$ zurück (rote Linie). Im Zug aber gilt die Zeit $\hat{t}$, so dass die senkrechte gestrichelte Linie gleich der Strecke $c \cdot \hat{t}$ ist. Und für die Strecke, die der Zug in der Zeit t zurücklegt, gilt $x = v \cdot t$. Betrachten wir nun in der Abb. 5.6 nur das linke, rechtwinklige Dreieck, mit den Seiten $x = v \cdot t$, $c \cdot t$ und $c \cdot \hat{t}$. Im rechtwinkligen Dreieck berufen wir uns wieder auf Pythagoras:

$$c^2 \cdot \hat{t}^2 + v^2 \cdot t^2 = c^2 \cdot t^2 \tag{5.11}$$

Wir dividieren durch c^2:

$$\hat{t}^2 + \frac{v^2}{c^2} \cdot t^2 = t^2 \tag{5.12}$$

Dann nehmen wir den mittleren Term auf die rechte Seite und klammern t^2 aus:

$$\hat{t}^2 = t^2 \left(1 - \frac{v^2}{c^2}\right) \tag{5.13}$$

Wurzelziehen und Umstellen der Gleichung liefert für die Transformation von t:

$$t = \hat{t}\,\frac{1}{\sqrt{1 - \frac{v^2}{c^2}}} \tag{5.14}$$

Den Ausdruck

$$\frac{1}{\sqrt{1 - \frac{v^2}{c^2}}} \tag{5.15}$$

bezeichnet man als γ-Faktor bzw. zu Ehren des holländischen Mathematikers und Physikers Hendrik Antoon Lorentz (1853–1928) auch als Lorentzfaktor, da er ihn als Erster abgeleitet hat.

Der γ-Faktor ist die entscheidende Transformationsgröße, mit der man die Galilei-Transformation erweitern muss, um auch bei hohen Geschwindigkeiten vom System $\hat{S}$ in das System S zu gelangen oder umgekehrt. Mal muss man den Faktor anmultiplizieren, mal seinen Kehrwert.

Für die Relativgeschwindigkeit $v = 0$ ergibt sich ein γ-Faktor gleich 1. Kleiner kann er nicht werden. Mit zunehmendem v steigt γ zunächst »mäßig« an und kann unterhalb von 20 Prozent der Lichtgeschwindigkeit nahezu vernachlässigt werden. Dies ist unsere alltägliche Erfahrungswelt. Ab 80 Prozent der Lichtgeschwindigkeit ändert sich das Verhalten jedoch dramatisch. Diese Bereiche nennt man »hochrelativistisch«, und hier spielt γ eine entscheidende Rolle für das Verständnis dieser Phänomene.

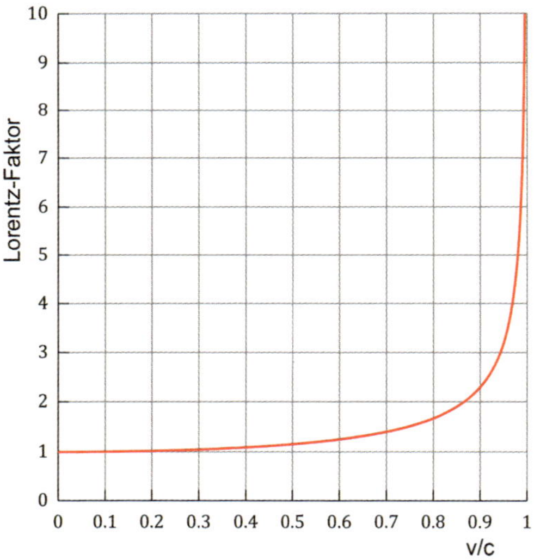

5.7 Der dimensionslose Lorentzfaktor als Funktion der Geschwindigkeit v in Einheiten von c.

Was man sich also unbedingt merken sollte: Für jede Geschwindigkeit ungleich null ist der γ-Faktor größer 1! Hat man dies erst mal im Gedächtnis gespeichert, so fällt es nicht schwer, sich zu überlegen, was beim Übergang von S nach $\hat{S}$ passiert: Wenn sich ein Stab relativ zu einem ruhenden Beobachter bewegt, dann wird dessen Länge für ihn um den γ-Faktor kürzer. Wenn man dagegen eine Uhr bewegt, dann scheint sie, aus der Warte des ruhenden Beobachters betrachtet, langsamer zu gehen, d. h. die Zeit erscheint ihm um diesen Faktor gedehnt. Im ersten Fall spricht man von einer Längenkontraktion, und man muss durch γ dividieren, im zweiten Fall von Zeitdilatation, und man muss mit γ multiplizieren. Kurz gesagt: Soll etwas kleiner werden, dann durch γ dividieren, soll es größer werden: dann mit γ multiplizieren. Damit gelangt man, ohne die Beziehung mathematisch mühsam herleiten zu müssen, zum richtigen Ergebnis.

5.8 Albert Einstein (1879–1955) und Hendrik Antoon Lorentz (1853–1928)

Welches Fazit ziehen wir aus unseren Überlegungen? Lorentz hat den Weg bereitet für ein besseres Verständnis dieser Welt. Er hat die Tür weit aufgestoßen, hat es aber interessanterweise einem anderen überlassen, hindurchzugehen und eine Theorie zu formulieren, die in die Annalen der Physik als »Spezielle Relativitätstheorie« (SRT) eingehen wird. Albert Einstein wird später über Lorentz sagen, dass er niemanden mehr bewundert hat als ihn.

Alles in allem kommt diese Erweiterung unseres bisherigen Weltbildes schon sehr befremdlich daher. Raum und Zeit sind nicht länger die absolute Bühne des Geschehens, sondern werden relativ – degradiert zu einer Frage des Standpunktes. Diese bizarre Theorie bedurfte natürlich zahlreicher Bestätigungen, damit sie salonfähig werden konnte.

5.4 Experimente und Beobachtungen
Wie kann man die Spezielle Relativitätstheorie testen?

Die Aussage der Speziellen Relativitätstheorie, dass die Zeit in einem bewegten System langsamer vergeht, ruft immer wieder ungläubiges Kopfschütteln hervor. Stimmt diese »Behauptung« tatsächlich mit der Wirklichkeit überein? An den Gleichungen gibt es ja nichts zu rütteln, und auf dem Papier sieht alles schlüssig aus. Aber darf man wirklich sicher sein, dass dahinter nicht ein dubioser Trick steckt, der die Zeitdilatation real erscheinen lässt, obwohl sie es nicht ist? Glücklicherweise verfügt die Physik über ein scharfes Schwert, um fragwürdig erscheinende Theorien zu falsifizieren oder, anders ausgedrückt, zu widerlegen. Dieses Schwert heißt: »Experiment«. Gibt es also eine Versuchsanordnung, mit der sich die Dilatation der Zeit testen lässt?

5.9 Joseph C. Hafele und Richard E. Keating im Flugzeug vor ihren Atomuhren

Die Ersten, die ein derartiges Experiment durchgeführt haben, waren der Physiker Joseph C. Hafele und der Astronom Richard E. Keating. 1971 bestiegen die beiden ein Linienflugzeug, ausgerüstet mit vier Atomuhren, und umrundeten damit die Erde je zweimal, zuerst in östlicher, sodann in westlicher Richtung. Als Referenz dienten die Uhren des United States Naval Observatory.

Berücksichtigt man die Rotation der Erde, so bewegten sich die Uhren im Flugzeug – relativ zu den im ruhenden Bezugssystem tickenden Uhren – beim Flug nach Osten mit einer Geschwindigkeit von 663 Metern pro Sekunde und beim Flug in Westrichtung mit 263 Metern pro Sekunde. Damit konnte man die Zeitdifferenz berechnen, die sich zu den ruhenden Uhren laut Spezieller Relativitätstheorie ergeben sollte, und sie mit den gemessenen Werten vergleichen. Und tatsächlich: Beide Male stimmten die Ergebnisse im Rahmen der Messgenauigkeit überein. Zeitdilatation, wie unheimlich sie uns auch vorkommen mag, ist real!

Flugzeuge fliegen jedoch ganz und gar nicht nahe an der Lichtgeschwindigkeit, und wir haben ja gesehen, dass der Lorentzfaktor erst bei hohen Geschwindigkeiten mit voller Wucht zuschlägt. Deshalb haben sich einige andere Wissenschaftler die Frage gestellt, welche Objekte schnell genug unterwegs sind, um Längenkontraktion und Zeitdilatation noch deutlicher zu belegen. Fündig wurden sie in der Welt des Allerkleinsten, der Elementarteilchen, dort, wo höchste und allerhöchste Geschwindigkeiten an der Tagesordnung sind. In unserer Atmosphäre entstehen beispielsweise bei den Kollisionen, die sich fortwährend zwischen Teilchen der kosmischen Strahlung und den Atomkernen der Erdatmosphäre ereignen, jede Menge Pionen und Kaonen, die ihrerseits in nahezu lichtschnelle Myonen und Myon-Neutrinos zerfallen. Das Ganze spielt sich in einer Höhe von rund zehn Kilometern über der Erdoberfläche ab. Aber kaum entstanden, zerfallen auch die Myonen, und zwar in Elektronen, Myon-Neutrinos und Anti-Elektron-Neutrinos. Die Zerfallszeit beträgt rund $2{,}2 \cdot 10^{-6}$ Sekunden, sprich 2,2 Millionstel Sekunden. Und jetzt wird es wirklich verrückt, denn wir können diese Myonen auf der Erdoberfläche nachweisen! Wenn Sie jetzt fragen, was das Besondere daran sein soll, dann bitten wir zu berücksichtigen, dass die Myonen, auch wenn sie sich mit nahezu Lichtgeschwindigkeit bewegen, in den 2,2 Millionstel Sekunden ihres Lebens nur rund 660 Meter weit kommen können. Die dürften doch nie die Erdoberfläche erreichen! Und dennoch, Sie ahnen es schon: Die Lösung des Problems ist der Zeitdilatation der Speziellen Relativitätstheorie zu verdanken. Denn für die nahezu lichtschnellen Myonen errechnet sich ein γ-Faktor von rund 15. Und das bedeutet: Die 2,2 Millionstel Sekunden Zerfallszeit werden aus Sicht der Erde auf 33 Millionstel Sekunden gestreckt! Und in dieser Zeit kommen die Myonen rund 10 Kilometer voran, also durchaus bis zu den Detektoren auf der Erde.

Man kann das Problem auch aus Sicht der Myonen betrachten. Aus deren Perspektive bewegt sich ja die Erde mit nahezu Lichtgeschwindigkeit auf sie zu. Damit sollte sich für das Myon nach allem, was wir uns bislang überlegt haben, die Flugstrecke bis zur Oberfläche der Erde um den γ-Faktor verkürzen! Die 10 Kilometer vom Entstehungsort der Myonen bis zur Erdoberfläche schnurren für das Myon auf 10 Kilometer dividiert durch 15, also auf rund 660 Meter zusammen. Und diese 660 Meter kann das Myon, wie schon gesehen, in 2,2 Millionstel Sekunden schaffen. Mithin sind sich also sowohl der Beobachter auf der Erde als auch das Myon einig, beide in ihrem jeweiligen Bezugssystem: Wir treffen uns am Detektor auf der Erde.

5.5 Zeitreisen

Kann man in die Vergangenheit oder die Zukunft reisen?

Lässt man sich die Myonen-Geschichte auf der Zunge zergehen, so tauchen vor dem geistigen Auge unweigerlich die Zeitreisen auf, die die Helden der Science-Fiction-Literatur gelegentlich antreten, und manch eine oder einer fragt sich dann: Können wir das auch? Die Antwort ist ein eindeutiges »Ja«, und das wird Sie vielleicht nicht einmal überraschen. Denn immer wenn wir uns relativ zueinander bewegen – beispielsweise Sie kommen auf mich zu, oder ich fahre Ihnen mit dem Auto davon –, unternehmen wir eine Zeitreise. Denn für jeden von uns vergeht die Zeit anders! Wir kriegen nur nichts davon mit, weil der Effekt unmerklich klein ist. Auch bei einer Geschwindigkeit von 1000 Kilometern pro Stunde hat der γ-Faktor nur einen Wert von gerundet 1,0000000000004. Selbst wenn einer von uns ein Jahr lang mit 1000 Kilometern pro Stunde flöge, betrüge der Zeit-unterschied für uns beide nur rund 13 Millionstel Sekunden! Den Weltrekord im Zeitreisen hält gegenwärtig der russische Astronaut Gennadi Padalka. Von August 1998 bis September 2015 war er insgesamt 878 und einen halben Tag mit einer mittleren Geschwindigkeit von 27 000 Kilometern pro Stunde in den Raumstationen Mir und ISS unterwegs. Und als er am Ende seiner Missionen den Raumanzug an den Nagel hängte, war er rund eine 43stel Sekunde weniger gealtert als seine Kollegen auf der Erde. Wieder einmal bestätigt sich: Bewegung hält jung! Doch bevor Sie sich nun alle für das nächste Raumfahrtprojekt bewerben, sollten Sie bedenken: Kalkuliert man die Belastungen eines Raumfluges mit ein, ist es definitiv keine effektive Methode, um länger zu leben.

Kommen wir nun zu dem immer wieder diskutierten Zwillingsparadoxon. Auf die Frage, was denn an Zwillingen paradox sein soll, wird ein Physiker vermutlich antworten: Nun, zunächst mal nichts, es sei denn, einer von ihnen fliegt eine Zeitlang mit einem Raumschiff, während der andere brav zu Hause bleibt und auf die Rückkehr seines Zwillings wartet. Sie merken schon, worauf wir hinauswollen, auf den zeitlichen Unterschied zwischen einem bewegten und einem in Ruhe befindlichen System. Machen wir es konkret: Von einem Zwillingspaar – Bruder und Schwester – steigt der Bruder in ein Raumschiff. Die auf der Erde zurückgebliebene Zwillingsschwester sieht ihren Bruder relativ zu sich mit konstanter Geschwindigkeit geradlinig davonfliegen, und da sie sich bereits mit der Speziellen Relativitätstheorie beschäftigt hat, weiß sie, dass aus ihrer Sicht die Zeit im Raumschiff langsamer vergeht als auf der Erde. Und als der Bruder zur Erde zurückkehrt, stellen beide fest, dass der Raumfahrer weniger gealtert ist als seine zu Hause gebliebene Schwester. Das ist zunächst nicht erstaunlich, beide haben es ja auch so erwartet.

Jetzt wechseln wir die Seiten und betrachten das Ganze aus Sicht des Piloten im Raumschiff. Beim Blick in den Rückspiegel sieht er, wie sich die Erde mit seiner Schwester geradlinig und mit konstanter Geschwindigkeit vom Raumschiff entfernt, und er bemerkt, dass jetzt, relativ zu seiner Eigenzeit, die Zeit auf der Erde langsamer vergeht. Folglich stellt er sich darauf ein, dass seine

Schwester deutlich jünger sein wird, wenn sich beide wieder zu Hause treffen. Doch zu seiner Überraschung erweist sich auch diesmal seine Schwester als älter! Wie kann das sein? Beide haben doch aus ihrer Sicht die Zeit des anderen langsamer vergehen sehen. Wieso herrscht da keine Symmetrie? Das ist doch »paradox«, ein scheinbar unauflöslicher Widerspruch!

Zur Lösung des Problems blättern wir ein paar Seiten zurück und erinnern uns, welche Bedingungen erfüllt sein müssen, damit unsere Überlegungen gelten. Sie gelten nur, wenn sich aus Sicht des einen Zwillings der andere mit *konstanter* Geschwindigkeit entfernt bzw. sich nähert. Sie gelten also nur in zueinander gleichförmig und geradlinig bewegten Bezugssystemen, den sogenannten Inertialsystemen. Für den, der auf der Erde bleibt, stimmt das. Da es sich um ein Gedankenexperiment handelt, vernachlässigen wir die Drehung der Erde, ihre Bahngeschwindigkeit und ähnliche Störfaktoren. Idealisiert soll sich also unser zu Hause gebliebener Zwilling mit der Geschwindigkeit null bewegen, d.h., er erfüllt die Bedingungen »konstant« und »geradlinig«. Für den Raketenzwilling gilt das jedoch nicht! Solange er von der Erde wegfliegt, ist zwar noch alles o.k., aber er kommt ja wieder zurück, und um zurückzukommen – muss er umdrehen! Er muss also irgendwie bremsen und dann wieder beschleunigen. Und im Augenblick der Umkehr bewegt er sich mit seiner Rakete weder geradlinig noch mit konstanter Geschwindigkeit. Er verlässt also sein ursprüngliches Inertialsystem! Erst wenn er die Wende geschafft hat und wieder gleichförmig und geradlinig dahinfliegt, befindet er sich wieder in einem Inertialsystem, allerdings nicht mehr im ursprünglichen. Der Augenblick der Umkehr, der Wechsel von dem Inertialsystem vor der Wende in das Inertialsystem nach der Wende, das ist der Knackpunkt in unserer Geschichte, dort wird die Symmetrie gebrochen. Daran ändert sich auch nichts, wenn das Raumschiff in einem möglichst großen Bogen wendet – dann verletzt es die Bedingung der geradlinigen Bewegung.

EINSCHUB ZWILLINGSPARADOXON

Da dieses sogenannte »Zwillingsparadoxon« erfahrungsgemäß große Schwierigkeiten bereitet, wollen wir uns das Ganze noch ein wenig genauer ansehen. Dazu müssen wir etwas Vorarbeit leisten. Wir benötigen ein System, in dem wir die Ereignisse zeitlich und räumlich einordnen können, ein sogenanntes Raumzeit-Diagramm, bestehend aus drei Raumachsen und einer Zeitachse (gelegentlich auch Minkowski-Diagramm genannt – nach dem deutschen Mathematiker Hermann Minkowski).

5.10 Hermann Minkowski (1864–1909)

Da wir zur Lösung unseres Problems anstelle der drei Raumkoordinaten nur die x-Koordinate benötigen, reduziert sich das Diagramm auf eine Ebene. Mithin besteht das Diagramm aus zwei Achsen, die wir praktischerweise rechtwinklig zueinander anordnen, obwohl sie auch in einem anderen Winkel zueinander stehen könnten. Die vertikale Achse sei die Zeitachse, die horizontale die Orts- oder x-Achse. Auf der Zeitachse tragen wir die Zeit in Einheiten von $c \cdot t$ auf, die x-Achse unterteilen wir in Längeneinheiten von einem Lichtjahr. Genau genommen handelt es sich auch bei der Einheit $c \cdot t$ der Zeitachse um eine Länge, da aber c eine Konstante ist, hängt $c \cdot t$ nur von der Zeit t ab.

Die Abb. 5.11 zeigt links ein »leeres« Raumzeit-Diagramm (RZD). Ein ruhender Beobachter am Punkt $x = 0$ würde sich mit der Zeit entlang der ct-Achse senkrecht nach oben bewegen. Verbindet man die im RZD zeitlich erreichten Orte miteinander, so erhält man die sogenannte Weltlinie des betrachteten Objekts. In unserem Beispiel ist demnach die ct-Achse die Weltlinie des am Ort $x = 0$ ruhenden Beobachters. Obwohl er seinen Ort nicht verlässt, bewegt er sich dennoch in der Zeit, und seine Weltlinie steigt allmählich die Vertikale hinauf. Im Diagramm rechts ist die Weltlinie eines Photons eingetragen. Da sich das Photon mit Lichtgeschwin-

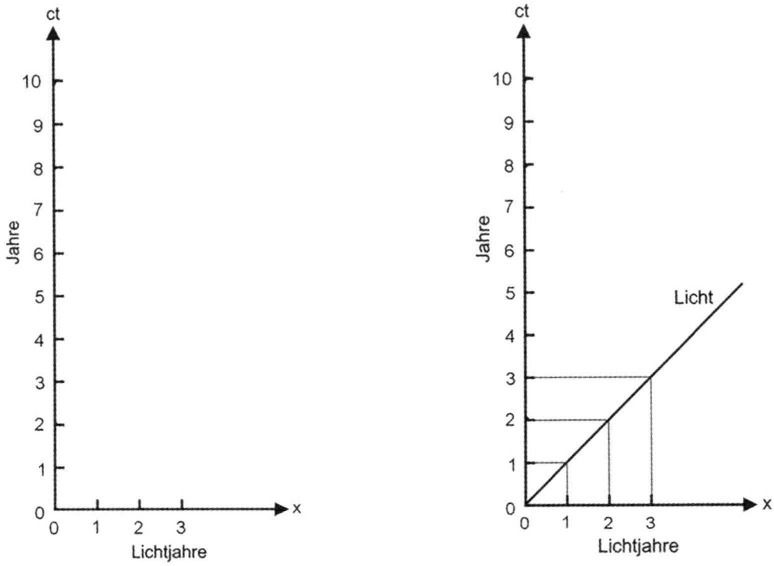

5.11 Links: Die Achsen eines Raumzeit-Diagramms. Horizontal wird die räumliche Veränderung aufgetragen und vertikal die zeitliche. Damit auch die vertikale Achse einer Länge entspricht, skaliert man sie mit *c*. Rechts: Die Weltlinie eines Photons verläuft entlang der Winkelhalbierenden.

digkeit bewegt, legt es pro Jahr eine Entfernung von jeweils einem Lichtjahr zurück. Damit ergibt sich für das Licht als Weltlinie eine Gerade, die im Winkel von genau 45 Grad zu den beiden Achsen vom Koordinatenursprung nach rechts oben verläuft.

Erstellen wir nun ein RZD für unser Zwillingsproblem. Dazu nehmen wir an, dass sich die Rakete, mit einem der Zwillinge an Bord, mit 60 Prozent der Lichtgeschwindigkeit über einen Zeitraum von fünf Jahren von der Erde entfernt und anschließend mit gleicher Geschwindigkeit zurückkehrt. Für $v = 0{,}6 \cdot c$ hat der γ-Faktor den Wert 1,25.

Während der auf der Erde verbleibende Zwilling sich in der Zeit entlang der ct-Achse »bewegt«, hat sich das mit der Geschwindigkeit $v = 0{,}6 \cdot c$ fliegende Raumschiff nach fünf Jahren Flugzeit drei Lichtjahre von der Erde entfernt, so dass für diesen Zeitabschnitt die Weltlinie des Raumschiffes im Koordinatenursprung beginnt und im Punkt $x = 3$ und $t = 5$ endet (damit niemand verwirrt ist: Wir haben die ct-Achse so skaliert, dass wir die Zeit t in Jahren auftragen können). Aus Sicht der zu Hause gebliebenen Schwester sind in den fünf auf ihrer Uhr abgelesenen Jahren im Raumschiff jedoch nur vier Jahre vergangen, entsprechend 5 dividiert durch den γ-Faktor. Kehrt das Raumschiff nach weiteren fünf Erdjahren wieder zurück, so sind im Raumschiff, wieder aus Sicht des »Erdlings«, nochmals lediglich vier Jahre vergangen, also von Anbeginn des Fluges bis zur Rückkehr insgesamt acht Jahre, wogegen der Erdling auf seiner Uhr zehn Jahre abliest (Abb. 5.12).

Dieses Ergebnis erhält man, wenn man rein formal die Gesetze der SRT auf zwei Objekte anwendet, die sich relativ zueinander gleichförmig und geradlinig bewegen. Doch was geschieht im Detail, mit der Lupe betrachtet? Um das festzustellen, ersetzen wir die Zwillinge durch zwei Uhren, wovon die eine auf der Erde verbleibt, während die andere im Raumschiff mitreist. Da wir das sowohl aus Sicht der »Erduhr« als auch aus derjenigen der »Raketenuhr« betrachten wollen, benötigen wir zwei Raumzeit-Diagramme: ein Erduhr- und ein Borduhr-Diagramm. Nun sollen beide Uhren nach jeweils einem Jahr ein Lichtsignal absenden

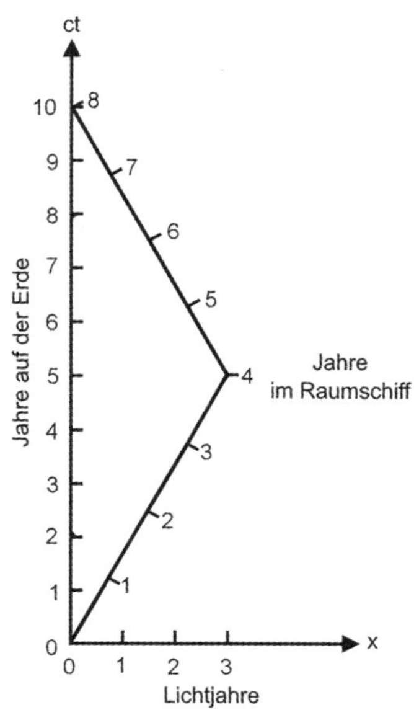

5.12 Raumzeit-Diagramm eines Raumschiffs, das sich aus Sicht eines ruhenden Beobachters fünf Jahre lang mit 0,6 c entfernt und anschließend mit derselben Geschwindigkeit zurückkehrt.

Die Erduhr zum Raumschiff, die Raumschiffuhr zur Erde. Und da sich Licht mit Lichtgeschwindigkeit durch den Raum bewegt, sind die Weltlinien der Signale, wie oben schon gezeigt, gerade Linien, die unter einem Winkel von 45 Grad zu den Achsen der Diagramme verlaufen. Das Ergebnis zeigt Abb. 5.13.

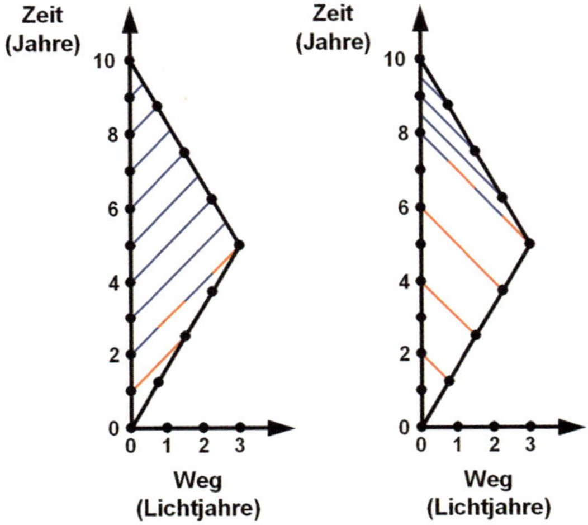

5.13 Links: Nach jedem Jahr, das auf der Erde vergangen ist, wird von dort ein Lichtsignal zur Rakete gesendet. Das rot eingezeichnete Signal erreicht die Rakete, während sie sich entfernt, das rot-blau gestrichelte am Umkehrpunkt und die blauen Signale während des Rückflugs. Rechts: Nach jedem Jahr, das in der Rakete vergangen ist, wird auch von dort ein Lichtsignal zur Erde gesendet. Wiederum rot eingezeichnet: während der Entfernung; rot-blau: am Umkehrpunkt; blau: während des Rückflugs.

Betrachten wir zunächst das linke Diagramm, bei dem die Erduhr Lichtsignale zum Raumschiff sendet. Das erste Signal geht ab, nachdem auf der Erde genau ein Jahr vergangen ist, und es erreicht das Raumschiff, nachdem dort zwei Jahre verstrichen sind. Das Signal nach zwei Jahren Erdzeit erreicht das Raumschiff am Ende von Jahr Nummer vier nach dessen Borduhr. So weit ist alles, wie es der Reisende im Raumschiff erwartet, denn er kann sich ja gegenüber der Erde als in Ruhe befindlich betrachten, und folglich muss aus seiner Sicht die Zeit auf der Erde langsamer vergehen, so, wie es die Signale auch veranschaulichen: lediglich zwei Jahre auf der Erde zu vier Jahren im Raumschiff. Das ändert sich jedoch mit dem Zeitpunkt der Umkehr des Raumschiffes. Von nun an fliegt das Raumschiff in die Signale von der Erde hinein, und damit erreichen die Signale das Raumschiff in kürzeren Abständen, und zwar in Intervallen von jeweils einem halben Jahr. Summa summarum empfängt also das Raumschiff die zehn Signale, die in zehn Jahren von der Erde aus gesendet werden, im Zeitraum von nur acht Borduhr-Jahren.

Wechseln wir jetzt die Perspektive und betrachten die Sache aus Sicht der Borduhr, so wie es im rechten Diagramm dargestellt ist. Nun geht vom Raumschiff nach jeweils einem Jahre auf der Borduhr ein Signal an die Erde ab. Hat im linken Diagramm ein Beobachter im Raumschiff das Geschehen verfolgt, so ist es jetzt ein Beobachter auf der Erde, der die Situation beurteilt. Aus seiner Sicht erreicht ihn das erste Signal nach zwei, das zweite nach vier, das dritte nach sechs und das vierte nach acht Jahren. Ab dem Zeitpunkt der Umkehr ändert sich die Situation jedoch drastisch, indem nun das Raumschiff in seine eigenen Signale hineinfliegt und die letzten vom Raumschiff innerhalb der zweiten vier Raumschiffjahre ausgehenden Signale im Zeitraum von nur zwei Jahren auf der Erde eintreffen. Mit anderen Worten: Auf der Erde ist ab dem Umkehrpunkt die Signalabfolge stark komprimiert.

Vergleicht man die beiden Diagramme, so zeigt sich, dass sich links die Abfolge der Signale im Raumschiff exakt ab dem Zeitpunkt der Umkehr verkürzt, also nach fünf Erdjahren, wogegen das im rechten Diagramm erst viel später, und zwar erst nach acht Jahren auf der Erde, geschieht! Und genau dieser Unterschied in der Abfolge der Signale – links Information sofort mit dem Zeitpunkt der Umkehr, recht dagegen viel später – ist die Ursache für die Zeitverschiebung zwischen Erde und Raumschiff. Hier wird die Symmetrie gebrochen! Acht Raumschiffsignale in acht Raumschiffjahren erreichen die Erde im Zeitraum von zehn Erdjahren, bzw. zehn Signale, die in zehn Erdjahren gesendet wurden, erreichen das Raumschiff im Zeitraum von acht Jahren.

Man kann es auch wie folgt sehen: Insgesamt treffen das Raumschiff mehr Signale als die Erde, folglich muss im Raumschiff die Zeit langsamer vergehen als auf der Erde, und es ist immer der Erdling, der schneller als der Raumfahrer altert.

5.6 $E = m \cdot c^2$ Wie viel wiegt Energie?

Weltweit hat wohl keine mathematische Beziehung einen höheren Bekanntheitsgrad erreicht als die berühmte Gleichung

$$E = m \cdot c^2 \tag{5.16}$$

Vermutlich ist auch selbst jedem naturwissenschaftlich nur angehauchten Menschen bekannt, dass diese Gleichung auf Einstein zurückgeht. Eher weniger bekannt dürfte sein, wo diese Gleichung ihren Ursprung hat bzw. dass sie ein »Produkt« der Speziellen Relativitätstheorie ist. Nun, wie kommt man auf diese Beziehung? Wieder ist es der uns mittlerweile bestens vertraute γ-Faktor, der uns auf die Spur führt. Mit dessen Hilfe gelang es ja schon, die Galilei-Transformation dahingehend zu korrigieren, dass die Gesetze der Physik in einem ruhenden und in einem dazu geradlinig und gleichförmig bewegten Bezugssystem auch bei hoher Geschwindigkeit invariant sind. Und jetzt, wie sich gleich zeigen wird, hilft er uns sogar Einsteins berühmte Gleichung herzuleiten.

Dabei soll uns ein Gedankenexperiment helfen. Versetzen wir uns in die Lage eines Asteroiden, der auf der Erdoberfläche einschlägt. Aufgrund seines großen Impulses richtet er einen beträchtlichen Schaden an. Für einen Beobachter auf der Erde scheint jedoch die Zeit auf dem Asteroiden langsamer zu vergehen, weil er sich mit hoher Geschwindigkeit bewegt. Alles scheint gemächlicher zu geschehen – auch im Moment des Einschlags –, daher sollte auch weniger Schaden entstehen. Da stellt sich doch die Frage: Kann es sein, dass der Schaden davon abhängt, von welcher Warte aus man das Ereignis betrachtet? Das wäre paradox. Wenn aber der Schaden gleich ausfallen soll, im bewegten System aber scheinbar alles geruhsamer passiert, dann müssen wir dem bewegten System einen höheren Impuls verpassen.

Das ruft natürlich sofort die Impulserhaltung auf den Plan. Einstein hat deshalb diesem Problem eines seiner unnachahmlichen Gedankenexperimente gewidmet (Abb. 5.14). Zwei leicht parallel versetzte Kugeln (nennen wir sie rot und blau) rollen am Bahnsteig senkrecht zu den Gleisen aufeinander zu, so dass sie beim elastischen Zusammenstoß im rechten Winkel zueinander abgelenkt werden. Ihre Geschwindigkeiten sollen exakt gleich der des vorbeifahrenden Zuges sein, durch dessen Fenster Einstein die Karambolage der Kugeln verfolgt. Nach dem Zusammenstoß rollt die rote Kugel parallel zum fahrenden Zug und die blaue in entgegengesetzter Richtung. Da es sich bei der Karambolage um einen elastischen Stoß handeln soll, ist die Geschwindigkeit der Kugeln nach dem Zusammenstoß nach wie vor gleich der Zuggeschwindigkeit. Einstein blickt also auf eine nun scheinbar relativ zu ihm ruhende rote Kugel und eine blaue, die sich schnell entfernt.

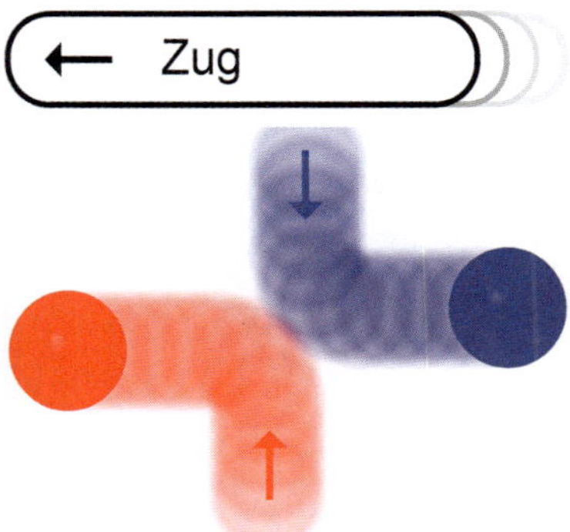

5.14 Ein Zug fährt mit konstanter Geschwindigkeit $\hat{v}$ am Bahnsteig entlang. Zwei Kugeln rollen ebenfalls mit $\hat{v}$, leicht zueinander versetzt, rechtwinklig zu den Gleisen aufeinander zu. Nach einem elastischen Stoß rollen beide Kugeln mit unveränderter Geschwindigkeit parallel zu den Gleisen.

Und jetzt kommen wir zu des Pudels Kern: Wie schnell entfernt sich die blaue Kugel aus Sicht des fahrenden Zuges? Na klar – die Geschwindigkeiten $\hat{v}$ des Zuges und u der blauen Kugel addieren sich, aber gemäß der Speziellen Relativitätstheorie eben nicht einfach mit einem Pluszeichen, vielmehr müssen wir zusätzlich durch den Korrekturterm (siehe Gleichung (5.8))

$$1+\frac{\hat{v}\cdot u}{c^2} \tag{5.17}$$

dividieren, der dafür sorgt, dass die Lichtgeschwindigkeit plus jede beliebige Geschwindigkeit wieder die Lichtgeschwindigkeit ergibt. Wenn sich aber die blaue Kugel nicht mit der doppelten Zuggeschwindigkeit entfernt, die rote Kugel aber scheinbar ruht, dann ist uns Geschwindigkeit verlorengegangen, denn Geschwindigkeit mal Masse ist der Impuls, und der muss erhalten bleiben!

Wie kriegen wir das hin? Wir müssen offensichtlich den Lorentzfaktor auch auf gleichförmig bewegte Massen anwenden. Puh! Alles begann doch mit der unscheinbaren Forderung, dass die Lichtgeschwindigkeit im Vakuum für jeden Beobachter konstant sein soll. Das erweist sich nun bei genauerer Betrachtung als derart »sperrig«, dass wir Raum, Zeit und Massen daran anpassen müssen. Aber es hilft halt nichts – die Natur hat immer das letzte Wort, und die Experimente belegen dieses bizarre Verhalten. Schade, dass sich Einstein nicht durchsetzen konnte mit seinem Namensvorschlag – »Invarianztheorie« wäre in der Tat treffender gewesen als »Spezielle Relativitätstheorie«, schließlich ist es letztendlich eine Theorie der konstanten Lichtgeschwindigkeit in gleichförmig zueinander bewegten Bezugssystemen.

Bisher haben wir den γ-Faktor stets in der Form

$$\gamma=\frac{1}{\sqrt{1-\frac{v^2}{c^2}}} \tag{5.18}$$

benutzt. Für das, was wir vorhaben, ist jedoch eine andere Schreibweise günstiger, und zwar:

$$\gamma=\left(1-\frac{v^2}{c^2}\right)^{-\frac{1}{2}} \tag{5.19}$$

Diese Gleichung, oder besser gesagt, diesen Faktor wollen wir nun etwas vereinfachen. Insbesondere stört uns die Wurzel. Um die loszuwerden, müssen wir den γ-Faktor linearisieren. Das Verfahren gehört ja bereits seit dem Kapitel über Galileo Galilei zu unserem mathematischen Werkzeugkasten. Wir erinnern uns an die Linearisierung $(1-x)^n \simeq 1-nx$, die für kleine x eine gute Näherung darstellt, und wenden sie auf den Lorentzfaktor an (x ist in diesem Fall v^2/c^2, und für n steht $-1/2$):

$$\gamma = \left(1-\frac{v^2}{c^2}\right)^{-\frac{1}{2}} \simeq 1+\frac{1}{2}\frac{v^2}{c^2} \tag{5.20}$$

Jetzt verwursten wir die aus dem Gedankenexperiment gewonnene Erkenntnis, dass die Masse $\hat{m}$ in einem gleichförmig bewegten System gegenüber der Ruhemasse m_0 im ruhenden System um den γ-Faktor zunimmt, und erhalten:

$$\hat{m} = \gamma \cdot m_0 \simeq m_0 + \frac{1}{2} m_0 \frac{v^2}{c^2} \tag{5.21}$$

wobei wir im letzten Schritt den linearisierten Ausdruck für den γ-Faktor eingesetzt haben. Multiplikation mit c^2 ergibt:

$$\hat{m} \cdot c^2 \simeq m_0 \cdot c^2 + \frac{1}{2} m_0 v^2 \tag{5.22}$$

Hoho! Der letzte Term in obiger Gleichung kommt Ihnen sicher bekannt vor: Es handelt sich um die Bewegungsenergie der Masse m_0. Wenn aber dieser Term eine Energie darstellt, dann müssen, schon aus Dimensionsgründen, auch die beiden anderen Terme eine Form von Energie sein. Und wenn auf der rechten Seite eine Bewegungsenergie und eine andere Energie stehen, die zusammen eine Gesamtenergie (linke Seite der Gleichung) ergeben, dann lesen wir das Ganze als Gesamtenergie ≃ Ruheenergie + Bewegungsenergie:

$$\hat{m} \cdot c^2 \simeq m_0 \cdot c^2 + \frac{1}{2} m_0 v^2 \tag{5.23}$$

Die Gesamtenergie eines (bewegten) Körpers entspricht also seiner Masse (gemessen im bewegten System) mal dem Quadrat der Lichtgeschwindigkeit. Allerdings dürfen wir uns nicht zu früh freuen – im Allgemeinen wird $E = \hat{m} \cdot c^2$ falsche Ergebnisse liefern!

Warum? Nun, für unsere Überlegungen haben wir den linearisierten γ-Faktor verwendet. Und bei der Linearisierung haben wir die Terme mit höheren Ableitungen bzw. mit höheren Potenzen von x einfach vernachlässigt. Damit ist die Gleichung nur für Geschwindigkeiten v brauchbar, die sehr viel kleiner sind als c. Doch jetzt sind wir so weit gekommen, da lassen wir nicht mehr locker. Also das Ganze nochmals ohne Linearisierung:

$$E = \gamma \cdot m_0 \cdot c^2 \tag{5.24}$$

Es erweist sich als hilfreich, wenn wir obige Gleichung zunächst quadrieren:

$$E^2 = \gamma^2 \cdot m_0{}^2 \cdot c^4 \tag{5.25}$$

Im nächsten Schritt machen wir etwas, das man als »eine 1 einschieben« bezeichnet. Dieses Verfahren findet häufig Anwendung, wenn in einer Gleichung etwas stört und man sich dessen entledigen will. In unserem Fall ist γ^2 der Störenfried. Linearisieren wollen wir nicht, also muss der Faktor insgesamt eliminiert werden. Machen wir das mal Schritt für Schritt. Zunächst multiplizieren wir eine 1 an unsere Gleichung:

$$E^2 = \gamma^2 m_0^2 c^4 \cdot (1) \tag{5.26}$$

Sodann subtrahieren wir von der 1 in der Klammer den Ausdruck (v^2/c^2) und addieren ihn sogleich wieder, um keinen Fehler zu machen. Dann steht da:

$$E^2 = \gamma^2 m_0^2 c^4 \cdot \left(1 - \frac{v^2}{c^2} + \frac{v^2}{c^2}\right) \tag{5.27}$$

Der rote Term ist aber nichts anderes als der Kehrwert des γ-Faktors zum Quadrat! Wir können daher schreiben:

$$E^2 = \gamma^2 m_0^2 c^4 \cdot \left(\frac{1}{\gamma^2} + \frac{v^2}{c^2}\right) \tag{5.28}$$

Multiplizieren wir jetzt die rechte Seite aus, so erhalten wir:

$$E^2 = \frac{\gamma^2}{\gamma^2} m_0^2 c^4 + \gamma^2 m_0^2 c^4 \frac{v^2}{c^2} \tag{5.29}$$

Man sieht: Die beiden γ^2 im Term nach dem Gleichheitszeichen heben sich weg! Das war ja Sinn und Zweck der Übung. Nun kürzen wir noch im zweiten Term rechts ein c^2 weg, ordnen noch ein wenig um und kommen zu dem Ergebnis:

$$E^2 = m_0^2c^4 + \gamma^2 m_0^2 v^2 c^2 \qquad (5.30)$$

Und da $m_0 \cdot v$ der Impuls einer Masse ist und somit $\gamma \cdot m_0 \cdot v$ ihr relativistischer Impuls – den wir mit p bezeichnen –, erhalten wir schließlich:

$$\boxed{E^2 = m_0^2c^4 + p^2c^2} \qquad (5.31)$$

Das also ist die allgemeingültige Energiegleichung, und da sie so wichtig ist, haben wir sie eingerahmt. Doch wieso ist, entgegen dieser Gleichung, immer nur von $E = m_0 \cdot c^2$ die Rede? Das hängt mit der Geschwindigkeit v zusammen. Ist sie sehr viel kleiner als c, so darf man den relativistischen Teil in der Gleichung ungestraft vernachlässigen, da in diesem Fall der γ-Faktor fast 1 ist und somit $E = \gamma \cdot m_0 \cdot c^2$ gegenüber $E = m_0 \cdot c^2$ keinen großen Unterschied ausmacht.

Der Proportionalitätsfaktor c^2, gewissermaßen der »Umtauschkurs« zwischen Energie und Masse, beträgt satte $9 \cdot 10^{16}$ [m^2/s^2]. Mithin ist aus relativ wenig Masse unglaublich viel Energie zu gewinnen. Bei völliger Umwandlung von Masse in Energie würde ein Gramm unseres Hausstaubes mehr Energie liefern, als bei der Explosion der Hiroshima-Bombe frei wurde.

Haben wir es mit nahezu lichtschnellen, d. h. mit relativistischen Teilchen zu tun, so ist γ, je nach der Größe von v, unter Umständen sehr viel größer als 1 und der Beitrag des Teilchenimpulses zur Gesamtenergie nicht mehr zu vernachlässigen. Obwohl im Fall von masselosen, lichtschnellen Teilchen der erste Energieterm rechts vom Gleichheitszeichen wegfällt, besitzt das Teilchen dennoch eine Energie, und zwar $p \cdot c$. Wir merken uns: Auch Teilchen ohne Ruhemasse können aufgrund ihrer Bewegungsenergie »Gewicht« auf die Waage bringen. Generell »wiegt« jede Energie etwas. Somit hat eine zusammengedrückte Feder mehr Masse als eine baugleiche, identische entspannte Feder. Die Differenz entspricht genau der Energie, die wir aufwenden mussten um die Feder zusammenzudrücken. Desgleichen ist eine geladene Autobatterie »schwerer« als eine entladene. Damit gelangen wir bei unserem Versuch, die Welt zu verstehen, zu der frappierenden Erkenntnis: Energie und Masse sind zwei Seiten ein und derselben Medaille.

Mit diesem Ergebnis haben wir einen weiteren »Aussichtspunkt« auf unserer Wanderung erreicht, und er erlaubt uns einen Blick auf den fernen Gipfel der Quantenchromodynamik. Auch bei dieser Theorie zur Beschreibung von Protonen, Neutronen und anderen aus Quarks zusammengesetzten Teilchen werden wir sehen, dass die Ruhemassen der Quarks nur einen winzigen Bruchteil der Gesamtmasse der resultierenden Teilchen ausmachen. Den Löwenanteil tragen sogenannte Gluonen bei – elementare Teilchen ohne Ruhemasse, die die Quarks zusammenhalten und dabei mit Lichtgeschwindigkeit zwischen ihnen umhersausen. Und als wäre das noch nicht verrückt genug, haben auch noch virtuelle Teilchen / Antiteilchen-Paare ihren Anteil an der Masse.

Und da Sie gerade die Aussicht genießen, möchte ich hier noch etwas anmerken, das mir persönlich sehr bedenkenswert erscheint: Zuweilen versuche ich mir bewusst zu machen, was sich in den unzähligen Bestandteilen meines Körpers abspielt. Nahezu lichtschnelle Gluonen verleihen meinen Kernbausteinen einen Großteil ihrer Masse. Für mich als ruhenden Beobachter vergeht aber im Hinblick auf die bewegten Teilchen in meinem Inneren die Zeit scheinbar langsamer, und Längen schrumpfen. Für lichtschnelle Teilchen ist die Zeitdilatation maximal, will heißen, aus meiner Beobachterwarte heraus vergeht für sie keine Zeit, die Zeiger ihrer Uhren scheinen stillzustehen. Aus Sicht der lichtschnellen Teilchen wiederum schrumpfen sämtliche Längen maximal, will heißen, für sie schrumpft die Umgebung auf die Ausdehnung null. Der Vergleich der Welt innerhalb meiner Kernbausteine mit der Welt außerhalb meines Körpers könnte kaum bizarrer ausfallen: Während für die Mehrheit der Teilchen in meinem Inneren die Zeit nicht zu vergehen scheint, herrscht außerhalb ein sehr wohldefinierter Zeitbegriff. Ich werde älter, obwohl in meinem Inneren die Zeit stillzustehen scheint. Denkt man das zu Ende, könnte einem schwindlig werden, und man strandet mit der Frage: Können wir die Welt wirklich verstehen? In solchen Momenten hilft nur noch Humor. Vielleicht hätte Wilhelm Busch das mit dem Satz kommentiert: »Gar sehr verzwickt ist diese Welt – mich wundert's, dass sie wem gefällt.«

Doch nach dieser kurzen Rast nun weiter im Text. Richten wir unser Augenmerk auf den Abstand zwischen zwei Punkten, auf das, was man allgemein als Länge bezeichnet. Wir haben erfahren: Die Galileischen Transformationsgleichungen verändern Längen nicht. Dagegen sorgt bei der Lorentztransformation der γ-Faktor dafür, dass in zueinander geradlinig und gleichförmig bewegten Inertialsystemen Längen verkürzt erscheinen. Die Längen unterscheiden sich also je nachdem, in welchem Bezugssystem man sie betrachtet. Damit stellt sich die Frage: Gibt es vielleicht doch eine Art Länge oder ein Längenintervall ds, das in allen Inertialsystemen gleich ist? Und in der Tat, ja, es gibt eine derartige invariante Länge.

Betrachten wir dazu ein ebenes rechtwinkliges Dreieck. Sie merken schon, Pythagoras lässt grüßen. In der Ebene ist die Position eines Punktes durch seine Ortskoordinaten x und y festgelegt. Folglich berechnet sich die Länge ds zwischen zwei Punkten gemäß

$$ds^2 = dx^2 + dy^2 \qquad (5.32)$$

Um die Länge im Raum zu erhalten, müssen wir noch die Raumkoordinate z berücksichtigen, die senkrecht aus dem Buch

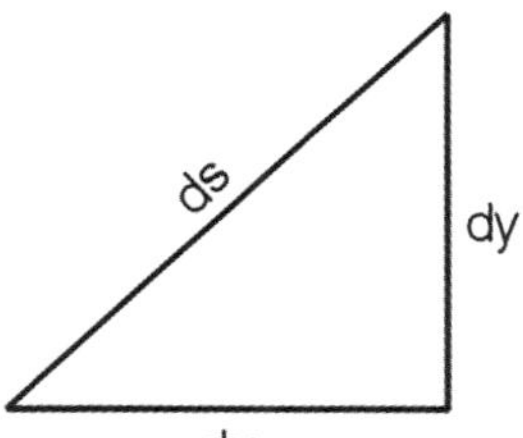

5.15 Der Abstand *ds* in einem euklidischen Koordinatensystem berechnet sich zu $ds^2 = dx^2 + dy^2$.

heraus zeigt, so dass für das Längenintervall im dreidimensionalen Raum gilt:

$$ds^2 = dx^2 + dy^2 + dz^2 \tag{5.33}$$

Damit nun *ds* zu einer unter Lorentztransformation invarianten Länge wird, müssen wir die Zeit mit ins Spiel bringen. Zu obiger Gleichung dürfen wir aber, allein aus Dimensionsgründen, nicht einfach eine Zeit hinzufügen, es muss sich vielmehr wieder um eine Länge handeln, um die die Gleichung zu erweitern ist. Mit der invarianten Lichtgeschwindigkeit lässt sich eine derartige Länge konstruieren. Denn der Ausdruck $c \cdot dt$ entspricht einer Strecke, die das Licht in der Zeit *dt* zurücklegt. Damit erhält man

$$ds^2 = dx^2 + dy^2 + dz^2 + c^2dt^2 \tag{5.34}$$

Da sich jedoch gezeigt hat, dass das rote Pluszeichen vor dem letzten Term bei den Maxwell-Gleichungen zu Problemen führt – beispielsweise haben sich Wellen nicht so ausgebreitet wie gewünscht, und generell gab es Widersprüche in der Kausalität von Ursache und Wirkung –, hat man es durch ein Minuszeichen ersetzt und festgestellt, dass die Probleme damit behoben sind. Mithin lautet die endgültige Version des so genannten Linienelements ds^2:

$$ds^2 = dx^2 + dy^2 + dz^2 - c^2dt^2 \tag{5.35}$$

Damit haben wir ein Längenmaß *ds* gefunden, das in allen gleichförmig zueinander bewegten Bezugssystemen identisch ist, unabhängig von deren relativer Geschwindigkeit. Man bezeichnet *ds* auch als Raum-Zeit-Abstand bzw. Raum-Zeit-Intervall. Im Übrigen zeigt der Ausdruck, dass, anders als bei Newton, Raum und Zeit nicht mehr voneinander unabhängig, sondern zu einer sogenannten Raumzeit verknüpft sind. Hören wir hierzu Hermann Minkowski: »Von Stund an sollten Raum für sich und Zeit für sich völlig zu Schatten herabsinken, und nur noch eine Art Union der beiden soll Selbständigkeit bewahren.«

Fassen wir abschließend zusammen, was wir im Gedächtnis behalten sollten, wenn von der Speziellen Relativitätstheorie die Rede ist. Zunächst: Für Geschwindigkeiten bis rund 20 Prozent der Lichtgeschwindigkeit dürfen wir wie Newton und Galilei rechnen, es bleibt alles beim Alten. Oberhalb von $0{,}2 \cdot c$ müssen wir genau aufpassen, ob wir ein Phänomen in einem ruhenden System S betrachten oder in einem relativ dazu gleichförmig bewegten System $\hat{S}$. Glücklicherweise können wir die erhaltenen Werte für Raum und Zeit mit Hilfe des Lorentzfaktors umrechnen. Im bewegten System scheint die Zeit langsamer zu vergehen, und Längen scheinen verkürzt. Der Lorentzfaktor ist immer größer oder gleich 1 und wird entsprechend anmultipliziert. Außerdem addieren sich zwei Geschwindigkeiten u und v nicht einfach mit einem Pluszeichen gemäß $w = u + v$, sondern es gilt das Additionstheorem der Speziellen Relativitätstheorie:

$$w = \frac{u + v}{1 + \frac{u \cdot v}{c^2}} \qquad (5.36)$$

Ist jeweils u oder v oder sind beide Geschwindigkeiten gleich der Lichtgeschwindigkeit c, so erhält man für w immer c.

Damit haben wir reichlich Höhenmeter gutgemacht! Von hier oben betrachtet ist es nun auch ein Leichtes, das Rätsel »zur Elektrodynamik bewegter Körper« zu lüften. Erinnern Sie sich noch an den stromdurchflossenen Leiter und das externe Elektron? Warum also wird das externe Elektron in Abb. 3.13 vom Leiter angezogen, obwohl es doch im Magnetfeld ruht? Das Elektron steht gewissermaßen am Bahnsteig, und der Leiter, bestehend aus positiven Ladungen, fährt an ihm vorbei und verkürzt sich dadurch scheinbar. Ein verkürzter komprimierter Leiter weist aber mehr positive Ladungen pro Volumen, d. h. eine höhere positive Ladungsdichte auf. Dieses Mehr an positiver Ladung zieht nun die negative Ladung »am Bahnsteig« an. So einfach kann theoretische Physik sein, wenn man es sich erst mal auf den Schultern von Riesen bequem gemacht hat.

Bevor es jetzt hier zu gemütlich wird, möchte ich als Rausschmeißer aus der Speziellen Relativitätstheorie noch etwas anfügen, weil wir ja mittlerweile mit Raumzeit-Diagrammen vertraut sind. Vielleicht ist es für die eine oder den anderen hilfreich zu erkennen, dass in einem Minkowski-Diagramm ein einfacher Zusammenhang besteht zwischen ruhendem und gleichförmig bewegtem Bezugssystem. Die Lorentztransformation staucht die Achsen für Raum und Zeit um den Winkel

$$\alpha = \arctan\left(\frac{v}{c}\right) \tag{5.37}$$

Jeder Beobachter interpretiert in seinem Bezugssystem diejenigen Ereignisse als gleichzeitig, die parallel zu seiner Raumachse verlaufen und Ereignisse, die parallel zu seiner Zeitachse verlaufen als Ereignisse am gleichen Ort bzw. als Ereignisse mit gleicher Länge. Für ein Ereignis A in der Raumzeit (siehe Abb. 5.16) ergeben sich also durch Verschiebungen längs der parallel zu den jeweiligen Achsen eingezeichneten feinen schwarzen (System S) bzw. blauen Pfeile (System $\hat{S}$), unterschiedliche Längen bei gleicher Zeit, bzw. unterschiedliche Zeiten bei gleicher Länge, je nachdem ob die Verschiebung von A parallel zur jeweiligen Orts- bzw. Zeitachse verlaufen. Die Bahn eines Photons ist jedoch in beiden Systemen die Winkelhalbierende der Achsen und somit identisch, d. h., sie ist invariant unter Lorentztransformation.

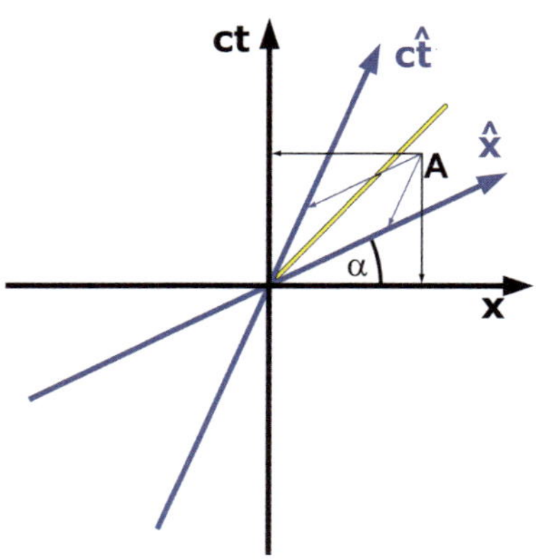

5.16 Die Lorentztransformation in ein gleichförmig bewegtes System mit Relativgeschwindigkeit v entspricht der Stauchung der Koordinatenachsen (blau) im Winkel $\alpha = arctan\,(v/c)$. Die Weltlinie eines Photons bleibt als Invariante in beiden Fällen die Winkelhalbierende der Achsen.

Bislang sind wir nicht müde geworden zu betonen, dass sich die Bezugssysteme in der Speziellen Relativitätstheorie *geradlinig* und mit *konstanter* Geschwindigkeit zueinander bewegen. Vermutlich haben Sie sich schon selbst die Frage gestellt: Was passiert denn, wenn sich die Relativgeschwindigkeit ändert? Was passiert, wenn der Zugführer Gas gibt oder scharf bremst? Dann spüren wir plötzlich im Abteil eine Kraft – und wenn wir nicht aufpassen, lässt sie den Kaffee aus unserer Tasse schwappen und Gegenstände vom Tisch fallen. Offensichtlich ist jetzt klar erkennbar, dass wir uns in einem bewegten Bezugssystem befinden. Könnte man vielleicht unser Zugabteil so raffiniert beschleunigen, beispielsweise mit einer Rakete, dass die auftretende Kraft genauso wirkt wie die Gravitationskraft auf der Erde? Diese unscheinbare Idee sollte das Bild der Welt verändern.

Wer vorab die Spezielle Relativitätstheorie weiter vertiefen möchte, gelangt über nebenstehenden QR-Code zu ausgewählten Vorträgen.

6 Allgemeine Relativitätstheorie

Kann man die Gravitation geometrisch verstehen?

6.1 Äquivalenzprinzip

Kann man Raum und Zeit krümmen?

Natürlich stammt dieses Gedankenexperiment wieder von Albert Einstein, dem Meister aller Gedankenexperimente, und es sollte zu einer der größten geistigen Leistungen der Menschheit führen. Aber der Reihe nach. Einstein wählte als Bezugssystem den abgeschlossenen Raum einer Rakete. In der Rakete soll sich eine Person befinden, die zwei Orangen in ihren Händen hält. Die Rakete selbst soll zunächst auf der Erdoberfläche ruhen, der Raketenantrieb ist abgeschaltet. Die Erdanziehungskraft $F = m \cdot g$ drückt die Person mitsamt den Orangen auf den Raketenboden (Abb. 6.1). Lässt die Person die beiden Orangen los, so fallen sie gleichmäßig beschleunigt in Richtung Raketenboden. O.k., das wusste Galileo Galilei bereits ein paar Jahrhunderte vorher. Im linken Bild von Abb. 6.1 befindet sich nun die Rakete jedoch weitab von der Erde, also praktisch außerhalb von deren Gravitationsfeld, und der Raketenantrieb ist eingeschaltet. Damit wird die Rakete mitsamt ihren drei Passagieren gleichmäßig nach oben beschleunigt. Liefert das Triebwerk gerade eine der Erdbeschleunigung gleich große Beschleunigung g, so wirkt auch in diesem Fall auf Pilot und Orangen eine Kraft $F = m \cdot g$, diesmal eine Trägheitskraft, die wiederum, wie die Gewichtskraft in der ruhenden Rakete, alles in Richtung Raketenboden drückt. Die beiden Orangen fallen somit wie in der ruhenden Rakete nach unten in Richtung Raketenboden. Aus ihrer Sicht fliegen sie zwar wegen der Impulserhaltung ab dem Zeitpunkt, da sie vom Piloten losgelassen werden, mit der gerade herrschenden Geschwindigkeit geradlinig weiter, der Raketenboden holt sie jedoch gleichmäßig beschleunigt ein.

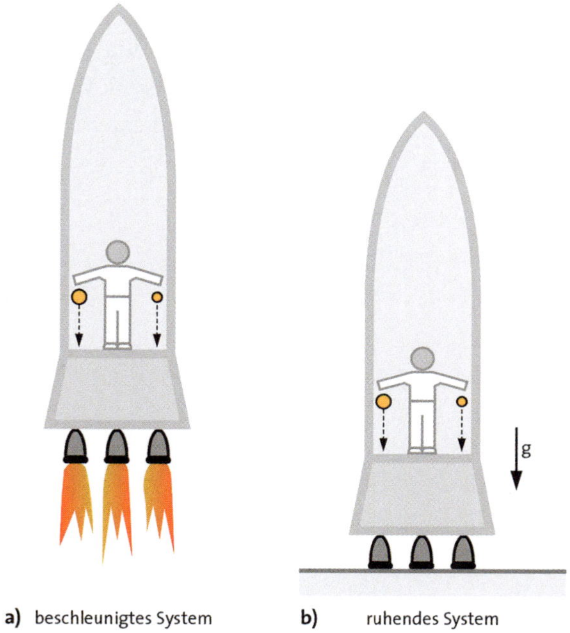

6.1 Das Äquivalenzprinzip von schwerer und träger Masse – dargestellt durch die Bewegung »schwerer« Orangen im Gravitationsfeld der Erde und »träger« Orangen in einem konstant beschleunigten Raumschiff. Schwere Massen ziehen sich gravitativ an gemäß dem Newtonschen Gravitationsgesetz. Trägheit steht für die Eigenschaft der Masse, in ihrem Zustand zu verharren, wodurch es einer Kraft bedarf, sie zu beschleunigen gemäß $F = m \cdot a$. Entspricht die Beschleunigung der Rakete exakt der Fallbeschleunigung auf der Erdoberfläche, so fallen die Orangen sowohl auf der Erde als auch im Raumschiff gleich schnell zu Boden.

Fazit: Die Person in der Rakete kann nicht unterscheiden, ob sie sich in einem auf der Erde ruhenden Raumschiff befindet oder in einer Rakete im All, die mit einer Beschleunigung äquivalent der Erdbeschleunigung g gleichmäßig beschleunigt. Auf den ersten Blick sind die beiden Szenarien identisch: Sie sind, der Begriff ist soeben angeklungen, einander äquivalent. Man spricht deshalb auch vom Äquivalenzprinzip. Schaut man jedoch genauer hin, so zeigt sich doch ein Unterschied, denn die ruhende Rakete steht auf einer Kugel, auf der Erdkugel, deren Masse man sich im Erdmittelpunkt vereinigt denken darf. Folglich fallen die beiden Orangen, wie in Abb. 6.2 eingezeichnet, nicht senkrecht in Richtung Raketenboden, sondern sie werden schräg nach unten in Richtung Erdmittelpunkt gezogen.

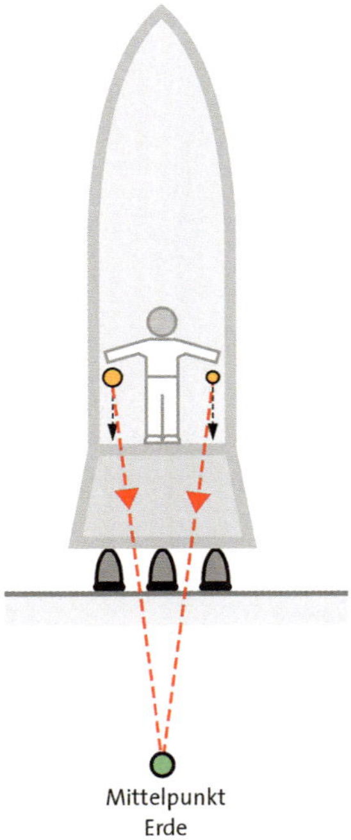

6.2 Im Schwerefeld der Erde fallen Objekte in Richtung Mittelpunkt des Gravitationsfeldes. Dadurch wäre das Äquivalenzprinzip verletzt, da sie in einer beschleunigten Rakete senkrecht zu Boden fallen.

Wie ist das mit der Bewegung der Südfrüchte in der beschleunigten Rakete in Einklang zu bringen? An diesem Problem und der damit verbundenen mathematischen Darstellung soll Einstein rund zehn Jahre lang geknabbert haben. Die Lösung beruht darauf, das Gesamtbild in viele kleine, lokal ebene Flächen aufzulösen, auf denen die euklidische Geometrie gilt. Dazu ist die am Boden befindliche Rakete so weit zu miniaturisieren, dass die Fläche, auf der sie steht, als eben und nicht mehr als Kugel gelten darf. Damit rücken auch die beiden Orangen so nahe zusammen, dass zwischen senkrechtem und schrägem Fall kein Unterschied mehr besteht. Lokal ist damit alles in Ordnung, und die Verhältnisse sind identisch zur beschleunigten Rakete. Um von diesem lokalen Bild wieder zurück zum Originalszenario, zur Originalgröße, zu kommen, muss man »nur« sehr viele nahe beieinanderliegende, miniaturisierte, »lokal ebene« Flächen so aneinanderfügen und deren Ebenen zueinander so kippen, dass sich wieder ein nahtloses Gesamtbild ergibt, das die Krümmung der Erde bzw. der ursprünglichen Fläche, auf der die Rakete steht, berücksichtigt. Im Extremfall kann das zu recht komplex geformten Flächen führen, z. B. zu einer Sattelfläche, wie im nachfolgenden Bild gezeigt. Jedes der Rechtecke in diesem Bild entspricht einer der lokalen, ebenen, miniaturisierten Flächen aus denen sich die gesamte Sattelfläche zusammensetzt. Damit ist das Problem gelöst.

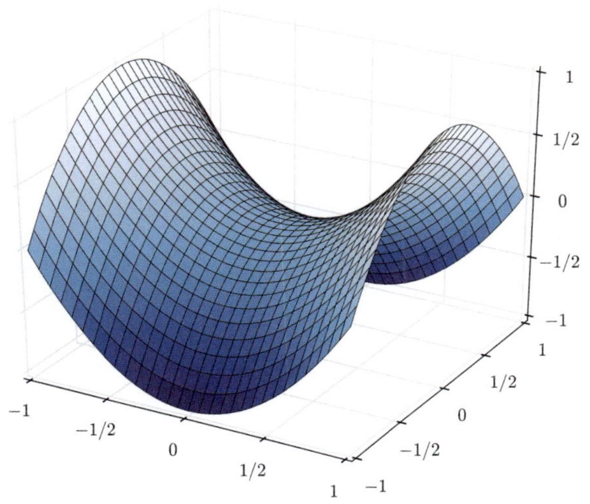

6.3 Eine gekrümmte Sattelfläche lässt sich aus infinitesimal kleinen Teilstücken zusammensetzen, von denen jedes für sich genommen flach ist.

Was lernen wir daraus? In der Speziellen Relativitätstheorie (SRT) hatten wir es noch mit einem überall flachen Raum zu tun. In der Allgemeinen Relativitätstheorie (ART) fangen wir uns nun eine Eigenschaft ein, die beliebig viele lokal flache Bereiche zu einem gekrümmten Raum verknüpft. Der Begriff »Krümmung« wird uns somit ein ständiger Begleiter sein. Wir sind gut beraten, uns eingehend damit zu beschäftigen, was genau unter diesem Begriff zu verstehen ist.

Doch erst einmal wieder zurück in unsere Rakete. Wie verhält sich darin ein Kieselstein, den ein Scherzkeks mit einer Steinschleuder durch eine Öffnung in der Raketenwand waagrecht ins Innere schießt? In der auf der Erde ruhenden Rakete (Abb. 6.4, rechts) beschreibt er eine Parabelbahn. Das Gleiche gilt für die im Raum gleichmäßig beschleunigte Rakete. Zwar fliegt der Stein im letzteren Fall für einen außerhalb der Rakete befindlichen Beobachter geradlinig nach rechts, aber für den in der Rakete sitzenden Piloten sieht die Sache anders aus. Denn während der Stein nach rechts fliegt, bewegt sich die Rakete nach oben, so dass der Kiesel auf der gegenüberliegenden Raketenwand ein Stück weiter unten auftrifft. Folglich sieht auch der Beobachter in der Rakete den Stein längs einer Parabelbahn fliegen.

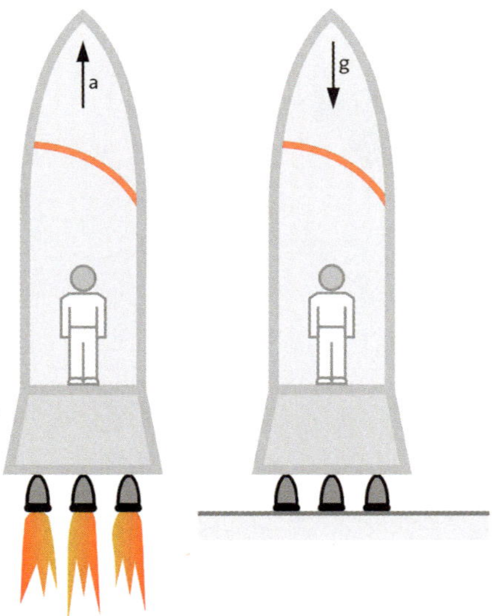

6.4 Ein horizontal eintretendes Objekt folgt in beiden Bezugssystemen einer Parabelbahn.

Und wie sieht die Sache aus, wenn wir statt Kieselsteinchen Licht ins Innere schicken, z. B. mit einer Taschenlampe oder besser mit einem Laser durch das Loch in der Wand leuchten? Wie werden sich die Photonen verhalten? Nun, für einen Beobachter außerhalb der fliegenden Rakete wird sich das Licht geradlinig nach rechts ausbreiten. Doch auch die Photonen sind nicht unendlich schnell, d. h. sie benötigen Zeit, um die gegenüberliegende Wand zu erreichen, und während dieser Zeit bewegt sich die Rakete nach oben. Wie beim Versuch mit dem Kieselstein trifft auch das Laserlicht unterhalb des Eintrittsloches auf die gegenüberliegende Raketenwand (Abb. 6.5).

Somit beschreibt auch das Licht in der Rakete eine gekrümmte Bahn. Aufgrund der hohen Lichtgeschwindigkeit ist sie natürlich deutlich weniger gekrümmt als die Bahn des Kieselsteins. Trotzdem ist es eine gekrümmte Bahn!

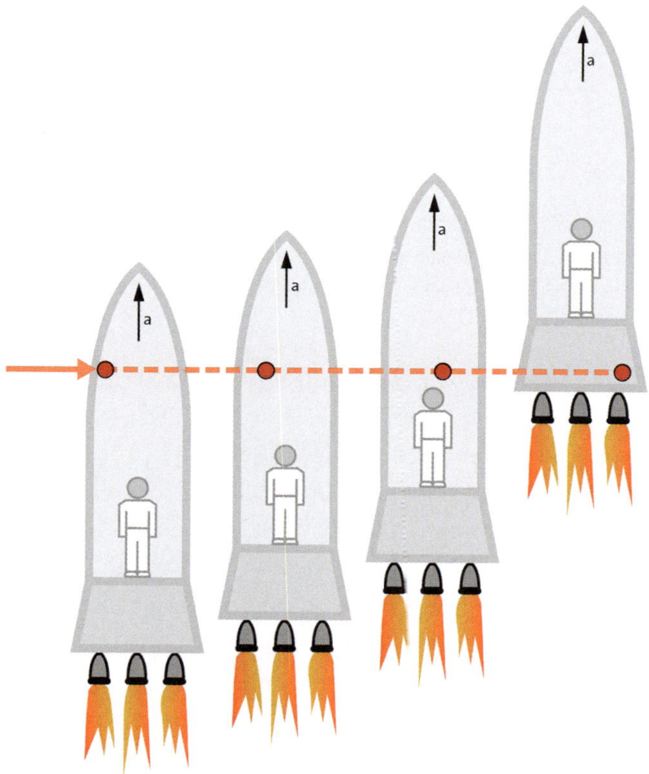

6.5 Die Flugbahn eines horizontal in eine gleichförmig beschleunigte Rakete eingestrahlten Photons, dargestellt in gleichen Zeitabständen. Von außen betrachtet breitet sich das Photon geradlinig aus. Im Inneren der Rakete scheint das Photon einer Parabel zu folgen, weil sich der Abstand zum Raketenboden in jedem Zeitschritt quadratisch verkürzt.

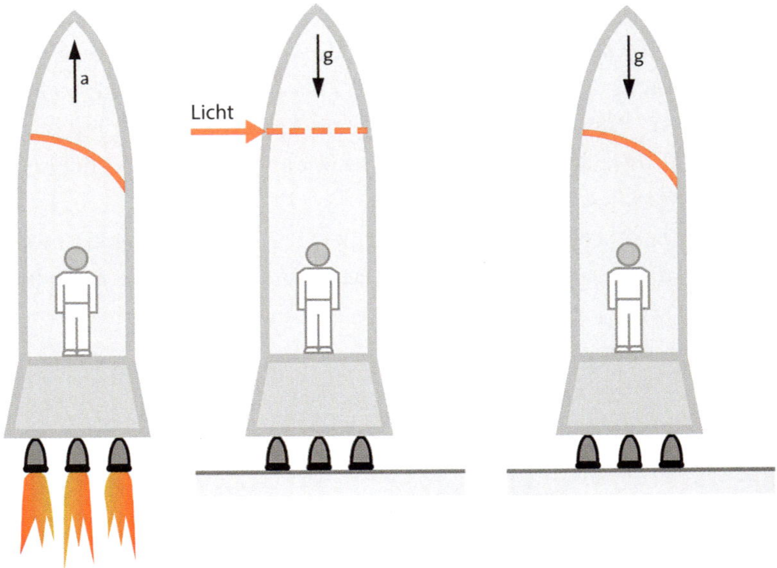

6.6 Gilt das Äquivalenzprinzip, dann sollte, wie in einer beschleunigten Rakete, das Licht auch in einer auf der Erde ruhenden Rakete eine gekrümmte Bahn beschreiben (rechts). Im Widerspruch dazu ist der Lichtweg im Newtonschen Bild (Mitte) eine gerade Bahn.

Mit Newtons Verständnis zur Ausbreitung von Licht passt das jetzt nicht mehr zusammen. Denn nach Newton breitete sich Licht immer geradlinig aus. Wenn jedoch das Äquivalenzprinzip Gültigkeit haben soll, dann müsste auch das Licht auf der Erde eine gekrümmte Bahn beschreiben. Diesen Widerspruch zu Newtons Auffassung gilt es noch zu lösen.

Wie es scheint, haben gekrümmte Räume ja einiges an Überraschungen in petto. Was genau versteht man jetzt eigentlich unter Krümmung? Untersuchen wir das mal anhand dreier Beispiele: einer ebenen, euklidischen Fläche, einer Kugelfläche und einer ebenen Fläche, ähnlich einem Ceranfeld, mit unterschiedlich heißen Ringzonen von 10 bis 90 Grad Celsius.

Betrachten wir zunächst die ebene Fläche links in Abb. 6.7. Dort ist die kürzeste Verbindung zwischen den beiden Punkten A und B eine Gerade. Das ist ein wesentliches Kriterium für die Definition eines flachen Raumes. Auf der Kugeloberfläche (mittlere Graphik von Abb. 6.7) zeigt sich ein anderes Bild. Egal wo man die Punkte A und B platziert, die Verbindung zwischen beiden ist immer eine gekrümmte Linie. Gleiches gilt für das Ceranfeld rechts in Abb. 6.7, dessen Wärmeausdehnungskoeffizient praktisch gleich null ist. Die Krümmung ergibt sich, weil man auf dem Weg von A nach B unterschiedlich heiße Zonen durchqueren muss, wobei sich der Maßstab (man stelle sich einen Kupferstab vor) entsprechend der lokalen Temperatur ausdehnt und sich damit verlängert bzw. abkühlt und zusammenschnurrt. Wäre das Ceranfeld überall gleich warm, dann hätte auch der Maßstab in allen Zonen eine einheitliche Länge, und die Strecke AB wäre z. B. mit zehn aneinandergelegten Maßstäben zu überbrücken. Da sich jedoch die Länge des Maßstabes in den heißen Zonen vergrößert, sind die zehn aneinandergereihten Maßstäbe länger als im kalten Zustand und müssen folglich einen Bogen beschreiben, um nahtlos von A nach B zu führen. Im Endeffekt stellt die kürzeste Verbindung den bestmöglichen Kompromiss dar zwischen »möglichst viel Strecke in heißen Zonen zurücklegen, um einen langen Maßstab zu nutzen, d. h. große Schritte zu machen« und »dabei keinen allzu großen Umweg zu gehen«. Das liefert ein

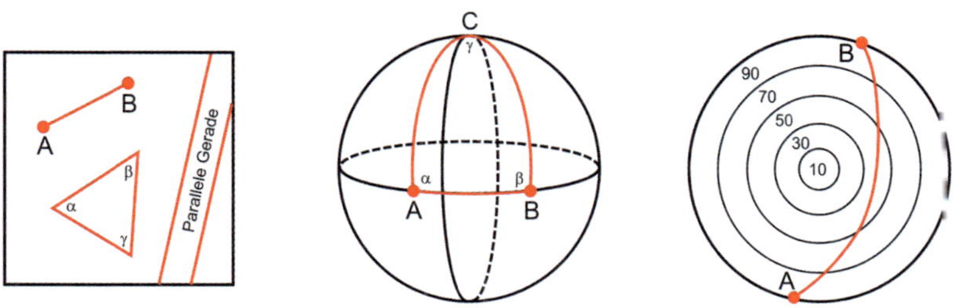

6.7 Links: Der mathematisch »flache« Raum ist unter anderem dadurch gekennzeichnet, dass die kürzeste Verbindung zwischen zwei Punkten A und B einer Geraden entspricht, die Winkelsumme im Dreieck 180 Grad beträgt und parallele Geraden sich nicht schneiden. Jedes dieser Kriterien ist für sich genommen sowohl notwendig als auch hinreichend. Mitte: Auf der gekrümmten Oberfläche einer Kugel treffen diese Eigenschaften nicht zu. Rechts: Auch umgangssprachlich »flache« Räume können im mathematischen Sinn gekrümmt sein, veranschaulicht am Beispiel eines Ceranfeldes, das in konzentrischen Zonen auf unterschiedliche Temperaturen erwärmt wird. Durch die unterschiedliche, temperaturabhängige Ausdehnung eines angelegten Maßstabes (beispielsweise aus Kupfer) entspricht die kürzeste Verbindung zwischen A und B einer krummen Bahn. Im mathematischen Sinne ist dieser zweidimensionale Raum gekrümmt.

erstes verblüffendes Ergebnis: Eine ebene Fläche kann durch geeignete Manipulation – in unserem Fall sind es Temperaturunterschiede – durchaus per Definition ein gekrümmter Raum sein.

Im nächsten Schritt zeichnen wir Dreiecke. Die Winkelsumme $S = \alpha + \beta + \gamma$ im ebenen Dreieck beträgt genau 180 Grad, egal welche Form das Dreieck hat. Bei einem Dreieck auf einer Kugeloberfläche ist S dagegen immer größer als 180 Grad. Das ist leicht einzusehen, wenn man das mittlere Bild betrachtet. Im rot eingezeichneten Dreieck mit den Seiten *AB*, *BC* und *CA* schneiden die Seiten *BC* und *CA* den Äquator der Kugel jeweils unter einem rechten Winkel. Mithin ist allein die Summe aus den Winkeln α und β gleich 180 Grad. Der dritte Winkel, γ, wie klein er auch immer ausfällt, macht die Winkelsumme S stets größer als 180 Grad. Natürlich gilt das nicht nur für das etwas speziell gewählte rote Dreieck, sondern auch für jedes beliebige Dreieck auf der Kugeloberfläche. Auf dem Ceranfeld überlassen wir es Ihnen, ein Dreieck einzuzeichnen, und Sie werden sehen: Auch dort ist die Winkelsumme S in einem Dreieck immer größer als 180 Grad.

Ein weiteres Kriterium einer ebenen, also euklidischen Fläche ist die Besonderheit, dass sich dort parallele, gerade Linien nie schneiden. Das gilt nicht mehr auf einer Kugelfläche. In den Punkten A und B in der Abb. 6.7 entspringen zwei rot eingezeichnete Linien am Äquator der Kugel unter den Winkeln α bzw. β von jeweils 90 Grad. Unmittelbar am Äquator sind sie zueinander parallel. Doch im weiteren Verlauf in Richtung Pol der Kugel nähern sie sich immer weiter an, bis sie sich dort unter dem Winkel γ sogar schneiden. Auf dem Ceranfeld nimmt eine zweite (nicht eingezeichnete) Linie, die in einer der Ringzonen zu der roten Linie parallel verläuft, in den anderen Ringzonen einen anderen Weg als die rote Linie. Folglich wird ihr Maßstab im Vergleich zur roten Linie unterschiedlich gestreckt bzw. geschrumpft, mit dem Ergebnis, dass die beiden Linien im weiteren Verlauf sich annähern oder auseinanderdriften. Weder auf der Kugeloberfläche noch auf dem Ceranfeld bleiben anfänglich parallele Linien parallel.

Untersuchen wir noch, wie sich ein Rechteck bei unseren »Krümmungsspielchen« verhält. Ein auf ein ebenes Blatt Pa-

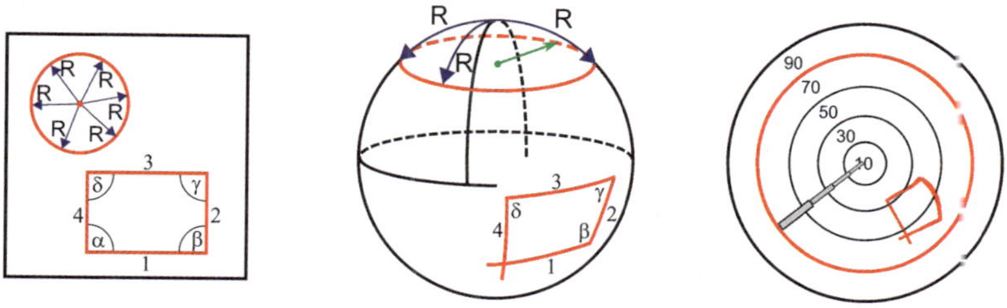

6.8 Rechtecke und Kreise bieten weitere notwendige und hinreichende Kriterien zur Unterscheidung von mathematisch flachen und gekrümmten Räumen.

pier gezeichnetes Rechteck besteht aus vier Seiten, von denen je zwei gleich lange einander gegenüberliegen. Jeweils zwei Seiten schneiden sich unter einem rechten Winkel. In der Graphik links von Abb. 6.8 betragen also die Winkel α, β, γ und δ jeweils 90 Grad.

Versuchen wir nun das Rechteck auf die Kugelfläche (mittlere Graphik in Abb. 6.8) zu übertragen. Dazu zeichnen wir zuerst eine der langen Seiten, z. B. die Seite 1, ein. An deren Ende schließen wir unter dem rechten Winkel β eine der kurzen Seiten, die Seite 2, an. Von dort geht es, wieder unter dem rechten Winkel γ, weiter zur Seite 3, an die schließlich unter dem rechten Winkel δ die zweite kurze Seite 4 anknüpft. Das Ergebnis ist verblüffend! Obwohl wir alle Seiten in Länge und Winkel getreu dem ebenen Vorbild auf die Kugeloberfläche übertragen haben, treffen die Enden der Seiten 1 und 4 nicht zusammen. Die gekrümmte Kugeloberfläche verzerrt die Längen der vier Seiten. Auf dem Ceranfeld ergeben die temperaturabhängigen Längen des Maßstabs ebenfalls ein eigenwilliges Viereck.

Nun, ein Rechteck bleibt kein Rechteck, aber wie steht es um einen Kreis? Auf einer ebenen Fläche ist ein Kreis leicht zu konstruieren. Man zieht von einem zentralen Punkt Radien R gleicher Länge in alle Richtungen und verbindet deren Enden durch eine geschlossene Linie (linkes Bild in Abb. 6.8). Als Ergebnis erhält man einen perfekten Kreis (rot), dessen Umfang die Länge $2\pi \cdot R$ hat. Machen wir das Gleiche auf der Kugeloberfläche und ziehen vom Kugelnordpol gleich lange, blaue Radien R in alle Richtungen

(Abb. 6.8, Bild Mitte). Die Verbindung der Endpunkte ergibt den roten Kreis auf der Kugel. Doch der Umfang dieses Kreises ist nicht gleich $2\pi \cdot R$! Denn der Mittelpunkt dieses Kreises ist nicht der Pol der Kugel, sondern der grüne Punkt im Innern der Kugel, und der »wahre« Kreisradius entspricht dem grünen Pfeil! Man kann demnach nicht ohne Weiteres auf den Radius R schließen, indem man den Umfang des roten Kreises ausmisst. Auch auf dem Ceranfeld ist der gemessene Radius eines Kreises größer als sein Umfang dividiert durch 2π, weil der Maßstab entlang des Umfangs, d. h. tangential, länger ist als radial zum Zentrum hin. Ein kürzerer radialer Maßstab liefert bei der Messung des Radius mehr Länge – er muss schlichtweg öfter ausgelegt werden. Umgekehrt könnten wir die tangentialen Maßstäbe durch Rotation um das Zentrum wieder verkürzen, weil sich bei Rotation die tangential in Richtung der Rotationsgeschwindigkeit verlaufenden Maßstäbe gemäß der Speziellen Relativitätstheorie verkürzen, während die radial verlaufenden Maßstäbe senkrecht stehen zur Rotationsgeschwindigkeit und somit von der Längenkontraktion nicht betroffen sind.

Alle bislang aufgeführten Kriterien entlarven nicht nur die Kugeloberfläche, sondern auch unser präpariertes Ceranfeld als gekrümmt. Letzteres würden wir umgangssprachlich sehr wohl als »flach« bezeichnen, doch wie unterschiedliche Temperaturzonen oder eine Rotation zeigen, ist die Sache ganz so einfach nicht. Wir müssen sehr sorgfältig unterscheiden zwischen der umgangssprachlichen und der mathematischen Bedeutung des Begriffs »flach«. Gibt es auch umgekehrt Beispiele dafür, dass umgangssprachlich »gekrümmte« Oberflächen mathematisch »flach« sein können? Dazu müssen wir jetzt »dreidimensional« denken. Da wir aber auf dem Papier nicht in drei Dimensionen zeichnen können, müssen wir an Ihr Vorstellungsvermögen appellieren. Wir stellen uns ein Blatt Papier vor, auf das ein Dreieck und zwei parallele Linien gezeichnet sind. Dieses Blatt rollen wir nun gedanklich zu einem Zylinder zusammen. Ungeachtet dieser Manipulation, die aus dem ebenen Blatt eine gekrümmte Fläche entstehen lässt, bleiben die beiden überall gleich weit voneinander entfernten Geraden parallel, und auch das Dreieck bleibt ein Dreieck mit einer Winkelsumme von 180 Grad. Der Übergang von der Ebene in die Zylinderfläche ist also »verlustfrei« erfolgt, d. h., wir könnten jederzeit wieder ein unbeschadetes ebenes Blatt daraus machen. Hierin besteht der wesentliche Unterschied zur Kugel. Wickelt man nämlich das Papier um eine Kugel, so wird es zwangsläufig »zerknüllt« und teilweise sogar zerrissen. Ähnliches geschieht, wenn man versucht, die Schale einer Orange auf eine ebene Fläche zu legen.

Dieses Projektionsproblem tritt insbesondere in der Kartographie auf. Es gelingt nicht, die Topographie der Erdoberfläche exakt auf einer Ebene abzubilden. Entweder ist die Abbildung winkeltreu, dann stimmen die Größenverhältnisse nicht, oder die Größenverhältnisse entsprechen der Realität, dann sind jedoch die Winkel verzerrt. Mit anderen Worten: Man muss sehr vorsichtig sein, wenn man mit dem Begriff »Krümmung« hantiert. Unsere Ceranplatte erscheint auf den ersten Blick als flach, und doch verlaufen dort Linien auf krummen Bahnen durch die unterschiedlich heißen Zonen, wogegen der Papierzylinder augenscheinlich gekrümmt daherkommt, die darauf abgebildeten geometrischen Figuren aber die mathematischen Kriterien eines flachen Raumes erfüllen.

Man muss also viel tiefer in das Thema einsteigen als zunächst gedacht und – wie bereits in anderem Zusammenhang erwähnt – klar trennen zwischen umgangssprachlicher und mathematischer Definition. Warum wiederholen wir diese Warnung erneut? Weil wir Sie gleich zu Beginn unbedingt vor einem der größten Probleme beim Verständnis der ART schützen möchten: der Verwendung umgangssprachlicher Begriffe in der mathematischen Welt der ART. Immer wieder ist zu hören: »Ein leerer Raum kann doch nicht gekrümmt sein, da ist doch nichts, was man krümmen könnte?!« oder: »Das Universum kann doch nicht flach sein – es gibt doch offensichtlich drei Dimensionen.« Wenn wir vor die Frage gestellt werden, ob ein Raum gekrümmt oder flach ist, werden wir uns stets daran erinnern, dass es sich um *mathematische* Begriffe handelt, und deshalb werden wir einfache mathematische Kriterien zurate ziehen und alle umgangssprachlichen Deutungsversuche aus unserer Alltagswelt außen vor lassen.

Witzigerweise wird die Krümmung für viele in höherdimensionalen Räumen wieder einfacher, weil man dann erst gar nicht versucht, sich etwas vorzustellen. Mit der Dimension eines Raumes sind wir allerdings gleich beim nächsten wichtigen Begriff angelangt.

6.2 Dimensionen
Was ist das, und wie viele davon gibt es?

Eine Gerade hat die Dimension 1. Legen wir sie in einem dreidimensionalen Koordinatensystem mit den Koordinaten x, y und z parallel zur x-Achse des Systems, so ist ein Punkt auf der Geraden durch die Angabe seiner x-Koordinate festgelegt. Ausgehend vom Nullpunkt des Koordinatensystems können wir die Länge der Strecke bis zu dem Punkt allein durch die Angabe der x-Koordinate des Punktes beschreiben. Nehmen wir eine zweite Dimension hinzu, die wir Breite nennen, so können wir, anhand der Angabe von nunmehr zwei Werten, der Länge x und der Breite y, alle Punkte in einer Ebene festlegen. Mit der Hinzunahme einer dritten Koordinate, die wir Höhe nennen, wird ein dreidimensionaler Raum aufgespannt. Die Position eines Punktes in diesem Raum ist eindeutig durch seine x-, y- und z-Koordinate festgelegt. Bei den Dimensionen sind wir keineswegs auf Länge, Breite und Höhe beschränkt. Beispielsweise kann man auch einen Farbraum aus Rot, Grün und Blau aufspannen und darin anhand des Mischungsverhältnisses jede beliebige Farbe festlegen. Jetzt ist nicht mehr die Rede davon, wie weit gehe ich nach links, nach rechts und nach oben, sondern wie viel Anteile mische ich von Rot, Grün und Blau, um meine gesuchte Farbe zu erhalten. Genauso gut könnte man in einer Bar leckere Cocktails mischen und dafür auf Dutzende unterschiedliche Spirituosen und Säfte zurückgreifen. Jedes Rezept wäre dann ein Punkt in einem mathematischen Raum aus Dutzenden von Dimensionen – eine für jede Flasche im Regal. Ein Tequila Sunrise hat in den Raumdimensionen (Tequila, Rum, Triple Sec Orangenlikör, Orangensaft, Zitronensaft, Cola) die Koordinaten (6 cl, 0 cl, 0 cl, 1 cl, 12 cl, 0 cl) und ein Cuba Libre entsprechend (0 cl, 4 cl, 0 cl, 0 cl, 0 cl, 1 cl). Eine Margarita ist durch die Koordinaten (5 cl, 0 cl, 3 cl, 0 cl, 2 cl, 0 cl) festgelegt. Ein erfahrener Barkeeper wird natürlich mehr als sechs Dimensionen verwenden – allein schon wegen der Dekoration und der Eiswürfel –, aber ich hoffe, das Prinzip ist klargeworden. Falls nicht, schlage ich vor, Sie verlegen die weitere Lektüre in die nächstgelegene Bar und beobachten den Barkeeper bei der Arbeit. Natürlich nur im Dienste der Wissenschaft. Sollten Sie in Erwägung ziehen, Cocktails nicht nur mathematisch zu betrachten, sondern auch zu verkosten, hören Sie bitte rechtzeitig damit auf, bevor Sie besagte sechs »Raumdimensionen« tatsächlich vor Augen sehen.

In der Hoffnung, dass die Begriffe »Krümmung« und »Dimension« anhand der genannten Beispiele ihren Schrecken verloren haben, wollen wir jetzt von diesem Basislager ausgehend einige der ART nahe gelegene Gipfel besteigen.

6.3 Einsteinsche Feldgleichung
Was ist ein Tensor?

Eine sehr schöne Tour führt hoch zur Hauptattraktion der ART: der Einsteinschen Feldgleichung. Allerdings setzt der Streckenverlauf mit teilweise ausgesetzten Passagen gute mathematische Trittsicherheit und Kondition voraus. Sollten unterwegs zu viele bedrohliche Tensoren aufziehen – das Wetter kann hier sehr schnell umschlagen –, können Sie jederzeit zum Basislager zurückkehren und sich bei der Tour zu den Schwarzen Löchern wieder einreihen. Keine Sorge – beide Touren sind fakultativ, d. h. wir werden die gewonnenen Erkenntnisse nicht für das weitere Verständnis benötigen. Anders verhält es sich mit dem Aussichtspunkt »gravitative Zeitdilatation und Längenkontraktion« – da führt unser Anstieg mitten durch.

Also, los geht's! Betrachten wir zu Beginn nochmals kurz Abb. 6.3. Sie verdeutlicht, dass die Krümmung des Raums nicht in alle Richtungen gleich sein muss. Das verkompliziert die Angelegenheit ungemein. So wie ein Würfel im dreidimensionalen Raum sechs Seiten besitzt, müssten wir ebenfalls sechs Werte für jeden

Punkt im Raum angeben, jeweils einen für das Maß der Krümmung in jede der beiden Richtungen jeder der drei Dimensionen. Das wiederum würde bedeuten, wir müssten uns ständig mit sechs verschiedenen Gleichungen herumschlagen – eine für jede Richtung, in die wir von einem Punkt aus blicken können: links, rechts, oben, unten, hinten und vorne. Nimmt man die Zeit als weitere Dimension hinzu, wird es noch aufwendiger, und wir landen bei acht Gleichungen. In der Mathematik löst man derartige Probleme durch Verwendung eines sogenannten »Tensors«. Das ist anfangs ein wenig gewöhnungsbedürftig – doch dafür kann man am Ende die ART in einer kompakten Gleichung formulieren. Wir sollten dafür ein bisschen weiter ausholen – am besten entwickeln wir unseren ersten Tensor auf vertrautem flachen Terrain: anhand der SRT.

In der SRT erscheinen bewegte Längen verkürzt – es ist alles eine Frage des Bezugssystems. Wie Sie sich erinnern, hatten wir aber ein sogenanntes Linienelement ds^2 abgeleitet, das in jedem Bezugssystem gleich bleibt. Im Physikerjargon hatten wir Größen, die sich nicht von einer Transformation beeindrucken lassen, »invariant unter dieser Transformation« genannt. Konkret haben wir in der SRT erkannt, dass das Linienelement ds^2

$$ds^2 = dx^2 + dy^2 + dz^2 - c^2dt^2 \tag{6.1}$$

invariant unter Lorentztransformation ist.

Für unsere weiteren Überlegungen ist es günstiger, die Koordinaten t, x, y und z durchzunummerieren, d. h. $c \cdot t$ mit x_0 zu bezeichnen, x mit x_1, y mit x_2 und z mit x_3. Damit erhalten wir:

$$ds^2 = -dx_0^2 + dx_1^2 + dx_2^2 + dx_3^2 \tag{6.2}$$

Hermann Minkowski, der uns ja schon bei den Raumzeit-Diagrammen begegnet war, hat diese Beziehung auch in der Tensor-Schreibweise formuliert, und das ist eine gute Gelegenheit, uns damit vertraut zu machen. Dazu schreiben wir das ds^2 nochmals in einer Form an, die zunächst sehr umständlich erscheint. Die Quadrate kann man ja auch als Produkte schreiben:

$$ds^2 = -dx_0dx_0 \\ + dx_1dx_1 \\ + dx_2dx_2 \\ + dx_3dx_3 \tag{6.3}$$

Wundern Sie sich bitte nicht über die Leerstellen in den einzelnen Zeilen, wir werden sie sogleich füllen, und zwar, indem wir in jeder Zeile noch etwas hinzuaddieren (rot):

$$\begin{aligned} ds^2 = -dx_0dx_0 &+ dx_0dx_1 + dx_0dx_2 + dx_0dx_3 \\ + dx_1dx_0 &+ dx_1dx_1 + dx_1dx_2 + dx_1dx_3 \\ + dx_2dx_0 &+ dx_2dx_1 + dx_2dx_2 + dx_2dx_3 \\ + dx_3dx_0 &+ dx_3dx_1 + dx_3dx_2 + dx_3dx_3 \end{aligned} \tag{6.4}$$

Vermutlich werden Sie jetzt laut protestieren und darauf hinweisen, dass mit dieser Manipulation der Ausdruck für ds^2 nicht mehr stimmt. Um das wieder richtigzustellen, müssen wir die roten Terme wieder loswerden. Wie machen wir das? Nun, wir multiplizieren sie mit null und nur die schwarzen Terme mit 1. Dazu hängen wir einen weiteren Ausdruck an, der genau diese Einsen und Nullen enthält. Damit wir links oben das Minuszeichen loswerden, packen wir rechts eine –1 hin:

$$\begin{aligned} ds^2 = dx_0dx_0 &+ dx_0dx_1 + dx_0dx_2 + dx_0dx_3 \\ + dx_1dx_0 &+ dx_1dx_1 + dx_1dx_2 + dx_1dx_3 \\ + dx_2dx_0 &+ dx_2dx_1 + dx_2dx_2 + dx_2dx_3 \\ + dx_3dx_0 &+ dx_3dx_1 + dx_3dx_2 + dx_3dx_3 \end{aligned} \quad \begin{pmatrix} -1 & 0 & 0 & 0 \\ 0 & 1 & 0 & 0 \\ 0 & 0 & 1 & 0 \\ 0 & 0 & 0 & 1 \end{pmatrix} \tag{6.5}$$

Im Endeffekt kann man die dx-Terme als vier Zeilen mit vier Spalten begreifen, und die rechts angefügte Klammer mit Einsen und Nullen besteht ebenfalls aus vier Zeilen und vier Spalten. Die Rechenregel besagt nun: Jeder Term links ist mit der Zahl zu multiplizieren, die sich rechts an derselben Stelle befindet, d. h. in derselben Zeile und Spalte. Dadurch werden alle roten Terme mit null multipliziert und fallen damit wieder weg. Diese neue Darstellung ist jetzt zugegebenermaßen nicht sonderlich elegant, aber sie eröffnet uns weitere interessante Möglichkeiten. Dazu nehmen wir das Summationszeichen Σ zu Hilfe. Damit lässt sich eine Summe aus geeignet nummerierten Werten, wie beispielsweise

$$dx_0 + dx_1 + dx_2 + dx_3 \tag{6.6}$$

sehr kompakt schreiben als:

$$dx_0 + dx_1 + dx_2 + dx_3 = \sum_{i=0}^{3} dx_i \tag{6.7}$$

wobei der Index i von 0 bis 3 läuft. Bevor wir das auf ds^2 anwenden, schreiben wir noch für unser angehängtes Element

$$\eta_{ij} = \begin{pmatrix} -1 & 0 & 0 & 0 \\ 0 & 1 & 0 & 0 \\ 0 & 0 & 1 & 0 \\ 0 & 0 & 0 & 1 \end{pmatrix} \tag{6.8}$$

wobei hier i für die Zeilen 0 bis 3 und j für die Spalten 0 bis 3 des Elements steht. Natürlich hat η_{ij} auch einen Namen: Es ist, wegen der Anzahl seiner Zeilen und Spalten, ein sogenannter »Vierer-Tensor«. Mit diesen Einträgen, d. h. den Einsen auf der Diagonalen und ansonsten Nullen, nennt man ihn nach seinem Erfinder auch Minkowski-Tensor. Er steht für die flache Raumzeit der SRT, weil er gemäß

$$ds^2 = \sum_{i=0}^{3}\sum_{j=0}^{3} dx_i \cdot dx_j \cdot \eta_{ij} \tag{6.9}$$

das zugehörige ds^2 liefert.

Kommen Sie noch mit? Am besten, Sie überprüfen das Ganze in Ruhe. Ich gebe mal einen Term vor, z. B. $dx_1 dx_3$, den vierten Term in der zweiten Zeile, d. h. $i = 1$ und $j = 3$ (Achtung: Die Indizes beginnen bei null!). Es ist ein roter Term, d. h. wir müssen ihn mit null multiplizieren, und tatsächlich befindet sich in η_{ij} an der Position $i = 1$ und $j = 3$ eine Null: passt! Was ist nun damit gewonnen? Ehrlich gesagt: nicht viel, außer dass wir eine neue Schreibweise für ds^2 gefunden und fortan auch eine Vorstellung von einem Tensor haben. Im Prinzip sind es letztendlich nur Tabellen, für die bestimmte Rechenregeln gelten.

Wenn wir schon dabei sind, neue Begriffe einzuführen, dann nennen wir n_{ij} (6.8) künftig die »Metrik« der flachen Raumzeit. So weit zur SRT, in der von Krümmung noch nichts zu spüren ist. Das ändert sich schlagartig, sobald wir die Gravitation hinzunehmen oder uns in ein beschleunigtes Bezugssystem begeben. Dann müssen wir in gekrümmten Koordinatensystemen rechnen, und hier spielen Tensoren ihre Stärke aus.

Um die Metrik eines gekrümmten Raumes festzulegen, gehen wir völlig analog zur Beschreibung der Metrik der flachen Raumzeit vor, nur spielen hier – je nach Art der Krümmung – auch einige der roten Terme eine Rolle. Auch auf der Diagonalen des Vierer-Tensors müssen nicht unbedingt Einsen stehen. Jetzt kann der Abstandsbegriff in unterschiedliche Richtungen anders sein, je nachdem, wie die Krümmung in diese Richtung aussieht. Ansonsten bleibt alles beim Alten. Wir ersetzen lediglich η_{ij}, den Minkowski-Tensor der SRT, durch einen Tensor g_{ij}, dessen Einträge die Krümmung des Raumes in die unterschiedlichen Richtungen beschreiben:

$$ds^2 = \sum_{i=0}^{3}\sum_{j=0}^{3} dx_i \cdot dx_j \cdot g_{ij} \qquad (6.10)$$

In diesem Tensor g_{ij}, der auch als metrischer Tensor oder kurz »Metrik« bezeichnet wird, finden beispielsweise Potential-Funktionen, Ausdrücke, die irgendwie von der Lichtgeschwindigkeit abhängen, oder andere delikate Formeln ein Zuhause. Kurzum, die Komplexität des gekrümmten Raumes steckt nun komplett in diesem Tensor.

Das hat natürlich seinen Chic. Jahrelang haben die Mathematiker daran gearbeitet, das Linienelement derart zu vereinfachen. Eigentlich interessiert jetzt nur noch der Tensor, die Summen über $dx_i \cdot dx_j$ sind nur noch Verzierung. Deshalb haben die schreibfaulen Mathematiker die Notation noch weiter vereinfacht. Es ist Konvention, die Summenzeichen wegzulassen. Stattdessen schreibt man die Indizes i und j abwechselnd oben und unten, um sich daran zu erinnern, dass man noch zweimal summieren muss. Wenn die Indizes von 0 bis 3 laufen, nennt man sie μ und ν anstelle von i und j. Aus

$$ds^2 = \sum_{i=0}^{3}\sum_{j=0}^{3} dx_i \cdot dx_j \cdot g_{ij} \text{ wird damit } ds^2 = dx^{\mu} dx^{\nu} \cdot g_{\mu\nu} \quad (6.11)$$

Betrachten wir die Tensoren $g_{\mu\nu}$ und $\eta_{\mu\nu}$ noch etwas genauer. Wie viele Einträge sind jetzt wirklich relevant? Offensichtlich ist $dx^{\mu} \cdot dx^{\nu} = dx^{\nu} \cdot dx^{\mu}$, d.h. die Einträge unterhalb der Diagonalen sind identisch mit denjenigen oberhalb. Es reicht, wenn wir das am Beispiel der flachen Raumzeit erörtern. Man kann die Einträge links der Haupt-Diagonalen −1, 1, 1, 1 weglassen, da sie sich entsprechend den Werten rechts von der Diagonalen wiederholen, oder anders ausgedrückt: Die Werte rechts der Diagonalen werden an der Diagonalen »gespiegelt«. Damit verbleiben nur zehn voneinander unabhängige Einträge:

$$\begin{pmatrix} -1 & 0 & 0 & 0 \\ & 1 & 0 & 0 \\ & & 1 & 0 \\ & & & 1 \end{pmatrix} \quad (6.12)$$

Gleiches gilt natürlich auch für $g_{\mu\nu}$. Insgesamt hat man also mit diesen zehn voneinander unabhängigen Ausdrücken die Möglichkeit, zehn unterschiedliche Gleichungen in einem Rutsch zu formulieren. Eine Gleichung mit einem Vierer-Tensor ersetzt zehn handelsübliche Gleichungen. Finden Sie allmählich Gefallen an den Tensoren? Damit man mit den Tensoren sinnvoll rechnen kann, braucht es entsprechende Regeln. Die Multiplikation haben wir ja schon kennengelernt. Die Addition funktioniert analog. Die Ableitung eines Tensors ist jedoch ein mathematisch anspruchsvolles Procedere. Zum Glück führt unser Weg nicht über dieses steile und lawinengefährdete Terrain. Wir haben den Aussichtspunkt bereits erreicht. Wir können das Krümmungsverhalten von jedem Punkt aus in allen sechs Richtungen des Raumes beschreiben und haben sogar noch vier weitere Freiheitsgrade übrig, mit denen wir die Zeit und unsere liebgewonnenen Erhaltungssätze unterbringen. Diese sogenannte Feldgleichung, oder auch im Plural Feldgleichungen, weil es ja eigentlich zehn sind, beinhaltet den gesamten Formalismus der ART:

$$G_{\mu\nu} = \frac{8\pi G}{c^4} \cdot T_{\mu\nu} \tag{6.13}$$

Der Tensor $G_{\mu\nu}$ beschreibt die Krümmung. Man nennt ihn Einsteintensor. Er sagt der Masse, wo es langgeht. Er lässt die Bewegungen längs gekrümmter Bahnen verlaufen, deren Abweichungen von einer geraden Linie Newton dazu veranlassten, an das Wirken äußerer Kräfte zu glauben. Wie sich der Raum konkret krümmt, das legt wiederum der Tensor $T_{\mu\nu}$ fest. Dieser sogenannte Energie-Impuls-Tensor beinhaltet jedwede Form von Energie, oder genauer gesagt: der Energiedichte, die sich durch vorhandene Massen, Impulse, sowie Druck und Strahlung usw. ergibt.

Zwischen den Tensoren vermittelt eine Proportionalitätskonstante. Diese Einsteinsche Gravitationskonstante legt den Umtauschkurs fest zwischen Energiedichte und Krümmung und besteht im Wesentlichen aus der Newtonschen Gravitationskonstante mit ein paar Verzierungen durch π und c.

Was für ein grandioser Ausblick! Das Äquivalenzprinzip, jener unscheinbare Ansatz, wonach die Trägheitskraft in einem beschleunigten Bezugssystem nicht zu unterscheiden ist von der Schwerkraft in einem Gravitationspotential, liefert schlussendlich eine geometrische Beschreibung der Gravitation. Zehn voneinander unabhängige Gleichungen mit Hilfe von Tensoren kompakt zusammengefasst in einer einzigen Gleichung. Mathematikerherz, was willst du mehr? Nach dem steilen Anstieg rasten wir kurz und pusten mal kräftig durch.

Was hat uns Einsteins Feldgleichung gelehrt? Die Verteilung der im Raum vorhandenen Energie sagt dem Raum, wie er sich zu krümmen hat, wogegen die Krümmung des Raumes bestimmt, wie sich die Dinge zu bewegen haben. Dieses Wechselspiel bestimmt unsere Welt. Hier lohnt es, einen Augenblick zu verweilen und die Schönheit der Allgemeinen Relativitätstheorie zu genießen.

Ihre Klarheit überstrahlt bei weitem alle vorangegangenen Versuche, die Welt zu verstehen. Die Bühne aus Raum und Zeit wird selbst einbezogen in den kosmischen Reigen. Vermutlich wäre dem lieben Wilhelm von Ockham vor Staunen sein Rasiermesser aus der Hand gefallen. Es gelingt mir nicht, in Worte zu fassen, welche Schönheit der Welt sich hier offenbart. Während vor seiner Haustüre die Irrungen und Wirrungen eines Weltkriegs tobten, hat Albert Einstein seine persönliche Antwort gefunden auf die Frage: Können wir die Welt verstehen? Jahrzehnte später wird er sein Gefühl im Moment seines größten Triumpfes folgendermaßen beschreiben: »All die anstrengenden, endlosen Jahre des Tappens im Dunkeln, des ständigen Wechsels von Hoffnung und Erschöpfung. Dann schließlich der finale Schritt ins Licht der Erkenntnis. Nur wer es selbst erlebt hat, kann das nachvollziehen.«

Ob es da draußen auch andere Spezies geben mag, die auf einem fernen Planeten im Lichte einer fernen Sonne nachvollziehen können, wie es Einstein erging? Die zu ähnlichen Erkenntnissen gelangt sind bei ihrem Versuch, die Welt zu verstehen, ähnliche Höhenflüge ihrer Wissenschaften erlebt haben oder vielleicht sogar noch darüber hinaus? Das würde mich wirklich interessieren.

Bevor wir uns an den Abstieg machen, schauen wir noch kurz auf eine Idee Einsteins, mit deren Hilfe er ein statisches Universum erzwingen wollte. Die Feldgleichungen ergaben nämlich angewandt auf das Universum als Ganzes eine Expansion. Hätte Einstein auf seine Theorie vertraut, dann hätte er seine Gleichungen nur rückwärtig in der Zeit betrachten müssen, um auf den Beginn des Universums in einem Urknall schließen zu können, dieser wahrlich spektakulären Erkenntnis der modernen Kosmologie. Leider schlug er jedoch auch die Hinweise des russischen Meteorologen Alexander Friedmann in den Wind und führte kurzerhand eine zusätzliche Konstante ein, die er Λ (Lambda) nannte und die die Statik des Universums »garantieren« sollte. Da in der Feldgleichung nur Tensoren vorkommen, muss auch die Konstante Λ zu einem Tensor »gemacht werden«, indem man sie mit dem metrischen Tensor $g_{\mu\nu}$ multipliziert. Als Edwin Hubble Jahre später Einstein davon überzeugen konnte, dass das Universum sehr wohl expandiert, hat er die Hinzunahme der Konstanten Λ angesichts der gegebenen Chance als Eselei bezeichnet. In der modernen Kosmologie hat Λ jedoch als »kosmologische Konstante« zur Beschreibung der Energiedichte des Vakuums wieder große Bedeutung erlangt. Deshalb scheiben wir auch diese Variante mit an:

$$G_{\mu\nu} + \Lambda\, g_{\mu\nu} = \frac{8\pi G}{c^4} \cdot T_{\mu\nu} \tag{6.14}$$

Gelegentlich wird der Einsteintensor $G_{\mu\nu}$ weiter aufgeteilt in den sogenannten Ricci-Tensor $R_{\mu\nu}$ (benannt nach Gregorio Ricci-Curbastro), den metrischen Tensor $g_{\mu\nu}$ und den Ricci-Skalar R in der Form $G_{\mu\nu} = R_{\mu\nu} - \frac{1}{2}\, g_{\mu\nu}\, R$.

So schön sich das Wirken der Feldgleichungen auch entfaltet, sie für konkrete Problemstellungen zu lösen ist alles andere als einfach. Angewandt auf das Universum als Ganzes – diese Disziplin nennt man »Kosmologie« –, gelingt das nur mit der vereinfachenden Annahme, dass das Universum homogen und isotrop ist. Homogen heißt, dass sich das Universum gleich darstellt, von welchem Punkt auch immer man es betrachtet, wogegen Isotropie vorliegt, wenn diese Gleichheit unabhängig ist von der Richtung, in die man blickt. Man bezeichnet diese Bedingung auch als »kosmologisches Prinzip«. Aber auch wenn diese Bedingung als erfüllt angesehen werden darf, so ist die Mathematik dahinter immer noch ziemlich anspruchsvoll. Insbesondere das Ableiten der Tensoren ist mathematisch heikel. Selbst Einstein konnte sich anfänglich nicht so recht mit diesen Tensoren anfreunden. Er soll gesagt haben: »Seit die Mathematiker über meine Relativitätstheorie hergefallen sind, verstehe ich sie selbst nicht mehr.«

6.4 Zeitdilatation und Schwarzschildradius

Wie verändern sich Raum und Zeit im Gravitationsfeld?

Wenn wir die Feldgleichungen schon nicht für alle Probleme lösen können, gibt es dann wenigstens einen Faktor – analog zum Lorentzfaktor der SRT –, der uns zeigen könnte, wie sich Längen und Zeiten in der ART bei einfachen

Konstellationen verhalten? Bewegt sich ein Bezugssystem mit *konstanter* Geschwindigkeit relativ zu uns, so entsteht der Eindruck, die Zeit würde dort langsamer vergehen und Längen würden sich verkürzen. Wir haben die SRT auch soweit verstanden, dass dieser Effekt umso ausgeprägter ist, je größer die Differenzgeschwindigkeit v der beiden Bezugssysteme ausfällt. Wie sieht es jetzt bei beschleunigten Bezugssystemen aus? Begeben wir uns auf die Suche nach einem neuen Faktor gedanklich wieder in unsere Rakete. Platzieren wir darin eine Orange und lassen das Gespann bei abgeschaltetem Triebwerk aus großer Entfernung ausschließlich durch die geringe gravitative Anziehung (Gravitationspotential nahezu null) allmählich auf die Erde zufallen. Im freien Fall spürt die Orange ohnehin keine Gravitation – sie schwebt lokal scheinbar kräftefrei innerhalb der abgeschalteten Rakete. Aus Sicht eines Beobachters auf der (als ruhend angenommenen) Erdoberfläche würde ihre Geschwindigkeit jedoch stetig zunehmen. Wie schnell ist die Orange aus Sicht des Beobachters in einer Entfernung r vom Erdmittelpunkt? Ihre kinetische Energie folgt aus der durchfallenen Potentialdifferenz. Da wir bei nahezu $\Phi = 0$ starten, folgt

$$\frac{1}{2} \cdot m \cdot v^2 = m \cdot \left|\Phi(r) - 0\right| \tag{6.15}$$

Die Masse m spielt offensichtlich keine Rolle – Galileo Galilei hätte es gefreut –, wir können sie wegkürzen:

$$v^2 = 2\left|\Phi(r)\right| \tag{6.16}$$

Diese Geschwindigkeit setzen wir in den Lorentzfaktor ein und bestimmen die Zeitdilatation in Abhängigkeit des Potentials. Damit wir nicht laufend eins durch Wurzel schreiben müssen, nehmen wir in der ART den Kehrwert und passen später auf, von welcher Seite wir den ART-Faktor anmultiplizieren müssen:

$$\sqrt{1 - \frac{v^2}{c^2}} = \sqrt{1 - \frac{2|\Phi|}{c^2}} \tag{6.17}$$

Damit haben wir einen Faktor gewonnen, der in der ART dehnt und staucht, analog zum γ-Faktor der SRT. Alle bisherigen Betrachtungen wären prinzipiell auch in einem beliebig komplizierten Potential gültig gewesen. Es war ja immer nur die Rede von einer Potentialdifferenz. Schlimmstenfalls hätten wir für andere Wege oder abstoßende Kräfte das Vorzeichen drehen müssen. Das Gravitationspotential unserer Erde, oder allgemein einer kugelförmigen Masse, ist allerdings ein sehr angenehmer Spezialfall. Bereits Newton hat uns gelehrt, dass das Gravitationspotential der Masse M nur von einer Länge abhängt: der Entfernung zum Mittelpunkt der Masse:

$$\Phi = -\frac{G \cdot M}{r} \tag{6.18}$$

Genau das kann man sich in diesem Spezialfall zunutze machen, um den ART-Faktor weiter zu vereinfachen. Eingesetzt in Gleichung (6.17) erhalten wir

$$\sqrt{1 - \frac{2 \cdot G \cdot M}{r \cdot c^2}} \tag{6.19}$$

wobei, dem Text schon etwas vorausgreifend, der rote Ausdruck nach seinem Namensgeber Karl Schwarzschild als Schwarzschildradius R_S bezeichnet wird.

Wir wissen es nicht genau, aber vermutlich kam Schwarzschild auf diesen Radius, als er sich die Frage gestellt hatte, ob es so, wie im Lorentzfaktor die Geschwindigkeit v zur Lichtgeschwindigkeit c ins Verhältnis gesetzt ist, nicht auch einen ausgezeichneten Radius R gibt, der zur Entfernung r vom Gravitationszentrum ins Verhältnis gesetzt werden kann. Dazu löste Schwarzschild, der übrigens nur 42 Jahre alt wurde, wenige Monate vor seinem Tod die Feldgleichungen für ruhende, kugelförmige Massen.

Zum Glück müssen wir uns diesen Klettersteig nicht antun. Wir können ihn voller Bewunderung links liegenlassen, weil unser einfacher Ansatz mit der lokal kräftefreien Probemasse innerhalb der lokal flachen Raumzeit unserer Rakete das identische Ergebnis liefert. Wir müssen uns lediglich die Frage stellen, bei welchem Abstand r vom Massenzentrum der ART-Faktor (6.19) null wird, d. h. die Zeit stehen

6.9 Karl Schwarzschild (1873–1916)

bleibt. Wie man sofort sieht, muss dazu r gleich dem roten Term in (6.19) sein, damit die Wurzel null wird. Wie schon erwähnt, nennt man diesen speziellen Radius Schwarzschildradius R_S.

$$R_S = \frac{2 \cdot G \cdot M}{c^2} \tag{6.20}$$

Der ART-Faktor vereinfacht sich damit zu

$$\sqrt{1 - \frac{R_S}{r}} \tag{6.21}$$

Jetzt werden Sie sagen: So geht das aber nicht, denn wie soll die Spezielle Relativitätstheorie, die auf einer flachen Raumzeit beruht, den Schwarzschildradius liefern, dem doch eine völlig andere Metrik zugrunde liegt? Und in der Tat: Wir haben uns an den Einsteinschen Feldgleichungen vorbeigemogelt. Wir machen bei der Übersetzung des Potentials in eine Geschwindigkeit einen Fehler! Der wesentliche Unterschied beim freien Fall von Orangen und Photonen liegt darin, dass Orangen stetig schneller werden und Photonen immer mit Lichtgeschwindigkeit unterwegs sind – sie können nicht schneller werden! Damit sind wir wieder bei dem Problem, das uns schon in der SRT Kopfzerbrechen bereitet hat: der Konstanz der Lichtgeschwindigkeit, die alles »durcheinanderbringt«. Wie in der SRT stehen wir erneut vor dem Dilemma, dass sich die Zeit anders verhalten muss als gewohnt und dass sich Längen verändern müssen, damit die Photonen ihren Dickschädel durchsetzen können. In der SRT waren diese Änderungen abhängig von der Geschwindigkeit der Bezugssysteme. Hier, in der ART, sind sie abhängig vom Gravitationspotential.

Wenn Photonen keine kinetische Energie hinzugewinnen können, in welcher Form steigt ihre Energie dann im Sturz auf die Gravitationsquelle an? Sie werden blauverschoben, d. h. ihre Wellenlänge ändert sich. Umgekehrt würden sie beim Verlassen des Gravitationspotentials rotverschoben – so hat alles wieder seine Ordnung.

Im Extremfall hätte man zumindest eine linearisierte Form des ART-Faktors mitsamt dem Schwarzschildradius sogar aus der Newtonschen Mechanik ableiten können. Das ist ein Effekt, dem man oft begegnet in der ART, und letztendlich ist er darin begründet, dass beide Theorien für kleine Massen und niedrige Energien, d. h. für geringe Krümmung und niedrige Geschwindigkeiten, ja nahezu identische Ergebnisse liefern müssen. In diesen Grenzfällen geht die ART in die Newtonsche Mechanik über. Für alle, die Lust haben auf diese alternative Herangehensweise, zeigen wir sie in nachfolgendem Einschub.

Wechseln wir zu einem naiven Bild entsprechend der Argumentation Newtons. Stellen wir uns eine anfangs ruhende Orange vor, die aus einer Höhe r_{oben} auf die Erdoberfläche r_{unten} fällt (jeweils gemessen vom Mittelpunkt der Erde). Die Orange wandelt dabei potentielle Energie in Bewegungsenergie um. Umgekehrt müsste man diese Energie wieder verrichten, um die Orange an den Startpunkt ihres Abenteuers zurückzubringen. Bezeichnen wir den Unterschied im Gravitationspotential wieder mit $\Delta\Phi$, so erhalten wir für diese Energiedifferenz für eine Orange der Ruhemasse m_0:

$$E_{unten} - E_{oben} = m_0 \cdot |\Delta\Phi| \tag{6.22}$$

Wegen der Betragsstriche müssen wir uns vorerst nicht um das Vorzeichen Gedanken machen. Jetzt setzen wir in guter Näherung für

$$m_0 = \frac{E_{oben}}{c^2} \tag{6.23}$$

und erhalten:

$$E_{unten} = E_{oben} + \frac{E_{oben}}{c^2}|\Delta\Phi| = E_{oben}\left(1 + \frac{|\Delta\Phi|}{c^2}\right) \tag{6.24}$$

Wenn wir die Betragsstriche loswerden wollen, müssen wir berücksichtigen, dass das Potential anziehend wirkt, d. h. wir fangen uns ein Minuszeichen ein. Damit können wir nun getrost E_{unten} umschreiben zu:

$$E_{unten} = E_{oben}\left(1 - \frac{\Delta\Phi}{c^2}\right) \tag{6.25}$$

Die Klammer sieht unserem ART-Faktor (6.17) schon sehr ähnlich. Der Newtonsche Formalismus liefert aber nur eine Näherung, eine linearisierte Form des tatsächlichen Faktors. Wir können das leicht überprüfen, indem wir den exakten Ausdruck (6.17) mit Hilfe unserer mittlerweile wohlvertrauten Allzweckwaffe $(1-x)^n = 1-n\cdot x$ linearisieren:

$$\sqrt{1-\frac{2\Delta\Phi}{c^2}} = \left(1-\frac{2\Delta\Phi}{c^2}\right)^{1/2} \approx 1-\frac{1}{2}\cdot\frac{2\Delta\Phi}{c^2} = 1-\frac{\Delta\Phi}{c^2} \qquad (6.26)$$

Das stimmt mit unserem Newtonschen Ausdruck überein.

Jetzt fehlt nur noch der Schwarzschildradius. Dazu werfen wir unsere Orange diesmal von der Erdoberfläche aus nach oben. Wie viel Bewegungsenergie ($\frac{1}{2}\, m\cdot v^2$) müssen wir der Orange mit der Masse m mitgeben, damit sie das Gravitationspotential Φ überwinden kann bzw. damit sie nicht mehr zur Erde zurückfällt? Die Reichweite der Gravitationskraft ist unendlich, d. h. wir müssen die Orange an einen unendlich weit entfernten Punkt bringen. Hier zeigt sich wieder, wie praktisch es ist, mit Potentialen zu arbeiten. Die notwendige Energie entspricht wieder der Potentialdifferenz von End- und Anfangspunkt, und das Potential im Unendlichen ist null. Die potentielle Energie, die es zu überwinden gilt, beträgt somit

$$\Delta\Phi = \Phi(\infty) - \left(-\frac{G\cdot M}{r_{unten}}\right) = \frac{G\cdot M}{r_{unten}} \qquad (6.27)$$

Wir benötigen also für einen Wurf auf Nimmerwiedersehen die kinetische Energie

$$\frac{1}{2}\cdot m\cdot v^2 = m\cdot\Delta\Phi = m\cdot\frac{G\cdot M}{r_{unten}} \qquad (6.28)$$

Die Masse m spielt wiederum keine Rolle:

$$\frac{1}{2}\cdot v^2 = \frac{G\cdot M}{r_{unten}} \qquad (6.29)$$

Stellen wir nun die gleichen Überlegungen mit Licht an, d. h. wir dehnen unsere Betrachtung auf Photonen aus. Da sich Photonen immer mit Lichtgeschwindigkeit bewegen, muss jetzt anstelle von *v* die Lichtgeschwindigkeit *c* eingesetzt werden. Der Abstand r_{unten} vom Gravitationszentrum, ab dem sogar das Licht nicht mehr entkommen kann, liefert den Schwarzschildradius:

$$\frac{1}{2} \cdot c^2 = \frac{G \cdot M}{R_S} \text{ bzw. } R_S = \frac{2 \cdot G \cdot M}{c^2} \qquad (6.30)$$

Auch diese Umgehung der Feldgleichungen erkauft man durch einen Fehler. Der wesentliche Unterschied beim »Wurf« von Orangen und dem von Photonen liegt darin, dass Orangen mit steigender Höhe langsamer werden. Falls wir nicht stark genug werfen, wird ihre Geschwindigkeit im Umkehrpunkt sogar null, und ab da fallen sie beschleunigt wieder zu Boden. Photonen werden niemals langsamer! Beim Übergang von *v* zu *c* begehen wir den Fehler. Klassische Überlegungen an Grenzübergängen weiterzuführen ist gefährlich. Zur Warnung hat der englische Physiker Michael Berry ein sehr anschauliches Beispiel ersonnen: Nachdem man einen halben Apfel gegessen hat, findet man im Rest einen halben Wurm. Das ist eklig, weil man davon ausgehen muss, dass man den fehlenden halben Wurm mitverspeist hat. Hätte man einen Viertelwurm gefunden, wäre es noch ekliger, etc. Demnach müsste beim Grenzübergang, d. h. wenn man in der verbleibenden Apfelhälfte null Wurm findet, der Ekel am größten sein. Wie man sieht, ist bei der Extrapolation an Grenzübergängen Vorsicht geboten. Mit unserer Newtonschen Näherung hatten wir diesmal Glück, weil – wie bereits angesprochen – ART und Newtonsche Mechanik so eng miteinander verwandt sind.

Ähnlich dem Lorentzfaktor der SRT haben wir damit auch für die ART einen Korrekturfaktor für die Zeit bzw. die Längen gewonnen. In der SRT ist der Lorentzfaktor abhängig vom Verhältnis v^2 zu c^2. In der ART ist es außerhalb von kugelförmigen Massen das Verhältnis von Schwarzschildradius R_S zur radialen Entfernung *r* vom Gravitationszentrum, das den Ausschlag gibt, wie sich die Zeit im Gravitationsfeld ändert. Der Lorentzfaktor ist ab einer Relativgeschwindigkeit zwischen zwei Inertialsystemen von rund 20 Prozent der Lichtgeschwindigkeit nicht mehr zu vernachlässigen. Damit errechnet sich für den Quotienten v^2 dividiert durch c^2 ein Wert von 0,04. Frage: Wann erreicht das Verhältnis R_S zu r für kugelsymmetrische Massen diesen Wert? Bei der Erde sind wir meilenweit davon entfernt, denn deren Schwarzschildradius beträgt nur rund 9 Millimeter, und 9 Millimeter dividiert durch den mittleren Erdradius von 6378 Kilometern ergibt 1,4 mal 10^{-9}. Der relativistische Anteil beträgt also gerade mal ein Milliardstel. Das kann man getrost vergessen. Bei der Sonne – mit einem Radius von fast 700 000 Kilometern und einem R_S von rund drei Kilometern – ist der relativistische Anteil immer noch sehr klein, im Bereich von ein paar Millionsteln.

Der Schwarzschildradius wächst mit der Masse und die Größe eines Körpers nimmt mit der Dichte seiner Masse ab. Damit also der Vorfaktor deutlich zu Buche schlägt, bedarf es eines kompakten, massereichen Himmelskörpers. Versuchen wir es also mit einem Weißen Zwerg, dem Sternrest am Ende der Entwicklung von Sternen mit weniger als acht Sonnenmassen. Der uns nächstgelegene Weiße Zwerg ist Sirius B. Seine Masse ist vergleichbar mit der unserer Sonne, sein Radius beträgt allerdings nur 5600 km. Trotzdem beträgt für Sirius B das Verhältnis R_S zu r nicht mehr als rund fünf Zehntausendstel. Damit der Vorfaktor wirklich »zuschlägt«, benötigen wir also ein nochmals deutlich kompakteres Objekt. Was die Natur in dieser Kategorie zu bieten hat, sind Neutronensterne, die Sternenreste bzw. die verbleibenden »Sternleichen« am Ende der Entwicklung sehr massereicher Sterne. Im Mittel weisen Neutronensterne eine Masse von 1,5 Sonnenmassen bei einem Radius von rund zehn Kilometern auf. Damit liegt ihr Schwarzschildradius bei vier bis fünf Kilometern, und R_S zu r wächst auf Werte von 0,4 bis 0,5. Für einen weit entfernten Beobachter scheint also an der Oberfläche eines Neutronensterns die Zeit schon mal rund 30 Prozent (Wurzel nicht vergessen!) langsamer zu vergehen.

Für unsere weitere Wanderung behalten wir im Hinterkopf: Die Größe des Gravitationspotentials bestimmt, wie stark die Zeit für einen weit entfernten Beobachter scheinbar gedehnt wird.

Außerhalb von kugelförmigen Massen lässt sich das bequem mit dem Schwarzschildradius darstellen. Je näher wir uns am Gravitationszentrum befinden, desto langsamer scheint die Zeit zu vergehen. Mithilfe moderner Atomuhren lässt sich der Effekt bereits in unterschiedlichen Stockwerken eines Labors messen. Demnach vergeht – verglichen mit zu Hause – eine Woche Strandurlaub langsamer als eine Woche im Hochgebirge.

Dass die Zeit in Anwesenheit eines Gravitationspotentials langsamer vergeht, haben wir jetzt verstanden, aber wie soll man sich das vorstellen? Vielleicht hilft wieder das Äquivalenzprinzip. Also zurück in unsere Rakete. Wir werfen den »Passagier« raus um Platz für zwei Uhren zu schaffen. Beide Uhren sollen miteinander synchronisiert sein, d. h. auf beiden Uhren sollen die Sekundenzeiger gleichzeitig vorrücken. Die eine Uhr wird ganz oben in der Rakete montiert, die andere lassen wir auf dem Raketenboden stehen. Nach unserem Verständnis der ART müsste jetzt die obere Uhr schneller ticken, weil sie weiter vom Erdmittelpunkt entfernt ist. Tatsächlich ergibt sich der identische Effekt durch geeignete Beschleunigung im schwerelosen Raum. Betrachten wir dazu eine Rakete mit ausgeschaltetem Antrieb im Weltraum, fernab jedweder Gravitation. Auch hier montieren wir zwei synchronisierte Uhren. Nach jedem Ticken senden die beiden Uhren ein Lichtsignal um mitzuteilen, dass für sie gerade eine Sekunde vergangen ist. Das Signal benötigt zwar einen kurzen Augenblick, bis es bei der anderen Uhr angelangt ist, der Zeitraum zwischen zwei Signalen ist aber – da sind sich beide Uhren einig – immer exakt gleich. Keine Beschleunigung – kein Problem!

Los geht's – zünden wir das Triebwerk und beschleunigen mit »1 g«. Was passiert jetzt? Während das Signal von der oberen Uhr nach unten läuft, kommt ihm nun der Raketenboden entgegen (Abb. 6.10). Die am Boden stehende Uhr registriert daher das Signal, noch ehe dort eine Sekunde vergangen ist. Die obere Uhr scheint jetzt schneller zu ticken. Umgekehrt registriert die obere Uhr die Signale von unten verzögert, weil die Decke der Rakete jetzt dem von unten kommenden Signal davonfliegt, bevor es vom Photon eingeholt wird.

6.10 Zwei synchronisierte Uhren, eine am Boden und eine an der Spitze einer Rakete, senden nach je einer Sekunde ein Zeitsignal zur jeweils anderen Uhr. Schwebt die Rakete antriebslos im Raum (1), dann vergeht für beide Uhren die Zeit gleich schnell. Bewegt sich die Rakete nach Zündung des Triebwerks beschleunigt nach oben (2 bis 4), erscheint dem Beobachter an der unteren Uhr die Zeit an der oberen Uhr schneller zu vergehen.

Das Spiel wiederholt sich nun in jedem weiteren Zeitschritt. Zu Beginn sind jeweils beide Uhren gleich schnell unterwegs. Die obere Uhr kann also nur mit der Geschwindigkeit enteilen, die im jeweiligen Zeitschritt hinzugewonnen wird. Um wie viel wird die Rakete jeweils schneller? Um eine konstante Größe, die wir Beschleunigung nennen – das hätte Galilei gefallen. Die obere Uhr wird also aus Sicht der unteren konstant schneller ticken und umgekehrt die untere aus Sicht der oberen konstant langsamer.

So viel zur Zeit. Längen wiederum sind festgelegt durch die Zeit, die Licht benötigt, um sie zu durchfliegen. Entsprechend erscheinen auch sie um obigen Faktor verkürzt, vorausgesetzt, die Länge wird in radialer Richtung vom Gravitationszentrum aus gemessen. Eine Leiter, die auf der Erdoberfläche waagrecht am Boden liegt, d. h. auf einer Äquipotentialfläche, auf der die Zeit überall gleichermaßen vergeht, hätte aus Sicht eines weit entfernten Beobachters identische Sprossenabstände – wie sich das für eine gute Leiter gehört. Sobald man sie im Gravitationsfeld der Erde senkrecht aufstellt, würde der externe Beobachter, der ganz genau hinschaut, die Sprossenabstände von oben nach unten verkürzt wahrnehmen.

Wieder ist es die Lichtgeschwindigkeit, die Diva der Raumzeit, die Raum und Zeit durcheinanderbringt. Soll sie partout konstant sein, bleibt uns nichts anderes übrig, als Zeiten und Längen entsprechend »hinzubiegen«. So wie in der SRT für einen ruhenden Beobachter die Zeit im bewegten Bezugssystem langsamer vergeht und die Längen schrumpfen, so vergeht analog für einen (unendlich) weit vom Gravitationszentrum entfernten Beobachter scheinbar im starken Gravitationspotential die Zeit langsamer, und Längen werden kürzer. Außerhalb von kugelförmigen Massen dürfen wir den allgemeinen Faktor (6.17) vereinfachen zu

$$\sqrt{1-\frac{R_S}{r}} \text{ mit } R_S = \frac{2 \cdot G \cdot M}{c^2} \qquad (6.31)$$

Zeitdilatation und Längenkontraktion sind in der ART nicht symmetrisch. Das ist ein wesentlicher Unterschied zum Lorentzfaktor in der SRT. Der Lorentzfaktor wird bestimmt durch die Relativgeschwindigkeit, und die geht quadratisch ein – deshalb spielt ihr Vorzeichen keine Rolle. Der ART-Faktor wird bestimmt durch das Gravitationspotential Φ, und hier geht sehr wohl das Vorzeichen mit ein. Deshalb herrscht in der ART Einigkeit unter den Beobachtern, für wen die Zeit wie vergeht, nämlich an Punkten mit stärkerem Gravitationspotential langsamer als in Gebieten mit schwächerem. Mit diesen Regeln im Gepäck sollten wir unbeschadet durch das schwierige Terrain der ART gelangen. Trauen Sie sich heran an den Schwarzschildradius eines Schwarzen Loches – den sogenannten »Ereignishorizont«?

6.5 Schwarzschildmetrik
Was passiert am Ereignishorizont Schwarzer Löcher?

Mittlerweile sind wir bestens akklimatisiert an die Höhenluft in der ART. Einen spektakulären Gipfel haben wir allerdings noch ausgespart – die Tour zum Ereignishorizont.

Kommen wir zunächst nochmals auf den Begriff der Krümmung zu sprechen. Zweidimensional hatten wir damit keine großen Schwierigkeiten. Auch zweidimensionale Flächen, die wir in den dreidimensionalen Raum eingebettet haben, z. B. eine Kugeloberfläche oder eine Sattelfläche (Abb. 6.3), haben uns nicht vor große Probleme gestellt. Wir haben sie einfach aus vielen Teilflächen zusammengesetzt, die so klein waren, dass sie lokal als eben gelten konnten. In diesen Teilflächen galten dann die Gesetze der Euklidischen Geometrie, was die Mathematik lokal sehr vereinfacht hat. Anschließend mussten dann die Teilflächen so gekippt und gedreht werden, dass sie sich wieder zur Ausgangsfläche aneinanderfügen ließen. Dieses »Kippen und Drehen« war für uns ein Kriterium, das Ausmaß der Krümmung zu veranschaulichen.

Im Dreidimensionalen stoßen wir nun an die Grenzen unserer Anschauung, weil wir es nicht gewohnt sind, diese Objekte in einen vierdimensionalen Raum einzubetten. Mathematisch formal konnten wir das Krümmungsverhalten an einem bestimmten Punkt durch sechs Einträge in einem Tensor im Zaum halten. Sie legen das Krümmungsverhalten in den sechs Richtungen links, rechts, oben, unten, vorne und hinten fest. Wir würden einfach in alle sechs Richtungen einen Maßstab halten und schauen, was passiert. Aber kann man sich das auch irgendwie veranschaulichen? Zumindest bei einem symmetrischen Körper könnte es klappen. Nehmen wir unsere Erde als Kugel an, die gleichmäßig homogen mit Masse gefüllt sei. Die Erdoberfläche bildet eine Äquipotentialfläche, d. h. es gibt keinen Potentialunterschied – alle Punkte sind ja gleich weit vom Zentrum entfernt. Hier würde für einen entfernten Beobachter die Zeit überall gleich schnell vergehen, und ein horizontales Längenmaß würde überall gleich lang erscheinen. Denken wir uns nun die Erde zwiebelförmig aufgebaut aus Kugelschalen mit immer kleineren Radien. Auch auf jeder anderen Kugelschale, deren Radius etwas größer oder kleiner ist als der Erdradius, würde die Zeit jeweils gleich schnell vergehen, und horizontale Längenmaße wären identisch. Auf jeder einzelnen Schale scheint die Welt in Ordnung zu sein, aber die Schalen untereinander sind sich nicht einig, weil sie unterschiedlich weit vom Gravitationszentrum entfernt sind. Zudem befindet sich mit zunehmender Tiefe immer mehr Masse oberhalb der Schale – wir sind ja im Inneren der Erdkugel. Witzigerweise dürfen wir die Gravitationskraft trotzdem wieder so bestimmen, als wäre nur die Masse unterhalb der jeweiligen Schale entscheidend. Die Gravitation hebt sich nämlich überall im Inneren einer Hohlkugel weg. Am leichtesten ist das direkt im Zentrum zu verstehen – hier zieht die Gravitation offensichtlich gleichermaßen in alle Richtungen. An jedem anderen Punkt innerhalb der Hohlkugel befindet man sich zwar näher an der einen oder anderen Seite, und diese näher gelegene Masse zieht stärker, abhängig vom Quadrat des Abstandes. Gleichzeitig steigt aber auch die Masse an, die effektiv in die entgegengesetzte Richtung zieht, und zwar ebenfalls quadratisch mit dem Abstand. In Summe heben sich beide Effekte weg. Die Hohlkugel aus Gestein, die sich über einer beliebigen Kugelschale befindet, trägt also gravitativ nicht bei, und wir dürfen das Gravitationspotential wieder so berechnen, als wäre die gesamte restliche Masse im Zentrum vereint.

Allerdings schlägt bei der Bestimmung des Abstands r die Krümmung des Raumes zu. Man kann das schön zeigen, wenn man einen Maßstab nimmt und damit den Umfang einer Kugelschale ermittelt. Nehmen wir beispielhaft die Erdoberfläche mit ihrem Umfang $U = 2\pi \cdot r$. Wir bestimmen zunächst den Umfang, wie die Abb. 6.11 zeigt, indem wir den Maßstab entlang des Kugel-

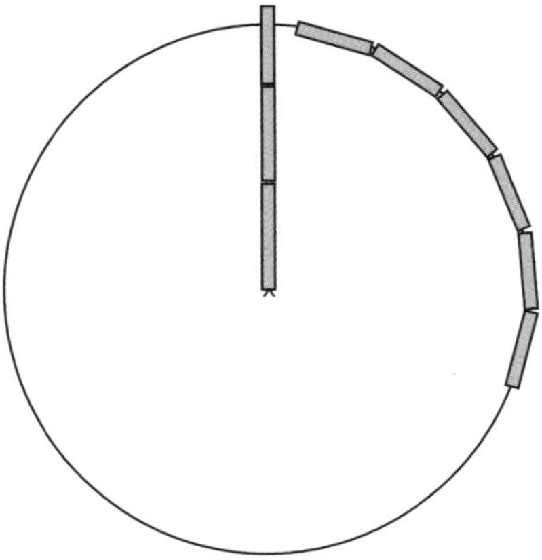

6.11 Man kann den Radius der Erde messen, indem man einen Maßstab bestimmter Länge mehrmals entlang des Erdumfanges *U* (Kreis) anlegt und *r* über die Beziehung $r = U/2\pi$ bestimmt. Man erhält jedoch einen anderen Wert für *r*, wenn man vom Erdmittelpunkt ausgehend den Radius durch Stapeln des Maßstabes bis zur Erdoberfläche bestimmt. Ursache dafür ist, dass der Maßstab, je nachdem in welcher Entfernung er sich vom Gravitationszentrum der Erde befindet, unterschiedlich lang erscheint.

umfangs Maßstablänge für Maßstablänge hintereinander anlegen und nach einer »Umrundung« der Kugel die Anzahl der angelegten Maßstäbe mit der Länge des Maßstabes multiplizieren.

Aus dem gemessenen Umfang ermitteln wir den theoretischen Radius der Erde unter Voraussetzung einer flachen Raumzeit:

$$r_{flach} = \frac{U}{2\pi} \tag{6.32}$$

Im nächsten Schritt ändern wir unsere Messmethode. Dazu bohren wir ein Loch senkrecht in die Kugel bis zu deren Mittelpunkt. Dann stapeln wir, beginnend am Mittelpunkt der Kugel, Maßstab für Maßstab, wie in der Graphik gezeigt, bis zur Kugeloberfläche. Doch jetzt sind die einzelnen Maßstäbe nicht mehr gleich lang! Denn je nachdem, in welcher Entfernung zum Gravitationszentrum der Kugel der Maßstab angelegt ist, befindet er sich in einem unterschiedlich großen Gravitationspotential, und die Krümmung schlägt zu. Der Maßstab nahe dem Kugelzentrum hat demnach eine andere Länge als einer nahe der Kugeloberfläche. Das Ausmaß der Längenänderung wird bestimmt durch den bereits bekannten Kontraktionsfaktor – wir müssen lediglich berücksichtigen, dass der Betrag des Gravitationspotentials im Inneren der Kugel mit dem Abstand vom Zentrum zunimmt. Messen wir also den Radius längs eines senkrechten Bohrlochs in der Kugel, so erhalten wir einen anderen Wert als bei der Bestimmung anhand einer Messung des Kugelumfanges.

$$r_{flach} \neq r_{Bohrloch} \tag{6.33}$$

Dieses Gedankenexperiment, am Beispiel der Erde durchexerziert, hat zum Ergebnis, dass der Bohrlochradius um 1,5 Millimeter größer ist als der aus dem Kugelumfang abgeleitete Radius. Machen wir das Gleiche mit der Sonne, so ist $r_{Bohrloch}$ schon um rund 500 Meter größer als r_{flach}. Im Gegensatz zu dem »berühmten« zweidimensionalen Gummituch, das durch eine darauf gelegte Masse eingedellt wird, veranschaulicht dieser Längenunterschied die Krümmung des Raumes unmittelbar. Zwar wird anhand des Gummituchs sofort klar, dass sich Längen und Wege im Bereich um die aufgelegte Masse ändern, doch bleibt dieses Beispiel stets zweidimensional. Der Versuch, diese Analogie auf drei Dimensionen zu übertragen, scheitert sehr schnell an der Hürde unseres eingeschränkten Vorstellungsvermögens.

Ein kugelsymmetrisches Gravitationspotential $\Phi(r)$ ist also leichter zu verstehen, wie wir am Beispiel unseres Planeten gesehen haben. Solange wir uns radial im Gravitationsfeld bewegen, lässt sich die Krümmung reduzieren auf eine Abhängigkeit vom Radius r, dem Abstand zum Gravitationszentrum. Das ist praktisch, weil neben unserer Erde auch viele andere Objekte im Universum, die wir gern besser verstehen würden, näherungsweise kugelförmig sind: Orangen, Planeten, Sterne, Weiße Zwerge, Rote Riesen, Neutronensterne und Schwarze Löcher. Sie haben freie Auswahl, welches Objekt Sie ins Gravitationszentrum stellen. Was auch immer Sie wählen, die folgende Betrachtung gilt für alle gleichermaßen, zumindest solange Sie sich außerhalb des Objekts aufhalten und es sich nicht außergewöhnlich schnell dreht. Dann dürfen wir so tun, als wäre die gesamte Masse im Zentrum vereint. Wie sieht nun die Metrik für diese Konstellationen konkret aus? Im flachen Raum gilt das Linienelement $ds^2 = -c^2dt^2 + dx^2 + dy^2 + dz^2$. Was ändert sich daran durch die Anwesenheit einer rotationssymmetrischen Masse? Die Lösung ist frappierend elegant: Wir können anstelle von $dx^2 + dy^2 + dz^2$ einfach dr^2 verwenden, d.h. wir denken uns eine Welt, die nur aus einer Geraden besteht, die direkt ins Gravitationszentrum weist. Genau das ist ja mit »rotationssymmetrisch« gemeint – vom Zentrum aus sieht das Gravitationsfeld in alle Richtungen gleich aus. Deshalb genügt es auch, nur eine Richtung zu betrachten. Kennst du eine, kennst du alle! Das vereinfacht die Angelegenheit dramatisch, es treten keine Winkel auf:

$$ds^2 = -c^2dt^2 + dr^2 \tag{6.34}$$

Natürlich fehlen jetzt noch die Masse bzw. die durch sie verursachte Krümmung der Raumzeit. Lassen wir also unseren ART-Faktor von der Leine:

$$\sqrt{1 - \frac{R_S}{r}} \tag{6.35}$$

Außerhalb von R_S, d.h. für $r > R_S$, ist der rote Bruch kleiner als 1 und ebenso die gesamte Wurzel. Wenn wir den Term mit dt multiplizieren, wird die Zeit also langsamer vergehen. Je näher wir an R_S heranrücken, umso kleiner wird der Faktor und umso langsamer vergeht die Zeit. Passt! Genau so soll es für einen externen Beobachter aussehen. Anschließend quadrieren wir das Ganze – schließlich haben wir es auf dt^2 abgesehen. Bei dr ist es genau an-

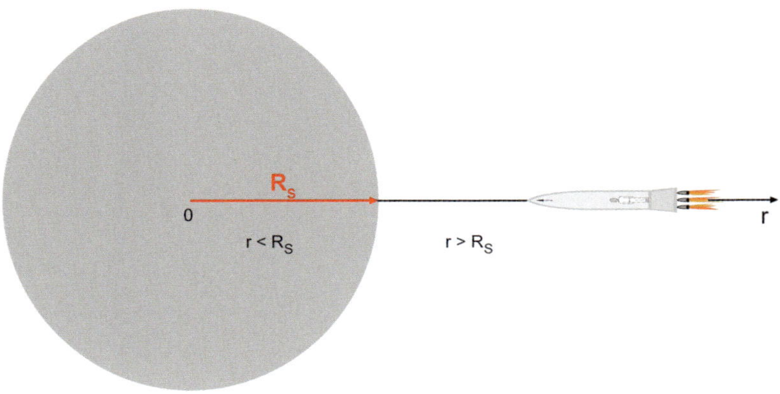

6.12 Ein Raumschiff stürzt radial auf eine Zentralmasse zu. Eingezeichnet ist der Schwarzschildradius der Zentralmasse.

dersherum – Längen sollen ja in radialer Richtung zum Gravitationszentrum hin größer werden, d. h. wir dividieren mit unserer Allzweckwaffe und quadrieren ebenfalls:

$$ds^2 = -\left(1 - \frac{R_S}{r}\right)c^2 dt^2 + \frac{1}{\left(1 - \frac{R_S}{r}\right)} dr^2 \qquad (6.36)$$

Das war es schon. So sieht das Linienelement der sogenannten Schwarzschildmetrik aus für ein Objekt, das sich geradlinig auf das Zentrum eines rotationssymmetrischen Gravitationsfeldes zubewegt. Jetzt gibt es allerdings noch einen bemerkenswerten Exoten unter den rotationssymmetrischen Gravitationsquellen, der sich im Universum eine Extrawurst brät. Seine Masse ist so kompakt, dass sie innerhalb des Schwarzschildradius Platz hat, genau genommen sogar in einem singulären Punkt im Zentrum. Deshalb kann man sich hier die Frage stellen, welche Metrik für $r < R_S$ Gültigkeit hat. Sie haben es längst erraten: Die Rede ist von einem Schwarzen Loch.

Betrachten wir zunächst das Problem wieder aus einer Position außerhalb des Schwarzschildradius. Hier haben wir ja schon eine Metrik gefunden. Sie zeigt bereits, dass am Schwarzschildradius, d. h. für $r = R_S$, die Zeit nicht mehr vergeht: Der Vorfaktor von dt^2 wird null. Für einen entfernten Beobachter würde sich ein auf das Schwarze Loch zufliegendes Raumschiff dem Ereignishorizont immer langsamer nähern und schließlich asymptotisch am Schwarzschildradius stehen bleiben. Der Beobachter sieht nicht, dass es in das Schwarze Loch fällt. Für den Piloten in dem Raumschiff stellt sich das jedoch anders dar: Er bemerkt nichts von dem Ereignishorizont – da ist ja kein Zaun oder eine Wand oder ein Schild mit der Aufschrift »Sie betreten die Zone ohne Wiederkehr«. Es ist nur eine berechnete, gedachte Grenze, über die das Raumschiff geradewegs hinwegfliegt. O.k., bemerkt hätte der Pilot die Auswirkungen des Schwarzen Lochs bereits außerhalb des Ereignishorizonts. Genau genommen wäre er mitsamt seinem Raumschiff immer weiter in die Länge gezogen worden. Das darf man nicht verwechseln mit der Längenverkürzung aus Sicht des externen Beobachters. Das Raumschiff hat eine endliche Ausdehnung,

d. h., der Bug ist näher am Schwarzen Loch als das Heck. Dadurch wirkt auf den vorderen Teil eine stärkere gravitative Anziehung. Genauso wirkt auch auf einen aufrecht gehenden Menschen eine stärkere Erdanziehung auf seine Füße als auf seinen Kopf, weil die Füße näher am Erdmittelpunkt sind.

In unserer Alltagswelt sind diese Effekte vernachlässigbar klein. Wir nehmen keinen Schaden, weil unsere Körper von viel stärkeren Kräften zusammengehalten werden. Die Gravitationskraft massiver Schwarzer Löcher spielt allerdings in einer ganz anderen Liga als unsere Erdanziehung. Die unterschiedliche Anziehungskraft zwischen Bug und Heck zieht das Raumschiff gnadenlos in die Länge. Man verwendet für diesen Effekt die treffende Bezeichnung »Spaghettifizierung«. Wider Erwarten ist die Spaghettifizierung am Ereignishorizont massereicher Schwarzer Löcher schwächer. Der Schwarzschildradius (Gleichung 6.31) wächst nämlich linear mit der Masse, während der Einfluss der Gravitation mit dem Quadrat der Entfernung abnimmt. Lässt man die Drehung Schwarzer Löcher außen vor, sind demnach dicke Brummer gutmütiger als ihre leichteren Zeitgenossen.

Auch das Licht, das aus allen Richtungen auf das Schwarze Loch einstürzt, wird immer weiter blauverschoben in immer höhere Energiebereiche. Sogar die ansonsten harmlosen Photonen der kosmischen Hintergrundstrahlung mutieren zu alles zerstörender Gammastrahlung.

Spaghettifiziert und gegrillt von harter Gammastrahlung – alles in allem ein sehr unwirtlicher Ort, so ein Ereignishorizont. Betrachten wir die Sache lieber aus sicherem Abstand. Das Zeitmaß im Linienelement der Schwarzschildmetrik (6.36) ist am Ereignishorizont null. Egal auf wie viele Zeiteinheiten auch immer ein Prozess angesetzt ist, hier am Schwarzschildradius ist der Maßstab, in dem diese Zeiteinheiten gemessen werden, null. Das ist es, was wir als »die Zeit steht still« bezeichnen. Und das zeigt nun endlich auch unserem Dickschädel im Universum, dem Licht, seine Grenzen auf. Auch am Ereignishorizont bewegen sich die Photonen mit Lichtgeschwindigkeit, d. h. mit 299 792,458 Kilometer pro Sekunde. Es gibt nur ein kleines Problem dabei: Die Sekunde vergeht nicht mehr. Ausgetrickst! Sogar die Photonen können diese extreme Krümmung der Raumzeit nicht mehr verlassen. Streng mathematisch zeigt sich das in einer unendlichen Rotverschiebung. Das Objekt ist schwarz.

Damit wissen wir aber immer noch nichts über das Innere des Ereignishorizonts. Welche Ereignisse auch immer dort ablaufen, es gelangt keine Information mehr nach draußen. Deshalb ja der eigenwillige Name.

Also zurück zum Linienelement der Schwarzschildmetrik (6.36). Das Zeitmaß wird bei $r = R_S$ null, und wie sieht es mit dem Längenmaß aus? Mit dr^2 verhält es sich gerade umgekehrt. Der Faktor vor dem Zeitmaß, der null wurde, steht ja beim Längenmaß im Nenner. Am Ereignishorizont müssten wir demnach durch null dividieren – da sträuben sich aber dem Mathematiker die Haare! Also hören wir kurz vor dem Ereignishorizont auf und begnügen uns mit der Feststellung, dass sich der Faktor vor dr^2 dem Grenzwert Unendlich nähert. Das wiederum bedeutet, dass bei einer Annäherung an den Ereignishorizont das Maß, mit dem Längen radial gemessen werden, gegen Unendlich geht.

Damit sind wir am Rand des Ereignishorizonts angekommen. Was nun? Udo Lindenberg glaubt, dass da noch nicht aller Tage Abend ist. In einem seiner Lieder behauptet er: »Hinterm Horizont geht's weiter«. Und in der Tat: Es geht weiter! Zumindest unsere mathematischen Fühler könnten wir noch ein wenig ins Innere des Ereignishorizonts ausstrecken. Was heißt »ins Innere«? Wir müssen in Gleichung (6.36) r kleiner als den Schwarzschildradius einsetzen, dann wird R_S/r größer als 1 und $(1 - R_S/r)$ wird negativ! Damit ändert sich das Vorzeichen des Zeitmaßes von Minus nach Plus. Umgekehrt ändert sich das Pluszeichen des Längenmaßes nach Minus. Das bedeutet: Raum- und Zeitkoordinate vertauschen im Linienelement das Vorzeichen! Während außerhalb des Schwarzschildradius die Zeit immer nur in eine Richtung, also »vorwärts«, in Richtung Zukunft, vergeht – ein Zurück gibt es nicht –, hat man nun innerhalb des Schwarzschildradius vollkommene Freiheit in der Zeit: zurück, vorwärts, in Schleifen hin und her, alles ist möglich. Anders bei der Raumkoordinate.

Außerhalb des Ereignishorizonts haben wir alle Freiheiten. Wir können uns vorwärts, rückwärts, nach oben oder unten bewegen, also ohne Einschränkung, wie wir wollen. Ist das Vorzeichen bei der Raumkoordinate jedoch umgedreht, dann gibt es diese Freiheit nicht mehr, und es ist nur noch eine einzige Richtung denkbar, nämlich die Richtung direkt auf das Zentrum des Schwarzen Loches, direkt in Richtung auf die Singularität! Der zentrale Sturz ins Zentrum des Schwarzen Loches ist unvermeidbar. Was außerhalb des Ereignishorizonts der »Zeitpfeil« war, ist innerhalb des Ereignishorizonts ein »Raumpfeil« geworden.

Es fällt wirklich schwer, sich hier loszureißen, aber es hilft alles nichts – wir müssen den Rückweg antreten. Ziehen wir noch ein kurzes Fazit: Es ist uns gelungen, mit einem relativ einfachen Ansatz die Metrik, bzw. das Linienelement am Ereignishorizont eines Schwarzen Lochs zu berechnen. Jetzt fehlt nur noch die experimentelle Bestätigung von Einsteins Allgemeiner Relativitätstheorie. Mehr dazu im Basislager.

6.6 Experimente und Beobachtungen

Wie wurde die Allgemeine Relativitätstheorie bestätigt?

Wie sieht es also aus mit den »Beweisen« zur ART? Sie ahnen, warum wir das Wort »Beweise« in Anführungszeichen gesetzt haben, denn eine wissenschaftliche Theorie lässt sich prinzipiell nicht beweisen. Man kann sie lediglich falsifizieren, will heißen: Solange sich eine Theorie nicht aufgrund neuer Erkenntnisse als unzutreffend oder fehlerhaft erweist, darf man sie und die auf der Grundlage dieser Theorie gemachten Vorhersagen als zutreffend erachten. Erst wenn der mehrfach bemühte »bunte Rabe« um die Ecke kommt, muss die Theorie zu einer Überarbeitung in die »Werkstatt« der Theoretiker. Gelingt es dort nicht, die Theorie mit dem neugewonnenen Wissen in Einklang zu bringen, so ist die Theorie ein Fall für den Papierkorb. So weit, so gut.

Um es gleich vorwegzunehmen: Es gibt kaum eine Theorie, die so oft, so intensiv und so akribisch experimentell hinterfragt wurde wie die ART. Und dennoch hat sie bis heute alle Prüfungen und Versuche, sie zu widerlegen, mit Bravour be- und überstanden. Mithin bleibt uns – bislang zumindest – nichts anderes übrig, als uns den in vieler Hinsicht teils bizarren Situationen zu stellen, welche die ART bei dem Versuch, die Welt zu verstehen, bereithält.

6.13 Sir Arthur Stanley Eddington (1882–1944)

Einen der ersten Versuche, die von der ART vorhergesagte Ablenkung von Licht im Gravitationsfeld einer Masse zu überprüfen, unternahm der britische Astrophysiker Sir Arthur Stanley Eddington (1882–1944). Die Gelegenheit dazu ergab sich durch die am 29. Mai 1919 auf der Insel Principe vor Westafrika zu beobachtende totale Sonnenfinsternis. Nach Eddingtons Überlegung sollte dicht an der Sonne vorbeilaufendes Licht ferner Sterne im Gravitationsfeld der Sonne durch die Krümmung des Raumes einen kleinen »Bogen« beschreiben. Normalerweise ist das nicht zu sehen, da die Sonne den Stern total überstrahlt. Doch bei einer Sonnenfinsternis sollte das gleißende Licht der Sonne weit genug abgedunkelt sein, um den schwach leuchtenden Stern erkennen zu können, von dem sich das Licht aufgrund der Raum-

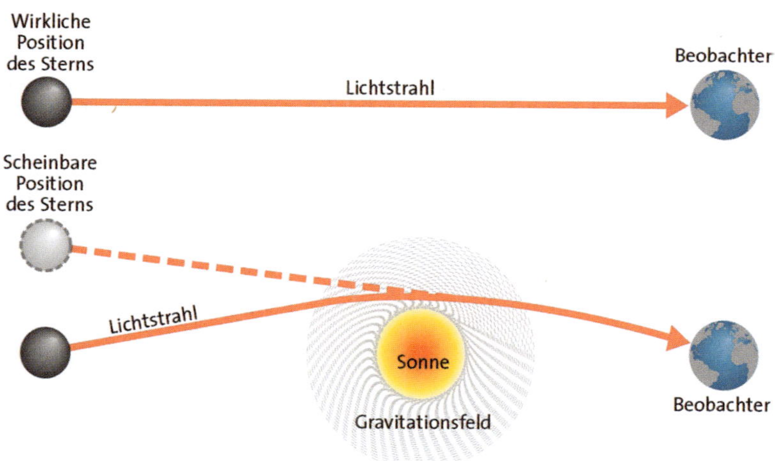

6.14 Oben: Lichtweg in Abwesenheit der Sonne.
Unten: Lichtablenkung im Gravitationsfeld der Sonne.

krümmung nicht geradlinig in unsere Richtung ausbreitet, so dass eine falsche Position der Lichtquelle vorgetäuscht wird. Vergleicht man später – nachdem die Sonne weitergezogen ist – diesen scheinbaren Sternort mit der wahren Sternposition am Nachthimmel, so kann man das Ausmaß der Lichtablenkung bestimmen.

Und tatsächlich: Der Grad der durch die Sonnenmasse verursachten Ablenkung stimmte im Rahmen der Messgenauigkeit mit den Berechnungen überein. Während der Sonnenfinsternis am 21. September 1922 in Australien wiederholte William Campbell vom Lick-Observatorium die Messungen mit deutlich höherer Präzision, und wiederum bestätigten sich Einsteins Vorhersagen aufs beste. Es waren diese Experimente, die der ART zum Durchbruch und dazu verhalfen, sich als ernstzunehmende Theorie zu etablieren.

Seit 1850 beschäftigte noch ein anderes Phänomen die Astronomen: die Bahn des Planeten Merkur. Normalerweise läuft ein Planet auf einer elliptischen Bahn um die Sonne, so wie es Kepler gezeigt hat. Das tut auch der Planet Merkur. Doch diese Ellipse dreht sich im Laufe der Jahrhunderte kontinuierlich in der Bahnebene des Planeten. Genauer gesagt: Es dreht sich das Perihel der Ellipse, weshalb man auch von einer Periheldrehung der Merkurbahn spricht. Als Perihel bezeichnen Astronomen den Punkt auf der Umlaufbahn eines Planeten, der den geringsten Abstand zu Sonne hat. Diese Periheldrehung führt dazu, dass der Planet im Laufe der Zeit eine Rosettenbahn beschreibt (Abb. 6.15). Die blauen Punkte im Bild markieren die Verschiebung des Perihels.

Warum es zu dieser Periheldrehung kommt, war den Astronomen klar. Es sind die anderen Planeten im Sonnensystem, vornehmlich die Venus und der Jupiter, die mit ihrer Gravitation am Merkur zerren und ihn bei jedem Umlauf um die Sonne etwas ablenken, so dass sich im Laufe der Zeit die charakteristische Bahnrosette einstellt. Man konnte sogar berechnen, wie groß diese Periheldrehung unter dem gravitativen Einfluss der Nachbarplaneten sein sollte. Die Rechnung ergab eine Periheldrehung von rund 531,6 Bogensekunden pro Jahrhundert. Doch zu beobachten ist eine Drehung von 574,6 Bogensekunden pro Jahrhundert,

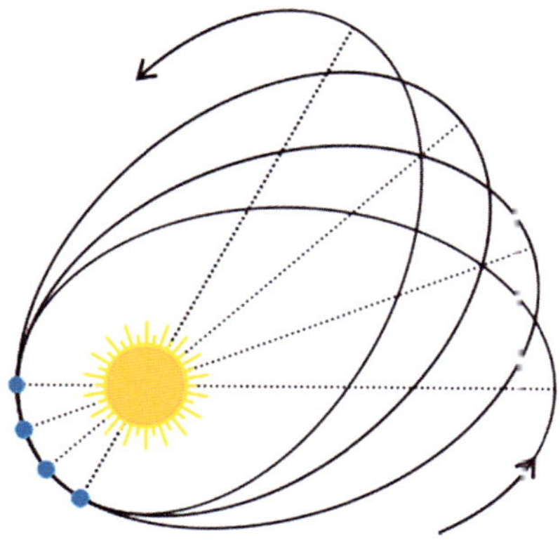

6.15 Drehung der Bahnellipse eines Planeten. In unserem Sonnensystem ist diese sogenannte Periheldrehung gut bei dem Planeten Merkur zu beobachten. Zum größten Teil wird sie durch die Massen der anderen Planeten verursacht, in geringerem Ausmaß auch dadurch, dass der Planet auf seiner Bahn unterschiedlich tief in das Gravitationsfeld der Sonne eintaucht.

also rund 43 Bogensekunden mehr als berechnet! Woher kommt diese Diskrepanz? Lange gab es darauf keine Antwort. Erst als Einstein seine ART vorlegte, wurde klar, was da geschieht. Verursacht wird die Differenz durch die unterschiedliche gravitative Wirkung der Sonnenmasse auf den Merkur. Kommt der Planet der Sonne im Perihel besonders nahe, so taucht er auch tiefer in deren Gravitationsfeld ein, relativistische Effekte verstärken sich, mit dem Ergebnis, dass er stärker abgelenkt wird als z. B. auf dem weit entfernten, dem Perihel gegenüberliegenden Bahnpunkt, dem sogenannten Aphel. Das funktioniert nur, weil der Merkur eine elliptische Bahn um die Sonne beschreibt. Wäre es eine Kreisbahn, so käme dieser Effekt nicht zustande. Demzufolge erfährt auch die Erdbahn eine Periheldrehung, doch aufgrund ihrer nahezu perfekten Kreisform in weitaus geringerem Ausmaß. Ändert sich in den nächsten Millionen Jahren nichts in unserem Sonnensystem, so wird sich die Bahnellipse des Merkur in rund 255 548 Jahren einmal um 360 Grad gedreht haben.

Die Periheldrehung ist umso stärker, je größer das Gravitationspotential ist. Entsprechend hält man im Universum ständig Ausschau nach geeigneten supermassiven Objekten, die von möglichst leuchtstarken Trabanten umkreist werden. Erst 2019 wurden wieder Daten eines B-Sterns veröffentlicht, der etwa 1500 Sonnenradien groß ist und mit drei Prozent der Lichtgeschwindigkeit um das 4,2 Millionen Sonnenmassen schwere Schwarze Loch im

Zentrum unserer Galaxie rast. Bei diesen Größenordnungen sind die relativistischen Effekte entsprechend deutlich. Die Periheldrehung der exzentrischen Bahn beträgt 12 Bogenminuten pro Umlauf. Sollte Sie das noch nicht beeindrucken, hilft ein Blick auf QJ287. Der Quasar in 3,5 Milliarden Lichtjahren Entfernung bringt unvorstellbare 18 Milliarden Sonnenmassen auf die Waage – entsprechend hat er eine Menge Material in einer Scheibe um sich versammelt. Sein Trabant ist zwar nicht sonderlich leuchtstark – genauer gesagt ist es ein zweites Schwarzes Loch mit 100 Millionen Sonnenmassen –, aber alle zwölf Jahre rauscht er zweimal kurz hintereinander durch die Akkretionsscheibe. Einmal von oben nach unten und wieder zurück. Und wenn ein 100 Millionen Sonnenmassen schweres Schwarzes Loch durch die Akkretionsscheibe eines 18 Milliarden Sonnenmassen schweren Quasars rast, dann sieht man das! Die Periheldrehung beträgt 39 Grad pro Umlauf!

Noch ein Wort zu den Akkretionsscheiben um Schwarze Löcher. Sie entstehen durch einstürzendes Material, das auf nahezu Lichtgeschwindigkeit beschleunigt wird, sich dabei durch Rei-

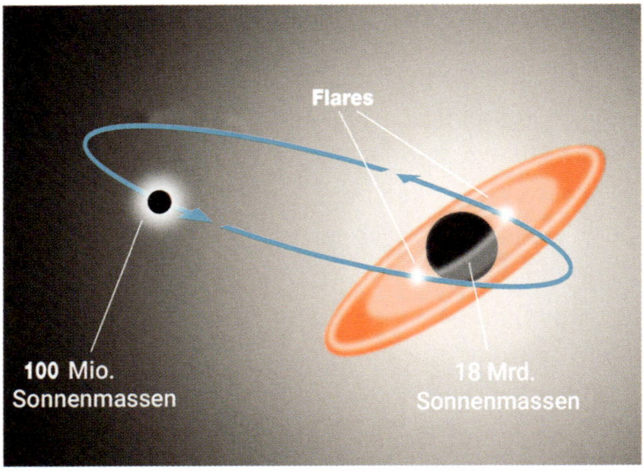

6.16 Der Quasar QJ287 (18 Milliarden Sonnenmassen) in 3,5 Milliarden Lichtjahren Entfernung. Alle zwölf Jahre kreuzt ein Schwarzes Loch (100 Millionen Sonnenmassen) die Akkretionsscheibe des Quasars. Anhand der entstehenden Lichtblitze lässt sich die Periheldrehung des Schwarzen Lochs auf 39 Grad pro Umlauf bestimmen.

bung stark erhitzt und Licht abstrahlt, so dass die Scheiben hell leuchten. Da sich das leuchtende Plasma außerhalb des Ereignishorizonts befindet, kann diese Strahlung auch von unseren Teleskopen empfangen werden.

Im April 2019 ist es sogar gelungen mit Hilfe eines Kontinente überspannenden Netzwerkes aus Radioteleskopen – des sogenannten »Event Horizon Telescope« –, erstmals ein »Foto« eines Schwarzen Lochs samt Akkretionsscheibe zu schießen. Das extrem massereiche Objekt befindet sich im Zentrum der Galaxie M87, 55 Millionen Lichtjahre entfernt. Der Verbund zu einem gewaltigen virtuellen Empfänger ermöglicht eine Auflösung von beeindruckenden 20 Mikro-Bogensekunden. Damit könnte man von Deutschland aus eine Zeitung in New York lesen. Anhand der Aufnahme lässt sich der Schwarzschildradius des Objekts auf 19,8 Milliarden Kilometer abschätzen. Wie wir bereits wissen, hängt der Schwarzschildradius R_S linear von der Masse ab, und da ein Radius von 3 Kilometern einer Sonnenmasse entspricht, ergibt sich die Masse des Schwarzen Lochs zu 19,8 Milliarden geteilt durch 3 gleich 6,6 Milliarden Sonnenmassen.

Von solchen Daten und Aufnahmen hätte Einstein nur träumen können. Aber die Bestätigung der Lichtablenkung im Gravitations-

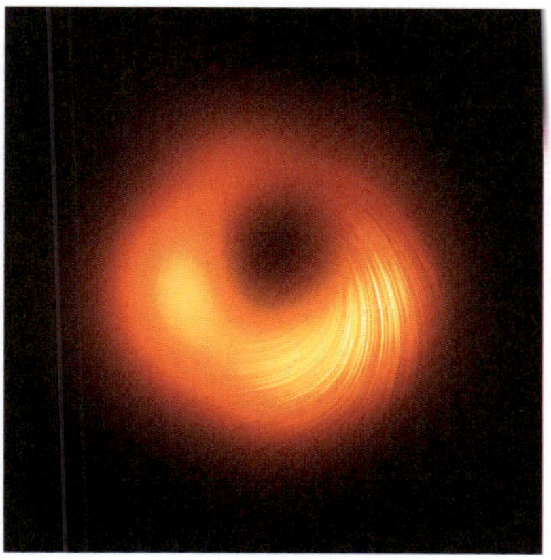

6.17 Bild des Schwarzen Lochs in der Galaxie M87 und seiner Akkretionsscheibe. Der Radius der dunklen Fläche im Zentralbereich entspricht etwa dem 2,6-fachen Schwarzschildradius. Der hellere Bereich visualisiert die Rotation des Schwarzen Loches. Der untere Bereich rotiert auf uns zu, wodurch den entfliehenden Photonen etwas mehr Energie zur Verfügung steht, während der obere Bereich von uns weg rotiert und deshalb dunkler erscheint. Die Linien stilisieren die Ausrichtung der Polarisation der Photonen – daraus lässt sich die Stärke des Magnetfeldes ableiten.

feld der Sonne und die Erklärung der Differenz bei der Periheldrehung der Merkurbahn reichten aus, um ihn – sozusagen über Nacht – zum Superstar der theoretischen Physik zu machen. Wer mehr über den Menschen Einstein und sein Leben erfahren möchte, dem können wir einen Videobeitrag des Physiker und Wissenschaftshistorikers Ernst Peter Fischer empfehlen, der auf unserem YouTube-Kanal »Urknall, Weltall und das Leben« unter dem Titel »Portrait Albert Einstein« zu finden ist.

Doch nun zum nächsten Experiment zur Bestätigung der ART. Die Idee dazu geht zurück auf den amerikanischen Astrophysiker Irwin I. Shapiro. Wenn Licht im Gravitationsfeld einer Masse eine Ablenkung erfährt, so seine Überlegung, so sollte das generell für elektromagnetische Wellen gelten, denn Licht ist ja auch nichts anderes als eine elektromagnetische Welle. Man könnte also Radarimpulse auf die Venus schicken und die Zeit messen, die vergeht, bis die Signale nach der Reflexion an dem Planeten wieder auf der Erde ankommen. Schiebt sich, während die Signale hin- und herlaufen, die Sonne zwischen Erde und Venus, dann sollte, wenn die Vorhersagen der ART stimmen, der Weg der Radarstrahlen im Gravitationsfeld der Sonne eine Krümmung erfahren, so dass es zu einer Laufzeitverlängerung kommen sollte. Den Berechnungen zufolge sollte sich der Weg der Signale um rund 37 Kilometer verlängern. 1968 wurde dieses Experiment von Shapiro durchgeführt. Abb. 6.18 zeigt das Ergebnis.

Insgesamt lief das Experiment rund 600 Tage. Zu Beginn der Messperiode stand die Sonne seitlich des Signalweges zwischen Erde und Venus, schob sich dann in den folgenden 300 Tagen genau zwischen die beiden Planeten, um dann wieder 300 Tage lang aus der »Sichtlinie« Erde-Venus herauszuwandern. Da das Signal am Anfang und am Ende der Messperiode weit seitlich an der Sonne vorbeistrich, erfuhr es zu diesen Zeitpunkten auch keine Laufzeitverlängerung. Erst als die Sonne der Sichtlinie Venus–Erde immer näher kam, wurde der Signalweg zunehmend gekrümmt, und die Laufzeit verlängerte sich. Wie aus der Graphik ersichtlich, stellte sich die maximale Laufzeitverlängerung ein,

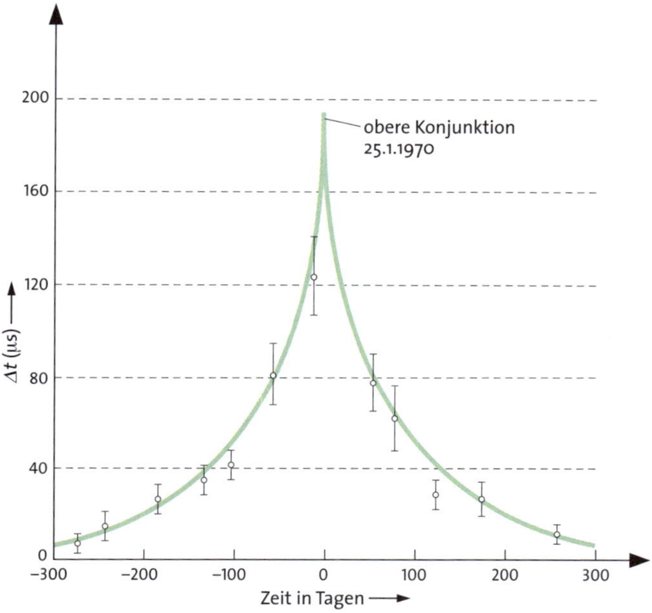

6.18 Das sogenannten Shapiro-Experiment beweist, dass der Weg, den das Signal nimmt, im Gravitationsfeld einer Masse eine Krümmung erfährt, so dass es zu einer Laufzeitverlängerung kommt. In Shapiros Experiment verursachte das Gravitationsfeld der Sonne die Bahnkrümmung eines von der Erde zur Venus und wieder zurück laufenden Radarsignales.

wenn die Sonne den Weg der Signale kreuzte und die Signale nahe am Sonnenrand vorbeiliefen. Obwohl die Messungenauigkeit bei diesem Experiment noch rund drei Prozent betrug, konnte Shapiro, in passabler Übereinstimmung mit den Berechnungen, eine Laufzeitverlängerung von rund 180 Mikrosekunden messen. Bis 2002 wurde das Experiment noch viele Male wiederholt, wobei man die Signale nicht mehr zur Venus schickt, sondern die Raumsonden Mariner, Viking und zuletzt Cassini als Reflektoren benutzte. Insbesondere bei den letzten Messungen hat man eine Genauigkeit von etwa 0,001 Prozent erreicht.

Nochmals zurück zu den Ergebnissen des Venus-Experiments. Vielleicht ist es Ihnen aufgefallen: Wenn sich der Signalweg längs der Sonne, wie berechnet, um rund 37 Kilometer vergrößert hat, sollte das Experiment eine Laufzeitverlängerung von rund 120 Mikrosekunden liefern. Gemessen wurde aber eine Verlängerung von rund 180 Mikrosekunden (Abb. 6.18). Diese Abweichung übersteigt die Messungenauigkeit bei weitem. Zurückzuführen ist diese Diskrepanz auf den Umstand, dass die Zeit für das elektromagnetische Signal beim Passieren des Gravitationsfeldes der Sonne, wie wir schon erfahren haben, langsamer vergeht. Das Shapiro-Experiment bestätigte also gleich zwei von der ART vorhergesagte Effekte: zum einen die Krümmung des Raumes und zum anderen die Zeitdilatation im Schwerefeld einer Masse.

Die bislang aufgeführten Experimente fanden alle weitab von der Erde, teils sogar auf Wegen im interplanetaren Raum statt. Dabei steht immer zu befürchten, dass sich, z. B. aufgrund der Anwesenheit anderer Planeten, Messfehler einschleichen. Um da auf der sicheren Seite zu sein, war ein Experiment auf der Erde, beispielsweise in einem Labor, erstrebenswert.

Ein derartiges Experiment gelang 1960 den beiden Physikern Robert Pound (1919–2010) und seinem Assistenten Glen Rebka (1931–2015) an der Harvard University. Die Idee dazu beruht auf Einsteins Vorhersage, dass Licht, das in ein Gravitationspotential fällt, Energie gewinnen muss bzw. an Energie verliert, wenn es ein Gravitationspotential verlässt. Für ihr Experiment nutzten Pound und Rebka das Gravitationspotential der Erde. Dazu brachten sie am Boden des zur Universität gehörenden 22,56 Meter hohen Jefferson-Turmes eine Strahlenquelle an und am oberen Ende des Turmes einen Empfänger. Als Strahlenquelle verwendeten sie eine Kobalt-57-Probe, deren Atome in angeregte Eisen-57-Atome zerfallen, die ihrerseits unter Emission eines Gamma-Quants, also eines Photons, in den Grundzustand von Eisen-57 übergehen. Die Energie dieser Photonen beträgt 14,4 Kilo-Elektronenvolt (keV), entsprechend einer Frequenz von $3{,}48 \cdot 10^{18}$ Hertz. Als Absorber an der Turmspitze diente eine Folie aus auf 32 Prozent Fe-57 angereichertem Eisen.

Wir wissen, dass die Energie E eines Photons durch dessen Frequenz v bestimmt wird, wobei gilt: $E = h \cdot v$, mit h gleich dem Planckschen Wirkungsquantum. Wenn also das Photon vom Boden des

6.19 Glen Rebka an der Röntgenquelle am Boden des Jefferson-Turms

Turmes zum Empfänger unter dem Dach des Turmes läuft, dann muss es gewissermaßen gegen das Gravitationspotential der Erde anlaufen, wobei es Energie verliert. Da sich aber das Photon immer mit Lichtgeschwindigkeit bewegt, kann sich der Energieverlust nur in einer Verringerung der Frequenz ν bemerkbar machen. Die Änderung der Frequenz ist also proportional zur Energieänderung mit h als Proportionalitätskonstante, d.h. $\Delta E = h \cdot \Delta\nu$.

Tun wir wieder so, also würden sich Photonen im Gravitationsfeld der Erde wie massive Teilchen verhalten, so gelangen wir zu einer einfachen Abschätzung dieser zu erwartenden Rotverschiebung. Die potentielle Energie $m \cdot g \cdot h$ (bitte hier und in (6.38) die Höhe h über der Erdoberfläche nicht mit dem Planckschen Wirkungsquantum h verwechseln) muss überwunden werden, d.h. $\Delta E = h \cdot \Delta\nu = m \cdot g \cdot \Delta h$. Da andererseits $E = m \cdot c^2$ ist, dürfen wir für m schreiben:

$$m = \frac{h \cdot \nu}{c^2} \qquad (6.37)$$

Eingesetzt erhalten wir

$$h \cdot \Delta\nu = \frac{h \cdot \nu}{c^2} \cdot g \cdot \Delta h \text{ bzw. } \frac{\Delta\nu}{\nu} = \frac{g \cdot \Delta h}{c^2} \qquad (6.38)$$

Damit haben wir uns wieder an den Feldgleichungen vorbeigemogelt und eine einfache Abschätzung für die Frequenzänderung gewonnen, die Licht erfährt, wenn es sich im Gravitationspotential der Erde radial vom Gravitationszentrum entfernt. Setzt man für die Erdbeschleunigung g und für die Lichtgeschwindigkeit c die geltenden Werte ein und für Δh die Höhe des Turmes von 22,56 Metern, so liefert die Formel als Ergebnis:

$$\frac{\Delta\nu}{\nu} \approx 2{,}5 \cdot 10^{-15} \qquad (6.39)$$

Und zu welchem Ergebnis kamen die Experimentatoren? Die haben es nicht dabei belassen, das Licht nur nach oben zur Turmspitze zu schicken, sondern sie sandten es auch, nach einer Vertauschung der Positionen von Sender und Empfänger, nach unten. Doch welchen Weg auch immer das Licht nahm: In beiden Fällen stimmte das Messergebnis sehr genau mit dem berechneten Wert überein.

Nochmals zurück zum Experiment. Die kurze Beschreibung vermittelt fälschlicherweise den Eindruck, die Versuchsdurchführung sei recht einfach gewesen. Doch das Gegenteil ist der Fall. Allein der Wert des Ergebnisses zeigt, dass die Messung mit extremer Genauigkeit zu erfolgen hatte. Die Möglichkeiten der damaligen Messtechnik mussten die Forscher also voll ausreizen. Sodann war darauf zu achten, dass die Photonen auf ihrem Weg möglichst wenig an Luftmolekülen gestreut werden. Um die Streuung zu minimieren, bauten die Experimentatoren einen Foliensack im Turm ein, der ständig mit Helium gespült wurde. Außerdem musste man verhindern, dass die Linienbreite der streng monochromatischen Gamma-Strahlung durch die thermische Bewegung der Moleküle der Quelle verbreitert wurde. Das war nur durch eine starke Kühlung des Experiments zu erreichen. Doch der schwierigste Teil kommt noch: Das Experiment war so ausgelegt, dass die

Absorption der Strahlung am Empfänger nur »resonant« erfolgen konnte. Das bedeutet, dass der Empfänger nur Photonen absorbieren konnte, die die gleiche Wellenlänge besaßen wie die von der Quelle emittierten Gammaquanten. Da jedoch die am Empfänger ankommenden Photonen, verursacht durch die »Aufwärtsbewegung« im Gravitationspotential der Erde, einen Energieverlust erlitten, d. h. eine niedrigere Frequenz als die emittierten Photonen besaßen, konnten sie vom Empfänger nicht absorbiert bzw. registriert werden. Zur Lösung dieses Problems kamen Pound und Rebka auf die Idee, die Frequenzverschiebung durch den Dopplereffekt zu kompensieren. Dazu musste die Quelle während der Messungen in Richtung Absorber bewegt werden. Die Geschwindigkeit v, mit der diese Bewegung zu erfolgen hatte, musste gerade so groß sein, dass die Doppler-Blauverschiebung der von der Quelle emittierten Photonen die Frequenzerniedrigung im Gravitationspotential genau ausglich. Diese Geschwindigkeit v kann man berechnen, die Formel dazu, auf deren Herleitung wir hier nicht eingehen, lautet:

$$v = \left(\frac{c^2}{g \cdot h} - 1 \right)^{-1} \cdot c \qquad (6.40)$$

Wenn es also gelingt, die Geschwindigkeit v zum Zeitpunkt der maximalen Absorption zu bestimmen, dann kann man auch den entsprechenden Wert der Dopplerverschiebung und damit die Frequenzverschiebung im Gravitationspotential berechnen. Dazu montierten die Experimentatoren die Quelle auf eine Plattform, die mit unterschiedlichen Frequenzen sinusförmig auf- und abbewegt wurde. Das gesuchte v ergab sich aus der Geschwindigkeit der Plattformbewegung zum Zeitpunkt der maximalen Absorption. Wir meinen: Das ist ganz schön tricky!

Abschließend noch eine letzte experimentelle Bestätigung der Vorhersagen zur ART: Gravitationswellen. Wie kommt es zu diesen Dehnungen und Stauchungen der Raumzeit? Nichts und niemand in diesem Universum kann Information schneller verbreiten als mit Lichtgeschwindigkeit. Das gilt auch für die Gravitation. Könnte man beispielsweise unsere Sonne in diesem Augenblick wegzaubern, so würden wir die Auswirkungen, sowohl was das Licht anbelangt als auch die ausbleibende gravitative Wirkung, erst mit achteinhalb Minuten Verspätung bemerken. So lange wäre die Information »die Sonne ist weg« unterwegs, bis sie uns erreicht. Könnten wir mit einem anderen Zauberspruch die Sonne periodisch um eine bestimmte Strecke quer zur Sichtlinie nach oben und nach unten versetzen, so würde auch die Information »die Sonne zieht ein bisschen weiter nach oben oder unten« erst mit der genannten zeitlichen Verzögerung bei uns eintreffen und ihre Wirkung entfalten: Wir würden auf unserer Umlaufbahn wie eine Boje im Wasser rauf- und runterschaukeln. Bis der Mars die Bewegung nachvollziehen würde, müsste man aufgrund seiner größeren Entfernung zur Sonne noch etwas länger warten – so lange eben, bis die Information auch ihn mit Lichtgeschwindigkeit erreicht hat. Beim Jupiter noch länger, usw. Für einen weit entfernten Beobachter würde es so aussehen, als liefe eine Welle »gravitativer Wirkung« durch unser Sonnensystem, welche die Planeten der Reihe nach ins Schaukeln versetzt. Das ist natürlich stark vereinfacht gedacht, im Weltbild der Newtonschen Mechanik. Im Bild der Allgemeinen Relativitätstheorie wird dieses Schaukeln durch Änderungen der Raumzeitkrümmung vermittelt. Diese sich ausbreitenden Krümmungsänderungen nennen wir Gravitationswellen.

Einstein hatte dieses Phänomen bereits sehr früh vorhergesehen, aber lange Zeit galt es als unmöglich, derart geringe Längenänderungen nachzuweisen. Aber in der Wissenschaft sollte man nie »nie« sagen. Am 14. September 2015 war es dann doch so weit. Empfangen wurden die Schwingungen der Raumzeit von zwei Gravitationswellendetektoren in den USA, der eine in Hanford (Washington), der andere in Livingston (Louisiana). Wie die Experimentatoren berichteten, entstanden diese Wellen bei der Verschmelzung zweier Schwarzer Löcher. Die ausgefeilte Konstruktion der beiden als Laserinterferometer ausgelegten Detektoren, die im Wesentlichen aus zwei zueinander senkrecht angeordneten Armen von rund je vier Kilometer Länge bestehen, erlaubte es, selbst Längenänderungen der Arme herab bis zu etwa einem Zehntausendstel des Durchmessers eines Protons zu messen. Das

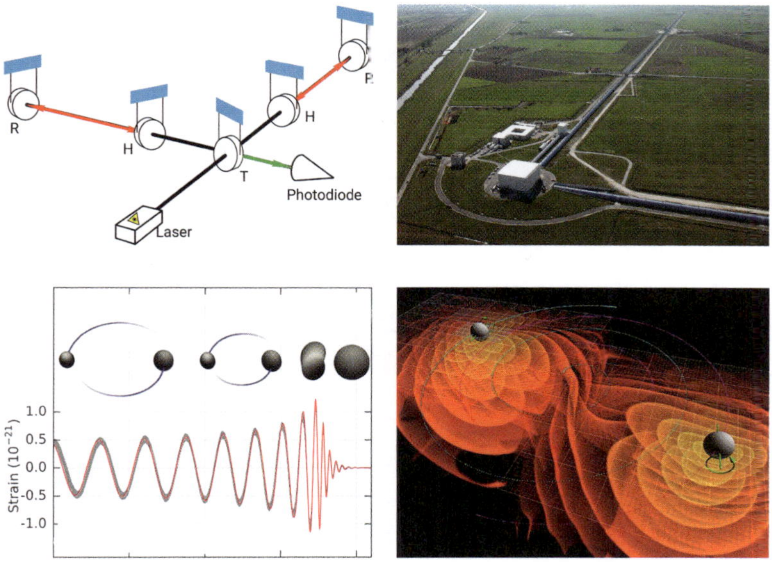

6.20 Links oben: Schema eines Laserinterferometers. Ein Laserstrahl wird am halbdurchlässigen Spiegel T in zwei Arme aufgeteilt und an den massiven Spiegeln R reflektiert. Die Spiegel werden so justiert, dass die rücklaufenden Strahlen sich auf der grünen Strecke auslöschen. Verändert eine Gravitationswelle die Armlängen, wird die destruktive Interferenz aufgehoben, wodurch die Photodiode Helligkeit nachweist. Zur Erhöhung der Genauigkeit werden die Lichtstrahlen zwischen R und H jeweils vielfach reflektiert. Durch Messungen an verschiedenen Orten können lokale Erschütterungen herausgerechnet werden. Rechts oben: Ansicht des Gravitationswellendetektors Virgo in Italien. Links unten: Schwingungen der Raumzeit, verursacht durch die Verschmelzung zweier Schwarzer Löcher (rechts unten). Das gemessene Signal erhöht sowohl seine Frequenz als auch seine Amplitude, bis die Schwarzen Löcher final ein neues, annähernd rotationssymmetrisches Objekt gebildet haben.

entspricht einem Längenunterschied der beiden Arme von rund 10^{-22}! Selbst Einstein, obwohl er von der Existenz von Gravitationswellen überzeugt war, glaubte nicht, dass man Gravitationswellen jemals würde detektieren können. Er konnte sich nicht vorstellen, dass man einmal so genau messen können würde.

Wie auch immer: Dieser spektakuläre Erfolg ist wohl der überzeugendste in der langen Reihe der zur Bestätigung der ART durchgeführten Tests. Eigentlich hatte man die Existenz von Gravitationswellen ja schon lange vorher nachgewiesen. Bereits in

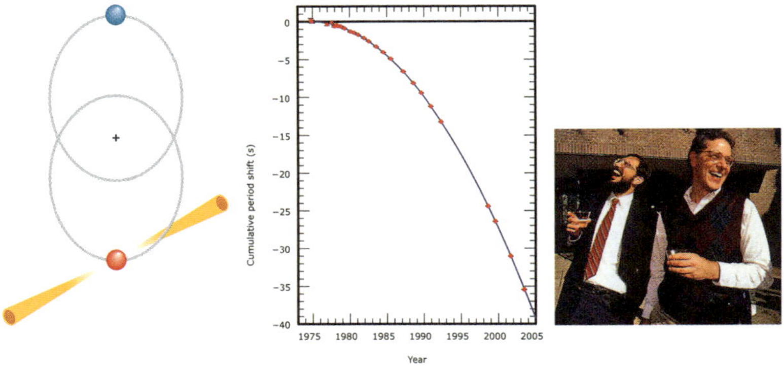

6.21 Links: Binärpulsar PSR 1913+16. Mitte: Messwerte (rot) und Prognose der ART (blaue Linie). Rechts: Russell Hulse und Joseph Taylor auf der Nobelpreis-Party.

den 70er-Jahren hatten Russell Hulse und Joseph Taylor das Signal eines 21 000 Lichtjahre entfernten Pulsars untersucht.

Das Gepiepse von 17 Signalen pro Sekunde im Radiobereich zeigte minimale Schwankungen. Offensichtlich kreist der Pulsar um einen stummen Begleiter, einen Neutronenstern. Auf seiner elliptischen Bahn befindet sich der Pulsar manchmal näher zur Erde, manchmal ist er weiter entfernt. Dadurch entsteht eine Laufzeitänderung, ganz ähnlich, wie wir es schon bei Olaf Römer gesehen haben. Allein aus dieser Schwankung ließ sich der Binärpulsar in allen Details bestimmen: Masse der beiden Objekte, Umlaufdauer, Bahnen etc. Doch damit nicht genug. Dank der extremen Präzision, mit der Pulsare ihre Signale senden, konnten die Wissenschaftler zeigen, dass sich die Bahndaten ein wenig ändern. Pro Jahr rücken die Partner um 3,5 Meter näher zueinander. Die Masse des Pulsars muss sich ändern, weil er Energie abstrahlt – doch dieser Energiebetrag war um einen winzigen Betrag zu gering. Diese Differenzenergie entsprach genau der Energie der Gravitationswellen, die das System gemäß der ART abstrahlen sollte. Nur unter Berücksichtigung aller relativistischen Effekte konnten die theoretischen Berechnungen mit den Beobachtungsdaten zur Deckung gebracht werden. 1994 gab es dafür den Nobelpreis. Und da haben die Sektkorken geknallt. Das war aber nur ein indirekter Nachweis für die Existenz von Gravitationswellen. Der aktuelle

Nachweis von 2015 ist natürlich um einiges spektakulärer. Übrigens gab es 2017 auch dafür einen Nobelpreis.

Mehr zu Gravitationswellen finden Sie in der Playlist mit diesem QR-Code:

Fazit: Einsteins Theorie hat bislang alle angestellten Tests mit Bravour bestanden. Mithin gehört die ART wohl zu den am besten bestätigten Theorien überhaupt.

6.7 Eigenzeit

Gibt es auch in der ART ein Extremalprinzip?

Nachdem wir uns nun mit der SRT und der ART schrittweise vertraut gemacht haben und viele wertvolle Details zu ihren Wirkungen sammeln konnten, kehren wir wieder zu unserer Ausgangsfrage zurück. In der Newtonschen Mechanik wähnten wir uns auf einem sehr erfolgversprechenden Weg, die Welt zu verstehen, weil wir das übergeordnete Prinzip der minimalen Wirkung gefunden hatten. Ist das jetzt der konstanten Lichtgeschwindigkeit zum Opfer gefallen? Im Grenzbereich kleiner Relativgeschwindigkeiten und schwacher Gravitationspotentiale sollten sich doch Newton und Einstein einig sein – da sollte das Prinzip der minimalen Wirkung greifen. Gibt es vielleicht sogar eine Möglichkeit, sowohl die SRT als auch die ART vollständig in das Prinzip zu integrieren? Das wäre ein großer Wurf!

Die klassische Mechanik wird bestimmt von den Newtonschen Gesetzen. Körper verharren in Ruhe bzw. bewegen sich mit konstanter Geschwindigkeit, solange keine Kräfte auf sie einwirken. Erst unter dem Diktat von Kräften ändert sich ihre Bahn, ändern sich Geschwindigkeit und Impuls. Wir erinnern uns an Galileo Galilei, der die Bewegungsgleichung eines Körpers unter dem Einfluss der Erdanziehungskraft herleiten konnte. Und wir erinnern uns an den italienischen Mathematiker und Physiker Joseph-Louis de Lagrange, der davon überzeugt war, dass sich die Natur ökonomisch und rational verhält und nur Teilchenbahnen »unterstützt«, bei denen eine bestimmte Größe (Energie mal Zeit), die sogenannte Wirkung S, kleiner ist als längs aller möglichen anderen Bahnen. Das hat uns ja zum Prinzip der minimalen Wirkung geführt. Diese Überlegungen gipfelten in dem von Lagrange und Hamilton erarbeiteten Lagrange-Formalismus, mit dessen Hilfe, allein anhand der Kenntnis der bei einem Prozess auftretenden kinetischen und potentiellen Energien, die Bewegungsgleichung eines Teilchens herzuleiten ist. Weil es so wichtig ist, wiederholen wir kurz das Prozedere.

Also, wie war das noch mit dem Lagrange-Formalismus? Zunächst musste man die sogenannte Lagrange-Funktion L aufstellen, die gleich der Differenz aus kinetischer Energie E_k und potentieller Energie E_p ist. Es gilt also

$$L = E_K - E_P \tag{6.41}$$

Für die potentielle Energie können wir ein beliebiges Potential setzen, das wir V nennen wollen. Zusammen mit kinetischer Energie lautet damit die Lagrange-Funktion:

$$L = \frac{1}{2} m \cdot v^2 - V \tag{6.42}$$

Da Energie mal Zeit gleich der Wirkung S ist, mussten wir L über die Zeit t integrieren, so dass wir den Ausdruck

$$S = \int L \cdot dt \tag{6.43}$$

erhielten. Entsprechend dem Prinzip der minimalen Wirkung sollte dieser Ausdruck minimal sein:

$$S = \int \left(\frac{1}{2} m \cdot v^2 - V \right) dt \rightarrow MIN \tag{6.44}$$

Diese Gleichung legt fest, welche Bahn ein Objekt in einem Potential V unter allen möglichen Bahnen tatsächlich beschreibt. Falls uns das Potential zu kompliziert wurde, haben wir problematische Terme linearisiert gemäß $(1-x)^n \approx 1 - n \cdot x$.

Zudem hatten wir gesehen, dass die Geschwindigkeit v, die im Ausdruck für die kinetische Energie zum Quadrat auftritt, möglichst gleichmäßig, d.h. ohne größere Schwankungen, zu sein hat, wenn die Wirkung S minimal werden soll. Denn das quadratische Mittel einer schwankenden Geschwindigkeit, auch wenn man mit ihr das Ziel in der gleichen Zeit erreicht wie mit konstanter Geschwindigkeit, ist stets größer als das Quadrat der konstanten Geschwindigkeit (siehe Seite 141).

Wir haben auch untersucht, unter welchen Umständen die Wirkung S minimal wird. Aus der Gleichung (6.44) lässt sich das direkt ablesen: Die kinetische Energie muss möglichst klein und die Gravitationsenergie V möglichst groß sein. Das heißt, das Teilchen wird den Weg nehmen, entlang dessen, mit der geringsten Geschwindigkeit v, eine maximale Entfernung vom Gravitationszentrum erreicht werden kann. Dieser Kompromiss garantiert, dass die Differenz der beiden Energieformen und damit die Wirkung S minimal werden.

So weit nochmals zur Auffrischung. Die Relativitätstheorien tragen nun einen neuen Baustein bei: Aus Sicht eines externen Beobachters vergeht die Zeit langsamer, je höher die Relativgeschwindigkeit bzw. je stärker das Gravitationspotential ist. Nennen wir das Zeitmaß für einen unendlich weit entfernten ruhenden Beobachter dt und das Zeitmaß am Ort des Geschehens, die sogenannte »Eigenzeit«, $d\tau$. Eine Orange würde also auf ihrer mitgeführten Uhr stets diese Eigenzeit ablesen.

Wie stark unterscheidet sich nun die Eigenzeit von der Uhrzeit des externen Beobachters? In der SRT vermittelt der Lorentzfaktor γ zwischen den Zeiten:

$$d\tau_{SRT} = dt \cdot \left(1 - \frac{v^2}{c^2}\right)^{1/2} \tag{6.45}$$

Da γ größer ist als 1, $d\tau$ aber kleiner als dt sein muss (bewegte Uhren gehen langsamer), haben wir dt durch γ dividiert. Linearisieren wir noch die Klammer, dann erhalten wir:

$$d\tau_{SRT} \approx dt \cdot \left(1 - \frac{1}{2}\frac{v^2}{c^2}\right) \tag{6.46}$$

In der ART haben wir ein sehr ähnliches Verhalten, allerdings nicht abhängig von der Relativgeschwindigkeit, sondern vom Gravitationspotential:

$$d\tau_{ART} = dt \cdot \left(1 - \frac{2\Delta\Phi}{c^2}\right)^{1/2} \tag{6.47}$$

Hier vergeht die Zeit umso langsamer, je stärker das Gravitationsfeld ist. Auch das linearisieren wir:

$$d\tau_{ART} \approx dt \cdot \left(1 - \frac{\Delta\Phi}{c^2}\right) \tag{6.48}$$

Der externe Beobachter spürt kein Gravitationsfeld – sein Potential im Unendlichen ist null. Bezeichnen wir den Ort der Orange mit der Raumkoordinate x, so erhält man für die Potentialdifferenz $\Delta\Phi$ am Ort der Orange

$$\Delta\Phi = \Phi(\infty) - \Phi(x) = -\Phi(x) \tag{6.49}$$

Damit sind wir das Δ los. Beachten wir jetzt noch das Vorzeichen vor $\Phi(x)$ in (6.49), so geht Gleichung (6.48) über in die Gleichung:

$$d\tau_{ART} \approx dt \cdot \left(1 + \frac{\Phi(x)}{c^2}\right) \tag{6.50}$$

Damit ist klar, wie die Uhren ticken. Wir hatten nach dem Unterschied zwischen der Eigenzeit $d\tau$ und der externen Uhrzeit dt in jedem Zeitschritt gefragt. Den können wir anhand der Gleichungen (6.46) und (6.50) bequem ablesen und zusammenfassen zu:

$$\left(-\frac{1}{2}\frac{v^2}{c^2} + \frac{\Phi(x)}{c^2}\right) \cdot dt \tag{6.51}$$

Was heißt das für eine Orange, die ein bewegtes Leben in der Raumzeit führt? Das Gravitationspotential hängt ab vom Ort, und die Geschwindigkeit der Orange kann sich ebenfalls ändern. Die Abweichung kann also in jedem Zeitschritt anders verlaufen, je nachdem, wo und wie schnell die Orange gerade unterwegs ist. Wenn wir uns für die Gesamtabweichung entlang einer beliebigen Bahn interessieren, müssen wir alle Abweichungen der infinitesimal kleinen Zeitschritte *dt* entlang dieser Bahn aufintegrieren:

$$\int \left(-\frac{1}{2}\frac{v^2}{c^2} + \frac{\Phi}{c^2} \right) dt \qquad (6.52)$$

Damit sind wir nur noch eine Biegung entfernt von einem grandiosen Aussichtpunkt, den wir Ihnen unbedingt zeigen wollten. Was erhalten wir denn, wenn wir diesen Gangunterschied der Uhren mit $(-mc^2)$ multiplizieren? Dann steht unvermittelt hinter der Biegung unsere wohlvertraute Wirkung für eine Orange der Masse m in einem Gravitationspotential Φ:

$$\int \left(-\frac{1}{2}\frac{v^2}{c^2} + \frac{\Phi}{c^2} \right) dt \cdot (-mc^2) = \int \left(\frac{1}{2}mv^2 - m\Phi \right) dt = S \qquad (6.53)$$

Was für eine freudige Überraschung! Unsere alte Bekannte, die Wirkung, begrüßt uns hier – man möchte der Gleichung in die Arme fallen!

Damit können wir das Prinzip der minimalen Wirkung in der Newtonschen Mechanik überführen in ein Prinzip der Eigenzeit in den Relativitätstheorien. Die Eigenzeit ist ja nichts anderes als die Beobachterzeit plus die relativistischen Abweichungen. Die Wirkung muss minimal sein, also muss die Eigenzeit … – Moment mal, wir haben unterwegs mit einem negativen Term multipliziert, mit $(-mc^2)$. Da heißt es aufpassen. Wenn man eine Ungleichung mit einer negativen Zahl multipliziert, wird aus einem »kleiner« ein »größer« und aus einem Minimum ein Maximum. 5 ist zwar kleiner als 10, aber –5 ist größer als –10. Aus dem Prinzip der minimalen Wirkung wird also ein Prinzip der maximalen Eigenzeit! Wieder einmal ein grandioser Ausblick auf dem Gebirgskamm der Relativitätstheorien. Orangen bewegen sich auf Bahnen durch den Raum, entlang deren ihre Eigenzeit maximal wird. Dieses Extremalprinzip bedarf keiner Kräfte mehr.

6.8 Geodäte
Wenn es keine Kraft ist, was drückt uns dann zu Boden?

Werden wir jetzt mal konkret: Stellen wir uns vor, wir werfen eine Orange im Gravitationsfeld der Erde senkrecht nach oben, und zwar mit solcher Wucht, dass sie 10 Sekunden in der Luft bleibt. Was genau geht jetzt in der Orange vor? Sie muss eine Bahn wählen zwischen zwei Punkten A und B in der Raumzeit. Punkt eins ist meine Hand zum Zeitpunkt $t_A = 0$ s, und Punkt zwei ist der Erdboden zum Zeitpunkt $t_B = 10$ s. Das Universum schreibt ihr diejenige Bahn zwischen den beiden Punkten der Raumzeit vor, entlang deren sie möglichst viel Eigenzeit verprasst, d. h. möglichst viel Zeit auf ihrer Uhr vergeht. Wie sieht das aus? Nahe am Erdboden ist das Gravitationspotential größer, hier vergeht die Zeit langsamer, da will die Orange sich nicht lange aufhalten. Ihr Ziel muss sein, möglichst lange möglichst hoch zu sein – weiter entfernt vom Erdmittelpunkt, dort, wo die Zeit schneller vergeht. Das Problem besteht nun darin, dass sie dafür gleichzeitig mit ihrer Geschwindigkeit haushalten muss, weil bei hoher Geschwindigkeit wiederum ihre Uhr langsamer geht. Genau dieses Dilemma, dieser Kompromiss, führt zu einer Bahn, entlang deren sie langsam, möglichst lange auf großer Höhe dahinfliegt, am optimalen Punkt sogar kurz stehen bleibt und dann zügig in das ungünstige Terrain nahe der Erdoberfläche zurückkehrt. Über den gesamten Bewegungsablauf betrachtet verbringt die Orange wesentlich mehr Zeit in der oberen als in der unteren Hälfte ihrer Flugbahn. Das hatte bereits Galilei bemerkt – doch in seinem Weltbild gab es eine Kraft, die all das verursachte.

Werfen wir nicht vertikal, sondern schräg von einem Punkt $A(x_A, t_A)$ in der Raumzeit zu einem Punkt $B(x_B, t_B)$, so ist die einzig mögliche Verbindung zwischen diesen Punkten unter Berücksichtigung der maximalen Eigenzeit eine Parabel.

Wo steckt eigentlich dieses Prinzip der maximalen Eigenzeit in den Feldgleichungen? An dieser Stelle ist es sinnvoll, den Begriff »Geodäte« einzuführen. Geodäten sind Bahnen auf denen sich Teilchen kräftefrei bewegen. Der Energie-Impuls-Tensor be-

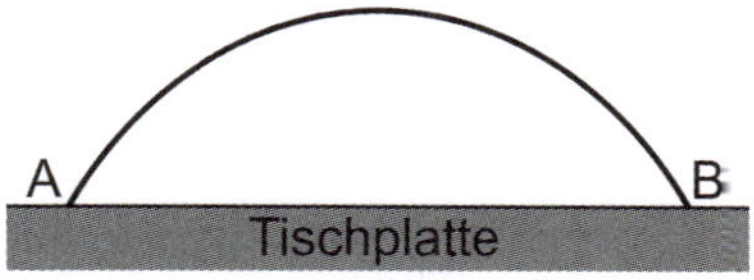

6.22 Um die Eigenzeit zu maximieren, muss ein von einem Punkt A zu einem Punkt B geworfenes Objekt eine Parabel beschreiben.

stimmt, wie diese Bahnen in der Raumzeit aussehen. Die Parabel, längs der unsere Orange von A nach B fliegt, ist eine Geodäte im Gravitationspotential unserer Erde. Zusammengefasst heißt das: Geodäten sind Bahnen auf denen sich Körper kräftefrei bewegen und auf denen die Eigenzeit maximal wird.

Jetzt betrachten wir noch den Fall, bei dem unsere Orange auf dem Tisch mit der Geschwindigkeit v zur Tischkante rollt. An der Kante angekommen, wird sie natürlich nach unten fallen. Doch auf welcher Bahn? Wieder wird sie die Bahn wählen, auf der ihre Eigenzeit maximal ist. Sie wird also versuchen, möglichst lange auf Tischkantenhöhe zu verweilen, um dort möglichst viel Zeit auf ihre Uhr zu bekommen. Die Bahn, die ihr das ermöglicht, ist wieder eine Parabel (siehe Abb. 6.23).

Auf der Parabelbahn ist die Geschwindigkeit in Richtung Gravitationszentrum zu Beginn klein, so dass sich die Zeitdilatation der SRT kaum bemerkbar macht. Erst später wird die Orange schneller, und es vergeht, wie es die SRT für bewegte Körper verlangt, weniger Zeit. Da die Orange aber die längste Zeit auf dem oberen Abschnitt der Parabelbahn verbringt, wird die Zeit insgesamt maximal. Hat die Orange an der Tischkante jedoch keine Geschwindigkeit, ist ihr Impuls mithin null, dann fällt sie, genau wie ein Objekt, das wir aus der Hand frei fallen lassen, von der Kante senkrecht zu Boden. Auch für diese Bahn gilt das Prinzip der maximalen Eigenzeit: Das heißt: lange oben bleiben bzw. anfänglich

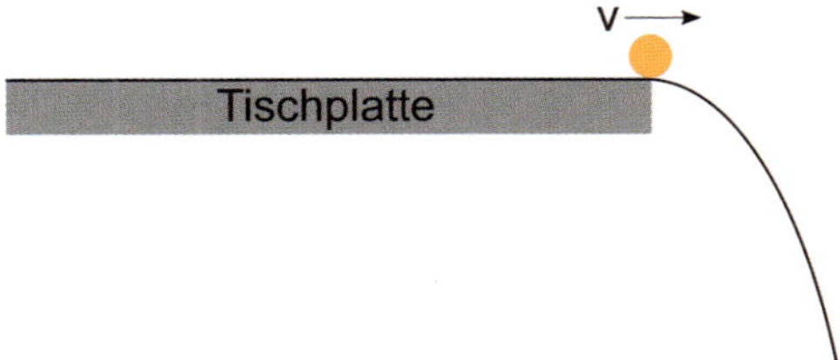

6.23 Die Flugbahn einer von einer Tischkante herabfallenden Orange ist eine Parabel.

mit geringer Geschwindigkeit fallen und erst gegen Ende der Bahn schneller werden. Der kritische Leser wird sich jetzt vielleicht fragen: Wieso gilt das Prinzip sowohl für die Parabelbahn als auch für den senkrechten Fall, obwohl doch die Parabelbahn ersichtlich länger ist als der Weg senkrecht von der Tischkante zum Boden? Die Antwort lautet: Die Parabelbahn setzt sich aus zwei unabhängig voneinander ablaufenden Bewegungen zusammen. Da ist zum einen der Fall senkrecht nach unten und zum anderen eine mit konstanter Geschwindigkeit ablaufende Bewegung parallel zur Ebene der Tischplatte. Beide Bewegungen überlagern sich zu einer Parabel. Wenn demnach für die Orange auf beiden Bahnen, auf der Parabel und beim senkrechten Fall, die Eigenzeit maximal sein soll, dann muss für die Orange, egal welcher Bahn sie folgt, gleich viel Zeit für ihren Flug von der Tischkante zum Boden vergehen. Und so ist es auch. Im Physikunterricht wird das anhand einer Vorrichtung demonstriert, die eine Kugel genau in dem Augenblick freigibt, in dem eine andere Kugel horizontal weggestoßen wird. Beide Kugeln schlagen gleichzeitig am Boden auf.

Stellen wir noch die Frage: Wieso wird die Orange auf den Tisch gedrückt? Wir haben doch, vielleicht etwas widerwillig, akzeptiert, dass es in der ART keine Kräfte gibt. Die Lösung ist einfach. Wo auch immer sich die Orange auf dem Tisch befindet, beginnt eine Bahn, entlang deren sie sich im Gravitationsfeld der Erde, nach dem Prinzip der maximalen Eigenzeit, zum Erdboden bewegen muss: eine Geodäte. Liegt die Orange in Ruhe auf dem Tisch, so ist es eine Gerade senkrecht nach unten, rollt sie mit einer gewissen Geschwindigkeit über den Tisch, so ist es eine Parabel (siehe Abb. 6.24).

Im ersten Fall hindert die Tischplatte die Orange daran, diesen Weg in der Raumzeit zu beschreiben. Im zweiten Fall bewegt sie sich von der momentanen Geodäte zu einer nächsten und so fort. Aber aufgrund der stabilen Tischplatte kann sie keiner dieser Bahnen folgen! Dass sie die Tischplatte daran hindert, den von der ART geforderten »natürlichen« Weg zu beschreiben, das empfinden die Orange als eine Kraft, die sie auf die Platte drückt.

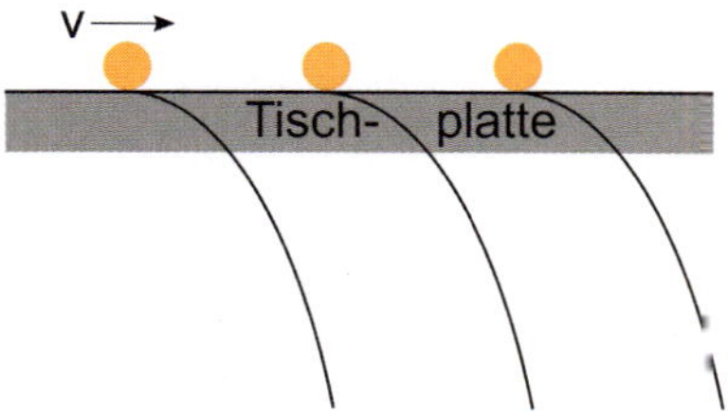

6.24 Eine auf einer Tischplatte entlangrollende Orange wird von der Tischplatte daran gehindert, den eingezeichneten Geodäten, den Parabeln, zu folgen. Diese »Behinderung« wird als Kraft empfunden, die die Orange auf den Tisch drückt.

Rückblickend zeigt sich, dass die ART unser gewohntes Weltbild ganz schön durcheinanderwirbelt. Wir haben zu akzeptieren, dass es in einem relativistischen System keine Kräfte mehr gibt, welche die Bewegungen der Körper verursachen. An ihre Stelle treten Gravitationspotentiale, die von jedweder Form von Energie erzeugt werden und den Raum krümmen. Unter diesem Einfluss bewegen sich die Körper entlang von Bahnen, den Geodäten, auf denen ihre Eigenzeit maximal wird.

Puh! Das ist schon ein hoher Abstraktionsgrad. Als Gegenleistung erhalten wir eine Antwort auf das Rätsel, das seit Jahrhunderten im Raum stand, jene bohrende Frage, die Newton Zeit seines Lebens quälte:

> »Es ist undenkbar, dass unbelebte, rohe Materie ohne die Vermittlung eines anderen, welches nicht von materieller Beschaffenheit ist, und ohne gegenseitige Berührung auf andere Materie einwirken sollte. Dass Gravitation der Materie eigen, innerlich und wesentlich sein sollte, so dass ein Körper auf einen anderen aus der Ferne durch ein Vakuum einwirken könnte, und dies ohne die Vermittlung von etwas anderem, durch das ihre Wirkung und Kraft übertragen würde, will mir als eine so große Absurdität erscheinen, dass kein Mensch, denke ich, dessen Verstand in philosophischen Angelegenheiten bewandert ist, ihr jemals wird anhängen können. Die Gravitation muss durch ein Wirkendes verursacht werden, das sich beständig nach bestimmten Gesetzen richtet; doch ob dieses Wirkende von materieller oder immaterieller Natur ist, überlasse ich den Überlegungen meiner Leser.«

Newton konnte die Stärke der Gravitation berechnen, jener Kraft, die gleichermaßen den Lauf der Gestirne regelt, Orangen zu Boden fallen lässt und uns Menschen zu Bewohnern eines Luftmeeres macht, das unser Planet gravitativ an sich bindet und das wir Atmosphäre nennen. Der Einblick in das übergeordnete Prinzip, wie diese Gravitationskraft vermittelt wird, blieb ihm verborgen. Das ist vergleichbar einem Autofahrer, der bestens damit vertraut ist, wie sein Fahrzeug sich verhält, wenn er Gas gibt, bremst, kuppelt und schaltet, ohne dass er jemals einen Blick unter die Motorhaube werfen konnte. Einstein hat das Blechkleid entfernt und den Motor mitsamt Getriebe freigelegt.

Bleibt noch eine ketzerische Frage: Woher weiß die Orange vom Prinzip der maximalen Eigenzeit? Oder – um beim soeben erwähnten Beispiel zu bleiben: Gibt es im Universum eine Fahrschule für alle massebehafteten Körper, in der sie die Regeln der Krümmung, Eigenzeit und Geodäten erlernen? Solange derartige Fragen unbeantwortet bleiben, ist das meist ein Zeichen dafür, dass das Weltbild noch einer Verbesserung bedarf. Tatsächlich werden wir die Antwort noch finden – in der Ferne ragen bereits schwindelerregend hohe Ziele auf. Auf dem Weg dorthin müssen wir eine Scharte queren, genauer gesagt eine Doppelscharte: die Quantenmechanik. Aber freuen wir uns einstweilen, dass wir die Relativitätstheorien gemeistert haben, und setzen einen Schritt vor den anderen, getreu dem Motto: »Wer alle Probleme von morgen schon heute in sein Boot lädt, der droht zu kentern.«

7 Quantenmechanik

Alles kann – nichts muss

7.1 Plancksches Wirkungsquantum

Gibt es kleinste Portionen von allem?

Mit diesem Kapitel betreten wir ein weites Feld der Physik: die Quantenmechanik. Untrennbar verbunden mit diesem Theoriegebäude ist der Name des deutschen theoretischen Physikers Max Planck (1858–1947). Ihm verdankt dieser Wissenschaftszweig auch seinen Namen. Der damit verbundene und von Planck eingeführte Begriff »Quanten« hat die Physik in eine völlig neue Richtung gelenkt.

Wenden wir uns zunächst dem Menschen zu. Wenn man den Eintragungen im Kirchenbuch seines Geburtsortes Kiel Glauben schenken darf, dann hieß Planck mit Vornamen nicht Max, sondern Marx. Ungeachtet dessen nannte er sich jedoch Zeit seines Lebens Max. Nachdem Planck mit 16 Jahren das Abitur bestanden hatte, überlegte er, was er studieren könnte. In Frage kam vor allem Musik, aber auch an den Fächern Altphilologie, Philosophie und den Naturwissenschaften war er interessiert. Schließlich tendierte er doch zu einer Beschäftigung mit der Physik, erkundigte sich vorab aber noch bei dem Münchner Physikprofessor Philipp von Jolly nach den Aussichten, in diesem Beruf Karriere zu machen. Jolly riet ihm ab. Denn nach seiner Meinung war das Gebiet der Physik weitgehend »abgegrast«, nur noch ein paar verbliebene Erkenntnislücken seien zu schließen. Das hieß: Finger weg vom Physikstudium. Glücklicherweise hat Planck nicht auf Jolly gehört und sich noch im Wintersemester 1874 an der Ludwig-Maximilians-Universität in München im Fach Physik imma-

7.1 Max Planck (1858–1947)

trikuliert. Mit 21 Jahren hat er dann promoviert und 1919 den Nobelpreis in Physik für das Jahr 1918 erhalten.

In seinem weiteren Leben musste Planck viele Schicksalsschläge hinnehmen. Er heiratet seine große Liebe, doch die stirbt nach 23-jähriger Ehe – vermutlich an Tuberkulose bzw. einem Bronchialkarzinom. Sein Sohn Karl fällt im Ersten Weltkrieg bei Verdun. Seine beiden Töchter Grete und Emma sterben jeweils bei der Geburt ihres ersten Kindes. Und schließlich verstrickt sich auch noch sein Sohn Erwin in den Aufstand gegen Hitler. Am 23. Juli 1944 wird Erwin verhaftet und im Oktober 1944 zum Tode verurteilt. Planck hat nichts unversucht gelassen seinen Sohn vor dem Strang zu bewahren, aber alle Gnadengesuche an Himmler, Göring und Hitler wurden abgelehnt. Am 23. Januar 1945 wird Erwin Planck in Plötzensee hingerichtet. Wollte man Plancks Leben mit einer Überschrift versehen, so könnte sie lauten: tragisch im Leben – glorreich in der Wissenschaft. Mehr zu Planck finden Sie im Video »Portrait Max Planck« anhand des QR-Codes oder direkt auf unserem YouTube-Kanal »Urknall, Weltall und das Leben«.

Doch jetzt zur Physik. Angefangen hat es mit einer ordinären Glühlampe. Planck wollte wissen, wie heiß der Draht einer derartigen »Birne« zu sein hat, damit die Lichtemission im Wellenlängenbereich, den wir mit unseren Augen wahrnehmen können, am größten wird. Dreht man die an die Glühlampe angelegte Spannung langsam hoch, so dass immer mehr Strom durch die Glühwendel fließt und sie immer heißer wird, dann beginnt der Draht zunächst mattrot zu glühen, später gelb, dann hellgelb und schließlich, kurz bevor der Draht durchbrennt, nahezu grell weiß. Neben der Emission von sichtbarem Licht wird dabei auch eine unerwünscht große Menge an Wärmestrahlung, d. h. langwelligem Licht, emittiert. Die Aufgabe bestand also darin, die Temperatur zu finden, bei der das Maximum der Lichtemission im Bereich des sichtbaren Spektrums liegt.

Vor Planck hatten sich bereits drei andere Physiker die Aufgabe gestellt, eine Formel zu finden, mit der man die Lichtemission als Funktion der Temperatur berechnen kann. Eine Gleichung, das sogenannte Rayleigh-Jeans-Gesetz, geht zurück auf die beiden Physiker John William Strutt, 3. Baron Rayleigh, und Sir James Hopwood Jeans. Unabhängig davon entwickelte der deutsche Physiker Wilhelm Wien (Abb. 2.59) eine zweite Beziehung, das Wiensche Strahlungsgesetz. Das Dumme an der Geschichte: Die beiden Formeln passen nicht zusammen! Während das Rayleigh-Jeans-Gesetz die gemessenen Werte nur bei niedrigen Frequenzen gut wiedergibt, sind es beim Wienschen Gesetz die Werte bei hohen Frequenzen. Oder anders ausgedrückt: Bei hohen Frequenzen versagt das Rayleigh-Jeans-Gesetz, wogegen man mit dem Wienschen Gesetz die Werte bei niedrigen Frequenzen nur annähernd berechnen kann.

Betrachten wir zunächst das Rayleigh-Jeans-Gesetz, das Strahlungsgesetz der klassischen Physik, das 1900 veröffentlicht wurde. Für den Verlauf der spektralen Energiedichte $w(\nu)$ – letztendlich ein Maß dafür, wie viele Photonen pro Fläche mit der Frequenz ν emittiert werden – gaben Rayleigh und Jeans folgende Formel an:

$$w(\nu) = \frac{8 \cdot \pi \cdot k \cdot T}{c^3} \cdot \nu^2 \qquad (7.1)$$

Darin steht k für die Boltzmann-Konstante ($1{,}380\,649 \cdot 10^{-23}$ J/K), T für die Temperatur, c für die Lichtgeschwindigkeit und ν für die Frequenz. Man sieht sofort, dass man sich mit dieser Formel ein Problem einhandelt. Da die Gleichung das Quadrat der Frequenz ν enthält, muss auch w mit wachsender Frequenz quadratisch anwachsen. In einem Diagramm, in dem die Energiedichte gegen die Frequenz aufgetragen ist, steigt daher der Wert für die Energiedichte parabelförmig an (siehe Abb. 7.2, rote Kurve).

Mit anderen Worten: Die abgestrahlte Energie wächst mit steigender Frequenz im Bereich der hochenergetischen Ultraviolettstrahlung über alle Grenzen! Doch woher soll ein aufgeheizter Körper diese Energiemenge nehmen? In Physikerkreisen hat sich daher für dieses Verhalten der Begriff »Ultraviolett-Katastrophe«

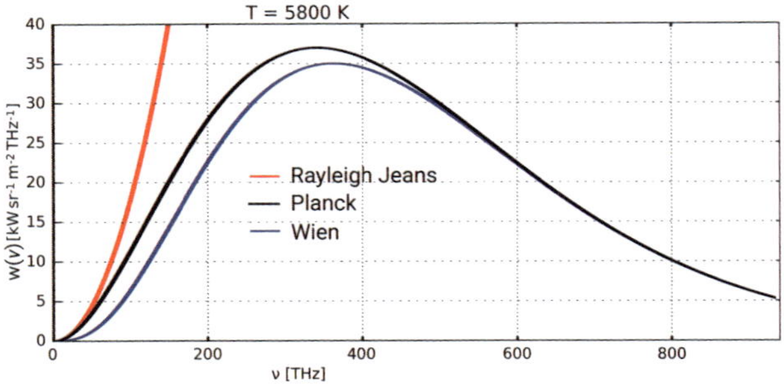

7.2 Verlauf der Energiedichte in Abhängigkeit von der Frequenz. Während die Energiedichte beim Rayleigh-Jeans-Gesetz (Gleichung 7.1) mit wachsender Frequenz exponentiell ansteigt, liefert das Wiensche Gesetz im Bereich niedriger Frequenzen im Vergleich zur Planckschen Strahlungskurve (schwarz) zu kleine Werte.

eingebürgert. Für niedrige Frequenzen ist der Rayleigh-Jeans-Formalismus hui, für hohe Frequenzen pfui.

Nun zum Wienschen Gesetz. Hier ist es gerade andersherum – hier erhalten wir gute Übereinstimmung mit dem Experiment bei hohen Frequenzen. Verglichen mit der Rayleigh-Jeans-Formel war Wiens Ansatz etwas komplizierter und lautete:

$$w(\nu) = \frac{C_1 \cdot \nu^3}{e^{\frac{C_2 \cdot \nu}{T}}} \tag{7.2}$$

In Gleichung (7.2) sind C_1 und C_2 zwei konstante Größen, die Wien jedoch noch nicht genau spezifizieren konnte, T ist wieder die Temperatur und ν die Frequenz. Diskutieren wir kurz die Beziehung (7.2), dann erkennt man, dass w einerseits proportional zu ν^3 ansteigt, andererseits aber die e-Funktion (Exponentialfunktion) noch viel schneller anwächst und somit w im Bereich höherer Frequenzen wieder »herunterzieht«. In Abb. 7.2 ist das der blaue Kurvenverlauf. Im Vergleich zur Planck-Kurve, die wir in Schwarz schon einmal etwas vorgreifend eingezeichnet haben, sieht man auch, dass das Wiensche Gesetz, wie erwähnt, im Bereich niedriger Frequenzen nicht gut passt.

Und jetzt kommt Max Planck ins Spiel. Da keine der beiden Beziehungen die abgestrahlte Energie $w(\nu)$ über alle Frequenzen

ν korrekt wiederzugeben imstande ist, sich beide Formalismen jedoch an den entgegengesetzten Enden der Frequenzskala ergänzen, versuchte er, die beiden Formeln in einer universell gültigen Beziehung zu »vereinen«. Wenn Sie Lust haben, diesen Geniestreich nachzuvollziehen – immerhin gab es einen Nobelpreis dafür –, dann folgen Sie uns bitte auf einen kurzen Abstecher, auf dem wir viel darüber erfahren werden, wie man Naturgesetze findet. Wir sind gleich wieder zurück auf dem Hauptweg.

EINSCHUB PLANCKSCHES STRAHLUNGSGESETZ

Schreiben wir die beiden Formeln, die wir unter einen Hut bringen wollen, nochmals an:

$$w(\nu) = \frac{8 \cdot \pi \cdot k \cdot T}{c^3} \cdot \nu^2 \qquad w(\nu) = \frac{C_1 \cdot \nu^3}{e^{\frac{C_2 \cdot \nu}{T}}} \tag{7.3}$$

Dass ν in der linken Formel zum Quadrat und in der rechten in der dritten Potenz vorkommt, störte Planck zunächst nicht sonderlich. Was wirklich stört, ist die Boltzmann-Konstante k, die in Verbindung mit der Temperatur T nur in der linken, nicht aber in der rechten Formel auftaucht. In einem ersten Schritt hat Planck nun k einfach zu dem T in der rechten Formel hinzugefügt. Diesen Schritt hat er mit der Bemerkung gerechtfertigt, dass man dazu nur die bislang unbekannte Konstante C_2 entsprechend anpassen, sprich: durch eine andere Konstante C_3 ersetzen muss, in der die Multiplikation mit k wieder korrigiert wird. Dieser neuen Konstanten gab Planck den Namen »Hilfskonstante« und bezeichnete sie mit dem Buchstaben h. Damit sieht die rechte Formel wie folgt aus:

$$w(\nu) = \frac{C_1 \cdot \nu^3}{e^{\frac{C_3 \cdot \nu}{k \cdot T}}} = \frac{C_1 \cdot \nu^3}{e^{\frac{h \cdot \nu}{k \cdot T}}} \tag{7.4}$$

So weit, so gut. Der Term $k \cdot T$ hat die Einheit Energie. Folglich muss auch $h \cdot \nu$ einer Energie entsprechen, damit der Exponent der e-Funktion dimensionslos ist. Aber diese e-Funktion im Nenner von (7.4) ist ein schwieriger Brocken. Kann man die vereinfachen? Mittlerweile haben Sie längst gelernt, wie theoretische Physiker zu denken pflegen: Wenn es zu schwierig wird, dann linearisieren wir! Eine Funktion $f(x)$ lässt sich in einem engen Bereich um eine Stelle $x = 0$ durch eine Gerade mit der Steigung $f'(0)$ annähern:

$$f(x) \approx f(0) + f'(0) \cdot x \tag{7.5}$$

In unserem Fall ist also

$$f(x) = e^x \text{ mit } x = \frac{h \cdot \nu}{k \cdot T} \tag{7.6}$$

Jede Zahl hoch null ergibt eins, deshalb erhalten wir: $f(0) = e^0 = 1$. Die Ableitung der e-Funktion ist wieder eine e-Funktion, die hoch null wieder eine 1 ergibt. Die müssen wir nur noch mit x, also mit $\frac{h \cdot \nu}{k \cdot T}$, multiplizieren – fertig ist unsere Linearisierung:

$$e^{\frac{h \cdot \nu}{k \cdot T}} \approx 1 + \frac{h \cdot \nu}{k \cdot T} \tag{7.7}$$

Sinn und Zweck dieser Näherung war es ja, sie in Gleichung (7.4) einzusetzen – das ergibt:

$$w(\nu) = \frac{C_1 \cdot \nu^3}{1 + \frac{h \cdot \nu}{k \cdot T}} \tag{7.8}$$

Unschön in Gleichung (7.8) ist die 1 im Nenner, die wir uns durch die Linearisierung eingefangen haben. Um die wegzubekommen, hat Planck lange herumexperimentiert. Um zu verstehen, wie er das gemacht hat, gehen wir einen Schritt zurück und schauen uns die Wiensche Formel in ihrer ursprünglichen Form (7.4) nochmals an. Planck hat sich überlegt, dass die Gleichung (7.4) zuständig ist für große Frequenzen und die e-Funktion unter dem Bruchstrich bei großen Frequenzen ν sehr groß wird, und zwar so groß, dass es keine Rolle spielt wenn man davon eine 1 abzieht (rot). Der Wert des gesamten Bruchs wird sich dadurch praktisch nicht verändern.

$$w(\nu) = \frac{C_1 \cdot \nu^3}{e^{\frac{h \cdot \nu}{k \cdot T}} - 1} \quad (7.9)$$

Bevor wir darauf wieder unsere Linearisierung loslassen, gilt es noch, die Konstante C_1 festzulegen. Da wir die beiden Formalismen in (7.3) miteinander versöhnen wollen, ist es sicher hilfreich, wenn wir die in Gleichung (7.10) rot unterlegte Konstante der Rayleigh-Jeans-Formel

$$w(\nu) = \frac{8 \cdot \pi \cdot k \cdot T}{c^3} \cdot \nu^2 \quad (7.10)$$

auch für die Konstante C_1 in der Wienschen Formel verwenden. Die Konstante »funktioniert« ja gut im Bereich niedriger Frequenzen, und wenn wir die Wiensche Formel auch auf diesen Bereich ausdehnen wollen, dann bietet sich für C_1 genau diese Konstante an. Damit erhalten wir:

$$w(\nu) = \frac{C_1 \cdot \nu^3}{e^{\frac{h \cdot \nu}{k \cdot T}} - 1} = \frac{8 \cdot \pi}{c^3} \cdot \frac{\nu^3}{e^{\frac{h \cdot \nu}{k \cdot T}} - 1} \quad (7.11)$$

Unsere Linearisierung (7.7) scharrt schon mit den Hufen. Vielleicht schaffen wir es damit (blau), die Beziehungen (7.3) für niedrige und hohe Frequenzen unter einen Hut zu bringen. Los geht's:

$$\begin{aligned} w(\nu) &= \frac{8 \cdot \pi}{c^3} \frac{\nu^3}{e^{\frac{h \cdot \nu}{k \cdot T}} - 1} \approx \frac{8 \cdot \pi}{c^3} \frac{\nu^3}{\left(1 + \frac{h \cdot \nu}{k \cdot T}\right) - 1} = \\ &= \frac{8 \cdot \pi}{c^3} \cdot \frac{\nu^3}{\frac{h \cdot \nu}{k \cdot T}} = \frac{8 \cdot \pi \cdot \nu^3}{c^3} \cdot \frac{k \cdot T}{h \cdot \nu} \end{aligned} \quad (7.12)$$

Kürzen wir im Ausdruck (7.12) noch ein ν weg, dann sind wir schon fast bei der Rayleigh-Jeans-Beziehung (7.10) angelangt:

$$w(\nu) = \frac{8 \cdot \pi \cdot \nu^2}{c^3} \cdot \frac{k \cdot T}{h} \quad (7.13)$$

Doch mit dem h gibt es noch ein Problem: es passt nicht ins Konzept, nicht zur Rayleigh-Jeans-Beziehung. Das hat Planck schlaflose Nächte bereitet, bis er einen revolutionären Gedanken fasste:

> »… so findet man, daß das Abwandern der Energie in die Strahlung durch die Annahme verhindert werden kann, daß die Energie von vornherein gezwungen ist, in gewissen Quanten beieinander zu bleiben. Das war eine rein formale Annahme, und ich dachte mir eigentlich nicht viel dabei, sondern nur das, daß ich unter allen Umständen ein positives Resultat herbeiführen mußte. … Kurz zusammengefaßt kann ich die ganze Tat als einen Akt der Verzweiflung bezeichnen. Denn von Natur bin ich friedlich und bedenklichen Abenteuern abgeneigt.«

Planck hat die Energie kurzerhand quantisiert und hierfür im Zähler von Gleichung (7.13) ein h eingefügt, das sich mit dem h im Nenner wegkürzt:

$$w(\nu) = \frac{8 \cdot \pi \cdot \nu^2}{c^3} \cdot \frac{k \cdot T \cdot \not{h}}{\not{h}} \tag{7.14}$$

Da diese »Operation« für beide Gleichungen zu gelten hat, muss man dieses h auch in die Wiensche Formel (7.11) einfügen. Damit bekommen wir schließlich die berühmte Plancksche Strahlungsformel:

$$w(\nu) = \frac{8 \cdot \pi}{c^3} \cdot \frac{h \cdot \nu^3}{e^{\frac{h \cdot \nu}{k \cdot T}} - 1} \tag{7.15}$$

Blicken wir kurz auf diese »Hilfskonstante« h – auf den Akt der Verzweiflung. Planck hat unterstellt, dass die Energie des Lichts einer Frequenz ν nur in bestimmten Portionen auftritt – in ganzzahligen Vielfachen einer kleinsten Einheit $h{\cdot}\nu$. Das war gleichermaßen genial wie revolutionär. Diese kleinsten Pakete wurden zu dem, was wir heute Photonen nennen. Zu jeder Frequenz bzw. Wellenlänge gibt es eine kleinste Einheit – gewissermaßen eine kleinste Währung, einen »Energie-Cent«, mit dem man im Universum für was auch immer bezahlen kann. Über Nacht stellte Max

Planck die Welt quantisiert dar. Die Konsequenzen für die Physik waren dramatisch. Das Konzept der Quantisierung ist nicht auf Photonen begrenzt. Alles ist in diesen Energie-Cents »bepreist«. Kein Prozess kostet einen halben oder fünf halbe Energie-Cents. Eine kleine Hilfskonstante revolutionierte die Wissenschaft. Sie hat die Dimension einer Wirkung, also Energie mal Zeit, und wird zu Ehren seines Entdeckers als »Plancksches Wirkungsquantum« bezeichnet. Ihr Wert beträgt $6{,}6 \cdot 10^{-34}$ [Joule · Sekunde].

Dieses h hat der physikalischen Welt im wahrsten Sinne des Wortes auf die Sprünge geholfen. Die Welt ist gequantelt! Die Büchse der Pandora war geöffnet. Nach Jahrhunderten der klassischen Physik, in der die Welt als kontinuierlich beschrieben wurde, gab es verständlicherweise zunächst Berührungsängste mit der neuen quantisierenden Theorie – der sogenannten Quantenmechanik. Begriffe wie »Unbestimmtheit« und »Wahrscheinlichkeit« werden Einzug halten. Noch 26 Jahre nach dem Verzweiflungsakt von Planck wird Erwin Schrödinger zur stochastischen (zufallsbedingten) Natur dieser Welt schreiben: »Wenn es bei dieser verdammten Quantenspringerei bleiben soll, so bedaure ich mich mit der Quantentheorie überhaupt befaßt zu haben.«

Mit seiner Arbeit zum Photoeffekt wird Einstein später zeigen, dass dem Licht eine Doppelnatur zukommt: zum einen die Wellennatur der klassischen Physik und zum anderen eine Teilchen- bzw. Quantennatur, in Form von sogenannten Lichtquanten. Doch dazu mehr in einem späteren Kapitel.

Kommen wir zurück auf das eigentliche Anliegen Plancks: Er wollte herausfinden, welche Temperatur ein Glühfaden haben muss, damit die Lichtemission im sichtbaren Bereich des elektromagnetischen Spektrums maximal wird. Mithilfe seiner Strahlungsformel (7.15) war diese Aufgabe nun leicht zu lösen. Man gibt eine bestimmte Temperatur vor und rechnet dann $w(\nu)$ für eine Reihe unterschiedlicher Frequenzen ν aus. Trägt man sodann $w(\nu)$ in Abhängigkeit von ν in ein Diagramm ein, so erhält man eine charakteristische Kurve. Wiederholt man das mit anderen Temperaturen, so erhält man die in Abb. 7.3 dargestellte Schar einander ähnlicher Kurven.

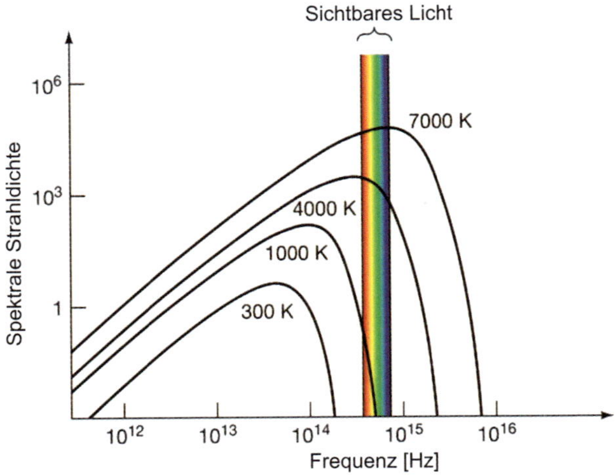

7.3 Verlauf der Strahlungsdichte eines Schwarzen Körpers in Abhängigkeit von der Frequenz und der Temperatur, allgemein als Planck-Kurven bezeichnet. Der Bereich des sichtbaren Lichts ist farbig eingezeichnet.

Wie die Abb. 7.3 zeigt, emittiert ein 300 Kelvin heißer Körper praktisch kein Licht im farbig abgegrenzten Bereich des sichtbaren Spektrums. Bei 1000 Kelvin ist schon etwas dabei, bei 4000 Kelvin schon sehr viel, und bei 7000 Kelvin liegt das Emissionsmaximum bereits im Bereich des ultravioletten Lichts. Um das Kurvenmaximum in dem sichtbaren Bereich zu verschieben, bedarf es einer Temperatur von rund 5800 Kelvin. Was das Diagramm noch zeigt: Das Emissionsmaximum wandert mit wachsender Temperatur zu immer höheren Frequenzen ν bzw. kürzeren Wellenlängen λ_{max}. Für diese sogenannte »Wiensche Verschiebung« findet man eine einfache Beziehung. Dazu muss man zunächst die Strahlungsformel, die wir bisher stets in der Frequenzdarstellung verwendet haben, in die Wellenlängendarstellung umschreiben, dann die Ableitung nach der Wellenlänge bilden und gleich null setzen. Damit erhält man das erwähnte Wiensche Verschiebungsgesetz:

$$\lambda_{max} = \frac{2897{,}8}{T}\ \mu m \qquad (7.16)$$

Dass das Kurvenmaximum ausgerechnet bei rund 5800 Kelvin, der Oberflächentemperatur unserer Sonne liegt, darf nicht verwundern. Das Auge hat ja eine lange evolutionäre Entwicklung hinter sich. Zu Beginn war es nur ein Hell-Dunkel-Sensor, der frühe Meeresbewohner vermutlich davor gewarnt hat, sich zu nahe an die Wasseroberfläche heranzuwagen. Hell bedeutete Lebensgefahr durch zu wenig Schutz vor harter Strahlung. Nachdem sich eine Atmosphäre mitsamt schützender Ozonschicht gebildet hatte, setzte das Leben den »Fuß« an Land. Das Sehen passte sich immer weiter an den Wellenlängenbereich der Lichtquelle an. So ist heute das menschliche Auge in dem Bereich empfindlich, in dem die Sonne das meiste Licht abstrahlt. Planck hätte sich also seine ganze Rechnerei sparen können, wenn ihm bewusst geworden wäre, dass er, um ein Maximum an sichtbarem Licht zu erzeugen, den Faden der Glühlampe nur so heiß machen muss wie die Sonnenoberfläche. Natürlich geht das nicht, denn dieser Temperatur hält kein Material stand. Aber er hätte sich sagen können: Wenn ich schon den Draht nicht auf Sonnentemperatur aufheizen kann, dann mache ich ihn zumindest so heiß wie möglich. Ob dabei auch das Plancksche Wirkungsquantum herausgekommen wäre, darf man jedoch bezweifeln.

In der Astronomie helfen die Planck-Kurven, die Temperatur von Sternen zu bestimmen. Dazu nimmt man das Spektrum des betreffenden Sterns auf, d. h. man misst die Intensität des Sternenlichts bei unterschiedlichen Wellenlängen bzw. Frequenzen. In ein Diagramm eingetragen, ergibt das angenähert die Plancksche Strahlungskurve des Sterns. Variiert man sodann in der Planck-Formel (7.15) die Temperatur so lange, bis man als Ergebnis eine Kurve erhält, die sich mit der Sternkurve deckt, so hat man die Temperatur des Sterns gefunden.

Kommen wir zurück auf die durch das Plancksche Wirkungsquantum h markierte Schwelle: Um in unserem Universum überhaupt wahrgenommen zu werden, muss man mindestens über einen Energie-Cent $h \cdot v$ verfügen. Für einen halben Cent gibt es wie gesagt nichts – das können Sie jederzeit in einem Supermarkt überprüfen. Doch was passiert mit winzigen Energien unterhalb dieser Schwelle? Das war bzw. ist nach wie vor ein Riesenproblem, und eingehandelt hat man es sich mit dem Wirkungsquantum. Machen wir das mal verständlich. Dazu stellen wir uns eine auf dem Tisch in Ruhe befindliche Orange vor und schreiben dieser Orange den Energiezustand »unangeregt« zu. Der »angeregte« Zustand wäre dann die auf dem Tisch rollende Orange. Um von dem unangeregten in den angeregten Zustand zu gelangen, müssen wir die Orange ins Rollen bringen, indem wir sie anschieben. Dazu überreden wir eine Mikrobe, die Orange anzuschieben. Die Mikrobe bemüht sich redlich, aber es geschieht – nichts, die Orange verharrt weiterhin in Ruhe. Jetzt ist der Ehrgeiz der Mikrobe geweckt. Sie holt sich ein paar Freunde zu Hilfe, die nun gemeinsam anschieben. Doch wieder tut sich nichts. Von außen betrachtet, also für mich als Beobachter, verharrt die Orange nach wie vor im Zustand »unangeregt«. Für mich ist der Zustand des Systems Orange immer noch der gleiche. Die Mikrobe engagiert noch weitere Freunde, und so schieben zunächst hunderttausend, dann eine Million von ihnen, aber die Orange rollt noch immer nicht. Nach wie vor befindet sich für mich die Orange im Zustand »unangeregt«, ich kann keinen Unterschied feststellen. Doch irgendwann schieben ausreichend viele Mikroben und bringen gemeinsam die minimal nötige Energie auf, um die Orange ins Rollen zu bringen. In diesem Augenblick ist auch für mich der Zustand »angeregte Orange« erkennbar.

Das aber bedeutet, dass alle vorher erreichten Zustände, ob nun eine, tausend oder eine Million Mikroben anschoben, für mich identisch waren. Dem quantisierten System Orange ist das nicht anzusehen, diese Zustände werden schlicht nicht wahrgenommen. Für mich als Beobachter befindet sich das System in einem Zustand der Unbestimmtheit, da einmal sehr viele Mikroben, ein andermal z. B. nur noch eine einzige Mikrobe zum Anschieben benötigt werden. Von außen erkennt man diesen Unterschied jedoch nicht. Und genau das ist das grundlegende Problem: Wenn man, wie mit der Quantisierung geschehen, eine untere Grenze zulässt, wenn es also zwischen einem Zustand »unangeregt« und einem Zustand »angeregt« einen Bereich gibt, über den man nichts aussagen kann, dann fängt man sich eine Unschärfe, genauer eine Unbestimmtheit, bezüglich des Zustandes des Systems ein. Doch wie sich gezeigt hat, war die Einführung einer minimalen Wirkung *h* die einzige Möglichkeit, das Problem mit der Ultraviolett-Katastrophe zu lösen. Denn im Rahmen der klassischen Physik konnte man die von einem Körper emittierte Strahlung, ähnlich einem harmonischen Oszillator, als die Summe einzelner Schwingungszustände der Energie $k \cdot T$ interpretieren. Und da mit wachsender Frequenz immer mehr dieser Schwingungszustände angeregt werden, von denen jeder die Energie $k \cdot T$ beisteuert, sollte die Strahldichte insgesamt über alle Grenzen ansteigen. Mit der Einführung einer minimalen Wirkung in seine Strahlungsformel hat Planck es geschafft, den Anstieg der Kurve wieder »nach unten zu biegen«.

Schauen wir uns nochmals an, wie es zu diesem »Kurvenbiegen« kommt, was diese Quantisierung genau bewirkt. Dazu formulieren wir die Planck-Formel (7.15) ein wenig um, indem wir ν^2 vom Zähler des rechten Terms abspalten und zum Zähler des linken Terms verschieben. Damit erhalten wir:

$$w(\nu) = \frac{8 \cdot \pi \cdot \nu^2}{c^3} \cdot \frac{h \cdot \nu}{e^{\frac{h \cdot \nu}{k \cdot T}} - 1} \qquad (7.17)$$

Vergleichen wir nun Gleichung (7.17) mit der Rayleigh-Jeans-Formel (7.1)

$$w(\nu) = \frac{8 \cdot \pi \cdot \nu^2}{c^3} \cdot k \cdot T \qquad (7.1)$$

so erkennt man, dass der Ausdruck $k \cdot T$ ersetzt ist durch den Ausdruck

$$\frac{h \cdot \nu}{e^{\frac{h \cdot \nu}{k \cdot T}} - 1} \qquad (7.18)$$

Doch was genau steckt hinter diesem Ausdruck (7.18)? Nach den Regeln der statistischen Thermodynamik ist das die mittlere Energie eines Schwingungszustandes der Frequenz ν bei der Temperatur *T*. Mit anderen Worten: Zu der zur Verfügung stehenden Energie $k \cdot T$ gibt es, da ν nach oben nicht beschränkt ist, eine unendliche Zahl von Zuständen $h \cdot \nu$, also im Prinzip beliebig viele Zustände immer höherer Energie. Da aber mit wachsendem ν die Energie der Zustände rasch die zur Verfügung stehende Energie $k \cdot T$ übersteigt, können diese Zustände nicht mehr angeregt werden, sie tragen nicht mehr zur Strahldichte bei. Die pro Schwingungszustand hinzukommende Energie $k \cdot T$ wird bei hohen Frequenzen von dem System nicht mehr wahrgenommen.

Anhand des Ausdrucks (7.18) kann man diesen Sachverhalt gut verstehen: Mit wachsendem ν wachsen auch $h \cdot \nu$ im Zähler und $h \cdot \nu$ in der e-Funktion. Bei kleinen Frequenzen ν ist die e-Funktion noch kleiner als der Wert $h \cdot \nu$ im Zähler und der gesamte Bruch größer als 1. Doch ab einem gewissen Wert von ν wächst die e-Funktion überproportional schneller als das $h \cdot \nu$ im Zähler! Damit geht mit wachsender Frequenz ν der gesamte Bruch gegen null, und damit auch die Kurve der Strahldichte. Das ist der springende Punkt, der verhindert, dass es zu einer Ultraviolett-Katastrophe kommt.

Fassen wir zusammen. Wenn man akzeptiert, dass Energie nur in kleinsten Portionen, sogenannten Energiequanten, übertragen werden kann, dann lassen sich das Rayleigh-Jeans-Gesetz und die Wiensche Strahlungsformel zu einer neuen Strahlungsformel, dem Planckschen Strahlungsgesetz, vereinen. Die Größe der Energiequanten wird bestimmt durch das von Max Planck eingeführte Wirkungsquantum h. Im Prinzip geht also die Planck-Formel aus einer Quantisierung der Rayleigh-Jeans-Beziehung hervor. Mit der Einführung von h hat Planck die Tür zu einer neuen Physik geöffnet, in deren Welt die Prozesse nun nicht mehr kontinuierlich, sondern in Sprüngen verlaufen. Wie sich noch zeigen wird, finden damit auch bislang unverstandene Prozesse wie der Photoeffekt eine natürliche Erklärung. Dass wir im Alltagsleben von dieser Diskontinuität nichts mitbekommen, liegt an der enormen Kleinheit von h.

7.2 Fermatsches und Huygenssches Prinzip
Ist Licht eine Welle?

Wie sagt der Lateiner? »Per aspera ad astra«. Wörtlich übersetzt heißt das: »Durch das Raue zu den Sternen«. Synonym dazu existieren auch Interpretationen wie »Über viele Mühen zum Erfolg« oder »Es fällt einem nichts in den Schoß« und besonders beliebt: »Durch Nacht zum Licht«. Und damit sind wir bei dem Thema, das uns nun eine ganze Weile beschäftigen wird – bei der Frage: Was ist Licht?

Holen wir nochmals Schwung bei den Granden der klassischen Mechanik. Für Isaac Newton bestand Licht aus Teilchen und war folglich eine Korpuskularstrahlung. Allerdings hatte er arge Nöte, alltägliche Erscheinungen wie die Lichtbrechung und die Beugung von Licht an Hindernissen zu erklären. Die Hindernisse mussten an den Photonen ziehen, damit Licht vom geraden Weg abkommen konnte. Das führte zu abenteuerlichen Verrenkungen seiner Gravitationstheorie.

7.4 Christiaan Huygens (1629–1695)

Ein Zeitgenosse Newtons war der niederländische Astronom, Mathematiker und Physiker Christiaan Huygens (1629–1695). Für ihn war Licht eine Wellenerscheinung, und dementsprechend sollte es sich auch wie eine Welle fortpflanzen. Auf der Grundlage dieser Überzeugung entwickelte Huygens eine Wellentheorie des Lichts, die zum nach ihm benannten »Huygensschen Prinzip« führte. Betrachten wir dazu eine ebene Welle, deren Wellenfronten gerade Linien darstellen (siehe Abb. 7.5). Gemäß dem Huygensschen Prinzip darf man jeden Ort auf einer Wellenfront als Ausgangspunkt einer Kugelwelle, einer Elementarwelle, betrachten. In der Graphik sind einige Punkte schwarz eingezeichnet. Da alle Kugelwellen zur gleichen Zeit entstehen und ihre Radien mit Lichtgeschwindigkeit anwachsen, sind die Kugelwellen zu allen Zeiten gleich groß. Folglich ist die Einhüllende aller Kugelwellen, zu welchem Zeitpunkt auch immer, wieder eine Gerade, die nun eine neue Wellenfront bildet (rote Linie in der

Graphik). Ihr Abstand zur letzten Wellenfront hängt davon ab, wie viel Zeit man den Kugelwellen zubilligt, um sich auszubreiten. Lässt man so viel Zeit vergehen, wie das Licht braucht, um eine Strecke gleich der Wellenlänge des Lichts zurückzulegen, so ist die neue Wellenfront, relativ zur ursprünglichen Wellenfront, um den Wert λ vorgerückt. Wiederholt man dieses Spiel mit der soeben neugewonnenen Wellenfront, so erhält man die nächste, die wieder parallel zur aktuellen verläuft. Auf diese Weise lassen sich Fortpflanzung und Fortpflanzungsrichtung der Lichtwelle im Raum gut darstellen.

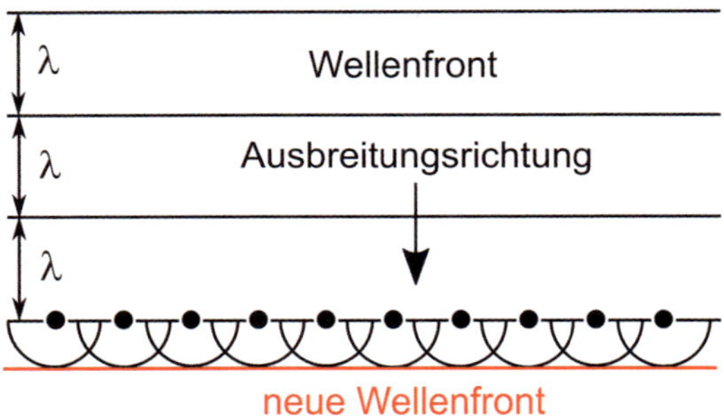

7.5 Gemäß dem Huygensschen Prinzip darf man jeden Ort auf einer Wellenfront (schwarze Punkte) als Ausgangspunkt einer Kugelwelle auffassen. Die Einhüllende aller Kugelwellen bildet zu jedem Zeitpunkt die neue Wellenfront (rot).

Das Besondere am Huygensschen Prinzip ist, dass sich damit auf einfache und einsichtige Weise die Brechung von Licht beim Übergang in ein Medium mit anderem Brechungsindex erklären lässt.

Das Phänomen Lichtbrechung begegnet uns im Alltag auf Schritt und Tritt. Denken wir nur an ein Glas, das zur Hälfte mit Wasser gefüllt ist. Steckt ein Strohhalm im Glas, so erscheint er dem Betrachter an der Grenzfläche Luft-Wasser abgeknickt. Die Huygensschen Wellenfronten erklären die Brechung sehr elegant (Abb. 7.6).

Dazu betrachten wir die mit den Ziffern 1 bis 4 markierte Wellenfront, die gerade im Punkt 1 auf die Grenzfläche Luft-Wasser

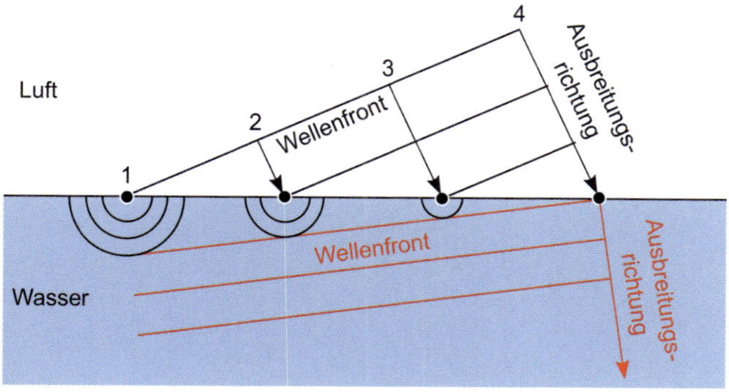

7.6 Die Ausbreitungsgeschwindigkeit von Licht ist in Luft höher als in Wasser. Deshalb breiten sich die Kugelwellen unterschiedlich schnell aus, und die Wellenfront verändert am Übergang von einem Medium ins andere die Ausbreitungsrichtung.

trifft. Wie bereits beschrieben, darf man diesen Punkt als den Ausgangspunkt einer Kugelwelle ansehen, deren Radius mit der Zeit wächst. Zeitgleich verschiebt sich auch die Wellenfront in Ausbreitungsrichtung und trifft nach einiger Zeit im Punkt 2 auf die Grenzfläche Luft-Wasser. Während sich nun auch in 2 eine Kugelwelle zu entwickeln beginnt, hat sich die Kugelwelle um 1 bereits bis zum inneren Halbkreis ausgedehnt. Wenn kurz darauf die Wellenfront beim Punkt 3 angekommen ist, dann hat sich die Kugelwelle um 1 schon bis zum zweiten Halbkreis und die um Punkt 2 bis zum inneren Halbkreis ausgedehnt, während um 3 eine weitere Kugelwelle entsteht. Trifft schließlich die Wellenfront im Punkt 4 auf die Luft-Wasser-Grenze, so haben die Kugelwellen um 1, 2 und 3 ihre größte in der Graphik dargestellte Ausdehnung erreicht, während in 4 zeitgleich eine vierte Kugelwelle startet. Damit ist die Wellenfront des Lichts im Wasser festgelegt Es ist die rot eingezeichnete Einhüllende aller äußeren Kugelschalen. Doch warum wird das Licht gebrochen? Das beruht auf der Tatsache, dass sich das Licht in einem – natürlich lichtdurchlässigen – Medium langsamer ausbreitet als im Vakuum. Entscheidend ist dabei der sogenannte Brechungsindex n des Mediums. In Luft ist n praktisch gleich 1, in Wasser jedoch 1,33. Die Geschwindigkeit in Wasser ist daher nicht gleich der Lichtgeschwindigkeit *c* im Vakuum, sondern *c* dividiert durch *n*.

Noch ein Wort zum Brechungsgesetz: Errichtet man ein Lot auf der Trennlinie Luft-Wasser (Abb. 7.7), dann schließt der schwarze Pfeil mit dem Lot einen Winkel α ein und der rote einen Winkel β. Gehört zum Medium mit dem Winkel α der Brechungsindex n_1 und zu dem mit dem Winkel β der Brechungsindex n_2, so lautet das Brechungsgesetz:

$$\frac{\sin\alpha}{\sin\beta} = \frac{n_2}{n_1} \qquad (7.19)$$

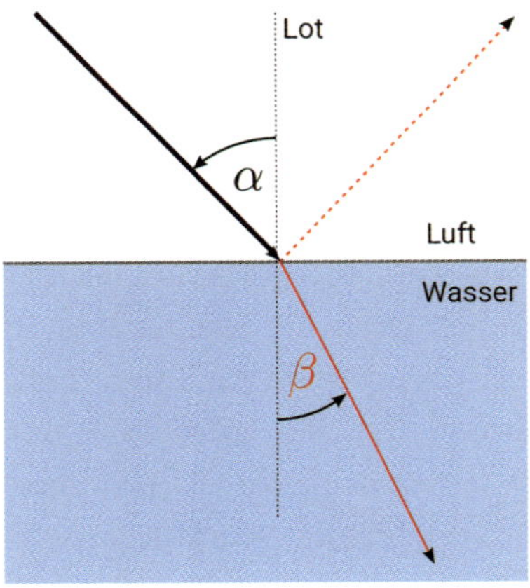

7.7 Beim Übergang von einem Medium mit dem Brechungsindex n_1 in ein Medium mit höherem Brechungsindex n_2 wird ein Lichtstrahl zum Lot hin gebrochen. Die Winkel verhalten sich gemäß $\sin\alpha / \sin\beta = n_2/n_1 = c_1/c_2$, wobei α und β Einfalls- bzw. Ausfallswinkel und c_1 und c_2 die Geschwindigkeit des Lichts im Medium 1 bzw. 2 sind.

Die Idee der Huygensschen Elementarwellen leistet aber noch mehr. Mit ihr lässt sich auch das Phänomen der Beugung von Licht an einer Kante oder an einem Spalt erklären (Abb. 7.8 und 7.9). Zur Interpretation der Wellennatur des Lichts hat auch der französische Physiker und Ingenieur Augustin Jean Fresnel (1788–1827) mit seinen Arbeiten beigetragen. So erweiterte er durch Einbeziehung von Beugung und Interferenz das Huygenssche Prinzip der Elementarwellen zum Huygens-Fresnelschen Prinzip. Mit einem Experiment, bei dem keine Beugung auftritt, konnte er die Wellennatur des Lichts eindeutig demonstrieren. 1815 fasste er seine Arbeiten in einer mathematisch exakt formulierten Abhandlung über die Wellentheorie des Lichts zusammen. Fresnel gilt auch als

Erfinder der in der Optik weitverbreiteten großflächigen Zonenlinsen, die bei gleicher Brechkraft entscheidend dünner sind als normale Linsen.

Entsprechend dem Huygensschen Prinzip geht man davon aus, dass in jedem Punkt (schwarz) der im Spalt angekommenen Wellenfront eine kugelförmige Elementarwelle entspringt. In Abb. 7.8 sind sie als rote Halbkreise eingezeichnet. Die resultierende Wellenfront hinter dem Spalt ist die blau ausgezogene Einhüllende aller Kugelwellen. Interessant ist nun, dass sich das Licht hinter dem Spalt nicht nur, wie erwartet, als ebene Wellenfront ausbreitet, sondern an den Rändern des Spaltes auch in den geometrischen Schatten des Spaltes eindringt. Das heißt: Das Licht wird an den Spalträndern gebeugt.

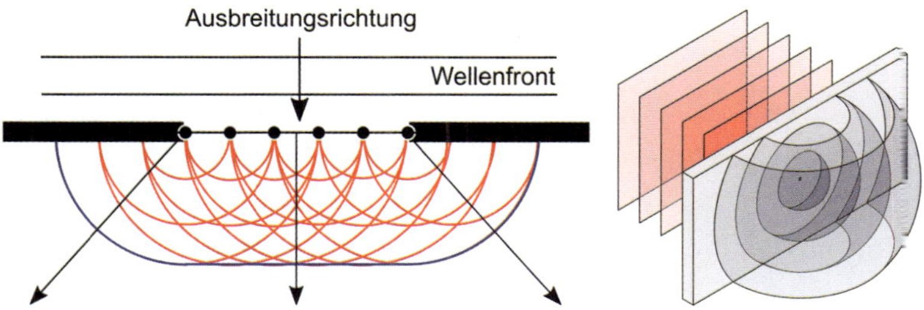

7.8 Links: Bei der Ausbreitung der kugelförmigen Elementarwellen (rot) treten hinter einem Spalt Überlagerungen auf. Die Einhüllende (blau) dringt auch seitlich in den Schatten des Spaltes ein – es kommt zur Beugung. Rechts: Dreidimensionale Darstellung des Beugungseffekts an einer punktförmigen Blende.

Eine genauere Analyse zeigt, dass es bei der Beugung von Licht an einem Spalt auch zur Interferenz der einzelnen Wellenzüge kommt. Als Ergebnis erhält man auf einem hinter dem Spalt platzierten Schirm ein Beugungsmuster heller und dunkler Streifen (Abb. 7.9).

Senkrecht zum Spalt, in gerader Verlängerung der einfallenden Wellenfront, zeigt sich ein Intensitätsmaximum auf dem Schirm. Beiderseits dieses Maximums lässt sich ein dunkler Streifen beobachten, ein Intensitätsminimum. Hier unterscheidet sich die zurückgelegte Strecke der gebeugten Wellenfront von derjenigen

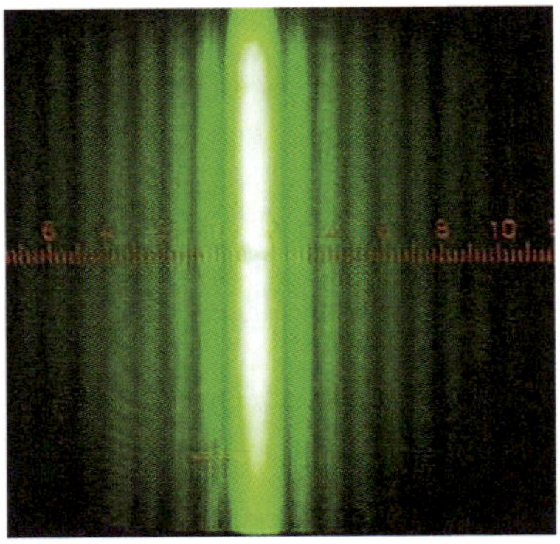

7.9 Grünes Licht wird aufgrund seiner großen Wellenlänge hinter einem Einfachspalt weit aufgefächert.

der ursprünglichen um eine halbe Wellenlänge. Bezeichnet man die Breite des Spaltes mit s, so gilt für den Winkel φ des ersten Minimums im Beugungsmuster die Beziehung:

$$\sin\varphi = \frac{\lambda}{s} \tag{7.20}$$

Wie die Abb. 7.9 zeigt, schließt sich an die beiden Minima je ein sekundäres, schwach ausgeprägtes Nebenmaximum an. Es entsteht, wenn folgende Beziehung erfüllt ist:

$$\sin\varphi = \frac{3}{2}\cdot\frac{\lambda}{s} \tag{7.21}$$

Interessant ist, dass die sekundären Maxima nicht aufgrund sich gegenseitig durch Interferenz verstärkender Wellenzüge entstehen. Vielmehr löschen sich auch bei der Bedingung (7.21) etwa 2/3 aller Wellenzüge gegenseitig aus, der verbleibende Rest aber trägt zu den sekundären Maxima bei.

Vielleicht werden Sie jetzt denken: »Moment, Interferenz tritt doch beim Doppelspalt auf und nicht bei einem Spalt.« Das in der Abb. 7.9 dargestellte Beugungsmuster ist nur im sogenannten »Fernfeld« zu beobachten, in einer Anordnung, bei der eine ebene Wellenfront auf den Spalt trifft und der Abstand Schirm-Spalt sehr viel größer ist als die Breite s des Spaltes. Diese Konstellation bezeichnet man auch als Fraunhofer-Beugung. Bei der sogenannten Fresnel-Beugung wiederum entsteht das Beugungsmuster im sogenannten »Nahfeld«, in sehr geringem Abstand vom Spalt und beim Einfall einer *kugelförmigen* Wellenfont auf den Spalt. Im Gegensatz zum klar gegliederten Beugungsmuster der Fraunhofer-Beugung ist das Beugungsmuster der Fresnel-Beugung sehr differenziert strukturiert. In beiden Fällen muss man aber schon sehr hoch auflösen, um überhaupt Interferenzeffekte zu erkennen. Deshalb können Sie im weiteren Verlauf getrost auf den alten Merksatz zurückgreifen: »Einfachspalt ergibt keine Interferenz, Doppelspalt ergibt Interferenz.« Erst in der Quantenelektrodynamik werden wir den Ursprung der Interferenzphänomene tatsächlich verstehen.

Rückblickend hat das Huygenssche Prinzip nicht nur das Zeug dazu, die Brechung und Beugung von Licht anschaulich zu erklären, es hat auch das Modell, Licht sei eine Welle, gefestigt. Dass die Methode der kugelförmigen Elementarwellen physikalisch sinnvoll ist und man sie zur Erklärung von Brechung und Beugung heranziehen darf, das hat später Gustav Robert Kirchhoff (Abb. 2.53) mit Hilfe der Maxwell-Gleichungen gezeigt. Doch zu Zeiten von Huygens war Isaac Newton der dominierende Wissenschaftler. Folglich war man eher geneigt, Newtons Korpuskel-Idee zu folgen als dem Huygensschen Wellenbild. Nichtsdestotrotz waren nun zwei Modelle für das Licht auf dem Tisch. Ob nur eines von beiden richtig ist oder ob beide zutreffen, eventuell auf jeweils unterschiedlichen Gebieten, das wird uns noch eine Weile beschäftigen.

Lassen wir abschließend unseren bisherigen Weg durch die klassische Mechanik hinauf zu den Bergen der Relativitätstheorien bis zum ersten Anstieg der Quantenmechanik nochmals vor unserem geistigen Auge Revue passieren. Eine Frage scheint sich wie ein roter Faden durch die ganze Geschichte zu ziehen: Gibt es ein übergeordnetes Prinzip, warum sich etwas so oder so verhält? Sollten Sie sich mittlerweile auch die Denkweise eines theoretischen Physikers angeeignet haben, dann müssten Sie sich jetzt fragen: Warum nimmt Licht gerade den Weg, den es nimmt, und keinen anderen? Diese Frage hat uns auch schon bei der Bewegung eines Körpers im Gravitationsfeld beschäftigt. Stets war die Antwort eine

»extremale« Lösung: Der Körper nimmt den Weg, entlang dessen die Wirkung minimal ausfällt und seine Eigenzeit maximal wird. Da ist die Frage nicht abwegig: Welchem Extremalprinzip folgt das Licht? Die Antwort gibt das sogenannte Fermatsche Prinzip, das wir anhand der Abb. 7.10 veranschaulichen wollen.

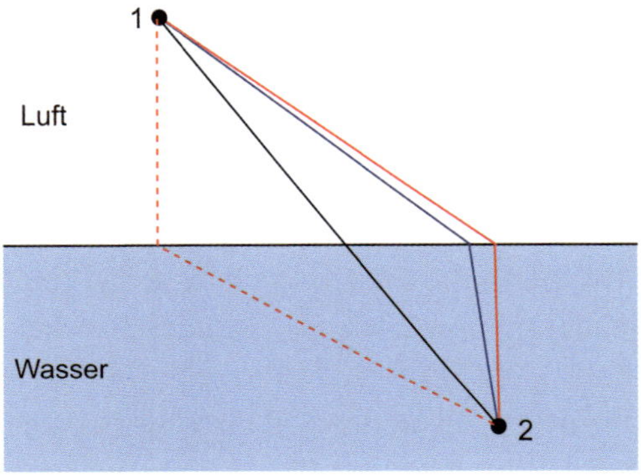

7.10 Fermatsches Prinzip: Licht nimmt immer den schnellsten Weg. Von 1 nach 2 ist das der blau eingezeichnete Weg.

Folgende Situation: Im Punkt 1 befinde sich ein Rettungsschwimmer an Land und im Punkt 2 ein um Hilfe rufender Ertrinkender in einem See. Nun die Frage: Welchen Weg soll der Rettungsschwimmer nehmen, um möglichst schnell zu dem Ertrinkenden zu kommen? Dabei gilt es zu berücksichtigen, dass der Rettungsschwimmer an Land etwa viermal so schnell laufen, wie er im Wasser schwimmen kann.

Wählt der Retter die kürzeste geometrische Verbindung von 1 nach 2 (schwarz), so kommt er, da der Weg an Land kurz ist, zwar schnell an das Ufer des Sees, hat von dort aber einen relativ langen Weg durch das Wasser zum Ertrinkenden. Die schwarze Strecke ist also sicher nicht die beste. Besonders ungünstig wäre der rote, gestrichelte Weg, denn auf ihm wäre die Strecke durch das Wasser viel zu lang. Günstiger scheint der durchgezogene rote Weg zu sein, denn bei ihm ist die Strecke durch das Wasser, auf der der Rettungsschwimmer am langsamsten vorankommt, am kürzesten. Der optimale Weg ist jedoch der blaue, entlang dessen die zurückzulegende Strecke an Land kürzer ist, die Strecke durch das Wasser aber nur unbedeutend länger als auf dem roten Weg.

7.11 Pierre de Fermat (1607–1665)

Der blaue Weg erinnert an den Verlauf eines Lichtstrahls beim Übergang von einem Medium in ein anderes mit unterschiedlichem Brechungsindex. Auch für das Licht gelten dabei unterschiedliche Geschwindigkeiten Das Licht wählt also nicht den geometrisch kürzesten, sondern immer den Weg, entlang dem es am *schnellsten* vom Punkt 1 zum Punkt 2 gelangt. Das ist das gesuchte Extremalprinzip. Es bedingt, dass es beim Übergang des Lichts von einem Medium in ein anderes zwangsläufig zu einer Brechung kommt. Wie bereits erwähnt, nennt man die in Abb. 7.10 dargestellte globale Betrachtung der Beugung Fermatsches Prinzip, wogegen man das lokale Bild der Abb. 7.8 als Huygenssches Prinzip bezeichnet.

Akzeptiert man das Fermatsche Prinzip, so bleibt immer noch die Frage offen: Woher weiß das Licht von vornherein, welcher Weg der schnellste ist? Anders als Fermat, werden wir die Antwort darauf noch erfahren – aber bis dahin müssen wir noch ein paar Höhenmeter zurücklegen.

7.12 Augustin Jean Fresnel (1788–1827)

Werfen wir am Schluss dieses Kapitels noch einen Blick auf den Protagonisten der Wellentheorie, auf Augustin Jean Fresnel. Dass er es in der Wissenschaft weit bringen würde, war nicht vorhersehbar. Da er in seiner Kindheit an extremer Lernschwäche litt, war bis zu seinem neunten Lebensjahr nicht klar, ob er jemals würde richtig schreiben und lesen können. Doch ungeachtet dieses schwierigen Starts wird er später eine unvergleichliche Karriere machen, die lange nach seinem Tod durch den Erbauer des Eiffelturmes, Gustave Eiffel, eine besondere Würdigung erfahren sollte. Denn der zum Gedenken an den 100. Jahrestag der Französischen Revolution errichtete Eiffelturm trägt, von Eiffel persönlich ausgesucht, entlang des Frieses auf der ersten Turmetage die Namen von 72 bedeutenden Wissenschaftlern und Ingenieuren, darunter auch den von Fresnel. Eine Frau ist übrigens nicht unter den Geehrten.

7.3 Doppelspalt
Erster Akt

Was genau hat man sich nun unter dem Begriff »Licht« vorzustellen? Zwei Ansichten stehen sich nach wie vor unvereinbar gegenüber: Das Newtonsche Korpuskularmodell und das von Huygens und Fresnel vertretene Wellenmodell. Welche Schwierigkeiten Newton beim Versuch hatte, die Brechung und Beugung von Licht mit seinem Korpuskularmodell zu erklären, haben wir schon erwähnt. Besteht Licht aus einzelnen Korpuskeln, dann hat man es mit wohldefinierten Teilcheneigenschaften zu tun, denn Teilchen sind klar umrissene, diskrete Körper, streng lokalisiert und eindeutig voneinander abgegrenzt. Wo ein Teilchen ist, kann kein anderes sein. Wellen hingegen sind mehr oder weniger ausgedehnte, nicht lokalisierte, schwingende »Gebilde«. Wo eine Welle ist, kann sich auch eine andere befinden. Das hat zur Folge, dass sich Wellen, im Gegensatz zu Teilchen, überlagern können, wobei es zu Interferenzerscheinungen kommen kann. Bei so grundlegend verschiedenen Eigenschaften sollte es doch ein Leichtes sein, die Natur in Form eines Experiments unmissverständlich zu befragen, was Licht nun wirklich ist.

7.13 Thomas Young (1773–1829)

Einer, der sich auf diesem Experimentierfeld besonders hervorgetan hat, war der englische Physiker und Augenarzt Thomas Young (1773–1829). Young war ein Tausendsassa. Nicht nur war er an der Entschlüsselung der ägyptischen Hieroglyphen beteiligt, es gelang ihm auch, die Wellenlänge einfarbigen Lichts zu bestimmen. Und da für ihn als Augenarzt die Erscheinung Licht natürlich von besonderem Interesse war, wollte er mit einem speziellen Experiment eine endgültige Klärung herbeiführen, ob Licht aus Teilchen besteht oder ob es sich um eine Wellenerscheinung handelt. Sein berühmtes Doppelspalt-Experiment sollte dabei eine entscheidende Rolle spielen.

Wie sich Licht beim Durchtritt durch einen engen Einzelspalt verhält, haben wir im vorausgegangenen Kapitel erörtert. Die hellen und dunklen Streifen auf einem als Empfänger dienenden Schirm haben wir als Resultat einer Überlagerung bzw. der Interferenz der durch den Spalt tretenden Wellenzüge interpretiert. Bereits mehrfach haben wir den Begriff »Interferenz« verwendet, ohne explizit darauf einzugehen, wie dieser Effekt zustande kommt. Das soll jetzt nachgeholt werden. Dazu betrachten wir zwei sinusförmige Wellenzüge (blau und rot in Abb. 7.14). Charakterisiert sind sie durch sogenannte Wellenberge und Wellentäler.

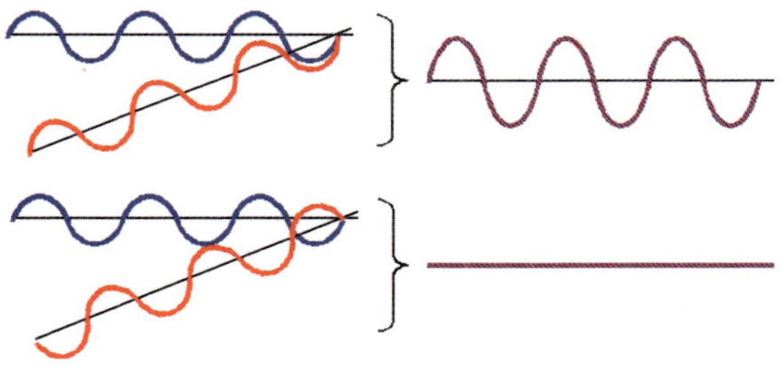

7.14 Überlagerung zweier sinusförmiger Wellenzüge. Treffen die Wellenberge beider Wellenzüge aufeinander, so kommt es zu einer Verstärkung des Lichts (Bild oben). Überlagern sich die Wellenberge des einen mit den Wellentälern des anderen Wellenzuges, so wird das Licht ausgelöscht (Bild unten).

Bringt man zwei Wellen an einem Ort zur Überlagerung, so kommt es zu einer sogenannten Interferenzerscheinung, bei der sich im Extremfall die beiden Wellenzüge verstärken oder gegenseitig auslöschen. Welcher Fall eintritt, hängt davon ab, wie weit sich die von den beiden Wellenzügen zurückgelegten Strecken, der sogenannte Gangunterschied Δs, unterscheiden. Ist er gleich einer Wellenlänge λ oder einem ganzzahligen Vielfachen davon, so treffen jeweils die Wellenberge und die Wellentäler beider Wellenzüge zusammen, und es kommt zu einer Verstärkung. Ist der Gangunterschied dagegen gleich einer halben Wellenlänge oder gleich einem ungeraden ganzzahligen Vielfachen von $\lambda/2$, dann trifft je ein Wellenberg der einen Welle auf ein Wellental der anderen Welle, und die beiden Wellenzüge löschen sich gegenseitig aus. Anstelle vom Gangunterschied Δs sprechen Physiker auch von einer Phasendifferenz $\Delta\varphi$. Im Bogenmaß lautet die Beziehung zwischen dem Gangunterschied Δs und der Phasenverschiebung $\Delta\varphi$:

$$\Delta\varphi = \frac{\Delta s}{\lambda} \cdot 2\pi \quad \text{bzw. im Gradmaß} \quad \Delta\varphi = \frac{\Delta s}{\lambda} \cdot 360 \text{ Grad} \qquad (7.22)$$

Zurück zu Youngs Doppelspalt-Experiment. Wie der Name bereits nahelegt, werden dem Licht nun zwei Spalte in den Weg gestellt. Wieder soll von links eine ebene Wellenfront auf den Spalt treffen (Abb. 7.15). Wie beim Einzelspalt darf man auch beim Doppelspalt jeden Punkt in der Ebene der beiden Spalte als Ausgangspunkt einer Huygensschen Elementarwelle betrachten.

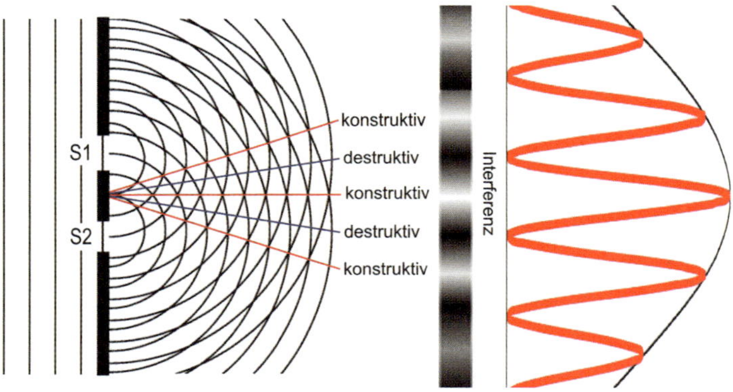

7.15 Überlagerung der von zwei Spalten ausgehenden Huygensschen Elementarwellen. Wo Wellenberge aufeinandertreffen, kommt es zu einer konstruktiven, wo Wellenberge auf Wellentäler treffen, zu einer destruktiven Interferenz. Das entstehende Interferenzmuster rechts im Bild kann auf einem Empfangsschirm sichtbar gemacht werden.

Auf dem Weg zum Bildschirm überlappen sich die vom Spalt S1 ausgehenden Wellenzüge mit denen vom Spalt S2. Wo Wellenberge auf Wellenberge treffen (rote Linien), ergibt sich eine konstruktive Interferenz, d. h. eine Intensitätsverstärkung. Wo hingegen Wellenberge auf Wellentäler treffen (blaue Linien), ist die Interferenz destruktiv, und die Wellenzüge löschen sich gegenseitig aus, d. h. die Intensität auf dem Schirm ist null. Das Ergebnis ist ein Interferenzmuster, wie es die rechte Seite von Abb. 7.15 zeigt.

Noch ein Wort zum soeben verwendeten Begriff »Intensität«. Die Intensität von Licht, beispielsweise auf einem Schirm, ist proportional zum Quadrat der Wellenamplitude. Dabei bezeichnet man die maximale Auslenkung der Welle, z. B. in Form eines Wellenberges, der sich über die Mittellinie des Wellenzuges erhebt bzw. sich unter die Mittellinie einsenkt, als Amplitude der Welle. Demnach ist das Interferenzmuster auf dem Schirm eine Intensitätsverteilung des Lichts.

Die Abb. 7.16 zeigt die Geometrie am Doppelspalt. Die von links eintretenden Wellenzüge einer ebenen Wellenfront werden beim Durchtritt durch die beiden Spalte um den Winkel α gebeugt. Der Gangunterschied der beiden Strahlen beträgt Δs. Bezeichnet man den Abstand der beiden Spalte mit d, so folgt aus dem blauen Dreieck:

$$\sin\alpha' = \frac{\Delta s}{d} \qquad (7.23)$$

Ist der Schirm ausreichend weit vom Doppelspalt entfernt, so entspricht α' näherungsweise dem Winkel α, der die Abweichung b vom Mittelpunkt des Interferenzbildes festlegt.

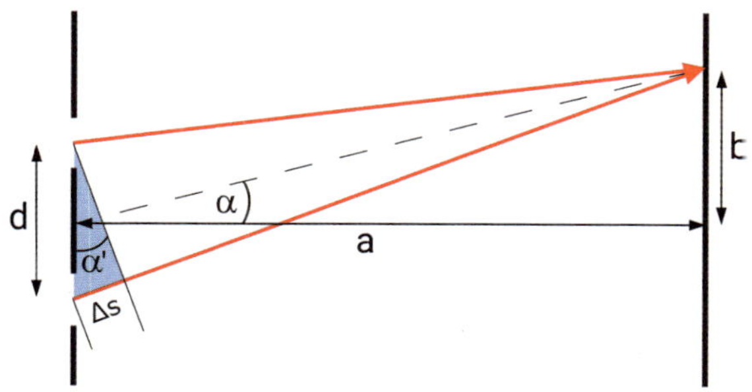

7.16 Strahlengeometrie am Doppelspalt

Zu einem Intensitätsmaximum auf dem Schirm kommt es, wenn Δs gleich $k \cdot \lambda$ ist, mit k gleich $= 0, 1, 2, 3$ usw. Somit gilt:

$$d \cdot \sin\alpha = k \cdot \lambda \qquad (7.24)$$

Intensitätsminima stellen sich ein bei

$$d \cdot \sin\alpha = \left(k + \frac{1}{2}\right) \cdot \lambda \tag{7.25}$$

So weit zur Erklärung der Interferenz am Doppelspalt. Doch damit hat sich Young nicht zufriedengegeben. Aus seiner Sicht war das Auftreten eines Interferenzmusters eine klare Antwort der Natur, dass man sich Licht als Welle vorzustellen hat. Teilchen hätten ein völlig anderes Bild ergeben. Welches? Betrachten wir hierfür, was geschieht, wenn man nur einen der beiden Spalte öffnet.

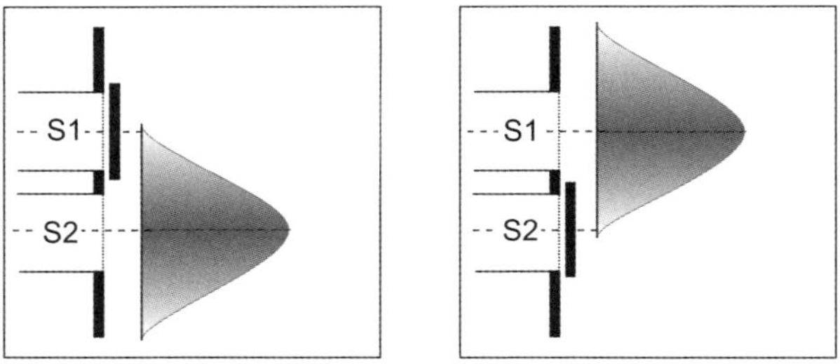

7.17 Trifft ein Teilchenstrahl auf einen Doppelspalt, bei dem abwechselnd einer der Spalte verschlossen ist, so formen die durch den jeweils geöffneten Spalt tretenden Teilchen eine Verteilung, die an einen Sandberg erinnert.

Im linken Bild der Abb. 7.17 ist der Spalt S1 abgedeckt, im rechten der Spalt S2, so dass das Licht nur durch den jeweils anderen Spalt treten kann. Sollte es sich bei Licht um eine Korpuskularstrahlung handeln, dann müsste sich hinter den jeweils geöffneten Spalten eine Anhäufung der Teilchen einstellen, vergleichbar einem Sandhaufen aus einzelnen Körnern. Das wäre der Intensitätsverteilung von Wellen am Einzelspalt sehr ähnlich, denn in gerader Verlängerung der gestrichelt eingezeichneten Spaltmitten treffen die meisten Teilchen auf den Schirm. Je weiter seitlich sich die Teilchen befinden, desto weniger erreichen ihr Ziel. Die Intensitätsverteilung der Teilchen auf dem Schirm, wobei wir hier das Wort »Intensität« als Maß für die Menge der dort auftreffenden Teilchen verstanden wissen wollen, ist also praktisch identisch mit dem Beugungsbild von Lichtwellen am Einzelspalt.

Interessant wird es jedoch, wenn beide Spalte geöffnet sind. Wäre das Licht eine Korpuskularstrahlung, so müsste sich auf dem Schirm hinter jedem Spalt eine separate Teilchenmenge anhäufen. In der Mitte zwischen den beiden Spalten würden sich die Teilmengen überschneiden, so dass sich in Summe eine Intensität, besser eine Teilchenverteilung ergibt, die der roten Kurve in der linken Graphik von Abb. 7.18 entspricht. Das ist auch einsichtig, denn die Teilchen sind ja scharf begrenzte, kompakte, unteilbare und unelastische »Kügelchen«, die sich auf ihrem Weg zum Schirm bestenfalls berühren, sich aber am gleichen Ort weder überlagern noch miteinander interferieren können.

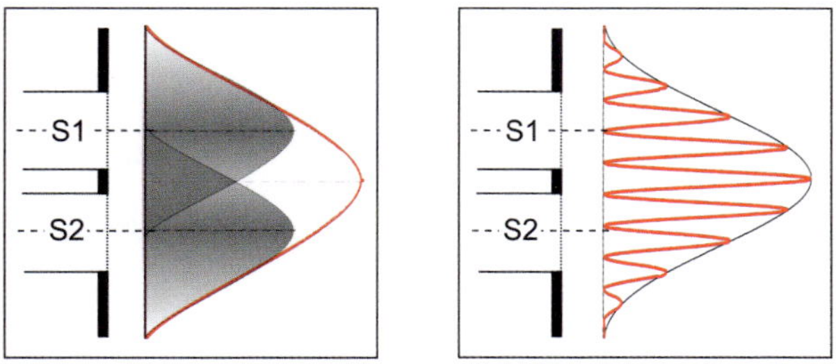

7.18 Doppelspalt mit gleichzeitig geöffneten Spalten. Ein auf den Doppelspalt treffender Teilchenstrahl lässt hinter den beiden Spalten zwei getrennte Berge entstehen. Die Summe dieser beiden Verteilungen ergibt den rot umrissenen Berg. Tritt jedoch Licht durch die Spalte, so erhält man das rechts im Bild dargestellte Interferenzmuster.

Das Muster auf dem Schirm sollte sich also drastisch von dem unterscheiden, das rechts in Abb. 7.18 nochmals die bereits bekannte und tatsächlich beobachtete Beugungserscheinung von Licht am Doppelspalt zeigt. Physikalisch betrachtet wird die Verteilung der Teilchen durch die Wahrscheinlichkeit P bestimmt, mit der ein Teilchen auf den Schirm trifft. Bezeichnet man also die Wahrscheinlichkeiten für die Verteilung der Teilchen hinter den Spalten $S1$ und $S2$ mit P_1 bzw. P_2, so folgt aus Abb. 7.18 (links), dass die Gesamtwahrscheinlichkeit P für eine Teilchenverteilung entsprechend der roten Kurve gleich der Summe der Einzelwahrscheinlichkeiten ist. Es gilt also:

$$P = P_1 + P_2 \tag{7.26}$$

Besitzen zwei Teilchen die Energien E_1 und E_2, so ist auch die Wahrscheinlichkeit, dass am Schirm die Energie E_1 plus E_2 ankommt gleich P_1 mal E_1 plus P_2 mal E_2.

Betrachtet man dagegen die Intensitäten auf dem Schirm im Fall von Licht als Welle, so ist die Geschichte eine völlig andere. Denn auf dem Weg der Wellen zum Schirm kommt es ja zu einer Überlagerung, zu einer Interferenz der Wellen, die im Teilchenbild nicht stattfindet. Am Schirm kommt somit nicht die Summe der Einzelintensitäten hinter den Spalten S1 bzw. S2 an, sondern das Ergebnis der Überlagerung der Wellen. Bezeichnen wir die Amplituden der Wellen hinter den Spalten S1 bzw. S2 mit h_1 bzw. h_2, so gilt für die Gesamtintensität I auf dem Schirm:

$$I = |h_1 + h_2|^2 \tag{7.27}$$

In Gleichung (7.27) werden also nicht die Amplituden einzeln quadriert, um daraus die Einzelintensitäten zu erhalten (zur Erinnerung: Die Intensität ist proportional zum Quadrat der Amplitude A der Welle), sondern es müssen zunächst die Amplituden addiert werden, d. h. es müssen erst die Wellen interferieren, und dann erst ist die Amplitude der aus der Interferenz hervorgehenden Welle zu quadrieren. Wie wir noch sehen werden, handelt es sich bei den Größen h_1 bzw. h_2 um sogenannte Wellenfunktionen, und da die in der Quantenmechanik auch komplexe Werte annehmen können, die Intensität aber eine reelle positive Größe ist, ist in Gleichung (7.27) der Betrag von h_1 plus h_2 zu quadrieren, was durch die beiden senkrechten Striche angedeutet ist.

Für Thomas Young war damit die Frage entschieden, ob Licht eine Welle oder eine Teilchenstrahlung ist. Seine Messungen zeigten eindeutig ein Interferenzmuster, folglich musste es sich bei Licht um eine Wellenerscheinung handeln – Punkt.

7.4 Photoeffekt und Compton-Streuung

Das Teilchen schlägt zurück.

Ist der Streit um den Charakter des Lichts damit entschieden? Hat die Natur damit schon das Geheimnis um das Wesen des Lichts preisgegeben? Ein Jahrhundert später wird Albert Einstein diese Fragen mit »nein« beantworten – bzw. in seiner unverwechselbaren Art:

> »Fünfzig Jahre intensiven Nachdenkens haben mich der Antwort auf die Frage: ›Was sind Lichtquanten‹ nicht näher gebracht. Natürlich bildet sich heute jeder Wicht ein, er wisse die Antwort – aber da täuscht er sich.«

Die fortschreitende Wissenschaft hatte neue Erkenntnisse geliefert und den Vertretern der Korpuskulartheorie neue gewichtige Argumente an die Hand gegeben. Einstein selbst hat ein »Experimentum crucis« angeführt, das nur mit dem Teilchencharakter des Lichts erklärbar war. Wir sprechen vom »photoelektrischen Effekt«, kurz Photoeffekt. Unter diesem Begriff sind zwei Arten vereint: der innere und der äußere photoelektrische Effekt. Im ersten Fall geht es um die Zunahme der elektrischen Leitfähigkeit eines Halbleiters. Der Effekt beruht auf der Erzeugung von sogenannten Elektronen-Loch-Paaren in einem Halbleiter unter der Einwirkung von Licht. Auf diesen Effekt baut mittlerweile eine ganze Industrie auf. Ihre Produkte sind als schwarzglänzende photovoltaische Elemente auf den Dächern vieler Häuser zu bewundern. Auch beim äußeren Photoeffekt, bei dem Elektronen aus der Oberfläche eines Metalls oder eines Halbleiters freigesetzt werden, spielt Licht die Rolle des »Energielieferanten«. Man bezeichnet das auch als »Photoemission«. Dass sich dieser Prozess auf der Oberfläche eines geeigneten Materials abspielt und dass die dabei generierten Elektronen die Oberfläche ungebunden verlassen, rechtfertigt die Bezeichnung »äußerer Photoeffekt«. Für die Deutung dieses Effekts hat Einstein den Nobelpreis des Jahres 1921 zugesprochen bekommen.

Vorab noch eine Klarstellung: Wenn wir von Licht sprechen, dann nicht nur vom sichtbaren Teil des elektromagnetischen Spektrums. Denn zum Begriff »Licht« zählen auf der niederenergetischen Seite auch noch wesentlich größere Wellenlängen, angefangen vom infraroten Licht bis zu den Radiowellen, und auf der hochenergetischen Seite kürzere Wellenlängen, beginnend bei ultraviolettem Licht bis hin zur Röntgenstrahlung. All das ist Licht. Die kosmische Strahlung zählt allerdings nicht dazu, denn bei ihr handelt es sich vornehmlich um hochenergetische Elektronen oder Protonen.

Doch wo genau zeigt sich im äußeren Photoeffekt der Teilchencharakter des Lichts? Dazu benützen wir die unten in Abb. 7.19 dargestellte, auf das Wesentliche reduzierte Messapparatur, bestehend aus einer Metallplatte, einem Empfänger für Elektronen und einer Lichtquelle. Der Empfänger soll so aufgebaut sein, dass er die Energie der durch das Licht aus der Metallplatte herausgeschlagenen Elektronen misst, sie in einen Stromstoß umwandelt, der dann über den Lautsprecher als ein kurzes »Klicken« zu hören ist. Außerdem soll der Empfänger so ausgelegt sein, dass die Lautstärke des Klicks mit der Energie der detektierten Elektronen wächst. Und damit die Elektronen sich auch ungehindert bewegen können, ist die gesamte Vorrichtung in einem evakuierten Be-

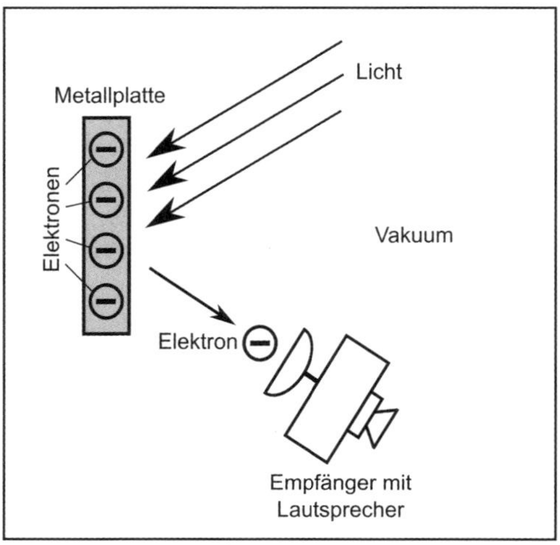

7.19 Äußerer Photoeffekt. Trifft Licht entsprechender Wellenlänge auf eine Metallplatte, so werden Elektronen freigesetzt, die mit einem Empfänger registriert werden können.

hälter untergebracht, der für das Licht, das auf die Metallplatte treffen soll, an geeigneter Stelle eine Öffnung aufweist.

Jetzt lassen wir als Erstes rotes Licht auf die Platte fallen und warten auf einen Klick, doch es passiert – nichts. Kein Klick. Vielleicht fällt ja zu wenig Licht auf die Platte. Also drehen wir die Intensität der Lichtquelle langsam immer weiter hoch, doch es tut sich noch immer nichts. Keine Klicks. Nach der gängigen Vorstellung »viel hilft viel« sollte es doch mal klicken. Aber wie hoch wir die Intensität auch drehen: Der Lautsprecher bleibt stumm.

Das ist bemerkenswert. Denn wenn Licht eine Welle ist und man die Intensität immer mehr in die Höhe treibt, dann müssten doch die Elektronen auf der Platte irgendwann einmal so viel Energie abbekommen, dass sie sich von der Platte lösen können. In dem Skript »Physik IV, Einführung in die Quantenmechanik« der Eidgenössischen Technische Hochschule (ETH) Zürich ist ein schönes Beispiel aufgeführt, das wir Ihnen nicht vorenthalten wollen. Darin wird zunächst errechnet, dass auf einem Quadratmeter Metalloberfläche rund 10^{20} Elektronen sitzen. Wird das Metall mit einer Lichtleistung von 1 μW bestrahlt, so beträgt die mittlere Energieaufnahme pro Elektron 10^{-7} eV pro Sekunde. Da die mittlere zu leistende Austrittsarbeit *W*, die nötig ist, um ein Elektron aus der Metalloberfläche zu lösen, etwa 1 Elektronenvolt (eV) beträgt, würde es bei einer gleichmäßigen Verteilung der Lichtenergie auf alle Elektronen rund 10^7 Sekunden bzw. 115 Tage dauern, bis die Elektronen die für die Austrittsarbeit nötige Energie aufgesammelt haben.

Nun, mit rotem Licht tut sich nichts, also versuchen wir es mit grünem Licht. Doch wieder keine Klicks, wie sehr wir auch die Intensität des auf die Platte fallenden Lichts steigern. Im nächsten Versuch verwenden wir blaues Licht, das aufgrund seiner kürzeren Wellenlänge noch energiereicher ist als das grüne. Und plötzlich, unmittelbar nachdem wir die Lichtquelle eingeschaltet haben, beginnt der Lautsprecher zu klicken. Außerdem sind die Klicks klar voneinander getrennt, und sie sind alle gleich laut. Was kann man daraus schließen? Erstens: Wie es scheint, kommt die Energie, die den Lautsprecher klicken lässt, in einzelnen, voneinander separierten Paketen am Empfänger an. Und zweitens: Da unser Empfänger so gebaut ist, dass die Lautstärke der Klicks proportional zur Energie der ankommenden Elektronen ansteigt, müssen alle Elektronen die gleiche kinetische Energie E_k besitzen. Sei die Energie des einfallenden Lichts gleich $h \cdot v$ und die pro Elektron zu leistende Austrittsarbeit W, so gilt für die Energie E_k der losgelösten Elektronen:

$$E_k = hv - W \qquad (7.28)$$

Bevor wir weiter argumentieren, wollen wir noch ein wenig mit unserer Apparatur spielen. Wie schon bei den anderen Wellenlängen praktiziert, steigern wir wieder die Intensität des Lichts, lassen aber seine Wellenlänge unverändert und beobachten, was passiert. Wenn die Idee der Energiepakete richtig ist, dann dürfte sich an der Lautstärke der Klicks nichts ändern, denn die Energie hv der einzelnen Energiepakete bleibt ja gleich, wir verwenden ja nach wie vor blaues Licht. Was sich jedoch ändern sollte, ist die Anzahl der Energiepakete, denn Licht höherer Intensität stellt pro Zeiteinheit eine größere Anzahl an hv-Energiepaketen zu Verfügung als Licht geringer Intensität. Folglich können pro Zeiteinheit auch mehr Elektronen die Platte verlassen. Was also sollte man beobachten können, wenn man die Intensität des Lichts hochdreht? Die Lautstärke der einzelnen Kicks dürfte sich nicht ändern, aber pro Zeiteinheit sollten deutlich mehr Klicks zu hören sein. Und genau das ist der Fall. Die Lautstärke der Klicks würde sich nur ändern, wenn man auch die Frequenz des Lichts ändert.

Mit dem Wellenbild ist dieses Ergebnis nur sehr schwer vereinbar. Denn wie sollte dieses »wabernde, sich in den ganzen Raum erstreckende Gebilde« einer Welle mit seiner Energie gerade nur ein Elektron treffen und alle anderen nicht? Wie das Beispiel der ETH Zürich zeigt, sollte sich, klassisch gedacht, die Energie einer Lichtwelle doch über die gesamte Oberfläche der Platte verteilen, mit dem Ergebnis, dass sich nach dem Einschalten der Lichtquelle zunächst nichts tut, nach einiger Zeit aber sehr viele Elektronen mit unterschiedlichen Energien auftauchen, weil die einen ein bisschen mehr, die anderen etwas weniger Energie von der Welle abbekommen haben. Doch genau das lässt sich eben nicht beobachten. Und außerdem: Beim Einschalten der Lichtquelle setzt das Klicken instantan ein, und es hört beim Ausschalten genauso abrupt auf. Bei einer Welle würde man erwarten, dass es zu Ein- bzw. Ausschwingeffekten kommt. Aber nichts da!

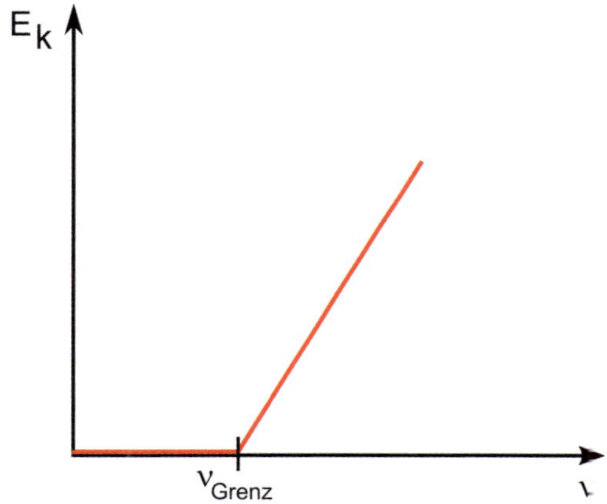

7.20 Energie-Frequenz-Diagramm beim Photoeffekt. Unterhalb einer Grenzfrequenz werden keine Elektronen aus der Metalloberfläche freigesetzt. Ab da steigt mit wachsender Frequenz die Bewegungsenergie der freigesetzten Elektronen.

Schauen wir uns doch nochmals an, was nun gemessen wird. Das Energie-Frequenz-Diagramm in Abb. 7.20 gibt das Ergebnis wieder. Beginnend mit einer niedrigen Frequenz ν des Lichts, z. B. bei rotem Licht, tut sich zunächst nichts (rote horizontale Gerade), es werden keine Elektronen freigesetzt. Erst wenn man die Frequenz immer weiter hochdreht (zunehmend energiereicheres Licht), setzt ab einer gewissen Grenzfrequenz Photoemission ein. Erhöht man ν ab da noch weiter, so nimmt die Energie E_k der Elektronen kontinuierlich zu (schräg nach oben verlaufende rote Linie). Die Energie des Lichts mit der Grenzfrequenz entspricht der Austrittsarbeit W, die nötig ist, um die Elektronen vom Metall zu lösen. Alles was darüber hinausgeht, bekommen die Elektronen in Form von Bewegungsenergie mit auf den Weg.

Betrachten wir jetzt nochmals die Gleichung (7.28). Wie schon einmal erwähnt, ist W in dieser Gleichung eine Materialkonstante, deren Wert vom jeweils verwendeten Kathodenmaterial abhängt. Folglich hat man es in Gleichung (7.28) mit einem linearen Zusammenhang zwischen der Energie des Elektrons und der

Frequenz ν des eingestrahlten Lichts zu tun, mit h als Proportionalitätskonstante. In der obigen Abb. 7.20 ist daher h, das Plancksche Wirkungsquantum, gleich der Steigung der roten Geraden. Das bedeutet, dass Experimente mit einem anderen Kathodenmaterial stets eine identische Graphik produzieren, wobei lediglich die Grenzfrequenz zu niedrigeren bzw. höheren Werten von ν verschoben ist.

Fassen wir zusammen: Man kommt nicht umhin, Licht nicht nur als eine Wellenerscheinung anzusehen, sondern man muss wohl akzeptieren, dass es auch als eine Korpuskularstrahlung aufgefasst werden kann, deren Teilchen exakt definierte Energiepakete darstellen. Beim Photoeffekt treffen diese Energiepakete genau *ein* Elektron und »übergeben« ihm ihre gesamte Energie. Als wir Max Plancks Strahlungsformel hergeleitet haben, konnten wir die Quintessenz der Formel »Licht besteht aus Energiepaketen« nicht schlüssig begründen, irgendwie erschien sie ein wenig willkürlich, vor allem weil dort die Frequenz ν alle möglichen Werte annehmen kann. Jetzt aber führt daran kein Weg mehr vorbei. Natürlich kann ν in Gleichung (7.28) auch variieren, aber – und dieses »aber« ist mit einem Ausrufungszeichen zu versehen – ν hat für Licht einer bestimmten Farbe einen ganz bestimmten Wert! Und da h eine Konstante ist, ist auch das Produkt h mal ν, mit einem festen h und einem festen ν, eine exakt festgelegte Energiemenge, ein Energiepaket, das Physiker als »Lichtquant« oder als Photon bezeichnen. Für jede Farbe hat ν und damit auch h mal ν einen anderen Wert.

Die Theorie, Licht sei eine Korpuskularstrahlung und bestehe aus klar voneinander separierten Quanten, ist in der damals noch der klassischen Physik zugetanen wissenschaftlichen Gemeinde auf große Skepsis gestoßen. Es gehörte Mut dazu, diese Theorie öffentlich zu vertreten. Mit seiner Erklärung des Photoeffekts lieferte Einstein allerdings belastbare Argumente für die Korpuskeltheorie. Newton hätte es gefreut, und Einstein hatte ja noch was bei ihm gutzumachen. Da scheint es nur fair, dass ihm dafür der Nobelpreis zugesprochen wurde – immerhin war er ja bei den Relativitätstheorien leer ausgegangen.

Im Video zu diesem Kapitel führe ich an dieser Stelle ein Experiment durch, von dem ich hier nur erzählen kann. Es geht darum, die aus dem Photoeffekt abgeleitete Erkenntnis, Quanten müssten eine Mindestenergie besitzen, um eine Wirkung zu erzielen, anhand eines Alltagsbeispiels zu demonstrieren. Ein Kürbis, haarscharf an der Kante eines Tisches platziert, soll ein gebundenes Elektron symbolisieren. Als Energiepakete, die den Kürbis treffen und ihn von der Kante herunterstoßen, sprich: das Elektron von der Metallplatte lösen sollen, verwende ich in Anlehnung an die energiearmen Quanten des roten Lichts rote Linsen. Auf den Kürbis geworfen bewirken sie jedoch nichts. Auch energiereichere Quanten in Form von grünen Erbsen beeindrucken den Kürbis nicht. Auch wenn ich Quanten deutlich höherer Energie verwende, wie Mandarinen, tut sich nichts. Erst mit Licht in Form von Röntgenstrahlung, deren energiereiche Quanten ich durch die Verwendung eines Kohlrabis versinnbildliche, gerät der Kürbis ins Wanken. Was kann man aus diesem Experiment »mitnehmen«? Damit in dieser Welt etwas bewegt werden kann, bedarf es portionierter Energiepakete entsprechender Größe. Damit, so hoffen wir, wird der Quantisierungsgedanke, der sich im Photoeffekt zeigt, offenbar.

Doch jetzt zu einem anderen, aufsehenerregenden Experiment, das der amerikanische Physiker Arthur Holly Compton (1892–1962) im Jahr 1922 durchführte. Wir wissen es nicht, aber vielleicht hat er sich gedacht, dass es doch interessant wäre zu erfahren, was geschieht, wenn man freie Elektronen mit Licht bestrahlt. Vielleicht zeigt sich auch da, dass Licht aus Quanten bestehen muss. Wir sprechen vom sogenannten »Compton-Effekt«.

7.21 Arthur Holly Compton (1892–1962)

Ohne im Detail auf die Messapparatur einzugehen, ist die Durchführung des Versuchs relativ simpel: Auf einen Graphitkristall, um den ein Detektor zur Messung des an der Probe gestreuten Lichts herumgeführt werden kann, fällt das Licht einer Röntgenquelle mit bekannter Wellenlänge. Ist Licht eine Wellenerscheinung, so sollte es, entsprechend den Gesetzen der klassischen Physik, die Elektronen der Graphitatome, wie bei einem harmonischen Oszillator, zu Schwingungen mit der Frequenz des Lichts anregen. Beim Übergang der Elektronen zurück in den Grundzustand würden die Elektronen die Energie in Form von Licht wieder abgeben, dessen Wellenlänge der des eingestrahlten Lichts entspricht. Vergleichbare Prozesse zwischen Elektronen und Photonen hatte Joseph John Thomson bereits bei Licht mit sehr geringer Energie beobachtet und Baron Rayleigh bei gebundenen Elektronen. Doch Comptons Ergebnisse waren weder mit der Thomson- noch mit der Rayleigh-Streuung erklärbar. Die Wellenlänge des gestreuten Lichts änderte sich in Abhängigkeit vom Winkel zwischen dem Detektor und der Richtung des von der Röntgenquelle kommenden Lichts. In Abb. 7.22 ist dieser Winkel mit φ bezeichnet.

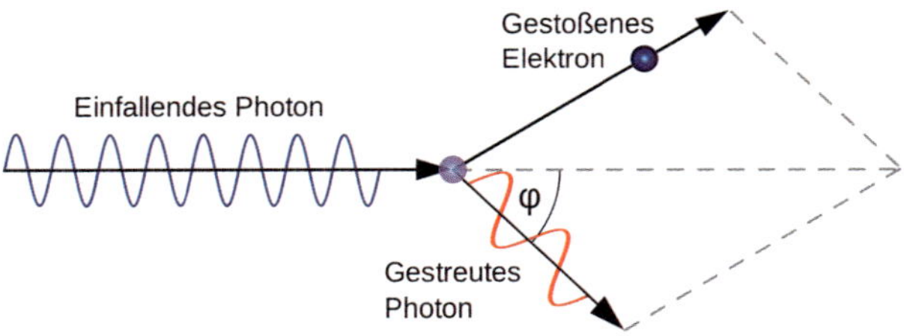

7.22 Compton-Streuung von Photonen an Elektronen

Für die Wellenlängendifferenz $\Delta\lambda$ zwischen ankommender und gestreuter Strahlung fand Compton die Beziehung:

$$\Delta\lambda = \frac{h}{m_e c}\left(1-\cos\varphi\right) \tag{7.29}$$

mit h gleich dem Planckschen Wirkungsquantum, m_e der Ruhemasse des Elektrons und c gleich der Lichtgeschwindigkeit. Je größer demnach φ wird, desto größer fällt auch $\Delta\lambda$ aus. Compton konnte das Ergebnis nur unter der Voraussetzung interpretieren, dass Licht eine Teilchenstrahlung in Form von Photonen bestimmter Energie ist und dass es zwischen diesen Photonen und einem anderen Teilchen zu einem elastischen Stoß kommt. Stoßpartner sollten die Elektronen der äußeren Elektronenhülle der Graphitatome sein. Aufgrund ihrer relativ zur Energie der Photonen geringen Bindungsenergie darf man sie als quasi frei und ruhend betrachten. Bei einem derartigen Stoß überträgt das Photon einen Teil seiner Energie auf das Elektron, so dass sich seine Wellenlänge vergrößert bzw. seine Frequenz verringert. Trifft das Photon das Elektron nicht zentral, sondern mehr oder weniger streifend (kleine Winkel φ), dann ist entsprechend Gleichung (7.29) der Unterschied zwischen der Wellenlänge des eingestrahlten und des gestreuten Lichts klein. Am größten ist $\Delta\lambda$ bei einem frontalen Stoß (φ = 180 Grad). Dabei wird das Photon in die Ausgangsrichtung zurückgestreut, und die auf das Elektron übertragene Energie wird maximal.

Zusammenfassend muss man also den Compton-Effekt als einen voll elastischen Stoß zwischen einem Photon und einem Elektron ansehen, ähnlich einem Stoß zwischen Billardkugeln. Die dabei auf das Elektron übertragene Energie und der übertragene Impuls bewegen das Elektron entsprechend den Stoßgesetzen aus seiner Ruhelage. Dabei wird auch das Photon aus seiner ursprünglichen Richtung abgelenkt, und der beim Stoß erlittene Energieverlust erniedrigt dessen Frequenz bzw. vergrößert seine Wellenlänge. Damit bestätigt das Compton-Experiment die Korpuskulartheorie des Lichts, d. h. es liefert einen klaren Hinweis, dass Licht in Portionen ankommt, die man als Teilchen begreifen muss. Außerdem darf das Experiment auch als Beweis dafür angesehen werden, dass die Gesetze der Energie- und Impulserhaltung auch im Bereich der Elementarteilchen gültig sind.

Werfen wir noch einen abschließenden Blick auf Gleichung (7.29). Für φ gleich 90 Grad ist cos φ gleich null. Bei diesem Winkel ist $\Delta\lambda$ nur von der Ruhemasse des Teilchens abhängig. Das entsprechende $\Delta\lambda$ bezeichnet man als Comptonwellenlänge λ_C des Teilchens. Damit hat jedes Teilchen eine seiner Ruhemasse entsprechende Compton-Wellenlänge, oder anders gesagt: Die Compton-Wellenlänge eines Teilchens entspricht der Wellenlänge eines Photons, dessen Energie gleich der Ruheenergie des Teilchens ist. Leiten wir das kurz her, so gilt mit ν_C gleich der Compton-Frequenz und m_0 gleich der Ruhemasse des betrachteten Teilchens:

$$h \cdot \nu_C = m_0 \cdot c^2 \text{ und } \lambda_C = \frac{c}{\nu_C} = \frac{c \cdot h}{m_0 \cdot c^2} = \frac{h}{m_0 \cdot c} \quad (7.30)$$

Bei unseren Einlassungen zum Compton-Effekt haben wir uns voll auf die Photonen konzentriert, von deren Stoßpartnern, den Elektronen, haben wir jedoch kaum etwas erfahren. Anders als das Licht konnte Compton die Elektronen ja nicht »sehen«. Dass auch sie aus ihrer »Ruheposition« in den Elektronenwolken um die Graphitatome herausgestoßen werden, war eine erzwungene Annahme, ohne die der Compton-Effekt nicht zu erklären ist. Das änderte sich jedoch wenige Jahre später, als der schottische Physiker Charles T. R. Wilson (Abb. 4.9) seinem Kollegen Compton mit der von ihm entwickelten Nebelkammer »zu Hilfe« kam. Schon rund elf Jahre vor Comptons Experiment gelang es Wilson, die Spuren, die geladene Teilchen in einer übersättigten Atmosphäre hinterlassen, nachzuweisen. Auf das dazu nötige Nachweisinstrument, die Nebelkammer, hat ihn praktisch die Natur aufmerksam gemacht. Das begann, als Wilson im Spätsommer 1894 den höchsten Berg Schottlands, den Ben Nevis, bestieg. Auf dem Gipfel bot sich ihm ein grandioses Schauspiel: ziehende Wolken, Nebelschwaden und ein Gefunkel von an den Wassertröpfchen des Nebels reflektiertem und gebrochenem Licht. Wilson war davon so fasziniert, dass er beschloss, diese Phänomene in seinem Labor »nachzubauen«.

Wie die von ihm konstruierte Nebelkammer funktioniert, haben wir bereits beschrieben (Abb. 4.10). Hier zur Erinnerung nochmals kurz zum Prinzip: Ausgangspunkt ist eine in einem Behälter eingeschlossene, mit Wasser gesättigte Atmosphäre. Kühlt man dieses Wasser-Luft-Gemisch spontan durch eine schlagartige Vergrößerung des Behältervolumens ab, so kommt es zu einer Übersättigung der Luft. Sind dort sogenannte Kondensationskeime vorhanden, so schlägt sich die Flüssigkeit in Form winziger Tröpfchen an ihnen nieder. Als Kondensationskeime können Staubpartikel und einzelne Moleküle dienen, aber auch geladene atomare Teilchen wie Protonen und Ionen oder die bei radioaktiven Prozessen entstehenden Teilchen wie Heliumkerne und Elektronen. Der Weg der Teilchen durch die Nebelkammer lässt sich anhand einer nebeligen Tröpfchenspur, die sie hinterlassen, verfolgen (siehe Abb. 4.10). Setzt man die Teilchen einem elektrischen oder einem Magnetfeld aus, so werden sie, je nach ihrer Polarität, in die eine oder andere Richtung abgelenkt. Das gleiche Phänomen der Tröpfchenbildung lässt sich übrigens auch an einer stark gekühlten Getränkedose beobachten, die man aus dem Kühlschrank an die warme Luft des Zimmers bringt.

Langer Rede kurzer Sinn: Mit der Nebelkammer konnte man erstmals bislang unbeobachtbare Teilchen aus der Welt des Allerkleinsten visualisieren – und damit auch die beim Compton-Experiment auftretenden Elektronen. Da sich die Arbeiten von Compton und Wilson so ideal ergänzt haben, wurde 1927 auch beiden Physikern der Nobelpreis für Physik zugesprochen.

Noch ein letztes Wort zu Wilson: Es war die Schönheit der Natur, die ihn so sehr beeindruckte, dass er sie unbedingt in sein Labor holen wollte. Seinem physikalischen Verständnis der beobachteten Naturphänomene verdankte er dann die Entwicklung der Nebelkammer. Dem russischen Schriftsteller Maxim Gorki hätte das vermutlich gut gefallen. Er soll gesagt haben: »Die Naturwissenschaft ist der Verstand dieser Welt, aber die Kunst ist ihre Seele.«

7.5 Wellenfunktion und Schrödingers Katze
Gott würfelt nicht, aber er ist ein Hütchenspieler

Mit dem Photoeffekt und der Compton-Streuung erlebte die Deutung des Lichts als Teilchen eine spektakuläre Renaissance. Den endgültigen Triumph sollte dieses Modell jedoch erst in der Quantenelektrodynamik erfahren.

Natürlich drängt sich jetzt die Frage auf: Wenn es sich bei Licht um einen Teilchenstrom handelt, wie kann es trotzdem zu einer Interferenz und zu einem Beugungsmuster wie beim Doppelspalt kommen? Wie bitte sollen kompakte Teilchen miteinander interferieren? Auf den ersten Blick ist das alles ziemlich verwirrend. Um hier sicheren Boden unter die Füße zu bekommen, benötigen wir eine klare Vorstellung des wichtigsten Begriffes in der Quantenmechanik: der »Wellenfunktion«. Was hat man darunter zu verstehen, und wie verhält sich diese Funktion?

Am besten, wir nähern uns dem Thema spielerisch. Vermutlich kennen Sie aus den Fußgängerzonen der großen Städte das sogenannte »Hütchenspiel«. Kurz beschrieben funktioniert es wie folgt: Auf einem Brett befinden sich drei Hütchen, unter einem davon liegt eine Erbse. Der Hütchenspieler schiebt nun die Hütchen, ohne sie anzuheben, auf dem Brett hin und her und bittet dann einen Zuschauer, ihm zu sagen, unter welchem Hütchen sich die Erbse nach dieser Operation befindet. Liegt sie unter dem vom Zuschauer benannten Hütchen, gewinnt er den eingesetzten Geldbetrag. Wenn nicht, verliert er die Summe an den Hütchenspieler.

7.23 Hütchenspiel: Wo ist die Kugel?

So weit zum Spiel, bei dem übrigens fast immer der Hütchenspieler gewinnt, weil er die Kugel fingerfertig unter einem anderen Hütchen platziert. Doch uns geht es hier um Wahrscheinlichkeiten. Was lässt sich dazu sagen? Wir haben drei mögliche Zustände. Solange keines der Hütchen aufgedeckt ist, ist die Wahrscheinlichkeit, die Erbse unter dem linken Hütchen zu finden, gleich 1/3. Mit der gleichen Wahrscheinlichkeit kann sich die Erbse aber auch unter dem mittleren wie auch unter dem rechten Hütchen befinden. Damit ist die Gesamtwahrscheinlichkeit, dass sich die Erbse unter einem der drei Hütchen befindet, gleich 1. Mathematisch verwendet man für die Formulierung der einzelnen Zustände eine zugegebenermaßen gewöhnungsbedürftige Schreibweise, einen sogenannten »Ket«, der uns stets daran erinnert, dass wir es mit einem quantenmechanischen Zustand zu tun haben. Das sieht für einen beliebigen Zustand folgendermaßen aus: $|\text{Zustand}\rangle$. Für unser Hütchenspiel lautet damit die Gesamtwahrscheinlichkeit P als Summe der Wahrscheinlichkeiten der einzelnen Zustände:

$$P = \frac{1}{3}|Links\rangle + \frac{1}{3}|Mitte\rangle + \frac{1}{3}|\text{Rechts}\rangle \qquad (7.31)$$

Versuchen wir, das graphisch darzustellen, so beginnt unsere Wahrscheinlichkeitsverteilung bei null, steigt dann, entsprechend der Wahrscheinlichkeit, die Erbse unter dem ersten Hütchen zu finden, auf einen bestimmten Wert, fällt in der Lücke zwischen dem ersten und dem zweiten Hütchen wieder auf null, dann kommt der Anstieg für die Wahrscheinlichkeit der Kugel, dass sie sich unter dem mittleren Hütchen befindet, und so weiter. Mithin sieht die Graphik wie in Abb. 7.24 aus.

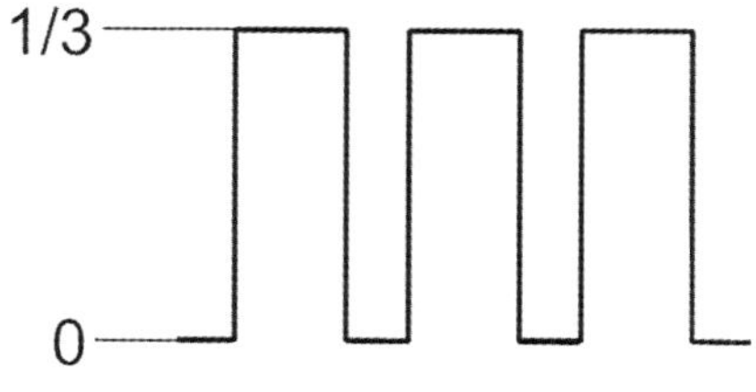

7.24 Grafische Darstellung der Aufenthaltswahrscheinlichkeit der Kugel beim Hütchenspiel. (Streng mathematisch müsste der horizontale Maßstab so gewählt werden, dass die Fläche unter dem Graphen exakt 1 ergibt, weil sie für die Gesamtwahrscheinlichkeit steht, die Erbse irgendwo zu finden.)

Da wir diese Verteilung mit einer Wellenfunktion beschreiben wollen, stellt sich nun die Frage: Wie ist die Gleichung (7.31) zu »modellieren«, damit daraus eine Welle wird? Erinnern wir uns daran, dass die Intensität von Licht, beispielsweise auf einem Schirm, gleich dem Quadrat der Wellenamplitude ist. Anstelle von Intensität können wir auch von der Wahrscheinlichkeit sprechen, dass Photonen dort auftreffen. Die Wahrscheinlichkeit, ein Teilchen an einem bestimmten Ort zu finden, ist demnach gleich dem Quadrat seiner Wellenfunktion. Um dem gerecht zu werden, müssen wir die jeweiligen Faktoren vor den einzelnen Zuständen in der Gleichung (7.31) so ändern, dass deren Quadrate gleich der Wahrscheinlichkeit von 1/3 werden. Bezeichnen wir die Wellenfunktion mit dem Buchstaben Ψ, so ändert sich (7.31) in

$$\Psi = \sqrt{\frac{1}{3}}\,|Links\rangle + \sqrt{\frac{1}{3}}\,|Mitte\rangle + \sqrt{\frac{1}{3}}\,|\mathrm{Rechts}\rangle \qquad (7.32)$$

denn das Quadrat der Wurzel von 1/3 ergibt ja gerade 1/3. Damit ist es gelungen die Vorfaktoren, wir wollen sie jetzt Amplituden nennen, so zu ändern, dass deren Quadrate die beobachtete Wahrscheinlichkeit wiedergeben, die Erbse unter dem linken, dem mittleren bzw. dem rechten Hütchen zu finden. Noch ein kleiner Trick: Da wir ja quadrieren müssen und das Quadrat einer negativen Zahl stets positiv ist, können wir auch den Vorfaktor, z. B. den vom Zustand Mitte, negativ werden lassen. Grafisch lässt sich das wie in Abb. 7.25 darstellen.

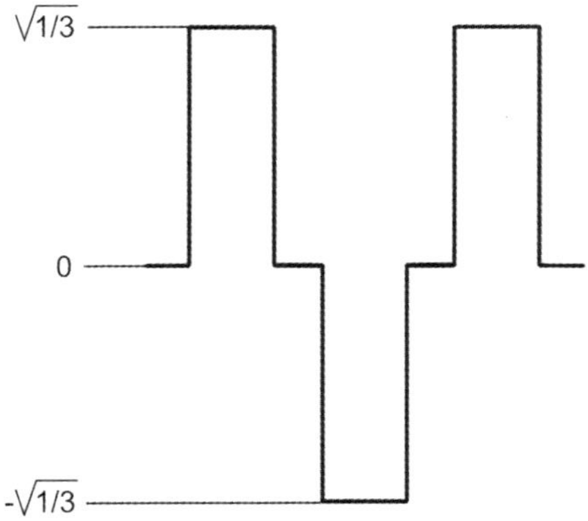

7.25 Da das Quadrat einer negativen Zahl stets positiv ist, darf die Wahrscheinlichkeitsamplitude auch negativ sein.

Man kommt nicht umhin, darin schon so etwas wie eine Welle zu erkennen. Bevor wir mit der Betrachtung der Wellenfunktion fortfahren, wollen wir noch mit den Hütchen spielen. Damit es zu einem echten quantenmechanischen Hütchenspiel wird, müssen wir eine »quantenmechanische Erbse« verwenden, die jetzt nicht real unter einem der Hütchen steckt, sondern mit der Wahrscheinlichkeit von 1/3 unter jedem der Hütchen! Es ist also unbestimmt, wo sich die Quantenerbse bei einer Messung, d.h. nach dem Hochheben eines Hütchens, tatsächlich zeigen würde – sie weiß es selber (noch) nicht. Das ist der einzige Unterschied zu unserem realen Hütchenspiel, bei dem sich die klassische Erbse von Anfang an definitiv unter einem der Hütchen befindet. Bitte behalten Sie das unbedingt im Hinterkopf – es ist von fundamentaler Bedeutung für das weitere Verständnis.

Stellen Sie sich vor, wir decken das rechte Hütchen auf, will heißen: wir sehen nach, ob sich die Quantenerbse im Augenblick der Messung dazu entscheidet, mit null oder mit hundert Prozent unter dem Hütchen zu sein. Diesmal stellen wir fest: Die Erbse ist nicht unter diesem Hütchen. Oha!, würde der Bayer jetzt sagen. Doch was heißt das für unsere Wellenfunktion? Nun, der Vorfaktor vor dem Zustand rechts wird im selben Augenblick, in dem sich zeigt, dass die Erbse nicht unter dem Hütchen liegt, null. Das bedeutet wiederum, dass nun die Wahrscheinlichkeit, die Erbse unter dem Hütchen links bzw. in der Mitte zu finden, jeweils 1/2 beträgt. Auf den Punkt gebracht heißt das: Im selben Augenblick, in dem man eine Messung macht – Hütchen hochheben –, verändern sich die beiden verbliebenen Zustände. Das führt zu einer paradoxen Situation. Stellen Sie sich vor, wir nehmen das rechte Hütchen und fliegen damit z. B. in die Andromeda-Galaxie. Dort angekommen decken wir es auf und sehen nach, ob sich darunter die Erbse befindet. Ist das nicht der Fall, dann verändern sich rund 2,5 Millionen Lichtjahre entfernt auf der Erde im selben Augenblick die Vorfaktoren der Zustände links und in der Mitte von $1/\sqrt{3}$ auf $1/\sqrt{2}$. Wow, das ist doch der Hammer! Und das alles, obwohl sich doch Licht nur mit rund 300000 Kilometern pro Sekunde ausbreitet, es also rund 2,5 Millionen Jahre dauern sollte, bis die Information über die Zustandsänderung auf der Erde ankommt. Doch das Ganze relativiert sich sofort, wenn uns bewusst wird, dass mit dem Aufdecken des Hütchens in der Andromeda-Galaxie gar keine Information übertragen wird. Um eine bestimmte Information übertragen zu können, beispielsweise in Form eines Morsecodes, müsste man in der Lage sein, den Ausgang der Messung gezielt zu beeinflussen. Weder der weitgereiste noch der zu Hause gebliebene Beobachter sind dazu in der Lage. Das ist die Krux an dem ganzen Prozess.

Nochmals: Die Erbse ist eben nicht die ganze Zeit irgendwo vorhanden und sonst nirgendwo, wie das bei einer klassischen Erbse der Fall wäre, sondern sie hat sich als Quantenerbse erst mit dem Hochheben des Hütchens endgültig entschieden, wo sie sich zeigen will. Damit lässt sich weder etwas programmieren noch eine Information übermitteln. Auch beim nächsten Hochheben eines der verbliebenen Hütchen wird sich die Quantenerbse wieder kurzfristig entscheiden – diesmal mit 50/50. In der Quantenmechanik nennt man ein System, das über Wahrscheinlichkeiten verknüpft ist, wie wir es mit der Quantenerbse und den Hütchen gemacht haben, »verschränkt«. Die Verschränkung ist tatsächlich ein nichtlokales Phänomen. Über beliebige Entfernungen hinweg ändern sich instantan Wahrscheinlichkeitsamplituden. Nach allem, was wir über die Spezielle Relativitätstheorie gehört haben, ist das auf den ersten Blick verblüffend. Trotzdem sind die Theorien miteinander verträglich, weil es nicht möglich ist, durch verschränkte Systeme Information auszutauschen. Faktisch *bewegt* sich hier nichts mit Überlichtgeschwindigkeit.

Spinnen wir unsere Überlegungen noch etwas weiter. Bei dem Hütchenspiel sind wir zwangsläufig von einer Amplitudenverteilung von $1/\sqrt{3}$ zu $1/\sqrt{3}$ zu $1/\sqrt{3}$ ausgegangen. Bei anderen Experimenten kann, warum auch immer, die Verteilung eine ganz andere sein, z. B. $1/\sqrt{2}$ zu $1/\sqrt{4}$ zu $1/\sqrt{4}$. Wichtig ist nur, dass die Summe der quadrierten Amplituden immer 1 ergibt – schließlich muss ja die Erbse mit Sicherheit irgendwo sein, d. h. mit 100 Prozent, wenn wir alle Hütchen hochheben. Da sind viele Varianten denkbar. Wir sind auch nicht an die Zahl 3 bei der Menge der Hütchen gebunden. Im Prinzip können es beliebig viele sein. Für ein freies Teilchen, das sich irgendwo im Raum befindet, können wir uns also an jedem Punkt des Raumes ein beliebig kleines Hütchen denken, jedes versehen mit einer Zahl, die wir Amplitude nennen und deren Quadrat die Wahrscheinlichkeit ergibt, das Teilchen bei einer Messung unter diesem Hütchen zu finden. Mit unendlich vielen Hütchen und den zugehörigen Vorfaktoren, sprich: den zugehörigen Amplituden, sollte sich also ein Teilchen beschreiben lassen. Genau das nennen wir »Wellenfunktion des Teilchens«. Machen wir uns das an einem einfachen Beispiel klar: Nehmen wir ein Teilchen und sperren es in eine zweidimensionale Kiste. Das Teilchen wird sich statistisch bevorzugt in der Mitte der Kiste, jedoch selten links und rechts an den Wänden der Kiste aufhalten (blaue Kreise). Die Wellenfunktion (rot) würde demnach wie in Abb. 7.26 aussehen. In der Mitte muss das Quadrat der Wellenfunktion den höchsten Wert für die Aufenthaltswahrscheinlichkeit liefern, wogegen das Quadrat an den Rändern null werden muss.

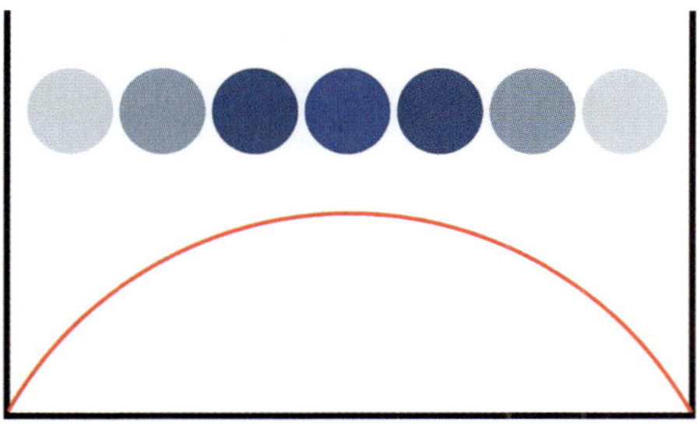

7.26 Ein in eine zweidimensionale Kiste gesperrtes Teilchen hält sich statistisch mehr in der Mitte der Kiste als an den Kistenwänden auf. Die rote Kurve zeigt die entsprechende Wellenfunktion. Die Intensität der blauen Kreise symbolisiert die Wahrscheinlichkeit, das Teilchen an diesem Ort zu messen, entsprechend dem Quadrat der Wellenfunktion.

Doch zurück zu dem freien Teilchen im Raum. Entsprechend den vorausgegangenen Überlegungen mit den beliebig vielen Hütchen können wir das Teilchen als eine Summe beliebig vieler möglicher Zustände mit entsprechenden Wahrscheinlichkeits-Amplituden beschreiben. Mathematisch sieht das wie folgt aus:

$$\Psi(x) = \Psi(x_1)|x_1\rangle + \Psi(x_2)|x_2\rangle + \cdots + \Psi(x_n)|x_n\rangle \qquad (7.33)$$

Außerdem wissen wir, dass die Wahrscheinlichkeit, das Teilchen irgendwo im Raum zu finden, gleich 1 ist. Folglich muss auch die

Summe aller quadrierten Amplituden gleich 1 sein. Diese Bedingung nennt man »Normierung der Wellenfunktion«:

$$\sum_n \left|\Psi\left(x_n\right)\right|^2 = 1 \qquad (7.34)$$

Bei unendlich vielen Amplituden geht die Summe in ein Integral über. Diese beiden Gleichungen (7.33) und (7.34) werden uns bei der Beschäftigung mit der Welt des Allerkleinsten noch sehr hilfreich sein.

Betrachten wir noch drei Beispiele zur grafischen Darstellung der Aufenthaltswahrscheinlichkeit eines Teilchens in einem Kasten. Die in Abb. 7.27 links ganz unten dargestellte Aufenthaltswahrscheinlichkeit P zusammen mit der zugehörigen Wellenfunktion Ψ und das Quadrat von Ψ (rechts unten) haben wir in der vorausgegangenen Abb. 7.26 schon kennengelernt. In den Graphiken ist der Aufenthaltsort des Teilchens in Form mehr oder weniger dominanter Kreise dargestellt. Je dunkler der Kreis, umso wahrscheinlicher ist dort dessen Aufenthaltsort. Somit symbolisieren die Kreise ganz unten im Bild, dass sich das Teilchen statistisch bevorzugt in der Mitte des Kastens aufhält, zu den Rändern hin jedoch immer seltener. In der Bildmitte ist eine andere Aufenthaltswahrscheinlichkeit des Teilchens dargestellt, bei der man das Teilchen bevorzugt rechts und links der Mitte findet, an den Rändern und in der Mitte dagegen nicht. Wie diese Verteilung zustande kommen könnte, soll uns hier noch nicht interessieren. Interessant ist vielmehr die Form der Wellenfunktion, die in diesem Fall einer Sinuskurve gleicht. Rechts davon ist wieder der Verlauf des Quadrats von Ψ dargestellt, der nur positive Werte aufweist. Ganz oben soll sich dann das Teilchen bevorzugt in drei Bereichen innerhalb des Kastens aufhalten können, jeweils dazwischen und am Rande jedoch nicht. Auch hier gibt der Verlauf von Ψ^2 die Wahrscheinlichkeit wieder, das Teilchen an einem bestimmten Ort im Kasten zu messen.

Was ist nun das Fazit aus dem bisher Gelernten? Der Aufenthaltsort eines Teilchens im Raum ist nicht klar lokalisiert, sondern er ist gegeben durch eine Wellenfunktion, die eine Aussage

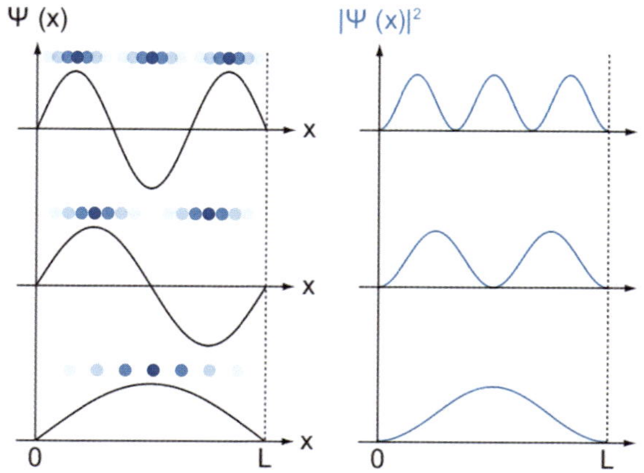

7.27 Verschiedene Aufenthaltswahrscheinlichkeiten eines Teilchens in einer Kiste zusammen mit den entsprechenden Wellenfunktionen (links) und den entsprechenden Amplitudenquadraten (rechts).

darüber macht, mit welcher Wahrscheinlichkeit das Teilchen bei einer Messung an einem bestimmten Ort anzutreffen ist. Der einzige Unterschied zwischen einem realen Hütchenspiel und der Quantenmechanik ist die Verwendung einer Quantenerbse. Niemand weiß, wo sie sich bei einer Messung zeigen wird – selbst das Universum nicht. Es ist lediglich klar, dass sie sich zu 100 Prozent irgendwo zeigen wird, d. h. die Summe aller wahrscheinlichen Aufenthaltsorte beträgt 1. Doch unter welchem Hütchen das sein wird, das ist eben nicht klar, solange niemand nachschaut, d. h. solange nicht gemessen wird. Das bedeutet: Es gibt Zustände, die nicht bestimmt sind, die vielmehr mit einer Wahrscheinlichkeit belegt sind. Die Natur erweist sich als äußerst zickig – sie hält sich so lange bedeckt, bis man sie mit einer Messung des Teilchens dazu zwingt, Farbe zu bekennen. Sie legt die Karten erst auf den Tisch, wenn sie keine andere Wahl mehr hat. Das ist der gravierende Unterschied zwischen Mechanik und Quantenmechanik. Für uns ist das schwer zu verstehen, insbesondere die Konsequenz, dass Wahrscheinlichkeiten nichtlokal verschränkt werden können. Möglicherweise ist dieses Modell so auch gar nicht verstehbar. Die Experimente geben ihm aber recht. Wir haben vorerst keine andere Wahl, als es zu akzeptieren – herzlich willkommen in der Quantenmechanik!

Kommen wir zurück zu unserer Ausgangsfrage: Wie lässt sich das Interferenzbild beim Doppelspalt mit dem Teilchenbild vereinbaren? Vielleicht kann uns ja die Wellenfunktion dabei behilflich sein. Schießen wir also ein einzelnes Photon in Richtung Doppelspalt.

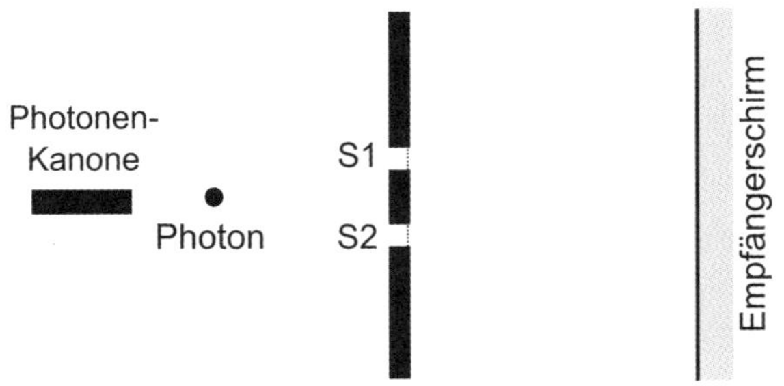

7.28 Eine Photonenkanone schießt Photonen auf einen Doppelspalt.

Auf dem Weg zu den beiden Spalten weiß selbst die Natur nicht genau, wo sich das Teilchen befindet. Entsprechend seiner Wellenfunktion ist es über den gesamten Raum »verschmiert«. Nur das Quadrat der Wellenfunktion kann Auskunft darüber geben, mit welcher Wahrscheinlichkeit es sich wo aufhält. Folglich ist es sinnlos zu fragen, durch welchen Spalt das Teilchen schlüpft. Vielmehr muss die Frage lauten: Was geschieht mit der das Teilchen beschreibenden Wellenfunktion beim Auftreffen auf den Doppelspalt? Nun, ein gewisser Anteil tritt durch den Spalt S1 und ein anderer Anteil durch den Spalt S2. Der Physiker sagt dazu: Das Photon hat eine Amplitude, den Weg durch den Spalt S1 einzuschlagen, und eine Amplitude, den Weg durch den Spalt S2 zu nehmen. Auf dem Weg von den Spalten zum Empfängerschirm überlagern sich die beiden Wellenfunktionsanteile. Hier geschieht das, was wir als Interferenz bezeichnen – in unserem neuen Verständnis sind das jedoch die Wahrscheinlichkeitsamplituden, die sich hier überlagern. Ein Photon würde sich zu jeder Zeit in einem Messprozess als Teilchen zeigen – auch auf dem Schirm trifft letztendlich an einem bestimmten Ort ein Teilchen auf. Der Schirm wirkt wie ein Detektor – er führt eine Wechselwirkung herbei und zwingt die Natur, sich zu offenbaren. Um es nochmals herauszustreichen: Auf dem Schirm sehen wir ein Teilchen und keine Welle. Das Interferenzbild entsteht erst durch das Auftreffen sehr vieler Photonen. Es interferieren also nicht mehrere Photonen miteinander, sondern jedes Photon interferiert mit sich selbst, d. h. die beiden oben angesprochenen anteiligen Amplituden der Wellenfunktion überlagern sich hinter den Spalten. Das Resultat ist eine Wahrscheinlichkeitsverteilung, die auf den Schirm trifft. Bei der Wechselwirkung mit den vielen einzelnen Verteilungen zeigt sich ein Teilchen mal hier und mal dort – das ist ja genau das Wesen einer Wahrscheinlichkeitsverteilung. Erst durch diese vielen Einzelereignisse entsteht am Schirm das Interferenzbild.

Erfahrungsgemäß ist das ein wesentlicher Punkt im quantenmechanischen Verständnis des Doppelspalts. Machen wir uns nochmals klar, was da passiert. Die ursprüngliche Wellenfunktion des Teilchens spaltet sich am Doppelspalt auf. Bezeichnen wir den Anteil, der durch den Spalt S1 geht, mit Ψ_{S1}, und denjenigen, welcher durch den Spalt S2 geht, mit Ψ_{S2}. Auf dem Weg zum Schirm interferieren die beiden Anteile je nach ihrer Phase konstruktiv oder destruktiv. Auf dem Schirm lokalisiert sich dann das Teilchen mit einer gewissen Wahrscheinlichkeit P an einem gewissen Ort. Machen wir das mit einer Vielzahl von Photonen, so erhalten wir eine Gesamtverteilung der Teilchen, die sich zu dem bekannten Beugungsmuster fügt. Mathematisch sieht das wie folgt aus:

$$\left|\Psi_{S1} + \Psi_{S2}\right|^2 = P \qquad (7.35)$$

Betrachten wir ein einzelnes Photon, das von einer Quelle in Richtung Doppelspalt geschickt wird, dann landet es irgendwo auf dem Schirm. Durch welchen Spalt das Teilchen geschlüpft ist, ob es den Spalt S1 oder den Spalt S2 passiert hat oder vielleicht – verrückte Idee – durch beide Spalte gleichzeitig gegangen ist, das sagt uns das Experiment nicht. Auch über den Weg des Teilchens vom Doppelspalt zum Schirm erfahren wir nichts. An welchem Ort sich ein Teilchen zu einem gewissen Zeitpunkt aufhält, will uns die Natur nicht verraten. Erst wenn wir den Doppelspalt mit einer Vielzahl von Teilchen, einem Teilchen-Ensemble, beaufschlagen, erhalten wir am Schirm ein reproduzierbares Interferenzmuster. Das funktioniert sogar, wenn die Teilchen einzeln und in größerem zeitlichem Abstand auf die Spalte treffen.

Um doch zu erfahren, welchen Weg das Teilchen nimmt, kann man die beiden Spalte mit je einem Detektor ausrüsten, die mit einem Klicken anzeigen, wenn ein Teilchen den betreffenden Spalt passiert. Das funktioniert tatsächlich. Haben wir damit die Natur überlistet? Mitnichten! Denn dummerweise hat die Messung auch das schöne Interferenzmuster auf dem Bildschirm zerstört. Die exakte Lokalisierung des Teilchens hat eine Interferenz verhindert.

An der Gleichung (7.35) kann man unmittelbar ablesen, warum. Nehmen wir an, der Detektor am Spalt S1 klickt. Das heißt: Wir haben die Natur gezwungen, den Ort des Photons preiszugeben, es befindet sich mit 100 Prozent am Spalt S1 – da haben wir es ja gemessen. Ψ_{S1} ist mithin am Ort der Messung gleich 1! Jetzt liegen die Karten auf dem Tisch, wir haben gewissermaßen das richtige Hütchen gefunden. Damit ist schlagartig klar, dass unter allen anderen Hütchen im Raum nichts mehr zu holen ist. Die Messung hat das über den Raum ausgedehnte, wabernde Gebilde Wellenfunktion auf einen Punkt zusammenschnurren lassen, oder, wie Physiker sagen, die Wellenfunktion ist »kollabiert«.

Mathematisch zeigt sich das an Gleichung (7.35). Wir wissen, die Summe der Wellenfunktionen $\Psi_{S1} + \Psi_{S2}$ ergibt quadriert 1. Wenn sich aber nach absolvierter Messung zeigt, dass Ψ_{S1} den Wert 1 hat, dann muss zwangsläufig Ψ_{S2} gleich null sein. Auf dem Weg von den Spalten zum Empfängerschirm interferiert nun eine Wellenfunktion, die an einem bestimmen Punkt den Wert 1 hat und sonst überall null ist, mit einer, die überall den Wert null hat. Interferenz mit null bedeutet, dass wir überall null addieren, sich also faktisch nichts ändert. Das Ergebnis dieser Interferenz ist denkbar einfach und entspricht einem scharf lokalisierten Photon. Die Messung hat das ursprüngliche Interferenzbild zerstört.

Abb. 7.29 zeigt, wie sich im Falle einer Messung der Verlauf der beiden Wellenfunktionen grafisch darstellen lässt. Ψ_{S2} ist durchgehend Null, wogegen Ψ_{S1} nur an einer Stelle eine scharfe Spitze

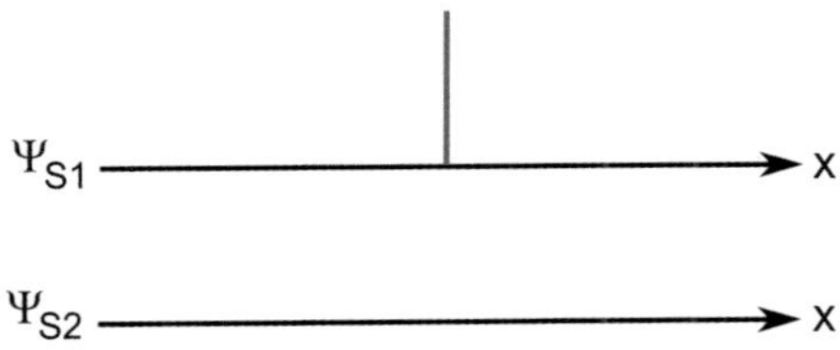

7.29 Wird mit einem Detektor der Durchgang eines Photons an einem der beiden Spalte registriert, so kollabiert die Wellenfunktion mit einem scharfen Peak am Ort des Spaltes (oben). Die Wellenfunktion am anderen Spalt wird damit zwangsläufig gleich null (unten).

aufweist. Durch den Messprozess kollabiert die ansonsten im Raum ausgedehnte Wellenfunktion zu einem scharfen Peak.

Fragt sich: Warum bekommen wir im alltäglichen Leben von den Interferenzen, von den Überlagerungszuständen, die sich doch überall zeigen sollten, nichts mit? Die Antwort lautet: Da in unserer beobachtbaren makroskopischen Welt unentwegt Messungen stattfinden, haben wir es ausschließlich mit kollabierten Wellenfunktionen zu tun. Der Prozess einer Messung umfasst jedoch viel mehr, als man zunächst vermuten würde. Dass jemand z. B. mit einem entsprechenden Detektor Photonen registriert, ist nur eine Form. Für eine Messung bedarf es nicht zwangsläufig eines Beobachters. So ist z. B. auch der Zusammenstoß eines Elektrons mit einem Photon oder mit einem Molekül der Atmosphäre eine Messung. Messen heißt: mit etwas in Wechselwirkung treten. Jede Art einer Wechselwirkung ist eine Messung, bei der die Wellenfunktion kollabiert. Bestand vor dem Stoß nur eine gewisse Wahrscheinlichkeit, das Elektron am Ort der Kollision anzutreffen, so wird im Augenblick der Kollision der Aufenthaltsort des Photons festgelegt. Die Wahrscheinlichkeit, das Elektron dort zu finden, ist nun 1. Im Augenblick der Kollision hat sich also das Elektron zu erkennen gegeben. Prinzipiell könnte der scharfe Peak der Wellenfunktion anschließend wieder zerfließen. Jede weitere Wechselwirkung führt jedoch wieder den scharfen Peak herbei – der Weg zurück in die Anonymität der Wahrscheinlichkeit bleibt durch fortwährende Wechselwirkungen versperrt. Den quantenmechanischen Zustand vor der Messung nennt man »kohärent«, den kollabierten Zustand »dekohärent«.

Das Konzept der Wellenfunktion ist dabei nicht auf den Ort eines Teilchens beschränkt. In der Quantenmechanik lassen sich ganz allgemein quantenmechanische Zustände – beispielsweise Ladung, Masse und Spin eines Elementarteilchens – durch eine Wellenfunktion Ψ beschreiben. Die Amplitude dieser Wellenfunktion ergibt dann quadriert ein Maß dafür, das Teilchen bei einer Messung in diesem oder jenem Zustand anzutreffen.

Für sehr erfahrene Bergwanderer, die bereits mit dem Hochplateau der komplexen Zahlen vertraut sind, greifen wir schon mal vorweg, damit niemand Gefahr läuft, hier geistig umzuknicken. Bei einer komplexen Wellenfunktion verstehen wir unter Quadrieren, sie mit ihrer komplex konjugierten Wellenfunktion zu multiplizieren, um den Absolutwert dieser Operation zu bilden.

Quantenmechanisch betrachtet können also Objekte mit bestimmten Wahrscheinlichkeiten in unterschiedlichen Zuständen vorliegen. Je komplexer die Objekte aufgebaut sind, desto schneller kommt es allerdings zur Dekohärenz, weil die Bestandteile miteinander und mit ihrer Umwelt wechselwirken. Verknüpft man jedoch einfache, kohärente Zustände mit komplexen, makroskopischen Objekten – vielleicht sogar mit Lebewesen –, so lässt sich damit ein interessantes Paradoxon konstruieren. Es geht zurück auf ein Gedankenexperiment von Erwin Schrödinger. In einer Kiste soll sich neben einer Katze ein radioaktives Atom befinden, das beim Zerfall über einen Mechanismus ein Giftgas freisetzt. Die Katze würde dadurch getötet. Solange niemand die Kiste öffnet, ist nicht klar, ob das Atom schon zerfallen ist oder eben noch nicht. Im quantenmechanischen Sinn befindet sich das Atom in einem kohärenten »Sowohl-als-auch-Zustand«. Und da von diesem Überlagerungszustand das Leben der Katze abhängt, ist auch die Katze, solange niemand in die Kiste blickt, mit einer Wahrscheinlichkeit von jeweils 50 Prozent sowohl lebendig als auch tot. Im Bild der Quantenmechanik befindet sich also nicht nur das Atom, sondern auch die Katze zeitgleich in zwei möglichen Zuständen. Erst wenn man die Kiste öffnet, und damit eine Messung vornimmt, wird der Zustand des Atoms – zerfallen oder nicht – und damit der Zustand der Katze – tot oder lebendig – eindeutig festgelegt. Befindet sich also die Katze bei geschlossener Kiste in einem kohärenten Zustand zwischen Leben und Tod? Das steht in krassem Widerspruch zu unserer Erfahrungswelt. In der makroskopischen Welt sind Objekte immer dekohärent. Denn in unserer Welt finden fortwährend und überall Messungen statt. Allein ein Luftmolekül, das auf einen Gegenstand oder eine Katze trifft, erzwingt Dekohärenz, und ohne Luft in der Kiste wäre der Ausgang des Gedankenexperiments ohnehin klar. Das führt zur Erkenntnis, dass die Gesetze der Quantenmechanik nicht eins zu eins auf unsere makroskopische Welt und erst recht nicht auf Lebensformen übertragbar sind. Zum Glück, möchte man fast sagen, denn sonst wäre unser Dasein ziemlich unbestimmt und verwirrend.

Vielleicht sind Sie ja jetzt ein wenig irritiert über das, was sich da in der Welt der Quanten abspielt. Vielleicht sind Sie sogar schockiert. Wenn ja, dann sind Sie in guter Gesellschaft. Der bekannte Physiker Niels Bohr soll nämlich gesagt haben: »Wer nicht von der Quantenmechanik schockiert ist, der hat sie nicht verstanden.« Im Umkehrschluss bedeutet das jedoch nicht, dass man sich nur ausreichend schockiert zeigen muss, damit man die Quantenmechanik versteht. Ganz so einfach ist es nicht – schön wär's!

7.6 Schrödingergleichung und Tunneleffekt

A bissel was geht immer

Kommen wir nun zu einer der wichtigsten Gleichungen in der Quantenmechanik, der Schrödingergleichung. In der klassischen Mechanik bestimmen die Newtonschen Gesetze und der Energieerhaltungssatz die Bewegung eines Teilchens, in der Quantenmechanik kommt diese Rolle der Schrödingergleichung zu. Mit ihrer Hilfe lassen sich Vorhersagen zur Dynamik atomarer Zustände machen. Man unterscheidet zwischen zeitabhängiger und zeitunabhängiger Schrödingergleichung. Bei Letzterer bleiben die Zustände eines Quantensystems bzw. das Betragsquadrat der Wellenfunktion zeitlich unverändert. Man spricht dann von einem stationären System.

Die Entwicklung der Schrödingergleichung ist ein Paradebeispiel, wie die Ideen und Ergebnisse vieler Forscher sich gegenseitig befruchten und sich letztlich zu einem glücklichen Ganzen vereinen. Dazu gehört das Doppelspaltexperiment mit seinem Wellenbild, aber auch dessen radikale Anwendung auf Elektronen durch Louis de Broglie (1892–1987). Der hatte in seiner Doktorarbeit, in Anlehnung an den Wellencharakter der Photonen, auch den Elektronen, im weitesten Sinne also der Materie, einen Wellencharakter zugebilligt, die sogenannte De-Broglie-Wellenlänge. Den Gutachtern seiner Arbeit war dieser Gedanke so suspekt, dass sie erst einmal eine Kopie an Albert Einstein schickten, der sie dann an Max Born weiterreichte. Schließlich wurde jedoch de Broglies Vorstellung nach einigem Hin und Her allgemein akzeptiert.

7.30 Louis de Broglie (1892–1987)

Vorab noch ein paar Worte zu Max Born. Er war derjenige, der die Idee hatte, Teilchen mit Hilfe von Wellenfunktionen zu beschreiben, wobei, wie wir ja schon wissen, das Quadrat der Wellenfunktion die Wahrscheinlichkeit angibt, das Teilchen an einem bestimmten Ort zu finden. Ursprünglich war Born drauf und dran, Experimentalphysiker zu werden. Als jedoch bei einem seiner Versuchsaufbauten ein Kühlschlauch platzte und er damit das halbe Labor unter Wasser setzte, meinte der Institutsleiter, Experimentalphysik sei wohl nicht das Richtige für ihn und er solle doch besser einen anderen Themenschwerpunkt für sein Studium wählen. Und so kam Born zur theoretischen Physik.

7.31 Max Born (1882–1970)

Doch jetzt zu dem Österreicher Erwin Schrödinger (1887–1961). Ausgangspunkt seiner Überlegungen waren die in der klassischen Mechanik bewährten Extremalprinzipien, die wir in den voraus-

7.32 Erwin Schrödinger (1887–1961)

gegangenen Kapiteln schon kennengelernt haben. Dazu gehören insbesondere die minimale Wirkung, zu der man mit Hilfe des Lagrange-Formalismus und des Wirkungsintegrals gelangt, und das Prinzip der maximalen Eigenzeit. Für klassische Teilchen funktioniert das alles sehr gut. Doch nun hatte sich herausgestellt, siehe Louis de Broglie, dass man Materie, also auch Elektronen, durch Wellen beschreiben kann, die wiederum mit Wellenfunktionen zu tun haben, deren Quadrat die Aufenthaltswahrscheinlichkeit der Teilchen ergibt. Wenn also Teilchen und Wellen zwei Seiten ein und derselben Medaille sind, dann könnte es doch eine »Übertragung« des für Teilchen gut funktionierenden klassischen Bildes in ein auch für Wellen geeignetes quantenmechanisches Bild geben. Vielleicht muss man dazu nur die in der klassischen Physik verwendeten Begriffe in eine neue Terminologie übersetzen. Diese Überlegung, dass die klassische Betrachtung in die Quantentheorie übergeht, bezeichnet man übrigens als »Korrespondenzprinzip«.

Beginnen wir mit einem stationären System und verfolgen wir Schrödingers Weg zu seiner Gleichung. Was auch immer wir betrachten, es muss der Energiesatz gelten: Die Summe aus kinetischer und potentieller Energie ist gleich der Gesamtenergie E eines Systems. Schreiben wir das als Gleichung, so erhalten wir:

$$\frac{m \cdot v^2}{2} + V(x) = E \tag{7.36}$$

wobei wir als potentielle Energie ein nur von einer Richtung, der x-Richtung, abhängiges Potential $V(x)$ gewählt haben. Erweitern wir den ersten Term von Gleichung (7.36) mit der Masse m, so erhalten wir:

$$\frac{m^2 \cdot v^2}{2 \cdot m} + V(x) = E \tag{7.37}$$

und da $m^2 \cdot v^2$ gleich $(m \cdot v)^2$ ist, also gleich dem Impuls p zum Quadrat, können wir weiter schreiben:

$$\frac{p^2}{2 \cdot m} + V(x) = E \tag{7.38}$$

Im Rahmen der Korrespondenzbetrachtung ersetzte nun Schrödinger das Quadrat des Impulses p im ersten Term von Gleichung (7.38) durch den Ausdruck

$$-\hbar^2 \cdot \frac{d^2}{dx^2} \tag{7.39}$$

Wie Schrödinger auf diesen Ausdruck kam, werden wir in einem späteren Kapitel, in dem es um die zeitabhängige Schrödingergleichung geht, noch genau erfahren. Akzeptieren wir das zunächst einmal, dann wird aus Gleichung (7.38) mit (7.39) die nur von x, nicht aber von der Zeit abhängige Gleichung

$$\frac{-\hbar^2}{2 \cdot m} \cdot \frac{d^2}{dx^2} + V(x) = E \tag{7.40}$$

Was jetzt noch fehlt, ist die Wellenfunktion Ψ. Multiplizieren wir die an unsere Gleichung, so erhalten wir schließlich:

$$\frac{-\hbar^2}{2 \cdot m} \cdot \frac{d^2}{dx^2} \Psi(x) + V(x) \cdot \Psi(x) = E \cdot \Psi(x) \tag{7.41}$$

wobei Ψ aus Gründen der Einfachheit nur von der Richtung in x abhängen soll. Und siehe da: Schon haben wir die stationäre Schrödingergleichung vor uns.

Was lässt sich daraus entnehmen? Zunächst erkennt man, dass die zweite Ableitung der Wellenfunktion wieder die Wellenfunktion ergibt, die man lediglich mit einem gewissen Wert multiplizieren muss. Man sieht das besser, wenn man Gleichung (7.41) etwas umstellt zu:

$$\frac{d^2}{dx^2} \Psi(x) = -\frac{2 \cdot m}{\hbar^2}\left(E - V(x)\right) \cdot \Psi(x) \tag{7.42}$$

Der »gewisse Wert«, mit dem man Ψ zu multiplizieren hat, ist rot gekennzeichnet.

So weit, so gut. Aber wie sieht das konkret aus? Dazu ein Beispiel. Nehmen wir ein Elektron, das wir in einen Kasten sperren. Innerhalb des Kastens sei das Potential *V(x)* gleich null, außerhalb aber unendlich groß. Im Bild des Kastens heißt das: Die Wände links und rechts sind unendlich hoch. Physiker sprechen von einem unendlich tiefen »Potentialtopf«. Das Elektron kann sich also lediglich im Kasten aufhalten und würde an den Wänden zurückprallen (Abb. 7.33).

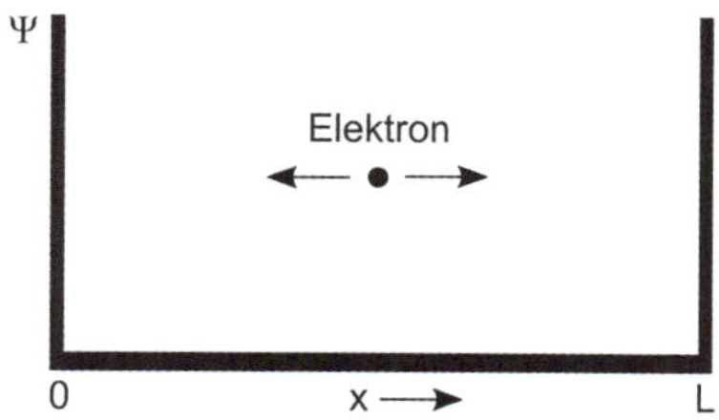

7.33 Ein in einem Kasten befindliches Elektron wird beim Versuch, den Kasten zu verlassen, an den Kastenwänden zurückprallen.

Jetzt fragen wir nach der Wellenfunktion des Elektrons. Wir wissen: Die Wahrscheinlichkeit, das Elektron außerhalb des Topfes zu finden, ist gleich null, weil das Potential *V(x)* dort unendlich ist. Folglich muss auch die Wellenfunktion Ψ des Teilchens bei $x = 0$ und $x = L$ gleich null sein, damit das Quadrat dieser Funktion – die Aufenthaltswahrscheinlichkeit – null ergibt. In unserem Topf wird also die Wellenfunktion links unten bei x gleich null beginnen (Abb. 7.34, rote Kurve).

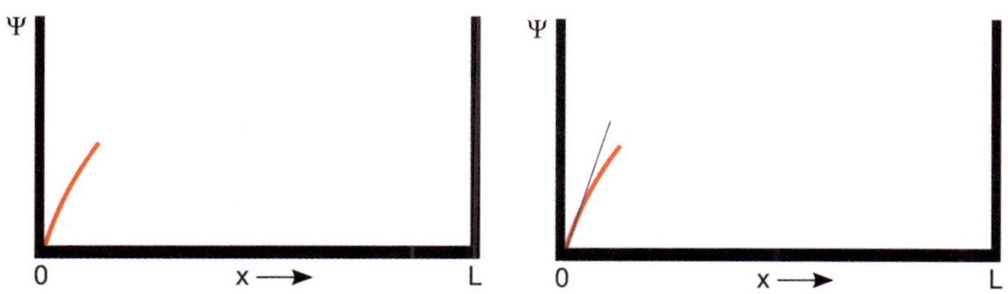

7.34 Entwicklung der Wellenfunktion Ψ (rot) eines Elektrons, das an der linken Wand des Kastens ($x = 0$) zurückprallt und sich in das Innere des Kastens zu bewegen beginnt. Die Steigungsgerade der Kurve ist blau eingezeichnet.

Doch wie geht es von da weiter? Das hängt von der Steigung der Kurve im Punkt x gleich null ab bzw. von der ersten Ableitung der Funktion in diesem Punkt. In Abb. 7.34 (rechts) ist die Steigung der Kurve in diesem Punkt als blaue Linie eingezeichnet. Wer nicht mehr parat hat, was es mit der Ableitung einer Funktion auf sich hat, der sollte sich nochmals das Kapitel 4 über Galileo Galilei vornehmen, in dem wir uns ausführlich mit der Ableitung einer Funktion beschäftigt haben. Grundsätzlich gilt: Die erste Ableitung einer Funktion liefert die Steigung der Funktionskurve, die zweite Ableitung, also die Ableitung der ersten Ableitung, sagt uns, wie sich die Steigung im weiteren Verlauf der Kurve verändert, ob sie zu- oder abnimmt. Ist die zweite Ableitung positiv, so wird die Steigung größer, und die Kurve wendet sich nach links. Ist die zweite Ableitung negativ, wird die Steigung kleiner, und die Kurve krümmt sich nach rechts (Abb. 7.35).

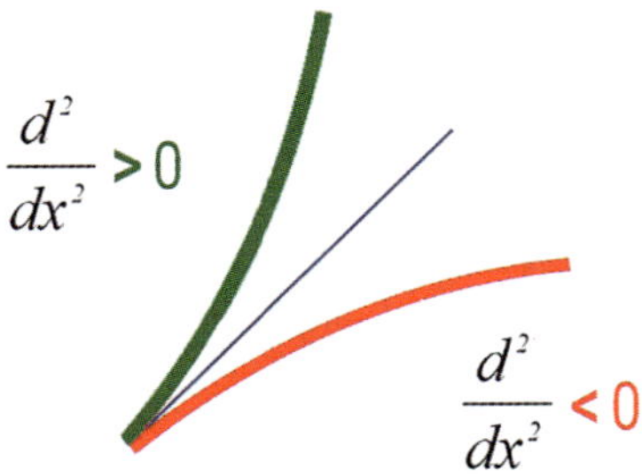

7.35 Die zweite Ableitung einer Funktionskurve im Punkt *x* gibt Auskunft darüber, ob die Steigung der Kurve in *x* zu- oder abnimmt. Ist die zweite Ableitung negativ, so nimmt die Steigung ab, und die Kurve wendet sich nach rechts; im anderen Fall nimmt die Steigung zu, und die Kurve krümmt sich nach links.

Was heißt das nun für unsere Funktion Ψ? Zunächst betrachten wir nochmals die Schrödingergleichung (7.42). Da sich das Elektron nur innerhalb des Kastens aufhalten kann, in dem *V(x)* gleich null ist, können wir das Potential in Gleichung (7.42) weglassen:

$$\frac{d^2}{dx^2}\Psi(x) = -\frac{2\cdot m}{\hbar^2}\cdot E\cdot\Psi(x) \tag{7.43}$$

Der Term links vom Gleichheitszeichen ist die zweite Ableitung von Ψ. Solange Ψ oberhalb der x-Achse verläuft, also positiv ist, erzwingt das rote Minuszeichen eine negative zweite Ableitung und somit eine Rechtskrümmung von Ψ. Unsere gesuchte Kurve wird sich also gemäß Abb. 7.34 nach rechts krümmen. In Abb. 7.36 haben wir die Kurve weitergeführt und ihre Steigungen an einigen Punkten eingezeichnet. Entsprechend der negativen zweiten Ableitung wendet sie sich im weiteren Verlauf relativ zu den Steigungsgeraden immer weiter nach rechts, was gleichbedeutend ist mit der Aussage: Die Steigung der Kurve wird immer kleiner. Abb. 7.36 (rechtes Bild) zeigt schließlich den gesamten Kurvenverlauf bis zur rechten Kastenwand bei $x = L$.

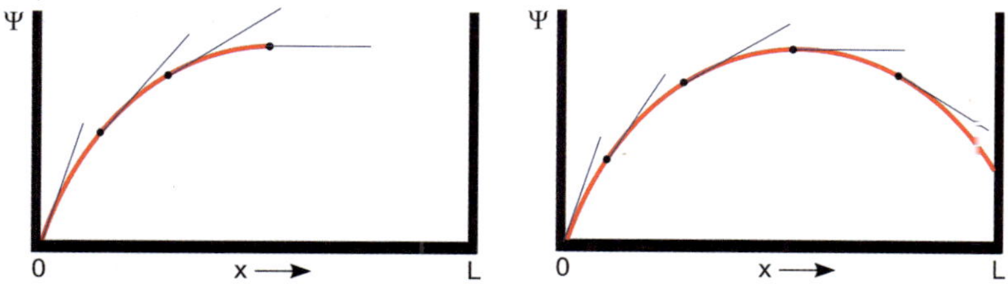

7.36 Fortsetzung des Verlaufs der Wellenfunktion Ψ von Abb. 7.34. Da die Energie des Elektrons klein ist, trifft die Wellenfunktion an der Kastenwand ($x = L$) nicht bei $\Psi = 0$ auf.

So weit, so gut. Aber mit der Kurve in der rechten Graphik von Abb. 7.36 gibt es ein Problem: Wir haben doch gesagt, dass die Funktion bei $x = 0$ und bei $x = L$ null sein muss. Unsere Kurve endet aber bei $x = L$ nicht bei Ψ gleich null, sondern bei Ψ größer null. Offenbar beschreibt zwar die rote Kurve eine Wellenfunktion für ein Elektron, aber sie ist keine Lösung der Gleichung (7.43). Mit diesem Wert der Energie E, den wir zunächst frei gewählt haben, lässt sich die Bedingung, dass die Funktion auch bei $x = L$ den Wert null annehmen soll, nicht erfüllen. Anders ausgedrückt: Nicht jede beliebige Energie E stellt eine Lösung der Schrödingergleichung (7.43) dar. In unserem Beispiel müssen wir also die Kurve der Wellenfunktion Ψ stauchen, damit sie »in den Kasten passt«. Das heißt: Wir müssen die Energie E des Elektrons erhöhen, um zu einer kürzeren Wellenlänge zu gelangen. Man kann das vergleichen mit einer elektromagnetischen Welle, deren Wellenlänge auch immer kürzer wird, je mehr Energie die Welle besitzt.

In Abb. 7.37 ist links die resultierende Wellenfunktion Ψ eines Elektrons mit der »passenden« Energie E eingezeichnet. Diese Energie wollen wir fortan mit E_1 bezeichen. Das rechte Bild zeigt die Lage des konstant hohen Energieniveaus E_1 innerhalb des Topfes.

Rekapitulieren wir nochmals, wie wir es geschafft haben, die Kurve bei $x = L$ auf den Wert null herunterzudrücken: Wir ha-

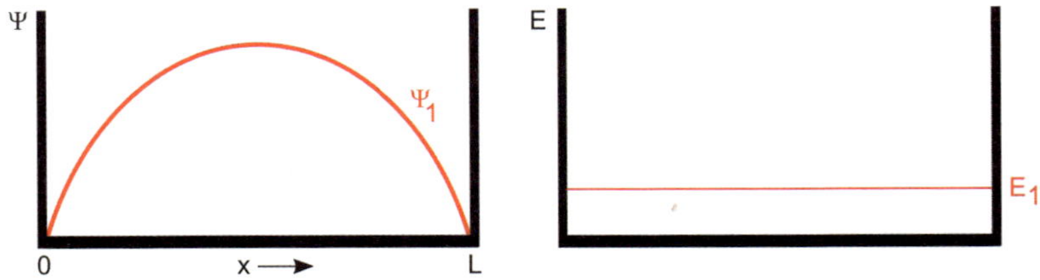

7.37 Eine schrittweise Erhöhung der Energie des Elektrons von Abb. 7.36 staucht die Wellenfunktion zunehmend, so dass sie schließlich »in den Kasten passt«. Im Bild rechts ist das zugehörige Energieniveau des Elektrons eingezeichnet.

ben das Energieniveau E_1 so lange nach oben verschoben, bis der Auftreffpunkt der Kurve bei x = L in Abb. 7.37 so weit nach unten gerutscht ist, dass Ψ dort den Wert null angenommen hat. Damit haben wir mit E_1 einen Wert für die Energie E gefunden, der eine erste Lösung unserer Schrödingergleichung darstellt.

Fragen wir nun, was passiert, wenn wir die Energie des Elektrons noch weiter steigern. Die Wellenlänge wird immer kürzer, die Kurve wird zunehmend stärker gekrümmt, und der Punkt, an dem die Kurve auf die Linie $\Psi = 0$ trifft, wird sich im Kasten immer weiter nach links verschieben. Ab dort wird der Wert von Ψ negativ und sorgt zusammen mit dem roten Minus für eine positive rechte Seite in Gleichung (7.43). Die Krümmung der Kurve wird sich also im weiteren Verlauf, unterhalb der Linie $\Psi = 0$, umkehren, sie wird sich von der Steigungsgeraden nicht mehr nach rechts, sondern nach links wegkrümmen. Schließlich gelangt man zu einer Energie, bei der die Kurve wie in der linken Graphik von Abb. 7.38 dargestellt verläuft. Auch die Bedingung $\Psi = 0$ bei x = L ist erfüllt. Die zugehörige Elektronenenergie E_2 ist in der rechten Graphik von Abb. 7.38 eingezeichnet. Man sieht, dieses Energieniveau liegt deutlich höher als das Niveau E_1. Mit E_2 haben wir also einen zweiten Energiewert gefunden, der ebenfalls eine Lösung unserer Schrödingergleichung darstellt.

Würden wir dieses Spiel noch weiter treiben, so bekämen wir bei bestimmten, immer höher liegenden Energieniveaus E_3, E_4, E_5 usw. weitere Lösungen für unsere Gleichung. Die entsprechenden

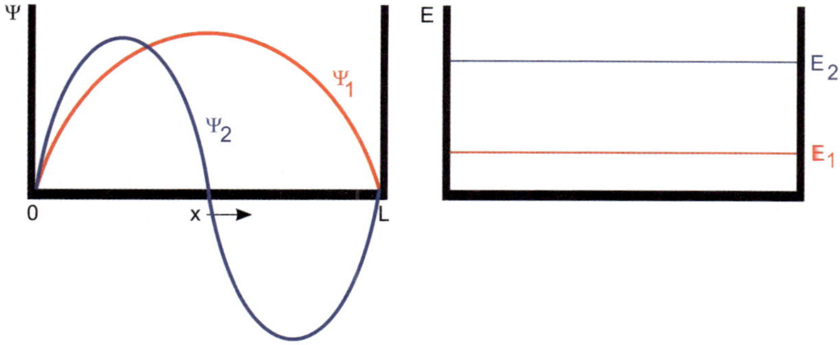

7.38 Eine über die in Abb. 7.37 hinausgehende Steigerung der Elektronenenergie führt zu einer Wellenfunktion, die bereits bei x = L/2 null wird (blau). Im weiteren Verlauf hat Ψ ein negatives Vorzeichen. Folglich trifft die Wellenfunktion von unten bei x = L auf die Kastenwand. In der Graphik rechts ist das zugehörige Energieniveau (blau) des Elektrons eingezeichnet.

Ψ-Kurven würden dabei immer mehr »Schleifen« vollführen, aber stets an der Kastenwand bei x = L mit $\Psi = 0$ enden.

Welche fundamentale Erkenntnis haben wir damit gewonnen? Es gibt nur exakt definierte, zulässige Energieniveaus, welche die Gleichung erfüllen. Alle möglichen dazwischenliegenden Energieniveaus führen nicht zum Ziel. Das heißt: Die Energien, die das Teilchen im Kasten annehmen kann, sind quantisiert. Quantenmechanik par excellence!

Doch wir sind noch nicht am Ende. Kehren wir nochmals zurück zu der »einfachen« Kurve der Abb. 7.37 und ändern die Verhältnisse am bzw. im Kasten. Konkret ersetzen wir die rechte – bislang unendlich hohe – Wand bei x = L durch ein Hindernis mit einer endlichen Breite und Höhe. Das ist gleichbedeutend mit einem endlich hohen Potentialwall $V(x)$, wie wir ihn in Abb. 7.39 blau eingezeichnet haben.

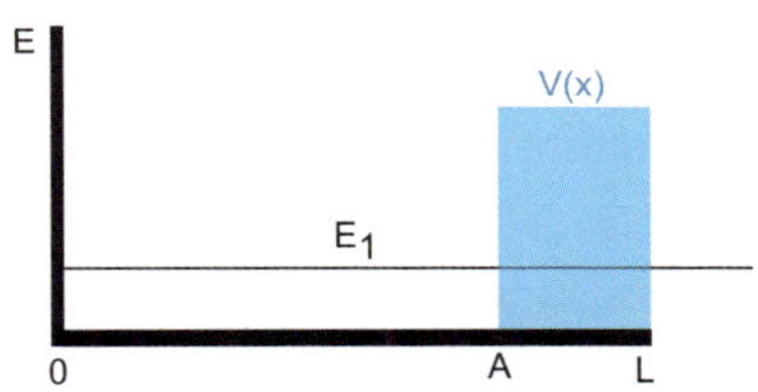

7.39 Ersetzen der unendlich hohen Wand durch einen endlich hohen Potentialwall, der das Energieniveau des Elektrons überragt.

Welche Auswirkungen hat das auf den Verlauf der Kurve? Von der linken Wand bis zum Punkt A ist das Potential $V(x)$ gleich null, und die Energie E bestimmt den Kurvenverlauf. Ab dem Punkt A ist aber das Potential $V(x) = V_1$ nicht nur größer als null, es ist auch größer als die Energie E_1. Das bedeutet: In Gleichung (7.42), die wir hier nochmals anschreiben,

$$\frac{d^2}{dx^2}\Psi(x) = -\frac{2\cdot m}{\hbar^2}\left(E - V(x)\right)\cdot\Psi(x) \tag{7.42}$$

wird die rote Klammer negativ. Damit dreht sich das Vorzeichen, und nach allem bisher Gesagten muss sich die Kurve ab dem Punkt A im weiteren Verlauf nicht mehr nach rechts, sondern nach links krümmen. Ferner sagt uns Gleichung (7.42), dass die zweite Ableitung der Funktion Ψ wieder diese Funktion, verziert mit einem positiven Vorfaktor, ergeben muss. Gibt es eine Funktion, die diese Bedingungen erfüllt? Ja klar, es ist die Exponentialfunktion $f = e^x$ mit e gleich der Eulerschen Zahl 2,718… als Basis. Wie oft man diese Funktion auch ableitet, als Ergebnis erhält man immer wieder die mit einem Faktor multiplizierte e-Funktion. Für unser Problem eignet sich die Funktion $f = e^{-x}$, die für $x = 0$ den Wert $f = 1$ annimmt und sich mit wachsendem x asymptotisch dem Wert 0 nähert. Da sich also die Kurve ab dem Punkt A wie die besagte e-Funktion zu verhalten hat, führt das innerhalb der Barriere zu einem Verlauf wie in Abb. 7.40 rot eingezeichnet.

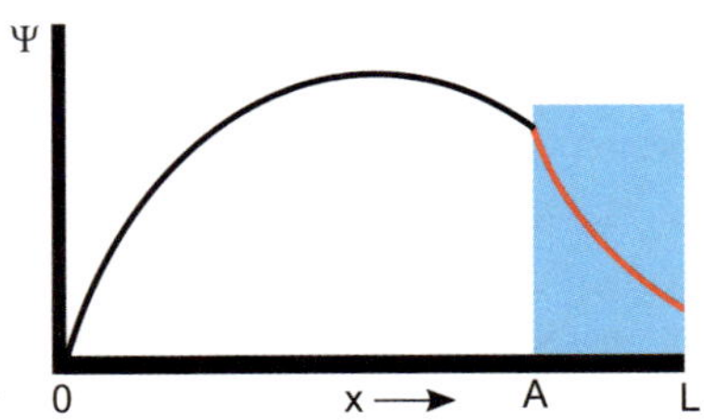

7.40 Verlauf der Wellenfunktion (rot) innerhalb eines Potentialwalls

Man sieht: Die erweiterte Kurve sinkt bei $x = L$ nicht auf null ab, sondern trifft in einer gewissen Höhe auf das rechte Ende der Barriere. Das aber bedeutet: Hinter der Barriere setzt sich die Wellenfunktion fort. Doch wie geht es dort weiter? Das Potential $V(x)$ ist hier wieder null, und die rote Klammer in Gleichung (7.42) wird wieder positiv. Wir suchen wieder ein Ψ, dessen zweite Ableitung gleich irgendeinem negativen Faktor mal Ψ ist. Die Sinus-Funktion erfüllt diese Bedingung. Ihre Ableitung ist der Cosinus, und der wiederum abgeleitet ergibt den Minus-Sinus. Rechts von der Barriere geht es also mit einer Rechtskrümmung weiter in Form einer Sinusfunktion mit kleiner Amplitude.

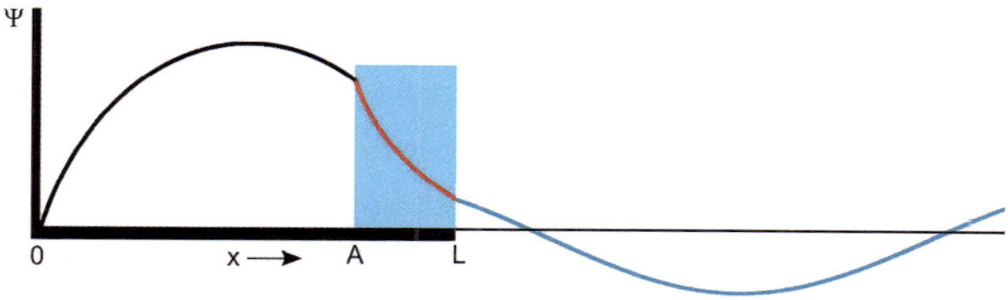

7.41 Rechts von der Barriere hat das Potential wieder den Wert null, folglich setzt sich die Wellenfunktion am rechten Rand des Potentialwalls mit positiver Rechtskrümmung fort.

Rekapitulieren wir noch einmal: Wir starten mit einer Wellenfunktion, deren Verlauf nach rechts gekrümmt ist. Dann treffen wir auf eine Potentialschwelle $V(x)$, die größer ist als die Energie E_1. Dadurch wird der Ausdruck in der Klammer $(E-V)$ negativ, mit der Folge, dass sich die Kurve im weiteren Verlauf nach links krümmt. Da der Abfall der Ψ-Kurve exponentiell erfolgt, hat sie am rechten Rand des Kastens nicht den Wert Ψ gleich null, sondern nähert sich diesem Wert nur asymptotisch an. Das heißt, sie setzt sich außerhalb des Kastens als Wellenfunktion mit einer Amplitude ungleich null fort. Folglich ist auch das Quadrat der Wellenfunktion nicht null und – Achtung! – damit auch die Wahrscheinlichkeit, das Elektron außerhalb des Kastens zu finden! In der klassischen Physik ist das unmöglich. Ist die Energie des Teilchens kleiner als die Höhe der Potentialschwelle, so hat das Teilchen keine Chance, die Schwelle zu überklettern. Anders in der Quantenmechanik. Dort gibt es für das Teilchen eine gewisse, wenn auch sehr kleine Wahrscheinlichkeit, durch den Potentialwall zu schlüpfen. Fazit: Eine auf eine Barriere treffende Welle kann sich in der Quantenmechanik auch hinter der Barriere mit einer sehr kleinen Amplitude fortsetzen. Physiker nennen das den Tunneleffekt. Je höher die Barriere, umso weniger wahrscheinlich wird das Durchtunneln, aber mit den Worten des Monaco-Franze: »A bissel was geht immer.«

Dieses Ergebnis hat die klassische Betrachtung total auf den Kopf gestellt. Da das alles so abgedreht ist, sei die Frage gestattet, ob dieser Effekt auch einen praktischen Nährwert hat oder ob es sich dabei nur um eine Spielerei durchgeknallter Theoretiker handelt. Sie ahnen es vielleicht schon: Ohne den Tunneleffekt gäbe es uns nicht! Um das zu verstehen, werfen wir einen Blick in das Innere unserer Sonne. Dort verschmelzen fortwährend Protonen zu Deuteronen. Die Deuteronen vereinigen sich mit einem weiteren Proton zu Helium-3-Kernen, die schließlich mit ihresgleichen oder mit einem anderen Deuteron zu Helium-4-Kernen fusionieren. Und dabei wird Energie frei, die Energie, die die Sonne zum Leuchten bringt und die ein Leben auf der Erde erst möglich macht. Das Problem bei dieser Fusionskette ist der erste Schritt, die Vereinigung zweier Protonen zu Deuterium. Damit das passieren kann, müssen sich die beiden Protonen extrem nahe kommen. Doch Protonen sind positiv geladene Teilchen, und die stoßen sich gegenseitig ab! Klassisch betrachtet müssten die Protonen eine kinetische Energie von rund einer Million Elektronenvolt besitzen, was einer Temperatur von acht Milliarden Kelvin entspricht, um die elektromagnetische Abstoßung – den sogenannten Coulomb-Wall – zwischen ihnen überwinden zu können. Nahe dem Zentrum der Sonne ist es jedoch »nur« rund 15 Millionen Kelvin heiß. Folglich können die Protonen aus ihrem Umfeld nie so viel Energie gewinnen, um den Sprung auf klassische Art zu schaffen. Die Lösung des Problems bietet der Tunneleffekt. Immer wieder rennen die Protonen gegen die Potentialwälle an, und immer wieder werden sie zurückgeworfen – bis ihnen irgendwann der Tunneleffekt zu Hilfe kommt und sie durch die Barriere schlüpfen lässt. Wie gesagt, das passiert äußerst selten. Da aber pro Zeiteinheit unzählige Protonen gegen die Potentialwälle anrennen, reicht die Anzahl derer, die sich so nahe kommen, dass sie zu Deuteronen verschmelzen können, doch aus, um die Fusionskette in der Sonne am Leben zu halten.

Ähnlich verhält es sich mit dem Alpha-Zerfall radioaktiver Atomkerne. Bei diesem Prozess stößt der radioaktive Kern einen

Heliumkern, bestehend aus zwei Protonen und zwei Neutronen, aus. Das passiert irgendwann. Doch woher weiß das Alpha-Teilchen, wann es den Kern zu verlassen hat? Sieht es vielleicht auf die Uhr und denkt sich: Heute ist ein guter Tag zum Alphazerfallen – um drei Uhr, da schaue ich mal, wie es außerhalb meines Mutterkerns aussieht? Sicher nicht. Es weiß es nicht! Es versucht nur unentwegt, vielleicht nur kurze Zeit, vielleicht aber auch viele Jahrmillionen lang, dem kurzreichweitigen Kernpotential zu entkommen. Aber die Starke Kernkraft ist nicht unendlich stark, d. h. bei jedem Versuch besteht eine gewisse Wahrscheinlichkeit, durch die Barriere schlüpfen zu können – und plötzlich passiert es dann doch, und es kommt zu einem Alpha-Zerfall. Im statistischen Mittel ergibt sich daraus bei einer großen Anzahl radioaktiver Atomkerne die für das jeweilige radioaktive Element gemessene Halbwertszeit.

Mit diesem Kapitel haben wir eine Stufe erreicht, auf der wir schon ein paar Antworten auf drängende Fragen gefunden haben. Doch das ist noch nicht alles, was die Quantenmechanik zu bieten hat. Es geht noch weiter.

7.7 Pauliprinzip – Orbitale – Kernmodell
Warum fallen Orangen nicht durch Tische?

Erinnern Sie sich noch an die beiden Physiker Ernest Rutherford und Niels Bohr? Wie gegen Ende von Kapitel 4 beschrieben, haben diese Herren das erste einfache Atommodell entworfen. Allerdings enthält dieses Modell so manche Ungereimtheiten, die Anlass zu einer Reihe von Fragen geben. Um die Probleme des Bohrschen Modells auszuräumen, wollen wir im Folgenden »das Atom« näher betrachten.

Da ist z. B. die Frage: Warum können sich Gegenstände nicht gegenseitig durchdringen? Da ein Atom aus einem winzigen Kern besteht, der praktisch die gesamte Atommasse in sich vereinigt und in sehr großem Abstand von den Elektronen umkreist wird, scheint ein Atom im Wesentlichen doch aus nahezu nichts zu bestehen. Und da alle Gegenstände aus solchen extrem »luftigen«

Atomen aufgebaut sind, sollten doch die Atome einer auf dem Tisch abgelegten Orange locker durch das scheinbare atomare Nichts der Unterlage hindurchschlüpfen können. Doch das geschieht nicht. Der Tisch ist für die Orange eine »harte« Barriere. Vielleicht liegt es an den Ladungen der Protonen. Die sind alle positiv, und gleichnamige Ladungen stoßen sich gegenseitig ab. Zwar erscheint diese Erklärung recht plausibel, doch sie ist nur ein Teil der Wahrheit. Woran krankt die Sache dann?

Auch bei den Elektronen, die auf unterschiedlichen Bahnen das Atom umkreisen, stellt sich die Frage: Warum tun die das? Wäre doch viel einfacher, wenn alle Elektronen auf ein und derselben Bahn umlaufen, auf der Bahn mit der niedrigsten Energie. Die Natur ist doch stets bestrebt, den Zustand niedrigster Energie einzunehmen. Warum sind diese Teilchen im Atom so kontaktscheu?

Und dann die Atomkerne selbst! Warum sind manche besonders stabil, wie z. B. Helium-4, Sauerstoff-16, Calcium-40 oder auch Blei-208, wogegen andere leicht zerfallen? Bis hoch zur Ordnungszahl 82 sind manche so stabil, dass man sie gar »magisch« nennt. Zu den stabilen Kernen gehören insbesondere solche mit gleich vielen Protonen und Neutronen im Kern. Überdies gilt: Eine besonders stabile Konfiguration liegt immer dann vor, wenn in einem Kern die Schalen, oder besser gesagt: die Energieniveaus für Protonen- oder Neutronen entweder vollständig besetzt oder leer sind. Aber warum?

Mittlerweile weiß man auch, dass freie Neutronen nach rund 880 Sekunden in ein Proton, ein Elektron und ein Anti-Elektronneutrino zerfallen. Doch die Neutronen, die vornehmlich die äußeren Schichten der Neutronensterne bilden, zerfallen nicht. Genauso wenig die Neutronen im Atomkern. Dort sind die Neutronen nicht frei, sondern an die anderen Kernbausteine mittels sogenannter Gluonen, die als »Klebstoff« dienen, gebunden. Aber wie auch immer: Warum zerfallen diese Neutronen nicht? Was ist da anders?

Schließlich noch die Gretchenfrage der klassischen Kernphysik: Warum fallen die um den Atomkern kreisenden Elektronen nicht in den Kern? Spätestens seit Maxwell mit seinen Gleichungen beschreiben konnte, wie elektrische Felder, magnetische Felder und Ladungen zusammenhängen, weiß man, dass beschleunigte Ladungen elektromagnetische Wellen abstrahlen. Und da die im Zentralfeld des Kerns auf den Schalen kreisenden Elektronen kontinuierlich in Richtung Atomkern beschleunigt werden, sollten auch sie laufend elektromagnetische Strahlung emittieren. Dabei sollten sie Energie verlieren und folglich auf einer Spiralbahn in den Atomkern stürzen. Aber nichts dergleichen geschieht. So fällt z. B. das einzige Elektron des Wasserstoffatoms nicht in den Kern und vereinigt sich nicht mit dem Kernproton zu einem Neutron. Das Wasserstoffatom ist stabil! Was also ist da los, dass dieser Prozess nicht stattfindet?

Alle diese Effekte waren empirisch bestens bekannt – allein es fehlte am theoretischen Verständnis. Licht in dieses Dunkel hat schließlich ein junger Assistent des deutschen Physikers und Nobelpreisträgers Max Born (Abb. 7.31) gebracht. Wir sprechen von dem Österreicher Wolfgang Pauli (1900–1958), der an der Ludwig-Maximilians-Universität in München studiert und promoviert hat. Pauli war ein Mensch mit zwei Gesichtern. Als Naturwissenschaftler und Physiker war er außerordentlich akribisch und präzise, ja perfektionistisch. Seine scharfe Kritik war bei seinen Kollegen gefürchtet. Von ihm soll auch das vernichtende Urteil stammen: »Das ist sooo schlecht, dass es nicht mal falsch ist.« Als Mensch, abseits der Wissenschaft, war er mehr dem Laissez-faire zugetan. Als er in Hamburg einen Lehrstuhl bekam, soll er des Öfteren die einschlägigen Straßen von St. Pauli aufgesucht haben. Kurzfristig war er auch mal mit einer Tänzerin aus diesem Milieu verheiratet. Auch der Alkohol war ihm nicht fremd. Sein Förderer Max Born hat einmal bei Einstein sein Herz ausgeschüttet über Pauli und sich beklagt, dass man mindestens eine Stunde vor Vorlesungsbeginn einen Boten bei ihm vorbeischicken muss, damit Pauli rechtzeitig aus den Federn komme. Kurzum: Pauli war eine schillernde Persönlichkeit. Seinen wissenschaftlichen Beitrag kann das jedoch nicht schmälern. Wenn Sie

7.42 Wolfgang Pauli (1900–1958)

noch mehr über Pauli erfahren wollen, empfehlen wir wiederum die Videoreihe »Wissenschaftler im Portrait« – der QR-Code führt direkt dorthin.

Doch nun zum Atommodell. Pauli war sich bewusst, dass die Welt der Elementarteilchen geprägt ist durch die verblüffende Tatsache, dass scheinbar alle Teilchen – beispielsweise Elektronen – einem einheitlichen Bauplan entspringen, angefertigt in absoluter Perfektion. Es gibt keine Fertigungstoleranz mit ein bisschen mehr oder weniger Ladung, ein bisschen mehr oder weniger von dieser oder jener Eigenschaft. Es gibt im Universum keinen Ramschtisch für Elektronen zweiter Wahl mit Kratzern oder anderen leichten Fehlern. Egal wann und wo wir sie vermessen, sie sind stets identisch, mit einer einzigen Ausnahme: dem Eigendrehimpuls oder besser dem Spin. Die theoretische Notwendigkeit dieser Eigenschaft wurde bereits im Bohrschen Atommodell anhand von feinen Energieunterschieden in den Spektren erkannt. Auf die Details der Sommerfeldschen Feinstruktur wollen wir später im Rahmen der Quantenfeldtheorien genauer eingehen. An dieser Stelle soll uns genügen, dass es empirische Daten gab, die 1925 von Samuel Goudsmit (1902–1978) und George Uhlenbeck (1900–1988) durch die Existenz einer zusätzlichen Eigenschaft, eines Eigendrehimpulses der Elektronen, erklärt wurde. Kurz nach dem Einreichen der wissenschaftlichen Publikation erkannten die Autoren bereits Widersprüche in ihrer Argumentation, der zufolge sich Elektronen nach klassischem Vorbild drehen sollten. Der Drehimpuls eines punktförmigen Objekts ist null. Selbst wenn man den Elektronen einen Radius zugesteht, müsste er viele Größenordnungen über den Messergebnissen von $r = 10^{-18}$ Meter liegen. Der Drehimpuls einer kugelförmigen Masse m beträgt $2/5\, m \cdot v \cdot r$. Setzen wir das gleich $\hbar/2$, würde das eine Oberflächengeschwindigkeit v größer als c bedeuten. Auch relativistische Korrekturversuche waren vergebens. Paul Ehrenfest bewies allerdings

Weitblick und untersagte den beiden das Zurückziehen ihrer Publikation mit der Begründung: »Sie sind beide jung genug, um sich eine Dummheit leisten zu können.« Das Konzept des Spins wurde später auf alle Elementarteilchen übertragen – wir interpretieren ihn lediglich nicht mehr als klassische Drehung, sondern als quantenmechanische Eigenschaft.

Pauli stand der Idee eines Spins zunächst skeptisch gegenüber. Allerdings hatte auch er bereits ein Jahr vor Goudsmit und Uhlenbeck erkannt, dass man mit einer derartigen zweiwertigen Quantenzahl die Verteilung der Elektronen um den Atomkern erklären konnte. Er hatte dafür die Wellenfunktion für zwei Teilchen betrachtet, die sich in dieser Eigenschaft – die wir Spin nennen wollen – unterscheiden sollten. Kenntlich machte er diesen unterschiedlichen Zustand durch je einen Pfeil. Die zusammengesetzte Wellenfunktion für zwei solche Elektronen, die man in einer Kiste oder auf einer Bahn um einen Atomkern zusammensperrt, sieht wie folgt aus:

$$\Psi(\uparrow\downarrow) \tag{7.44}$$

Im nächsten Schritt überlegte Pauli, was es wohl bedeutet, an dieser Wellenfunktion eine Messung vorzunehmen. Wie schon mehrfach durchexerziert, müssen wir dazu das Quadrat des Betrages der Wellenfunktion bestimmen. Das führt zu dem Ausdruck

$$\left|\Psi(\uparrow\downarrow)\right|^2 \tag{7.45}$$

Hätten wir in einer anderen Kiste ebenfalls zwei Elektronen mit unterschiedlichem Spin eingesperrt, wobei allerdings der Pfeil des ersten Elektrons nach unten zeigt, so könnten wir die Zustände in den Kisten durch eine Messung nicht unterscheiden. Die Elektronen sind ja ansonsten nicht unterscheidbar – wir wissen nicht, welches das erste und welches das zweite in unserer Gleichung ist. Offensichtlich dürfen wir sie vertauschen, d. h. es gilt:

$$\left|\Psi(\uparrow\downarrow)\right|^2 = \left|\Psi(\downarrow\uparrow)\right|^2 \tag{7.46}$$

Gleichung (7.46) ist lediglich ein mathematisch eleganter Ausdruck dafür, dass sich die Elektronen einzig durch den Spin unterscheiden. Wie lösen wir die Gleichung? Wir ziehen die Wurzel. Bei einer quadratischen Gleichung erhalten wir natürlich zwei Lösungen, einmal mit positivem und einmal mit negativem Vorzeichen:

$$\Psi(\uparrow\downarrow) = \pm\Psi(\downarrow\uparrow) \tag{7.47}$$

Beide Lösungen, die wir mit Ψ_+ und Ψ_- bezeichnen wollen, lassen sich unmittelbar erraten, da es die einfachsten Kombinationen der möglichen Zustände sind. Schauen wir uns zunächst die Lösung mit dem Pluszeichen an:

$$\Psi_+ = \frac{1}{2}\left[\Psi(\uparrow\downarrow) + \Psi(\downarrow\uparrow)\right] \tag{7.48}$$

Wer nicht glaubt, dass dies eine Lösung von Gleichung (7.46) darstellt, kann (7.48) zur Probe dort einsetzen. In der eckigen Klammer dürfen wir vorab $\Psi(\downarrow\uparrow)$ durch $\Psi(\uparrow\downarrow)$ ersetzen – gemäß Gleichung (7.47) – und erhalten in der Klammer 2 $\Psi(\uparrow\downarrow)$. Der Faktor 2 kürzt sich, und es bleibt $\Psi(\uparrow\downarrow)$. Das ergibt quadriert die linke Seite von Gleichung (7.46). Passt! Es genügt aber auch, Gleichung (7.48) tief in die Augen zu schauen und zu erkennen, dass sie symmetrisch ist unter Vertauschung der Pfeilrichtungen – die beiden Argumente in der eckigen Klammer würden ja nur den Platz tauschen. Deshalb nennt man Ψ_+ auch »symmetrische Lösung«.

Auch die zweite Lösung Ψ_-, bei der wir das Minuszeichen berücksichtigen müssen, ist leicht zu erraten:

$$\Psi_- = \frac{1}{2}\left[\Psi(\uparrow\downarrow) - \Psi(\downarrow\uparrow)\right] \tag{7.49}$$

Zur Probe ersetzen wir diesmal in der eckigen Klammer $-\Psi(\downarrow\uparrow)$ durch $\Psi(\uparrow\downarrow)$ und erhalten wiederum 2 $\Psi(\uparrow\downarrow)$. Die Zwei kürzt sich wieder – alles wie gehabt. Diese Lösung ist allerdings nur symmetrisch unter Vertauschen der Spinrichtungen, wenn man gleichzeitig das Vorzeichen dreht. Deshalb nennt man sie »antisymmetrisch«:

$$\Psi_- = -\frac{1}{2}\left[\Psi(\downarrow\uparrow) - \Psi(\uparrow\downarrow)\right] \quad (7.50)$$

Man sieht: Für Elektronen, die sich in ihrem Spin unterscheiden, ist alles in Ordnung. Doch was wäre gewesen, wenn beide Elektronen identische Spins gehabt hätten, wenn z. B. die Spins beider Elektronen nach oben gezeigt hätten? Die symmetrische Lösung würde sich nach wie vor »friedlich« verhalten, alle Spins würden einfach nach oben zeigen. Doch was machen identische Spins mit der Lösung Ψ_-, der antisymmetrischen Lösung? Schreiben wir die einfach mal an:

$$\Psi_- = -\frac{1}{2}\left[\Psi(\uparrow\uparrow) - \Psi(\uparrow\uparrow)\right] \quad (7.51)$$

Man sieht: Die Klammer wird null, d. h. Ψ_- ist null. Folglich ist auch das Quadrat der Wellenfunktion null! Selbstverständlich gilt das auch dann, wenn die beiden Spins nicht nach oben, sondern nach unten gerichtet sind. Die Natur erlaubt keine Zustände mit völlig identischen Elektronen! Irgendwie müssen sie sich unterscheiden – sei es durch den Spin oder in Form eines höheren Energieniveaus. Dieser Satz ist von solcher Bedeutung für das Verständnis dieser Welt, dass wir ihn nochmals herausstreichen: Die Natur schließt die antisymmetrische Lösung für gleichlautende Spins aus! Daher rührt im Übrigen auch der Begriff Paulisches »Ausschließungsprinzip«, der bei der Besetzung der Energieniveaus der Atome mit Elektronen eine fundamentale Rolle spielt. Damit in einem Atom zwei Elektronen ein und dasselbe Energieniveau besetzen können, müssen sie sich mindestens in ihrem Spin unterscheiden. Das ist auch der Grund dafür, dass die Elektronen so ungesellig sind und dass nicht alle in einer Schale unterkommen können. Ist ein bestimmtes Niveau bereits mit zwei Elektronen besetzt, so muss ein hinzukommendes drittes Elektron auf ein höheres Energieniveau ausweichen. Der Türsteher Pauli sagt: »Du kommst hier nicht rein!« Das ist das grundlegende Prinzip, nach dem sich die Elektronen im Atom anordnen und das zu der bekannten Verteilung auf Schalen immer höherer Energie führt. In seiner allgemeinen Formulierung besagt das Pauli-Prinzip, dass in einem Atom keine zwei Elektronen in allen vier Quantenzahlen – auf die wir gleich noch zu sprechen kommen – übereinstimmen können.

Nach dem bisher Gesagten gibt es also zwei verschiedene Arten von Teilchen. Die eine Art, die Bosonen, erfüllt die symmetrische Lösung mit dem Plus-Zeichen, für die das Paulische Ausschließungsprinzip nicht gilt. Die andere Art, die sogenannten Fermionen, werden durch die antisymmetrische Lösung mit dem Minus-Zeichen beschrieben. Sie unterliegt dem Pauli-Prinzip. Zur ersten Art, den Bosonen, gehören beispielsweise die Photonen, wogegen die Elektronen zu den Fermionen zählen. Jetzt wird auch klar, warum, wie eingangs gefragt, eine Orange nicht durch den Tisch fallen kann, auf dem sie liegt. Die Orange und auch der Tisch bestehen aus Fermionen, und die können eben nicht beliebig eng zusammenrücken, so dass sie locker aneinander vorbeikommen. Anders die Photonen, die ständig von überall auf den Tisch treffen. Die stapeln sich nicht zu einer Säule aus Photonen in die Höhe und formen so etwas wie ein »Laserschwert«, vielmehr kauern sie sich alle in einem Punkt auf dem Tisch zusammen.

Mit diesen Erkenntnissen können wir nun daran gehen, das Bohrsche Atommodell zu »rekonstruieren«. Starten wir mit dem einfachen Modell des Wasserstoffs: Der Atomkern, bestehend aus einem Proton, wird laut Bohr von einem Elektron auf einer kreisförmigen Bahn umlaufen. Betrachten wir das Elektron mit den Augen de Broglies, so dürfen wir das Elektron als eine Welle auffassen, eine Welle, die sich längs der Kreisbahn ausbreitet (Abb. 7.43, linkes Bild).

Da es sich dabei um eine stehende Welle handelt, kommt, wie in Abb. 7.43 links dargestellt, nur ein geschlossener Wellenzug in Frage. Andernfalls wäre, siehe Abb. 7.43 rechts, die Bedingung einer stetigen Welle verletzt, und die Welle würde sich im Laufe mehrerer Umläufe selbst auslöschen Damit unterliegt das Elektron gewissen Randbedingungen: Seine Energie muss gerade so groß sein, dass seine De-Broglie-Welle »nahtlos« auf den »Bahnkreis« passt. Wir sind dieser Bedingung schon in der Schrödingerglei-

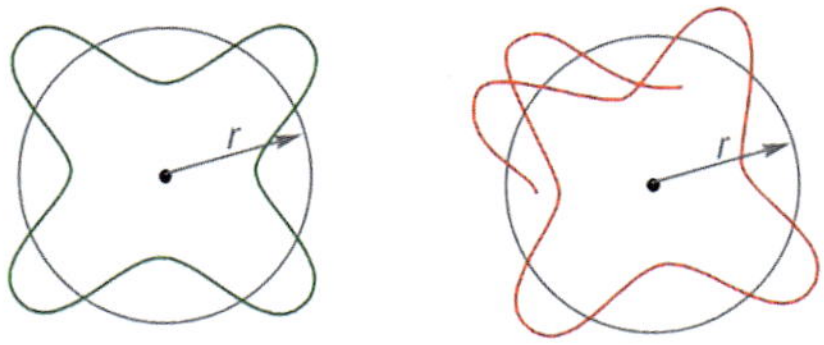

7.43 Im klassischen Atommodell umlaufen die Elektronen den Atomkern auf kreisförmigen Bahnen. Im Sinne de Broglies darf man das Elektron als eine stehende Welle betrachten, die sich wie im Bild links entlang eines geschlossenen Wellenzuges ausbreitet.

chung begegnet, wo wir uns mit einem in einen Kasten eingesperrten Elektron beschäftigt haben. Auch dort konnte das Elektron nur gewisse Energien annehmen, damit die Wellenfunktion an den Kastenwänden null wird. Wie beim »Kastenelektron«, wo nur gewisse Elektronenenergien zu passenden Wellenlängen der Wellenfunktion geführt haben, können auch die »Bahnelektronen« nur Energien annehmen, deren Wellenlängen die Stetigkeitsbedingung erfüllen (Abb. 7.44).

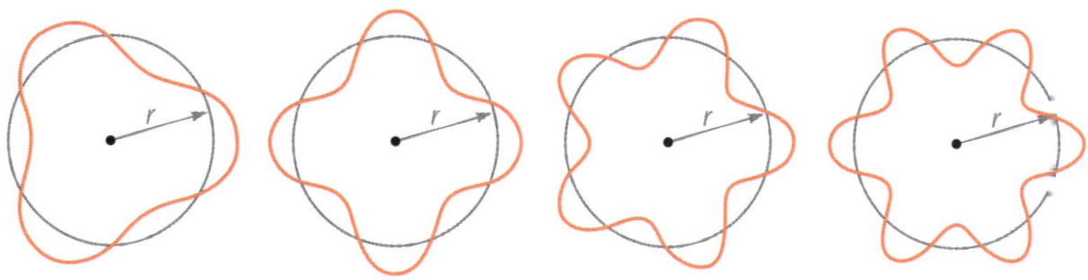

7.44 Die Bahnelektronen können nur Energien annehmen, die zu geschlossenen Wellenzügen führen.

Bei alldem dürfen wir nicht vergessen: Elektronen sind Fermionen, und die sind ungesellig. Folglich kann ein bestimmter Energiezustand nur von zwei Elektronen mit unterschiedlichem Spin besetzt werden.

Die Vorstellung ebener Wellen entlang eines Kreises ist ja sehr nett, aber sie entspricht nicht der Realität. In Wirklichkeit halten sich die Elektronen in genau definierten dreidimensionalen Räumen, in sogenannten »Orbitalen«, auf. Den Kreis in Abb. 7.43

und 7.44 müssen wir ersetzen durch eine Kugelschale, und aus der Aufenthaltswahrscheinlichkeit Ψ^2 wird eine Aufenthaltswahrscheinlichkeitsdichte $\Psi^2(r)$. Für ein realistisches Bild müssen wir zusätzlich berücksichtigen, dass wir kein einfaches Kastenpotential V haben, das überall im Kasten null ist. Sowohl das Elektron als auch der Atomkern sind elektromagnetisch geladen, und wir erhalten in unserem »Kugelkasten« den vertrauten $1/r$-Potentialverlauf, d.h. die Elektronen würden sich am liebsten am positiv geladenen Atomkern aufhalten, während die Aufenthaltswahrscheinlichkeitsdichte $\Psi^2(r)$ nach außen hin rasch gegen null geht. Weil das $1/r$-Potential erst im Unendlichen null wird, setzt man die äußere Wand des Kastens willkürlich so, dass sich das Elektron mit 90 Prozent Wahrscheinlichkeit darin befindet. Diese Kugel um den Atomkern nennt man »s-Orbital«. Wir können sie wie eine Zwiebel in konzentrische Kugelschalen einteilen und für jede dieser Schalen die Wahrscheinlichkeit berechnen, ein Elektron dort zu messen (Abb. 7.45, oben). Dafür multiplizieren wir die Dichte $\Psi^2(r)$ mit dem Volumen jeder infinitesimal dünnen Kugeloberfläche $4\pi \cdot r^2$ (streng mathematisch nimmt man für das Volumen $4\pi \cdot r^2 \cdot dr$ und integriert das Produkt über dr). Für $r = 0$ ist $4\pi \cdot r^2 = 0$, und die Wahrscheinlichkeit, ein Elektron dort zu messen, ist null. Dann steigt die Wahrscheinlichkeit, d.h. das Produkt $\Psi^2(r) \cdot 4\pi \cdot r^2$, mit zunehmendem r rasch an und findet ein Maximum im Bereich des Bohrschen Atomradius.

So weit zum kugelförmigen s-Orbital. Doch wie sehen die Räume für Elektronen mit höherer Energie aus? Zunächst folgt ein weiteres kugelförmiges Orbital, man nummeriert sie mit 1s und 2s. Dann erinnern wir uns an die blaue Wellenfunktion Ψ_2 in Abb. 7.38 (links), die bei $x = L/2$ eine Nullstelle hat. Wie sieht dieses Orbital aus? Auf alle Fälle muss es eine räumliche, zum Nullpunkt symmetrische Gestalt haben. Es muss aussehen wie eine langgestreckte Hantel. Und da es drei sogenannte »p-Orbitale« gibt, sind sie im Raum zueinander senkrecht angeordnet (Abb. 7.46). Auf der nächsthöheren Energiestufe verteilen sich die Elektronen auf die fünf in Abb. 7.47 dargestellten sogenannten d-Orbitale.

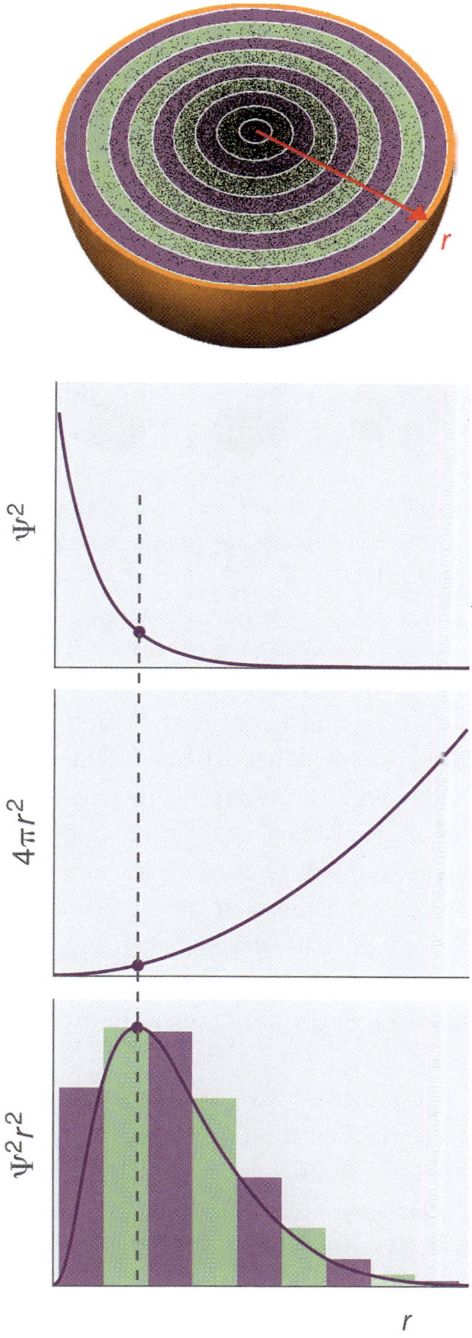

7.45 Das kugelförmige s-Orbital, eingeteilt in konzentrische Kugelschalen. Die schwarzen Punkte symbolisieren die Aufenthaltswahrscheinlichkeitsdichte $\Psi^2(r)$. Das Produkt dieser Dichte (erster Graph) mit dem Volumen jeder Kugelschale (zweiter Graph) ergibt die jeweilige Wahrscheinlichkeit, ein Elektron dort zu messen (dritter Graph). Das Volumen wird aus konzentrischen, infinitesimal dicken Kugelschalen mit der Oberfläche $4\pi \cdot r^2$ aufsummiert.

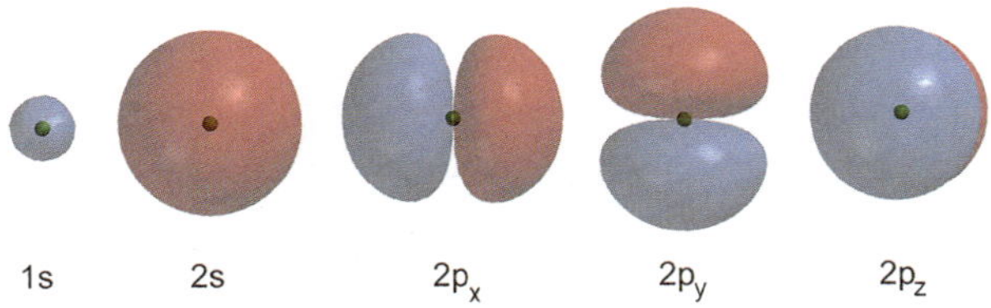

7.46 Die kugelförmigen s-Orbitale und drei hantelförmigen p-Orbitale der Nebenquantenzahl l = 1 mit den Magnetquantenzahlen –1, 0, +1.

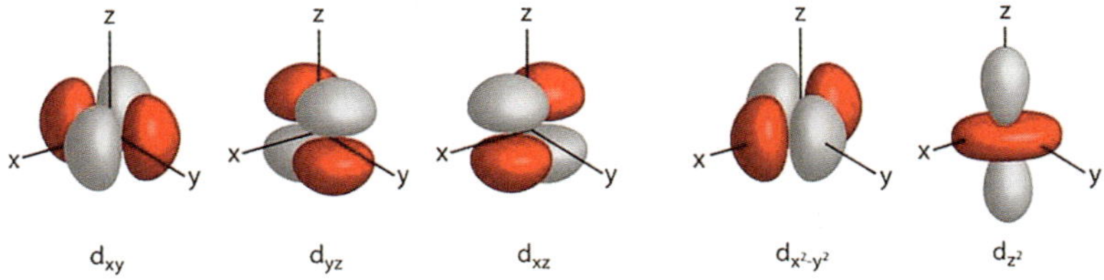

7.47 Die fünf d-Orbitale der Nebenquantenzahl l = 2 mit den Magnetquantenzahlen –2, –1, 0, +1, +2.

Bevor wir noch andere Orbitalformen vorstellen, ist es sinnvoll, sich erst einmal mit den Besetzungsregeln für die Elektronen eines Atoms näher zu beschäftigen. Bislang war immer nur die Rede von zwei unterschiedlichen Spins. Offensichtlich sind aber bei massereichen Atomen mit vielen Elektronen einige Orbitale nicht nur mit zwei, sondern mit mehreren Elektronen besetzt. Folglich müssen sich die Elektronen noch in anderen Punkten als nur in den zwei Spinrichtungen unterscheiden. Damit kommen wir zu den weiter oben schon angesprochenen Quantenzahlen. Und in der Tat kennen die Atomphysiker insgesamt vier davon.

Zunächst ist da die sogenannte Hauptquantenzahl n, die im Wesentlichen die Energie der Elektronen bestimmt und die bei 1 beginnt und schrittweise um eine Einheit ansteigt. Im Bohrschen Atommodell hat man das Energieniveau mit $n = 1$ als die K-Schale bezeichnet, das mit $n = 2$ als die L-Schale, das mit $n = 3$ als die M-Schale und in 1er-Schritten weiter als N-, O-, P- und Q-Schale.

Als Nächstes kommt die »Nebenquantenzahl« l. Sie beschreibt den Bahndrehimpuls des Elektrons und ist für die Form des Orbitals verantwortlich. Sie läuft in Schritten von einer Einheit von null bis $(n-1)$. Das Orbital mit $l = 0$ bezeichnet man als das s-Orbital, das mit $l = 1$ als das p-Orbital, das mit $l = 2$ als das d-Orbital und so fort:

$$l = 0, 1, 2, \ldots, (n-1)$$

Dann gibt es noch die »Magnetquantenzahl« m, die das Verhalten eines Orbitals unter dem Einfluss eines äußeren Magnetfeldes beschreibt. Sie nimmt, ansteigend in Schritten von einer Einheit, alle Werte von minus l über null bis plus l an, d. h. es gibt zu jedem l jeweils $2\,l+1$ mögliche Werte:

$$-l, \ldots, -1, 0, +1, \ldots, +l$$

Und schließlich ist da noch die bereits bekannte Spinquantenzahl s. Für Elektronen kann sie $+\hbar/2$ oder $-\hbar/2$ annehmen. Je nach Teilchensorte ist sie allgemein ein positives oder negatives Vielfaches von $\hbar/2$, wobei das Vorzeichen den Drehsinn festlegt und $\hbar$ gleich dem Planckschen Wirkungsquantum geteilt durch 2π ist.

In einem Atom sind also die Elektronen entsprechend dieser Quantenzahlen auf die einzelnen Energieniveaus verteilt. Um zu verstehen, wie das funktioniert, wollen wir das am Beispiel der ersten Elemente des Periodensystems durchexerzieren. Wir machen das, indem wir die einzelnen Energieniveaus als Kästchen darstellen (siehe Abb. 7.48). Am linken Bildrand ist die zu den Kästchen gehörige Hautquantenzahl n angegeben, am rechten die Bezeichnung des Niveaus, zu dem die Kästchen gehören. Die Elektronen in den Kästchen sind durch farbige Pfeile gekennzeichnet, die je nach Spinrichtung nach oben oder nach unten weisen.

Zunächst sollen alle Kästchen leer sein. Da die Natur stets bestrebt ist, den Zustand geringster Energie einzunehmen, beginnt die Besetzung der Atomniveaus logischerweise bei dem niedrigsten Niveau, dem *1s*-Niveau. Im ersten Schritt besetzt das Elektron

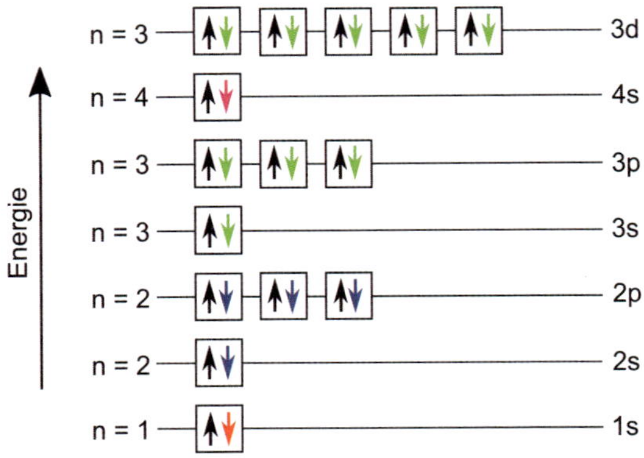

7.48 Besetzungsschema der Energieniveaus in einem Atom bis zur Hauptquantenzahl n = 3.

mit dem schwarzen Pfeil das Kästchen. Im zweiten Schritt kommt ein Elektron mit entgegengesetztem Spin, roter Pfeil, hinzu. Damit ist das *1s*-Niveau bereits komplett gefüllt. Diese Elektronenkonfiguration entspricht übrigens der des Heliumatoms.

Kommen noch mehr Elektronen hinzu, so weist ihnen der Türsteher Pauli den Weg hinauf zu höheren Energieniveaus der Hauptquantenzahl $n = 2$. Entsprechend den obigen Ausführungen zu den vier Quantenzahlen hat für $n = 2$ die Nebenquantenzahl l die Werte 0 und 1 und die Magnetquantenzahl m die Werte −1, 0 und +1. Das heißt, zur Hauptquantenzahl $n = 2$ gehören vier Niveaus: das *2s*-Niveau ($l = 0$) und drei *2p*-Niveaus. Wir benötigen also vier Kästchen, um die Besetzung des $n = 2$-Niveaus korrekt darzustellen. Wieder beginnt die Besetzung mit dem Niveau niedrigster Energie, dem *2s*-Niveau. Und wie bei $n = 1$ besetzt zunächst das Elektron mit dem schwarzen Pfeil und im zweiten Schritt das mit dem blauen Pfeil das Niveau. Dann geht es an die Besetzung der drei *2p*-Niveaus. Dabei gilt eine Besonderheit, die man als »Hundsche Regel« bezeichnet. Sie besagt, dass zunächst jedes Niveau mit nur einem Elektron besetzt wird, und erst wenn alle Niveaus zur Hälfte besetzt sind, werden die Niveaus der Reihe nach mit restlichen Elektronen aufgefüllt. Wie in Abb. 7.48 dargestellt, wird das *2s*-Niveau wie das *1s*-Niveau gefüllt. Alsdann werden die drei *2p*-Niveaus der Reihe nach erst mit den schwarzen Elektronen und dann mit den blauen Elektronen gefüllt. Damit sind auch die Niveaus der Hauptquantenzahl $n = 2$ komplett. Mit dieser Niveaubelegung sind wir beim Element Neon angelangt, dessen Elektronenkonfiguration man mit $1s^22s^22p^6$ bezeichnet, wobei die hochgestellten Ziffern die Anzahl der Elektronen in den jeweiligen Niveaus angeben.

Obwohl es nun langsam kompliziert wird, wollen wir uns noch an die Niveaus der Hauptquantenzahl $n = 3$ wagen. Bei $n = 3$ hat l die Werte 0, 1 und 2. Hinzu kommen für $l = 1$ die drei *p*-Niveaus mit den Werten –1, 0 und +1 für die Magnetquantenzahl m_p und für $l = 2$ fünf weitere Magnetquantenzahlen m_d mit den Werten –2, –1, 0, +1, +2. Neben dem *3s*-Kästchen benötigen wir also drei Kästchen für das *3p*-Niveau und weitere fünf für das *3d*-Niveau. Das *3s*-Niveau und die *3p*-Niveaus werden genauso aufgefüllt wie die der Hauptquantenzahl $n = 2$. Jetzt sollte es eigentlich mit den *3d*-Niveaus weitergehen. Da aber das *4s*-Niveau eine geringere Energie hat als die fünf *3d*-Niveaus, kommt zuerst das *4s*-Niveau dran. Ist das aufgefüllt, startet die Belegung der *3d*-Niveaus nach der schon bekannten Hundschen Regel, nach der die Kästchen der Reihe nach zunächst mit je einem schwarzen und dann mit je einem grünen Elektron gefüllt werden. Damit sind wir bei dem Element Zink.

Obwohl wir damit noch lange nicht am Ende der Besetzungsorgie angekommen sind – es kämen ja noch die Niveaus der höheren Hauptquantenzahlen 4, 5, 6 usw. mit den *4p-*, *4d-*, *4f*-Niveaus, den *5s-*, *5p-*, *5d-*, *5f*-Niveaus und so fort –, wollen wir es mit dem Element Zink bewenden lassen. Auch die Formen der jeweiligen Orbitale werden immer bizarrer. Das kugelförmige s-Orbital und die keulenförmigen p-Orbitale der Hauptquantenzahl $n = 2$ haben wir weiter oben schon kennengelernt. Mit wachsendem n werden sie immer ausladender und »unförmiger«, und für größere n kommen noch eine Menge anderer Orbitale hinzu. In Abb. 7.49 sind einige von ihnen dreidimensional skizziert.

Betrachten wir diese Orbitale näher, so zeigt sich, dass sie alle symmetrisch zu einem Punkt in der Mitte, dem Nullpunkt bzw. dem Ort des Atomkerns, aufgebaut sind. An diesem Punkt haben alle Orbitale eine Nullstelle. Das aber bedeutet, dass dort die Wellenfunktion null ist. Und da an diesem Punkt auch das Absolut-

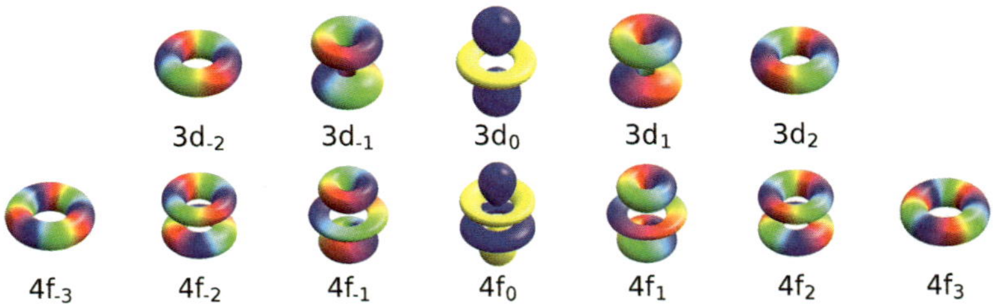

7.49 Formen ausgewählter *d*- und *f*-Orbitale. Der Index steht für die Magnetquantenzahl.

quadrat der Wellenfunktion null beträgt, ist dort die Aufenthaltswahrscheinlichkeit für Elektronen gleich null! Damit ist auch die Frage beantwortet, warum das Elektron nicht in den Kern fällt. Die Natur lässt dort keine Elektronen zu.

Abb. 7.45 hatte ja bereits für das einfachste *s*-Orbital ein komplexes Innenleben offenbart. Deshalb sind wir neugierig und schneiden in Abb. 7.50 für $n = 4$ den Torus auf. Die Farben repräsentieren die komplexe Phase der Wellenfunktion – dazu kommen wir noch detailliert – gemäß der Farbkodierung. Zusätzlich visualisieren wir für ein Orbital (rechts) das Spin-Vektorfeld.

Damit haben wir eine Menge gelernt. Zwar ist das »neue« Atommodell um ein Vielfaches komplizierter als das einfache Bohrsche Modell, aber man versteht endlich, warum sich die Elektronen im Atom auf immer höhere Energieniveaus verteilen müssen. Im selben Aufwasch wird das im Rahmen der klassischen Physik auftauchende Problem gelöst, wonach Elektronen in den Atomkern stürzen sollten. Ihre Aufenthaltswahrscheinlichkeit ist dort null, deshalb können sie nicht dorthin.

In diesem Unterkapitel waren bisher die Elektronen eines Atoms das Thema, nun wollen wir uns den Atomkernen zuwenden und den eingangs erwähnten magischen Nukleonenzahlen. Diese magischen Kerne sind nicht nur besonders stabil, ihre Bindungsenergie pro Nukleon ist besonders hoch und ihre Neigung, Neutronen einzufangen, besonders niedrig. Was haben diese Kerne, was andere nicht haben? Helium-4, Sauerstoff-16 und Calcium-40 haben gleich viele Neutronen wie Protonen. Bei anderen magischen Kernen wie Calcium-48 oder Blei-208 ist das nicht der

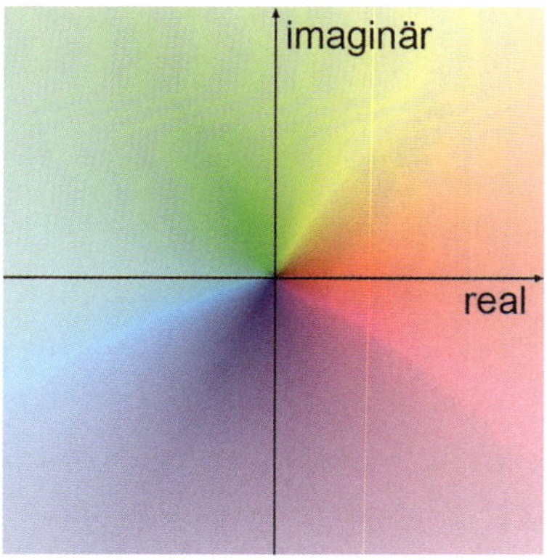

7.50 Formen ausgewählter *d*- und *f*-Orbitale. Die Farbe kodiert die komplexe Phase der Wellenfunktion.

Fall. Um den Trick dieser Kerne zu verstehen, müssen wir uns zunächst den »Charakter« der Kernbestandteile, der Nukleonen, vor Augen führen: Die Nukleonen – Protonen und Neutronen – sind Fermionen! Und damit wird schon klar, wohin uns das führt: Es gilt, das für die Elektronen im Atom gültige Verteilungsprinzip auch auf diese Kernbausteine anzuwenden. Um zu verstehen, was das bedeutet, betrachten wir zunächst Abb. 7.51.

Die Graphik zeigt die Potentialtöpfe für die Kernprotonen bzw. die Kernneutronen und eine mögliche Form der Verteilung der Protonen und Neutronen auf die einzelnen Energieniveaus. Wie bei den Elektronen im Atom können wiederum nur zwei Protonen bzw. Neutronen mit unterschiedlichem Spin ein Niveau belegen. Für den Atomkern ist die dargestellte Besetzungssituation energetisch betrachtet nicht ideal. Denn für das singuläre Proton genauso wie für das singuläre Neutron muss der Kern ein Niveau höherer Energie bereitstellen, das er jedoch nicht in vollem Umfang nutzt.

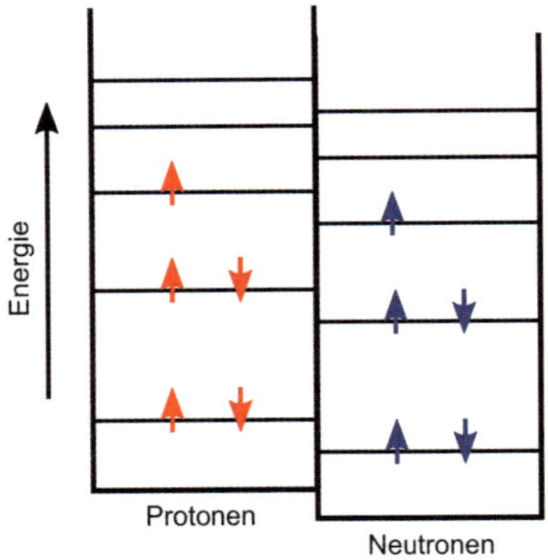

7.51 Mögliche Verteilung von Protonen und Neutronen auf die Energieniveaus des Atomkerns

Für den Kern wesentlich günstiger ist eine Situation, in der auch das oberste dargestellte Energieniveau mit zwei Protonen bzw. Neutronen voll besetzt ist. Der energetische »Idealzustand« umfasst eine identische Anzahl von Protonen und Neutronen sowie komplett aufgefüllte Energieniveaus. Der Kern hat kein Interesse, an dieser Situation etwas zu ändern. Prozesse wie die Aufnahme eines weiteren Nukleons oder ein radioaktiver Zerfall würden den Idealzustand zerstören. Das ist der Grund, warum derartige Kerne solchen Versuchungen widerstehen und so stabil sind.

Doch wann hat ein Atomkern ein Interesse an einem radioaktiven Zerfall? Immer dann, wenn zum einen das oberste Niveau der Protonen und das der Neutronen nur zur Hälfte gefüllt ist und gleichzeitig das oberste, halbgefüllte Neutronenniveau energetisch höher platziert ist als das oberste Protonenniveau. Abb. 7.52 links zeigt eine derartige Situation. In diesem Fall führt ein Beta-Zerfall – die Umwandlung eines Neutrons in ein Proton, ein Elektron und ein Elektron-Antineutrino – zu einem energetisch günstigeren Kernzustand. Die rechte Seite von Abb. 7.52 zeigt das Ergebnis des Beta-Zerfalls, nachdem das Elektron und das Antineutrino den Kern verlassen haben.

Je größer der Neutronenüberschuss relativ zur Anzahl der Protonen ist, umso stärker ist die Tendenz des Kerns zu einem Betazerfall. Das ist der Grund, warum z. B. Uran mit seinem großen Überschuss an Neutronen radioaktiv zerfällt.

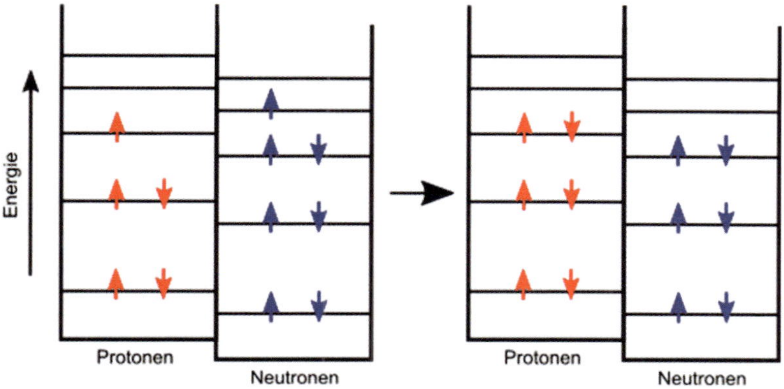

7.52 Ein Betazerfall tritt ein, wenn das oberste Neutronenniveau energetisch höher platziert ist als das oberste Protonenniveau und die jeweils obersten Energieniveaus nur zur Hälfte gefüllt sind.

Betrachten wir noch den Prozess der Kernspaltung am Beispiel des Uran-235-Atoms. Der Kern dieses Atoms besteht aus 92 Protonen und 143 Neutronen. Die beiden Zahlen sagen uns, dass die Protonen, weil sie in gerader Zahl vorkommen, die für sie zur Verfügung stehenden Niveaus so füllen, dass alle mit zwei Protonen besetzt, also abgeschlossen sind. Für die Neutronen gilt das nicht, denn deren Anzahl ist ungerade, so dass das oberste Niveau nur mit einem singulären Neutron besetzt sein kann. Folglich ist der Kern bestrebt, dieses Niveau zu komplettieren. Ein das Atom treffendes langsames Neutron, ein sogenanntes thermisches Neutron, wird daher vom Kern bereitwillig »akzeptiert« und in das oberste, nur mit einem Neutron besetzte Energieniveau eingebaut. Was zunächst gut klingt, geht jedoch nicht gut aus. Denn durch die Absorption des Neutrons findet der Kern neue Konfigurationen in Form zweier kleinerer Kerne mit günstig aufgefüllten Energieniveaus. Die Aufnahme des Neutrons verschafft dem Kern durch die gewonnene Bindungsenergie den nötigen Handlungsspielraum – er wird instabil und spaltet sich spontan in diese kleineren Kerne auf. Zusammenfassend gilt also: Damit es zu einer neutronen-induzierten Kernspaltung kommen kann, darf das oberste Niveau des Kerns nur mit einem Neutron besetzt sein, so dass die Absorption eines weiteren Neutrons dem Kern zunächst zu einem energetisch günstigeren Zwischenzustand verhilft, ihn aber letztlich spaltet.

Beim Uran-238 funktioniert das nicht. Dessen Kern besitzt 92 Protonen und 146 Neutronen. Die Anzahl der Neutronen ist also geradzahlig. Folglich müssen alle Energieniveaus mit zwei Neutronen komplett besetzt sein. Der Uran-238-Kern verweigert die Aufnahme eines weiteren Neutrons, weil dazu ein noch höher gelegenes Energieniveau bereitgestellt werden müsste. Der »Preis« ist dem Kern zu hoch, und er winkt dankend ab.

Lösen wir abschließend noch das Rätsel, warum die Neutronen in einem Neutronenstern nicht zerfallen. Wie schon erwähnt, produziert der Zerfall eines Neutrons ein Proton, ein Elektron und ein Anti-Elektronneutrino. Diese Zerfallsprodukte müssen irgendwo unterkommen. Insbesondere das Elektron macht hier Probleme. Seine Energie ist begrenzt durch die Massendifferenz von Neutron und Proton. Mehr kann im Zerfallsprozess nicht freigesetzt werden, schließlich will auch das Anti-Neutrino noch etwas abhaben. Bei einem Neutronenstern sind bereits alle erreichbaren Energieniveaus besetzt. Der Zerfall muss unterbleiben, denn das entstehende Elektron findet keinen »Unterschlupf«.

Im Rückblick zeigt sich, dass das Paulische Ausschließungsprinzip ein mächtiges Werkzeug zur Erklärung des Atomaufbaus darstellt. Es zeigt uns nicht nur, wie sich Elektronen um den Kern anordnen, sondern auch, warum einige Kerne radioaktiv zerfallen bzw. sich durch einen Beschuss mit langsamen Neutronen spalten lassen. Das Pauliprinzip schuf die Grundlage für die Orbitaltheorie, welche die Verteilung der Elektronen auf die Energieniveaus der Atomhülle beschreibt. Insbesondere die Gesetzmäßigkeiten, welche die Verbindung einzelner Atome zu einem Molekül bestimmen, werden nun verständlich. Und es erklärt auch, auf welche Weise sich die Besetzung der Kernniveaus mit Protonen und Neutronen auf die Eigenschaften und das Verhalten des Atomkerns auswirkt. Fazit: Das Pauli-Prinzip – eine geniale Idee eines genialen Physikers.

Zum Schluss noch ein Blick auf Paulis Privatleben. In seinen Jugendjahren war zu befürchten, dass er mit seinem ausschweifenden Lebensstil unter die Räder gerät. Hat er noch die Kurve gekriegt? Er hat noch ein weiteres Mal geheiratet und an der Hand seiner zweiten Frau, Franziska Bertram, zurück auf einen geraden Weg gefunden. Ähnlich wie sich Atomkerne bei schlecht gefüllten Energieniveaus durch die Aufnahme eines zweiten Bausteins stabilisieren, so scheint auch Pauli die Partnerin an seiner Seite gutgetan zu haben.

7.8 Heisenbergsche Unbestimmtheitsrelation

Wie genau kann man etwas messen?

Bevor wir uns der Heisenbergschen Unbestimmtheitsrelation zuwenden, lohnt ein Blick zurück. Im Zusammenhang mit dem Planckschen Wirkungsquantum *h* sind wir der Unbestimmtheit in einem Quantensystem schon begegnet. Erinnern Sie sich an die Mikroben, die eine auf einem Tisch liegende Orange anschieben wollen? Für den »makroskopischen« Beobachter hat das System nur zwei Zustände: Die Orange ruht, oder sie rollt. Es kann sein, dass sich zehn oder auch 1000 Mikroben gegen die Orange stemmen, ohne dass sie zu rollen beginnt. Ganz anders verhält es sich in der »Quantenwelt« der Orange. Denn für den Zustand des Quantensystems Orange macht es sehr wohl einen Unterschied, ob zehn oder 1000 Mikroben anschieben. Ein makroskopischer Beobachter bemerkt davon nichts: Im Zeitintervall zwischen Ruhen und Rollen ist er im Unklaren über den Zustand des Systems. Das System ist für ihn unbestimmt. Erst wenn durch die Hilfe einer letzten Mikrobe die Orange endlich ins Rollen gerät, bemerkt der Beobachter eine Veränderung. Das ist auch der Grund, warum der Begriff »Unbestimmtheitsrelation« besser passt als Unschärferelation. Bei Letzterem ist man versucht zu glauben, etwas hänge davon ab, wie genau man hinsieht, oder besser: wie genau man misst. Doch das tut es nicht. Die Unbestimmtheit beruht auf dem Quantenzustand des Systems, zwischen dem Stadium Orange »in Ruhe« und dem Augenblick, in dem es den Sprung zu »in Bewegung« vollzieht.

Mittlerweile haben wir jedoch die nötigen Werkzeuge, um

diese Unbestimmtheit besser einzugrenzen. Erinnern wir uns an die Beugung am Spalt: Fresnel hat uns gezeigt, dass das von links ankommende Licht (siehe Abb. 7.53) beim Durchgang durch den Spalt unter dem Winkel α gebeugt wird. Das Beugungsmuster bzw. die Intensitätsverteilung des Lichts, das sich auf dem Schirm

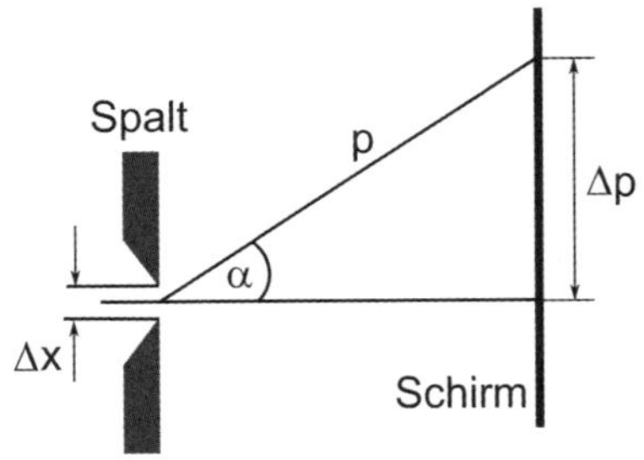

7.53 Beugung des Lichts am Spalt

einstellt, haben wir in Abb. 7.9 bereits gesehen.

Ist α der Winkel zwischen der Richtung des ungebeugten Lichtstrahls und der Richtung zum ersten Intensitätsminimum, so gilt nach Fresnel:

$$\sin\alpha = \frac{\lambda}{\Delta x} \tag{7.52}$$

Interpretiert man Licht als Welle, so ist das Beugungsmuster auf dem Schirm als das Ergebnis einer Interferenz der durch den Spalt tretenden Wellenzüge erklärbar. Aufgrund ihrer unterschiedlich langen Wege zum Schirm sind die Wellen mit ihren Maxima und Minima gegeneinander versetzt. Im Teilchenbild wiederum haben wir uns mit der Wellenfunktion beholfen. Trotzdem bleibt eine Frage zum Impuls offen. Teilchen haben einen Impuls p der Größe $m \cdot v$. Vor dem Spalt ist die Richtung des Impulses eindeutig bestimmt. Doch hinter dem Spalt bekommt der Impuls eine zusätzliche Komponente Δp senkrecht zur ursprünglichen Impulsrichtung. Wo soll die herkommen? Wie im Wellenbild sei Δp gerade so groß, dass der Teilchenimpuls p so »gebeugt« wird, dass das Teilchen den Schirm am Ort des ersten Minimums der Beugungsfigur trifft (Abb. 7.53). Im klassischen Teilchenbild ist das nicht zu verstehen – eine Änderung des Impulses bedarf dort einer Kraft. Doch mittlerweile sind wir fit genug, um solche Anstiege locker wegzustecken. De Broglie hat uns gelehrt, dass man Teilchen auch durch eine Wellenlänge charakterisieren kann, die De-Broglie-Wellenlänge λ_B. Bei hochrelativistischen Teilchen wird ihre Energie maßgeblich bestimmt durch $c{\cdot}p$. Setzen wir das gleich $h{\cdot}\nu$ und ersetzen die Frequenz ν durch c/λ_B, erhalten wir

$$h\frac{c}{\lambda_B} = c \cdot p \text{ bzw. } \lambda_B = \frac{h}{p} \qquad (7.53)$$

Aus der Abb. 7.53 gewinnen wir eine zweite Formel für den Winkel α gemäß:

$$\sin\alpha = \frac{\Delta p}{p} \qquad (7.54)$$

Das setzen wir gleich mit (7.52):

$$\frac{\lambda}{\Delta x} = \frac{\Delta p}{p} \qquad (7.55)$$

Auch für den Impuls p haben wir dank de Broglie eine zweite Gleichung (7.53), die wir einsetzen:

$$\frac{\lambda}{\Delta x} = \frac{\Delta p \cdot \lambda}{h} \qquad (7.56)$$

Kürzen wir λ, so folgt

$$\frac{1}{\Delta x} = \frac{\Delta p}{h} \qquad (7.57)$$

Eine nochmalige Umformung von (7.57) führt zu Heisenbergs berühmter Unbestimmtheitsrelation:

$$\Delta x \cdot \Delta p \geq h \qquad (7.58)$$

In Worten besagt diese Beziehung: Das Produkt aus der Ortsunbestimmtheit und der Impulsunbestimmtheit kann nicht kleiner sein als das Plancksche Wirkungsquantum h. Mit dieser Beziehung haben wir ein Werkzeug gewonnen, mit dem man die Unbestimmtheit numerisch berechnen kann. In unserer makroskopischen Welt bekommen wir von diesen Unbestimmtheiten der Quantenwelt nichts mit. Das lässt sich gut verstehen, wenn wir in (7.58) den Impuls *p* durch den Ausdruck ($m \cdot v$), mit *v* gleich der Geschwindigkeit, ersetzen. Wir erhalten dann:

$$\Delta x \cdot \Delta(m \cdot v) \geq h \quad (7.59)$$

bzw.

$$\Delta x \cdot m \cdot \Delta v \geq h \quad (7.60)$$

Ziehen wir noch die Masse *m* unter das *h*, so kommen wir schließlich zu der Ungleichung:

$$\Delta x \cdot \Delta v \geq \frac{h}{m} \quad (7.61)$$

Da die Massen, mit denen wir es in der makroskopischen Welt zu tun haben, um ein Vielfaches größer sind als z. B. die Masse eines Elektrons und da *m* in (7.61) im Nenner steht, ist das Produkt aus der Orts- und der Geschwindigkeitsunbestimmtheit in unserer Welt um ein Vielfaches kleiner als in der Quantenwelt. Da muss man sich nicht wundern, dass diese Unbestimmtheit in unserem täglichen Leben keine Rolle spielt. Sie liegt schlicht weit unterhalb unserer Wahrnehmungsschwelle. Einem ähnlichen Problem sind wir bereits bei der Dekohärenz begegnet. Auch sie weist die Effekte der Quantenmechanik in die Schranken. In der Welt des Allerkleinsten ist die Aufenthaltswahrscheinlichkeit eines Quanteilchens im Raum verschmiert. Wir können nicht sagen, wo genau sich das Teilchen befindet. Wir können lediglich in Form einer Wellenfunktion formulieren, wo es sich mit welcher Wahrscheinlichkeit bei einer Messung zeigen wird. Die Wahrscheinlichkeiten ergeben sich durch das Quadrat der Wellenfunktion – das kennen Sie bereits aus dem Effeff. Erst durch eine Messung zwingt man die Natur, den genauen Ort des Teilchens zu »offenbaren« – die Wellenfunktion kollabiert. Da in unserer realen Welt unentwegt Dekohärenz-Prozesse stattfinden, bekommen wir von der Aufenthaltsunbestimmtheit in der Quantenwelt nichts mit. Der Mond ist auch da, wenn keiner hinsieht.

Am Beispiel eines freien Teilchens und einer einfachen Überlegung wollen wir uns die Konsequenzen aus der Heisenbergschen Unbestimmtheitsrelation nochmals klarmachen. Das Teilchen soll zwei unterschiedliche, doch nahe beieinanderliegende Impulse p annehmen können. Wir wissen, dass man entsprechend der Gleichung (7.53) den Teilchenimpuls auch durch dessen De-Broglie-Wellenlänge ausdrücken kann. Folglich verwenden wir zwei den Impulsen entsprechende Wellenlängen und lassen sie »interferieren«. Da sich, wie vorausgesetzt, die Impulse in ihrem Wert nur wenig unterscheiden, ist auch der Unterschied der beiden Wellenlängen gering. In Abb. 7.54 sind die beiden Wellenzüge in Rot und Blau dargestellt.

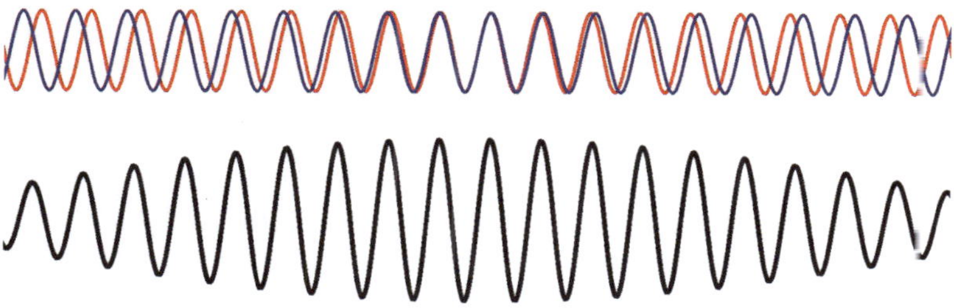

7.54 Überlagerung zweier Sinus-Wellen

Interferenz bedeutet, dass sich an jedem Ort die Amplituden der beiden Wellenzüge addieren. Wo die Amplituden der beiden Wellen gleich groß, aber von entgegengesetzter Richtung sind (in Abb. 7.54 links bzw. rechts), addieren sie sich zu null. In der Mitte, wo beide Amplituden gleich groß und gleiche Richtung haben, hat die resultierende Amplitude ein Maximum. Dazwischen kommen alle Werte zwischen null und dem Maximum vor. Das schwarze »Wellenpaket« in Abb. 7.54 (unten) zeigt das Ergebnis der Interferenz. Die Fläche, die das Wellenpaket einnimmt, veranschaulicht den Bereich, in dem das Teilchen zu finden ist. Diese Fläche ist also identisch mit der Ortsunbestimmtheit Δx des Teilchens. Im nächsten Schritt erhöhen wir die Anzahl der möglichen Teilchenimpulse auf sechs. Jetzt müssen wir sechs Wellenzüge zeichnen und sie miteinander interferieren lassen.

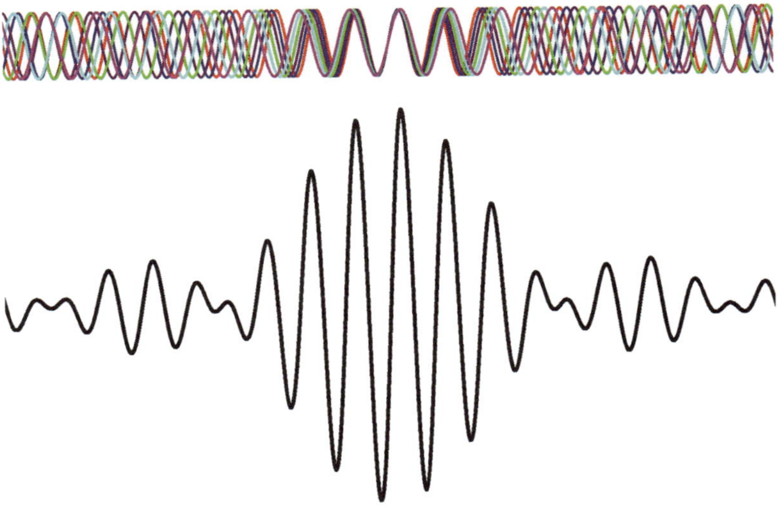

7.55 Überlagerung von sechs Sinus-Wellen

Im Wesentlichen ist nun der Bereich, in dem das Teilchen zu finden ist, auf die Mitte der Abbildung beschränkt, auf einen viel kleineren Bereich als bei nur zwei sich überlagernden Wellenzügen. Das wiederum bedeutet: Das Teilchen ist viel genauer lokalisiert, die Unbestimmtheit des Ortes ist deutlich kleiner. Würde man noch mehr Wellenzüge einander überlagern bzw. dem Teilchen noch mehr unterschiedliche Impulse ermöglichen, so wäre der Bereich noch enger, und die seitlichen Ausläufer in Abb. 7.55 (unten) würden keine Maxima bzw. Minima mehr zeigen, sondern wären nur noch eine Null-Linie.

Zusammengefasst führt unsere Überlegung zu dem anschaulichen Ergebnis: Ist die Unbestimmtheit Δp des Teilchenimpulses klein – wir lassen ja nur zwei Impulse zu –, so ist die Unbestimmtheit des Ortes Δx groß. Ist dagegen die Unbestimmtheit des Teilchenimpulses groß – viele Impulse sind möglich –, so wird die Unbestimmtheit des Ortes klein. Je genauer die eine Größe festgelegt ist, desto unbestimmter ist die komplementäre Größe. Und genau das besagt die Heisenbergsche Unbestimmtheitsbeziehung (7.58). Unterliegen alle Größen dieser Beziehung? Nein, Ladung und Spin beispielsweise sind stets eindeutig festgelegt.

7.9 Quantenfluktuationen – Casimir-Effekt – Lamb-Verschiebung Im Nichts ist einiges los!

In der Welt des Allerkleinsten erzwingt die Heisenbergsche Unschärfe ein fortwährendes »Brodeln an der Kante der Unbestimmtheit«. Wie ist das zu verstehen? Zunächst ist Gleichung (7.58) nicht nur auf die beiden Antagonisten Ort und Impuls beschränkt, sondern gilt auch für die Energie *E* und die Zeit *t*. Man kann Gleichung (7.58) mit *c* erweitern:

$$\frac{\Delta x}{c} \cdot \Delta p \cdot c \geq h \tag{7.62}$$

wobei $c{\cdot}\Delta p$ für ein relativistisches Teilchen die Energie *E* ergibt und Δx gleich der Strecke $c{\cdot}\Delta t$ ist, die es maximal zurücklegen kann. Damit erhält man die Beziehung:

$$\Delta t \cdot \Delta E \geq h \tag{7.63}$$

Zunächst sieht das nicht besonders aufregend aus, aber in der Quantenwelt hat das enorme Konsequenzen. Denn nicht beide Faktoren, sondern nur das Produkt $(\Delta t \cdot \Delta E)$ muss über bzw. an dieser kleinen Schranke von $6{,}6 \cdot 10^{-34}$ [Joule · Sekunden] liegen. Doch die Ungleichung kann auch erfüllt sein, wenn ΔE groß und Δt klein ist. Man darf also sehr wohl eine hohe Energie in Anspruch nehmen, wenn nur der Zeitraum der Inanspruchnahme entsprechend kurz ist. Machen wir das am Beispiel eines Bankbesuches verständlich. Nehmen wir an, Sie wollen einen kostenlosen Kredit aufnehmen. Die Dame am Bankschalter sagt: Wir können Ihnen einen Betrag von 100 000 Euro für zehn Sekunden anbieten. Oder unser Tagesschnäppchen: eine Million für eine Sekunde.

So ähnlich verlaufen die Verhandlungen der Quantenfluktuationen mit dem Vakuum. Was auch immer Sie wählen, das Prinzip ist klar: Wenn eine der beiden Größen, z. B. die Unbestimmtheit in der Energie, sehr groß ist, dann muss die andere Größe, die Unbestimmtheit in der Zeit, so klein werden, dass das Produkt aus den beiden Größen dem Schwellenwert von $6{,}6 \cdot 10^{-34}$ Joule · Sekunden gleichkommt. Die Quantenwelt stellt also eine beliebig große Menge an Energie für eine entsprechend kurze Zeit zur Verfügung. Und gemäß $E = m \cdot c^2$ kann man daraus alles Mögliche »basteln«, vorausgesetzt die Erhaltungssätze für die Ladung, für den Spin usw. werden nicht verletzt. Entsteht z. B. ein Teilchen mit einer positiven Ladung, dann muss gleichzeitig auch eines mit gleich großer negativer Ladung auftauchen, damit die Ladungsbilanz wieder null ergibt. Es können also nicht zwei negativ geladene Elektronen entstehen, wohl aber ein Elektron zusammen mit dessen positiv geladenem Antiteilchen, dem Positron. Doch was auch immer man aus der bereitgestellten Energie »herstellt«, die Unbestimmtheitsrelation verlangt, dass sie spätesten nach der Zeit Δt wieder an den Gläubiger zurückgezahlt wird. In unserem Fall fungiert als Gläubiger die Nullpunktenergie des Vakuums, das die Energie ausleiht. Zurückzahlen heißt: Das Teilchenpaar vernichtet sich gegenseitig, wobei die zuvor eingesetzte Energie wieder frei wird. Dieses Entstehen und Wiedervergehen bezeichnet man auch als Vakuum- oder Quantenfluktuation. Teilchen tauchen für extrem kurze Zeit aus dem Vakuum auf und verschwinden sogleich wieder. Mehr zu diesen virtuellen Teilchen werden wir in der Quantenfeldtheorie erfahren.

Kurzum, die Heisenbergsche Unbestimmtheitsrelation führt dazu, dass es im Vakuum fortwährend zu Quantenfluktuationen kommt. Das Vakuum ist ein brodelnder See auftauchender und wieder verschwindender Teilchen. Entgegen unserer klassischen Vorstellung von einem Nichts ist das Vakuum also nicht Nichts. Auch wenn man aus dem Raum alles entfernt, jegliche Art von Materie und Energie, alle Arten von Wellen und elektromagnetischer Strahlung, und auch wenn man die Temperatur auf null Grad absenkt, so verbleiben immer noch die Gesetze der Quantenmechanik – und mit ihnen die Quantenfluktuationen. Die Quantenfeldtheorie in Kapitel 8 wird uns hierzu ein noch tieferes Verständnis liefern.

Um einer Theorie vertrauen zu können, sind Experimente, welche die Aussagen der Theorie bestätigen, sehr hilfreich. Das gilt auch für die Quantenfluktuationen. Gibt es also einen Test, mit dem man die Existenz der Produkte der Quantenfluktuation, dieser virtuellen Teilchen, nachweisen kann? Der niederländische Physiker Hendrik Casimir (1909–2000) hat 1948 einen solchen Versuch vorgeschlagen. Aufgrund zu ungenauer Messverfahren konnte er ihn jedoch nicht durchführen. Der experimentelle Nachweis gelang erst 1956 durch Boris Derjagin, I. I. Abrikosowa und Jewgeni M. Lifschitz in der Sowjetunion und 1958 durch Marcus Sparnaay von den Philips-Forschungslaboratorien in Eindhoven.

7.56 Hendrik Casimir (1909–2000)

Der Aufbau des Experiments ist relativ einfach. Man stellt zwei leitende Metallplatten (in Abb. 7.57 blau eingezeichnet) in geringem Abstand d einander gegenüber und bringt sie in ein bestmögliches Vakuum. Den Impuls, den die virtuellen Teilchen der Quantenfluktuationen auf die Platten ausüben, stellen wir nach de Broglie wieder als Welle dar. Da die Platten elektrisch leitend sind, müssen die Wellen an den Platten eine Nullstelle aufweisen. Ähnlich den behandelten Teilchen in einem Kasten, können sich zwischen den Platten also nur stehende Wellen ausbreiten, deren Wellenlänge ein Vielfaches der halben Wellenlänge $\lambda = d$ beträgt. In Abb. 7.57 links sind zwei dieser Wellen eingezeichnet.

Außerhalb des Kasten sind dagegen alle möglichen Wellenlängen, längere und kürzere, erlaubt. Diese Situation ist rechts in

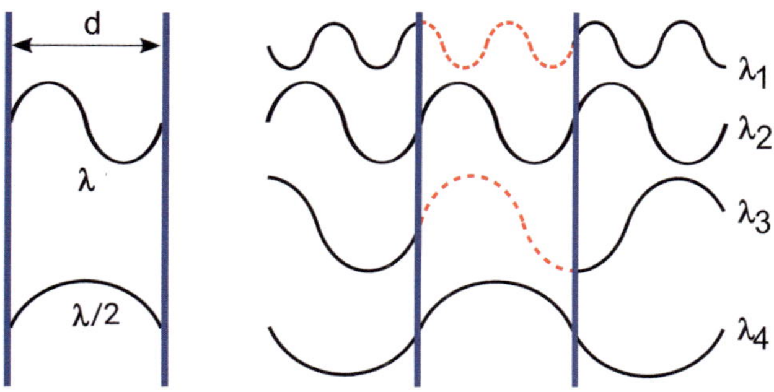

7.57 Wellenzüge beim Casimir-Effekt. Innerhalb der Platten sind nur Wellenzüge mit ganzzahligem Vielfachen von λ/2 zulässig, außerhalb dagegen beliebige Wellenzüge.

Abb. 7.57 dargestellt: Nur die mit λ_2 und λ_4 bezeichneten Wellen passen zwischen die Platten, nicht aber, wie es die rot gestrichelten Wellenzüge veranschaulichen, die mit λ_1 und λ_3 bezeichneten. Das aber bedeutet: Außerhalb der Platten gibt es mehr Quantenfluktuationen bzw. mehr virtuelle Teilchen als zwischen den Platten. Folglich ist die Summe aller Impulse außerhalb der Platten größer als der Gesamtimpuls zwischen den Platten. Es besteht also ein Überschuss der Impulse außerhalb der Platten relativ zu denen zwischen den Platten. Mit anderen Worten: Der Druck von außen gegen die Platten ist größer als der von innen. Stellt man zwei Platten von der Größe unserer Handflächen in einem Abstand von einem Zehntausendstel Millimeter einander gegenüber, so würde darauf ein Druck wirken, der in etwa dem entspricht, den ein Wassertropfen auf eine Unterlage ausübt. Diesen Druck kann man messen!

In der modernen Technik spielt dieser »Casimir-Druck« eine nicht zu vernachlässigende Rolle. Insbesondere in der Elektrotechnik sind manche Bauteile bereits so verkleinert, dass sie aufgrund ihres geringen Abstandes zu verkleben drohen. Der Casimir-Effekt setzt also der Miniaturisierung eine Grenze.

Betrachtet man das Experiment genauer, so wird es noch um einiges bizarrer. In Abb. 7.57 sind nur horizontal von links nach rechts laufende Wellenzüge eingezeichnet. Es gibt aber auch Wellenzüge, die schräg zwischen den Platten verlaufen, z. B. vom linken oberen Rand der einen zum rechten unteren Rand der anderen Platte. Doch damit nicht genug. So, wie wir die Platten gezeichnet haben, sind sie nur in der Höhe, nicht aber in der Tiefe ausgedehnt. Eine dreidimensionale Darstellung müsste auch Wellenzüge zeigen, die von vorne nach hinten zwischen den Platten laufen. Alles zusammengenommen sind das unendlich viele Wellenzüge, die von der einen zur anderen Platte verlaufen und dennoch die Bedingung erfüllen, dass sie an den Platten eine Nullstelle haben. Damit steht man vor der paradoxen Situation, dass zwischen den Platten unendlich viele Wellenzüge möglich sind, außerhalb aber zu dieser Menge unendlich viele weitere Wellenzüge hinzukommen, die nicht zwischen die Platten passen. Wie es scheint, kann also jemand von einer Sache unendlich viel haben, und trotzdem besitzt ein anderer noch mehr.

Wie auch immer: Der Casimir-Effekt bestätigt das Vorhandensein von Quantenfluktuationen im Vakuum bzw. von virtuellen Teilchenpaaren. Was zunächst wie ein Taschenspielertrick der theoretischen Quantenphysik aussah, ist reale Physik.

Eine andere Herangehensweise zur Bestätigung der Quantenfluktuationen stammt von dem US-amerikanischen Physiker Willis Eugene Lamb (1913–2008). Lamb nahm sich das Wasserstoffatom vor. Zunächst regte er den Wasserstoff durch den Beschuss mit Elektronen an, wodurch die im Grundzustand befindlichen Elektronen auf ein höheres Niveau gehoben wurden. Fallen diese Elektronen wieder in den Grundzustand zurück, so ist das mit der Emission von Licht, den sogenannten Spektrallinien, verbunden. Mithilfe der Spektroskopie konnte Lamb das energetische Niveau dieser Linien genau vermessen.

Nach der sogenannten Dirac-Theorie, welche die Eigenschaften und das Verhalten von Fermionen, z. B. von Elektronen, beschreibt, sollten zwei der Orbitale des Wasserstoffs (das $2s_{1/2}$- und das $2p_{1/2}$-Orbital) energetisch auf gleichem Niveau liegen. In der Spektroskopie bezeichnet man das als Entartung der Niveaus. Lambs akribische Messungen zeigten jedoch, dass sich die beiden Orbitale in ihrer Energie geringfügig unterscheiden. Lamb konnte dieses Ergebnis durch die Existenz allgegenwärtiger Quantenfluktuationen erklären, welche die Elektronen in den kernnahen Orbitalen in Schwingungen versetzen. Dadurch verändert sich deren mittlere potentielle Energie, was letztlich zu einer Verschiebung der Niveaus führt bzw. zu einer Aufhebung der Entartung. Für diese Entdeckung zur Feinstruktur des Wasserstoffspektrums erhielt Lamb 1955 den Nobelpreis für Physik.

7.58 Willis Eugene Lamb (1913–2008)

In der Welt des Allerkleinsten darf man also dieses Brodeln der Quantenfluktuationen nicht vernachlässigen. Dass wir das in unserer makroskopischen Welt meist nicht wahrnehmen, ist vornehmlich auf die Kleinheit des Planckschen

Wirkungsquantums zurückzuführen. In einem späteren Kapitel werden wir diese Aussage noch Lügen strafen, denn es wird sich zeigen, dass sich diese Fluktuationen sehr wohl makroskopisch auswirken können.

7.10 Zeitabhängige Schrödingergleichung
Die Welt beginnt sich zu drehen

Die stationäre bzw. die zeitunabhängige Schrödingergleichung haben wir bereits behandelt. Sie hat uns eine klare Vorstellung davon verschafft, wie sich ein in einem Kasten mit unendlich hohen Grenzwänden eingesperrtes Teilchen verhält. Mithilfe der Schrödingergleichung gelang es auch, von der Energie abhängige Aufenthaltsbereiche der Elektronen im Atom zu definieren, die sogenannten Atomorbitale. Wir haben aber auch erfahren, dass die den Teilchen gesetzten Barrieren nicht absolut unüberwindbar sind, sondern mit Hilfe des Tunneleffektes hin und wieder »durchlässig« werden. Das aber bedeutet: Es kann sich doch etwas verändern. Was geschieht also, wenn wir die »Mauern« komplett einreißen, was passiert mit einem freien Teilchen? Diese Frage beantwortet die freie, oder besser gesagt: die zeitabhängige Schrödingergleichung, der wir uns jetzt zuwenden wollen. Für die Leserinnen und Leser, die noch nie etwas von komplexen Zahlen gehört haben, ist das eine gewisse Herausforderung. Doch keine Angst, gemeinsam kriegen wir das hin.

Vorab noch eine kleine Beruhigungspille: Vieles von dem, was wir in diesem Kapitel ansprechen, werden wir für spätere Überlegungen gar nicht benötigen. Am Ende des Kapitels werden wir nämlich eine einfache Beziehung kennenlernen, die uns auf unserem Weg in Richtung Quantenelektrodynamik sehr nützlich sein wird. Nichtsdestotrotz wollen wir zunächst den »Vorhang« kurz zur Seite schieben, um einen Blick auf die zugrundeliegenden Überlegungen zu werfen. Das wird uns helfen, die nicht immer ganz einfachen Entwicklungsschritte besser zu verstehen.

Wie schon erwähnt, war Schrödinger von dem Gedanken geleitet, dass die in der klassischen Physik geltenden Gleichungen der

Mechanik oder auch die Maxwell-Gleichungen, die die makroskopische Welt sehr gut beschreiben, nur einer Modifikation bedürfen, um auch in Bezug auf die atomaren Skalen des Mikrokosmos bestehen zu können. Im Wesentlichen ging es also »nur« darum, gewissen Begriffen im klassischen Konzept eine andere Bedeutung zuzuweisen. Ausgangspunkt von Schrödingers Überlegungen waren die elektromagnetischen Wellen. Von den Maxwell-Gleichungen lässt sich nämlich der Ausdruck

$$\left(\partial_x^2 - \frac{1}{c^2}\partial_t^2\right)\Psi = 0 \tag{7.64}$$

für die Ausbreitung einer elektromagnetischen Welle herleiten. Man bezeichnet diese Formel auch als Wellengleichung. Da Ihnen in dieser Gleichung einige Zeichen vermutlich spanisch vorkommen, wollen wir die kurz erklären: ∂_x^2 und ∂_t^2 ist die in den Büchern zur theoretischen Physik übliche moderne Schreibweise der gewöhnlich für die zweite Ableitung nach dem Ort bzw. nach der Zeit verwendeten Ausdrücke (d^2/dx^2) und (d^2/dt^2), so dass gilt:

$$\partial_x^2 = \frac{d^2}{dx^2} \text{ und } \partial_t^2 = \frac{d^2}{dt^2}$$

Zurück auf dem Weg zur Schrödingergleichung, benötigen wir jetzt noch die vertraute relativistische Energie-Impuls-Beziehung:

$$E^2 = c^2 \cdot p^2 + m^2 \cdot c^4 \tag{7.65}$$

mit p gleich dem Impuls und m der Ruhemasse. Da wir es in (7.64) mit Licht, also mit Photonen zu tun haben, deren Ruhemasse null ist, können wir in Gleichung (7.65) den letzten Term wegstreichen und erhalten:

$$E^2 = c^2 \cdot p^2 \tag{7.66}$$

Formen wir (7.66) noch etwas um, indem wir durch c^2 dividieren und p^2 auf die linke Seite bringen, dann steht da:

$$-p^2 + \frac{1}{c^2}E^2 = 0 \tag{7.67}$$

Jetzt »spielen« wir einmal Erwin Schrödinger und probieren ein wenig herum. Vergleicht man (7.67) mit (7.64), so drängt sich eine Analogie auf insofern, als dass ∂_x^2 etwas mit p^2 und ∂_t^2 etwas mit E^2 zu tun haben könnte. Folglich sollten wir für den Impuls einen Ausdruck finden, der mit der Ableitung nach dem Ort zu tun hat, und für die Energie einen Ausdruck, in dem die Ableitung nach der Zeit vorkommt. Das Quadrat von p bzw. von E ergäbe dann das entsprechende ∂^2 in (7.64). Das merken wir uns jetzt vor und schreiben:

$$p \rightarrow \partial_x \text{ und } E \rightarrow \partial_t \tag{7.68}$$

(Für die Mathematiker unter den Leserinnen und Lesern sei angemerkt, dass es sich hier um Operatoren handelt. Dadurch entspricht das Quadrat eines Operators dem zweimaligen Ausführen der Operation. Der Operator ∂ steht für »bilde eine Ableitung«, deshalb steht ∂^2 für »bilde die Ableitung der Ableitung«, und wir erhalten die zweite Ableitung.) Doch zurück zu unserem Ansatz, mit dem es nun ein kleines Problem gibt. Um das besser sehen zu können, schreiben wir (7.64) und (7.67) erneut an:

$$\left(\partial_x^2 - \frac{1}{c^2}\partial_t^2\right)\Psi = 0 \tag{7.64}$$

$$-p^2 + \frac{1}{c^2}E^2 = 0 \tag{7.67}$$

Vermutlich ist es Ihnen schon aufgefallen: Wir haben ein Vorzeichenproblem. Überall stehen Quadrate, wie sollen wir da ein Minus herzaubern? Gibt es denn etwas, das einen positiven Ausdruck zum Quadrat zu etwas Negativem werden lässt? Damit das funktioniert, würde man eine Zahl benötigen, die quadriert (-1) ergibt. Diese Zahl nennen wir jetzt einfach i, so dass gilt:

$$i^2 = -1 \tag{7.69}$$

Grundsätzlich hätten wir uns auch an diesem Problem vorbeimogeln können, indem wir die Gleichung (7.67) mit -1 multiplizieren. Dieselbe Fragestellung hätte uns jedoch an späterer Stelle mit umso mehr Wucht wieder eingeholt – da stellen wir uns der Geschichte lieber, solange sie noch vergleichsweise harmlos ist.

Fügen wir also dieses i in die beiden Ausdrücke für p und E von (7.68) ein und berücksichtigen, dass der Ausdruck für p in (7.64) mit einem Plus- und der für E mit einem Minus-Zeichen vorkommt, dann können wir schreiben:

$$p \rightarrow -i \cdot \partial_x \text{ und } E \rightarrow i \cdot \partial_t \tag{7.70}$$

Setzen wir nun diese Terme probeweise in (7.67) ein, dann erhalten wir die Beziehung (7.64). Sieht so weit gut aus. Den Wellencharakter haben wir an Bord. Was noch fehlt, ist eine Prise Quantenmechanik. In unseren Memoiren könnten wir später schreiben, dass es ein Akt der Verzweiflung war, aber wir können auch ganz unspektakulär einfach so ein $\hbar$, d. h. ein Plancksches Wirkungsquantum h dividiert durch 2π, hinzunehmen:

$$p \rightarrow -i \cdot \hbar \cdot \partial_x \qquad E \rightarrow i \cdot \hbar \cdot \partial_t \tag{7.71}$$

Vielleicht werden Sie jetzt sagen: Na ja, das ist aber ganz schön viel rumprobiert, eine stringente Ableitung der Schrödingergleichung scheint das nicht zu werden. Damit haben Sie recht. Doch in der Mathematik ist es nicht verboten, zu experimentieren oder eine Lösung zu erraten. Wichtig ist nur, dass man am Schluss zeigen kann, dass das Ergebnis eine Lösung darstellt – Planck lässt grüßen.

Jetzt fragen wir uns, was passiert, wenn man die in (7.71) gewonnenen Ausdrücke – die sogenannten »Korrespondenzrelationen« – in die Energiegleichung

$$\frac{p^2}{2m} + V = E \tag{7.72}$$

einsetzt. In Worten lautet diese Gleichung: Die kinetische Energie – der erste Term in (7.72) ist ja nichts anderes als $(1/2 \cdot m \cdot v^2)$ – plus die potentielle Energie V ist gleich der Gesamtenergie E. Gleichung (7.72) ist also nichts anderes als der Energieerhaltungssatz. Setzen wir nun die Korrespondenzrelationen ein, so erhalten wir:

$$\frac{-\hbar^2 \partial_x^2}{2m} + V = i\hbar\partial_t \tag{7.73}$$

In (7.73) fehlt jetzt nur noch die Funktion, auf die sich die Ableitungen beziehen sollen, und das ist natürlich wieder die Wellenfunktion Ψ. Im Unterschied zur stationären Schrödingergleichung ist Ψ nun aber nicht nur vom Ort, sondern auch von der Zeit t abhängig.

$$\frac{-\hbar^2}{2m} \cdot \partial_x^2 \Psi(x,t) + V \cdot \Psi(x,t) = i\hbar \cdot \partial_t \Psi(x,t) \tag{7.74}$$

Das war es schon – so sieht sie also aus, die zeitabhängige Schrödingergleichung. Damit hätten wir unser nächstes Etappenziel erreicht. Alle mal kurz durchpusten. Es lohnt sich, hier einmal den Blick übers Land streifen zu lassen. Erinnern wir uns an die stationäre Schrödingergleichung. Dort hatten wir das Teilchen in einen Kasten mit unendlich hohen Wänden eingesperrt. Wir hatten gesehen, dass die Gleichung von allen Teilchen erfüllt wird, deren Wellenfunktion »in den Kasten passt«, also von Teilchen einer bestimmten Energie. In Abb. 7.38 haben wir die Wellenfunktionen der zwei niedrigsten Teilchenenergien bereits kennengelernt.

Wie bekommen wir jetzt die zeitabhängige Schrödingergleichung in den Kasten? Auf den ersten Blick scheint die Lösung identisch zu sein – die Steigungen des Graphen sind ja festgelegt, und an den Rändern muss er null sein. Doch irgendwie muss sich doch die Zeitabhängigkeit auf die Wellenfunktionen auswirken! Um das zu erkennen, müssen wir den bislang auf eine Ebene projizierten Kasten dreidimensional betrachten. In drei Dimensionen gibt es sehr wohl eine Möglichkeit für die Wellenfunktion, die Schrödingergleichung zu erfüllen und sich gleichzeitig trotz fester Randbedingungen zeitlich zu ändern: Der Graph kann im Raum rotieren! Rotationsachse ist die Verbindungslinie zwischen den beiden Enden der roten Kurve. Abb. 7.59 zeigt vier »Momentaufnahmen« der rotierenden, in Abb. 7.38 in Rot dargestellten Wellenfunktion.

Physikalisch ausgedrückt bedeutet das: Die Wellenfunktion hat eine Freiheit in der Rotation bzw. eine Freiheit in der Phase. Natürlich rotiert nicht nur die rote, sondern auch die in Abb. 7.38 blau eingezeichnete Wellenfunktion. In Abb. 7.60 sind vier Momentaufnahmen dieser Rotation dargestellt:

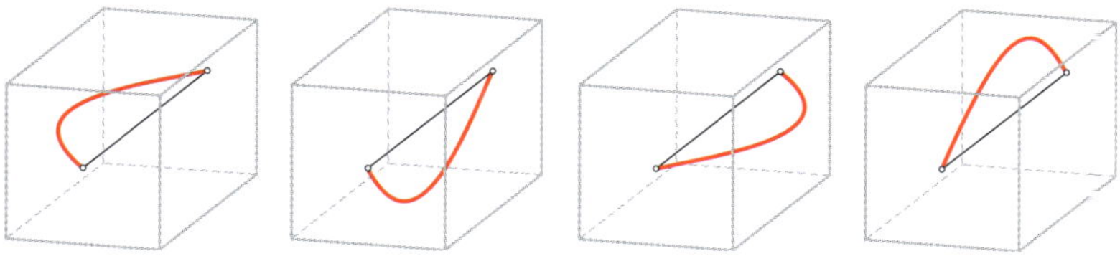

7.59 Momentaufnahmen der rotierenden, in Abb. 7.38 rot dargestellten Wellenfunktion

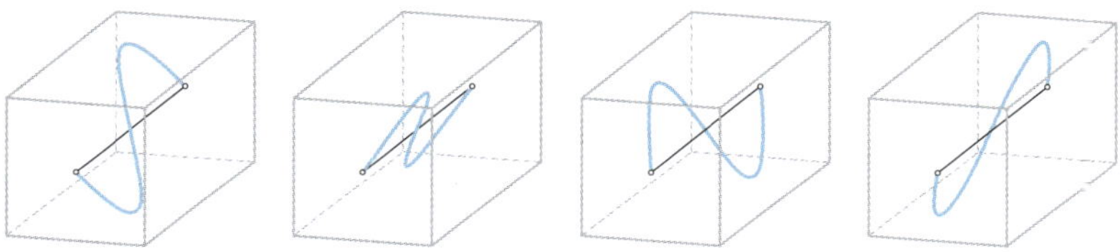

7.60 Momentaufnahmen der rotierenden, in Abb. 7.38 blau dargestellten Wellenfunktion

Doch damit nicht genug, denn die zeitabhängige Schrödingergleichung wartet noch mit einer weiteren wesentlichen Eigenschaft auf, die besagt: Hat die Gleichung mehrere Lösungen, dann ist auch die Linearkombination dieser Lösungen, also die Summe der Lösungen, wieder eine Lösung der Gleichung. Auch Lösungen, die mit einer Zahl multipliziert werden, sind wieder Lösungen. Auf diese Weise können ziemlich »wilde« im Raum rotierende Wellenfunktionen entstehen. In Abb. 7.61 sind vier Momentaufnahmen der Rotation einer Kombination von zwei Lösungen dargestellt.

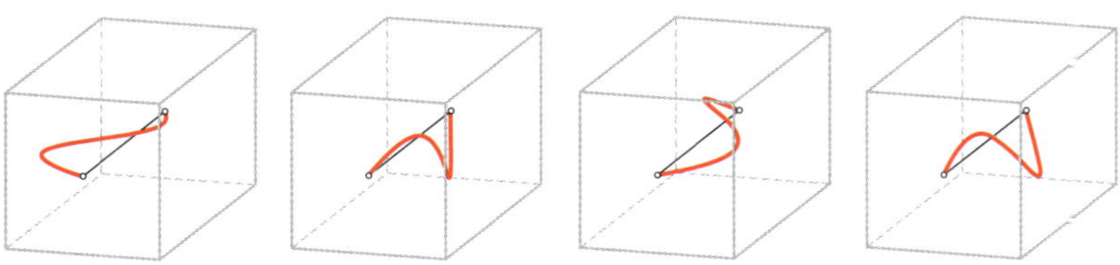

7.61 Momentaufnahmen der Rotation einer Wellenfunktion, die sich als Linearkombination zweier Lösungen der Schrödingergleichung ergibt

Nun interessiert uns, was geschieht, wenn wir es nicht mit einem gebundenen, sondern mit einem freien Teilchen zu tun haben. Als gebunden haben wir ein Teilchen betrachtet, das in einem Kasten mit unendlich hohen Wänden eingesperrt ist. Innerhalb des Kastens sollte das Potential V gleich null, außerhalb aber unendlich sein. Für ein freies Teilchen ist V jedoch überall gleich null – das ist ja gerade die Definition von »frei«. Ohne Wände verlieren wir aber »stützende« Randbedingungen, d. h. während sich das Teilchen bewegt, zerfließt oder, wie man auch sagt, »dispergiert« die Wellenfunktion. Die Fläche unter der Funktion verändert ihre Form, ihr Betrag muss jedoch stets 1 bleiben, weil sie ja quadriert die Aufenthaltswahrscheinlichkeiten darstellt und sich das Teilchen zu 100 Prozent dort und nirgendwo sonst aufhalten kann. Abb. 7.62 zeigt das Zerfließen einer Wellenfunktion in fünf Zeitschritten. Dass sich das Teilchen und mit ihm die Wellenfunktion bewegt, lässt sich an der Verschiebung der Maxima der Kurven in Pfeilrichtung der horizontalen Koordinate erkennen.

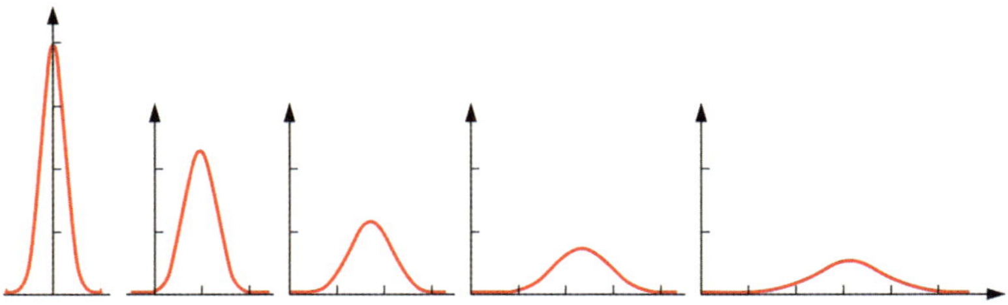

7.62 Dispersion (Zerfließen) der Wellenfunktion eines freien, sich bewegenden Teilchens. Man beachte die Verschiebung des Maximums auf der x-Achse. Die Fläche unter dem Graphen ist stets gleich 1, weil die Wahrscheinlichkeit, das Teilchen irgendwo anzutreffen, 100 Prozent ist.

Da wie gesagt unsere Welt nicht zweidimensional ist, müssen wir korrekterweise die Wellenfunktion noch um eine Dimension erweitern. $\Psi(x,t)$ bildet im dreidimensionalen Raum eine Fläche. In jedem Punkt besitzt die Fläche eine »Ausbeulung«, eine Amplitude, die ein Maß dafür ist, das Teilchen bei einem Messprozess dort aufzuspüren. Diese Amplituden – die quadriert die Wahrscheinlichkeiten ergeben – können sich mit der Zeit t ändern. Eigentlich müsste man deshalb mathematisch korrekt $\Psi(x,y,t)$ schreiben – aber Sie erraten es bereits: Physiker lassen das y gerne weg und nehmen x allgemein für die räumliche Abhängigkeit. Wir können uns also die Wellenfunktion als Fläche vorstellen, ausgebeult von den Amplituden an jedem Punkt in der x-y-Ebene. Durch die Zeitabhängigkeit verändert sich die Fläche – mal wabert sie friedlich vor sich hin, ein andermal kann ihre wabernde Beule durch den Raum huschen wie ein Gespenst im Nachthemd.

Na, habe ich Ihnen zu viel versprochen – war das nicht ein phänomenaler Ausblick hier am Gipfel der zeitabhängigen Schrödingergleichung? Allmählich sammelt sich in unseren Rucksäcken ein gehöriger Ballast an Mathematik an. Den wollen wir nicht hoch bis zum Gipfel der Quantenfeldtheorie schleppen. Die Frage ist also: Wie können wir die Amplituden der Wellenfunktion einfacher beschreiben? Mittlerweile sind Sie so erfahren im hochalpinen Gelände, dass Sie vermutlich sofort an die Linearisierung denken. Damit haben wir bereits mehrfach erfolgreich unser Gepäck erleichtert. Tatsächlich werden wir auch diesmal einen ähnlichen Weg beschreiten. Vorab müssen wir aber noch durch das hohe Gestrüpp der komplexen Zahlen. Wer mit dem Dickicht bereits vertraut ist, darf diese Passage mit der Seilbahn überbrücken.

EINSCHUB KOMPLEXE ZAHLEN

Was hat es also auf sich mit diesem i in Gleichung (7.69), dessen Quadrat gleich minus 1 sein soll? Dazu wollen wir uns zunächst ganz allgemein einige Operationen mit Zahlen ansehen. Beginnen wir mit der Addition von Zahlen, beispielsweise 2 + 2. Dazu betrachten wir Abb. 7.63 oberhalb der x-Achse. Dort sind die Zahlen als Pfeile entsprechender Länge dargestellt. Addition heißt: die Pfeile aneinanderzuhängen. Mithin ergibt der blaue Pfeil der Länge 2 plus den roten Pfeil der Länge 2 die Länge 4.

Unterhalb der x-Achse ist die Multiplikation der Zahl 2 mit der Zahl 3 dargestellt. Dazu müssen drei Pfeile der Länge 2 hintereinandergehängt werden. In Summe ergibt das die Länge 6. Das Ergebnis ist gleichbedeutend mit einer Streckung des Pfeils der Länge 2 auf die dreifache Länge. Die gleiche Länge liefert auch die Multiplikation der Länge 2 mit der negativen Zahl –3, also (-3 · 2). Aufgrund des Minuszeichens weist jedoch der Pfeil in

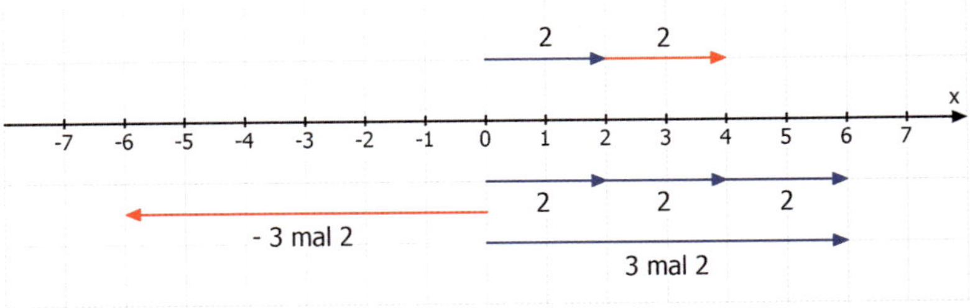

7.63 Die Darstellung von Zahlen als Pfeile erlaubt eine sehr einfache Addition bzw. Multiplikation von Zahlen. Oberhalb der *x*-Achse ist die Summation zweier gleicher Zahlen, darunter die Multiplikation 3 mal 2 dargestellt. Ein Minuszeichen dreht den Zahlenpfeil um 180 Grad.

die entgegengesetzte Richtung (rot). Folglich ist die Multiplikation gleichbedeutend mit einer Streckung des Pfeils der Länge 2 auf die dreifache Länge und einer anschließenden Drehung um 180 Grad gegen den Uhrzeigersinn.

So weit, so gut. Doch nun benötigen wir »etwas«, das mit sich selbst multipliziert negativ wird, so dass das Ergebnis der Multiplikation auf der Zahlengeraden nach links weist. Das ist tricky, weil sowohl das Produkt zweier positiver Zahlen als auch das Produkt zweier negativer Zahlen nach rechts weist. Wir brauchen offensichtlich eine andere Zahl, deren Multiplikation nicht um 180 Grad dreht, sondern um 90 Grad. Diese Zahl würde mit sich selbst multipliziert zweimal um 90 Grad drehen, und wir würden im Ziel landen. Zur Darstellung dieser Zahl benötigen wir eine weitere Achse, die senkrecht auf der *x*-Achse steht und die in Einheiten von i unterteilt ist. Wir drehen also zunächst um 90 Grad auf die senkrecht stehende *i*-Achse und dann nochmals um 90 Grad in Richtung minus *x*. Wie in Abb. 7.64 in Pink eingezeichnet, ist dann *i* zum Quadrat gleich minus 1 (den blauen und den roten Pfeil benötigen wir erst später).

Abb. 7.64 bedarf noch einiger ergänzender Erklärungen: Da auf der *x*-Achse die reellen Zahlen aufgetragen werden, bezeichnet man sie auch als reelle Achse. Dagegen nennt man die senkrechte *i*-Achse imaginäre Achse. Auf ihr werden die imaginären Zahlen aufgetragen. Demnach ist *i* eine rein imaginäre Zahl. Zahlen, die

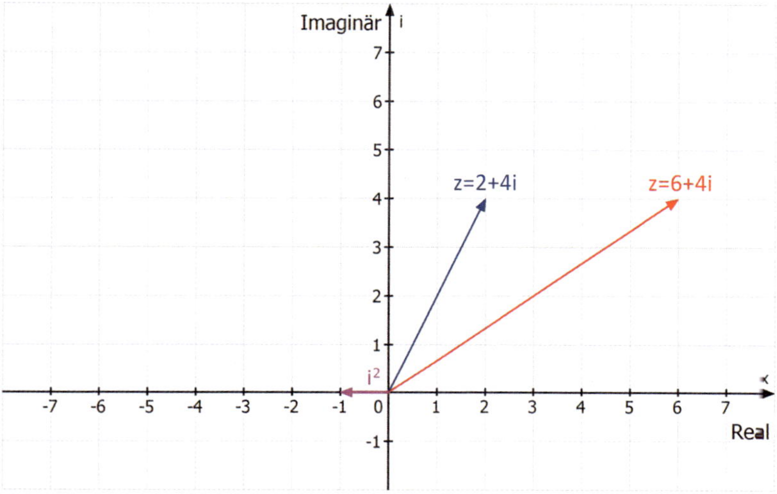

7.64 Zur Darstellung imaginärer Zahlen benötigt man eine zusätzliche, auf der *x*-Achse senkrecht stehende Imaginär-Achse. Damit lassen sich auch Zahlen darstellen, die mit sich selbst multipliziert eine negative Zahl liefern. Eingezeichnet sind die Zahl i^2 in Pink und zwei weitere komplexe Zahlen *z* in Rot bzw. in Blau, die aus einem Real- und einem Imaginärteil bestehen.

sich aus einem gewissen Anteil an reellen und einem gewissen Anteil an imaginären Zahlen zusammensetzen, bezeichnet man als komplexe Zahlen. Allgemein lautet die Gleichung für eine komplexe Zahl z: $z = (x + iy)$. Folglich repräsentieren die in Rot und Blau eingezeichneten Pfeile die komplexen Zahlen mit den Realteilen $x = 2$ bzw. 6 und dem Imaginärteil $y = 4$.

Komplexe Zahlen lassen sich noch auf andere Weise angeben. In Abb. 7.65 ist das am Beispiel der komplexen Zahl $z = 6 + 4i$ dargestellt. Dazu zeichnen wir einen Pfeil vom Achsennullpunkt zum Punkt $(x = 6, y = 4)$. Dessen Länge bezeichnen wir mit r. Wie Abb. 7.65 zeigt, schließt der Pfeil r mit der reellen Achse den Winkel φ ein. Entsprechend der Definition der Winkelfunktionen Sinus und Cosinus hat in dem rechtwinkligen Dreieck mit den Eckpunkten 0 und 6 auf der reellen Achse und dem Punkt z die dem Winkel φ gegenüberliegende Seite, die sogenannte Gegenkathete, die Länge $r \cdot \sin \varphi$, und die Ankathete, die Strecke mit den

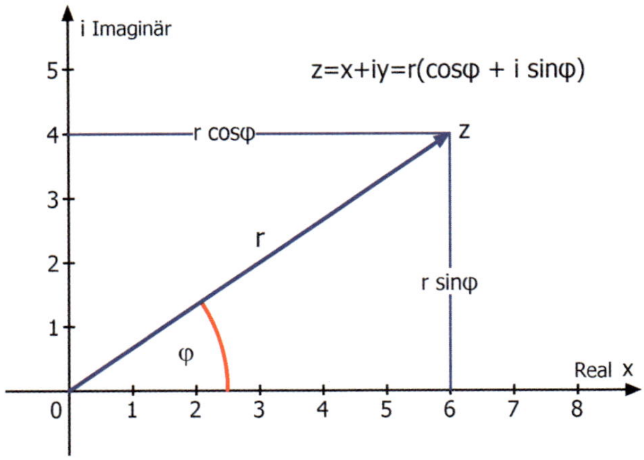

7.65 Komplexe Zahlen lassen sich auch durch einen Pfeil der Länge r und einen Winkel φ darstellen.

Endpunkten 0 und 6 auf der reellen Achse, die Länge $r \cdot \cos \varphi$. Der Realteil der komplexen Zahl z ist also gleich $r \cdot \cos \varphi$ und der Imaginärteil gleich $r \cdot \sin \varphi$. Damit können wir jetzt die Gleichung für eine komplexe Zahl z wie folgt schreiben:

$$z = x + i \cdot y = r(\cos\varphi + i \cdot \sin\varphi) \tag{7.75}$$

Das ist schon mal gut, aber es kommt noch viel besser. Denn der Schweizer Mathematiker und Physiker Leonhard Euler (1707–1783) hat gezeigt, dass man den Ausdruck ($\cos \varphi + i \sin \varphi$) auch wie folgt schreiben kann:

$$(\cos\varphi + i \cdot \sin\varphi) = e^{i\varphi} \tag{7.76}$$

Damit erhalten wir für eine komplexe Zahl z den einfachen Ausdruck:

$$z = r \cdot e^{i\varphi} \tag{7.77}$$

Eine komplexe Zahl lässt sich also allein durch die Angabe einer Länge und eines Winkels darstellen.

Für die Leserinnen und Leser, die der Eulerschen Gleichung misstrauen, wollen wir kurz zeigen, wie der Mathematiker die Beziehung (7.77) errechnet hat. Euler war bewusst, dass man den Cosinus und den Sinus auch als Reihe schreiben kann. Vielleicht erinnern Sie sich daran, dass wir das in Kapitel 2, im Zusammenhang mit Galilei und seinem Pendel, schon einmal mit dem Sinus gemacht haben. Folgen wir also Leonhard Euler und schreiben den Cosinus und den Sinus als Reihen, dann erhalten wir:

7.66 Leonhard Euler (1707–1783)

$$z = r\left[\left(1 - \frac{\varphi^2}{2!} + \frac{\varphi^4}{4!} - \frac{\varphi^6}{6!} + \cdots\right) + i\left(\varphi - \frac{\varphi^3}{3!} + \frac{\varphi^5}{5!} - \frac{\varphi^7}{7!} + \cdots\right)\right] \quad (7.78)$$

Dabei bedeutet das Ausrufezeichen hinter den Zahlen 2, 3, 4 usw., dass es sich um die Fakultät von 2, 3, 4 usw. handelt. Für die Berechnung der Fakultät gilt: $2! = (1 \cdot 2) = 2$, $3! = (1 \cdot 2 \cdot 3) = 6$, $4! = (1 \cdot 2 \cdot 3 \cdot 4) = 24$ und so fort. Die Reihenentwicklung für den Cosinus und den Sinus findet man übrigens in jeder Formelsammlung. Ordnen wir nun die Reihen in (7.78) nach steigenden Potenzen um, so erhalten wir:

$$z = r\left(1 + i\varphi - \frac{\varphi^2}{2!} - i\frac{\varphi^3}{3!} + \frac{\varphi^4}{4!} + i\frac{\varphi^5}{5!} - \frac{\varphi^6}{6!} - i\frac{\varphi^7}{7!} + \cdots\right) \quad (7.79)$$

Als Euler sich diese Gleichung genau ansah, wurde ihm klar, dass man daraus die Exponentialreihe für den Ausdruck $e^{i\varphi}$ machen kann, vorausgesetzt es gelingt, das i vor den jeweiligen Termen mit der gleichen Potenz zu versehen, wie sie auch das nachgelagerte φ hat. Tatsächlich schafft man das mit Hilfe des Ausdrucks $i^2 = -1$. Der erste und der zweite Term in der Klammer kann so stehen bleiben. Doch beim dritten Term würden wir im Zähler statt φ^2 lieber $(i \cdot \varphi)^2$ schreiben. Wie machen wir das? Nun, anstelle des Minuszeichens vor dem dritten Term, das ja gleichbedeutend ist mit -1, dürfen wir plus i^2 schreiben, denn i^2 ist ja gleich -1. Damit steht im Zähler des Terms plus $(i \cdot \varphi)^2$. Beim vierten Term ersetzen wir wieder das Minuszeichen durch i^2 und erhalten im Zähler plus $[i^2 \cdot (i \cdot \varphi^3)]$. Das ist aber nichts anderes als plus $(i \cdot \varphi)^3$. Beim fünften Term hätten wir gerne ein $(i \cdot \varphi)^4$ im Zähler stehen, wobei jedoch das Pluszeichen vor dem Ausdruck erhalten bleiben soll. Wie geht das? Nun, wir wissen: $(i^2 \cdot i^2)$ ist gleich $(-1) \cdot (-1)$ und das ergibt plus 1. Folglich dürfen wir das Pluszeichen durch i^4 ersetzen, so dass nun der Zähler des fünften Terms wie gewünscht $(i^4 \cdot \varphi^4)$ bzw. $(i \cdot \varphi)^4$ lautet. Schauen wir uns noch den sechsten Term an. Da steht bereits ein i davor. Wir wollen aber ein i^5 im Zähler haben. Dazu verfahren wir wie beim fünften Term und multiplizieren mit i^4 = plus 1. Zusammen mit dem bereits vorhandenen i ergibt das dann i^5, und im Zähler steht $(i \cdot \varphi)^5$. Verfahren wir mit den noch folgenden Termen von (7.79) auf die gleiche Weise, so haben wir am Ende nur noch Pluszeichen und Klammern $(i \cdot \varphi)$ hoch 2, bzw. hoch 3, bzw. hoch 4 bzw. hoch 5 und so fort. Damit erhalten wir für z die Formel

$$z = r\left(1 + i\varphi + \frac{(i\varphi)^2}{2!} + \frac{(i\varphi)^3}{3!} + \frac{(i\varphi)^4}{4!} + \frac{(i\varphi)^5}{5!} + \frac{(i\varphi)^6}{6!} + \frac{(i\varphi)^7}{7!} + \cdots\right) \tag{7.80}$$

Der Ausdruck in der eckigen Klammer ist aber genau die gesuchte Reihe für die Exponentialfunktion! Wer es nicht glaubt, der kann ja mal in einer Formelsammlung nachsehen. Fazit: Jede komplexe Zahl lässt sich als das Produkt einer Länge r und einer e-Funktion, die den Winkel φ enthält, darstellen. Also gilt, wie bereits in (7.77) behauptet:

$$z = r \cdot e^{i\varphi} \tag{7.81}$$

Diese einfache Schreibweise hat viele Vorteile. Was wir am Anfang des Kapitels mühsam zu erklären versucht haben, nämlich dass man eine komplexe Zahl in einem Koordinatensystem durch die Streckung einer Länge gefolgt von einer Drehung darstellen kann, das wird besonders einfach bei der Multiplikation zweier komplexer Zahlen. Sei

$$z_1 = r_1 e^{i\varphi_1} \text{ und } z_2 = r_2 e^{i\varphi_2} \tag{7.82}$$

dann muss man lediglich die beiden Längen *r* miteinander multiplizieren und die beiden Winkel in der *e*-Funktion summieren. Es gilt also:

$$z_1 \cdot z_2 = r_1 \cdot r_2 \cdot e^{i(\varphi_1+\varphi_2)} \tag{7.83}$$

wobei das Produkt der beiden Längen r_1 und r_2 die Streckung angibt und die Summe der beiden Winkel φ_1 und φ_2 die Drehung. Die Multiplikation zweier komplexen Zahlen ist also eine »Drehstreckung«.

Wenden wir unser Wissen um die komplexen Zahlen auf die zeitabhängige Schrödingergleichung für ein freies Teilchen an. Dazu schreiben wir sie nochmals an:

$$\frac{-\hbar^2}{2m}\,\partial_x^2 \Psi(x,t) = i\hbar\,\partial_t \Psi(x,t) \tag{7.84}$$

Was wissen wir über die Wellenfunktion $\Psi(x,t)$? Nun, sie ist erstens sowohl vom Ort als auch von der Zeit abhängig. Machen wir es uns so einfach wie möglich: Sperren wir ein Teilchen in unseren Kasten und linearisieren wir die zeitliche Veränderung. Und zweitens: Man kann eine derartige Funktion »entwickeln«, d. h. man kann den Wert der Funktion an einer bestimmten Stelle näherungsweise berechnen. Man nennt das eine Taylor-Entwicklung. Im Prinzip sind Taylor-Reihen mathematische Werkzeuge zur Vereinfachung komplizierter Funktionen. Genau das wollen wir jetzt mit der Wellenfunktion anstellen, und zwar indem wir die Wellenfunktion zum Zeitpunkt $t = 0$ entwickeln. Im ersten Schritt schreiben wir

$$\Psi(x,t) = \Psi(x,0) \tag{7.85}$$

Dass das eine ziemliche schlechte Näherung für die Wellenfunktion $\Psi(x,t)$ ist, steht wohl außer Zweifel. Wir brauchen daher noch weitere Glieder der Taylor-Reihe. Dazu betrachtet man, wie sich die Wellenfunktion am Punkt $t = 0$ ändert, mit welcher Steigung sie sich fortsetzt. Die Steigung einer Funktion erhält man, wenn man die Ableitung der Funktion an dieser Stelle berechnet. Somit lautet der zweite Term unserer Approximation

$$\Psi(x,t) = \Psi(x,0) + \partial_t \Psi(x,0) \cdot t \tag{7.86}$$

Sie ahnen schon, wie es weitergeht, nämlich mit der zweiten Ableitung nach der Zeit, also ergänzen wir (7.86) zu

$$\Psi(x,t) = \Psi(x,0) + \partial_t \Psi(x,0) \cdot t + \frac{1}{2}\partial_t^2 \Psi(x,0) \cdot t^2 + \cdots \tag{7.87}$$

Schreiben wir noch den nächsten Term an, dann lautet die Taylor-Reihe:

$$\begin{aligned}\Psi(x,t) = \Psi(x,0) + \partial_t \Psi(x,0) \cdot t + \frac{1}{2}\partial_t^2 \Psi(x,0) \cdot t^2 + \\ \frac{1}{6}\partial_t^3 \Psi(x,0) \cdot t^3 + \cdots\end{aligned} \tag{7.88}$$

Wie mit den Punkten am Ende von (7.88) angedeutet, sind die folgenden Glieder der Reihe immer höhere Ableitungen nach der Zeit. Störend an dieser Gleichung sind die Ableitungen. Wäre doch schön, wenn wir die irgendwie loswerden könnten. Die Lösung des Problems liefert uns das Korrespondenzprinzip. Um die Schrödingergleichung aufstellen zu können, haben wir doch die in (7.71) angeführte »Umbenennung« für die Energie und den Impuls p benutzt. Für die Energie lautete die Beziehung:

$$E \to i \cdot \hbar \cdot \partial_t \tag{7.89}$$

Die müssen wir jetzt nur noch umformen zu

$$\partial_t = \frac{E}{i\hbar} \tag{7.90}$$

und schon haben wir einen »vertrauten« Ausdruck, den wir an die Stelle der Ableitungen in (7.88) setzen können. Machen wir das und ziehen die bei jedem Term vorkommende Wellenfunktion $\Psi(x, 0)$ vor die Klammer, dann erhalten wir:

$$\Psi(x,t) = \Psi(x,0)\left[1 + \frac{Et}{i\hbar} + \frac{1}{2}\left(\frac{Et}{i\hbar}\right)^2 + \frac{1}{6}\left(\frac{Et}{i\hbar}\right)^3 + \cdots\right] \tag{7.91}$$

Wenn wir jetzt noch berücksichtigen, dass die Vorfaktoren vor den Klammern, also 1, 1/2, 1/6, usw. nichts anderes sind als 1/1! bzw. 1/2! bzw. 1/3! usw., dann lautet (7.91):

$$\Psi(x,t) = \Psi(x,0)\left[1+\frac{Et}{i\hbar}+\frac{1}{2!}\left(\frac{Et}{i\hbar}\right)^2+\frac{1}{3!}\left(\frac{Et}{i\hbar}\right)^3+\cdots\right] \quad (7.92)$$

Richten wir jetzt unser Augenmerk nur auf die eckige Klammer von (7.92). Fällt uns da was auf? Das hatten wir doch schon mal ganz ähnlich in (7.80). Das ist doch die Reihe für die Exponentialfunktion! Da können wir doch schreiben:

$$\left[1+\frac{Et}{i\hbar}+\frac{1}{2!}\left(\frac{Et}{i\hbar}\right)^2+\frac{1}{3!}\left(\frac{Et}{i\hbar}\right)^3+\cdots\right] = e^{\frac{Et}{i\hbar}} \quad (7.93)$$

Damit ist die zeitabhängige Darstellung von Ψ, also $\Psi(x, t)$, nichts anderes als die Darstellung von Ψ zum Zeitpunkt $t = 0$, multipliziert mit einer Exponentialfunktion. Es gilt also:

$$\Psi(x,t) = \Psi(x,0)\cdot e^{\frac{Et}{i\hbar}} \quad (7.94)$$

Was aber hat man sich unter dem Argument der Exponentialfunktion, dem Ausdruck $Et/i\hbar$, vorzustellen? Erinnern wir uns, dass man eine komplexe Zahl als $r \cdot e^{i\varphi}$ schreiben kann. Um in (7.94) zur gleichen Schreibweise zu gelangen, müssen wir lediglich das Argument der Exponentialfunktion im Zähler und Nenner mit i erweitern und erhalten:

$$\Psi(x,t) = \Psi(x,0)\cdot e^{i\frac{Et}{i^2\hbar}} = \Psi(x,0)\cdot e^{i\left(-\frac{Et}{\hbar}\right)} \quad (7.95)$$

Und schon haben wir $\Psi(x, t)$ als Pfeil in der komplexen Zahlenebene dargestellt! Vergleichen wir (7.95) mit dem allgemeinen Ausdruck $r \cdot e^{i\varphi}$ für eine komplexe Zahl, dann ist klar, dass das Argument $-Et/\hbar$ der Exponentialfunktion gleich dem Winkel φ sein muss. Was sich also bei gegebener Energie E mit der Zeit t ändert, ist dieser Winkel φ! In diesem Zusammenhang bezeichnet man φ auch als die Phase, die sich ändert. Jetzt können wir auch verstehen, was sich da eigentlich dreht bei den komplexen Wellenfunktionen: Eine Wellenfunktion schreibt jedem Punkt im Raum eine komplexe Zahl zu, die sich zeitlich ändern kann. Das Quadrat dieser Zahl gibt wiederum die Wahrscheinlichkeit, an diesem Punkt dieses oder jenes zu messen. Bei einem stationären Zustand – beispielsweise unserem Elektron im Kasten – bleiben zwar die Beträge der komplexen Zahlen konstant, es ändern sich allerdings die Phasen mit der Zeit. Das haben wir in den Abb. 7.59 bis 7.61 als Rotation interpretiert. Anschaulich wird das, wenn wir uns Abb. 7.67 ansehen, in der die komplexe Zahl z als Pfeil der Länge r dargestellt ist, der mit der x-Achse den Winkel φ einschließt. Dieser blaue Pfeil ist es, der sich im Raum dreht, und die Energie E in Gleichung (7.95) bestimmt die Rotationsgeschwindigkeit. Größere Energien führen zu einer schnelleren Rotation.

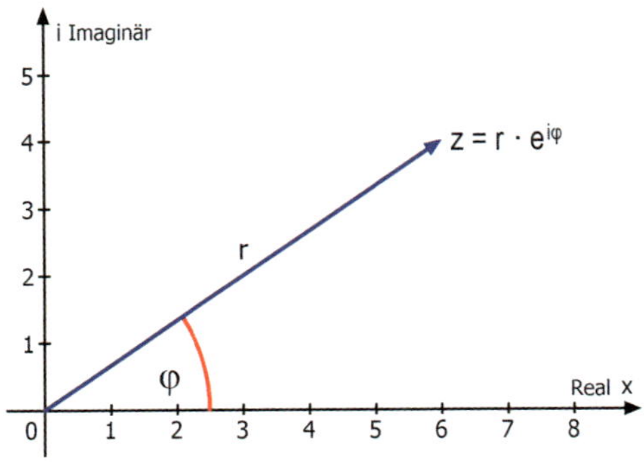

7.67 Der blaue Pfeil repräsentiert die komplexe Wellenfunktion. Er dreht sich, indem sich φ in Abhängigkeit von der Zeit und der Energie ändert.

Jeder Punkt der Wellenfunktion lässt sich somit als drehender Pfeil beschreiben – bzw. die Wellenfunktion selbst lässt sich durch drehende Pfeile repräsentieren. Dieses Ergebnis erleichtert uns das Leben in der Welt der Quanten enorm. Wie auch immer die Wellenfunktion aussehen mag, wir werden sie mit Hilfe drehender Pfeile darstellen. Damit bekommen wir die Zeitabhängigkeit der komplexen Wellenfunktion unmittelbar vor Augen geführt. In Abb. 7.68 ist dargestellt, wie sich der Pfeil, während er sich von der Position 0 im Raum zur Position 12 bewegt, um 360 Grad dreht. Von dieser Anschaulichkeit werden wir in den folgenden Kapiteln noch öfter profitieren. Schwupps – damit ist der Mathematikballast raus aus unserem Rucksack. Wir ersetzen ihn durch drehende Pfeile, die uns als Wanderstöcke selbst im schwierigsten Gelände für Trittsicherheit sorgen.

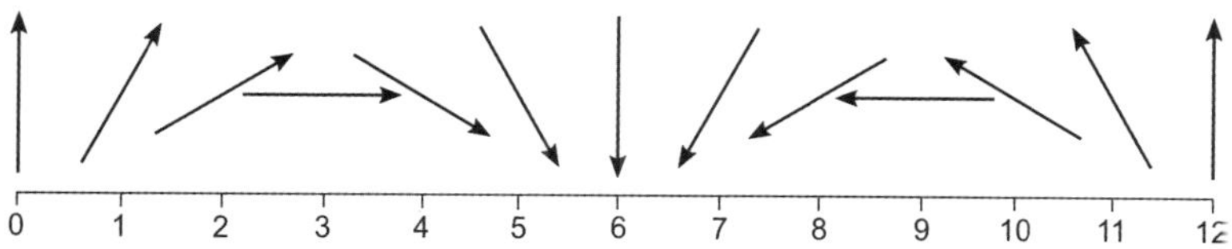

7.68 Zeitabhängigkeit einer Wellenfunktion, dargestellt durch einen drehenden Pfeil

Abschließend noch eine kleine Bemerkung zur Schrödingergleichung: Sie ist falsch! Ja, ich weiß, das kommt jetzt ein bisschen überraschend nach all der Mühe, die wir uns damit gemacht haben. Die Schrödingergleichung ist hervorragend geeignet, um Teilchen zu beschreiben, die sich im Vergleich zur Lichtgeschwindigkeit langsam bewegen. Bei relativistischen Geschwindigkeiten versagt sie – erst recht beim Versuch, Photonen zu beschreiben. Warum? Nun, die Schrödingergleichung ist, wie die Physiker sagen, nicht »lorentzinvariant«. Das heißt, ihre Struktur ändert sich beim Übergang von einem Inertialsystem in ein anderes. Das hängt damit zusammen, dass in der Schrödingergleichung die Wellenfunktion Ψ nach der Zeit nur einfach differenziert wird, dagegen nach x zweifach, dass also die zweite Ableitung von $\Psi(x, t)$ nach dem Ort gebildet wird. Um lorentzinvariant zu sein, d. h. um verträglich zu sein mit der Speziellen Relativitätstheorie, müssen Raum und Zeit gleichermaßen behandelt werden – das ist in der Schrödingergleichung nicht der Fall! Damit bleibt ihr das Tor zu den hohen Geschwindigkeiten der Speziellen Relativitätstheorie verschlossen.

Ein weiteres Manko der Schrödingergleichung zeigt sich, wenn es darum geht, Prozesse zu beschreiben, bei denen Teilchen erzeugt bzw. vernichtet werden – ein Vorgang, der in der Natur überall beobachtet werden kann. Mithilfe der Schrödingergleichung können wir Teilchen wunderbar hin und her flitzen lassen – zumindest mit niedrigen Geschwindigkeiten. Nur die Prozesse der Teilchenentstehung und -vernichtung können wir damit nicht beschreiben. Natürlich hatte Schrödinger all das bereits früh erkannt und verzweifelt nach einer geeigneten Anpassung gesucht. Leider erfolglos. Es mag ihm ein Trost gewesen sein, dass er insbesondere bei der Beschreibung statischer Zustände in der Atomphysik große Erfolge feiern konnte.

Ob Erwin Schrödinger wohl eine relativistische Formulierung gefunden hätte, wenn ihm mehr Zeit zur Verfügung gestanden hätte? Das werden wir nie erfahren – bereits zwei Jahre nach seinem größten Triumph, der Erklärung der Spektren des Wasserstoffatoms, wurde er von einem britischen Genie abgegrätscht. Der Physiker Paul Dirac (1902–1984) präsentierte eine relativistische Darstellung quantenmechanischer Zustände. Wir wollen uns aber gar nicht mit der Dirac-Gleichung aufhalten, weil wir es gleich auf den ganz großen Wurf abgesehen haben: Wir wollen hoch hinauf – die relativistische Quantenfeldtheorie ruft!

7.69 Paul Dirac (1902–1984)

7.11 Bohmsche Mechanik und Multiversen
Kann man Quantenmechanik auch anders verstehen?

Mathematisch sind wir mit dem Begriff der Wellenfunktion mittlerweile bestens vertraut – nur mit der Anschauung, da hapert es noch. Lassen wir dazu das Wesentliche nochmals Revue passieren. Wir haben gelernt: Die vom Ort und der Zeit abhängige Wellenfunktion beschreibt den quantenmechanischen Zustand eines Teilchens oder eines Teilchensystems. Etwas flapsig formuliert heißt das: Das Teilchen wird durch seine Wellenfunktion repräsentiert. Die wiederum können wir als drehenden Pfeil in der komplexen Zahlenebene darstellen. So weit, so gut, aber ein Teilchen ist doch keine komplexe Zahl. Und wenn die Wellenfunktion nicht das Teilchen ist, sondern die Quadrate ihrer Amplituden nur irgendwelche Wahrscheinlichkeiten ergeben, welche Rolle spielt sie dann anschaulich in unserer realen Welt? Es bedarf einer Interpretation, einer Deutung. Schließlich wollen wir die Welt verstehen und nicht nur berechnen.

In der auf die Physiker Max Born und Werner Heisenberg zurückgehenden »Kopenhagener Deutung«, die eine Beziehung zwischen quantenmechanischen Objekten und der realen Welt strikt ausschließt, wird die Wellenfunktion als reines Werkzeug zur Wahrscheinlichkeitsvorhersage von Messergebnissen interpretiert. Das bedeutet: Sowohl die von Ort und Zeit abhängige Wellenfunktion als auch das von der Wellenfunktion repräsentierte Teilchen sind nicht real. Die Wellenfunktion ist lediglich als Wahrscheinlichkeitsfunktion zu verstehen, deren Amplitudenquadrat den Aufenthaltsbereich oder andere Eigenschaften des von ihr repräsentierten Teilchens mit einer gewissen Wahrscheinlichkeit festlegt. Dieser Wahrscheinlichkeitscharakter der Wellenfunktion ist Ausdruck der prinzipiell nicht vorhersagbaren Prozesse in der Mikrowelt. Erschwerend für das Verständnis der Wellenfunktion kommt hinzu, dass sie bei einer Messung, auf nicht nachvollziehbare Art und Weise, ein reales Teilchen an einem bestimmten Ort mit einem bestimmten Impuls »hervorbringt«, ein Vorgang, den wir als Kollaps der Wellenfunktion kennengelernt haben.

Dass die Wellenfunktion zwar ein Teilchen beschreibt, selbst aber kein Teilchen sein soll, sowie der unbestimmte Zustand des Teilchens vor einer Messung – das hat vielen Physikern Unbehagen bereitet. Insbesondere der erwähnte Kollaps der Wellenfunktion und die Frage, was da eigentlich kollabiert, haben einige Physiker veranlasst, nach einer anderen Interpretation der Quantenmechanik zu suchen. Zwei der Alternativen, die »Bohmsche Mechanik« und die »Viele-Welten-Theorie«, sollen hier kurz vorgestellt werden. Wie die Kopenhagener Deutung, so stellen auch sie nur eine mögliche Interpretation dar. Die Frage, welches Modell die Nase vorne hat, lässt sich nicht experimentell überprüfen – es handelt sich um Interpretationen der Messwerte. Dass sich gerade die Kopenhagener Deutung durchgesetzt hat, ist vielleicht der geballten Reputation geschuldet, welche die Interpreten in der physikalischen Gemeinde genossen haben.

7.70 David Bohm (1917–1992)

Die Bohmsche Mechanik geht auf den Physiker de Broglie zurück, der bereits in den 1920er-Jahren daran gearbeitet hat. In den 1950er-Jahren hat dann der amerikanische Physiker David Bohm (1917–1992), in Unkenntnis der Vorarbeiten von de

Broglie, eine äquivalente Theorie entwickelt. In dieser Theorie ist das Teilchen nicht länger über einen durch die Wahrscheinlichkeitsdichte bestimmten Aufenthaltsbereich verteilt, vielmehr existiert das Teilchen real innerhalb der Wellenfunktion an einem bestimmten Ort. Mit anderen Worten: Auch die Bohmsche Mechanik akzeptiert die Existenz einer Wellenfunktion, stellt ihr aber ein reales Teilchen zur Seite, das, von der Wellenfunktion getragen, in deren Geltungsbereich »mitschwimmt«. Der quantenmechanische Zustand eines Teilchens wird also erst durch eine Kombination aus einer Wellenfunktion und einem realen Teilchen vollständig bestimmt.

Der Weg, den das Teilchen nimmt, wird durch eine sogenannte Führungsfunktion, auch Führungswelle genannt, festgelegt. Sie ermöglicht es, den Aufenthaltsort des Teilchens zu jedem Zeitpunkt zu berechnen. Das Teilchen »surft« gewissermaßen auf der Führungswelle. Folglich ist, im Gegensatz zur Kopenhagener Deutung, die Dynamik der Bohmschen Theorie nicht nur real, sondern auch deterministisch. Nach dieser Theorie interferiert z. B. beim Doppelspaltexperiment die Wellenfunktion nach wie vor hinter den Spalten. Zugleich aber wird das Teilchen mittels der Führungswelle durch einen der Spalte zum Beobachtungsschirm geführt. Was diese Führungswelle eigentlich ist, ob es eines Mediums bedarf, von dem sie getragen wird, das sei zunächst dahingestellt. Im Sinne der Theorie akzeptieren wir einfach mal ihre Existenz. Zusammenfassend ist festzuhalten: Obwohl sich das Teilchen, durch die Führungswelle geleitet, im Geltungsbereich der Wellenfunktion real bewegt, kommt es zu einem Interferenzmuster. Wie bei jedem deterministischen Prozess bestimmen auch in der Bohmschen Theorie Anfangsbedingungen den weiteren Verlauf. Bei der Bohmschen Mechanik ist das der Ort des Teilchens, der zu Beginn möglichst genau festzulegen ist.

Auf den ersten Blick erscheint die Bohmsche Mechanik aufwendiger zu sein als die Kopenhagener Deutung, da man ja zur Beschreibung des Teilchenweges eine zusätzliche Gleichung benötigt. Erst eine genauere Betrachtung offenbart, was diese Theorie so reizvoll macht. Um das zu verstehen, müssen wir einen

Schritt zurücktreten und uns daran erinnern, dass in der Physik Erhaltungsgrößen eine wichtige Rolle spielen. Dazu gehören z. B. die Energie, der Drehimpuls und nicht zuletzt auch die Information. Information kann nicht verlorengehen. Das sollte auch für die Kopenhagener Deutung und die Bohmsche Mechanik gelten. Wie wir in einem späteren Kapitel noch erläutern werden, ist eine Erhaltungsgröße immer mit einer Symmetrie verknüpft. Die Symmetrie, die hinter der Erhaltungsgröße Information steckt, ist die Zeit. Um die Information erhalten zu können, muss gewährleistet sein, dass eine Zeitumkehr nichts am Ergebnis ändert.

Exerzieren wir das einmal am Beispiel des Doppelspalts durch. Wir filmen, wie sich das Teilchen durch die Spalte zwängt und am Beobachtungsschirm anlandet. Selbst wenn wir nun den Film rückwärts laufen lassen, sehen wir das Teilchen zu jeder Zeit an einem bestimmten Ort. Der Vorgang ist zeitsymmetrisch und somit informationserhaltend. Bei der Kopenhagener Deutung funktioniert das nicht. Denn dort startet das Experiment mit einer Wahrscheinlichkeitsverteilung mit beliebig vielen Möglichkeiten, die dann am Beobachtungsschirm auf eine einzige, d. h. auf ein Teilchen an einem gewissen Punkt des Schirms, reduziert werden. Dort legt die Natur die Karten auf den Tisch. Lässt man diesen Film rückwärts laufen, so bekommt man ein Problem. Beim Kollaps der Wellenfunktion wird ein bestimmter, wohldefinierter Peak erzeugt. Der Weg rückwärts ist nun versperrt, weil wir dafür eine Abbildung eines singulären Zustandes auf eine unendliche Menge von möglichen Zuständen bräuchten. Das gelingt nicht. Koppelt man also die Schrödingergleichung mit der Wellenfunktion der Kopenhagener Interpretation, so ist sie nicht informationserhaltend. Eine Schrödingergleichung, die als Lösung die Wellenfunktion der Bohmschen Mechanik enthält, ist das jedoch sehr wohl. 1:0 für die Bohmsche Mechanik.

Wie so oft im Leben, gibt es aber auch hier einen Haken. Der zeigt sich, wenn man sich mit zwei verschränkten Teilchen beschäftigt. In der Kopenhagener Deutung verbindet sozusagen die gemeinsame Wellenfunktion das System aus den beiden Teilchen, wie weit sie auch voneinander entfernt sein mögen. Bei der Messung des Spins an einem der Teilchen kollabiert die Wellenfunktion, wobei im selben Augenblick der Spin des anderen Teilchens festgelegt wird. Bei der Bohmschen Mechanik kann das nicht funktionieren, da die beiden Teilchen ja schon vor der Messung real existieren. Die müssten sich also vorab abgesprochen haben nach dem Motto: »Wirst du nach dem Spin gefragt, dann sagst du, dass deiner nach unten zeigt, und ich sage, meiner zeigt nach oben.« Um dennoch diese in der Kopenhagener Deutung funktionierende »Fernbeziehung« auch in die Bohmsche Mechanik hinüberzuretten, benötigt man dort sogenannte verborgene Variablen, die die »Spin-Kopplung« ermöglichen. Dummerweise hat aber der ungarisch-amerikanische Mathematiker John von Neumann schon sehr früh gezeigt, dass es in einem derartigen System keine versteckten Variablen geben kann.

Der Bohmschen Theorie hätte das beinahe den Garaus beschert. Doch 1935 entdeckte die deutsche Mathematikerin und Physikerin Grete Herrmann einen Fehler in von Neumanns Beweisführung. Sie konnte zeigen, dass dessen Aussage nur gilt, wenn man es mit einem lokalen System zu tun hat. Da es sich bei der Verschränkung aber um eine nichtlokale Eigenschaft handelt, sind dort versteckte Variablen sehr wohl unterzubringen. Ferner konnte Herrmann zeigen, dass es nirgendwo in einer solchen Wellenfunktion möglich ist, eine Information zu haben, ohne dass sie gleichzeitig überall in der Wellenfunktion zur Verfügung steht. So eine Wellenfunktion ist offensichtlich ein sehr indiskreter Ort. Im Endeffekt war das der Schlüssel, um auch die Verschränkung besser in die Theorie zu integrieren. Dass es dennoch lange gedauert hat, bis die Bohmsche Theorie von der Physikergemeinde akzeptiert wurde, dürfte wohl damit zusammenhängen, dass man eher bereit ist, einem renommierten Mathematiker von großem Ansehen zu glauben als einer relativ unbekannten Mathematikerin. Und nicht zuletzt kam es den Vertretern der Kopenhagener Interpretation natürlich zupass, wenn jemand erklärt, das konkurrierende Modell sei widerlegt.

Man kann jetzt fragen, warum angesichts der benannten Vorteile, wozu insbesondere der Wegfall des Kollapses der Wellenfunktion zählt, nicht der Bohmschen Mechanik der Vorzug gegeben wird. Zum einen hängt das mit der Schrödingergleichung zusammen. Wir haben ja bereits gesehen, dass diese Gleichung falsch ist, wenn man es mit relativistischen Teilchen zu tun bekommt, also mit Teilchen, die sich mit nahezu Lichtgeschwindigkeit bewegen. Das ließ sich direkt an der Struktur der Gleichung abgelesen. Sie erinnern sich: In der Schrödingergleichung werden Ort und Zeit nicht gleich behandelt. Deshalb ist sie nicht lorentzinvariant, und es kommt zu Problemen beim Wechsel des Bezugssystems. Dieser »Makel« lässt sich beseitigen, wenn man zur Dirac-Gleichung übergeht. In der Bohmschen Mechanik gibt es jedoch für die Führungswelle keine entsprechende Beziehung. Ausgleichstreffer – neuer Spielstand 1:1. Tatsächlich wiegt der Umstand schwer, dass man für die Bohmsche Mechanik keine lorentzinvariante Formulierung gefunden hat. Hinzu kommt noch, dass man sich nicht so recht mit dieser etwas ominösen Führungswelle anfreunden konnte.

Wie sieht es aus mit der Unbestimmtheitsrelation – dem Problem des Messprozesses? Kann die Bohmsche Mechanik vielleicht hier punkten? Leider nein, die Unschärfe wird nur verschoben, und zwar in die Anfangsbedingung, also dorthin, wo man zu Beginn das Teilchen in der Wellenfunktion platziert. Denn der Weg, den das Teilchen einschlägt, und der Ort, an dem es schließlich landet, hängen entscheidend von der Wahl des Anfangsorts ab. Das Unbestimmtheitsproblem ist also nur verlagert. Fairerweise muss man jedoch erwähnen, dass man dabei nur eine Variable, nämlich den Ort, festlegt, wogegen in der klassischen Mechanik Ort und Zeit in Betracht zu ziehen sind, um eine Vorhersage über die Entwicklung des Systems machen zu können. In der Bohmschen Mechanik ist die Zeit schon in die Führungsfunktion »integriert«. Nichtsdestotrotz schlägt auch in der Bohmschen Mechanik die Unbestimmtheitsrelation mit unverminderter Härte zu.

Eine radikal andere Interpretation der Quantenmechanik, die wir uns noch kurz ansehen wollen, die sogenannte Viele-Welten-Theorie, geht auf den US-amerikanischen Physiker Hugh Everett (1930–1982) zurück. Da daran mehrere Forscher beteiligt waren, ist sie auch als Everett-Wheeler-Graham-Interpretation bekannt. Ausgangspunkt der Everettschen Überlegungen war die Frage, was mit den unendlich vielen Zuständen der Wellenfunktion geschieht, die beim Kollaps nicht realisiert werden. Nach der Kopenhagener Deutung wird beim Kollaps ja nur einer der Zustände, z. B. der Ort, an dem das Teilchen am Beobachtungsschirm auftaucht, ausgewählt. Sind damit die unendlich vielen anderen Möglichkeiten komplett verschwunden? Was, so dachte Everett, wäre denn, wenn nicht nur der eine, sondern alle Zustände realisiert würden? Nach Everetts Vorstellung spaltet sich bei jeder Messung das Universum in eine den quantenmechanischen Überlagerungszuständen der Wellenfunktion entsprechende Anzahl von Welten auf, wobei in jeder Welt eines der möglichen Messergebnisse realisiert wird. In Analogie zum Doppelspaltexperiment, bei dem das Teilchen an einem bestimmten Ort des Beobachtungsschirmes auftaucht, erscheint in jeder der Welten ein Teilchen, jedoch immer an einem anderen Ort. Fazit: Da in der Viele-Welten-Theorie ein Kollaps der Wellenfunktion nicht nötig ist, wäre man das Problem auf einfache Weise los. Der Preis für diese Lösung wäre jedoch enorm. Man müsste ihn in Form unendlich vieler Parallel-Universen bezahlen.

Wie unterschiedlich auch die vorgestellten Interpretationen der Quantenmechanik sein mögen, im Prinzip stützen sie sich alle auf eine gemeinsame Basis, auf die Schrödingergleichung. Doch die ist, wie schon mehrmals erwähnt, nicht verträglich mit der Speziellen Relativitätstheorie. Das aber heißt: Um die Welt verstehen und beschreiben zu können, müssen wir uns weiter auf den Weg machen. Wir müssen einen Formalismus finden, der eine Brücke darstellt zwischen Quantenmechanik und Relativitätstheorie. Diese Brücke hat den schönen Namen »relativistische Quantenfeldtheorie«. Doch bevor wir uns an dieses imposante Gebirgsmassiv heranwagen, steht noch eine äußerst interessante Exkursion an zum Quantenradierer. Wir haben ja mittlerweile schon einige wilde Touren gemeinsam zurückgelegt. Man möchte meinen, wer am Ereignishorizont Schwarzer Löcher war, den kann so leicht nichts mehr erschüttern. Weit gefehlt!

7.12 Quantenradierer

Kann man die Vergangenheit ändern?

Dieses Kapitel sollte eigentlich mit der Aufforderung »Bitte anschnallen« überschrieben sein. Denn das, von dem gleich die Rede sein wird, gehört zu den verrücktesten und abgedrehtesten Geschichten in der Quantenmechanik. Mit schwer Verdaulichem hatten wir es ja schon mehrfach zu tun. Denken wir nur an die Wellenfunktion. Einerseits hat das von ihr repräsentierte Teilchen nichts mit der Realität gemein, und das Amplitudenquadrat dieser Funktion macht lediglich eine Wahrscheinlichkeitsaussage über den Aufenthaltsort des nicht realen Teilchens zu einer gewissen Zeit, andererseits aber »ploppt« bei einer Messung, dem ominösen Kollaps der Funktion, das Teilchen real an einem bestimmten Ort auf. Auch das Phänomen der Verschränkung von Photonen oder Teilchen gehört zu den spektakulären Eigenschaften quantenmechanischer Objekte. Bei verschränkten Objekten sind gewisse Parameter der Partner, wie z. B. die Polarisation bei Photonen oder der Spin bei Elektronen, nicht eindeutig festgelegt, sie befinden sich vielmehr in einem Überlagerungszustand von »sowohl als auch«. Erst bei einer Messung an einem der Objekte wird der Wahrscheinlichkeitscharakter aufgehoben und einer der möglichen Zustände, z. B. Spin nach oben, dem Objekt eindeutig zugewiesen. Das Verrückte daran ist, dass im selben Augenblick das verschränkte Objekt die komplementäre Eigenschaft annimmt. Und das funktioniert unabhängig davon, wie weit die beiden Objekte voneinander entfernt sind. Erinnern wir uns an das Hütchenspiel. Insbesondere ein Team um den Quantenphysiker Anton Zeilinger an der Universität Wien hat zu dieser Nichtlokalität weltweit beachtete Experimente an polarisierten Photonen durchgeführt.

7.71 Anton Zeilinger (geb. 1945)

Wem das noch nicht ausreichend bizarr erscheint, der fragt sich vielleicht, ob ähnliche Phänomene nicht auch im Zusammenhang mit der Zeit auftreten können. Kann man eventuell sogar Dinge manipulieren, die in der Zeit zurück, also bereits in der Vergangenheit liegen? Kann man quantenmechanische Prozesse rückwirkend beeinflussen? Gibt es so etwas wie einen »Quantenradierer«?

Schon 1982 haben zwei US-amerikanische Physiker, Marlan O. Scully und Kai Drühl, sich darüber Gedanken gemacht. Erste Experimente dazu wurden dann um die Jahrtausendwende angestellt. Ausgangspunkt aller Überlegungen war wieder der uns mittlerweile wohlvertraute Doppelspalt. Dazu nochmals ganz kurz das Wesentliche: Läuft eine Welle von links auf einen Doppelspalt zu bzw. werden die Spalte mit Elektronen beschossen, so erhält man auf dem Empfängerschirm das in Abb. 7.72 links dargestellte Interferenzmuster. Wenn wir jedoch hinter einem der Spalte eine Vorrichtung anbringen, die uns Aufschluss darüber gibt, durch welchen der Spalte das Photon bzw. das Elektron gelaufen ist, dann wird das Interferenzmuster zerstört, und wir erhalten die in Abb. 7.72 rechts in Rot dargestellten Intensitätsverteilungen. Entfernt man die Vorrichtung zur Ermittlung der Weginformation wieder, so taucht auch das Interferenzmuster wieder auf.

Quantenphysiker haben sich nun überlegt, ob es nicht doch möglich ist, das Photon bzw. das Elektron zu lokalisieren, ohne dass dadurch das Interferenzmuster zerstört wird. Abb. 7.73 zeigt

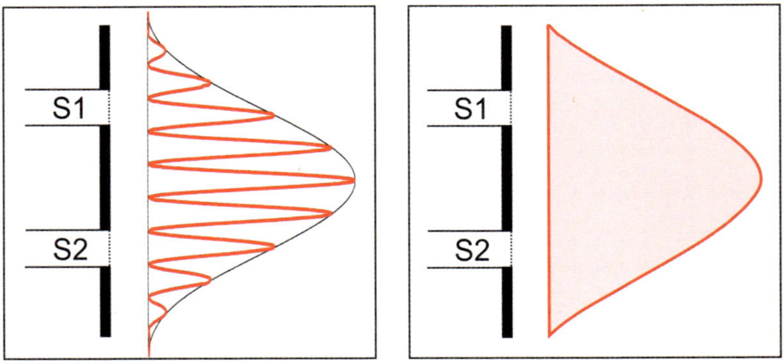

7.72 Links: Eine auf einen Doppelspalt treffende große Menge an Photonen- bzw. Elektronen erzeugt auf einem Schirm hinter den Spalten das bekannte Interferenzmuster (rot). Registriert jedoch ein Detektor, durch welchen Spalt die Teilchen laufen, so verschwindet das Interferenzmuster, und man erhält statt dessen eine Intensitätsverteilung (rechts).

das Prinzip des Versuchsaufbaus. Um im realen Experiment den gezeichneten Verlauf und die gegenseitigen Winkel der Photonenwege zu realisieren, sind noch weitere optische Komponenten nötig. Wir haben sie nicht eingezeichnet, da ansonsten Gefahr besteht, den Wald vor lauter Bäumen nicht mehr zu sehen.

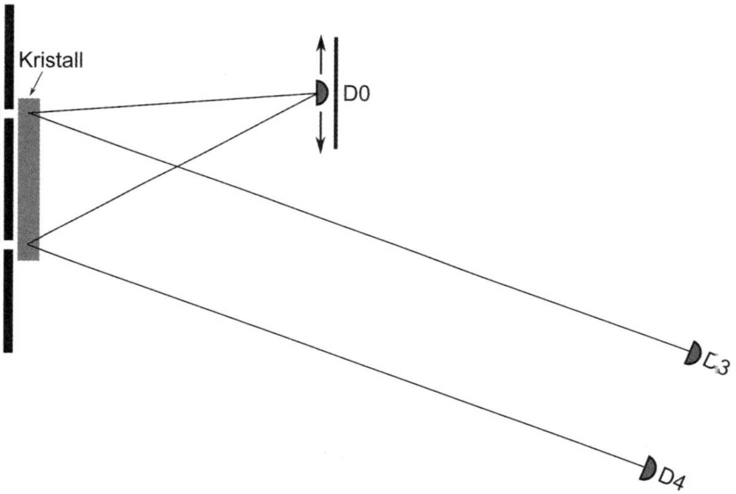

7.73 Ein nichtlinearer Kristall hinter den beiden Spalten eines Doppelspaltes erzeugt von jedem ankommenden Photon ein Paar verschränkter Photonen, von denen eines zum Detektor D0, das andere zum Detektor D3 bzw. D4 läuft.

Wesentlicher Bestandteil des Experiments ist ein sogenannter »nichtlinearer« Kristall, der unmittelbar hinter einem Doppelspalt angebracht ist. Trifft ein Photon auf den Kristall, so spaltet es sich in ein Paar verschränkte Photonen mit jeweils der halben Energie des Ausgangsphotons auf. Man bezeichnet das als parametrische Fluoreszenz. Den Winkel, unter dem die beiden Photonen auseinanderlaufen, kann man durch geeignete Ausrichtung der optischen Achse des Kristalls einstellen. Mit diesen beiden verschränkten Photonen kann man nun experimentieren. Dazu lassen wir eines der Photonen, wie sich das für ein Doppelspaltexperiment gehört, in Richtung eines Detektors laufen. Das andere, nach unten laufende Photon benutzen wir, um eine Weg-Information über das erste Photon zu erhalten. Völlig identisch verfahren wir mit Photonen, die durch den anderen Spalt auf den Kristall treffen. Anders als beim klassischen Doppelspaltexperiment, werden in unserem Versuchsaufbau die nach oben laufenden Photonen nicht von einem Schirm aufgefangen, sondern mit Hilfe eines auf- und abbewegbaren Detektors D0 in Abhängigkeit vom Ort gezählt. Auf diese Weise lässt sich das ansonsten auf dem Schirm entstehende Muster aus den mit D0 gemessenen örtlichen Intensitäten zusammensetzen. Schließlich registrieren wir noch mit den Detektoren D3 und D4 die nach unten laufenden Photonen, also die, die uns eine Information darüber liefern sollen, durch welchen Spalt das mit ihnen verschränkte, in Richtung Schirm laufende Photon geschlüpft ist.

Nun zum Messprozess. Dazu schieben wir den Detektor D0 mit gleichbleibender Geschwindigkeit z. B. von oben nach unten. Wenn nun ein am Detektor D3 ankommendes Photon ein Signal auslöst, dann registrieren wir das zugleich am Detektor D0 auftretende Signal und die Position des Detektors. Sodann tragen wir das D0-Signal in Abhängigkeit vom Ort des Detektors in ein Diagramm ein, das wir R03 nennen wollen. Während nun der Detektor D0 nach unten fährt, erhalten wir bei jedem Signal vom Detektor D3 ein zugehöriges Signal am Detektor D0, das wir wieder in unser R03-Diagramm eintragen. Da alle D0-Werte mit einem Signal am Detektor D3 gekoppelt sind, enthält unser Diagramm also nur Ereignisse, von denen wir wissen, dass das zum Detektor D0 laufende Photon definitiv durch den Spalt Sp1 gekommen ist. Im nächsten Durchgang machen wir das Gleiche mit dem Detektor D4. Wieder registrieren wir immer dann das Signal und die Position des Detektors D0, wenn bei D4 ein Photon ankommt, und wieder tragen wir das D0-Signal in Abhängigkeit vom Ort des Detektors in ein Diagramm ein, das wir jetzt R04 nennen wollen.

Da also die Diagramme nur Ereignisse enthalten, von denen wir über die Detektoren D3 bzw. D4 die Information bekommen haben, durch welchen Spalt die Photonen geschlüpft sind, erwarten wir, dass die Diagramme identisch sind und dass beide anstelle eines Interferenzmusters eine glockenförmige Intensitätsverteilung zeigen (Abb. 7.74). Wiederholt man das Experiment mit abgeschalteten Detektoren D3 und D4, dann bekommt man keine Information über den Ort der Photonen, und man erhält Diagramme, die ein Interferenzmuster zeigen, wie wir es vom Doppelspalt kennen.

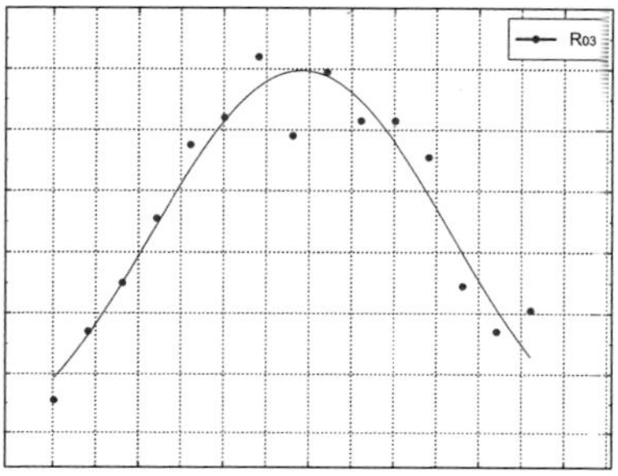

7.74 Registrierte Intensitätsverteilung, wenn in Abb. 7.73 die beiden Detektoren D3 und D4 aktiv sind.

Rückblickend sind die Ergebnisse nichts Neues für uns. Alles verhält sich genauso wie am Doppelspalt, auch wenn der Aufbau unseres Experiments ein wenig komplizierter ist als der sonst übliche. Doch nun wollen wir die Stärken unseres Aufbaus ausspielen. Wir erweitern unser Experiment durch drei Strahlteiler und zwei weitere Detektoren. Abb. 7.75 zeigt den neuen Versuchsaufbau. Zunächst zu den Strahlteilern S1, S2 und S3. Mit einer Wahrscheinlichkeit von 50 Prozent lassen sie ein ankommendes Photon passieren, und mit einer Wahrscheinlichkeit von 50 Prozent wird das Photon abgelenkt. S1 stellen wir in den Weg der Photonen, die vom Spalt Sp1 nach unten laufen, und S2 in den Weg der Photonen, die vom Spalt Sp2 nach unten laufen. Werden die von den Spalten Sp1 und Sp2 kommenden Photonen an den Strahlteilern S1 und S2 abgelenkt, so kreuzen sich ihre Wege. In diesen Kreuzungspunkt stellen wir den Strahlteiler S3. Die beiden Detektoren D1 und D2 stellen wir hinter dem Strahlteiler S3 in den Weg der Photonen.

Was passiert nun mit einem Photon, das von Sp1 kommend nach unten läuft? Mit 50-prozentiger Wahrscheinlichkeit geht es geradeaus durch den Strahlteiler S1 zum Detektor D3. Der zugehörige, vom Detektor D0 angezeigte Wert ist ein Punkt in unserem Diagramm R03. Auch ein vom Spalt Sp2 kommendes Photon wird mit 50-prozentiger Wahrscheinlichkeit den Strahlteiler S2

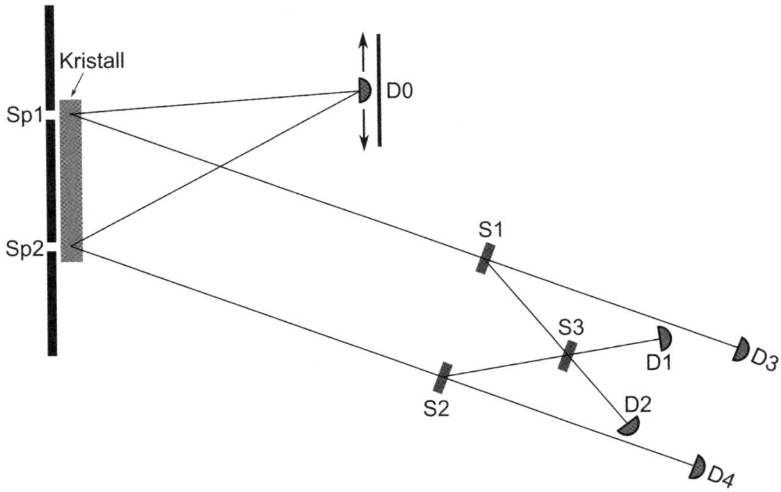

7.75 Der um drei Strahlteiler S1, S2 und S3 sowie zwei zusätzliche Detektoren D1 und D2 erweiterte Versuchsaufbau der Abb. 7.73

geradlinig passieren und am Detektor D4 landen. Das zugehörige D0-Signal nehmen wir im Diagramm R04 auf. Soweit verhält sich alles genauso wie beim Versuchsaufbau von Abb. 7.73, und wie dort erhalten wir auch hier über die Detektoren D3 und D4 eine Information darüber, woher das Photon kommt, das am Detektor D0 aufschlägt. Wir erhalten also wieder zwei Diagramme mit einer glockenförmigen Intensitätsverteilung.

Ganz anders verhält es sich, wenn die Photonen an den Strahlteilern S1 und S2 abgelenkt werden und zum Strahlteiler S3 laufen. Dort gibt es wieder zwei Möglichkeiten, die mit einer Wahrscheinlichkeit von jeweils 50 Prozent realisiert werden: Entweder lässt S3 die Photonen geradeaus durch, oder sie werden erneut abgelenkt. Im ersten Fall, also keine Ablenkung an S3, landet das vom Spalt Sp1 kommende Photon am Detektor D2 und das vom Spalt Sp2 kommende am Detektor D1. Werden die Photonen jedoch auch am Teiler S3 abgelenkt, so landet das vom Spalt Sp1 kommende Photon am Detektor D1 und das vom Spalt Sp2 kommende am Detektor D2. Damit ergibt sich folgende Situation: Das vom Detektor D1 registrierte Photon kann entweder vom Spalt

Sp2 kommen oder vom Spalt Sp1. Kam es vom Spalt Sp2, so ist es an S2 abgelenkt worden, hat aber den Teiler S3 geradlinig passiert. Kam es dagegen vom Spalt Sp1, so wurde es am Teiler S1 abgelenkt und nochmals am Teiler S3. Der Detektor D1 weiß also nicht, ob das von ihm registrierte Photon vom Spalt Sp1 oder vom Spalt Sp2 gekommen ist. Entsprechendes gilt für den Detektor D2.

Um die Signale wieder in Diagramme »umzuwandeln«, verfahren wir genauso wie bei den Detektoren D3 und D4. Wir nehmen also den zu jedem Signal am Detektor D1 gehörigen D0-Messwert und tragen ihn in Abhängigkeit von der Stellung des Detektors D0 in ein Diagramm ein, das wir nun mit R01 bezeichnen. Machen wir das Gleiche mit den am Detektor D2 registrierten Signalen, so erhalten wir ein Diagramm das wir mit R02 bezeichnen. Und wie sehen diese Diagramme aus? Vermutlich ahnen Sie es bereits. Die Diagramme in Abb. 7.76 links und rechts zeigen die Ergebnisse. Man sieht: Das Interferenzmuster ist wieder da! Es erscheint, weil mittels der Strahlteiler S1, S2 und S3 die Information, woher die Photonen stammen bzw. durch welchen der beiden Spalte sie geschlüpft sind, ausradiert wurde.

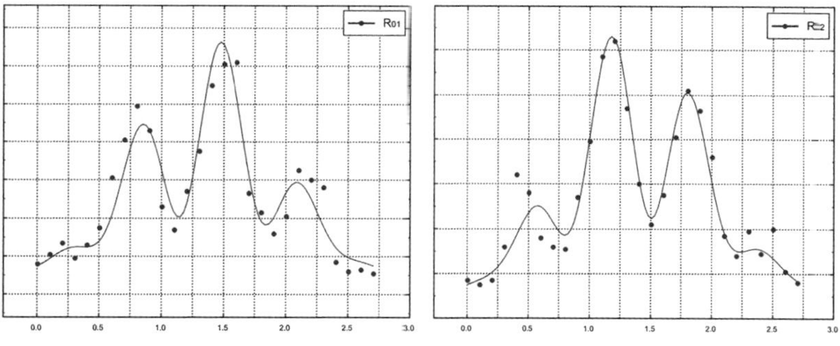

7.76 Werden die Photonen an den Strahlteilern S1 bzw. S2 zum Strahlteiler S3 abgelenkt, so geht die Information, woher die Photonen kommen, verloren, und die Detektoren registrieren wieder ein Interferenzmuster.

Dieses Ergebnis muss man sich erst mal auf der Zunge zergehen lassen: Mit ein und demselben Versuchsaufbau bekommen wir gleichzeitig eine Intensitätsverteilung, wie wir sie von Teilchen kennen, die durch einen Einzelspalt laufen, und ein Interferenzmuster, wie es von einer ausgedehnten Welle beim Durchgang durch einen Doppelspalt erzeugt wird. Bei genauer Betrachtung erkennt man, dass die Interferenzbilder in Abb. 7.76 seitlich gegeneinander verschoben sind, so dass sie überlagert das Diagramm in Abb. 7.74 ergeben. Besser kann man die Doppelnatur des Lichts, den Welle-Teilchen-Dualismus, wohl kaum demonstrieren.

Aber damit noch nicht genug – es wird noch um einiges bizarrer. Unser Versuchsaufbau gibt uns nämlich die Möglichkeit, mit der Zeit zu spielen. Vielleicht ist es Ihnen schon aufgefallen, dass der Detektor D0 viel näher am Doppelspalt platziert ist als die drei Strahlteiler und die Detektoren D1 und D2. Damit kommen Laufzeiteffekte ins Spiel. Machen wir uns das anhand zweier vom Spalt Sp1 ausgehender verschränkter Photonen klar. Da sich Photonen mit konstanter Geschwindigkeit, der Lichtgeschwindigkeit, bewegen, erreicht das zum Detektor D0 laufende Photon den Detektor, noch bevor darüber entschieden ist, ob es am Strahlteiler S1 durchgelassen oder zum Teiler S3 umgelenkt wird. Es ist also noch nicht entschieden, ob wir eine Information bekommen, durch welchen Spalt das Teilchen geschlüpft ist, oder ob, wenn es am Teiler S1 abgelenkt wird, die Weg-Information verlorengehen wird. Damit stehen wir vor der paradoxen Situation und der Frage: Woher hat das zum Detektor D0 laufende Photon gewusst, welches Bild erzeugt werden soll? Als es am Detektor ankam, war doch noch völlig offen, welchen Weg das nach unten laufende Photon einschlagen wird bzw. ob die Information, woher das Photon kam, erhalten bleibt oder ob sie am »Strahlteilerdrehkreuz« ausradiert wird. Wie konnte es das richtige Bild erzeugen, ohne zu wissen, was die Zukunft für sein verschränktes Partnerphoton bringen wird? Oder aus Sicht des nach unten laufenden Photons gefragt: Wie konnte das verschränkte Partnerphoton in der Vergangenheit bei D0 wissen, ob ein Diagramm entsprechend Abb. 7.74 oder eines entsprechend Abb. 7.76 links bzw. rechts entstehen soll? Ist das Spuk oder Magie? Sagen Sie nicht, wir hätten Sie nicht gewarnt. Mit dem Quantenradierer werden uns die Grenzen unseres Verständnisvermögens deutlich vor Augen geführt.

Abschließend noch eine Frage zur Realität: Ist vielleicht die Realität für die Detektoren D3 bzw. D4 eine andere als die für die Detektoren D1 und D2? Man könnte doch anstelle der Detektoren auch menschliche Beobachter einsetzen. Hat dann die Realität etwas mit dem Beobachter zu tun, oder anders ausgedrückt: ist der Beobachter vielleicht Teil des verschränkten Systems? Und muss man sich dann vorstellen, dass der Beobachter, der sowohl den Empfängerschirm als auch die Photonen am Ort von D3 bzw. D4 wahrnimmt, ein anderes Intensitätsmuster sieht als derjenige, der die am Ort der Detektoren D1 bzw. D2 ankommenden Photonen beobachtet? Fragen über Fragen, und keine ist bislang beantwortet. Max Born meinte hierzu:

> »Man lehrte die Generation, zu der Einstein, Bohr und ich gehören, daß eine objektive physikalische Welt existiert, die sich nach unveränderlichen Gesetzen entfaltet, die von uns unabhängig sind. Wir betrachten diesen Vorgang, wie das Publikum im Theater ein Stück verfolgt. [...] Die Quantenmechanik deutet indessen die in der Atomphysik gewonnene Erfahrung auf andere Weise. Wir können den Beobachter einer physikalischen Erscheinung nicht mit dem Publikum bei einer Theateraufführung vergleichen, sondern eher mit dem bei einem Fußballspiel, wo der Akt des Zusehens, der von Applaus oder Pfeifen begleitet wird, einen ausgeprägten Einfluß auf die Schnelligkeit und Konzentration der Spieler und damit auf den beobachteten Vorgang hat. Ein noch besseres Gleichnis ist das Leben selbst, wo Publikum und Akteure die gleichen Personen sind.«

Unser großes Ziel, die Welt zu verstehen, hat einen schweren Wirkungstreffer erhalten, aber davon lassen wir uns nicht demotivieren. Vielleicht tröstet da ein Ausspruch von Marie von Ebner-Eschenbach. Sie soll einmal gesagt haben: »Jeder Mensch hat ein Brett vor dem Kopf – es kommt nur auf die Entfernung an.« Wir ergänzen: Richtig schwierig wird es, wenn man in die Bretter zwei Spalte sägt.

8 Quantenelektrodynamik

Wie wechselwirkt Licht mit Materie?

Mit den vorausgegangenen Kapiteln haben wir auf unserem Weg von Aristoteles zur Stringtheorie schon eine beachtliche Strecke zurückgelegt. Wir haben uns mit der klassischen Mechanik beschäftigt, mit den Relativitätstheorien und auch mit der Quantenmechanik. Jetzt geht es darum, eine neue Theorie zu finden die all das überspannt, womit die scheinbaren Widersprüche, die uns des Öfteren irritiert haben, aufgelöst werden. Das verheißen die schneebedeckten Gipfel der relativistischen Quantenfeldtheorie. Machen wir uns auf ins Gelobte Land!

Erinnern Sie sich noch an das Fermatsche Prinzip? Dabei ging es um den Weg, den ein Photon von einem Punkt 1 in der Luft zu einem Punkt 2 im Wasser einschlägt. Im Kapitel 7.2 haben wir uns damit auseinandergesetzt und erfahren, dass das Photon immer den schnellsten Weg wählt. Doch woher weiß ein Photon, welcher Weg der schnellste ist? Und überhaupt: Warum halten sich alle Photonen an das Tempolimit im Universum? In einer Fahrschule für Photonen haben sie das sicher nicht gelernt. Zum Wesen des Lichts haben sich so viele Fragen aufgestaut, allen voran der Welle-Teilchen-Dualismus und natürlich die Deutung der Wellenfunktion. Die erste große Feldtheorie, die sogenannte »Quantenelektrodynamik« (QED), wird endlich Antworten auf diese grundlegenden Verständnisfragen liefern.

Kurz nach dem Zweiten Weltkrieg hatten sich ein paar schlaue Köpfe darüber Gedanken gemacht, wie eine Theorie zur Wechselwirkung zwischen Photonen und Elektronen aussehen könnte. Man wollte herausfinden, wie ein Boson mit einem Fermion wechselwirkt – ein raumgreifender Schritt beim Ringen um das Verstehen des Zusammenspiels von Licht und Materie. Wesentliche Beiträge dazu lieferten die Physiker Julian Seymour Schwinger, Shin'ichirō Tomonaga und Richard Feynman. Als Begründer dieser Theorie wurde ihnen 1965 der Nobelpreis zugesprochen. Insbesondere Feynman (1918–1988) hat sich mit seiner anschaulichen Art um das Verständnis dieser Theorie verdient gemacht. Ihm ist es auch zu verdanken, dass wir im Folgenden eine Weile ohne Mathematik auskommen und mit leichtem Gepäck mühelos an Höhe gewinnen werden. In puncto Anschaulichkeit sind die Erklärungen Feynmans nicht zu überbieten. Wir werden uns deshalb auf Beispiele aus einer seiner berühmten Vorlesungen stützen, die er 1979 an der University of Auckland gehalten hat. Er zeigt darin in seiner unnachahmlichen Art, wie sich Phänomene auf dem Gebiet der Optik anhand einfacher Modelle aus der Quantenelektrodynamik verstehen lassen.

8.1 Richard Feynman (1918–1988)

Beginnen wir mit der zentralen Erkenntnis des vorhergehenden Kapitels: Ein Ereignis, das auf irgendeine Art zustande kommt, bzw. die Wellenfunktion, die es beschreibt, kann als komplexe Zahl $z = r \cdot e^{i\varphi}$ aufgefasst werden. Diese Zahl kann wiederum als Pfeil mit der Länge r dargestellt werden, der in der komplexen Zahlenebene rotiert (Abb. 7.67). Wir wissen auch, dass das Quadrat über die Länge r des Pfeiles gleich der Wahrscheinlichkeit ist, mit der das Ereignis eintreten wird, und dass φ der Phasenwinkel der Rotation des Pfeils ist. Damit können wir ein komplexes Ereignis aus vielen Einzelereignissen zusammensetzen. Im Prinzip ist das wie bei einem Würfelspiel. Da der Würfel sechs Seiten hat, ist die Wahrscheinlichkeit, eine Sechs zu würfeln, gleich 1/6. Die Wahrscheinlichkeit, im nächsten Wurf wieder eine Sechs zu würfeln, ist gleich 1/36. Warum? Nun, auch im zweiten Wurf ist die Wahrscheinlichkeit für eine Sechs wieder 1/6. Da aber die Ereignisse insofern miteinander gekoppelt sind, als dass beide Ereignisse eintreten müssen, damit zweimal hintereinander eine Sechs auf dem Tisch liegt, muss man die beiden Wahrscheinlichkeiten miteinander multiplizieren. Würfelt man hingegen nur einmal und stellt sich die Frage, wie groß die Wahrscheinlichkeit ist, eine kleine Zahl, d. h. eine Eins, Zwei oder Drei zu würfeln, dann sind die Ereignisse nicht mehr gekoppelt, denn jetzt heißt es »entweder – oder«. In diesem Fall sind die Einzelwahrscheinlichkeiten zu addieren. Das Ergebnis ist also $1/6 + 1/6 + 1/6 = 3/6$. Da hätten wir auch gleich drauf kommen können, weil die Wahrscheinlichkeit, eine dieser kleinen Zahlen zu würfeln, natürlich 50 Prozent ist. Also nochmals: Wenn mehrere Ereignisse abhängig voneinander stattfinden sollen, dann sind die Wahrscheinlichkeiten miteinander zu multiplizieren, hat man jedoch unterschiedliche Möglichkeiten, also entweder – oder, dann muss man die Wahrscheinlichkeiten addieren.

Genau das werden wir jetzt mit unseren Pfeilen tun. Wir lösen ein bestimmtes Ereignis, z. B. »ein Photon läuft von einem Punkt 1 zu einem Punkt 2«, in Einzelereignisse auf, indem wir zwei unterschiedliche Wege betrachten, auf denen das Photon zum Ziel gelangen kann. Jedem Weg ordnen wir einen Pfeil zu. Für die Wahrscheinlichkeit, dass das Photon den einen oder den anderen Weg einschlagen kann (entweder – oder), müssen wir die Pfeile addieren; wenn das Photon dagegen zunächst den einen und dann den anderen Weg gehen soll, sind die Pfeile miteinander zu multiplizieren. In Abb. 8.2 ist das Additions- bzw. Multiplikationsschema für Pfeile dargestellt.

8.1 Fermat reloaded
Woher kennen Photonen den schnellsten Weg?

So weit die Theorie, und jetzt zur Praxis. Wir hatten das Fermatsche Prinzip, wonach Photonen stets den schnellsten und nicht den kürzesten Weg einschlagen, anhand eines Rettungsschwimmers diskutiert, der einem Ertrinkenden zu Hilfe kommen will. Dazu musste der Rettungsschwimmer zunächst von seiner Rettungswarte zum Wasser laufen und dann zum Ertrinkenden schwimmen. Es hatte sich gezeigt, dass der direkte Weg zwischen den Punkten 1 und 2, die schwarze Linie in Abb. 7.10, nicht der

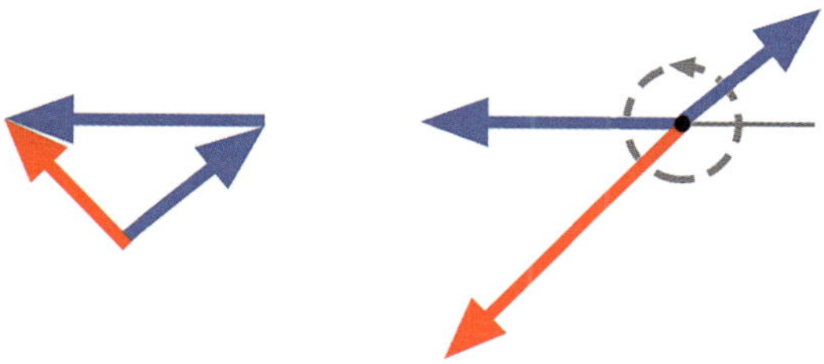

8.2 Links: Die blauen Pfeile werden addiert, indem man den Kopf des einen an den Fuß des anderen stellt und den resultierenden roten Pfeil bildet. Rechts: Der kurze blaue Pfeil (Länge: 1,5; Winkel: 45 Grad) wird mit dem längeren blauen Pfeil (Länge: 2; Winkel: 180 Grad) multipliziert, indem man die Winkel addiert und die Längen multipliziert. Das ergibt den roten Pfeil mit der Länge 1,5 · 2 = 3 und dem Winkel 45 Grad + 180 Grad = 225 Grad.

richtige Weg sein kann, da die Strecke im Wasser sehr lang ist und viel Zeit kostet. Aber auch der blaue Weg erwies sich nicht als optimal, weil der Rettungsschwimmer zwar die kürzeste Strecke im Wasser vor sich hat, aber der an Land zurückzulegende Weg relativ groß ist. Es gilt also einen Kompromiss zu finden zwischen langem Weg an Land und kurzem Weg im Wasser. Wie sich gezeigt hat, liegt dieser in Rot eingetragene Weg zwischen den beiden anderen. In Abb. 8.3 haben wir noch weitere der vielen möglichen Wege eingezeichnet. Zum Beispiel einen mit einer sehr kurzen Strecke an Land und einer besonders langen im Wasser

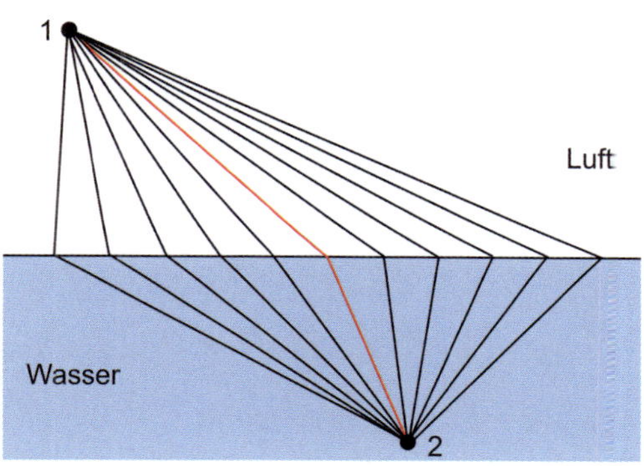

8.3 Fermatsches Prinzip: Von 1 nach 2 nimmt Licht immer den schnellsten Weg (rot).

oder, ganz rechts, eine Stecke, die sowohl an Land als auch im Wasser sehr lang ist (mit diesem Rettungsschwimmer sollte man mal ein ernstes Wörtchen reden). Was auch immer wir einzeichnen: Der rote Weg ist der schnellste.

Da auch ein Photon, das von 1 nach 2 fliegt, in Luft schneller vorankommt als in Wasser, gilt unsere Überlegung analog auch für Licht. So wunderbar anschaulich das auch ist, so bleibt trotzdem die bohrende Frage: Woher weiß ein Photon, das vom Punkt 1 startet, welchen Weg es zu nehmen hat? Es gibt doch keine Wegweiser oder Lotsen, die das Photon auf den richtigen Weg führen. Was ist da los?

Mit unseren Pfeilen lässt sich das Problem auf einfache Weise lösen. Dazu betrachten wir Abb. 8.4. Dort sind die Schnittpunkte der einzelnen Wege mit der Trennlinie zwischen Luft und Wasser mit den Buchstaben A bis K bezeichnet. Unterhalb der Graphik befindet sich eine ebenfalls mit den Buchstaben A bis K versehene Leiste. Die »Leisten-Buchstaben« liegen genau senkrecht unter den Buchstaben auf der Trennlinie Luft-Wasser. Die Pfeile, die wir für jede Lösung erhalten, zeichnen wir über dem entsprechenden Buchstaben der Leiste ein.

Beginnen wir mit der optimalen, der roten Lösung. Sie schneidet die Trennlinie im Punkt F. Für diese Lösung bekommen wir

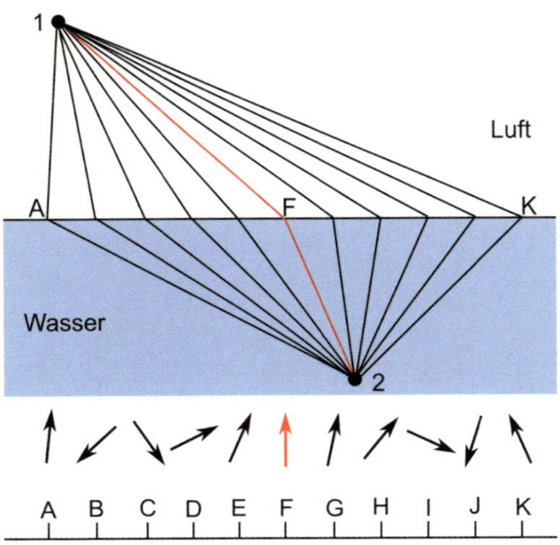

8.4 Feynman-Pfeile zu den möglichen Lichtwegen von 1 nach 2

nun einen bestimmten Pfeil. Wir nehmen an, dass er unter einem Winkel von 90 Grad zur Trennlinie Luft-Wasser senkrecht nach oben weist. Wir tragen ihn in Rot oberhalb der Leiste ein.

Wir erinnern uns: Das Quadrat der Länge des Pfeiles – wir hatten sie auch Amplitude genannt – ergibt die Wahrscheinlichkeit, dass das Photon den roten Weg nimmt. Und da wir zunächst keine Auswahl treffen können, welchen Weg das Photon einschlägt, lassen wir alle Wege als gleich wahrscheinlich zu – damit sind alle noch einzuzeichnenden Pfeile gleich lang. Greifen wir exemplarisch einen der Pfeile heraus. Wie kommt z. B. der Winkel des Pfeils G zustande? Wie kommt überhaupt ein Photon von 1 nach 2, oder noch präziser gefragt: wie beschreiben wir quantenmechanisch den Gesamtvorgang »Ein Photon wird in 1 emittiert und fliegt auf einem Weg, der eine bestimmte Zeit beansprucht, nach 2«? Egal auf welche Art und Weise wir das Photon in 1 erzeugen, es wird sich dabei um einen quantenmechanischen Vorgang handeln. Die Photonenquelle befindet sich also in einem quantenmechanischen Zustand, den wir durch eine Wellenfunktion beschreiben können. Nehmen wir der Einfachheit halber monochromatisches Licht, d. h. Licht einer Wellenlänge. Durch die einheitliche Farbe (Energie des Lichts) ändert sich die Phase der Amplitude, dass ein Photon zu einer bestimmten Zeit emittiert wird, mit konstanter Geschwindigkeit. Und genau diese Drehung um den Winkel φ ist es, die den Winkel des Pfeiles am Ende bestimmt. Der Weg G erfordert nämlich etwas mehr Zeit als der Weg F. Das Photon muss sich also etwas früher auf die Reise begeben, wenn es den Weg G einschlagen und gleichzeitig mit einem Photon, das den Weg über F nimmt, bei 2 ankommen möchte. Weil sich die Wellenfunktion an der Quelle immer weiter gegen den Uhrzeigersinn dreht, ist der früher gestartete Pfeil weniger weit nach links gedreht. Folglich erscheint in Abb. 8.4 der Pfeil G weniger nach links gedreht als der Pfeil F.

Ja, ich weiß, das erfordert etwas Gedankenakrobatik. Aber Feynman wäre nicht Feynman gewesen, hätte er nicht eine anschauliche Vereinfachung der Geschichte gefunden: Die Aussage »der Pfeil G ist weniger weit nach links gedreht als Pfeil F« kann man aus Sicht des Pfeils F auch interpretieren als »der Pfeil G ist weiter nach rechts gedreht«. Damit kann man eine einfache Analogie mit dem Zeiger einer Uhr herstellen, die für Einsteiger erfahrungsgemäß sehr hilfreich ist. Nimmt man an, dass alle Pfeile an der Quelle mit der gleichen Ausrichtung starten und sich wie der Zeiger einer Stoppuhr drehen, während das Photon unterwegs ist, dann ergibt sich ebenfalls das gesuchte Bild wie in Abb. 8.4. Die Uhr wird gestartet, wenn das Photon die Quelle verlässt, und gestoppt, wenn es am Ziel ankommt. Die Stellung des Stoppuhrzeigers entspricht dann der Stellung des Pfeils. Da in unserem Fall die mit G bezeichnete Strecke länger ist als die optimale, rot gezeichnete Strecke F, ist das Photon entlang des Weges G länger unterwegs als entlang von F. Damit läuft für den Pfeil G die Stoppuhr länger als für F, und der Zeiger der Uhr wird sich etwas weiter gedreht haben als im Falle von F. Folglich wird entsprechend dieser Zeigerstellung der Pfeil für G im Uhrzeigersinn etwas weiter nach rechts gedreht erscheinen. Solange man sich bewusst ist, dass sich in Wirklichkeit der Pfeil an der Quelle dreht und nicht unterwegs, kann man dieses Verfahren getrost zur einfacheren Bestimmung der Pfeilrichtung verwenden.

Zeichnen wir nun noch die restlichen Pfeile ein. Weil auch der Weg E länger ist als F, wird auch der E-Pfeil etwas weiter nach rechts gedreht sein. Und da in der Reihenfolge D, C, B und A die Wege auf der Seite links von der optimalen Lösung und die Wege H, I, J und K rechts davon immer länger werden, sind auch die entsprechenden Pfeile immer weiter im Uhrzeigersinn gedreht, und zwar umso mehr, je weiter die Schnittpunkte mit der Wasseroberfläche (D bis A und H bis K) seitlich vom Punkt F entfernt sind. Damit hat man folgendes Ergebnis: Da sich die Wege in der unmittelbaren Umgebung vom Weg F in ihrer Länge nur geringfügig vom Weg F unterscheiden, unterscheiden sich auch die Richtungen der entsprechenden Pfeile kaum. Entfernt man sich jedoch weiter von der optimalen Lösung, so nehmen die Wegstrecken überproportional zu und damit auch die Drehung der Pfeile. Anhand der Pfeile in Abb. 8.4 ist das gut zu erkennen.

Unser Photon kann entweder den Weg A oder den Weg B oder den Weg C usw. einschlagen. Jeder Pfeil steht für die Amplitude, dass das Photon genau diesen einen Weg nimmt. Wir haben es also mit lauter unabhängigen möglichen Einzelereignissen zu tun, und das bedeutet: Wir müssen alle Pfeile addieren, um zu einem Ergebnis zu kommen. Das könnte zu einem hoffnungslosen Unterfangen werden, wenn man bedenkt, dass es neben den wenigen von uns eingezeichneten Wegen ja noch unendlich viele andere gibt, die man auch berücksichtigen muss. Wie kann man da eine endliche Gesamtwahrscheinlichkeit aus unendlich vielen Pfeilen gewinnen? Die Lösung ist überraschend einfach.

Wie Abb. 8.2 zeigt, addiert man zwei Pfeile A und B, indem man den Fuß des Pfeils B an die Spitze des Pfeils A anhängt. Die Richtung der Pfeile muss dabei erhalten bleiben. Addieren wir also auf diese Weise die Pfeile A bis K aus Abb. 8.4. Beginnen wir mit dem roten Pfeil, der optimalen Lösung. Daran hängen wir der Reihe nach die Pfeile G bis K an. Mit den Pfeilen E bis A verfahren wir in gleicher Weise. Zeichnen wir schließlich noch den Summenpfeil unserer Addition ein, indem wir den Fuß des Pfeiles A mit der Spitze des Pfeiles K verbinden, so erhalten wir den langen blauen Pfeil in Abb. 8.5. Wie bereits bekannt, ist dessen Quadrat gleich der Wahrscheinlichkeit, dass ein Photon entweder entlang des Weges A oder B oder C usw. am Detektor ankommt.

Wie sich zeigt, »kringeln« sich die Pfeile an den Enden spiralförmig ein, bzw. ihre Wahrscheinlichkeitsamplituden interferieren sich weg. Vornehmlich sind das jene, die nach beiden Seiten weit von der optimalen Lösung entfernt sind. Wie viele Pfeile auch immer wir weiter außen noch dazu nehmen, sie alle landen

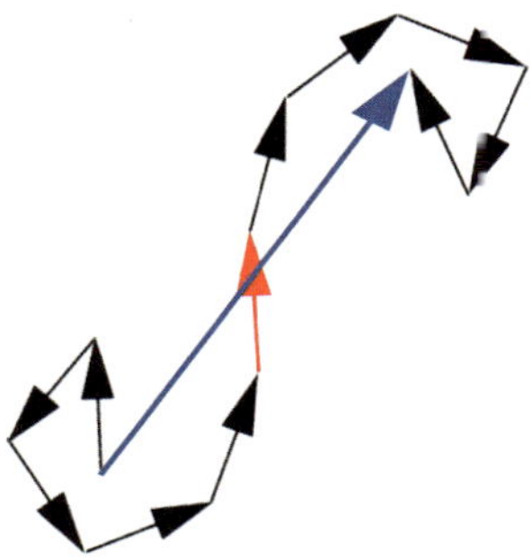

8.5 Die Addition aller Pfeile ergibt einen Summenpfeil (blau). Das Quadrat dieses Pfeils entspricht der Wahrscheinlichkeit, dass das Photon auf den möglichen Wegen ankommt. Die Wahrscheinlichkeitsamplituden extremer Wege interferieren sich weg. Der rote Pfeil entspricht dem wahrscheinlichsten Weg.

in den beiden Kringeln rechts und links in Abb. 8.5. Trotz unendlich vieler aufsummierter Pfeile bekommen wir einen endlichen Gesamtpfeil. Doch die Pfeile, die wirklich »Strecke machen« und wesentlich zum Gesamtergebnis beitragen, das sind, neben dem roten Pfeil der optimalen Lösung, nur diejenigen, die sehr nahe bei dieser Lösung liegen. Aus diesem Grund scheint für einen im Punkt 2 angebrachten Detektor das Licht am wahrscheinlichsten aus der Richtung innerhalb eines engen Korridors um die optimale Lösung zu kommen. Abb. 8.6, in der die Laufzeit eines Photons längs der Wege A bis K eingetragen ist, macht das Ganze hoffentlich noch verständlicher.

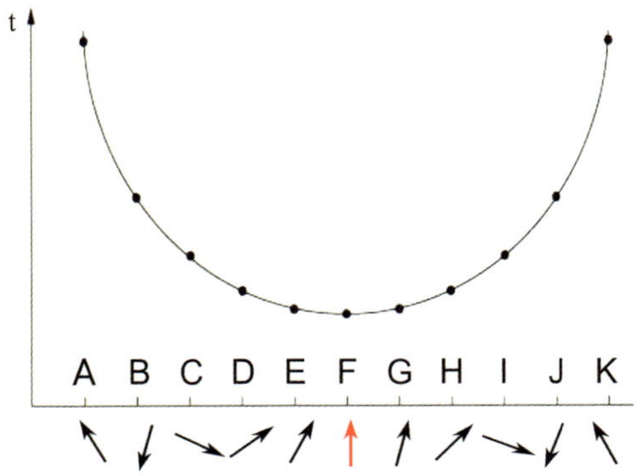

8.6 Laufzeit-Diagramm für die Wege A bis K der Abb. 8.4. Auf dem Weg mit dem roten Pfeil vergeht am wenigsten Zeit.

Man sieht: Am wenigsten Zeit benötigt ein Photon, das den Weg F einschlägt – so haben wir ja den optimalen Weg definiert. Je weiter jedoch die Wege von F entfernt sind bzw. je länger sie werden, umso mehr Zeit braucht ein Photon, um von der Quelle im Punkt 1 zum Detektor im Punkt 2 zu gelangen. Der Zeitverlust ist dabei überproportional, d. h. je weiter sich die Pfeile von der optimalen Lösung entfernen, desto steiler verläuft die Kurve in Abb. 8.6. Je mehr Zeit aber zwischen zwei benachbarten Wegen liegt, umso stärker sind die benachbarten Pfeile gegeneinander gedreht und umso mehr kringeln sie sich ein. Genau darin ist der Grund zu suchen, warum alle Wege, die nicht in unmittelbarer Nähe zur optimalen Lösung verlaufen, nichts mehr zum Gesamtpfeil beitragen. Um es nochmals klar herauszustreichen: Die Pfeile sind keine

Photonen! Es interferieren also nicht unendlich viele Photonen miteinander, sondern unendlich viele mögliche Wege, die das *eine* Photon, das wir betrachten, gehen kann.

Zusammenfassend stellen wir fest: Wir können unendlich viele Pfeile addieren und dennoch ein endliches Ergebnis erhalten. Damit haben wir ein völlig neues Bild zur Ausbreitung von Licht gewonnen. Bisher war ja immer nur von dem Prinzip der minimalen Wirkung bzw. dem der maximalen Eigenzeit die Rede. An diese Stelle tritt nun das neue Bild. Photonen beschreiten *alle* möglichen Wege mit derselben Wahrscheinlichkeit. Die »exotischen« Wege kringeln sich allerdings weg und tragen zur Gesamtwahrscheinlichkeit eines Messergebnisses nichts mehr bei. Deshalb beobachten wir in unseren Messgeräten und Augen stets Licht, das den optimalen Weg eingeschlagen hat. Die Antwort auf unsere Eingangsfrage ist also reichlich bizarr und lautet: Photonen kennen den optimalen Weg gar nicht!

8.2 Reflexion am Spiegel
Einfallswinkel gleich Ausfallswinkel?

Das macht Appetit auf mehr. Damit wir den Feynmanschen Zeigerformalismus noch besser verstehen, schauen wir uns ein weiteres Beispiel an, nämlich die Reflexion von Licht an einem Spiegel. Wie in Abb. 8.7 gezeigt, trifft das von der Quelle ausgehende Licht auf eine Spiegeloberfläche und wird dort nach der Regel »Einfallswinkel ist gleich Ausfallswinkel« zum Detektor reflektiert.

Das ist uns vertraut, und wie es scheint, kennen auch die Photonen diese Regel. Doch der eingezeichnete Weg ist nur eine der

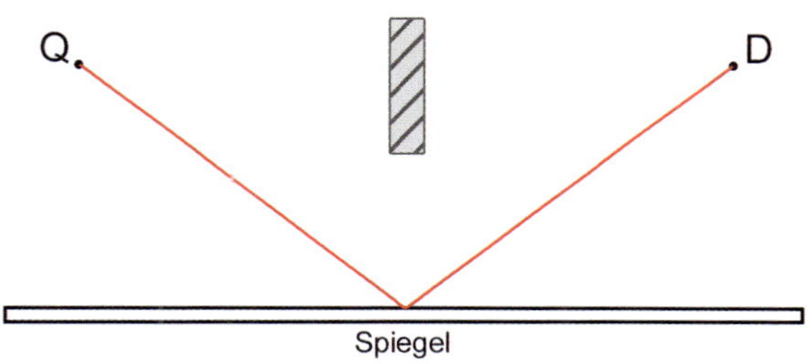

8.7 Reflexion am Spiegel.

Möglichkeiten, um von der Quelle zum Detektor zu gelangen. Tatsächlich gibt es noch unendlich viele andere. Einige davon sind in Abb. 8.8 eingetragen. Der Block zwischen Quelle und Detektor dient lediglich dazu, völlig exotische Wege auszuschließen.

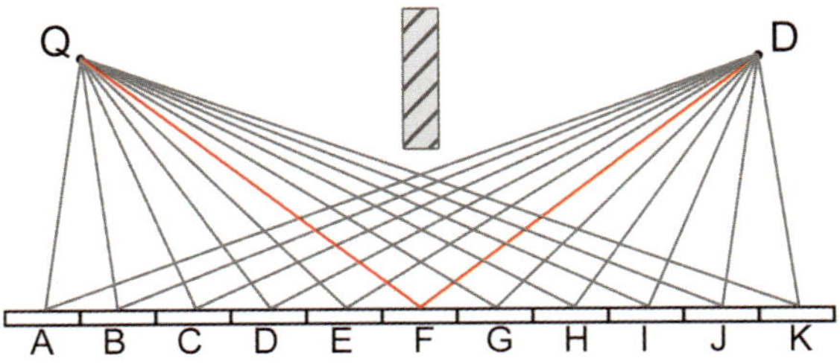

8.8 Mögliche Wege eines Photons für die Reflexion an einem Spiegel. Beim roten Weg ist der Einfallswinkel gleich dem Ausfallswinkel.

Wie schon bei unserem vorausgegangenen Beispiel stehen wir wieder vor dem Problem, aus all den möglichen Wegen den Weg herauszufiltern, den das Licht mit größter Wahrscheinlichkeit einschlägt. Dazu haben wir den Spiegel in die Bereiche A bis K unterteilt. Wie im vorausgegangenen Beispiel müssen wir sodann für jeden Weg den entsprechenden Feynman-Pfeil bestimmen. Wiederholen wir kurz, wie das geht. Entsprechend unserem Stoppuhr-Beispiel sind die Pfeile umso weiter im Uhrzeigersinn gedreht, je länger der Weg ist, den das Licht zurücklegen muss, um von der Quelle zum Detektor zu gelangen. Der kürzeste bzw. der optimale Weg ist der rote über Punkt F. Der zugehörige, in Abb. 8.9 eingetragene Pfeil F ist daher am wenigsten weit im Uhrzeigersinn gedreht – der Einfachheit halber zeichnen wir ihn senkrecht. Alle anderen Wege sind länger. Auf der Stoppuhr vergeht daher mehr Zeit, und der Zeiger dreht sich länger, bis das Photon am Detektor angekommen ist. Entsprechend sind auch die Pfeile weiter im Uhrzeigersinn gedreht oder, wenn Sie sich lieber daran orientieren, dass die Quelle die Pfeile dreht, weniger gegen den Uhrzeigersinn. Sie sehen: Auch in der Physik darf man gelegentlich wählen – basisdemokratische Physik also.

In Abb. 8.9, dem bereits bekannten Weg-Zeit-Diagramm, sind die Wege A bis K und die entsprechenden Pfeile eingetragen. Und da, wie aus dem Bild ersichtlich, die Wege beiderseits von F paarweise gleich lang sind, zeigen auch die Pfeile links und rechts von F paarweise in die gleiche Richtung.

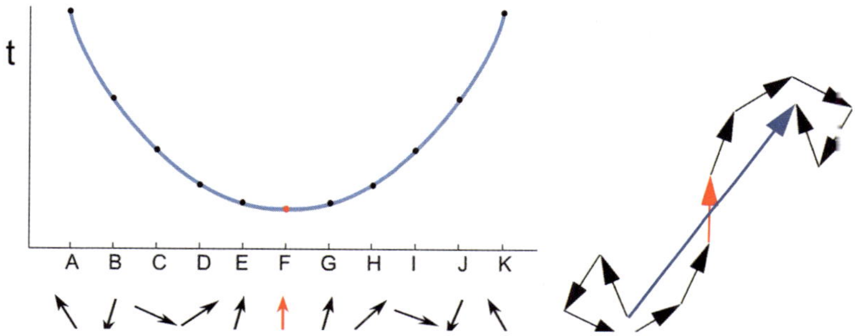

8.9 Laufzeit-Diagramm eines Photons auf den möglichen Wegen A bis K der Abb. 8.8. Auf dem mit dem roten Pfeil markierten Weg vergeht am wenigsten Zeit. Rechts: Addition der Pfeile mit Summenpfeil (blau).

Bei alldem haben wir stillschweigend vorausgesetzt, dass sich alle Pfeile auf ihrem Weg von der Quelle über den Spiegel zum Detektor mit der gleichen Geschwindigkeit drehen. Das gilt jedoch nur, solange wir monochromatisches Licht verwenden. Für einen Mix aus unterschiedlichen Farben, also für Licht unterschiedlicher Frequenz, gilt das nicht mehr, denn die Rotationsgeschwindigkeit hängt von der Frequenz des Lichts ab bzw. von der Energie der Photonen. Je mehr Energie, desto schneller rotiert der Pfeil – siehe Gleichung (7.90). Und da blaues Licht energiereicher ist als rotes, dreht sich ein »blauer Pfeil« schneller als ein »roter«.

Bleiben wir bei monochromatischem Licht. Im nächsten Schritt addieren wir wieder alle Pfeile. Das Ergebnis zeigt Abb. 8.9 (rechts). Wie schon bei unserem Luft-Wasser-Beispiel heben sich auch hier die Rand-Pfeile der Wege A, B, C bzw. I, J, K gegenseitig weg. Zu dem blau eingezeichneten Summenpfeil tragen wesentlich nur die in unmittelbarer Nähe zum optimalen Weg verlaufenden Wege E und G bei, also die Pfeile, die nahezu in die gleiche Richtung weisen, weil deren Laufzeit fast gleich ist. Das ist der eigentliche Grund, warum der wahrscheinlichste Weg für das Photon in unmittelbarer Nachbarschaft von F verläuft. Reflexion findet also hauptsächlich in der Mitte des Spiegels statt. An dieser Stelle ist auch der Einfallswinkel gleich dem Ausfallswinkel. Ein Photon weiß davon nichts, es kennt kein Reflexionsgesetz, jeder Weg ist möglich. Dass wir bei einer Messung dennoch den Weg F erhalten, beruht darauf, dass sich unendlich viele Wege weginterferieren. Der Schlüssel zu diesem Ergebnis sind die stark unterschiedlichen Zeiten, die das Photon auf den möglichen Wegen zum Punkt P benötigt. Abb. 8.9 zeigt das deutlich: Mit zunehmendem Abstand des Fußpunktes vom roten Punkt F auf der Spiegeloberfläche steigen die Laufzeiten überproportional an. Das ist gleichbedeutend mit der Feststellung, dass Licht immer den Weg nimmt, der am wenigsten Zeit beansprucht.

Kommen wir nochmals auf Abb. 8.9 zurück. Sie zeigt uns, dass die Reflexion nur in der Mitte des Spiegels stattfindet, in der unmittelbaren Umgebung der optimalen Lösung. Die Ränder des Spiegels tragen praktisch nichts dazu bei, die Pfeile kringeln sich dort weg. Das ist erst recht der Fall, wenn man den Spiegel nach beiden Seiten verlängert. Je weiter draußen, umso stärker wird das Gekringel. Da stellt sich doch die Frage: Findet da draußen überhaupt Reflexion statt, oder anders gefragt: Kann es sein, dass der Spiegel dort gar nicht reflektiert? Um das zu klären, schauen wir uns den Rand des Spiegels im Bereich der Segmente A bis C, wo sich die Pfeile wegkringeln, genauer an. In Abb. 8.10 ist dieser Bereich stark vergrößert dargestellt.

8.10 Vergrößerte Darstellung des Spiegelrandbereiches mit den die Laufzeiten charakterisierenden Pfeilen. Rechts: Die Addition der Randpfeile zeigt, dass sich die Beiträge vom Rand des Spiegels gegenseitig weginterferieren.

Pro Spiegelsegment bringen wir jetzt viel mehr Pfeile unter als in der nicht vergrößerten Ansicht. Für den Abschnitt A bis B haben wir 16 Pfeile eingezeichnet. Benachbarte Wege unterscheiden sich nun zeitlich deutlich weniger als in der nicht verkleinerten Darstellung, da die reflektierenden Segmente nun viel näher beieinanderliegen. Addieren wir jetzt wieder alle Pfeile auf, so formen sie, wie rechts in Abb. 8.10 dargestellt, die vertraute Cornu-Spirale, die zur Gesamtamplitude aller möglichen Wege keine nennenswerte Strecke beiträgt. Und da die Wahrscheinlichkeit für eine Reflexion in einem bestimmten Bereich gleich dem Quadrat des zugehörigen Summenpfeils ist, der jedoch hier nahezu die Länge null hat, ist auch die Wahrscheinlichkeit, dass die beiden Abschnitte zur Reflexion beitragen, verschwindend klein. Wir erhalten also wieder das gleiche, diesmal jedoch besser aufgelöste Ergebnis: Die äußeren Bereiche tragen zur Gesamtwahrscheinlichkeit nicht nennenswert bei.

Wie aber kann man zeigen, dass unsere Argumentation richtig ist und man die Ränder tatsächlich in die Berechnung der Gesamtwahrscheinlichkeit einbeziehen muss? Dazu müssen wir ein wenig tricksen. Zunächst unterteilen wir den Abschnitt A bis B wie in Abb. 8.11 eingezeichnet. Dann zerstören wir einzelne Bereiche indem wir dort die Spiegeloberfläche radikal zerkratzen. An diesen Stellen, in Abb. 8.11 grau gezeichnet, findet nun garantiert keine Reflexion mehr statt – die grauen Pfeile fallen somit weg.

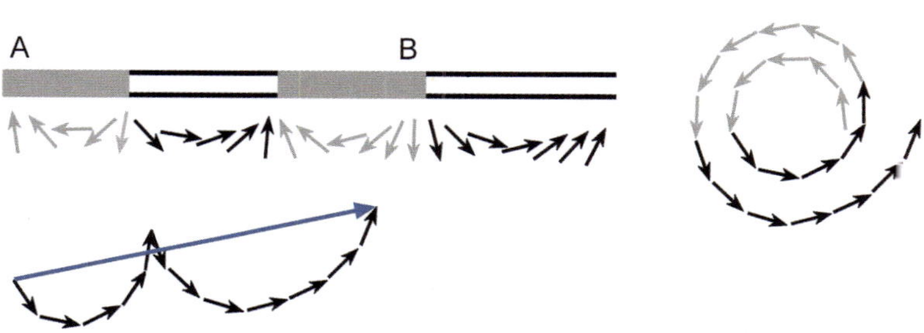

8.11 Wird die spiegelnde Fläche im Randbereich des Spiegels teilweise zerstört, so tragen auch Bereiche zur Reflexion bei, die beim unzerstörten Spiegel nicht beigetragen haben.

Addieren wir jetzt die verbliebenen schwarzen Pfeile – im ersten reflektierenden Spiegelabschnitt sind das fünf –, so bilden sie nahezu einen Halbkreis. In dem rechts daran anschließenden zerkratzten Bereich haben wir gar keine Pfeile, so dass es auch nichts zu addieren gibt. Weiter geht es erst wieder mit den schwarzen Pfeilen rechts von B. Deren Addition liefert wieder einen Halbkreis. Hängen wir nun, wie in Abb. 8.11 (unten) dargestellt, die beiden Halbkreise aneinander, dann machen wir plötzlich richtig Strecke, d. h. wir erhalten einen veritablen Summenpfeil.

Damit stehen wir vor der paradoxen Situation, dass wir einen nicht reflektierenden Bereich des Spiegels zum Reflektieren bringen, indem wir einen Teil der Spiegeloberfläche zerstören. Da möchte man doch an seinem Verstand zweifeln! Analog dazu könnte man ein Loch in die Wand eines dunklen Zimmers bohren, damit es dort ein wenig hell wird. Aber niemand wird erwarten, dass es wieder dunkel wird, wenn man ein zweites Loch bohrt. Doch in der Quantenmechanik ist selbst das möglich. Licht, das durch einen engen Spalt dringt, hellt den Bereich dahinter auf. Öffnet man aber, wie beim Doppelspaltexperiment, einen ähnlich engen Spalt neben dem ersten, so wird es an einigen Stellen plötzlich dunkel! Stichwort: Destruktive Interferenz. Die Quantenfeldtheorie liefert die Erklärung für derartige scheinbare Paradoxa.

Zurück zum Spiegel. Wir haben gesehen: Zerkratzt man den Spiegel an gewissen Stellen, dann tragen plötzlich auch die Bereiche zur Reflexion bei, die beim intakten Spiegel nichts geliefert haben. Einen derartigen (zerkratzten) Spiegel bezeichnet man als ein »Beugungsgitter«. In der Praxis werden dazu einige tausend Linien pro Millimeter in eine spiegelnde Oberfläche geritzt.

Ist dieses Beugungsgitter nun für alle Farben des Lichts bzw. für alle Wellenlängen geeignet? Nehmen wir an, wir haben unseren Spiegel so zerkratzt, dass ein Beugungsgitter entsteht, das für eine bestimmte Farbe des Lichts, sagen wir für rotes Licht, ausgelegt ist. Würde man blaues Licht verwenden, dann würde das Gitter nicht mehr gut funktionieren. Warum? Nun, wie erwähnt rotieren die Pfeile des blauen Lichts schneller als die des roten. Das hat zur Folge, dass die Pfeile in den intakten Bereichen des Spiegelabschnittes A bis B im Uhrzeigersinn weiter gedreht sind als die in Abb. 8.11. Damit liefert die Addition der Pfeile keinen Halbkreis mehr, sondern einen deutlich über den Halbkreis hinausgehenden Kreisbogen. Das hat zum Ergebnis, dass der Summenpfeil kürzer ausfällt. Ein kürzerer Summenpfeil steht aber für eine geringere Reflexionswahrscheinlichkeit. Um das Beugungsgitter für blaues Licht anzupassen, muss man daher die reflektierenden und die zerkratzten Spiegelbereiche verkleinern, damit trotz höherer Rotationsgeschwindigkeit der Pfeile wieder ein großer Summenpfeil entsteht.

Es gibt allerdings noch eine andere Möglichkeit, ein für rotes Licht optimiertes Beugungsgitter auch für blaues Licht zu verwenden. Man muss nur den Detektor versetzen, so dass er unter einem anderen Winkel auf die Spiegeloberfläche blickt, d. h. man muss, wie in Abb. 8.12 gezeigt, den Reflexionswinkel verändern.

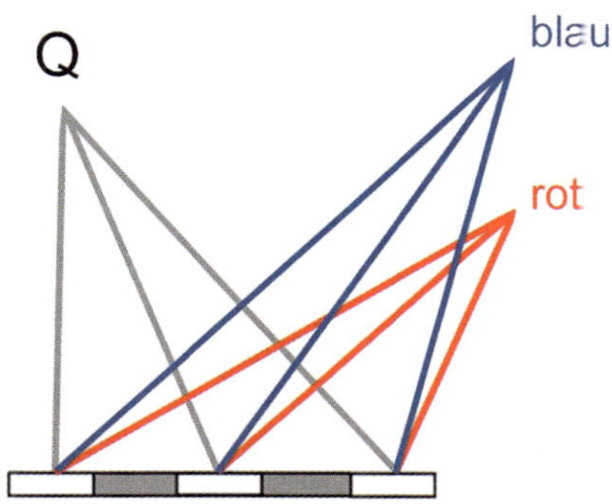

8.12 Durch Versetzen des Detektors (beispielsweise an die Position der Bezeichnungen »rot« oder »blau«) ist ein für eine Wellenlänge optimiertes Beugungsgitter auch für Licht einer anderen Wellenlänge verwendbar.

Wie bereits erwähnt, sind in der Praxis die intakten und die zerkratzten Abschnitte winzig klein. Wenn Sie jetzt meinen, Ihnen wäre so etwas noch nie untergekommen, dann sollten Sie sich mal eine CD ansehen. Wenn Sie diese gegen eine Tageslichtquelle halten und schräg auf sie schauen, dann sehen Sie, dass sie überall Licht reflektiert, und zwar nicht nur in einer Farbe, sondern, je nach Betrachtungswinkel – siehe Abb. 8.12 –, in allen Farben des Regenbogens. Die CD funktioniert wie ein Beugungsgitter, nein, sie ist ein Beugungsgitter.

Fassen wir zusammen: Die Quantenelektrodynamik liefert uns überraschend einfache Erklärungen für die Phänomene des Lichts. Die Darstellung der komplexen Wahrscheinlichkeitsamplituden als drehende Pfeile ermöglicht es, die Probleme auf anschauliche Weise zu behandeln. An die Stelle eines mathematischen Formalismus tritt ein von Feynman entwickelter sogenannter »Zeigerformalismus«, mit dem sich der Komplexitätsgrad des Problems deutlich reduziert. In den folgenden Beispielen, in denen wir das Wesen der Photonen weiter ergründen werden, insbesondere wie diese Teilchen mit Materie wechselwirken, wird uns dieses »Werkzeug« noch sehr nützlich sein.

Noch ein Wort zu Feynman als Mensch. In der Wissenschaft eine vielbeachtete Lichtgestalt, war er jedoch auch eine stark polarisierende Persönlichkeit. Manche Historiker bezeichnen ihn als dreisten, unorthodoxen Geist mit vielen auch unangenehmen Facetten. Oft wurde ihm sein unkritisches Mitwirken am Bau der ersten Atombombe vorgehalten. Wolfgang Pauli z. B. hatte Deutschland verlassen müssen und sich trotzdem geweigert, an der Entwicklung von Waffen mitzuwirken. Andere haben ihre Teilnahme später öffentlich bereut. Sogar der Leiter des Manhattan-Projekts – Robert Oppenheimer – wurde nach dem Abwurf der Atombombe am 16. Juli 1945 über Hiroshima von Selbstzweifeln geplagt und zitierte aus einer Hinduschrift: »Ich wurde der Tod – der Zerstörer der Welten.« Feynman meinte dazu stets, dass er es nie bereut habe, am Bau der Atombombe in Los Alamos beteiligt gewesen zu sein, dass er sich allerdings rückblickend den Vorwurf mache, nicht damit aufgehört zu haben, nachdem das Dritte Reich keine Bedrohung mehr darstellte. Ich denke, auch dahingehend kann man als Wissenschaftler sehr viel von ihm lernen – Verfehlungen von Menschen sind oft lehrreicher als Tugenden. Egal wie sehr man in die Detailfragen eines Forschungsprojekts vertieft ist und vom Forscherdrang getrieben wird, es lohnt sich stets, den Blick über das große Ganze zu bewahren und *alle* Konsequenzen im Auge zu behalten. Eine Erkenntnis, die sicherlich auch außerhalb der Wissenschaft gilt.

Damit ist Feynmans Persönlichkeit aber noch nicht ansatzweise umrissen. Für seine Kollegen war er sowohl ein brillanter Wissenschaftler als auch ein grandioser Selbstdarsteller. Außer auf seine wegweisenden Beiträge zur Quantenelektrodynamik stützt sich sein wissenschaftlicher Ruf auch auf die als »Feynman Lectures« bekanntgewordenen Lehrbücher, die ihn als genialen Lehrer ausweisen. In Wirklichkeit überforderte er damit jedoch viele seiner Studierenden. Feynman selbst bekannte, dass immer mehr seiner Schüler seine Vorlesungen verließen. Dafür kamen umso mehr Doktoranden und Lehrer. Folglich hat man seine Bücher auch als Einführungskurse für Doktoranden bezeichnet. Dem Privatmann Feynman sagt man nach, er habe Frauen schamlos ausgenutzt, sich in Striptease- und Topless-Bars herumgetrieben und Tänzerinnen und Studentinnen nackt gezeichnet. Im prüden Amerika der Nachkriegszeit war das ein Skandal. Nichtsdestotrotz war er in den Naturwissenschaften des 20. Jahrhunderts einer der ganz Großen und hat mit seinen Arbeiten zur Quantenelektrodynamik entscheidend zu einem besseren Verständnis der Welt beigetragen.

8.3 Elektromagnetische Strahlung
Fliegen Photonen geradeaus?

Die Quantenelektrodynamik liefert uns ein völlig neues Bild des Lichts. In der klassischen Optik unterliegt die Lichtausbreitung starren Regeln. So gilt für die Reflexion an einem Spiegel »Einfallswinkel ist gleich Ausfallswinkel«, und beim Übergang von einem Medium in ein anderes wird der Weg des Lichts entsprechend Vorschrift (7.19) »abgeknickt«, wie in Abb. 7.7 dargestellt. In der Quantenelektrodynamik haben diese Regeln ihren Sinn verloren, noch schlimmer: Es gibt diese Regeln nicht, das Licht kennt keine derartigen Regeln. Es weiß nicht, welchen Weg es nehmen soll, um von A nach B zu gelangen. Es weiß auch nichts von der Fermatschen Regel, nach der es den schnellsten Weg einzuschlagen hat. Die Teilchen des Lichts, die

Photonen, sind an keine bestimmten Wege gebunden, vielmehr sind alle denkbaren Wege möglich, seien sie auch noch so verschlungen. Wie wir gesehen haben, löst sich dieser scheinbare Widerspruch auf, weil sich fast alle Wege, die sich nicht an das Fermatsche Prinzip halten, gegenseitig weginterferieren. Sie tragen nichts oder nur geringfügig zur Gesamtwahrscheinlichkeit bei.

Wenn ein Photon jeden möglichen Weg nehmen kann, dann ist das zunächst ziemlich verblüffend. Doch wenn man es genau bedenkt, dann ist diese Aussage die einzig schlüssige. Ansonsten würden sich immer wieder Fragen aufdrängen: »Wie und warum verhalten sich die Photonen genau so und nicht anders?« Wenn es jedoch keine Regeln gibt, dann kann man sie auch nicht hinterfragen.

Bisher haben wir stillschweigend akzeptiert bzw. wir haben es bei unseren Beispielen so gehandhabt, dass sich Licht geradlinig ausbreitet. Wir haben die Lichtwege immer als gerade Linien eingezeichnet. Wie aber passt das zusammen mit der Aussage, Photonen kennen keine Regeln? Um darauf eine Antwort zu finden, betrachten wir den in Abb. 8.13 dargestellten Aufbau mit einer Lichtquelle Q, die monochromatisches Licht aussendet, einem Detektor D und einigen Wegen von Q nach D.

Der rote Weg ist der nach den Regeln der klassischen Optik erwartete Weg. Die beiden benachbarten blauen Wege weichen nur geringfügig von einer Geraden ab und unterscheiden sich nur

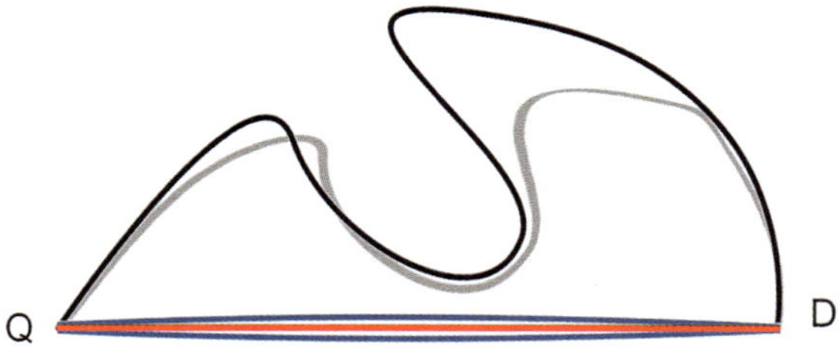

8.13 Mögliche Wege eines Photons von Q nach D. Schwarz und grau: extreme Wege. Rot: kürzester Weg. Blau: annähernd kürzester Weg.

wenig in der Laufzeit, d. h. ihre Pfeile sind nur gering gegeneinander gedreht. Stellvertretend für wesentlich längere »barocke« Schnörkel steht der schwarze Weg. Obwohl er einige Schlenker vollführt, ist er gleich wahrscheinlich. Selbst abstruse Wege, die beispielsweise in Spiralen zum Punkt D laufen oder erst einmal zwei Schleifen um den Mond ziehen, bevor sie ans Ziel gelangen, zählen zu den unendlich vielen möglichen Lichtwegen. Wieder stehen wir vor der Aufgabe, eine Gesamtwahrscheinlichkeit zu bilden aus der Summe unendlich vieler, gleichberechtigter Einzelamplituden. Die Antwort liefert uns wieder der Zeigerformalismus.

Rekapitulieren wir kurz: Jede Amplitude für ein Ereignis lässt sich als komplexe Zahl z auffassen, die ihrerseits als ein rotierender Pfeil bestimmter Länge dargestellt werden kann. Die Richtung des Pfeils lässt sich mit Hilfe einer Stoppuhr ermitteln, die startet, wenn das Photon die Quelle verlässt, und stoppt, wenn es am Ziel ankommt. Die Stellung des Stoppuhrzeigers entspricht dann der Stellung des Pfeils. Je länger der Weg des Photons, desto länger läuft die Uhr, und desto weiter ist der Pfeil im Uhrzeigersinn gedreht. Dass sich in Wirklichkeit der Pfeil an der Quelle dreht und nicht unterwegs, sei hier nochmals erwähnt. Da alle Lichtwege gleich wahrscheinlich sind, sind auch alle Pfeile gleich lang, und da wir monochromatisches Licht verwenden, drehen sie sich auch gleich schnell.

Die Summe der Pfeile aller möglichen Wege ergibt sich völlig analog zu unseren bisherigen Betrachtungen. Diesmal kringeln sich die »barocken« Wege mit ihren großen Laufzeitunterschieden weg, und lediglich der rote Weg mit seinen unmittelbaren Nachbarn »macht Strecke«.

Obwohl das Licht also alle Wege geht, tragen nur der rote, der klassischen Vorstellung entsprechende Weg und die ihm benachbarten blauen Wege wesentlich zum Ergebnis bei. Deshalb dürfen wir die Lichtwege grundsätzlich geradlinig zeichnen. Wir sollten uns jedoch stets daran erinnern, dass jede Gerade in Wirklichkeit unendlich viele »wilde« Bahnen repräsentiert. Die zugehörigen Pfeile interferieren sich lediglich gegenseitig weg. Anders ausgedrückt: Nur Wege, die sich annähernd an die von der klassischen Optik vorgegebene Regel halten, dass Licht sich geradlinig ausbreitet, tragen zum Ergebnis bei. Das ist insbesondere der rote Weg, aber auch in die blauen »schnuppert« das Licht noch ein wenig hinein.

Mit dieser Erkenntnis, dass auch die klassische Regel »Licht breitet sich geradlinig aus« in der Quantenelektrodynamik keine Bedeutung hat, dass die Photonen also auch diese Regel nicht kennen, sondern alle möglichen Wege nehmen, wollen wir im Folgenden etwas experimentieren. Dazu schieben wir zunächst je einen Block von oben und unten in die Lichtwege der Abb. 8.13, so dass alle bizarren, aber auch die deutlich vom kürzesten Weg abweichenden Wege ausgeblendet werden. Außerdem bringen wir einen zweiten Detektor im Punkt Z an. Das Ergebnis ist in Abb. 8.14 dargestellt, wobei der Einfachheit halber die grünen Wege als gerade Linien eingezeichnet sind.

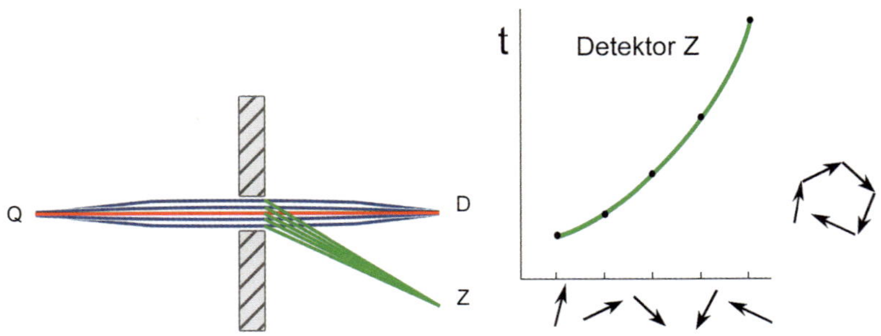

8.14 Eine Lochblende engt die Anzahl der möglichen Wege auf einen Bereich um die gerade Verbindung ein. Hinter der Blende sind einige der möglichen Wege zu den Punkten D und Z eingezeichnet. Am Punkt Z bleibt es dunkel. Rechts: Laufzeit-Diagramm eines Photons auf den grünen Wegen.

Da nun die Wege von Q nach D eng beieinander liegen und nahezu gleich lang sind, unterscheiden sich auch die Zeiten, die ein Photon benötigt, um von Q nach D zu gelangen, nicht sonderlich. Anders verhält es sich mit den Wegen zum Detektor Z. Man sieht, dass der vom oberen Weg des von Q nach D führenden Bündels abzweigende Weg zum Detektor Z länger ist als der, der vom unteren Weg dieses Bündels abgeht. Das aber bedeutet, dass sich, wie im Zeit-Weg-Diagramm in der Abb. 8.14 (rechts) dargestellt sowohl die Laufzeiten der Photonen als auch die Richtungen der zugehörigen Pfeile deutlich unterscheiden. Wie gezeigt machen die aneinandergereihten Pfeile keine Strecke, sondern kringeln sich gegenseitig weg. Der resultierende Summenpfeil ist also praktisch gleich null. Das bedeutet: Am Detektor Z kommt kein Licht an, er bleibt stumm.

Einer ähnlichen Situation sind wir auch bei der Behandlung der Reflexion an einem Spiegel begegnet. Dort hatten die Randbereiche des Spiegels nichts zur Reflexion beigetragen. Erst als wir den Spiegel zerkratzt hatten, trugen auch diese Bereiche bei. Da stellt sich nun die Frage: Kann man vielleicht auch beim jetzigen Experiment mit einem ähnlich fiesen Trick Licht zum Detektor Z lenken, indem wir Lichtwege verhindern, die sich mit anderen weginterferieren? Was bietet sich da an? Nun, was wir verändern können, das ist der Abstand der beiden Blöcke. Die schieben wir jetzt enger und enger zusammen, und zwar so weit, bis nur noch ein sehr schmales Wegebündel hindurchtreten kann. In Abb. 8.15 ist die Situation dargestellt.

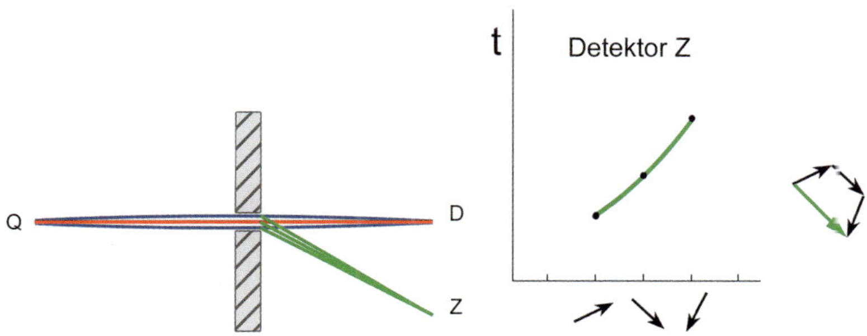

8.15 Bei sehr engem Spalt wird es auch im Punkt Z hell. Rechts: Laufzeitdiagramm eines Photons auf den grünen Wegen.

Die verbliebenen Wege sind jetzt sehr eng zusammengerückt mit dem Ergebnis, dass sich die Laufzeiten der Photonen am Detektor D noch weniger unterscheiden. Doch was tut sich am Detektor Z? Dadurch, dass wir die Blöcke so eng zusammengeschoben und die Randstrahlen ausgeblendet haben, wird auch das Wegebündel, das vom zentralen Bündel abzweigt, immer enger. Das heißt: Die Wege rücken zusammen, und die Laufzeiten der Photonen unterscheiden sich weit weniger als beim größeren Blockabstand. Im Zeit-Wege-Diagramm (Abb. 8.15 rechts) bleiben nur noch drei Pfeile übrig, die durchaus Strecke machen. Das aber bedeutet: Am Detektor Z wird es hell, es klickt, es kommt Licht an!

Dieses Ergebnis zeigt uns, was in Wirklichkeit vor sich geht, wenn Licht auf einen engen Spalt trifft. Wir sollten das im Gedächtnis behalten, denn bei dem Vorhaben, sich ein Bild davon zu machen, was an einem Doppelspalt passiert, wird uns das noch sehr nützlich sein.

Obwohl anhand der vorausgegangenen Beispiele klargeworden sein dürfte, wie sich Licht wirklich verhält, wollen wir an einem letzten Beispiel nochmals die Mächtigkeit des feldtheoretischen Ansatzes zur Ausbreitung von Licht demonstrieren. Dazu betrachten wir parallele Lichtwege, die in der Optik näherungsweise bei einer sehr weit entfernten Quelle verwendet werden, und stellen uns die Frage: Ist es möglich, diese Lichtwege so zu manipulieren, dass sie zur gleichen Zeit an einem Punkt D zusammenlaufen? Abb. 8.16 (links) veranschaulicht die Ausgangslage.

Offensichtlich werden die Lichtwege nach außen hin immer länger. Sie ahnen schon, was jetzt kommt. Wie bei den voraus-

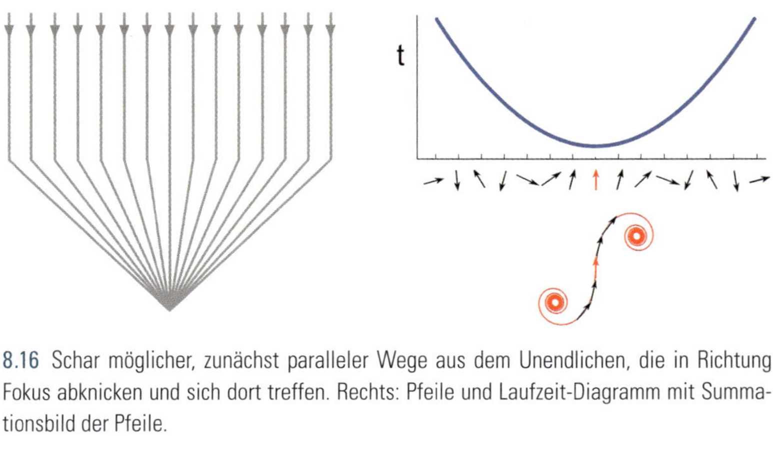

8.16 Schar möglicher, zunächst paralleler Wege aus dem Unendlichen, die in Richtung Fokus abknicken und sich dort treffen. Rechts: Pfeile und Laufzeit-Diagramm mit Summationsbild der Pfeile.

gegangenen Beispielen wollen wir wieder die zu den einzelnen Wegen gehörenden Amplituden (Pfeile) bestimmen und sie dann addieren. Wie immer gilt: Je länger der Weg, desto weiter ist der Pfeil im Uhrzeigersinn gedreht. Da wir das schon mehrmals durchexerziert haben, ersparen wir uns, das für jeden Weg vorzuführen, und zeigen stattdessen mit Abb. 8.16 (rechts) gleich das Ergebnis. Wie erwartet sind es wieder die Pfeile in unmittelbarer Nähe um den zum kürzesten Weg gehörenden roten Pfeil, die bei der Addition Strecke machen. Je weiter vom Zentrum entfernt, desto mehr interferieren sich die Pfeile gegenseitig weg. Fazit: Alles wie gehabt und für uns nichts Neues.

Vielleicht werfen Sie uns jetzt vor, wir hätten uns das Beispiel doch sparen können, wenn es eh keine neuen Erkenntnisse liefert. Aber wir sind noch nicht am Ende. Denn wir wollen jetzt den Photonen das Fortkommen auf den kurzen Wegen »erschweren«, d. h. wir wollen ihnen etwas in den Weg stellen, etwas, das den Photonen Zeit raubt, so dass sie genauso lange wie auf den äußeren, den langen Wegen unterwegs sind und folglich alle möglichen Wege die gleiche Zeit beanspruchen. Da sich Licht in Glas langsamer ausbreitet als in Luft, stellen wir dem Photon auf dem kürzesten Weg ein dickes Stück Glas in den Weg. Zu den Randbereichen hin muss das Glas immer dünner werden – weil wir dort die Photonen weniger behindern müssen. Abb. 8.17 zeigt in Blau

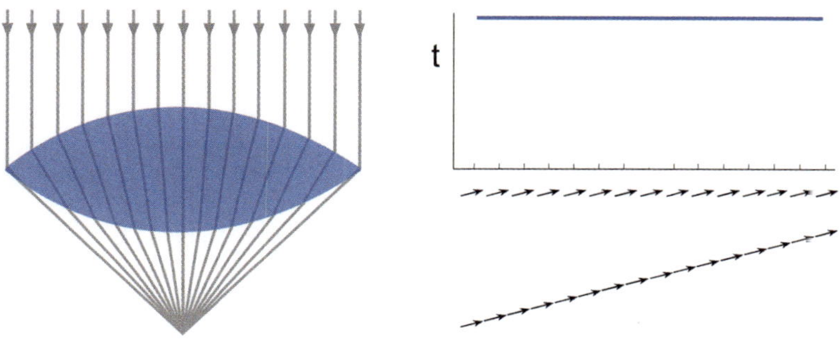

8.17 Ein linsenförmiger Glaskörper bremst die Photonen durch seine unterschiedliche Dicke so, dass sie auf allen Wegen gleich viel Zeit zum Fokus benötigen. Rechts: Laufzeit-Diagramm und Summationsbild der Pfeile.

unsere »Photonenbremse«. Alle eingezeichneten Pfeile zeigen nun in die gleiche Richtung – aus der Spirale in Abb. 8.16 ist nun eine Gerade geworden – und die Addition der Pfeile ergibt die maximale Strecke.

Damit haben wir alle eingezeichneten Wege zeitlich »auf Linie« gebracht. Das Glashindernis nennt man in der Optik eine Sammellinse – da sie das Licht fokussiert. Jetzt noch zu den Pfeilen: Der »Einbau« der Glaslinse hat dazu geführt, dass das Licht auf allen Wegen gleich lang unterwegs ist. Wollen wir, wie gehabt, die Richtung der Pfeile mit der Stellung des Zeigers einer Stoppuhr bestimmen, dann bekommen wir ein Problem, denn jetzt darf die Uhr vom Start der Photonen bis zum Ziel nicht mit gleicher Geschwindigkeit laufen. In der Zeit, während das Licht den Glaskörper passiert, muss die Uhr, entsprechend der langsameren Drehung der Pfeile, vielmehr langsamer ticken, da ansonsten eine zu große Drehung der Pfeile zustande käme. Das Problem löst sich, wenn wir uns daran erinnern, dass sich die Pfeile in Wirklichkeit nicht längs des Weges, sondern an der Quelle drehen. Je mehr Zeit ein Photon für einen Weg benötigt, desto früher muss es die Quelle verlassen haben, um mit den Photonen auf den kürzeren Wegen zeitgleich am Ziel anzukommen. Wenn aber durch die Glaslinse alle Wege gleich viel Zeit beanspruchen, dann starten auch alle Pfeile mit der gleichen Ausrichtung, und sie kommen auch mit der gleichen Ausrichtung am Ziel an. Der rechte Teil der Abb. 8.17 zeigt die zu den einzelnen Wegen gehörenden Pfeile und das entsprechende Zeit-Weg-Diagramm. Die Addition der Pfeile verdeutlicht, dass alle Pfeile zum Summenpfeil beitragen und gehörig Strecke machen. Man kann also, wie es auch die klassische Optik vorgibt, mit einer Sammellinse das Licht aller Wege in einem Punkt konzentrieren, dort hat man dann maximale Helligkeit. Der Unterschied zwischen der klassischen Optik und der feldtheoretischen Betrachtungsweise ist jedoch gewaltig: Während in der klassischen Optik nur Wege zählen, die geradlinig von der Quelle zur Linse verlaufen, dürfen sich in der Quantenelektrodynamik die Wege beliebig ausgeprägte »Schlenker« erlauben.

Fassen wir zusammen: Zu allen Regeln der klassischen Optik gibt es ein entsprechendes einfaches Weltbild, das alle Wege zulässt. In diesem Bild darf man verschnörkelte Wege auf geradlinige Lichtausbreitungen reduzieren, und man kann mit Hilfe sich drehender Pfeile bis zum Zielpunkt verfolgen, wie sich die komplexe Zahl verhält, die das Ereignis beschreibt. Über die Gesamtwahrscheinlichkeit aller Einzelereignisses gibt schließlich der aus der Addition aller Pfeile resultierende Summenpfeil Auskunft. Das Faszinierende daran: Es ist nie die Rede von Wellen oder dem Welle-Teilchen-Dualismus. Offenbar haben wir mit diesem Bild eine Tür zu einer Welt aufgestoßen, die ohne diese »Erklärungskrücken« auskommt.

8.4 Pfadintegralformalismus Nichts ist unmöglich

Dieses Kapitel führt uns zu einem der spektakulärsten Aussichtspunkte entlang unserer Wanderung »Von Aristoteles zur Stringtheorie«. Die Rede ist vom Feynmanschen Pfadintegralformalismus. Physiker geraten geradezu in Verzückung über die Spannweite dieser quantenmechanischen Behandlung der Teilchenbewegung. Der Ausblick wird Ihnen gefallen – so viel steht fest. Aber wie das meistens ist bei tollen Aussichtspunkten: Es liegt ein schweißtreibender Aufstieg vor uns. Hierzu benötigen wir unbedingt den Lagrange-Formalismus, wie wir ihn bereits im Kapitel 2.10 kennengelernt haben. Wer nicht mehr ganz sattelfest ist, schlägt bitte nochmals kurz dort nach.

Wichtig ist auch der Zeigerformalismus von Feynman, mit dem wir die Ausbreitung von Licht erklärt haben. Er hat uns gelehrt, dass wir komplexe Phänomene zusammensetzen dürfen aus einzelnen Amplituden und dass diese Phänomene auf beliebig vielen, beliebig verschlungenen Wegen stattfinden können. Jedem dieser Wege kommt eine eigene Amplitude zu, die man als komplexe Zahl anhand eines Pfeils einer gewissen Länge und eines Winkels φ, der Phase der komplexen Zahl, darstellen kann. Werden schließlich die Pfeile aller Wege addiert, so gibt das Quadrat über den resultierenden Summenpfeil die Gesamtwahrscheinlichkeit wieder, zu der jedoch nur wenige Amplituden effektiv beitragen, obwohl wir unendlich viele Wege zugelassen haben. Der Grund dafür ist, dass sich am Ende die meisten Pfeile, die sich im Winkel φ stark unterscheiden, einfach weginterferieren. Wir haben auch gesehen, dass bei einer Quelle, von der ein »Lichtstrahl« zu einem bestimmten Punkt ausgeht, selbst die verrücktesten Lichtwege gleichberechtigt möglich sind, man aber trotzdem alle diese Lichtwege zu einer geraden Linie zusammenfassen kann, da sich die »Schnörkelwege« ebenfalls weginterferieren. Nichtsdestotrotz sollte man sich stets bewusst sein, dass neben dieser Geraden beliebig viele weitere Wege möglich sind.

Setzen wir das um in ein Bild, dann bietet sich eine Darstellung an, in der eine Lichtquelle Q einen Strahl monochromatischen Lichts zu einem Spalt in einer Blende schickt (Abb. 8.18). Wenn wir den Spalt gedanklich so klein machen, dass nur eine einzige Bahn hindurch passt, dann können wir, ausgehend vom Spalt, beliebig viele Linien zu einem Schirm ziehen, entlang deren sich das Licht ausbreiten kann.

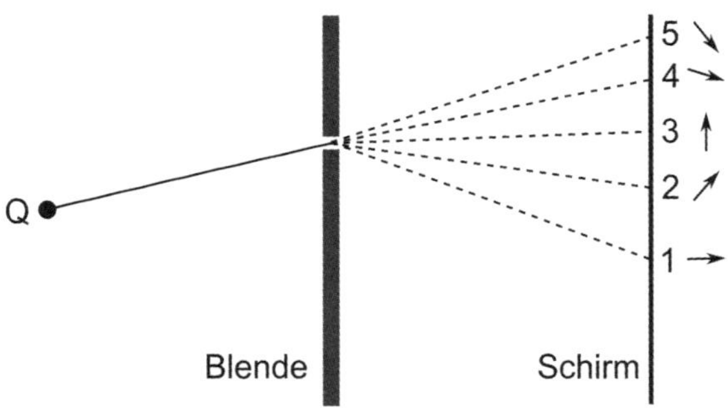

8.18 Diverse Wege eines Photons von der Quelle Q durch einen Spalt zu einem Schirm. Da die Wege unterschiedlich lang sind, sind die Pfeile nicht symmetrisch zum Weg 3 ausgerichtet.

Dabei haben wir aber immer im Hinterkopf, dass neben diesen gestrichelt eingezeichneten Lichtwegen beliebig viele weitere, wie auch immer verschnörkelte Lichtwege möglich sind. Entsprechend dem Feynmanschen Pfeilformalismus, der die Ausbreitung von Licht mit Hilfe rotierender Pfeile behandelt, können wir uns nun ansehen, wie sich die zu den diversen Wegen gehörende Phase φ der Amplituden am Schirm verhält. Wir wissen: Je länger der Lichtweg ist, umso mehr Zeit benötigt das Licht vom Spalt zum Schirm, und umso mehr sind die Pfeile im Uhrzeigersinn gedreht. In Abb. 8.18 sind einige Lichtwege zusammen mit den unterschiedlich ausgerichteten Pfeilen eingezeichnet. All das ist uns vertraut und birgt nichts Neues.

Wie aber sieht es aus, wenn wir ein zweites Loch in die Blende bohren? Ein Loch, das bezüglich einer vom Punkt Q lotrecht zum Schirm verlaufenden Geraden symmetrisch zum ersten Loch platziert ist? Wie in Abb. 8.19 dargestellt, kann das Licht nun auf zwei Wegen, 1 und 2, in Richtung Blende laufen.

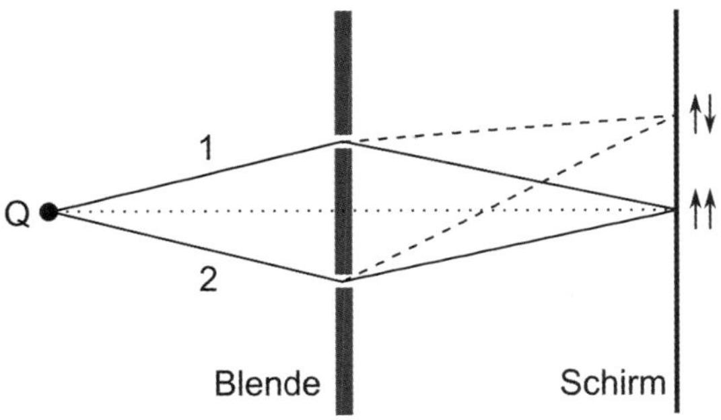

8.19 Zwei Lichtwege von einem Doppelspalt zu einem Schirm. Ausgezogene Linien: Die zu den beiden Wegen gehörigen Pfeile treffen mit gleicher Ausrichtung auf den Schirm – konstruktive Interferenz. Gestrichelte Linien: Die Pfeile treffen mit entgegengesetzter Ausrichtung auf den Schirm – destruktive Interferenz.

Obwohl dem Licht hinter den Spalten wieder beliebig viele Wege offenstehen, wollen wir zunächst nur die beiden betrachten, die sich in Verlängerung der gepunkteten Mittellinie am Schirm treffen. Da von der Quelle Q über die beiden Spalte bis zum Auftreffpunkt am Schirm die beiden Wege identisch lang sind, braucht auch das Licht längs beider Wege gleich viel Zeit. Folglich sind auch die rechts eingetragenen Pfeile gleich weit gedreht, sie zeigen in die gleiche Richtung. Damit liefert die Addition der Pfeile einen maximalen Summenpfeil. Das aber bedeutet, dass das Licht beider Wege am Auftreffpunkt konstruktiv interferiert bzw. dass die Wahrscheinlichkeit für Licht bzw. Helligkeit am Auftreffpunkt maximal ist.

Entfernen wir uns ein wenig von diesem »Maximalpunkt« am Schirm, dann werden sich auch die Wege von der Quelle Q über die beiden Spalte zum Schirm ein wenig in ihrer Länge unterscheiden. Die beiden Pfeile werden also nicht mehr exakt in die gleiche Richtung zeigen, sondern in ihrer Ausrichtung ein wenig differieren. Mithin wird auch der Summenpfeil kürzer ausfallen und damit die Wahrscheinlichkeit für Licht an dieser Stelle entsprechend kleiner sein. Mit zunehmender Entfernung des Auftreffpunkts vom »Maximalpunkt« werden sich die Pfeile in ihrer Ausrichtung immer mehr unterscheiden. Irgendwann werden sie rechtwinklig zueinander stehen, und dann kommt der Punkt, an dem der eine Pfeil in die dem anderen Pfeil entgegengesetzte Richtung weist. In Abb. 8.20 sind die entsprechenden Lichtwege hinter den Spalten gestrichelt eingezeichnet. Da sich in diesem Punkt die Pfeile gegenseitig »auslöschen«, ist dort auch die Gesamtamplitude null und mit ihr die Wahrscheinlichkeit für Licht. Mit anderen Worten: Es ist dort dunkel! Entfernt man sich von diesem finsteren Ort, so steigt die Gesamtamplitude wieder an, bis man schließlich wieder zu einem Punkt gelangt, an dem die beiden Pfeile wieder die gleiche Ausrichtung haben. Erinnert Sie das an was? Na klar, das ist das Interferenzbild, das wir bei der Besprechung des Doppelspaltes erhalten haben. In Abb. 8.20 ist es in Rot dargestellt.

Noch ein Wort zum Interferenzmuster. Man sieht, die Nebenmaxima sind deutlich niedriger als das Hauptmaximum, dort kommt weniger Licht an. Wenn aber alle Pfeile gleich lang sind, dann sollte die Addition der Pfeile in den Nebenmaxima doch auch wieder die gleiche Länge ergeben wie die Addition der Pfeile im Hauptmaximum. Doch die Pfeile sind eben nicht gleich lang! Man muss berücksichtigen, dass die Intensität des Lichts umgekehrt zum Quadrat der Entfernung von der Quelle abnimmt. Damit verkürzen sich die Pfeile kontinuierlich auf ihrem Weg von Q zum Ort des Nebenmaximums. Folglich ist am Ort des Nebenmaximums auch der Summenpfeil entsprechend kürzer bzw. die Intensität entsprechend erniedrigt.

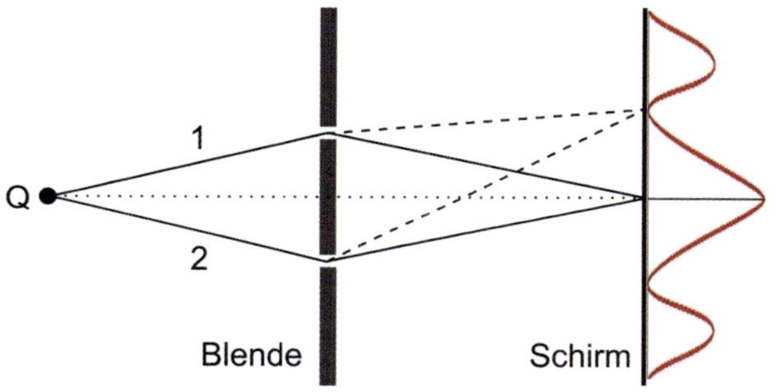

8.20 Interferenzmuster (rot) auf dem Schirm

So einfach ist das also mit dem Doppelspalt. Wir brauchen kein Wellenbild mehr, keine Wellenlängenunterschiede und keine Winkel, bei denen sich die Wellen gegenseitig verstärken bzw. auslöschen. Wir benötigen lediglich Pfeile und deren Ausrichtung. Wir sind nicht einmal mehr auf spezielle Lichtwege angewiesen. Das Licht darf vor und hinter den Spalten unendlich viele Wege mit unendlich vielen Kapriolen beschreiten. Es kann z. B. durch einen der Spalte hindurchtreten, hinter der Blende umkehren, durch den anderen Spalt in Richtung Mond laufen, wieder durch einen der Spalte zurückkehren, um dann erst zum Schirm zu gelangen. »Anything goes.« Wir machen nichts anderes, als unendlich viel Wege zuzulassen. Damit erübrigt sich auch jede Debatte zu der Frage, durch welchen der Spalte die Teilchen des Lichts, die Photonen, eigentlich gehen. Alles vernachlässigbar. Im weitesten Sinne könnte man von einer Entzauberung der Verhältnisse am Doppelspalt sprechen.

Damit rückt der Aussichtspunkt in Sichtweite, doch ganz haben wir ihn noch nicht erreicht. Dazu brauchen wir jetzt wieder etwas Mathematik. Setzen wir anstelle der Pfeile wieder ihre mathematische Bedeutung. Was genau war nochmals so ein Pfeil? Oder anders gefragt: Was ist eigentlich die Amplitude, die einem beliebigen Lichtweg von Q über einen der Spalte zum Auftreffpunkt am Schirm zukommt? Sollten Sie jetzt nicht sofort antworten mit: Die Pfeile stehen für komplexe Zahlen z, die wir darstellen können als

$$z = r \cdot e^{i \cdot \varphi} = r \cdot e^{-i \cdot \frac{Et}{\hbar}} \tag{8.1}$$

dann drehen Sie bitte zur Auffrischung nochmals eine Ehrenrunde durch Kapitel 7.10 – bei der zeitabhängigen Schrödingergleichung hatten wir uns das erarbeitet. Dabei ist r die Länge des Pfeils, E ist die Energie, t die Zeit und $\hbar$ das Plancksche Wirkungsquantum dividiert durch 2π. Gemäß Gleichung (8.1) ist der Winkel φ, um den wir die Pfeile rotieren lassen, gleich $(-E \cdot t)/\hbar$. Das Vorzeichen von φ bestimmt nur die Drehrichtung – wir schreiben den Winkel deshalb von nun an positiv. Berücksichtigen wir noch, dass wir alle Wege gleich behandelt, also alle Wege als gleich wahrscheinlich betrachtet haben, dann ist r für alle Wege gleich.

Jetzt drehen wir den Abstraktionsgrad eine Stufe höher. Wir wollen beliebige Teilchen mit beliebigen Geschwindigkeiten beschreiben. Jeder Weg soll also mit beliebiger Geschwindigkeit durchlaufen werden können. Dabei fangen wir uns unendlich viele Möglichkeiten zu jedem einzelnen der ohnehin schon unendlich vielen Wege ein – aber das schreckt uns nicht mehr. Haben die Unendlichkeiten erst einmal Einzug gehalten, lebt es sich damit völlig ungeniert. Am Ende werden sich die wilden Geschichten eh wieder wegkringeln. Zur besseren Unterscheidung nennen wir unsere neue Definition der Wege nun »Pfade«, und sie sollen nicht von einem Punkt im Raum zu einem anderen führen, sondern von einem Punkt der Raumzeit zu einem anderen. Schließlich wollen wir nicht bei der Speziellen Relativitätstheorie in Ungnade fallen, die uns vorschreibt, Raum und Zeit gleichermaßen einzubeziehen. Sie merken schon: Wir bereiten Großes vor!

Mit einem kleinen Gedankenexperiment können wir die Längen der Pfeile, die ohnehin alle gleich sind, auf den Wert 1 setzen.

Wir müssen uns nur vorstellen, dass wir zwischen Quelle und Detektor unendlich viele extrem schmale Blenden aneinanderreihen, so dass ein Tunnel entsteht mit nur einem einzigen möglichen Weg. Den könnte das Teilchen in unendlich vielen Geschwindigkeitsvarianten durchlaufen, anfangs langsamer und im zweiten Teil schneller etc. Deshalb müssen wir dem Teilchen noch eine bestimmte Geschwindigkeitsvariante vorschreiben, damit auch tatsächlich nur ein eindeutiger Pfad übrig bleibt. Wie groß ist dann *r* für diese Amplitude und diesen Pfad? Na klar: Die Amplitude hat die Länge 1, ihr Quadrat muss ja eine Wahrscheinlichkeit von 100 Prozent ergeben – die anderen Pfade haben wir ja alle ausgeblendet. Analoge Einschränkungen könnten wir auch für jeden anderen Pfad festlegen mit demselben Resultat. Alle Amplituden müssen somit dieselbe Länge besitzen. Mithin reduziert sich mit $r = 1$ jede Amplitude zu

$$e^{i\frac{Et}{\hbar}} \qquad (8\ 2)$$

Erinnern wir uns kurz an den Doppelspalt, bei dem wir zwei mögliche Wege hatten, die an jedem Punkt des Schirmes effektiv beitrugen und deren Amplituden wir summiert haben. Bringen wir gedanklich einen weiteren Spalt an, müssen wir drei Amplituden summieren. Bei *n* Spalten wären es *n* Amplituden. Bei unendlich vielen Spalten erhalten wir eine Summe über unendlich viele Amplituden, d.h. ein Integral. Kurze Zwischenfrage: Wie sieht so eine Blende mit unendlich vielen, unendlich dicht beieinanderliegenden Spalten aus? Genau – wir haben gar keine Blende mehr, wir haben sie »aufgelöst«! Unser Integral beschreibt die Gesamtamplitude für ein freies Teilchen von der Quelle zu einem Punkt *x* auf dem Schirm.

Jetzt nicht schlappmachen! Wir müssen unseren Formalismus nur noch zu Ende denken. Niemand kann uns daran hindern, gedanklich zwischen der Quelle und dem Schirm unendlich viele Blenden einzubringen und sie mit jeweils unendlich vielen Spalten zu versehen, so dass auch diese Blenden verschwinden. Damit hätte man die Wege in unendlich viele kleine Segmente aufgeteilt, über die man dann alle Pfade aufintegrieren könnte. Anstatt die

Amplitude von Q nach x zu berechnen, lassen wir nun beliebige Pfade von »Hier« nach »Da« zu, wobei diese »Hier« bzw. »Da« nun Punkte in der Raumzeit sind. Die Gesamtamplitude A sieht folgendermaßen aus:

$$A(Hier \to Da) = \int_{\mathrm{W}(Hier \to Da)} e^{i\frac{Et}{\hbar}} \mathcal{D}W \qquad (8.3)$$

Diese Gleichung ist das bereits angekündigte sogenannte Pfadintegral. Alle Regeln, wie sich ein freies Teilchen in der Raumzeit von Hier nach Da bewegen soll, fallen wie ein Kartenhaus in sich zusammen. Schluss mit Regeln. Das Teilchen wird jeden Weg mit jeder Geschwindigkeit – die sich entlang des Weges auch ändern kann – entsprechend einer komplexen Amplitude durchlaufen. Das ist ein enormer Schritt in unserem Streben, die Welt zu verstehen.

Weil es von solch grundlegender Bedeutung ist, schauen wir uns das Pfadintegral ein wenig genauer an. Normalerweise schreibt man bei Integralen das Differential d und die Integrationsvariable W in lateinischen Buchstaben. Weil wir hier nicht über eine einfache Variable, sondern über Pfade W integrieren, hat sich die Schreibweise mit geschwungenem $\mathcal{D}$ eingebürgert. Sie soll uns daran erinnern, dass die Integration mathematisch ziemlich anspruchsvoll ist. Grundsätzlich bedarf es vor dem Integral auch noch eines konstanten Normierungsfaktors, damit die Gesamtwahrscheinlichkeit wieder 100 Prozent beträgt. Er wird gern mit einem geschwungenen $\mathcal{N}$ bezeichnet – wir lassen ihn der Einfachheit halber weg.

Da Prozesse in der Raumzeit nicht nur Ortskoordinaten, sondern auch eine Zeitkoordinate haben, hätten wir statt »Hier« und »Da« eigentlich »Hier und Jetzt« und »Da und Später« schreiben müssen. Aber das ist jetzt nicht so wichtig. Wie gehabt drücken wir die Amplituden wieder aus durch die Winkel $\varphi = (E \cdot t)/\hbar$ der zu den Pfaden gehörenden Pfeile und summieren über alle Pfade. Unter dem Integralzeichen gibt man üblicherweise den Integrationsbereich an – in unserem Fall also über alle Pfade von »Hier« nach »Da«, damit klar ist, worüber summiert werden soll. In der vierdimensionalen Raumzeit ergibt sich die Strecke *ds* von »Hier« nach »Da« aus unserem wohlvertrauten Linienelement:

$$ds^2 = -c^2dt^2 + dx^2 + dy^2 + dz^2 \tag{5.35}$$

Das macht unser Pfadintegral lorentzinvariant, d. h. es ist unabhängig vom Bezugssystem. Und es kommt noch besser. Im nächsten Schritt wollen wir uns die enorme Bedeutung des Amplitudenwinkels φ für das Pfadintegral bewusst machen. Schreiben wir dazu den Ausdruck für φ nochmals an:

$$\varphi = \frac{E \cdot t}{\hbar} \tag{8.4}$$

Was steht denn da im Zähler von Gleichung (8.4)? Da steht Energie mal Zeit. Und was ist Energie mal Zeit? Es ist eine Wirkung! Joule mal Sekunden! Dieser Zusammenhang zwischen dem Winkel und der Wirkung, das ist der Schlüssel! Willkommen am grandiosen Aussichtspunkt über unser gesamtes bisheriges Weltbild! An dieser Stelle kommt alles zusammen, hier bekommt plötzlich alles einen Sinn: das Extremalprinzip der minimalen Wirkung und der maximalen Eigenzeit, der Lagrange-Formalismus, all das, was wir bisher in der klassischen und in der Quantenmechanik kennengelernt haben. Bei der Behandlung der minimalen Wirkung haben wir die Wirkung mit dem Buchstaben *S* bezeichnet, wobei *S* gleich dem Integral über die Lagrange-Funktion *L* entlang der Zeit war und *L* gleich der kinetischen minus der potentiellen Energie des Systems. Setzen wir also anstelle von $E \cdot t$ im Ausdruck für den Winkel φ die Wirkung *S* ein, dann lauten die entsprechenden Gleichungen:

$$\varphi = \frac{E \cdot t}{\hbar} = \frac{S}{\hbar} \quad \text{mit} \quad S = \int L dt \quad \text{und} \quad L = E_{kin} - E_{pot} \tag{8.5}$$

Denken Sie sich bitte einen Trommelwirbel – die Spannung steigt. Noch wissen wir nicht, in welchem Zusammenhang die Wirkung mit der Drehgeschwindigkeit der Pfeile steht. Um das zu berechnen, müssen wir φ nach der Zeit ableiten mit dem Ergebnis:

$$\frac{d\varphi}{dt} = \dot{\varphi} = \frac{1}{\hbar}\frac{dS}{dt} \qquad (8.6)$$

S ist wie soeben erwähnt das Integral der Lagrange-Funktion L über die Zeit, d.h. wenn wir S nach der Zeit ableiten, erhalten wir L. Anstelle der Ableitung von S nach der Zeit t in Gleichung (8.6) können wir deshalb unter Zuhilfenahme von Gleichung (8.5) schreiben:

$$\frac{dS}{dt} = \frac{d}{dt}\int L dt = L \qquad (8.7)$$

Mit diesem Ergebnis wird endlich klar, was eigentlich hinter φ steckt: Die Ableitung dieses Winkels φ nach der Zeit ist gleich der Lagrange-Funktion dividiert durch $\hbar$! Als Gleichung geschrieben heißt das:

$$\dot{\varphi} = \frac{L}{\hbar} \qquad (8.8)$$

Das ist der geistige Touchdown! Es ist insbesondere diese Gleichung, die, wie eingangs schon bemerkt, die Physiker in Verzückung geraten lässt. Das ist die Beziehung, die Hamilton und Lagrange vergeblich gesucht hatten. Hier wird ihrem Formalismus physikalisches Leben eingehaucht.

Genießen wir gemeinsam den grandiosen Ausblick und hören wir dabei Albert Einstein zu:

> »Es treibt den feiner Besaiteten aus dem persönlichen Dasein heraus in die Welt des objektiven Schauens und Verstehens; es ist dies Motiv mit der Sehnsucht vergleichbar, die den Städter aus einer geräuschvollen, unübersichtlichen Umgebung nach der stillen Hochgebirgslandschaft unwiderstehlich hinzieht, wo der weite Blick durch die stille, reine Luft gleitet und sich ruhigen Linien anschmiegt, die für die Ewigkeit geschaffen scheinen.«

Rekapitulieren wir kurz den hinter uns liegenden Aufstieg – blicken wir gemeinsam auf die »ruhigen Linien, die für die Ewigkeit geschaffen scheinen« zurück und machen uns die daraus resultierenden Konsequenzen klar. Die Drehung der Pfeile ist maßgeblich verantwortlich dafür, dass sich Wege, die sich in ihrer Länge stark unterscheiden, weginterferieren, sie machen keine Strecke. Strecke machen nur Wege, die sehr nahe beieinanderliegen, die sich in ihren Längen kaum unterscheiden, deren Pfeile nahezu in die gleiche Richtung weisen. Wenn sich aber die Pfeilwinkel φ nur wenig voneinander unterscheiden, dann unterscheiden sie sich, entsprechend der linken Gleichung in (8.5), auch in ihrer Wirkung S nur minimal. Eine minimale Differenz der Winkel hat also automatisch eine minimale Differenz der Wirkung zur Folge. Das sind die Wege, die Strecke machen. In der klassischen Physik waren die bevorzugten Wege stets die, entlang deren die Wirkung minimal ist. Wir haben gedacht, es gebe eine Vorschrift der minimalen Wirkung, an die sich die Teilchen bei ihren Bewegungen halten. Jetzt kennen wir den Grund für dieses »Gesetz«. Jetzt wissen wir, was eigentlich hinter dem Extremalprinzip der minimalen Wirkung steckt. Es ist nicht die minimale Wirkung, die den Teilchen den Weg weist, es ist vielmehr der minimale Unterschied in den Winkeln der Pfeile.

Doch nicht nur der Winkel, auch die Rotationsgeschwindigkeit der Pfeile spielt eine wesentliche Rolle. Stellen wir uns vor, die Rotationsgeschwindigkeit der Pfeile sei außerordentlich klein. Dann kommen auch die Pfeile, deren Wege sich in ihrer Länge deutlich unterscheiden, mit nahezu gleicher Ausrichtung am Ziel an. Aufgrund der extrem langsamen Rotation kann sich auch auf deutlich unterschiedlichen Wegen kein großer Winkelunterschied aufbauen. Mit anderen Worten: Bei sehr geringen Winkelgeschwindigkeiten kann man sogar einen Umweg fahren, und trotzdem machen die Pfeile Strecke. Bezogen auf die Gleichung (8.8) heißt das: Die Winkelgeschwindigkeit wird immer dann klein, wenn auch die Lagrange-Funktion klein ist. Dann steckt, wie soeben gesehen, ganz viel Freiheit in dem betrachteten System. Was aber heißt das, die Lagrange-Funktion ist sehr klein? Beispielsweise heißt das, das Licht hat nur eine sehr kurze Strecke zurückzulegen. Die zur Verfügung stehende Zeit ist entsprechend kurz. Da unterscheiden sich die Winkel am Ende der Strecken fast nicht, sie machen Strecke. Erst wenn die Strecken von »Hier« nach »Da« in der Raumzeit länger werden, fangen die Pfeile an, sich gegenseitig wegzuheben. Vorher wird immer noch Strecke gemacht, vorher sind wirrste, sehr kleine barocke Schnörkel möglich, ohne dass sie sich wegheben. Auf atomaren Skalen muss sich Licht nicht geradlinig ausbreiten, es kann alles Mögliche veranstalten. Solange die Wege infinitesimal kurz sind, ist sogar das Tempolimit für Photonen aufgehoben – jede beliebige Geschwindigkeit ist möglich. Sie können sich langsamer oder schneller ausbreiten als mit der uns bekannten Lichtgeschwindigkeit, ohne dass sich die zu diesen Pfaden gehörigen Pfeile gegenseitig aufheben. Erst wenn die Strecken größer werden, beginnen sich die Pfeile wegzukräuseln. Mit anderen Worten: In der Welt des Allerkleinsten, der subatomaren Welt, auf sehr kurzen Entfernungen, ist praktisch alles möglich.

Aber es kommt noch dicker. Die Wege, die wir bisher gezeichnet haben, waren immer stetig, es waren Wege, die keine Sprünge gemacht haben. Zickzackwege waren nicht dabei, denn in der makroskopischen Welt kommen zickzackförmige Teilchenbewegungen ohne den Einfluss äußerer Kräfte nicht vor. Die uns bekannten Erhaltungssätze, z. B. der Energie- oder der Impulserhaltungssatz, wären aufs gröbste verletzt. Aber in der Welt des Allerkleinsten sind auch solche Teilchenbewegungen, die nicht den genannten Erhaltungssätzen genügen – wenn auch nur längs extrem kurzer Wege –, erlaubt.

Zusammenfassend zeigt sich also: Immer dann, wenn die Lagrange-Funktion so klein wird, dass sie das Plancksche Wirkungsquantum in Gleichung (8.8) nicht mehr dominiert, wenn wir mit L in die Nähe von $\hbar$ kommen, kann alles Mögliche geschehen. Erinnern wir uns an die virtuellen Teilchen, die sich in der Welt des Allerkleinsten tummeln. Sie sind uns im Zusammenhang mit der Heisenbergschen Unbestimmtheitsrelation, den Quantenfluktuationen und dem Casimir-Effekt begegnet. Diese Teilchen erfüllen nicht die genannten Erhaltungssätze! In der Mikrowelt herrscht blanke Anarchie! Und jetzt wissen wir auch, warum.

Noch ein Wort zur Lagrange-Funktion. Erinnern Sie sich an die Linse, die wir in Abb. 8.17 in das Lichtbündel geschoben haben, um die Länge der Wege bzw. die Laufzeiten des Lichts längs der Wege einander anzugleichen? Eigentlich haben wir damit nur dem Licht den Weg schwergemacht. Mit der Lagrange-Funktion haben wir jetzt einen viel allgemeineren Formalismus, um Licht oder Teilchen zu beeinflussen. Denn in die Lagrange-Funktion kann man alles Mögliche hineinpacken, um die Wege zu erschweren. Beispielsweise kann man elektrische oder magnetische Potentiale einfügen, sogar die bekannten Teilchenwechselwirkungen wie die Schwache, die Starke oder die elektromagnetische Wechselwirkung lassen sich unterbringen. Es gibt kaum etwas, das nicht geht. Und all das ist auch noch lorentzinvariant! Wir müssen lediglich darauf achten, dass jetzt an jedem Punkt im Raum die Drehgeschwindigkeit der Pfeile von vorhandenen Potentialen beeinflusst wird und wir deshalb die Wirkung als Integral über Raum und Zeit erhalten. Eine derart im Raum verschmierte Lagrange-Funktion nennt man deshalb beim Übergang zur Quantenfeldtheorie besser »Lagrange-Dichte«.

Es ist sicherlich nicht ganz falsch zu sagen: Die Lagrange-Dichte separiert die Mikro- von der Makrowelt. Denn immer dann, wenn die Wege länger werden, wenn die Lagrange-Funktion zunehmend an Gewicht gewinnt, sind wir in der uns vertrauten makroskopischen Welt, in der diese anarchischen Verhaltensweisen der Teilchen keine Rolle mehr spielen, in der sie sich gegenseitig weginterferieren. Mit anderen Worten: Im Gegensatz zu der Welt des Allerkleinsten scheint es in unserer makroskopischen Welt Regeln, Prinzipien und Gesetze zu geben. Doch deren Ursachen sind in der Anarchie der Mikrowelt zu suchen. Damit schließt sich der Kreis. All die in der makroskopischen Welt beobachtbaren Regeln gibt es gar nicht, sie brechen in sich zusammen. Und die Frage, woher die Elementarteilchen wissen, wie sie sich bewegen sollen, wird obsolet. Die Teilchen wissen es nicht! Sie kennen keine Regeln und Gesetze, nach denen sie sich zu bewegen haben.

Die Teilchen machen. was ihnen gefällt! Erst wenn sie ein Stück Weg zurückgelegt haben, entwachsen sie ihrer pubertären Phase und beginnen, sich scheinbar entsprechend den bekannten Regeln und Gesetzen zu verhalten.

Urteilen Sie selbst: Ist das nicht eine faszinierende Geschichte? Können Sie sich jetzt vorstellen, dass die Physiker aufgrund dieser Erkenntnisse in Euphorie geraten? Wir hoffen, auch Sie haben verspürt, wie großartig sich alles zu einem Ganzen fügt. Wie auch immer: Mit dem Pfadintegral haben wir die Tür zur Feldtheorie weit aufgestoßen.

Ist Ihnen was aufgefallen? Es war schon lange nicht mehr die Rede von einer Wellenfunktion. Die drehenden Pfeile haben sie verscheucht, zusammen mit dem Welle-Teilchen-Dualismus. Die Wellenfunktion für den Aufenthaltsort eines Teilchens hatten wir aus unendlich vielen Hütchen gebastelt, wobei sich bei einem Messprozess das Teilchen unter genau einem der Hütchen zeigen würde. Wo hat sich die Wellenfunktion im Pfadintegralformalismus versteckt? Stellen wir uns auf eine Quelle Q an einem Punkt in der Raumzeit. Wenn wir von dort ein Teilchen auf die Reise schicken, können wir für jeden Punkt in der Raumzeit eine Amplitude berechnen, deren Quadrat angibt, mit welcher Wahrscheinlichkeit es das Teilchen auf irgendeinem Weg dorthin geschafft hat. Beim Doppelspalt haben wir genau das für die Punkte auf dem Schirm gemacht – wir müssen das Procedere jetzt nur für alle Punkte in der Raumzeit durchführen. Damit erhalten wir ein vollständiges Bild davon, wo sich mit welcher Amplitude das Teilchen zu welcher Zeit aufhält. Das haben wir früher »Wellenfunktion für den Ort eines Teilchens« genannt. Wenn wir im Pfadintegralformalismus kurz die Polarisationen hervorholen, die wir der Einfachheit halber vernachlässigt haben, können wir auch alle anderen Wellenfunktionen auf diese Weise beschreiben. Weil bei diesem Spiel unendlich viele Wege mit beliebigen Geschwindigkeiten entlang dieser Wege einfließen, wird es auch offenbar, warum nichtlokale Effekte auftreten werden, die wir bislang Verschränkung genannt haben.

Im weiteren Verlauf von »Von Aristoteles zur Stringtheorie« werden wir noch einige Probleme bekommen mit den unendlich vielen Pfaden und den unendlich vielen Geschwindigkeiten, die wir in der Behandlung des Pfadintegrals zugelassen haben. Diese Unendlichkeiten werden wir mit einem geeigneten Verfahren noch bändigen müssen. Man bezeichnet das als Renormierung. Es liegen also auf unserer Wanderung noch mehr solcher ausgesetzten Passagen vor uns. Da kann es nicht schaden, sich vorab einen Eindruck zu verschaffen, was es mit diesen Unendlichkeiten auf sich hat und wie wir sie gefahrlos bewältigen.

EINSCHUB: RECHNEN MIT UNENDLICHKEITEN

Wagen wir einen Sprung in die Unendlichkeit! Beginnen wir mit den Vorteilen der Unendlichkeit – mit ihrer Mächtigkeit. Zur Veranschaulichung bedienen wir uns des bekannten »Infinite-Monkey-Theorems«, eines Affen, der unendlich lange auf einer Schreibmaschine herumtippt.

8.21 Ein Affe tippt wahllos auf einer Schreibmaschine herum.

Nehmen wir an, die Schreibmaschine hat genau 50 Tasten und wir unterscheiden nicht zwischen Groß- und Kleinschreibung, dann ist die Wahrscheinlichkeit, dass der Affe mit dem ersten Tippen auf die Tastatur ein »u« schreibt, genau ein Fünfzigstel. Wie groß ist dann die Wahrscheinlichkeit, dass er beim nächsten Mal ein »r«, dann ein »k« und schließlich das Wort »urknall« schreibt? Nun, sie beträgt ein Fünfzigstel mal ein Fünfzigstel mal ein Fünfzigstel usf., mithin also ein Fünfzigstel hoch sieben. Das ist zugegebenermaßen eine sehr kleine Zahl, aber – und das ist wichtig – die Zahl ist nicht null! Lässt man also den Affen siebenmal auf die Tastatur tippen, dann wird er mit einer Wahrscheinlichkeit von ein Fünfzigstel hoch sieben das Wort »urknall« schreiben. Lässt man den Affen noch länger tippen, viel länger, dann wird er, neben sehr viel Unsinn, mit einer noch viel geringeren Wahrscheinlichkeit irgendwann auch die Wortfolge »urknall weltall und das leben« schreiben. Und wenn wir noch länger warten, sehr, sehr lange, dann wird er irgendwann sogar Goethes *Faust* fehlerfrei aufs Papier hämmern. Geht man zeitlich an die Grenze und lässt man den Affen unendlich lange schreiben, dann wird er irgendwann sogar jeden beliebigen Text zuwege bringen, genau genommen sogar unendlich oft. Das ist es, worauf wir hinauswollen, das ist das Wesentliche am Unendlichkeitsbegriff, sozusagen der harte Kern. Man kann alternativ auch anstelle nur eines einzigen Affen unendlich viele davon an jeweils eine Schreibmaschine setzen, wobei jeder nur einmal tippen darf. Auch unter diesen unendlich vielen Manuskripten wird jeder beliebige noch so komplizierte Text dabei sein. Spüren Sie schon was von der Mächtigkeit des Unendlichen?

Bei dem auf den Mathematiker David Hilbert zurückgehenden Gedankenexperiment, dem sogenannten »Hilbert-Hotel«, wird es noch viel wilder. Dieses Grandhotel wirbt damit, unendlich viele Zimmer zu haben – damit ist es konkurrenzlos in der Branche, und man spart sich das lästige Reservieren. In dieses Hotel kommt nun ein Gast, und der Portier am Empfang sagt zu ihm: Sorry, der Herr, ohne Anmeldung geht leider nichts, denn wir sind ausgebucht. Das verstehe ich nicht, meint der Gast, Sie haben doch unendlich viele Zimmer. Das stimmt, sagt der Portier, aber es ist Hochsaison, und wir haben auch unendlich viele Gäste. Doch seien Sie unbesorgt, wir kriegen das hin. Wir haben da eine Gegensprechanlage, und damit mache ich jetzt eine Durchsage in alle Zimmer: Achtung, liebe Gäste, wir bitten Sie, vor ihre Zimmertür zu treten und ein Zimmer weiter zu ziehen. Mit anderen Worten: Der Gast aus Zimmer 1 soll ins Zimmer 2 gehen, der von Zimmer 2 ins Zimmer 3, der von Zimmer 3 ins Zimmer 4 usf. Und da das Hotel unendlich viele Zimmer hat, findet jeder Gast eine neue Bleibe. So, meint dann der Portier, jetzt ist das Zimmer 1 frei, da können Sie einziehen. Schon erstaunlich, das Ganze, oder? Geht das auch, wenn z. B. zehn neue Gäste vor der Rezeption stehen und jeweils ein Zimmer wollen? Na klar, dann muss man die Prozedur eben zehnmal hintereinander durchführen. Warum das funktioniert, beruht darauf, dass sich an der Unendlichkeit nichts ändert, wenn man eine 1 bzw. eine beliebig große Zahl hinzuaddiert.

Doch es kommt noch krasser. Kurz darauf tritt ein Reiseleiter an die Rezeption und sagt zum Portier: Da draußen steht mein Bus voller Leute, und ich bräuchte für alle ein Zimmer. Kein Problem, meint der Portier und will schon anfangen, die Hotelgäste umzusortieren, als der Reiseleiter fragt: Glauben Sie, das klappt? Im Bus sind nämlich unendlich viele Reisende. Wieder überlegt der Portier kurz und sagt dann, das sei kein Problem, er mache mal eine Durchsage: Achtung, verehrte Gäste, bitte treten Sie vor Ihre Zimmertür, multiplizieren Sie die Nummer Ihres Zimmers mit 2, und ziehen Sie dann in das Zimmer mit dieser Zahl. In Abb. 8.22 haben wir das Procedere für die ersten sechs Zimmer dargestellt.

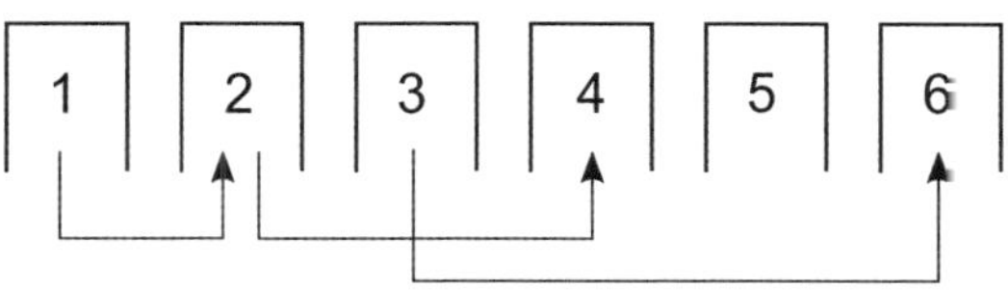

8.22 Umzugsschema der Gäste in Hilberts Hotel

Der Gast aus Zimmer 1 zieht also in das Zimmer 2, der aus Zimmer 2 in Zimmer 4, der aus Zimmer 3 in Zimmer 6, der aus 4 in Zimmer 8 usw. Die Zimmer mit ungeraden Nummern werden nicht belegt. Also, sagt der Portier zum Reiseleiter, bringen Sie Ihre Gäste herein, es sind soeben unendlich viele Zimmer mit ungeraden Nummern frei geworden. Da bin ich aber froh, meint der Reiseleiter, dass ich es noch rechtzeitig zum Hotel geschafft habe, denn ich sehe gerade, dass auf dem Parkplatz noch weitere unendlich viele Busse ankommen, und in jedem sind wieder unendlich viele Gäste. Ach, meint der Portier, da hätten Sie sich nicht so beeilen müssen, die Zimmer mit den ungeraden Zahlen sind ja gerade frei geworden, da bekommen wir auch die anderen Gäste noch unter. Der Portier geht zum Parkplatz und verteilt Nummern, lauter Primzahlen. Dem ersten Bus gibt er die Nummer 3. Der erste Gast aus diesem Bus soll das freie Zimmer 3 beziehen, der zweite das Zimmer 3 zum Quadrat, also 9 der dritte das Zimmer 3^3, also 27, der vierte das Zimmer 3^4, also 81, usf. Der nächste Bus bekommt die Nummer 5. Nach dem gleichen Schema bezieht der erste Gast aus dem Bus das Zimmer 5, der zweite das Zimmer 5^2, der dritte das Zimmer 5^3 usw. Damit die Geschichte übersichtlicher wird, schreiben wir das etwas ausführlicher an:

Primzahl-Nummer der Busse	Zimmer-Nr. des 1. Gastes (n = 1) aus dem Bus mit der entsprechenden Nr.	Zimmer-Nr. des 2. Gastes (n = 2) aus dem Bus mit der der entsprechenden Nr.	Zimmer-Nr. des 3. Gastes (n = 3) aus dem Bus mit der der entsprechenden Nr.
3	3	9	27
5	5	25	125
7	7	49	343
11	11	121	1331
13	13	169	2197

8.23 Belegungsschema der Zimmer in Hilberts Hotel für unendlich viele Gäste aus unendlich vielen Bussen

In der linken Spalte sind die Nummern der ersten fünf Busse angegeben und in den zur jeweiligen Bus-Nummer gehörenden Zeilen, von links nach rechts, die Zimmernummern des ersten, zweiten und dritten Gastes aus dem zugehörigen Bus. Dabei berechnen sich die Zimmernummern entsprechend dem Schema: Bus-Nummer hoch n, wobei n alle ganzen Zahlen von 1 bis unendlich durchläuft. Und da nur Primzahlen an die Busse vergeben werden, bleiben alle Zimmer frei, deren Nummern sich aus den zwischen den Primzahlen liegenden ungeraden Zahlen hoch n berechnen würden, und das sind wieder unendlich viele. In die, sagt der Portier zu dem Reiseleiter, können Sie mit Ihren Gästen einziehen. Damit hat es der Portier geschafft, auch die unendlich vielen Gäste aus den unendlich vielen Bussen und dazu noch die unendlich vielen Gäste aus dem Bus des Reiseleiters unterzubringen.

Nachdem der Portier all das geschafft hat, könnte man vermuten, dass das immer so weiter geht und letztlich, wie viele Gäste auch kommen mögen, immer alle untergebracht werden können. Doch das stimmt nicht! Es gibt eine Konstellation, bei der so viele Gäste ankommen, dass sie nicht mehr alle Platz haben. Das ist dann der Fall, wenn die Anzahl der Gäste nicht mehr abgezählt werden kann. Bisher war es doch so, dass man jedem Gast ein Schild um den Hals hängen konnte, auf dem seine Zimmernummer stand. Kommt jedoch eine Reisegruppe an, deren Gästen reelle Zahlen zugeordnet sind, Zahlen also, die nicht mehr nur rationale Zahlen, also ganze Zahlen und Brüche aus ganzen Zahlen, umfassen, sondern rationale und irrationale Zahlen, also auch Zahlen wie z. B. die Wurzel aus 2, dann gibt es ein Problem: Diese Reisegruppe hat nicht mehr Platz.

Neben dem Hilbert-Hotel gibt es noch eine ganze Reihe von Beispielen, die sich mit dem Unendlichen auseinandersetzen. So hat sich der griechische Philosoph Zenon (490–430 v. Chr.) das Paradoxon »Achilles und die Schildkröte« ausgedacht. Achilles, der schnelle Läufer, soll eine Schildkröte einholen, die einen Vorsprung von, sagen wir, 100 Metern hat. Nun, Achilles läuft also los, erreicht kurz darauf den Ort, an dem die Schildkröte gestartet ist, doch die Schildkröte ist nicht mehr da! Denn während Achilles läuft, hat auch sie sich um eine gewisse, wenn auch kleine Strecke weiterbewegt. Achilles muss also erst zum neuen Aufenthaltsort der Schildkröte weiterlaufen, wenn er sie einholen will. Aber auch jetzt kann Achilles nicht zu der Schildkröte aufschließen, denn wieder ist sie um eine kurze Distanz weitergekrochen, während Achilles dorthin gelaufen ist, wo sie sich eben noch befand. Wiederholt man dieses Spiel unendlich oft, wobei die Strecken immer kleiner und kleiner werden, die Schildkröte aber immer einen, wenn auch winzigen Vorsprung vor Achilles hat, dann kommt man zu dem Schluss: Der schnelle Achilles kann die Schildkröte nie einholen.

Natürlich wird Achilles die Schildkröte einholen. Doch wo liegt der Fehler bei diesem Paradoxon? Auch wenn man die Aufteilung in immer kleinere Strecken beliebig oft wiederholt, so ergeben alle

Einzelstrecken aufsummiert dennoch keine unendlich lange Strecke, vielmehr hat sie eine endliche Länge. Und da eine endliche Strecke in endlicher Zeit zurückgelegt werden kann, wird Achilles die Schildkröte locker einholen.

An diesem Beispiel zeigt sich die Begrenztheit des Begriffes »unendlich«. So mächtig diese Unendlichkeit beim Hilbert-Hotel auch war, wo es darum ging, unendlich viele Zimmer mit unendlich vielen Gästen zu besetzen, so zeigt das Schildkröten-Paradoxon, dass diese Mächtigkeit durchaus limitiert sein kann, nämlich dann, wenn die unendlich vielen Beiträge immer kleiner werden. Man sieht das besonders gut, wenn man die Reihe

$$\frac{1}{2}+\frac{1}{4}+\frac{1}{8}+\frac{1}{16}+\frac{1}{32}+\cdots$$

unendlich weit fortsetzt. Im ersten Augenblick möchte man glauben, dass diese Summe letztlich unendlich werden muss, da man ja unendlich viele, wenn auch immer kleinere Beiträge hinzuaddiert. Doch das stimmt nicht. Dass die Summe auf eine endliche Zahl hinausläuft, sieht man, wenn man zunächst nur das erste Glied der Reihe betrachtet und es als eine Differenz schreibt, also

$$\frac{1}{2}=1-\frac{1}{2}$$

Fasst man den ersten und den zweiten Term zusammen, so gilt:

$$\frac{1}{2}+\frac{1}{4}=1-\frac{1}{4}$$

die ersten drei Glieder zusammengefasst ergeben

$$\frac{1}{2}+\frac{1}{4}+\frac{1}{8}=1-\frac{1}{8}$$

und für die Summe der ersten vier Terme kann man schreiben:

$$\frac{1}{2}+\frac{1}{4}+\frac{1}{8}+\frac{1}{16}=1-\frac{1}{16}$$

Führt man diese Prozedur unendlich oft aus, dann zeigt sich, dass der von 1 abzuziehende Betrag immer kleiner wird und schließlich völlig an Bedeutung verliert. Folglich ergibt die Summe aller Glieder nicht eine unendlich große Zahl, sondern 1. In der Sprache der Mathematik heißt das: Die Reihe konvergiert gegen 1. Fazit: Obwohl man unendlich viele Teilbeträge aufsummiert, erhält man dennoch eine endliche Zahl.

Nichtsdestotrotz ist das eine gefährliche Geschichte. Um zu verstehen, warum, sehen wir uns folgende Reihe an:

$$1-1+1-1+1-1+1\cdots$$

Auf den ersten Blick sieht es so aus, als sollte die Summation null ergeben, denn man kann die Summe zu endlich vielen Gliedern von (1–1) zusammenfassen, wovon jedes Glied für sich immer null ergibt, so dass auch die Summe aller Glieder null ergibt. Man kann aber auch anders vorgehen und zunächst nur die mit einem Pluszeichen versehenen Einsen aufsummieren, was eine unendlich große Zahl ergibt. Jetzt erinnern wir uns an die Geschichte mit dem Hilbert-Hotel. Obwohl das Hotel mit unendlich vielen Gästen voll besetzt war, konnten wir dennoch einen weiteren Gast unterbringen. Dazu haben wir lediglich zu den unendlich vielen Zimmern ein weiteres hinzugenommen. An der Unendlichkeit der Zimmer hat das nichts geändert. Deren Anzahl blieb unendlich. Verfahren wir analog mit der unendlich großen Summe aus den unendlich vielen Einsen unserer Reihe, dann kann man zu dieser unendlich großen Zahl eine –1 addieren, ohne dass sich an der Unendlichkeit der Summe etwas ändert. Das kann man nicht nur mit einer der mit einem Minuszeichen versehenen Einsen machen, sondern Schritt für Schritt mit allen Minus-Einsen. Letztlich darf man also alle mit einem Minuszeichen versehenen Einsen streichen, ohne dass sich an der unendlich großen Summe der mit einem Pluszeichen versehenen Einsen etwas ändert. Damit liefert unsere Reihe nicht wie vermutet den Wert null, sondern unendlich.

Doch damit nicht genug. Jetzt setzen wir in unserer Reihe die Klammern einmal anders, und zwar wie folgt:

$$1+(-1+1)+(-1+1)+(-1+1)\cdots$$

Offensichtlich heben sich jetzt außer der ersten Eins alle Klammern weg, so dass die Reihe eine 1 zum Ergebnis hat.

Wie das Beispiel zeigt, kann man nur davor warnen, mit Unendlichkeiten zu rechnen. Man muss sehr genau wissen, was man da tut. Diese Erkenntnis wird später noch hilfreich sein, damit auf unserem Klettersteig entlang der steilen Felsgrate, die unendlich tief abfallen, niemand verunglückt.

Fassen wir zusammen: Am Beispiel der unendlichen Reihe von Einsen hat sich gezeigt, dass man beim Umgang mit Unendlichkeiten Vorsicht walten lassen muss, da je nach Reihenfolge der Summanden das Ergebnis sehr unterschiedlich ausfallen kann. Das Infinite-Monkey-Theorem und das Hilbertsche Hotel haben uns die Mächtigkeit des Begriffs »unendlich« erahnen lassen. Doch wir möchten Sie davor warnen, den Portier eines vollbesetzen Hotels überreden zu wollen, ein Zimmer für Sie frei zu machen. Sagen Sie nicht, dass Sie die Idee dazu von uns haben – im Zweifelsfall ist David Hilbert schuld.

Nachdem wir jetzt fast inflationär das Wort »unendlich« bemüht haben, noch zwei Zitate von bekannten Herren zum Thema. Das eine, das von Einstein, kennen Sie sicher: »Die Dummheit des Menschen und das Universum sind unendlich. Beim Universum bin ich mir jedoch nicht ganz sicher.« Nicht ganz so bekannt, aber nicht weniger witzig, ist Woody Allens Kommentar: »Unendlich? Puuh, das zieht sich, vor allem gegen Ende.«

8.5 Doppelspalt reloaded
Endlich Antworten!

In den vorausgegangenen Kapiteln sind wir immer wieder mit dem Doppelspalt konfrontiert worden. Die Phänomene, die auf die Spalte auftreffendes Licht hervorruft, haben wir anhand unterschiedlicher Bilder untersucht. Da war zunächst das Bild vom Licht als Welle, später haben wir zur Erklärung der Erscheinungen Licht als Korpuskularstrahlung mit Photonen als Lichtteilchen aufgefasst, ein Bild, das insbesondere durch den Photoeffekt bestätigt wird. Als wir dann die Ausbreitung von Licht mit den Methoden der Quantenelektrodynamik untersucht haben, hat sich gezeigt, dass jeder der unendlich vielen möglichen Wege, die das Licht nehmen kann, eine Amplitude besitzt, die man als komplexe Zahl, bestehend aus einem Pfeil der Länge r und einem Phasenwinkel φ, aufzufassen hat. Wir haben auch gesehen, dass zwar das Quadrat über jede Amplitude gleich der Wahrscheinlichkeit ist, dass das Photon tatsächlich diesen Weg nimmt, sich aber bei der Addition aller Amplituden zu einer Gesamtamplitude unendlich viele Pfeile weginterferieren. Nur wenige tragen effektiv zur Länge der Gesamtamplitude bei und bestimmen damit die Gesamtwahrscheinlichkeit, die wiederum entscheidend ist für den Ausgang einer Messung.

An dieser Stelle scheint eine Klarstellung zu dem am Doppelspalt beobachteten Interferenzmuster und dem Teilchenbild angebracht. Auch wenn z. B. eine »Photonenkanone« nur alle zehn Minuten ein Teilchen auf die Spalte schießt, so ergibt sich über längere Zeit und für viele Photonen doch das bekannte Muster am Schirm. Man könnte daher zu der Ansicht gelangen, jedes der einzelnen Photonen läuft genau durch einen der Spalte und interferiert dann auf dem Weg zum Schirm mit sich selbst. Diese Denkweise blendet die Existenz des zweiten Spaltes komplett aus. Doch auch der Weg durch den zweiten Spalt ist für das Photon ein möglicher Weg! Das Faszinierende am Pfeilformalismus ist ja gerade, dass er beide Möglichkeiten berücksichtigt und die Addition der Pfeile das Ergebnis liefert. Dabei muss man sich immer bewusst sein: Die Pfeile sind nicht die Photonen! Die Pfeile stehen für eine komplexe Amplitude, die quadriert die Wahrscheinlichkeit ergibt, dass das Photon einen bestimmten Weg nimmt. Und da jeder Weg möglich ist, gibt es auch zu jedem Weg einen Pfeil. Es interferieren also nicht die Photonen, es interferieren die diversen Möglichkeiten, die dem Photon offenstehen, bzw. die Amplituden für jeden möglichen Weg. Diesen Satz sollte man immer im Hinterkopf haben, wenn es darum geht, beim Doppelspalt das durch Teilchen entstehende Interferenzmuster zu interpretieren.

8.6 Rotverschiebung reloaded
Drei auf einen Streich

Als Nächstes wollen wir zeigen, wie elegant mit dem Pfeilformalismus die unterschiedlichen Formen der Rotverschiebung erklärt werden können bzw. verständlich werden. Dazu wollen wir uns zunächst ein paar Dinge ins Gedächtnis rufen. In Gleichung (8.1) haben wir gesehen, dass man die Wahrscheinlichkeitsamplitude A als komplexe Zahl, bestehend aus einem Pfeil der Länge r und einem Phasenwinkel φ, darstellen kann. Den Betrag von φ haben wir in Gleichung (8.4) angeschrieben und seine zeitliche Änderung unter Verwendung der Lagrange-Funktion L in Gleichung (8.8). L stellt eine Energie dar. Hat man es mit Photonen zu tun, so gilt für deren Energie $E = h \cdot \nu$. Daran erkennt man übrigens ganz nebenbei, dass die Winkelgeschwindigkeit $\dot{\varphi}$ bzw. die Geschwindigkeit, mit der der Pfeil rotiert, nicht quantisiert ist, da sich das Plancksche Wirkungsquantum in Gleichung (8.8) weghebt. Schließlich machen die Gleichungen auch eine Aussage zur Rotationsgeschwindigkeit der Pfeile: Sie drehen sich umso schneller, je energiereicher das Licht bzw. je höher dessen Frequenz ist. Folglich drehen sich die Pfeile des blauen Lichts schneller als die des roten Lichts. Ausgerüstet mit diesen Fakten, können wir nun das Problem Rotverschiebung angehen.

Dazu benötigen wir eine Lichtquelle Q und in einer gewissen Entfernung einen Detektor D. Wie wir schon wissen, drehen sich die Pfeile nicht längs des Weges, sondern an der Quelle, und zwar entgegengesetzt zum Uhrzeigersinn. Zunächst soll die Quelle gelbes Licht auf die Reise schicken. Da sich die Richtung, in die der Pfeil des Lichts im Augenblick der Emission zeigt, längs des Weges nicht mehr ändert, kommt er in D mit der Ausrichtung an, mit der er die Quelle verlässt. Die Ausrichtung ändert sich von Ort zu Ort, weil das Licht früher oder später starten musste, um einen weiter entfernten oder näher liegenden Punkt zu erreichen. Entsprechend wurde es an der Quelle weniger oder mehr gedreht. An jedem Punkt im Raum gibt es somit eine Pfeilstellung, die für »gelbes Licht aus der Quelle Q« steht. Stellen wir unseren Detektor der Einfachheit halber an einen Punkt, wo der Pfeil senkrecht nach oben zeigt.

Emittiert die Quelle dagegen rotes Licht, dessen Pfeile sich aufgrund der geringeren Energie langsamer drehen, dann sollte sich der Pfeil an der Quelle noch nicht so weit gegen den Uhrzeigersinn gedreht haben wie der Pfeil des gelben Lichts. Der rote Pfeil wird also am Detektor D relativ zum gelben Pfeil etwas nach rechts gedreht ankommen. Eine ähnliche Überlegung für blaues Licht, dessen Pfeile sich schneller drehen als die des gelben Lichts, hat zum Ergebnis, dass am Detektor der blaue Pfeil relativ zum gelben etwas nach links gedreht ankommt. Abb. 8.24 zeigt das Ergebnis unserer Überlegungen.

8.24 Photonen des blauen, gelben und roten Lichts laufen von Q nach D. In D kommen die zugehörigen Pfeile mit unterschiedlicher Ausrichtung an.

Noch ist alles statisch, nichts bewegt sich. Zum Dopplereffekt kommt es erst, wenn sich entweder der Detektor von der Quelle entfernt oder sich auf sie zubewegt. Was geschieht, wenn sich D von Q entfernt, wenn sich die Länge Q-D um eine Strecke D-D′ verlängert, während das Licht unterwegs ist?

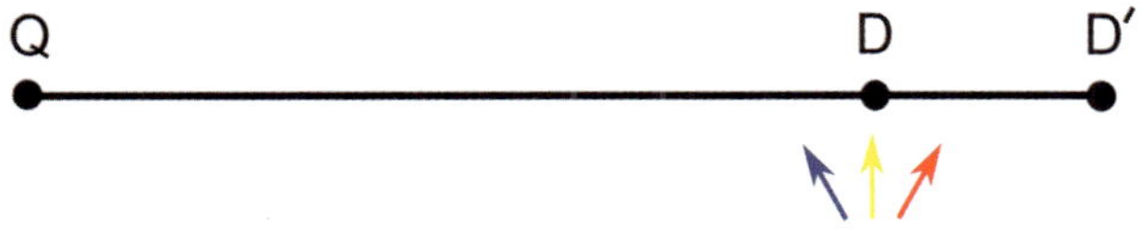

8.25 Während die Photonen unterwegs sind, wird der Weg zum Punkt D′ verlängert. Auf dem Weg von D nach D′ drehen sich folglich die Pfeile im Uhrzeigersinn weiter, so dass in D′ das ursprünglich blaue Licht gelb erscheint und das ursprünglich gelbe rot.

Um das besser sehen zu können, wechseln wir von dem Bild der sich an der Quelle drehenden in das von Feynman bevorzugte Bild der sich unterwegs drehenden Pfeile. Der in D mit senkrechter Ausrichtung nach oben angekommene gelbe Pfeil wird sich also noch ein wenig weiterdrehen, während sich das Photon von D nach D′ bewegt. Er wird sich in der Richtung des roten Pfeils drehen. Folglich sieht das ursprünglich gelbe Licht in D′ jetzt wie rotes Licht aus. Gleiches widerfährt auch dem blauen Licht. Sein Pfeil wird sich ebenfalls weiter nach rechts drehen, so dass das ursprünglich blaue Licht in Richtung rotes Licht verschoben erscheint. Ähnliche Überlegungen lassen sich anstellen, wenn sich der Detektor auf die Quelle zubewegt. Dann wird die Strecke von Q nach D kürzer, und der Pfeil eines ursprünglich roten Lichts beendet seine Drehung früher. Also weist er mehr in Richtung des gelben Pfeils, mit dem Ergebnis, dass das ursprünglich rote Licht nun in Richtung blaues Licht verschoben erscheint. Entsprechendes gilt für das gelbe Licht bzw. den gelben Pfeil. Auch dessen Drehung stoppt früher, und er kommt in D weniger weit nach rechts gedreht an, was wiederum bedeutet, dass das gelbe Licht nun blau erscheint.

Wir haben gesehen, dass die Lagrange-Funktion L die Rotationsgeschwindigkeit der Pfeile bestimmt. Wie wäre es also, wenn wir in diese Funktion z. B. ein Potential einbauen, das es den Photonen erschwert, ihren Weg zu gehen? Beispielsweise in Form eines Gravitationsfeldes eines Sterns, eines sogenannten Potentialtrichters, aus dem sich die Photonen »herausarbeiten« müssen. Dazu muss Energie aufgewendet werden, Energie, die den Photonen verlorengeht. Lässt sich auch das mit unseren Pfeilen darstellen? Nun wenn das Photon an Energie verliert, wird gemäß $E = h \cdot \nu$ die Frequenz des Photons kleiner. Das aber bedeutet, dass L kleiner wird und damit die Rotationsgeschwindigkeit der Pfeile. Wenn sich aber die Pfeile an der Quelle langsamer drehen, dann sind sie am Empfänger weniger weit nach links gedreht an, d. h. sie weisen mehr nach rechts, mit dem Ergebnis, dass das Licht in Richtung rotes Licht verschoben erscheint. Einen massereichen Stern, der z. B. »gelbe Photonen« emittiert, sehen wir daher rötlich leuchten. Vergleicht man die beiden Arten der Rotverschiebung, so unterscheiden sie sich hinsichtlich der Bewegung von Quelle bzw. Detektor. Beim Dopplereffekt entfernen sich Quelle und Detektor voneinander bzw. kommen aufeinander zu, wogegen sich bei der durch ein Potential verursachten Rotverschiebung nichts bewegt. Hier ist alles statisch. Das zeigt: Rotverschiebung ist nicht gleich Rotverschiebung, sie kann verschiedene Ursachen haben. Folglich hat man auch zwischen mehreren Formen der Rotverschiebung zu unterscheiden. Bezeichnet man die erste als sogenannte »Doppler-Rotverschiebung«, so trägt die andere den Namen »Gravitations-Rotverschiebung«.

Kommen wir noch zu einer dritten Form der Rotverschiebung, die insbesondere in der Kosmologie von Bedeutung ist. Dazu denken wir uns Quelle und Detektor fest auf eine Kupferplatte montiert. Alles ist statisch. Erhitzen wir die Kupferplatte, so dehnt sie sich zunehmend aus, mit dem Effekt, dass sich Quelle und Detektor, obwohl fest mit der Platte verschraubt, voneinander entfernen. Das hat zur Folge, dass die mit einer bestimmten Ausrichtung am ursprünglichen Ort des Detektors angekommenen Pfeile sich auf ihrem Weg zum nun weiter weg befindlichen Detektor noch etwas nach rechts drehen. Folglich zeigen dort die Pfeile mehr in die Richtung der Pfeile für rotes Licht, so dass die Farbe des ursprünglichen Lichts ins Rote verschoben erscheint. Da diese Form der Rotverschiebung durch eine Ausdehnung bzw. eine Expansion verursacht wird, bezeichnet man sie auch als »Expansions-Rotverschiebung«. Wie bereits angedeutet, ist diese Form der Rotverschiebung in der Kosmologie von großer Bedeutung. Entsprechend den Modellen der Kosmologen dehnt sich der Raum aus, er expandiert, wobei sich die Objekte selbst nicht bewegen, sie werden lediglich vom expandierenden Raum »mitgenommen«, es entsteht zwischen ihnen gewissermaßen mehr Entfernung analog zur oben beschriebenen, sich ausdehnenden Kupferplatte. Rotverschiebungen, die ihre Ursache in der Expansion des Raumes haben, bezeichnen Kosmologen daher auch als »kosmologische Rotverschiebung«.

Fassen wir zusammen: Wie bereits erwähnt kann eine beobachtete Rotverschiebung des Lichts mehrere Ursachen haben.

Die Doppler-Rotverschiebung geht auf eine Bewegung der Quelle bzw. des Detektors zurück. Anders bei der Gravitations-Rotverschiebung. Dort bewegt sich nichts, sie ist statisch. Hier sind es Potentiale, z. B. Gravitationsfelder, die sich den Photonen in den Weg stellen. Ihnen zu entkommen kostet Energie, wodurch wiederum die Frequenz des Lichts erniedrigt wird. Auch bei der Expansions-Rotverschiebung ändern sich die Ortskoordinaten der Komponenten nicht. Was expandiert, ist das gesamte Koordinatennetz, mit dem Ergebnis, dass die Strecken zwischen den Ortskoordinaten gedehnt werden. Man muss also genau unterscheiden, womit man es bei dem Begriff »Rotverschiebung« zu tun hat.

In den Methoden und Bildern zur Erklärung der Rotverschiebung zeigt sich auf eindrucksvolle Weise die Eleganz der Quantenelektrodynamik (QED). Mit ihrer Hilfe lassen sich zahlreiche unterschiedliche Effekte auf natürliche Weise beschreiben. Ihre eigentliche Bedeutung gewinnt die QED jedoch aus der Tatsache, dass sie bislang die am besten mit dem Experiment übereinstimmende Theorie ist.

EINSCHUB FOURIER-ENTWICKLUNG

Beschäftigen wir uns noch mit einer ganz anderen Art von Mächtigkeit. In einem späteren Kapitel werden wir mit der Aufgabe konfrontiert werden, einen gegebenen Funktionsverlauf nachzubilden. Mit diesem Problem hat sich schon der französische Mathematiker und Physiker Jean Baptiste Joseph Fourier (1768–1830) herumgeschlagen. Das von ihm entwickelte Verfahren ist so einfach wie genial.

8.26 Jean Baptiste Joseph Fourier (1768–1830)

Fourier konnte zeigen, dass jede beliebige periodische Funktion durch die Überlagerung unendlich vieler Sinus- bzw. Cosinus-Funktionen erzeugt werden kann. Wie das funktioniert, wollen wir an einem einfachen Beispiel, an einer sogenannten Rechteck-Funktion (siehe Abb. 8.27), demonstrieren.

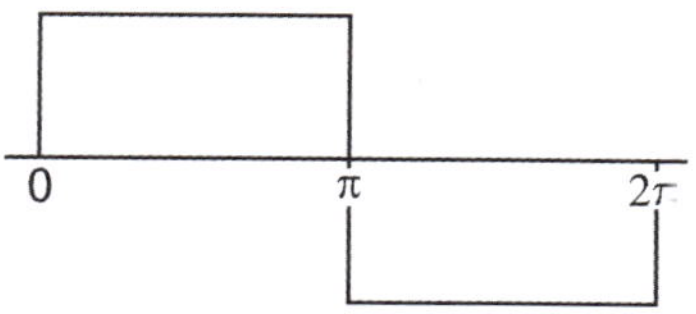

8.27 Kastenfunktion

Beginnen wir mit einer Sinus-Funktion, die genau in diese Rechtecke passt (Abb. 8.28). Wie man sieht, lässt die Übereinstimmung mit der Rechteck-Funktion sehr zu wünschen übrig.

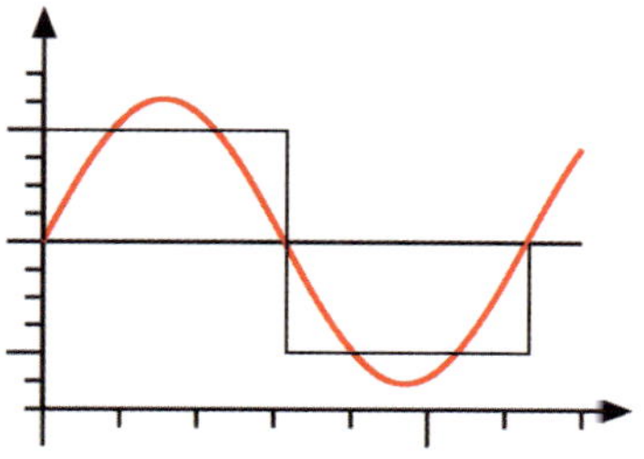

8.28 Annäherung einer Kasten- durch eine Sinus-Funktion

Während die Sinus-Funktion oben und unten über die Rechteck-Funktion hinausschießt, fehlt links und rechts des Sinus etwas. Folglich müssen wir eine zweite Sinus-Funktion hinzunehmen, die das etwas korrigiert, die oben und unten vom roten Sinus etwas wegknappst, dagegen links und rechts etwas draufsattelt. Wie in Abb. 8.29 dargestellt, eignet sich dazu eine Sinus-Funktion (grün) mit einem Drittel der Wellenlänge des roten Sinus.

Die rechte Seite der Abb. 8.29 zeigt das Ergebnis der Überlagerung der beiden Sinus-Funktionen. Das sieht jetzt schon besser

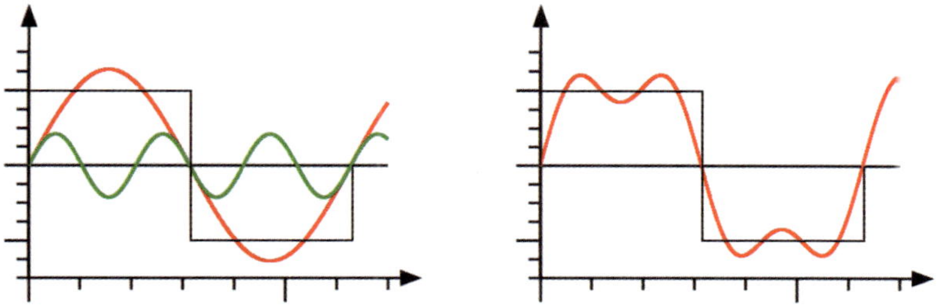

8.29 Annäherung einer Kasten-Funktion durch zwei überlagerte Sinus-Funktionen

aus, ist aber noch lange nicht zufriedenstellend. Fügen wir also noch eine weitere Sinus-Funktion (blau) mit einem Fünftel Wellenlänge der roten Funktion hinzu. In Abb. 8.30 sind links die sich überlagernden Sinusfunktionen dargestellt und rechts das Ergebnis der Überlagerung. Eine gewisse Ähnlichkeit mit der Rechteck-Funktion ist jetzt nicht mehr zu leugnen.

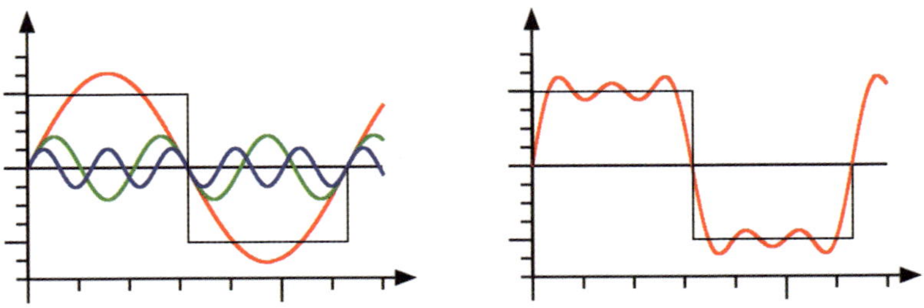

8.30 Annäherung einer Kasten-Funktion durch drei überlagerte Sinus-Funktionen

Aber es soll ja noch besser werden. Fügen wir also eine weitere Sinus-Funktion (türkis) hinzu, diesmal eine mit einem Siebtel Wellenlänge des roten Sinus. Wieder zeigt Abb. 8.31 links alle zur Überlagerung beitragenden Sinus-Funktionen und rechts das Ergebnis.

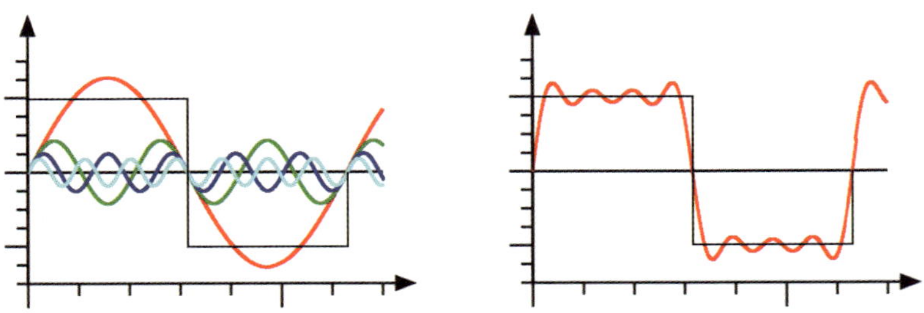

8.31 Annäherung einer Kasten-Funktion durch vier überlagerte Sinus-Funktionen

Man sieht, je mehr Sinus-Funktionen beitragen, umso genauer stimmt das Resultat der Überlagerung mit der Rechteck-Funktion überein. Dabei nimmt die Wellenlänge jeweils auf 1/3, 1/5, 1/7 usf. der Wellenlänge in Abb. 8.28 ab. Bei einer Überlagerung von ca. 100 Sinus-Funktionen benötigt man schon eine Lupe, um noch einen Unterschied zwischen der Ziel-Funktion und dem Ergebnis der Überlagerung zu erkennen. Wirklich perfekt wird das Ergebnis aber erst, wenn unendlich viele Sinus-Funktionen beitragen. Was die Bilder noch zeigen: Die Amplituden der einzelnen Sinus-Funktionen werden rasch kleiner. Achilles und die Schildkröte haben uns gelehrt, dass die Überlagerung unendlich vieler Beiträge zu einem endlichen Ergebnis führen kann.

Dieses Verfahren ist nicht nur auf die Approximation einer Rechteck-Funktion beschränkt. Wie bereits angedeutet, lassen sich damit beliebige periodische Funktionen erzeugen. In der Fourier-Entwicklung offenbart sich ein weiteres Mal die Mächtigkeit der Unendlichkeit. In späteren Kapiteln wird uns dieses Verfahren noch sehr nützlich sein.

8.7 Zweite Quantisierung
Vom Feld zum Quantenfeld

Mittlerweile haben wir schon reichlich Höhenmeter gutgemacht auf dem Weg hinauf zur Quantenfeldtheorie und uns insbesondere mit der Quantenelektrodynamik vertraut gemacht. Nun aber wollen wir eine weitere, zugegebenermaßen schwierige, aber entscheidende Etappe in Angriff nehmen. Es geht um die Quantisierung. Sie ist ein Eckpfeiler unseres bisherigen Weltbildes und trotzdem in alldem Pfeiledrehen und Pfadesummieren nie in Erscheinung getreten. Wo genau ist sie zu verorten, wo hat sie sich in unserer neuen Sicht der Welt versteckt? Also: höchste Konzentration! Was da gleich auf uns zukommt, ist ziemlich anspruchsvoll. Zum Ausgleich dafür wird es später auf wundersame Weise wieder sehr anschaulich werden. Legen wir einfach mal los.

Wie so oft in der Grundlagenforschung standen auch dem Verständnis der Quantenfeldtheorie einige Ungereimtheiten im Wege, auf die man keine Antworten hatte. Da war etwa die Frage: Wenn es, wie allgemein angenommen, Elementarteilchen gibt wie z. B.

die Elektronen, warum unterscheiden sie sich nicht voneinander, warum sind sie augenscheinlich alle gleich? Zunächst klingt das banal. Bedenkt man jedoch, dass Elektronen ein sehr »bewegtes« Leben führen, indem sie an Materie gestreut werden oder mit anderen Teilchen wechselwirken, dann sollte es nicht verwundern, wenn sie dabei vielleicht einige Kratzer hinnehmen müssten, minimale Beschädigungen, die sie von anderen Elektronen unterscheiden. Oder um es noch deutlicher zu machen: Woher wissen die Elektronen in unserer Galaxis, welche Eigenschaften die in der Andromeda-Galaxie haben, wie die aussehen? Gibt es vielleicht einen universellen Bauplan, eine Blaupause, die im ganzen Universum ausliegt, nach der alle Elektronen zu bauen sind? Das war ein fundamentales Problem – beim Pauli-Ausschließungsprinzip in Kapitel 7.7 ist es uns bereits begegnet.

Die ebenso simple wie überraschende Antwort auf diese Frage lautet: Es gibt keine individuellen Elektronen! Vielmehr gibt es ein Feld, das wir Elektronenfeld nennen, das omnipräsent den gesamten Raum durchzieht. Was wir als ein Elektron wahrnehmen, ist in Wirklichkeit nur eine Anregung dieses Feldes. Wenn es demnach lediglich ein überall gleiches Feld gibt, dann darf man sich nicht wundern, dass eine Anregung dieses Feldes, wo auch immer sie stattfindet, in einer entfernten Galaxie oder vor unserer Haustüre, zu immer gleichen Elektronen führt. Vielleicht erinnern Sie sich noch an den Hype, den im Juli 2012 der Nachweis des Higgs-Teilchens, genauer des Higgs-Bosons, am LHC in Genf ausgelöst hat? In der Presse war ausschließlich davon die Rede, dass damit endlich das Standardmodell, zumindest vorläufig, komplett sei. Völlig unter ging dabei, dass damit auch die Existenz eines omnipräsenten Higgs-Feldes nachgewiesen wurde, das mit Materie wechselwirkt und ihr Masse verleiht. Denn das Higgs-Boson ist ja nichts anderes als das Teilchen, das bei entsprechender Anregung dieses Feldes in Erscheinung tritt. Wir mussten das Teilchen finden, um damit die Existenz des Feldes zu beweisen. Dieses Konzept, nach dem Elementarteilchen im Prinzip nichts anderes sind als Anregungen entsprechender Felder, ist gegenwärtig das Beste, was wir zum Verständnis dieser Welt zur Verfügung haben.

Bevor wir uns jetzt weiter voranwagen, wollen wir das Ganze noch etwas verständlicher machen. Wie gesagt: Elementarteilchen sind Anregungen von omnipräsenten Feldern. Wenn Sie Fußball-fan sind, dann ist das nichts Neues für Sie, dann wissen Sie genau, wovon die Rede ist. Denn dann haben Sie sicher schon »la ola«, die Welle, durch die Ränge des Stadions schwappen sehen. Für alle anderen wollen wir kurz erklären, was da geschieht. Zunächst denken wir uns das mit Zuschauern gefüllte Rund der Stadiontribüne nicht nach oben ansteigend, sondern flach, als ebene Fläche. Und obwohl etliche Zuschauer sitzen, andere stehen oder aufgrund von zu viel Alkohol vielleicht sogar auf dem Boden liegen, befinden sich die Köpfe aller im Mittel auf gleicher Höhe. Die Welle beginnt, wenn eine Gruppe von Zuschauern wie auf Kommando plötzlich in die Höhe springt. Landen die Menschen wieder auf dem Boden, dann springt eine benachbarte Gruppe hoch, dann eine nächste Gruppe und so fort. Auf diese Weise bildet sich eine Welle auf- und wieder absteigender Köpfe, die durch das Stadion läuft und schließlich wieder bei der Personengruppe ankommt, von der sie ihren Ausgang genommen hat. Haben die Gruppe und deren Nachbarn dann noch genügend Dampf, um erneut in die Höhe zu springen, dann läuft die Welle ein zweites Mal durch die Ränge. Im Prinzip ist das pure Quantenfeldtheorie. Denn aus der Ferne betrachtet sieht man irgendetwas über dieses Feld der Köpfe huschen, etwas, das man im weitesten Sinne als ein Teilchen interpretieren könnte. Das ist die eigentliche Idee, die hinter der Quantenfeldtheorie steckt.

Das Schöne an der Geschichte: Den Formalismus der Quantenfeldtheorie herzuleiten ist nicht besonders schwierig, denn wir haben da schon gute Vorarbeit geleistet. Im Prinzip geht es lediglich darum, die Gleichungen, die wir bei der Behandlung des Pfadintegrals kennengelernt haben, an unser Problem anzupassen. Wie war das noch mal? Nun, wir hatten uns Gedanken gemacht, wie man von einem Punkt »Hier« zu einem anderen Punkt »Da« in der Raumzeit kommt. Uns war bewusst, dass das auf beliebig vielen Wegen – wir hatten sie Pfade genannt – geschehen kann und dass jeder dieser Pfade eine komplexe Wahrscheinlichkeitsamplitude

$$r \cdot e^{i \cdot \varphi} = r \cdot e^{\frac{i \cdot Et}{\hbar}} \tag{8.9}$$

besitzt, bestehend aus einem Pfeil der Länge r und einem Winkel φ. Außerdem hatten wir gesehen, dass

$$\varphi = \frac{E \cdot t}{\hbar} \tag{8.10}$$

ist, und da Energie mal Zeit eine Wirkung S darstellt, gilt:

$$\varphi = \frac{E \cdot t}{\hbar} = \frac{S(W)}{\hbar} \tag{8.11}$$

wobei mit $S(W)$ angedeutet ist, dass es sich um die Wirkung längs des Weges W handelt. Da zur Gesamtamplitude A alle Pfade W beitragen, mussten wir schließlich alle Einzelamplituden aufsummieren bzw. über alle möglichen Pfade von »Hier« nach »Da« integrieren. Damit erhielten wir die Gleichung

$$A_{(Hier \to Da)} = \int\limits_{W(Hier \to Da)} e^{\frac{iS(W)}{\hbar}} \mathcal{D}W \tag{8.12}$$

und schon waren wir fertig. Vielleicht können Sie sich schon denken, was jetzt kommt: Was wir bisher mit den Pfaden im Raum gemacht haben, das machen wir jetzt mit Feldern. Natürlich haben wir nun keine Punkte mehr im Raum, stattdessen müssen wir jetzt eine gesamte Feldkonfiguration betrachten. Präziser ausgedrückt heißt das: Wir betrachten das Feld zu einem Zeitpunkt t, lassen dann, ähnlich wie wir beim Pfadintegral alle möglichen Wege zugelassen haben, mit dem Feld irgendetwas »Wildes« passieren und summieren dann wieder auf – und das war es dann auch schon. Also, was ist zu tun? Wir bekommen jetzt nicht mehr eine Amplitude A von »Hier« nach »Da«, sondern ein Feld, das zum Zeitpunkt t_1 mit einer gewissen Konfiguration beginnt und im Zeitpunkt t_2 mit einer anderen Konfiguration endet. Damit die Geschichte nicht völlig aus dem Ruder läuft, ist es sinnvoll, dem betrachteten Feld nicht alle erdenklichen Kapriolen zuzugestehen, sondern es an die Leine zu nehmen, indem wir es in physikalische

»Leitplanken« sperren. Doch wie sollen die aussehen? Rufen wir uns ins Gedächtnis, wo wir eigentlich hinwollen: So wie wir von der Mechanik zur Speziellen Relativitätstheorie gekommen sind, so wollen wir jetzt von der Quantenmechanik zu einer relativistischen, einer lorentzinvarianten Theorie, genauer: von der Quantenmechanik zur relativistischen Quantenfeldtheorie gelangen. Das wiederum heißt: Wir müssen die Grundannahmen der Speziellen Relativitätstheorie beherzigen, insbesondere die Einsteinsche relativistische Energie-Impuls-Beziehung

$$E^2 = m^2c^4 + p^2c^2 \tag{8.13}$$

die wir im Kapitel 5.6 kennengelernt haben. Setzt man in diese Beziehung die Korrespondenzrelationen – Gleichung (7.71) – ein, die wir uns in Kapitel 7.10 für die »Übersetzung« der klassischen in die quantentheoretische Betrachtungsweise erarbeitet haben, so führt das zur sogenannten Klein-Gordon-Gleichung. Da sich die Welle $\phi(x,t)$ in drei Raumdimensionen ausbreiten können soll, müssen wir lediglich die Ableitung nach x als Ableitung nach allen Raumrichtungen verstehen. Hierfür schreibt man das Symbol ∇:

$$\left(\frac{1}{c^2}\partial_t^2 - \nabla^2 + \frac{m^2c^2}{\hbar^2}\right)\phi(x,t) = 0 \tag{8.14}$$

Die Lösungen der Klein-Gordon-Gleichung sind periodische ebene Wellen. Die Spezielle Relativitätstheorie setzt damit einer *relativistischen* Quantenfeldtheorie klare Leitplanken. Wie berechnet sich demnach die Amplitude unter dem Aspekt, dass man es mit einer Feldkonfiguration zu tun hat, die eine periodische ebene Welle darstellt? Dazu müssen wir das Pfadintegral nur entsprechend umschreiben und erhalten:

$$A\left[EW(t_1) \to EW(t_2)\right] = \int\limits_{EW(t_1)\to EW(t_2)} e^{\frac{iS(\Phi)}{\hbar}}\,\mathcal{D}\Phi \tag{8.15}$$

Wir berechnen also die Amplitude A, die mit einer ebenen Welle (EW) zum Zeitpunkt t_1 beginnt und, da wir es mit periodischen Wellen zu tun haben, mit der identischen ebenen Welle zum Zeitpunkt t_2 endet. Dazwischen darf das Feld machen, was es will – es genießt freien Auslauf. Integriert wird natürlich nicht mehr über alle möglichen Wege, sondern über alle erlaubten, möglichen Feldkonfigurationen Φ. In der Gleichung ist daher die Wirkung S nicht mehr vom Weg, sondern von der Feldkonfiguration Φ abhängig. Analog gilt jetzt für den Winkel φ:

$$\varphi = \frac{E \cdot t}{\hbar} = \frac{S(\Phi)}{\hbar} \tag{8.16}$$

Wie gehabt wird wieder jede Amplitude durch eine komplexe Zahl

$$e^{\frac{iS(\Phi)}{\hbar}} \tag{8.17}$$

dargestellt, die wiederum einen von der Feldkonfiguration Φ abhängigen Winkel besitzt. Und je nachdem, wie wild sich die Feldkonfiguration gebärdet, d. h. je mehr Energie in dem Feld steckt, umso schneller rotiert der Pfeil. Nichts Neues also.

Wichtig ist nun, dass die Amplitude A, die bei einer ebenen periodischen Welle startet und, ganz egal, was dazwischen geschieht, bei der identischen Welle endet, gleich 1 sein muss! Das hängt damit zusammen, dass, wie schon erwähnt, die Lösungen der Klein-Gordon-Gleichung periodische ebene Wellen sind. Es muss also gelten:

$$A\left[EW(t_1) \to EW(t_2)\right] = \int\limits_{EW(t_1) \to EW(t_2)} e^{\frac{iS(\Phi)}{\hbar}} \mathcal{D}\Phi = 1 \tag{8.18}$$

Wir wollen nur Amplituden zulassen, die zum Zeitpunkt t_1 mit einer ebenen Welle EW starten und bei t_2 wieder mit dieser Welle enden. Natürlich gäbe es beliebige andere Möglichkeiten, Leitplanken zu setzen. Die interessieren uns aber nicht. Wir wollen nur periodische ebene Wellen, alles andere blenden wir aus. Das wiederum bedeutet: Die komplexe Amplitude A muss den Wert 1 haben. Wohlgemerkt nicht die Länge 1, sondern exakt den Wert 1, der in der komplexen Zahlenebene bei $r = 1$ und $\varphi = 0$ liegt (roter Pfeil in Abb. 8.32). Genau diese Amplitude brauchen wir, und sonst nichts – wir wollen uns nicht aus irgendwelchen nicht lorentzinvarianten Möglichkeiten am Ende etwas zusammenbasteln.

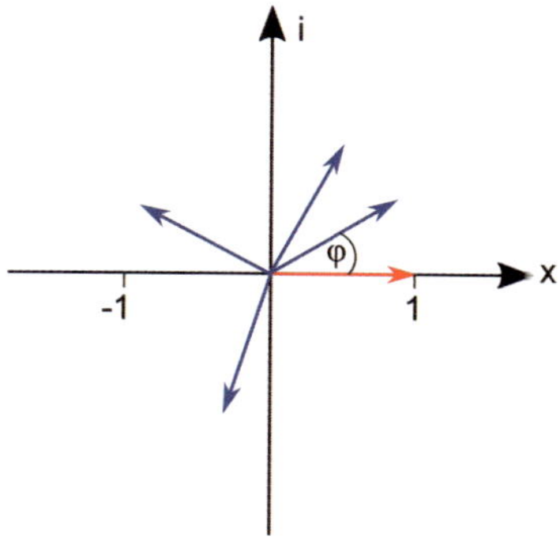

8.32 Amplituden unterschiedlicher komplexer Werte. Der Wert 1 entspricht dem roten Pfeil in der Zahlenebene.

Da sind wir stur – die Spezielle Relativitätstheorie schaut uns genau auf die Finger!

Was aber geschieht, wenn die Feldkonfiguration Φ eine höhere Energie besitzt? Na, dann beginnt sich der Pfeil entgegen dem Uhrzeigersinn zu drehen. Je mehr Energie im Feld steckt, umso weiter wird der Pfeil gedreht sein. In Abb. 8.32 sind einige dieser Pfeile in Blau eingezeichnet. Sie unterscheiden sich im Winkel φ von unserem roten Pfeil, d.h. sie haben zwar die Länge $r = 1$, sind aber nicht die komplexe Zahl »eins«. Damit entsprechen sie nicht Gleichung (8.18) und tragen zum Ergebnis nicht bei. Sie sind keine Lösung des Problems, denn nur die 1 garantiert uns, dass wir es mit einer periodischen Lösung zu tun haben. Doch das ist noch nicht alles. Steigern wir kontinuierlich die Energie des Feldes, so dreht sich der Pfeil immer weiter, bis er schließlich, nach einer Drehung von 360 Grad bzw. um 2π, wieder in die Ausgangsrichtung weist. Damit erhalten wir wieder die komplexe Zahl »eins«, d.h. die Amplitude ist 1 und erfüllt Gleichung (8.18). Fragt sich also: Wie hoch muss die Energie sein, damit man wieder eine Lösung bekommt? Nun, es muss zur ursprünglichen Energie das 2π-fache dieser Energie hinzukommen. Und da der Pfeil mit wachsender Energie nach jeweils einer weiteren 360 Grad-Drehung wieder gleich 1 wird, gilt allgemein, dass die Energie immer um ein Vielfaches von (2π mal der ursprünglichen Energie) zunehmen muss, damit man wieder eine aus ebenen Wellen bestehende Lösung erhält.

Und genau dieser Sachverhalt ist es, der auf völlig natürliche Weise zur Bildung kleinster Energiepakete führt. Genau an dieser Stelle wird unser Feld quantisiert! Das bedeutet: Mit jeder kompletten Umdrehung des Pfeiles nimmt die Energie des Feldes in Sprüngen um einen bestimmten Betrag, um eine bestimmte Energieportion zu. Angewandt auf Photonen heißt das: Die Energie des Photonenfeldes kann nur um ganze Vielfache von $h \cdot v$ wachsen. Das wiederum bedeutet: Dem Photonenfeld kann man nur Energiepakete entnehmen, die ganzzahligen Vielfachen von $h \cdot v$ entsprechen. Analog kann man auch einem Elektronenfeld nur Energie in Form von quantisierten Portionen, d. h. in Form von elementaren Elektronen, entnehmen. Einer ähnlichen Situation sind wir schon einmal im Kapitel 7.6 bei der Behandlung der Schrödingergleichung begegnet. Vielleicht erinnern Sie sich, dass dort ein in einem Kasten eingesperrtes Teilchen nur bestimmte, in Sprüngen ansteigende Energiewerte annehmen konnte und dass nur diese Werte eine Lösung der Schrödingergleichung darstellen.

Anhand dieses Beispiels wird deutlich, wo und wie die Quantisierung in der Feldtheorie Einzug hält. Max Planck hat ja mit der Einführung des Wirkungsquantums h in der Quantenmechanik bereits eine erste Quantisierung vorgenommen. Damit konnte man erstmals Strahlung als einen Strom von Energiepaketen $h \cdot v$, den Photonen, verstehen. Folglich bezeichnet man die Quantisierung in der Quantenfeldtheorie auch als zweite Quantisierung.

Betrachten wir das Ganze noch aus einer anderen Perspektive. Stellen wir die Frage: Wie weit kann man denn die Wirkung S verringern, so dass aus der ebenen Welle zum Zeitpunkt t_1 wieder die gleiche ebene Welle zum Zeitpunkt t_2 wird? Stellen wir Gleichung (8.16) geringfügig um:

$$S(\Phi) = \varphi \cdot \hbar \tag{8.19}$$

O.k., für $\varphi = 0$ ist die Wirkung null. Das ist keine besonders aufregende Variante – wenn wir die ebene Welle in Ruhe lassen, wird sie am Ende immer noch eine ebene Welle sein. Das Universum wird uns aber nicht wahrnehmen. Die minimale Wirkung, die tatsächlich wahrgenommen wird, ergibt sich nach einer vollen Umdrehung, d. h. bei $\varphi = 2\pi$. Wir erhalten

$$S(\Phi) = 2\pi \cdot \hbar = h \tag{8.20}$$

Das ist der Clou! Wir erhalten für die minimale Wirkung, die in unserem Universum wahrgenommen wird, das Plancksche Wirkungsquantum h. Alle größeren Wirkungen sind ganzzahlige Vielfache davon. Hier hält die Quantisierung Einzug in den Formalismus.

Überlegen wir uns jetzt noch, wie wir das Verhalten des Feldes während des Überganges von der ebenen Welle zum Zeitpunkt t_1 zur ebenen Welle zum Zeitpunkt t_2 in den Griff bekommen. Im Prinzip kann das Feld in dieser Übergangsphase die wildesten Kapriolen schlagen. Glücklicherweise soll uns das nicht kratzen. Solange das Feld stetig bleibt, hilft uns die bereits bekannte Fourier-Analyse aus der Patsche. Denn wie wir im Einschub »Fourier-Entwicklung« gesehen haben, kann man jede beliebige stetige Funktion in guter Näherung durch eine Überlagerung ebener, periodischer Wellen darstellen. Von Stetigkeit spricht man, wenn eine Funktion keine Sprünge macht, beispielsweise von plus unendlich nach minus unendlich springt, oder, anders gesagt, solange man eine Funktion in einem Zug, ohne den Kugelschreiber absetzen zu müssen, nachzeichnen kann. Krasse Unstetigkeiten kommen in der Natur sowieso kaum vor. Das Feld wird auch nicht mit großen Ausschlägen in die eine oder andere Richtung wild hin und her springen, allein schon deswegen, weil starke Ausschläge mit hohen Energiebeiträgen verbunden sind, die Natur aber bestrebt ist, den Ball flach zu halten, d. h. sparsam mit der Energie umzugehen. Und nicht zuletzt würden sich extreme Ausschläge des Feldes sowieso gegenseitig weginterferieren. Dank Fourier können wir also alles zulassen, solange es nur stetig ist, und wir brauchen uns keine Gedanken zu machen, was während des Übergangs der ebenen Welle zum Zeitpunkt t_1 zur ebenen Welle zum Zeitpunkt t_2 passiert. Wir stellen es einfach durch eine Kombination ebener periodischer Wellen dar, und die winkt allesamt unser »Türsteher« in Form von Gleichung (8.18) freundlich durch.

So gesehen liefert uns Gleichung (8.18) die Fourier-Komponenten jeder zulässigen Feldkonfiguration. Mit anderen Worten: Vorausgesetzt, wir haben am Anfang und am Ende die identische ebene Welle, dann ist sie periodisch, und das Thema ist gegessen. Wir können uns beruhigt zurücklehnen und dem Quantenfeld sagen: Bitte mach, wozu du lustig bist.

Auf eine Sache wollen wir noch hinweisen. Die Feldkonfiguration Φ steht natürlich nicht so »nackt« da wie bislang hingeschrieben. Vielmehr ist Φ sowohl von Ort als auch Zeit abhängig, wobei für den Ort die drei Raumkoordinaten x, y und z einzusetzen sind. Das bedeutet: Das Quantenfeld hat an jedem Ort im Raum zu einer bestimmten Zeit einen bestimmten Wert. An dieser Stelle wollen wir schon einmal darauf hinweisen, dass die Anzahl der Raumdimensionen bislang bei all unseren Überlegungen nicht explizit in Erscheinung getreten ist. Wir haben uns entlang unserer Argumentation nirgends auf nur drei Raumkoordinaten beschränkt – es hätten beispielsweise auch zehn sein können.

Fassen wir zusammen: Elementarteilchen lassen sich als Anregungszustände omnipräsenter Quantenfelder auffassen. Diese Teilchen erfüllen auch die Einsteinsche relativistische Energie-Impuls-Beziehung. Ferner interferieren sich besonders wilde Ausschläge des Feldes gegenseitig weg. Wie wir schon beim Pfadintegral gesehen haben, gilt das jedoch nicht mehr auf sehr kleinen Skalen. Da gibt es auch Teilchen, die die Einsteinsche relativistische Energie-Impuls-Beziehung – Gleichung (8.13) – nicht einhalten müssen. Die bezeichnen wir als virtuelle Teilchen. Allerdings erfordern auch sie eine Energie größer null. Was wir unter der Energie null – oder allgemein unter einem Vakuum – verstehen wollen, diese Antwort sind wir noch schuldig geblieben. Zu jedem Elementarteilchen gehört ein eigenes Feld: ein Photonenfeld zu den Photonen, ein Elektronenfeld zu den Elektronen usf. Wie sich so eine Anregung im Feld ausbreitet, haben wir anhand von »La Ola« in einem Fußballstadion zu erklären versucht. Man kann sich das aber auch zu Hause veranschaulichen. Dazu breiten wir eine Decke über einen Tisch. Die Decke symbolisiert das Feld. Schieben wir nun zwischen Tischplatte und Decke eine Orange über den Tisch, dann wird sich die Decke, das Feld, über der Orange nach oben ausbeulen. Mit der Bewegung der Orange wandert auch die Beule, die Anregung, über das Feld. Von außen betrachtet kann man die Beule als ein Elementarteilchen interpretieren, das sich mit der Anregung des Feldes von Ort zu Ort bewegt. So anschaulich dieses Modell auch ist, so verschafft es uns doch nur eine grobe Vorstellung von der Anregung realer Felder. Denn die Decke ist ja nur ein zweidimensionales Gebilde, wogegen sich in unserer räumlichen Welt die Felder über alle Dimensionen des Raumes erstrecken.

8.8 Renormierung und Vakuum
Wie viel ist nichts?

Die nächste Etappe wollen wir mit Monty Python beginnen, bei denen es heißt: »Du kommst aus dem Nichts. Du gehst ins Nichts. Was hast du zu verlieren? Nichts!« In der Philosophie gehört die Frage nach dem Nichts zu den schwierigsten. Sie scheint ein unlösbares Paradox zu sein. In der theoretischen Physik ist jedoch das Nichts, das Vakuum, sehr wohl von Bedeutung, und wie sich gleich zeigen wird, ist das Nichts nicht nichts, sondern im Gegenteil: Es ist etwas, es hat gewisse Eigenschaften. Genau diese Eigenschaften wollen wir ergründen.

Auf den ersten Blick scheint die Angelegenheit relativ klar zu sein. Wir haben erkannt: Elementarteilchen sind Anregungszustände von Feldern. Und wenn diese Teilchen der Gleichung (8.13) genügen, dann bezeichnen wir sie als reale Teilchen. Ist dagegen die Beziehung nicht erfüllt, sprechen wir von virtuellen Teilchen. Nun, die angesprochenen Felder, da ja omnipräsent, sind auch im Vakuum vorhanden, die wird man nicht los. Aber sie könnten an jedem Ort und zu jeder Zeit den Wert null haben. Damit wäre man aus dem Schneider, das scheint auf den ersten Blick eine brauchbare Definition für das Vakuum zu sein. Doch Vorsicht! Wir haben gesehen, dass sich jeder Zustand eines Feldes durch eine Überlagerung unendlich vieler ebener Wellen darstellen lässt. Das gilt natürlich auch für ein Feld, das überall gleich null sein soll. Diese Null exakt zu erzwingen ist dabei sehr aufwendig. Greifen wir wieder auf unser Beispiel mit dem Fußballstadion zurück, dann würde es sehr viel Disziplin erfordern, dass alle Zuschauer den Kopf exakt auf derselben Höhe halten, und dies auch noch zeitlich konstant. Mit spitzem Bleistift gerechnet ist es deshalb besser, dem Feld ein paar Schwankungen zuzugestehen, gewissermaßen ein wenig Laissez-faire. Dieser Zustand, in dem die Felder nur im Mittel null sind, erweist sich als energetisch niedriger als der Zustand, in dem die Felder überall den Wert null haben. »Alle Felder gleich null« ist also eine schlechte Definition des Vakuums, denn der Zustand »Alle Felder gleich null« würde ja innerhalb kürzester Zeit in den energetisch günstigeren, den Laissez-faire-Zustand niedrigster Energie übergehen. Es ist daher besser, das Vakuum von vornherein als einen Zustand niedrigster Energie zu definieren.

Doch damit nicht genug. Dieser Zustand muss für alle Beobachter in allen mit konstanter Geschwindigkeit relativ zueinander bewegten Systemen, also Inertialsystemen, gleich aussehen. Mit anderen Worten: Die Spezielle Relativitätstheorie muss gelten. Zwei zueinander mit konstanter Geschwindigkeit bewegte Beobachter müssen sich darüber einig sein, dass es sich bei dem, was sie da beobachten, um ein Vakuum handelt. Kurzum: Der Ansatz »Alle Felder zu jeder Zeit an jedem Punkt gleich null« ist zu streng. Andererseits darf aber auch ein Teilchen, z. B. ein Elektron, das man irgendwo im Vakuum platziert, keine Kraft verspüren. Das bedeutet, dass vom Teilchen aus über alle Richtungen betrachtet die auf das Teilchen wirkende Kraft im Mittel gleich null zu sein hat. Also null nicht an allen Punkten des Raumes, sondern über alle Punkte des Raumes gemittelt. Deshalb spricht man auch vom »Vakuumerwartungswert«.

Damit tut sich jedoch ein Problem auf, denn alles, womit wir es bislang in der Quantenfeldtheorie zu tun hatten, war unendlich. Verwunderlich ist das nicht, haben wir doch bei unseren Betrachtungen z. B. über unendlich viele Pfade integriert oder unendlich viele Feldkonfigurationen aus jeweils unendlich vielen ebenen Wellen zusammengesetzt. Das hat durchaus seinen Charme, weil wir damit die vielen Regeln losgeworden sind, deren Herkunft ansonsten immer im Dunkeln gelegen hätte. Trotzdem: Sparsam geht anders. Außerdem brauchen wir konkrete Ergebnisse, berechnete Werte, um sie mit den Beobachtungen in der Natur abgleichen zu können. Da sind die Unendlichkeiten äußerst hinderlich. Wir müssen sie wieder »einfangen«, wir müssen sie loswerden. Schauen wir uns dazu einmal die Energiebeträge $E = h \cdot \nu$ der einzelnen zum Gesamtergebnis beitragenden Schwingungen an. Wenn wir wieder unendlich viele dieser Beiträge zulassen, dann müssen wir auch über unendlich viele integrieren. Wir erhalten also:

$$E = \int_0^\infty h \cdot d\nu \,. \tag{8.21}$$

Und damit ist das Kind schon in den Brunnen gefallen. E wird wieder unendlich groß! Um das zu vermeiden, müssen wir eine Schranke setzen. Wo die Schranke greifen soll, sieht man am besten, wenn wir das Integral etwas umschreiben und die Frequenz ν durch die Wellenlänge λ ersetzen. Da $c = \lambda \cdot \nu$ gilt, können wir ν durch λ ausdrücken und erhalten:

$$E = \int_0^\infty h \cdot \frac{c}{\lambda^2} \cdot d\lambda \tag{8.22}$$

Damit haben wir das Problem auf die etwas anschaulicheren Wellenlängen verlagert, indem hohe Energien mit kurzen und niedrige mit langen Wellenlängen einhergehen. Damit hat sich an der Unendlichkeit der Gesamtenergie E zunächst jedoch nichts geändert. Denn wenn die einzelnen Beiträge immer höhere Energien liefern, dann wird ja auch, da λ mit zunehmender Energie immer kleiner wird, c / λ^2 letztlich beliebig groß und das Integral über unendlich viele, beliebig große Energiebeiträge wieder unendlich. Das aber kann man verhindern, indem man den Wellenlängen eine Schranke ε setzt, die von den Wellenlängen nicht unterschritten werden darf. Mit anderen Worten: Wir integrieren nur noch über Wellenlängen, die größer sind als die Größe ε. Damit lautet unser Integral:

$$E = \int_{\varepsilon}^{\infty} h \cdot \frac{c}{\lambda^2} \cdot d\lambda \tag{8.23}$$

Vielleicht sind Sie der Meinung, dass das nichts bringt. Denn trotz dieser Schranke integrieren wir ja immer noch über unendlich viele Beiträge, so dass das Integral doch wieder unendlich wird. Man muss jedoch bedenken, dass λ zu kleineren Energien hin immer größer wird und somit c / λ^2 gegen null geht. Kritisch sind also nur die kurzen Wellenlängen, die Beiträge hoher Energie, nur die gilt es zu beschneiden. So weit, so gut. Doch jetzt stellt sich die Frage: Woher bekommen wir ein passendes ε, welchen Wert soll diese untere Grenze haben, wo schneiden wir ab?

An dieser Stelle scheiden sich nun die Mathematiker von den Physikern. In der Physik ist das Problem relativ einfach zu lösen. Man könnte z. B. daran denken, nur Elementarteilchen einer festen Form zuzulassen, etwa Strings einer bestimmten Größe. Darauf werden wir in Kapitel 12 noch detailliert eingehen. Da diese Teilchen dann die kleinstmögliche Einheit darstellen würden, müsste man ε gleich dieser String-Größe setzen. Oder noch kleiner: Was wäre, wenn der Raum selbst quantisiert wäre, bestehend aus lauter einzelnen Raumquanten, wenn der Raum eine körnige Struktur hätte? Im Prinzip steht dieser Vorstellung nichts im Wege. Dann würden logischerweise diese Raumquanten, diese winzigen »Raumkörner« als kleinste Einheit ε fungieren. Wellenlängen kleiner als die Abmessungen dieser Körner kann man nicht mehr auflösen, folglich würden die auch keinen Beitrag liefern. Auch damit kämen hohe Energien nicht zum Zuge. Mag sein, dass Ihnen das mit der körnigen Raumzeit bekannt vorkommt. Denn mit diesem Ansatz, der auf die »Schleifenquantengravitation« hinausläuft, versuchen theoretische Physiker schon seit einiger Zeit, die Quantentheorie mit der Allgemeinen Relativitätstheorie zu versöhnen.

Neuere Überlegungen, wie man diesem Unendlichkeitsproblem Herr werden könnte, setzen auf die Symmetrie im Kosmos. Diese Ansätze verzichten ganz auf eine untere Grenze, da wird nichts mehr abgeschnitten. Vielmehr dürfen alle Energieterme, alle Wellenlängen, ob kurz oder lang, beitragen. Man kann nämlich zeigen, dass die Energiebeiträge virtueller Bosonen, also Teilchen mit ganzzahligem Spin, zur Gesamtenergie des Vakuums durch gewisse mathematische »Terme« darstellbar sind. Wie diese Terme aussehen, das wollen wir jetzt im Einzelnen nicht diskutieren, sondern sie der Einfachheit halber in Form von Symbolen darstellen, wobei jedes für einen mathematischen Ausdruck stehen soll. Das sieht dann wie folgt aus:

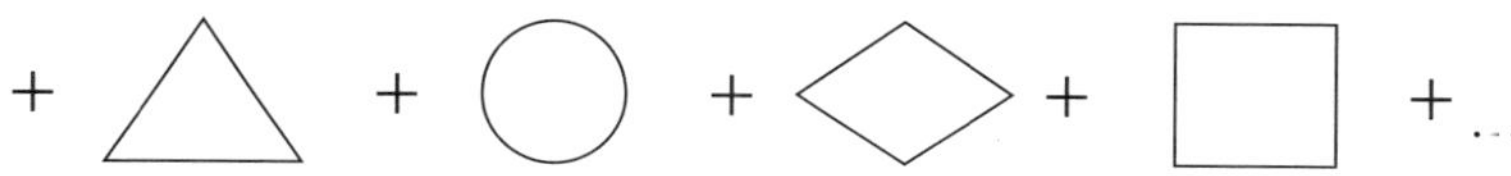

Der Ansatz spekuliert nun mit der Idee, dass es zu jedem Boson ein Fermion, ein Teilchen mit halbzahligem Spin, gibt. Wäre denn so, dann würde sich die Reihe wie folgt fortsetzen

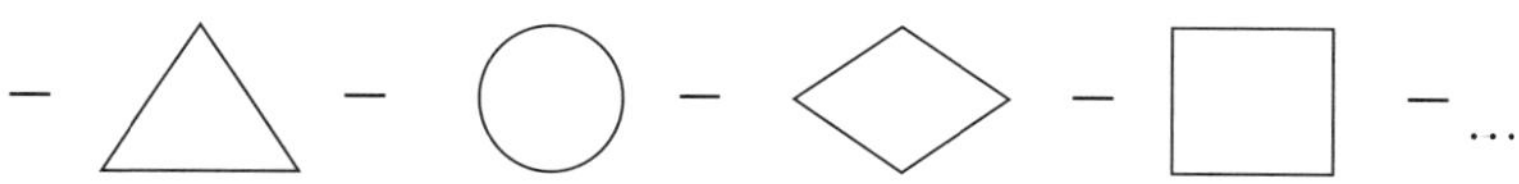

so dass sich letztlich alle noch so komplizierten Terme, wie viele auch immer wir noch hinzunehmen, gegenseitig wegheben. Sie haben es sicher schon erraten: Diesem Ansatz liegt der Gedanke zugrunde, dass zu jedem Teilchen ein sogenanntes »supersymmetrisches« Partnerteilchen existiert. An den großen Beschleunigern sucht man übrigens schon seit langem nach einer Bestätigung dieser Theorie, ist aber bis heute noch nicht fündig geworden. Wir werden der Supersymmetrie noch einen eigenen Ausflug widmen.

Streng mathematisch gesehen scheiden sich an diesem Rechenmodell jedoch die Geister. Erinnern Sie sich noch an die unendliche Reihe

$$+1-1+1-1+1-1+1-1\ldots$$

auf die wir bei der unserer Beschäftigung mit der Unendlichkeit gestoßen sind? Wir haben gesehen: Diese Reihe konvergiert nicht. Addiert man zunächst alle Terme mit positivem Vorzeichen, dann wird die Geschichte unendlich groß. Am Beispiel des Hilbert-Hotels haben wir aber auch erkannt, dass man von unendlich etwas abziehen kann, ohne dass sich an der Unendlichkeit etwas ändert. Man könnte also Schritt für Schritt jeweils einen der negativen Terme von der unendlichen Menge der positiven Terme subtrahieren, ohne dass man von der Unendlichkeit wegkommt. Das wiederum bedeutet: Der supersymmetrische Rettungsansatz ist, mathematisch betrachtet, nicht ganz astrein.

Lassen wir die Mathematiker in ihrer Schmollecke zurück und betrachten das »Abschneideproblem« wieder aus dem Blickwinkel der Physiker. Nach wie vor ist doch die entscheidende Frage: Wo soll man abschneiden? Ganz willkürlich ist diese untere Grenze sicherlich nicht, denn dann kommt immer einer um die Ecke und fragt: Warum hast du ausgerechnet da abgeschnitten und nicht dort? Nichtsdestotrotz, aus den Theorien kann man eine passende Größe ableiten. Man stößt auf sie, wo sich Quantenmechanik und Allgemeine Relativitätstheorie unversöhnlich gegenüberstehen. Beginnen wir mit der Quantenmechanik. In dieser Theorie spielt die Heisenbergsche Unbestimmtheitsrelation eine entscheidende Rolle. Entsprechend dieser Relation wird der Impuls bzw. die Energie immer größer, je genauer wir etwas ansehen wollen oder, besser gesagt, je kleiner die Länge, also das Objekt ist, das wir betrachten wollen. Folglich kommt man irgendwann an einen Punkt, an dem der Schwarzschildradius der Allgemeinen Relativitätstheorie Probleme bereitet. Denn jedes Objekt, dessen Radius kleiner ist als sein Schwarzschildradius, kollabiert zu einem Schwarzen Loch! Oder anders herum: Je genauer wir hinsehen, umso größer wird die erforderliche Energie, und Energie wirkt gravitativ. Das begrenzt unser Auflösungsvermögen, weil ab einer bestimmten Kleinheit die Unschärfe im Impuls so groß ist, dass diese Energie zu einem Schwarzen Loch kollabiert. Damit haben wir ein ernsthaftes Problem! Die kleinste Länge, die physikalisch noch sinnvoll ist, liegt bei rund 10^{-33} Zentimetern! Wenn man also genauer hinsehen will als 10^{-33} Zentimeter, eine Länge, die man übrigens als Planck-Länge bezeichnet, dann lässt uns der Türsteher der Allgemeinen Relativitätstheorie nicht über seine Schwelle.

Langer Rede kurzer Sinn: Die Frage, wo man am besten abschneidet, damit nicht alles unendlich wird, oder noch schärfer formuliert: damit nicht schon das Vakuum unendlich wird, diese Frage hat über Jahrzehnte hinweg wie Blei auf der Quantenfeldtheorie gelegen. Erst als den Physikern Feynman, Tomonaga und Schwinger der Nachweis gelang, dass es nicht entscheidend ist, wo man abschneidet, sondern vielmehr, dass man überhaupt abschneidet, wurde diese Last von den Schultern der Theorie genommen. Sie konnten nämlich zeigen, dass das Ergebnis sich kaum unterscheidet, wie auch immer man die untere Schranke wählt. Das ist das Entscheidende bzw. der Clou der Geschichte.

Etwas Ähnlichem sind wir schon einmal begegnet, als wir die Elementarteilchen als Anregungszustände entsprechender Quantenfelder identifiziert haben. Sie erinnern sich doch noch: Man konnte z. B. einem Photonenfeld nur ganzzahlige Vielfache von $h \cdot \nu$ in Form von Photonen entnehmen. Gleiches gilt für ein Elektronenfeld, dem man nur Energieportionen in Form von Elektronen abluchsen konnte. Kurzum: Den Feldern sind immer nur ganzzahlige Vielfache von Energiepaketen einer bestimmten Größe zu entnehmen. Der Witz an der Geschichte ist, dass wir uns dabei gar nicht um die Unendlichkeit der Felder geschert haben, sondern immer nur darum, was wir zusätzlich zu dieser Unendlichkeit dem Feld entnehmen können. Auf diese Weise hatten wir die Unendlichkeit sozusagen in den Tiefen des Vakuums versteckt und uns nur damit beschäftigt, was über das Vakuum hinausgehend, d. h. zusätzlich zum Vakuum, vorhanden war. Wie das zu verstehen ist, lässt sich

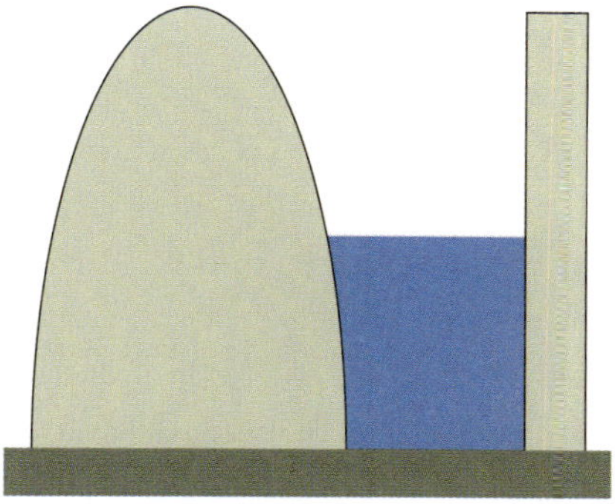

8.33 Speichersee eines Pumpspeicherkraftwerks.

am Beispiel des Stausees eines Pumpspeicherkraftwerks demonstrieren.

In Abb. 8.33 steht das Wasser im See bis zur oberen Kante der blauen Fläche. Beginnen die Pumpen zu laufen, so steigt der Wasserspiegel bis zur oberen Kante des in Abb. 8.34 schraffiert eingezeichneten Bereichs. Dabei steht das schraffierte Volumen für die Energie, die nötig war, um die entsprechende Wassermenge nach oben zu pumpen.

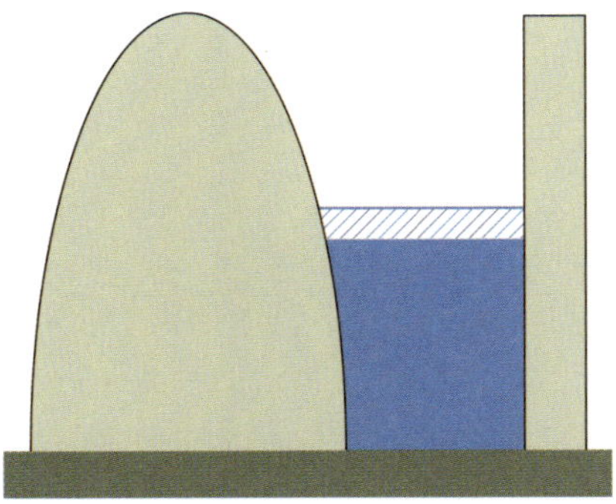

8.34 Speichersee mit zusätzlichem Pumpwasser (schraffiert).

Lässt man anschließend das Wasser bis auf das Ausgangsniveau wieder über eine Turbine ablaufen, so kann man die ursprünglich aufgewendete Energie zurückgewinnen. (Natürlich gibt es bei realen Pumpspeicherkreisläufen Reibungsverluste.) Mit anderen Worten: Das Niveau vor und nach dem Pumpvorgang entspricht einer Energiedifferenz. Im übertragenen Sinne haben wir das Gleiche auch mit unserem Vakuum gemacht. Das Vakuum, so haben wir gesagt, hat im Mittel den Wert null. Wenn nun ein gewisser Energiebetrag, z.B. $h \cdot \nu$ oder auch ein Vielfaches davon, dazukommt, dann steigt der Energiegehalt entsprechend an. Und er sinkt auf das mittlere Nullniveau, wenn wir die Energie wieder entnehmen. Entscheidend ist, dass wir uns nur für die Energiedifferenz interessieren und nicht für das Vakuum als solches. Wie das Vakuum »unterhalb des mittleren Nullniveaus« aussieht, spielt keine Rolle. In Analogie dazu ist es völlig egal, wie tief unser Stausee ist. Wir können das Stauseebild beliebig nach unten verlängern, ohne dass sich an den Energieniveaus an der Oberfläche etwas ändert. Abb. 8.35 zeigt links den vertieften Stausee im Vergleich zu einem, den wir an einer anderen Stelle »abgeschnitten« haben. Die Vertiefung des Sees bzw. wo man die untere Grenze des Integrals setzt, hat keinen Einfluss auf die betrachteten Energieniveaus bzw. auf das Ergebnis des Integrals.

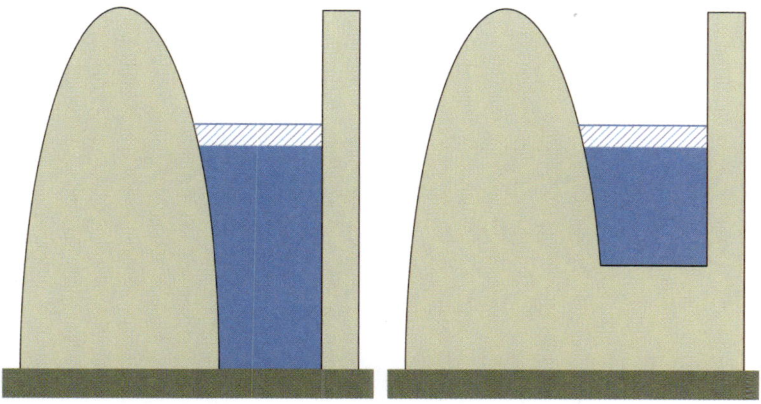

8.35 Zwei Speicherseen gleicher Fläche, die sich jedoch in ihrer Tiefe unterscheiden.

Natürlich heben auch hier die Mathematiker sofort wieder den Zeigefinger und weisen darauf hin, dass man den See nicht unendlich tief machen darf. Die Physiker sind da »tiefenentspannt«. Die stehen schlichtweg auf dem Standpunkt: Man wird schon irgendwann einmal eine stichhaltige Begründung dafür finden, warum man genau hier und nicht anderswo abschneidet. Vielleicht liegt der Schlüssel dazu ja auch bei der erwähnten Supersymmetrie. Irgendjemand wird uns schon mit einer zündenden Idee aus der Klemme helfen. Für uns interessant ist zunächst nur das, was sich an der Oberfläche des Sees tut bzw. was über das mittlere Nullniveau des Vakuums hinausragt. Alle Unendlichkeiten versenken wir einfach in das, was wir als Vakuum bezeichnen.

Wir werden diesem Verfahren nochmals begegnen, wenn wir uns mit der Kopplung von Feldern bzw. der Wechselwirkung zwischen den Feldern beschäftigen. Wenn wir alles zulassen, treten auch da Unendlichkeiten auf, die wir dann in eine sogenannte Kopplungskonstante versenken. Und jetzt halten Sie sich fest:

Sogar die Masse des Elektrons wird unendlich sein. Auch diesen Messwert mit 0,511 MeV werden wir uns vornehmen und die Unendlichkeit in diese Größe zurückdrängen. Doch am Ende wird sich zeigen, dass wir mit diesem als Renormierung bezeichneten Verfahren die uns interessierenden Größen am besten beschreiben können.

Kommen wir wieder auf die Fluktuationen der Felder zu sprechen. Sie sind unvermeidlich und führen dazu, dass im Vakuum fortwährend virtuelle Teilchen / Antiteilchen-Paare entstehen, beispielsweise Elektronen / Positronen-Paare. Nach kurzer Zeit vernichten sich die Teilchen gegenseitig wieder, wobei das Vakuum die zur Paarbildung aufgewendete Energie zurückbekommt. Bislang mussten wir zur Erklärung dieser Prozesse die Heisenbergsche Unbestimmtheitsrelation und die Beziehung $\Delta E \cdot \Delta t \geq \hbar$ bemühen. Seit uns jedoch bewusst ist, dass sich beliebig fluktuierende Felder als eine Überlagerung unendlich vieler periodischer ebener Wellen darstellen lassen, verstehen wir auch das besser: Die Teilchenpaare ergeben sich auf ganz natürliche Weise aus der Überlagerung von Wellen.

Man kann sich jetzt fragen: Warum schleichen wir eigentlich um das Vakuum wie die Katze um den heißen Brei? Versuchen wir doch, das Vakuum selbst zu vermessen. Wir müssten doch nur irgendetwas in das Vakuum einbringen, z. B. ein Teilchen, und verfolgen, wie es mit dem Vakuum interagiert. Das Dumme daran: Wenn wir derart in das Vakuum eingreifen, dann ist es kein Vakuum mehr, das man vorbehaltlos vermessen könnte. Selbst die virtuellen Teilchen mischen noch mit. Im ungestörten Vakuum sind diese Teilchenpaare regellos verteilt. Das ändert sich in dem Augenblick, in dem wir von außen beispielsweise ein Elektron in das Vakuum einbringen. Was passiert dann? Nun, die Teilchenpaare um den eingebrachten »Fremdkörper« werden sich ausrichten. Wie in Abb. 8.36 dargestellt, werden sie sich so drehen, dass der positive Anteil des Paares zum Elektron gerichtet ist, während der negative Anteil von ihm weg weist. In der Umgebung der Ladung ist das Vakuum plötzlich polarisiert. Folgerichtig bezeichnet man diesen Zustand auch als Vakuumpolarisation. Und das wirkt

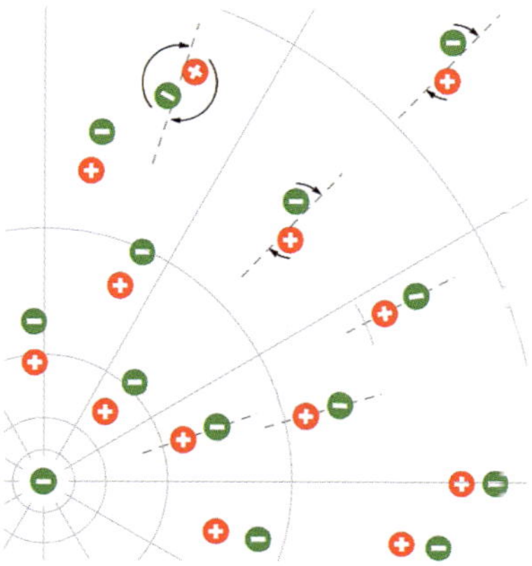

8.36 Vakuumpolarisation: Virtuelle Teilchenpaare richten sich um eine elektrische Ladung aus.

sich aus auf eine Messung. Denn die virtuellen Teilchenpaare schirmen die Ladung des eingebrachten Teilchens ab. Will man die messen, dann erhält man einen »verfälschten« Wert, denn neben der Ladung des Teilchens misst man zwangsläufig auch dessen Umfeld mit. In der Quantenmechanik sind wir diesem Phänomen auch begegnet. Da haben wir die sogenannte Lamb-Verschiebung kennengelernt, die Verschiebung elektronischer Niveaus in einem Atom. Lamb konnte das auf das Vorhandensein von Quantenfluktuationen zurückführen. So paradox es auch klingt: Allein durch das Vorhandensein von nichts verändern sich die gemessenen Größen!

Kommen wir nochmals auf den Casimir-Effekt aus Kapitel 7.9 zu sprechen. Sie erinnern sich an die beiden einander gegenübergestellten leitenden Platten (Abb. 7.57). Zwischen die Platten passen nur Wellen, die an der einen Platte bei null beginnen und an der anderen bei null enden oder, anders gesagt, nur Wellen, die an den Platten einen Schwingungsknoten aufweisen. Insgesamt sind das unendlich viele. Im Außenraum kommen nochmals unendlich viele Wellenzüge dazu, die nicht zwischen die Platten passen. Insgesamt sind es daher außerhalb der Platten viel mehr als zwischen den Platten. Damit lässt sich der Casimir-Effekt ganz einfach verstehen: Außerhalb der Platten gibt es unendlich viel mehr Möglichkeiten zur Darstellung eines Feldes als zwischen den Platten. Der Erwartungswert des Vakuums hat außerhalb noch Terme zur Verfügung, die zwischen den Platten nicht vorhanden sind. Oder anders ausgedrückt: Außerhalb der Platten ist die Menge der Feldkonfigurationen, die zum Vakuum beitragen, größer als zwischen den Platten. Folglich ist auch die Energiedichte des Vakuums außerhalb der Platten größer als innerhalb. Und da die Energiedichte einem Druck entspricht, führt das dazu, dass sich die Platten aufeinander zubewegen. Dass die Energiedichte $\rho \cdot c^2$ gleich dem Druck p ist, zeigt die folgende »Gleichungskette«

$$\rho \cdot c^2 = \frac{m}{V} \cdot c^2 = \frac{E}{V} = \frac{F \cdot x}{x^3} = \frac{F}{x^2} = \frac{F}{A} = p \tag{8.24}$$

wobei ρ Dichte, m Masse, V Volumen, E Energie, F Kraft, x Weg, A Fläche und p Druck bedeutet. Dieser einfache Ansatz liefert für den Druck auf die Platten in einem Abstand d:

$$p = \frac{\pi \cdot h \cdot c}{480} \cdot \frac{1}{d^4}. \tag{8.25}$$

Das Ergebnis wurde sowohl durch detaillierte quantenfeldtheoretische Berechnungen, welche die elektromagnetische Wechselwirkung des leitenden Plattenmaterials einbeziehen, als auch von einem alternativen Ansatz über Van-der-Waals-Kräfte bestätigt. Fazit: Auch das Phänomen Casimir-Effekt lässt sich auf einfache Weise anhand von Vakuumfluktuationen verstehen.

Doch es kommt noch »schlimmer«! Dazu machen wir aus unseren beiden Platten eine Box, an deren Wänden außen je ein Griff angebracht ist (Abb. 8.37).

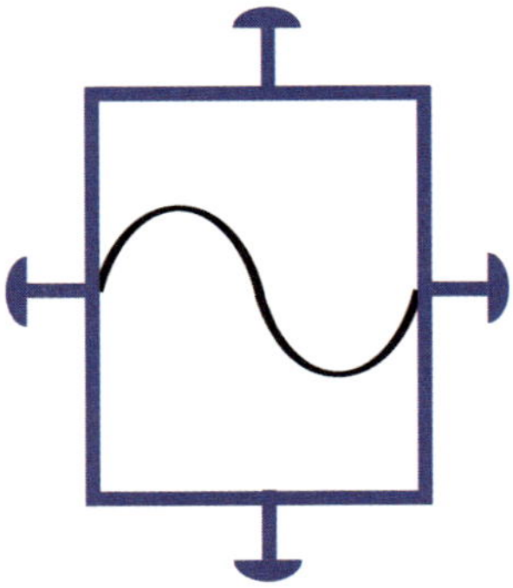

8.37 Zwei horizontale Platten bilden mit den beiden senkrechten Platten eines Casimir-Effekt-Aufbaus eine geschlossene Box.

Wir haben erkannt, dass allein durch das Vorhandensein von nichts in der Box von außen ein Druck auf die Wände des Kastens ausgeübt wird. Man muss also die Wände an den Griffen festhalten, damit die Box nicht zusammengedrückt wird. Andersherum und mit anderen Worten: Das Nichts bewirkt einen Sog, einen negativen Druck! Ein positiver Druck würde ja die Box aufblähen. Wir haben es also mit einem Vakuum mit sonderbaren Eigenschaften zu tun: einem negativen Druck bzw. einer negativen Energiedichte. Zugegeben, dieses Ergebnis haben wir etwas flapsig »hergeleitet«. Nimmt man jedoch an, dass der Wert der negativen Energiedichte sich nicht ändert, wenn der Raum expandiert, dass also die negative Energiedichte eine Konstante ist, so lässt sich dieser Befund sogar streng mathematisch ableiten. Analog zur »normalen« Energiedichte dürfen wir also für die Vakuumenergiedichte schreiben:

$$\frac{m \cdot c^2}{V} = \rho_{VAC} \cdot c^2 = -p_{VAC} \qquad (8.26)$$

In der Kosmologie findet sich die Vakuumenergiedichte ρ_{VAC} in der sogenannten »kosmologischen Konstanten« Λ wieder, wobei gilt:

$$\Lambda = \frac{8\pi G}{c^2} \rho_{VAC} \left[\frac{1}{m^2} \right] \qquad (8.27)$$

Leider ist der griechische Buchstabe Λ für diese Konstante unglücklich gewählt, da der gleiche Buchstabe auch für die sogenannte »Renormierungsskala«, also die Kleinheit, ab der wir abschneiden wollen (unter dem Integralzeichen in Gleichung (8.23) haben wir die mit dem Buchstabe ε bezeichnet), verwendet wird. Also Vorsicht mit diesem Λ!

Gelegentlich wird auch der negative Druck falsch interpretiert insofern, als dass er das Universum auseinanderdrückt und es somit expandiert. Ist jedoch der Druck überall gleich, ganz egal wie hoch er auch immer sein mag, dann geschieht gar nichts. Der Druck bewirkt nur dann etwas, wenn es ein Druckgefälle gibt – nur dann bewegt sich etwas von einem Gebiet mit höherem zu einem Bereich mit niedrigerem Druck. Die tägliche Wetterkarte im Fernsehen zeigt das deutlich: Luftmassen fließen immer von einem Hochdruck- in ein Tiefdruckgebiet. Es ist also nicht der Druck, der das Universum auseinander»drückt«, sondern die Energiedichte des Kosmos! Der Druck entspricht ja einer Energiedichte, und die trägt gravitativ bei. Das gilt für jede Art von Energie. Energie ist ja nur eine andere Form von Masse, und die wirkt gravitativ. Sie wirkt gravitativ anziehend, wenn die Energiedichte, wie z. B. die einer Orange, positiv ist, und abstoßend bzw. antigravitativ im Falle einer negativen Energiedichte! Das ist der entscheidende Punkt, den es zu beachten gilt.

Machen wir uns nochmals klar, worum es geht: Das Vakuum liefert eine negative Energiedichte, die verantwortlich ist für antigravitative Wirkung bzw. dafür, dass das Universum expandiert. Damit wird auch verständlich, wieso der Kosmos beschleunigt expandiert. Denn wenn das Nichts, das Vakuum, dafür verantwortlich ist, dass etwas expandiert, dann heißt das doch auch, dass mehr Vakuum zu mehr Expansion führt. Und da ein expandierendes Universum immer mehr Raum »zur Verfügung« stellt, entsteht auch immer mehr Nichts und folglich immer mehr Expansion. Nach diesem Schema kommt es automatisch zu einer beschleunigten Ausdehnung des Universums.

In den folgenden Kapiteln werden wir uns noch eingehend mit einigen der hier nur kurz angesprochenen Themen beschäftigen. Wer hätte gedacht, dass das Nichts so mächtig ist und uns so große Probleme bereitet.

8.9 Sommerfeldsche Feinstrukturkonstante
Woher kommt diese Zahl?

Rekapitulieren wir kurz. Wir haben gesehen: Elementarteilchen sind Anregungszustände von Feldern. So sind z. B. Photonen Anregungen eines Photonenfelds oder Elektronen Anregungen eines Elektronenfelds. Und da diese Teilchen bzw. die Felder ständig miteinander wechselwirken, sieht es makroskopisch so aus, als gäbe es Kräfte, die zwischen den Teilchen wirken. Projiziert man dies auf die Quantenebene, so heißt das: Es muss eine Art Kopplung zwischen den Feldern und den Teilchen existieren. Und da nicht alle Felder bzw. Teilchen gleich stark miteinander interagieren, muss es auch unterschiedliche Größen, sogenannte Kopplungskonstanten, geben, die das Ausmaß der Wechselwirkung bestimmen. Für jede Art von Kopplung also eine bestimmte Kopplungskonstante.

Beginnen wir mit der elektromagnetischen Wechselwirkung, der Wechselwirkung zwischen geladenen Teilchen. Damit landen wir automatisch bei der Quantenelektrodynamik, der »einfachsten« Quantenfeldtheorie. »Einfach« deshalb, weil es in dieser Theorie nur *eine* Art von Ladung gibt, die elektrische Elementarladung, und nur *ein* sogenanntes Austauschteilchen, das Photon, das die Kraft zwischen den geladenen Teilchen vermittelt. Das Ausmaß der Wechselwirkung zwischen dem Feld und einem geladenen Elementarteilchen, also die Stärke, mit der das Austauschteilchen der elektromagnetischen Wechselwirkung ein Elementarteilchen an das elektromagnetische Feld koppelt, bestimmt in dieser Theorie die Sommerfeldsche Feinstrukturkonstante.

Bereits Coulomb konnte die Kraft F, die sogenannte Coulomb-Kraft, zwischen zwei geladenen Teilchen sehr genau berechnen. Wir erinnern uns an die Beziehung:

$$F = \frac{1}{4\pi\varepsilon_0} \frac{q_1 \cdot q_2}{r^2} \qquad (8.28)$$

Dabei waren q_1 und q_2 die beiden Ladungen, r der Abstand zwischen den Ladungen und ε_0 die elektrische Feldkonstante. Nur, woher wissen die beiden Ladungen voneinander, woher weiß z. B. das eine Elektron, dass sich irgendwo ein anderes Elektron mit gleicher Ladung befindet, mit dem es wechselwirken muss? In unserem neuen Modell interpretieren wir das in dem Sinne, dass ein Austauschteilchen, das bereits angesprochene virtuelle Photon, die Information zwischen den beiden Ladungen vermittelt.

Wie wirkt das Austauschteilchen zwischen den Feldern? Da wir es mit Elektronen zu tun haben, also mit Anregungszuständen eines Elektronenfelds, muss das Austauschteilchen, das Photon, das seinerseits ein Anregungszustand eines Photonenfelds ist, an das Elektronenfeld eines der beiden Elektronen koppeln, damit es dem anderen Elektron die Anwesenheit einer negativen Ladung vermitteln kann. Und da »Actio gleich Reactio« gilt, muss die Information auf die gleiche Weise auch in die andere Richtung gelangen. Mit anderen Worten: Das Elektronenfeld und das Photonenfeld müssen auf irgendeine Art miteinander wechselwirken. Und da kommt nun die bereits erwähnte Kopplungskonstante ins Spiel. Sie bestimmt, wie stark das Photonen- an das Elektronenfeld koppelt. In unseren Überlegungen ist diese Konstante ein weiterer Parameter. Bislang war die Wirkung S nur von dem Feld Φ abhängig, jetzt ist sie das auch noch von der Kopplungskonstanten, die wir mit dem Buchstaben α bezeichnen. Damit gilt $S = S(\Phi,\alpha)$.

In der Spektroskopie bezeichnet man diese Kopplungskonstante als Sommerfeldsche Feinstrukturkonstante. Diesen Namen verdankt sie dem deutschen Physiker Arnold Sommerfeld (1868–1951), der sich intensiv mit Kernphysik beschäftigt hat und da wiederum besonders mit dem Wasserstoffatom. In seinen Beiträgen zum Bohrschen Atommodell, dem einfachsten Atommodell, konnte Sommerfeld mit Hilfe dieser Kopplungskonstanten erstmals die Feinstruktur der Spektrallinien des Wasserstoffatoms erklären. Im Übrigen wird dieser Physiker viel zu wenig gewürdigt, vielleicht auch deswegen, weil er eben nicht, wie z. B. Einstein, eine fundamental neue Theorie entwickelt hat. Nichtsdestotrotz hat er enorm viel zur theoretischen Physik beigetragen, was man allein an der Liste derer erkennen kann, die unter seiner Leitung promoviert haben und später berühmt geworden sind, so z. B. Werner Heisenberg, Wolfgang Pauli, Hans Bethe, Alfred Landé und einige mehr.

8.38 Arnold Sommerfeld (1868–1951)

Doch zurück zur Kopplungskonstanten. Unter anderem war diese Konstante auch im Zusammenhang mit der Geschwindigkeit eines Elektrons auf seiner Bahn um den Kern des Wasserstoffatoms aufgetaucht. Entsprechend dem Zahlenwert dieser dimensionslosen Konstanten von rund einem 137stel sollte im Bohrschen Atommodell das Elektron mit einem 137stel der Lichtgeschwindigkeit um den Kern rasen. Kann man den gemessenen Zahlenwert von α auch theoretisch herleiten? Zur Erklärung bedienen wir uns der fundamentalen Unbestimmtheitsrelation in der Form $\Delta E \cdot \Delta t \approx \hbar$. Demnach kann sich ein Teilchen für sehr kurze Zeit den für seine Entstehung nötigen Energiebetrag E aus dem Vakuum entleihen. Wie weit kommt so ein Teilchen, bevor es wieder verschwindet? Da es sich maximal mit Lichtgeschwindigkeit bewegen kann, berechnet sich die Strecke zu $r = c \cdot t$. Setzt man dieses t in die Unbestimmtheitsrelation ein, so erhält man, jetzt ohne die Deltas, folgende Proportionalitäten:

$$E \cdot \frac{r}{c} \sim \hbar \text{ bzw. } E \sim \frac{c \cdot \hbar}{r} \quad (8.29)$$

Da $E = \int F \cdot dr$, Kraft also $F = \frac{dE}{dr}$, erhalten wir aus der letzten Beziehung durch Ableiten von r (wir sind nur am Betrag interessiert und kümmern uns nicht um Vorzeichen):

$$F \sim \frac{c \cdot \hbar}{r^2} \quad (8.30)$$

Berücksichtigt man, dass diese Beziehung nur eine Proportionalität beschreibt, man aber eine Proportionalitätskonstante benötigt, die wir α nennen wollen, um daraus eine Gleichung zu machen, so können wir schreiben:

$$F = \alpha \cdot \frac{c \cdot \hbar}{r^2} \quad (8.31)$$

Setzen wir das mit der Coulomb-Kraft – Gleichung (8.28) – gleich, wobei wir anstelle von q_1 mal q_2 das Quadrat der Elementarladung e gesetzt haben, da wir es ja mit zwei Elektronen gleicher Ladung zu tun haben, so erhalten wir den Ausdruck:

$$\alpha \cdot \frac{c \cdot \hbar}{r^2} = \frac{1}{4\pi\varepsilon_0} \frac{e^2}{r^2} \quad (8.32)$$

Umstellung nach α und Kürzen von r^2 liefert

$$\alpha = \frac{1}{4\pi\varepsilon_0} \frac{e^2}{\hbar \cdot c} \quad (8.33)$$

Setzt man schließlich in Gleichung (8.33) die Zahlenwerte für c, $\hbar$, e und ε_0 ein, so erhält man:

$$\alpha = \frac{1}{137{,}036\ldots}. \qquad (8.34)$$

Das Ergebnis zeigt: Die Konstante ist sehr viel kleiner als eins. In gewissem Sinne ist das von Vorteil. Denn wenn wir es später einmal mit Näherungen zu tun bekommen, also mit einer Reihenentwicklung, bei der α in immer höheren Potenzen vorkommt, dann werden die Terme höherer Potenzen schließlich so klein, dass man sie vernachlässigen kann. Man muss allerdings betonen, dass sich dieses α bei sehr hohen Temperaturen ändert. Wie kann das sein, dass die Kopplung bei extrem hohen Energien – wir sprechen hier von rund 100 Giga eV – anders ist? Schuld daran ist wieder das Vakuum bzw. die bekannte Vakuumpolarisation. Wir wissen ja, dass sich um jede Ladung die im Vakuum vorhandenen virtuellen Teilchen / Antiteilchen-Paare ausrichten und die Ladung nach außen gewissermaßen abschirmen. Wenn die betrachteten Teilchen weit voneinander entfernt sind, dann finden auch viele Vakuumpolarisationen zwischen den Teilchen statt. Ist die Energie aber sehr hoch, dann kommen sich auch die Teilchen aufgrund ihrer hohen Bewegungsenergie sehr nahe und wechselwirken anders als bei niedrigen Temperaturen. Man kann das grob vergleichen mit der thermischen Bewegung von Gasmolekülen. Je heißer es ist, desto schneller bewegen sich die Moleküle, wobei sie sich im zeitlichen Mittel näher kommen. Das hat zur Folge, dass zwischen den Teilchen weniger Vakuumpolarisation stattfinden kann, was letztendlich die Kopplungskonstante verändert. Dieses Phänomen wird uns später noch beschäftigen, wenn wir auch die anderen Kopplungskonstanten kennengelernt haben. Die ändern sich nämlich auch mit der Temperatur und fallen eventuell bei sehr hohen Temperaturen, wie sie in der Frühzeit des Kosmos geherrscht haben, in einem Punkt zusammen. Man spricht dann von einer Vereinheitlichung der Kräfte. Doch dazu später.

Jetzt wieder zu unserem α. Wie gesagt: α kann sich bei sehr hohen Temperaturen verändern. Über die Zeit gesehen ist α jedoch konstant! Woher wir das wissen? Nun, die Energieniveaus der Elektronen in einem Atom sind abhängig von der Feinstrukturkonstante, und zwar quadratisch. Sie hängen davon ab, wie stark der Atomkern die Elektronen an sich zieht, was wiederum von der Stärke der elektromagnetischen Kraft zwischen Elektron und Atomkern abhängt, die ihrerseits wieder von α abhängt. Würde sich α ändern, so würde sich auch die Differenz zwischen den elektronischen Energieniveaus ändern. Das hätte zur Folge, dass, je nachdem in welche Richtung sich α ändert, mehr oder weniger Energie nötig wäre, um ein Elektron z. B. von einem Niveau niedriger auf ein Niveau höherer Energie zu heben. Und das macht sich natürlich in den Absorptionsspektren der Atome bemerkbar: Die Linien würden sich verschieben, d. h. man würden sie bei einer anderen Wellenlänge registrieren. Was also ist zu tun, um zu überprüfen, ob sich α im Laufe der Zeit verändert hat? Man muss die Absorptionsspektren von möglichst weit entfernten Atomen mit den im Labor aufgenommenen Spektren identischer Atome vergleichen. Und da »möglichst weit entfernt« gleichzusetzen ist mit »möglichst weit zurück in der Vergangenheit«, muss man das Licht von sehr weit entfernten Quellen analysieren. Für diese Untersuchung eignet sich insbesondere das vor rund 10 Milliarden Jahren ausgesandte Licht extrem heller Quasare. Langer Rede kurzer Sinn: Die Absorptionslinien in diesem Licht sind (abgesehen von deren kosmischer Rotverschiebung) exakt gleich mit den heute im Labor gemessenen. Das aber bedeutet: α hat sich in dieser langen Zeit nicht verändert.

Das klingt schon mal gut, aber es könnte doch sein, dass das Licht auf seiner langen Reise durch das All noch durch andere Prozesse beeinflusst wurde, von denen wir keine Ahnung haben. Es wäre daher besser, man hätte ein Experiment, das man im Labor aufbauen könnte. Mit Atomuhren lässt sich so etwas machen. Setzt man ein Atom einem von einem Quarzoszillator erzeugten elektromagnetischen Wechselfeld aus und stimmt die Frequenz des Feldes mit der Energiedifferenz zwischen zwei elektronischen Niveaus des Atoms überein, dann absorbiert und emittiert das Atom besonders viel Energie aus dem Anregungsfeld. Das heißt, es herrscht Resonanz zwischen dem Wechselfeld und der Absorption des Atoms. Dieses Resonanzverhalten wird dazu genutzt, die Frequenz des Wechselfelds konstant zu halten. Denn wenn sich die Frequenz geringfügig verändert, so macht sich das im Absorptionsverhalten bzw. in der Energieaufnahme sofort bemerkbar. Mit Hilfe eines entsprechenden Regelmechanismus kann die Frequenz jedoch korrigiert und stabilisiert werden. Die Resonanzfrequenz, d. h. die Schwingungen pro Sekunde, wird schließlich zur Zeitmessung genutzt.

Da die Resonanzfrequenz von den in den Atomuhren verwendeten Atomen abhängt, ist sie bei Atomuhren, die auf der Resonanz von Cäsiumatomen beruhen, eine andere als bei Atomuhren, die z. B. Rubidiumatome nutzen. Die Differenz zwischen den Niveaus ist bei beiden Atomarten eine andere. Damit wirkt sich auch eine Veränderung von α, die zu einer Verschiebung der Niveaus führt, in den Resonanzfrequenzen der Uhren und somit in der Messung der Zeit unterschiedlich aus. Man kann also in einem Labor auf unterschiedlichen Atomen beruhende Atomuhren gegeneinander antreten lassen und beobachten, ob sie exakt die gleiche Zeit angeben oder ob ihre Zeitangaben differieren. Eine Drift der Feinstrukturkonstanten kann man jedoch nur beobachten, wenn sich die Dauer der Messung über viele Tage oder besser Jahre erstreckt. Mit den besten gegenwärtig verfügbaren Atomuhren lässt sich zeigen, dass sich α maximal um 10^{-16} pro Jahr geändert haben kann. Der Wert der Feinstrukturkonstanten scheint also extrem stabil zu sein.

Es gibt noch eine andere Möglichkeit, die Konstanz von α zu untersuchen. Vor rund zwei Milliarden Jahren hat in Westafrika, in der heutigen Uranlagerstäte Oklo in Gabun, auf natürliche Weise Kernspaltung stattgefunden. Den entscheidenden Hinweis lieferte eine Untersuchung des Verhältnisses von Uran-235 zu Uran-238. Weltweit beträgt das Verhältnis heute 0,7202 zu 99,2744. Doch in den Uranproben von Gabun betrug der Anteil von Uran-235 nur 0,7171 Prozent, also rund 0,003 Prozent weniger als üblich. Die logische Schlussfolgerung: Die Abreicherung von Uran-235 konnte nur durch Kernspaltungsprozesse entstanden sein. Als man bei einer genaueren Untersuchung der Oklo-Mine eine Reihe von Isotopen entdeckte, die als Ergebnis von Kernspaltungsreaktionen entstehen, während benachbarte Gesteinsschichten nahezu keines dieser Spaltprodukte aufwiesen, waren alle Zweifel an der Existenz eines natürlichen Kernreaktors ausgeräumt.

Wie hat Oklo funktioniert? Geologen haben herausgefunden, dass sich in einem ehemaligen Flussdelta zunächst wässrige Sedimente mit Spuren von Uran gebildet haben. Durch den Sauerstoff der Atmosphäre wurde das Uran zu Uranoxid oxidiert, mit wässrigem Schlamm vermischt, der schließlich abgelagert und später zu porösem Sandstein verdichtet wurde. Auf diese Weise entstanden fünf bis zwanzig Meter lange und bis zu zwei Meter breite, mit einem Anteil von etwa 50 Prozent an nahezu reinem Uranoxid angereicherte Lagen. Abb. 8.39 zeigt den geologischen Aufbau mit den Reaktorzonen (1), den Sandsteinschichten (2), dem Erzflöz (3) und dem Granitunterbau (4).

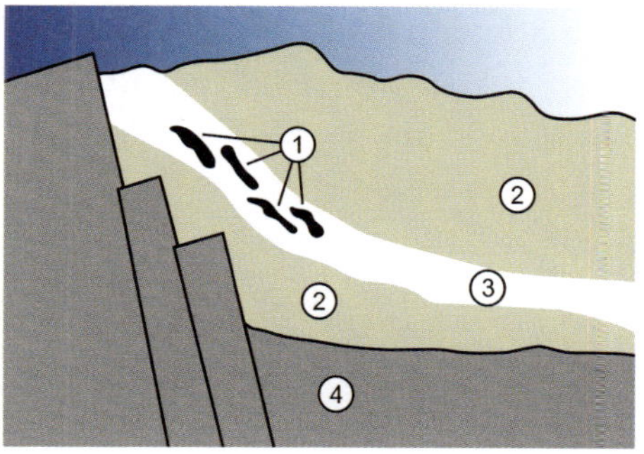

8.39 Schematischer Aufbau des Oklo-Reaktors

Damit waren die Voraussetzungen für eine nukleare Kettenreaktionen gegeben. Es bedurfte nur noch eines Moderators, der die bei der Kernspaltung frei werdenden schnellen Neutronen so weit herunterbremst, dass sie von den Uranatomen eingefangen werden können. Diese Aufgabe übernahm das Sickerwasser, das durch feine Kanäle im Sandstein in die Reaktorzonen eindrang. Jedoch: So hat es nicht funktioniert. Denn mit einem Gehalt von 0,7202 Prozent Uran-235 und normalem Wasser als Moderator wäre der Reaktor unterkritisch geblieben. Erst ab einem Anteil von mindestens 1 Prozent Uran-235 kann mit normalem Wasser eine stabile Kettenreaktion in Gang kommen. Folglich muss die Uran-235-Konzentration zur der Zeit, als der Reaktor lief, höher gewesen sein.

Uran-235 ist radioaktiv und zerfällt mit einer Halbwertszeit von 704 Millionen Jahre zu Thorium. Das bedeutet: Früher gab es mehr Uran-235 als heute. Uran-238 ist ebenfalls radioaktiv, seine Halbwertszeit ist jedoch mit 4,5 Milliarden Jahren wesentlich länger, weshalb sich das Verhältnis mit der Zeit verschiebt. Berechnet man, ausgehend von der heutigen Konzentration an Uran-235, mit Hilfe der Halbwertszeit, wann die Konzentration 1 Prozent betrug, so kommt man auf ein Ergebnis von rund 400 Millionen Jahren. Noch früher, vor 1,8 Milliarden Jahren, betrug der Anteil an Uran-235 sogar 3,1 Prozent. Beste Bedingungen also für einen natürlichen Reaktor.

Nach heutigen Erkenntnissen hat der Reaktor jedoch nicht kontinuierlich gearbeitet. Nach einer aktiven Phase von etwa einer halben Stunde ist er vermutlich erloschen und nach etwa zweieinhalb Stunden wieder angesprungen. Für dieses Verhalten macht man das Wasser in den feinen Sandsteinporen verantwortlich. Die Reaktorleistung von rund 100 Kilowatt reichte aus, um das als Moderator fungierende Wasser zu verdampfen. Folglich brach die Kettenreaktion zusammen, da die beim Spaltprozess freigesetzten Neutronen nicht mehr auf die erforderliche niedrige Geschwindigkeit von wenigen Kilometern pro Sekunde abgebremst werden konnten. Erst als das Gestein abgekühlt war, sickerte erneut Wasser in die Gesteinsporen und bremste die Neutronen wieder ab. Damit begann der Zyklus von vorne.

Was hat das nun mit der Feinstrukturkonstanten zu tun? Bei den Kernreaktionen entstand auch viel »Müll« in Form von Isotopen verschiedener Elemente, unter anderem auch das Isotop Samarium-149. In der Reaktorzone sind die Kerne dieses Isotops einem starken Neutronenbeschuss ausgesetzt, wobei das Isotop Samarium-149 ein Neutron einfängt und sich in das Isotop Samarium-150 umwandelt. Das Verhältnis Samarium-149 zu Samarium-150, das sich dabei einstellt, hängt ab von der Halbwertszeit, mit der die Kerne zerfallen, und von der Rate, mit der ein Einfang erfolgt, bzw. vom sogenannten (Wechsel-)Wirkungsquerschnitt. Der Wirkungsquerschnitt wiederum hängt in hohem Maße von der Feinstrukturkonstante α ab. Da man das resultierende Isotopenverhältnis messen kann, lässt sich daraus auch der damalige Wirkungsquerschnitt und daraus wiederum der Wert der Feinstrukturkonstante berechnen. Der Vergleich mit dem heutigen Laborwert zeigt, dass sich α in den rund zwei Milliarden Jahren, die zwischen der aktiven Phase des Reaktors und heute liegen, praktisch nicht verändert hat. Eine Veränderung findet sich erst auf Stellen weit hinter dem Komma, in einem Bereich, in dem sich das Signal nicht mehr vom Grundrauschen abhebt.

Eine dritte Methode zur Bewertung der Konstanz von α greift noch weiter in die Vergangenheit zurück und beruht auf der Primordialen Nukleosynthese, der Bildung der ersten Atomkerne überhaupt. In der Zeit von etwa einer Sekunde bis rund 15 Minuten nach dem Urknall bildeten sich erstmals aus Protonen und Neutronen Deuteriumkerne, die anschließend zu Helium-3 oder Tritium verschmolzen und sich letztlich, durch den Einfang eines weiteren Neutrons bzw. Protons, in Helium-4 umwandelten. Da sich Kerne gleichnamiger Ladung gegenseitig abstoßen, spielt auch bei diesen Fusionsprozessen α eine entscheidende Rolle. Doch das ist ein ziemlich schwieriges Kapitel, und wir wollen die Angelegenheit an dieser Stelle nicht weiter vertiefen. Nichtsdestotrotz haben auch diese Untersuchungen im Wesentlichen die Konstanz der Feinstrukturkonstante bestätigt.

Später werden wir noch andere Kopplungskonstanten kennenlernen, so z. B. die der Schwachen und der Starken Kernkraft α_W und α_S, aber auch die der Gravitation α_G. Alle unterscheiden sich wesentlich in ihrer Stärke, und allen liegen unterschiedliche Austauschteilchen zugrunde. Apropos Austauschteilchen: Da gilt es, im Gedächtnis zu behalten, dass es sich dabei nicht um reale, sondern um virtuelle Teilchen handelt. Das Austauschteilchen der elektromagnetischen Wechselwirkung, das Photon, erleuchtet oder beleuchtet also nicht, wie man vielleicht vermuten könnte, seine Umgebung. Austauschteilchen sind nicht beobachtbar. Man sieht zwar, was in die Wechselwirkung »reingeht« und was wieder »rauskommt«, aber wir sehen nicht, was in oder während der Wechselwirkung passiert.

Doch jetzt zur Quantenelektrodynamik, der Wechselwirkung zwischen Elektronen und Photonen oder allgemeiner: der Wechselwirkung zwischen Materie und Licht. Die Feinstrukturkonstante hat ja ihren Ursprung in der Entdeckung, dass einige Elektronenniveaus des Wasserstoffatoms bei genauerer Betrachtung aus zwei sehr nahe beieinander liegenden Niveaus bestehen, dass ein Niveau praktisch in zwei Unterniveaus aufgespalten ist. Diese Feinaufspaltung beruht vornehmlich auf der Wechselwirkung zwischen dem Bahndrehimpuls und dem Spin eines Teilchens, den man mit großem Vorbehalt als Eigendrehimpuls des Teilchens interpretieren kann. In unserer Vorstellungswelt kreist das Elektron um den Atomkern. Will man jedoch die Spin-Bahndrehimpuls-Wechselwirkung erklären, so ist es besser, man betrachtet das Ganze aus Sicht des Elektrons. Dann dreht sich nämlich der Atomkern um das Elektron, und da der Kern eine Ladung trägt und bewegte Ladungen ein Magnetfeld hervorrufen, entsteht ein magnetisches Moment, mit dem der Spin bzw. das magnetische Moment des Elektrons wechselwirkt. Und da ist es von Bedeutung, wie der Spin des Elektrons relativ zur Richtung des magnetischen Moments des Kerns ausgerichtet ist. Sind beide parallel zueinander ausgerichtet, zeigen also beide z. B. nach oben, so besitzt dieser Zustand eine höhere Energie, als wenn Spin und Kernmoment bzw. Spin und Bahndrehimpuls in die entgegengesetzte Richtung weisen. Im Spektrum des Atoms macht sich das als Aufspaltung einer Spektrallinie in zwei sehr nahe beieinander liegende Linien bemerkbar.

Neben der Spin-Bahndrehimpuls-Aufspaltung kennt man noch eine etwa um den Faktor 2000 schwächere Aufspaltung der Spektrallinien, die sogenannte »Hyperfeinstruktur«. Verursacht wird sie durch die Wechselwirkung des Elektronenspins mit dem Spin des Atomkerns, denn auch der Kern selbst hat ja einen quantenmechanischen Spin. Wiederum beruht die Aufspaltung auf der gegenseitigen Ausrichtung der beiden Spins. Weisen Elektronen- und Kernspin in die gleiche Richtung, so ist das energetisch ungünstiger als eine antiparallele Ausrichtung. In der Astronomie hat die Hyperfeinstruktur des neutralen Wasserstoffs eine besondere Bedeutung erlangt. Dazu muss man wissen, dass der Spin des Elektrons nicht auf eine der beiden Ausrichtungen, also parallel oder antiparallel zum Spin des Kernprotons, festgenagelt ist, sondern dass er zwischen diesen beiden Einstellungen hin- und her»flippen« kann, ein Vorgang, den man übrigens als Spinflip bezeichnet. Der energetische Unterschied zwischen den beiden Einstellungen entspricht einer Energiedifferenz von nur $5{,}9 \cdot 10^{-6}$ Elektronenvolt. Kommt es also zu einem Spinflip aus der parallelen in die antiparallele Ausrichtung, so wird diese Energie in Form eines Photons der Wellenlänge 21 Zentimeter vom Wasserstoffatom abgestrahlt. Da diese Wellenlänge einer Frequenz von rund 1420 Megahertz entspricht, ist sie mit entsprechenden Radioteleskopen gut detektierbar. Anhand dieses Signals lassen sich z. B. die Dichte, die Verteilung, die Geschwindigkeit und die Temperatur der riesigen Wasserstoffwolken im Universum bestimmen – ein für die Astronomie entscheidender Beitrag zur Ermittlung der Materieverteilung im Kosmos.

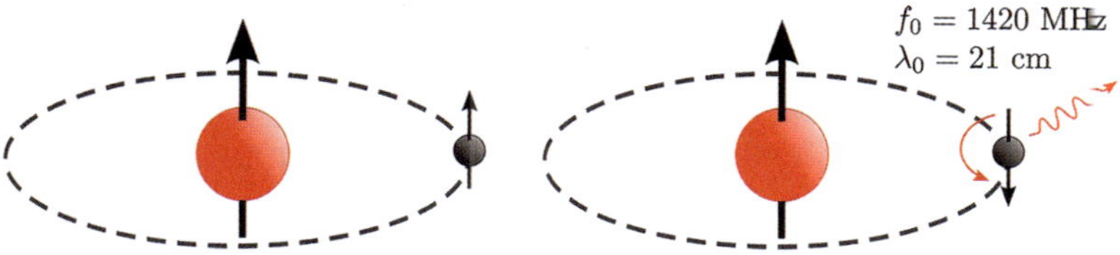

8.40 Spinflip des Elektrons im Wasserstoffatom

Die Physiker haben es jedoch nicht nur der Natur überlassen, mit den Spins und den magnetischen Momenten zu spielen, vielmehr haben sie auch versucht, mit Experimenten im Labor Auskunft über das Verhalten der Atome zu erhalten. Man kann z. B. von außen ein elektromagnetisches Feld anlegen und die Auswirkung auf die Spektrallinien, also die Aufspaltung der Linien der untersuchten Atome, beobachten. Dass sich da was tut, ist nicht verwunderlich, da ja die magnetischen Momente des Atomkerns und der Elektronen mit den äußeren Feldern wechselwirken müssen. Einer der Ersten, die derartige Untersuchungen mit äußeren schwachen Magnetfeldern angestellt haben, war der niederländische Physiker Pieter Zeeman (1865–1943). Daher bezeichnet man auch die Aufspaltung der Spektrallinien in einem schwachen Magnetfeld als Zeeman-Effekt. Für seine Untersuchungen über den »Einfluss des Magnetismus auf die Strahlungsphänomene« erhielt er 1902 den Nobelpreis.

8.41 Pieter Zeeman (1865–1943)

Andere Physiker, z. B. die Deutschen Friedrich Paschen und Ernst Back, haben 1921 ähnliche Experimente mit starken Magnetfeldern durchgeführt. Seitdem bezeichnet man die Aufspaltung der Spektrallinien unter der Einwirkung eines starken Magnetfeldes auch als Paschen-Back-Effekt. Schließlich gibt es noch den Stark-Effekt, benannt nach dem deutschen Physiker Johann Nikolaus Stark, bei dem in Analogie zum Zeeman-Effekt der Einfluss eines elektrischen Feldes auf die Spin-Bahnkopplung von Atomen und Molekülen untersucht wird.

An dieser Stelle sei schon einmal angekündigt, dass wir uns über diese Untersuchungen hinausgehend noch genauer mit dem Thema beschäftigen werden, denn es gibt eine gewisse Anomalie in den bislang angestellten Betrachtungen. Insgesamt sind die Effekte der Feinstruktur nur sehr schwach ausgeprägt. So hat man es im optischen Bereich mit Aufspaltungen zu tun, die maximal ein Tausendstel der Energie des Lichts ausmachen. Im Extremfall kann das sogar bis zu einem Hunderttausendstel heruntergehen. Bei den angesprochenen Anomalien sind die Effekte nochmals um den Faktor 1000 kleiner als bei den sowieso schon sehr kleinen Aufspaltungen. Erklärt werden konnten diese Anomalien erstmals mit Hilfe der Quantenelektrodynamik. Ohne Übertreibung darf man diesen Erfolg gewissermaßen als Eintrittskarte der Quantenelektrodynamik in die Welt der anerkannten Theorien bezeichnen.

8.10 Feynman-Diagramme

Bildchen statt Mathematik

Jetzt haben wir uns schon eine Weile mit der Quantenelektrodynamik (QED) beschäftigt und erkennen müssen, dass diese Theorie alles andere als einfach ist. Wie hat es diese Theorie überhaupt geschafft, sich gegen die Konkurrenz zu behaupten? Normalerweise treten doch Theorien gegeneinander mit dem Anspruch an, einen Sachverhalt besser oder sparsamer erklären zu können bzw. prognosefähiger zu sein als eine andere. Was also kann die so komplexe QED, was andere nicht können? Nehmen wir es gleich vorweg: Die QED kann »Dinge«, die keine andere Theorie schafft, die selbst die Allgemeine Relativitätstheorie blass aussehen lassen. Die QED ist z. B. in der Lage – und jetzt bitte tief durchatmen –, die Dinge auf die elfte Stelle hinter dem Komma genau vorherzusagen und mit dem Experiment übereinzustimmen! Was es damit auf sich hat, darum soll es hier gehen.

Vorab noch ein Beispiel dafür, wie man einen komplizierten Sachverhalt sehr anschaulich machen kann. Denken Sie nur an die Sache mit dem Licht, das immer den schnellsten Weg geht. Wir hatten alle Wege zugelassen, sie als Pfeile dargestellt und am Ende alle Pfeile aufsummiert. Dabei haben sich die Pfeile der Wege, die weit vom schnellsten entfernt waren, gegenseitig »weggekringelt«, bzw. ihre Amplituden haben sich weginterferiert, so dass sie wenig bis nichts zum Gesamtergebnis beigetragen haben. Beigetragen haben nur die Pfeile der Wege, die nahe am optimalen Weg verliefen. Dieses Bild der resultierenden Wahrscheinlichkeitsfunktion haben wir uns mühsam erarbeitet. Man kann die Sache aber auch sehr anschaulich machen. Dazu muss man nicht einmal wissen, was hinter der Sache steckt. Man bekommt nämlich die gleiche Spirale, wenn man eine Orange von einem Pol zum gegenüberliegenden Pol spiralförmig einschneidet, die Schale, ohne sie zu zerreißen, abzieht und auf den Tisch legt. Diese sogenannte »Cornu-Spirale« ist identisch mit den Spiralen aus unseren Überlegungen. Falls Ihnen der Kurvenverlauf noch anderweitig aus Ihrem Alltag bekannt vorkommt, könnte es daran liegen, dass die Cornu-Spirale – oder auch Klothoide genannt – im Straßen- und Eisenbahnbau als Vorlage dient. Ihr Krümmungsverlauf nimmt linear zu, das ergibt ein gleichmäßiges Einlenken und ein ruckfreies Zugfahren.

8.42 Schält man eine Orange in geeigneter Weise, so formt die Schale eine Cornu-Spirale.

Erstellen Sie doch als Übung zur QED Ihre eigene Orangenspirale. Es ist ein Vorgeschmack auf das, was Richard Feynman gemacht hat. Er hat es geschafft, mit einem einfachen Diagramm die Ergebnisse der komplexen Berechnungen, die uns in der QED quälen, anschaulich darzustellen. Heute sind diese sogenannten Feynman-Diagramme nicht mehr aus der Elementarteilchenphysik wegzudenken. Auch für unser Bestreben, die Welt der Elementarteilchen zu verstehen, werden sie von enormer Hilfe sein und unseren Theorie-Rucksack um ein paar Gleichungen erleichtern.

Das Prinzip der Diagramme ist sehr einfach, sie ähneln den Raumzeitdiagrammen, wie wir sie in der SRT bereits kennengelernt haben. Wir zeichnen nach oben eine Zeitachse, und nach rechts tragen wir den Ort auf. Betrachten wir nun ein freies Elektron, das sich in der Raumzeit von einem Punkt zu einem anderen bewegt. Dafür stehen dem Elektron unendlich viele Wege offen, die letztlich aber alle an dem anvisierten Punkt enden. Die »wilden Geschichten« interferieren sich wieder weg, folglich können wir alle Wege in einer geraden Linie, die wir noch mit einem Richtungspfeil versehen, zusammenfassen (Abb. 8.43 links). Der Pfeil steht also für ein Elektron. Und da wir uns ja mit der Quantenelektrodynamik beschäftigen, interessieren wir uns für die Wechselwirkungen des Elektrons mit dem elektromagnetischen Feld, d. h. mit einem Photon. Photonen zeichnet man als Wellenlinie. Emittiert also ein Elektron ein Photon, so stellt man das wie in Abb. 8.43 Mitte gezeichnet dar.

Nachdem das Elektron an dem mit einem schwarzen Punkt markierten Ort das Photon ausgesendet hat, bleibt es natürlich

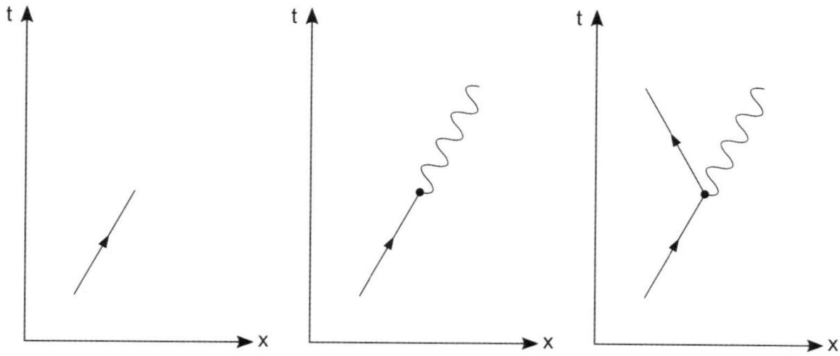

8.43 Feynman-Diagramm eines Elektrons (links), das ein Photon emittiert (Mitte) und in anderer Richtung weiterfliegt (rechts).

nicht stehen, vielmehr bewegt es sich in der Zeit mit veränderter Richtung weiter (Abb. 8.43 rechts). Damit haben wir schon das Feynman-Diagramm für diesen Vorgang: Ein Elektron bewegt sich in der Raumzeit, emittiert ein Photon und fliegt weiter.

Natürlich könnten Photon und Elektron auch am Ort des schwarzen Punktes aufeinandertreffen, um dort miteinander zu wechselwirken. In diesem Fall laufen Elektron und Photon, entsprechend der Zeitachse, von unten nach oben aufeinander zu, treffen sich am Ort des schwarzen Punktes, wo das Elektron das Photon absorbiert und in anderer Richtung davonläuft. Das entsprechende Feynman-Diagramm ist in Abb. 8.44 (links) dargestellt.

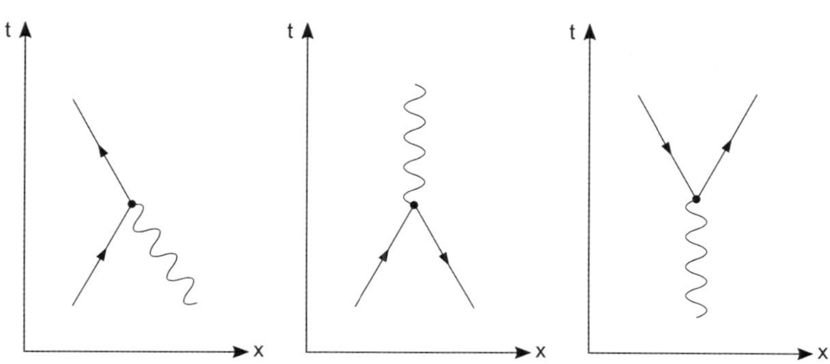

8.44 Feynman-Diagramme: Links absorbiert ein Elektron ein Photon. Mitte: Ein Elektron und ein Positron zerstrahlen zu einem Gamma-Quant. Rechts: Paarbildung eines Elektron-Positronen-Paares.

Das Feynman-Diagramm in Abb. 8.44 (Mitte) zeigt die Zerstrahlung eines Elektrons mit einem positiv geladenen Anti-Elektron, also einem Positron, zu einem Photon. Dabei gilt es zu beachten, dass man in den Feynman-Diagrammen Antiteilchen mit Pfeilen entgegengesetzt der Zeitrichtung einzeichnet. Ein Positron wird also wie ein Elektron behandelt, das in der Zeit rückwärts läuft, dessen Pfeil also nach unten weist. Im Feynman-Diagramm von Abb. 8.44 (Mitte) steht der rechte, nach unten weisende Pfeil für das Positron. Nochmals zur Klarstellung: Natürlich bewegt sich das Positron in der Zeit nach oben, also entgegen der eingezeichneten Pfeilrichtung. Mit der »falschen« Pfeilrichtung soll lediglich angedeutet werden, dass es sich um ein Antiteilchen handelt. In gleicher Weise kann man auch eine Paarbildung darstellen, die Umwandlung eines Photons hoher Energie in ein Elektron und ein Positron. Wieder wird das Positron durch einen in der Zeit rückwärts laufenden Pfeil dargestellt (Abb. 8.44, rechts). Natürlich kann man die beiden Diagramme für ein Elektron, das ein Photon emittiert bzw. absorbiert, auch für ein Positron zeichnen. Die entsprechenden Diagramme zeigt Abb. 8.45.

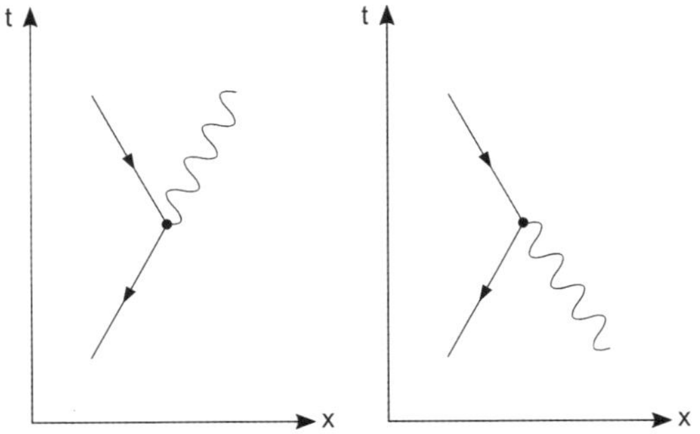

8.45 Links: Ein Positron emittiert ein Photon. Rechts: Ein Positron absorbiert ein Photon.

Damit haben wir alle Bausteine beisammen, die zur Erstellung der Diagramme nötig sind. Selbst die kompliziertesten Prozesse in der Quantenelektrodynamik lassen sich aus diesen sechs fundamentalen Feynman-Diagrammen zusammensetzen. Übrigens: Haben

Sie bemerkt, dass man das mittlere und das rechte Diagramm in Abb. 8.44 durch eine einfache Drehung um 180 Grad ineinander überführen kann? Tatsächlich lassen sich alle Diagramme durch geeignete Drehung ineinander überführen.

Noch etwas ist wichtig: Den Punkt, an dem in einem Feynman-Diagramm Teilchen und Photonen zusammentreffen, bislang nichtssagend »schwarzer Punkt« genannt, bezeichnet man in der Fachsprache als »Vertex«. Er symbolisiert eine Kopplung. Im Vertex gelten gewisse Regeln: Zum einen müssen Ladungen, die in den Vertex einlaufen, ihn auch wieder verlassen. Kommen also z. B. zwei positive Ladungen dort an, dann müssen auch zwei positive Ladungen den Vertex wieder verlassen. Es gilt das Gesetz der Ladungserhaltung. Zum anderen muss die Leptonenzahl L erhalten bleiben. Dazu ganz kurz: Insgesamt kennt man zwölf Leptonen, die sich auf drei Familien aufteilen. Betrachten wir nur die erste Familie, zu der das Elektron mit seinem Antiteilchen, dem Positron, und das Elektron-Neutrino mit seinem Anti-Neutrino, dem Anti-Elektron-Neutrino, zählen. Elektronen und ihre Neutrinos haben die Leptonenzahl +1, Positronen und ihre Anti-Neutrinos die Leptonenzahl −1, das Photon hat die Leptonenzahl 0. Was das für die Leptonenzahlerhaltung am Vertex bedeutet, lässt sich gut am Feynman-Diagramm »Zerstrahlung« demonstrieren (Abb. 8.44 Mitte). Dort kommen am Vertex ein Elektron mit $L = 1$ und ein Positron mit $L = -1$ an. Die Summe der Leptonenzahlen ist also gleich 0. Folglich muss auch die Leptonenzahl nach dem Vertex 0 sein, was durch das davonfliegende Photon, das kein Lepton, sondern ein Boson ist, erfüllt wird. Dass auch Ladungserhaltung herrscht, ist klar, denn die negative Ladung des Elektrons und die positive Ladung des Positrons heben sich gegenseitig weg.

Feynman war übrigens nicht der Erste, der solche Diagramme aufgestellt hat. Der Schweizer Mathematiker und Physiker Ernst Carl Gerlach Stückelberg von Breidenbach (1905–1984) hat bereits rund sechs Jahre vor Feynman, der erst 1947 damit zu arbeiten begann, ähnliche Diagramme entwickelt. Allerdings waren seine Ideen der damaligen Physikergemeinde noch zu skurril, um ernst genommen zu werden. Insgesamt hat er jedoch vieles schon vorweggenommen, wofür Feynman, Tomonaga und Schwinger später den Nobelpreis bekommen sollten.

Bei den folgenden Diagrammen verzichten wir auf die Raum- und die Zeitkoordinate, da wir ja im Hinterkopf gespeichert haben, dass die Zeit nach oben und der Ort nach rechts aufgetragen ist. Damit schauen wir jetzt die Kopplung zweier Elektronen mittels eines Photons an (Abb. 8.46). Zwei Elektronen laufen in die beiden Vertices rein, koppeln dort über ein Photon und laufen wieder hinaus. Wichtig dabei ist: Nur die Teilchen, die reingehen, und diejenigen, die rausgehen, sind real und messbar. Alles was dazwischen stattfindet, hier das Photon, bezeichnen wir als virtuelle Teilchen. Diese virtuellen Teilchen müssen sich nicht an die Einsteinsche Energie-Impuls-Beziehung – Gleichung (8.13) – halten. Dadurch können sie sich so ziemlich alles erlauben, zumindest solange sie nur eine kurze Strecke zurücklegen und dabei ihre Lagrange-Funktion in Gleichung (8.12) die exotischen Pfade (noch) nicht wegkringelt.

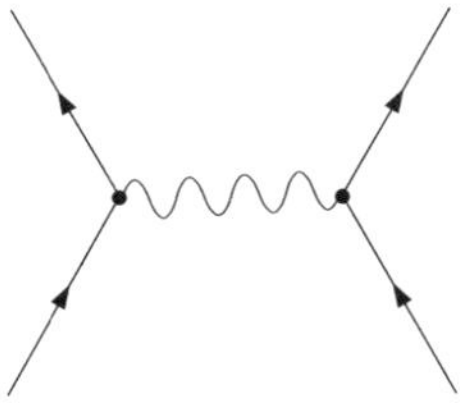

8.46 Wechselwirkung zweier Elektronen. Als Austauschteilchen fungiert ein virtuelles Photon.

Ganz so einfach, wie sich der Prozess der »Begegnung« zweier Elektronen mit einem Feynman-Diagramm darstellen lässt, ist es bei näherer Betrachtung dann doch nicht. Man muss sich bewusst sein: Da steckt jede Menge harter Mathematik dahinter. Da muss viel gerechnet werden, wenn man genau wissen möchte, was sich bei der Kopplung der zwei Elektronen im Detail tut. Schauen wir nur so zum Spaß genauer hin: So steht z. B. der linke Vertex in Abb. 8.47 für den links daneben angeschriebenen Ausdruck und der rechte Vertex für den rechts notierten Ausdruck.

Die γ-Matrizen auf beiden Seiten haben etwas mit der Polarisation der Teilchen zu tun, d. h. mit den unterschiedlichen Ausprägungen, in denen sie daherkommen können und die wir bis-

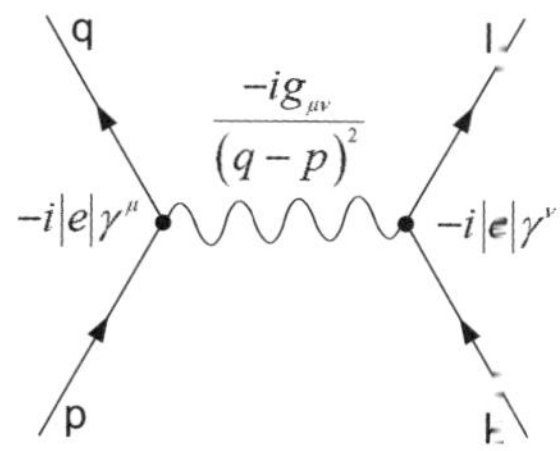

8.47 Mathematische Ausdrücke für die beiden Vertices und die Kopplung durch das virtuelle Photon

her komplett unter den Tisch haben fallen lassen. Auch das $g_{\mu\nu}$, das aus 4 mal 4 Einträgen besteht, hängt mit der Polarisation zusammen. Im Makroskopischen kann ein Photon nur in zwei Richtungen polarisiert sein, die senkrecht zu seiner Flugbahn verlaufen: Es kann entweder horizontal oder vertikal schwingen. In Flugrichtung steht ja kein Freiheitsgrad zur Verfügung – ein Vorwärts- und Rückwärtsschwingen ist nicht möglich, weil die Lichtgeschwindigkeit immer gleich ist. Im Mikroskopischen nutzen die Photonen munter ihren Freifahrtschein. Hier kann die Polarisation auch parallel zur Flugbahn ausgerichtet sein und überdies auch noch in der Zeit. Mit anderen Worten: Im Mikroskopischen stehen dem Photon alle Richtungen der Raumzeit für die Polarisation zur Verfügung, also insgesamt vier Polarisationsrichtungen. Das Gleiche gilt auch für die Elektronen. Damit können sowohl das Photon als auch das Elektron in vier unterschiedlichen »Ausprägungen« der Polarisation auftreten. Und wenn die beiden miteinander wechselwirken, dann macht es einen Unterschied, ob z. B. das Elektron in der Ausprägung 2 oder 4 mit einem Photon z. B. der Ausprägung 2 wechselwirkt. In der »Wechselwirkungsmatrix«, die über dem Symbol für das Photon angeschrieben steht, sind alle diese »Feinheiten« zusammengefasst.

Unser grundlegendes Pfeilkonzept in der QED erleidet durch die Polarisation keinen Schaden – letztendlich verkompliziert sich nur die dahinterstehende Berechnung. Deshalb haben wir sie außen vor gelassen. Bevor wir uns von der Polarisation endgültig verabschieden, noch ein paar Anmerkungen, die wir vielleicht im Gedächtnis behalten sollten. Fermionen, die einen halbzahligen Spin besitzen wie z. B. das Elektron, und die Bosonen, deren Spin ganzzahlig ist wie z. B. der des Photons, haben je vier Freiheitsgrade der Polarisation. Aber das wissen wir ja schon. Es gibt allerdings auch Teilchen wie z. B. das Higgs-Teilchen, die den Spin 0 und somit gar keine Polarisation haben. Wieder andere Teilchen haben den Spin 2 und damit schon zehn Freiheitsgrade der Polarisation. Doch das nur der Vollständigkeit halber.

Ist das jetzt alles, was man für die Berechnungen der Wechselwirkungen benötigt? Nein, nicht ganz. Auch der Impuls der Elektronen, den wir im Diagramm mit den Buchstaben p und k für die ankommenden und mit den Buchstaben q und l für die auslaufenden Elektronen angegeben haben, geht in die Berechnungen ein. Und schließlich gilt es noch zu berücksichtigen, dass die Elektronen nicht genau in den gezeichneten Vertices wechselwirken. Elektronen sind punktförmige Teilchen und können daher an jedem Ort entlang der eingezeichneten Linien miteinander ein Photon austauschen, also an unendlich vielen Orten. Damit kommt schon wieder die Unendlichkeit ins Spiel, und wir werden wieder über unendlich viele Möglichkeiten integrieren müssen. Man sieht: Das mathematische Gerüst hinter dem Vorhang der so einfach daherkommenden Feynman-Diagramme ist immens.

Nun die gute Nachricht: Für unsere »Bedürfnisse« darf man all das, was soeben über die Berechnung und die den Diagrammen zugrundeliegenden mathematischen Terme gesagt wurde, glattweg vergessen. Wir wollten lediglich darauf hinweisen, was wirklich hinter den Feynman-Diagrammen steckt. Die Berechnungen, von denen gerade die Rede war, hat vor Richard Feynman bereits sein Landsmann Julian Schwinger mit ungleich komplexeren Gleichungen durchgeführt. Letztlich ist es die Vereinfachung der Rechnungen durch eine bildliche Darstellung, was die Diagramme so populär und leistungsfähig macht.

8.11 Anomales magnetisches Moment
Wie genau stimmt das alles eigentlich?

Kommen wir jetzt zu dem Punkt, der der Quantenelektrodynamik zum Durchbruch verholfen hat. Man hatte schon sehr früh beobachtet, dass sich ein Metallstab in einem äußeren Magnetfeld parallel zu den Feldlinien ausrichtet. Verantwortlich dafür ist das magnetische Moment des Stabes, das auf den Spin der Atomkerne und der Elektronen des Stabes zurückgeht. Auch in der klassischen Atomphysik hatte man die Vorstellung, dass sich das Elektron um seine Achse dreht, und da es eine Ladung besitzt, musste auch ein magnetisches Feld induziert werden. Damit sollte auch das Elektron ein magnetisches Moment besitzen, das das Elektron in einem äußeren Magnetfeld ausrichtet. Dieses klassische magnetische Moment des Elektrons konnte man berechnen. Dummerweise hat nun aber das Elektron den Spin $\frac{1}{2}$, also in halben Einheiten von $\hbar$. Folglich musste man bei der quantenmechanischen Berechnung diesen Faktor $\frac{1}{2}$ wieder loswerden, damit man auf den klassischen Wert kommt. Paul Dirac war klar, dass man dazu einfach einen ominösen Faktor 2 anmultiplizieren muss, genau genommen einen Faktor –2.

Dieses schöne Konzept haben die Experimentalphysiker im Jahre 1946 über den Haufen geworfen. Denn entsprechend ihren Messungen war das magnetische Moment um einen minimalen Betrag von rund einem Tausendstel kleiner als die praktische –2! Ein Schock für die Theoretiker. Was war da los? Gab es vielleicht gar eine Art neuer Physik? Schauen wir uns das entsprechende Feynman-Diagramm an:

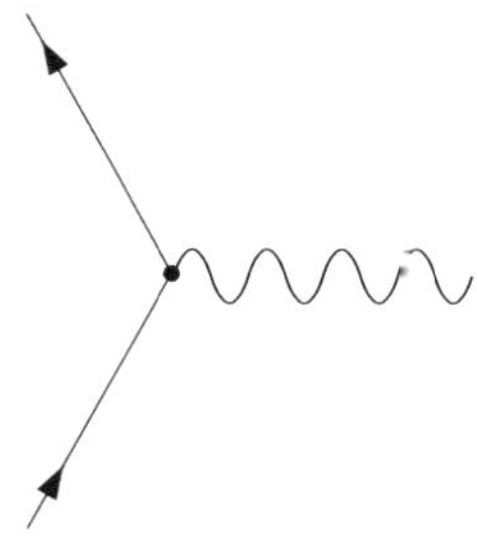

8.48 Ein Elektron »spürt« im Vertex ein Photon.

Ein Elektron geht rein in den Vertex, spürt dort ein virtuelles Photon und geht wieder raus. Laut Paul Diracs Berechnungen hat das magnetische Moment g des Elektrons den Wert –2. Weil der gemessene Wert davon geringfügig abweicht, spricht man vom »anomalen g-Faktor«. Da stellt sich doch die Frage: Kann vielleicht die Quantenelektrodynamik dazu beitragen, dass der Rechenwert von g kleiner ausfällt und er somit an den gemessenen Wert herankommt? Was kann man da tun? Haben wir nicht gesagt, dass das Elektron nicht nur am Vertexpunkt, sondern an jedem beliebigen Punkt längs seiner Bahn wechselwirken kann? Beispielsweise könnte es unterwegs ein Photon emittieren und später wieder absorbieren. Wollen wir diese zusätzlichen Wechselwirkungen berücksichtigen, so müssen wir zu dem Diagramm in Abb. 8.48 weitere Diagramme hinzufügen. Eine Möglichkeit für ein solches zusätzliches Feynman-Diagramm zeigt Abb. 8.49.

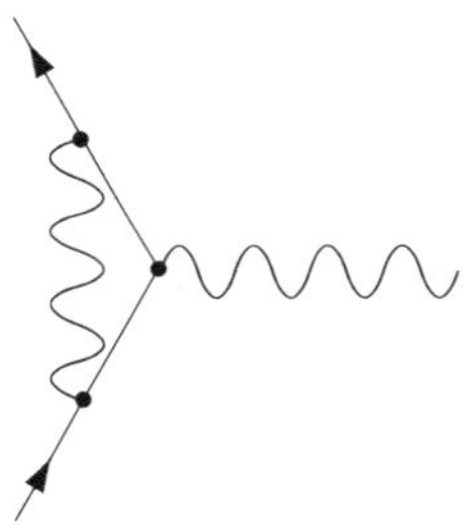

8.49 Die Emission und Absorption eines Photons führt zu zwei zusätzlichen Vertices.

Damit bekommt man zwei weitere Vertices, schwarze Punkte, an denen etwas passiert. Und da, wie wir schon wissen, die Symbole in den Diagrammen für Gleichungen stehen, bekommen wir einen zusätzlichen mathematischen Term, der g etwas kleiner werden lässt bzw., da es ja eine negative Zahl ist, den Betrag etwas größer werden lässt. Damit erhalten wir für g den Wert

$$g = -2 \cdot \left(1 + \frac{\alpha}{2\pi} + \ldots\right) \tag{8.35}$$

mit α als der bekannten Feinstrukturkonstante. Diesen Zusatzterm konnte Julian Schwinger, übrigens ein extrem schlauer Kopf, der im Alter von 21 Jahren schon seine Promotion als theoretischer Physiker in der Tasche hatte, auch ohne die Stützräder der Feynman-Diagramme berechnen.

Doch das ist nur der erste Schritt zur »Verbesserung« des errechneten g-Wertes. Es gilt noch weitere mögliche Prozesse zu berücksichtigen, beispielsweise mehrfache Emission und Absorption eines Photons oder emittierte Photonen, die vor ihrer Absorption ein virtuelles Teilchen/Antiteilchen-Paar erzeugen und wieder vernichten. Sonst wird das nichts mit der Angleichung von *g* an den Messwert. Das hat den ursprünglich als »Phantastereien« bezeichneten grafischen »Schnörkeln« in den Feynman-Diagrammen einen ganz anderen Stellenwert verliehen. Abb. 8.50 zeigt eine ganze Reihe derartiger Diagramme, und alle liefern einen Beitrag zum anomalen magnetischen Moment *g*:

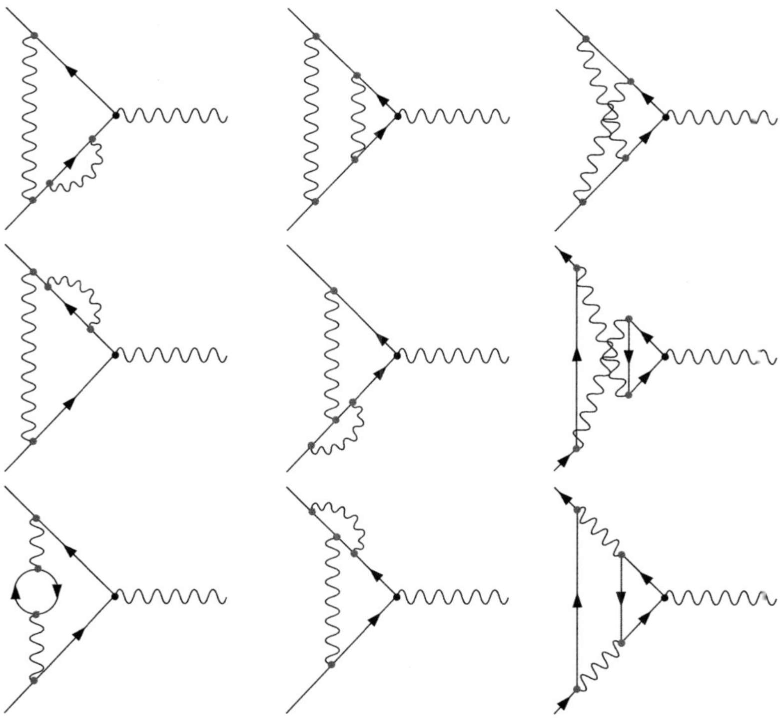

8.50 Eine ganze Reihe möglicher Wechselwirkungen eines Elektrons mit einem äußeren Magnetfeld (schwarzer Vertex) und vier inneren Vertices (farbig).

Allen diesen Diagrammen ist gemeinsam: Sie fügen weitere Vertices zu dem einfachen Diagramm von Abb. 8.49 hinzu. Das linke Bild in der untersten Reihe, das eine Paarbildung beinhaltet, steht übrigens für insgesamt drei Diagramme, nämlich die Paarbildung eines Elektrons mit seinem Antiteilchen, dem Positron, der Paarbildung eines Myons mit seinem Antiteilchen, dem positiven Myon, sowie die Paarbildung des Tau mit seinem Antiteilchen, dem Anti-Tau. Insgesamt hat man also elf weitere Diagramme zu berücksichtigen. Und alle diese Schnörkel entsprechen einem mathematischen Term, der zu g beiträgt und berechnet werden muss. Erst wenn man alle diese abstrusen Dinge aus den Diagrammen in die Rechnung einbezieht, kommt man dem gemessenen g-Wert nahe.

Fügen wir also zwei weitere Vertices zu unserer Abb. 8.49 hinzu. Erlauben wir z. B. dem von unten kommenden Elektron, ein Photon abzustrahlen, und zwar bevor es das nach oben weisende Photon abstrahlt. Hat dann das Elektron das zweite Photon emittiert, soll es das erste wieder absorbieren. Abb. 8.51 zeigt das entsprechende Diagramm.

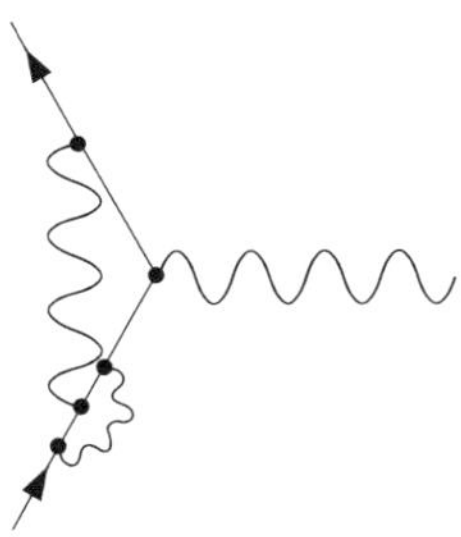

8.51 Das Elektron emittiert ein Photon, bevor es ein anderes Photon emittiert, und absorbiert es anschließend wieder. Dadurch erhält man zwei weitere Vertices.

Damit bekommen wir einen weiteren Term, den wir zu dem Ausdruck für g hinzuzufügen haben:

$$g = -2 \cdot \left(1 + \frac{\alpha}{2\pi} + c_2 \left(\frac{\alpha}{\pi} \right)^2 + \ldots \right) \qquad (8.36)$$

Die tiefgestellte 2 des Vorfaktors c_2 soll andeuten, dass er mit der zweiten Ordnung korrespondiert, da die nachfolgende Klammer zum Quadrat erscheint. Waren es bei vier Vertices nur elf Diagramme, die neu hinzugekommen sind, so sind es beim nächsten Schritt bereits 72, und da hinter allem jede Menge Integrale und ähnlich fiese mathematische Ausdrücke stecken, hat man ganz schön was zu rechnen. Langweilig dürfte es also nicht werden. Der sportliche Ehrgeiz der Mathematiker war also geweckt. In diesem Sinne machen auch wir weiter, indem wir die in Abb. 8.52 eingezeichnete Paarbildung zusammen mit zwei weiteren Vertices hinzunehmen.

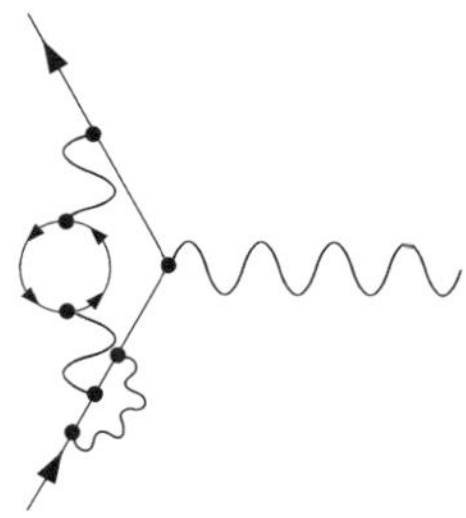

8.52 Paarbildung eines Elektron / Positronen-Paares zwischen Emission und Absorption eines Photons.

Wie ist Abb. 8.52 zu interpretieren? Nachdem das Elektron am ersten Vertex ein Photon emittiert hat, emittiert es am zweiten ein weiteres Photon. Doch bevor es dieses Photon wieder absorbiert, kommt es zu einer Paarbildung, die im Diagramm durch den Kreis dargestellt ist. Mithin entstehen am unteren Vertex des Kreises ein Elektron, das am Kreis rechts in der Zeit nach oben läuft, und ein Positron, das sich links am Kreis in der Zeit rückwärts bewegt. Im oberen Kreisvertex zerstrahlen die beiden Teilchen wieder, und das resultierende Photon läuft weiter in der Zeit zum obersten Vertex, wo es von dem Elektron wieder absorbiert wird. Damit bekommen wir auch weitere Terme für g, und zwar:

$$g = -2 \cdot \left(1 + \frac{\alpha}{2\pi} + c_2\left(\frac{\alpha}{\pi}\right)^2 + c_3\left(\frac{\alpha}{\pi}\right)^3 + \ldots\right) \qquad (8.37)$$

Unterbrechen wir hier kurz für ein paar Worte zu dem α, das in den Termen in immer höherer Ordnung auftaucht. Woher kommt dieses α? Auf den Gedanken, dass es sich dabei um die Sommerfeldsche Feinstrukturkonstante handelt, sind Sie sicher schon längst gekommen. Wie in Abb. 8.47 zu sehen ist, kommt an jedem der beiden Vertices der Term $-ie$ vor mit e gleich der Elementarladung. Und da man all diese Terme aufmultiplizieren muss, ergibt $-ie$ zum Quadrat eben e^2. Wir bekommen also immer ein e^2, wenn wir zwei weitere Vertices hinzunehmen. Und woran erinnert uns das? In den entsprechenden Einheiten (verziert mit h, c und einem

Vorfaktor) ist das die Sommerfeldsche Feinstrukturkonstante α, für die wir den Ausdruck (8.33) gefunden hatten. Genau deswegen bringen uns zwei weitere Vertices stets ein α.

Zurück zu unseren Vertices. Wir haben eine Paarbildung gewählt, um von vier auf sechs Vertices zu kommen. Genauso gut hätte man auch eine Emission mit nachfolgender Absorption verwenden können. Wie auch immer: Mit sechs Vertices – den ersten, den schwarzen in der Abb. 8.48, zählt man nicht mit – bekommen wir ein α^3 und 72 neue Diagramme.

Anscheinend können Physiker nie genug bekommen, und deswegen haben sie noch eine weitere Ordnung gerechnet. Mit anderen Worten: Wir nehmen zwei weitere Vertices in unser Diagramm auf. Da die Diagramme immer mehr Strukturen enthalten, die jeweils Angriffspunkte für mögliche zusätzliche Vertices bieten, sind beim Schritt von sechs auf acht Vertices bereits 891 zusätzliche Diagramme zu berücksichtigen. Wie Abb. 8.53 zeigt, haben wir uns stellvertretend für eine weitere Emissions-Absorptions-Reaktion entschieden.

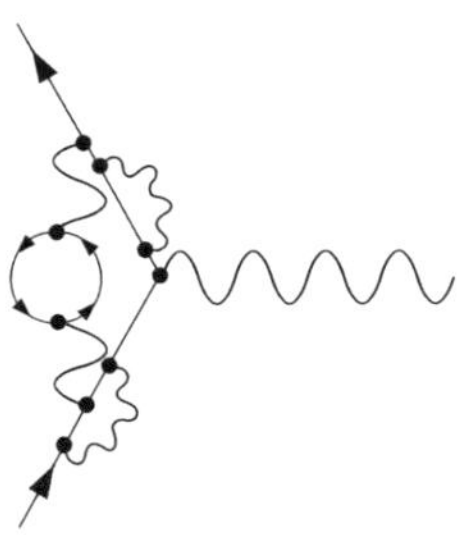

8.53 Das vom zentralen Vertex auslaufende Elektron emittiert und absorbiert ein Photon, bevor das Elektron ein früher emittiertes Photon wieder absorbiert.

Damit bekommen wir wieder einen Term, der die Reihe für g wie folgt fortsetzt:

$$g = -2 \cdot \left(1 + \frac{\alpha}{2\pi} + c_2 \left(\frac{\alpha}{\pi} \right)^2 + c_3 \left(\frac{\alpha}{\pi} \right)^3 + c_4 \left(\frac{\alpha}{\pi} \right)^4 + \ldots \right) \qquad (8.38)$$

Obwohl diese Reihe auf den ersten Blick einfach erscheint, ist es nie gelungen, die dahinterstehenden Integrale mit Bleistift und Papier zu berechnen. Deshalb hat man diese Aufgabe einem Großrechner überlassen. Mit dessen Hilfe war es dann sogar möglich, auch noch die fünfte Ordnung von α zu berechnen. Sage und schreibe ein Jahrzehnt waren die Rechenzentren beschäftigt, um die zusätzlichen 12 672 Diagramme abzuarbeiten, wobei die Hardware der Rechner bis an die Grenzen der Belastbarkeit strapaziert wurde. Am Ende aller Mühen stand eine Zahl, die wir $g_{theoretisch}$ nennen, mit dem Wert:

$$g_{theoretisch} = -2{,}002319304363$$

In den zehn »Rechenjahren« waren natürlich auch die Experimentalphysiker nicht untätig. Mit allen möglichen Tricks haben sie ihre Versuchsaufbauten immer weiter verfeinert und das magnetische Moment des Elektrons immer genauer vermessen. Und was kam dabei heraus? Stellen wir die beiden Ergebnisse einander gegenüber:

$$g_{theoretisch} = \ -2{,}002319304363$$

$$g_{experimentell} = -2{,}002319304362$$

Was, bitte, soll man dazu sagen? Diese Übereinstimmung ist der größte Triumph, den die theoretische Physik jemals für sich verbuchen konnte. Keiner Theorie gelang es bis dahin, eine derartige Genauigkeit zu erreichen. All das, was bis zu diesem spektakulären Erfolg noch immer den Anschein von Taschenspielertricks hatte, hat sich mit einem Paukenschlag ins Gegenteil verkehrt. Allein der Verzicht auf die Paarbildung, diesen ominösen Prozess in den Feynman-Diagrammen, hätte zur Folge, dass das Ergebnis der theoretischen Berechnungen niemals so genau mit dem gemessenen Wert übereinstimmt. Nicht nur diese Quantenfluktuationen, sondern auch alle anderen besprochenen Prozesse müssen unbedingt in den Modellen enthalten sein. Alle diese »Phantastereien«, wie wir das schon einmal genannt haben, werden damit auf ein völlig neues Niveau gehoben. Für die Quantenfeldtheorie war das die Basis, von der aus sie ihren fulminanten Siegeszug antrat. Damit hat diese Theorie als das maßgebliche Modell der Physik das Tor zur Erklärung dieser Welt weit aufgestoßen.

Doch wo Licht ist, ist auch Schatten. Natürlich haben die Theoretiker versucht, auf die gleiche Weise das anomale magnetische

Moment des Protons zu berechnen – und sind grandios gescheitert. Das hängt damit zusammen, dass die »Kopplungskonstante« der Starken Kernkraft, die man mit den Buchstaben α_S bezeichnet, eben nicht konstant ist, sondern vom gegenseitigen Abstand der Quarks bzw. Gluonen im Proton abhängt. Bei Abständen, wie sie im Proton natürlicherweise vorliegen, ist α_S nur wenig kleiner als 1. Das führt dazu, dass die mit wachsenden Potenzen versehenen Terme in der Reihenentwicklung nicht von Potenz zu Potenz immer kleiner und schließlich sogar bedeutungslos werden, wie dies beim magnetischen Moment g der Elektronen der Fall ist, sondern dass sie nur ganz langsam abnehmen. Man kann also die Reihe nicht schon nach wenigen Potenzen abbrechen, sondern muss sie lange fortsetzen, da auch Terme mit hohen Potenzen immer noch zum Ergebnis beitragen. Hier offenbarte sich, dass sich Protonen und Elektronen nicht über denselben Kamm scheren lassen. Man brauchte eine andere Theorie, eine neue Quantenfeldtheorie, die sogenannte Quantenchromodynamik, die wir als Nächstes kennenlernen werden.

Abschließend noch eine letzte Anmerkung. Alle theoretischen Berechnungen führen natürlich nur zum Erfolg, wenn der in den Termen vorkommende freie Parameter α unabhängig von unserer Betrachtung möglichst genau festgelegt ist. Wie wir schon wissen, lässt sich α anhand der Spektralanalyse von Atomen bestimmen. Man kann aber auch das, was wir für Elektronen gemacht haben, für das Myon durchführen, jedoch mit anderen Vorfaktoren c_2, c_3 usf. Die Masse der Myonen ist etwa 200-mal größer als die der Elektronen. Deshalb drehen sich die Pfeile wesentlich schneller, und wir können kurze Strecken besser auflösen. Die höchste Präzision bei der Bestimmung von α bietet jedoch die sog. Atominterferometrie, d. h. die Aufspaltung, Reflexion und Interferenz von Materiewellen. Dieser Messwert fließt i. d. R. in Gl. (8.38) ein.

Alle diese Berechnungen stellen extrem enge Leitplanken dar, innerhalb deren sich neue physikalische Theorien bewegen müssen. Jede neue Theorie kann hier messerscharf falsifiziert werden. Vielleicht haben Sie im Prolog noch geschmunzelt, als ich die moderne Physik verglich mit »Imagination in der Zwangsjacke«. Mit der Erklärung des anomalen magnetischen Moments des Elektrons wird eine dieser Zwangsjacken an jedes neue Weltbild angelegt, und zwar auf elf Nachkommastellen genau. In diesem engen Korsett bleibt vielen neuen Ansätzen die Luft weg. Deshalb sind wissenschaftliche Fakten in unserem postfaktischen Zeitalter für einige schwer zu akzeptieren.

Vielleicht eine kurze Geschichte hierzu, die sich im Anschluss an einen öffentlichen Vortrag zugetragen hat. Da stand am Ende einer lebhaften Fragerunde ein Zuhörer auf und hielt mir mit aggressiver Stimme vor: »Sie immer mit ihrer Naturwissenschaft! Ich habe eine eigene Vorstellung und ein profundes Bild dieser Welt, und ich verbitte mir, dass Sie fortwährend versuchen, mich mit Ihren naturwissenschaftlichen Fakten zu verwirren.«

Fassen wir kurz zusammen, bevor wir uns der nächsten großen Feldtheorie zuwenden. Elementarteilchen können als Anregungen von Feldern aufgefasst werden. Diese Felder koppeln aneinander mit unterschiedlicher Stärke, die sich in Form von Kopplungskonstanten ausdrückt. Virtuelle Austauschteilchen vermitteln dabei die Wechselwirkung. Die Quantenelektrodynamik (QED), d. h. die Wechselwirkung zwischen Elektronen und Photonen, wird von der Sommerfeldschen Feinstrukturkonstante als Kopplungskonstante und dem Photon als Austauschteilchen bestimmt. Die QED lässt sich erfolgreich renormieren, indem man auftretende Unendlichkeiten z. B. dem Vakuum zuordnet oder der Masse des Elektrons oder der Kopplungskonstante. Da die Sommerfeldsche Feinstrukturkonstante α mit rund $1/137$ sehr klein ist, verlieren höhere Potenzen von α rasch an Bedeutung, und es lassen sich Reihen mit unendlich vielen Termen erfolgreich in Potenzen von α entwickeln. Besonders eindrucksvoll gezeigt hat sich das bei der Auflösung der Diskrepanz zwischen experimentellem und berechnetem Wert des magnetischen Moments des Elektrons. Mit den Feynman-Diagrammen haben wir ein Werkzeug an die Hand bekommen, das den Formelballast weitestgehend zurückdrängt und ein hohes Maß an Anschaulichkeit ermöglicht. Summa summarum ist die QED die erfolgreichste Theorie zur Beschreibung der Wechselwirkung von Licht und Materie.

9. Quantenchromodynamik (QCD)

Was hält die Atomkerne zusammen?

Mit der Quantenelektrodynamik (QED) hatte man durch die Beschreibung von Elementarteilchen als Anregungen von Feldern und die Vermittlung der elektromagnetischen Kraft durch virtuelle Photonen ein äußerst präzises und mächtiges Modell zur Beschreibung des Wechselspiels zwischen Materie und Licht gefunden. Das weckte natürlich Begehrlichkeiten in anderen Forschungsbereichen, beispielsweise in der Kernphysik. Hier ist eine anziehende Kraft am Werk, die offensichtlich stärker ist als die elektromagnetische – irgendetwas muss schließlich die positiv geladenen Protonen gegen ihre elektromagnetische Abstoßung auf engstem Raum zusammenhalten. Kann man vielleicht auch diese Starke Kernkraft durch geeignete Austauschteilchen zwischen elementaren Teilchen beschreiben?

Damit sind wir bereits bei der Gretchenfrage angelangt: Sind die Kernbausteine, sind Protonen und Neutronen überhaupt elementar? Nun, auf den ersten Blick sind die Protonen den Elektronen sehr ähnlich. Auch Protonen besitzen elektrische Ladung und einen Spin gleich $\hbar/2$. Was ist also naheliegender, als den g-Faktor des Protons mittels QED zu berechnen und mit experimentellen Daten zu vergleichen? Am Ende feiern wir gar einen ähnlichen Triumph wie bei der Berechnung des g-Faktors des Elektrons – vielleicht überbieten wir ja die elf Stellen Genauigkeit hinter dem Komma, und wir könnten schon den Champagner kalt stellen und das Ticket nach Stockholm buchen.

Diese Euphorie fand jedoch ein jähes Ende. Der experimentelle Wert des g-Faktors des Protons beträgt 5,585 694 702, und der Versuch, diesen Wert mit den Methoden der Quantenelektrodynamik zu reproduzieren, scheiterte bereits an der ersten Nachkommastelle. Und es kam noch schlimmer: Auch für das Neutron wurde ein g-Faktor gemessen, und zwar minus 3,82608545. Entsprechend seinem Namen ist das Neutron aber ein neutrales Teilchen, das nach außen keine Ladung zeigt, es ist gewissermaßen die Schweiz unter den Kernbausteinen. Da stellt sich natürlich die Frage: Wie kann ein ungeladenes Teilchen ein Magnetfeld induzieren? Sind da »versteckte« Ladungen am Werk, oder anders ausgedrückt: Setzt sich das Neutron vielleicht aus geladenen Bausteinen zusammen, deren Gesamtladung sich zu null weghebt? Dann könnten lokale Verschiebungen dieser Ladungen innerhalb des Neutrons zu einem magnetischen Moment führen. Mit anderen Worten: Haben das Neutron und vielleicht auch das Proton eine Substruktur? Das würde unser Scheitern erklären, weil unser Ansatz nur für elementare Teilchen gültig ist. Und es wäre eine noch größere Sensation – vielleicht sollten wir doch den Champagner kalt stellen!

9.1 Quarks und Farbladung
Jetzt wird's bunt!

1963 postulierte der Schweizer Physiker André Petermann die Existenz derartiger subatomarer Teilchen. Der US-amerikanische Physiker Murray Gell-Mann und unabhängig von ihm sein Landsmann George Zweig entwickelten dann 1964 das sogenannte Quark-Modell. Diesem entsprechend sind Hadronen aus mehreren Quarks aufgebaut. Dazu gehören insbesondere die Protonen und Neutronen, die aus je drei Quarks, sowie die Mesonen, die aus zwei Quarks aufgebaut sind. Nachgewiesen werden konnten diese Teilchen erst gegen Ende der 1960er-Jahre anhand von Streuexperimenten (tief-inelastische Streuung) hochenergetischer Elektronen, Myonen oder Neutrinos an Neutronen und Protonen. Zunächst fand man nur zwei Arten von Quarks, das sogenannte up- und das down-Quark. Später gesellten sich noch das charm-, das strange-, das top- und das bottom-Quark hinzu. Den Namen »Quark« verdanken diese Teilchen dem amerikanischen

Physiker Murray Gell-Mann, der sich vermutlich von dem Zitat »Three Quarks for Muster Mark« aus dem Buch *Finnegans Wake* des irischen Schriftstellers James Joyce inspirieren ließ. Auf die Idee, die einzelnen Quark-Arten analog zu dem unterschiedlichen Geschmack diverser Speiseeissorten als »Flavour« zu bezeichnen, soll er zusammen mit seinem deutschen Kollegen Harald Fritzsch beim Besuch einer Eisdiele gekommen sein.

Für die Lebensformen auf der Erde sind im Wesentlichen nur das up- und das down-Quark von Bedeutung. Das erste bezeichnet man mit einem »u«, das andere mit einem »d«. So einfach ist Physik!

Was weiß man sonst noch über diese Teilchen? Nun, das up-Quark besitzt eine Masse von etwa 2,2 MeV/c^2 und eine Ladung von 2/3 der Elementarladung; das down-Quark hat eine Masse von etwa 4,7 MeV/c^2 und die Ladung –1/3 (wir schreiben die Ladungen im Folgenden in Einheiten der Elementarladung, d.h. als Vielfache von $1{,}6 \cdot 10^{-19}$ Coulomb). Ist das Quark-Modell richtig, dann sollte man damit ein Neutron bzw. ein Proton basteln können. Nach außen zeigt sich das Proton mit der Ladung +1. Um diese Ladung aus den Ladungen der zur Verfügung stehenden Quarks zusammenzusetzen, benötigt man zwei up-Quarks und ein down-Quark, denn 2/3 plus 2/3 minus 1/3 ergibt 1. Das nach außen ungeladene Neutron lässt sich aus einem up- und zwei down-Quarks zusammenbauen, da 2/3 minus

9.1 George Zweig und Murray Gell-Mann

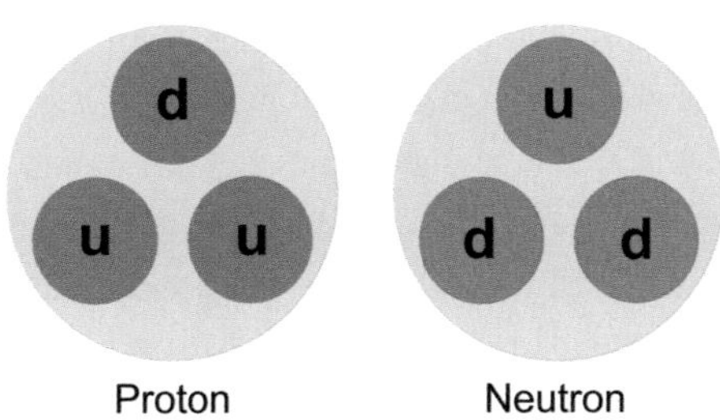

9.2 Protonen besitzen eine Substruktur aus zwei up- und einem down-Quark, wogegen Neutronen aus einem up- und zwei down-Quarks bestehen.

1/3 minus 1/3 gleich null ist. Damit erhält man für die beiden Kernbausteine Proton und Neutron die in Abb. 9.2 dargestellte Quark-Komposition.

Mittlerweile hatte man große Beschleuniger aufgebaut, und die Teilchen flogen den Experimentalphysikern geradezu um die Ohren. Logischerweise hat man versucht, auch diese Teilchen mit dem Quark-Modell unter einen Hut zu bringen. Das war eine ähnliche Situation wie beim Mendelejewschen Periodensystem. Da hatte man auch nach einem Schema gesucht, nach dem die Elemente aufgebaut sind, und schließlich herausgefunden, dass ein zusätzliches Proton im Kern zum nächsthöheren Element führt. Nach einem ähnlichen Schema suchte man auch in der Teilchenphysik. Kann man also auch Teilchen beschreiben, die nicht, wie das Proton und das Neutron, aus drei, sondern nur aus zwei Quarks aufgebaut sind? Doch von Teilchen, die nach außen mit gedrittelter Ladung auftreten, hatte man bislang nichts gehört, lediglich von Teilchen mit den Ladungen 1, 0 und minus 1. Wie also lässt sich so ein Teilchen aus zwei Quarks zusammenbauen?

So wie neben dem Elektron dessen Antiteilchen, das Positron, mit umgekehrter Ladung vorkommt, so gibt es zu jedem Quark auch ein Antiquark. Man macht sie durch einen Querstrich über dem Quark-Symbol kenntlich. Wie bei den Positronen besitzen auch die Antiquarks eine den Quarks entgegengesetzte Ladung. Folglich hat das Anti-up-Quark die Ladung minus 2/3 und das Anti-down-Quark die Ladung plus 1/3. Damit sieht die Sache schon viel besser aus. Um die Ladung plus 1 zu bekommen, muss man also ein up-Quark mit einem Anti-down-Quark »zusammensperren« und für die Ladung minus 1 ein Anti-up-Quark mit einem down-Quark. Schließlich lässt sich auch noch die Ladung null aus einem up- und einem Anti-up- bzw. aus einem down- und einem Anti-down-Quark konstruieren. Diese aus je zwei Quarks bestehenden Teilchen nennt man übrigens Mesonen. Die Abb. 9.3 zeigt die drei möglichen Konfigurationen. Namen haben diese Teilchen natürlich auch: So zeigt das linke Bild das positiv geladene π^+-Meson, das mittlere das neutrale π^0-Meson und das rechte das

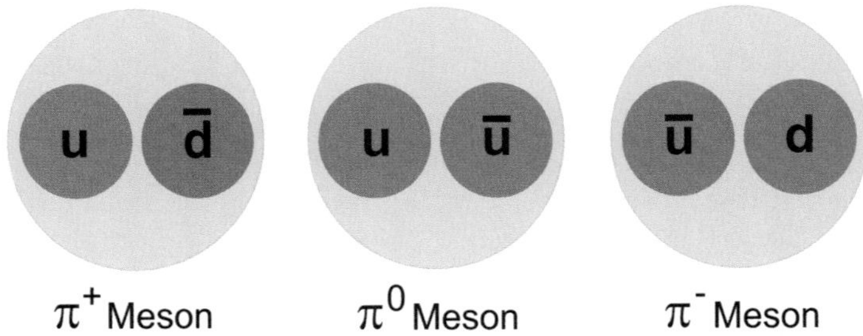

9.3 Mesonen bestehen immer aus einem Quark und einem Antiquark. Damit lassen sich zwei nach außen geladene und ein ungeladenes Meson aufbauen.

negativ geladene π^--Meson. Wie durch das π im Namen der Teilchen angedeutet, bezeichnet man diese Mesonen auch als Pionen. Damit haben wir schon mal ein wenig Ordnung in den Aufbau der Hadronen gebracht. Doch mit der Unterscheidung in up- und down-Quarks war es nicht getan. Wie schon gesagt tauchten an den Beschleunigern jede Menge bislang unbekannter Teilchen auf. Und eines davon, ein sogenanntes »Delta++«-Teilchen, hat die Geschichte noch ein wenig komplizierter gemacht. Denn dieses Teilchen besteht aus drei ununterscheidbaren up-Quarks! In der Symbolsprache der Teilchenphysiker sieht das wie folgt aus:

$$\Delta^{++} \triangleq u\,u\,u \tag{9.1}$$

Derartige Ununterscheidbarkeiten sind uns schon einmal begegnet. Denken Sie nur an den Physiker Wolfgang Pauli. Entsprechend dem nach ihm benannten Pauli-Prinzip müssen sich in einem Atom z. B. zwei Elektronen mindestens in einer der vier Quantenzahlen unterscheiden. Bei den Elektronen war das der Spin, der entweder nach oben oder nach unten gerichtet sein kann. Ähnliches muss also auch für die drei up-Quarks im Delta-Teilchen gelten. Man könnte also versuchen das Problem über den Spin der Quarks zu lösen. Hätten zwei up-Quarks einen entgegengesetzten Spin, dann wären sie unterscheidbar, aber das dritte up-Quark, welche Ausrichtung sein Spin auch hat, wäre nach wie vor von einem der beiden anderen up-Quarks nicht zu unterscheiden. Damit war klar: Man braucht ein weiteres Kriterium, um zwischen den Quarks zu differenzieren. Die Idee dazu kam von dem US-amerikanischen Physiker Oscar W. Greenberg. Das Neutron, so seine Argumentation, ist nach außen ein ungeladenes Teilchen, obwohl es doch aus drei geladenen Quarks besteht. Nach einem ähnlichen Prinzip könnte man doch auch die Quarks im Delta-Teilchen unterscheiden. Man könnte jedem Quark gewisse Eigenschaften zuweisen, die sich in ihrer Summe nach außen jedoch nicht bemerkbar machen. Mit anderen Worten: Neben der elektrischen Ladung muss jedes der drei Quarks noch eine weitere Ladung tragen, wobei sich die Summe der drei Ladungen, wie im Falle der elektrischen Ladungen beim Neutron, nach außen aufheben soll. Damit war die sogenannte Farbladung geboren. Ausgehend von der Tatsache, dass bei additiver Mischung die drei Farben Rot, Blau und Grün das unbunte Weiß ergeben, wählte man diese Farben zur Kennzeichnung der Farbladungen. In der Abb. 9.4 sind die entsprechenden Farbkombinationen dargestellt.

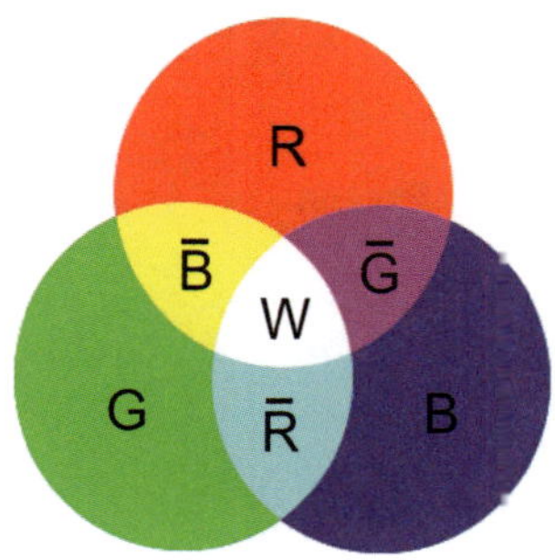

9.4 Farbpalette der Farbladungen

In der Mitte der Abb. 9.4 überlagern sich die drei Farben Rot, Blau und Grün zu Weiß. Die Überlagerung von Rot und Grün ergibt ein Anti-Blau, die von Rot mit Blau ein Anti-Grün und die von Grün mit Blau ein Anti-Rot. Wie bei den Quarks sind auch die Antifarben wieder mit einem Querstrich versehen.

Damit sind die drei up-Quarks im Delta-Teilchen wieder zu unterscheiden: Eines trägt die Farbladung Rot, ein anderes die Farbladung Blau und das dritte die Farbladung Grün. In Summe heben sich die drei Ladungen entsprechend der Abb. 9.4 auf, so dass das Delta-Teilchen nach außen keine Farbladung trägt bzw.

farbneutral erscheint. Real sind die Quarks natürlich nicht »eingefärbt«, die Farben sind nur ein Mittel, einen bestimmten Zustand der Quarks kenntlich zu machen. Anstelle der Farben hätte man auch griechische Buchstaben verwenden können, aber man hat sich nun einmal für Farben entschieden. Hätte schlimmer kommen können – stellen Sie sich nur vor, die Symbol- bzw. Namensfindung hätte in der Eisdiele stattgefunden!

Wie in Abb. 9.5 dargestellt, erhält man damit eine neue, detailliertere Darstellung des Protons und des Neutrons: In beiden Teilchen trägt jedes Quark eine andere Farbe, was sich in Summe zu Weiß ergänzt, so dass Proton und Neutron nach außen keine Farbladung zeigen.

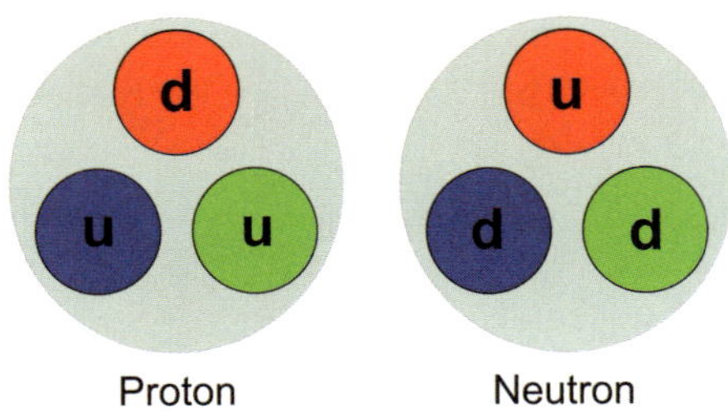

9.5 Das neue Bild des Protons und des Neutrons in der Quantenchromodynamik

Wie wir noch sehen werden, sind die Farben der drei Quarks nicht auf den einzelnen Quarks »festgenagelt«. Vielmehr tauschen die Quarks ihre Farbladungen fortwährend untereinander aus. So können z. B. im Proton das rote down-Quark und das grüne up-Quark ihre Farbladungen tauschen, so dass anschließend das down-Quark die Farbladung Grün und das up-Quark die Farbladung Rot trägt. Nimmt man die Antifarben mit hinzu, so kann jedes Quark in insgesamt sechs unterschiedlichen Farben vorkommen. Da nun alles gut passt, bezeichnet man die dahinterstehende Quantenfeldtheorie in Anlehnung an das griechische Wort »chroma« für Farbe als Quantenchromodynamik (QCD).

Entwickeln wir also eine Feldtheorie, die auf diesen Farbladungen aufbaut. Wieder haben wir es mit Fermionen zu tun – der Spin der Quarks beträgt $\hbar/2$. Und wieder nehmen wir die Feynman-Diagramme zu Hilfe. Wie gewohnt läuft in diesem Raumzeit-

Diagramm die Zeit von unten nach oben. Lassen wir also ein up-Quark mit der Farbladung Blau von unten zu einem Vertex laufen. Dort soll eine Wechselwirkung stattfinden, die dem blauen Quark die Farbladung Blau »wegnimmt« und sie durch die Farbladung Grün ersetzt. Die Austauschteilchen, die zwischen den Quarks Farbladungen bzw. eine Kraft vermitteln, bezeichnet man übrigens als Gluonen. So wie in den Diagrammen der Quantenelektrodynamik ein Photon als Welle dargestellt wird, so werden in der Quantenchromodynamik Gluonen durch Federn symbolisiert. Insgesamt kennt man acht Gluonen, die, anders als die Photonen, keine neutralen Austauschteilchen sind, sondern ebenfalls Farbladungen tragen, und zwar eine Farbe und eine Antifarbe. Insgesamt gibt es sechs farbtragende und zwei nach außen farblose Gluonen. In Abb. 9.6 sind alle Gluonen aufgelistet. Die Farbladungen der ersten sechs Gluonen sind leicht nachzuvollziehen: Jede der drei Hauptfarben Rot, Grün und Blau, kombiniert mit zwei Antifarben. Die obere Bildhälfte zeigt die Farben der einzelnen Gluonen, die untere die mit einem Querstrich bezeichneten Antifarben. Die beiden weiß gezeichneten, farbneutralen Gluonen sind quantenmechanische Überlagerungszustände der Farbladungen Rot / Anti-Rot mit Grün / Anti-Grün bzw. der Farbladungen Rot / Anti-Rot mit Grün / Anti-Grün und Blau / Anti-Blau. Mit anderen Worten: Dort heben sich die Farbladungen gegenseitig auf.

9.6 Die Reihe der acht Gluonen. Sechs tragen eine Kombination von Farbe und Antifarbe. Zwei sind farbneutrale Überlagerungszustände.

Nun zurück zu den beiden up-Quarks. Also: Ein blaues up-Quark läuft zum Vertex und soll ihn als ein grünes up-Quark wieder verlassen (Abb. 9.7).

Welche Farbladungen muss das am Vertex auslaufende Gluon tragen, damit das funktioniert? Da die Farbladung Blau des einlau-

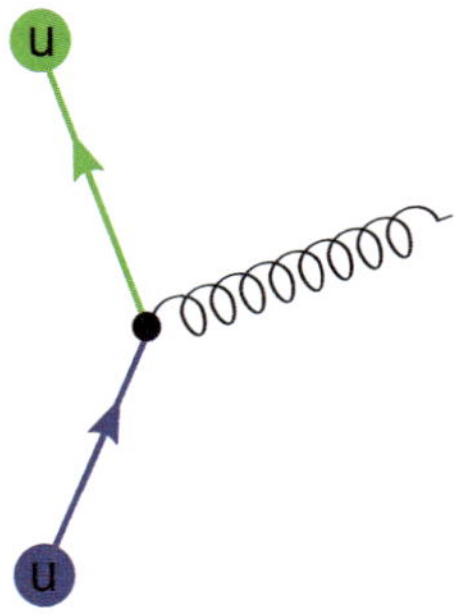

9.7 Farbwechsel eines up-Quarks

fenden Quarks nicht mehr in dem auslaufenden Quark auftaucht, muss sie in dem Gluon erscheinen. Andererseits ist das Grün des auslaufenden Quarks nicht vom Himmel gefallen. Die Farbe Grün in dem Quark darf dort nur auftauchen, wenn sie durch die Farbe Anti-Grün wieder vernichtet bzw. zu Weiß ergänzt wird. Folglich muss das Gluon neben der Farbe Blau auch Anti-Grün tragen (Abb. 9.8). Als Regel für den durch ein Gluon vermittelten Farbwechsel eines Quarks ist festzuhalten: Das auslaufende Quark bekommt immer die Farbe zugewiesen, die sich mit der Antifarbe des Gluons zu Weiß ergänzt.

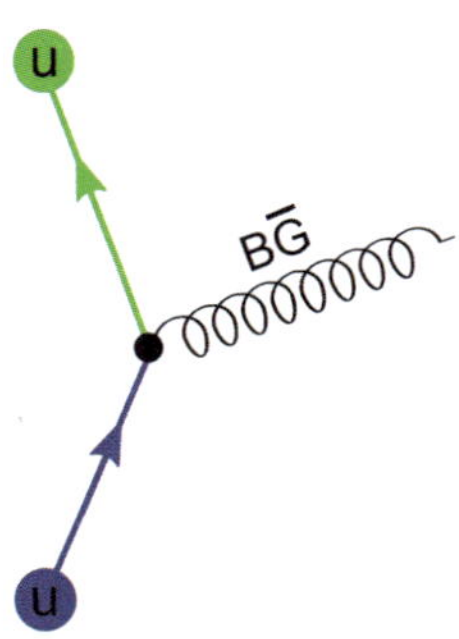

9.8 Ein up-Quark mit der Farbladung Blau emittiert ein Gluon mit den Farbladungen Blau / Anti-Grün und wechselt zur Farbladung Grün.

Noch ein paar Worte zu den Austauschbosonen der Quantenchromodynamik, den Gluonen. Wie sich aus Abb. 9.8 direkt ablesen lässt, kann ein Gluon nicht zugleich sein Antiteilchen sein. Denn das Antiteilchen des Gluons in Abb. 9.8 wäre ein Gluon mit den Farben Anti-Blau und Grün. Doch damit würde der dargestellte Farbwechsel nicht gelingen! Dieses Problem tritt in der Quantenelektrodynamik nicht auf, denn das Photon trägt keine Ladung und ist sehr wohl sein Antiteilchen. Photonen dürfen wir deshalb in den Feynman-Diagrammen vorwärts wie rückwärts in der Zeit laufen lassen. Bei Gluonen müssen wir hier sehr genau unterscheiden.

Das emittierte Gluon in Abb. 9.8 kann natürlich nicht allein bestehen, es muss mit anderen Quarks in Wechselwirkung treten. Schließlich wollen wir ja nicht nur den Farbwechsel eines Quarks, sondern insbesondere die Wechselwirkung zwischen zwei Quarks untersuchen. Also nehmen wir ein zweites Quark hinzu, das wieder von unten einlaufen soll, um mit dem Gluon an einem zweiten Vertex zu interagieren. Abb. 9.9 zeigt, was passiert. Diesmal soll das einlaufende Quark die Farbladung Grün tragen. Oder besser gesagt: Es *muss* die Farbladung Grün tragen, da ansonsten die Farbe des Quarks nicht durch die Farbe Anti-Grün des Gluons vernichtet werden könnte. Übrig bleibt nur die Farbe Blau des Gluons, und die muss von dem auslaufenden Quark übernommen werden. Damit erhält man, wie in Abb. 9.9 dargestellt, die Wechselwirkung eines blauen up- mit einem grünen up-Quark.

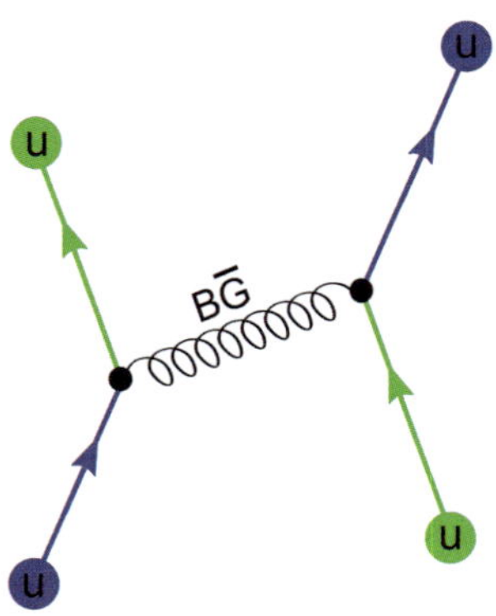

9.9 Wechselwirkung zweier up-Quarks unter Vermittlung eines Gluons

Zusammengefasst lautet das Ergebnis der Wechselwirkung: Die beiden up-Quarks bleiben up-Quarks, wechseln aber ihre Farben. Und genau das geschieht fortwährend in allen Protonen und Neutronen. Die drei Quarks tauschen ständig ihre Farben untereinander aus. Protonen und Neutronen verharren also mitnichten in einem bestimmten Zustand, vielmehr springen die Farben, begleitet von einem See aus Gluonen, unentwegt zwischen den Quarks hin und her. In den nach außen so »gesettelt« erscheinenden Kernbausteinen ist also ganz schön was los!

Da die Gluonen Farbladungen tragen, unterliegen sie selbst auch dieser Wechselwirkung, will heißen, sie können auch mit ihresgleichen interagieren. Abb. 9.10 zeigt ein entsprechendes Beispiel:

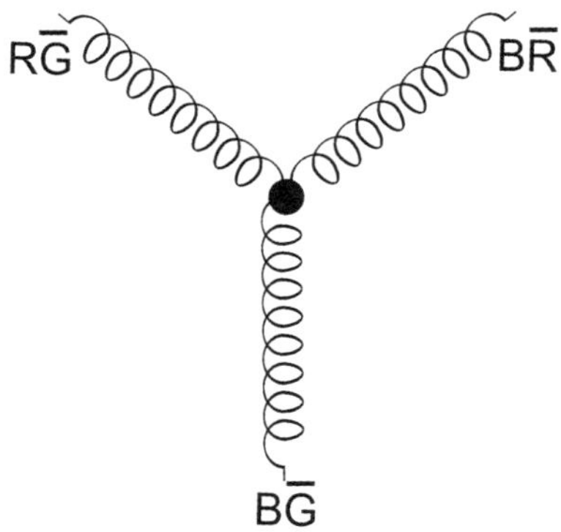

9.10 Wechselwirkung dreier Gluonen

Von unten läuft ein Gluon mit den Farbladungen Blau und Anti-Grün zum Vertex. Dort übernimmt ein nach rechts auslaufendes Gluon die Farbe Blau und ein nach links auslaufendes die Farbe Anti-Grün. Und da jetzt noch die Farbe Rot fehlt, muss eines der auslaufenden Gluonen die Farbe Rot und das andere die Farbe Anti-Rot tragen. In Summe heben sich das Rot und das Anti-Rot gegenseitig weg, und übrig bleiben nur die Farben Blau und Anti-Grün des einlaufenden Gluons. Es geht also alles mit rechten Dingen zu.

Viel wichtiger ist jedoch, was Abb. 9.10 sonst noch zeigt: Gluonen können weitere Gluonen erzeugen! Es kann eine Art Paarbildung stattfinden, wobei aus einem Gluon zwei neue Gluonen entstehen. Diese Mannigfaltigkeit der möglichen Wechselwirkungen und der involvierten Austauschbosonen macht letztlich die Quantenchromodynamik deutlich komplizierter als die Quantenelektrodynamik. Zudem gelingt es nicht mehr, wie in der Quantenelektrodynamik vorexerziert, Phänomene nach Termen zu entwickeln, die mit zunehmender Potenz rasch kleiner werden. Schuld daran ist die starke Kopplung in der Quantenchromodynamik, die, wie bereits erwähnt, nicht konstant, sondern in hohem Maße von der Energie abhängt. Die Berechnung des g-Faktors des Protons gelingt mehr schlecht als recht, und beim g-Faktor des Neutrons versagt das Verfahren vollends.

Wie wir gesehen haben, vermitteln die Gluonen Farbladungen zwischen den Quarks der Protonen und Neutronen. Das spielt sich alles innerhalb der Protonen bzw. Neutronen ab. Damit ist immer noch nicht klar, warum die Protonen trotz ihrer gleichnamigen Ladungen im Atomkern zusammenbleiben. Wie erfolgt die Vermittlung der Starken Kernkraft nach außen – zwischen den Kernbausteinen eines Atoms? Wir haben gesehen, dass die Gluonen, diese virtuellen Austauschteilchen der Starken Kraft, sehr kreativ sind. Sie vermitteln nicht nur Farbladungen, sie können auch miteinander wechselwirken, und – Achtung – sie können auch Paarbildung betreiben! Sie können sich z. B. kurzfristig Energie aus dem Vakuum leihen und ein Quark-Paar bilden, das die Farbladungen des Gluons trägt. Ferner muss man wissen: Gluonen können das Proton bzw. Neutron nicht verlassen. Das können nur farbladungsneutrale Teilchen, also nach außen »weiße« Teilchen wie die bereits bekannten, aus zwei Quarks zusammengesetzten Pionen. Nochmals zur Erinnerung: Damit das Pion nach außen farbneutral erscheint, muss eines der beiden Quarks die Antifarbe des anderen tragen. Und damit das Pion nach außen mit der elektrischen Ladung plus 1, minus 1 oder 0 erscheint, müssen sich ein up- und ein Anti-down-Quark bzw. ein Anti-up- und ein down-Quark bzw. ein up- und ein Anti-up-Quark oder ein down- und ein Anti-down-Quark zusammentun. Mit diesem »Rüstzeug« können wir die Wechselwirkung zwischen den Kernbausteinen angehen, z. B. zwischen einem Proton und einem Neutron (Abb. 9.11).

Vorab noch ein Hinweis zu den Farben in Abb. 9.11. Sie stellen nicht die Farbladungen der Quarks dar. Vielmehr sind zur besseren Unterscheidung die zum Proton gehörenden Quarks grün, die zum Neutron gehörenden blau und die bei der Paarbildung entstandenen Quarks gelb markiert. Zu Beginn stehen links ein Proton und rechts ein Neutron (Abb. 9.11 ist von oben nach unten zu lesen). Im Proton kommt es zu der erwähnten spontanen Paarbildung eines down- und eines Anti-down-Quarks (gelb). Darauf bilden das gelbe Anti-down- und ein up-Quark des Protons (grün) ein positives Pion, das nun die Rolle eines Austauschteilchens übernimmt. Anschließend verlässt das Pion als Vermittler der Starken Kraft das Proton und wird von dem Neutron aufgenommen. Im Neutron kommt es nun zu einer Paarvernichtung des gelben Anti-down-Quarks mit einem down-Quark des Neutrons (blau). Schließlich bildet das verbleibende up-Quark des Pions (grün) mit dem up- und dem down-Quark des ursprünglichen Neutrons ein Proton. Was ist das Resultat dieser »Transaktion«? Aus dem Proton ist ein Neutron geworden und aus dem Neutron ein Proton.

Haben wir uns bei diesem Beispiel noch mehr oder weniger elegant um die Farbladungen und Gluonen herumgemogelt, so wol-

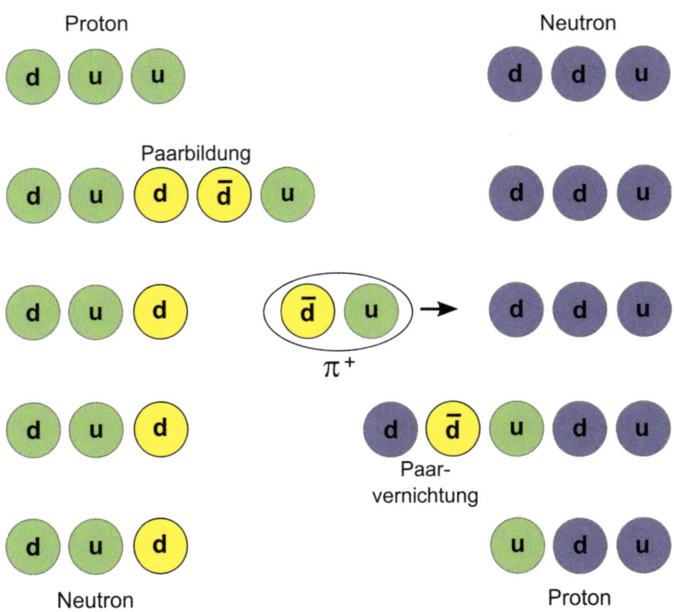

9.11 Wechselwirkung zwischen zwei Kernbausteinen eines Atomkerns, einem Proton und einem Neutron

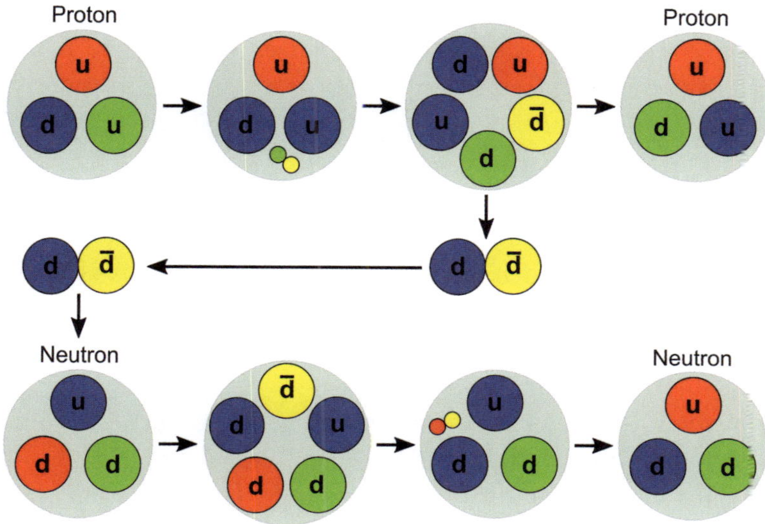

9.12 Wechselwirkung eines Protons mit einem Neutron, wobei als Überträger der starken Kraft ein neutrales Pion dient

len wir das im folgenden Beispiel nicht gestatten. Wieder geht es um die Wechselwirkung eines Protons mit einem Neutron. Das zwischen dem Proton und dem Neutron auszutauschende Teilchen soll diesmal nicht ein positives, sondern ein neutrales Pion sein. Das Schema dieser Wechselwirkung ist in Abb. 9.12 dargestellt.

Betrachten wir zuerst die obere Zeile der Abb. 9.12. Der Prozess beginnt damit, dass das grüne up-Quark des Protons ein Gluon mit den Farbladungen Grün und der in Gelb gezeichneten Farbe Anti-Blau emittiert. Dabei wechselt das grüne up-Quark seine Farbladung von Grün zu Blau. Sodann kommt es zu einer Paarbildung des Gluons. Dabei entstehen ein down- und ein Anti-down-Quark mit den vom Gluon übernommenen Farbladungen Grün und Anti-Blau (drittes Bild von links). Anschließend bilden das blaue down-Quark des Protons und das Anti-down-Quark aus der Paarbildung, das die Farbe Anti-Blau trägt, ein neutrales Pion, das das Proton verlässt. Übrig bleibt ein Proton, in dem, verglichen mit dem Ausgangs-Proton, zwei Quarks ihre Farbladungen getauscht haben.

In der mittleren Reihe wandert das Pion zum Neutron in der Reihe unten, wo es von ihm aufgenommen wird (untere Reihe, 2. Bild von links). Dort kommt es zu einer Paarvernichtungsreaktion zwischen dem down-Quark mit der Farbladung Rot und dem Anti-down-Quark mit der Farbladung Anti-Blau. Übrig bleiben ein down- und ein up-Quark mit den Farbladungen Blau, ein grünes down-Quark und das aus der Annihilation hervorgegangene Gluon mit den Farbladungen Rot und Anti-Blau (drittes Bild von links). Im letzten Bild wechselwirkt das Gluon mit dem blauen up-Quark, indem es dessen Farbladung Blau vernichtet und durch die Farbladung Rot ersetzt.

Als Resultat dieser »Transaktion« erhält man wieder ein Proton und ein Neutron, mit dem Unterschied, dass sowohl im Proton als auch im Neutron je zwei Quarks ihre Farbladungen getauscht haben. Vergleichen wir noch den mit dem positiven Pion ablaufenden Wechselwirkungsprozess mit demjenigen mit dem neutralen Pion, dann zeigt sich, dass ein neutrales Pion als Austauschteilchen die Ausgangsteilchen ungeschoren lässt, wogegen ein elektrisch geladenes Pion das Proton in ein Neutron und das Neutron in ein Proton transformiert.

9.2 Confinement und asymptotische Freiheit
Gibt es einzelne Quarks?

Untersuchen wir als Nächstes Reichweite und Stärke der Kernkraft. Die Reichweite R können wir anhand der Heisenbergschen Unbestimmtheitsrelation $\Delta E \cdot \Delta t \geq \hbar$ grob abschätzen. Pionen werden innerhalb einer Zeit t weniger als die Strecke $R = c \cdot \Delta t$ zurücklegen. Für die Energie setzen wir $E = m \cdot c^2$ ein und erhalten

$$R \approx \frac{\hbar}{m \cdot c} \tag{9.2}$$

Die beiden elektrisch geladenen Pionen haben eine Masse von 139,6 MeV/c², das neutrale Pion eine Masse von 135 MeV/c². Damit erhält man für die geladenen Pionen eine obere Schranke für R von rund $1{,}13 \cdot 10^{-15}$ Meter und für das neutrale Pion von rund

$1{,}2 \cdot 10^{-15}$ Meter. Nehmen wir noch einen kleinen Abschlag vor, weil sich Pionen unterhalb der Lichtgeschwindigkeit bewegen, so deckt sich das Ergebnis erfreulich gut mit der gemessenen Größe von Atomkernen.

Wie die Quarks in den Protonen und Neutronen miteinander wechselwirken und wie die aus den Quarks gebildeten Pionen die Kernbausteine des Atomkerns zusammenhalten, ist eine komplexe Geschichte. Trotzdem ist es in Streuexperimenten gelungen, die Energien zu vermessen und zu einem Potentialverlauf E_S (r) zu modellieren:

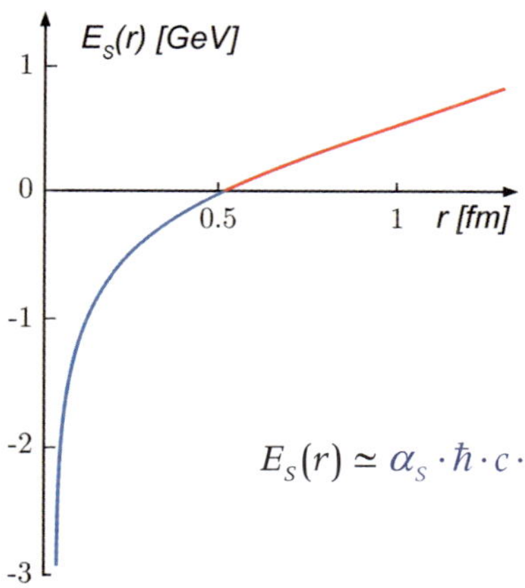

$$E_S(r) \simeq \alpha_S \cdot \hbar \cdot c \cdot \frac{C_1 \cdot C_2}{r} + K \cdot r \qquad (9.3)$$

9.13 Potentialverlauf der Starken Kernkraft. Die Einheit fm steht für Femtometer und entspricht 10^{-15} Meter.

C_1 und C_2 stehen für die beteiligten Farbladungen – bei der Wechselwirkung zwischen einem Quark und seinem Antiquark wäre $C_1 \cdot C_2 = -4/3$. Die Konstante K entspricht einem Wert von etwa 930 MeV/fm. Für sehr kleine r, bei Entfernungen innerhalb eines Atomkerns, dominiert der blaue Term in Gleichung (9.3). Der Potentialverlauf erinnert hier an den 1/r-Abfall der elektromagnetischen oder der gravitativen Wechselwirkung (siehe Abb. 2.40). Mit wachsendem r verändert sich die Charakteristik grundlegend. Hier geht der blaue Term rasch gegen null, und der rote, lineare Energieverlauf dominiert. Dieses Verhalten ist einzigartig unter den fundamentalen Kräften. Das Potential der Starken Kernkraft strebt mit zunehmender Entfernung nicht gegen null, vielmehr steigt sie kontinuierlich an, ähnlich einer Federkonstante K, einer Art Gummiband, an dessen Enden je ein Quark »befestigt« ist. Versucht man ein Quark aus einem Proton zu lösen, indem man das Proton mehr und mehr auseinanderzieht (Abb. 9.14, 2. Bild von links), dann nimmt auch hier die aufzuwendende Energie mehr und mehr zu. Damit wächst auch die Energie, die durch die Streckung in das Proton hineingesteckt wird, weiter an. Schließlich wird eine Grenzenergie erreicht, ab der die Paarbildung von einem Quark und einem Antiquark energetisch günstiger ist (blaue Quarks an der blauen Linie im 3. Bild von links in Abb. 9.14). Anschließend bildet das aus der Paarbildung stammende Anti-up-Quark mit dem grünen up-Quark des Protons ein neutrales Pion. Schließlich spaltet sich das Pion ab, und das up-Quark der Paarbildung nimmt die Position des grünen Quarks vor der Streckung ein. Es gelingt also nicht, ein Quark aus dem Proton zu lösen, denn die zur Ausbildung der schlauchartigen Ausstülpung am Proton aufgewendete Energie mündet in eine Paarbildung, und das Proton erhält ein Quark zurück. Die verwendeten Farben in Abb. 9.14 haben übrigens nichts mit Farbladungen zu tun. Sie dienen ausschließlich zur Unterscheidung zwischen den Quarks des Protons und den Quarks der Paarbildung.

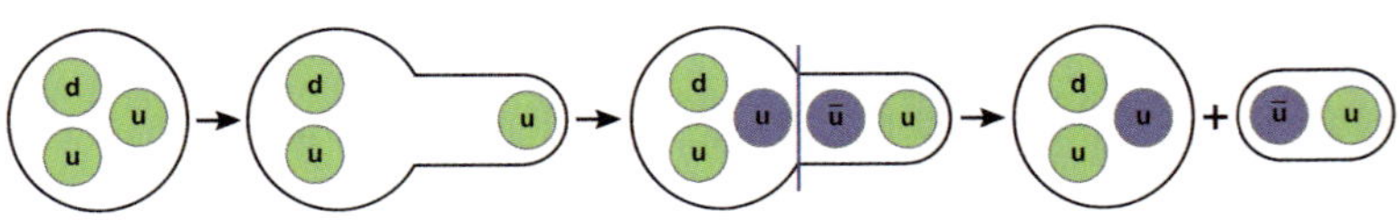

9.14 Wird der Abstand zwischen zwei Quarks vergrößert, so wächst die zwischen den Teilchen wirkende Kraft. Hat die für die Abstandsvergrößerung nötige Energie einen Grenzwert erreicht, kommt es zu einer Paarbildung, in deren Folge sich ein neutrales Pion abspaltet. An der Anzahl der Quarks im Proton ändert sich jedoch nichts.

Ein ähnliches Spiel kann man auch mit dem Pion betreiben (Abb. 9.15). Um zwei freie Quarks zu erhalten, soll es so weit gestreckt werden, bis es auseinanderreißt. Doch bevor das geschehen kann, hat die zur Streckung aufgewendete Energie einen so

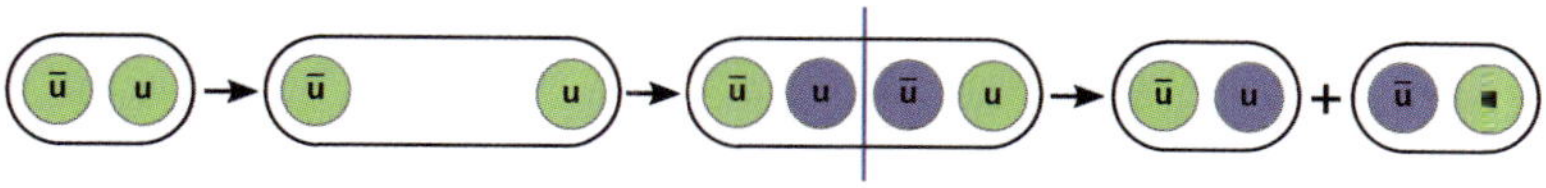

9.15 Der Versuch, ein Pion so zu strecken, dass es auseinanderreißt, damit zwei freie Quarks entstehen, führt zur Bildung von zwei neutralen Pionen.

hohen Wert erreicht, dass es zu einer Paarbildung kommt (blaue Quarks). Anschließend finden sich die grünen Quarks mit den entsprechenden Quarks aus der Paarbildung zu je einem Pion zusammen. In Summe erhält man also keine freien Quarks, sondern zwei neutrale Pionen.

Man kann das Spiel mit den Pionen beliebig oft wiederholen, aber ein Quark kann man auf diese Weise nicht befreien. Letztlich ist das der Grund, warum es keine freien Quarks geben kann. Die Quarks sind sozusagen in den Hadronen eingesperrt. Man bezeichnet das als Quark-Einschluss oder englisch als »quark confinement«.

Wir haben gesehen, dass die Energie, die notwendig ist, um zwei Quarks auseinanderzuziehen, mit zunehmender Entfernung linear ansteigt. Die Kraft, welche die Quarks zusammenhält, bleibt somit näherungsweise konstant. Was aber geschieht, wenn die Quarks wie in den Hadronen sehr eng zusammenrücken? Dann übt das gedachte, die Quarks verbindende Gummiband keine Kraft mehr aus. Es hängt bildlich gesprochen locker durch. Damit gewinnen die Quarks an Bewegungsfreiheit. Man bezeichnet das auch als asymptotische Freiheit. Innerhalb der Grenzen eines Hadrons können Quarks also mehr oder weniger ungehindert unterwegs sein. Für diese Entdeckung bekamen übrigens die

9.16 David Gross, David Politzer, Frank Wilczek (v. l. n. r.)

amerikanischen Physiker David Gross, David Politzer und Frank Wilczek 2004 den Nobelpreis verliehen. So hat unser Champagner doch noch Abnehmer gefunden.

Insbesondere was die Masse der Hadronen anbelangt, hat diese Erkenntnis weitreichende Folgen. Das Proton hat eine Masse von rund 938 MeV / c^2, das up-Quark ca. 2,2 bis 2,3 MeV / c^2 und das down-Quark etwa 4,6 MeV / c^2. Damit bringen die zwei up- und das down-Quark des Protons nur knapp ein Prozent der Masse des Protons auf die Waage. Woher kommt die restliche Masse des Protons? Zum einen steckt sie in der Bindungsenergie zwischen den Quarks bzw. in der Kopplung durch die Gluonen. Zum andern stammt sie von der Bewegungsenergie der Quarks und der Gluonen, die mit relativistischen Geschwindigkeiten im Proton unterwegs sind. Dass die massebehafteten Quarks zur Bewegungsenergie beitragen, ist nicht verwunderlich. Doch wie steht es mit den Gluonen, die ja masselos sind? Sie tragen über ihren Impuls entsprechend der Einsteinschen relativistischen Energie-Impuls-Beziehung bei, die wir schon öfter zitiert haben:

$$E^2 = m_0^2c^4 + p^2c^2 \tag{9.4}$$

Noch ein Wort zu der Kopplung zwischen den Quarks. Wie schon erwähnt ist die »Kopplungskonstante« α_S in der Quantenchromodynamik keine Konstante, sondern energieabhängig. Das heißt, sie verhält sich bei hohen Energien anders als bei niedrigen. Wir haben das mit einem mehr oder weniger gestreckten Gummiband, das zwei Quarks miteinander koppelt, zu erklären versucht. Hohe Energie bedeutet: Die Teilchen kommen sich sehr nahe. Entsprechend unserem Gummibandmodell nimmt damit die Stärke der Kopplung ab – typische Werte sind beispielsweise ½ bei $r = 0{,}2$ fm und 1 / 10 bei $r = 0{,}001$ fm. Da die anderen Kräfte, die elektroschwache Kraft und die Gravitation, mit der Energie zunehmen, hofft man, dass sich bei entsprechend hohen Energien, wie sie im frühen Universum aufgetreten sind, die drei Kräfte in einem Punkt treffen. Aber darauf werden wir später detailliert bei der Besprechung der GUT-Theorie, der Theorie der großen Vereinheitlichung, eingehen. Im Kopf behalten sollte man, dass sich die

Stärke der Kopplungen mit der Energie verändert. Man bezeichnet das als »running couplings«.

Zurück zu unserem Proton. Wir haben gesehen: Ein Quark kann das Proton nicht verlassen. Sein »Bewegungsspielraum« ist auf den Durchmesser des Protons beschränkt. Eine direkte Beobachtung von Quarks oder Gluonen ist somit nicht möglich. Da kann man schon auf die Idee kommen, dass das mit den Quarks und Gluonen nur ein Taschenspielertrick der Theoretiker ist. Doch gemach: Es gibt Möglichkeiten, diese Teilchen, zumindest indirekt, zu beobachten, und zwar an Teilchenbeschleunigern. Dazu benötigt man nicht einmal die hohen Energien des Large Hadron Collider (LHC), es würde auch mit Beschleunigern funktionieren, die mit deutlich niedrigeren Energien arbeiten, wie z. B. dem bis Ende 2000 in Betrieb befindlichen Elektronen-Positronen-Beschleuniger LEP am Kernforschungszentrum CERN bei Genf. Schauen wir uns an, was passiert, wenn ein Elektron und ein Positron entsprechender Energie zusammenstoßen. Am besten zeigen wir das wieder anhand eines Feynman-Diagramms.

Ein Elektron und ein Positron zerstrahlen zu einem Photon. Ist die Energie des Photons hoch genug, so kann es seinerseits wieder ein Teilchen / Antiteilchen-Paar bilden.

9.17 Annihiliert ein Elektron mit einem Positron, so entsteht ein Photon, das in ein Quark und ein Anti-Quark zerfallen kann.

Das können wieder ein Elektron und ein Positron sein, aber auch, wie in Abb. 9.17 dargestellt, ein Quark / Antiquark-Paar. Damit erhält man zwei Materiekeulen, zwei sogenannte Jets – und die kann man beobachten. Doch bei dem »einsamen« Paar aus Quark und Anti-Quark bleibt es nicht! Denn solange die Energie hoch genug ist, welche die Teilchen in Form von Bewegungsenergie aus der Kollision der nahezu mit Lichtgeschwindigkeit zusammenprallenden Elektronen und Positronen mitbekommen haben, so lange laufen fortwährend Paarbildungsprozesse ab. Und dabei entstehen weitere Quarks und Antiquarks in den beiden Jets. Diese Paarbildungsorgie geht erst zu Ende, wenn die in den Teilchen steckende Bewegungsenergie so weit aufgebraucht ist, dass sie für eine Paarbildung nicht mehr ausreicht.

Doch das ist nicht alles. Denn neben diesen Paarbildungen findet noch eine andere Geburtsorgie statt. Aus diesen vielen Quarks und Antiquarks in den Jets kann die Natur ja jede Menge Teilchen basteln, die aus mehreren Quarks zusammengesetzt sind, sogenannte Hadronen. Bevorzugt sind das Mesonen (Abb. 9.3), aber auch z. B. Protonen, Neutronen oder noch komplexere Kombinationen. Deswegen bezeichnet man diese Jets auch als »Hadronisierungs-Jets«. Wie so etwas aussieht, zeigt ein Bild vom Atlas-Detektor am LHC, in dem diese Prozesse ablaufen und registriert werden (Abb. 9.18).

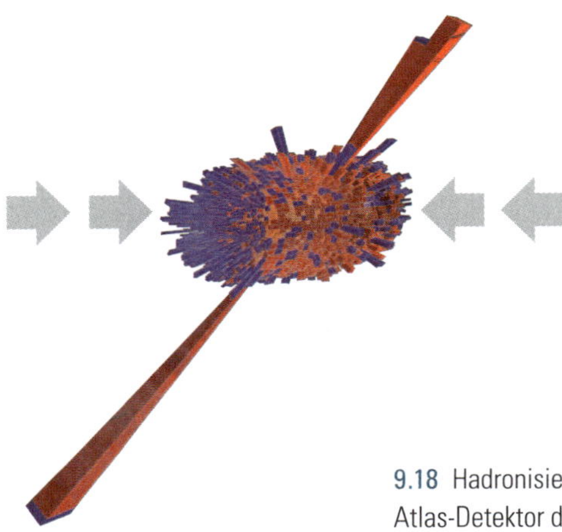

9.18 Hadronisierungs-Jets (rote Keulen) am Atlas-Detektor des LHC

Haben die beiden Quarks sehr viel Energie aus der anfänglichen Kollision des Elektronen/Positronen-Paars mitbekommen, dann kann es sogar zur Entstehung eines dritten Jets kommen. Dazu emittiert z. B. das Quark links oben in Abb. 9.19 ein Gluon. Das Gluon kann nun wieder in ein Quark/Antiquark-Paar zerfallen und damit einen neuen Jet starten, in dem durch eine Reihe von Paarbildungsprozessen weitere Quark/Antiquark-Paare entstehen.

9.19 Bei sehr hohen Energien kann es zur Emission eines Gluons kommen (links oben), das zu einem Quark/Antiquark-Paar zerfällt und einen dritten Hadronisierungs-Jet initiiert.

So weit zur Quantenchromodynamik. Wie wir gesehen haben ist diese Theorie reichlich komplex. Das liegt vor allem an den Quarks, die nicht nur eine elektrische, sondern darüber hinaus auch eine Farbladung tragen. Da es drei Farbladungen gibt, kann jedes Quark in drei verschiedenen Formen vorkommen. Dabei haben wir noch gar nicht alle vorkommenden Quarks in unsere Überlegungen einbezogen. Neben dem up- und dem down-Quark gibt es ja noch vier andere, die wir bei der Besprechung der Quantenflavourdynamik noch näher kennenlernen werden. Und dann sind da auch noch die Austauschteilchen, die Gluonen, von denen es insgesamt acht verschiedene Arten gibt. Auch sie sind nicht neutral. Jedes Gluon trägt zwei Farbladungen, eine

Farbe und eine Antifarbe. Unterscheiden kann man sie anhand der Farbkombination. Der in der Quantenchromodynamik (QCD) relevante Teilchenzoo und mit ihm die zugrundeliegenden Felder sind also ziemlich umfangreich. Man muss sich daher nicht wundern, dass es in dieser Theorie »bunt zugeht« und dass man viele Möglichkeiten der Wechselwirkung zwischen den Quarks und den Gluonen, aber auch zwischen den Gluonen untereinander zu berücksichtigen hat. Angesichts dieser Komplexität mag sich mancher mit Wehmut an das gutmütige Austauschteilchen der Quantenelektrodynamik, das Photon, erinnern. Aber eine Quantenfeldtheorie mit geladenen Austauschteilchen fordert halt ihren Preis.

Der größte Malus der QCD ist allerdings, dass die Kopplungskonstante α_S zu groß ist, um erfolgreich Störungstheorie betreiben zu können. Störungstheorie ist neben numerischen Verfahren auf Großrechnern der Schlüssel, um Systeme zu knacken, deren Wechselwirken zu kompliziert für konventionelle Berechnungen sind. Man betrachtet das einfachere, nicht wechselwirkende System und fügt die Wechselwirkung in Form einer kleinen Störung des Systems hinzu. Mit etwas Glück gelingt dadurch eine einfache Formulierung, bei der die Störung in den einzelnen Termen in immer höherer Potenz auftritt. Nennen wir die Störung beispielsweise α, so spricht man von »Entwickeln nach α«. Wenn die Störung sehr klein ist, d. h. $\alpha < 1$, so ist α^2 noch kleiner usw. Schließlich können Terme ab einer bestimmten Potenz von α vernachlässigt werden, weil sie so klein sind, dass sie schlichtweg zum Ergebnis nicht mehr nennenswert beitragen. Dieses Verfahren ist umso effizienter, je kleiner die Störung ist. Genau das hat uns in der Quantenelektrodynamik den großen Erfolg beschieden, weil die Sommerfeldsche Feinstrukturkonstante α_{el} nur 1 / 137 beträgt und somit höhere Potenzen von α_{el} rasch gegen null gehen. Auch in der QCD kann man die Lagrange-Dichte nach Potenzen von α_S entwickeln, die Kopplung steigt jedoch bereits ab Entfernungen von 0,2 fm so stark an, dass die Terme höherer Potenzen von α_S nur sehr langsam kleiner werden. Deshalb kann man sie nicht vernachlässigen, und die Berechnung bleibt kompliziert.

Physiker versehen Theorien, die nicht mit Störungstheorie angepackt werden können, mit dem Warnhinweis »nicht-perturbativ«. Dieses Terrain ist naturgemäß nur mühsam zu durchwandern. Die QCD ist ein erstes Beispiel hierfür – mit der Stringtheorie werden wir noch einen weiteren bekannten Vertreter kennenlernen.

Nichtsdestotrotz liefert die relativistische Quantenfeldtheorie auch für die Starke Wechselwirkung eine äußerst erfolgreiche Beschreibung. Insbesondere ist es gelungen, die Quantenchromodynamik trotz ihrer hohen Komplexität erfolgreich zu renormieren, d. h. von den ständigen lästigen Begleitern der Feldtheorien – den Unendlichkeiten – zu befreien. Damit stellt sie einen wichtigen Baustein dar in unserem Bestreben, die Welt zu verstehen. Wer könnte das schöner ausdrücken als ihr Begründer Gell-Mann: »Nur weil die Dinge auf subatomarem Niveau etwas schmuddelig werden, heißt das noch lange nicht, dass hier alles erlaubt ist. [...] Für mich persönlich ist die Forschung an diesen Gesetzen untrennbar verknüpft mit einer tiefen Verbundenheit zur Natur in allen ihren Facetten.«

10 Quantenflavourdynamik (QFD)

Wie zerfallen Teilchen?

Im Rahmen der Quantenfeldtheorie haben wir nun schon zwei Feldtheorien kennengelernt: die Quantenelektrodynamik (QED) und die Quantenchromodynamik (QCD). Beide konnten ihre Mächtigkeit in der Beschreibung dieser Welt bereits unter Beweis stellen. Verbleibt nur noch die dritte Feldtheorie, die sogenannte Quantenflavourdynamik (QFD), in der wir es mit einer weiteren Kernkraft, der Schwachen Kernkraft, zu tun bekommen.

Die QED behandelt Phänomene, die auf die elektrische Ladung der Teilchen zurückgehen. Die QCD beschäftigt sich mit den Farbladungen, die man zusätzlich zu den elektrischen Ladungen einführen musste, um die Quarks in den Nukleonen unterscheiden zu können. In der QFD kommt nun ein weiterer Begriff hinzu, der des Flavours. Im vorausgegangenen Kapitel sind wir dieser Bezeichnung schon einmal begegnet, als wir Gell-Mann in eine Eisdiele begleitet haben. Auf Deutsch bedeutet Flavour so viel wie Aroma bzw. Geschmack. Der Flavour ist eine Quantenzahl, die den Elementarteilchen, den Quarks und den Leptonen, zukommt.

Greifen wir der Beschreibung des Standardmodells etwas voraus und listen die uns bekannten Quarks und Leptonen einmal auf. Wie in der Abb. 10.1 dargestellt, sind sie in drei Familien gegliedert.

Zu jeder Familie bzw. Generation gehören zwei Quarks und zwei Leptonen. Eigenartigerweise sind alle bekannten Atome bzw. deren Kernbausteine, die Protonen und Neutronen, nur aus den Teilchen der ersten Generation aufgebaut: dem up- und dem down-Quark sowie dem Elektron. Dazu gesellt sich bei Zerfällen das Elektron-Neutrino. Warum die Natur darüber hinaus mit

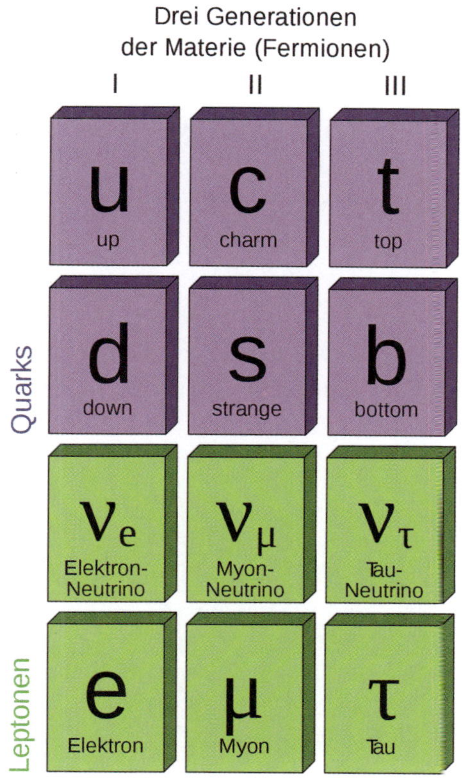

10.1 Die drei Teilchenfamilien des Standardmodells

dem charm- und dem strange-Quark, dem Myon und dem Myon-Neutrino bzw. dem top- und dem bottom-Quark und dem Tau und dem Tau-Neutrino zwei weitere Teilchenfamilien »geschaffen« hat, ist noch nicht verstanden.

Doch zurück zum Thema. In der QCD ist der Flavour eine Erhaltungsgröße, nach dem Motto »up-Quark bleibt up-Quark, und down-Quark bleibt down-Quark«. In der QFD gilt das nicht mehr, vielmehr wandelt die Schwache Kraft Quarks in andere Quarks und Leptonen in andere Leptonen um. Makroskopisch zeigt sich das bei Zerfallsreaktionen freier Teilchen oder gebundener Atomkerne, z. B. beim radioaktiven β-Zerfall.

Betrachten wir den Zerfall eines Neutrons anhand eines Feynman-Diagramms. Die mittlere Lebensdauer eines freien Neutrons beträgt rund 15 Minuten. Anschließend zerfällt es in ein Proton, ein Elektron und ein Anti-Elektron-Neutrino. Wie in allen Feldtheorien, so bedarf es auch in der QFD der Austauschteilchen zur Übertragung der Kraft. Insgesamt sind das drei, das neutrale Z-Boson, das positiv geladene W^+-Boson und das negativ geladene W^--Boson. Zur Unterscheidung von den Photonen und den Gluonen werden sie in den Feynman-Diagrammen als Zickzacklinie dargestellt. Bekanntermaßen besteht ein Neutron aus einem up- und zwei down-Quarks, das Proton aus zwei up- und einem down-Quark. Damit also aus einem Neutron ein Proton wird, muss im Neutron ein down-Quark seinen Flavour wechseln, d.h. ein down-Quark muss sich gemäß der Reaktionskette

$$d \rightarrow u + e + \overline{\nu}_e \tag{10.1}$$

in ein up-Quark wandeln. Abb. 10.2 zeigt das entsprechende Feynman-Diagramm. Man beachte die umgekehrte Pfeilrichtung

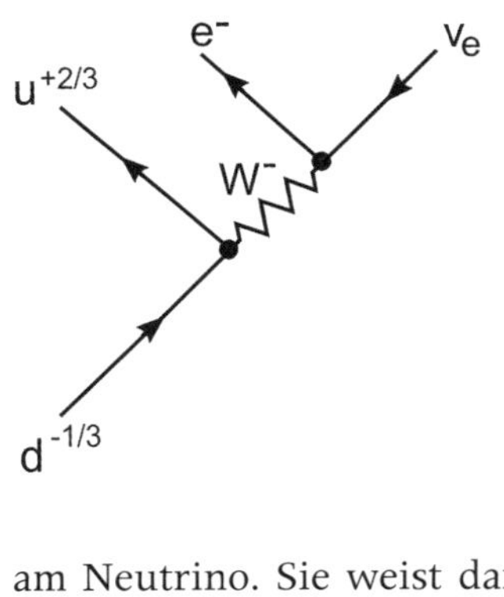

10.2 Flavourwechsel eines down-Quarks in ein up-Quark, vermittelt durch ein W-Boson

am Neutrino. Sie weist darauf hin, dass es sich um ein Antineutrino handelt.

An den Vertices bleiben wieder Ladung, Baryonen- und Leptonenzahl erhalten. Betrachten wir zunächst die Ladungsbilanz. Das down-Quark hat die Ladung minus 1/3. Da das negativ geladene W-Boson von dem down-Quark eine ganze Elementarladung abzieht, ergibt sich für das resultierende up-Quark die Ladung:

$$-\frac{1}{3} - (-1) = -\frac{1}{3} + 1 = +\frac{2}{3} \tag{10.2}$$

Das stimmt schon mal. Nun zum Austauschteilchen, dem W-Boson. Dieses Teilchen ist nur virtuell und zerfällt innerhalb kürzester Zeit. Da die Ladung aber eine Erhaltungsgröße ist, muss sie bei einem anderen Teilchen auftauchen, in diesem Fall bei dem Elektron. Und wie sieht es mit der Erhaltung der Baryonen- und der Leptonenzahl aus? Da alle Quarks die Baryonenzahl 1/3 haben, ändert sich daran beim Flavourwechsel des down-Quarks zum up-Quark nichts. Auch die Leptonenzahl Null des W-Bosons bleibt erhalten, da das Elektron die Leptonenzahl 1 hat und das Anti-Elektronneutrino die Leptonenzahl minus 1, so dass sich beide zu null addieren. Es geht also alles mit rechten Dingen zu.

Abb. 10.3 zeigt den Zerfall eines Neutrons im Bild der Kernbausteine. Die nicht am Flavourwechsel beteiligten up- und down-Quarks des Neutrons bezeichnet man etwas flapsig auch als Zuschauer-Quarks.

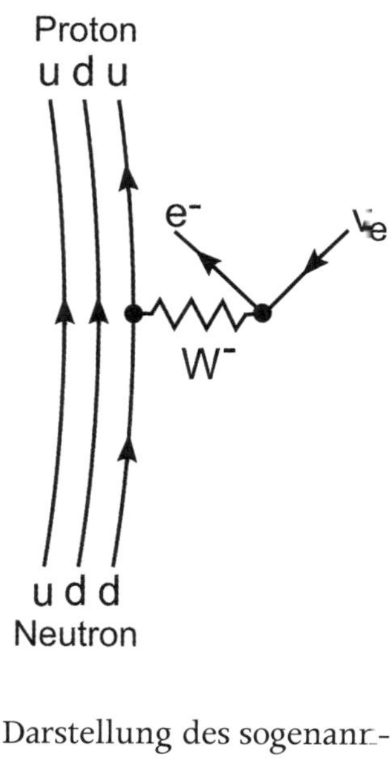

10.3 Zerfall eines Neutrons auf der Ebene der beteiligten Quarks

Abb. 10.3 ist übrigens identisch mit der Darstellung des sogenannten Beta-Zerfalls eines Atomkerns. Auch dabei zerfällt ein Kernneutron in ein Proton, wodurch sich die Ordnungszahl des Kerns um 1 erhöht. Wie einfach diese Diagramme auch aussehen mögen, man sollte sich immer bewusst sein, dass sich dahinter eine Menge Mathematik verbirgt.

Betrachten wir noch einige andere wichtige Prozesse. Da ist zunächst der Zerfall eines Protons in ein Neutron, ein Positron und ein Elektron-Neutrino gemäß der Reaktionskette:

$$p \rightarrow n + e^{+} + \nu_{e} \tag{10.3}$$

Dieser Prozess findet unentwegt in den Sternen bei der Verschmelzung zweier Protonen zu einem Deuteriumkern statt, dem Anfangsglied der Heliumfusionskette. Bei dieser Reaktion übernimmt ein positiv geladenes W-Boson die Rolle des Vermittlers. In Abb. 10.4 ist nur der Flavourwechsel eines der up-Quarks des Protons zu einem down-Quark des Neutrons dargestellt.

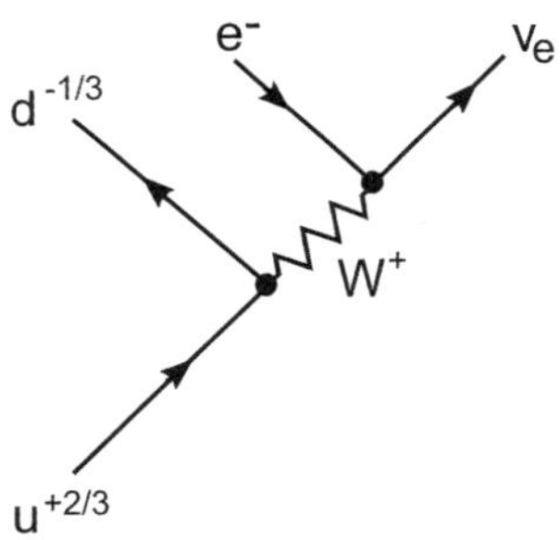

10.4 Zerfall des Protons

Man beachte wieder die umgekehrte Pfeilrichtung am Elektron. Wie schon erwähnt weist das darauf hin, dass es sich um ein »Anti-Elektron« d. h. um ein Positron, handelt.

Ein anderer wichtiger Prozess, der insbesondere bei Supernova-Explosionen eine Rolle spielt, ist der Einfang eines Elektrons durch ein Proton gemäß der Reaktionskette

$$p + e \rightarrow n + \nu_{e} \tag{10.4}$$

Bricht am Ende der Fusionskette ein massereicher Stern unter seiner eigenen Schwerkraft zusammen, so bleibt ein Neutronenstern übrig. Dieser entsteht, indem zunächst beim Sternkollaps freigesetzte hochenergetische Gamma-Quanten die am Ende der Fusionskette entstandenen Eisen- und Silizium-Atome in Protonen und Neutronen aufspalten (Photodesintegration). Durch die anschließend einsetzenden Einfangprozesse werden sodann die

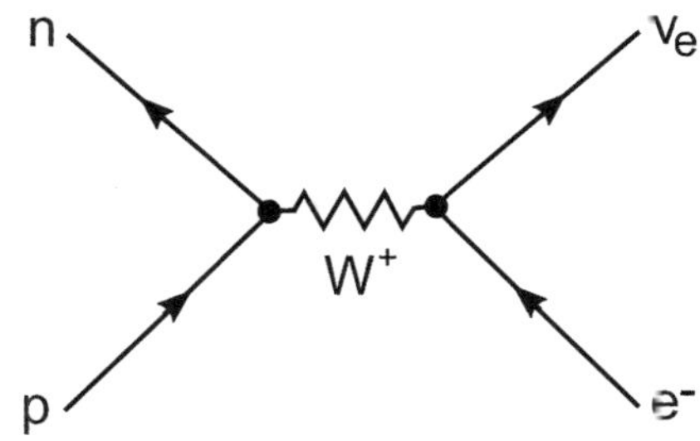

10.5 Einfang eines Elektrons durch ein Proton. Es entsteht ein Neutron und ein Elektron-Neutrino.

Neutronen zum Aufbau des Neutronensterns gebildet. Abb. 10.5 zeigt das entsprechende Feynman-Diagramm eines Elektronen-einfangs.

Das W-Boson zieht eine positive Ladung vom Proton ab, wobei ein Flavourwechsel vom Proton zu einem Neutron stattfindet. Zugleich neutralisiert die positive Ladung des W-Bosons die negative Ladung des Elektrons, so dass sich dessen Flavour in ein Elektron-Neutrino wandelt. In Summe kommt es also zu zwei Flavourwechseln: Proton in Neutron und Elektron in Elektron-Neutrino.

Als letztes Beispiel noch ein rein leptonischer Prozess: der Zerfall eines Myons. Diesem Teilchen sind wir bei der Zeitdilatation in der Speziellen Relativitätstheorie begegnet, wo wir uns gefragt haben, wie es möglich sein kann, dass das Teilchen aus einer Höhe von rund zehn Kilometern zum Erdboden gelangen kann, obwohl es doch 2,2 Millionstel Sekunden nach seiner Entstehung gemäß der Reaktionskette

$$\mu \rightarrow \nu_\mu + e + \overline{\nu}_e \qquad (10.5)$$

schon wieder zerfällt. Auch wenn sich das Myon mit nahezu Lichtgeschwindigkeit bewegt, sollte es nur rund 600 Meter weit kommen. Wer des Rätsels Lösung nicht mehr parat hat, kann ja mal in Kapitel 5.4 nachschauen. Doch zurück zum Zerfall des Myons. In Abb. 10.6 ist das entsprechende Feynman-Diagramm dargestellt.

Bis jetzt hatten wir es nur mit den geladenen W-Bosonen zu tun, bei denen es immer zu einem Flavourwechsel kam. Ist das ungeladene Z^0-Boson im Spiel, so ist die Sache einfacher, denn da tut

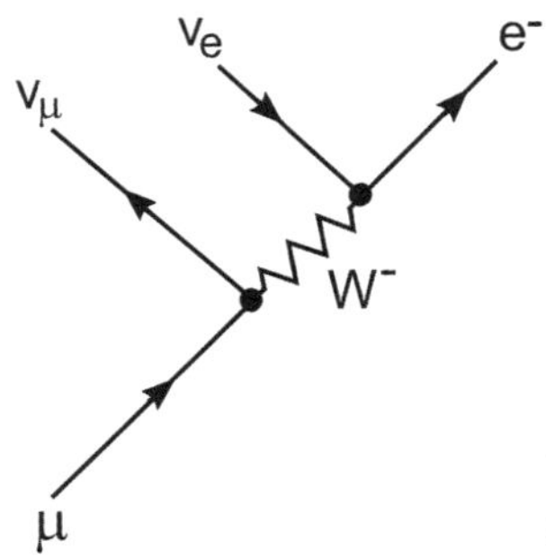

10.6 Zerfall des Myons in ein Myon-Neutrino, ein Elektron und ein Anti-Elektron-Neutrino.

sich – nichts. Als Beispiel sei die Wechselwirkung zwischen einem Neutrino und einem Elektron bzw. die Streuung eines Neutrinos an einem Elektron angeführt. Abb. 10.7 zeigt das entsprechende Diagramm.

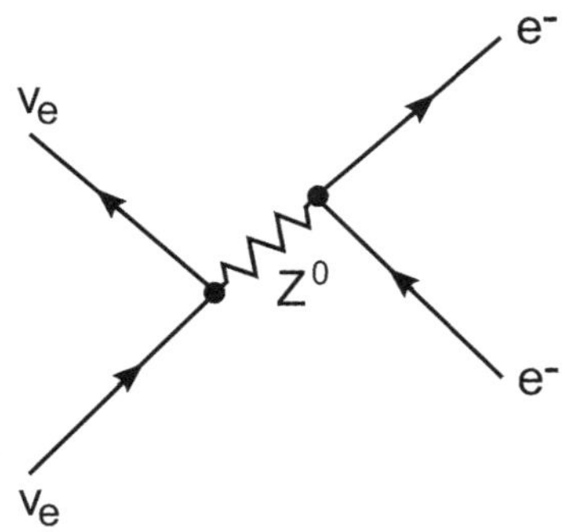

10.7 Unter der Einwirkung eines ungeladenen Z-Bosons kommt es zu keinem Flavourwechsel.

Schließlich können die Austauschbosonen der Schwachen Kraft auch noch miteinander wechselwirken. Das Diagramm von Abb. 10.8 illustriert den Vorgang.

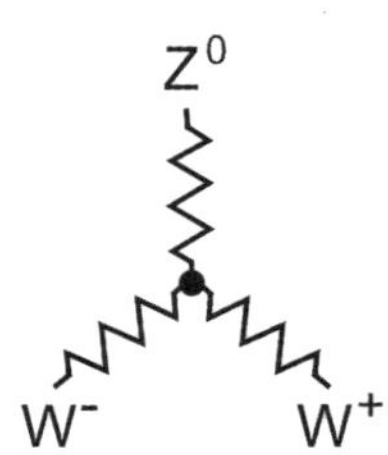

10.8 Gegenseitige Wechselwirkung von Austauschbosonen der Schwachen Kraft. Ein W-Boson wandelt sich mit seinem Antiteilchen zu einem neutralen Z-Boson.

Wie die Beispiele zeigen, ist die QFD eine äußerst »nützliche« Theorie. Mit ihrer Hilfe lassen sich alle subatomaren Zerfallsprozesse konkret berechnen. Dazu zählt auch der Zerfall der π-Mesonen, auf den wir hier nicht mit einem entsprechenden Feynman-Diagramm eingegangen sind. Vergleichen wir die Ergebnisse mit unseren Beobachtungen der Natur, so stellen wir fest: Es passt alles gut zusammen. Mit anderen Worten: Die QFD liefert uns ein Bild, das die Welt zu verstehen hilft. Darüber hinaus eröffnet sie die Möglichkeit, Prozesse mit Feynman-Diagrammen zu konstruieren und im Labor zu überprüfen. Und nicht zuletzt macht sie verständlich, warum die Schwache Wechselwirkung im Vergleich zu den anderen Wechselwirkungen die kürzeste Reichweite aufweist. Wie wir gleich sehen werden, beruht das vornehmlich auf der vergleichsweise großen Masse ihrer Austauschbosonen.

Im vorausgegangenen Kapitel hatten wir uns ja schon die Frage nach der Reichweite der Starken Kraft gestellt. Ausgehend von der Heisenbergschen Unbestimmtheitsrelation haben wir die Gleichung (9.2) abgeleitet, die wir nun auf die virtuellen W- und Z-Bosonen anwenden. Für ihre Massen setzen wir die experimentellen Daten ein. Für die W-Bosonen hat man einen Wert von rund 80,4 GeV/c^2 gemessen und für das Z-Boson einen Wert von rund 91,2 GeV/c^2. Im Vergleich zur Masse eines Protons von 938 MeV/c^2 ist das rund 80- bis 90-mal so viel! Bei den Austauschteilchen der Schwachen Wechselwirkung handelt es sich also um ziemlich dicke Brummer. Unter der Annahme, dass sich die Bosonen nur mit maximal 70 Prozent der Lichtgeschwindigkeit bewegen, ergibt sich daraus eine Reichweite von ca. $1{,}6 \cdot 10^{-18}$ Metern. Vergleicht man das mit dem Atomradius von rund 10^{-10} Metern oder mit dem Radius eines Protons von rund 10^{-15} Metern, dann wird klar, dass sich die Schwache Wechselwirkung innerhalb der Kernbausteine eines Atoms abspielt. Auch ihre typische Zeitskala lässt sich anhand der Reichweite und der Lichtgeschwindigkeit auf rund 10^{-26} Sekunden abschätzen.

Auf eine Besonderheit der Schwachen Wechselwirkung müssen wir noch eingehen. Im Laufe der Zeit hat sich herausgestellt, dass der Flavourwechsel eines down- in ein up-Quark nicht immer so wie in der Abb. 10.2 dargestellt abläuft. Wie Abb. 10.1 zeigt, gibt es neben dem Elektron und dem Elektron-Neutrino ja auch noch die Leptonen aus den beiden anderen Familien. Und tatsächlich traten die auch sporadisch bei Neutronenzerfällen auf. Anstelle des Elektrons erschien dann entweder ein Myon zusammen mit einem Myon-Neutrino oder auch ein Tau zusammen mit einem Tau-Neutrino. Das war zwar unangenehm, aber die Theorie kam damit gut zurecht.

Der wahre Gau war jedoch die Entdeckung, dass beim Zerfall des Neutrons bzw. beim damit verbundenen Flavourwechsel des down-Quarks nicht zwingend ein up-Quark entstehen muss, sondern auch ein charm- oder ein top-Quark möglich ist. Mit anderen Worten: Für jedes Quark gibt es eine gewisse Wahrscheinlichkeit für einen familienübergreifenden Flavourwechsel. Am besten machen wir uns das anhand der folgenden Tabelle klar.

	d	s	b
u	0,9492	0,0508	0,00001
c	0,0507	0,9476	0,0017
t	0,00007	0,0016	0,9983

10.9 Cabibbo-Kobayashi-Maskawa-Matrix

In der oberen Reihe sind die Bezeichnungen für das down-, das strange- und das bottom-Quark eingetragen, in der linken Spalte diejenigen für das up-, das charm- und das top-Quark. (Warum die Teilchen übrigens so komische Namen haben, hat historische Gründe, auf die wir hier nicht eingehen wollen.) Die Zahlen in den Kästchen der Tabelle stehen für die Wahrscheinlichkeit, also das Quadrat der Wahrscheinlichkeitsamplitude, eines Flavourwechsels zwischen zwei Quarks.

Was sagt uns nun diese Tabelle? Die Wahrscheinlichkeit, dass ein down-Quark in ein up-Quark übergeht, ist mit 94,92 Prozent sehr groß. Die Wahrscheinlichkeit für einen Übergang des down-Quarks in ein charm-Quark beträgt dagegen nur rund 5 Prozent und die für einen Übergang in ein top-Quark gar nur 0,007 Prozent. Die gleichen Prozentzahlen gelten auch für Umwandlungen in der entgegengesetzten Richtung, also für den Übergang up in down, charm in down und top in down. In gleicher Weise lassen sich auch die Wahrscheinlichkeiten für die anderen Übergänge ablesen, beispielsweise von charm-Quark zu strange- bzw. bottom-Quark oder von bottom-Quark zu top-Quark. Wie die Tabelle zeigt, sind Übergänge innerhalb einer Teilchenfamilie am wahrscheinlichsten, wogegen Übergänge zwischen up-, charm- und top-Quarks sowie zwischen down-, strange- und bottom-Quarks überhaupt nicht vorkommen. Oder besser gesagt: Sie sind bislang nicht beobachtet worden. Entwickelt und berechnet wurde die Tabelle übrigens von dem italienischen Physiker Nicola Cabibbo und den beiden Japanern Toshihide Maskawa und Makoto Kobayashi. Da steckt also schon eine ganze Menge Mathematik hinter der Schwachen Wechselwirkung.

10.10 Nicola Cabibbo, Toshihide Maskawa und Makoto Kobayashi

Das alles ist im Vergleich zu den übrigen Quantenfeldtheorien schon ziemlich anspruchsvoll, doch der fundamentale Unterschied der QFD liegt auf einem anderen Gebiet: Die Wechselwirkung der QFD bricht die Symmetrie in unserem Universum. Sie unterteilt die Welt in zwei Kategorien, in Abhängigkeit von der sogenannten »Chiralität«. Die Schwache Wechselwirkung koppelt nur an Elementarteilchen, deren Chiralität minus 1 ist, bzw. an Antiteilchen mit der Chiralität plus 1. Anders ausgedrückt: Die W-Bosonen der QFD koppeln nur an linkshändige Teilchen bzw.

an rechtshändige Antiteilchen. Ein krasser Fall von Diskriminierung. Wie können wir uns diese Chiralität vorstellen?

Wir wissen, dass der Spin eines Teilchens eine abstrakte Quantenzahl ist und nichts mit einer Rotation des Teilchens um eine Achse zu tun hat. Trotzdem wollen wir zur Veranschaulichung der folgenden Begriffe auf die klassische Interpretation des Spins als Drehung zurückgreifen. Unter dieser Prämisse können wir uns vorstellen, dass sich das Teilchen, betrachtet man es in Flugrichtung, entweder im oder gegen den Uhrzeigersinn dreht. Damit käme dem Teilchen eine gewisse Eigenschaft zu, die man als »Helizität« h bezeichnet (bitte h nicht mit dem Planckschen Wirkungsquantum verwechseln). Sie gibt an, wie sich Spin und Impuls (Flugrichtung) eines Teilchens verhalten. Bei $h = +1$ spricht man von rechtshändigen Teilchen, und der Spin zeigt in Flugrichtung. Bei $h = -1$ nennt man die Teilchen linkshändig, und ihr Spin zeigt entgegengesetzt zur Flugrichtung. (Der Einfachheit halber setzen wir hierbei für alle Teilchen den Betrag der Spinkomponente in Flugrichtung auf 1.)

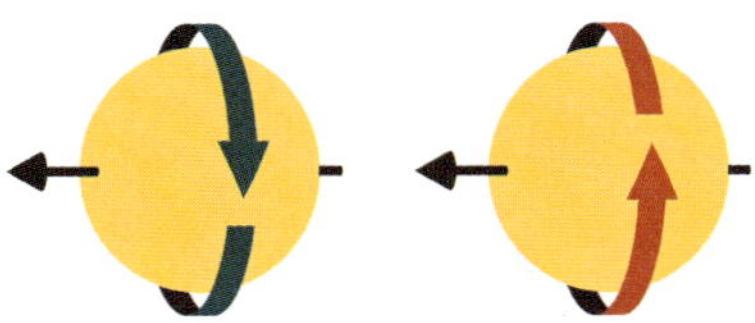

10.11 Linkshändige Teilchen drehen sich in Flugrichtung (schwarzer Pfeil) gegen den Uhrzeigersinn (blau) und rechtshändige im Uhrzeigersinn (rot). Der Spin (nicht eingezeichnet) ist bei rechtshändiger Helizität parallel zur Flugrichtung ausgerichtet und bei linkshändiger Helizität entgegengesetzt.

Sehr einfach kann man sich diese Eigenschaft als Schraubensinn veranschaulichen. Gewöhnliche Schrauben hätten demnach ein rechtshändiges Gewinde, d. h. ein ruhender Beobachter sieht, dass sich ein davonfliegendes rechtshändiges Teilchen im Uhrzeigersinn dreht. Dummerweise ist die Helizität aber nicht lorentzinvariant. Es könnte ja sein, dass es unserem Beobachter einfällt, dem mit einer gewissen Geschwindigkeit davonfliegenden Teilchen mit einer höheren Geschwindigkeit nachzujagen, um es irgendwann ein- und dann zu überholen. Ab dem Zeitpunkt des Überholens würde sich aus Sicht des schnelleren Beobachters das Teilchen von ihm wegbewegen. Es scheint also im Vergleich zur Situation vor dem Überholvorgang in die entgegengesetzte Richtung zu fliegen. Damit kehrt sich für den Beobachter der Spin bzw. die Drehrichtung des Teilchens um. Dreht sich vor dem Überholvorgang für den Beobachter das Teilchen im Uhrzeigersinn, so dreht es sich nach dem Überholvorgang entgegen dem Uhrzeigersinn. In Wirklichkeit ändert sich natürlich nichts an der Drehrichtung des Teilchens, sie wird von dem Beobachter nur anders wahrgenommen. Zur Vermeidung dieses Problems bedarf es also einer weiteren, übergeordneten und lorentzinvarianten Größe, der sogenannten »Chiralität«. Damit fangen wir uns zwar eine weitere Teilcheneigenschaft ein, sie entspricht jedoch keinem zusätzlichen Polarisationsgrad, weil wir sie durch bestehende Eigenschaften ausdrücken können. Grob gesprochen lässt sich die Chirialität mit den zur Verfügung stehenden »Bordwerkzeugen«, sprich Spin-Matrizen, berechnen. Doch darauf müssen wir glücklicherweise für das Gesamtverständnis nicht näher eingehen. Für masselose Teilchen sind Helizität und Chiralität sogar äquivalent.

Elektronen, Myonen und Neutrinos, die in Reaktionen der Schwachen Wechselwirkung freigesetzt werden, sind überwiegend linkshändig, ihre Antiteilchen überwiegend rechtshändig. Wie stark dieses Ungleichgewicht ausgeprägt ist, wird durch die Geschwindigkeit der Teilchen festgelegt, gemäß $h = -v/c$, bzw. bei den Antiteilchen gemäß $h = v/c$. Die maximale Geschwindigkeit wird natürlich letztendlich von der Masse begrenzt. Damit verstehen wir auch, warum praktisch nur linkshändige Neutrinos und rechtshändige Antineutrinos auftreten. Ihre Masse ist jeweils fast null und somit ihre Geschwindigkeit nahezu c.

Führen wir uns nochmals vor Augen: Die Schwache Wechselwirkung koppelt nur an linkshändige Elementarteilchen und an rechtshändige Antiteilchen. Alles andere findet keinerlei Beachtung. Soweit wir bislang wissen, kommen in der Natur nur linkshändige Neutrinos und rechtshändige Antineutrinos vor. Die Frage, ob es auch rechtshändige Neutrinos gibt, ist Gegenstand aktueller Forschung. Diese Kandidaten sind schwer nachzuweisen, weil sie eben nicht schwach wechselwirken. Für sie hat man sich schon mal die Bezeichnung »sterile Neutrinos« zurechtgelegt, da sie mit dem Rest der Welt überhaupt nicht in Wechselwirkung treten. Neutrinos wechselwirken ja sowieso kaum mit Materie, sterile würden vollständig isoliert existieren.

Fassen wir zusammen: Die Quantenfeldtheorien verstehen die Elementarteilchen als Anregung von Feldern. Diese Felder koppeln durch entsprechende Austauschbosonen. Dadurch entsteht für uns der Eindruck von Elementarteilchen, die Kräften unterliegen. Auf dieser Grundlage haben wir Antworten auf fundamentale Fragen an die Natur bekommen. Was mit sich drehenden Pfeilen recht unspektakulär begonnen hat, mit Pfeilen, die man aufsummieren kann und die sich teilweise weginterferieren, das wurde zur bislang mächtigsten Beschreibung unserer Welt – eine unglaubliche Erfolgsgeschichte.

Mit der QFD tritt ein Begriff in unser Blickfeld, mit dem wir uns im Folgenden noch intensiv auseinandersetzen müssen. Die Rede ist von der Symmetrie, eine Eigenschaft, die in der QFD gebrochen wird. Dieser Begriff ist von fundamentaler Bedeutung für das Ver-

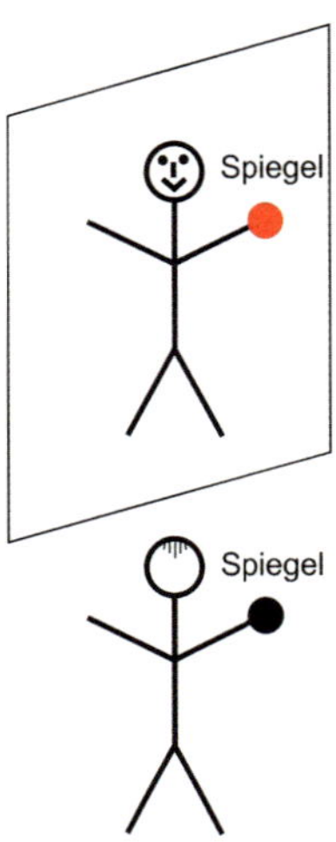

10.12 Ein Spiegel scheint links und rechts zu vertauschen, jedoch nicht oben und unten.

ständnis der noch auf uns zukommenden Themen wie Eichsymmetrien, Symmetriegruppen oder spontane Symmetriebrechung. Um damit schon ein wenig vertraut zu werden, sollten Sie sich einmal vor einen Spiegel stellen und ihr Bild im Spiegel betrachten. Wie Abb. 10.12 zeigt, scheint der Spiegel rechts und links zu vertauschen. Warum aber nicht oben und unten? Daran ändert sich auch nichts, wenn man eine Person bittet, den Spiegel um eine senkrecht auf seiner Oberfläche stehende Achse zu drehen. Was ist da los?

Um ihnen die Lösung des Rätsels zu erleichtern, haben wir dem Männchen, das wir von hinten sehen, einen Ball in die rechte Hand gegeben, der auf der Rückseite schwarz und auf der Vorderseite rot ist. Außerdem haben wir noch das Wort »Spiegel« rechts neben das Männchen gestellt. Von hinten und auch im Spiegel ist es gut zu lesen. Das sollte ausreichend Hilfestellung liefern, um das sogenannte Spiegelparadoxon aufzulösen: Offensichtlich tauscht der Spiegel weder links und rechts noch oben und unten, sondern lediglich vorne und hinten!

11 Standardmodell

Der große Wurf?

Mit den Quantenfeldtheorien haben wir mächtige Modelle zur Beschreibung der Welt erhalten. Die Quantenelektrodynamik (QED) beschreibt mit beeindruckender Genauigkeit den Elektromagnetismus, die Quantenchromodynamik (QCD) erklärt das Wirken der Starken Kernkraft, und die Quantenflavourdynamik (QFD) erlaubt es, die Zerfälle der Schwachen Wechselwirkung zu berechnen. Die Kräfte werden sehr anschaulich von Austauschteilchen vermittelt, die sich nach und nach in den immer weiter aufgerüsteten Beschleunigern zeigten. Auch für die Gravitation hatte man sich bereits ein Austauschteilchen zurechtgelegt, das sogenannte »Graviton«, und es schien nur noch eine Frage der Zeit zu sein, bis sich auch hier eine Quantenfeldtheorie formulieren ließe. Einstweilen war keine Eile geboten – schließlich hatte man die mächtige Allgemeine Relativitätstheorie in der Hinterhand. Die Feldtheorien besaßen ein Nobelpreis-Abonnement – die Physikerwelt schien in Ordnung.

Am Horizont begannen allerdings dunkle Wolken aufzuziehen – da braute sich ein mächtiges Unwetter zusammen. Die QCD und die QFD wurden von ihrer Herkunft eingeholt. Sie hatten das Erfolgskonzept der QED kopiert, einer Theorie mit kleiner Kopplungskonstante, die auf *einer* Ladung – der elektrischen Ladung – beruht und deren Austauschteilchen – das Photon – weder Masse noch Ladung aufweist. QCD und QFD mussten daher bei der Anpassung dieses Konzepts den Begriff der »Ladung« stark strapazieren: Drei Farbladungen, die von acht Gluonen vermittelt werden, die zu allem Überfluss selbst wieder Farbladung tragen. Sechs

Quarksorten, die neben der Farbladung auch noch über eine elektrische Ladung verfügen. Zwei elektrisch geladene W-Bosonen und ein neutrales Z-Boson, die jeweils eine beträchtliche Masse von 80 bzw. 91 GeV/c^2 aufweisen. Der Abstraktionsgrad war enorm angewachsen. Im Fall der Starken Kernkraft war zudem die Kopplung zu groß, um erfolgreich Störungstheorie betreiben, d. h. Terme höherer Ordnung vernachlässigen zu können. Getragen wurden die Theorien in erster Linie von ihrem großen Erfolg bei der Beschreibung der beobachteten Phänomene. Der Zweck heiligt die Mittel – alles in allem eine gefährliche Gemengelage. Das größte Problem lauerte allerdings – wie so oft – hinter einer unvorhergesehenen Kurve. Hierzu müssen wir ein wenig ausholen.

11.1 Eichsymmetrie und Noethertheorem
Noch ein Abstraktionsgrad höher

In unseren bisherigen Überlegungen haben wir stets das Denkschema der empirischen Wissenschaft verfolgt: Man beobachtet etwas, stellt es in Experimenten nach, leitet aus den empirischen Daten Gesetzmäßigkeiten ab und formuliert eine Theorie. Anschließend analysiert man die Theorie und entdeckt darin übergeordnete Prinzipien wie Erhaltungssätze oder das Prinzip der minimalen Wirkung. Der Elektromagnetismus ist dafür ein perfektes Beispiel – Maxwell gelang es sogar, Elektrizität und Magnetismus in seinen Gleichungen zu vereinen. Elektromagnetische Wellen breiten sich unabhängig vom Bezugssystem mit Lichtgeschwindigkeit aus, woraus sich die Lorentztransformation ergab, die wiederum richtungsweisend für die Spezielle Relativitätstheorie wurde. Wenn wir nun aus den mittlerweile höheren Lagen unserer Wanderung auf den zurückgelegten Weg blicken, so stellt sich die Frage, ob es eine einfachere, geradlinigere Variante gegeben hätte. Im Nachhinein ist man ja bekanntlich immer schlauer. Ganz ähnliche Gedanken stellen sich auch Naturwissenschaftler. Rückblickend scheinen auf der Basis einer klar formulierten Theorie gewisse Zusammenhänge oft unverkennbar, so dass sich die

Frage stellt, warum man dies oder jenes nicht schon im Vorfeld erkannt hatte.

So identifizierte man in den Maxwell-Gleichungen durch immer elegantere Formulierungen Terme, die offensichtlich frei wählbar waren, ohne dass sich das Endergebnis verändert. Für das elektrische Potential sind beispielsweise nur Unterschiede zwischen zwei Niveaus ausschlaggebend. Es steht mir frei, zu beiden Niveaus einen beliebigen Wert zu addieren, in der Differenz kürzt er sich wieder weg. Ein Beispiel aus dem Alltag wäre Ihre Stromrechnung. Für Ihren Verbrauch ist lediglich die Differenz aus der aktuellen Ablesung ihres Stromzählers und derjenigen im Vorjahr entscheidend. Auf welchem absoluten Wert der Zähler im Vorjahr stand, ist irrelevant. Diese Freiheit, den Nullpunkt zu wählen, nennt man »Eichfreiheit«. Die dabei möglichen Transformationen, die das Ergebnis nicht ändern, nennt man »Eichtransformationen« oder auch »Eichsymmetrien«. Für Ihre Stromrechnung wäre also eine Eichsymmetrie gegeben durch Addition eines beliebigen Wertes zu den Zählerständen im Vorjahr und zum Zeitpunkt der aktuellen Abrechnung. Bei der Ermittlung Ihres Verbrauchs kürzt sich der addierte Wert wieder weg. Tatsächlich kann es Ihnen beim Austausch des Zählers durch ihren Energieversorger passieren, dass Ihr neuer Zähler nicht bei null, sondern bei einem höheren Wert seine Arbeit beginnt. Im Jargon der Mathematiker formuliert bedeutet das: Die Ablesung Ihres Stromzählers ist invariant unter lokaler Eichtransformation. Mit dem Attribut »lokal« haben wir der Tatsache Rechnung getragen, dass der Energieversorger bei Ihrem Nachbarn einen Zähler mit anderem Startwert einbauen könnte, das Verfahren der Zählerablesung und Rechnungsstellung aber identisch wäre. Die lokale Eichsymmetrie schließt also Transformationen ein, die sich im Raum unterscheiden können. Ist dies nicht der Fall, d. h. sind nur Transformationen zugelassen, die an jedem Punkt im Raum identisch agieren, nennt man diese Symmetrien »global«. Wozu diese rhetorische Schaumschlägerei? Aus diesem unbedeutend zu scheinenden Sachverhalt lässt sich ein mächtiger Formalismus ableiten, der die Sicht auf unsere Welt verändern sollte.

Machen wir uns anhand einiger einfacher Beispiele mit den Begrifflichkeiten vertraut. Ein Kreis ist invariant unter Drehung um seine Symmetrieachse – egal wie weit wir ihn drehen, sein Erscheinungsbild wird sich nicht ändern. Eine Dimension höher können wir für eine Kugel sogar beliebig viele Rotationsachsen angeben, unter deren Drehung sie invariant ist. Anders sieht es mit einem Quadrat bzw. mit einem Würfel aus. Bei diesen Objekten ist eine Drehung um eine senkrechte Achse durch den Schwerpunkt im Allgemeinen erkennbar. Soll jedoch das ursprüngliche Erscheinungsbild erhalten bleiben, müssen wir exakt um 90 Grad oder ganzzahlige Vielfache davon drehen.

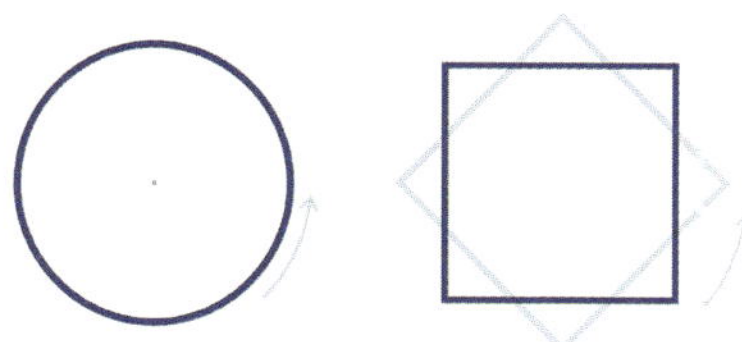

11.1 Dreht man einen Kreis um seinen Mittelpunkt, so bleibt sein Erscheinungsbild gleich. Bei einem Quadrat gilt das nur für Drehungen um ganzzahlige Vielfache von 90 Grad.

Die Symmetrie des Quadrats und die des Würfels sind sprunghaft bzw. diskret, im Gegensatz zur kontinuierlichen Symmetrie des Kreises oder der Kugel. Wir müssen genau darauf achten, welche Objekte im mathematischen Sinne symmetrisch sind, und dürfen uns dabei nicht auf unsere umgangssprachliche Formulierung verlassen. Ähnlich ist es uns ja bereits beim Begriff der Krümmung in der ART ergangen.

Symmetrien spielen in der modernen Physik eine fundamentale Rolle. Vor etwa hundert Jahren konnte die deutsche Mathematikerin Emmy Noether (1882–1935) sogar beweisen, dass kontinuierliche Symmetrien zwingend mit Erhaltungsgrößen einhergehen.

11.2 Emmy Noether (1882–1935)

Der Energieerhaltungssatz zeigt sich beispielsweise darin, dass man den Zeitpunkt frei wählen kann, zu dem man ein Experiment beginnt. Egal *wann* ich ein bestimmtes Pendel auslenke, es wird immer in derselben Art und Weise schwingen. Gäbe es hingegen »Montagspendel«, d. h. würden Pendel montags morgens – nach einem harten Wochenende – ein wenig schwächeln, wäre der Energieerhaltungssatz verletzt. Streng mathematisch ist es die Wirkung eines energieerhaltenden Prozesses, die invariant unter Transformation der Zeit ist. Bei der Betrachtung der Lagrange-Funktion war uns ja bereits aufgefallen, dass wir zur Bestimmung der Bewegungsgleichungen stets Ableitungen bilden, gemäß

$$\frac{d}{dt}\frac{\partial L}{\partial \dot{x}} - \frac{\partial L}{\partial x} = 0 \tag{11.1}$$

Deshalb verändern zusätzliche, konstante Terme C in der Lagrange-Funktion

$$L = E_K - E_P + C \tag{11.2}$$

die Bewegungsgleichungen nicht. Die Ableitung eines konstanten Terms – nach was auch immer – ist stets null.

Der Impuls wiederum ist dann erhalten, wenn die Wirkung invariant unter Transformation des Ortes ist. Salopp formuliert heißt das, die physikalischen Gesetze müssen an jedem Ort gelten. Auch hier hilft ein Blick auf die Lagrange-Funktion. Hängt sie nicht vom Ort ab, d. h.

$$\frac{\partial L}{\partial x} = 0 \tag{11.3}$$

so vereinfacht sich der Hamilton-Lagrange-Formalismus zu

$$\frac{d}{dt}\frac{\partial L}{\partial \dot{x}} = 0 \tag{11.4}$$

Daraus folgt unmittelbar, dass $\partial L / \partial \dot{x}$ eine Erhaltungsgröße ist, weil ihre zeitliche Änderung gleich null ist. Darüber hinaus kann man die Naturgesetze nicht nur zu jeder Zeit und an jedem Ort betrachten, sondern auch aus beliebigen Richtungen – diese Symmetrie liefert die Drehimpulserhaltung.

Andererseits kann man sich bei einer Erhaltungsgröße im Umkehrschluss Gedanken darüber machen, welche Symmetrie damit verknüpft ist. So kam die Idee der Eichsymmetrie überhaupt erst in die Welt. Der deutsche Physiker Hermann Weyl hatte sich angesichts der Ladungserhaltung auf die Suche nach der zugehörigen Symmetrie begeben. Sein Ergebnis nannte er »Eichsymmetrie«. Da er in seine Überlegungen die Quantisierung noch nicht einbezogen hatte, mussten sie später angepasst werden – der Name ist geblieben.

11.3 Hermann Weyl (1885–1955)

Jede kontinuierliche Symmetrie entspricht also einer Erhaltungsgröße und umgekehrt. Dieser Baustein zur theoretischen Physik, das sogenannte »Noether-Theorem«, ist von so weitreichender Bedeutung, dass Albert Einstein wenige Wochen nach dem Tod von Emmy Noether in der *New York Times* schreiben wird:

»Reine Mathematik ist die Poesie logischer Ideen. Man sucht nach den allgemeinsten Prinzipien, welche die größtmögliche Menge formaler Beziehungen in einfacher, logischer und einheitlicher Form zusammenführen. Bei diesem Bemühen um logische Schönheit stößt man auf spirituelle Formeln, die für ein tiefes Eindringen in die Naturgesetzte erforderlich sind. [...] Fräulein Noether war das bedeutendste kreative mathematische Genie seit der Einführung der höheren Bildung für Frauen.«

In Anbetracht der Lebensgeschichte von Emmy Noether klingt das fast wie ein Wiedergutmachungsversuch. Trotz ihrer mathematischen Hochbegabung musste Noether nämlich Zeit ihres Lebens gegen die verkrusteten chauvinistischen Vorurteile deutscher Universitäten ankämpfen. Schließlich erlangte sie die Promotion in Mathematik – als zweite Frau überhaupt (nach Marie Gernet). Ihr offizieller Antrag auf Habilitation wurde allerdings zunächst trotz berühmter Fürsprecher abgelehnt. Erst mit dem Ende des Ersten Weltkrieges brachen die verkrusteten Strukturen etwas auf, und Emmy Noether wurde als erste Frau habilitiert. Ein Lehrstuhl blieb ihr trotzdem verwehrt. Legendär ist der Wutausbruch des Mathematikers Hilbert in der Fakultätssitzung: »Ich kann nicht nachvollziehen, dass das Geschlecht eines Anwärters ausschlaggebend sein soll für eine Berufung als Privatdozent. Schließlich sind wir eine Universität und keine Badeanstalt.«

Lassen Sie uns noch einen kurzen Augenblick hier verweilen und uns den spirituellen Geistesblitz von Emmy Noether auskosten, der immerhin einen Albert Einstein zum Schwärmen brachte. Alle uns vertrauten Erhaltungssätze sind letztendlich nur ein Ausdruck dafür, dass die Gesetze dieser Welt *immer* und *überall* gelten – aus jedem Winkel heraus betrachtet gleichermaßen. Diese fundamentale Verknüpfung bringt uns nicht nur einen wesentlichen Schritt weiter im Bestreben, die Welt zu verstehen, sondern darüber hinaus auch näher an die ursprüngliche, altgriechische Bedeutung des Wortes »Theorie« als »Wahrnehmung des Schönen«.

Mit dem Noether-Theorem sind wir erstmals in der Lage, das Pferd von hinten aufzuzäumen. Wir erkennen von vornherein Zusammenhänge und können Leitplanken setzen, ohne uns aufwendig durch empirische Daten quälen zu müssen. Die Fragestellung »Welches Naturgesetz erkennen wir in der Flut der empirischen Daten?« tritt in den Hintergrund und wird ersetzt durch: »Wenn bestimmte, fundamentale Symmetrien gelten, welche Naturgesetze sind dann theoretisch überhaupt möglich, und wie können sie aussehen?« Wir legen Spielregeln fest, noch bevor wir irgendein Messgerät in die Hand genommen haben. Die Theoretiker sind den Experimentalphysikern von der Leine gegangen, und es wird zunehmend schwieriger, ihre immer stärker von der Mathematik geprägten Modelle wieder einzufangen. Dieser Kipppunkt in der empirischen Wissenschaft ist Fluch und Segen zugleich, wie wir noch sehen werden.

11.2 Gruppentheorie
Mathematik verleiht Flügel

In der Mathematik gibt es eine eigene Disziplin, die sich mit kontinuierlichen Symmetrien beschäftigt. Der norwegische Mathematiker Sophus Lie (1842–1899) hat diese sogenannten »Lie-Gruppen« etwa 1870 entwickelt. Unter einer Gruppe versteht man ganz allgemein eine Menge an Elementen, die sich mit einer bestimmen Verknüpfung wieder in Elemente der Menge verwandeln. Die Menge der ganzen Zahlen bildet zusammen mit der Addition ein Beispiel hierfür. Addieren wir zwei ganze Zahlen miteinander, ist das Ergebnis wieder eine ganze Zahl. Lie hat sich nun mit Gruppen beschäftigt, die nicht aus Zahlen und Addition bestehen, sondern aus kontinuierlichen Symmetrien und Drehungen. Verknüpft man eine Drehung um 30 Grad mit einer Drehung um 60 Grad, d. h. führt man sie hintereinander aus, so entsteht daraus wiederum eine Drehung – eben um 90 Grad. Die einfachste dieser Lie-Gruppen haben wir bereits kennengelernt bei der Drehung unserer Pfeile in der QED. Interessiert hat uns dabei stets nur die Änderung der Phase gegenüber einem bestimmten Ausgangszustand. Mathematisch haben wir sie durch den Phasenfaktor $e^{i\varphi}$ ausgedrückt und dabei den Ausgangszustand mit $\varphi = 0$ geeicht. Damit haben wir quasi die Eichsymmetrie von Hermann Weyl stillschweigend vorweggenommen. Darin wird lediglich eine weitere Drehung vorgeschaltet, die sogenannte »Wick-Rotation«, um die imaginäre Einheit i im Exponenten loszuwerden – aber das sind Details, letztendlich führt man dafür nur eine komplexe Zeit ein. Für unser Verständnis ist wichtig: Die QED lässt sich vollständig beschreiben durch einen Phasenfaktor, der für eine Drehung steht, bei der die Längen nicht verändert werden. Die zugehörige Lie-Gruppe nennt man $U(1)$. Das »U« steht für »unitäre Gruppe«, d. h. die Längen sind invariant unter Drehung. Die »1« kennzeichnet, dass es nur eine Drehachse gibt – man spricht auch von einer eindimensionalen Gruppe.

11.4 Sophus Lie (1842–1899)

Die Quantenflavourdynamik (QFD) beruht auf zwei verschiedenen Austauschteilchen. Die W- und die Z-Bosonen sind massebehaftet, und sie koppeln unterschiedlich stark an andere Quantenfelder. Deshalb benötigen wir für die QFD eine zusätzliche Drehung, d. h., ihre Gruppendarstellung ist zweidimensional. Zusätzlich müssen wir berücksichtigen, dass die QFD nur an linkshändige Teilchen (und rechtshändige Antiteilchen) koppelt. Die resultierende Lie-Gruppe bezeichnet man mit $SU(2)_L$. Das »U« steht wieder für »unitär« bzw. »längentreu«. In zwei Dimensionen – genauer: für alle Dimensionen größer als eins – fallen auch Spiegelungen unter längentreue Transformationen. Da wir nur an kontinuierlichen Drehungen interessiert sind, beschränken wir uns auf eine Untergruppe, die keine Spiegelungen zulässt und deshalb mit einem »S« für »spezielle« gekennzeichnet wird. Der Index »L« erinnert an die Kopplung an linkshändige Teilchen.

Wie sieht es aus mit der QCD – finden wir auch hier eine passende Drehung? Bei der Vermittlung der Starken Kernkraft sorgen Gluonen als Austauschteilchen dafür, dass sich die Farbe der beteiligten Quarks ändert. Ein blaues Quark wird beispielsweise rot. Wie machen wir daraus eine Drehung? Wir könnten ein dreidimensionales Koordinatensystem festlegen und die Achsen mit Rot, Grün und Blau bezeichnen. In diesem dreidimensionalen »Farbraum« hätte ein rotes Quark die Koordinaten (1,0,0), ein grünes (0,1,0) und ein blaues (0,0,1). Anstatt uns zu merken, welche Farben sich jeweils durch den Austausch bestimmter Gluonen ändern, könnten wir uns auch überlegen, wie wir das Koordinatensystem jeweils drehen müssen, damit die Koordinaten wieder zu den neuen Farben passen. Wenn also ein rotes Quark zu einem blauen werden soll, müssen wir das System so drehen, dass Rot jetzt für (0,0,1) steht, Blau für (1,0,0) und Grün nicht verändert wird. Wir drehen quasi den Quarks bei jeder Wechselwirkung mit Gluonen die Farbachsen unter den Füßen weg. Das ist zugegebenermaßen ein sehr abstraktes Drehen, doch diese Betrachtungsweise birgt ein enormes Potential. Wir haben die Wechselwirkung reduziert auf eine Drehung, die wir rein mathematisch weiter analysieren können, ohne uns um die physikalischen Details der Farbladungen Gedanken machen zu müssen. Genau genommen haben wir den Lösungsansatz in Form der Drehungen vom eigentlichen physikalischen Phänomen entkoppelt. Die zugehörige Lie-Gruppe bezeichnet man mit $SU(3)$. »S« steht wieder für »speziell«, d.h. wir lassen keine Spiegelungen zu, und »U« wieder für »unitär«.

Alle Erkenntnisse, die wir bei der Analyse von $SU(3)$ gewinnen, können wir auch auf Drehungen in anderen dreidimensionalen Räumen anwenden. Wir können die Analyse auch Mathematikern überlassen, die mit dem physikalischen Phänomen gar nicht vertraut sind – womöglich sogar in einem früheren Jahrhundert gelebt haben. Damit sind wir wieder bei Sophus Lie angelangt. Er hat gewissermaßen für uns auf Vorrat gedacht und verschiedenste Gruppen analysiert. Die Lie-Gruppen offenbaren Eigenschaften, die wir uns heute für das Verständnis konkreter Probleme zunutze machen. Beispielsweise legt die Lie-Algebra fest, wie man einzelne Gruppen miteinander verknüpft. Wenn wir also die QED mit der eindimensionalen Gruppe $U(1)$ beschreiben können, die QFD mit der zweidimensionalen Gruppe $SU(2)_L$ und die QCD mit der dreidimensionalen $SU(3)$, dann liefert uns die Lie-Algebra eine Darstellung des Standardmodells, ohne dass der gute Lie jemals davon gehört hätte. Sie lautet: $SU(3) \otimes SU(2)_L \otimes U(1)$. Das Symbol $\otimes$ steht für die Verknüpfung ganzer Gruppen miteinander.

Wichtig ist allerdings, dass man bei der Verknüpfung von Symmetrien, d.h. beim Ausführen mehrerer Symmetrietransformationen hintereinander, streng auf die Reihenfolge achten muss. Das ist leicht einsehbar. Wenn ich einen Gegenstand erst 90 Grad um die x-Achse drehe und dann 90 Grad um die y-Achse, so kommt er anders zu liegen, als wenn ich ihn erst um die y- und dann um die x-Achse drehe (Abb. 11.7). Gruppen, bei denen man auf die Reihenfolge achten muss, nennt man »nicht-abelsche Gruppen«. Niels Henrik Abel (1802–1829) war ebenfalls ein norwegischer Mathematiker, der wertvolle Beiträge zur Gruppentheorie geliefert hat. Einer seiner Lehrer hat ihm ins Klassenbuch geschrieben, dass er das Potential besitze, der größte Mathematiker aller Zeiten zu werden, wenn er nur lange genug lebe. Das Schicksal wollte es jedoch anders. Trotz seiner mathematischen Begabung lebte er in armen Verhältnissen und war früh an Tuberkulose erkrankt. Angesichts seiner Diagnose empfahl er seine Verlobte einem Freund zur Frau – ein sehr bemerkenswerter Charakterzug. Das Angebot einer Dozentenstelle in Berlin kam für Abel auf tragische Weise zu spät – er verstarb kurz vor dem Eintreffen des Briefes mit 26 Jahren.

11.5 Niels Henrik Abel (1802–1829)

Die Mächtigkeit der Gruppentheorie in der modernen Grundlagenforschung ist enorm. Dazu nur stellvertretend ein paar Beispiele: Die Frage, was man aus den drei Quarks up, down und strange alles basteln kann, lässt sich rein gruppentheoretisch stellen als $3 \otimes 3 \otimes 3$, mit dem Ergebnis: $3 \otimes 3 \otimes 3 = 1 \oplus 8 \oplus 8 \oplus 10$. Die Lösung schlagen wir einfach in einem Mathematikbuch zur Gruppentheorie nach, dank Lie und Kollegen, die – wie gesagt – freundlicherweise für uns auf Vorrat gedacht haben. Am Ergebnis kann man ablesen, dass es genau acht Baryonen (Grundzustände mit Spin $\hbar/2$) und zehn Resonanzen (angeregte Zustände mit Spin $3\hbar/2$) geben muss, ohne dass man einen Fuß in ein Labor setzt. Resonanzen sind kurzlebige Teilchen aus Quarks. Als der US-Amerikaner Murray Gell-Mann 1962 diese gruppentheoretische Überlegung anstellte, hatte man erst neun Resonanzen entdeckt. Gell-Mann war nicht nur in der Lage, die zehnte (rot in Abb. 11.6) vorherzusagen, sondern darüber hinaus auch noch wesentliche Eigenschaften dieser sogenannten Ω^--Resonanz (bestehend aus drei strange-Quarks) aus Symmetriebetrachtungen herzuleiten.

Sowohl das Teilchen als auch seine Eigenschaften wurden experimentell nachgewiesen (Nobelpreis 1969). Derartige gruppentheoretische Hinweise auf »da fehlt noch was« findet man auch in der Quantenmechanik. Eine Drehgruppe überführt hier Zustände ineinander. Wenn dabei Experimentatoren nur vier Quantenzustände erkennen, kommt alsbald ein Theorie-Schlaumeier um die Ecke und sagt: »Die Drehgruppe besitzt keine vierdimensionale Darstellung – es muss weitere Zustände der gleichen Energie geben, ihr könnt noch nicht Feierabend machen.« Diese Argumente erinnern mich immer an die Panini-Bildchen meiner Jugend. Da

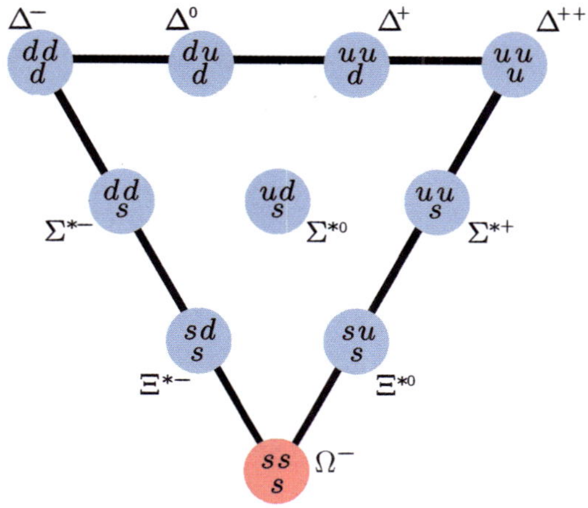

11.6 Aus drei Quarks lassen sich zehn Resonanzen kombinieren. Sie bilden das sogenanntes SU(3)-Dekuplett. Das rot eingezeichnete Ω^- wurde von Murray Gell-Mann anhand der Gruppentheorie vorhergesagt.

gab es zu allen großen Sportereignissen Heftchen mit vorgegebenen Leerräumen, in die man Bildchen kleben konnte, die man mit etwas Glück in Produkten der Firma gefunden hat. Anhand der Leerräume wusste man genau: Da fehlen noch so-und-so-viele.

Stellt man sich die Frage, wie eine vereinheitlichte Theorie der Kräfte aussehen soll, dann muss ihre Gruppendarstellung die $SU(3) \otimes SU(2)_L \otimes U(1)$ als Untergruppe enthalten. Allein daraus lässt sich auf eine Darstellung $SU(5)$ oder $SO(10)$, d. h. in fünf oder zehn Dimensionen, schließen. Das sind nicht notwendigerweise räumliche Dimensionen, wie wir ja bereits im Kapitel 6.2 bei unserem Ausflug in die Cocktailbar gesehen haben. Erinnern wir uns kurz an die Cocktail-Rezepte, die sich aus zehn unterschiedlichen Zutaten bzw. Flaschen mixen lassen. Wir haben gesehen, dass jeder Cocktail damit ein Punkt im 10-dimensionalen »Flaschenraum« wäre. Unser Barmann hat dafür die Flaschen in der Reihenfolge der Raumkoordinaten angeordnet. Das Konzept ist so erfolgreich, dass er nun expandiert und eine zweite Bar bewirtschaftet. Bei der Übernahme vom Vorbesitzer stellt er aber fest, dass dort die Anordnung der Flaschen im Regal nicht seinem gewohnten System entspricht. Jetzt werden Sie sagen: Na gut, dann muss er die Flaschen halt umstellen. Der Name unseres Barkeepers ist allerdings Lie. Er lässt die Flaschen an ihrer »falschen« Position stehen und dreht seine Rezepte im zehndimensionalen Flaschenraum. Für einen Tequila Sunrise greift er nun nicht mehr zur ersten, vierten und fünften Flasche, sondern zu einer neuen Reihenfolge – die Gäste sind trotzdem zufrieden.

Am Weinregal angekommen, stört sich Lie an den stehenden Weinflaschen. Der Korken sollte stets im Kontakt mit Flüssigkeit stehen, damit er nicht austrocknet, zudem sind die Etiketten alle nach links ausgerichtet. Lie würde es vorziehen, die Flaschen lägen im Regal, und zwar so, dass ihr Etikett nach oben zeigt. Offensichtlich benötigt er hierzu zwei Rotationen im Raum: eine Drehung um die vertikale Achse, gefolgt von einer Drehung um die horizontale Achse, beide jeweils um 90 Grad. Versuchsweise dreht er auch erst einmal um die horizontale und dann um die vertikale Achse und ist über das Ergebnis erstaunt. Ein junger Gast am Tresen schüttelt weise den Kopf, er hat das Malheur kommen sehen – sein Name ist Abel.

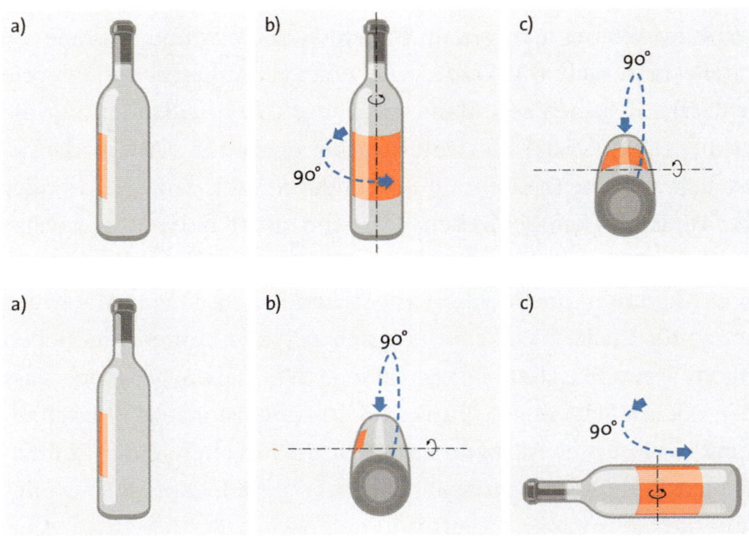

11.7 Dreht man eine Weinflasche erst 90 Grad um die vertikale Achse und anschließend 90 Grad um die horizontale Achse, so kommt sie anders zu liegen als bei Drehungen in umgekehrter Reihenfolge.

Die Gruppentheorie ist offensichtlich vielseitig einsetzbar. Ihr wahres Potential zeigt sich jedoch im Zusammenspiel mehrerer Gruppen. Verknüpft man zwei zehndimensionale Gruppendarstellungen, so verrät uns der liebe Herr Lie: $10 \otimes 10 = 1 \oplus 45 \oplus 54$. Das liefert uns die Panini-Heftchen für die Suche nach einer vereinheitlichten Theorie – aber diesen Gipfel wollen wir heute nicht mehr in Angriff nehmen.

Einstweilen halten wir fest, dass die Theoretiker seit Entdeckung der Gruppentheorie scheinbar über Wasser gehen können. Die Antwort auf die Frage »Können wir die Welt verstehen?« scheint in greifbare Nähe gerückt zu sein. Fundamentale Symmetrien – insbesondere lokale Eichsymmetrien – bestimmen von nun an das Design der Lagrange-Funktion bzw. der Wirkung. Tatsächlich haben wir genau das bereits im Kapitel zur Quantenelektrodynamik gemacht – ohne uns dessen bewusst zu sein. Wir haben von vornherein nach einer Theorie gesucht, die sich unter Lorentztransformation nicht ändert. Wir haben das »eine Theorie, die die Gesetze der Speziellen Relativitätstheorie erfüllt« genannt. Im Licht unserer neuen Erkenntnis entspricht auch die Lorentztransformation einer Symmetrie, die wir als grundlegend vorausgesetzt haben. Zu Ende gedacht, haben auch Albert Einstein und Isaac Newton Symmetrien zugrunde gelegt. Galileo Galilei fand heraus, dass im Vakuum alle Körper mit derselben Beschleunigung zu Boden fallen. Einstein erkannte darin die Symmetrie von träger und schwerer Masse – im Prinzip lassen sich alle unsere Raketenbildchen mit dieser zentralen Aussage zusammenfassen. Newton wiederum entdeckte, dass die Gesetze, die einen Apfel vom Baum fallen lassen, auch die Geschicke der Planeten lenken. Besonders deutlich wird die Mächtigkeit der Symmetrien bei den Maxwell-Gleichungen, die sich allein aus der Bedingung lokaler Eichsymmetrie der Coulomb-Wechselwirkung herleiten lassen. Ein enormer Triumph der theoretischen Physik! Das Coulombsche Gesetz beschreibt, wie sich das elektrische Feld einer Ladung räumlich verhält – in Form eines quadratischen Abfalls. Unterzieht man diese Beziehung einer Lorentztransformation, erhält man daraus eine Beziehung, die beschreibt, wie sich das magnetische Feld räumlich verhält und wie sich das elektrische Feld mit der Zeit ändert. Voilà – schon steckt man mitten drin in den Maxwell-Gleichungen.

11.3 Higgsmechanismus
Masse oder nicht Masse – das ist hier die Frage

Wenn sich mit Hilfe der Symmetrien derartige Schätze heben lassen, ist es dann vielleicht möglich, für alle fundamentalen Wechselwirkungen eine Theorie herzuleiten? So ähnlich mögen Chen Ning Yang, Robert Mills, Ronald Shaw, Abdus Salam und Ryoyu Utiyama gedacht haben, als sie sich 1954 mittels verallgemeinerter Eichsymmetrien auf die Suche nach einer Beschreibung der Schwachen und der Starken Kernkraft begaben. Wie sollte also eine Wirkung bzw. die zugehörige Lagrange-Funktion aussehen, damit die Kräfte invariant sind unter lokaler Phasentransformation? Auf jeden Fall darf in der Lagrange-Funktion kein Massenterm stehen – darüber war man sich einig. Für die Erzeugung eines massiven Teilchens muss man mindestens das Äquivalent seiner Ruhemasse aufbringen. Im Physikerdeutsch: »Massenterme in der Lagrange-Funktion sind nicht invariant unter lokaler Phasentransformation.«

Und damit stehen wir auch schon mittendrin im Gewitter, von dem eingangs die Rede war. Für die Vermittlung der Kräfte benötigen wir Austauschteilchen – in der Eichtheorie nennt man sie »Eichbosonen«. In der QED kommt diese Rolle dem Photon zu. Das Photon ist freundlicherweise masselos, und deshalb taucht in der Wirkung kein Massenterm auf. Deshalb tritt das Problem in der QED nicht auf – sie ist invariant unter lokaler Eichtransformation. Für die Schwache Wechselwirkung erzwingt jedoch der verallgemeinerte Ansatz eine fatale Konsequenz, die wir auf den ersten Blick unmöglich erfüllen können: Sämtliche Eichbosonen, auch die W- und Z-Bosonen, müssen masselos sein! Eine scheinbar völlig abstruse Annahme angesichts zahlloser Messungen, die das Gegenteil beweisen. Die Massen der W- und Z-Bosonen sind definitiv nicht null. Bitte denken Sie sich an dieser

Stelle einen Blitz, der aus der dunklen Gewitterwolke donnernd herniedersaust. Ausgerechnet die bis dato erfolgreichste und präziseste Beschreibung der Welt war des schwersten Vergehens in der theoretischen Physik überführt worden: des Bruchs einer fundamentalen Symmetrie.

Jede andere Theorie hätte man wohl gnadenlos in Handschellen abgeführt. Doch ein Modell dieser Welt, das auf elf Stellen hinter dem Komma mit dem Experiment übereinstimmt – wie konnte das eines so schweren Vergehens schuldig sein? Entsprechend fanden sich Pflichtverteidiger, die sich auf die Suche nach einer Erweiterung der Theorie begaben: Robert Brout, François Englert, Gerald Guralnik, Carl R. Hagen, Peter Higgs und Tom Kibble. Sie publizierten eine gewagte Hypothese, die wir heute den »Higgs-Mechanismus« nennen.

11.8
Peter Higgs und François Englert

Demnach sind sämtliche Massen der Elementarteilchen de facto null. Nur, warum haben wir dann in unzähligen Experimenten verschiedenste Massen gemessen? Das Universum ist von einem weiteren Feld durchzogen, und die Wechselwirkung mit diesem überall vorhandenen Feld hemmt die Beschleunigung der Elementarteilchen. Dadurch entsteht der Eindruck träger Masse. Jedes Elementarteilchen koppelt mehr oder weniger stark an dieses Feld, so dass es mehr oder weniger stark in seiner Beschleunigung gehemmt wird und die Messgeräte unterschiedliche Massen anzeigen, trotz masseloser Elementarteilchen. Wie gesagt: ein gewagtes Plädoyer der Pflichtverteidiger. Werner Heisenberg hat die Argumentation schlichtweg als Müll bezeichnet. Entsprechend wurde die eineinhalbseitige Publikation zum Higgsmechanismus im ersten Anlauf von den Journalen in Bausch und Bogen abgelehnt. Auch Peter Higgs zweifelte und schrieb an einen Kollegen: »Diesen Sommer habe ich etwas völlig Nutzloses erfunden.« Zumindest damit sollte er nicht recht behalten.

Doch was ändert nun dieses Higgsfeld am Symmetriebruch? Nun, der Symmetriebruch bleibt grundsätzlich bestehen, rückt aber in die Frühphase des Universums, genau an den Zeitpunkt, an dem das Higgsfeld erstmals seinen Dienst antritt. Das wiederum bietet die Möglichkeit für einen sogenannten »spontanen Symmetriebruch«. Darunter versteht man einen Symmetriebruch, der bei einer bestimmten kritischen Temperatur eintritt, jedoch bei einer erneuten Erhöhung der Temperatur über diese kritische Schwelle hinaus wieder verschwindet, ein Symmetriebruch also, der reversibel ist. Gewissermaßen ist das ein Symmetriebruch auf Bewährung. Aus meiner Sicht passender für dieses Verhalten ist die englische Bezeichnung »hidden symmetry«, also versteckte Symmetrie. Unterhalb einer kritischen Energie sieht man der Welt diese Symmetrie nicht mehr an.

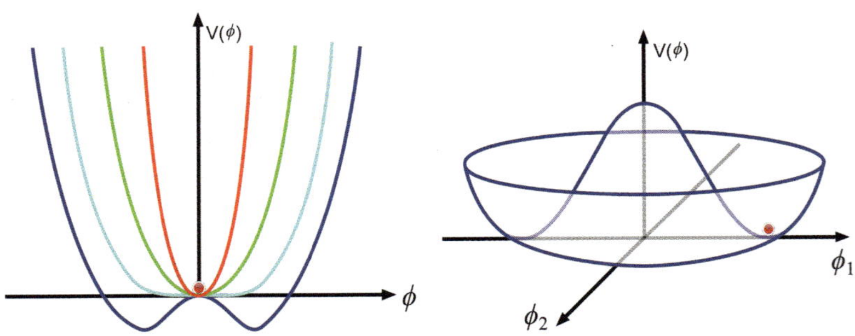

11.9 Spontaner Symmetriebruch: Bei hoher Energie ist die Symmetrie erhalten (rot). Ein physikalisches Phänomen (rote Kugel) befindet sich im Zustand niedrigster Energie. Der Potentialverlauf verändert bei niedrigeren Temperaturen seine Form (grün und hellbau) und bildet schließlich ab einem kritischen Niveau neue Möglichkeiten niedrigster Niveaus (blau). Sobald das System in den Zustand eines der nun möglichen niedrigeren Niveaus übergeht, ist die Symmetrie gebrochen – rechts dargestellt anhand des dreidimensionalen Potentialverlaufs mit neuem Nullniveau. Der Vorgang ist reversibel, d.h. die Symmetrie stellt sich bei Erhöhung der Energie über das kritische Niveau wieder ein. Am Beispiel des Higgsfeldes bezeichnet die horizontale Achse die Feldstärke Φ (bzw. im dreidimensionalen Fall zwei senkrechte Komponenten des Feldes) und die vertikale Achse das Higgs-Potential $V(\Phi)$.

Mathematisch kann man eine solche Energieabhängigkeit eines Feldes auf verschiedene Arten beschreiben. In einem expandierenden Universum fällt die Temperatur T immer weiter ab, bis sie ein kritisches Niveau T_k erreicht, ab dem das Feld neue, niedrigste Energieniveaus bildet. Für eine elegante mathematische Formulierung nutzt man nun die Eigenschaft, dass kleine Zahlen zwischen 0 und 1 immer kleiner werden, je öfter man sie mit sich selbst multipliziert. Beispielsweise liefert die Multiplikation $\frac{1}{2} \cdot \frac{1}{2} \cdot \frac{1}{2} \cdot \frac{1}{2}$ einen kleineren Wert als $\frac{1}{2} \cdot \frac{1}{2}$. Alle Potentialverläufe in Abb. 11.9 sind symmetrisch zur senkrechten Achse, d. h. das Vorzeichen der Feldstärke darf keine Rolle spielen. Deshalb kommen für unsere Zielfunktion nur gerade Potenzen der Feldstärke Φ in Frage. Mithin lässt sich das Potential $V(\Phi)$ in Abhängigkeit von der Feldstärke Φ durch die Gleichung

$$V(\Phi) = a \cdot \Phi^4 + b \cdot \left(T - T_k\right) \cdot \Phi^2 \qquad (11.5)$$

beschreiben. Mit Hilfe der beiden reellen Zahlenwerte a und b passt man den Potentialverlauf geeignet an. Spielen wir die Entwicklung des Potentials kurz durch: Beginnen wir im Bereich T kleiner T_k, d. h. die Temperatur liegt unterhalb der kritischen Temperatur. Damit wird die Klammer in (11.5) negativ, und man muss Φ^2 von Φ^4 abziehen. Ist Φ gleich null, so erhalten wir den Wert null, für Φ zwischen 0 und 1 wird $V(\Phi)$ negativ, da Φ^2 größer als Φ^4 ist, und für Φ größer 1 ist Φ^4 größer als Φ^2, und $V(\Phi)$ wird positiv. Damit haben wir den blauen Graphen in Abb. 11.9 erzeugt. Oberhalb der kritischen Temperatur, also bei T größer T_k, wird die Klammer positiv, und Φ^4 und Φ^2 sind zu addieren. Mithin wird $V(\Phi)$ für alle Werte von Φ positiv. Damit erhalten wir die drei symmetrischen Kurvenverläufe in Abb. 11.9 (rot, grün und hellblau). Der Übergang zum blauen Potentialverlauf vollzieht sich also bei T gleich T_k.

Ich hoffe, das Prinzip des spontanen Symmetriebruchs ist anhand dieses einfachen Higgs-Potentials verständlich geworden. Tatsächlich ist der dreidimensionale Potentialverlauf etwas komplizierter. Wegen seiner Form (Abb. 11.9 rechts) nennt man ihn den »Mexican Hat« oder »Sombrero«; sowohl das Feld als auch die freien Parameter sind dabei komplex. Im allgemeinen, nicht-abelschen Fall ist eine einfache Visualisierung des Potentialverlaufs sogar gänzlich unmöglich.

Spontane Symmetriebrüche lassen sich auch in unserer makroskopischen Welt beobachten. Beispielsweise üben Magnete oberhalb der sogenannten Curie-Temperatur keine magnetische Kraft mehr aus, obwohl die magnetische Eigenschaft prinzipiell noch angelegt ist. Letzteres wird offenbar, sobald man unter die kritische Temperatur abkühlt und die Magnete ihre gewohnte Wirkung wieder entfalten.

Die Quantenfeldtheorie war, im Jargon der Wirtschafts- und Finanzwelt, »too big to fail« (zu bedeutend, um sie fallenzulassen). Entsprechend hat man einen Lösungsansatz gefunden, der auch dort bei entsprechenden Problemen Anwendung findet: die Gründung einer »Bad Bank«. Wenn es in den Tiefen der Buchführung großer Institute und Banken »innere Symmetriebrüche« gibt, dann wird eine zusätzliche Institution eingeführt, um die Probleme dorthin auszulagern. Das Higgsfeld ist die Bad Bank der Quantenfeldtheorie.

Die Quantenfeldtheorie hatte sich gewissermaßen am eigenen Schopf aus dem Sumpf gezogen, in Form eines neuen, überall vorhandenen, zusätzlichen Feldes. Für einen Freispruch musste man allerdings Beweise vorlegen, d. h. dieses omnipräsente Higgsfeld musste nachgewiesen werden. Es ist eine Grundannahme der Feldtheorien, dass Anregungen von Feldern als Teilchen in Erscheinung treten. Entsprechend war es notwendig, das Higgsfeld an einem Punkt mit ausreichend hoher Energie anzuregen, um sein Feldquant aus der Deckung zu locken und messen zu können. Dieses sogenannte Higgsteilchen war also der Schlüssel zum Nachweis des Higgsfeldes. Die Theoretiker gaben einen klaren Fahndungskatalog vor: Das Higgsteilchen sollte keine Ladung und den Spin null aufweisen. Nach typischerweise 10^{-22} Sekunden sollte es in unterschiedlichen Kaskaden zerfallen, und eben diese Zerfallsprodukte sollten es eindeutig verraten. Diese verräterischen Überbleibsel nennt man in Teilchenphysikerkreisen gern eine »Smoking Gun«.

11.10 Oben: Der Large Hadron Collider bei Genf wurde im ausgedienten unterirdischen Ringtunnel des Vorgängerbeschleunigers LEP installiert – in einer Tiefe zwischen 50 m (links, in Richtung Genfer See) und 175 m (rechts, unter dem Jura). Auf 26 659 m Länge kreisen gegenläufig Protonen mit maximal 7 TeV Energie, die an vier Stellen definiert zur Kollision gebracht werden. Die dabei entstehenden Teilchen werden von den Detektoren ATLAS, ALICE, CMS und LHCb (oben im Uhrzeigersinn bei 1 Uhr beginnend) sowie den kleineren Detektoren LHCf und TOTEM analysiert. Unten: Schematische Darstellung eines der 1232 Dipolmagneten des Beschleunigerrings. Im Inneren des 14,3 m langen Segments erkennt man die beiden gegenläufigen Umlaufbahnen mit 5 cm Durchmesser, in denen 2808 Protonenpakete zu jeweils 110 Milliarden Teilchen 11 245-mal pro Sekunde ihre Runden drehen. Die umgebenden Magnete erzeugen mit einer Stromstärke von 11 700 Ampere eine magnetische Flussdichte von 8,33 Tesla.

Was sich als Zielsetzung in wenigen Sätzen formulieren lässt, bedurfte in der Realität der größten Maschine, die je von Menschenhand gebaut wurde, und des größten Aufgebots an Forschern, das jemals an einem Projekt beteiligt war: des Large Hadron Collider (LHC). Einige Jahrzehnte und vier Milliarden Schweizer Franken später war es dann so weit – der Large Hadron Collider hatte geliefert. Am 4. Juli 2012 wurde das Higgsteilchen der Physikerwelt offiziell vorgestellt. Peter Higgs wurde im darauffolgenden Jahr für seine »nutzlose Idee« zusammen mit François Englert der Nobelpreis zugesprochen.

Abschließend gilt es noch darauf hinzuweisen, dass die populäre Darstellung »Das Higgsfeld verleiht den Teilchen ihre Masse« natürlich falsch ist. Lediglich die Elementarteilchen erhalten ihre Masse durch die Kopplung an das Higgsfeld. Die Massen zusammengesetzter Teilchen werden in erster Linie von ihrer Energie bestimmt, zumeist der Bindungs- und Bewegungsenergie ihrer Bestandteile. Bei den Betrachtungen zur QCD haben wir ja bereits erkannt, dass beispielsweise die Ruhemassen der drei Quarks im Proton nur zu rund 1 Prozent von dessen Gesamtmasse beitragen.

Mit der Einführung des Higgsfeldes und seines spontanen Symmetriebruchs war das Unwetter vorübergezogen und der Physikerhimmel wieder tiefblau mit wenigen, vereinzelten Schäfchenwolken. Das resultierende Weltbild hört auf den offiziellen Namen »Standardmodell der Teilchenphysik« oder den Rufnamen »Standardmodell«.

Warum es drei Generationen von Teilchen gibt, obwohl die Materie in unserer Welt auch mit einer auskommen würde, bleibt nach wie vor ein Rätsel. Generell werfen die vielen freien Parameter des Standardmodells Fragen nach ihrer Herkunft auf. Sind sie vielleicht ein Hinweis auf ein tiefer liegendes Modell, das es noch zu finden gilt? In Kapitel 12 werden wir näher darauf eingehen. Bis hierher gilt es festzuhalten: Sämtliche Teilchen des Standardmodells unterliegen der Schwachen Wechselwirkung, die von W- und Z-Bosonen vermittelt wird. Elektrisch geladene Teilchen unterliegen zusätzlich der elektromagnetischen Wechselwirkung mit dem Photon als Eichboson. Die Starke Kernkraft wird von acht

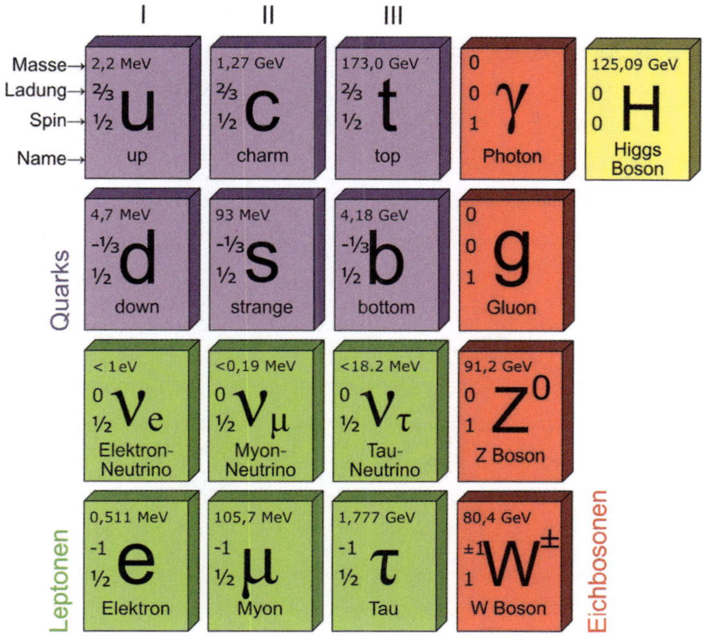

11.11 Das Standardmodell: In Abhängigkeit vom Spin unterscheidet man Fermionen (Spalten I, II und III) und Eichbosonen.

Gluonen vermittelt und wirkt nur auf Teilchen, die über Farbladung verfügen (Quarks und Gluonen). Das Phänomen Ruhemasse entsteht durch die Kopplung an ein Higgsfeld.

Die Ignoranten des Standardmodells sind die Neutrinos – sie wechselwirken so gut wie nicht mit dem Rest. Deshalb wurden sie zuerst auch nur theoretisch vorhergesagt. Wolfgang Pauli war bei den Untersuchungen des Betazerfalls aufgefallen, dass anhand der beobachtbaren Teilchen, des Neutrons, des Protons und des Elektrons, die Energie nicht erhalten wäre. Deshalb hat er kurzerhand ein weiteres, nicht in den damaligen Detektoren nachweisbares Teilchen postuliert und nannte es Neutrino. Der experimentelle Nachweis gelang erst 20 Jahre später, woraufhin Pauli einen Ausspruch prägte, der durchaus auch über die Teilchenphysik hinaus von Bedeutung ist: »Alle Dinge erreichen denjenigen, der es versteht, zu warten.«

Bei der Betrachtung der Schwachen Wechselwirkung in der Quantenflavourdynamik haben wir bereits festgestellt, dass Neutrinos überwiegend dort auftreten, wo Zerfallsreaktionen stattfinden. In 150 Millionen Kilometer Entfernung haben wir einen gewaltigen Fusionsreaktor vor der Haustür, in dem in jedem Augenblick unzählige Kernprozesse stattfinden. Die beteiligten Neutrinos entkommen dem dichten Plasma im Inneren unserer Sonne mühelos und treffen rund acht Minuten später auf unserem Planeten ein, den sie wiederum unbeeindruckt durchfliegen. Wie viele Neutrinos sind das pro Sekunde und Quadratzentimeter? Teilt man die $3{,}85 \cdot 10^{26}\ W$ Strahlungsleistung der Sonne durch die Energie, die bei einer einzelnen Kernfusionsreaktion freigesetzt wird (26,7 MeV), so kann man die Anzahl der Kernreaktionen pro Sekunde abschätzen und mit ihnen den Strom der Neutrinos. Wir müssen lediglich berücksichtigen, dass pro Reaktion zwei Neutrinos freigesetzt werden, die insgesamt 0,5 MeV davontragen:

$$\frac{3{,}85 \cdot 10^{26}\, W}{26{,}2\, MeV} \cdot 2 = 1{,}8 \cdot 10^{38} \left[\frac{Neutrinos}{s}\right] \tag{11.6}$$

In besagten 150 Millionen Kilometern Entfernung ergibt das unglaubliche 64 Milliarden Neutrinos pro Sekunde und Quadratzentimeter Oberfläche:

$$\frac{1{,}8 \cdot 10^{38}\, \dfrac{Neutrinos}{s}}{4 \cdot \pi \cdot (150 \cdot 10^{6}\, km)^{2}} = 64 \cdot 10^{9} \left[\frac{Neutrinos}{s \cdot cm^{2}}\right] \tag{11.7}$$

Angesichts dieser Zahlen möchte man Paranoia entwickeln. In jedem Augenblick fliegen unvorstellbar viele Neutrinos durch unsere Körper hindurch. Zum Glück wechselwirken sie so gut wie nicht mit Materie – sonst gäbe es kein Leben auf unserem Planeten.

Nachgewiesen werden die Geisterteilchen in speziellen Detektoren, abhängig von ihrer Energie. Bei niedrigen Energien von einigen hundert keV, d. h. den typischen Energien der solaren Neutrinos, nutzt man chemische Reaktionen. Beispielsweise wandelt sich Chlor-37 unter Neutrinobeschuss zu Argon-37 oder Gallium-71 zu Germanium-71. Das geschieht zwar extrem selten, aber hin und wieder doch. In Tunnelanlagen unterhalb von Gebirgsmassiven oder in ausgedienten Minen weit unter der Erdoberfläche schützt man die Detektoren vor störenden Hintergrundeinflüssen, insbesondere vor Reaktionen mit der kosmischen Strahlung. Der Nachteil chemischer Verfahren liegt auf der Hand – man kann die Ereignisse nur zählen, erhält jedoch keinerlei Information über die Richtung, aus der die Teilchen kamen.

Anders sieht es aus beim IceCube, einem mit Detektoren bestückten, einen Kubikkilometer großen Volumen im ewigen Eis des Südpols zur Messung seltener Neutrinoreaktionen. Hier kann die Richtung rekonstruiert werden. Der Nachteil dieses Verfahrens liegt in der hohen Schwellenenergie von einigen MeV, welche die Teilchen aufweisen müssen, damit man sie überhaupt registrieren kann. Denn für die Messung ist es entscheidend, dass die Elektronen und Myonen in den Reaktionsprozessen so stark beschleunigt werden, dass sie sich im Wasser bzw. im Eis schneller ausbreiten als das Licht. Dies steht nicht im Widerspruch zur Speziellen Relativitätstheorie, weil sich Licht im Wasser lediglich mit 225 000 km/s ausbreitet, so dass es von schnelleren Teilchen durchaus »überholt« werden kann, ohne dass das absolute Tempolimit im Universum, die Lichtgeschwindigkeit im Vakuum (300 000 km/s), überschritten werden muss. Im Vorbeiflug an den Wassermolekülen lenken die geladenen Teilchen deren Elektronen aus. Bei dem sich anschließenden Übergang in den Grundzustand wird Licht emittiert. Dies geschieht auch in unserer »normalen« Welt, allerdings interferiert das von den einzelnen Wassermolekülen emittierte Licht destruktiv, so dass es sich sofort wieder auslöscht. Da sich jedoch die geladenen Teilchen im Medium mit Überlichtgeschwindigkeit ausbreiten, also den Lichtwellen der hinter ihnen liegenden Moleküle davonlaufen, wird schneller Licht erzeugt, als es sich auslöschen kann. Folglich entsteht ein kegelförmiger bläulicher Lichtblitz, ähnlich der Stoßwelle eines Überschallflugzeugs in Luft. Das resultierende Licht, das man nach seinem Entdecker Pawel A. Cherenkov als Cherenkov-Strahlung bezeichnet, lässt sich mit den Photomultipliern (Elektronenröhren zur Verstärkung schwacher Photonensignale) im IceCube-Detektor nachweisen.

Das alles findet in einer Tiefe zwischen 1,5 und 2,5 Kilometern statt, weil dort das Eis wegen des hohen Drucks so dicht wird, dass es ausreichend durchsichtig ist. Typischerweise legt das Licht in einer solchen Umgebung etwa hundert Meter zurück, bevor es im Eis absorbiert wird. Mithin bestimmt diese Strecke auch den räumlichen Abstand der Photomultiplier. Im Zusammenhang mit der Supersymmetrie bzw. der mittleren Lebensdauer des Protons werden wir übrigens noch auf einen anderen Neutrinodetektor – den sogenannten Super-Kamiokande – zu sprechen kommen.

Allen Verfahren zur Messung von Neutrinos gemein ist die notwendige Geduld der beteiligten Wissenschaftler. Mit dem enormen Aufwand wird das ein oder andere Neutrino pro Tag nachgewiesen. Haim Harari, ein israelischer Elementarteilchenphysiker, soll einmal gesagt haben: »Neutrinophysik ist zum großen Teil die Kunst, eine Menge zu lernen, indem man nichts beobachtet.« Oder, frei abgewandelt nach dem österreichischen Schriftsteller Karl Kraus: »Neutrinophysik ist die Kunst, auf einer Glatze Locken zu drehen.«

Der Japaner Takaaki Kajita und sein kanadischer Kollege Arthur McDonald waren dabei besonders erfolgreich. Zusammen mit ihren Forscherteams konnten sie zeigen, dass sich die drei Neutrinosorten ineinander umwandeln. Begonnen hatte die Geschichte damit, dass von der Sonne kommend zwei Drittel weniger Elektron-Neutrinos beobachtet wurden, als man theoretisch anhand von Gleichung (11.7) berechnet hatte. Tau- oder Myon-Neutrinos sollte die Sonne grundsätzlich gar nicht abstrahlen. Doch McDonald konnte in einer ausgedienten Mine, dem sogenannten Sudbury Neutrino Observatory, auch Reaktionen von Tau- und Myon-Neutrinos messen. Dafür füllt man die Tanks nicht mit hochreinem H_2O, sondern mit D_2O, also schwerem Wasser, dessen Wasserstoffkern ein zusätzliches Neutron enthält. Damit kann man zwar noch nicht genau zwischen den drei Neutrinosorten unterscheiden, aber man kann die Gesamtzahl der Neutrinoreaktionen ermitteln und davon die eindeutig nachgewiesenen Elektron-Neutrinos abziehen. Das ergibt die Anzahl der »Nicht-Elektron-Neutrinos«. Den zweiten Baustein zum Erfolg lieferte Kajita durch Messungen des Cherenkov-Lichts am erwähnten Super-Kamiokande-Detektor. Dort lassen sich zwar keine Tau-Neutrinos nachweisen, aber aus der Leuchtspur im Wasser kann man die Richtung einfallender Myon- und Elektron-Neutrinos bestimmen. Kajita konnte damit nachweisen, dass Myon-Neutrinos – sie entstehen durch Wechselwirkung von kosmischer Strahlung mit der Atmosphäre – statistisch häufiger von oben geflogen kamen als von unten bzw. durch den Planeten hindurch. Beide Experimente zusammen lieferten die Erkenntnis: Neutrinos wandeln sich ineinander um – sowohl im Inneren unseres Planeten als auch auf dem Weg von der Sonne zu uns.

Diese sogenannte Neutrino-Oszillation, die übrigens Kajita und McDonald 2015 den Nobelpreis für Physik einbrachte, ist deshalb von großer Bedeutung, weil bei der Berechnung der Umwandlungswahrscheinlichkeit ein Term mit einer Massendifferenz auftritt. Damit die Wahrscheinlichkeit für eine Oszillation der Neutrinos größer null ist, müssen sich die Massen der Neutrinofamilien unterscheiden, ansonsten wird der Term ja null und damit auch die Wahrscheinlichkeit einer Oszillation. Da man aber Neutrino-Oszillationen eindeutig gemessen hat, bedeutet das, dass Neutrinos massebehaftet sind bzw., genau genommen, dass höchstens eine der drei Neutrinofamilien masselos sein kann.

Damit haben wir bis auf das schwerste der Leptonen, das Tau-Lepton, alle Mitglieder des Standardmodells vorgestellt. Von diesem Lepton ist deshalb so selten die Rede, weil es mit seiner mittleren Lebensdauer von nur 0,29 Picosekunden ein sehr flüchtiger Gast ist. Bis man sich versieht, ist es unter Emission eines Tau-Neutrinos zerfallen – manchmal in seine leichteren Leptonengeschwister Elektron und Myon, aber auch in Hadronen wie Kaonen oder Mesonen. Der Nachweis des Tau-Leptons gelang erst im Jahr 1975 durch Martin L. Perl (1927–2014) und sein Team am Stanford Linear Accelerator Center (SLAC) bei einer Elektron/Positron-Kollision (Nobelpreis 1995).

Das, was wir Neutrino nennen, ist also immer ein quantenmechanischer Mischzustand aus drei fundamentalen Massezuständen, sogenannten Masse-Eigenzuständen. Eine derartige Überlagerung aus quantenmechanischen Zuständen ist uns ja bereits bei Schrödingers Katze begegnet. Im Fall der Neutrinos erhalten wir bei einer Messung nicht das Resultat »Katze tot« oder »Katze lebendig«, sondern Elektron-Neutrino, Myon-Neutrino oder Tau-Neutrino. Vor der Messung liegt ein kohärenter Mischzustand vor. Erst im Augenblick der Messung entscheidet sich, welche der möglichen Formen Realität wird. Da sich die drei Komponenten der kohärenten Wellenfunktion in ihrer Masse unterscheiden, breiten sie sich unterschiedlich schnell aus, d. h. ihre Wellenzüge verschieben sich gegeneinander, und es kommt zur Interferenz. Die Wahrscheinlichkeit, eine bestimmte Neutrinosorte zu messen, variiert deshalb sinusförmig entlang des zurückgelegten Weges und hängt sowohl von der Neutrinoenergie als auch vom Ausbreitungsmedium ab.

Für die möglichen Übergänge innerhalb der Neutrinosorten erhalten wir wieder – analog zu CKM-Matrix bei den Quarks – eine Matrix mit 3 x 3 Einträgen, die sogenannte PMNS-Matrix, benannt nach Bruno Pontecorvo, Ziro Maki, Masami Nakagawa und Shoichi Sakata. Das fügt dem Standardmodell eine weitere Beule hinzu, lässt sich aber mit etwas Theorieaufwand wieder konsistent zurechtrücken.

In Abhängigkeit der zurückgelegten Weglänge *L* und der Energie *E* des Ausgangszustands stellt sich die Oszillation, d. h. die Wahrscheinlichkeit, diese oder jene Neutrinosorte an einem bestimmten Punkt zu messen, wie folgt dar:

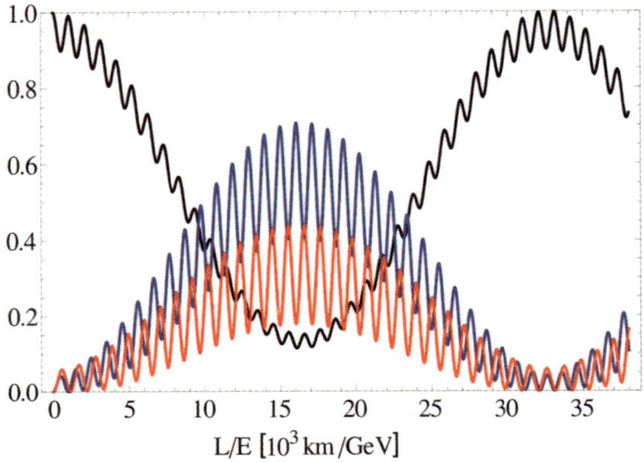

11.12 Neutrino-Oszillation. Auf der senkrechten Achse ist die Wahrscheinlichkeit aufgetragen, in Abhängigkeit der Energie *E* eines Neutrinos nach einer zurückgelegten Strecke *L* ein Elektron-Neutrino (schwarz), Myon-Neutrino (blau) oder Tau-Neutrino (rot) zu messen.

11.4 CPT-Invarianz
Funktioniert unser Weltbild auch im Spiegel betrachtet?

Sind mit dem spontanen Symmetriebruch des Higgsfeldes nun alle gefährlichen Symmetrien vom Eis? Jein. Tatsächlich gibt es noch eine Symmetrie, die für die Quantenfeldtheorie von vergleichbar tiefer Bedeutung ist, so dass sie darüber stürzen könnte. Zum Glück erwies sich diese sogenannte »CPT-Symmetrie« jedoch bis zum heutigen Tage als standhaft. Trotz intensivster Suche konnte kein Prozess gefunden werden, der diese Symmetrie verletzt. Die Buchstaben CPT stehen darin für *Charge*, *Parity* und *Time*. Es handelt sich also um eine zusammengesetzte Symmetrie. Das sollten wir uns kurz genauer anschauen.

Benjamin Franklin hat die Ladung des Elektrons als »negativ« definiert. Würden sich die Gesetze der Elektrodynamik ändern, wenn man diese Konvention im Nachhinein änderte? Natürlich nicht. Sowohl die Maxwell-Gleichungen als auch die Coulomb- und die Lorentzkraft sind deshalb invariant unter Vertauschung der Ladungsvorzeichen. In der Quantenchromodynamik haben wir mit den Farbladungen weitere ladungsartige Quantenzahlen kennengelernt. Dürften wir auch die umkehren, ohne die Welt zu verändern? Anscheinend ja – letztendlich würden wir jedes Teilchen durch sein Antiteilchen ersetzen. Antiteilchen steht im Standardmodell für umgekehrte elektrische Ladung, Farbladung, Leptonen- und Baryonenzahl. Spin, Masse und mittlere Lebensdauer sind hingegen identisch. Photonen, neutrale π^0-Mesonen, Higgs- und Z^0-Bosonen sind somit ihre eigenen Antiteilchen, da alle zu tauschenden Quantenzahlen null sind. Die Konvention, welche Teilchen wir »Anti« nennen und welche nicht, sollte generell keinen Einfluss auf die Welt haben. Diese Freiheit bezeichnet man als Charge-Symmetrie oder kurz C-Symmetrie.

Wie sieht es aus, wenn wir die Raumkoordinaten x, y und z durch –x, –y und –z ersetzen? Auf den ersten Blick wirkt das ebenfalls unkritisch. Auch diese sogenannte P-Symmetrie (Parität) sollte gelten. Warum sollten die Naturgesetze sich anders verhalten, wenn man die Koordinaten spiegelt?

Bleibt noch die Time- bzw. Zeitsymmetrie. Sie steht für die Spiegelung der Zeit, d. h. wenn wir einen physikalischen Prozess mit einer Kamera aufzeichnen, so muss der Film vorwärts wie rückwärts betrachtet die Gesetze der Physik einhalten. Ein externer Beobachter sollte somit nicht erkennen können, welche die ursprünglich aufgezeichnete Zeitrichtung war. Es geht hier wohlgemerkt um Einzelereignisse und nicht um statistische Aussagen von Vielteilchensystemen, bei denen wir uns durch die Entropie aus der Affäre ziehen könnten. Die Zeitrichtung eines Filmes, in dem ein Ei aufgeschlagen wird, ist leicht festzulegen. Betrachtet man zehn Größenordnungen darunter atomare Wechselwirkungen im Ei, sieht die Sache anders aus. Hier verliert der Zeitpfeil seine Bedeutung, weil bei Einzelereignissen das statistische Argument der Entropie nicht mehr greift.

Warum ist nun diese CPT-Symmetrie so entscheidend für das Standardmodell? Dafür müssen wir uns nur daran erinnern, wie wir in der relativistischen Quantenfeldtheorie Antiteilchen beschreiben – nämlich als Teilchen, die sich im Ort und in der Zeit rückwärts bewegen. Das ist eine spezielle Anwendung der CPT-Symmetrie: Teilchen durch Antiteilchen ersetzen, die Ortskoordinaten spiegeln und die Zeit rückwärts laufen lassen. Dieser elegante Trick hat beispielsweise die Feynman-Graphen der QED auf sechs fundamentale Wechselwirkungsbildchen reduziert (Abb. 8.43 rechts bis 8.45). Sollte die CPT-Symmetrie nicht gelten, können wir die Quantenfeldtheorien einpacken und die Spezielle Relativitätstheorie gleich mit dazu. Das wäre eine schwere Zäsur für unser aktuelles Weltbild.

Warum machen sich Physiker überhaupt Sorgen um solche Szenarien? Immerhin erscheinen doch die einzelnen Symmetrien für sich genommen schon unkritisch zu sein. Ja, davon war man lange Zeit überzeugt, doch die Natur hat uns wieder einmal eines Besseren belehrt. Die ersten dokumentierten Verletzungen der P-Symmetrie, die bereits 1928 bei der Verwendung von Elektronen aus dem Betazerfall aufgetreten waren, hatte man noch kategorisch als Messfehler abgetan. Cox, McIlwraith und Kurrelmeyer wussten sich in ihrem Experiment allerdings nicht anders zu behelfen, als die Betastrahlung durch »geeignetere« Elektronen aus einem Glühdraht zu ersetzen, um den störenden Effekt zu eliminieren. Es dauerte Jahrzehnte, bis sich die Schlinge um die Schwache Wechselwirkung immer enger zog und sie schließlich überführt wurde, als einzige Wechselwirkung die P-Symmetrie zu missachten. Kommissar Zufall hatte seine Finger im Spiel. Im Jahr 1956 saßen die beiden befreundeten theoretischen Physiker Tsung-Dao Lee und Chen Ning Yang in ihren Liegestühlen am Strand von Kalifornien – und worüber unterhalten sich zwei Grundlagenforscher in ihrem Urlaub? Natürlich über eine mögliche Paritätsverletzung der Schwachen Wechselwirkung.

11.13
Tsung-Dao Lee und Chen Ning Yang

Zurück an ihrem Arbeitsplatz, verfolgten sie die kühne Idee konsequent weiter, und schließlich gelang es ihnen, die Wissenschaftsgemeinde durch eine theoretische Abhandlung endlich aufzuscheuchen. Sie gaben darin sogar konkrete Experimente an, mit deren Hilfe man die Verdächtige überführen könnte. Man müsse lediglich zeigen, dass die Betastrahlung mit dem Spin des radioaktiven Kerns korreliert ist. Anhand von Abb. 10.12 haben wir erkannt, dass ein Spiegel nur vorn und hinten vertauscht, nicht aber links und rechts. Ebenso erinnern wir uns an die Helizität eines Teilchens (Abb. 10.11) und daran, dass bei rechtshändigen Teilchen der Spin in Flugrichtung und bei linkshändigen entgegen der Flugrichtung zeigt. Im Spiegelbild betrachtet kehrt sich nun die Helizität bzw. der Spin eines horizontal drehenden Kerns um, die Emissionsrichtung des Elektrons jedoch nicht (Abb. 11.14).

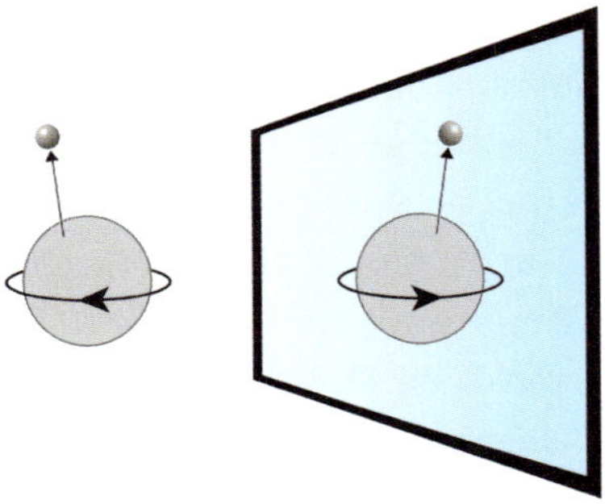

11.14 Betrachtet man ein linkshändiges Atom (Bewegungsrichtung von unten nach oben) im Spiegel, so ist sein Spiegelbild rechtshändig. Emittiert das Atom Betastrahlung, d. h. ein Elektron, so muss dies – zur Erhaltung der Spiegelsymmetrie – in beiden Fällen nach oben geschehen. Die Richtung der abgestrahlten Elektronen darf also nicht von der Helizität bzw. dem Spin des Mutterkerns abhängen.

Könnte man nachweisen, dass die Betastrahlung vom Spin des radioaktiven Atoms abhängt, würde das Elektron in einem symmetrischen Versuchsaufbau nach unten fliegen, und die Spiegelsymmetrie wäre offensichtlich gebrochen (Abb. 11.15).

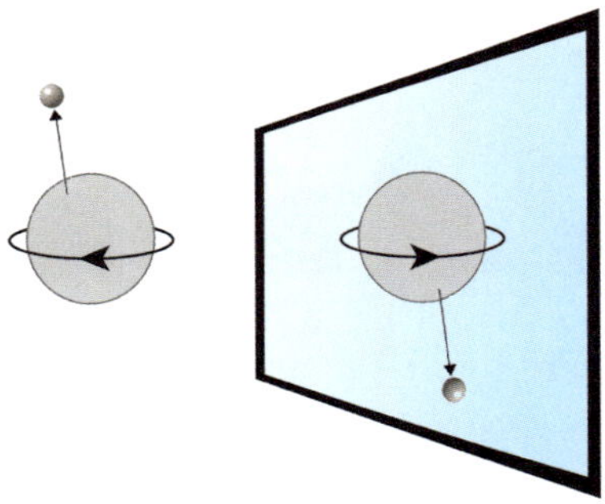

11.15 Gilt in der Realität und in der Spiegelwelt ein Gesetz, wonach die Richtung der Betastrahlung von der Helizität (bzw. dem Spin) des radioaktiven Atoms abhängt, so ist die Emissionsrichtung im Spiegel umgekehrt und die Spiegelsymmetrie offensichtlich gebrochen.

Trotz ihres fertigen Kochrezepts erwies es sich als schwierig, Kollegen der Experimentalzunft davon zu überzeugen, Zeit und Forschungsgeld in ein »wildes« Projekt zu investieren. Schließlich gelang es den beiden, die chinesische Physikerin Chien-Shiung Wu (1912–1997) für ihre Sache zu gewinnen, die dafür sogar kurzfristig ihren geplanten Urlaub absagte – eine sehr gute Entscheidung, wie sich zeigen sollte. Im später nach ihr benannten »Wu-Experiment« kühlte sie Cobalt-60-Atome bis nahe an den absoluten Nullpunkt ab und richtete deren Spin mit Hilfe eines starken Magneten möglichst einheitlich aus. Die niedrige Temperatur verringerte die Eigenbewegung der Atome und minimierte

Zusammenstöße, wodurch rund zwei Drittel der Spins über längere Zeit einheitlich ausgerichtet blieben. Cobalt-60 ist radioaktiv und zerfällt unter Betastrahlung zu Nickel-60.

Im Prinzip hätte Wu nun einen zweiten, spiegelsymmetrischen Versuchsaufbau danebenstellen können, um die Ergebnisse zu vergleichen. Tatsächlich wählte sie einen eleganteren Weg und polte das Magnetfeld um, wodurch die Spins der Cobalt-60-Atome nun in die entgegengesetzte Richtung zeigten. Aufgrund der Drehimpulserhaltung wurden dabei auch die Spins der emittierten Elektronen und Antineutrinos festgelegt.

Mit Spannung beobachtete sie die Richtung der emittierten Elektronen. Solange die Emission der Elektronen gleichverteilt erfolgt, also unabhängig vom Spin des Cobalt-60-Atoms, wäre die Symmetrie erhalten. Würde jedoch eine Emissionsrichtung bevorzugt auftreten, dann wäre das, wie Abb. 11.15 verdeutlicht, gleichbedeutend mit einem Bruch der P-Symmetrie. Und tatsächlich: In beiden Fällen wurden die Elektronen bevorzugt entgegen der Spinrichtung der Co-60-Atome emittiert, d. h. bei linkshändigen in Flugrichtung und bei rechtshändigen entgegengesetzt.

Das war ein Schock für die Wissenschaft. Der Elektromagnetismus, die Starke Kernkraft und die Gravitation halten sich streng sowohl an die C- als auch an die P-Symmetrie. Dass nun die Schwache Wechselwirkung ausschert, hat Wolfgang Pauli unmittelbar nach dem Bekanntwerden des verblüffenden Resultats des Wu-Experiments in seiner unnachahmlichen Weise kommentiert: »Ich glaube nicht, dass Gott ein schwacher Linkshänder ist. Das heißt, ich sehe keinen logischen Zusammenhang zwischen der Stärke einer Wechselwirkung und ihrer links-rechts-Invarianz.« Doch der Ehrgeiz der Experimentalphysiker war geweckt, und eine Vielzahl an Experimenten bestätigten das schwerverdauliche Ergebnis. Pauli hatte mehreren Kollegen hohe Wetten darauf angeboten, dass die Paritätssymmetrie am Ende doch halten würde. Zu seinem Glück ist aber niemand darauf eingegangen, und bereits nach einem Jahr musste auch er zurückrudern: »So ist es also nun sicher, dass Gott doch ein schwacher Linkshänder ist.«

Lee und Yang wurde bereits 1957 der Nobelpreis zugesprochen. Madame Wu – so ihr Spitzname in Physikerkreisen – ging unverständlicherweise leer aus. Geschichte hat sie trotzdem geschrieben als erste Frau an der Spitze der American Physical Society.

Wie so oft nach bahnbrechenden neuen Erkenntnissen nahm das Thema nun schnell Fahrt auf. Bereits 1957 gelang es Maurice Goldhaber am Brookhaven National Laboratory zusammen mit Lee Grodzins und Andrew Sunyar, die Helizität (Abb. 10.11) der Neutrinos zu messen. Es zeigten sich ausschließlich linkshändige Neutrinos und rechtshändige Antineutrinos. Das Wu-Experiment hatte eine tieferliegende Eigenschaft der Schwachen Wechselwirkung offengelegt: Die Schwache Wechselwirkung koppelt ausschließlich an linkshändige Elementarteilchen. Das war ein schwacher Trost für die Physiker – wenn die P-Symmetrie schon gebrochen wird, dann wenigstens kategorisch.

11.16 Chien-Shiung Wu (1912–1997)

Was machen nun theoretische Physiker, wenn eine langgehegte, liebgewonnene Symmetrie zu Bruch geht? Genau! Sie greifen nach einer größeren, übergeordneten Symmetrie. Ein Blick auf Abb. 11.15 genügt, und der Gedanke drängt sich förmlich auf: Hätten wir nicht nur die Raumkoordinaten gespiegelt, sondern gleichzeitig alle beteiligten Teilchen durch ihre Antiteilchen ersetzt, wäre die Welt wieder in Ordnung gewesen. Wenn also die P-Symmetrie von der Schwachen Wechselwirkung gebrochen wird, hält dann eine Kombination aus C- und P-Symmetrie, die sogenannte »CP-Symmetrie«? Die Strafe für derartigen Pragmatismus folgte auf dem Fuß. 1964 untersuchten James Christenson, James Cronin, Val Fitch und René Turlay an der Princeton-Universität den Zerfall von langlebigen neutralen Kaonen $K^0{}_L$. Kaonen gehören zur Gruppe der Mesonen, die aus je einem Quark und einem Antiquark bestehen: das »normale« Kaon aus einem down- und einem Anti-strange-Quark, das Anti-Kaon aus einem Anti-down- und einem strange-Quark. Kaonen (K) und Anti-Kaonen ($\overline{K}$) wandeln sich fortwährend ineinander um, man spricht dabei von »Kaonen-Oszillation«. Die Schwache Wechselwirkung

»sieht« deshalb die Kaonen nicht als einzelne Teilchen, sondern als eine lineare Überlagerung der beiden Zustände, eine Mischung aus Materie und Antimaterie.

$$\left|K_L^0\right\rangle = \frac{1}{\sqrt{2}}\left(\left|K^0\right\rangle + \left|\overline{K}^0\right\rangle\right) \text{ und } \left|K_S^0\right\rangle = \frac{1}{\sqrt{2}}\left(\left|K^0\right\rangle - \left|\overline{K}^0\right\rangle\right) \quad (11.8)$$

Die Indizes L und S stehen dabei für »langsam« und »schnell«. Beide Mischzustände zerfallen nämlich zu Pionen, K_L^0 etwa 600-mal langsamer als K_S^0. Unter Einhaltung der CP-Symmetrie ist quantenmechanisch ein Zerfall der langlebigen Kaonen nur in drei Pionen möglich, während die kurzlebigen ausschließlich in zwei Pionen zerfallen sollten. Genau hier wollte man den Hebel ansetzen. Man installierte eine ausreichend lange Flugstrecke zwischen der Kaonenquelle und dem Detektor, so dass ausschließlich die langlebigen Kaonen ihn erreichen konnten. Am Detektor suchte man dann nach verbotenen Zerfällen zu zwei Pionen und wurde in etwa zwei Promille der Fälle fündig. Die Sensation war perfekt: Die CP-Symmetrie ist verletzt. Erschwerend kommt hinzu, dass dieser Symmetriebruch sporadisch auftritt und nicht kategorisch. Die Natur scheint in Form der Schwachen Wechselwirkung die CP-Symmetrie nach Lust und Laune mal zu respektieren und mal nicht. Dabei behandelt sie Materie und Antimaterie einmal gleich, ein andermal nicht. Der Nobelpreis für Cronin und Fitch erfolgte 1980.

Damit war die CP-Symmetrie Geschichte, und die theoretische Physik trat den Rückzug an in ihre bislang letzte Bastion: die CPT-Symmetrie. Sie muss es nun richten, und sie hat sich – wie bereits angesprochen – bislang als Fels in der Brandung erwiesen und mit ihr das Standardmodell. Drücken wir die Daumen, dass es auch so bleibt.

Besonders aufmerksam wird die CP-Verletzung übrigens von den Kosmologen beäugt, denn sie bietet einen ersten Anhaltspunkt, auf welche Weise im frühen Universum bei der Zerstrahlung von gleich viel Materie und Antimaterie am Ende ein winziger Überschuss an Materie verbleiben konnte. 2013 wurden am LHCb – am Large Hadron Collider – weitere Zerfälle gefunden, die

Materie und Antimaterie unterschiedlich behandeln. 2019 konnten schließlich auch Mesonen aus charm- und Anti-up-Quarks der CP-Verletzung überführt werden. Zusammengenommen reicht das allerdings immer noch nicht aus. um die Asymmetrie im frühen Universum vollständig zu erklären – aber ein Anfang ist gemacht.

Die CPT-Symmetrie und der CP-Symmetriebruch haben zusammen eine weitere aufschlussreiche Konsequenz: Wenn die Schwache Wechselwirkung die CP-Symmetrie gelegentlich verletzt, aber die CPT-Symmetrie kategorisch respektiert, wird der gelegentliche CP-Bruch offensichtlich durch einen gelegentlichen Bruch der T-Symmetrie kompensiert. Damit war als Kollateralschaden auch die T-Symmetrie mit gestürzt. Die Schwache Wechselwirkung wütet wie ein Elefant im Symmetrie-Laden. Tatsächlich wurde auch der Bruch der T-Symmetrie experimentell nachgewiesen. So wandelt sich ein B^0-Meson aus einem Anti-bottom-Quark und einem down-Quark langsamer in ein aus einem Anti-down-Quark und einem bottom-Quark bestehendes Anti-B^0-Meson um als umgekehrt. Dreht man also einen Film dieser Oszillation, so kann man sehr wohl unterscheiden, ob er vorwärts oder rückwärts abgespielt wird. Offensichtlich leben wir in einer sehr bizarren Welt!

Das Standardmodell hat bislang alle diese wunderlichen Kapriolen schadlos überstanden. Maskawa und Kobayashi (Abb. 10.10) rüttelten den mathematischen Unterbau geeignet zurecht und kitteten die Risse, die durch die CP-Verletzung entstanden waren (Nobelpreis 2008). Wie erfolgreich das Standardmodell sich bis zum heutigen Tag auch erwiesen hat, eines müssen selbst seine größten Befürworter eingestehen: Sonderlich elegant kommt es nicht daher mit seinen drei Lepton-Generationen, mindestens 19 offenen Parametern und dem Links-Faible der Schwachen Wechselwirkung.

Die Feynman-Diagramme kaschieren den tatsächlichen mathematischen Abgrund der relativistischen Quantenfeldtheorien. Numerische Näherungen – wie wir sie am Beispiel des g-Faktors des Elektrons kennengelernt haben – ermöglichen uns einen Zugang, und die Ergebnisse dieser Tiefenbohrungen sind atemberaubend. Nichtsdestotrotz hat die pragmatische Formulierung der Starken und der Schwachen Kernkraft mit Hilfe von Farbladungen, Flavours und geladenen Austauschteilchen die Beschreibung und das Verständnis der Welt gravierend erschwert – ganz zu schweigen von der Renormierung.

Werfen wir am Ende des Kapitels noch einen ungeschönten Blick auf den Gesamtschaden – auf die Lagrange-Dichte der drei fundamentalen Wechselwirkungen des Standardmodells – und schieben für einen Augenblick die schützenden Feynman-Diagramme zur Seite, dann zeigt sich der dahinterstehende gewaltige mathematische Formalismus:

$$
\begin{gathered}
\mathcal{L} = -\frac{1}{2}\partial_\nu g^a_\mu \partial_\nu g^a_\mu - g_s f^{abc}\partial_\mu g^a_\nu g^b_\mu g^c_\nu - \frac{1}{4} g_s^2 f^{abc} f^{ade} g^b_\mu g^c_\nu g^d_\mu g^e_\nu + \\
\frac{1}{2} i g_s^2 (\bar{q}_i^\sigma \gamma^\mu q_j^\sigma) g^a_\mu + \bar{G}^a \partial^2 G^a + g_s f^{abc}\partial_\mu \bar{G}^a G^b g^c_\mu - \partial_\nu W^+_\mu \partial_\nu W^-_\mu - \\
M^2 W^+_\mu W^-_\mu - \frac{1}{2} \partial_\nu Z^0_\mu \partial_\nu Z^0_\mu - \frac{1}{2c_w^2} M^2 Z^0_\mu Z^0_\mu - \frac{1}{2} \partial_\mu A_\nu \partial_\mu A_\nu - \frac{1}{2} \partial_\mu H \partial_\mu H - \\
\frac{1}{2} m_h^2 H^2 - \partial_\mu\phi^+\partial_\mu\phi^- - M^2\phi^+\phi^- - \frac{1}{2}\partial_\mu\phi^0\partial_\mu\phi^0 - \frac{1}{2c_w^2} M\phi^0\phi^0 - \beta_h[\frac{2M^2}{g^2} + \\
\frac{2M}{g}H + \frac{1}{2}(H^2+\phi^0\phi^0+2\phi^+\phi^-)] + \frac{2M^4}{g^2}\alpha_h - igc_w[\partial_\nu Z^0_\mu(W^+_\mu W^-_\nu - \\
W^+_\nu W^-_\mu) - Z^0_\nu(W^+_\mu\partial_\nu W^-_\mu - W^-_\mu\partial_\nu W^+_\mu) + Z^0_\mu(W^+_\nu\partial_\nu W^-_\mu - \\
W^-_\nu\partial_\nu W^+_\mu)] - igs_w[\partial_\nu A_\mu(W^+_\mu W^-_\nu - W^+_\nu W^-_\mu) - A_\nu(W^+_\mu\partial_\nu W^-_\mu - \\
W^-_\mu\partial_\nu W^+_\mu) + A_\mu(W^+_\nu\partial_\nu W^-_\mu - W^-_\nu\partial_\nu W^+_\mu)] - \frac{1}{2} g^2 W^+_\mu W^-_\mu W^+_\nu W^-_\nu + \\
\frac{1}{2} g^2 W^+_\mu W^-_\nu W^+_\mu W^-_\nu + g^2 c_w^2(Z^0_\mu W^+_\mu Z^0_\nu W^-_\nu - Z^0_\mu Z^0_\mu W^+_\nu W^-_\nu) + \\
g^2 s_w^2(A_\mu W^+_\mu A_\nu W^-_\nu - A_\mu A_\mu W^+_\nu W^-_\nu) + g^2 s_w c_w[A_\mu Z^0_\nu(W^+_\mu W^-_\nu - \\
W^+_\nu W^-_\mu) - 2A_\mu Z^0_\mu W^+_\nu W^-_\nu] - g\alpha[H^3 + H\phi^0\phi^0 + 2H\phi^+\phi^-] - \\
\frac{1}{8} g^2\alpha_h[H^4+(\phi^0)^4+4(\phi^+\phi^-)^2+4(\phi^0)^2\phi^+\phi^-+4H^2\phi^+\phi^-+2(\phi^0)^2H^2] - \\
gMW^+_\mu W^-_\mu H - \frac{1}{2} g\frac{M}{c_w^2} Z^0_\mu Z^0_\mu H - \frac{1}{2} ig[W^+_\mu(\phi^0\partial_\mu\phi^- - \phi^-\partial_\mu\phi^0) - \\
W^-_\mu(\phi^0\partial_\mu\phi^+ - \phi^+\partial_\mu\phi^0)] + \frac{1}{2} g[W^+_\mu(H\partial_\mu\phi^- - \phi^-\partial_\mu H) - W^-_\mu(H\partial_\mu\phi^+ - \\
\phi^+\partial_\mu H)] + \frac{1}{2} g\frac{1}{c_w}(Z^0_\mu(H\partial_\mu\phi^0 - \phi^0\partial_\mu H) - ig\frac{s_w^2}{c_w}MZ^0_\mu(W^+_\mu\phi^- - W^-_\mu\phi^+) + \\
igs_w MA_\mu(W^+_\mu\phi^- - W^-_\mu\phi^+) - ig\frac{1-2c_w^2}{2c_w}Z^0_\mu(\phi^+\partial_\mu\phi^- - \phi^-\partial_\mu\phi^+) + \\
igs_w A_\mu(\phi^+\partial_\mu\phi^- - \phi^-\partial_\mu\phi^+) - \frac{1}{4} g^2 W^+_\mu W^-_\mu[H^2+(\phi^0)^2+2\phi^+\phi^-] - \\
\frac{1}{4} g^2\frac{1}{c_w^2}Z^0_\mu Z^0_\mu[H^2+(\phi^0)^2+2(2s_w^2-1)^2\phi^+\phi^-] - \frac{1}{2} g^2\frac{s_w^2}{c_w}Z^0_\mu\phi^0(W^+_\mu\phi^- + \\
W^-_\mu\phi^+) - \frac{1}{2} ig^2\frac{s_w^2}{c_w}Z^0_\mu H(W^+_\mu\phi^- - W^-_\mu\phi^+) + \frac{1}{2} g^2 s_w A_\mu\phi^0(W^+_\mu\phi^- + \\
W^-_\mu\phi^+) + \frac{1}{2} ig^2 s_w A_\mu H(W^+_\mu\phi^- - W^-_\mu\phi^+) - g^2\frac{s_w}{c_w}(2c_w^2-1)Z^0_\mu A_\mu\phi^+\phi^- - \\
g^1 s_w^2 A_\mu A_\mu\phi^+\phi^- - \bar{e}^\lambda(\gamma\partial + m_e^\lambda)e^\lambda - \bar{\nu}^\lambda\gamma\partial\nu^\lambda - \bar{u}_j^\lambda(\gamma\partial + m_u^\lambda)u_j^\lambda - \\
\bar{d}_j^\lambda(\gamma\partial + m_d^\lambda)d_j^\lambda + igs_w A_\mu[-(\bar{e}^\lambda\gamma^\mu e^\lambda) + \frac{2}{3}(\bar{u}_j^\lambda\gamma^\mu u_j^\lambda) - \frac{1}{3}(\bar{d}_j^\lambda\gamma^\mu d_j^\lambda)] + \\
\frac{ig}{4c_w}Z^0_\mu[(\bar{\nu}^\lambda\gamma^\mu(1+\gamma^5)\nu^\lambda) + (\bar{e}^\lambda\gamma^\mu(4s_w^2-1-\gamma^5)e^\lambda) + (\bar{u}_j^\lambda\gamma^\mu(\frac{4}{3} s_w^2 - \\
1-\gamma^5)u_j^\lambda) + (\bar{d}_j^\lambda\gamma^\mu(1-\frac{8}{3} s_w^2-\gamma^5)d_j^\lambda)] + \frac{ig}{2\sqrt{2}}W^+_\mu[(\bar{\nu}^\lambda\gamma^\mu(1+\gamma^5)e^\lambda) + \\
(\bar{u}_j^\lambda\gamma^\mu(1+\gamma^5)C_{\lambda\kappa}d_j^\kappa)] + \frac{ig}{2\sqrt{2}}W^-_\mu[(\bar{e}^\lambda\gamma^\mu(1+\gamma^5)\nu^\lambda) + (\bar{d}_j^\kappa C^\dagger_{\lambda\kappa}\gamma^\mu(1+ \\
\gamma^5)u_j^\lambda)] + \frac{ig}{2\sqrt{2}}\frac{m_e^\lambda}{M}[-\phi^+(\bar{\nu}^\lambda(1-\gamma^5)e^\lambda) + \phi^-(\bar{e}^\lambda(1+\gamma^5)\nu^\lambda)] - \\
\frac{g}{2}\frac{m_e^\lambda}{M}[H(\bar{e}^\lambda e^\lambda) + i\phi^0(\bar{e}^\lambda\gamma^5 e^\lambda)] + \frac{ig}{2M\sqrt{2}}\phi^+[-m_d^\kappa(\bar{u}_j^\lambda C_{\lambda\kappa}(1-\gamma^5)d_j^\kappa) + \\
m_u^\lambda(\bar{u}_j^\lambda C_{\lambda\kappa}(1+\gamma^5)d_j^\kappa] + \frac{ig}{2M\sqrt{2}}\phi^-[m_d^\lambda(\bar{d}_j^\lambda C^\dagger_{\lambda\kappa}(1+\gamma^5)u_j^\kappa) - m_u^\kappa(\bar{d}_j^\lambda C^\dagger_{\lambda\kappa}(1-
\end{gathered}
$$

$$\gamma^5)u_j^\kappa] - \frac{g}{2}\frac{m_u^\lambda}{M}H(\bar{u}_j^\lambda u_j^\lambda) - \frac{g}{2}\frac{m_d^\lambda}{M}H(\bar{d}_j^\lambda d_j^\lambda) + \frac{ig}{2}\frac{m_u^\lambda}{M}\phi^0(\bar{u}_j^\lambda\gamma^5 u_j^\lambda) - \frac{ig}{2}\frac{m_d^\lambda}{M}\phi^0(\bar{d}_j^\lambda\gamma^5 d_j^\lambda) + \bar{X}^+(\partial^2 - M^2)X^+ + \bar{X}^-(\partial^2 - M^2)X^- + \bar{X}^0(\partial^2 - \frac{M^2}{c_w^2})X^0 + \bar{Y}\partial^2 Y + igc_w W_\mu^+(\partial_\mu\bar{X}^0 X^- - \partial_\mu\bar{X}^+ X^0) + igs_w W_\mu^+(\partial_\mu\bar{Y}X^- - \partial_\mu\bar{X}^+ Y) + igc_w W_\mu^-(\partial_\mu\bar{X}^- X^0 - \partial_\mu\bar{X}^0 X^+) + igs_w W_\mu^-(\partial_\mu\bar{X}^- Y - \partial_\mu\bar{Y}X^+) + igc_w Z_\mu^0(\partial_\mu\bar{X}^+ X^+ - \partial_\mu\bar{X}^- X^-) + igs_w A_\mu(\partial_\mu\bar{X}^+ X^+ - \partial_\mu\bar{X}^- X^-) - \frac{1}{2}gM[\bar{X}^+ X^+ H + \bar{X}^- X^- H + \frac{1}{c_w^2}\bar{X}^0 X^0 H] + \frac{1-2c_w^2}{2c_w}igM[\bar{X}^+ X^0\phi^+ - \bar{X}^- X^0\phi^-] + \frac{1}{2c_w}igM[\bar{X}^0 X^-\phi^+ - \bar{X}^0 X^+\phi^-] + igMs_w[\bar{X}^0 X^-\phi^+ - \bar{X}^0 X^+\phi^-] + \frac{1}{2}igM[\bar{X}^+ X^+\phi^0 - \bar{X}^- X^-\phi^0] \quad (11.9)$$

Das geschwungene $\mathcal{L}$ erinnert uns daran, dass wir es mit einer Lagrange-Dichte zu tun haben und deshalb für die Berechnung der Wirkung über die Raumzeit integrieren müssen. Dass es überhaupt möglich ist, sämtliche Felder der Fermionen und Bosonen zusammen mit allen Massen- und Eichtermen in einer Lagrange-Dichte zu formulieren, die alle Bewegungen und Wechselwirkungen der Elementarteilchen charakterisiert, das stellt einerseits eine gewaltige Leistung der Wissenschaft dar, wirft andererseits jedoch schwerwiegende Fragen auf: Soll das unsere Vorstellung von dieser Welt sein? Eine Gleichung mit extremer Informationsdichte, die nur aufgrund ihrer kompakten Schreibweise überhaupt auf einer Buchseite Platz findet? Seit Aristoteles suchen wir Menschen nach den Gesetzen, die die Welt im Innersten zusammenhalten. Unsere Neugierde hat uns unentwegt weitergetrieben, und nach vielen Generationen stehen wir vor einem mathematischen Ausdruck, den wir jedoch nur für sehr einfache Potentiale berechnen können. Komplexere Fragestellungen lösen wir durch numerische Näherungsverfahren. Kann man am Ende die Welt nur mit Hilfe von Großrechnern verstehen?

Ästheten stoßen sich an diesem komplizierten Aufbau und leiten davon ab, dass es eine tiefer liegende und schönere Theorie zur Beschreibung der fundamentalen Kräfte geben könnte. Idealerweise sollte sie auch die Gravitation einschließen. Um einer derart umfassenden Theorie einen würdigen Namen zu verpassen, wird sie gerne »Weltformel« oder, noch weniger bescheiden, »Theorie von Allem« genannt.

12 Jenseits des Standardmodells

Auf zu neuen Ufern!

12.1 Große vereinheitlichte Theorie

Lässt sich die Welt mit nur einer Kraft beschreiben?

Auf den ersten Blick wirkt es sehr ambitioniert, die drei Grundkräfte des Standardmodells und womöglich auch noch die Gravitation, also Kräfte, die unterschiedlicher kaum sein könnten, zu einer Kraft vereinen zu wollen. Zwei wirken nur innerhalb eines Atomkerns, die anderen mit unendlicher Reichweite zwischen Galaxienhaufen. Auch ihre Kopplungsstärken unterscheiden sich durch viele Größenordnungen. Die Hoffnung, all das mit einer einzigen Wechselwirkung beschreiben zu können, stützt sich im Wesentlichen auf zwei Argumente. Erstens, was wir wirklich messen, sind nicht die tatsächlichen Kopplungen der Felder, da die überall vorhandenen Quantenfluktuationen das Messergebnis verfälschen. Beispielsweise werden elektrische Ladungen durch die Vakuumpolarisation abgeschirmt (Abb. 8.36). Teilchen / Antiteilchen-Paare richten sich im Feld eines Elektrons entsprechend ihrer Ladung aus. Messen wir die Ladung innerhalb eines kugelförmigen Volumens um das Elektron, so befinden sich darin stets etwas mehr positive als negative Ladungen. Der Überschuss rührt her von den Quantenfluktuationen, die sich dicht an der Oberfläche der gedachten Kugel befinden – die positiven Ladungen gerade noch innerhalb, die negativen bereits außerhalb. Der Effekt vergrößert sich mit der Entfernung vom Elektron, weil die Oberfläche der Kugel entsprechend größer wird. Salopp formuliert spricht man von einer Abschirmung der elektrischen Ladung des Elektrons.

Umgekehrt nimmt die Abschirmung ab, wenn die Wechselwirkungspartner dichter zusammenrücken, z. B. bei sehr hohen Temperaturen. Dann finden zwischen ihnen immer weniger Quantenfluktuationen Platz, und man kommt bei einer Messung der tatsächlichen Kopplungsstärke näher. Dieses Phänomen der »running couplings« bzw. der »gleitenden Kopplungen« ist uns bereits bei den Feldtheorien begegnet, insbesondere in der Quantenchromodynamik. Allerdings reagieren nicht alle Kräfte gleichermaßen auf die Quantenfluktuationen. Wie wir gerade gesehen haben, steigt die Kopplungsstärke der elektromagnetischen Wechselwirkung bei hohen Energien an. Die Kopplungen der Schwachen und der Starken Kernkraft wiederum fallen bei hohen Energien ab. Für die QCD ist das leicht einsehbar. Weil die Kraft zwischen farbgeladenen Teilchen mit dem Abstand nicht abnimmt – siehe Gleichung (9.3) – und die Austauschteilchen selbst Farbladung tragen, wirken Quantenfluktuationen auf sie nicht abschirmend, sondern verstärkend. Im Extremfall haben wir gesehen, dass bei sehr kurzen Entfernungen – gleichbedeutend mit sehr hohen Energien – sogar asymptotische Freiheit herrscht. Wenn sich die Kopplungsstärken also mit zunehmender Energie aufeinander zubewegen, gibt es dann vielleicht ein Temperaturniveau im Universum, ab dem die Kopplungen dieser drei Kräfte identisch sind? Damit könnte man die stark unterschiedlichen Kopplungsstärken – wie wir sie in unserem »kalten« Universum messen – aushebeln.

Das zweite Argument liefert der Higgsmechanismus. Die Kräfte werden im Standardmodell grundsätzlich durch Teilchen vermittelt. Diese Eichbosonen werden dabei – vergleichbar mit einem Kurierdienst – zwischen den Wechselwirkungspartnern ausgetauscht. Die Eichbosonen der Schwachen Kernkraft sind sehr schwer, der virtuelle Kurierdienst hat entsprechend daran zu schleppen. Deshalb verfügt diese Grundkraft nur über eine kurze Reichweite. Die virtuellen Eichbosonen unterliegen der Unbestimmtheitsrelation $x \cdot p \approx \hbar$. Damit lässt sich ihre Reichweite x in Abhängigkeit der Masse leicht abschätzen. Wir setzen für den Impuls p Masse mal Geschwindigkeit und erhalten:

$$x \approx \frac{\hbar}{m \cdot v} \qquad (12.1)$$

Für die schweren W- und Z-Bosonen ergibt sich bei einer Geschwindigkeit von etwa 70 Prozent der Lichtgeschwindigkeit eine Reichweite von 10^{-18} Meter. Das deckt sich mit unserer Erwartung, dass die Schwache Wechselwirkung innerhalb der Kernbausteine wirkt. Die Reichweite der Starken Kernkraft schätzen wir anhand des Pion-Austausches ab, wie wir ihn in der QCD kennengelernt haben. Pionen sind rund 600-mal leichter als die Eichbosonen der Schwachen Wechselwirkung. Das ergibt eine Reichweite von grob 10^{-15} Meter. Das stimmt mit den Messwerten für die Größe von Protonen und Neutronen überein. Das Austauschteilchen der elektromagnetischen Kraft ist das masselose Photon, ein mühelos zustellbares »Päckchen«, entsprechend ist seine Reichweite unendlich. Wenn aber nun alle diese Eichbosonen im frühen Universum die identische Ruhemasse null hatten, weil eben noch kein Higgsfeld wirkte, das ihnen Ruhemasse verleihen hätte können, dann sind die unterschiedlichen Reichweiten passé.

Das ist Musik in den Ohren der Theoretiker. Der Higgsmechanismus fordert jedoch einen hohen Preis. Der spontane Symmetriebruch des Higgsfeldes vermittelt unterhalb eines kritischen Niveaus den eigentlich masselosen Elementarteilchen träge Masse. Die Allgemeine Relativitätstheorie wiederum fußt auf der Äquivalenz von träger und schwerer Masse, und die Gravitation koppelt an alle Teilchen – auch an Teilchen mit Ruhemasse null. Jede Form der Energie ist hier »schwer«. Der Begriff »Masse« wird zum Zankapfel zwischen relativistischer Quantenfeldtheorie und Allgemeiner Relativitätstheorie. Elektromagnetismus und Gravitation, die Jahrhunderte ein trautes Paar gebildet haben in der Beschreibung durch quadratisch abfallende Felder, haben sich auseinandergelebt. Gibt es eine Möglichkeit der Versöhnung? Gibt es eine Beschreibung der Gravitation im Kontext der relativistischen Quantenfeldtheorie? Die drei fundamentalen Wechselwirkungen des Standardmodells lassen sich durch Felder in der Raumzeit beschreiben. Ein masseloses Austauschteilchen – in Form des

Gravitons – liegt in den Köpfen der Theoretiker schon bereit. Das Feld der Gravitation ist allerdings die Raumzeit selbst. Gravitonen wären quantisierte Fluktuationen der Metrik, kleinste Störungen der Raumzeit – gewissermaßen kleinste Pakete von Gravitationswellen. Die gekrümmte Metrik der Allgemeinen Relativitätstheorie enthält allerdings mehr unabhängige Komponenten als die flache Metrik der Speziellen Relativitätstheorie, auf der die drei Wechselwirkungen des Standardmodells basieren. Das hat Konsequenzen für die theoretischen Eigenschaften des Gravitons. Insbesondere kann das Boson nicht den Spin $\hbar$ der bisherigen Austauschteilchen haben, sondern sollte den Spin $2 \cdot \hbar$ aufweisen.

12.1 Abdus Salam, Sheldon Glashow und Steven Weinberg (v. l. n. r.)

So verrückt diese Ideen zur Vereinheitlichung der Kräfte klingen mögen, für die Elektromagnetische und die Schwache Wechselwirkung ist das den amerikanischen Physikern Sheldon Glashow und Steven Weinberg und unabhängig von ihnen dem pakistanischen Kollegen Abdus Salam in Form der sogenannten »elektroschwachen Wechselwirkung« (Nobelpreis 1979) bereits in den 1960er-Jahren gelungen: Bei einer Energie oberhalb von 10^{23} eV schneiden sich ihre gleitenden Kopplungen (Abb. 12.2, grau gestrichelte Linien). Dummerweise segelt die energieabhängige Kopplung der Starken Kernkraft an diesem Schnittpunkt vorbei. Das war ein herber Dämpfer für die Suche nach einer Vereinheitlichten Kraft. Doch Misserfolge in der Wissenschaft sind oft der Nährboden, auf dem neue Ideen wachsen – so auch in diesem Fall. Hatte man eine wesentliche Zutat vergessen?

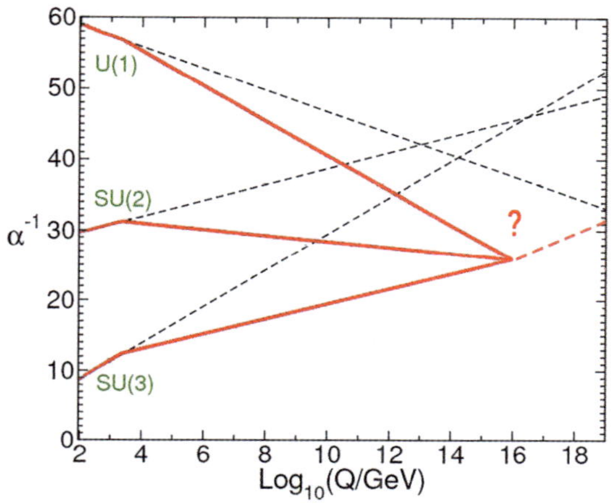

12.2 Extrapoliert man die (inversen) Kopplungsstärken $1/\alpha$ der elektromagnetischen Kraft U(1), der Schwachen Kernkraft SU(2) und der Starken Kernkraft SU(3) zu hohen Energien Q, findet man ohne Supersymmetrie (schwarze, gestrichelte Kurven) keinen gemeinsamen Schnittpunkt. Unter Berücksichtigung der Supersymmetrie (rote Kurven) knicken die Graphen ab, sobald die Energie hoch genug ist für die Erzeugung dieser zusätzlichen Partnerteilchen, und alle (inversen) Kopplungsstärken treffen sich in einem gemeinsamen Punkt.

12.2 Supersymmetrie
Hat jeder Topf seinen Deckel?

Erinnern wir uns nochmals daran, warum die Kopplungskonstanten überhaupt energieabhängig sind. Die Ursache liegt in der Vakuumpolarisation, d.h. an den geladenen virtuellen Teilchen/Antiteilchen-Paaren der Quantenfluktuationen. Die aufgrund von Quantenfluktuationen des Vakuums entstehenden virtuellen Teilchen schirmen dabei die Ladungen ab. Wenn wir also das Gleiten der Kopplungen bei hohen Energien verändern wollen, brauchen wir zusätzliche geladene Teilchen im Standardmodell, die so viel Masse aufweisen, dass sie erst bei ausreichend hohen Energien in Form von virtuellen Teilchen/Antiteilchen-Paaren in Erscheinung treten und die Vakuumpolarisation verstärken.

Das Standardmodell bedarf einer Erweiterung, nur woher nehmen und nicht stehlen? Gibt es eine weitere Symmetrie, die es noch zu berücksichtigen gilt? Die Symmetrien der Raumzeit sind erschöpft, und die Erhaltung der elektrischen Ladung hat zur Eichsymmetrie geführt – welche Erhaltungsgröße haben wir außer Acht gelassen? Neben der Ladung bleibt eine weitere Quanteneigenschaft erhalten: der Spin. Damit könnte eine fundamentale Symmetrie verknüpft sein, die man »Supersymmetrie« oder kurz »Susy« nennt. Die Fermionen bilden die Materie, ihr Spin beträgt $\hbar/2$. Die Bosonen vermitteln die fundamentalen Kräfte, ihr Spin beträgt $\hbar$. Einige exotische Teilchen weisen auch Vielfache davon auf, man spricht deshalb auch gern von halbzahligem und ganzzahligem Spin. Wie übersetzen wir das in eine Symmetrieoperation – am besten in eine Drehung? Bitte das Wort »Drehung« hier nicht verwechseln mit der überholten Interpretation des Spins als Eigendrehimpuls. Darüber sind wir längst hinaus – die Gründe hierfür haben wir bereits beim Orbitalmodell angegeben. In unserem Weltbild ist der Spin eine innere quantenmechanische Eigenschaft. Wir suchen vielmehr eine Drehung der Teilchensorten mit unterschiedlichen Spins in einem übergeordneten abstrakten Raum. Wie soll das aussehen? Wie platzieren wir die Protagonisten des Standardmodells in diesem abstrakten Raum? Bei einem skalaren Teilchen mit Spin 0 sollte das trivial sein. Wir können es in diesem Raum als Punkt interpretieren, d. h. es sieht von allen Seiten betrachtet gleich aus – oder in der Terminologie der Symmetrie: Spin null ist invariant unter beliebiger Rotation. Damit hätte das Higgsteilchen schon mal Platz genommen. Auf welche Stühle setzen wir Photonen, Gluonen, W- und Z-Bosonen? Ihr Spin beträgt $\hbar$. Sie bekommen Stühle in Form von Pfeilen (deshalb nennt man sie auch »Vektorbosonen«). Pfeile sind invariant unter Drehung von 360 Grad. Jetzt wird es für den Platzanweiser etwas knifflig: Am Einlass stehen Bosonen mit Spin $2\hbar$. Sie sollen invariant sein unter einer Drehung um 180 Grad. Wir stellen sie dar als Pfeile mit zwei Spitzen – an jedem Ende eine. Damit wäre das Boarding für die Business-Class beendet – alle Bosonen haben es sich bequem gemacht. In der Economy-Class drängt nun die Materie herein – die Fermionen. Ihr Spin beträgt nur $\hbar/2$, d. h. sie benötigen zwei vollständige Umdrehungen, um wieder genauso auszusehen wie vorher. In der Economy-Class gibt es keine bequemen Pfeile – so ist das Leben.

Die Frage ist nun: Gibt es in der Welt der Elementarteilchen Gerechtigkeit? Gibt es in der Business-Class freie Plätze für die geplagten Fermionen und in der Economy für die verwöhnten Bosonen? Dafür wäre eine Symmetrietransformation notwendig, die den Spin jeweils um $\hbar/2$ erhöht oder erniedrigt. Und damit kommen wir zur Gretchenfrage: Sollte es diese Plätze geben, sitzt da vielleicht schon jemand? Gibt es womöglich zu jedem Fermion ein Boson – wobei beide durch eine Symmetrietransformation ineinander umgewandelt werden? Damit wäre nicht nur Gerechtigkeit hergestellt, sondern eine fundamentale Symmetrie zwischen Materie und Kräften angelegt, die die Ästheten mit der Zunge schnalzen ließe. Ein faszinierendes Spielzeug für die Gedankenspiele der theoretischen Physik! Noch bevor die Kollegen aus der Experimentalphysik Schritt halten und die Symmetrie in Beschleunigern nachweisen können, führen wir gleich mal einen spontanen Symmetriebruch ein. Unterhalb eines kritischen Energieniveaus sollen die Susy-Teilchen – bis auf einen letzten Mohikaner, zu dem wir noch kommen – wieder verschwinden, ansonsten handeln wir uns große Probleme ein. Beispielsweise würden die bosonischen Partner des Elektrons – die Selektronen – sich auf den niedrigsten Energieniveaus um Atomkerne tummeln. Als Bosonen sind sie ja vom Pauli-Ausschließungsprinzip freigestellt. Das würde nicht nur die Ladung so sehr abschirmen, dass wir es längst hätten messen müssen – es würde genau genommen gar keine Atome geben und damit weder Messgeräte noch uns. Ergo: Supersymmetrie ja, aber bitte nur bei hohen Energien. Das würde auch erklären, warum sie uns bislang am LHC nicht ins Netz gegangen sind. Die supersymmetrischen Partnerteilchen könnten so schwer sein, dass ihre Erzeugung nicht innerhalb unserer Energiereichweite liegt.

Für die Suche nach einer großen vereinheitlichten Theorie wären diese Teilchen ein wahrer Segen. Ab 10^{12} eV könnten sie nämlich die fehlenden Quantenfluktuationen beitragen, um die Kopplungen effektiver zu schirmen und sie um einen Faktor 25 in der Energieskala zu verschieben. Und tatsächlich ergibt sich theoretisch unter Berücksichtigung dieser Verschiebung knapp oberhalb von 10^{25} eV ein gemeinsamer Schnittpunkt aller Kräfte (Abb. 12.2). Damit nicht genug – die zusätzlichen Quantenfluktuationen würden auch lästige Divergenzen im Standardmodell befrieden. Die zusätzlichen Feynman-Diagramme liefern bei supersymmetrischen Partnerteilchen, die sich abgesehen vom Spin durch keine weitere Quantenzahl unterscheiden, den identischen Beitrag zur Vakuumenergie – allerdings mit umgekehrten Vorzeichen. Die bislang divergenten Terme fallen in sich zusammen und ergeben die langersehnte Null. Insbesondere für die Berechnung der Masse des Higgsteilchens wäre das der angekündigte Segen. Als skalares Boson (Spin 0) ist es besonders anfällig gegenüber Divergenzen. Die Susy erweist sich als Allzweckwaffe – ein Charme, dem sich nur wenige theoretische Physiker entziehen können. Leider holt uns die größte wissenschaftliche Spaßbremse – der LHC – laufend aus unseren Traumschlössern zurück auf den Boden der Tatsachen. Der Bereich bis 400 GeV gilt als zuverlässig abgegrast, und die Treibjagd wird gerade bis auf 600 GeV ausgeweitet. Nach wie vor konnte kein einziges Susy-Teilchen aufgescheucht werden.

Auch ein indirekter Nachweis wäre möglich, Susy prognostiziert nämlich einen Zerfall des Protons in ein Positron und ein neutrales Pion. Die mittlere Halbwertszeit jedes einzelnen Protons wäre zwar mit 10^{31} bis 10^{36} Jahren angesichts eines Universums, dass gerade mal 13,8 Milliarden Jahre auf dem Buckel hat, beachtlich, wenn man aber ausreichend viele Protonen an einem Ort zusammenbringt, sollten statistisch durchaus Zerfälle nachweisbar sein. Nahe der japanischen Gemeinde Kamioka wurde deshalb in einer ausgedienten Mine ein Tank mit 50 000 Tonnen hochreinem Wasser installiert. Das entspricht rund 10^{34} Protonen. Im Experiment konnten mittlerweile viele Neutrinos nachgewiesen werden, jedoch kein einziger Zerfall eines Protons. Dieses Signal wäre eindeutig von Neutrinosignalen zu unterscheiden. Nachdem die Wissenschaftler dort seit 1996 vergeblich auf der Lauer liegen, haben sie den Erwartungswert für die Lebensdauer des Protons bis auf 10^{35} Jahre hochgeschraubt. Wie es aussieht, gilt für Protonen der alte Vulkaniergruß »Live long and prosper« (Lebe lange und erfolgreich). Die Grundlagenforscher wollen es aber jetzt wissen und lassen nicht mehr locker – bereits für das Jahr 2020 ist der Bau eines noch größeren Tanks (260 000 Tonnen) geplant: des Hyper-Kamiokande. Die Luft wird sehr dünn für Susy.

Das hält uns aber nicht davon ab, bereits fleißig Namen zu vergeben für die hypothetischen Teilchen. Anfangs setzte man vor die Bezeichnung der supersymmetrischen Bosonen die Silbe »Skalar«, beispielsweise Skalarelektron. Mittlerweile ist diese Konvention der Sprachfaulheit der Wissenschaftler zum Opfer gefallen, und man begnügt sich mit dem Buchstaben »S«. Das supersymmetrische Boson des Elektrons hört jetzt auf den Namen »Selektron«. Analog wird allen anderen Fermionen ein »S« vorangestellt: Squark, Sneutrino, Smyon, Stau. Bei den supersymmetrischen Partnerteilchen der Bosonen fügt man wiederum die Silbe »ino« an. Der Higgs-Partner heißt »Higgsino«, der Z-Partner »Zino«; und mein persönlicher Favorit, der Partner des W-Bosons, heißt »Wino«. Wo sind nur die historischen schönen griechischen Bezeichnungen geblieben? Bereits bei den Quantenflavours mussten wir feststellen, dass eine Begabung für moderne theoretische Physik offensichtlich selten einhergeht mit einem Gespür für sinnvolle Namensgebungen. Insbesondere vor Eisdielen sollte man sicherheitshalber ein Schild anbringen: »Teilchenphysiker müssen draußen bleiben.«

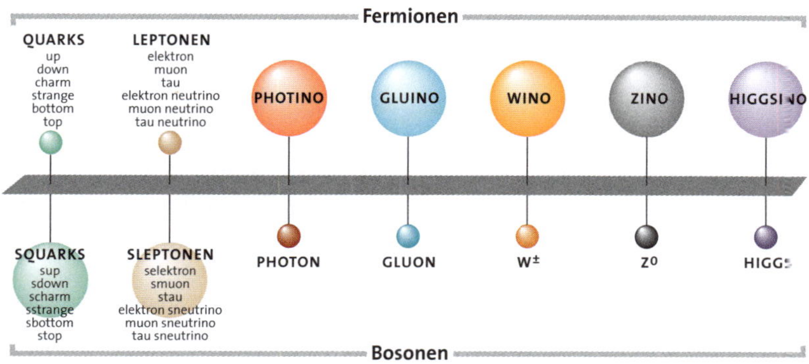

12.3 Die einfachste supersymmetrische Erweiterung des Standardmodells. Jedes Teilchen erhält einen Partner, der sich lediglich im Spin um $\hbar/2$ unterscheidet.

Konzentrieren wir uns auf das einfachste unter einer Vielzahl möglicher Susy-Modelle. Dieses sogenannte »MSSM« (Minimales Supersymmetrisches Standard Modell) wurde 1981 von Howard Georgi und Savas Dimopoulos (Harvard University) vorgeschlagen. Der Teilchenzoo beinhaltet 32 Teilchen und 24 Antiteilchen (manche Teilchen sind – wie das Photon – ihre eigenen Antiteilchen). Je nachdem, wie geschickt man den Symmetriebruch modelliert, treten auch gemischte Zustände auf – alles in allem keine leichte Kost. Wenden wir uns lieber wieder den Vorteilen der Theorie zu. Die Susy hat nämlich noch ein Ass im Ärmel: Wie die gewöhnlichen Teilchen des Standardmodells, so würden auch Susy-Teilchen der Schwachen Wechselwirkung unterliegen, d. h. zerfallen. Zerfälle finden aber in der Regel nur in Richtung leichterer Teilchen statt, allein schon wegen des Minimalprinzips. Für die Erzeugung schwerer Teilchen wäre zusätzlich Energie nötig. Am Ende der Susy-Zerfallskaskaden müsste also das leichteste Susy-Teilchen übrig bleiben. Dieses elektrisch neutrale Teilchen – die Physiker haben bereits den Namen »Neutralino« dafür reserviert – wäre gemessen an den bestehenden Teilchen des Standardmodells immer noch sehr massiv. Ein elektrisch neutrales Teilchen mit hoher Masse wäre ein idealer Kandidat zur Lösung eines Problems, das wir bislang verschwiegen haben. Wieder einmal sind dunkle Wolken aufgezogen – dunkel im wahrsten Sinne des Wortes.

12.3 Dunkle Materie und Dunkle Energie
Was wir wissen, ist ein Tropfen – was wir nicht wissen, ein Ozean

Die nächste anstehende Etappe führt uns leider durch ein sehr dunkles Tal. Bitte alle Stirnlampen aufsetzen und dicht zusammenbleiben – bei vielen Wegen ist noch nicht klar, wohin sie führen. Ende der 1960er Jahre waren die Spektrographen so weit verfeinert worden, dass es Astronomen möglich wurde, die Bewegungen von Wasserstoffwolken in entfernten Galaxien zu verfolgen. Kent Ford hatte am Carnegie Institute in Washington ein entsprechendes Gerät entwickelt und beobachtete damit zusammen mit Vera Rubin (1928–2016) die Umlaufgeschwindigkeiten der Wolken und Sterne in der Andromeda-Galaxie. Zu ihrem Erstaunen ergaben sich dabei in unterschiedlichen Entfernungen vom Zentrum stets Werte um 200 km / s – ein klarer Widerspruch zum dritten Keplerschen Gesetz, wonach die Umlaufgeschwindigkeit in den äußeren Bereichen der Spiralgalaxie abfallen sollte. Der Zentralbereich von Spiralgalaxien dreht sich annähernd wie ein starrer Körper, weil die Objekte sich so nahe stehen, dass sie gravitativ sehr stark gebunden sind. Nach außen hin können allerdings Sterne und Nebel immer mehr als eigenständige Objekte angesehen werden, die sich um das Galaxienzentrum drehen. Das sollte sie auf Keplerbahnen zwingen – analog zu den Planetenbahnen um die Sonne.

Planeten müssen umso schneller unterwegs sein, je näher sie sich an der Sonne befinden – sie benötigen schlichtweg mehr kinetische Energie, um der stärkeren Anziehung zu widerstehen. Das ist uns bereits bei den Lagrange-Punkten aufgefallen. Es gilt:

$$\frac{m \cdot v^2}{r} = \frac{G \cdot M \cdot m}{r^2} \tag{12.2}$$

Die Planetenmasse haben wir dabei mit m und die Masse der Sonne mit M bezeichnet. Wie sich das für ein allgemeingültiges Gesetz gehört, spielt die Planetenmasse m keine Rolle, d. h. sie kürzt sich in der Gleichung weg. Für die Umlaufgeschwindigkeit in Abhängigkeit des Abstandes r vom Zentrum folgt damit:

$$v^2 = \frac{G \cdot M}{r} \text{ bzw. } v = \sqrt{\frac{G \cdot M}{r}} \tag{12.3}$$

$G \cdot M$ ist im Falle der Sonne eine Konstante, und auch im Außenbereich von Spiralgalaxien stellt das eine gute Näherung dar, weil sich der Großteil der Masse im Zentralbereich befindet. Die Umlaufgeschwindigkeit sollte also mit wachsendem r abfallen gemäß

$$v \sim \frac{1}{\sqrt{r}} \tag{12.4}$$

Im Zentralbereich der Spiralgalaxien hingegen dürfen wir die Zentralmasse nicht als konstant annehmen – hier wollen wir unterstellen, dass wir uns im Inneren eines starr rotierenden Körpers befinden. Nehmen wir den einfachsten Fall an: eine Kugel mit homogener Massenverteilung. Für jeden Abstand r vom Zentrum ergibt sich nun ein anderer Wert für M gemäß M = Volumen(r) mal Dichte. Da wir uns nur für die Abhängigkeit von r interessieren, können wir die konstanten Terme gleich weglassen und erhalten $M \sim r^3$. Setzen wir M in unsere Beziehung (12.3) für die Umlaufgeschwindigkeit ein, so folgt

$$v \sim \sqrt{\frac{Gr^3}{r}} \text{ bzw. } v \sim r \qquad (12.5)$$

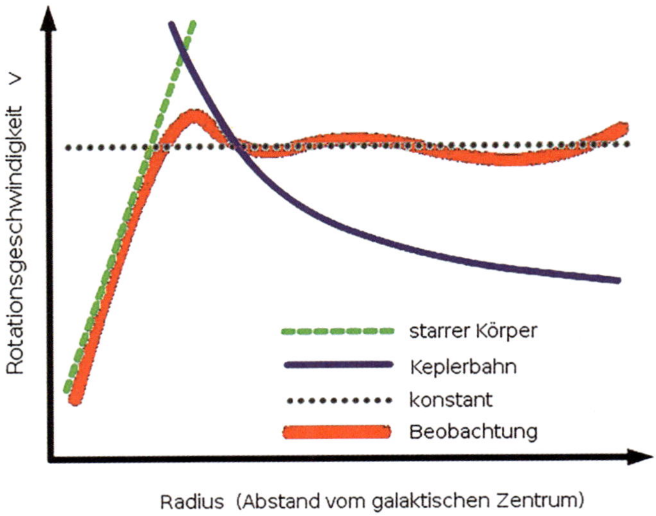

12.4 Grün: Im Zentralbereich einer Spiralgalaxie sind die Objekte gravitativ so stark gebunden, dass sie in guter Näherung als starrer Körper angenommen werden können. Die Rotationsgeschwindigkeit steigt linear mit der Entfernung an. Blau: Objekte, die weiter außerhalb liegen, bewegen sich theoretisch auf Keplerbahnen. Ihre Rotationsgeschwindigkeit sollte gemäß $v \sim 1/\sqrt{r}$ abfallen. Rot: Die Beobachtungen zeigen nahe dem Zentrum den erwarteten Anstieg, die Umlaufgeschwindigkeiten der Sterne fallen jedoch nach außen hin nicht ab.

So weit zum Erwartungswert von Rubin und Ford: Die Umlaufgeschwindigkeiten sollten im Zentralbereich linear ansteigen und zu größeren Abständen hin allmählich abfallen. Die Messungen zeigten jedoch einen anderen Verlauf (siehe Abb. 12.4).

Die Messungen deuteten offensichtlich darauf hin, dass hier noch jemand oder etwas gravitativ zieht. Bereits 1922 haben der englische Physiker und Mathematiker James Jeans (1877–1946) und zehn Jahre später der Schweizer Astronom Fritz Zwicky (1898–1974) bei der Analyse von Galaxien und Galaxienhaufen darauf hingewiesen, dass dafür eine zusätzliche »unsichtbare« Masse nötig ist. Zusätzlich gestützt wurde diese Vermutung außerdem durch die Beobachtungen von Gas, das aufgrund seiner extremen Temperaturen mühelos die gravitative Bindung der sichtbaren Materie verlassen könnte, aber auf rätselhafte Weise zurückgehalten wurde. Erdrückend wurde die Beweislast schließlich durch das Aufkommen der Computersimulationen in der Kosmologie. Nicht nur Galaxien und Galaxienhaufen verhielten sich, als wäre dort viel mehr unsichtbare Masse als sichtbare im Spiel, auch die Entwicklung des Universums als Ganzes gab Rätsel auf. Im Urknall entstand eine große Menge an Materie und Antimaterie, die bereits 10^{-10} Sekunden später nahezu vollständig zu Photonen zerstrahlte. Diese Photonen füllen seither das Universum sehr gleichförmig aus – man nennt sie deshalb »Kosmische Hintergrundstrahlung«. Die QED hat uns gelehrt, dass Photonen sehr stark an Elektronen koppeln. Deshalb war es theoretisch nicht möglich, in der Frühphase des Universums, als sich die Strahlung noch auf einem sehr hohen Energieniveau befand, Materie zu ersten Strukturen zu verbinden. Jede kleinste Verklumpung wäre unmittelbar wieder durch die überall vorhandene harte Hintergrundstrahlung zerstört worden. Man spricht von der sogenannten »Silk-Dämpfung«, weil Joseph Silk (geb. 1942) als Erster darauf hingewiesen hat.

Tatsächlich erweist sich die Silk-Dämpfung als stärkstes Indiz für die Existenz einer zusätzlichen Materieform, die man »Dunkle Materie« taufte. In den vorausgegangenen Überlegungen hätte man nämlich stets sichtbare, d. h. baryonische Materie unterstellen können, die schlichtweg zu leuchtschwach für unsere Teleskope ist. Jede Menge Masseverklumpungen, die es nicht bis zur Zündung der Kernfusion geschafft haben, kleine Schwarze Löcher, ausgebrannte Sternleichen etc. könnten dort draußen ihr Unwesen treiben und beispielsweise die Rotation von Spiralgalaxien beeinflussen. Tatsächlich müsste man diese sogenannten MACHOS (massive astrophysical compact halo objects) lediglich in ausreichender Menge homogen in einer Kugel um das Galaxienzentrum verteilen – in einem sogenannten »Materiehalo« –, damit die theoretischen Umlaufgeschwindigkeiten der Galaxien mit den beobachteten übereinstimmen. Die Idee kann man unmittelbar an Abb. 12.4 ablesen: Die gravitative Wirkung einer zusätzlichen kugelförmigen Materieanordnung würde nach außen hin ansteigen und könnte den Abfall der blauen Kurve kompensieren. Allerdings ist es schwierig zu argumentieren, warum diese kugelförmige Materieverteilung nicht – wie die gesamte baryonische Materie sonst auch – gravitativ zu einer Scheibe kollabiert. Plausibler wäre deshalb ein Halo aus Materie, die nicht elektromagnetisch wechselwirkt. Diese nichtbaryonische Materie würde keine Photonen emittieren und könnte deshalb keine Energie auf diesem Weg aus dem System transportieren. Von der sichtbaren Materie wissen wir, wie wichtig diese Kühlmechanismen für einen erfolgreichen gravitativen Kollaps sind. Ohne ausreichende Kühlung heizt sich das Material zu stark auf, wodurch der thermische Gegendruck dramatisch ansteigt und letztlich den Kollaps verhindert. Das könnte erklären, warum die Dunkle Materie trotz ihrer gravitativen Wechselwirkung in einem kugelförmigen Halo verteilt bleibt, während die baryonische Materie zu einer Scheibe kollabiert.

Übereinstimmung der Beobachtungen mit der Theorie lässt sich alternativ auch völlig ohne zusätzliche Materie erreichen, wenn man bereit ist, das Newtonsche Gravitationsgesetz für sehr kleine Beschleunigungen anzupassen. Diese Ansätze fasst man unter der Bezeichnung »MOND« zusammen, für Modified Newtonian Dynamics. 1983 führte beispielsweise Mordehai Milgrom am Weizmann-Institut (Israel) kurzerhand eine neue Naturkonstante ein in Form einer zusätzlichen Beschleunigung a_0 der Größenordnung $10^{-10}\,m/s^2$. Sie soll bei sehr geringer Gravitation zuschlagen und den weit vom galaktischen Zentrum entfernten Objekten auf die Sprünge helfen. Dass man hierfür im Gegenzug sowohl die Impulserhaltung als auch die Relativitätstheorie verletzt, das wurde Jacob Bekenstein von der Universität Jerusalem dann doch zu bunt, und er formulierte eine lorentzinvariante MOND-Theorie, die er TeVeS nannte für Tensor-Vektor-Skalar-Gravitationstheorie. Sie verschont die Erhaltungssätze und ist auch mit den Ergebnissen der Gravitationslinsen vereinbar. MOND ist ein gutes Beispiel dafür, wie schwer es angesichts der vielen theoretischen und experimentellen Leitplanken geworden ist, eine neue Theorie zu platzieren. Im Jahr 2018 wurde von Galaxien berichtet, die sich scheinbar brav an die Keplerrotation halten. Das hätte die Theorie falsifiziert, da es wesentlich plausibler erscheint, dass dort Dunkle-Materie-Teilchen fehlen, als dass in diesen Galaxien ein anderes Gravitationsgesetz gilt. Doch im Sommer 2019 erkannte man, dass die beobachteten Anomalien der Galaxien auf eine falsche Entfernungsbestimmung zurückzuführen sind, und MOND war wieder im Rennen.

Allerdings ist MOND nach wie vor nicht in der Lage, die Strukturbildung im frühen Universum zu erklären. Die extreme Strahlung hat selbst kleinste Verklumpungen baryonischer (sichtbarer) Materie wieder zerschlagen. Wenn sich also Strukturen gebildet haben, muss es offensichtlich einen zusätzlichen Player geben, der sich nicht oder nur sehr schwach von der harten kosmischen Hintergrundstrahlung beeindrucken lässt und somit lange vor der baryonischen Materie klumpen konnte. Nahe am Urknall war das Universum so heiß, dass seine Bestandteile ein für Licht undurchdringbares Plasma bildeten. Im Plasmazustand waren die Elektronen von den Kernen getrennt – so ist es ja gerade definiert. Freie Elektronen wechselwirken sehr stark mit Photonen, d. h. sie streuen sie, ähnlich wie die Wassertröpfchen im Nebel das Licht eines Scheinwerfers. Erst als das Universum bereits 379 000 Jahre alt war und eine Größe von etwa einem Promille seiner heutigen Ausdehnung hatte, war die Hintergrundstrahlung so weit abgekühlt, dass die Elektronen von den Protonen festgehalten werden konnten. Man nennt diesen Zustand gerne »last scattering« (letzte Streuung) – der »Plasmanebel« hatte sich gelichtet, und die Hintergrundstrahlung hatte freie Bahn. Die mittlere Temperatur der Hintergrundphotonen war bereits lange vorher unter die Bindungsenergie des Wasserstoffs gefallen. Dass der Elektroneneinfang trotzdem so lange auf sich warten ließ, liegt daran, dass es über eine Milliarde mal mehr Photonen als Elektronen gibt im Universum. Bei der Zerstrahlung von Materie und Antimaterie ist eben nur sehr wenig Materie übrig geblieben. Bei einer gegebenen Temperatur weisen nicht alle Photonen exakt die mittlere Energie auf, sondern sie genügen einer Planckverteilung – wie wir bereits im Kapitel zur Quantenmechanik gesehen haben. Ein winziger Bruchteil der Photonen verfügt demnach über weitaus höhere Energie. Solange dieser Bruchteil nicht unter ein Milliardstel abgefallen ist, sieht sich im Schnitt immer noch jedes Elektron mindestens einem »bedrohlichen« Photon gegenüber. Erst anschließend gingen Elektronen und Hintergrundphotonen getrennte Wege, und die ersten Atome konnten sich nachhaltig bilden. Seither hat sich das Universum um einen Faktor 1089 auf 2,725 Kelvin abgekühlt, und die Wellenlänge der Hintergrundphotonen wurde in den Millimeterbereich rotverschoben. Bereits Ende der 1940er-Jahre hatten die amerikanische Physiker Ralph Alpher und Robert Hermann darauf hingewiesen, dass die Hintergrundstrahlung im Mikrowellenbereich nachweisbar sein müsste. Sie teilten jedoch das Schicksal des russisch-amerikanischen Kernphysikers George Gamow, dessen Publikationen zu diesem Thema ebenfalls keine Aufmerksamkeit geschenkt wurde.

Der Nachweis der Hintergrundstrahlung war deshalb purer Zufall. Der geborene Münchner Arno Penzias und sein amerikanischer Kollege Robert Wilson – beide Ingenieure an den Bell Laboratories in New Jersey – waren 1965 bei der Eichung einer 15 Meter großen Hornantenne auf ein rätselhaftes Rauschen gestoßen. Das Mikrowellensignal war aus allen Richtungen gleichermaßen stark und ließ sich trotz intensivster Bemühungen nicht entfernen. Tja, so schnell kann es gehen: 1978 wurde den beiden für die Ent-

12.5 Arno Penzias (rechts) und Robert Wilson vor der 15 Meter großen Hornantenne in New Jersey

deckung der Hintergrundstrahlung der Nobelpreis zugesprochen. Anschließend wurden Messgeräte in Ballons in luftige Höhen verbracht, um die störenden Einflüsse der Atmosphäre zu minimieren. 1992 hat man dann sogar eigens den Satelliten COBE (Cosmic Background Explorer) ins All geschossen – man wollte die Auflösung des Mikrowellensignals so weit erhöhen, dass sich darin die ersten Dichteschwankungen der Materie, die erste Strukturbildung verrieten. Die Mission unter der Federführung von George Smoot und John Mather (Nobelpreis 2006) war ein voller Erfolg. Die Dichteschwankungen konnten auf einer Skala von 10^{-5} festgemacht werden.

12.6 George Fitzgerald Smoot III (links) und John Mather

Stephen Hawking bezeichnete die Vermessung der Dichtefluktuationen in der Londoner *Times* als »größte Entdeckung des Jahrhun-

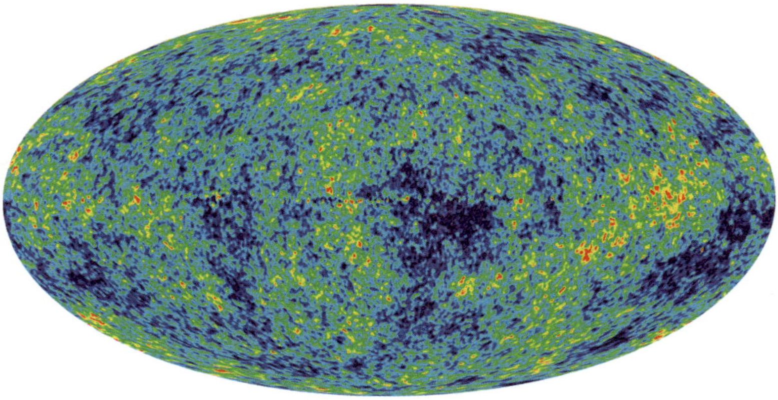

12.7 Die kosmische Hintergrundstrahlung, aufgenommen durch die WMAP-Mission 2001–2010. Die Farben kodieren die Abweichung von der mittleren Temperatur 2,725 Kelvin.

derts, wenn nicht sogar aller Zeiten«. Weitere Satellitenmissionen folgten mit WMAP (Wilkinson Microwave Anisotropy Probe) und »Planck«. Sie sollten Hawking recht geben – die Aufnahmen der Hintergrundstrahlung erweisen sich bis zum heutigen Tag als wahre Fundgruben für die Kosmologie.

Das Verfahren wurde immer weiter verbessert. Wenn man aus allen Richtungen die eintreffende Mikrowellenstrahlung vermisst, dann sind darunter auch Photonen aus Störquellen. Für ein bestmögliches Bild der kosmischen Hintergrundstrahlung werden die Aufnahmen deshalb in neun verschiedenen Wellenlängenbereichen durchgeführt. Die störenden Photonen aus der Milchstraße, aus anderen Galaxien und dem intergalaktischen Medium zeigen sich darauf unterschiedlich stark – damit kann die Spreu vom Weizen getrennt werden. Ziel ist es, das Zusammenspiel von Materie und Photonen im frühen Universum möglichst genau zu erkennen. In den Dichtefluktuationen lässt sich nicht nur die Strukturbildung ablesen, sondern auch auf die Zusammensetzung des Universums schließen. Nahe am Urknall waren Strahlung, baryonische und Dunkle Materie homogen im Raum verteilt. Durch fortwährende Stöße hielten sie ein einheitliches Temperaturniveau. Diesen Zustand bezeichnet man als »thermodynamisches Gleichgewicht«.

Die Expansion des Universums verringert die Temperatur kontinuierlich und lässt die Entfernungen anwachsen. Ihr Gegenspieler ist die Gravitation – sie wirkt auf alle Bestandteile des Universums, ihr Ziel ist die Verdichtung. Die Spielfiguren in diesem kosmischen Wettkampf sind sehr unterschiedlich – die Materie hat es gern gemütlich, während die Photonen mit ihrer hohen Geschwindigkeit Hektik verbreiten. Solange die baryonische Materie im Plasmazustand vorlag, wurde sie von der Hintergrundstrahlung isotrop – also von jedem Punkt ausgehend in alle Richtungen gleichermaßen – in unzähligen Wechselwirkungen vor sich hergetrieben. Die Dunkle Materie ließ sich von diesem Treiben nicht beeindrucken. Sie wechselwirkte zwar gravitativ mit der davoneilenden baryonischen Materie, akzeptierte aber zunächst, dass die Strahlung das Geschehen dominierte. Erst als die baryonische Materie so weit enteilt und somit der Strahlungsdruck lokal weit genug abgefallen war, gewann die gravitative Anziehung wieder die Oberhand. Die Dichte der Materie und an sie gekoppelt die Photonendichte stiegen wieder an, bis der Strahlungsdruck hoch genug war, um das Spiel von neuem beginnen zu lassen. Erst mit dem last scattering fanden diese sogenannten baryonischen akustischen Oszillationen ein plötzliches Ende. Baryonische Materie und kosmische Hintergrundstrahlung gingen von nun an getrennte Wege. Die Gravitation zwischen sichtbarer und Dunkler Materie obsiegte ein letztes Mal, und die Strukturbildung nahm ihren Lauf. Gerade rechtzeitig, da die Expansion des Universums unaufhaltsam das erzeugt, was die Gravitation am meisten schwächt: Entfernung.

Der weitere Verlauf wird nun davon bestimmt, wie im kosmischen Tauziehen der Gravitation und der Expansion die Kräfte verteilt sind. Mitten hinein in dieses kosmische Treiben erstellen wir nun mit Hilfe unserer Satellitenmissionen ein Bild des kosmischen Mikrowellenhintergrunds – eine Momentaufnahme des frühen Universums. Dummerweise sehen wir darin nur die Photonen der Hintergrundstrahlung. Wir kennen jedoch ihre Anzahl und ihre Temperatur. Die Temperaturschwankungen verraten uns die Dichteschwankungen der Materie. Photonen, die einem dich-teren Bereich entkommen mussten, wurden dabei stärker rotverschoben. Die Temperaturkarte der Photonen lässt sich dadurch in eine Positionskarte der Materie übersetzen. Wenn wir darin bestimmen, wie viel Strecke die baryonische Materie im Tauziehen zwischen Strahlungsdruck und Gravitation der Dunklen Materie im Mittel zurückgelegt hat, können wir die Menge der dazu passenden Dunklen Materie berechnen. Statistisch erscheint uns diese Strecke heute unter einem Beobachtungswinkel von 1 Grad. Demnach gibt es mindestens fünfmal mehr Dunkle als sichtbare Materie im Universum.

Vielleicht setzen wir uns hier für eine kurze Rast, damit ich Ihnen etwas erzählen kann. Ganz nebenbei erhalten wir nämlich aus den Daten der Hintergrundstrahlung auch Aufschluss darüber, welche Topologie unser Universum aufweist, d. h. wie es gekrümmt ist. Wie messen wir nochmals Krümmung? Richtig – indem wir möglichst große Dreiecke betrachten und deren Winkelsumme messen. Aber wie zeichnet man in einem Universum möglichst große Dreiecke? Wir suchen am heutigen Nachthimmel diejenigen großräumigen Objekte, die sich aus den ersten Verklumpungen auf dem Foto des last scattering ergeben haben. Die Gravitation hat sie in über 13 Milliarden Jahren zu gewaltigen Strukturen gemästet. Seit der Jahrtausendwende durchmustern wir ein Drittel des Himmels in unterschiedlichen Wellenlängen nach diesen großräumigen Strukturen. In den Daten dieses SDSS (Sloan Digital Sky Survey) stellt man die heutigen statistischen Entfernungen zwischen den großräumigen Strukturen den statistischen Dichteschwankungen im last scattering gegenüber. Wir verbinden geometrisch gewissermaßen die Saatkörner mit den Objekten, die daraus geworden sind. Die resultierenden Dreiecke weisen eine Winkelsumme von 180 Grad auf (in Abb. 12.8 ist eines der Dreiecke mit abgeschnittener Spitze dargestellt), d. h. unser Universum ist in der Terminologie der Allgemeinen Relativitätstheorie »flach«.

Aus dieser Erkenntnis erwächst jedoch ein neues Problem. Die Topologie des Universums wird in den Einsteinschen Feldgleichungen von der Gesamtenergie im Energie-Impuls-Tensor bestimmt,

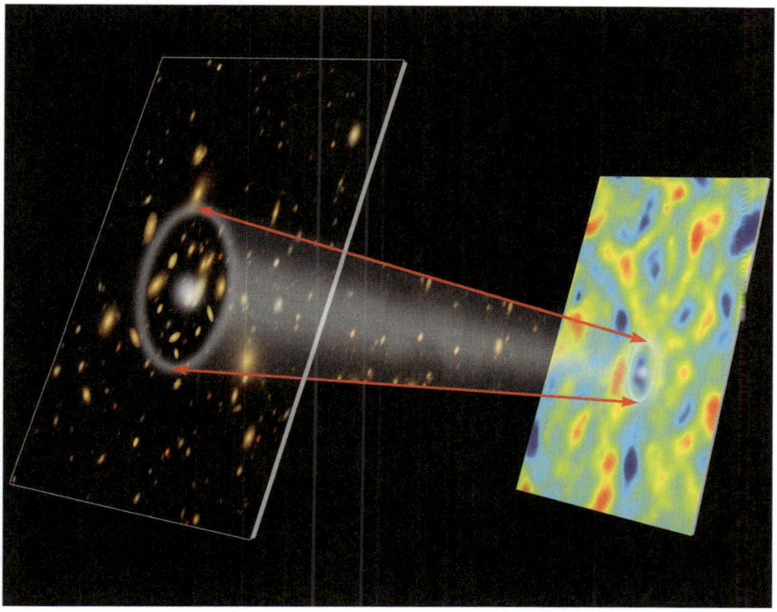

12.8 Verbindet man die ersten Verklumpungen in der kosmischen Hintergrundstrahlung mit den großräumigen Strukturen, die bis heute daraus geworden sind (rote Pfeile), so ergeben diese Verbindungslinien Dreiecke (mit abgeschnittener Spitze). Ihre Winkelsumme beträgt 180 Grad, d. h. wir leben in einem mathematisch flachen Universum.

d. h. von der insgesamt vorhandenen Masse, Energie, Strahlung etc. Nehmen wir die Gesamtenergie, die zu einem flachen Universum passt, und ziehen die baryonische und die Dunkle Materie davon ab, so bleibt ein erheblicher Rest (Abb. 12.9). Man nennt diese fehlenden 68 Prozent »Dunkle Energie«. Was ist das für eine Energie? Beobachtungen sehr weit entfernter Standardkerzen, der Supernovae des Typs Ia, schlagen in dieselbe Kerbe. Die Physik hinter diesen leuchtkräftigen Objekten hat übrigens der Astrophysiker Chandrasekhar erforscht (siehe Kapitel 2.9). Diese Objekte sind in unseren Teleskopen nicht so hell, wie sie theoretisch sein müssten. Daraus leiten wir ab, dass sie weiter entfernt sind, als wir dachten. Demnach würde sich auf großen Skalen eine beschleunigte Expansion des Universums offenbaren. Nur, wer oder was tritt hier aufs Gaspedal? Ist Dunkle Energie eine Eigenschaft des Vakuums? Das würde erklären, warum sich die Expansion in den großen Leerräumen zwischen den Galaxien vollzieht. Auch die Beschleunigung der Expansion wäre verständlich, weil immer mehr Vakuum eben zu immer mehr Expansion führen würde. Theoretische Physiker tendieren dazu, bei unerklärbaren Problemen reflexartig zu einem neuen Feld zu greifen. Damit könnte man natürlich ein großes Fass aufmachen – inklusive zusätzlicher Wechselwirkungen. Die ontologische Sparsamkeit drängt uns aber eher eine unliebsame Konstante Λ in den Feldgleichungen (6.14) auf, die das Problem zurückhaltender löst. Der Preis ist ein zusätzlicher Parameter in der Kosmologie, der vom Himmel fällt. Das wirft uns natürlich erheblich zurück im Bestreben, die Welt zu verstehen. Unser wohlvertrauter sichtbarer Bereich ist mittlerweile auf 4,9 Prozent des Universums geschrumpft.

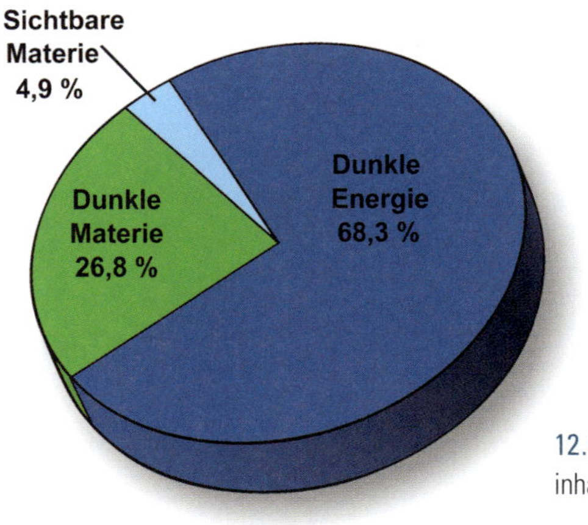

12.9 Tortendiagramm des Energieinhalts unseres Universums

Und es kommt noch schlimmer. Die bedeutendste Erkenntnis aus der Analyse der Hintergrundstrahlung dürfte die Planckverteilung der Photonen sein. Genau genommen ist es sogar die höchste Übereinstimmung von Messdaten mit der Planckkurve, die wir in der Natur je gesehen haben. Nicht einmal unter Laborbedingungen wären wir in der Lage, eine vergleichbar exakte Planckverteilung herzustellen. Die Quelle befindet sich offenbar in nahezu perfektem thermodynamischen Gleichgewicht. Im frühen Universum scheint sich fortwährend alles in alles umgewandelt zu haben. Energiedifferenzen verschiedener Prozesse spielten keine Rolle, weil die harte kosmische Hintergrundstrahlung freizügig alle Defizite auffüllte. Damit konnten beispielsweise nicht nur Neutronen zu Protonen, Elektronen und Anti-Elektron-Neutrinos zerfallen – wie wir das heute als Betastrahlung beobachten –, sondern auch der umgekehrte Weg war möglich, obwohl dafür zusätzlich Energie notwendig ist. Erst nachdem die Temperatur so weit abgefallen war, dass die Hintergrundstrahlung diese Energie nicht mehr beisteuern konnte, verliefen immer mehr Umwandlungsreaktionen nur noch in eine Richtung, und das thermodynamische Gleichgewicht konnte nicht mehr aufrechterhalten bleiben. Anschließend ist die Temperatur weiter bis auf ihr heutiges Niveau gesunken. Damit aber auch die heutige Verteilung wiederum einer Planckkurve entsprechen kann, genügt es nicht, lediglich die Wellenlänge der Photonen rotzuverschieben. Eine Planckverteilung bleibt nur dann eine Planckverteilung, wenn man gleichzeitig die Dichte der Photonen verringert. Das bedeutet, das Universum muss sich ausgedehnt haben.

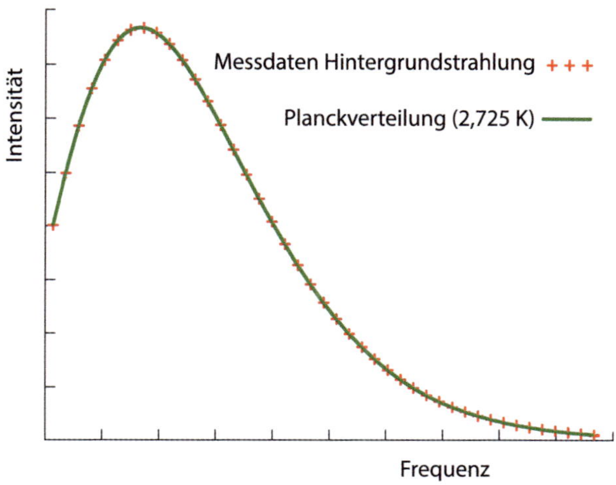

12.10 Die Messdaten der kosmischen Hintergrundstrahlung entsprechen mit hoher Präzision der Planckverteilung bei einer Temperatur von 2,725 (±0,002) Kelvin.

Damit liefert die kosmische Hintergrundstrahlung einen Beweis für die Expansion des Universums. Nochmals: Unser Universum dehnt sich aus – eine wesentliche Erkenntnis auf unserer Suche nach einem Verständnis dieser Welt. Sollte das Universum seit Anbeginn der Zeit expandiert haben, ist damit im Umkehrschluss eine Entstehung in einem sehr heißen und dichten Ausgangszustand verbunden. Der Weg hin zu einem Urknall-Modell war damit bereitet. Das stellt unser Vorstellungsvermögen auf eine harte Probe. Unser Drängen, die Welt zu verstehen, liefert uns ungefragt einen wahrlich bizarren Beginn von allem: die Entstehung eines Universums aus dem Nichts. Doch es hilft alles nichts. Die Planckverteilung der kosmischen Hintergrundstrahlung erwies sich als rasierklingenscharfes Argument in der Kosmologie. Alle bis zum heutigen Tag erdachten alternativen Weltbilder scheiterten an der Erklärung einer passenden Quelle anstelle der Hintergrundstrahlung. Das Licht von Sternen kam schon allein wegen seiner Absorptionslinien nicht in Frage – das Spektrum der kosmischen Hintergrundstrahlung zeigt keine Linien.

Genug gerastet – bevor uns noch weitere Gruselgeschichten einfallen, machen wir uns wieder auf den Weg, heraus aus dem Tal der Dunklen Materie. Mittlerweile sind wir sogar in der Lage, mit Hilfe des Gravitationslinseneffekts die Dunkle Materie zu lokalisieren und zu quantifizieren. Prinzipiell ist es nur eine Verfeinerung der Messungen, wie sie Eddington bereits zum Test der Allgemeinen Relativitätstheorie durchgeführt hat. Allerdings beobachtet man nicht die gravitative Wirkung der Sonne auf die scheinbaren Positionen der Fixsterne, sondern die gravitative Wirkung ganzer Galaxienhaufen auf das Licht dahinterliegender Quasare.

Was also zieht hier, unerkannt von unseren Teleskopen, gravitativ an Photonen, Galaxien, Galaxienhaufen und dem Universum als Ganzem? Der natürliche Erklärungsversuch wäre ein neues Teilchen – und genau hier kommt die Supersymmetrie ins Spiel. Grundsätzlich könnte es auch etwas völlig Neues sein – das Standardmodell könnte ja schließlich an Pest und Cholera leiden. Ockhams Rasiermesser legt uns aber auch hier wieder Sparsamkeit im Umgang mit neuen Modellen nahe. Wie auch immer, es

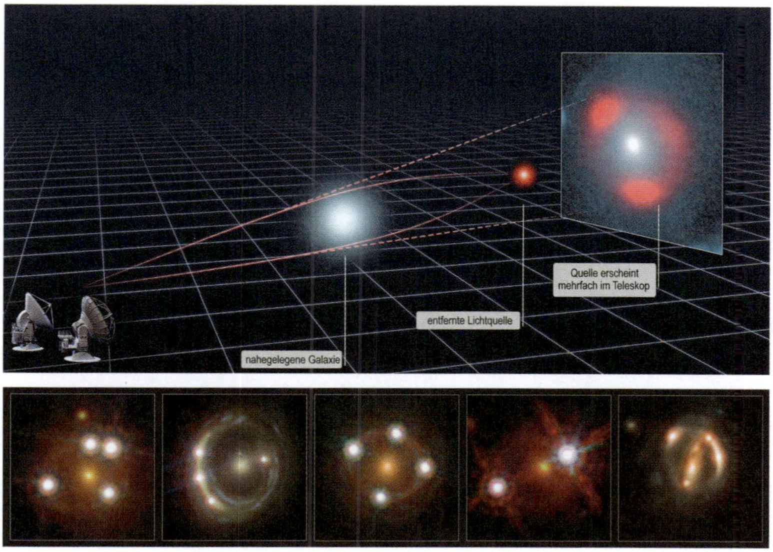

12.11 Gravitationslinseneffekt: Wird das Licht einer fernen Galaxie auf dem Weg zu uns von einer Materieansammlung gravitativ gebogen, so ergeben sich charakteristische Beugungsmuster. Die Form der mehrfach abgebildeten Quelle gestattet Rückschlüsse auf Form und Masse der Materieansammlung (meist Galaxien). Ringförmige Bilder weisen auf eine rotationssymmetrische, Kreuze auf elliptische und kleine Bögen auf zufällige Materieverteilung hin. Zieht man den sichtbaren Anteil der Materie ab, lässt sich der Anteil Dunkler Materie ermitteln.

drängt sich die Frage auf: Wie weisen wir so ein neues Teilchen nach? Über die Jahre wurden viele Experimente ersonnen und aufgebaut – einige verbuchen sogar einzelne Treffer –, die Wissenschaftsgemeinde senkte jedoch stets den Daumen wegen mangelnder statistischer Signifikanz.

Die erste Experimentegeneration folgte einer einfachen Idee: Man stelle ein Hindernis auf, hoffe, dass ein unbekanntes Teilchen damit zusammenstößt, und weise die minimale Kollisionsenergie nach. Ein Auffahrunfall sollte eben immer klappen, auch wenn man nicht weiß, zu welchen Wechselwirkungen der Unfallgegner sonst noch in der Lage gewesen wäre. Die minimalen Energien solcher Zusammenstöße sind allerdings mit makroskopischen Messgeräten nur sehr trickreich nachzuweisen. Eine Möglichkeit besteht darin, ein Hindernis zu nehmen, das unterhalb einer kritischen Temperatur supraleitend wird. Hält man das Hindernis knapp unterhalb der kritischen Temperatur, so ist sein elektrischer Widerstand nahezu null, steigt aber bei einer Erwärmung über eine gewisse Schwelle sprunghaft an. Hält man das Hindernis auf einer Temperatur knapp unter dieser Schwelle, so lassen sich sehr geringe Energieeinträge detektieren. Dieses Quäntchen Energie soll nun der Zusammenstoß mit einem Dunkle-Materie-Teilchen liefern.

Für einen bestmöglichen Schutz vor lästigen Störeffekten baut man das Hindernis in einem unterirdischen Labor auf. In Europa nutzt man dafür gern einen speziell ausgebauten Tunnel unter dem Gran-Sasso-Gebirge in Italien. Das zugehörige Experiment hieß in unterschiedlichen Ausbaustufen CRESST und CRESST2. Man konnte zwar einige Ereignisse detektieren, war aber nicht in der Lage, die Ergebnisse statistisch vom Hintergrund signifikant zu trennen.

Vielversprechender erschien ein Hindernis in Form eines Xenon-Tanks. Xenon weist mit 54 Kernbausteinen eine hohe Dichte von 3 g/cm^3 auf und kann in hoher Reinheit in einem Behälter in unterschiedlichen Aggregatzuständen gehalten werden. Man muss vorab lediglich radioaktive Verunreinigungen in Form von Krypton entfernen. Der Trick besteht nun darin, das Xenon im unteren Bereich des Behälters durch Abkühlung auf minus 95°C zu verflüssigen. Im oberen Bereich des Behälters bleibt es gasförmig (Abb. 12.12).

Stößt nun ein Teilchen mit einem Xenon-Atom zusammen, so wird der Zusammenstoß von Photomultipliern als Signal S1 registriert. Handelt es sich beim Unfallgegner um ein hypothetisches Dunkle-Materie-Teilchen oder englisch ein WIMP (Weakly Interacting Massive Particle), so findet der Zusammenstoß mit dem Kern des Xenon-Atoms statt. Anders sieht es aus bei den geladenen Teilchen des lästigen Hintergrundrauschens. Sie treten in erster Linie mit den Elektronen in den Hüllen des Xenon-Atoms in Wechselwirkung. Dabei werden Elektronen freigeschlagen, die wegen eines von außen angelegten elektrischen Feldes nach oben wandern. Beim Übergang in die Zone mit gasförmigem Xenon ver-

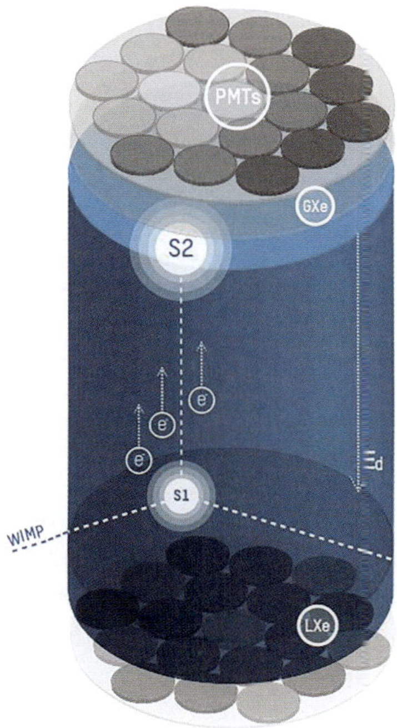

12.12 Skizze des Xenon-Tanks zum Nachweis Dunkler Materie. Xenon weist mit 54 Nukleonen eine hohe Dichte von 3 g/cm³ auf. Im unteren Bereich des Tanks wird das Xenon verflüssigt (LXe), im oberen bleibt es gasförmig (GXe). Trifft ein elektrisch geladenes Teilchen auf eines der Xenon-Atome, so reagiert es mit der Elektronenhülle, und freigeschlagene Elektronen wandern im angelegten elektrischen Feld (E_d) nach oben, wo sie am Übergang zum gasförmigen Xenon Photonen erzeugen, die von den Photomultipliern am Deckel des Behälters aufgezeichnet werden. Damit lassen sich geladene Teilchen und potentielle Dunkle-Materie-Teilchen in den Daten unterscheiden.

raten sich diese Elektronen durch ein zweites Signal S2. Damit lässt sich der Hintergrund aus geladenen Teilchen besser separieren. Wie unterscheidet man Kollisionen mit freien Neutronen von Dunkler Materie? Die elektrisch neutralen Teilchen des Standardmodells sollten bevorzugt in den äußeren Bereichen des Tanks wechselwirken. Leider alles blanke Theorie. Mit der Zeit hat man immer größere Xenon-Tanks installiert – bis hin zu mehreren Tonnen. Die wenigen Kandidaten für Dunkle Materie, die man seit 2020 sporadisch detektiert, heben sich nicht ausreichend signifikant von den Hunderten von Terabytes Hintergrundrauschen ab.

Die zweite Generation der Suche nach Dunkler Materie ist mittlerweile deutlich innovativer – fast möchte man sie als »junge Wilde« bezeichnen. Wie wäre es denn mit einem zusätzlichen Skalarfeld mitsamt spontanem Symmetriebruch? Das hat doch schon einmal geholfen. Man regt es entsprechend an und weist das Feldquant nach – und ab nach Stockholm! Ganz nebenbei machen wir das Feld noch dafür verantwortlich, dass die Schwache Wechselwirkung die CP-Symmetrie verletzt und die Starke Kernkraft nicht. Hört sich gut an – fehlt nur noch ein griffiger Name. Frank Wilczek gab diesem Feldquant den Namen »Axion«, nach einem in den USA angeblich verbreiteten Waschmittel – um zu suggerieren, dass es die bestehenden Theorien reinwäscht. Bereits ein Jahr vor ihm waren Roberto Peccei und Hellen Quinn auf diesen Ansatz gestoßen, doch wer heutzutage in der Grundlagenforschung keinen knackigen Namen anbieten kann, geht schnell leer aus. Axionen-Fallen werden bereits aufgestellt. Gut daran ist, dass das zugehörige Skalarfeld ja überall vorhanden sein muss. Die Theorie gibt einen Erwartungswert für die Masse des Axions von einem Millionstel bis maximal einem Elektronenvolt vor. Die schlechte Nachricht ist, dass es kaum wechselwirkt – schließlich soll es ja ein Kandidat für Dunkle Materie sein. Genau genommen wären Axionen nicht wirklich »dunkel«, sondern eher »fast dunkel«. Eine minimale Kopplung an Photonen sollten sie theoretisch aufweisen. Das macht man sich in den Detektoren zunutze in Form einer Reaktion Photon + virtuelles Photon → Axion. Laut Quantenelektrodynamik finden wir virtuelle Photonen zuhauf in einem starken Magnetfeld. Wir müssen das Feld also lediglich mit einem möglichst starken Laser beschießen, um ein Axion zu

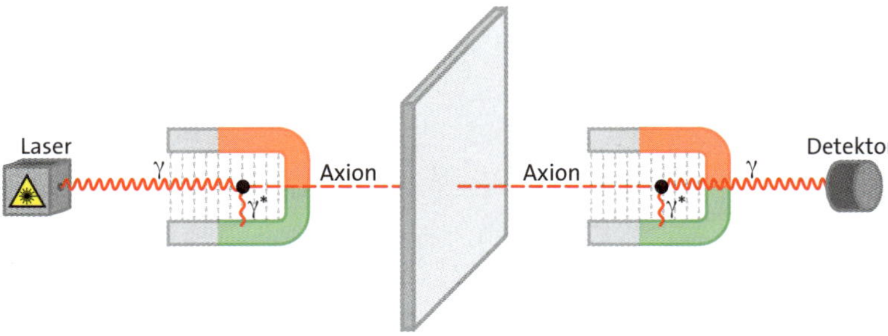

12.13 Beim ALPS-Experiment (Any Light Particle Search) am DESY (Hamburg) wird mit einem Laser durch ein magnetisches Feld auf eine Wand geschossen. Im Feld sollen sich Laser-Photonen zu Axionen wandeln. Die wiederum durchdringen die Wand und wandeln sich bei der anschließenden Durchquerung eines weiteren Magnetfeldes wieder zurück. Das dabei freigesetzte reale Photon wird detektiert.

erzeugen. Wie weisen wir das hoffentlich entstehende Axion anschließend nach? Am besten durch die Umkehrreaktion. Diesmal schießen wir das Axion in ein weiteres Magnetfeld und detektieren das entstehende reale Photon. Um Schmutzeffekt weitgehend ausschießen zu können, stellen wir zwischen die beiden Magneten eine dicke Wand, die für Axionen kein nennenswertes Hindernis darstellt, aber vor dem Hintergrund abschirmt (Abb. 12.13).

Die Erwartungswerte sind allerdings ernüchternd. Selbst bei einem Magnetfeld mit einem Quadratmeter Grundfläche und stolzen zehn Tesla magnetischer Flussdichte ergibt sich eine zu detektierende Leistung von mickrigen 10^{-27} Watt. Die maximale Verstärkung der Signale könnte bis 10^{-23} Watt führen, das wäre zumindest die Zehnerpotenz, die man von der Gravitationswellendetektion kennt. Eine gesunde Portion Optimismus muss man hier aber schon mitbringen. Das Ganze erinnert sehr an ein Zitat von Albert Einstein: »Wenn wir wüssten, was wir tun, könnten wir es nicht Forschung nennen.« Konsequent zu Ende gedacht, könnten wir doch eigentlich die Erzeugung der Axionen auch gleich der Sonne überlassen. Magnetfelder und harte Strahlung sind ihre Spezialität. Dann sollte es genügen, ein möglichst starkes irdisches Magnetfeld in den Axionenstrom der Sonne zu halten und sich wieder auf die Lauer nach entstehender Röntgenstrahlung zu legen (Abb. 12.14). Wenn wir schon am Zitieren sind, fällt mir zu den Axionen noch ein Bonmot des Chemikers Harold Kroto ein: »Die größten Erkenntnisse resultieren aus den dümmsten Ideen.«

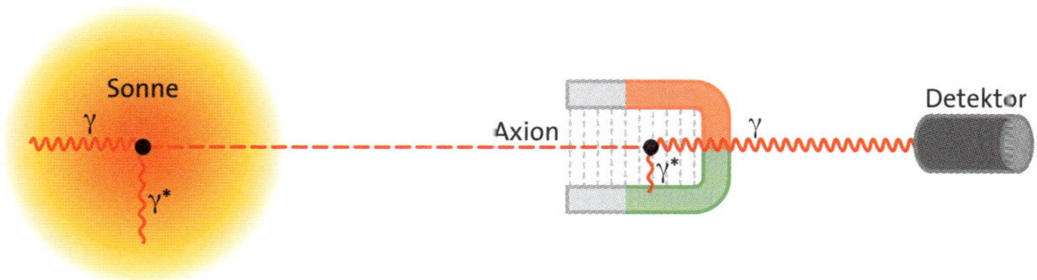

12.14 Schematischer Aufbau des CAST-Helioskops (CERN): Axionen aus dem Zentralbereich der Sonne sollen in einem Magnetfeld in reale Photonen gewandelt und anschließend detektiert werden.

Mit diesen Verzweiflungstaten lassen wir die dunklen Geschichten hinter uns und wappnen uns für den letzten großen Anstieg hinauf zur Weltformel – der Vereinigung des Standardmodells mit der Gravitation. Es erwarten uns eisige Gletscher, die nur mit mathematischen Steigeisen zu passieren sind. Viele sind hier bereits ins Rutschen gekommen und in mehrdimensionalen Spalten verschwunden. Der Gipfel wird verteidigt von Überhängen, die sowohl unser Vorstellungs- als auch unser Abstraktionsvermögen auf Schwindelfreiheit testen werden.

12.4 Weltformel

Gibt es eine Gleichung, die alles beschreibt?

Mit der Weltformel erreichen wir unseren letzten markanten Gipfel auf unserer Tour zu den Meilensteinen der Naturwissenschaft. Wer hier ein »We are the champions« im Konfettiregen unter einem Gipfelkreuz erwartet, wird sich verwundert die Augen reiben. Tatsächlich ist dieser Ort menschenleer, und er bietet, eingetaucht in dichte Nebelschwaden, auch keinen nennenswerten Ausblick. Unser Streben, die Welt zu verstehen, trifft hier auf ein völlig neues Problem. Aber der Reihe nach – schreiben wir die Weltformel erst mal an:

$$A = \int e^{\frac{i}{\hbar}\int \sqrt{-g}\cdot\left(R - F_{\mu\nu}F^{\mu\nu} - G_{\mu\nu}G^{\mu\nu} - W_{\mu\nu}W^{\mu\nu} + i\bar{\Psi}_i\gamma^{\mu}D_{\mu}\Psi_i + D_{\mu}H^{\dagger}D^{\mu}H - V(H) - \bar{\Psi}_i\lambda_{ij}\Psi_j H\right)d^4x}\,\mathcal{D}\Phi \qquad (12.6)$$

Diese »unscheinbare« Gleichung beschreibt alle Phänomene, die auf den vier fundamentalen Wechselwirkungen beruhen. Ihre Eleganz ist allerdings mehr einer äußerst kompakten Schreibweise geschuldet als einer einfachen inneren Struktur. *A* gibt die Wahrscheinlichkeitsamplitude an, ein Teilchen an einem Punkt in der Raumzeit zu messen, wenn es an einem anderen Punkt in der Raumzeit startet. Dunkle Materie und Dunkle Energie werden nicht berücksichtigt. Jedes einzelne Symbol hat einen umfangreichen physikalischen Hintergrund, der festlegt, was dem Teilchen unterwegs alles widerfährt. Unbedeutende konstante Faktoren haben wir der Übersichtlichkeit halber vernachlässigt. Der Skalar R regelt die Gravitation, die Tensoren F den Elektromagnetismus, G die Starke Kernkraft und W die Schwache Wechselwirkung. Die Tensorprodukte sorgen dafür, dass die Wirkung am Ende ein Skalar wird, d. h. eine Zahl. Die farbigen Terme sorgen dafür, dass diese Zahl trotz einfließender komplexer Anteile reell ist. Wir verwenden durchgehend die Konvention, dass über gleichnamige Indizes summiert wird, wie wir es bereits in Gleichung (6.11) kennengelernt haben – das erspart uns eine Reihe von Summen und Doppelsummen. Der blaue Term beschreibt die Materie, d. h. Quarks, Leptonen und deren Antiteilchen, sowie ihre Wechselwirkung mit den Bosonen. Damit ist der Term für viele Phänomene verantwortlich, von der Elektrizität, dem Licht, der Radioaktivität bis hin zum Schall. Der rote Term legt die Kopplung der Bosonen an das Higgsfeld fest, $V(H)$ ist das Higgspotential, und der grüne Term definiert, wie Fermionen an das Higgsfeld koppeln. Wieder erstellen wir daraus eine Lagrange-Dichte und integrieren über die Raumzeit, um eine Wirkung zu erhalten. Die Wirkung wiederum fließt in den Exponenten einer e-Funktion ein, die wir über alle möglichen Feldkonfigurationen zu einer Gesamtamplitude A integrieren.

Mit der Quantenfeldtheorie haben wir ein derart mächtiges Werkzeug in die Hand bekommen, dass es ein Leichtes ist, die Weltformel anzuschreiben – das Problem besteht nun darin, sie auszurechnen. Ähnlich war es uns bei der Beschreibung der drei Wechselwirkungen des Standardmodells – ohne Gravitation – ergangen (siehe Gleichung (11.9)). Jetzt werden Sie denken: Okay, wenn es zu kompliziert wird, treiben wir Störungstheorie, d. h. wir linearisieren und vernachlässigen die Terme mit höheren Potenzen. Leider ist dieser Weg hier versperrt. Gleichung (12.6) ist nicht-perturbativ, das erkennt man schon allein an der Anwesenheit der Starken Wechselwirkung. Hinzu kommt, dass die

Gravitation nicht renormierbar ist. Wenn die Abstände zwischen den beteiligten punktförmigen Teilchen im Standardmodell zu klein wurden und somit die Energien zu hoch, konnten wir die Unendlichkeiten durch ein Eichen des Vakuums, der Elementarladung etc. bändigen (siehe Abb. 8.35). Die Gravitationskonstante widersetzt sich einem derartigen Procedere leider vehement. Somit prallen die kontinuierliche, nicht-quantisierte Allgemeine Relativitätstheorie und die Heisenbergsche Unbestimmtheitsrelation ungebremst aufeinander, mit verheerenden Konsequenzen. Je genauer wir einen Ort bestimmen, umso größer wird die Unschärfe des Impulses. Dieser Impuls entspricht einer Energie und wirkt somit gravitativ. Ab einer winzigen Länge von $1{,}616 \cdot 10^{-35}$ Metern, die man auch als Plancklänge l_P bezeichnet, erzeugt allein dieser Beitrag aus der Unbestimmtheit ein Schwarzes Loch. Entsprechend kann man eine kürzeste kausale Zeitspanne t_P ableiten, die das Licht benötigt, um eine Plancklänge zu durchfliegen:

$$l_P = \sqrt{\frac{\hbar G}{c^3}} \qquad t_P = \frac{l_p}{c} = \sqrt{\frac{\hbar G}{c^5}} = 5{,}391 \cdot 10^{-44}\,\mathrm{s} \qquad (12.7/12.8)$$

Die zugehörige Planckmasse m_P wiederum ergibt sich zu

$$m_P = \sqrt{\frac{\hbar c}{G}} = 2{,}176 \cdot 10^{-8}\,\mathrm{kg} \qquad (12.9)$$

Zu diesem grundlegenden Dissens zwischen der kontinuierlichen Allgemeinen Relativitätstheorie und der sprunghaften Quantenmechanik gesellen sich eine Reihe sogenannter »Punktsingularitäten«, die zwangsläufig entstehen, wenn Teilchen als punktförmig angenommen werden und die Kräfte zwischen ihnen bei immer kleineren Abständen immer weiter ansteigen. Es klingt vergleichsweise harmlos, dass die elektromagnetische und die Gravitationskraft bei zunehmender Entfernung mit $1/r^2$ abfallen – dies ist jedoch gleichbedeutend damit, dass sie im selben Maß bei immer kürzeren Entfernungen zunehmen.

Offensichtlich müssen wir oberhalb einer kritischen Schranke dem Treiben ein Ende setzen. In Kapitel 8.8 sind wir bei der Bestimmung der Vakuumenergie bereits auf diese Herausforderung gestoßen. Die entscheidende Frage steht nach wie vor im Raum: Wo schneiden wir ab, und wie begründen wir das? Natürlicherweise könnte man das mit Hilfe von Elementarteilchen erreichen, die nicht punktförmig, sondern irgendwie geometrisch ausgedehnt sind, am besten größer als die Plancklänge. Wieder einmal war es Paul Dirac, der sich als Erster daran versucht hat. 1962 modellierte er das Elektron in Form einer kleinen wabernden Blase. Schnell erkannte er, dass damit nicht nur lästige Divergenzen beseitigt werden, sondern ganz nebenbei durch andere Schwingungszustände der die Blase einhüllenden Fläche auch der große Bruder des Elektrons – das Myon – beschrieben werden konnte. Zwei Fliegen mit einer Klappe. Die Freude währte aber nur kurze Zeit. Ebenso schnell musste er nämlich auch erkennen, dass ausgedehnte Elementarteilchen gleich eine Reihe von liebgewonnenen Prinzipien aushebeln. Darunter echte Schwergewichte wie die Lorentzinvarianz und die Normierung, d. h. die maximale Ausbreitungsgeschwindigkeit von Information und die Tatsache, dass ein Teilchen zu jeder Zeit mit 100 Prozent Wahrscheinlichkeit irgendwo sein muss. Das wurde Dirac zu bunt, und die Idee versank wieder im Dornröschenschlaf.

Es genügt ein Blick auf unsere genaueste Theorie – die Quantenelektrodynamik –, um die Gemütslage von Paul Dirac nachvollziehen zu können. Ein punktförmiges Elektron zeichnet in einem Feynman-Diagramm, d. h. in der Raumzeit, eine Linie. An einem Punkt entlang dieser sogenannten Weltlinie kann nun eine Wechselwirkung stattfinden – wir haben sie in der QED in Form eines Vertex festgelegt. An diesen Vertex koppelt ein punktförmiges Austauschteilchen. Anschließend gehen alle Beteiligten ihres Weges. Unterschiedliche Beobachter, die sich in unterschiedlichen Bezugssystemen in unterschiedlichen Geschwindigkeiten zueinander bewegen und den Vorgang betrachten, würden alle zustimmend nicken, dass an einem bestimmten Ort zu einer bestimmten Zeit eine bestimmte Wechselwirkung stattgefunden hat. Mit wenigen Worten ausgedrückt: Die Wechselwirkung ist lorentzinvariant. Abb. 12.15 zeigt den gemeinsamen Wechselwirkungs-

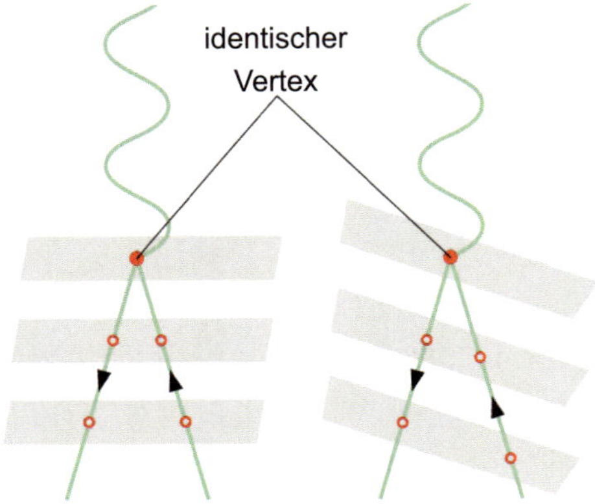

12.15 Punktförmige Elementarteilchen können in einem Raumzeit-Diagramm als eindimensionale Linien dargestellt werden (grün). Eine beliebige Wechselwirkung – dargestellt ist eine Annihilation (roter Vertex) von Positron und Elektron zu einem Photon – findet aus der Sicht unterschiedlicher Bezugssysteme an einem identischen Ort zu einer identischen Zeit statt. Links: Ruhender Beobachter; rechts: gleichförmig bewegter Beobachter. Die grauen Ebenen kennzeichnen jeweils die Menge aller Raumpunkte gleicher Zeit. Die Ebenen sind durch die Relativgeschwindigkeit zueinander gekippt, der Vertex bleibt jedoch eindeutig.

punkt auf den unterschiedlichen Raumzeit-Schnitten zweier zueinander bewegter Beobachter.

Betrachten wir im Vergleich die Weltlinie eines wie auch immer ausgedehnten Elementarteilchens. Machen wir es uns nicht schwerer, als es sein muss, und nehmen einen Kreis. Damit wird aus der Weltlinie ein »Weltschlauch«, und der Vertex ist festgelegt durch die Berührung der beiden Kreise. Betrachten wir das Feynman-Diagramm – oder wie auch immer wir es nennen wollen – wieder aus unterschiedlichen Bezugssystemen und zeichnen wiederum die Ebenen ein, die für den jeweiligen Beobachter die Raumzeit-Punkte gleicher Zeit beinhalten.

In diesem Bild (Abb. 12.16) offenbart sich das Fiasko. Der Konsens unter den verschiedenen Beobachtern ist dahin. Es gibt keinen gemeinsamen Zeitpunkt mehr, an dem die Wechselwirkung stattgefunden hat. Das verschmiert zwar die Punktsingularität, allerdings um den Preis, dass jeder Beobachter seine eigene Version der Geschichte erlebt.

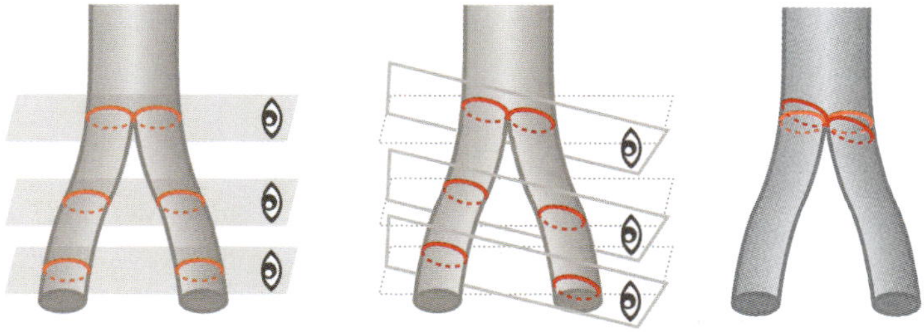

12.16 Ausgedehnte Elementarteilchen – beispielsweise in Form eines Kreises – überstreichen in einem Raumzeitdiagramm eine (Ober-)Fläche. Der Vertex ist nun gegeben durch die Berührung der beiden Kreise. Die eingezeichneten Ebenen kennzeichnen die Punkte identischer Zeit für drei unterschiedliche Zeitpunkte. Zueinander bewegte Beobachter erleben den Vertex unterschiedlich (rechts).

12.5 Quantengravitation
Lässt sich die Gravitation quantisieren?

Da es, wie gesehen, mit ausgedehnten Elementarteilchen große Probleme gibt, belassen wir die Elementarteilchen eben punktförmig. Das heißt aber nicht, dass der Raum selbst nicht quantisiert sein darf. Vielleicht treten ja Punktsingularitäten deshalb nicht auf, weil der Raum aus kleinsten Bausteinen aufgebaut ist, aus Raumquanten, aus Körnchen, die größer sind als die Plancklänge. Auch die Zeit könnte davon betroffen sein. Tatsächlich gibt es zur Geometrie solcher kleinsten Raumzeiteinheiten gleich mehrere Ansätze.

Der bekannteste wurde in den 1990er-Jahren als sogenannte »Schleifen-Quantengravitation« entwickelt. Eine Reihe von Physikern waren daran beteiligt – darunter Abhay Ashtekar von der Pennsylvania State University und Thomas Thiemann von der Universität Erlangen. Sie haben in der geometrischen Natur der Allgemeinen Relativitätstheorie die Ursache ausgemacht, warum sie sich hartnäckig einer Quantisierung widersetzt, und wollten sie gewissermaßen mit den eigenen Waffen schlagen: einer Quantisierung durch eine geometrische Form. Inspiriert wurde diese Idee durch die Eichfreiheit der Maxwell-Gleichungen. Elektrische und magnetische Flüsse lassen sich sowohl in Form eines Integrals über eine Fläche als auch über ein Linienintegral entlang des Randes dieser Fläche darstellen. Diese geschlossenen Ränder – nennen wir sie Schleifen – erweisen sich als invariant unter verschiedenen Transformationen, beispielsweise unter Eichung der Potentiale oder Verschiebungen im Raum. Deshalb stützt sich auch die Schleifen-Quantengravitation auf Strukturen, die über Linienintegrale entlang von Schleifen definiert sind. Die Quantisierung erfolgt über die Metrik der Raumzeit, und die charakteristischen kleinsten Entfernungen unterliegen der Heisenbergschen Unbestimmtheitsrelation. Damit sucht die Theorie die Nähe zum bestehenden Weltbild. Auch die Allgemeine Relativitätstheorie bleibt erhalten – trotz schaumartiger, quantisierter Raumzeit. Die fundamentalen Schleifen bilden ein dichtes, fortwährend der Veränderung unterworfenes Geflecht, das wir als makroskopische Beobachter als Raumzeit wahrnehmen. Raum und Zeit entstehen analog zu den Fluktuationen des Quantenvakuums durch Paarbildung und Annihilation von kleinsten Raumzeiteinheiten.

Die Schleifen-Quantengravitation lässt sich auch auf den Urknall anwenden. Der Physiker Martin Bojowald forscht ebenfalls an der Pennsylvania State University und hat 2008 ein Modell vorgelegt, wonach der Urknall durch einen sogenannten »bounce« ersetzt wird. Demnach verliefe die Evolution des Universums periodisch: Das Universum würde gravitativ kollabieren, bis die Dichte über ein kritisches Niveau anstiege, ab dem die Quanteneigenschaft der Gravitation zu einer abstoßenden, expandierenden Kraft führen soll. In diesem Augenblick würde der Bounce, der Rückprall, geschehen, den 13,8 Milliarden Jahre später eine Spezies auf dem dritten Felsenplaneten um einen G-Stern als Urknall bezeichnen wird. Auch die augenblickliche Expansion des Universums würde demnach ein Ende finden, gefolgt von einer Kontraktionsphase bis hin zum nächsten Bounce. Das klingt plausibel, und dieses sozusagen »buddhistische« Universum erfreut sich vieler Anhänger.

Leider gibt es drei gravierende Probleme sowohl mit der Schleifen-Quantengravitation als auch mit den anderen Ansätzen zur

Quantengravitation. Erstens: Diese Theorien vermögen die drei Wechselwirkungen des Standardmodells nicht mit einzubeziehen. Damit bleiben sie reine Beschreibungen einer Quantengravitation ohne Schnittstelle zu den Quantenfeldtheorien des Standardmodells. Da die Schleifen erst die Raumzeit aufbauen, lassen sich die Teilchenvorstellungen der Quantenfeldtheorie, die auf einer bestehenden Raumzeit-Bühne beruhen, nicht eins zu eins übertragen. Photonen lassen sich durch Schleifen beschreiben, Quarks und Elektronen hingegen nicht.

Zweitens: Noch schwerer wiegt, dass die Theorien der Quantengravitation keinen klassischen Grenzfall ermöglichen, d.h. sie beschreiben erfolgreich eine quantisierte Raumzeit, enthalten jedoch keine Lösungen für eine glatte kontinuierliche Raumzeit. Sie sind erfolgreich jenseits der Schranke und scheitern diesseits.

Üblicherweise treiben wir in der Grundlagenforschung in solchen Fällen Experimente voran auf der Suche nach Antworten. Und tatsächlich gibt es Beobachtungen, die auf eine eventuell vorhandene Quantisierung der Raumzeit schließen lassen. Damit sind wir beim dritten und bedeutendsten Problem der Quantengravitation angelangt. Wenn der Raum quantisiert ist, dann müsste das Licht, das sich durch den Raum bewegt, dadurch beeinflusst werden, es sollte eine minimale Beugung erfahren. Hier tritt die Astronomie auf den Plan. Je älter die Objekte sind, die wir beobachten, umso länger ist das Licht zu uns unterwegs und umso mehr wäre zu erwarten, dass sich diese minimalen Beugungen zu einem messbaren Effekt in unseren Teleskopen aufsummieren. Dieser Effekt sollte von der Frequenz abhängen. Er sollte sich insbesondere auf gepulste, sehr harte Strahlung weit entfernter aktiver galaktischer Kerne auswirken, deren Jets in Richtung Erde weisen. Derartige Objekte bezeichnet man in der Astronomie auch als Blazare. Doch die elektromagnetische Strahlung dieser Objekte wurde über Jahre hinweg analysiert – ohne Erfolg. Die Bilder der modernen Weltraumteleskope zeigen weit entfernte Galaxien in einer Auflösung, die mit einer Körnung der Raumzeit schwer vereinbar ist. Das ist der Fluch einer Theorie, die sich nahe am bestehenden Weltbild bewegt und damit in Reichweite der Experimente und Beobachtungen Gefahr läuft, falsifiziert zu werden. Die Schleifen-Quantengravitation gibt sogar klare Prognosen vor, beispielsweise beim sogenannten »Greisen-Sazepin-Kusmin-Cutoff« (GZK-Cutoff). Darunter versteht man eine theoretische Obergrenze der Energie geladener Teilchen (meist Protonen), die einen weiten Weg zurücklegen, bevor sie auf der Erde beobachtet werden. Theoretisch sollten Protonen mit Energien oberhalb dieser Grenze auf ihrem Weg mit den stets vorhandenen Photonen der Hintergrundstrahlung in Wechselwirkung treten. In diesen Reaktionen wandeln sie sehr viel Energie in spontane Paarbildungen. Bei einer Protonenenergie zwischen 4 und $8 \cdot 10^{19}$ eV werden beispielsweise rund 20 Prozent der Energie in Pionen umgewandelt, und zusätzlich wird die ursprüngliche Richtung des Protons verändert. Protonen können somit Energien oberhalb des GZK-Cutoffs nicht beliebig weit transportieren. Typischerweise sind sie auf ein paar hundert Millionen Lichtjahre begrenzt. Sollten wir also höchstenergetische Protonen oberhalb des GZK-Cutoffs beobachten, müssten sie von näher gelegenen Quellen stammen, oder die Theorie der zugrundeliegenden Reaktionen müsste modifiziert werden. Die Schleifen-Quantengravitation sagt eine derartige Abweichung voraus. Entsprechend wird fleißig danach gesucht – bislang ebenfalls erfolglos.

Andere Ansätze stellen sich dem Gerichtshof der Naturwissenschaft erst gar nicht – womit wir bei der Stringtheorie angekommen wären.

12.6 Stringtheorie
Besteht die Welt aus schwingenden Fäden?

Rekapitulieren wir nochmals unser Problem: Bei der Beschreibung der Welt haben wir einen umfangreichen Teilchenzoo angesammelt, den wir gern eindampfen würden. Auch die vier Wechselwirkungen würden wir gern zu einer vereinen. Wir können sie zwar in Form einer mehr oder weniger eleganten Gleichung (12.6) anschreiben, allerdings treten darin Unendlichkeiten auf. Einige der Unendlichkeiten können wir erfolgreich renormieren – andere nicht. Insbesondere hängt die Gravitation quadratisch von der Entfernung der Teilchen ab, und punktförmige Elementarteilchen können sich beliebig nahe kommen, bis zu einer Entfernung null, wodurch die Kraft und die Krümmung unendlich stark ansteigen. Geometrisch ausgedehnte Elementarteilchen könnten dieses Problem entschärfen, führen aber in unserer vierdimensionalen Raumzeit zu Widersprüchen (Abb. 12.16).

Seit den Erfolgen der Eich- und Gruppentheorie sind es die Theoretiker gewohnt, das Pferd von hinten aufzuzäumen. Stellen wir uns also die Frage: Wie müsste die Welt aussehen, damit wir den Teilchenzoo reduzieren und alle Kräfte vereinheitlicht und widerspruchsfrei beschreiben können? Beginnen wir mit einer eindimensionalen Struktur, die wir String nennen und die wir mit gewissen Eigenschaften ausstatten. Beispielsweise sollen Strings schwingen können wie die Saiten einer Gitarre. Da sie jedoch nicht wie bei einer Gitarre an beiden Enden fixiert sind, müssen sie über eine eigene innere Spannung verfügen, eine sogenannte »Stringtension«, die sie zu einem Punkt zusammenziehen möchte. Es bedarf also einer Energie, um dem entgegenzuwirken. Je mehr Energie wir zur Verfügung stellen, umso ausgedehnter bzw. länger wird der String und umso stärker schwingt er – das nennen wir Anregung. Zusätzlich kann ein String auch im Raum um seine Schwingungsachse rotieren. Die Überlagerung aus Schwingung und Rotation nennen wir einen Vibrationszustand.

Strings können offene Fäden oder geschlossene Schleifen sein. Damit schaffen wir Randbedingungen, wodurch die erlaubten Vibrationszustände nur als ganzzahlige Vielfache einer charakteristischen kleinsten Energie auftreten, die von der Stringtension abhängt. Mit anderen Worten: Die Anregungen – und mit ihnen die möglichen Stringlängen – sind quantisiert, und wir erhalten ein Teilchenbild. Unterschiedliche Vibrationszustände stehen für einzelne Elementarteilchen und deren Eigenschaften wie z. B. die elektromagnetische oder die Farbladung. Der Rotationsanteil liefert beispielsweise den Spin, die Anregungsenergie können wir in eine Masse umrechnen. Leichte Elementarteilchen sind in diesem Bild schwach angeregte, kurze Strings, die große Ähnlichkeit mit punktförmigen Teilchen aufweisen. Wenn es hart auf hart kommt, hilft ihre Mindestausdehnung jedoch, die Punktsingularitäten zu vermeiden. Gravitonen und Higgsteilchen sind geschlossene, Photonen, Gluonen, W- und Z-Bosonen offene Strings. Mit diesen Zutaten beschreiben wir in gewohnter Weise die Wechselwirkung zwischen Bosonen und Fermionen, d. h. das Einwirken von Kräften auf Materie. Bosonen beschreiben wir mathematisch durch Vektoren, und Fermionen stellen wir durch ähnliche Gebilde dar, die wir Spinoren nennen. Damit können wir eine Wechselwirkung abstrakt als eine Rechenoperation – eine Art Multiplikation – zwischen diesen Objekten definieren. Zu dieser Operation soll es auch eine Umkehroperation geben – nennen wir sie Division –, damit wir vorwärts und rückwärts kommen und keine der wichtigen Symmetrien verletzen.

Einen mathematischen Raum, der diese Eigenschaften bietet, nennt man eine Divisionsalgebra, und bereits 1958 konnten die Mathematiker John Milnor und Michel Kervaire beweisen, dass es Divisionsalgebren nur mit den Dimensionen eins (die reellen Zahlen), zwei (die komplexen Zahlen), vier (sogenannte Quaternionen) oder acht (sogenannte Oktaven) gibt. Dazu die gute Nachricht: Sowohl Eichbosonen als auch Fermionen könnte man in Form von Oktaven beschreiben – ein perfektes Umfeld für eine Vereinheitlichung von Kräften und Materie. Die schlechte Nachricht: Diese Beschreibung funktioniert mathematisch nur in acht Dimensionen. Anderweitig würden wir beispielsweise bei Gesamtwahrscheinlichkeiten unsinnige Ergebnisse größer 100 Prozent oder gar unendlich erhalten. Damit Oktaven irgendeine Entwicklung zeigen können, benötigen wir noch eine Zeit – macht neun Dimensionen. Wollen wir Feynman-Diagramme zeichnen – oder allgemeiner Raumzeit-Diagramme –, dann überstreichen Strings darin keine Weltlinie, sondern eine Weltfläche. Das erfordert eine weitere Dimension, und wir landen summa summarum bei zehn. Sollten wir im weiteren Verlauf neben eindimensionalen Strings auch noch zweidimensionale Objekte benötigen, sogenannte »Branen«, die in der Raumzeit ein dreidimensionales Volumen überstreichen, wären es elf Dimensionen – aber machen wir es uns nicht schwerer, als es sein muss.

Jede dieser Dimensionen bietet uns Freiheitsgrade für Schwingungsmuster und schafft uns Beinfreiheit, um die restriktiven Symmetrien unterzubringen. Zudem ist weit und breit keine Punktsingularität in Sicht – Physikerherz, was willst du mehr? Das einzig Dumme daran ist, dass wir mit unserer mathematischen Konstruktion zusätzlicher Dimensionen offensichtlich nicht die Welt beschreiben, in der wir leben. Oder vielleicht doch?

Die Idee zusätzlicher Dimensionen ist nicht neu. Bereits 1921 fügte der deutsche Physiker und Mathematiker Theodor Kaluza der Metrik in der Allgemeinen Relativitätstheorie eine Raumdimension hinzu und konnte damit die Feldgleichungen erfolgreich separieren und die Maxwell-Gleichungen durch eine Krümmung in der zusätzlichen Dimension ausdrücken. Einstein war anfangs begeistert, verlor aber später das Interesse, weil man nicht so recht wusste, wohin mit der zusätzlichen Dimension. 1926 lieferte der schwedische Physiker Oskar Klein eine mögliche Deutung in Form einer mikroskopisch kleinen aufgerollten Dimension, vergleichbar mit einem extrem dünnen Faden, der makroskopisch eindimensional wirkt, aber bei entsprechender Vergrößerung eine zweidimensionale Oberfläche offenbart. Die fünfdimensionale Theorie von Kaluza und Klein erwies sich allerdings als nicht quantisierbar und verschwand im Papierkorb der theoretischen Physik – doch die Idee der sogenannten »Kompaktifizierung« war geboren. Kaluza war übrigens ein waschechter Theoretiker. Angeblich soll er sich als 30-Jähriger das Schwimmen allein durch Lesen eines Buches beigebracht haben und ist tatsächlich beim anschließenden Sprung ins kühle Nass erfolgreich über Wasser geblieben.

Nehmen wir für einen Augenblick an, wir würden in einer zehndimensionalen Welt leben mit einer Zeit, drei makroskopischen und sechs kompaktifizierten Raumdimensionen. Wie könnte das aussehen? Eine zu den drei vertrauten Raumdimensionen zusätzliche Dimension könnte man in Form eines winzigen Kreises modellieren, der an jedem Punkt in der Raumzeit angebracht ist.

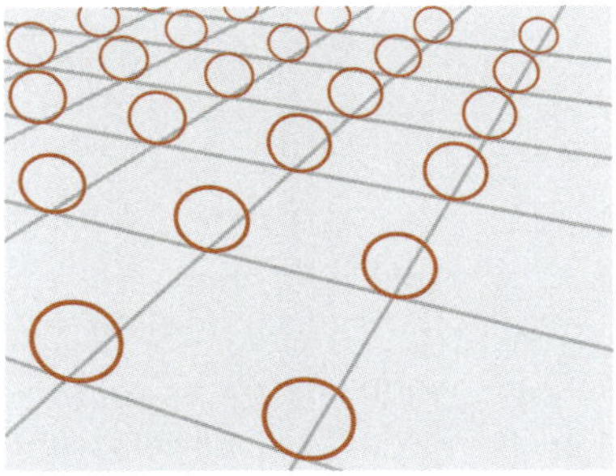

12.17 Das Gitternetz repräsentiert die vierdimensionale Raumzeit. In der sogenannten Kaluza-Klein-Raumzeit wird an jedem Punkt eine zusätzliche, aufgerollte Dimension angebracht.

Statten wir die eindimensionalen Kreise mit einer weiteren Dimension aus, in Form einer ausgedehnten Oberfläche, so erhalten wir an jedem Punkt im Raum einen Torus. Wer keinen Torus mag, kann auch jede andere zweidimensionale Oberfläche nehmen, beispielsweise eine Kugeloberfläche.

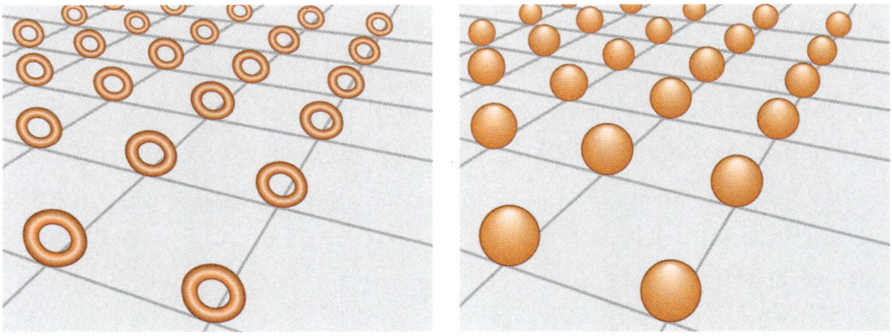

12.18 Zwei zusätzliche, aufgerollte Dimensionen an jedem Punkt der Raumzeit, links als Oberfläche eines Torus, rechts als Oberfläche einer Kugel

Zwischen Torus und Kugel gibt es aber einen grundlegenden topologischen Unterschied: Der Torus hat ein Loch. Dadurch können sich Strings auf dieser zweidimensionalen Fläche auf zweierlei Weise bewegen. Winden sie sich durch das Loch um die Oberfläche, dann nennt man sie »gewunden«, ansonsten »nichtgewunden«. Auf der Kugeloberfläche gibt es nur Letztere (siehe Abb. 12.19).

Die Oberfläche einer Kugel weist eine hohe Symmetrie auf, d. h. alle auf ihr existierenden Strings können ineinander transformiert werden. Das macht das Wickeln durch ein topologisches

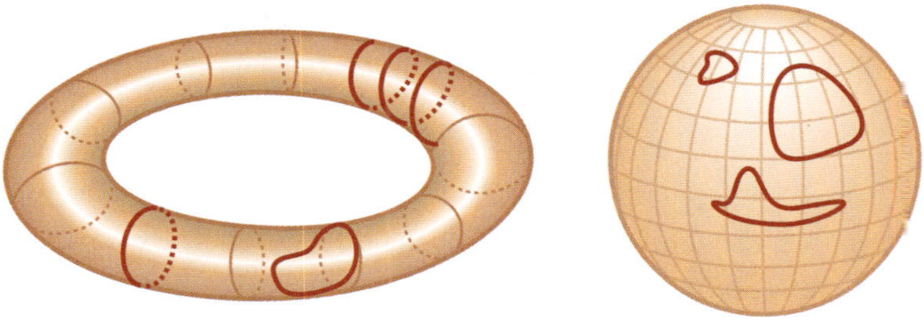

12.19 Strings auf einem Torus und einer Kugel

Loch so interessant, weil man dadurch einen Symmetriebruch einführen kann – nichtgewundene Strings lassen sich nicht in gewundene Strings transformieren. Mit diesem Symmetriebruch können wir das Phänomen Masse in Form einer charakteristischen Länge ausdrücken, die vom Radius und der Anzahl der vollständigen Windungen abhängt. Diese Masse ist somit direkt proportional zum Umfang der umwickelten Dimension. Ganz nebenbei unterscheiden wir durch die Richtung der Wicklungen auch Materie und Antimaterie. Wie Sie merken, bietet ein topologisches Loch sehr weitreichende Möglichkeiten. Wenn wir an das Standardmodell denken mit seinen drei Teilchengenerationen, wäre es sehr hilfreich, wenn wir nicht ein, sondern drei Löcher hätten – für jede Generation eines. Zudem gilt es, eine Reihe von Symmetriebrüchen unterzubringen, inklusive einer Vorliebe der Schwachen Wechselwirkung für linkshändige Teilchen und rechtshändige Antiteilchen. Und wir dürfen unser eigentliches Ziel nicht aus den Augen verlieren: Wir suchen nach einem Raum mit sechs kompaktifizierten Dimensionen. Die Trauben hängen hoch – also kramen wir weiter in der mathematischen Trickkiste.

Damit sich vibrierende Strings frei durch diesen Raum bewegen können, muss seine Ausdehnung größer sein als die Stringlänge, und seine Krümmung sollte zumindest lokal möglichst flach sein. Salopp formuliert, die Strings müssen Platz haben, um schwingen und rotieren zu können. Bereits in den 1930er Jahren hat der deutsche Mathematiker und Philosoph Erich Kähler wertvolle

Grundlagen zu Räumen gelegt, die eine besonders gutmütige Metrik aufweisen – insbesondere sollte in diesen nach ihm benannten Räumen der unangenehme Ricci-Tensor $R_{\mu\nu}$ der Allgemeinen Relativitätstheorie verschwinden. 1954 vermutete der italienische Mathematiker Eugenio Calabi, dass man diese Krümmungsbedingung durch eine einfachere topologische Eigenschaft (Invariante) ausdrücken könne. Dreiundzwanzig Jahre später wurde diese Vermutung von dem amerikanisch-chinesischen Mathematiker Shing-Tung Yau bewiesen, weshalb man diese Räume »Calabi-Yau-Mannigfaltigkeiten« nennt. Unter einer Mannigfaltigkeit versteht man allgemein einen Raum, der lokal, d. h. auf beliebig kleinen Abschnitten, wie ein flacher Raum aufgefasst werden kann. Die Oberfläche unseres Planeten wäre ein Beispiel hierfür – sie kann in Form lokal flacher Landkarten abgebildet werden. Dafür ist es notwendig, am Rand einer Karte auf eine andere Karte zu wechseln, die das angrenzende Gebiet darstellt. Ein vollständiger Satz von flachen Karten beschreibt die gekrümmte Mannigfaltigkeit vollständig.

Wählen wir also für die Kompaktifizierung unserer überschüssigen sechs Raumdimensionen eine Calabi-Yau-Mannigfaltigkeit, die freundlicherweise drei Löcher aufweist, wobei diese »Löcher« mehrdimensional sind. Abb. 12.20 und unser Buchcover

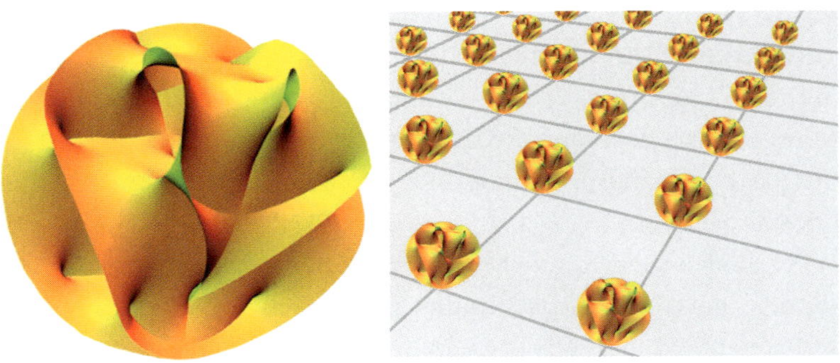

12.20 Links: Ein dreidimensionaler Schnitt durch eine sechsdimensionale Calabi-Yau-Mannigfaltigkeit. Rechts: Sechs zusätzliche, aufgerollte Dimensionen an jedem Punkt der Raumzeit.

zeigen einen dreidimensionalen Schnitt durch diesen topologischen Raum, den wir an jeden Punkt unseres makroskopischen dreidimensionalen Raumes setzen.

Das war es schon. Alles Weitere sind Details, in denen sich die verschiedenen Formen der Stringtheorie voneinander unterscheiden. Leider befinden sich alle Ansätze außerhalb der Reichweite unserer Experimente – entsprechend schießen die Theorien ins Kraut. Allesamt eint sie ein hoher mathematischer Komplexitätsgrad. Die Tür der Störungstheorie bleibt leider verschlossen, weil die Wechselwirkungen der Strings aufgrund ihrer geringen Ausdehnung eine sehr starke Kopplung bedingen. Vielleicht hilft ein kleines Gedankenexperiment, diese unvorstellbare Kleinheit doch irgendwie in unsere Alltagswelt zu übersetzen: Würde man einen String gedanklich auf die Größe eines Menschen skalieren, so wäre in diesem Maßstab ein Atom so groß wie unser Sonnensystem. Die Planckskala ist so weit von unseren technischen Möglichkeiten entfernt, dass wir realistisch betrachtet auch in zukünftigen Beschleunigern nie Phänomene zu Gesicht bekommen werden, die sich dort abspielen. Allein ein Blick auf die Planckmasse, die 16 Größenordnungen über den Energien des LHC liegt, verdeutlicht das. Damit befinden wir uns in einer Zwickmühle. Wir benötigen dringend experimentelle Falsifikation, um den Wildwuchs der Theorien einzudämmen. David Gross – einer der führenden Stringtheoretiker – hat es in einer Metapher ausgedrückt: »Einst gingen die Experimentalphysiker bei der Besteigung des Berges der Natur voraus. Wir faulen Theoretiker hinkten weit hinter ihnen her. Von Zeit zu Zeit traten sie einen Experimentalstein los, der uns auf den Kopf fiel. Dann begriffen wir, was es damit auf sich hatte, und folgten dem Pfad, den sie für uns gebahnt hatten. Wenn wir unsere Freunde erreicht hatten, erklärten wir ihnen die Aussicht und wie sie dorthin gelangt waren. Das war die alte und zumindest für Theoretiker leichte Methode, den Berg zu erklimmen. Wir sehnen uns alle nach den alten Zeiten zurück. Doch heute müssen möglicherweise die Theoretiker die Führung übernehmen. Das ist ein sehr viel einsameres Unterfangen.«

Gleichzeitig verspricht die Planckskala das Gelobte Land, in dem sich alle unsere Probleme mit den Unendlichkeiten in Luft auflösen. Sogar die rätselhafte Schwäche der Gravitation gegenüber den anderen Wechselwirkungen könnte man dadurch erklären, dass sie in die kompaktifizierten Dimensionen hineinwirkt, während die elektromagnetische, die Starke und die Schwache Kraft ausschließlich in den makroskopischen Dimensionen wirken und sich nicht in die Zusatzdimensionen hinein verschleißen. Mit Gravitonen und Higgsteilchen als geschlossenen Strings und den Austauschbosonen der anderen Kräfte als offene Strings wäre das einfach zu erklären, da offene Strings mit ihren Enden an der vierdimensionalen Raumzeit haften, während geschlossene wie Raumschiffe durch die Dimensionen gleiten. Gerade hierzu macht man am LHC Experimente in der Hoffnung, dass zumindest eine der sechs kompaktifizierten Dimensionen weniger stark aufgerollt ist und in Reichweite unserer Energien liegt. Dann müsste die Gravitation unterhalb dieser Skala nicht mehr mit dem Quadrat des Abstandes abfallen, sondern ein wenig mehr zu Kräften kommen. Dadurch wäre die Bildung Schwarzer Löcher begünstigt, so dass deren Entstehung indirekt etwas über die Zusatzdimension aussagen könnte. Bislang wurden jedoch keine Schwarzen Löcher am LHC entdeckt. Sollten die Gravitonen in die aufgerollten Dimensionen hineinwirken, dann wäre die Gravitation de facto nicht so schwach wie in unserer Raumzeit angenommen. Das hätte eine Rückkopplung auf die Planckskala zur Folge, weil in die Planckeinheiten des höherdimensionalen Raumes eine größere Gravitationskonstante G einfließen müsste. Die Planckmasse wäre dadurch niedriger und die Plancklänge größer, als wir es in den Gleichungen (12.9) und (12.7) für die vierdimensionale Raumzeit dargestellt haben.

Auf unsere Eingangsfrage, wie eine Welt aussehen müsste, die unsere Symmetrieansprüche erfüllt, haben wir eine sehr allgemeine Antwort gefunden. Tatsächlich besteht gerade darin eine wesentliche Schwäche der Stringtheorien, weil der Ansatz so allgemein ist, dass es am Ende schwerfällt, damit konkrete Aussagen zu machen. Mathematisch sind 10^{500} verschiedene Kompaktifizierungen der sechs Extradimensionen zu Calabi-Yau-Räumen gleich wahrscheinlich. Ohne Kenntnis der tatsächlichen Geometrie ist eine Festlegung der Vibrationsmodi und damit der Teilcheneigenschaften nicht möglich. Ein Ansatz, der alles zulässt, sagt am Ende gar nichts aus. Beliebig viele Calabi-Yau-Räume bedingen eine Vielzahl möglicher Vakua und Elementarteilchen mit unterschiedlichsten Eigenschaften. Beliebige Austauschteilchen wiederum konfrontieren uns mit einer Vielzahl an Wechselwirkungen und Naturkonstanten. Diese möglichen Szenarien unterschiedlicher Multiversen fasst man unter dem Begriff »landscape« zusammen. In dieser Landschaft gibt es ausgewiesene »swamplands«, d. h. Sumpflandschaften aus instabilen, extremen Konstellationen, in denen die Entstehung von Atomen oder gar Leben nicht denkbar ist und die man besser meiden sollte. Eine detaillierte Landkarte liegt uns aber nicht vor.

Eine wichtige Frage haben wir noch nicht gestellt: Warum sind drei Raumdimensionen ausgedehnt und der Rest nicht? Das stellt man sich kosmologisch folgendermaßen vor: Im Urknall waren alle Dimensionen in einer zehndimensionalen Calabi-Yau-Mannigfaltigkeit auf der Skala der Plancklänge vereint. Ein Calabi-Yau-Raum kann sich durch Risse in einer Dimension verändern. Sobald ein Riss entsteht, verformt sich der Raum und dehnt sich in den Riss hinein aus. Das erinnert an die Dichtmasse, die heutzutage von mobilen Kompressoren in platte Autoreifen gedrückt wird. Im Fall der Calabi-Yau-Mannigfaltigkeit wird die Dichtmasse durch Wicklungen gewundener Strings zurückgehalten. Bei den extremen Energien in der Frühphase des Universums wurden fortwährend Risse erzeugt und geschlossen.

Treffen zwei gewundene Strings mit entgegengesetztem Umlaufsinn aufeinander, annihilieren sie zu einem nichtgewundenen String. Das ist leicht nachzuvollziehen, wenn wir uns daran erinnern, dass wir anhand des Umlaufsinns der gewundenen Strings zwischen Materie und Antimaterie unterscheiden. Bei ihrer Annihilation entstehen Photonen und das sind nichtgewundene Strings.

Wenn Sie versuchen, mit einem Faden die ausquellende Dichtmasse eines Reifens zurückzuhalten, ohne dabei den Reifen zu umwickeln, werden Sie schnell erkennen, dass nichtgewundene Strings sehr ineffektiv sind, wenn es darum geht, Risse in einer Calabi-Yau-Mannigfaltigkeit zu schließen. Somit hat der Reparaturmechanismus eine Schwachstelle in Phasen ausgeprägter Annihilation. In unserer Welt haben anscheinend drei Dimensionen ihre Chance genutzt und sind auf makroskopische Größe entkommen. Im weiteren Verlauf der Expansion haben sie sich auf das heutige Ausmaß ausgedehnt, während der traurige Rest auf der Planckskala zurückblieb. Wäre in den kompaktifizierten Dimensionen Energie zurückgeblieben, könnte man sie mit der Dunklen Energie assoziieren. So weit zur Idee der Stringtheorie in der Kosmologie.

Falls Ihnen das zu wild erscheint, befinden Sie sich in bester Gesellschaft. Keine wissenschaftliche Theorie polarisiert so sehr wie die Stringtheorie. Lassen wir Richard Feynman zu Wort kommen (frei übersetzt): »Es gefällt mir nicht, dass sie ihre Ideen überhaupt nicht durch Berechnungen überprüfen. Es gefällt mir nicht, dass sie keine Erklärung zu den Zahlenwerten des Standardmodells liefern. Es gefällt mir nicht, dass sie für alles, was nicht mit dem Experiment übereinstimmt, eine Erklärung zusammenbasteln, wonach sie dann sagen können: Ja, aber es könnte trotzdem richtig sein. Die Theorie verlangt z. B. zehn Dimensionen. Gut, vielleicht ist es mathematisch möglich, sechs davon einzurollen, aber warum nicht sieben? Die Gleichungen, die sie benutzen, sollten darüber entscheiden, wie viele Dimensionen eingerollt werden, und nicht ihr Wunsch nach Übereinstimmung mit dem Experiment. Es gibt keinen Grund, warum nicht acht der zehn Dimensionen eingerollt werden und nur zwei übrig bleiben, was in vollkommenem Widerspruch zur Erfahrung stehen würde.«

Noch drastischer hat es Sheldon Glashow formuliert: »Die String-Gedanken sind in den mathematischen Instituten angebracht, ja, noch mehr in den theologischen Akademien. Wie viele Engel können auf einer Nadelspitze tanzen? Wie viele Dimensionen befinden sich in einer komprimierten Mannigfaltigkeit, wenn diese um dreißig Größenordnungen kleiner ist als eine Nadelspitze? Erleben wir eine Auferstehung der mittelalterlichen Theologie?«

Edward Witten – einer der führenden Stringtheoretiker – sieht es naturgemäß anders: »Die Physik hat sich weiterentwickelt auf ein Niveau, das Experimente ein bisschen schwierig macht. Trotzdem bieten die logischen Strukturen reichhaltige Einschränkungen hinsichtlich möglicher Szenarien, so dass wir doch in der Lage sind, langfristig Fortschritte zu feiern. [...] In meiner Idealvorstellung sollte die Stringtheorie als neuer Zweig der Geometrie betrachtet werden, an deren Ende eine Weiterführung der geometrischen Ideen der Allgemeinen Relativitätstheorie stehen sollte.«

Wer wohl am Ende recht behalten wird? Ich denke, in ein paar Forschergenerationen wird man stark beeindruckt auf die Idee kompaktifizierter Dimensionen zurückblicken. Entweder beeindruckt davon, wie genial diese Prognose ohne jedwede experimentelle Notwendigkeit war, oder davon, wie hartnäckig sich eine völlig abstruse Idee in der Wissenschaft halten konnte.

13 Epilog

Damit sind wir am Ende unserer Tour entlang der Meilensteine der Physik angekommen. Was war der Beweggrund für diese Exkursion? Offen gesagt habe ich schon seit längerem den tiefen Wunsch verspürt, die großen physikalischen Theorien möglichst anschaulich und nachvollziehbar darzulegen. Wenn ich nachts in den Sternenhimmel blicke, dann fügen sich alle diese theoretischen Modelle zu einem Bild dieser faszinierenden Welt und der Kräfte, die sie bestimmen. Dieses Gefühl wollte ich unbedingt teilen – die Erkenntnis, auf einem Planeten mit vielfacher Geschwindigkeit einer Gewehrkugel durch unsere Heimatgalaxie zu rasen, in jedem Augenblick von unzähligen Elementarteilchen durchschlagen zu werden, während man in die unvorstellbar tiefen Abgründe von Raum und Zeit blickt. Der englische Science-Fiction Autor Olaf Stapledon hat die Faszination des Sternenhimmels eindrucksvoll so beschrieben:

»Ich setzte mich in das weiche Heidekraut. Über mir war die Dunkelheit in vollem Rückzug. Ihr auf dem Fuße folgten die befreiten Bewohner des Himmels, die Stern um Stern ihre Verstecke verließen … Ich erkannte, dass ich mich auf einem winzigen Staubkorn aus Fels und Metall befand, das eine dünne Schutzschicht aus Luft und Wasser besaß und in Sonnenlicht und Dunkelheit dahinwirbelte. Und auf der Oberfläche dieses Körnchens hatten Generationen von Menschen ein Dasein der Arbeit und Blindheit geführt, hatten Zeiten der Freude und des geistigen Aufschwungs erlebt. Und ihre ganze Geschichte, ihre Völkerwanderungen und ihre Reiche, ihre Philosophien, ihre stolzen Wissenschaften, ihre sozialen Revolutionen, ihr steigendes Bedürfnis nach Gemeinschaft waren nichts als ein kurzes Aufblitzen an einem Tag eines Sternenlebens.«

Angesichts dieser ernüchternden Ausgangslage muss man wirklich eine Lanze für unsere Spezies brechen, die über viele Generationen und Kulturen hinweg das Wissen um diese Welt zusammengetragen hat – jene Meilensteine, die wir Ihnen unbedingt zeigen wollten. Ja, es ging um das große Ganze, wie es Harry bereits im Vorwort angekündigt hat. Wie nahe sind wir dem Ziel gekommen, die Welt zu verstehen? Der Weg dorthin war nicht immer einfach. Ging es am Anfang noch relativ flott voran, so wurde der Pfad zunehmend steiler und anspruchsvoller, je mehr wir uns dem Gipfel näherten. Es ist mir bewusst, dass wir Sie einige Male an sehr ausgesetzten Wegstücken entlangführen mussten – mit deutlich steileren Abschnitten, als es populärwissenschaftlich üblich ist. Hoffentlich haben die aufgestellten Warnschilder Sie vor Schlimmerem bewahrt – der Blick von den höher gelegenen Aussichtspunkten war dafür umso beeindruckender. Wir wollten auf keinen Fall weiter vereinfachen, als es wissenschaftlich vertretbar gewesen wäre. Umso mehr freuen wir uns, dass unsere Seilschaft gehalten hat und Sie bis zum Schluss dabeigeblieben sind. Konnten wir Ihnen, geschätzte Leserinnen und Leser, einen neuen Blick auf das Universum bieten?

Das Studium der Himmelsmechanik hat es der Menschheit bereits weit vor unserer Zeitrechnung ermöglicht, Rückschlüsse auf Form und Größe unseres Planeten und seine Bahn um die Sonne zu ziehen. Gestützt auf diese Beobachtungen, haben die Menschen Gesetze erkannt, die weit über die Grenzen unseres Sonnensystems hinaus Gültigkeit haben. Dazu gehört insbesondere das Gravitationsgesetz. Später kamen dann noch die Gesetzmäßigkeiten hinzu, denen elektrische Ladungen unterliegen, bis hin zum Verständnis der die Atome zusammenhaltenden Kernkräfte. Bei allen Überlegungen war es stets der Mathematik zu verdanken, dass es gelang, das Wirken der Kräfte in einen übergeordneten Rahmen grundlegender Prinzipien zu stellen – allen voran das Prinzip der minimalen Wirkung und der maximalen Eigenzeit.

Für hohe Geschwindigkeiten musste dieses Weltbild mit Hilfe der Speziellen Relativitätstheorie angepasst werden. Die geometrische Deutung der Gravitation in der Allgemeinen Relativitätstheorie lieferte einen weiteren Mosaikstein. Die anschließende Beschäftigung mit der Quantenmechanik war etwas verwirrend, denn mit ihr hielt die Unbestimmtheit mit den mathematischen Betrachtungen zur Wahrscheinlichkeit Einzug in unser bislang »geradliniges« Denken: Der strenge Determinismus war dahin – Teilchen sind demnach nicht scharf lokalisiert, sondern in Form einer Wellenfunktion im Raum »verschmiert«. Dies führt zu teils bizarrem Teilchenverhalten bis hin zum Tunneleffekt.

Den relativistischen Überbau lieferten uns die Quantenfeldtheorien. Sie ließen uns verstehen, wo die fundamentalen Prinzipien ihren Ursprung haben. Die Erkenntnis ist verblüffend: Die Regeln, nach denen die Welt makroskopisch zu funktionieren scheint, lösen sich in der Welt des Allerkleinsten in Wohlgefallen auf – auf der atomaren Skala existieren sie nicht. Alles was geschehen kann, geschieht auch, sogar mit gleicher Berechtigung! Und doch löschen sich unendlich viele der möglichen Wahrscheinlichkeitsamplituden gegenseitig wieder aus. Eine weitreichende Erkenntnis, erkauft zu einem hohen Preis: Denn die Unendlichkeiten überfordern die Mathematik. Nicht alle Theorien können erfolgreich renormiert werden.

Dass man Elementarteilchen als eine Anregung von Feldern verstehen kann, war eine weitere verblüffende Erkenntnis. Daraus ergab sich das sogenannte Standardmodell der Teilchenphysik. Es gestattet tiefe Einblicke in das, was die Welt im Innersten zusammenhält. Erhaltungssätze weichen kontinuierlichen Symmetrietransformationen. Der Abstraktionsgrad unseres Weltbildes nahm mit jedem Schritt dramatisch zu: Eichsymmetrien und spontane Symmetriebrüche bis hin zum Higgsmechanismus. Teilchen folgen unendlich vielen Pfaden durch die Raumzeit, und Feldkonfigurationen treten in unendlich vielen Varianten auf. Theoretisch sind wir sogar in der Lage, eine Weltformel anzuschreiben, eine Gleichung, die alle Experimente beschreibt, die jemals auf unserem Planeten durchgeführt wurden. Leider können wir sie im Allgemeinen nicht ausrechnen. Doch wo es uns gelingt, die Unendlichkeiten auf Großrechnern mathematisch zu packen, erleben wir ungeahnte Triumphe – bis hin zu zwölf Stellen Genauigkeit in der Übereinstimmung mit dem Experiment.

Heißt das, dass wir diese Prozesse verstehen? Oder ist die Welt für uns nur auf Hochleistungs-Computern in Form von Störungstheorien und numerischen Simulationen zu begreifen? Können wir die Unendlichkeiten vielleicht doch wieder vor die Tür unseres Weltbilds setzen? Dafür müssten wir punktförmige Elementarteilchen gegen geometrisch ausgedehnte Strukturen eintauschen. Das heißt, den Teufel mit dem Beelzebub austreiben. Selbst einfache Strukturen wie eindimensionale Strings sind nur mit einem weiteren, fast schon verzweifelt anmutenden Abstraktionsgrad konsistent in unser bestehendes Weltbild zu integrieren: mit zusätzlichen, kompaktifizierten Raumdimensionen. Sie sollen auf einer unvorstellbar kleinen Skala die Geschicke dieser Welt lenken – fernab jedes möglichen Experiments.

Hilfreich für die theoretische Physik wäre auch eine Verdopplung des Teilchenzoos – schließlich bedarf es zum Verständnis unserer Welt zusätzlicher Materie, Teilchen, die wir als Dunkle Materie bezeichnen. All das zeigte sich bislang nicht in unseren Beschleunigern. Auch nicht die mit der Erweiterung des Teilchenzoos einhergehende Supersymmetrie.

Und noch etwas: Unsere Weltraumteleskope verraten uns, dass wir in einem expandierenden Universum leben. Obwohl das für unser Vorstellungsvermögen eine große Herausforderung bedeutet, haben wir uns daran gewöhnt. Der Raum dehnt sich aus – vielleicht sogar beschleunigt – aufgrund einer postulierten, nach wie vor mysteriösen Dunklen Energie. Ist am Ende gar die Raumzeit selbst portioniert – gibt es kleinste Körnchen von Raum und Zeit?

Sie merken, wir steuern auf ein offenes Ende hin. Zukünftige Forschergenerationen werden weitere Kapitel anfügen. Welche Formeln sie wohl auf ihre T-Shirts schreiben werden? Wir werden versuchen, Sie auf unserem YouTube-Kanal »Urknall-Weltall-Leben« auf dem Laufenden zu halten. Damit schließt sich der Kreis zum Bild des Elefanten mit einem trommelnden Äffchen auf seinem Kopf, das wir im Prolog angesprochen haben. Das wissenschaftliche Weltbild ist zu jeder Zeit unvollkommen – wenn nicht sogar falsch. Trotzdem – oder gerade deshalb – werden wir Menschen nie aufhören, nach einer Antwort zu suchen auf die Frage: Können wir die Welt verstehen?

Es ist mir eine große Freude, in 30 Stunden Videobeiträgen und in Form dieses Buches beeindruckende geistige Leistungen der Menschheit mit Ihnen zu teilen und gemeinsam diese Welt, in der wir leben, mit den Augen der theoretischen Physik zu bestaunen. Vielleicht können Sie jetzt die Welt im Großen und Kleinen ein klein wenig besser verstehen. Ganz besonders bedanken möchte ich mich bei meinem guten Freund Jörn, ohne ihn hätte ich das Pensum nicht geschafft. Er hat mit seiner großen Erfahrung die entscheidenden Fragen gestellt und unermüdlich wertvolle Anmerkungen beigetragen. Eine Fortsetzung dieses Buches mit den Themen Thermodynamik und Kosmologie ist bereits in Arbeit.

Mit Hermann Hesse, Chuang Tsu und Richard Feynman unternehmen wir den Versuch, verschiedene Kulturen unserer neugierigen Spezies im Bestreben, die Welt zu verstehen, in einem Schlusszitat zu vereinen:

»Alles Wissen und alles Vermehren unseres Wissens endet nicht mit einem Schlusspunkt, sondern mit einem Fragezeichen. Denn niemand ist weiter von der Wahrheit entfernt als derjenige, der auf alle Fragen eine Antwort weiß. Entdecken Sie diese Welt! Das tiefste Verständnis, das wir bislang erreicht haben, zeigt sich im Lachen und im menschlichen Mitgefühl.«

Dank

Insbesondere bedanken möchten wir uns bei Ulrike und Sonja, unseren Frauen, denen wir während der zweijährigen Entstehungsgeschichte des Buches viel Geduld abverlangt haben.

Dank auch dem Urknall-Weltall-Leben-Team (UWudL), das uns tatkräftig zur Seite stand: Harald Lesch, der das Vorwort beigesteuert hat, Mustafa Basaran, der bei der Erstellung von Graphiken und dem Design des Buchcovers eine große Hilfe war, und Björn Pucks, der seinen Server für die QR-Code-Links zur Verfügung stellt. Bedanken möchten wir uns auch bei der UWudL-Community für Anregungen und Kritik zur Auslegung des Covers.

Unser besonderer Dank gilt auch dem S. Fischer Verlag mit Ulrike Holler, die nach Kräften auf unsere Vorstellungen eingegangen ist, Peter Palm, der uns kreativ bei der Erstellung von Graphiken behilflich war, Eckard Schuster für das akribische Lektorat, Kim Joris Boström für die Erstellung des Registers und dem Büro Dörlemann für die professionelle Auslegung des Satzes. Dank auch dafür, dass der Verlag auf eine Plastikverpackung des Buches verzichtet hat.

Natürlich schließt unser Dank auch all diejenigen ein, die hier nicht ausdrücklich erwähnt sind, aber zum Gelingen des Buches beigetragen haben.

Register

Symbole

∂ (Ableitungs-Operator) 384
ℏ (h-quer) 363
∇ (Nabla-Operator) 475

A

Abel, Niels Henrik 571 f., 574
Ableitung (einer Funktion) 60–64
Abrikosowa, I. I. 379
absolute Helligkeit (eines Sterns) 130
absoluter Nullpunkt s. Temperatur
Absorption **116–118**, 271, 369, 500, 516 f.
Absorptionslinien **116**–118, 121, 180, 499, 622, s. a. Fraunhofer-Linien
Absorptionsspektrum s. Absorptionslinien
Abstandsgesetz 150, s. a. Newtonsches Gravitationsgesetz
Achilles und die Schildkröte s. Schildkrötenparadoxon
Actio gleich Reactio 71, 76, 496, s. a. Newtonsches Gesetz, drittes
Addition der Pfeile 427, 431, 440, 444, 463, s. a. Pfeilformalismus
Additionstheorem der Speziellen Relativitätstheorie 217
Akkretionsscheibe 264 f.
Alchemie 70
Allen, Woody 462
Allgemeine Relativitätstheorie (ART) 24, **223**, 231, 233 f., **239**, 244 f., 260–263, 266, 268, 271, 273–275, 278, 282 f., 486, 601
Alpha-Strahlung 178, 181
Alpha-Teilchen 176 f., 179, 351, s. a. Alpha-Strahlung
Alpha-Zerfall 350 f.
Alpher, Ralph 614
American Physical Society (APS) 594
Andromeda-Galaxie 17, 131, 329, 472, 609
Angriffspunkt 96
Anode 172 f.
Anti-Elektron s. Positron
Antifarbe 531 f., 535, 546
antigravitativ 494
Antimaterie 595, 611, 614, 641
Anti-Neutrino 368, 550 f., 559
Anti-Quark 527 f., 539 f., 544 f., 594
antisymmetrische Wellenfunktion 356–358
Antiteilchen 490, 510 f., 517 f.
Aphel 50, 263
Äquipotentialfläche 98 f., 101, 103, 107, 251, 253
Äquivalenzprinzip 220–222, 226, 239, 249
Arbeit 97–99, 101
Argon 584
Aristarch 33–37, 95
Aristoteles 20, 31, 33, 49, 57, 95, 134, 598
ART-Faktor **242–244**, 246, 251, 256
Ashtekar, Abhay 633
A-Stern 124
asymptotische Freiheit 538 f., 541, 600
Äther 192, s. a. Lichtäther
Atom 166–174, 176, 178–184, 351 f., 643
Atombombe 432
Atomgewicht 169–171, s. a. Atommasse
Atomismus 169
atomistischer Materialismus 169
Atomkern **115**, 176, **180–183**, 350–353, 358, 360, 365–368, 370 f., 499, 503–505, 515, 539, 549, 599
Atommasse 181, 351, s. a. Atomgewicht
Atommodell
  Bohrsches 115, 180 f., 351, 358, 496
  Rutherfordsches 179 f.
Atomorbital s. Orbital
Atomspaltung 182 f., s. a. Kernspaltung
Atomuhr 198, 249, 499 f.
Aufenthaltswahrscheinlichkeit 327, 331 f., **341**, 343, 360, 366, 374
Auftriebskraft 156

Ausschließungsprinzip **357 f.**, 370, 472, 605, s. a. Pauliprinzip
Austauschboson s. Austauschteilchen
Austauschteilchen **495**, 503, 512, 523 f., 531 f., 545 f., 550 f., 554 f., 560, 562, 570, 576, 597, 600–602, 631, 644 f.
Austrittsarbeit 317–319
Axion 626 f.

B

Back, Ernst 506
Bahndrehimpuls 363, 504
Balmer-Linien 118
Baryonenzahl 550 f., 589
baryonische akustische Oszillationen 617
baryonische Materie **611**, 613, 617
Baryzentrum 104, s. a. Massenschwerpunkt
Becquerel, Antoine Henri 177 f.
Bekenstein, Jakob 613
Bell Laboratories New Jersey 614
Benedetti, Giovanni Battista 57
Berry, Michael 247
Bertram, Franziska 371
Berzelius, Jöns Jakob 170
Besetzungsumkehr 116
Betastrahlung 178, 591 f.
Betazerfall **182**, 368, 549, 551, 583
Bethe, Hans 496
Beugung 299, **302–305**, 313, 372, 635
  Fraunhofer- s. Fraunhofer-Beugung
  Fresnel- s. Fresnel-Beugung
Beugungsgitter 430–432
Beugungsmuster 303–305, 325, 335, 372, 623
Bewegungsgleichungen 142, 144, 146, 148
Bezugssystem 163, 185
Bindungsenergie 323, 366, 369, 542, 582, 614
Blauverschiebung 120, 122, 258, 271
Blazar 635
Blei 170, 174, 182, 352, 366, 487
Bohm, David 401
Bohmsche Mechanik 400–405
Bohr, Niels Henrik David 42, 115, 180, 351, 358, 415
Bojowald, Martin 634
Boltzmann-Konstante **287**, 289
Born, Max 340, 353, 400, 415
Boson **358**, 416, 485, 511, 513
  Eich- **576**, 582, 600 f., 638
Bounce 634
Boyle-Mariottsches Gesetz 168
Boyle, Robert 167 f.
Brackett-Serie 180
Brahe, Tycho 43, 46–52, 75, 81, 84, 95
Brane 638
Brechung 114, **300**, **302**, 305, 307 f.
Brechungsindex s. Brechung
Broglie, Louis de 340–342
Brookhaven National Laboratory 594
Brout, Robert 577
Brownsche Molekularbewegung 160
B-Stern 124
Bunsen, Robert Wilhelm 116 f.
Busch, Wilhelm 215

C

Cabibbo-Kobayashi-Maskawa-Matrix 556
Cabibbo, Nicola 557
Cadmium 116 f., 183
Calabi, Eugenio 642
Calabi-Yau-Mannigfaltigkeit 642, 644 f.
Calabi-Yau-Raum s. Calabi-Yau-Mannigfaltigkeit
Campbell, William 262
Cannon, Annie 123
Carnegie Institute Washington 608
Cäsar, Julius 44
Casimir-Druck s. Casimir-Effekt
Casimir-Effekt **379–381**, 452, 491 f.
Casimir, Hendrik 379
Cäsium 500
Cassini, Giovanni Domenico 92 f.
Cassini (Raumsonde) 267
Cavendish, Henry 78–81, 150
Cepheiden 128–132
CERN (Conseil européen pour la recherche nucléaire) 543, 627
Chadwick, James 181
Chandrasekhar, Subrahmanyan 125, 132 f., 619
Cherenkov, Pawel A. 585
Cherenkov-Strahlung 585 f.
Chicago-Pile 183
Chiralität 557–559
Chlor 584
Christenson, James 594
CKM-Matrix 588
Cobalt 592 f.
COBE (Cosmic Background Explorer) 615
Compton, Arthur Holly 321 f., 324

Compton-Effekt 321–325
Compton-Streuung s. Compton-Effekt
Compton-Wellenlänge 323
Confinement 538, 541
Corioliskraft 110 f.
Cornu-Spirale 429, 507 f.
Cosmic Microwave Background (CMB) s. kosmische Hintergrundstrahlung
Coulomb, Charles Augustin de 150
Coulomb-Gesetz 575
Coulombkraft s. elektrische Kraft
Coulomb-Wall 350
CPT-Symmetrie s. Symmetrie, CPT-
CP-Verletzung 595 f.
CRESST 624
Cronin, James 594 f.
Curie, Marie 177 f.
Curie, Pierre 177 f.
Curie-Temperatur 580

D

D'Alembert, Jean-Baptiste le Rond 135
Dalton, John 169 f.
Daumensprung 125 f.
Davy-Medaille der britischen Royal Society 171
de Broglie, Louis **340 f.**, 358, 373, 379, 401
De-Broglie-Wellenlänge **340**, 373, 375
dekohärent 338 f.
Dekohärenz **338 f.**, 374
Demokrit 166
Der Himmelsbote (Schrift von Galilei) s. Siderius Nuntius
Derjagin, Boris 379
Determinismus 650
Deuterium 350
Dialogo di Galileo Galilei (Werk von Galilei) 56
Dichte 248
Differentialgleichung 161
Differentialoperator 161
Differentialrechnung 63, 71, 82, 89
Differenzenquotient 61 f.
Differenzieren 65, 137
Dimension
  abstrakte 232 f.
  als qualitative Eigenschaft 77 f.
  aufgerollte s. Dimension, kompaktifizierte
  im Sinne von Ausmaß 16, 180
  kompaktifizierte **639–642**, 644, 646 f., 651
  mathematische 231
  Raum- **232 f.**, 480, 642, 645
  Raumzeit- 234
  Risse in einer 645
  Zusatz- 644
Dioptrice (Werk von Kepler) 53
Dirac-Gleichung 400, 405
Dirac, Paul Adrian Maurice 400, 515, 631
Dirac-Theorie 381
Diskontinuität 298
Dispersion 388
Divergenzen 606, 631, s. a. Unendlichkeiten
Divisionsalgebra 638
Doppelspalt 304 f., **308–313**, **334 f.**, 340, 402 f., 408–411, 414, 430, 438, 443, 445, 447, 454, 462–464
Doppler, Christian Andreas 119
Dopplereffekt **119–121**, 271, 465, 467
Dopplerverschiebung s. Dopplereffekt
Drehgruppe 572
Drehimpuls 154
  -erhaltung 566
Drehmoment 79 f.
Drehwaage 79 f.
Drei-Finger-Regel **154**, 163 f.
Dreikörpersystem 105
Druck 167 f., 492–494
  negativer 493 f.
Druckfeld 100
Drühl, Kai 408
Dunkle Energie **619**, 651
Dunkle Materie **611–613**, 622, 625 f., 651
Dunkle-Materie-Teilchen 613, 624 f.

E

Ebner-Eschenbach, Marie von 415
Eddington, Sir Arthur Stanley 261, 622
e-Funktion s. Exponentialfunktion
Ehrenfest, Paul 354
Ehrenhaft, Felix 160
Eich
  -boson s. Boson, Eich-
  -freiheit **146**, **564**, 633
  -symmetrie **564**, 567, 569, 575 f., 604
  -transformation **146**, 564, 576, s. a. Eichsymmetrie
Eidgenössische Technische Hochschule (ETH) Zürich 317 f.

Eiffel, Gustave 307
Eiffelturm 307
Eigendrehimpuls 354, **504**, 604
Eigenzeit **148**, 201, **277**–282, 284, 306, 341
Einfachspalt s. Einzelspalt
Einfallswinkel gleich Ausfallswinkel 433
Einstein, Albert 180, **197**, 210, 220, 222, 240 f., 263, 265 f., 272 f., 275, 284, 293, 315, 320, 340, 353, 415, 450, 462, 567 f., 575, 627, 639
Einsteinsche Feldgleichung **239–241**
Einsteintensor 239
Einzelspalt **304 f.**, 312, 372, 413
Eisen 268, 552
elektrische Feldkonstante 151, 495
elektrische Kraft 150, 155 f.
elektrischer Strom 149
elektrisches Feld 151, **153**, 156, 161
elektrisches Kraftgesetz 150
elektrische Spannung 151 f., 156
Elektrizität 149, 563
elektromagnetische Strahlung 433
elektromagnetische Wechselwirkung 453, 492, **582**, 602
elektromagnetische Wellen 161 f., 173, 188, 192, 266, **353**
Elektromagnetismus 149, 151, **161 f.**, 563, 593, 601, 629
Elektromotor 153
Elektron **494**, 509, 548, 583, 587, 589
Elektronenfeld **472**, 478, 480, 487, 494–496
Elektronenkonfiguration 364 f.
Elektronen-Loch-Paar 315
Elektronenschale 180
Elektron-Neutrino **511**, 548 f., 552–554, 586, 588
elektroschwache Wechselwirkung 602
Elektrostatik 149
Elementarladung 155, **159 f.**, 495, 526, 550
Elementarteilchen 453, 548
  als Anregung von Feldern 472 f., **480 f.**, 487, 494, 523 f., 560, 637, 650
  Ausdehnung 631–633, 637, 651
  Ladung 495
  linkshändige 594
  Masse 577, 582, 601, 637
  Ununterscheidbarkeit 354, 471
Elementarwelle **299**, 302 f., 305, 310, s. a. Kugelwelle
Emissionslinien 117 f., 180
Energiedichte **239**, 493 f.
  des Vakuums 241, 492, 494
  negative 493 f.
  spektrale 287 f.
Energieerhaltung **138**, 339
Energie-Impuls-Beziehung 213, 383, 475
Energie-Impuls-Tensor **239**, 281, 618
Energiequanten 298
Englert, François 577, 582
Ensemble 336
entartetes Elektronengas 133
Entfernungsbestimmung 125–127, 130 f., 134
Epikur 169
Eratosthenes 39–42, 69, 95
Erdbeschleunigung 97, 220 f.
Erde
  Abstand zur Sonne und zum Mond 34 f.
  Alter 15
  Bevölkerung 153
  Form 31–33, 97
  Größe 37, 40 f., 254
  Position im Sonnensystem 38 f., 43 f., 46 f., 92 f., 99, 104–108
Ereignishorizont **252**, 257–260
Erhaltungsgröße 146, 549, 551, **565–567**
ESA 110
Euklidische Geometrie 252
euklidisches Koordinatensystem 215
Euler, Leonhard 392 f.
Eulersche Gleichung 393
Eulersche Zahl 348
Europa (Mond des Jupiter) 92
Event Horizon Telescope 265
Everett, Hugh 405
Everett-Wheeler-Graham-Interpretation s. Viele-Welten-Theorie
Expansion (des Universums) 241, **467** f., 493 f., 620, 622, 634, 651
Exponentialfunktion **288**, 348, 394, 397
Extremalprinzip **135**, 279, 306 f., 449, 451
Exzentrizität (lineare) 50

F

Fallgeschwindigkeit 64 f.
Fallgesetze 65 f., 136
Faraday-Effekt 152
Faraday, Michael 151, 165
Faradayscher Käfig 151
Farbe 124, 320

Farbladung 529–531, 562, 583, 589
Farbraum 232, 570
Faust (Werk von Goethe) 81, 167, 456
Feinstruktur s. Feinstrukturkonstante
Feinstrukturkonstante **495 f.**, **498**–500, 503 f., 506, 516, 519 f., 523, 546
Feldgleichungen, Einsteinsche **239–241**, 280, 618
Feldkonfiguration 476 f., 480, 492
Feldlinien 152, 154, 515
Feldtheorie 416, 530, 548
Ferdinando II. de' Medici 56
Fermatsches Prinzip **306 f.**, 418 f., 433 f.
Fermi-Druck 133
Fermi, Enrico 133, 182 f.
Fermion **358 f.**, 367, 381, 416, 485, 513, 530, 583, 598, 604 f., 607, 629, 638
Fernfeld 304
Fernrohr
  Galileisches 54
  Keplersches 53 f.
  Lipperhey'sches s. Fernrohr, holländisches
Fernwirkung 99, 101
Feynman-Diagramm **508–512**, 515 f., 550, 553, 555, 631 f.
Feynman, Richard 25, 166, **417**, 421, 432 f., 487, 508, 511 f., 514, 646, 652
Finnegans Wake (Werk von Joyce) 525
Fischer, Ernst Peter 266
Fitch, Val 594 f.
Fixlmillner, Placidius 94
Fläche
  Dreieck 82
  Rechteck 82
flache Raumzeit 236–238
flacher Raum 227–231
Flammenfärbung 116
Flavour 526, 548
Flavourwechsel 551 f., 556
Fletcher, Harvey 157, 160
Fluoreszenz 171, 409
Ford, Ken 608, 611
Fourier-Analyse s. Fourier-Entwicklung
Fourier-Entwicklung 468, 471, 479
Fourier, Jean Baptiste Joseph 468
Fourier-Komponenten 480
Fragestellung
  zeitabhängige 384
Fraunhofer-Beugung 304 f.
Fraunhofer, Joseph von 113–116
Fraunhofer-Linien 115 f., 118, s. a. Absorptionslinien
freier Fall 58, 61
Freier Fall 59
freies Teilchen 142 f.
Freiheitsgrad 513
Fresnel, Augustin Jean 302, 304 f., 307 f., 372
Fresnel-Beugung 304 f.
Friedmann, Alexander 240
Friedrich II 48 f.
Fritzsch, Harald 526
Führungswelle 402, 405
Fusion 133, 503, 584
Fusionskette 350, 552

G

Gaia (Raumsonde) 110
Galaxienhaufen 599, 611, 622
Galilei, Galileo 46, **54–67**, 69–75, 92, 144, 186, 275, 575
Galileische Fallgesetze 61, 145
Galileische Monde 55
Galilei-Transformation **186–188**, 192, 195, 208, 215
Galle, Johann Gottfied 94
Gallium 171, 584
Gamma-Faktor **195** f., 200, 204 f., 208, 210–213, 215, 277
Gamma-Quanten 552
Gammastrahlung 178, 258
Gamma-Strahlung 270
Gamow, George 614
Gangunterschied 190, 279, 309–311, s. a. Phasendifferenz
Ganymed (Mond des Jupiter) 92
Gassendi, Pierre 169
Gedankenexperiment 15, 202, 208 f., 211, 220, 255, 338, 446, 456, 643
gekrümmt s. Krümmung
gekrümmter Raum 227–231, 237
Gell-Mann, Murray 526, 547 f., 572 f.
Generator 153
Genesis (Raumsonde) 110
Geodäte 280–282
Germanium 171, 584
Gernet, Marie 567
Gesamtenergie 138
Gesamtpotential 111
Geschwindigkeits-Additionsregel 193
Gesetz der multiplen Proportionen 169

Gewichtskraft 220
g-Faktor 515, 524 f., 535
anomaler 515, 522
Glashow, Sheldon 602, 646
gleitende Kopplungen 600
Gluon **352**, 531–534, 537 f., 545, 583
Goethe, Johann Wolfgang von 22, 81, 167, 456
Goldhaber, Maurice 594
Göring, Hermann 286
Gorki, Maxim 325
Goudsmit, Samuel 354 f.
Grand Unified Theory (GUT) 542, s. a. Große Vereinheitlichte Theorie
Graphit 183, 321
Gravitationsfeld 100, 102–104, 111, 136, 140, 145, 148, 152, 220
Gravitationsgesetz 76 f., 95 f.
Gravitationskonstante
Einsteinsche 239, 630, 644
Newtonsche 76, 78–81, 150
Gravitationslinse 622
Gravitationspotential 107, 239, 243, 251, 263, 268, 277
Gravitationswellen 271–275, 602
Graviton 562, 602, 638, 644
Greenberg, Oscar W. 529
Greisen-Sazepin-Kusmin-Cutoff (GZK-Cutoff) 636
Grodzins, Lee 594
Gross, David 542, 643
Große Vereinheitlichte Theorie 599, 605, s. a. Grand Unified Theory (GUT)
Grundgleichung der Mechanik 71–74, s. a. Newtonsches Gesetz, zweites
Gruppe 569
Gruppentheorie 569, 571–573, 575, 637
Guericke, Otto von 167
Gummituch 255
Guralnik, Gerald 577

H

Hadron 525, 541–544
Hadronisierung 544
Hafele, Joseph Carl 198
Hagen, Carl R. 577
Hahn, Otto 153, 183
Halbachse
große und kleine 50
Halbleiter 315
Halbwertszeit 351, 502, 606
Halo s. Materiehalo
Hamilton 276
Hamilton-Lagrange-Formalismus 139, 142–144, 566
Hamilton, Sir William Rowan 139 f., 142, 148
harmonischer Oszillator 297, 322
Harvard-Sequenz 123
Harvard-Standard (für Entfernungsbestimmung) 132
Harvard-Sternwarte 123
Harvard University 268
Hauptquantenzahl 362, 364 f.
Hautquantenzahl 363
Hawking, Stephen 18, 615 f.
Heisenbergsche Unbestimmtheitsrelation 371, **373**, 375, 378, 405, 452, 4[illegible]6, 490, 497, 538, 555, 600, 630, 634
Heisenberg, Werner 42, 400, 496, 577
Helium 176, 178, 270, 350, 352, 364, 366
-3 503
-4 503
Helizität 558 f., 591 f., 594
Helligkeit eines Sterns 130
Helligkeitsbestimmung 129
Helligkeitsschwankung 128 f.
Helligkeitsskala 129
Hermann, Robert 614
Herrmann, Grete 404
Herschel, Wilhelm 94
Hesse, Hermann 652
Higgs
-boson 472, 514, 580, 582, s. a. Higgsteilchen
-feld 578, 580, 582 f., 601
-mechanismus 576 f., 600 f.
Peter 577 f., 582
-potential 579, 629, s. a. Mexican-Hat-Potential
-teilchen 604, 638, 644, s. a. Higgsboson
Hilbers Hotel 456, 459–461
Hilbert, David 456, 567
Hilberts Hotel 457 f.
Himmelsscheibe s. Scheibe von Nebra
Himmler, Heinrich 286
Hipparchos 129
Hiroshima 213, 432
Hiroshima-Bombe 213
Hitler, Adolf 286
Hittorfsche Röhre 172, 175

hochrelativistischer Bereich 196
homogen 241, 252, 612, 616
Hooksches Gesetz 80
Hubble, Edwin 240
Hulse, Russell 274
Hütchenspiel 326–330, 333, 407
Huygens, Christian 71 f., 93 f., 299, 302, 305, 308
Huygens'sche Lichttheorie s. Wellentheorie des Lichts
Huygenssches Prinzip 299 f., 302 f., 305, 307
Hyperfeinstruktur 504 f.

I

ICE Cube 585
Ideales Gas 168
imaginäre Zahlen 390 f.
Imaginärteil (einer komplexen Zahl) 392
Impuls
klassischer 143
quantenmechanischer 372–374, 379, 384
relativistischer 209, 213, 383 f.
Impulserhaltung 209, 220, 323, 613
Induktion 151 f.
Inertialsystem 202, 215, 248, 399
Infinite-Monkey-Theorem 455
Infinitesimalrechnung 60, 65
Information 117, 124, 207, 259, 271 f., 329 f., 403 f.
Erhaltung 403
Weg- 409 f., 412–414
infrarot 316
Instabilität 108
Integral 141, 332, 447–450, 453, 483 f.
Integralrechnung 137
Integrand 137
Integrationsbereich 448
Integrieren 137
Intensität (von Licht) 312, 318
Intensität (von Licht) 311 f.
Interferenz 302–305, **309 f.**, 314, 325, 334–336, 372, **375**
Interferenzmuster 310 f., 402, 408, 411, 413
Interpretation der Quantenmechanik 401, 405 f.
invariantes Abstandsmaß 237, s. a. Metrik
Invarianz **188**
Io (Mond des Jupiter) 92
Ion 155
Ionenbindung 181
Ionisation 176
irrationale Zahlen 459
ISEE-3 (Raumsonde) 110
Isotop 501 f.
isotrop 241, 617
ISS (International Space Station) 201

J

James-Webb-Weltraumteleskop 110
Janssen, Zacharias 53
Jean-Baptiste le Rond 135
Jeans, James 611
Jeans, Sir James Hopwood 287
Jolly, Philipp von 285
Joyce, James 525
Julianischer Kalender 44
Jupiter 55 f., 91–93, 104, 111, 262, 272

K

Kähler, Erich 641
Kajita, Takaaki 586 f.
Kallisto (Mond des Jupiter) 92
Kaluza-Klein-Raumzeit 640
Kaluza-Klein-Theorie 639
Kaluza, Theodor 639
Kaon 594 f.
Kaonen-Oszillation 594
Kathode 172 f., 178, 319 f.
Kathodenstrahlen 173
Kausalität 216
Keating, Richard E. 198
Kelvin (Einheit für Temperatur) 123
Kepler, Johannes 43 f., 49–54, 75, 81, 84, 95, 262
Keplersche Gesetze 84, 88, 91 f., 94
Keplersches Gesetz
drittes 51, 75, 84, 121
erstes 50, 84
zweites 51, 84, 89–91
Kernfusion 350
Kernreaktion 183, 502, 584
Kernreaktor s. Reaktor
Kernschatten 35 f.
Kernspaltung 183, 369, 500 f., s. a. Atomspaltung
Kervaire, Michel 638
Ket 326
Kettenreaktion 183, 502
Kibble, Tom 577

kinetische Energie 38, **136–138**, 140–142, 242, 244, 246, 318, 350, 385
Kirchhoff, Gustav 116 f.
Kirchhoff, Gustav Robert 305
klassische Mechanik **71**, 188, 275, 305, 339, 449, s. a. Newtonsche Mechanik
Klein-Gordon-Gleichung 475 f.
Klein, Oskar 639
Kobalt 268
Kobayashi, Makoto 557, 596
kohärent 338
Kohlenstoff 133
Kohlenstoffbrennen (eines Sterns) 133
Kohn, Alexander 157
Kollaps der Wellenfunktion **336 f.**, 374, 401, 403 f., 406, 486, 612
Kompaktifizierung s. Dimension, kompaktifizierte
Kompassnadel 151
Komplementarität 376, 407
komplexe Zahlen **389–392**, **394**, 397 f., 417, 435, 441, 446, 463 f., 476 f.
Kondensator 156
kontinuierliches Spektrum 115–117, 174
Konvergenz 461, 485
Koordinaten-Transformation 185–187, 192
Kopenhagener Deutung 400–404, 406
Kopernikus, Nikolaus 37, 43 f., 46, 50
Kopplungskonstante **489**, **495 f.**, 498, 503, 522 f., 542, 546, 562, 603
Korpuskularstrahlung s. Korpuskulartheorie des Lichts
Korpuskulartheorie des Lichts 70, **299**, 305, 308, 312 f., 315, 320, 323, 463
Korrespondenzprinzip 341, 396
Korrespondenzrelationen 385, 475
kosmische Hintergrundstrahlung 110, 258, 611, 613, 616–622, s. a. Cosmic Microwave Background (CMB)
kosmische Strahlung 316
Kosmologie für Fußgänger (Werk von Lesch und Müller) 125
kosmologische Konstante 241, 493, 620
kosmologisches Prinzip 241
Kraft 74, 102
Kraftfeld 100, 138
Kraus, Karl 586
Kreisbahn 74
Kreuzprodukt 89
Kristall 172
kritische Temperatur 580
Kroto, Harold 627
Krümmung 226–232, 255
Kues, Nikolaus von 44
Kugelumfang 255
Kugelwelle 120, 299–301, 303, s. a. Elementarwelle
Kupfersulfat 116

L

Ladungsdichte 161, 217
Ladungsträger 149, 164
Lagrange-Dichte 453, 546, 597 f., 629
Lagrange-Formalismus 134–138, 142, 145–148, 276, 341, 441, 449
Lagrange-Funktion 135 f., 138 f., 141 f., 144–147, 276, 449–453, 464, 466, 512, 566, 575 f.
Lagrange, Joseph-Louis de 105, 135, 138, 276
Lagrange-Prinzip 140, s. a. Prinzip der minimalen Wirkung; s. a. Prinzip der minimalen Wirkung
Lagrange-Punkt 107, 109 f., 135
Lagrange-Punkte 95
Lamb-Verschiebung 377, 381, 491
Lamb, Willis Eugene 381
Landé, Alfred 496
Landscape 645
Längenintervall 216
Längenkontraktion 196, 199, 230, 233, 251, 257
Längenmaß 216, 253, 259
Laserinterferometer 273
last scattering (letzte Streuung) 614
Laufzeitverlängerung 266–268
Leavitt, Henrietta Swan 125, 127 f., 130–132
Lee, Tsung-Dao 591, 594
Leibniz, Gottfried Wilhelm 60
Leiter, elektrischer 152, 162–164
Leitfähigkeit, elektrische 315
LEP (Large Electron-Positron Collider) 543, 581
Lepton 548, 550 f.
Leptonenzahl 550 f., 589
Lesch, Harald 125, 653
Leuchtkraft 128 f., 131–133
Leukipp 166
Le Verrier, Urbain 94
LHC (Large Hadron Collider) 184, 472, 543 f., 581 f., 595, 605 f., 643 f.

Licht 70, 115, 173, 224, 299, 308, 315 f., 438
Lichtäther 192
Lichtgeschwindigkeit 93, **189**, **191 f.**, 196, 210 f., 251, 258, 271, 452, 563, 585
Lichtjahr 16, 203 f.
Lichtquanten 293, 315, s. a. Photonen
Lichttheorie
 Huygens'sche s. Wellentheorie des Lichts
 Newtonsche s. Korpuskulartheorie des Lichts
Lie-Algebra 571
Liebherr, Joseph 114
Lie-Gruppe 569–571
Lie, Sophus 569, 571 f., 574 f.
Lifschitz, Jewgeni Michailowitsch 379
Lindenberg, Udo 32, 259
Linearisierung **67–69**, 210, 246, 277, 290 f., 395, 629
Linienelement 216, 234, 449
Linienintegral 634
Linienspektrum des Wasserstoffs 180
Linienverbreiterung 122
Linke-Hand-Regel 162
linkshändig **557–560**, 570, 591 f., 594, 641
Lipperhey, Hans 53 f.
Loch (topologisch) 640–642
Loop Quantum Gravity s. Schleifenquantengravitation
Lorentzfaktor **195 f.**, 199, 217, 247 f., 251, 277
Lorentz, Hendrik Antoon 195
Lorentzinvarianz **399**, 405, 449, 558, 631
Lorentzkraft **152–155**, 163, 176, 589
Lorentztransformation **215–218**, 234, 563, 575
Ludwig-Maximilians-Universität München 285, 353
Luft 169
Luftdruck 168
Luftwiderstand 65
Lyman-Serie 180

M

MACHOS (massive astrophysical compact halo objects) 612
Magdeburger Halbkugeln 167
Magellansche Wolken 128
magische Nukleonenzahlen 366
Magnesium 172
Magnetfeld 151–154, 161–165, 176, 515, 626
magnetischer Monopol 161
magnetisches Moment 504, 514 f., 521
 anomales 514, 521, 523
Magnetquantenzahl 363–366
Magnitude (Einheit für Helligkeit) 129
Maki, Ziro 588
Mannigfaltigkeit 642
Marckwald, Willy 178
Mariner (Raumsonde) 267
Mars 37–39, 50, 52, 272
Maskawa, Toshihide 557, 596
Masse 582, 601, 641
Massenmittelpunkt 95, s. a. Massenschwerpunkt
Massenschwerpunkt 104, 121, s. a. Baryzentrum
Materiehalo 612
Mathematik 19, 21, 31, 60
Mather, John 615
Maupertuis, Pierre Louis Moreau de 135
Maximilian IV 113
Maxwell-Gleichungen **161 f.**, 188 f., 383, 564, 575 f., 589, 633, 639
Maxwell, James Clerk 161 f., 352
McDonald, Arthur 586 f.
Meitner, Lise 183
Mendelejew, Dmitri Iwanowitsch 170 f.
Merkur 16, 262 f.
Meson 544, 594
Messprozess, quantenmechanischer 334, **337**, 339, 388, 410, 454
metallische Bindung 181
Metius, Jacob 53
Metrik **237**, 244, 255, 257, 259 f., 602, 634, s. a. invariantes Abstandsmaß
metrischer Tensor 237
Mexican-Hat-Potential 579, s. a. Higgspotential
Meyer, Julius Lothar 171
Michell, John 79 f., 150
Michelson, Albert Abraham 191
Michelson-Interferometer 191
Michelson-Morley-Experiment 191
Milchstraße 16, 55, 113, 128, 131, 616
Milgrom, Mordehai 612
Millikan-Experiment 155, 157, 160
Millikan, Robert Andrews 155, 157, 159 f.
Mills, Robert 576
Milnor, John 638

Minimalprinzip 142
Minkowski-Diagramm 203, 218, s. a. Raumzeit-Diagramm (RZD)
Minkowski, Hermann 203, 216, 234
Minkowski-Tensor 236 f., s. a. Vierer-Tensor
Mir (Raumstation) 201
Molekülbindung 181
Mond **33–37**, 55, 65, 92
  -finsternis 35 f.
Monde des Jupiter 91
MOND (Modified Newtonian Dynamics) 612 f.
monochromatisches Licht 427, 434 f., 442
Monty Python 481
Morley, Edward Williams 191
Müller, Jörn 125
Multiversen 645
Myon **199 f.**, 518, 522, 553, 556, 631
Myon-Neutrino 549, 554, 556, 586, 588
Myon-Zerfall 553

N

Nahfeld 305
Nakagawa, Masami 588
NASA (National Aeronautics and Space Administration) 110
Natrium 116 f.
Naturwissenschaft 70
Nebelkammer 175 f., 324 f.
Nebenquantenzahl 362–364
Neptun 94
Neutralino 608
Neutrino 560, 583 f., 586
Neutrino-Oszillation 587 f.
Neutron 181, 353, **367–370**, 502, 524–530, 535–538, 550, 552 f.
Neutronenstern 248, 274, 370, 552 f.
Neutronenzerfall 556
Newtons Apfel 76
Newtonsche
  Gesetze 71, 275, 339
  Gravitationskonstante 239
  Lichttheorie s. Korpuskulartheorie des Lichts
  Mechanik 24, 188, 244–247, 272, 275, 279, s. a. klassische Mechanik
Newtonsches Gesetz
  erstes 71, 143, s. a. Trägheitsgesetz
  zweites 71, s. a. Grundgleichung der Mechanik
  drittes 71, 76, s. a. Actio gleich Reactio
Newtonsches Gravitationsgesetz 71, 221, 612, s. a. Abstandsgesetz
Newton, Sir Isaac 60, 62 f., **70–74**, 76–78, 81 f., 84, 87, 89, 92, 94 f., 99, 114 f., 143 f., 150, 167, 216 f., 226, 239, 283 f., 305, 320, 575
nicht-abelsche Gruppe 571
nichtbaryonische Materie 612
nichtlinearer Kristall 409
Nichtlokalität 404, 407, 454
nicht-perturbativ 547, 629
Nichts 481, 494
Nickel 593
Nobelpreis 132 f., 160, 173, 175, 178, 181, 183, 274 f., 286, 289, 315, 320, 325, 381, 417, 506, 512, 542, 562, 572, 582, 587, 594–596, 602, 615
Noddack, Ida 182 f.
Noether, Emmy 565, 567 f.
Noether-Theorem 563, 567 f.
Normierung der Wellenfunktion 332
Nova 104
Nukleon 367 f., 548, 625
Nullpunktsenergie 378

O

Ockhams Rasiermesser 135, 240, 622, s. a. Prinzip der Sparsamkeit
Ockham, Wilhelm von 134 f., 240
Oktaven 638
Omega-minus-Resonanz 572
Operator 384
Oppenheimer, Robert 432
Optik 53, 303, 417, 433 f., 436, 438, 440 f.
Orbital 362, 365, 381
  d- 363
  f- 366
  p- 360
  s- 360 f.
Ordnungszahl 182, 352, 551
Ørsted, Hans Christian 151
O-Stern 124
Ozonschicht 295

P

Paarbildung 490, **509 f.**, 517–521, 534–537, 540 f., 544
Padalka, Gennadi 201
Papst Gregor XIII 44
Papst Paul III 46
Papst Paul V 46

Parabelbahn 147, 224, 281 f.
Paradoxon
Katzen- s. Schrödingers Katze
Raben- s. Rabenparadoxon
Schildkröten- s. Schildkröten-paradoxon
Spiegel- s. Spiegelparadoxon
Zwillings- s. Zwillingsparadoxon
Parallaxe 37, 48, 125 f., s. a. trigonometrische Parallaxe
parallele Linien 228
Parallelogramm 82
Paralleluniversen 406, s. a. Viele-Welten-Theorie
parametrische Fluoreszenz 409
Parität 589
Paritätsverletzung 591, s. a. Symmetrie, P-
Parsec (Einheit für Entfernung) 126 f., 130 f., 133
Pascal, Blaise 167
Paschen-Back-Effekt 506
Paschen, Friedrich 506
Paschen-Serie 180
Pauliprinzip **358**, 370, 528, s. a. Ausschließungsprinzip
Pauli, Wolfgang 353, 355, 432, 496, 583, 593
Pechblende 177
Pendel 66 f., 70
Pennsylvania State University 633 f.
Penzias, Arno 614
Perihel 50, 262 f.
Periheldrehung 262–265
Perioden-Leuchtkraft-Beziehung 128, 131
Perioden-Leuchtkraft-Beziehung der Cepheiden 128
Periodensystem der Elemente 171, 363, 527
Permittivität 151
Petermann, André 525
Pfad 18, 42, 111, 447, 643, 649
Pfadintegral 448 f., 454 f., 473–475, 480
Pfadintegralformalismus 441, 454
Pfeilformalismus 443, 463 f., s. a. Addition der Pfeile
Pfund-Serie 180
Phasendifferenz 310, s. a. Gangunterschied
Phasenfaktor 569
Phasenverschiebung 310, s. a. Phasendifferenz
Phasenwinkel 417, 463 f.
Philips-Forschungslaboratorien Eindhoven 379
Philosophie 70
Phlogistontheorie 168
Phosphoreszenz 171 f.
Photodesintegration 552
Photoeffekt 293, 298, 315 f., 319–321, 325, 463
Photoelektrischer Effekt s. Photoeffekt
Photoemission 315, 319
Photomultiplier 585 f.
Photon 487, 494 f., 503, 509, 576, 582, 589, 601, 604, 638
Photonenfeld 478, 480, 487, 494–496
Photophorese 160
Photovoltaik 315
Physik 70
Pickering, Edward Charles 123, 127, 132
Pilotwelle s. Führungswelle
Pi-Meson s. Pion
Pi-Mesonen 589
Pion 528, 535–538, 540 f., 595, 601, 606
Planck, Erwin 286
Planckkurve 620 f., s. a. Planckverteilung
Plancklänge 486, **630**, 633, 644 f.
Planckmasse **630**, 643 f.
Planck, Max 110, 122 f., 180, 285–290, 292–295, 297 f., 385, 478, 486, 616
Planck (Raumsonde) 110
Plancksches Strahlungsgesetz 122, 289, 292–295, 297 f., 320
Plancksches Strahlungsspektrum 123, s. a. Plancksche Strahlungskurve
Plancksche Strahlungskurve 122 f., s. a. Plancksches Strahlungsspektrum
Plancksches Wirkungsquantum 268, 285, 289, 292 f., 295, 298, 320, 371, 373, 446, 452, 464, 479
Planckskala 644, 646
Planckverteilung 123, 621, s. a. Plancksches Strahlungsspektrum
Planckzeit 630
Planet 55
Plasma 265, 584, 613
Plasmazustand 613, 617
PMNS-Matrix 588
Poincaré, Henri 188 f.
Polarisation 151, 407, 454, 512–514
Politzer, David 542
Polonium 178

Pontecorvo, Bruno 588
Positron 176 f., 378, 509–511, 517, 519, 527, 543 f., 552, 587, 606, 632
Potential **95**, 98, 101–103, 111
-differenz 150, 242 f., 246
-topf 343, 367
-verlauf 108, 111 f., 360, 539, 578 f.
-wall 347, 349 f.
potentielle Energie **107**, 136, 138, 141 f., 144, 146 f., 245 f., 269, 276, 341, 381, 385, 449
Pound, Robert 268, 271
Primordiale Nukleosynthese 503
Primzahlen 458
Princeton-University 594
Principia Mathematica (Werk von Newton) 81
Prinzip der kleinsten Wirkung s. Prinzip der minimalen Wirkung
Prinzip der maximalen Eigenzeit 279, 284, 341
Prinzip der minimalen Wirkung **136**, 140 f., 144, 146 f., 275 f., 279, 341, 425, 449, 451, 478 f., 563, 649
Prinzip der Sparsamkeit **134**, 138, 620, 622, s. a. Ockhams Rasiermesser
Prisma 114 f.
Produktregel 90
Projektionsproblem 231
Proton 181, **367 f.**, 370, 522, 525–527, 530, 535–538, 540, 542 f., 550, 552 f.
Masse 542, 582
Proxima Centauri 16
Pulsar 274
Punktsingularität 630, 639
Pythagoras 31, 215
Satz von 32, 34, 73

Q

Quantenchromodynamik (QCD) **530–532**, 534 f., 545 f., 562, 589, 600
Quantenelektrodynamik (QED) **416 f.**, 432 f., 436, 440, 468, 495, 506–508, 514, 516, 523, 532–534, 546, 562, 626, 631
Quantenfeld 480, 487
Quantenfeldtheorie 406, 471, 473, 475, 478, 482, 487, 495, 521 f., 548, 562, 580, 601, 629, 635
Quantenflavourdynamik (QFD) 18, 545, 548–550, 555, 557, 560, 562, 570 f., 584
Quantenfluktuation **377–381**, 490 f., 521, 599 f., 603, 605 f.
Quantengravitation 633
Quantenmechanik 24, 285, 293, 333 f., 338 f., 349, 406, 415, s. a. Quantentheorie
quantenmechanischer Zustand **326 f.**, 338, 400, 402, 421
Quantenradierer 406–408, 414
Quantensprung 115
Quantentheorie 293, 341, 484, s. a. Quantenmechanik
Quantenzahl 355, 363, 548, 558, 606
Quantisierung 293, **296–298**, 471, 478 f., 567, 633
der Raumzeit 633–635
erste 478
zweite 471, 478
Quark 583
bottom- 525, 548, 556 f.
charm- 525, 548, 556 f., 596
confinement 541
down- 525–528, 530, 535–538, 542, 545, 548–550, 552, 555–557, 594
strange- 525, 556 f.
top- 525, 548, 556 f.
up- 525–528, 530–533, 535–538, 540, 542, 545, 548–551, 555–557
Zuschauer- 551
Quark-Modell 525–527
Quasar 264, 499, 622

R

Rabenparadoxon 19, 60
Radialkraft s. Zentralkraft
radioaktive Elemente 180
radioaktiver Zerfall 176, 368, 370, s. a. Radioaktivität
radioaktives Element 181
radioaktive Strahlung 176, 180, s. a. Radioaktivität
Radioaktivität 177 f., 350, s. a. radioaktive Strahlung
Radiowellen 316
Radium 178
Rakete 202, 204, 206, 219–226, 242 f., 249 f.
rationale Zahlen 459
Raum
-dimensionen s. Dimension, Raum-
gekrümmter 230, 255

-krümmung 112
-schiff 201 f., 204–208, 221, 256–258
-sonde 110
Raumzeit 216, 218
-Diagramm (RZD) **203–205**, 530, 632, s. a. Minkowski-Diagramm
flache 236–238, 243 f., 254
gekrümmte 256, 259, 271
Schwingungen 272
Rayleigh, Baron 322
Rayleigh-Jeans-Gesetz **287 f.**, 291, 297 f.
Rayleigh-Streuung 322
Reaktionskette 550, 552 f.
Reaktor 183, 501–503
Realteil (einer komplexen Zahl) 392
Rebka, Glen 268, 271
Rechte-Hand-Regel 164
rechtshändig **558–560**, 570, 591, 594, 641
reelle Zahlen 390 f., 459, 638
Reflexion 266, 425 f., 428–431, 433, 437
Regiomontanus 44
Reibungselektrizität 149
Reibungskraft 157 f.
Reichenbach, Georg Friedrich von 114
Reichweite
der Gravitationskraft 246
der Grundkräfte 599
der Schwachen Kernkraft 555, 600
der Starken Kernkraft 538, 555, 601
der W- und Z-Bosonen 601
des Photons 601
des Pions 601
Reihe 460–462
Relativgeschwindigkeit 163
relativistische Effekte 264, 274
relativistische Energie-Impuls-Beziehung 213, 475
relativistische Masse 211
relativistisches Teilchen 147
Relativitätstheorie
spezielle 185
Renormierung 455, 481, 490, 493, 597
Resonanz 500, 572
Resonanzen 572
Ricci-Tensor 241, 642
Römer, Olaf 274
Römer, Olav s. Rømer, Ole Christensen
Rømer, Ole Christensen 91–94, s. a. Römer, Olav
Röntgenbremsstrahlung 174
Röntgen, Conrad Wilhelm 172–176
Röntgenröhre 175, 178
Röntgenspektrum 174
Röntgenstrahlen 178
Röntgen-Strahlen 175
Röntgenstrahlung 178, 316, 321
Röntgen-Strahlung 172–174, s. a. X-Strahlung
Rotationsenergie 154
rotationssymmetrisch 256
Rotverschiebung 118, 120 f., 259, 269, 464–468
Doppler- 467 f.
Expansions- 467 f.
Gravitations- 467 f.
kosmologische 467, s. a. Rotverschiebung, Expansions-
Rubin, Vera 609, 611
Ruhemasse 211, 213 f., 245, 322 f., 383, 576, 583, 601
running couplings 600
Rutherford, Ernest 179–181, 351
RZD 203 f., s. a. Raum-Zeit-Diagramm

S

Sacks, Oliver 78
Sakata, Shoichi 588
Salam, Abdus 576, 602
Samarium 502
Sammellinse 440
Satellit 109 f.
Sattelfläche 223, 252
Saturn 104
Sauerstoff 79, 133, 169, 181, 352, 366, 501
Scandium 171
Schale (K, L, M, N, O, P, Q) 362 f.
Schallgeschwindigkeit 121
Scheibe von Nebra 27–30
Scheinkraft 111
schiefe Ebene 58 f., 66
Schildkrötenparadoxon 459 f., 471
Schleifenquantengravitation 484, 633–636
Schrödinger
zeitabhängige 384
Schrödinger, Erwin 293, 338, 340, 384, 400
Schrödingergleichung 339 f., 399, 403, 405 f.
stationäre 342–346
zeitabhängige 382–389
Schrödingers Katze 338 f., 587

Schwache Kernkraft 548, 554, 576, s. a. Schwache Wechselwirkung
Schwache Wechselwirkung 555, 557, 559, 576, 591, 593 f., 596, 600–602, 626, 629, s. a. Schwache Kernkraft
Schwarzer Körper 294
Schwarzes Loch 257 f., 264, 272 f., 406, 486, 644
Schwarzschild, Karl 243
Schwarzschildmetrik 252 f., 257–259
Schwarzschildradius **243–249**, 252, 256–259, 265, 486
schweres Wasser 586
Schwinger, Julian Seymour 417, 487, 512, 514, 516
Schwingungsperiode 70
Schwingungszustände 297, 631
Science-Fiction 200, 648
Scully, Marlan Orvil 408
SDSS (Sloan Digital Sky Survey) 618
Selektron 605
Serriston (Inquisitor) 56
Shapiro, Irwin Ira 266–268
Shaw, Ronald 576
Siderius Nuntius (Schrift von Galilei) 56
Silizium 552
Silk-Dämpfung 611
Silk, Joseph 611
Sinus 67, 69
Sinussatz 83
Sirius B 248
Skalar 629
Skalarpotential 95
Skłodowska, Marie 177, s. a. Curie, Marie
SLAC (Stanford Linear Accelerator Center) 587
Smoot, George 615
SO(10) 573
SOHO (Sonnenobservatorium) 110
Sommerfeld, Arnold 496
Sommerfeldsche Feinstrukturkonstante s. Feinstrukturkonstante
Sonnenfinsternis 34, 46, 261 f.
Sonnenmasse (Einheit für das Gewicht eines Sterns) 77, 262 f., 265
Spaghettifizierung 258
Spaltprodukte 183
Spannung 152
Spannungsquelle 156
Sparnaay, Marcus 379
Spektralanalyse 113, 117, 522
Spektralband 116
Spektralfarben 70, 114 f.
Spektralklassen 124
Spektrallinien 116, 118 f., 121, 124, 381, 496, 504–506
Spektralserien 180
Spektrum 115–119, 161, 174, 177, 295, 504, 622
Spezielle Relativitätstheorie (SRT) 197 f., 210, 216, 218, 223, 244, 399, 406, 475, 482, 563, 575, 590, 602, 649
Spiegelparadoxon 561
Spiegelsymmetrie 592
Spiegelteleskop 70
Spin 558 f., 589, 591, 602, 604
Spinflip 505
Spin-Matrizen 559
Spinor 638
Spiralgalaxie 15, 609 f., 612
Stabilitätsmerkmale 107
Standardkerze 131–133, 619
Standardmodell 472, **582 f.**, 590, **596 f.**, 600–604, 622, 629, 641, 650
Stapledon, Olaf 648
Stark-Effekt 506
Starke Kernkraft 182, 351, 522, 535, 555, 562 f., 576, 582, 593, 600–602, 629
Stark, Johann Nikolaus 506
Stausee 488 f.
Steigung (einer Funktion) s. Ableitung (einer Funktion)
sterile Neutrinos 560
Sternrest 133, 248
Sternspektrum 118
Stetigkeit (einer Funktion) 479
Stickstoff 169, 181
Stokessche Reibung 158
Störungstheorie 546 f., 563, 629, 643
Strahldichte 297 f.
Strahlteiler 411–414
Strahlungsdichte 294
Strahlungsdruck 617 f.
Strahlungsformel s. Strahlungsgesetz
Strahlungsgesetz
  Plancksches s. Plancksches Strahlungsgesetz
  Rayleigh-Jeans'sches s. Rayleigh-Jeans-Gesetz
  Wiensches s. Wiensches Strahlungsgesetz; s. Wiensches Verschiebungsgesetz

Straßmann, Fritz 183
Streuversuche 180
Strings 637 f., 640 f., 643–646
Stringtension 637
Stringtheorie 636, 643, 646 f.
Strom 161
Stromerzeugung 151, 154
Strutt, John William 287
Stückelberg von Breidenbach, Ernst Carl Gerlach 511
SU(2)L 570 f.
SU(3) 571
SU(5) 573
Sudbury Neutrino Observatory 586
Summationszeichen 236
Summenkonvention 237 f.
Sunyar, Andrew 594
Super-Kamiokande 586 f.
Supernova 48, 52, 104, 132 f., 552, 619
Superposition s. Überlagerung
Supersymmetrie (Susy) 18, 485, 489, 586, 603–608, 622, 651
supraleitend 624
Susy-Teilchen 605 f., 608
Swamplands 645
Symmetrie 96, 202, 403, 484, 560, 566, 569, 575, 578, 594, 603–605, 640, 644
  -bruch 202, 207, 557, 577 f., 595 f., 608, 640 f.
  -bruch, spontaner 561, 578–580, 582, 589, 601, 605, 625, 650
  C- 589, 593 f.
  CP- 594–596, 626
  CPT- 589 f., 595 f.
  diskrete 565
  Eich- 567
  kontinuierliche 565, 567
  P- 589–591, 593 f.
  T- 596, s. a. Zeitsymmetrie
  -transformation 571, 605, 650
  versteckte 578
  von träger und schwerer Masse 575
  Zeit- 403, 590, s. a. Symmetrie, T-
symmetrische Wellenfunktion 356–358

T

Tau 518, 548
Tau-Lepton 587
Tau-Neutrino 549, 586 f.
Taylor-Entwicklung 395
Taylor, Joseph 274
Taylor-Reihe 395 f., s. a. Taylor-Entwicklung
Teilchen-Ensemble s. Ensemble
Teilchengenerationen 582, 641
Temperatur 100, 227, 286–289, 293–295, 297
  absoluter Nullpunkt 123, 378, 592
  Curie- 580
  der kosmischen Hintergrundstrahlung 614, 617
  des Universums 617, 621
  eines schwarzen Körpers 123
  eines weißen Zwergs 133
  kritische 578–580, 624
  von Sternen 117 f., 121–124
Tensor 233 f., 236–241, 252, 281, 613, 618, 641
Tesla (Einheit für magnetische Flussdichte) 581, 627
TeVeS (Tensor-Vektor-Skalar-Gravitationstheorie) 613
Thales von Milet 149
Theologie 70
Theorie der großen Vereinheitlichung 542, s. a. Grand Unified Theory (GUT)
Theorie von Allem 598, s. a. Theory of Everything (TOE)
Theory of Everything (TOE) s. Theorie von Allem
thermische Bewegung 122, 270
thermische Neutronen 182
Thermodynamik 297
thermodynamisches Gleichgewicht 616, 620
Thiemann, Thomas 633
Thomson, Joseph John 181, 322
Thomson-Streuung 322
Thorium 502
Tomonaga, Shin'ichirō 417, 487, 512
Topografie 231
Torsionswiderstand 80
Torus 366, 640 f.
Trägheitsgesetz 71, s. a. Newtonsches Gesetz, erstes
Trägheitskraft 220
Transuran 182
trigonometrische Parallaxe s. Parallaxe
Tritium 503
Trockennasenaffen 15, 17
Trojaner 111
Tsu, Chuang 652

Tunneleffekt 339, 349 f., 650
Turlay, René 594
Typ Ia (einer Supernova) 104, 132 f., 619

U
U(1) 569, 571
Überlagerung 337 f., 406 f., 490
Überlichtgeschwindigkeit 330, 585
Uhlenbeck, George 354 f.
ultraviolett 316
Ultraviolett-Katastrophe 287, 297 f.
Umfang eines Kreises 229 f.
Umlaufgeschwindigkeit 610
Umlaufzeit 74
Unbestimmtheit 293, 296 f., 371, 373 f., 376 f., 630, 650, s. a. Unschärfe
Unendlichkeit 132, **455–461**, 471, 483, 485–487, 490, 514
Unendlichkeiten 446, 455, 462, 483, 489, 523, 547, 630, 636, 643, 650 f., s. a. Divergenzen
United States Naval Observatory 198
Universität Erlangen 633
Universität Jerusalem 613
University of Auckland 417
Universum
  Alter 15
  Expansion 240 f.
  flaches 231
  Größe 49
  homogenes 241
  Inhalt 17, 255
  isotropes 241
  Parallel- 406
  statisches 240
Unschärfe 297, 377, 405, 486, 630, s. a. Unbestimmtheit
Unschärferelation 371, s. a. Heisenbergsche Unbestimmtheitsrelation
Ununterscheidbarkeit s. Elementarteilchen, Ununterscheidbarkeit
Uran 177, 180, 182 f., 368–370, 500–502
Uranus 84, 94
Urknall 24 f., 240, 266, 286, 503, 611, 613, 616, 622, 634, 645, 651, 653
Urknall, Weltall und das Leben (YouTube-Kanal) 25, 266, 286
Utiyama, Ryoyu 576
Utzschneider, Joseph von 113 f.

V
Vakuum 65, 173, 283, 301, 377–379, 381, **480–482**, 487–490, 493 f., 497 f., 523, 535, 575, 620
Vakuumenergiedichte 493
Vakuumfluktuation 492 s. Quantenfluktuation
Vakuumpolarisation **490 f.**, 498, 599, 603
Vakuumröhre 172
Vektor 89
Vektorboson 604
Vektorpotential 95
Vektorrechnung 89
Venus 266 f.
vereinheitlichte Kraft 602
Verschiebungsgesetz 122, s. a. Wiensches Strahlungsgesetz
Verschränkung 414
Verschränkung, quantenmechanische 330, 404, 407, 454
Vertex 511
Vibrationsmoden 644
Vibrationszustand 637
Viele-Welten-Theorie 401, 405 f., s. a. Everett-Wheeler-Graham-Interpretation; s. a. Paralleluniversen
Vierer-Tensor 236, 238, s. a. Minkowski-Tensor
Viking (Raumsonde) 267
Virgo (Gravitationswellendetektor) 273
virtuelle Teilchen 214, 378–381, 452, 480 f., 490 f., 498, 503, 512, 603
Viskosität 158
von Neumann, John 404

W
Wahrscheinlichkeit 293, 313 f., **326–335**
Wahrscheinlichkeitsamplitude 328, 334, 464, 473, 556, 628
Wahrscheinlichkeitsdichte 402
Wahrscheinlichkeitsverteilung 327, 335, 403
Wärmeausdehnungskoeffizient 227
Wasser 170
Wasserstoff 78 f., 118
W-Boson **550–554**, 570, 576, 582, 601, 638
Wechselwirkung
  elektromagnetische 495
Wechselwirkungsmatrix 513

Wechselwirkungsquerschnitt s. Wirkungsquerschnitt
Weginformation 408 f., 414
Weinberg, Steven 602
Weißer Zwerg 132 f., 248
Weizmann-Institut (Israel) 612
Wellenfront 299–301, 303 f., 310 f.
Wellenfunktion 325–329, 331 f., 335, 337, 340–342, 397–400, 402, 404, 406 f., 454
Wellengleichung 383
Wellenlänge 116–118, 120–123, 171, 174, 244, 271, 292, 294, 300, 304, 308 f., 316–318, 321–323, 340, 345 f., 373, 375, 379, 431, 469 f., 483, 499, 505, 614, 621
Wellenpaket 375
Wellentheorie des Lichts 71, 299, 302, 305, 307 f., 312, 320
Welle-Teilchen-Dualismus 414, 416, 441, 454
Weltbild
  heliozentrisches 46 f., 50, 56
  Kopernikanisches s. Weltbild, heliozentrisches
  Ptolemäisches 43, 56
  Tychonisches 47, 50, 56
Weltformel 598, 628 f., 650
Weltlinie 203 f., 218, 631 f., 638
Weltschlauch 632
Weyl, Hermann 567, 569
Wick-Rotation 569
Wiensches Strahlungsgesetz 287 f., 291, 298, s. a. Verschiebungsgesetz
Wiensches Verschiebungsgesetz 122, 294
Wien, Wilhelm 122, 287
Wilczek, Frank 542
Wilson, Charles Thomson Rees 175 f., 324 f.
Wilson, Robert 614
WIMP (Weak Interacting Massive Particle) 624
Winkelgeschwindigkeit 106
Winkelsumme im Dreieck 228
winkeltreu 231
Wirbelfeld 161
Wirkung **136**, **139**–141, 276 f., 279, 449, 451, 474, 478, 496
  minimale s. Prinzip der minimalen Wirkung
Wirkungsquerschnitt 503
Wissenschaftler im Portrait (Videoreihe) 354
Witten, Edward 646
WMAP (Wilkinson Microwave Anisotropy Probe) 110, 616
Wodka 170 f.
Wolfram 175
Wu, Chien-Shiung 592–594
Wu-Experiment 592–594
Wurm-Metapher 247

X

Xenon 624 f.
X-Strahlung 173, s. a. Röntgen-Strahlung

Y

Yang, Chen Ning 576, 591, 594
Yau, Shing-Tung 642
Young, Thomas 308

Z

Z-Boson 550, 553–555, 563, 570, 576, 582, 589, 601, 604, 638
Zeeman-Effekt 506
Zeeman, Pieter 506
Zeigerformalismus 425, 432, 435, 441
Zeilinger, Anton 407
Zeitdilatation 194 f., **197–200**, 214, 277, 281, 553
  gravitative 233, 242, 248–251, 268
Zeitmessung 66
Zeitreisen 200 f., 209
Zeitumkehr 403, s. a. Symmetrie, Zeit-
Zeit-Weg-Diagramm 437, 440
Zenon 459
Zentralkraft 74
Zentrifugalkraft 105 f., 109, 111, s. a. Zentralkraft
Zentripetalkraft s. Zentralkraft
Zerfallszeit 199 f.
Zink 365
Zur Elektrodynamik bewegter Körper (Schrift von Einstein) 217
Zweig, George 525
Zweikörpersystem 104–106, 135
Zwicky, Fritz 611
Zwillingsparadoxon 201–208

Bildnachweis

1.4–1.7; 1.9; 2.8; 2.9; 2.14–2.16; 2.18–2.20; 2.35; 3.5; 3.9; 3w.11; 4.7; 4.10 li; 6.1; 6.2; 6.4–6.6; 6.10; 6.14; 6.18; 6.21; 7.44; 7.59–7.62; 8.50; 9.18; 11.7; 12.3; 12.13–12.19; 12.20 (basierend auf https://en.wikipedia.org/wiki/File:Calabi-Yau.png): © **Peter Palm, Berlin**

1.3; 2.58; 2.64 (basierend auf Borb, CC BY-SA 3.0); 5.1; 5.2; 6.12; 7.2; 7.7; 7.14; 7.27 (basierend auf https://qudev.phys.ethz.ch/content/science/BuchPhysikIV/PhysikIVch9.html); 8.2; 8.5–8.17; 8.21 (basierend auf http://deadfix.com/wp-content/uploads/2011/04/monday.jpg); 8.36; 8.42; 9.13; 11.1; 11.6; 11.14; 11.15; 12.4; 12.8: **Josef M. Gaßner**

2.13; 2.22; 2.25–2.33; 2.36–2.39; 2.48; 2.66; 3.4; 3.7; 3.12; 3.13; 5.11; 5.12; 5.15; 6.7; 6.8; 6.11; 6.22; 6.23; 6.24; 7.5; 7.6; 7.8 li; 7.10; 7.17; 7.18–7.20; 7.24–7.26; 7.28; 7.29; 7.33–7.41; 7.51–7.55; 7.57; 7.63–7.65; 7.67; 7.68; 7.72; 7.73; 7.75; 8.3; 8.4; 8.18–8.20; 8.22–8.25; 8.27; 8.32–8.35; 8.37; 8.43–8.49; 8.51–8.53; 9.2; 9.3; 9.5–9.12; 9.14; 9.15; 9.17; 9.19; 10.2; 10.4–10.9; 10.12: **Jörn Müller**

1.1 li u. re; 1.2; 2.1–2.7; 2.10; 2.11; 2.17; 2.21; 2.23; 2.24 li u. re; 2.34; 2.40; 2.43; 2.44–2.47; 2.49–2.52; 2.54; 2.56; 2.57; 2.59; 2.60; 2.62; 2.63; 2.65; 2.67; 3.1–3.3; 3.8; 3.10; 4.1.–4.5; 4.8; 4.9; 4.10 Mitte; 4.10 re; 4.11–4.17; 5.3; 5.4; 5.7; 5.8; 5.10; 5.13; 5.14; 5.16; 6.3; 6.9; 6.13; 6.16; 6.17; 6.20; 7.4; 7.8 re; 7.9; 7.11–7.13; 7.15; 7.16; 7.21; 7.22; 7.30–7.32; 7.42; 7.46; 7.49; 7.56; 7.58; 7.69–7.71; 8.1; 8.26; 8.28–8.31; 8.38–8.41; 9.1; 9.4; 10.1; 10.3; 10.10; 11.2–11.5; 11.8; 11.11–11.13; 11.16; 12.1; 12.2; 12.7; 12.10–12.12: **Wikipedia**

1.8: http://www.sjaa.net/eph/0711/retrograde-motion.jpg;
1.10: http://www.fameimages.com/eratosthenes;
1.11: https://www.lernhelfer.de/schuelerlexikon/mathematik/artikel/eratosthenes;
2.12: http://atfd.pbworks.com/w/page/91341519/Einf%C3%BChrung%20von%20 Winkelfunktionen;
2.41; 2.42: A. Weigert, H.J. Wendker, L. Wisotzki: Astronomie und Astrophysik, S. 212;
2.55: https://www.oebv.at/node/3060/online-selection/55419/57006;
2.61: http://slideplayer.org/slide/3253033/ http://slideplayer.org/slide/3253033/11/images/17/Spektralklassen+Spektralklassen+O+T~+50000+K+B+T~+25000+K+A+T~+10000+K.jpg;
3.6: https://www.britannica.com/biography/Robert-Millikan;
4.6: http://hakimweb.com/AntiqueXRayTubes/web10/Crookes_Tubes/Early_Crookes_Tube.htm;
5.5; 5.6: https://physikunterricht-online.de/jahrgang-12/zeitdilatation;
5.9: https://www.deutschlandfunk.de/einstein-auf-dem-pruefstand-9-wenn-atomuhren-in-die-luft.676.de.html?dram:article_id=326702;
6.15: http://www.wikiwand.com/de/Erdbahn;
6.19: https://www.relativity.li/de/epstein/lesen/i0_de/i4_de;
7.1: https://www.dhm.de/lemo/bestand/objekt/zd024375;
7.3: https://pages.uoregon.edu/jimbrau/BrauImNew/Chap03/FG03_11.jpg;

7.23: https://www.hunde.de/hund/anschaffung-haltung/hundesport/spielideen/huetchenspiel;
7.43: https://coloide.wordpress.com/2011/10/31/entendiendo-el-principio-de-incertidumbre-de-heisenberg-y-ii;
7.45: https://chem.libretexts.org/Bookshelves/Organic_Chemistry/Map%3A_Organic_Chemistry_(Bruice)/01._Electronic_Structure_and_Bonding_(Acids_and_Bases)/1.05%3A_Atomic_Orbitals;
7.47: magnetix, https://www.shutterstock.com/search/d-orbital?studio=1;
7.48: http://anorganik.chemie.vias.org/atomorbitale.html;
7.50: Mit freundlicher Genehmigung von Bernd Thaller, Universität Graz;
7.66: Jakob Emanuel Handmann;
7.74: http://arxiv.org/abs/quant-ph/9903047v1;
7.76: http://arxiv.org/abs/quant-ph/9903047v1;
9.16: https://www.nobelprize.org;
10.11: Alexander Gorfer (quant.uni-graz.at), CC-BY-SA 4.0;
11.9: http://walter.bislins.ch;
11.10: www.weltmaschine.de;
12.6: https://www.nobelprize.org/prizes/physics/2006/summary/;
12.9: EM Huff, SDSS-III, Telescopio del Polo Sur y gráfico por Zosia Rostomian

Phenotypic Variation in Populations

Relevance to Risk Assessment

BASIC LIFE SCIENCES
Alexander Hollaender, Founding Editor

Recent volumes in the series:

Volume 31 GENETIC CONSEQUENCES OF NUCLEOTIDE POOL IMBALANCE
Edited by Frederick J. de Serres

Volume 32 TISSUE CULTURE IN FORESTRY AND AGRICULTURE
Edited by Randolph R. Henke, Karen W. Hughes, Milton J. Constantin, and Alexander Hollaender

Volume 33 ASSESSMENT OF RISK FROM LOW-LEVEL EXPOSURE TO RADIATION AND CHEMICALS: A Critical Overview
Edited by Avril D. Woodhead, Claire J. Shellabarger, Virginia Pond, and Alexander Hollaender

Volume 34 BASIC AND APPLIED MUTAGENESIS: With Special Reference to Agricultural Chemicals in Developing Countries
Edited by Amir Muhammed and R. C. von Borstel

Volume 35 MOLECULAR BIOLOGY OF AGING
Edited by Avril D. Woodhead, Anthony D. Blackett, and Alexander Hollaender

Volume 36 ANEUPLOIDY: Etiology and Mechanisms
Edited by Vicki L. Dellarco, Peter E. Voytek, and Alexander Hollaender

Volume 37 GENETIC ENGINEERING OF ANIMALS: An Agricultural Perspective
Edited by J. Warren Evans and Alexander Hollaender

Volume 38 MECHANISMS OF DNA DAMAGE AND REPAIR: Implications for Carcinogenesis and Risk Assessment
Edited by Michael G. Simic, Lawrence Grossman, and Arthur C. Upton

Volume 39 ANTIMUTAGENESIS AND ANTICARCINOGENESIS MECHANISMS
Edited by Delbert M. Shankel, Philip E. Hartman, Tsuneo Kada, and Alexander Hollaender

Volume 40 EXTRACHROMOSOMAL ELEMENTS IN LOWER EUKARYOTES
Edited by Reed B. Wickner, Alan Hinnebusch, Alan M. Lambowitz, I. C. Gunsalus, and Alexander Hollaender

Volume 41 TAILORING GENES FOR CROP IMPROVEMENT: An Agricultural Perspective
Edited by George Bruening, John Harada, Tsune Kosuge, and Alexander Hollaender

Volume 42 EVOLUTION OF LONGEVITY IN ANIMALS: A Comparative Approach
Edited by Avril D. Woodhead and Keith H. Thompson

Volume 43 PHENOTYPIC VARIATION IN POPULATIONS: Relevance to Risk Assessment
Edited by Avril D. Woodhead, Michael A Bender, and Robin C. Leonard

---

A Continuation Order Plan is available for this series. A continuation order will bring delivery of each new volume immediately upon publication. Volumes are billed only upon actual shipment. For further information please contact the publisher.

Phenotypic Variation in Populations

Relevance to Risk Assessment

Edited by
Avril D. Woodhead
Michael A Bender
Robin C. Leonard
Brookhaven National Laboratory
Upton, New York

Springer Science+Business Media, LLC

Library of Congress Cataloging in Publication Data

Symposium on Phenotypic Variation in Populations: Relevance to Risk Assessment (1986: Brookhaven National Laboratory)
Phenotypic variation in populations.

(Basic life sciences; v. 43)
"Proceedings of the Symposium on Phenotypic Variation in Populations: Relevance to Risk Assessment, held December 7–10, 1986, at Brookhaven National Laboratory, Upton, New York"–T.p. verso.
Includes bibliographies and index.
1. Health risk assessment–Congresses. 2. Human genetics–Variation–Congresses. 3. Genetic polymorphism–Congresses. 4. Human population genetics–Congresses. I. Woodhead, Avril D. II. Bender, Michael A. III. Leonard, Robin C. IV. Title. V. Series. [DNLM: 1. Phenotype–congresses. 2. Risk Factors–congresses. 3. Variation (Genetics)–congresses. W3 BA255 v.43 / QH 401 S9915p 1986]
RA566.27.S95 1986 616′.001′5752 87-35795

ISBN 978-1-4684-5462-8 ISBN 978-1-4684-5460-4 (eBook)
DOI 10.1007/978-1-4684-5460-4

Proceedings of the Symposium on Phenotypic Variation in Populations: Relevance to Risk Assessment, held December 7–10, 1986, at Brookhaven National Laboratory, Upton, New York

Originally published by Plenum Press New York in 1988
Softcover reprint of the hardcover 1st edition 1988

Alexander Hollaender
(1898-1986)

DEDICATION

Alexander Hollaender contributed to the intellectual organization of this symposium on Phenotypic Variation in Populations: Relevance to Risk Assessment, although he died on the eve of its commencement.

Blending original ideas, various scientific disciplines, and different cultures, genders, and generations was a sort of art with Hollaender--an art of which many of us became the raw materials. It's no secret that Dr. Hollaender saw science, in its larger perspective, as a tool for building peace by encouraging open communication and sharing among scientists from all over the world. The many scientific symposia he helped to initiate throughout the years are evidence of this special interaction that has nurtured scientific progress and fostered international goodwill.

He was a man of integrity and vision, a creative and diligent researcher, a personality of support and encouragement. His smile and German accent may be gone, but the spirit of cooperation, the perseverance to unravel nature's secrets through fundamental research, and the pursuit of one's personal best will be carried on by those who have been inspired by his example.

Claire M. Wilson

Washington, D.C.

PREFACE

The human race has enormous heterogeneity, founded on genetic and environmental sources. Variability, therefore, is a vital dimension in any consideration of human risk assessment. In the estimation of risks, current methods of extrapolation based upon converting the response of a median man are inadequate, as they ignore phenotypic variation and therefore, susceptible subgroups. There is a growing literature defining the extent of human variation in normal populations; thus, the normal young adult population may have 10-20% known hyperreactors. How far can we ignore human variability in risk assessment? Should we be concerned with susceptible groups, and how can we modify the risk assessment analysis accordingly? The aim of our meeting was to bring together experts from the fields of human epidemiology, toxicology, aging, genetics, carcinogenesis and teratology, and to provide a forum in which we might assimilate knowledge of human heterogeneity as a coherent whole. Since the resolution and obligations of risk assessment, in the last analysis, are a political process, we also involved representatives from the legal field, the unions, and the regulatory agencies.

We are most grateful for financial support from the National Institute on Aging; the U.S. Environmental Protection Agency; the U.S. Department of Energy; FDA - National Center for Toxicological Research; The Council for Tobacco Research-USA, Inc; Johnson and Johnson; Merck Sharp and Dohme Research Laboratories; and Associated Universities, Inc. We thank our Symposium Coordinator, Ms. Helen Kondratuk, who, as usual, came through perfectly and ensured a valuable and enjoyable meeting. Finally, we thank Ms. Nancy Siemon for her tireless efforts with the correspondence and the manuscripts.

Symposium Committee:

A. D. Woodhead, Chairperson
M. A. Bender
L. D. Hamilton
R. C. Leonard
R. B. Setlow

H. Z. Kondratuk, Coordinator

CONTENTS

Relevance of Phenotypic Variation in Risk Assessment: The Scientific Viewpoint 1
R. B. Setlow

Human Genetic Individuality and Risk Assessment 7
A. G. Motulsky

Fragile Sites, Mutagens and Genomic Rearrangements in Cancer 11
J. J. Yunis

Sources and Significance of Variation as Measured in Human Populations 23
E. A. Murphy and K. R. Berger

New Technologies for Studying Human Genetic Variation 37
N. Arnheim

Genes Encoding Drug-Metabolizing Enzymes: Possible Role in Human Disease 45
D. W. Nebert

Epidemiologic Evidence for Genetic Variability in the Frequency of Cancer: Ethnic Differences 65
R. W. Miller

Phenotypic Variation within Genetically Homogeneous Populations: Responsiveness to Toxicants 71
G. L. Wolff

Variability in Anthropometric Traits in Twins and Their Families 81
L. A. Corey, L. J. Eaves and W. E. Nance

Variation in Expression of Congenital Cardiovascular Malformations within and among Families 93
J. A. Boughman, J. A. Astemborski, K. A. Berg, E. B. Clark and C. Ferencz

The Use of Polymorphic Markers to Detect Genetic Variability 105
R. C. Elston

The Arrogance of Intellectual Power 113
S. W. Samuels

Risk Assessment, Regulation, and the Limits of Science 121
A. M. Weinberg

Variability in Diet and its Relation to Risk in Ethnic and Migrant Groups 129
L. N. Kolonel

Cancer Risk and Lifestyle: Cancer among Mormons from 1967-1975 137
J. L. Lyon, J. W. Gardner and D. W. West

Gene-Environmental Interaction as a Cause of Human Variation 163
H. E. Sutton

Risk Assessment: Short-Term Exposure at Various Ages 173
D. W. Gaylor

Variability in Lifespan Functional Capacity 177
D. W. E. Smith

Constitutional, Somatic Genetic and Environmental Aspects of the Phenotypic Diversity of Aging in Human Subjects 183
G. M. Martin

Variability in Cognitive Function in the Elderly: Implications for Societal Participation 191
K. W. Schaie

A Legal Viewpoint on the Relevance of Phenotypic Variation to Risk Assessments 213
J. G. Harkins, Jr., E. K. Scott and W. J. Walsh

Comparative Risk Measures for Heterogeneous Populations 233
L. A. Cox, Jr.

Risk Assessment: Extrapolation to Individual Risk 245
R. D. Kimbrough and P. A. Grandjean

Differential Susceptibility: Implications for Epidemiology, Risk Assessment, and Public Policy 255
S. L. Brown

Efficiency, Liberty and Justice in Screening for Phenotypic Variation 271
T. H. Murray

Variation in Individual Response--Will It Really Affect the Regulatory Response? 281
R. S. Cortesi

Fear, Fiat and Fiasco: Causation in Cancer Risk Assessment 285
P. F. Ricci and A. F. Henderson

PARTICIPANTS 295

INDEX 299

RELEVANCE OF PHENOTYPIC VARIATION IN RISK ASSESSMENT:

THE SCIENTIFIC VIEWPOINT

Richard B. Setlow

Biology Department
Brookhaven National Laboratory
Upton, NY 11973

INTRODUCTION

Everyone knows that people vary widely in their responses to local environmental changes such as heat or cold, pollen, rotation, or high altitudes. We know a great deal about such responses; how they depend on an individual's previous exposures, lifestyle and age, for example. A much more difficult problem, because of the absence of good, human data, is the evaluation of dose-response curves for exposures to radiations or environmental chemicals. If we had such data, it would be possible to estimate risk from exposure; unfortunately, almost all the human data that exist are not the result of chronic exposures, but come from acute, high doses. Likewise, animal data almost always represent effects at high doses. Thus the problem is how to extrapolate from high doses to low doses. One can either do the extrapolation arbitrarily or take some scientific approach to the problem. One such approach is to understand the mechanisms at the molecular level responsible for the observed effects and then to use this understanding to construct theories permitting the extrapolation from high to low doses. Therefore, what we need are good biological theories. However, superimposed on such theories must be an analysis of the variability in the responses of the human population. These variabilities can be thought of as subsets within rather broad categories, as indicated in Table 1. Thus, women cannot be lumped with men because, among other things, they have a different hormonal status and hence are more susceptible to breast cancer; similarly, only men have prostrate cancer. We know that older individuals usually are less able to cope with stress than younger ones and moreover, they seem less proficient in DNA repair than are younger people[1].

Skin Cancer

Almost all skin cancer in fair-skinned people is associated with sunlight exposure: usually the prevalence of skin cancer in pigmented individuals is one or two orders of magnitude less because pigment in superficial layers of their skin absorbs the incident sunlight, so shielding and protecting the underlying growing cells. As a result, fair-skinned people will be much more affected than pigmented individuals by any depletion of stratospheric ozone, with the attendant increase in UV radiation at the earth's surface that may result from chemical emissions into the atmosphere[2]. Thus, at the level of pigmentation, it is clear that minimizing the ozone depletion is in the best interest of Caucasians. However, the

Table 1. Subsets with Variability in Response Within the Human Population

1.	Women versus men
2.	Old versus young
3.	Dark skin versus fair skin
4.	Repair proficiency versus repair deficiency
5.	Proficient carcinogen metabolizer versus deficient metabolizer

white population represents a minority of the world's inhabitants, and there is a significant ethical problem in denying the majority of people the benefits of such chemicals because of concerns for their effects upon the minority.

Even in the fair-skinned population there are wide variations in sensitivity to UV-radiation. Genetic analysis of cancer-prone families and studies on their cells in culture showed that several cancer-prone syndromes are closely associated with deficits in the ability of cells to repair exogenous, and possibly, endogenous damage to their DNA[3,4]. The best understood of these syndromes is xeroderma pigmentosum (XP) a syndrome in which homozygous individuals are extraordinarily sensitive to sunlight-induced cancer--approximately 10,000-fold more sensitive than unaffected people[5]. The frequency of the homozygous condition in the United States is approximately 1 in 250,000. Hence, the condition is not an overwhelming concern for public health. However, since the various types of XP cells investigated seem, on the average, to be only about 20% as proficient as normal cells in the repair of ultraviolet damage, we see that an 80% defect in repair results in a 10,000-fold enhancement in the susceptibility to a particular exogenous agent, ultraviolet radiation. The important question is, What would be the effect of a 10 or a 20% defect in DNA repair? Could such a relatively small defect, one within the range of what we would call the normal distribution, increase susceptibility by as much as 10-fold? Note that the variations observed in repair-deficient syndromes may far outweigh those of differences in pigmentation, so that within each pigmentation group there is a large variation in repair capabilities. We know that there are extensive variations in repair capacity, as measured by the ability of cells in culture to repair ultraviolet damage[6]. For example, unscheduled DNA synthesis, a measure of DNA repair, in epidermal cells varies as much as 3-fold among individuals of similar ages from whom the epidermal cells were obtained. In addition, the average repair decreases almost 3-fold from age 20 to 80.

The dose-response curves for skin cancer in animals and the estimated curves from epidemiological studies on humans are excellent. In the case of humans, these are some of the best dose-response curves available, because the number of new cases of skin cancer per year in the United States is close to 500,000. The reason for this large number probably is very high doses that sunlight provides compared to other environmental insults.

Ionizing Radiation

Ataxia telangiectasia (AT) is a complicated homozygous recessive condition in which the affected individuals and their cells are extraordinarily sensitive to the cytotoxic effects of ionizing radiation. The nature of the repair defect in AT is not known; the disease is more commmon than XP, affecting in the neighborhood of 1 person per 40,000 in the United

Table 2. Estimated DNA Damage Rates and Repair Rates in Human Cells at 37°C[1]

Damage

Endogenous	No./hr	Exogenous	No./hr
Depurination	580	Pyrimidine dimers (noon Texas sun)	5×10^4
Single strand breaks	2300		
0^6-methylguanine	130	Single strand breaks (background radiation)	10^{-4}
Thymine glycol	13	Thymine glycol (background radiation)	10^{-5}- 10^{-4}

Repair

	No./hr
Single strand breaks	2×10^5
Thymine glycols	10^5
Pyrimidine dimers	
Normal cells	5×10^4
XP C cells	5×10^3
0^6-methyguanine	$\sim 10^4$

States and hence, the number of heterozygotes in the population is approximately 1%. A significant fraction of the latter group may be at increased risk, especially when one considers the observations in several studies that the cells of AT heterozygotes are more sensitive than normal to ionizing radiation and to chemicals that cause DNA strand breaks[8,9].

Lacking a direct measure of DNA repair in AT, a convenient measure is the cytotoxic sensitivity given by D_0, the reciprocal of the slope of the survival curve (a graph of logarithm of survival versus radiation dose). Values of D_0 have been measured for a large number of fibroblast strains obtained from normal individuals, from AT homozygotes and AT heterozygotes. The results from a number of surveys show that there is a large difference between normal cells and AT cells, that in normal cells there is a wide distribution in sensitivities, and that, on the average, AT heterozygotes fall somewhere on the low side of the normal distribution[6,8,9]. If we had confidence in using such data to predict dose-response curves for people, we could construct the curves associated with each segment of the population and then estimate risks for these individual segments.

Endogenous vs. Exogenous Damage

When most of us think of hazards or risks, we think of bombs, nuclear reactors, food additives and toxic waste dumps. However, the biggest source of damage to the DNA of our cells results from endogenous chemical reactions at 37°. Table 2 compares the amount of DNA damage per hour per mammalian cell resulting from endogenous reactions and from exogenous ones[1]. The rate of introduction of endogenous damage into DNA is so large that if it were not repaired, approximately 10% of the DNA bases per cell would be damaged in a 70-year lifetime. One would conclude from such a number either that DNA is not the genetic material, nor does it form the basis for transcription, or that there are potent DNA repair mechanisms. The latter is the case. Table 2 also indicates some of the rates of repair of damage. A comparison of these numbers indicates that endogenous damage is much more important than exogenous damage, except for that produced by exposure to ultraviolet radiation. The amount of damage resulting from background ionizing radiation is negligible compared to the damage resulting from endogenous reactions. Indeed it is these reactions that are probably responsible for a large fraction of the background rates of cancer in the human population.

A special case in which the repair reaction is much faster than the reaction introducing the damage is the production and repair of O^6-methylguanine. This mutagenic, and presumably carcinogenic, adduct is introduced into DNA as a by-product of an essential metabolic reaction. Its repair is intriguing, in that the repair reaction is a stochiometric one. The repair protein can repair only one adduct, and upon effecting this, it is inactivated[4]. Although this system works rapidly, it is soon used up and there is no further repair until new protein is made. On this basis one would expect that the dose-response curve for effects arising from this particular adduct have a concave upwards shape. At low doses repair is very effective, and little damage persists. At high doses, the repair system becomes saturated and the crucial adduct can persist long enough to cause mutations in dividing cells. Indeed, this seems to be the case for mutations induced in male mice treated with the alkylating agent ethylnitrosourea[10]. The induction of mutants is a function of injected concentration and the response curve is concave upward, and appears as if it has a threshold that would not be detectable by extrapolation from high doses.

Smoke contains alkylating agents derived from tobacco[11]: presumably the DNA adducts from such alkylating agents are repaired effectively. However, at high levels of O^6-alkylguanine, the repair system may be saturated and, indeed, it was observed that cells washed out of the lungs of smokers have a significantly lower repair capacity for O^6-methylguanine than cells washed out of the lungs of nonsmokers[12]. The decreased repair observed in smokers could either be the result of the inactivation of repair protein during the repair reaction itself, or could result from the fact that smoke contains oxidizing agents which oxidize the crucial SH-group responsible for the activity of the repair protein. In either event, in smokers we have a situation in which smoke contains nitrosamines, both alkylating agents and carcinogens, and the lungs of smokers have less repair activity. Here we have an environmental agent that not only reacts with DNA but tends to destroy the repair activity that would ameliorate the effects of DNA damage.

CONCLUSION

A number of examples have been presented indicating the types of variations that may be expected in the responses of the human population to deleterious agents of an endogenous or exogenous nature. If one assumes that the variations in repair in the normal population are reflected in large variations in carcinogenic risk per unit of exposure, then the dose-response curves at low doses cannot be extrapolated from high doses without knowing the distribution of sensitivities among humans. The probability of determining this range by epidemiological studies on a random population by small. On the other hand, the probability of determining the range by careful genetic and molecular studies appears high enough so that such experiments now are being carried out. They cannot be carried out on real populations, using chronic exposures. Hence, the ability to estimate dose-response relations in the low dose region on human populations can only be by making theoretical constructs that, in turn, are dependent on fundamental research.

REFERENCES

1. R. R. Tice and R. B. Setlow, DNA repair and replication in aging organisms and cells, in: "Handbook of the Biology of Aging, second edition," C. E. Finch and E. L. Schneider, eds., Van Nostrand Reinhold, New York (1985).
2. National Research Council, "Causes and Effects of Stratospheric Ozone Reduction: An Update," National Academy Press, Washington (1982).
3. R. B. Setlow, Repair deficient human disorders and cancer, Nature 271:713 (1978).
4. E. C. Friedberg, "DNA Repair," W. H. Freeman, New York (1985).
5. K. H. Kraemer, M. M. Lee, and J. Scotto, DNA repair protects against cutaneous and internal neoplasia: Evidence from xeroderma pigmentosum, Carcinogenesis 5:511 (1984).
6. R. B. Setlow, Variations in DNA repair among humans, in: "Human Carcinogenesis," C. C. Harris and H. N. Autrup, eds., Academic Press, New York (1983).
7. E. G. Nette, Y.-P. Xi, Y.-K. Sun, A. D. Andrews, and D. W. King, A correlation between aging and DNA repair in human epidermal cells, Mech. Age. Develop. 24:283 (1984).
8. Y. Shiloh, E. Tabov, and Y. Becker, The responses of ataxia-telangiectasia homozygous and heterozygous skin fibroblasts to neocarzinostatin, Carcinogenesis 3:815 (1982).
9. H. Nagasawa, K. H. Kraemer, Y. Shiloh, and J. B. Little, Detection of ataxia telangiectasia heterozygous cell lines by post irradiation cumulative labeling index: Measurements with coded samples, Cancer Res., 47:398 (1987).
10. W. L. Russell, P. R. Hunsicker, G. D. Raymer, M. H. Steele, K. F. Stelzner, and H. M. Thompson, Dose-response curve for ethylnitrosourea-induced specific-locus mutations in mouse spermatogonia, Proc. Natl. Acad. Sci. USA, 79:3589 (1982).
11. D. Hoffmann, J. D. Adams, K. D. Brunnemann, and S. S. Hecht, Assessment of tobacco-specific N-nitrosamines in tobacco products, Cancer Res., 39:2505 (1979).
12. E.-H. Cao, R. B. Setlow, and A. Janoff, Alkylation repair activity in the lung macrophages of smokers and nonsmokers, Annals N.Y. Acad. Sci., 459:269 (1985).

HUMAN GENETIC INDIVIDUALITY AND RISK ASSESSMENT

A. G. Motulsky

Departments of Medicine and Genetics
and Center for Inherited Diseases
University of Washington
Seattle, WA 98195

The decline of infectious diseases and malnourishment in the Western world has made for greater attention to birth defects, genetic diseases, cancer, and various chronic diseases of later life. Good evidence exists for the involvement of various environmental agents in the etiology of many of these diseases. However, the exact contribution of environmental insults to the total health burden is poorly understood. The public is informed about ever more environmental or dietary substances which are said to cause cancer, birth defects, or other maladies and many people are alarmed about the possibility of deteriorating health condition in our society.

A few observations place concerns regarding environmental health risks in perspective. With the exception of a new infectious disease of presumable African origin - AIDS - there is no evidence of new chronic diseases having appeared in our and other Western-type societies. The age-specific mortality for coronary heart disease in the USA is declining. Age-specific mortalities for most common cancers such as breast and colon show no increases (or decreases) over the past generation. Cancer of the stomach is becoming remarkably less frequent and cancer of the lung is becoming much more frequent. We know that the environmental cause for lung cancer is cigaret smoking and strongly suspect that improved food preservation has caused the gradual decline in the frequency of stomach cancer. It is unlikely that widespread environmental exposures over the past generation have introduced new agents that cause any of the <u>common</u> cancers. Since the latency period between initiation and clinical cancer may last a generation, careful epidemiologic surveillance for various cancers needs to be continued.

Similarly, a few medicinal agents such as thalidomide, dilantin, dicumarol, lithium, isoretinoin, and some cancer-chemotherapeutic drugs can cause rare human birth defects. However, epidemiologic and other evidence suggests that most common human birth defects with the exception of the fetal alcohol syndrome are unlikely to be caused by teratogenic agents. Radiation can cause germ line mutations, but the total proportion of human genetic diseases induced by man made radiation is small. Followup studies in Hiroshima and Nagasaki among the offspring of atom bomb survivors failed to show statistically significant differences in various birth outcomes that might be ascribed to mutations. Nevertheless, some mutations undoubtedly occurred but the number of subjects studied was insufficient to demonstrate the effect of these mutations directly. The calculation of the radiation dose that doubles the human mutation rate is therefore beset with many difficulties. No human data exist regarding germ line mutations induced by environmental chemicals.

Since the human life span in Western countries is steadily increasing, these various considerations suggest that our society as a whole is not facing a health crisis posed by environmental agents. Nevertheless, potentially teratogenic, carcinogenic, or mutagenic chemicals and other pollutants do exist. Various regulatory decisions regarding avoidance of exposure therefore need to be made. These decisions are difficult since they must be based on studies carried out in lower organisms with difficult extrapolations to the human species. A conservative stance by not allowing the introduction of potentially noxious agents is therefore mandatory realizing that in many cases the setting of human exposure standards is inaccurate. Besides interspecies variation that causes difficulties in standard setting, human variability due to intraspecies genetic variation is an additional factor that requires attention for risk assessment.

What do we know about the genetic contribution to human individuality?

Human physiognomy is unique and no two human beings except identical twins are alike. The involved genes remain unknown. Remarkable genetic individuality also exists for red cell and tissue cell (HLA) groups, enzymes, and proteins. Enzyme variation is usually associated with variable enzyme levels in the normal range so that a person's exact activity level for a given enzyme (i.e., high normal, average, low normal, etc.) may be genetically determined. Most enzyme variation will lead to differences in the speed of breakdown of various substances. Protein variation may lead to differential binding of foreign substances. Variability in receptor activity may cause differential metabolism of foreign or endogenous ligands. Various HLA and related markers may lead to differential immunologic reactions that predispose to certain autoimmune diseases.

Genetic variation may be under control of a single gene. Rare variants (i.e., <1/1000) are less important for risk assessment than common variants. Common genetic polymorphisms exist in the population in frequencies ranging from 2 to 40% and may therefore cause sizeable proportions of the population to react differently. The field of pharmacogenetics evolved from the recognizition of such enzyme variation. In addition to common single gene determined variants which can cause drug reactions because of enzyme deficiencies (such as G6PD deficiency, acetylation variants, some P450 variation, etc.) twin studies have shown that the breakdown of most drugs is under genetic control - presumably because of minor genetic variation affecting different enzymes involved in drug metabolism, drug action, and drug excretion. The detailed nature of such variation usually is unknown. The term "ecogenetics" extends the pharmacogenetic concept to all xenobiotic agents. The single gene determined variability at the paraoxonase locus (parathione sensitivity) and at the aldehyde dehydrogenase locus (alcohol sensitivity) are examples of such kind.

There are significant population differences for many gene determined common enzyme deficiencies. G6PD deficiency is most common in populations from tropical and subtropical countries. The acetylase transferase gene is more common in Japanese as is the aldehyde dehydrogenase deficiency gene. Study of one ethnic group therefore may give misleading data about another population.

Variability at the DNA level is more striking. There are frequent differences at the individual nucleotide level (every 500th nucleotide) as well as size variability of longer stretches of DNA (minisatellites). The vast majority of such DNA variants are phenotypically silent but can often be used as "markers" for closely linked gene loci specifying proteins that have physiologic, biochemical, or immunologic effects.

Genetic toxicology training and practice requires more input from human biologists and human geneticists. Considerably more studies to detect human variability are necessary. New problems of regulatory policy will be posed as we learn more about genetic variation. As an example, should we not supplement flour with iron to prevent iron deficiency since about 1 in 500 persons are homozygotes for hemochromatosis and therefore will develop serious iron toxicity many years after exposure because of enhanced iron absorption? More difficulties are likely to arise when proportions of more than 5 to 10% of a population are at risk. In such cases, policy will need to be set to protect all members of the population even though the majority of the population could be exposed to higher levels of a given environmental agent without damage. As a related example, we vaccinate everyone against poliomyelitis even though only some persons are genetically susceptible to paralytic poliomyelitis.

The general problem of health risk assessment and human genetic individuality has been dealt with in more detail (Motulsky, 1982; Motulsky, 1984). Problems of genetic variation involving human nutrition have been discussed elsewhere (Motulsky, 1987).

References

Motulsky, A. G., 1982, Interspecies and human genetic variation, problems of risk assessment in chemical mutagenesis and carcinogenesis, in "Chemical Mutagenesis, Human Population Monitoring and Genetic Risk Assessment," (Progress in Mutation Research, Vol. 3), K. C. Bora, G. R. Douglas, E. R. Nestmann, eds., Elsevier Biomedical Press.

Motulsky, A. G., 1984, Environmental mutagenesis and disease in human populations, in "Mutation, Cancer, and Malformation," E. H. Y. Chu, W. M. Generoso, eds., Plenum, New York.

Motulsky, A. G., 1987, Human genetic variation and nutrition, Am. J. Clin. Nutr., 45:1108.

FRAGILE SITES, MUTAGENS AND GENOMIC REARRANGEMENTS IN CANCER

Jorge J. Yunis

Department of Laboratory Medicine
and Pathology
University of Minnesota Medical School
Minneapolis, Minnesota 55455

The finding of specific genomic rearrangements in human cancer over the past several years is having important biologic implications. Although the genomic mechanisms involved in these rearrangements for the most part remain to be elucidated, critical clues are being uncovered in a number of different malignancies.

In the great majority of leukemias and non-Hodgkin's lymphomas, a specific clonal structural chromosomal defect is frequently observed in the malignant cells (Yunis, 1986). The defect found is often a reciprocal translocation with two precise breakpoints. Evidence from molecular investigation suggests that one of the breakpoints is often the site of a proto-oncogene which may become deregulated, following rearrangement, by its new proximity to a regulatory sequence normally used by an active gene of a specific cell type. The translocation of myc to the heavy chain immunoglobulin gene region in the t(8;14) found in Burkitt's lymphoma is the best studied example (Yunis, 1986). Another mechanism may operate in the rearrangement of abl with the bcr gene in the t(9;22) found in almost all patients with chronic myelogenous leukemia (CML). This translocation results in an abl-bcr hybrid and establishes a hybrid-gene mechanism of oncogene deregulation as fundamental in the development of Ph^1-positive CML (Yunis, 1986).

The chromosomal defects found in the great majority of malignancies, however, involve recurrent genomic deletions and duplications rather than translocations and inversions (Yunis, 1987). In the common solid tumors of childhood such as retinoblastoma and Wilms' tumor, for example, patients have a loss or defect in band 13q14 and 11p13, respectively (Yunis and Ramsay, 1978; 1980), resulting in the functional loss of a critical DNA sequence. For tumorigenesis, both alleles must be affected either by deletion/mutation, deletion/deletion, mutation/mutation, or a heterozygous mutation reduced to homozygosity by somatic recombination (Cavenee et al., 1983; Raizis et al., 1985). Recently, two groups of investigators cloned a DNA locus at band 13q14 found to be missing in patients with retinoblastoma and those with osteosarcoma, which is known to develop in some retinoblastoma patients following treatment (Friend et al., 1986; Lee et al., 1987).

We are now finding that human cancers often have multiple recurrent deletions and duplications and that fewer than three percent have reciprocal translocations (Yunis, 1987). These multiple recurrent chromosomal deletions and duplications may be present at diagnosis or may appear during the evolution of the disease. The best example demonstrating this is follicular lymphoma, which is the most common type of non-Hodgkin's lymphoma (NHL). In a study of 71 consecutive patients with this disorder (Yunis et al., 1987a), we found that 85 percent had a t(14;18). Besides a t(14;18), 14 other recurrent chromosome defects were observed. Patients with follicular small cleaved cell disease with a t(14;18) as the only defect had a generally indolent course. The presence at diagnosis or acquisition of a deletion 6q, a duplication 7p or a duplication 12q was associated with the more aggressive histology of follicular mixed small and large cell or follicular large cell disease. When a duplication 3p, a duplication 18q and/or a duplication 21q was found, the tumor appeared as follicular large cell. An especially poor prognosis was associated with the finding of a duplication 2p, a deletion 13q or homogeneous staining regions (HSRs) or double minutes (DMs) (Yunis et al., 1987a).

It is becoming apparent that the great majority of malignant solid tumors also have multiple recurrent genomic defects (Yunis, 1987). Besides the presence of a microscopic or submicroscopic defect of the locus 13q14 in retinoblastoma, for example, at least three other defects have been reported in large chromosome studies (Squire et al., 1984; Pogosianz and Kuznetsova, 1986; Lee et al., 1984). They include the presence of two normal chromosomes 6 and an extra isochromosome 6p in 60 percent of all patients, a duplication 1q25q32 generally found at the beginning of tumor development, and DMs that may represent the cytological expression of N-*myc* gene amplification often found in this tumor.

Most investigators agree that cancer represents a problem of cell growth and differentiation. It is therefore reasonable to suspect that cancer may involve genes such as those for growth factor receptors and growth factor inhibitors. We recently found, however, that most mapped growth factors do not generally correlate with most of the duplicated or deleted chromosomal regions (Yunis, 1987). This may in part relate to the fact that most known growth factors are of fibroblastic or hematopoietic cell origin and the great majority of neoplasias are epithelial. Another possibility is that growth factors or oncogenes may not be directly involved in deletions and duplications. Instead, repressors, hormone receptors, cytotoxic factors, proteolytic enzymes or other yet to be discovered mechanisms may prove central to the neoplastic process (Yunis, 1987).

The way chromosome defects in cancer precisely develop is not known. Recent studies of chromosomal fragile sites by our laboratory, however, may shed some light on the process. Treatment of normal cells in culture with a variety of muta-

Table 1. Mutagens/Carcinogens Tested with Fragile Sites Assay[a]

Class/Agent	Fragile Sites	Carcinogen[b]
Ionizing radiation		
Gamma radiation	+	+
Alkylating agent		
Busulfan	+	+
Chlorambucil	+	+
Dimethyl sulfate	+	+
N-nitrosamine		
Diethylnitrosamine	+	+
Aromatic hydrocarbon		
Benzene	+	+
Benzo(a)pyrene	+	+
Halogenated hydrocarbon		
Carbon tetrachloride	+	+
Bromoacetaldehyde	+	+
Antifolate		
Fluorodeoxyuridine	+	
Methotrexate	+	
α-polymerase inhibitor		
Aphidicolin	+	
Cytosine arabinoside	+	
Antibiotic		
Actinomycin D	+	+
Bleomycin	+	
Distamycin A	+	
Other		
5-azacytidine	+	
Control substances		
Anthracene	-	
Acetone	-	
Dimethyl sulfoxide	-	
Mannitol	-	
12-myristate 13-acetate diester	-	

[a] Modified from Yunis, Soreng and Bowe, 1987. See this reference for dosage used.

[b] Agents found to be carcinogenic in vivo. For details see IARC, 1982. Bromoacetaldehyde has not been tested for carcinogenicity. Results correspond to acetaldehyde, a related agent.

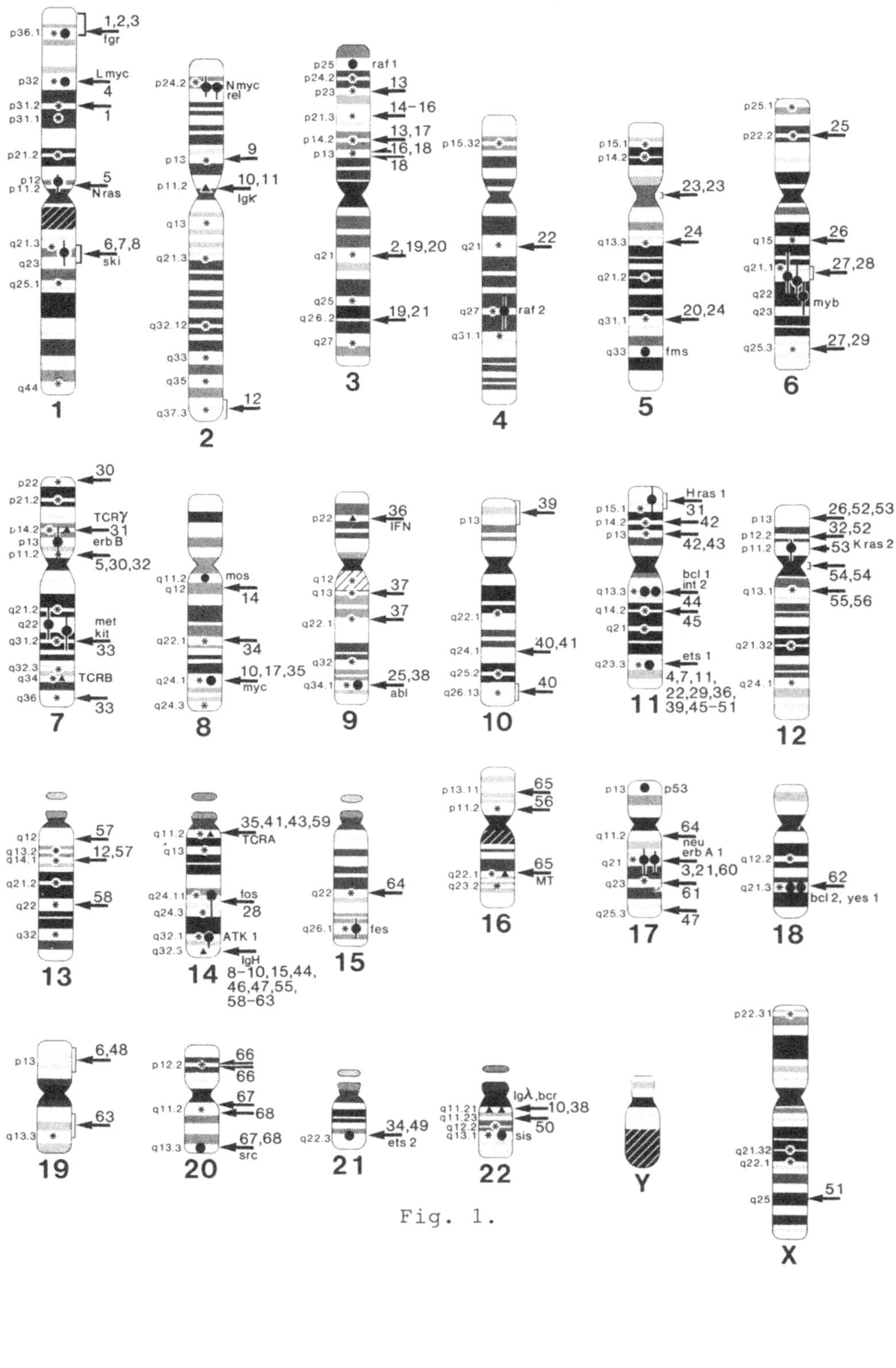
1,2,3
fgr
L myc
4
1
5
N ras
6,7,8
ski
1
N myc
rel
9
10,11
Igk
12
2
raf 1
13
14-16
13,17
16,18
18
2,19,20
19,21
3
22
raf 2
4
23,23
24
20,24
fms
5
25
26
27,28
myb
27,29
6
30
TCRγ
31
erb B
5,30,32
met
kit
33
TCRB
33
7
mos
14
34
10,17,35
myc
8
36
IFN
37
37
25,38
abl
9
39
40,41
40
10
H ras 1
31
42
42,43
bcl 1
int 2
44
45
ets 1
4,7,11,
22,29,36,
39,45-51
11
26,52,53
32,52
53 K ras 2
54,54
55,56
12
57
12,57
58
13
35,41,43,59
TCRA
fos
28
ATK 1
IgH
8-10,15,44,
46,47,55,
58-63
14
64
fes
15
65
56
65
MT
16
p53
64
neu
erb A 1
3,21,60
61
47
17
62
bcl 2, yes 1
18
6,48
63
19
66
66
67
68
67,68
src
20
34,49
ets 2
21
Igλ, bcr
10,38
50
sis
22
Y
51
X

Fig. 1.

Fig. 1. Human chromosomal map depicting approximately 650 Giemsa bands, 110 constitutive fragile sites (black asterisks), 36 oncogenes (black dots), nine active genes of differentiated cells (triangles), and two breakpoints for each of 66 of the 68 specific structural chromosome defects found in various neoplasias (arrows). Pertinent bands are marked on the left of each chromosome, and names of oncogenes and cell-differentiation genes on the right. When an oncogene or active gene of a differentiated cell is mapped to a small chromosomal region rather than a band, a black dot crossed by a bar is used. When the precise location of a cancer breakpoint is uncertain, an arrow is preceded by a bracket. The defects are numbered as follows: 1=del(1)(p31.2p36) in disseminated neuroblastoma; 2=t(1;3) (p36;q21) in myelodysplastic syndrome (MDS) and acute nonlymphocytic leukemia (ANLL); 3=t(1;17)(p36;q21) in ANLL; 4=t(1;11)(p32;q23.3) in acute lymphocytic leukemia (ALL); 5=t(1;7) (p11.2;p11.2) in MDS and ANLL; 6=(1;19)(q21-23;p13) in pre-B ALL; 7=t(1;11)(q21-23;q23) in ANLL; 8= t(1;14)(q21-23;q32.3) in non-Hodgkin's lymphoma (NHL); 9= t(2;14)(p13;q32.3) in NHL; 10=t(2;8) (p11.2;q24.1), t(8;14)(q24.1;q32.3) or t(8;22)(q24.1;q11.21) in ALL-L3, Burkitt's, non-Burkitt's, and immunoblastic lymphoma; 11=t(2;11) (p11.2;q23.3) in MDS; 12=t(2;13)(q37;q14) in alveolar rhabdomyosarcoma; 13=del(3)(p14.2p23) in small cell lung cancer; 14=t(3;8) (p21.3;q12) in mixed parotid gland tumor; 15=t(3;14)(p21;q32.3) in NHL; 16=del(3)(p13p21) in ovarian cancer; 17=t(3;8)(p14.2;q24.1) in familial renal carcinoma; 18=del(3)(p13) in B-cell prolymphocytic leukemia (B-PLL); 19=inv(3)(q21q26.2) in MDS and ANLL; 20=t(3;5) (q21;q31) in ANLL; 21=t(3;17)(q26;q22) in myeloproliferative syndrome (MPS); 22=t(4;11)(q21;q23.3) in bilineal ALL/ANLL; 23=iso(5p) in bladder cancer; 24=del(5)(q13.3q31.1) in MDS and ANLL; 25=t(6;9)(p22.2;q34.1) in ANLL; 26= t(6;12)(q15;p13) in B-PLL; 27=del(6)(q21q25.3) in large cell lymphomas; 28=t(6;14) (q21;q24) in ovarian papillary carcinoma; 29=t(6;11)(q25.3;q23.3) in ANLL; 30=del(7)(p11.2p22) in MDS; 31=t(7;11)(p14;p15) in chronic myelogenous leukemia (CML) and ANLL; 32=t(7;12)(p11;p12) in ALL; 33=del(7)(q31.2q36.3) in MDS and ANLL; 34=t(8;21) (p22.1;q22.3) in ANLL; 35=t(8;14)(q24;q11.2) in NHL; 36=t(9;11)(p22;q23.3) in ANLL; 37=del(9)(q13q22.1) in MDS and ANLL; 38=t(9;22)(q34.1;q11.21) in CML, ANLL and ALL; 39=t(10;11)(p13-15;q23.3) in ANLL; 40=del(10) (q24q26) in prostate carcinoma; 41= t(10;14)(q24;q11.2) in T-cell ALL; 42= del(11) (p13p14.2) in Wilms' tumor; 43=t(11;14)(p13;q11.2) in T-cell ALL; 44=t(11;14)(q13.3;q32.3) in NHL; 45=del(11)(q14.2 q23.3) in MDS, NHL and chronic lymphocytic leukemia (CLL); 46=t(11;14)(q23.3;q32.3) in diffuse large cell lymphoma; 47=t(11;17)(q23.3;q25.3) in ANLL; 48=t(11;19)(q23.3;p13) in ANLL; 49=inv ins(21;11)(q22.3;q23.3q14.2) in NHL; 50=t(11;22) (q24;q12) in Ewing's sarcoma, neuroepithelioma and Askin's tumor; 51=t(11;X) (q23;q25) in ANLL; 52=del(12)(p12p13) in ALL; 53=del(12) (p11p13) in MDS and ANLL; 54=iso(12p) in testicular tumors; 55=t(12;14) (q13.1;q32.3) in T-cell lymphoma; 56=t(12;16)(q13;p11.2) in mixoid liposarcoma; 57=del(13)(q12q14) in retinoblastoma; 58=t(13;14)(q22; q32.3) in NHL; 59=inv(14)(q11.2q32.3) in T-CLL, Sézary syndrome and mycosis fungoides; 60=t(14;17)(q32.3;q21.3) in NHL; 61=t(14;17) (q32;q23) in B-CLL; 62=t(14;18)(q32.3;q21.3) in follicular lymphomas; 63=t(14;19) (q32;q13) in NHL and B-CLL; 64=t(15;17) (q22;q11.2) in ANLL-M3; 65=inv(16)(p13.11q22.1) in acute myelomonocytic leukemia with eosinophilia; 66=del(20)(p12.2) in multiple endocrine cell carcinoma; 67=del(20)(q11.203q13.3) in MPS; and 68=del(20)(q11.208q13.3) in MDS. From Yunis, Soreng and Bowe, 1987.

gens and carcinogens (Table 1) induced patterns of chromosome breaks and rearrangements similar to those found in cancer cells (Yunis et al., 1987b). These breaks largely occur at genetic weak points or fragile sites and are conserved through evolution since humans and great apes have a remarkably similar pattern of fragile site expression (Yunis and Soreng, 1984). Seventeen different mutagens and carcinogens tested (Table 1) induced a total of 110 fragile sites (Fig. 1). The majority of them were induced by at least half of all the agents tested and 50 fragile sites coincide with the location of 50 of 75 recurrent chromosome breakpoints found in 68 specific cancer chromosome defects described in different types of leukemia, lymphoma and solid tumor. Twenty-six of 36 oncogenes that have been mapped to a chromosome band or subband correlated with a fragile site (Fig. 1). Three of the agents used (benzo(a)pyrene [BaP], dimethyl sulfate [DMS], and bromoacetaldehyde [BAc]) are known to induce chromatin hypersensitivity in regulatory regions of active genes (Boles and Hogan, 1986; Sheffrey, 1986; Kohwi-Shigematsu et al., 1983). Four others (actinomycin D, bleomycin, diethylnitrosamine and gamma radiation) have also been found to preferentially attack chromatin active in transcription (Yunis et al., 1987b). These findings suggest that fragile sites may be general targets of mutagenic action and may serve as markers for transcriptionally active genomic sites.

Fragile sites could be related to several major classes of critical DNA sequences. Such sequences may include regulatory guanine-rich and recombinational CACA sequences. G-rich sequences or multiple GC boxes are often found in the promoter region of growth factors, oncogenes and housekeeping genes (Ishii et al., 1985). They have also been found where hypersensitive chromatin sites are elicited by DNase I and nuclease-like agents such as DMS and BaP (Sheffrey, 1986; Boles and Hogan, 1986). Interestingly, these sites serve as preferential targets of oncogenic viral integration (Vijaya et al., 1986; Robinson and Gagnon, 1986) and are targets of several types of carcinogens, including alkylating agents (Mattes et al., 1986). Agents that attack G-rich sequences also elicit the expression of fragile sites (Yunis et al., 1987b) and it is possible that oncogenic viruses may integrate at or near fragile sites (Popescu, Amsbaugh and DiPaolo, 1987; Popescu, DiPaolo and Amsbaugh, 1987). In contrast to BaP, DMS and alkylating agents, BAc preferentially attacks unpaired C and A bases (Kohwi-Shigematsu et al., 1983) and may possibly attack CACA sequences believed to play a role in several recombinational cellular processes (Rogers, 1983).

Exposure of cultured lymphocytes from normal adults to the mutagens aphidicolin and fluorodeoxyuridine (FdU) and the carcinogens gamma radiation and busulfan yielded chromosome defects involving fragile-site breakpoints. These defects were cytologically indistinguishable from those found in several different types of neoplasia including acute leukemia, non-Hodgkin's lymphoma, retinoblastoma and Wilms' tumor (Yunis et al., 1987b). Among the defects found were a deletion involving band 13q14 as seen in retinoblastoma and a deletion 3p14.2p21 observed in small cell lung cancer. The interstitial deletion 3p has been reported with variable breakpoints at p14.2, p21, and p23 (Whang-Peng et al., 1982), all of which correspond to fragile site bands.

Fragile site 3p14.2 is the most sensitive fragile site and is highly expressed with agents such as benzene, benzo(a)-pyrene and nitrosamines in man, chimpanzee and gorilla (Fig. 2). These agents are among the most active found in tobacco smoke (IARC, 1986). Since tobacco has been implicated as a causal agent in one third of all cancers in the United States, the structure of fragile site 3p14.2 should be a focal point of investigation to elucidate possible differences in its DNA sequence between cigarette smokers that develop and those that do not develop cancer.

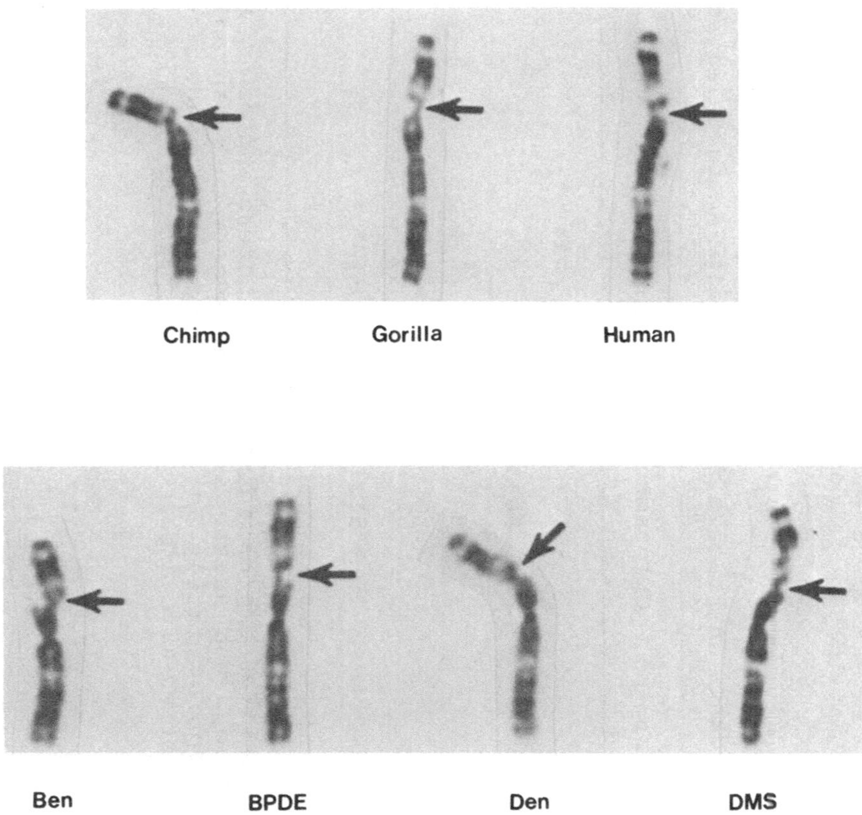

Fig. 2. Fragile site 3p14.2 is conserved through human evolution (top row) and expressed by a variety of different carcinogens (bottom row) including benzene, benzo(a)pyrene-diol-epoxide, diethyl-nitrosamine and dimethyl sulfate. This highly expressed fragile site may be involved in the deletion 3p found in small cell lung cancer. Ben, BPDE, and Den are present in tobacco smoke.

Table 2. Concordance in Fragile Site Expression Among Selected Mutagens and Carcinogens[a]

	Fluorodeoxyuridine	Chlorambucil	Dimethyl Sulfate	Gamma Radiation	Carbon Tetrachloride
Methotrexate	85%	62%	54%	59%	50%
Busulfan	63%	80%	75%	69%	50%
Bleomycin[b]	61%	64%	67%	77%	49%
Benzene	61%	51%	52%	47%	69%
Bromoacetaldehyde	61%	51%	54%	51%	62%

[a] For specific fragile sites expressed see Yunis, Soreng and Bowe, 1987. Compounds belonging to a given class of mutagen, such as the alkylating agents busulfan and chlorambucil, express similar fragile sites with approximately 80% concordance. Dissimilar agents such as methotrexate and carbon tetrachloride often have a concordance of approximately 50%.

[b] Radiomimetic agent.

In our fragile sites studies, we have identified several patients with leukemia or lymphoma with an increased rate of chromosomal breakage at a fragile site in their normal cells that corresponded to a chromosome breakpoint in their tumor cells (Yunis, 1983; 1984; Yunis and Soreng, 1984). Such findings suggest the possibility that fragile sites may serve as a predisposition factor to cancer. Because such data is quantitative and difficult to ascertain, attempts shoud be made to identify the DNA sequences involved in fragile sites to explore the possibility that cancer predisposition could be tested for at the molecular level.

A related area of interest would be to explore fragile site expression in different tissues and different stages of cell differentiation to learn why certain agents and cell types are more efficient than other in rearranging genomic segments in different cancers. Preliminary evidence suggests that there are similarities and differences in fragile sites expression when T and B lymphocytes, fibroblasts and bone marrow cells are tested with agents such as FdU, DMS and BAc. Furthermore, although 15 of 17 mutagens tested (Table 1) attacked between 47 and 70 of the 110 fragile sites, it was of interest to find that agents that belong to one class of mutagens (e.g. alkylating agents) break similar fragile sites, while a comparison of agents from different classes of mutagens shows a lower degree of concordance (Table 2). The fact that diverse mutagens and carcinogens break chromosomes not only at common sites but also at distinctive ones suggests that certain fragile sites may be more sensitive to a given agent and this could conceivably relate to its potential to induce specific types of neoplasia (Merletti et al., 1984).

REFERENCES

Boles, T.C., and Hogan, M.E., 1986, High-resolution mapping of carcinogen binding sites on DNA, Biochem., 25:3039.

Cavenee, W., Dryja, T.P., Phillips, R.A., Benedict, W.F., Godbout, R., Gallie, B.L., Murphree, A.L., Strong, L.C., and White, R.L., 1983, Expression of recessive alleles by chromosomal mechanisms in retinoblastoma, Nature, 305:779.

Friend, S.H., Bernards, R., Rogelj, S., Weinberg, R.A., Rapaport, J.M., Albert, D.M., and Dryja, T.P., 1986, A human DNA segment with properties of the gene that predisposes to retinoblastoma and osteosarcoma, Nature, 323:643.

IARC monographs on the evaluation of the carcinogenic risk of chemicals to human, 1986, Tobacco smoking. Vol. 38, IARC, Lyon, France.

IARC monographs on the evolution of carcinogenic risk of chemicals to humans, suppl. 4, 1982, IARC, Lyon, France.

Ishii, S., Merlino, G.T., and Pastan, I., 1985, Promoter region of the human Harvey ras proto-oncogene: similarity to the EGF receptor proto-oncogene promoter, Science, 230:1378.

Kohwi-Shigematsu, T., Gelinas, R., and Weintraub, H., 1983, Detection of an altered DNA conformation at specific sites in chromatin and supercoiled DNA, Proc. Natl. Acad. Sci. U.S.A., 80:4389.

Lee, W.H., Bookstein, R., Hong, F., Young, L-J., Shew, J-Y, and Lee, Y.H-P., 1987, Human retinoblastoma susceptibility gene: cloning, identification, and sequence, Science, 235:1394.

Lee, W.H., Murphree, A.L., and Benedict, W.F., Expression and amplification of the N-myc gene in primary retinoblastoma, Nature, 309:458.

Mattes, W.B., Hartley, J.A., and Kohn, K.W., 1986, DNA sequence selectivity of guanine-N7 alkylation by nitrogen mustards, Nucleic Acids Res., 14:2971.

Merletti, F., Heseltine, E., Saracci, R., Simonato, L., Vainio, H., and Wilbourn, J., 1984, Target organs for carcinogenicity of chemicals and industrial exposures in humans: A review of results in the IARC monographs on the evaluation of the carcinogenic risk of chemicals to humans, Cancer Res., 44:2244.

Pogosianz, H.E., and Kuznetsova, L.E., 1986, Nonrandom chromosomal changes in retinoblastomas, Arch. Geschwulstforsch., 56:135.

Popescu, N.C., Amsbaugh, S.C., and DiPaolo, J.A., 1987, Human papillomavirus type 18 DNA is integrated at a single chromosome site in cervical carcinoma cell line SW 756, J.Virol., 51:1682.

Popescu, N.C., DiPaolo, J.A., and Amsbaugh, S.C., 1987, Integration sites of human papillomavirus 18 DNA sequences on HeLa cell chromosomes, Cytogenet. Cell Genet., 44:58.

Raizis, A.M., Becroft, D.M., Shaw, R.L., and Reeve, A.E., 1985, A mitotic recombination in Wilms tumor occurs between the parathyroid hormone locus and 11p13, Hum. Genet., 70:344.

Robinson, H.L., and Gagnon, G.C., 1986, Patterns of proviral insertion and deletion in avian leukosis virus-induced lymphomas, J. Virol., 57:28.

Rogers, J., 1983, CACA sequence--the ends and the means? Nature, 305:101.

Sheffrey, M., 1986, Chromatin structure, gene expression and differentiation, in: M. Risley, ed. "Chromosome Structure and Function," Van Nostrand Reinhold Co., New York, pp. 39-91.

Squire, J., Phillip, R.A., Boyce, L., Godbout, R., Rogers, B., and Gallie, B., 1984, Iso-chromosome 6p, a unique chromosomal abnormality in retinoblastoma: Verification by standard staining techniques, new densitometric methods, and somatic cell hybridization, Hum. Genet., 66:46.

Vijaya, S., Steffen, D.L., and Robinson, H.L., 1986, Acceptor sites for retroviral integrations map near DNase I-hypersensitive sites in chromatin, J. Virol., 60:683.

Whang-Peng, J., Kao-Shan, C.S., Lee, E.C., Bunn, P.A., Carney, D.N., Gazdar, A.F., and Minna, J.D., 1982, Specific chromosome defect associated with human small-cell lung cancer: deletion 3p(14-23), Science, 215:181.

Yunis, J.J., 1983, The chromosomal basis of human neoplasia, Science, 221:227.

Yunis J.J., 1984, Fragile sites and predisposition to leukemia and lymphoma, Cancer Genet. Cytogenet., 12:85.

Yunis, J.J., 1986, Chromosomal rearrangements, genes, and fragile sites in cancer: Clinical and biologic implications, in: "Important Advances in Oncology 1986," V. DeVita, S. Hellman, and S. Rosenberg, eds. J.B. Lippincott, Philadelphia, pp. 93-128.

Yunis, J.J., 1987, Multiple recurrent genomic deletions and duplications are a common feature in most human neoplasias, UCLA Symposium: Recent advances in leukemia and lymphoma, R.P. Gale and D.W. Golde, eds, Alan R. Liss, Inc., New York.

Yunis, J.J., Frizzera, G., Oken, M.M., McKenna, J., Theologides, A., and Arnesen, M., 1987a, Multiple recurent genomic defects in follicular lymphoma: A possible model for cancer, N. Engl. J. Med., 316:79.
Yunis, J.J., and Ramsay, N.K.C., 1978, Retinoblastoma and subband deletion of chromosome 13, Am. J. Dis. Child., 132:161.
Yunis, J.J., and Ramsay N.K.C., 1980, Familial occurrence of aniridia--Wilms' tumor syndrome with deletion 11p13-14.1, J. Pediatr., 96:1027.
Yunis, J.J., and Soreng, A.L., 1984, Constitutive fragile sites and cancer, Science, 226:1199.
Yunis, J.J., Soreng, A.L., and Bowe, A.E., 1987b, Fragile sites are targets of diverse mutagens and carcinogens, Oncogene, 1:59.

SOURCES AND SIGNIFICANCE OF VARIATION AS MEASURED IN HUMAN POPULATIONS

Edmond A. Murphy and Kenneth R. Berger

Division of Medical Genetics
Johns Hopkins University School of Medicine
Baltimore Md 21205.

INTRODUCTION

Our commission is to discuss the nature and meaning of variation and yet to avoid overlap with the comments of our distinguished colleagues. As theorists, we shall take a somewhat abstract approach; and as physicians we shall try to extend it to include the level of human subtlety.

Abdominal surgeons have a saying that God made the rectus abdominis muscle and the Devil made the tendinous intersections in it. There has always been a subtext in genetics that God made the segregation ratios and the Devil made the variance: that variation is an impurity that in the perfect system would not occur; and that given full understanding we would have no need to invoke randomness and suchlike, which hence can have no survival value. In support of this deterministic claim, one may point to the simplicity of the primordial forms of life, which results in an interior determinism that throws all the burden of variation on the environment. At the other end, the evolutionary drive to multilocal control, and the laws of large numbers, acting in conjunction, lead to the convergence properties and hence engender a kind of secondary determinism.

Now in our view all this line of reasoning is specious. Variation is an inevitable component of a complex organism, even if only as a counter to variation in the environment. But more, it is not merely tolerable, it is highly advantageous. In attempting to defend that thesis we must pay some attention to the formal characterization of the types of variation and the sources of these types in biological systems.

We shall consider six more or less distinct kinds of variation (Table 1). They are progressively more subtle to define, discern and demonstrate; each is apt to be masked by the sources of variation earlier on the list. The list is ordered in something of the same way as evolution itself. Geneticists consider two types of variation: systematic and random. Everything that is not the former is the latter. Such definition by exclusion seems to us unsatisfactory. It explicitly supposes that systematic and random effects exhaust all sources of variation, and this claim is not at all self-evident. Randomness has well-defined properties that must be met by any effect that is to be

Table 1. Sources and Interpretation of Variation

Type	Characteristics	Domain of manifestation	Examples	Comments
Systematic	Predictability	Cause and effect	Differences among species Lyonization as mechanism.	Hence absurdity of the statement "Lung cancer is heredit-ary in ameba"
Ambiguous	Multiplicity of solutions	Stationary points maxima etc	Homeostasis Aristotle's ass	Ambiguous polarity
Random	Probabilit distribution	Covariance and dependence	Lyonization as an effect. Tertiary structure of protein Assembly of antibodies	
Chaotic	None	Unspecifiable	Chorea? Atrial fibrillation?	
Autochthonous	Meaning	Communicability	Freedom Creativity Cunning & bluff	Rules of evidence are <u>a posteriori</u>.
Cryptic	Occultation Semantically verifiable when decoded	Unobtrusiveness Meaninglessness	Dance of the harvest bee Camouflage	Epistemology is unstable

called random. The aim of this paper is to raise for serious consideration further sources of variation that are qualitatively different, which, for lack of formal and empirical insight, have not been addressed or even recognized.

SYSTEMATIC VARIATION

We understand systematic variation to mean either the demonstrably deterministic properties of physicochemical systems, such as the chemical identity of an allelic trait in parent and child; or, for more remote phenotypes, to mean the formal relation among variables inferred from empirical data, notably by regression analysis, in the face of extraneous factors. The primordial world is physicochemical; and the effects of statistical mechanics aside, on the scale of biology the physical phenomena are virtually deterministic. Physics has always sought laws that predict uniquely the outcome of the present state. Needless to say human beings remain subject to physicochemical laws: to gravity, to the destructive effect of great heat, to the law of conservation of energy. Scientifically, the preferred way of studying physical laws is by manipulation: by seeing how far manipulation of A is necessary and sufficient for it to be followed by an effect B.

However, there are at least two constraints on such studies. First, size: Manipulative astrophysics, for instance, is not as yet a practical reality; and second, ethics, which becomes the more demanding as our subjects rise in the evolutionary scale.

The whole concept of diversity of species classically supposes a qualitative leap from the one to the other; and this belief has survived the discovery that animals are all made up of the same chemical elements. Arguably, the notion of species is illusory, as indeed such phenomena as the ring species might suggest; but as it stands, we suppose that while all manner of factors may make one member of a species differ from another, the differences among species are impervious to noise and are to be looked on as fixed and immutable.

INFERENTIAL AMBIGUITY

Even in naive systems, however, there may be departures from this ultimate simplicity, especially where we have to rely on formal and inferential constructions. Formal methods may lead to equations with multiple roots; some of the roots may be absurd, and the geneticist discards them. For instance, a recombination fraction of -1 or a gene frequency of 150% would be meaningless. In other cases geneticists extricate themselves by convention. It is well known that for data on genetic linkage from two-generation families with unknown coupling phase, the likelihood curve is symmetrical about 0.5. In many cases, there are two equal maxima; and in all the others the maximum is at 0.5. Although the so-called recombination fraction is a probability and therefore has the parameter space [0,1], it is decreed that no estimate of a recombination fraction that is over 0.5 has meaning; for 0.5 corresponds to independent assortment, and there is nothing more independent than independence itself. This apparently necessary constraint gives maximum likelihood estimates of the recomination fraction some awkward properties[1,2].

However, sometimes there is true inferential ambiguity. For instance[3] in the formal theory of incomplete penetrance in families in which at least one of the parents is phenotypically normal, the segregation ratio is not a one-to-one function of the penetrance coefficient. Then a particular value of the segregation ratio may result from more than one value of the penetrance coefficient. In inferring the penetrance coefficient from the data on segregation, our theory has led to a true ambiguity.

In other instances ambiguity may result from investigating imprecise questions. We are accustomed to hearing questions like "Does gene A increase the blood pressure? Or lower it?" and expect a clear answer. However, for a gene that controls homeostasis the answer would be ambiguous. For the concept of physiological and postural homeostasis is that both the direction and the degree to which a corrective force operates depends on how far the current blood pressure is above or below the level that the patient's physiology is trying to maintain[4,5]. The ambiguity of the answer can be avoided by restating the question.

Likewise, no good comes of asking whether a neurological mutant that causes staggering affects the mean direction of motion; for the symmetry suggests that the amount of staggering to the right will be counterbalanced by that to the left. Otherwise the mutant could be described as a spinning, rather than a staggering, mutant. (Both types of mutant are known in mice e.g. vacillans, waddler and wabbler on the one hand; and waltzer and pirouette on the other[6].) The genetic information on the phenotype of behavior is rather more likely to lie in looking at the effect of the mutation on the variance. But a little theory shows that the information may not lie in the variance either.

The theory of angular homeostasis[7] furnishes another type of example in which a formal system may have an ambiguous outcome. If a structure, growing under humoral control emitted by the target, happens to start out in a direction precisely opposite to the target, the direction in which it should turn to correct its path is undecidable, for there is no preference between turning clockwise and turning anticlockwise. Contrived appeal to chance factors suggests from symmetry that the two outcomes are equally likely. However in normal ontogeny many developments exhibit no symmetry[8].

RANDOM VARIATION

In mathematical probability theory, the notion of a random process is one that has multiple possible outcomes, each with a stable associated probability, but that must assume one and only one of them. As such, it is a pure abstraction and there is nothing in the nature of things that demands that the pattern it describes have any counterpart in the world of empirical reality. For scientists, probability theory, cautiously used and punctiliously adequated to real life, helps to impart coherence to their data. But the responsibility of invoking it rests with those who use probability theory, not with those that invent it. The concerns arising out of the scientific use of random processes are twofold.

1. How does one establish that the data to be studied are random? There are no simple answers. The empiricist's counterpart of the probabilist's distribution is the histogram, and the two must not be confused. Despite some logical laxity on this point, it is not enough to show that empirical data yield a histogram; for if the data are measurements, they must assume values, and these may well be diverse. To show empirically that a process is random at the very least one

must demonstrate that, with ever repeated sampling, the histogram of empirical data must converge to a consistent form. For instance, if one were to collect data from what purports to be a homogeneous process and assign them in a random fashion to two or more subgroups, then if the data behave randomly, the histograms from the several subgroups should tend to assume the same form: that is they should converge on the same distribution function. One can construct systems, even deterministic systems, that do not converge to any specifiable form (see Appendix). Furthermore the pragmatic criterion may in practice fail us. For the behavior of a random system commonly evolves over time, and limited time over which it is even approximately homogeneous implies that there will be limited data, however complete the observations are. For instance, does the appearance of spots in chickenpox follow a random pattern over time? The total number of spots may be relatively small, and it is not disputed that over time they appear in crops and hence at a varying rate. The last word has not been said on tests of randomness; but the scientist must have reason for calling a process random other than inability to think of any better word for the process.

2. How are random data to be interpreted? The common preferred way of studying random processes is by random sampling. Results may be informative in various ways. For instance, they may establish the stable frequencies that characterize the process. Another objective is to explore the degree of dependence among random variables. For Gaussian data, independence and a correlation coefficient of zero are interchangeable terms. But it is easy to find bivariate distributions in which the two variates are totally dependent and yet are uncorrelated. Likewise, it is not too difficult to find plausible, if hypothetical, systems that are purely genetic in their cause but have a heritability of zero[9]. One can devise criteria for deciding dependence in particular cases, but to do so, we need to know a fair amount about the process. Unfortunately, statisticians (as distinct from probabilists) have nothing like a well-established criterion of dependence.

What are the implications of random variation? We may briefly cite several instances in which variation is not only tolerated but desirable, and eventually avidly conserved by evolution.

Family Size. In the simplest organisms in which multiplication is achieved (oddly enough) by division, there is no distribution of family size at all. There is only one way in which a cell can divide in two. In higher organisms, because the symmetry between parent and gamete has been lost, family size is a random variable. In human populations, family size may be deliberative. Fertility is a main channel through which genetic fitness operates[10,11], and also a mechanism by which the rate of growth of a population may be finely tuned to the resources of the environment. One only has to think of the alternative -- every family with exactly 2.24 children or some such horrendous structure -- to realize what we owe to random size of families.

Lyonization. This phenomenon is the classical solution to the problem of dosage-compensation for X-linked traits[12]. So far as we know its effect is a random process; and yet as a property of a species it seems to be as deterministic a structure as any character of a species. It is a deterministically programmed randomizing device.

Coding of Protein Structure. Everybody knows that nucleic acid codes for the primary structure of protein. It is a tightly controlled process, of considerable complexity and its product is relatively simple. But the protein operates not as a primary sequence of amino acids but as a sophisticated molecule with secondary, tertiary, and even quaternary, structure. None of these higher structures is coded for, and their operation is left to the purely random consequences of the thermodynamic structure[13]. One could well imagine how much more complex the genetic code would have to be, how many more mechanisms there would be to go wrong, and thus how much higher the selection and reproductive wastage would be, if an effective deterministic method of organizing higher structure were necessary.

Antibody Formation. The notion that the assembly of a very large repertoire of antibodies, attained by randomly permuted assembly of a much smaller set of components, is now so commonplace as to need no discussion[14]. However, we note yet once again that the stochastic properties of the pertinent thermodynamics are actively exploited genetically.

CHAOTIC VARIATION

We surmise that there are empirical processes that do not meet the criteria for either the deterministic or the random. Such processes, if they exist, may be so diverse that they cannot be usefully put into a single category. The safest way to approach these processes is as an empirical perception, that is, as an epistemological problem. It does not seem appropriate to make either affirmations or negations about their nature or how they might originate.

However, there exist examples in the theory of non-linear dynamics, the empirical realization of which would seem to be neither deterministic nor random. Thus, in any dynamical system, the orbits can be predicted from the initial conditions[15]. Moreover, there exist systems[16] such that the slightest imprecision about the initial conditions makes this prediction impossible; and certainly in the empirical world, where the resolving power of measurements is limited the orbit is unpredictable. Mathematicians call them chaotic. In such a system, the set of points of which the orbits converge to one point may form a fractal set. Mandelbrot[17] has given numerous examples of scientific applications of fractals. This is an area of active research in physics and theoretical biology[18].

One of the possible candidates for biological processes that are in some sense chaotic is the disorder known as Sydenham's or rheumatic chorea. Clinically, it is diagnosed on its total lack of pattern. Once there is any recognizable pattern at all -- in time, in the movements involved, in their magnitude -- the diagnosis becomes suspect. The major differential diagnosis, multiple tics, is distinguished by repetitive aspects in its pattern. But, in the milder forms at least, chorea can be almost impossible to distinguish from simple fidgeting or even from ordinary voluntary movement. (It is a clinical commonplace that patients with chorea become adept at concealing choreic movements by making them appear to be purposive.) This lack of a coherent pattern makes it almost impossible to devise useful quantititative descriptions of the movements in chorea. Yet at least one form of chorea seems to be a Mendelizing condition.

What is the meaning and survival value of chaos? One could certainly make surmises. In a rapidly changing environment, the operation of a chaotic system acting between the genotype and the phenotype would allow rapid adaptation.

It is, perhaps, best to pass on to a yet more subtle level of variation that may capitalize on chaos.

AUTOCHTHONOUS VARIATION

By autochthonous variation, we mean that set of distinctive characteristics that is the counterpart of the unique and the individual. So far, we have confined attention to the collective world of the population; it seems appropriate now to consider variation arising within the private internal world. Scientists, of course, do not like private worlds; for them the particular is the domain of the historian or the humanist[19]. But what unites the two is the universality of private worlds: the fact that every member of a species may have one, and that it is unique. If this sounds like a meaningless paradox, we do well to recall that <u>everybody</u> has a <u>private</u> set of fingerprints.

It is now a commonplace that to all of us there is a firm difference between self and non-self. It suggests that this very odd form of variation -- that of uniqueness -- is indispensible for survival of a species. It is well known even in the sea anemone. It is certainly often cited to explain the great diversity of tissue types and the elaborate randomizing device for gamma globulins. But we can rescue that apparent contradiction by the fact that <u>within</u> the individual there is a homogeneity that may in principle be extended and perpetuated by cell culture.

We may discern the Darwinian value of the private, the autochthonous, by an extension of these ideas. In the insect world behavior is hardwired: much of insect behavior admits of no deviation. More developed animals benefit by being able to follow more liberal policies; the advantages can be cultivated only in the organism that is endowed with enough uncommitted program space, and the leisure to learn[20]. A hare being chased by a greyhound makes much out of its greater capacity to change direction and accelerate by jinking. However it is only the very highest organisms, perhaps only man, that has converted misdirection into a process sufficiently abstract as to develop multiple levels of bluff. Bluff represents a process that transcends the canonical structure of game theory; and to our knowledge has so far baffled the formulations of whatever probabilists may have tried to deal with it. Yet clearly there are special advantages to survival in being able to bluff effectively.

Moreover, we see similar effects in the more sophisticated development of cultures. Kuhn in a famous book[21] makes much of the distinction between what he calls "normal science," that is science conducted according to, and entirely within, certain stereotyped and well-defined canons; and what he calls scientific revolutions that involve breaking outside these canons and constructing a radically new climate of ideas. It is our opinion that he treats such thought that transcends the canons on far too heroic a scale. Any scientist with a scintilla of originality is aware that in the last appeal he is not in fief to any scientific canon, however revered; and in the course of the research, he must needs makes countless little forays outside the canons. Of course, this capacity to escape outside programmed patterns of thought is by no means confined to science. It may seem odd that what may be inherited is the capacity, not to do something well, but rather to be different. For instance, the remarkable Bach dynasty[22] shows the operation of originality on a grand scale. It is significant that it has quite different idioms of expression: J.S. Bach as the master of the Baroque; his son, C.P.E. Bach, as the inventor of sonata form, and hence the key figure in the transition between the Baroque and the classical formalist movement; and his grandson W.F.E. Bach, as a successful composer in the late classical, early romantic epoch.

CRYPTIC VARIATION

This final group is included for completeness rather than because it denotes a self-evident and truly distinct category. It is not at all easy to analyze; but it is not for that reason to be dismissed as unimportant. In all the previous types of variation, the puzzle was to find the answers to questions about the nature of the kind of variation. But we can identify a yet more subtle form, in which there is not even a suspicion that there is variation to be discerned and interpreted. This property seems to be true of chaos in the mathematical sense, in which the variation can be totally concealed.

In biology, it may be that the survival value of a mechanism lies in concealing the fact that there is any question there to answer. Of course this notion of the concealed question operates at several different levels.

Part of why this category is so miscellaneous is purely epistemological: failure on the part of human enquirers even to perceive a source of variation that there was no attempt to conceal in the first place. A famous example is the dance of the harvester bee, which Von Frisch showed is a means of communicating to other bees places where there is a rich source of food[23]. Again there is much survival value in camouflage, both as a means of concealment against predators, and in the trapping of prey. For all we know, the most successful forms of variation may be successful <u>precisely because they effectively conceal from us the fact that they exist</u>.

However, much of the welfare and survival of the human species depends on sources of variation that have only an arbitrary relationship to the component of advantage. The genetic code is in this sense cryptic, an arbitrary relationship that (so far as we know at present) in no way arises from the nature of amino acids; but then so are verbal messages. The improvement to survival and civilization that has resulted from language and the capacity to record it is incalculable.

There is a final component to cryptic variation that is subtle but important because it demolishes the common cant of objectivity. In everything that has been previously said about variation, there is the implicit assumption that judging it falls within, not merely the professional training, but also within the theoretical scope, of the observer. There is an assumption (which is rather hard to articulate) that the resolving power of our analysis is far greater than what we are analyzing. By analogy, we can pick up a marble with a pair of forceps; but we cannot pick up an atom with one.

When we study the genetics of height, no problem arises in discerning the fact of variation. But it has been previously pointed out, that while a stereotyped intelligence test may be <u>administered</u> by a psychometrist to almost anybody, to <u>devise</u> an adequate test is possible only if the person devising it is of a higher order of intelligence than the subject of study. What the person devising the test may think is the right answer, may in fact not be a correct answer at all or may be only one of several answers, all with equal claims to be correct. Indeed, this flaw is not merely a theoretical possibility but has been empirically demonstrated. Again, psychiatrists have long since abandoned claims to mental privilege: to the idea that in assessing their patients they are themselves beyond defects which beset their patients. The difficulty involved is rather like what physics would be if there were no clear distinction between the measure and what is being measured. Indeed one recalls that to preserve the distinction, the reference standard of length is now no longer the distance between two scratches on a platinum bar in Paris (appeal to which is to say that the physical distance between one pair of points may be used to pass judgment on the distance between another pair); instead, physicists now use the wavelength of the principal band in the sodium spectrum, which is an abstract distance.

This subtle but fundamental issue of the privilege of the observer is of far more practical importance than may at first appear. We are well aware of the slow and precarious advance that has been made in understanding the genetics of behavior, intelligence, language, agility, social endowment, organization of society, altruism, drug addiction, criminal behavior and kindred topics. Nobody can question their importance.

But perhaps we should not be surprised at the slowness of our progress. All these topics are perilously close to the limits of the epistemological resolving power of our own means of analysis. There is a legal principle "No man shall be judge in his own cause" that should make us cautious. It seems likely that there are levels of variation that are beyond our power to analyze at present, and perhaps permanently.

COMMENTARY

The legacy of nineteenth century determinism led to earlier perceptions of genetics as a systematic process somewhat obscured by variance. Mendel managed to sidestep variance altogether and to single out segregation into groups as the point of the point. One cannot argue with his success; but there is a well-known paper by Fisher[24] reinstating the variance that Mendel had eliminated. It criticizes Mendel's results on the grounds that they are too good: that one would have looked for a greater discrepancy between the observed and the expected than are found in Mendel's data. One might argue from various statistical points of vantage about the soundness of Fisher's criticism; but it is certainly novel that this question should be raised at all. It would have puzzled scientists of yore brought up on the idea that the sole inalienable criterion of a model was how exactly the predictions and the empirical findings agree; and Fisher is demanding both that they agree within limits and that they disagree within limits. Right or wrong, with Fisher's paper a watershed is reached. Variance is no longer to be seen as a poor relation of genetics, or perhaps of science in general.

The habit of partition of variance and the classical Galton-Fisher theory that stemmed from it would have consolidated the claims to the importance of variance <u>if analysis of variance had been treated exclusively as a method of estimation</u>. In fact, this position was abandoned in quantitative genetics which became mainly a form of hypothesis testing; and every time a null hypothesis was rejected, there was nothing for it but to convert the conclusion of the test into a systematic effect. The elaboration of this idea in classical quantitative genetics has meant that more and more of the variation as measured in populations has been ascribed to systematic effects, however shapeless or mysterious these effects may be in the biological sense; and less and less of the variation is allowed to be identified as variance proper. Still less does this policy accommodate the more subtle forms of variation we have been discussing. The endpoint of fanatical hypothesis-testing would be exhaustion of the variation, proof that none of it is random. But if this were to happen, we would be in some logical difficulties. For the rationale of the method is that individual systematic effects are demonstrated by appealing to a standard that is random; and the outcome is to prove that the random standard does not exist. If successful, one demolishes the whole logical structure on which this conclusion rests. It is difficult to understand the logic of this process; it would not pass muster as a proof by contradiction, which classically <u>does not allow one to change the rules of evidence in order to reach a conclusion</u>. Moreover, it is hard to square it with the many apparently demonstrated examples of random variation (such as Lyonization and the assumption of the minimum energy state of the protein molecule). To say that the method of proof may be random but the outcome not, seems to be logically inconsistent. For on the one hand it seems to be a quibble: granted that even in a hypothetically random system there must be <u>some</u> outcome, to say after the event that it had no choice but to reach that state seems to meet the discipline of neither falsifiability nor authentication. On the other hand much of the interpretation (in the present state of our knowledge at least) is circular. For instance, hitherto the tertiary structure of a protein has not been investigated in its natural state but after it has been artificially fixed; and what does one expect in a fixed system except immobility? There is evidence that in the unfixed state a protein molecule <u>never</u> attains an absorbing (i.e. irreversible) state and that its energy state continues to have a distribution indefinitely.

The foregoing classification of variation is almost certainly not exhaustive. Even so, there are vast tracts of it that have not been touched by geneticists. We resist the temptation to moralize about whether the main energy of mathematical genetics is being dissipated on less important matters. However, we would plead for a more liberated outlook so that even though investigators may have their own preferences, they will still lend a kindly ear to those adventurous enough to approach these difficult areas. We cannot go on indefinitely refusing to confront, for instance, the formal Darwinian and genetic aspects of speech. The few studies that have been done in this area revolve around <u>disorders</u> of speech. But one can learn only so much about how a system works from examining <u>what does not work</u>. It is disappointing that the interesting field of semantics has been left almost exclusively to philosophy and linguistics.

APPENDIX

It is known from elementary probability theory that a sequence of random variables need not converge in any of the modes of convergence. On the other hand, it is known[25] that for a sequence of pairwise, independent, identically distributed random variables $\{X_j\}$ and finite mean m,

$$Y_n = \sum_{j=1}^{n} X_j/n$$

converges to m in probability. This is a version of the weak law of large numbers, and shows that under the formal assumptions of probability theory, stable frequencies are expected. We shall give an example of a sequence of random variables in which such stable frequencies do not occur.

With the above notion, we construct a sequences of randon variable $\{X_r\}$ with the properties that

1. The $\{Y_i\}$ do not converge.
2. The $\{Y_i\}$ do not converge in probability.
3. The $\{Y_i\}$ do not converge in distribution.

Let the sample space $W = \{w_0, w_1\}$, and let P be a probability on W with $P(w_0) = 0$ and $P(w_1) = 1$. Define a sequence of positive integers $\{N_i\}$ with the property

$$\lim_{i \to \infty} \left(\sum_{j=1}^{i-1} N_j \right) / N_i = 0$$

Define a sequence of random variables X_j as follows:

$$\left.\begin{array}{l} X_j(w_0) = 0 \\ X_j(w_1) = 1 \end{array}\right\} \text{ For } N_{i-1} < j \leq N_i \text{ and } i \text{ is even and}$$

$$\left.\begin{array}{l} X_j(w_0) = 1 \\ X_j(w_1) = 0 \end{array}\right\} \text{ For } N_{i-1} < j \leq N_i \text{ and } i \text{ is odd.}$$

Define $Y_r = \sum_{j=1}^{r} X_j / r$

Then $0 < Y_r < 1$. To show that Y_r does not converge in probability it is sufficient to show that the sequence $\{Y_r(w_1)$ does not converge. Let $r = N_i$ where i is odd. Then it follows from the definitions of Y_r and N_i that

$$0 < Y_r(w_1) < \left(\sum_{j=1}^{i-1} N_j \right) / N_i \qquad (1)$$

By construction of the N_i for i sufficiently large, the expression on the right side of the inequality can be made arbirarily small. For some values of r, then, Y_r can be made arbitrarily close to zero. Likewise, for $r = N_i$ with i even, we have

$$1 > Y_r(w_1) > (N_i - N_{i-1}) / N_i \qquad (2)$$

The expression on the right can be made arbitrarily close to 1 for i sufficiently large. It follows that for i even and sufficiently large $Y_r(w_1)$ can be made arbitrarily close to 1. This proves that $Y_r(w_1)$ does not converge.

To show that $\{Y_r\}$ does not converge in distribution, first observe that there are two points in the sample space with probabilities 0 and 1 respectively. This implies that for fixed r, the distribution function of Y_r is a step function. Inequality (1) implies that for $r = N$ with i odd, the step occurs near $Y = 1$. On the other hand, for $\underline{r} = N_i$ with $\underline{i}$ even, inequality (2) implies that the step occurs near $\underline{Y}_r = 0$. These two results imply that the distribution functions do not converge, and that $\{\underline{Y}_r\}$ does not converge in distribution.

REFERENCES

Bolling, D. R., and Murphy, E. A., 1979, Finite sample properties of maximum likelihood estimates of the recombination fraction in double backcross matings in man. Am J Med Genet 3: 81-95.

Cannon, W. B., 1932, "The Wisdom of the Body." Norton, New York.

Cantor, C. R., and Schimmel, P. R. Schimmel, 1980, "Biophysical Chemistry." Freeman, San Francisco.

Chung, K. L., 1974, "A Course in Probability Theory." Academic Press, New York.

Crow, J. F., 1958, Some possibilities for measuring selection intensities in man. Hum Biol 30 1.

Fisher, R. A., 1936, Has Mendel's work been rediscovered? Annals Science 1:115.

Green, M. C., 1981, "Genetic Variants and Strains of the Laboratory Mouse." Gustav Fischer Verlag, Stuttgart.

Kuhn, T., 1970, "The Structure of Scientific Revolutions". Second edition. University of Chicago Press, Chicago.

Leder, P., 1982, The genetics of antibody diversity. Scientific Amer. 246:102.

Lyon, M. F., 1972, X-chromosome inactivation and developmental patterns in mammals. Biol. Rev. Cambridge Phil. Soc. 47:1.

Mandelbrot, B., 1983, "The Fractal Geometry of Nature." Freeman, New York.

McDougal, W., 1948, "Outline of Psychology." Methuen London, (1948).

Moreno, A., and Murphy, E. A., 1981, Inheritance of Kartegener syndrome. Amer. J. Med. Genet. 9:219.

Murphy, E. A., 1981, "Skepsis, Dogma and Belief. Uses and Abuses in Medicine." Johns Hopkins University Press, Baltimore.

Murphy, E. A., 1978, Genetic and evolutionary fitness. Amer. J. Med. Genet. 2:51.

Murphy, E. A., and Trojak, J. E., 1986, The genetics of quantifiable homeostasis: 1. The General Issues. Amer. J. Med. Genet. 24:159.

Murphy, E. A., and Berger, K. R., 1987, The dynamics of angular homeostasis: 1. General principles. Amer. J. Med. Genet. 26:457.

Murphy, E. A., 1970, Incomplete penetrance and the ascertainment of recessive characters in man. 1. Introduction and distribution theory. J. Chron. Dis. 23:9.

Nitecki, Z., 1971, "Differentiable dynamics." Massachusetts Institute of Technology Press, Cambridge, Mass.

Olsen, L. F., and Degn, H., 1985, Chaos in Biological Systems. Quarterly Review Biophysics 18:165.

Ott, J., 1985, "Analysis of Human Genetic Linkage." Johns Hopkins University Press, Baltimore.

Ruelle, D., 1977, Sensitive dependence on initial condition and turbulent behavior of dynamical systems. "Bifurcation Theory and Applications in Scientific Disciplines." Annals of the New York Academy of Sciences. vol 316. New York Academy of Sciences, New York.

von Frisch, K., 1950, "Bees: Their Vision, Chemical Senses, and Language." Cornell University Press, Ithica.

Wiener, N., 1848, "Cybernetics or Control and Communication in the Animal and the Machine." Wiley, New York.

Wolff, C., 1980, "The New Grove Bach Family." Norton, London.

NEW TECHNOLOGIES FOR STUDYING HUMAN GENETIC VARIATION

Norman Arnheim

Department of Biological Sciences
University of Southern California
Los Angeles, CA 90089-0371

The analysis of individual genetic variation is an important component of risk assessment. Recently a number of new technologies have been developed which can aid in the understanding of human variability at the genetic level. Together these techniques significantly enhance our ability to analyze the variation in the nucleotide sequence of specific genes in a population and to identify the spectrum of mutations in specific genes that are caused by a variety of agents.

Until recently the analysis of variation at the DNA level for most genes has been carried out either by Southern blot analysis (Southern, 1975) on total DNA or by cloning and direct DNA sequencing. In the case of Southern blot analysis the detection of variation in the structure of a gene depends upon either a nucleotide substitution in the recognition sequence of a restriction endonuclease or a major structural alteration in the gene such as a deletion, duplication, inversion or translocation. In either case however the exact molecular structure of the lesion would not always be apparent. Nucleotide substitutions that do not occur in a restriction enzyme site would not be detected by the Southern method. A complete search for variation in any particular gene demands the rigor of complete DNA sequence analysis. This in turn requires the cloning of the gene in question which is both time consuming and laborious.

Recently, a new technology has been developed which is likely to be very useful in molecular genetic analysis. The new technology involves the enzymatic amplification of DNA and has been termed polymerase chain reaction or PCR (Mullis and Faloona, 1987 and Saiki et al., 1985). This method is capable of substantially increasing the amount of a selected or target DNA sequence in a sample by enzymatically synthesizing many copies of the target DNA segment. Each cycle of amplification can in principal double the amount of target DNA and therefore the target is exponentially amplified. In practice the efficiency is 85% (Saiki et al., 1985).

The principle of the PCR method is shown in the series of figures below. The target genomic sequence to be amplified (....) and two small stretches of DNA of known nucleotide sequence that flank this target sequence are chosen first.

```
5'-----------catggt........................agtgga-----------3'
3'-----------gtacca........................tcacct-----------5'
```

Oligonucleotides (usually 20 bases but for the purposes of illustration shown here as six) that are complementary to the sequences flanking the target and will hybridize to opposite strands of the DNA are used to prime DNA synthesis by the Klenow fragment of DNA polymerase. The primers (see below) are oriented so that when they form a duplex with the flanking sequences their 3' ends face the target sequence.

```
                              Primers
             5' CTACCA 3'                      3' TCACCT 5'
```

After denaturation of the genomic DNA and annealing of the primers, DNA polymerase extension of the primers will produce DNA strands complementary to the target (xxxxxxx). These products (see below) are labeled L and they extend through the target for various distances (--->) but in opposite directions.

```
                              First Cycle
      5'-----------catggt........................agtgga-----------3'
L1       3'<------gtaccaxxxxxxxxxxxxxxxxxxxxxxxxxxTCACCT  5'

L2            5'  CATGGTxxxxxxxxxxxxxxxxxxxxxxxxxxagtgga------->3'
        3'--------gtacca.........................tcacct----------5'
```

The products must extend far enough so that they will include the sequences complementary to the other primer. Following denaturation and primer annealing (to product L2 for example, see below) a second round of extension will again copy the target sequence. This results in a product labeled S which is exactly equal in length to the sum of the lengths of the two primers and the target DNA.

```
                              Second Round
                           (Shown for L2 Only)
L2            5' CATGGTxxxxxxxxxxxxxxxxxxxxxxxxxagtgga------->3'
S             3' gtaccaxxxxxxxxxxxxxxxxxxxxxxxxxTCACCT 5'
```

Continuation of the denaturation, primer annealing and polymerase extension steps results in doubling the amount of target at each cycle. The products, including the primers at each end ([ ]), that are found after the third cycle are shown below.

```
                              Third Cycle
                             (All Products)
   5'----------[     ]..............................[     ]----------3'
L          <---[     ]xxxxxxxxxxxxxxxxxxxxxxxxxxxxxx[     ]
L              [     ]xxxxxxxxxxxxxxxxxxxxxxxxxxxxxx[     ]--->
S              [     ]xxxxxxxxxxxxxxxxxxxxxxxxxxxxxx[     ]
L              [     ]xxxxxxxxxxxxxxxxxxxxxxxxxxxxxx[     ]--->
S              [     ]xxxxxxxxxxxxxxxxxxxxxxxxxxxxxx[     ]
S              [     ]xxxxxxxxxxxxxxxxxxxxxxxxxxxxxx[     ]
S              [     ]xxxxxxxxxxxxxxxxxxxxxxxxxxxxxx[     ]
L          <---[     ]xxxxxxxxxxxxxxxxxxxxxxxxxxxxxx[     ]
S              [     ]xxxxxxxxxxxxxxxxxxxxxxxxxxxxxx[     ]
S              [     ]xxxxxxxxxxxxxxxxxxxxxxxxxxxxxx[     ]
S              [     ]xxxxxxxxxxxxxxxxxxxxxxxxxxxxxx[     ]
S              [     ]xxxxxxxxxxxxxxxxxxxxxxxxxxxxxx[     ]
L              [     ]xxxxxxxxxxxxxxxxxxxxxxxxxxxxxx[     ]--->
L          <---[     ]xxxxxxxxxxxxxxxxxxxxxxxxxxxxxx[     ]
   3'----------[     ]..............................[     ]----------5'
```

As can be seen the number of target sequences found in the S forms accumulate rapidly and in an exponential fashion. For example, if this protocol were repeated 20 times, and at 100% efficiency, the target would be expected to be amplified a million fold (2 to the 20th power).

The polymerase chain reaction offers many advantages for the analysis of DNA sequence variation. One is that it can aid in the sequencing of a gene by allowing it to be cloned in a rapid and simplified manner. This, in fact, has recently been achieved with the cloning of a human beta globin gene DNA segment and a portion of one of the loci at the human major histocompatability complex (Scharf et al., 1986). In the cloning of a portion of the beta globin locus the PCR amplification products contained a Pst I restriction enzyme site at one end and a Hind III site at the other. This was made possible by constructing the PCR primers so that one had a Pst I site at its 5' end and the other a Hind III recognition sequence at its 5' end. These particular restriction enzyme sites were chosen for two reasons. It was known that the target DNA sequence did not contain these sites and the cloning vector was capable of accepting Pst I-Hind III DNA fragments. A sample of human genomic DNA was amplified using these special primers, digested with Pst I and Hind III and ligated into the cloning vector bacteriophage M13. The DNA was transformed into E. coli and plaques containing the target sequence were identified by hybridization using a radioactive probe homologous to the target. One percent of the plaques were found to contain the target sequence. This is a remarkable result compared to the standard method of cloning starting with unamplified genomic DNA. In this case one would have expected .002% of the lambda bacteriophage vectors used to make a genomic library to have contained the desired beta globin segment. This increase in efficiency makes a substantial contribution to decreasing the labor and shortening the time required to clone the gene in preparation for DNA sequencing. Amplified segments cloned directly into M13 can then be subjected to standard DNA sequencing procedures thereby eliminating the need to subclone segments of lambda genomic clones into the M13 sequencing vector.

The usefulness of enzymatic amplification for obtaining DNA sequence information has been carried one step further. It has recently been shown that the cloning of the amplified target material may not be necessary before DNA sequencing procedures are carried out. In a recent analysis of the degree of polymorphism in a segment of mitochondrial DNA in human populations, Higuchi and his colleagues carried out DNA sequencing reactions directly on the amplified target material (Wrischnik et al., 1987). In this procedure the amplified material consisting predominately of the S forms is denatured and hybridized to a third small oligonucleotide (+++) which serves as a sequencing primer.

```
5' [.   ]xxxxxxxxxxxxxxxxxxxxxxxxxxxxxxxxxxxxxxxxxxxx[    ] 3'
                                    3'+++++++++5'*

3' [    ]xxxxxxxxxxxxxxxxxxxxxxxxxxxxxxxxxxxxxxxxxxxx[    ] 5'
```

If this sequencing primer is radioactively labeled at its 5' end (*) it can be extended by the Klenow fragment of DNA polymerase in the presence of standard dideoxynucleotide sequencing reagents and subsequent to gel electrophoresis produce direct DNA sequence information. It should be noted that in the case of mitochondrial DNA every individual is homogeneous with respect to mitochondrial type. A population of males could also provide material for the analysis of most X and Y chromosome genes using this direct DNA sequencing procedure. Autosomal genes are of course present in diploid amounts and therefore direct sequence analysis would yield the sequence of both alleles in the same sequencing gel. Any variation between alleles in a heterozygous individual would show up in the DNA sequencing gel as an ambiguity and suggest that not one but two nucleotides occupied that position in the DNA. The extent to which this ambiguity due to alleles could be distinguished from technical problems in the sequencing reactions themselves needs to be carefully examined before this approach can be applied to autosomal loci. At the present time, using the Klenow fragment of DNA polymerase from E. coli, the efficiency of PCR falls off significantly as the size of the target increases. Thus it is practical to consider amplification of target sequences in the range of 50 to 300 base pairs. The application of other enzymes to PCR may increase this limit in the future.

Other new methods have been developed recently to examine variation in DNA sequences among individuals. Two of these methods are designed to be able to detect specific variants. In both cases their use depends upon knowing the exact molecular nature of the lesion to be analyzed. One of the methods, oligomer restriction (Saiki, Arnheim and Erlich, 1985) has been applied to the prenatal diagnosis of sickle cell anemia and can distinguish between two alleles at the beta globin locus. This procedure is based upon the fact that the normal beta globin allele (A) has a Dde I restriction enzyme site at the 6th codon but the nucleotide substitution that gives rise to the sickle cell allele (S) destroys this site (Geever et al., 1981). The method for distinguishing between the alleles, known as oligomer restriction, (OR) involves hybridization of genomic DNA with a 40 nucleotide (nt) single stranded and radioactively labeled oligonucleotide probe complementary to a portion of the beta globin gene including the region containing codon 6. The principle of OR is based upon the concept that when hybridized to genomic DNA, the probe will be cleaved by Dde I only if it forms a duplex with the target and perfectly reconstitutes the double stranded Dde I site at codon 6. Following hybridization to normal DNA, Dde I digestion of the probe/genomic DNA duplex cleaves the labeled probe. This releases a small radioactively labeled product since the probe was constructed so that the Dde I site is very close to the ^{32}p-labeled end of the probe. This product can be separated by gel electrophoresis from the original 40 nt probe. A genomic DNA sample containing a nucleotide substitution at the Dde I restriction site as in the case of an individual homozygous for sickle cell anemia will not produce a product after probe hybridization and Dde I digestion. In this case the base pair difference between the target and probe does not prevent hybridization but since a base pair mismatch exists at the Dde I site the enzyme is not able to cut the DNA at this site.

Coupling the OR method to the PCR amplification procedure has resulted in a rapid and sensitive method for the prenatal diagnosis of sickle cell anemia (Saiki et al., 1985; Embury et al., 1987). In these experiments the OR method was modified and involved a digestion with two enzymes, Dde I and Hinf I (for details see Saiki et al., 1985). In this particular case the cleavage of the hybridized oligonucleotide probe will produce a 3 nucleotide fragment with the sickle cell allele (due to Hinf I cleavage) and an 8 nucleotide product for the wild-type allele (due to Dde I cleavage). AA individuals will be expected to exhibit only the 8 nucleotide, SS individuals the 3 nucleotide, and heterozygotes both the 8 nucleotide and 3 nucleotide products which can be electrophoretically resolved with one another.

Another method for studying genetic variation at specific sites in a gene is not restricted to mutations affecting the ability of a restriction enzyme to cut at a particular site and is therefore a generally more useful method than OR. This procedure makes use of allele specific synthetic oligonucleotides and has been applied to the prenatal diagnosis of a number of genetic diseases. The first use of these allele-specific oligomer probes (ASO) was also to distinguish between the normal A allele and the sickle cell allele in the human beta globin gene (Conner et al., 1983). The method requires a small oligonucleotide (typically 19 bp) to be synthesized for each allele to be tested. Each oligonucleotide matches its homologous allele exactly but differs from the other alleles usually by a single base change. The radiolabeled oligonucleotides are each separately hybridized to an aliquot of the DNA sample to be typed according to its allelic content. Appropriate hybridization conditions (temperature, salt) are derived so that each oligonucleotide will form a stable duplex only if perfectly complementary sequences are present in the sample. Thus for example, the beta A and beta S allele probes will both hybridize to DNA from a sickle cell carrier (AS) but only the beta A specific oligonucleotide will hybridize to AA DNA and the beta S probe only to SS DNA. Allele specific probes have been used not only in the prenatal diagnosis of sickle cell anemia but in the diagnosis of Beta thalassemia and alpha 1 antitrypsin deficiency (Orkin, Markham and Kazazian, 1983; Pirastu et al., 1983; Kidd et al., 1984). In these applications microgram amounts of restriction enzyme digested DNA samples that were to be tested had to be run out on a gel to separate the target DNA fragment (for example, beta globin) from most of the other genomic DNA fragments. This was required because there is considerable non-specific binding of the ASO to non-target DNA resulting in a low signal to noise ratio. Amplification of the target by PCR dramatically increases the signal to noise ratio. As a result electrophoretic separation of the globin gene containing fragments is not required and the whole procedure is compatible with a dot blot format. Thus samples of the amplified DNA need only be spotted on nylon membranes and hybridized directly to labeled allele-specific probes under the appropriate conditions to determine the allelic makeup of each locus under investigation. The usefulness of this dot blot technique after PCR has been demonstrated for not only the beta globin system but in an analysis of genetic variation at the human major histocompatibility locus (Saiki et al., 1986). The simplicity of the method makes large scale screening analysis of allelic variation possible.

Oligomer restriction and allele-specific probes can be used to examine the nature of allelic variation at specific sites but are not useful for detecting variation whose exact molecular nature is unknown. Two other new methods have the potential for analyzing variation of this type. One of them involves the use of the enzyme Ribonuclease A. This method makes use of the fact that a base pair mismatch in an RNA-RNA or RNA-DNA hybrid can often be cleaved by this enzyme. One does not need any previous knowledge of the nature or position of a mutation in DNA or in the corresponding messenger RNA in order to detect its presence. In this procedure a segment of the genome is chosen for analysis. A DNA clone of the chosen region is used in vitro to produce a radioactively labeled RNA transcript complementary to the wild type allele using one of the commercially available transcription systems. This probe can then be hybridized to DNA samples from individuals to be examined for mutations in the gene. If any of these samples has a base pair substitution relative to the normal allele then Ribonuclease A may cleave the RNA probe at that position in the DNA-RNA duplex. This will produce radioactively labeled RNA probe products which are smaller than the original probe and which can be resolved by gel electrophoresis and identified by autoradiography. This method has been used to detect mutations found in individuals with beta thalassemia (Myers, Larin and Maniatis, 1985). It has also been employed to study the presence of mutations in Ras oncogenes by hybridization of an in vitro synthesized Ras RNA probe to Ras messenger RNA in tumor cells (Winter et al., 1985). Using the appropriate probes it has been estimated that at least 70% of all possible base pair mismatches can be detected by this method (Myers, Larin and Maniatis, 1985). Technical innovations may allow the remainder to eventually be detected.

The other method for detecting nucleotide substitutions of an unknown nature utilizes a new electrophoretic procedure involving GDGs or gradient denaturing gels (Fischer and Lerman, 1983; Myers et al., 1985). If a DNA duplex with no base pair mismatches is run on such a gel it will progress as a duplex until it has migrated to a point in the gel at which the denaturant concentration is high enough to render single stranded any low melting temperature DNA domains of the duplex. At this point the mobility of the partially single stranded-partially double stranded molecule is virtually arrested. If the duplex contains a base pair mismatch in the low melting temperature domain then it will be slightly more unstable and tend to become single stranded at a lower denaturant concentration. In other words it will have a slower mobility compared to a perfect duplex. DNA samples from different individuals therefore can be denatured, hybridized to a radioactively labeled probe and run on such a gel. Those with no base pair mismatches relative to the probe will have identical mobilities, while those with mutations will have slower mobilities. As in the case of the RNAse A method not all mismatches can be detected with equal efficiency. It has been estimated that within a low melting temperature domain approximately 25-40% of the mismatches will be observed by this technique (Myers et al., 1985).

Besides studying naturally occurring genetic variation combinations of these new methods can be applied to the analysis of induced mutations. For example, it has been proposed (Thilly, 1985; Cariello and Thilly, 1986) that the gradient denaturing gel method can be applied to the analysis of mutational spectra of a specific gene as a result of the exposure of somatic cells to a variety of mutagens. These studies of mutation hot spots would be significantly enhanced by coupling the GDG analysis to the PCR method as it would expand the sensitivity of the detection system (W. Thilly, personal communication).

The amplification technique increases the amount of target in an exponential fashion with reported efficiencies of 85% (Saiki et al., 1985). The power of this technique therefore may make it possible to examine mutation rates by studying individual mammalian gametes. Work by Saiki et al., (1986) showed that the amount of DNA in as few as 150 cells was sufficient to allow amplification and subsequently the detection of the allelic state of the human beta globin gene. This work also demonstrated that DNA need not be purified before amplification but that cells boiled in water were excellent templates for the amplification reaction. Work in my laboratory has demonstrated that as few as five cells can be used in the PCR system (Li and Arnheim, unpublished data). These results suggest that the analysis of a single cell may also be possible. One haploid mammalian gamete contains about 3 picograms or 1.5 x 10 exp-24 moles of any unique DNA sequence. We would need to amplify a target DNA segment by a factor of approximately 10 exp 9 to produce one femptomole (10 exp -15 moles) of product from a single gene (10 exp -15 / 10 exp -24) in a single cell. From previous work we know that we can easily detect 1 femptomole of a particular DNA sequence in less than a day with radioactive probes labeled by standard methods. At an efficiency equal to that demonstrated in our previous work (85%) a total of 34 cycles would be required. Cycle numbers of this magnitude would be extremely laborious to carry out by hand but can easily be accomplished using an automated PCR machine. The Cetus corporation has built several experimental models of this instrument by modifying their commercially available PROPETTE liquid handling apparatus.

The fields of molecular biology and molecular genetics have made rapid advances in the last decade including the development of many new technologies to study gene structure and function. In many cases these methods could be applied to the study of human genetic variation and mutation.

Cooperation and consultation among molecular biologists and scientists interested in risk assessment, as exemplified by this meeting, will hopefully speed up the process of technology transfer and ultimately the acquisition of fundamental new information of use to risk assessment in humans.

References

Cariello, N. F. and Thilly, W. G., (1986). Use of gradient denaturing gels to determine mutational spectrum in human cells: In: Mechanisms of DNA Damage and Repair. Michael G. Simic (ed.) Plenum Press, New York and London.

Conner, B. J., Reves, A. A., Morin, C., Itakura, K., Teplitz, R. L. and Wallace, B., (1983). Detection of sickle cell B^S-globin allele by hybridization with synthetic oligonucleotides. Proc. Natl. Acad. Sci. U.S.A. 80: 278-282.

Embury, S. H., Scharf, S. J., Saiki, R. K., Gholson, M. A., Golbus, M., Arnheim, N. and Erlich, H. A., (1987). Rapid prenatal diagnosis of sickle cell anemia by a new method of DNA analysis. New Engl. J. of Med. 316(11): 656-662.

Fischer, S. G. and Lerman, L. S., (1983). DNA fragments differing by single base-pair substitutions are separated in denaturing gels: correspondence with melting theory. Proc. Natl. Acad. Sci. U.S.A. 80: 1579-1583.

Geever, R. F., Wilson, L. B., Nallaseth, F. S., Milner, P. F., Bittner, M., and Wilson, J. T., (1981). Direct identification of sickle cell anemia by blot hybridization. Proc. Natl. Acad. Sci. U.S.A. 78: 5081-5085.

Kidd, V. J., Golbus, M. S., Wallace, R. B., Itakura, K. and Wood, S. L. C. (1984). Prenatal diagnosis of $alpha_1$-antitrypsin deficiency by direct analysis of the mutation site in the gene. New. Engl. J. of Med. 310: 639.

Mullis, K. and Faloona, F., (1987). Specific synthesis of DNA in vitro via a polymerase catalysed chain reaction. Methods in Enzymology, Vol. 55, in press.

Myers, R. M., Larin, Z. and Maniatis, T., (1985). Detection of single base substitutions by ribonuclease cleavage at mismatches in RNA:DNA duplexes. Science 230: 1242-1246.

Myers, R. M., Lumelsky, N., Lerman, L. S. and Maniatis, T., (1985). Detection of single base substitutions in total genomic DNA. Nature 313: 495-498.

Orkin, S. H., Markham, A. F. and Kazazian, H. H., (1983). Direct detection of the common mediterranean beta-thalassemia gene with synthetic DNA probes. J. Clin. Invest. 71: 775.

Pirastu, M., Kan, Y. W., Cao, A., Conner, B. J., Teplitz, R. L. and Wallace, R. B., (1983). Prenatal diagnosis of beta-thalassemia. Detection of a single nucleotide mutation in DNA. New Engl. J. of Med. 309: 284.

Saiki, R. K., Arnheim, N. and Erlich, H. A., (1985). A novel method for the detection of polymorphic restriction sites by cleavage of oligonucleotide probes: application to sickle cell anemia. Biotechnology 3: 1008-1012.

Saiki, R. K., Bugawan, T. L., Horn, G. T., Mullis, K. B. and Erlich, H. A., (1986). Analysis of enzymatically amplified beta-globin and HLA-DQa DNA with allele-specific oligonucleotide probes. Nature 324: 163-166.

Saiki, R. K., Scharf, S., Faloona, F., Mullis, K. B., Horn, G. T., Erlich, H. A. and Arnheim, N., (1985). Enzymatic amplification of beta-globin genomic sequences and restriction site analysis for diagnosis of sickle cell anemia. Science 230: 1350-1354.

Scharf, S. J., Horn, G. T. and Erlich, H. A., (1986). Direct cloning and sequence analysis of enzymatically amplified genomic sequences. Science 233: 1076-1078.
Southern, E. M., (1975). Detection of specific sequences among DNA fragments separated by Gel Electrophoresis. J. Mol. Bio. 98: 503-517.
Thilly, W. G., (1985). Carcinogenesis, Volume 10, (E. Huberman and S. H. Barr, eds.) Raven Press, New York. pp. 511-528.
Winter, e., Yamamoto, F., Almoguera, C. and Perucho, M., (1985). A method to detect and characterize point mutations in transcribed genes: amplification and overexpression of the mutant c-Ki-ras allele in human tumor cells. Proc. Natl. Acad. Sci. U.S.A. 82: 7575-7579.
Wrischnik, L. A., Higuchi, R. G., Stoneking, M., Erlich, H. A., Arnheim, N. and Wilson, A. C., (1987). Length mutations in human mitochondrial DNA: direct sequencing of enzymatically amplified DNA. Nucleic Acids Res. 15(2): 529-542.

GENES ENCODING DRUG-METABOLIZING ENZYMES: POSSIBLE ROLE IN HUMAN DISEASE

Daniel W. Nebert

Laboratory of Developmental Pharmacology
National Institute of Child Health and Human Development
Bethesda, MD 20892

There are several important questions to address on the subject of genetic versus environmental contributions to individual risk of cancer and toxicity. (i) How large is the genetic contribution and how large is the environmental contribution? (ii) How great is the genetic variability between individuals? (iii) How can these differences be explained on a molecular basis? (iv) Is it possible to detect these differences in a routine assay? (v) Is it financially feasible to screen populations to determine risk? (vi) Who will want to know such information and why?

For the past two decades this laboratory has been studying the expression of genes encoding drug-metabolizing enzymes (Fig. 1). Although questions i, v and vi are above and beyond the scope of this Chapter, we believe that this laboratory and others have recently made important inroads into answering questions ii, iii and iv. This Chapter begins with a definition of pharmacogenetics, an important subset of which involves P450 polymorphisms. The current state in our understanding of the P450 gene superfamily will be presented next. Third, the molecular biologic characterization of those P450 genes having possible involvement in environmental disease will be described. Finally, the relationship of three pharmacogenetic polymorphisms to human cancer is discussed. The reader is referred to an Appendix at the end of this Chapter for a "Glossary of Terms" referring to the molecular biologic and genetic experiments described herein.

THE RESEARCH FIELD OF PHARMACOGENETICS

Pharmacogenetics concerns unusual (idiosyncratic) drug responses that have a hereditary basis (Kalow, 1962). An idiosyncratic drug response is distinct from unanticipated reactions such as accidental over-dosage or allergic phenomena. "Drugs" are meant here to include, in addition to the hundreds of clinically prescribed agents, the numerous foreign chemicals and other substances on this planet that range into the millions. The major source of man's exposure to this myriad of compounds is foodstuff, although a significant increase in the uptake of chemical pollutants (via the lungs and skin) has occurred in the past several hundred years of industrial endeavors. The important

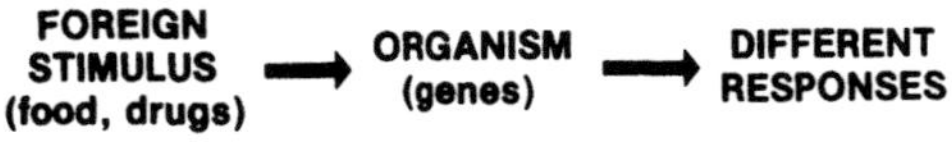

Fig. 1. The study of pharmacogenetic disorders.

difference between pharmacogenetic disorders and "inborn errors of metabolism" lies in the fact that a pharmacogenetic defect is covert and might never be realized in one's lifetime, unless challenged with the particular drug that will precipitate the idiosyncratic response.

Of the more than five dozen human pharmacogenetic differences so far described (Nebert, 1981b), three polymorphisms show an apparent association with malignancy: acetylation, debrisoquine 4-hydroxylase, and the *Ah* locus. The latter two involve differences in the expression of one or more P450 genes. Considerably more knowledge exists about the *Ah* locus than the other two polymorphisms. Following a brief summary of the acetylation polymorphism, the basic principles of drug metabolism (especially P450 enzymic activities and the corresponding genes) will be described.

THE ACETYLATION POLYMORPHISM

Although not a P450-mediated reaction and not yet studied at the molecular biologic level, the cytosolic N-acetyltransferases exhibit an important pharmacogenetic difference in the human population (Weber and Hein, 1984). The chemicals that undergo biological acetylation are, for the most part, either aromatic amines or hydrazines. This trait was initially called the "isoniazid acetylation polymorphism" because it was recognized in tuberculosis patients treated with isoniazid. Individuals can easily be phenotyped as "slow" or "rapid" acetylators: slow acetylators are homozygous for a slow allele (*r/r*), whereas rapid acetylators are either homozygous (*R/R*) or heterozygous (*R/r*) for the rapid allele. The slow acetylator allele frequency varies from approximately 0.10 in Japanese populations to more than 0.90 in some Mediterranean peoples, and is approximately 0.72 in the United States. The slow acetylation phenotype is more prone to neurotoxicities from isoniazid, lupus erythematoses from hydralazine and procainamide, sulfa drug-induced hemolytic anemia, and phenytoin toxicity accompanying the combined use of phenytoin and isoniazid. In these conditions, the slow acetylators have higher serum concentrations of the drug than rapid acetylators at any time after drug ingestion (Weber and Hein, 1984).

There is a statistically significant association between the occurrence of bladder cancer and slow acetylation (Evans et al., 1983). In one study of a random hospital population of 111 patients with bladder carcinoma (Table 1), a striking excess of slow acetylators was observed in a group of chemical workers employed in the dye industry (Cartwright et al., 1982). This group, which was exposed to benzidine, showed an excess of slow acetylators 40% above that expected ($P < 0.00005$), compared with controls. Moreover, a higher proportion of slow acetylators than fast acetylators developed generalized bladder disease both with carcinoma *in situ* and deeper invasion of the bladder wall. Additional support for the link between invasiveness and acetylator status has been provided by studies in Portuguese cases of bladder cancer (Cartwright, 1984).

Table 1. Acetylator Phenotypes and Industrial Bladder Cancer[a]

Acetylator type	Chemical workers	Never chemical workers	Cancer invasiveness	
			Low	High
Slow	22 (96%)	52 (59%)	59	14
Rapid	1	36	33	3
Total	23	88		

[a]Data taken from Cartwright et al. (1982) [Reproduced with permission from Little Brown & Company].

FUNDAMENTAL PRINCIPLES OF DRUG METABOLISM

Drug-metabolizing enzymes are classically divided into two broad categories (Fig. 2). "Phase I" enzymes involve almost exclusively cytochromes P450, which function by the insertion of one atom of atmospheric oxygen into a (usually) relatively inert substrate; "Phase II" enzymes act on the oxygenated intermediates by adding various endogenous groups (water, glucuronide, glutathione, sulfate) to produce extremely hydrophilic products that are easily excreted from the cell (Conney, 1982; Jerina, 1982; Pelkonen and Nebert, 1982; Boobis et al., 1985; Ortiz de Montillano, 1985; Nebert and Gonzalez, 1987). Since the reactive intermediates formed by P450 enzymes can be carcinogenic, mutagenic, and/or toxic, it is clear that the coordinate regulation of Phase I and Phase II genes and the architectural arrangement of Phase I and Phase II enzymes in each cell are important factors ensuring metabolic clearance of foreign substances from the body with a minimal risk of accumulation of the oxygenated intermediates that might lead to disease.

P450 ENZYMIC ACTIVITY

Cytochromes P450 are enzymes involved in the oxidative metabolism (biosynthesis and/or degradation) of steroids, fatty acids, prostaglandins, leukotrienes, biogenic amines, pheromones, plant metabolites, and bacterial cofactors. These monooxygenases also metabolize innumerable

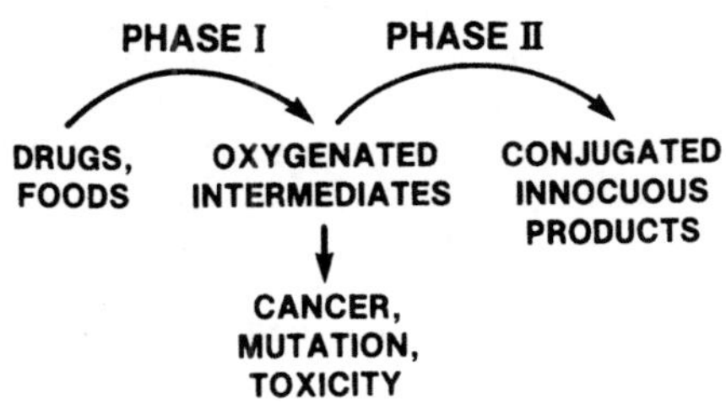

Fig. 2. Relationship of "Phase I" and "Phase II" drug-metabolizing enzymes to human disease.

drugs, chemical carcinogens and mutagens, and other environmental contaminants. The catalytic activity of the P450 drug-metabolizing enzymes is almost exclusively located in the endoplasmic reticulum (Nebert et al., 1982; Black and Coon, 1987). The multicomponent membrane-bound chain receives electrons from NADPH and/or NADH, and the reducing equivalents are passed, via one or the other flavoprotein reductase, either by way of cytochrome b_5 or directly to clusters of P450 proteins. The P450 enzyme is a heme-containing protein; in combination with atmospheric oxygen and any of thousands of substrates, the hemoprotein forms a trimolecular complex and the substrate is oxygenated. Depending upon the formation rate of reactive intermediates, the presence of nearby Phase II enzymes (epoxide hydrolase, UDP glucuronosyltransferase, glutathione transferase, sulfotransferase), and the inherent chemical stability of these oxygenated intermediates, two possible pathways exist. First, there can be further metabolism and cellular excretion of innocuous highly polar products. Second, covalent binding of oxygenated intermediates to nucleic acids and proteins can occur; this pathway has been shown in many laboratories to be correlated with chemical carcinogenesis and mutagenesis, drug toxicity, and teratogenesis (Conney, 1982; Jerina, 1982; Pelkonen and Nebert, 1982).

Various mammalian membrane-bound P450 systems have been solubilized with detergents, following which catalytic activity can be reconstituted. The reconstituted system requires flavoprotein, lipid and the P450 hemoprotein (French et al., 1980). Genetic differences in P450 activity have been shown to be associated only with the P450 protein (Haugen et al., 1976). P450 amino acid sequencing has lagged far behind nucleotide sequencing, because protein sequencing (especially of hydrophobic peptides) is laborious and there is a large number of antigenically similar mammalian membrane-bound P450 proteins that require detergent solubilization without inactivation of enzymic activity.

THE P450 GENE SUPERFAMILY

From the cDNA sequence results of more than five dozen P450 genes, combined with chromosomal mapping data, the P450 gene superfamily is presently known to comprise at least ten families, eight of which exist in all mammals including man (Fig. 3). There is sufficient homology between human and Pseudomonas P450 in the region (21 amino acids involved in heme binding) near the C-terminus of the proteins so as to be quite confident that both genes have diverged from a common ancestral gene (Nebert and Gonzalez, 1987). One can make several conclusions about the evolution of the P450 gene superfamily. First, the superfamily is an ancient one (existing for more than 1.5 billion years), because the system is present in certain prokaryotes and in all likelihood every eukaryotic cell. Second, the P450 gene superfamily can be divided into families and subfamilies on the basis of the percent resemblance of deduced amino acid sequences derived from the cDNA sequences. Third, the unit evolutionary period (UEP; millions of years needed for divergence of 1% in amino acid sequence) is not linear. UEP values range from 4.0 between the present and 80 million years ago, 9.0 between 80 million and 400 million years ago, and 14 between 400 million and 1 billion years ago (Nebert and Gonzalez, 1987).

HUMAN P450 GENES CHARACTERIZED TO DATE

More than one dozen human P450 full-length cDNA clones and the complete gene (including introns and 5' and 3' flanking regions) of

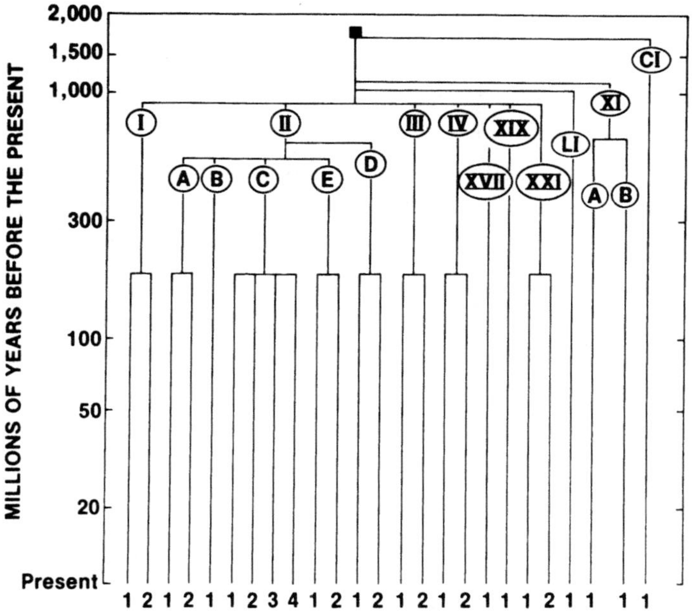

Fig. 3. The human, plant and bacterial P450 gene superfamily (Nebert et al., 1987b). Roman numerals denote families, upper-case letters subfamilies, and Arabic numerals denote individual genes that have been characterized to date. A P450 protein encoded by a gene in any one family is ≤36% similar to that encoded by a gene in any of the other families. P450 proteins within the same subfamily are ~70% or more similar, and their genes are chromosomally tightly linked without exception. P450 proteins having intermediate similarity (~38% to ~70%) are assigned to distinct subfamilies (Nebert et al., 1987a; Nebert and Gonzalez, 1987). The numbers at bottom denote the minimal number of genes known at the present time (i.e., end of 1986) to exist in each human, plant and bacterial subfamily. The LI and CI families have been characterized in yeast and Pseudomonas, respectively [Reproduced with permission from The Biochemical Society Transactions Press].

perhaps half of these have been sequenced to date. These include both genes of the P450I family (P_1 and P_3), most of a P450IIA cDNA, one IIC cDNA (mp), one IID gene (db1), one IIE gene, one P450III cDNA (nf or HLp), the XIA and XIB cDNAs, the XVIIA cDNA, most of the XIX cDNA, and both XXI genes (Nebert and Gonzalez, 1987). Among these P450 genes, at least four P450 enzymes are implicated in human carcinogenesis on the basis of epidemiologic studies and/or laboratory animal studies (Table 2).

Four P450 genes involved in steroidogenesis have been cloned and characterized. Although the steroid 21-hydroxylase polymorphism is by far the most common, the P450scc, 11β-hydroxylase and 17α-hydroxylase deficiencies can also cause variable degrees of hyperandrogenism and cortisol deficiency (Speiser and New, 1985). Defects in the enzymes of these four subfamilies (Table 2) are thus responsible for congenital adrenal hyperplasia.

Table 2. Human P450 Gene Expression Presumed to be Involved in Disease

Proposed gene name	Trivial enzyme name	Disease	Suspected environmental substance responsible for disease	References concerning sequencing
P450IA1	P_1	[?]Environmental cancer	Benzpyrene and combustion products [Conney, 1982; Jerina, 1982; Pelkonen and Nebert, 1982]	Jaiswal et al., 1985
P450IA2	P_3	[?]Environmental cancer	2-Acetylaminofluorine and aminobiphenyls [Conney, 1982; Jerina, 1982; Pelkonen and Nebert, 1982]	Jaiswal et al., 1986; 1987
P450IID1	db1	[?]Environmental cancer	Unknown [Idle et al., 1981; Ayesh et al., 1984]	Gonzalez et al., 1987c
P450IIE1	j	[?]Environmental cancer	Nitrosamines [Kamataki et al., 1983; Yang et al., 1985]	Song et al., 1986
P450XIA1	scc	Congenital adrenal hyperplasia		Chung et al., 1986
P450XIB1	11β	Congenital adrenal hyperplasia		P.C. White, personal communication
P450XVIIA1	17α	Congenital adrenal hyperplasia		Chung et al., 1987
P450XXIA2	21B	Congenital adrenal hyperplasia		Higashi et al., 1986; White et al., 1986

HUMAN P450j

Although no enzyme differences have yet been attributed to human P450j gene expression, restriction fragment length polymorphisms (RFLPs) of the gene have been found (F.J. Gonzalez, personal communication). Most of the increase in ethanol-inducible protein appears to occur in the absence of mRNA increases (Song et al., 1986). Thus, any discovery of a RFLP pattern that would correlate with posttranslational differences in P450j protein induction could be of major importance.

THE DEBRISOQUINE 4-HYDROXYLASE POLYMORPHISM

Debrisoquine and bufuralol are β-adrenergic blocking agents used to treat hypertension. The P450-mediated 4-hydroxylation of debrisoquine occurs at a rate 10- to 200-fold greater in "extensive metabolizers" (EM phenotype) than in "poor metabolizers" (PM phenotype). When the PM phenotype (homozygous autosomal recessive) receives this drug, a toxic response is seen acutely (Idle and Smith, 1979). A chronic response (association of the PM phenotype with Parkinson's disease) has also been suggested (Barbeau et al., 1985). For the patient who is a poor metabolizer of debrisoquine and bufuralol, there is a growing list of other drugs that are similarly metabolized poorly: sparteine, encainide, N-propylajmaline and several other antiarrhythmic agents; metoprolol, propranolol and many other β-adrenergic receptor blocking drugs; nortriptyline, desipramine and several other antidepressants; the hallucinogen 4-methoxyamphetamine; and some commonly used drugs such as the antitussive opioid dextromethorphan (Idle and Smith, 1979; Eichelbaum, 1984).

The human debrisoquine polymorphism appears to be associated with cancer risk. In a group of Nigerian patients with cancer of the liver and gastrointestinal tract, there was a disproportionately greater number of extensive metabolizer (EM) individuals (Idle et al., 1981). These data most likely reflect the enhanced metabolism of some dietary substance(s) to active carcinogen(s). In a study of 245 cigarette smokers with bronchogenic carcinoma, the cancer patients also represented a preponderance of EM phenotype individuals (Ayesh et al., 1984). Two rat P450db genes (debrisoquine metabolism) have been characterized (Gonzalez, 1987a), and the fact that their amino acid sequences are 73% similar implies that the human has orthologues of both genes in the IID subfamily, because db1 and db2 have diverged prior to the mammalian radiation about 80 million years ago (Fig. 3). It appears that the human db2 gene is no longer active, however (F.J. Gonzalez, personal communication).

The human P450db1 cDNA from an EM liver has been cloned and sequenced, and the cDNA in an expression vector exhibits bufuralol 1'-hydroxylase activity in monkey COS cells (Gonzalez et al., 1987b). Hepatic cDNAs from three PM individuals have also been sequenced and three variants identified (Fig. 4): <u>a</u> = retention of intron 5; <u>b</u> = retention of intron 6; <u>b'</u> = loss of first three exons and 3' half of exon 6; these variants represent defects in the splicing of db1 pre-mRNA, leading to the absence of immunodetectable db1 protein in PM livers. The P450db1 gene is linked to the <u>SIS</u> proto-oncogene on the long arm of human chromosome 22. The availability of a cDNA probe and detailed analysis of db1 mutant genes should lead to clinical identification of individuals overly sensitive to this class of drugs (Gonzalez et al., 1987b).

THE Ah LOCUS POLYMORPHISM

This genetic system was named more than 15 years ago for the observation that a certain P450-mediated activity [aryl hydrocarbon (benzpyrene) hydroxylase; (AHH)] was highly inducible in some inbred mouse strains but not others (Nebert et al., 1982; Eisen et al., 1983). AHH ($P_1$450) catalyzes the oxygenation of polycyclic hydrocarbons such as benzpyrene to phenolic products and epoxides, some of which are toxic, mutagenic and carcinogenic. The lack of AHH induction behaves as an autosomal recessive trait between C57BL/6 and DBA/2 mice, and the first inducing chemicals characterized were aromatic hydrocarbons (e.g., 3-methylcholanthrene and benzpyrene); hence, the name Ah locus. The Ah locus encodes the cytosolic Ah receptor, which is involved in the regulation of both P_1 and P_3 genes (P450I family, Fig. 3). A receptor defect was postulated to be responsible for the decreased AHH induction in DBA/2 mice (Poland et al., 1974) and subsequently characterized (Poland et al., 1976). The Ah receptor has been studied in detail through use of the radiolabeled potent inducer tetrachlorodibenzo-p-dioxin (TCDD) (Poland et al., 1976; Hannah et al., 1981). TCDD, a synthetic by-product of Agent Orange and hexachlorophene soap, has been implicated in several examples of environmental pollution in the past 20 years (Poland and Knutson, 1982).

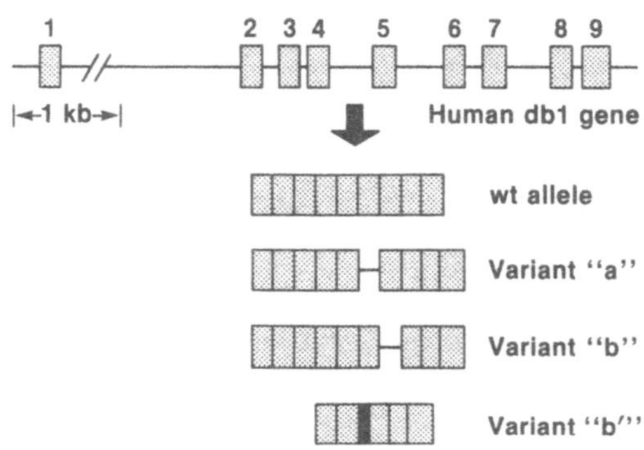

Fig. 4. Diagram of the exons (boxes) and approximate sizes of the eight introns of the human db1 gene, the normal splicing pattern of the wild-type (wt) pre-mRNA, and aberrant splicing patterns of the pre-mRNA from variants a, b and b' (Gonzalez et al., 1987b; Nebert et al., 1987b) [Reproduced with permission from The Biochemical Society Transactions Press].

Many molecular details of the Ah locus (Fig. 5) have been elucidated in the inbred mouse and via somatic cell genetics (Nebert et al., 1984; Nebert and Gonzalez, 1987). Procarcinogens such as combustion

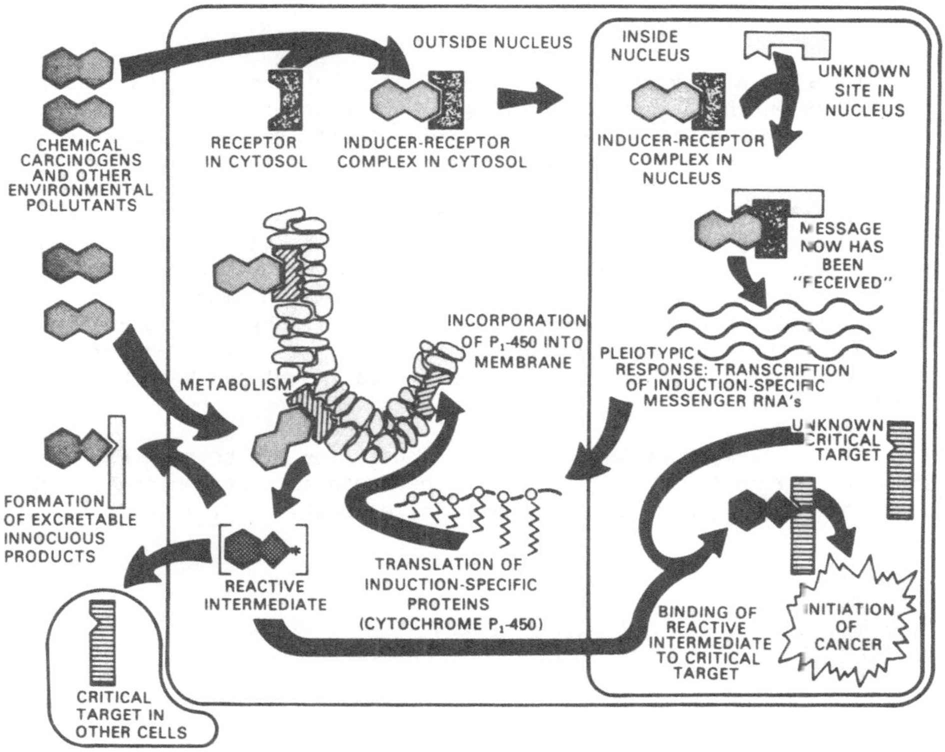

Fig. 5. Diagram of the Ah locus in a cell. The possibility that TCDD, as an extremely potent ligand, occupies the Ah receptor such that a critical life function cannot be carried out (Poland and Knutson, 1982) has been proposed to explain the extreme toxicity of this environmental contaminant. The possible inverse relationship between TCDD toxicity and euthyroid function (McKinney et al., 1985; Hong et al., 1987) is intriguing [Redrawn from Nebert, 1979 and reproduced with permission from Dr. W. Junk Publishers].

products (e.g., benzpyrene and more than a dozen other polycyclic hydrocarbons) and TCDD bind to the cytosolic Ah receptor with an apparent K_d ranging between 10 and less than 1.0 nM. The endogenous ligand is not known. It would appear that certain combustion products and plant flavones have appropriated the Ah receptor for stimulating their own metabolism (Eisen et al., 1983).

Following translocation of the TCDD-receptor complex to the nucleus, or the acquisition of chromatin-binding properties, the expression of several genes is augmented. Included among the TCDD-inducible genes are P_1450 and P_3450, UDP glucuronosyltransferase, NAD(P)H:menadione oxidoreductase, and glutathione transferase. The coordinate regulation of these five functionally-related enzymes by the Ah receptor has been called the [Ah] gene battery (Nebert and Gonzalez, 1987). The P_1 and P_3 genes are known to be transcriptionally activated (Gonzalez et al., 1984), and enhanced mRNA concentrations lead to increased levels of the P_1 and P_3 proteins in the endoplasmic reticulum and corresponding rises in benzo[a]pyrene and acetanilide metabolism, respectively (Negishi et al., 1981).

There is a very significant correlation between high AHH inducibility and enhanced risk of bronchogenic carcinoma in cigarette smokers (Fig. 6). The original report of a relationship between cigarette-induced lung cancer and high AHH inducibility (Kellermann et al., 1973) could not be substantiated for several years in many laboratories (Paigen et al., 1977). The use of a more recent assay that is substantially more reproducible, however, has led to the conclusion that the cigarette-smoking Ah-responsive individual is 20 to 40 times more prone to bronchogenic carcinoma than the Ah-nonresponsive smoker (Kouri et al., 1982). This increased risk of polycyclic hydrocarbon-caused cancer for the high AHH inducibility phenotype has also been demonstrated in numerous studies with inbred mice (Kouri and Nebert, 1977; Nebert, 1981a).

It is likely that this enhanced cancer risk due to high AHH inducibility reflects differences in the human Ah receptor gene, rather than the P_1 or P_3 structural genes. The quantity of P_1 mRNA is highly

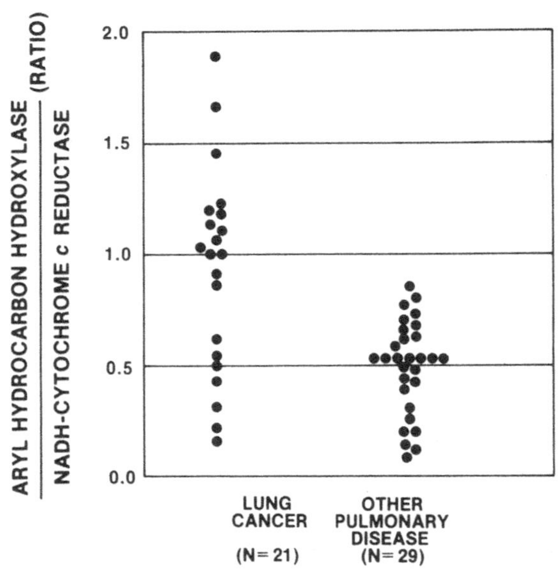

Fig. 6. Correlation of cigarette-induced bronchogenic carcinoma with high aryl hydrocarbon hydroxylase (AHH) inducibility. Lymphocytes from 50 patients were cultured for 4 days in the presence of mitogen and the AHH inducer 3-methylcholanthrene, and then assayed for AHH and NADH-cytochrome c reductase activities. All patients were matched for age, sex, and cigarette smoking history. The normal frequency of high AHH ($P_1$450) inducibility phenotype is about one in ten, yet 57% of the 21 lung cancer patients exhibited a statistically significantly higher $P_1$450 inducibility than any of the 29 patients with other types of lung pathology [Redrawn from Kouri et al., 1982 and reproduced with permission from Waverly Press].

correlated with inducible AHH activity in human lymphocytes cultured for 4 days in the presence of mitogen and the AHH inducer 3-methylcholanthrene (Jaiswal et al., 1985). Although two restriction enzymes have been found to delineate human P_1 restriction fragment length polymorphisms (Fig. 7), these RFLP patterns have not been correlated with the Ah phenotype in family studies and population screening studies (Jaiswal et al., 1985; Jaiswal and Nebert, 1986). Similar sequencing of the human P_3 gene and flanking regions, plus family studies and population screening studies with a 5' (exon 2) human P_3 probe, have uncovered to date no correlation between RFLP patterns and cancer risk (Jaiswal et al., 1987; K. Ikeya, S. Kimura, D.W. Nebert, R.A. Owens and A.K. Jaiswal, manuscript in preparation). In this laboratory it is anticipated that we can develop a simple, inexpensive, highly reproducible expression vector assay that will take into account differences in any of the three or more regulatory genes responsible for human P_1450 gene inducibility.

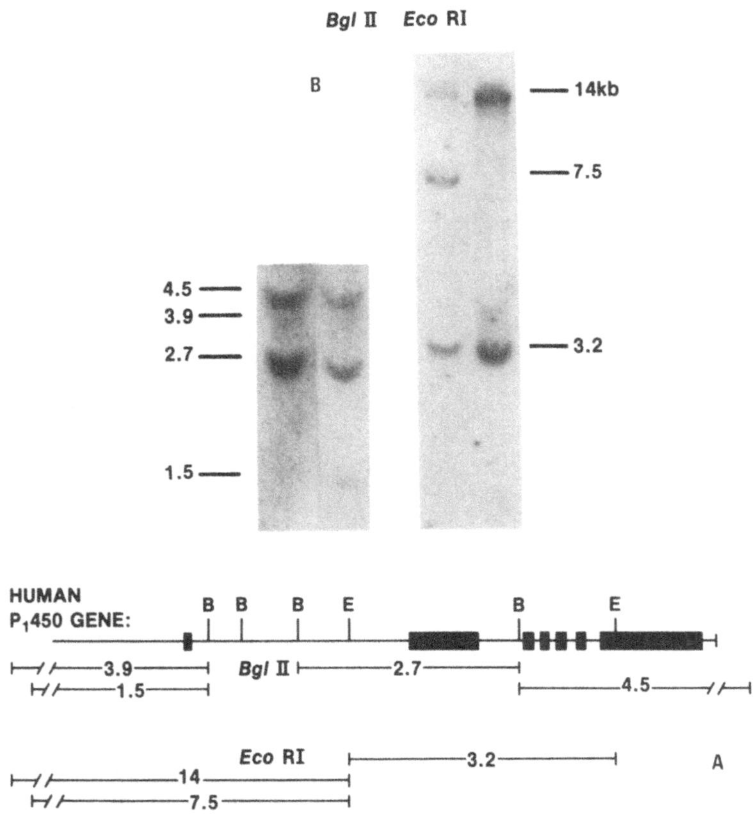

Fig. 7. A, Human P_1450 RFLP patterns when genomic DNA is digested with either Bgl II or Eco RI and probed with the 5' (1.5 kb) portion of the cDNA (Jaiswal and Nebert, 1986) [Reproduced with permission from IRL Press]. B, The human P_1 gene (exons denoted by solid boxes) and flanking regions that have been sequenced (Jaiswal et al., 1985). Bgl II (B) and Eco RI (E) sites in introns 1 and 2 and exon 7 are illustrated (Nebert and Jaiswal, 1987), leading to a likely explanation of the two polymorphisms shown in Figure 7A [Reproduced with permission from Pergamon Press, Ltd.].

POSSIBLE EXTRAPOLATION OF THE Ah LOCUS TO OCCUPATIONAL GENETICS

More than a decade ago we and others (Poland et al., 1974, 1976; Niwa et al., 1975; Kouri et al., 1978) carried out dose-response curves that demonstrated 12- to 18-fold differences in P_1450 inducibility between two inbred strains of mice (Fig. 8). These observations led to the finding that B6 mice have a high-affinity Ah receptor and D2 mice have a poor-affinity receptor (Poland et al., 1976; Eisen et al., 1983).

The same type of dose-response curve might be envisioned for other pharmacogenetic differences in the human population, i.e., the sensitive individual is 10 to 20 times more likely than the resistant individual to develop cancer--given the same exposure to an environmental carcinogen (Fig. 9). Consider that it would cost a company, for example, $50,000 per employee to lower its industrial pollution levels by 10-fold. Consider the alternative possibility that the company could

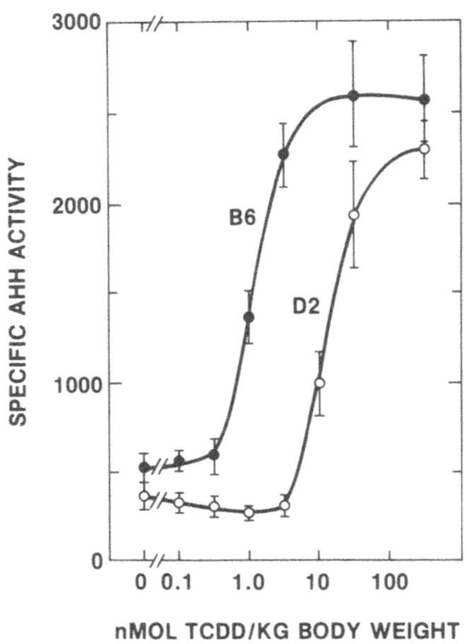

Fig. 8. Hepatic AHH (P_1450) induction as a function of TCDD dosage in B6 and D2 inbred mice. The dose-response curves are given on a semilog plot. A single intraperitoneal injection of TCDD was given 72 h before mice were killed. Symbols and brackets denote means ± standard deviations for groups of six mice. Numerous differences in drug metabolism, pharmacokinetics, malignancy, toxicity, and teratogenesis have been demonstrated in these mice, due to this genetic difference (Kouri and Nebert, 1977; Nebert, 1981a; Legraverend et al., 1983; 1984 [Redrawn from Kouri et al., 1978 and reproduced with permission from Waverly Press].

distinguish between the genetically sensitive and resistant individual by means of a clinical test costing, for example, $50 per employee. Which path would the individual and the company choose? Which route will society choose? These assays will soon become possible, but will we choose to use such assays extensively? It is anticipated that these types of decisions, based on molecular biology and genetics, will be asked of society before the end of this century.

PHARMACOGENETIC POLYMORPHISMS AND HUMAN CANCER

Three pharmacogenetic disorders described in this Chapter show an association with malignancy (Fig. 10). The slow acetylator phenotype among chemical dye workers exhibits an increased risk of bladder cancer, and the slow phenotype is also more prone to develop drug-induced neurotoxicity, lupus erythematoses, and liver disease. Recent studies suggest that the rapid acetylator phenotype is more likely to develop Type I diabetes and colo-rectal cancer (Weber, 1987). The extensive debrisoquine metabolizer phenotype has been reported to have a disproportionately higher risk of lung cancer among cigarette smokers and cancer of the liver and gastrointestinal tract (Fig. 10), yet the poor metabolizer phenotype experiences the acute idiosyncratic response of hypotension to adrenergic blocking agents. Finally,

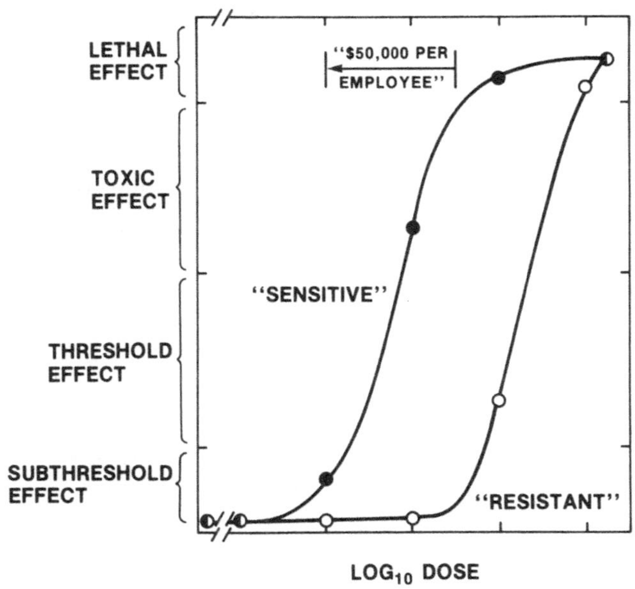

Fig. 9. Hypothetical dose-response curves designed to resemble the curves in Fig. 8. The hypothetical "sensitive" and "resistant" individuals correspond to those having high- and low-affinity receptors, respectively.

individuals of high AHH inducibility exhibit an increased risk of cigarette smoking-induced bronchogenic carcinoma; although we have cloned and sequenced the human P_1 and P_3 genes, RFLP patterns have not been found to be related to the Ah phenotype, suggesting that the true differences in P_1 and P_3 gene expression may reside in a regulatory gene such as the Ah receptor gene.

These observations illustrate the double-edged-sword nature of pharmacogenetic disorders. (i) The phenotype most likely to develop an acute drug response need not be the same as that most likely to develop the chronic drug response. (ii) Chronic drug responses associated with certain pharmacogenetics differences can include cancer. (iii) The same response, such as enhanced risk of lung cancer, can exist in two quite unrelated pharmacogenetic polymorphisms [e.g., the debrisoquine polymorphism involves a gene in the P450IID subfamily and the Ah locus is associated with regulation of the P450I gene family].

CONCLUSIONS

Several questions were asked at the start of this Chapter, and some conclusions can now be stated. The pharmacogenetic differences described

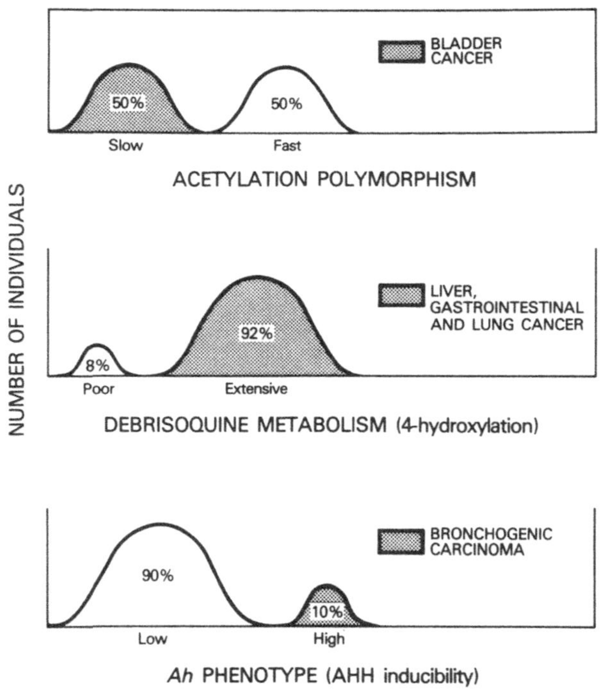

Fig. 10. Three pharmacogenetic polymorphisms having a putative correlation with human cancer caused by environmental agents (Gonzalez et al., 1986). In the United States, the slow acetylator phenotype comprises about half the population, the debrisoquine extensive metabolizer phenotype represents more than 90% of the population, and the high AHH ($P_1$450) inducibility phenotype is present in about one in ten individuals [Reproduced with permission from Cold Spring Harbor Laboratory Press].

herein range between 10- and 200-fold. If these data could be extrapolated directly to risk of human disease, we can conclude that--at any given dose of drug or environmental pollutant--one individual will be 10 to 200 times more sensitive to toxicity or cancer due to differences in expression of a particular gene.

Although most of the pharmacogenetic disorders cannot yet be explained at the level of molecular biology, the debrisoquine 4-hydroxylase polymorphism appears to be due to allelic mutants that lead to aberrant splicing and the Ah locus polymorphism is probably caused by defects in one or more genes that regulate human P_1450 and P_3450 inducibility. It is anticipated that the screening of volunteer populations for these two polymorphisms, and perhaps others, will be available within the next year or two. Large numbers of people may want such assays performed, which could reduce the costs of the assays to reasonable levels.

The current trend in our society includes increased efforts to maintain and improve one's health (e.g., jogging, participating in health spas, and eating nutritious food) and a desire by the individual to learn more about his body and medical research, reflected as increases in the sales of health food and exercise magazines, and science magazines for the layman. This new knowledge would allow the individual to effect changes in his lifestyle to compensate for any genetic strength or weakness he might discover. For example, upon learning of his high P_1450 inducibility phenotype, a person might decide to stop smoking cigarettes or to discontinue a job in which there is daily exposure to petroleum combustion products.

In addition, the physician would benefit from the availability of such assays in order to adjust appropriately the drug dosage and to choose the best drug in treating individual patients. For example, if the patient requires a β-adrenergic blocking agent and is determined to have the debrisoquine PM phenotype, the physician might prefer to prescribe a β-adrenergic blocking agent that is known not to be included among the growing list of drugs that are metabolized poorly by PM individuals.

ACKNOWLEDGMENTS

This Chapter is dedicated to the memory of my friend and colleague Alexander Hollaender. The careful reading of this manuscript by my colleagues--especially Kathleen Dixon, Frank J. Gonzalez and Arthur S. Levine--is gratefully acknowledged. The expert secretarial assistance of Ingrid E. Jordan is greatly appreciated.

REFERENCES

Ayesh, R., Idle, J. R., Ritchie, J. C., Crothers, M. J., and Hetzel, M. R., 1984, Metabolic oxidation phenotypes as markers for susceptibility to lung cancer, Nature, 312:169.

Barbeau, A., Cloutier, T., Roy, M., Plasse, L., Paris, S., and Poirier, J., 1985, Ecogenetics of Parkinson's disease: 4-Hydroxylation of debrisoquine, Lancet, 1:1213.

Black, S. D., and Coon, M. J., 1987, P-450 cytochromes: Structure and function, Advanc. Enzymol. Relat. Areas Mol. Biol., 60:35.

Boobis, A., Caldwell, J., DeMatteis, F., and Davies, D., 1985, "Microsomes and Drug Oxidations," 428 p, Taylor and Francis Ltd., London.

Cartwright, R. A., 1984, Epidemiological studies on N-acetylation and C-center ring oxidation in neoplasia, in: "Genetic Variability in Responses to Chemical Exposure," G. S. Omenn, and H. V. Gelboin, eds., p. 359, Cold Spring Harbor Laboratory, Cold Spring Harbor, New York.
Cartwright, R. A., Glashan, R. W., Rogers, H. J., Ahmad, R. A., Hall, D. B., Higgins, E., and Kahn, M. A., 1982, The role of N-acetyltransferase phenotypes in bladder carcinogenesis: A pharmacogenetics epidemiological approach to bladder cancer, Lancet, 2:842.
Chung, B.-C., Matteson, K. J., Voutilainen, R., Mohandas, T. K., and Miller, W. L., 1986, Human cholesterol side-chain cleavage enzyme, P450scc: cDNA cloning, assignment of the gene to chromosome 15, and expression in the placenta, Proc. Natl. Acad. Sci. U.S.A., 83:8962.
Chung, B.-C., Picado-Leonard, J., Haniu, M., Bienkowski, M., Hall, P. F., Shively, J. E., and Miller, W. L., 1987, Cytochrome P450c17 (steroid 17α-hydroxylase/17,20 lyase): Cloning of human adrenal and testis cDNAs indicates the same gene is expressed in both tissues, Proc. Natl. Acad. Sci. U.S.A., 84:407.
Conney, A. H., 1982, Induction of microsomal enzymes by foreign chemicals and carcinogenesis by polycyclic aromatic hydrocarbons: G. H. A. Clowes memorial lecture, Cancer Res., 42:4875.
Eichelbaum, M., 1984, Polymorphic drug oxidation in humans, Fed. Proc., 43:2298.
Eisen, H. J., Hannah, R. R., Legraverend, C., Okey, A. B., and Nebert, D. W., 1983, The Ah receptor: Controlling factor in the induction of drug-metabolizing enzymes by certain chemical carcinogens and other environmental pollutants, in: "Biochemical Actions of Hormones," G. Litwack, ed., p. 227, Academic Press, New York.
Evans, D. A. P., Eze, L. C., and Whitley, E. J., 1983, The association of the slow acetylator phenotype with bladder cancer, J. Med. Genet., 20:330.
French, J. S., Guengerich, F. P., and Coon, M. J., 1980, Interactions of cytochrome P-450, NADPH-cytochrome P-450 reductase, phospholipid, and substrate in the reconstituted liver microsomal enzyme system, J. Biol. Chem., 255:4112.
Gonzalez, F. J., Jaiswal, A. K., and Nebert, D. W., 1986, P450 genes: Evolution, regulation and relationship to human cancer, in: "Cold Spring Harbor Symposia on Quantitative Biology: Molecular Biology of Homo sapiens," Vol. 51, p. 879, Cold Spring Harbor Laboratory, New York.
Gonzalez, F. J., Matsunaga, T., Nagata, K., Meyer, U., Nebert, D. W., Pastewka, J., Kozak, K., Gillette, J. R., Gelboin, H. V., and Hardwick, J. P., 1987a, Debrisoquine 4-hydroxylase: Characterization of a new P450 gene subfamily, regulation, chromosomal mapping, and molecular analysis of the DA rat polymorphism, DNA, 6:149.
Gonzalez, F. J., Skoda, R. C., Kimura, S., McBride, O. W., Umeno, M., Zanger, U. M., Nebert, D. W., Gelboin, H. V., Hardwick, J. P., and Meyer, U. A., 1987b, Deficient metabolism of debrisoquine and other drugs is due to defective alleles of a human P450 gene, Science, in press.
Gonzalez, F. J., Tukey, R. H., and Nebert, D. W., 1984, Structural gene products of the Ah locus. Transcriptional regulation of cytochrome P_1-450 and P_3-450 mRNA levels by 3-methylcholanthrene, Mol. Pharmacol., 26:117.
Hannah, R. R., Nebert, D. W., and Eisen, H. J., 1981, Regulatory gene product of the Ah complex. Comparison of 2,3,7,8-tetrachlorodibenzo-p-dioxin and 3-methylcholanthrene binding to several moieties in mouse liver cytosol, J. Biol. Chem., 256:4584.

Haugen, D. A., Coon, M. J., and Nebert, D. W., 1976, Induction of multiple forms of mouse liver cytochrome P-450. Evidence for genetically controlled de novo protein synthesis in response to treatment with β-naphthoflavone or phenobarbital, J. Biol. Chem., 251:1817.

Higashi, Y., Yoshioka, H., Yamane, M., Gotoh, O., and Fujii-Kuriyama, Y., 1986, Complete nucleotide sequence of two steroid 21-hydroxylase genes tandemly arranged in human chromosome: A pseudogene and a genuine gene, Proc. Natl. Acad. Sci. U.S.A., 83:2841.

Hong, L. H., McKinney, J. D., and Luster, M. I., 1987, Modulation of 2,3,7,8-tetrachlorodibenzo-p-dioxin (TCDD)-mediated myelotoxicity by thyroid hormones, Biochem. Pharmacol., 36:1361.

Idle, J. R., Mahgoub, A., Sloan, T. P., Smith, R. L., Mbanefo, C. O., and Bababunmi, E. A., 1981, Some observations on the oxidation phenotype status of Nigerian patients presenting with cancer, Cancer Lett., 11:331.

Idle, J. R., and Smith, R. L., 1979, Polymorphisms of oxidation at carbon centers of drugs and their clinical significance, Drug Metab. Rev., 9:301.

Jaiswal, A. K., Gonzalez, F. J., and Nebert, D. W., 1985, Human P_1-450 gene sequence and correlation of mRNA with genetic differences in benzo[a]pyrene metabolism, Nucl. Acids Res., 13:4503.

Jaiswal, A. K., and Nebert, D. W., 1986, Two RFLPs associated with the human $P_1$450 gene linked to the MPI locus on chromosome 15, Nucl. Acids Res., 14:4376.

Jaiswal, A. K., Nebert, D. W., and Gonzalez, F. J., 1986, Human $P_3$450: cDNA and complete amino acid sequence, Nucl. Acids Res., 14:6773.

Jaiswal, A. K., Nebert, D. W., McBride, O. W., and Gonzalez, F. J., 1987, Human $P_3$450: cDNA and complete protein sequence, repetitive sequences in the 3' nontranslated region, and localization of gene to chromosome 15, J. Exp. Pathol., 3:1.

Jerina, D. M., 1983, Metabolism of aromatic hydrocarbons by the cytochrome P-450 system and epoxide hydrolase, Drug Met. Disp., 11:1.

Kalow, W., 1962, Human hereditary defects with altered drug response, in: "Pharmacogenetics: Heredity and the Response to Drugs," W. Kalow, ed., p. 146, W. B. Saunders, Philadelphia.

Kamataki, T., Maeda, K., Yamazoe, Y., Matsuda, N., Ishii, K., and Kato, R., 1983, A high-spin form of cytochrome P-450 highly purified from polychlorinated biphenyl-treated rats. Catalytic characterization and immunochemical quantitation in liver microsomes, Mol. Pharmacol., 24:146.

Kellermann, G., Shaw, C. R., and Luyten-Kellermann, M., 1973, Aryl hydrocarbon hydroxylase inducibility and bronchogenic carcinoma, N. Eng. J. Med., 289:934.

Kouri, R. E., McKinney, C. E., Slomiany, D. J., Snodgrass, D. R., Wray, N. P., and McLemore, T. L., 1982, Positive correlation between high aryl hydrocarbon hydroxylase activity and primary lung cancer as analyzed in cryopreserved lymphocytes, Cancer Res., 42:5030.

Kouri, R. E., and Nebert, D. W., 1977, Genetic regulation of susceptibility to polycyclic hydrocarbon-induced tumors in the mouse, in: "Origins of Human Cancer," H. H. Hiatt, J. D. Watson, and J. A. Winsten, eds., p. 811, Cold Spring Harbor Laboratory, Cold Spring Harbor, New York.

Kouri, R. E., Rude, T. H., Joglekar, R., Dansette, P. M., Jerina, D. M., Atlas, S. A., Owens, I. S., and Nebert, D. W., 1978, 2,3,7,8-Tetrachlorodibenzo-p-dioxin: Cocarcinogen which enhances 3-methylcholanthrene-initiated subcutaneous tumors in mice genetically "nonresponsive" at Ah locus, Cancer Res., 38:2777.

Legraverend, C., Guenthner, T. M., and Nebert, D. W., 1984, Importance of the route of administration for genetic differences in benzo[a]pyrene-induced in utero toxicity and teratogenicity, Teratology, 29:35.
Legraverend, C., Harrison, D. E., Ruscetti, F. W., and Nebert, D. W., 1983, Bone marrow toxicity induced by oral benzo[a]pyrene: Protection resides at the level of the intestine and liver, Toxicol. Appl. Pharmacol., 70:390.
McKinney, J. D., Fawkes, J., Jordan, S., Chae, K., Oatley, S., Coleman, R. E., and Briner, W., 1985, 2,3,7,8-Tetrachlorodibenzo-p-dioxin (TCDD) as a potent and persistent thyroxine agonist: A mechanistic model for toxicity based on molecular reactivity, Environ. Health Perspect., 61:41.
Nebert, D. W., 1979, Multiple forms of inducible drug-metabolizing enzymes. A reasonable mechanism by which any organism can cope with adversity, Mol. Cell. Biochem., 27:27.
Nebert, D. W., 1981a, Genetic differences in susceptibility to chemically induced myelotoxicity and leukemia, Environ. Health Perspect., 39:11.
Nebert, D. W., 1981b, Possible clinical importance of genetic differences in drug metabolism, Brit. Med. J., 283:537.
Nebert, D. W., Adesnik, M., Coon, M. J., Estabrook, R. W., Gonzalez, F. J., Guengerich, F. P., Gunsalus, I. C., Johnson, E. F., Kemper, B., Levin, W., Phillips, I. R., and Waterman, M. R., 1987a, The P450 gene superfamily. Recommended nomenclature, DNA, 6:1.
Nebert, D. W., Eisen, H. J., and Hankinson, O., 1984, The Ah receptor: Binding specificity only for foreign chemicals?, Biochem. Pharmacol., 33:917.
Nebert, D. W., and Gonzalez, F. J., 1987, P450 genes. Structure, evolution and regulation, Annu. Rev. Biochem., 56:945.
Nebert, D. W., and Jaiswal, A. K., 1987, Human drug metabolism polymorphisms: Use of recombinant DNA techniques, Pharmacol. Ther., 33:in press.
Nebert, D. W., Jaiswal, A. K., Meyer, U. A., and Gonzalez, F. J., 1987b, Human P450 genes: Evolution, regulation and possible role in carcinogenesis, Biochem. Soc. Transact., in press.
Nebert, D. W., Negishi, M., Lang, M. A., Hjelmeland, L. M., and Eisen, H. J., 1982, The Ah locus, a multigene family necessary for survival in a chemically adverse environment: Comparison with the immune system, Advanc. Genet., 21:1.
Negishi, M., Jensen, N. M., Garcia, G. S., and Nebert, D. W., 1981, Structural gene products of the murine Ah locus. Differences in ontogenesis, membrane location, and glucosamine incorporation between liver microsomal cytochromes P_1-450 and P-448 induced by polycyclic aromatic compounds, Eur. J. Biochem., 115:585.
Niwa, A., Kumaki, K., Nebert, D. W., and Poland, A. P., 1975, Genetic expression of aryl hydrocarbon hydroxylase activity in the mouse. Distinction between the "responsive" homozygote and heterozygote at the Ah locus, Arch. Biochem. Biophys., 166:559.
Ortiz de Montellano, P. R., 1986, "Cytochrome P-450: Structure, Mechanism, and Biochemistry," 539 p., Plenum Publishing, New York.
Paigen, B., Gurtoo, H. L., Minowada, J., Houten, L., Vincent, R., Paigen, K., Parker, N. B., Ward, E., and Hayner, N. T., 1977, Questionable relation of aryl hydrocarbon hydroxylase to lung-cancer risk, N. Eng. J. Med., 297:346.
Pelkonen, O., and Nebert, D. W., 1982, Metabolism of polycyclic aromatic hydrocarbons: Etiologic role in carcinogenesis, Pharmacol. Rev., 34:189.

Poland, A. P., Glover, E., and Kende, A. S., 1976, Stereospecific, high affinity binding of 2,3,7,8-tetrachlorodibenzo-p-dioxin by hepatic cytosol. Evidence that the binding species is the receptor for the induction of aryl hydrocarbon hydroxylase, J. Biol. Chem., 251:4936.
Poland, A. P., Glover, E., Robinson, J. R., and Nebert, D. W., 1974, Genetic expression of aryl hydrocarbon hydroxylase activity. Induction of monooxygenase activities and cytochrome $P_1$450 formation by 2,3,7,8-tetrachlorodibenzo-p-dioxin in mice genetically "nonresponsive" to other aromatic hydrocarbons, J. Biol. Chem., 249:5599.
Poland, A., and Knutson, J. C., 1982, 2,3,7,8-Tetrachlorodibenzo-p-dioxin and related halogenated aromatic hydrocarbons: Examination of the mechanism of toxicity, Annu. Rev. Pharmacol. Toxicol., 22:517.
Song, B.-J., Gelboin, H. V., Park, S. S., Yang, C. S., and Gonzalez, F. J., 1986, Complementary DNA and protein sequences of ethanol-inducible rat and human P-450s: Transcriptional and posttranscriptional regulation of the rat enzyme, J. Biol. Chem., 261:16689.
Speiser, P. W., and New, M. I., 1985, Genetics of steroid 21-hydroxylase deficiency, Trends Genet., 1:275.
Weber, W. W., 1987, "The Acetylator Genes and Drug Response," in press, Oxford University Press, New York.
Weber, W. W., and Hein, D. W., 1984, N-Acetylation pharmacogenetics, Pharmacol. Rev., 37:25.
White, P. C., New, M. I., and Dupont, B., 1986, Structure of human steroid 21-hydroxylase genes, Proc. Natl. Acad. Sci. U.S.A., 83:5111.
Yang, C. S., Tu, Y. Y., Koop, D. R., and Coon, M. J., 1985, Metabolism of nitrosamines by purified rabbit liver cytochrome P-450 isozymes, Cancer Res., 45:1140.

APPENDIX: GLOSSARY OF TERMS

Aberrant splicing--Abnormal splicing of introns from the pre-messenger RNA (pre-mRNA) by the splicing machinery in the nucleus. Aberrant splicing, in contrast to alternative splicing, always leads to production of inactive proteins.

Allele--One of two or more genes situated at the same locus (gene) in homologous chromosomes. Normally each person has pairs of each chromosome; hence, two alleles per gene.

C-terminus of proteins--The last of the protein polypeptide to be translated from a messenger RNA (also called carboxy- or COOH-terminus).

Cytochrome--Quite literally, a "colored substance in the cell." Hemoproteins (cytochromes) appear red when isolated in a test tube due to electron properties of the heme iron.

Endoplasmic reticulum--Subcellular membranes located in the cytoplasm that are distinct from the Golgi apparatus and nuclear or mitochondrial membranes. Boundary between the cell sap and the extracellular milieu.

Exons--That portion of the pre-messenger RNA (pre-mRNA) that is not removed by RNA splicing machinery in the nucleus and thus comprises the mature mRNA that becomes transported to the cytoplasm and translated into protein.

Flavoprotein reductase--An FAD- and/or FMN-containing enzyme that passes electrons from NADPH or NADH to another protein, such as P450.

Heme--An iron-containing moiety that is essential for the function of certain enzymes.

Heterozygous--Having the two alleles at a particular genetic locus different from one another.
Homology--The quality of having similarity due to descent from a common ancestral form.
Homozygous--Having both alleles at the same genetic locus identical to one another.
Hyperandrogenism--An abnormally high level of circulating male hormone in the body.
Introns--That portion of the pre-messenger RNA (pre-mRNA) that is removed by RNA splicing machinery in the nucleus.
Monooxygenase--An enzyme that transfers one atom of atmospheric oxygen to its substrate.
N-acetyltransferase--An enzyme that transfers an acetyl group from the cofactor acetyl-CoA to the nitrogen atom of a substrate.
N-terminus of proteins--The first of the protein polypeptide to be translated from a messenger RNA (also called amino- or NH_2-terminus).
P450--Enzymes that contain heme and perform oxidative, oxygenative and peroxidative functions. "P" denotes "pigment" and "450" stands for the maximal absorption peak (450 nm) of the reduced hemoprotein complexed with carbon monoxide.
Phenotype--The outward (visible or measurable) expression of the hereditary constitution of an organism.
Polymorphism--A genetic response occurring in two or more distinct visible or measurable forms.
Regulatory gene--A gene whose product (protein, or possibly RNA) controls the expression of one or more other genes.
Restriction Fragment Length Polymorphism (RFLP)--DNA test reflecting differences among individual alleles of a particular gene or near that gene. After a person's DNA is cleaved with a certain restriction enzyme, the resulting fragments of DNA are electrophoresed on gels and separated according to size. Following exposure to a radiolabeled DNA probe, hybridization (chemical bonding) to homologous fragment(s) will occur, thereby giving a radioactive band at a particular location on the gel or filter and on an x-ray film exposed to that filter.
SIS gene--One of at least two dozen identified cellular proto-oncogenes, the changes in which somehow lead to cancer. The SIS gene exhibits striking homology to human platelet-derived-growth-factor (PDGF).
Splicing--The removal of introns from pre-messenger RNA (pre-mRNA) by the splicing machinery in the nucleus (sometimes called the "spliceosome") to yield a mature mRNA that can be transported to the cytoplasm. Almost invariant splicing signals include "GT" at the 5' (donor site) and "AG" at the 3' (acceptor site) ends of each intron.
Structural gene--A gene whose product is an enzyme or other protein.

EPIDEMIOLOGIC EVIDENCE FOR GENETIC VARIABILITY IN THE FREQUENCY OF CANCER: ETHNIC DIFFERENCES

Robert W. Miller

Clinical Epidemiology Branch
National Cancer Institute
Bethesda, MD

There are some remarkable ethnic differences in the frequency of cancer. Differences that change with migration are apparently due to the environment; those that remain constant are presumably due to inheritance, if diagnostic accuracy and reporting remain comparable.

BONE CANCER

Diagnoses from death certificates are coded according to the International Classification of Diseases (McKay et al., 1982), which combines Ewing's sarcoma and osteosarcoma under the rubric, "bone cancer." We overcame this problem by re-coding the diagnoses on death certificates by histologic type for all U.S. children who died of cancer, 1960-1969. It was then found that U.S. Blacks rarely develop Ewing's sarcoma (Fraumeni and Glass, 1970). Blacks in Africa also have a low frequency (Davies, 1973), as do Chinese (Li et al., 1980) and Japanese (Miller, 1987). The frequency of osteosarcoma among various ethnic groups shows no such difference. Hence, Ewing's sarcoma is primarily a disease of Whites. Non-whites are apparently resistant to the cause(s) of this neoplasm.

TESTICULAR CANCER

The frequency of testicular cancer among U.S. Whites begins to rise at 15-19 years of age to a tremendous peak at 25-29 years. There is no corresponding peak among Blacks (McKay et al, 1982) or Japanese (Miller, 1987). Whites are susceptible to various forms of testicular cancer in adolescence and early adulthood, but other ethnic groups are not. Soon after birth a small peak in the frequency of embryonal cancer of the testes occurs among U.S. Whites and Japanese, but not among U.S. Blacks (Miller, 1987).

SKIN CANCER

Among Whites, ultraviolet (UV) light is a cause of skin cancer. The frequency of this neoplasm is much less in Blacks, who are protected genetically by the pigmentation in their skin. A little pigment offers substantial protection. Thus, Whites with dark complexions have lower rates than those with fair skin, and the genetic deficiency in melanin among albinos makes them highly susceptible to skin cancer. In another genetic disorder, xeroderma pigmentosum (XP), a DNA repair defect is present which predisposes to skin cancer after exposure to UV (Lutzner, 1977). In these instances, there is an interaction between genetics and ultraviolet light in the development of dermal neoplasia.

Genetic susceptibility interacts with exposure to gamma radiation in the development of basal cell carcinomas in the multiple basal cell carcinoma syndrome. Children with the syndrome, when given radiotherapy for medulloblastoma, an early feature of the disorder, develop basal cell carcinomas in the field of radiation (Strong, 1977). In another genetic disorder, ataxiatelangiectasia (AT), lymphoma occurs with high frequency. Radiotherapy for the lymphoma causes an acute severe radiation reaction in the skin and other organs, which may be lethal (Pritchard et al, 1982). In one child with AT given radiotherapy for ringworm of the scalp (tinea capitis), a basal cell carcinoma of the scalp developed (Levin and Perlov, 1971). Skin cancer also develops in patients with epidermodysplasia verruciformis, in which warts may appear extensively early in life and is familial (Androphy et al., 1985). This represents an interaction between genetic susceptibility and a human papilloma virus.

MULTIPLE MYELOMA

Mortality from multiple myeloma in the United States is substantially higher in Blacks than in Whites (McKay et al., 1982). Possibly this difference is related to genetically determined levels of the three main immunoglobulin groups, which are higher at all ages in Blacks than in Whites, especially in the IgG fraction (Isobe and Osserman, 1971).

GASTROINTESTINAL TRACT CANCER

Marked ethnic differences in the frequencies of cancers of the gastrointestinal (GI) tract are well known, but the predilection for certain subsites within each organ is generally not well known. Through the use of population-based data from the Surveillance, Epidemiology and End Results (SEER) Program of NCI, we have determined the frequencies of GI cancers by ethnic groups in the United States. Data are available in ample numbers for Whites, Blacks, Japanese, Chinese and Filipinos, and were routinely coded by SEER according to histologic type and subsite affected, 1973-1984. The data show that the highest incidence of squamous cell carcinoma of the esophagus is in the mid-portion among black males, whose annual age-adjusted rate is 7.09 per 100,000 as compared with 1.14 among white males. The incidence rates for the lower third of the esophagus are 4.11 and 0.87, respectively. The upper third has the lowest rates of all. Among women, Blacks have the highest rates, which are substantially below the rates for males.

Squamous cell carcinoma is much more common than adenocarcinoma, which primarily affects the lowest third of the esophagus. Adenocarcinoma is presumably due to Barrett's esophagus, in which columnar epithelium replaces the normal squamous cell lining, and is presumably due to gastroesophageal reflux. It appears that non-whites are not susceptible to this alteration, and that the effect of carcinogens on columnar epithelium is greater than on squamous cell lining in the same locale.

In the United States, the highest incidence of gastric cancer is in the pyloric antrum of Japanese. The annual age-adjusted rate for males was 11.78 per 100,000 as compared with 4.75 for Blacks, 3.36 for Chinese and

1.40 for white males. The rates for females are about half those for males. The findings are similar in Japan except that, there, the mid-portion of the stomach has a rate for cancer almost equal to that of the antrum (Miwa, 1978). Cancer of the gastric antrum in Japan usually affects mucosa that has undergone intestinalization; that is, the mucosa looks like the intestinal lining. Might this be due to reflux, a counterpart of the presumed explanation for Barrett's esophagus?

Although cancer of the gastric antrum is frequent among males in China, no corresponding excess was found among Chinese in the United States. The reason appears to be that these migrants are from South China, where the rates for gastric cancer are low.

Colorectal cancer shows no marked variation in incidence rates by subsite among the five ethnic groups. The most frequent subsite affected for each race was the sigmoid colon, more in males than in females. The annual age-adjusted rate for Japanese males was 22.69 per 100,000, for Whites was 12.70, and for Blacks was 6.68. The corresponding rates for females were 14.30, 12.12, and 6.89. For rectal cancer, the rank order by ethnic group was the same, but the rates were lower. Among the colorectal subsites, the cecum was the next most frequent location of cancer for each sex. The rates were almost identical for each sex and ethnic group. The rank order by ethnic group was the reverse of that for cancer of the sigmoid colon. The rates were highest for Whites and Blacks, about half as great in Japanese, and intermediate in Chinese. The rates for Filipinos were generally the lowest for all subsites in the colon and rectum.

The nasopharynx, at the opposite end of the gastrointestinal tract, is the site with the greatest excess of cancer among Chinese in the United States and in South China, from whence they migrated. The adjacent GI structures, the oral pharynx and hypopharynx, show no excess over the rates for other ethnic groups. Infection with Epstein-Barr virus (EBV) is involved, and the nearness of the infected lymphatic tissue in Waldeyer's ring may account for involvement of only the nasopharynx. In addition, the Chinese at high risk have an HLA gene, BW46, not found in other ethnic groups, and an association has also been found with HLA-BW58 (Simons, 1984). These findings are regarded as evidence for a genetic-environmental interaction in the development of this neoplasm.

The greatest ethnic variation in U.S. cancer rates by subsites within the GI tract involve relatively small areas of tissue. It is the middle third of the esophagus of Blacks that is most often affected with squamous cell carcinoma. It is the lower third that has the greatest frequency of adenocarcinoma -- among white males. As for stomach cancer, the pyloric antrum of Japanese is most often affected. The Japanese also have the highest rate for cancer of the sigmoid colon. The diet is believed to be a strong influence on the development of these cancers (except for esophageal adenocarcinoma), but why does an ingested substance, as it speeds past the mid-esophagus, induce cancer there more than in the upper or lower thirds of this organ? Among Japanese, why is the pyloric antrum so much more often affected than the greater curvature of the stomach, with which gastric contents are in prolonged contact? Why is the cecum more prone to cancer among Whites and Blacks, but the sigmoid colon and rectum are more prone in Japanese and Chinese? Although the diet may be an important determinant of these cancers, the susceptibility of subsite tissues may differ by ethnic group. The high frequency of nasopharyngeal carcinoma in South China is believed to be partially genetic. Could the same be true for cancer of the mid-esophagus among Blacks, and of the gastric antrum in Japanese? Perhaps these epidemiologic findings can be the basis for laboratory research, as, for example, in comparing the in vitro response to carcinogens of cells from the mid-esophagus of black vs. white males.

ACUTE LYMPHOCYTIC LEUKEMIA

A peak in the occurrence of acute lymphocytic leukemia (ALL) in childhood began to appear at 4 years of age in Great Britain in the 1920s, in the United States in the 1940s and in Japan in the 1960s (Court Brown and Doll, 1961; Miller, 1967). There is little if any peak in childhood ALL among U.S. Blacks. They are apparently resistant to this form of leukemia. The explanation for the emergence of the peak among other ethnic groups at 20-year intervals is not known. Another peculiarity in the age-peak for ALL in childhood is that the excess in Down's syndrome occurs at one year of age, three years earlier than the peak in the general population (Miller, 1970).

LYMPHOMA

It has long been known that chronic lymphocytic leukemia (CLL) is rare in Japanese (Finch et al., 1969) and Chinese (Wells and Lau, 1960). In the United States about 25 percent of adult leukemia is of this type. In Chinese and Japanese it comprises only 1-2 percent. Recently, a low frequency of nodular non-Hodgkin's lymphoma has been found in Japanese as compared with people in Western countries (Kadin et al., 1983). In Japan, Hodgkin's disease has no early age peak at 25-29 years of age as it does in more than a dozen other countries (MacMahon, 1966).

In contrast to these deficiencies in lymphoproliferative diseases, the Japanese and other Asians have high rates of certain autoimmune diseases: systemic lupus erythematosus, Hashimoto's thyroiditis and Takayasu's aortitis, among them (Serdula and Rhoads, 1977; K. Aoki, personal communication). Takayasu's aortitis, extremely rare among children in Western countries, was diagnosed in 35 children at 2 hospitals in Korea between 1962 and 1983 (Hong et al., 1984). The Japanese eponyms for these disorders are probably a reflection of their high frequency in Japan.

Other lymphocytic diseases have unusual frequencies in Japan. Among them are mucocutaneous lymph node syndrome (Kawasaki's disease), which is epidemic there; subacute necrotizing lymphadenitis particularly among women 20-34 years of age in Hokkaido (Kadin et al., 1983) and Korea (Lee at al, 1984); Takatsuki's disease, a plasma cell dyscrasia with polyneuropathy of the Guillain-Barre type; and Kimura's disease, a T-cell cervical lymphadenopathy with eosinophilia (Kadin et al., 1983). These disorders, except for Kawasaki's disease, are seldom seen in other countries.

In brief, there is a reciprocal relationship between the frequency of certain lymphoproliferative diseases (high in the United States, low in Japan) and certain autoimmune diseases (low in the United States, high in Japan). The same differences occur between the sexes in each country: males have higher rates of these lymphoproliferative diseases and females have higher rates for the autoimmune diseases. Apparently an inherent immune function protects Japanese and women against lymphoma but predisposes them to autoimmune disorders.

WILMS' TUMOR AND RETINOBLASTOMA

Wilms' tumor, a cancer of the kidney in childhood, is associated with rare birth defects, notably congenital absence of the iris of the eye (aniridia). The coexistence of the malformation and the cancer is due to a partial deletion of the short arm of chromosome 11, where genes for both disorders are neighbors (Solomon, 1984). Wilms' tumor has a relatively constant frequency worldwide, except in Japan where the rate seems to be about half that elsewhere. Aniridia is found in 1 in 75 children with

Wilms' tumor, except in Japan where the rate appears to be about half that frequency. The low rate for the tumor and for the associated chromosomal deletion in Japan raises the question, might the Japanese be resistant to mutation involving these loci?

Retinoblastoma also is associated with certain birth defects, due to a partial deletion of the long arm of chromosome 13. The 40 percent of cases that are hereditary are usually bilateral. According to Knudson's hypothesis, two mutational events are involved, one before conception and the other after. The remaining 60 percent are sporadic and unilateral, and in these cases, both events occur within the retinal cell after conception of the child.

The highest rates for retinoblastoma occur in Israel, the Sudan, Bombay, Karachi and Cali, Colombia (Miller, 1977). The frequencies in these places appear to be 3-4 times greater than those in the United States or Manchester, England. The excess is apparently not due to bilateral or familial cases, and is therefore due either to an environmental influence after conception and/or increased mutability of the gene in somatic cells.

CONCLUSION

Epidemiologists think of cancer as being organ-specific, but not as being site-specific within an organ. Geographic pathologists have given some thought to subsite occurrence, but based on case-series rather than large-scale population-based data. These data are readily available by ethnic group from the SEER Program of NCI. This information, when supplemented with data from large type-specific cancer registries, as in Japan, reveal a wide array of differences in the frequency of cancer by subsite among ethnic groups. The role of genetics as a basis for these differences has not yet been given much consideration, and laboratory studies are needed of subsite tissue from a group at highest risk as compared with the same tissue from an ethnic group at low risk. The results should be useful in risk assessment for a diverse population.

REFERENCES

Androphy, E.J., Dvoretzky, I., and Lowy, D.R., 1971, X-linked inheritance of epidermodysplasia verruciformis. Genetic and virologic studies of a kindred, Arch. Dermatol., 121:864.

Court Brown W.M., and Doll, R., 1961, Leukaemia in childhood and young adult life. Trends in relation to aetiology, Br. Med. J., 1:981.

Davies, J.N.P., 1973, Childhood tumours, In: "Tumours in a Tropical Country," A.C. Templeton, ed., Springer-Verlag, Berlin.

Finch, S.C., Hoshino, T., Itoga, T., Ichimaru, M., and Ingram, R.J., Jr., 1969, Chronic lymphocytic leukemia in Hiroshima and Nagasaki, Japan, Blood, 33:79.

Fraumeni, J.F. Jr., and Glass A.G., 1970, Rarity of Ewing's sarcoma among U.S. Negro children, Lancet, 1:366.

Hong, C.Y., Hong, Y.J., Yun, Y.S., Han, M.C., Lee, K.S., and Sohn, K.C., 1984, Takayasu's arteritis in children. Clinical study of 35 cases, J. Korean Med. Assoc., 27:431.

Isobe, T., and Osserman, E.F., 1971, Pathologic conditions associated with plasma cell dyscrasias: a study of 806 cases, Ann. N.Y. Acad. Sci., 190:507.

Kadin, M.E., Berard, C.W., Nanba, K., and Wakasa, H., 1983, Lymphoproliferative diseases in Japan and western countries, Hum. Pathol., 14:772.

Lee, W.H., Yang, M.H., and Lee, C.K., 1984, An immunopathological study of necrotizing lymphadenitis, Kyung Hee Univ. Med. J., 9:17.

Levin, S., and Perlov, S., 1971, Ataxia-telangiectasia in Irael with observations on its relationship to malignant disease, Israel J. Med. Sci., 7:1535.

Li, F.P., Tu, J., Liu, F., and Shiang, E.L., 1980, Rarity of Ewing's sarcoma in China, Lancet 1:1255.

Lutzner, M.A., 1977, Nosology among the neoplastic genodermatoses, Progr. Cancer Res. Ther., 3:145.

MacMahon, B., 1966, Epidemiology of Hodgkin's disease, Cancer Res., 26:1189.

McKay, F.W., Hanson, M.R., and Miller, R.W., 1982, Cancer mortality in the United States: 1950-1977, Natl. Cancer Inst. Monogr., 59:1.

Miller, R.W., 1967, Childhood cancer mortality in U.S.A. and Japan, Tohoku J. Exp. Med., 91:103.

Miller, R.W., 1970, Neoplasia and Down's syndrome, Ann. N.Y. Acad. Sci., 171:637.

Miller, R.W., 1977, Ethnic differences in cancer occurrence: Genetic and environmental influences with particular reference to neuroblastoma, Progr. Cancer Res. Ther., 3:1.

Miller, R.W., and Sugano, H., 1987, Report on a U.S.-Japan Cooperative Cancer Research Progam workshop on adult-type cancer under age 30, Jpn. J. Cancer Res., In press.

Miwa Registry-Institute for Stomach Cancer, 1978, "The Report of Treatment Results of Stomach Cancer in Japan," National Cancer Center, Tokyo.

Pritchard, J., Sandland, M.R., Breatmach, F.B., Pincott, J.R., Cox, R., and Husband, P., 1982, The effects of radiation therapy for Hodgkin's disease in a child with ataxia telangiectasia, Cancer 50:877.

Serdula, M.K., and Rhoads, G.G., 1979, Frequency of systemic lupus erythematosus in different ethnic groups from Hawaii, Arthritis Rheum., 22:328.

Simons, M.J., 1985, Genetic aspects of EBV-associated malignancies, in "Epstein-Barr Virus and Associated Diseases," Levine, P.H., Ablashi, D.V., Pearson, G.R., and Kottaridis, S.D., eds, Martinus Nijhoff, Boston.

Soloman, E., 1984, Recessive mutation in aetiology of Wilms' tumor, Nature, 309:111.

Strong, L.C., 1977, Theories of pathogenesis: mutation and cancer, Progr. Cancer Res. Ther., 3:401.

PHENOTYPIC VARIATION WITHIN GENETICALLY HOMOGENEOUS POPULATIONS: RESPONSIVENESS TO TOXICANTS

George L. Wolff

Division of Comparative Toxicology
National Center for Toxicological Research
Food and Drug Administration
Department of Health and Human Services
Jefferson, Arkansas 72079

INTRODUCTION

Phenotypic variation in mammalian populations reflects not only genetic variability due to allelic and chromosomal differences but also the expressivity of genotypes. Expressivity is defined as the range of phenotypes expressed by a given genotype under any given set of environmental conditions or over a range of environmental conditions[1]. This type of phenotypic variation and its possible physiological and molecular bases are the subject of this discussion. The strain-associated susceptibility to tissue-specific lesions, which also is reflected in the responsiveness to toxic insults, is an example of this type of variation. It is of practical relevance to risk assessment if only because sample sizes and dose levels in subchronic and chronic toxicity assays depend on the relative responsiveness of the inbred or F-1 hybrid test animal population used. This type of phenotypic variation is present in genetically heterogeneous populations but there it is inextricably confounded with the variation due to genetic differences. Therefore, its molecular and physiological components can only be defined in genetically homogeneous populations, e.g., inbred strains or their F-1 hybrids. Once defined, however, they can be incorporated in the design of studies using genetically heterogeneous test animal populations.

Assessment of the risk of induction of toxicologic endpoints in a mammalian population exposed to a toxicant reflects the average metabolic capabilities and capacities of the constituent organisms' cells, as organized into tissues and organs, to detoxify the toxic agent and to repair whatever damage it or its metabolites have induced. Exposure to the majority of potential environmental toxicants occurs at dose levels and durations which can be efficiently handled by the organism's detoxification and repair processes. It is only when the exposure level and duration exceed the capacity of these defense mechanisms that toxic responses are induced, e.g., neoplasms, terata, and mutations. The detoxification and repair processes constitute part of the homeostatic regulatory network which enables mammals to maintain a relatively constant internal environment. Other examples of important factors and processes contributing to maintenance of internal homeostasis are hormones, intra- and extracellular pH, neuroendocrine regulation of pituitary hormone release, immune regulation by T suppressor cells, feedback inhibition and substrate induction of enzyme synthesis, and allosteric induction of enzyme activity. Each factor and process functions within a genome-specified range of activity[2]. The individual's capability to withstand toxic insults is the resultant of all regulatory modulations of metabolic processes by which cells and tissues respond to the particular environmental conditions existing at a given time. Because of circadian and other rhythmic alterations in hormone and enzyme synthesis, hormone secretion, enzyme activity, hormone and enzyme degradation, and other physiologic and biochemical processes, the individual's capability to defend itself against toxic insults differs at different times of the day, month, and year. In addition, age-associated changes in the activity of different components of the homeostatic network also change the individual's capacity to deal with toxicants at different periods of development from conception through senescence. All of these modulations and changes in the physiology and biochemistry of the organism reflect changes in gene expression and are phenotypic by definition since neither somatic mutations nor chromosomal aberrations need be postulated to account for them.

BACKGROUND GENOME AND PHENOTYPIC VARIATION

The role of the background genome in determining the expression of single genotypes at the level of the animal is well illustrated by the obese (ob) and diabetes (db) mutations on different chromosomes in the mouse. On all strain backgrounds ob/ob and db/db mice are hyperphagic and become grossly obese. However, this phenotypic expression, common to both of these mutations, evokes different responses in the animal depending on its background genome[3,4]. With the inbred C57BL/KsJ strain genome, ob/ob and db/db mice were characterized by marked hyperglycemia and atrophy of the islets of Langerhans; plasma insulin levels were elevated only in younger mice. In contrast, with the inbred C57BL/6J genome, both types of mutant mice exhibited a mild and transitory hyperglycemia and marked hypertrophy of the islets accompanied by increased proliferative capacity of the islet β cells. On this strain background plasma insulin levels were markedly elevated at all ages. Both types of mutant C57BL/KsJ mice stopped gaining weight at about four months of age, whereas ob/ob and db/db C57BL/6J mice continued gaining weight as long as they lived. There is an obvious difference in homeostatic capability between these two strains with respect to adaptation to the increased requirement for insulin synthesis and secretion induced indirectly by the mutations. The C57BL/6J strain responded by islet hypertrophy and β cell hyperplasia whereas the C57BL/KsJ strain did not. It should also be noted that both mutations interfere with normal regulation of cell metabolism in the mouse as indicated by their obesity. The capacity of the homeostatic network to buffer these cellular metabolic processes against the effects induced by the mutant protein is insufficient. Of course, this is true of any mutation which can be detected by the presence of functional or morphological alterations in the animal.

PHENOTYPIC VARIATION IN HOMEOSTASIS

Within genetically homogeneous populations, such as inbred strains and F-1 hybrids, a genome-specific proportion of individuals will develop a particular spontaneous neoplasm while the rest of the population remains free of the neoplasm. If an inbred or F-1 hybrid population is exposed to a given dose level of a carcinogen for a given length of time, a certain proportion of individuals of the same genotype fails to respond to this environmental insult by formation of the compound-specific tumors. Apparently there are phenotypic, as opposed to genotypic, differences in the relevant homeostatic regulatory mechanisms which prevent this response in the "resistant" individuals while permitting it to occur in the "susceptible" individuals. Non-genetic phenotypic variation is not limited to responses to toxic insults; in humans it is demonstrated by discordant traits in monozygotic twins and in inbred mice by the embryonic differentiation of A^{vy}/a concepti into the obese yellow and lean pseudoagouti adults[5].

These mutant mice demonstrate that altered efficiency of the homeostatic network plays an important role in non-genetic phenotypic variation. For example, the efficiency of nutrient utilization in the obese yellow mice is greater than in the lean pseudoagouti mice, i.e., the rate of weight gain in yellow mice is 178% greater than that in pseudoagouti mice with only a 15% increase in feed consumption[6]. Hepatocellular adenomas arise sooner and with a greater frequency in the yellow than in the pseudoagouti mice (unpublished data). Several immune responses also differ between the two phenotypes[6] and the regulation of hair pigment synthesis is more aberrant in the yellow than in the pseudoagouti $\underline{A^{vy}/a}$ mice[7]. The determination of these phenotypes, and therefore also of the regulatory buffering capacities of the homeostatic network, takes place prenatally and appears to be strongly influenced by unknown local conditions in the maternal reproductive tract[5].

PHENOTYPIC VARIATION IN RESPONSIVENESS TO TOXICANTS WITHIN INBRED AND F-1 HYBRID POPULATIONS

The synthesis of many enzymes is initiated by particular nutrients or hormones which induce translation of the relevant DNA sequences. Presumably, if the same dose of a given hormone is administered to organisms of putatively identical genotype, sex, and age, the same cellular responses should be evoked in all organisms. This, however, is not necessarily the case. Recently, differences in tissue responses to diethylstilbestrol (DES) were described within a population of inbred C3HeB/FeJ female mice[8]. Females with a particular grade of uterine glandular hyperplasia, induced by treatment with 100 ppb DES, were matched with similar mice in which no glandular hyperplasia resulted from the same exposure. Differences between the mice with and without glandular hyperplasia in the responses of other target organs were examined. Prevalence of uterine fibrosis, vaginal mucoid stroma and keratinization increased with the severity of glandular hyperplasia. In contrast, mice with decreased severity of hyperplasia had a higher prevalence of mammary adenocarcinoma than those with more severe hyperplasia. Additionally, there were mice in which DES failed to induce any of the neoplastic or non-neoplastic endpoints. Thus, within this genetically homogeneous population at least three phenotypic subgroups could be identified with respect to toxic responses to DES.

Phenotypic subpopulation or subgroup, as used here, includes individuals which occupy a common sector of the genome-determined range of responsiveness to a particular environmental stimulus under a given set of environmental conditions[2]. This does not require the assumption that all members of a subgroup are physiologically and biochemically identical. The terms are intended to designate a conceptual focus for studies of the functional basis of phenotypic variation not confounded by genotypic variation.

This type of phenotypic variation in the response to environmental toxicants is not limited to hormone-related endpoints. We have recently detected in a (C3H x VY) F-1 hybrid population of mice the existence of phenotypic subgroups which are characterized by susceptibility or resistance to the promoting effect of 500 ppm sodium phenobarbital on formation of hepatocellular adenomas[9]. The study was designed so that one-half of the population consisted of the mottled yellow genotype $\underline{A}^{vy}/\underline{A}$ and the other half of the agouti genotype $\underline{A/a}$; the (C3H x VY) F-1 hybrid background genome was identical for both genotypes. The increase in average body weight during the study was almost twice as great among treated tumor-bearing yellow mice as among the comparable agouti mice. In addition, those treated mice of both genotypes in which hepatocellular adenomas were found at necropsy had gained more weight during the 18 months treatment period than those mice in which no liver tumor formed. This difference in weight gain was independent of the weight of the liver tumors.

Among the treated mice, the tumor response was much greater in yellow than in agouti males. Prevalence among the yellows increased from 12% in the untreated mice to 55% in the treated animals, while among agouti mice it increased only from 16% to 24%[10]. Additionally, 36% of the treated yellow mice developed more than one adenoma compared with only 5% of the agouti mice. It is important to recognize that, while the yellow genotype included a higher proportion of mice which were responsive to the tumor-promoting effect of phenobarbital than the agouti genotype, 45% of the treated yellow animals and 76% of the treated agouti mice failed to develop any hepatocellular adenoma. In these mice, homeostatic mechanisms prevented or negated the tumor-promoting effect of phenobarbital as well as the initiating events of neoplastic transformation.

An analogous situation was found in a different F-1 hybrid mouse in the evocation of carcinogenic responses by long-term lindane (γ-hexachlorocyclohexane) administration. In the (YS x VY) F-1 hybrid, about 15% of the $\underline{A}^{vy}/\underline{a}$ concepti differentiate into a lean phenotype which can be prospectively identified by the quasi-species-type coat color pattern "pseudoagouti." The remaining 85% of the $\underline{A}^{vy}/\underline{a}$ concepti differentiate into the obese mottled yellow phenotype. The specific proportions of $\underline{A}^{vy}/\underline{a}$ embryos which differentiate into each of these phenotypic groups depends to a major extent on the background genome of the dam[11]. Presumably, local conditions in the reproductive tract of the female are modulated by the physiological expression of her genetic constitution and influence the differentiation of the $\underline{A}^{vy}/\underline{a}$ concepti. A similar influence of the dam's background genome is also exhibited by another mutation at the same locus, mottled agouti ($\underline{a}^{m}$). These mutants also segregate into two phenotypic classes, mottled agouti and pseudoagouti, and the proportion of each depends on the dam's genetic constitution[11]; so far, no characteristics other than coat color pattern[12] have been examined.

To detect possible genotypic and phenotypic differences in the carcinogenic response to chronic lindane administration, obese mottled yellow $\underline{A}^{vy}/\underline{a}$, lean pseudoagouti $\underline{A}^{vy}/\underline{a}$, and lean black $\underline{a}/\underline{a}$ female (YS x VY) F-1 hybrid mice were fed 160 ppm lindane for 24 months[13]. Because the particular sex/genome combination had very low background prevalences of spontaneous liver and lung tumors, it was possible to detect and differentiate between genotype- and phenotype-specific carcinogenic responses. While the livers and lungs of black $\underline{a}/\underline{a}$ mice appeared to be devoid of any neoplastic response to lindane, the $\underline{A}^{vy}$ mutation facilitated such responses which resulted in the formation of tumors in both organs. The cumulative incidence of hepatocellular adenomas was significantly greater among obese yellow than among lean pseudoagouti $\underline{A}^{vy}/\underline{a}$ mice whereas the prevalence of alveolar cell tumors did not differ statistically between these $\underline{A}^{vy}/\underline{a}$ phenotypes. This suggests that metabolic patterns in the liver, associated with the obesity of the yellow phenotype, amplified the $\underline{A}^{vy}$-associated carcinogenic response to lindane. Thus, in this system, a genotype-associated response to a toxicant as well as a phenotype-associated amplification of this response could be demonstrated.

Each of these phenotypic subpopulations, characterized by coat color pattern and obesity/leanness, is further divided into subgroups which differ in their susceptibility to formation of alveolar cell tumors and hepatocellular adenomas (Table 1). The susceptible subgroups include individuals in which one or the other of these tumors develop in the absence of exposure to any known toxicant as well as those in which the neoplasms develop in response to chronic exposure to lindane. Within the susceptible obese yellow subgroup there was a larger proportion of individuals which developed the neoplasms only after exposure to lindane than in the susceptible lean pseudoagouti subgroup (Table 1). Since the yellow and pseudoagouti mice have identical genotypes, it appears that a more efficient homeostatic network of the pseudoagouti mice reduces the frequency of the toxic response(s) to lindane exposure. The physiological and molecular bases for these differences are unknown. These differences probably are quantitative rather than qualitative since the degrees of susceptibility form a continuum among the different subgroups. This is also suggested by the previously mentioned phenobarbital study[10]

TABLE 1. PHENOTYPIC SUBGROUPS AMONG FEMALE (YS X VY) F-1 HYBRID MICE TREATED WITH 160 ppm LINDANE FOR 24 MONTHS

GENOTYPES:	A^{vy}/a				a/a	
PHENOTYPES:	Obese Yellow		Lean Pseudoagouti		Lean Black	
SUBGROUPS:	Susceptible*	Resistant*	Susceptible	Resistant	Susceptible	Resistant
	Relative Subgroup Sizes (RSS) In Untreated Mice					
Alveolar Cell Tumors:	4%	**	6%	**	2%	**
Hepatocellular Adenomas:	9%		5%		6%	
	Relative Subgroup Sizes (RSS) In Lindane Treated Mice					
Alveolar Cell Tumors:	19%		14%		3%	
Hepatocellular Adenomas:	35%		12%		3%	
	Proportions of Susceptible Subgroups Revealed By Lindane Treatment +					
Alveolar Cell Tumors:	79%		57%			
Hepatocellular Adenomas:	74%		58%			

* Susceptible or resistant to formation of alveolar cell tumors and/or hepatocellular adenomas

** $\left(\frac{\text{Total} - \text{Susceptible}}{\text{Total}}\right) \times 100$

+ $\left(\frac{RSS_{Treated} - RSS_{Untreated}}{RSS_{Treated}}\right) \times 100$

in which the yellow $\underline{A^{vy}/A}$ subpopulation included more individuals which required exposure to the toxicant to unmask their susceptibility to hepatocellular adenoma formation than did the agouti $\underline{A/a}$ subpopulation.

WORKING HYPOTHESIS FOR INVESTIGATING PHENOTYPIC VARIATION WITHIN GENETICALLY HOMOGENEOUS POPULATIONS

What is the source of all this phenotypic variation among putative genetically identical mice? As a working hypothesis, I suggest a scenario which seems reasonable in terms of present knowledge of mammalian differentiation and development. The DNA sequences which constitute the genome serve as templates which specify the nucleotide sequences of the mRNAs which, in turn, specify the sequences of amino acids in proteins and other polypeptides. The amino acid sequence of a protein limits the conformations it can assume. The activity of a protein at any moment is determined by its conformation which may change under different microenvironmental conditions, especially if the protein has allosteric properties. Substrate and co-factor concentrations in the immediate environs of the protein also affect its activity. Thus, the internal milieu profoundly affects the metabolic dynamics of cells and tissues. In the adult, environmental fluctuations are largely buffered by the homeostatic network of regulatory factors and processes. However, in the developing embryo this network either is not yet present or has not matured and therefore is relatively ineffective. Thus, local fluctuations in the immediate maternal microenvironment can modulate the activities of many proteins specified by the genotype of the developing conceptus. If these fluctuations occur during phenocritical periods of differentiation, individual embryos may develop in slightly different directions than their littermates resulting in phenotypic variants which are still within the normal viable range[2]. Presumably, the processes involved are analogous, if not homologous, with those resulting in terata, except that the environmental stimuli are much milder, subtler and may occur earlier. The metabolic patterns characteristic of each individual differentiate prenatally and ultimately determine the physiological characteristics of the adult, including the efficiency of the homeostatic network. Thus, the degree of responsiveness of the adult to specific environmental insults is basically determined during embryonic differentiation. This suggests that definition of those conditions in the prenatal milieu which impact the adult efficiency of the embryo's developing homeostatic mechanisms should be a major research objective of preventive medicine.

REFERENCES

1. C. King and W.D. Stansfield, "A Dictionary of Genetics," Oxford University Press, New York (1985).
2. G.L. Wolff, Some genetic considerations for the design of better mammalian assay systems for the detection of chemical mutagens and carcinogens. J. Environ. Pathol. Toxicol., 1:79 (1977).
3. K.P. Hummel, D.L. Coleman, and P.W. Lane, The influence of genetic background on expression of mutations at the diabetes locus in the mouse. I. C57BL/KsJ and C57BL/6J strains, Biochem. Genetics, 7:1 (1972).
4. D.L. Coleman and K.P. Hummel, The influence of genetic background on the expression of the obese (ob) gene in the mouse, Diabetologia, 9:287 (1973).
5. G.L. Wolff, D.W. Roberts, and D.B. Galbraith, Prenatal determination of adult obesity, tumor susceptibility, and coat color pattern in viable yellow A^{vy}/a mice: the yellow mouse syndrome, J. Hered., 77:151 (1986).
6. D.W. Roberts, G.L. Wolff, and W.L. Campbell, Differential effects of the mottled yellow and pseudoagouti phenotypes on immunocompetence in A^{vy}/a mice, Proc. Natl. Acad. Sci. (USA), 81:2152 (1984).
7. D.B. Galbraith and G.L. Wolff, Aberrant regulation of the agouti pigment pattern in the viable yellow (A^{vy}/a) mouse. J. Hered., 65:137 (1974).
8. D.L. Greenman and R.R. Delongchamp, Interactive responses to diethylstilbestrol in C3H mice, Fd. Chem. Toxicol., 24:931 (1986).

9. G.L. Wolff, R.L. Morrissey, and J.J. Chen, Susceptible and resistant subgroups in genetically identical populations: response of mouse liver neoplasia and body weight to phenobarbital, Carcinogenesis, 7:1935 (1986).

10. G.L. Wolff, R.L. Morrissey, and J.J. Chen, Amplified response to phenobarbital promotion of hepatotumorigenesis in obese yellow A^{vy}/A (C3H x VY) F-1 hybrid mice, Carcinogenesis, 7:1895 (1986).

11. G.L. Wolff, Influence of maternal phenotype on metabolic differentiation of agouti locus mutants in the mouse, Genetics, 88:529 (1978).

12. T.W. Poole, Dermal-epidermal interactions and the action of alleles at the agouti locus in the mouse. II. The viable yellow (A^{vy}) and mottled agouti (a^{m}) alleles. Dev. Biol., 80:495 (1980).

13. G.L. Wolff and R.L. Morrissey, Increased responsiveness of lean pseudoagouti A^{vy}/a female mice to lindane enhancement of lung and liver tumorigenesis, Proc. Am. Assn. Cancer. Res., 27:138 (1986).

VARIABILITY IN ANTHROPOMETRIC TRAITS IN TWINS AND THEIR FAMILIES

Linda A. Corey, Lindon J. Eaves, and
Walter E. Nance

Medical College of Virginia
Virginia Commonwealth University
Richmond, VA 23298

INTRODUCTION

Studies of twins and their families can provide important insight into the nature of the factors responsible for observed phenotypic variation in anthropometric traits as well as for differences in risk for multifactorial disorders. Classical twin studies afford an incisive means for determining whether or not genetic factors contribute to observed differences in the occurrence of a trait or disorder. The kinships of twins are particularly valuable for differentiating between genetic, environmental and maternal effects and the causes of sex differences in gene expression because of the unusually large number of informative genetic and environmental relationships that are contained within each extended pedigree. This approach is especially productive when dealing with traits, such as blood pressure, which could be influenced by a number of different factors. While there has been general agreement that genetic differences are responsible for at least some of the observed variation in normal blood pressure, there is less consensus as to the relative magnitude of this effect. Thus in different studies genetic factors have been both implicated in (Moll et al., 1983; Morton et al., 1980; Annest et al., 1979; Ewell et al., 1978), and absolved of (Iselius et al., 1983; Harburg et al., 1977; Chakraborty et al., 1977) being the primary causal determinant of variation in blood pressure.

Most previous genetic studies of blood pressure have focused on nuclear families. However, this approach is of limited value for differentiating between genetic, environmental and maternal effects and the causes for sex differences in gene expression. Distinctions of this type can readily be made only with research designs that exploit more extended pedigrees. The kinships of twins are particularly valuable for this purpose. In this study, information collected on a sample of identical and fraternal twins, their parents, spouses and offspring will be used to evaluate the genetic, maternal and environmental influences on systolic and diastolic blood pressures.

MATERIALS AND METHODS

Study Population

The study population was comprised of 167 monozygotic and 20 dizygotic twin kinships, in addition to 72 sets of monozyotic and 33 sets of dizygotic twins and their parents. In all, measurements were obtained on a total of 1767 individuals in 292 families which included twins, their spouses, and offspring or parents. The subjects ranged in age from 1 to 75 years and the sample was composed primarily of Caucasians. All study participants were ascertained either through the Virginia Twin Registry or were seen at the Indiana University Human Genetics Center when one of the authors (WEN) was Principal Investigator of that project. Of the total sample, 231 families were seen in Virginia and the remaining 61 in the Indiana twin clinic. The sample includes the families previously reported by Ewell et al. (1978). An unspecified number of the later Indiana families were also included in an analysis reported by Rose et al. (1979).

Systolic and diastolic blood pressures were measured manually by a limited number of trained personnel using a Bauometer calibrated in millimeters of mercury. Systolic and diastolic blood pressures were recorded as the first and fourth Korotkoff sounds, respectively. Blood pressures of all individuals were measured in a quiet room after a brief period of rest with the subject in a sitting position. A pediatric blood pressure cuff was used for small children and at least two pressures were recorded on each subject when possible. The first measurement obtained was used in this analysis because it was characterized by the largest sample size.

Models for the Covariance Structure of Pedigrees

Our present analysis focuses on the comparison of alternative hypotheses about the genetic component of family resemblance based upon the assumption of random mating and the independence of genetic and environmental effects. The treatment of cultural inheritance was restricted to the inclusion of environmental effects attributable to the maternal genotype and residual environmental resemblance among siblings (E_C) which is not transmitted by parents. The same statistical methods could readily be extended to test hypotheses about mate selection and cultural inheritance.

The model used in this analysis includes three potential sources of genetic resemblance: autosomal genes, sex-linked genes, and maternal genes which contribute to the pre- or postnatal environment of offspring. In addition, two residual sources of environmental variance are specified: within-family environmental effects (E_W) and between-family environmental effects (E_C). The former does not contribute to familial covariance, while the latter is assumed to contribute only to the resemblance of siblings. The model also allows for the testing of a number of important subhypotheses. Thus, genetic effects may be additive or dominant, autosomal or sex-linked and sex-limited or sex-independent in their expression. Other non-additive effects, most of which will be confounded with dominance, are assumed to be absent.

As in the model developed by Eaves (1977), sex limitation is specified by three separate additive components V_{AM}, V_{AF}, and V_{AMF} to represent the additive component of genetic variance in males and females, and the covariance between additive genetic effects in males and females, respectively. If the same genes act uniformly in both sexes, then the correlation over sexes between additive genetic effects $r_{AMF} = V_{AMF}/(V_{AM} \cdot V_{AF})^{1/2}$ should be unity.

In practice, sex-limited effects are parameterized as follows:

$$V_{AF}/V_{AM} = S^2{}_A$$

$$V_{AMF} = r_{AMF} \cdot S_A \cdot V_{AM}.$$

S_A is thus a measure of the effects of sex on additive genetic effects and r_{AMF} is an index of the extent to which the same genes are expressed in the two sexes. In theory, sex-limitation of dominance effects may also be specified, leading to analogous parameters: V_{DM}, V_{DF}, V_{DMF} with the latter pair being reparameterized in terms of V_{DM}, S_D, and r_D.

Four parameters are required for a full specification of sex-linked effects (Mather and Jinks, 1982). Additive genetic components may be defined for males and females, V_{AXP} and V_{AX}, respectively. A third component, V_{AXX}, is required to represent the contribution of sex-linked effects to the covariance of relatives of unlike sex. Sex-linked dominant effects, V_{DX}, are only required in the expectations involving female pairs of relatives.

Even if the effect of an allelic substitution is identical in both sexes, the additive components of variation due to sex-linked genes will differ between sexes. In our treatment, the sex-linkage parameters are defined so that $V_{AX} = V_{AXX} = V_{AXP}$ when the difference between homozygotes (AA and aa) in the homogametic sex is equal to the difference between genotypes (A-and a-) in the heterogametic sex.

Effects of the maternal genotype are assumed to be independent of the sex of the offspring in this model. It is further assumed that no interaction occurs between the genes affecting the maternal component and the genes having a direct effect on the phenotype. The environmental effects of the maternal genotype may also be additive or dominant and contribute V_{MA} and V_{MD} to the covariance of siblings and maternal half-siblings. Any genes which contribute directly to the maternal effect will also contribute to V_{MA} and V_{MD}. In addition, however, genotype-environment covariance will be generated by any loci that have both a direct effect on the phenotype and an indirect effect by way of maternal inheritance. The same restriction is represented by Haley et al. (1981) in terms of "two character" and "one character" models of maternal effects. The "one character" model assumes the genes that affect the phenotype directly also create the maternal effect. The "two character" model assumes different are responsible for direct genetic and maternal effects. This distinction is not usually made in path models for maternal effects but has a reasonable biological basis. The additive and dominance components of genotype-maternal covariance are defined for those loci which have a common direct and maternal effect as C_{MA} and C_{DA}, respectively.

Several authors (Nance and Corey, 1976; Christian and Kang, 1977; Mather and Jinks, 1982; Haley et al., 1981; Eaves, 1982) have published some of the expectations for the covariance between relatives. For the most part, these expectations have been incomplete and occasionally, in error. Table 1 gives a more complete and, we hope, correct set of expectations embodying the assumptions of the model. In order to simplify the expectations included in the table, V_{AM} has been redefined as V_A and the expectations for female and unlike-sexed pairs of relatives have been specified in terms of the variance in males.

It must be emphasized that the ability to specify such expectations does not imply that all parameters can be estimated simultaneously with adequate precision (see Haley et al., 1981). However, they serve an important theoretical purpose by indicating the arbitrariness of many sets of assumptions made by earlier investigators. For example, Haley et al. (1981), point out that maternal effects can only be separated from sex-linkage in half-sibling studies if separate expectations are specified for offspring of different sexes. The "full" expectations also serve the convenient practical purpose of developing a computer program which allows special cases to be represented as constraints upon the parameters of a more general model.

Statistical Method

Under a given hypothesis about the causes of family resemblance, the method of maximum likelihood may be used to obtain estimates of the genetic components of variance as well as ancillary demographic parameters. Following Lange et al. (1976), we assume that the ith kinship of p individuals is sampled at random from a population of similiar kinships having the same structure with respect to age, sex and biological and social relationships.

The p-element vector of observations $\underset{\sim}{x}_i$ is assumed to be $N[E\underset{\sim}{x}_i, \underset{\sim}{\Sigma}_i]$. The expected values of $\underset{\sim}{x}_i$ can be expressed as a function of covariates such as age and sex. The expected covariance matrix, $\underset{\sim}{\Sigma}_i$, will depend on the kinds of relationship in the pedigree and is obtained by substituting the appropriate expectations from Table 1. We assume that $\underset{\sim}{\Sigma}_i$ is independent of other covariates, i.e. that genetic effects do not interact with age. The log-likelihood of the ith pedigree is thus:

$$\ln L = -1/2\{\ln|\underset{\sim}{\Sigma}_i|(\underset{\sim}{x}_i-E\underset{\sim}{x}_i)'\underset{\sim}{\Sigma}_i^{-1}(\underset{\sim}{x}_i-E\underset{\sim}{x}_i)\} + \text{constant.}$$

The joint likelihood over all pedigrees is the sum of the individual $\ln L_i$.

In our example for systolic blood pressure, we allowed $E\underset{\sim}{x}_i$ to be a function of sex and a polynomial of the third degree in age. We also allowed for different intercepts in males and females and assumed different age regressions for each sex. New estimates for age parameters were obtained under each model evaluated, rather than adjusting for effects of age prior to model fitting. Conventional methods of adjustment for effects of age using regression techniques assume that the data points examined are independent. This assumption is not valid for this particular analysis. By re-estimating regression coefficients under each model evaluated we have allowed for the correlation between data points inherent in this sample. In practice, however, the difference in the estimates obtained using the two approaches is insignificant.

For a given model for the expected values and the covariance structure of the population, parameter values, $\hat{\underset{\sim}{\Theta}}_0$, may be obtained which maximize the joint likelihood over all pedigrees. If L is the likelihood computed under a more general hypothesis with $\hat{\underset{\sim}{\Theta}}_0$ the corresponding vector of parameter estimates, then a likelihood ratio test of the hypothesis that ι elements of $\hat{\underset{\sim}{\Theta}}_0$ are zero is given by

$$\chi^2_\iota = 2[L_0-L_1]$$

where L_1 is the maximum value of the log likelihood under the subsidiary hypothesis in which a subset of $\hat{\underset{\sim}{\Theta}}_0$ elements in are set to zero.

Table 1. Expectations for the Convariance Between Relatives Contained within Twin Kinships (Random Mating and No Cultural Inheritance Are Assumed)

Male MZ Twins	$V_A+V_D+V_{MA}+V_{MD}+V_{AXP}+C_{MA}+E_C$
Female MZ Twins	$S_A^2(V_A)+S_D^2(V_D)+V_{MA}+V_{MD}+V_{AX}+V_{DX}+C_{MA}+E_C$
Male DZ Twins	$1/2(V_A)+1/4(V_D)+V_{MA}+V_{MD}+1/2(V_{AXP})+C_{MA}+E_C$
Female DZ Twins	$1/2(S_A^2)(V_A)+1/4(S_D^2)(V_D)+V_{MA}+V_{MD}+3/4(V_{AX})+1/2(V_{DX})+C_{MA}+E_C$
Male-Female DZ Twins	$1/2(S_Ar_A)(V_A)+1/4(S_Dr_D)(V_D)+V_{MA}+V_{MD}+1/2(V_{AXX})+C_{MA}+E_C$
Spouses	0
Husband-Wife	0
Twin-Spouse of Co-twin	0
Male Half-sibs/Male Kinships	$1/4(V_A)$
Male Half-sib/Female Kinships	$1/4(V_A)+V_{MA}+V_{MD}+1/2(V_{AXP})+C_{MA}$
Female Half-sib/Male Kinships	$1/4(S_A^2)(V_A)+1/2(V_{AX})$
Female Half-sib/Female Kinships	$1/4(S_A^2)(V_A)+V_{MA}+V_{MD}+1/4(V_{AX})+C_{MA}$
Male-Female Half-sib/Male Kinships	$1/4(S_Ar_A)(V_A)$
Male-Female Half-sib/Female Kinships	$1/4(S_Ar_A)(V_A)+V_{MA}+V_{MD}+C_{MA}$
Male First Cousins/Male Kinships	$1/8(V_A)$
Male First Cousin/Female Kinships	$1/8(V_A)+1/2(V_{MA})+1/4(V_{MD})+3/8(V_{AXP})+1/2(C_{MA})$
Female First Cousin/Male Kinships	$1/8(S_A^2)(V_A)+1/4(V_{AX})$
Female First Cousin/Female Kinships	$1/8(S_A^2)(V_A)+1/2(V_{MA})+1/4(V_{MD})+3/16(V_{AX})+1/2(C_{MA})$
Male-Female First Cousin/Male Kinship	$1/8(S_Ar_A)(V_A)$
Male-Female First Cousin/Female Kinship	$1/8(S_Ar_A)(V_A)+1/2(V_{MA})+1/4(V_{DM})+3/8(V_{AXX})+1/2(C_{MA})$
Male Siblings	$1/2(V_A)+1/4(V_D)+V_{MA}+V_{MD}+1/2(V_{AXP})+C_{MA}+E_C$
Female Siblings	$1/2(S_A^2)(V_A)+1/4(S_D^2)(V_D)+V_{MA}+V_{MD}+3/4(V_{AX})+1/2(V_{DX})+C_{MA}+E_C$
Male-Female Siblings	$1/2(S_Ar_A)(V_A)+1/4(V_Dr_D)(V_D)+V_{MA}+V_{MD}+1/2(V_{AXX})+C_{MA}+E_C$
Mother-Son	$1/2(S_Ar_A)(V_A)+1/2(V_{MA})+V_{AXX}+5/4(C_{MA})+C_{MD}$
Mother-Daughter	$1/2(S_A^2)(V_A)+1/2(V_{MA})+1/2(V_{AX})+5/4(C_{MA})+C_{MD}$
Father-Son	$1/2(V_A)+1/4(C_{MA})$
Father-Daughter	$1/2(S_Ar_A)(V_A)+V_{AXX}+1/4(C_{MA})$
MZ Twin Aunt-Nephew	$1/2(S_Ar_A)(V_A)+1/2(V_{MA})+V_{AXX}+5/4(C_{MA})+C_{MD}$
MZ Twin Aunt-Niece	$1/2(S_A^2)(V_A)+1/2(V_{MA})+1/2(V_{AX})+5/4(C_{MA})+C_{MD}$
DZ Twin Aunt-Nephew	$1/4(S_Ar_A)(V_A)+1/2(V_{MA})+3/4(V_{AXX})+3/4(C_{MA})+C_{MD}$
DZ Twin Aunt-Niece	$1/4(S_A^2)(V_A)+1/2(V_{MA})+3/8(V_{AX})+3/4(C_{MA})+C_{MD}$
Spouse-Nephew/Niece	0
MZ Twin Uncle-Nephew	$1/2(V_A)+1/4(C_{MA})$
MZ Twin Uncle-Niece	$1/2(S_Ar_A)(V_A)+V_{AXX}+1/4(C_{MA})$
DZ Twin Uncle-Nephew	$1/4(V_A)+1/4(C_{MA})$
DZ Twin Uncle-Niece	$1/4(S_Ar_A)(V_A)+1/2(V_{AXX})+1/4(C_{MA})$

Numerical Methods

Maximum-likelihood estimates of the parameters of a given model were obtained with the aid of a FORTRAN program implemented on the University's IBM 3081A computer. The program evaluates the full set of expected convariances for the twin-kinship design (Table 1) for a given set of parameter values and substitutes appropriate expectations for each pedigree in turn. An ancillary program is used to code the structure of each pedigree as a triangular matrix with elements identifying the specific relationship between each pair of individuals in the kinship. The coding of pedigrees for this algorithm is illustrated in more detail by Eaves (1980).

Likelihoods are computed and accumulated over all pedigrees. The program calls the copyrighted subroutine E04JBF for the minimization of a function subject to rectangular constraints (Numerical Algorithms Group, 1982). Although our problems are unconstrained in the strict sense, it is often helpful to impose constraints on parameter ranges in an attempt to avoid regions of the parameter space which yield n.p.d. Σ_i. The sub-routine minimizes an augmented Lagrangian function to ensure the constraints are satisfied and uses a numerical approximation to the Hessian which avoids costly evaluation of second derivatives at each iteration. We have found the algorithm easy to use and more robust than some that we have employed in similar analyses. This algorithm requires that -L be supplied as a function to be minimized.

The approximation of the Hessian employed for optimization is generally unsatisfactory for the purpose of constructing confidence intervals, For certain parameter sets, therefore, we obtained a direct numerical estimate of the matrix of information realized using an algorithm of Davis and Polonsky (1965, p. 884) to obtain second derivatives of -L from which approximate standard errors could be derived.

RESULTS

Separate analyses were conducted for systolic and diastolic blood pressures. Table 2 gives the distribution of the groups of relatives included in the analysis. The 167 monozygotic twin kinships studied represented the largest family type included in the analysis while dizygotic twin kinships represented the smallest. This discrepancy is a result of the more recent initiation of studies of dizygotic twins and their families.

Table 2. Distribution of Subjects Included in Blood Pressure Analyses

Family Type	Sample Size
MZ Twin Kinships	167
DZ Twin Kinships	20
MZ Twins and Parents	72
DZ Twins and Parents	33

Mean values obtained for systolic and diastolic blood pressures for males and females are given in Table 3. The differences observed in mean blood pressure between males and females were significant for both systolic and diastolic blood pressures. There were, however, no significant sex differences in total variance for either of the blood pressure variables examined.

Table 3. Mean Systolic and Diastolic Blood Pressures Partitioned By Sex

Sex	Systolic Blood Pressure N	Systolic Blood Pressure Mean (s.e.)	Diastolic Blood Pressure N	Diastolic Blood Pressure Mean (s.e)
Male	842	115.71(0.06)	841	75.10(0.47)
Female	915	111.72(0.55)	914	72.04(0.41)

The results of fitting age and random environmental models to the data are given in Table 4. Since age effects were viewed as a possibly significant influence on observed systolic and diastolic blood pressures, specific models which evaluated this hypothesis were fit to the data. Model 1 gives the results of fitting random environmental effects to the data with no allowance made for any contribution of the effects of age. Models 2 through 4 represent the addition of linear, quadratic and cubic age effects, respectively to the simple V_{EW} model. Model 5 represents the addition of separate age effects for each sex. The results of this analysis indicate that the appropriate model for systolic blood pressure should allow for linear, quadratic and cubic effects of age, while that for diastolic blood pressure need only include linear and quadratic age effects. Further, effects of age should be estimated and accounted for separately in males and females for both systolic and diastolic blood pressures. In order to account for possible difference in the estimates obtained which were dependent upon the particular models that were fit to the data, the age regression coefficients were re-estimated for each model evaluated.

Table 4. Results of Fitting Models for Effects of Age to Systolic and Diastolic Blood Pressure

Model	Parameters V_{EW}	Age(L)	Age(Q)	Age(C)	Sex	-ln L Systolic	-ln L Diastolic
1	1	0	0	0	0	5862.5	5379.8
2	1	1	0	0	0	5525.0	5374.2
3	1	1	1	0	0	5513.9	5358.8
4	1	1	1	1	0	5500.6	5358.8
5	1	1	1	1	1	5495.9	5351.3

Table 5 presents the results of fitting more complicated genetic and environmental models to the data set. The model (Model 1) upon which all others were built included random environmental effects and the appropriate age effects. The goal of the present analysis was to determine the extent to which the array of cognate relationships that are contained within the kinships of twins could facilitate a more incisive resolution of genetic variation into its causal components. The effects of cultural transmission and non-random mate selection which can be evaluated by including the information provided by the spousal and non-twin uncle/aunt-offspring relationships will be considered elsewhere. Models 2 and 3 provide information on the extent to which additive genetic effects and common environment might independently account for the pattern of familial relationship observed for systolic and diastolic blood pressures. As shown by the results obtained, the inclusion of either of the two parameters in the basic model results in a significant improvement in fit. The inclusion of both parameters (model

4) results in a significant reduction in the negative ln likelihood obtained when either additive genetic effects or effects of common sibling environment are fit separately. Models 5 through 12 provide insight into the role other parameters - including dominance effects, maternal effects, effects of sex limitation and sex linkage - might additionally play in the control of systolic and diastolic blood pressures. Model 13 represents the case in which all parameters are simultaneously fit to the data. Given the assumptions under which the expectations were derived, sex-linkage is represented by three parameters V_{AX}. V_{AXX} and V_{AXP}; therefore it should be kept in mind that the addition of effects of sex-linkage to the model is associated with 3 degrees of freedom. As shown in the table, with the exception of sex-limitation for diastolic blood pressure, the addition of any one of these variables to the V_{EW} - V_A model resulted in a significant improvement in the overall fit of the model for both systolic and diastolic blood pressures. However, the inclusion of any of these parameters in the V_{EW}-V_A-E_C model did not result in any significant reduction in the negative ln likelihood which was associated with this model.

Table 5. Results of Fitting Specific Models to Systolic and Diastolic Blood Pressures (All Models Include Random Environment and Appropriate Age Effects)

	Parameters							-ln L	
Model	V_A	E_C	V_D	V_{AM}	s_A	r_A	$V_{A(Sex)}$	Systolic	Diastolic
1	0	0	0	0	0	0	0	5495.9	5051.3
2	1	0	0	0	0	0	0	5392.3	4968.7
3	0	1	0	0	0	0	0	5395.7	4993.3
4	1	1	0	0	0	0	0	5363.3	4959.9
5	1	0	1	0	0	0	0	5368.3	4961.3
6	1	0	0	1	0	0	0	5368.6	4962.6
7	1	0	0	0	1	1	0	5376.1	4965.6
8	1	0	0	0	0	0	1	5367.2	4962.5
9	1	1	1	0	0	0	0	5362.7	4959.6
10	1	1	0	1	0	0	0	5362.9	4959.9
11	1	1	0	0	1	1	0	5361.6	4959.5
12	1	1	0	0	0	0	1	5359.7	4957.6
13	1	1	1	1	1	1	1	5359.2*	4957.3*

* r_A at upper bound of 1.000 and V_{AM} at lower bound of 0.000 for systolic blood pressure, V_{AX} and V_{AXX} at lower bounds of 0.000.

In order to further evaluate the importance of common sibling environment, maternal effects, dominance effects, and the effects of sex-limitation and sex linkage, the result of individually dropping each of these parameters from the full model was examined. As shown in Table 6, the deletion of any one of these parameters from the complete model did not result in a significant reduction in the goodness of fit obtained under the full model. The deletion of E from the full model for systolic blood pressure resulted in a worsening of fit that only approached significance. A similar result was seen to a lesser extent for diastolic blood pressure.

Table 6. Results of Dropping Specific Effects from the Full Model for Systolic and Diastolic Blood Pressures

Model	-ln Likelihood Systolic	Diastolic
Full	5359.2	4957.3
-Sex linkage (3 parameters)	5360.6	4959.4
-Sex limitation (2 parameters)	5359.2	4957.5
-Maternal effects	5359.7	4957.3
-Dominance effects	5359.2	4957.6
-Common sibling environment	5360.7	4958.3

DISCUSSION

This study raises several important issues that are relevant to the genetic analysis of data on blood pressure. In particular, the age composition of family data can have an important influence on the magnitude of the statistics and parameter estimates that are derived from such data, and a simple linear adjustment for age that does not allow for sex differences may not be adequate to remove its effects. Since the effects of age on systolic and diastolic blood pressures are not the same, different regression coefficients must be used for each variable.

A large number of different genetic explanations could account for an observed familial resemblance for blood pressure. Our analysis has shown that in order to resolve and distinguish between these possibilities, a broad array of informative biologic relationships is required, many of which are included in the kinships of twins.

The most conservative interpretation of the results obtained would suggest that both systolic and diastolic blood pressures are best explained by a model that includes additive genetic and random environmental effects, in addition to the effects of age, which are expressed differently in males and females. Although the results of this study indicate that effects of common sibling environment can be discounted as an important source of observed variation in blood pressure in this data set, Iselius et al. (1983) concluded that common sibling environment rather than dominance effects was responsible for the increased similarity of siblings over that of parents and their offspring in an analysis of blood pressure correlations obtained from a number of family studies already in the literature. These findings, along with the fact that the inclusion of effects of common sibling environment resulted in a significant improvement in the fit of a model that included effects of age, random environment and additive gene action and the deletion of this parameter from the full model resulted in a worsening of fit that approached significance in the present study, suggest that an assessment of the relative importance of this influence in the determination of blood pressure may require further study. It is clear, however, that in this data set neither dominance effects, maternal effects, nor effects of sex linkage or sex-limitation were found to exert a significant influence on either systolic or diastolic blood pressure when these influences were examined in detail.

Contrary to other reports (Harburg et al., 1977; Iselius et al., 1983), our data indicate that both systolic and diastolic blood pressures are characterized by a significant heritable component. Additive genetic factors do, however, appear to exert a stronger influence on systolic blood pressure than they do on diastolic blood pressure.

REFERENCES

Annest, J. L., Sing, C. F., Biron, P., and Mongeau, J. G., 1979, Familial aggregation of blood pressure and weight in families. II. Estimation of the relative contributions of genetic and common environmental factors to blood pressure correlations between family members, Am. J. Epidemiol., 110:492.

Chakraborty, R., Schull, W. J., Harburg, E., Schork, M. A., and Roeper, P., 1977, Heredity, stress and blood pressure, a family set method. V. Heritability estimates, J. Chron. Dis., 30:683.

Christian, J. C., and Kang, K. W., 1977, Maternal influence on plasma cholesterol variation, Am. J. Hum. Genet., 20:462.

Davis, P. F., and Polonsky, I., 1965, Numerical interpolation, differientiation and integration. in: "Handbook of Mathematical Functions," M. Abramowitz, and I. A. Stegan, eds., Dover Press, New York.

Eaves, L. J., 1977, Inferring the causes of human variation, J. Roy. Stat. Soc. A, 140:324.

Eaves, L. J., and Last, K. A., 1980, Assessing empathy in twins through their mutual perception of social attitudes, J. Pers. Ind. Diff., 1:174.

Eaves, L. J., 1982, Utility of twins. in: "Genetic Basis of Epilepsies," V. E. Anderson, W. A. Hauser, J. K. Penry, and C. F. Sing, eds., Raven Press, New York.

Ewell, L. W., Nance, W. E., Corey, L. A., Boughman, J. A., and Winter, P. M., 1978, Blood pressure studies on monozygotic twins and their families. in "Progress in Clinical and Biological Research, Vol. 24C", W. E. Nance, G. Allen, and P. Parisi, eds., Alan R. Liss, Inc., New York.

Haley, C. S., Jinks, J. L., and Last, K. A., 1981, The monozygotic twin half-sib method for analysing maternal effects and sex linkage in humans, Heredity, 46:227.

Harburg, E., Erfurt, J. C., Schull, W. J., Schork, M. A., and Colman, R., 1977, Heredity, stress and blood pressure, a family set method. I. Study aims and sample flow, J. Chron. Dis., 30:625.

Havlik, R. J., Garrison, R. J., Feinleib, M., Kannel, W. B., Castelli, W. P., and McNamara, P. M., 1979, Blood pressure aggregation in families, Am. J. Epidemiol., 110:304.

Iselius, L., Morton, N. E., and Rao, D. C., 1983, Family resemblance for blood pressure, Hum. Hered., 33:277.

Lange, K. L., Westlake, J., and Spence, M. A., 1976, Extensions to pedigree analysis. III. Variance components by the scoring method, Ann. Hum. Genet., 39:485.

Mather, K., Jinks, J. L., 1982, "Biometrical Genetics", 3rd Edition, Chapman and Hall, London.

Moll, P. P., Harburg, E., Burns, T. L., Schork, M. A., and Ozgoren, F., 1983, Heredity, stress and blood pressure, a family set approach: the Detroit Project revisited, J. Chron. Dis., 36:317.

Morton, N. E., Gulbrandsen, C. L., Rao, D. C., Rhoads, G. G., and Kagan, A., 1980, Determinants of blood pressure in Japanese-American families, Hum. Genet., 53:261.

Nance, W. E., and Corey, L. A., 1976, Genetic models for the analysis of data from families of identical twins, Genetics, 83:811.

Numerical Algorithms Group, 1982, "NAG Library," Numerical Algorithms Ltd., Oxford.

Rose, R. J., Miller, J. Z., Grim, C. E., and Christian, J. C., 1979, Aggregation of blood pressure in the families of identical twins, Am. J. Epidemiol., 109:503.

VARIATION IN EXPRESSION OF CONGENITAL CARDIOVASCULAR MALFORMATIONS WITHIN AND AMONG FAMILIES

J.A. Boughman[1], J.A. Astemborski[1], K.A. Berg[1], E.B. Clark[2], and C. Ferencz[3]

[1]Division of Human Genetics, University of Maryland at Baltimore
[2]Division of Pediatric Cardiology, The Johns Hopkins University School of Medicine
[3]Department of Epidemiology and Preventive Medicine University of Maryland at Baltimore

INTRODUCTION

Congenital cardiovascular malformations (CCVM) constitute a major portion of clinically significant birth defects, with the clinical literature suggesting population frequencies estimated to be 4 to 8 per 1,000 (reviewed by Ferencz et al., 1985). Approximately 30% of children with CCVM have other major congenital malformations as well (Hoffman and Christianson, 1978). The etiologies of CCVM are heterogeneous, and include well defined Mendelian syndromes (McKusick, 1986), chromosomal abnormalities (DeGrouchy, 1984), and specific teratogenic causes (Smith, 1982). It is supposed that approximately 5% of CCVM are single gene disorders (Neill, 1972), and about 5-6% have been suggested to be associated with chromosomal anomalies, especially autosomal trisomies (Nora and Nora, 1983). Specific teratogenic agents are known to cause CCVM, but these exposures account for only a small proportion of cases.

Most congenital heart defects have been attributed to general and nonspecific multifactorial inheritance (Nora, 1968). Familial risks have most often been assessed in clinical series, in which ascertainment schemes are unknown or undefined (Sanchez-Cascos, 1978). In addition, etiologic relationships among specific cardiac malformations have been suggested (Fraser and Hunter, 1975), but the delineation of potential underlying mechanisms has been obscured by the classification of cases by specific anatomic lesion. More recently, new classification schemes have been created based on pathogenetic mechanisms uniquely affecting the embryologic development of certain components of the heart. Classification schemes based on this developmental and mechanistic approach (Clark, 1987; Van Praagh, 1980) have led to the definition of 6 basic groups of congenital cardiac defects: (I) cell migration defects; (II) errors or alterations in cardiac hemodynamics; (III) cellular death; (IV) abnormalities in the proliferation of extracellular matrix; (V) aberrations in targeted growth; and (VI) abnormal looping or spatial configurations. The most frequent anatomic defects in each of these groups is shown in Table 1. In a large population-based case-control study which we are currently conducting, we utilize this scheme for classification of cardiac defects in probands and their relatives to evaluate familial risks. Evaluation of these cases by mechanistic groups can help clarify relationships among malformations, suggest possible underlying mechanisms, and elucidate familial patterns and risks to relatives.

Table 1. Anatomic Defects Grouped by Embryonic Mechanism

Mechanistic Group	Anatomic Defect	Abbreviation
I. Cell Migration Abnormalities	Truncus arteriosus	
	Transposition of great arteries	TGA
	Double outlet right ventricle	DORV
	Tetralogy of Fallot	TOF
	Aortico-pulmonary window	A-P window
	Type B interrupted aortic arch	IAA-B
	Ventricular septal defect (Type I), supracristal	VSD I
II. Flow Lesions	Hypoplastic left heart, aortic atresia:mitral atresia	HLH
	Type A interrupted aortic arch	IAA-A
	Coarctation of the aorta	Coarc
	Aortic valve stenosis	ASV
	Bicuspid aortic valve	BAV
	Patent ductus arteriosus	PDA
	Secundum atrial septal defect	2° ASD
	Pulmonary valve stenosis	PSV
	Pulmonary atresia; intact ventricular septum	PAT
	Ventricular septal defect (Type II), perimembranous	VSD II
III. Cell Death	Ebstein anomaly	
	Ventricular septal defect (Type IV), muscular	VSD IV
IV. Extracellular Matrix Abnormalities	Endocardial cushion defect	ECD
	Ventricular septal defect (Type III)	VSD III
	Ostium primum atrial septal defect	1° ASD
V. Targeted Growth	Cor triatriatum	
	Total anomalous pulmonary venous return	TAPVR
	Partial anomalous pulmonary venous return	PAPVR
	Single atrium	
VI. Other	Abnormalities of looping or spatial configuration and cardiomyopathies	

METHODS

The Baltimore-Washington Infant Study (BWIS) is a case-control study of congenital cardiovascular malformations ongoing in a defined geographic area with 90,000 annual births. The methods of study are described in detail elsewhere (Rubin et al., 1985; Ferencz et al., 1985). All liveborn infants with CCVM are ascertained through multiple sources: five collaborating pediatric cardiology services, searches of obstetric and pathology logbooks, and review of death certificates. Cases are defined as liveborn infants with a CCVM confirmed during the first year of life by echocardiography, cardiac catheterization, surgery, or autopsy. Control infants are selected by computer algorithm to represent the birth cohort of the area. The cardiac defects are defined by the International Society of Cardiology coding system (1970), and a hierarchical approach defines the principal diagnosis as the earliest embryological lesion in each case. Non-cardiac malformations are coded by organ system, and chromosomal and Mendelian syndromes are recognized by accepted coding systems (Smith, 1982; McKusick, 1986). Detailed sociodemographic, medical, family history, pregnancy, and environmental exposure data are obtained through a comprehensive questionnaire administered in home visits by trained field personnel. Family history information on all reported cardiac malformations is confirmed by physician reports or review of medical records.

RESULTS

During the first four years (1981-84) of the ongoing study, 1492 cases and 1572 controls were enrolled. The CCVM case group has been divided into subsets according to isolated cardiac defects, associated chromosomal abnormalities, and Mendelian and multiple malformations. The focus of this analysis is on comparisons of isolated cardiac defects and chromosomal syndromes.

The distributions of defects among the mechanistic classifications for isolated and chromosomal syndromes are shown in Table 2. The two groups differ in their distributions, with flow lesions accounting for a higher proportion of the isolated CCVM (65%) than the chromosomal (42.7%) group. Perimembranous ventricular septal defect (Type II VSD, 39.2%) was the most commonly found lesion in the isolated CCVM group. Conotruncal defects, resulting from abnormal cell migration in Group I, were more common among isolated defects than chromosomal syndromes (15.1% and 7.8% respectively). There is a striking excess of extracellular matrix abnormalities in cases with abnormal karyotypes (48.4%) when compared to isolated cases (2.7%). Of the 192 cases with chromosomal abnormalities, 149 (76.5%) had trisomy 21. Among these probands, 91 (61.1%) were diagnosed as endocardial cushion defect, a malformation comprising only 2.7% of the isolated defects.

Data from the 1075 cases of isolated CCVM were examined for familial occurrence of cardiac malformations. The frequency of CCVM in mothers, fathers, and siblings is shown in Table 3 for specific defects grouped by the mechanistic classification. Group I, containing all conotruncal defects (e.g., tetralogy of Fallot, truncus arteriosus, transposition of the great arteries), is hypothesized to result from abnormalities of ectomesenchymal tissue and neural crest cell migration. Only one of a total of 74 (1.4%) siblings had a cardiac defect.

In Group II, defects associated with abnormal embryonic blood flow, (e.g., VSD II, secundum ASD, coarctation of the aorta, HLH), the frequency of familial occurrence varied among defects. CCVM were reported more frequently in mothers than in fathers. The rates of CCVM in siblings for

Table 2. Distribution of defects in cases with isolated CHD and in cases with chromosomal abnormalities

		Isolated CCVM #	Isolated CCVM %	Chromosomal Abnormalities #	Chromosomal Abnormalities %
I.	Cell Migration Abnormalities	162	(15.1)	15	(7.8)
II.	Flow Lesions	699	(65.Ø)	81	(42.7)
III.	Cellular Death	59	(5.5)	1	(Ø.5)
IV.	Extracellular Matrix Abnormalities	29	(2.7)	94	(48.4)
V.	Targeted growth	26	(2.4)	Ø	(Ø.Ø)
VI.	Other	1ØØ	(9.3)	1	(Ø.5)
	TOTAL	1Ø75		192	

the group was 5.2% (18/344). Cases with two of the specific malformations (aortic valve stenosis and pulmonary atresia) had no sibs affected, while rates varied from 2.6% to 12.5% in other anatomic classes.

The defects found in relatives in Group II are listed by proband diagnosis in Table 4. Only two of the affected relatives did not have a flow lesion, showing high concordance for Group II lesions. The affected father of a male with coarctation had a heterotaxy, and a proband with Type II VSD had a mother with TOF. There was no consistency by severity of lesions in sibs; some probands had milder defects than the precurrent cases, while in others the defects were more severe than their older affected sibs.

For Groups III-V (Cell Death, Extracellular Matrix, and Targeted Growth), no parents or previous sibs of cases were reported to have CCVM. One father and one of 49 (2.Ø%) sibs of cases with nonclassified anatomic malformations had a heart defect.

Table 5 summarizes the family history data for probands with chromosomal abnormalities. Two of 81 mothers interviewed reported a CCVM (2.5%), and one father with a bicuspid aortic valve. The only other proband with a positive family history for CCVM was one sib of a proband with a translocation and a VSD.

DISCUSSION

The Baltimore-Washington Infant Study is designed to achieve complete ascertainment of cases of confirmed significant CCVM in liveborn infants diagnosed by one year of age. While previous studies have usually classified defects by specific anatomic lesion (Nora and Nora, 1978; Sanchez-Cascos, 1978), we have classified cases by common pathogenetic mechanisms recently developed by embryologic studies (Van Praagh, 198Ø; Clark, 1986).

Table 3: Frequency Of CHD In Relatives Of Probands With Isolated CHD

CATEGORY Diagnosis	N Probands	Mothers (%)	Fathers (%)	Sibs (%)
I. CELL MIGRATION ABNORMALITIES (N = 162)				
Truncus arteriosus	11	Ø/7	Ø/7	Ø/2
TGA	66	Ø/58	Ø/58	1/32 (3.1)
DORV	8	Ø/8	Ø/8	Ø/2
DORV with PS	5	Ø/5	Ø/5	Ø/6
Tetralogy of Fallot	61	Ø/5Ø	Ø/5Ø	Ø/26
A-P window	3	Ø/2	Ø/2	Ø/1
Type B IAA	5	Ø/3	Ø/3	Ø/3
VSD (Type I, supracristal)	3	Ø/3	Ø/3	Ø/2
II. FLOW LESIONS (N = 699)				
Hypoplastic left heart	75	Ø/67	Ø/67	6/48 (12.5)
Coarctation of aorta	77	2/7Ø (2.8)	2/7Ø (2.8)	2/39 (5.1)
Aortic valve stenosis	24	1/2Ø (5.Ø)	Ø/2Ø	Ø/14
Bicuspid aortic valve	24	1/24 (4.2)	Ø/24	1/13 (7.7)
Patent ductus	31	Ø/26	Ø/26	1/14 (7.1)
Secundum ASD	9Ø	2/83 (2.4)	Ø/82	1/39 (2.6)
Pulmonary valve stenosis	82	1/72 (1.4)	2/72 (2.8)	2/4Ø (5.Ø)
Pulmonary atresia	22	Ø/18	Ø/18	Ø/8
VSD (Type II)	274	2/24Ø (Ø.8)	1/24Ø (Ø.4)	5/129 (3.9)
III. CELL DEATH (N = 59)				
Ebstein anomaly	14	Ø/14	Ø/14	Ø/1Ø
VSD (Type IV, muscular)	45	Ø/42	Ø/42	Ø/21
IV. EXTRACELLULAR MATRIX ABNORMALITIES (N = 29)				
ECD	29	Ø/25	Ø/25	Ø/18
VSD (Type III)	Ø			
V. TARGETED GROWTH DEFECTS (N = 26)				
Cor triatriatum	1	Ø/Ø	Ø/Ø	Ø/Ø
TAPVR	21	Ø/19	Ø/19	Ø/14
PAPVR	2	Ø/2	Ø/2	Ø/1
Single atrium	2	Ø/1	Ø/1	Ø/1
VI. OTHER (N = 1ØØ)	1ØØ	Ø/87	1/87 (1.1)	1/49 (2.Ø)

Table 4: Cardiac Malformations In Relatives Of Probands with Isolated CHD

Proband Diagnosis	Sex of Proband	Relationship	Defect in Relative
HLH	F	sister; mother	VSD(II); CHD
HLH	F	brother	Coarctation
HLH	M	brother;brother	Coarc; Coarc
HLH	F	brother	HLH
Coarctation	M	brother	Coarctation
Coarc, BAV	M	sister	PDA
Coarctation	M	mother	PDA
Coarctation	F	brother	VSD (II)
Coarctation	M	father	Heterotaxy
Bicuspid aortic valve	M	sib	HLH
Aortic stenosis	M	mother	Bicuspid AV
Aortic valve abn		mother	AV Abn
PDA	F	sister	PDA
Secundum ASD	M	mother	Secundum ASD
Secundum ASD	F	sister	Secundum ASD
Secundum ASD	F	mother	PS
PS	F	father	Aortic stenosis
PS	M	brother	AV abn
PS	F	father	PS with VSD
PS	F	brother	PV atresia
PS	M	sister	PS
VSD (II)	M	brother; sister	dTGA; VSD
VSD (II)	M	mother	Tetralogy of Fallot
VSD (II)	M	mother	VSD
VSD (II)	M	brother	VSD
VSD (II)	F	father	VSD
VSD (II)	F	sister	VSD
VSD (II)	F	sister	VSD
VSD (II)	F	mother	PDA

Legend: HLH: hypoplastic left heart; BAV: bicuspid aortic valve; PDA: patent ductus arteriosus; ASD: atrial septal defect; PS: pulmonic stenosis; VSD: ventricular septal defect; dTGA: dextro-transposition of the great arteries.

Development of the heart involves several basic mechanisms, starting with the formation of the cardiac tube and its subsequent septation into chambers, which is completed by neural crest cell migration very early in embryogenesis. The cardiovascular system actually begins functioning during its rapid growth and differentiation phase (Clark, 1987), so that some errors in later anatomic development may result from abnormal function, such as reduced blood flow. During development of the heart chambers, abnormalities in the extra-cellular matrix or cell death may lead to anatomic defects (e.g., ECD and Ebstein's anomaly). Problems with targeted cell growth may cause defects in the connection of vessels to the pumping chambers, as in TAPVR.

Table 5. Frequency of CCVM in Relatives of CCVM Probands with Chromosomal Abnormalities

Probands	N	Mothers #	Mothers %	Fathers #	Fathers %	Siblings #	Siblings %
Trisomy 21 w/ECD	92	2/82	(2.4)	1/82	(1.2)	Ø/72	
Trisomy 21 w/o ECD	57	Ø/47		Ø/47		Ø/6Ø	
Other Chromosomal Abnormalities	43	Ø/37		Ø/37		1/4Ø	(2.5)

Comparison of the distribution of lesions in isolated CCVM and CCVM in combination with chromosomal abnormalities (Table 2) reveals interesting contrasts. In the isolated CCVM group, lesions resulting from abnormal blood flow are much more common (65%) than in the chromosomal group (43%). This difference suggests that isolated defects may be more frequently the secondary result of altered function (flow) in the embryonic heart, while the lesions in the chromosomal group are more commonly the result of underlying structural defects in embryogenesis.

The additive multifactorial model developed by Falconer (see 1965) has been proposed by Nora (1968) to explain the familial risks for isolated congenital cardiac malformations. Specific consequences of this model for CCVM have been discussed elsewhere (Boughman et al., in press), including frequency of the trait in relatives as a result of: (a) the population frequency (Edwards, 196Ø); (b) severity of the proband's defect; and (c) sex of the proband (Carter, 1961). While the multifactorial model has been invoked to explain the increased risk for CCVM in general, the BWIS data demonstrate that risk to siblings may be heterogeneous and dependent on the type of mechanism. The results of the BWIS do not conform to the additive multifactorial model, even for flow lesions which have the most notable risks to relatives (Table 3). That hypoplastic left heart (HLH), the most severe flow lesion compatible with live birth, has the highest proportion of affected sibs may be consistent with a multifactorial inheritance model, but the remainder of the risks in Group II do not follow similar expectations (e.g., bicuspid aortic valve displays higher sib risks than coarctation of the aorta). The true frequency of CCVM, however, is obscure. Some defects are silent or clinically insignificant, while others are lethal to the embryo or fetus. Thus, the recognized cases may represent only a portion of the total frequency.

The proportion of affected sibs of HLH cases did not differ significantly from 25% for this sample size, and autosomal recessive inheritance has been proposed for HLH (Brownell and Shokeir, 1976). Such a familial pattern (higher sib risks, parents not affected) would also be consistent with a severe manifestation of a multifactorial qualitative phenotype subject to strong selection. While HLH is compatible with live birth, and a few newborns have survived into infancy, no parent could manifest HLH. It is interesting to note that very few autosomal recessive syndromes have heart defects as a characteristic finding, and most single gene disorders specifically causing heart malformation (e.g., ASD, Holt-Oram) are autosomal dominant in inheritance pattern. This is the exception rather than the rule in clinical genetics, as single gene defects of all other systems (skeletal, muscular, CNS, genito-urinary, gastrointestinal, respiratory, and special senses) have dominant, recessive and X-linked variants.

The lesions caused by abnormal function of altered embryonic blood flow might also represent variations on the theme of inheritance of a multifactorial threshold trait. First, Ferencz (1985) has previously noted in this continuing study an association of CCVM and syndromes which include hematologic abnormalities. Mendelian syndromes involving blood abnormalities or coagulopathies such as spherocytosis, hemophilia, and von Willebrand's occurred in cases and their nuclear families and so far, none have occurred in the control group. It may be intriguing to ask if the homo-, hemi-, or heterozygous genotype for these syndromes involving blood and blood products might represent a portion of the multiple factors involved in reaching a threshold.

Alternatively, while the genetic factors may involve the control of the blood flow, this group of flow defects may also be the result of the more common concept of genetic susceptibility, so that only minor alterations in function usually compensated for in the developmental process cannot be overcome by some embryos. This could explain the variation seen among sibs of probands with flow lesions, if selection is simultaneously operating to account for the apparently lower risk to parents. Other mechanisms may also account for these findings, however, including oligogenic additive models in which sibs might be at greater risk for inheriting some of the necessary genes from each parent, while the parents themselves are normal. An additional and provocative hypothesis might be the presence of an epistatic gene protecting the parent, but inheritance of a heart defect gene and not the epistatic gene by an affected child. The properties of this system have been examined by Trojak and Murphy (1981, 1983). Such a mechanism might explain autosomal dominant traits that appear to skip generations. This model also resembles the multifactorial model for liability with increasing risk in families proportional to the numbers of relatives affected. This system might also be explored in an effort to explain multiple cases of severe cardiovascular malformations in siblings with normal parents.

Maternal effects, another potentially non-additive multifactorial effect, have been proposed by some investigators (Rose et al., 1985; Whittemore et al., 1982), with other studies also supporting the evidence that children of mothers with CCVM may be at higher risk than affected fathers (Nora and Nora, 1984; Czeizel and Tusnady, 1984). Elucidation of the mechanism (genetic or environmental) will require more comprehensive studies of nuclear or extended families, or the more extensive use of predictive genetic models such as human twin or half-sib studies, or animal models.

The strong association of endocardial cushion defect (ECD) in Down syndrome provides a striking example of a specific extracellular matrix defect presumably caused by dosage effect of chromosome 21. While ECD accounted for 48.4% of the defects among all karyotypically abnormal infants, 60% of the Down cases had ECD. In comparison, less than 3% of those cases with an isolated malformation had similar extracellular matrix abnormalities. While the source of this association remains unproven, it has been suggested that the altered cellular adhesiveness noted in cells from trisomy 21 patients might be implicated (Wright et al., 1984; Kurnit et al., 1985a; Kurnit et al., 1985b). In computer simulations modeling of cushion-to-cushion fusion, Kurnit et al (1985a, 1985b) have demonstrated how altered cellular properties of migration, division, adhesion, and gradients might perturb normality, and predict that cell-surface molecules encoded by chromosome 21 might mediate the adhesiveness and produce the recognized association. The model yielded alternative unifactorial or oligofactorial explanations for nonsyndromic ECD, and for amplified instability in Down syndrome. Individuals at increased risk for isolated ECD may have alleles that alter these cellular properties of migration, division, and adhesiveness. This model does not completely explain the variability among trisomy 21 cases, nor the apparently very low recurrence risk for isolated ECD in families.

There is evidence that only rarely do relatives of chromosomally abnormal infants with CCVM have heart defects themselves (Table 4). It is fascinating to note, however, that one of the two mothers of Down syndrome children with ECD had an ECD herself. Additionally, one Down proband with ECD had a half-sibling (not in Table) with an ECD. Given that ECD is a rare, isolated malformation, this apparently elevated risk in relatives would support Kurnit's proposal that specific alleles altering the cellular properties responsible for fusion of endocardial cushions may be segregating in some families. These factors may relate to the endocardial cushion extracellular matrix. Recent experimental studies suggest that a gradient of fibronectin-protein complex is essential for the mesenchymal transformation of endocardial cells, a crucial step in cushion fusion (Clark, 1987b).

The challenges presented in the analysis of congenital cardiovascular malformations are many. This significant group of major birth defects is obviously heterogeneous. The alterations causing the defects might represent single or multiple genes, as well as environmental insults. The abnormal genotypes involved might well represent structural or regulatory genes that control anatomic or functional development or timing in embryogenesis. The careful descriptive evaluation of probands and their families will hopefully lead to the generation of more specific hypotheses regarding genetic and environmental control of embryonic mechanisms of cardiogenesis and perturbations that cause congenital cardiovascular malformations.

ACKNOWLEDGEMENT

The genetic analyses in the Baltimore-Washington Infant Study are supported by grants from the NIH (NHLBI HL 25629) and the Alpha Phi Foundation.

REFERENCES

Boughman, J.A., Berg, K.A., Astemborski, J.A., Clark, E.B., McCarter, R.J., Rubin, J.D., and Ferencz, C, 1987, Familial risks of congenital heart defect assessed in a population-based epidemiologic study. Am. J. Med. Genet. (in press).

Brownwell, L.G., Shokeir. M.H.K., 1976, Inheritance of hypoplastic left heart syndrome (HLHS): further observations. Clin. Genet. 9:245-249.

Carter, C.O., 1961, The inheritance of congenital pyloric stenosis. Br. Med. Bull. 17:251-254.

Clark, E.B., 1987, Mechanisms in the pathogenesis of congenital heart defects. In: Pierpont, M.E., Moller, J.M. (eds): "The Genetics of Cardiovascular Disease," Boston: Martinus-Nyhoff. pp. 3-11.

Clark, E.B., 1987b, Growth, morphogenesis, and function. The dynamics of cardiac development. In: Moller, J.H., Neill, W., and Lock, J., "Fetal, Neonatal, and Infant Heart Disease." Appleton, Century, Crofts, New York.

Czeizel, A., Tusnady, G., 1984, "Aetiological Studies of Isolated Common Congenital Abnormalities in Hungary". Budapest: Akademiai Kiado.

De Grouchy, J., Turleau, C., 1984, "Clinical Atlas of Human Chromosomes." New York: Wiley.

Edwards, J.H., 1960, The simulation of Mendelism. Acta Genet. (Basel) 10:63-70.

Falconer, D.S., 1965, The inheritance of liability to certain diseases, estimated from the incidence among relatives. Ann. Hum. Genet. 31:1-20.

Ferencz, C., 1985, The etiology of congenital cardiovascular malformations: observations on genetic risks with implications for further birth defects research. J. Med. 16:497-508.

Ferencz, C., Rubin, J.D., McCarter, R.J., Brenner, J.I., Neill, C.A., Perry, L.W., Hepner, S.I., Downing, J.W., 1985, Congenital heart disease: prevalence at live birth. Am. J. Epidemiol. 121:31-36.

Hoffman, J.I.E., Christianson, R., 1978, Congenital heart disease in a cohort of 19,502 births with long term follow-up. Am. J. Cardiol. 42:641-647.

International Society of Cardiology, 1970, Classification of heart disease in childhood. V.R.B. Offsetdrukkerij, Gronningen.

Kirby, M.L., Bockman, D.E., 1984, Neural crest and normal development: a new perspective. Anat. Rec. 209:1-6.

Kurnit, D.M., Aldridge, J.P., Matsuka, R., Matthysse. S., 1985a, Increased adhesiveness of trisomy 21 and atrioventricular canal malformations in Down syndrome: a stochastic model. Am. J. Med. Genet. 20:385-399.

Kurnit, D.M., Aldrige, J.F., Nive, R.L., Matthysse. S., 1985b, Genetics of congenital heart malformations: a stochastic model. Ann. New York Acad. Sci. 450:191-204.

Lamy, M., De Grouchy, J., Schweisguth, D., 1957, Genetic and nongenetic factors in the etiology of congenital heart disease: a study of 1188 cases. Am. J. Hum. Genet. 9:17-40.

McKusick, V.A., 1986, "Mendelian Inheritance in Man: Catalogs of Autosomal Dominant, Autosomal Recessive and X-Linked Phenotypes". 7th edition. Baltimore: The Johns Hopkins Press.

Neill, C.A., 1972, Genetic factors in congenital heart disease. Hosp. Prac. December:97-102.

Nora, J.J., 1968, Multifactorial inheritance hypothesis for the etiology of congenital heart diseases. the genetic-environmental interaction. Circulation 18:604-617.

Nora, J.J., Nora, A.H., 1978, The evolution of specific genetic and environmental counseling in congenital heart diseases. Circulation 57:205-213.

Nora, J.J., Nora. A.H., 1983, Genetic epidemiology of congenital heart disease. Prog. in Med. Genet. 5:91-137.

Rose, V., Gold, R.J.M., Lindsay, G., Allen, M., 1985, The risk of recurrence of four types of congenital heart defects in the children of affected parents. J. Am. Coll. Cardiol. 6:376-382.

Rubin, J.D., Ferencz, C., McCarter, R.J., Wilson, P.D., Boughman, J.A., Brenner, J.I., Neill, C.A., Perry, L.W., Hepner, S.I., Downing, J.W., 1985, Congenital cardiovascular malformations in the Baltimore-Washington area. M.M.J. 34:1079-1083.

Sanchez-Cascos, A., 1978, The recurrence risk in congenital heart disease. Europ. J. Cardiol. 7:197-210.

Smith, D.W., 1982, "Recognizable Patterns of Human Malformations." 3rd ed. Philadelphia: W.B. Saunders Company.

Trojak, J.E., Murphy, E.A., 1981, Recurrence risk for autosomal epistatic two-locus systems. The effects of linkage disequilibrium. Am. J. Med. Genet. 9:219-229.

Trojak, J.E., Murphy, E.A., 1983, Paradoxical fixation of deleterious alleles in two-locus systems with epistasis. Amer. J. Med. Genet. 16:493-502.

Van Praagh, R., Takao, A., 1980, "Etiology and Morphogenesis of Congenital Heart Disease." Mt. Kisco, NY: Future Publishing Co.

Whittemore, R., Hobbins, J.C., Engle, M.A., 1982, Pregnancy and its outcome in women with and without surgical treatment of congenital heart disease. Am. J. Cardiol. 50:641-650.

Wright, T.C., Orkin, R.W., Destrempes, M., Kurnit, D.M., 1984, Increased adhesiveness of Down syndrome fetal fibroblasts in vitro. Proc. Natl. Acad. Sci. (USA) 81:2426-2430.

THE USE OF POLYMORPHIC MARKERS TO DETECT GENETIC VARIABILITY

Robert C. Elston

Department of Biometry and Genetics
Louisiana State University Medical Center
New Orleans, Louisiana 70112

INTRODUCTION

In non-experimental organisms, such as humans, it is not an easy matter to demonstrate unequivocally that a genetic component is involved in the determination of a trait. Estimates of heritability are based on familial correlations on the assumption that non-genetic correlations between pairs of relatives can be allowed for statistically. There have been many recent advances in segregation analysis to detect single-gene effects, but it is still difficult to be certain that any apparent segregation is in fact due to an underlying genetic mechanism (Elston, 1986). The basic problem is that in general we cannot infer causal mechanisms from observational data (Kempthorne, 1978). However, the availability of polymorphic genetic markers allows us to circumvent this difficulty to a certain extent.

A genetic marker is a trait, such as the ABO blood group, whose mode of inheritance is known; and the smaller the proportion of the population that displays the most prevalent phenotypic form of it, the more polymorphic it is in that population. Thus polymorphism is a question of degree, although we can arbitrarily consider a marker to be polymorphic if the most prevalent phenotypic form occurs in less than 99% of the population. Elston (1985) listed 80 polymorphic markers, accessible in human blood, saliva or urine, that are antigenic variants or protein variants, and hence can be determined by agglutination or electrophoretic techniques. Over the past few years, however, it has become apparent that at the DNA level there exists an enormous number of polymorphic markers, the so-called restriction fragment length polymorphisms (Botstein et al., 1981).

One way of using these markers to demonstrate the existence of genetic control for a trait is to search for associations between each of a set of such markers and the trait. This can be done in a straightforward manner on the basis of a random sample of unrelated persons, though a few words of caution are in order. First, any overall statistical test of association must take account of the fact that multiple markers are being examined (Holm, 1979); second, the population must not be racially mixed, because genetic heterogeneity *per se* may cause a marker-trait association; and third, the marker should not have a selective effect, because an association between such an effect and the trait being studied will similarly result in a marker-trait association. It is generally believed that most restriction fragment length polymorphisms have no selective effects.

Provided it is due to genetic control of the trait, and not to one of the causes just alluded to, an association between a polymorphic marker and a trait will only occur if the trait is controlled by genes at the marker locus itself or at a locus very close to the marker - so close, in fact, that there is linkage disequilibrium between the two loci. If we are sampling from a population that has undergone random mating (with respect to the trait and the marker locus) for many generations, this means, typically, that such tests of association can only detect the effects of genes that lie within, e.g., 1 centimorgan of each marker investigated. Linkage tests, on the other hand, can detect the effects of genes much further away from the markers. In principle the effects of any locus less than 50 centimorgans away from a marker can be detected by linkage analysis, though in practice the locus must be within 5 or 10 centimorgans of a marker if its effect is to be detectable with reasonable power. It has been estimated (Botstein et al., 1980) that about 160 markers equally spaced along the human genome would "cover" the entire genetic material in that any gene would then be at most 10 centimorgans away from the nearest marker.

If the genetic mechanism underlying the variability of a trait is known, standard likelihood methods can be used to detect and estimate linkage relationships between that trait and marker loci (Ott, 1985). Here, however, I shall be concerned with the case in which the underlying genetic mechanism is unknown, and linkage analysis is used to detect such a mechanism. I shall first review a method of linkage analysis, based on the sib-sib relationship, proposed by Haseman and Elston (1972) for quantitative traits. Then I shall indicate how the method can be extended to dichotomous traits or to disease traits with variable age of onset, and how well-known statistical techniques can be incorporated to generalize the method even further.

HASEMAN AND ELSTON'S (1972) METHOD

Haseman and Elston (1972) proposed a method of detecting linkage between a locus for a quantitative trait and a marker locus. The development they gave is for the case of a single two-allele trait locus, although under their assumptions the method is valid for one or more multiple-allele loci, all linked to the same marker. The method is based on data collected from a sample of independent sib pairs and takes account of information on parental phenotypes for the marker, if available. The assumptions made include random mating, linkage equilibrium and no selection or pleiotropic effect of the marker locus on the trait (so that there is no association in the population between the phenotypes for the two linked loci), and an additive model as follows.

Suppose we have a random sample of n sib pairs and let x_{ij} ($i = 1, 2$; $j = 1, \ldots, n$) denote the value of the quantitative trait for the i-th member of the j-th sib pair. The model is of the form

$$x_{ij} = \mu + g_{ij} + e_{ij} ,$$

where μ is an overall mean and g_{ij} and e_{ij} are "genetic" and "environmental" effects, respectively. (The "environmental" effect includes any contribution to x_{ij} not due to the single two-allele trait locus under consideration, and may in fact include a genetic component due to loci unlinked to the marker.)

Denote the alleles at the trait locus by T and t, with respective gene frequencies p and $q = 1-p$; T is the dominant allele if there is complete dominance. Then the genetic effect g_{ij} is as follows:

$$g_{ij} = \begin{cases} a \text{ for a TT individual,} \\ d \text{ for a Tt individual} \\ -a \text{ for a tt individual .} \end{cases}$$

For the purely additive case $d = 0$; the case $d = a$ is referred to as "complete dominance." Under random mating, the genetic variance σ_g^2 (variance of the genetic effect over the entire population) is given by

$$\sigma_g^2 = \sigma_a^2 + \sigma_d^2 ,$$

where $\sigma_a^2 = 2pq[a-d(p-q)]^2$ and $\sigma_d^2 = 4p^2q^2d^2$.

Hence the genetic variance σ_g^2 is the sum of an additive component σ_a^2 and a dominance component σ_d^2 (see, for example, Li (1955)). Let $e_j = e_{1j} - e_{2j}$. It is assumed that e_j is a random variable with mean 0 and variance σ_e^2 .

Knowledge of the sibs' and their parents' phenotypes at the marker locus is used to estimate π_j, the proportion of genes the j-th sib pair share identical by descent (i.b.d.) at the marker locus. In general, two genes are i.b.d. if each is a copy of the same gene in a common ancestor. A pair of sibs share genes i.b.d. through their parents; at a particular autosomal locus they have 0, 1, or 2 genes i.b.d. with prior probabilities $\frac{1}{4}$, $\frac{1}{2}$ and $\frac{1}{4}$, respectively. This can be seen by inspecting Table 1, in which in each cell is indicated the number of genes shared i.b.d. by the 16 possible sib pairs arising from a mating of the type $A_1A_2 \times A_3A_4$. (We assume random mating, so that none of the parental alleles are i.b.d.; for this reason each parental allele is indicated by a distinct subscript). The sib pairs share 0, 1 or 2 genes i.b.d. in $\frac{1}{4}$, $\frac{1}{2}$ and $\frac{1}{4}$ of the cases (cells), respectively. Using these prior probabilities and the marker information, we can use Bayes' theorem to calculate the posterior probabilities of sharing 0, 1 or 2 genes i.b.d., which we shall denote f_{0j}, f_{1j} and f_{2j}, respectively.

Table 1. Numbers of genes shared identical by descent by the sib pairs arising from the mating type $A_1A_2 \times A_3A_4$

		Genotype of first sib			
		A_1A_3	A_1A_4	A_2A_3	A_2A_4
Genotype	A_1A_3	2	1	1	0
of second	A_1A_4	1	2	0	1
sib	A_2A_3	1	0	2	1
	A_2A_4	0	1	1	2

Table 2. Probability of occurrence of each of the six possible sib pair types conditional on the pair sharing i genes identical by descent, for a two-allele autosomal locus with alleles A, a and corresponding gene frequencies p, q = 1 - p.

Type of pair	i=0	i=1	i=2
AA - AA	p^4	p^3	p^2
AA - Aa	$4p^3q$	$2p^2q$	0
AA - aa	$2p^2q^2$	0	0
Aa - Aa	$4p^2q^2$	pq	2pq
Aa - aa	$4pq^3$	$2pq^2$	0
aa - aa	q^4	q^3	q^2

Haseman and Elston then estimate π_j by

$$\hat{\pi}_j = f_{2j} + f_{1j}/2 . \qquad (1)$$

The use of Bayes' theorem to calculate the probabilities f_{ij} is most easily illustrated by considering the case in which there is no marker information available on the parents. Consider, for example, a marker with two codominant alleles, A and a, with respective gene frequencies p and q = 1 - p. Table 2 indicates, for each of the six types of sib pairs possible, the probability of its occurrence conditional on the pair sharing 0, 1 or 2 genes i.b.d. Denoting these probabilities P(marker information on sib pair|i genes i.b.d.), we calculate for the j-th sib pair, i = 1, 2,

$$f_{ij} = \frac{P(i)P(\text{marker information on j-th sib pair}|\text{i genes i.b.d.})}{\sum_k P(k)P(\text{marker information on j-th sib pair}|\text{k genes i.b.d}).} ,$$

where $P(0) = \frac{1}{4}$, $P(1) = \frac{1}{2}$, $P(2) = \frac{1}{4}$, and hence $\pi_j = f_{2j} + f_{1j}/2$.

Now let θ denote the recombination fraction between the quantitative trait locus and the marker locus, and define $Y_j = (x_{1j} - x_{2j})^2$, the squared difference between the trait values for the j-th sib pair. Then it can be shown that

$$E(Y_j|\pi_j,f_{1j}) = \alpha + \beta_1\pi_j + \beta_2 f_{ij} , \qquad (2)$$

where $\alpha = \sigma_e^2 + 2[1-2\theta(1-\theta)]^2\sigma_g^2 - (1-2\theta)^2[1-2\theta(1-\theta)]\sigma_d^2$

$$\beta_1 = -2(1-2\theta)^2\sigma_g^2$$

and $\beta_2 = (1-2\theta)^4\sigma_d^2$.

If there is no dominance at the trait locus, then $\sigma_d^2 = 0$ and the regression of Y_j on $\hat{\pi}_j$ and f_{ij} is a function of $\hat{\pi}_j$ alone.

Haseman and Elston (1972) based their linkage test on the simple regression of Y_j on $\hat{\pi}_j$, in effect assuming $\sigma_d^2 = 0$ and that, conditional on $\hat{\pi}_j$, Y_j is normally distributed. In other words, they assumed the model

$$E(Y_j | \hat{\pi}_j) = \alpha + \beta \hat{\pi}_j \tag{3}$$

and a normally distributed residual to test whether or not $\beta < 0$. If $\beta = 0$, then either $\sigma_g^2 = 0$ or $\theta = 1/2$, corresponding to no linkage (free recombination). If, on the other hand, $\beta < 0$, then $\sigma_g^2 > 0$ and $\theta \neq 1/2$; $\theta < 1/2$ corresponds to linkage, while $\theta > 1/2$ has no simple biological explanation (it is impossible to distinguish between the alternative hypotheses $\theta < 1/2$ and $\theta > 1/2$ on the basis of sib-pair data alone). Since β_2 is much smaller than β_1 in absolute magnitude, unless σ_d^2 is almost as large as σ_g^2, most of the dependence of Y on f_{ij} is already accounted for by the regression on $\hat{\pi}$. Furthermore, the usual estimate of β under the model (3) has expectation 0. The assumption that $\sigma_d^2 = 0$ is therefore usually not critical (Blackwelder and Elston, 1982).

DISEASE TRAITS

If the trait x_{ij} is a dichotomy, to which we can without loss of generality assign the values 0 and 1, Y_j also takes on the two values 0 and 1, corresponding to concordance or discordance of the j-th sib pair for the disease. Haseman and Elston's test is then identical to testing whether the mean proportion of genes i.b.d. is the same for concordant and discordant sib pairs (Elston et al., 1973). Blackwelder and Elston (1985) showed that in most situations this sib-pair test for linkage between a dichotomous trait and a marker is the most powerful of several such tests that have been proposed.

Note that when x_{ij} is a dichotomy and Y_j takes on the values 0 or 1, Y_j can be interpreted as the probability that the j-th sib pair is discordant for the disease. Now in the case of a disease trait with variable age of onset, an unaffected individual may be either not susceptible to the disease, or susceptible but not yet affected. In such a situation, it would seem reasonable to define Y_j as the probability that the j-th sib pair is discordant for *susceptibility* to the disease, as follows.

Assume that each sib is either susceptible or not susceptible, and let γ be the probability that a sib is susceptible. Sibs who are not susceptible never become affected. Now let $\Phi(a)$ be the distribution function of the age of onset, a, for a susceptible sib. Thus the probability that a sib is affected by age a is $\gamma\Phi(a)$, and the probability of not being affected at age a is $1 - \gamma\Phi(a)$. Furthermore, the probability that a sib is susceptible if unaffected at age a is given by

$$P(\text{susceptible} | \text{unaffected at age } a) = \frac{P(\text{susceptible})P(\text{unaffected at age } a | \text{susceptible})}{P(\text{unaffected at age } a)}$$

$$= \frac{\gamma[1 - \Phi(a)]}{1 - \gamma\Phi(a)} \quad .$$

Now let x_{ij} be the probability that the i-th member of the j-th sib pair is susceptible, conditional on phenotype and age, so that

$$x_{ij} = \begin{cases} 1 & \text{if the sib is affected} \\ \dfrac{\gamma[1 - \Phi(a_{ij})]}{1 - \gamma\Phi(a_{ij})} & \text{if the sib is unaffected at age } a_{ij}. \end{cases}$$

Then, if we assume independence of the sib pairs' susceptibilities (i.e., susceptibility is determined by random environmental factors, not by environmental factors common to a sibship), the probability that the j-th sib pair is discordant for susceptibility is

$$Y_j = x_{1j}(1 - x_{2j}) + (1 - x_{1j})x_{2j}$$
$$= x_{1j} + x_{2j} - 2x_{1j}x_{2j},$$

and this is the quantity to be regressed on $\hat{\pi}_j$.

The susceptibility γ and/or the parameters of $\Phi(a)$ can be made dependent on the phenotypes of the parents of each sib. For example, we might let γ depend on which of the following six mating types the sib comes from:

(1) unknown x unknown
(2) unknown x affected
(3) unknown x unaffected
(4) affected x affected
(5) affected x unaffected
(6) unaffected x unaffected.

More generally, γ could also depend on the ages of the parents. The distribution $\Phi(a)$ can be conveniently taken to be such that a power transform of a is normally distributed. All the unknown parameters can be estimated from the sample by maximum likelihood, using numerical techniques for maximization. Provided the sibs are independent conditional on the unknown parameters, the likelihood of the sample is simply the product of a set of factors, one for each sib. If, for example, γ_h denotes the susceptibility for sibs from the h-th mating type and the parameters of $\Phi(a)$ are common to all sibs, each factor is either

$\gamma_h\Phi(a)$, for a sib affected by age a,

or $1 - \gamma_h \Phi(a)$, for a sib unaffected at age a.

replacing $\gamma_h\Phi(a)$ by $\gamma_h\Phi'(a)$, where $\Phi'(a)$ is the age of onset density evaluated at the observed age of onset, will result in a more informative likelihood.

GENERALIZATIONS

In most linkage studies, a single trait of interest and multiple polymorphic markers are determined on each member of the sample. More than one locus may affect the trait of interest, and hence more than one marker locus may be linked to the trait. Even if pure monogenic inheritance underlies the trait of interest, there may still be more than one marker linked to it. Eventually, we should have available one polymorphic marker every 10-20 centimorgans along the human genome, so that we might expect every trait locus to be linked to a group of 5-8 marker loci. This situation can be handled by a very simple generalization of the methods so far proposed. Let $\hat{\pi}_j$, as given in (1), be denoted $\hat{\pi}_{jk}$ for the k-th marker. Then linkage of the trait to all the markers can be jointly detected by performing a multiple regression of Y_j on the set of $\hat{\pi}_{jk}$. Individual partial regression coefficients can be tested in the usual way, using t-tests; the appropriate p-value for a negative coefficient is half the p-value for a two-sided test. Similarly, a set of s negative partial regression coefficients can be tested using the usual F-test, the appropriate p-value being 2^{-s} times the p-value for the usual joint two-sided test. In the case of a simple dichotomous trait, logistic regression can be used: the dependent variable Y_j is concordance or discordance for the trait, and the independent variables are the $\hat{\pi}_{jk}$.

Eventually, when a marker is available every 10-20 centimorgans along each of the human chromosomes, it will be possible to perform a systematic search for linkage, regressing Y_j on successive sequences of linked loci, each sequence covering less than 100 centimorgans. Although likelihood methods are now feasible for multilocus linkage analysis, they are computationally much more time-consuming than the simple method proposed here, and they also require a knowledge of the mode of inheritance of the trait, including genotypic frequencies and penetrances.

It may happen that a locus has pleiotropic effects and that linkage to a marker locus can be better detected on the basis of measuring several traits simultaneously. In this situation we have a multivariate Y_j that we wish to test for regression on π_j. Similarly a multivariate multiple regression analysis can be performed if Y_j is multivariate and we wish to test for linkage to a set of marker loci. In each case standard methods can be used to determine which traits do not add significantly to detecting linkage. This kind of analysis can help eliminate non-significant traits and/or non-linked markers, and hence is useful as a screening analysis to precede more sophisticated forms of analysis based on maximum likelihood methods.

Finally, it should be noted that the proposed method of using polymorphic markers to detect genetic variability is not limited to samples of independent sib pairs. Blackwelder and Elston (1982) showed that it is valid to include in the analysis, as though they were independent, all distinct sib pairs that can be formed from a larger sibship. Other pairs of relatives, such as grandparent-grandchild pairs, are also information for linkage and the method can be extended to incorporate them (Elston, 1987). The general procedure of regressing Y_j on $\hat{\pi}_j$, where Y_j is the squared trait difference for the j-th pair of relatives, and $\hat{\pi}_j$ the proportion of genes they are estimated to share i.b.d. at a marker locus, affords a robust method of detecting genetic linkage, and hence genetic variability.

REFERENCES

Blackwelder, W. C. and Elston, R. C., 1982, Power and robustness of sib-pair linkage tests and extension to larger sibships, Commun. Stat., Theor. Meth., 11:449.

Blackwelder, W. C. and Elston, R. C., 1985, A comparison of sib-pair linkage tests for disease susceptibility loci, Genet. Epid., 2:85.

Botstein, D, White, R. L., Skolnick, M. H., and Davis, R. W., 1980, Construction of a genetic linkage map in man using restriction fragment length polymorphisms, Am. J. Hum. Genet., 32:314.

Elston, R. C., 1985, Polymorphic markers and their use in genetic linkage, in "Biomarkers, Genetics and Cancer," H. Anton-Guirgis and H. T. Lynch, eds., Van Nostrand Rheinold Co., New York.

Elston, R. C., 1986, Modern methods of segregation analysis, in "Modern Statistical Methods in Chronic Disease Epidemiology," S. H. Moolgavkar and R. L. Prentice, eds., John Wiley and Sons.

Elston, R. C., 1987, Linkage methods for detection of major genes, paper presented at the international symposium on "Advances in Statistical Methods for Genetic Improvement of Livestock," Armidale, Australia, Feb. 17-20.

Elston, R. C., Kringlen, E., and Namboodiri, K. K., 1973, Possible linkage relationships between certain blood groups and schizophrenia or other psychoses, Behav. Genet., 3:101-106.

Haseman, J. K. and Elston, R. C., 1972, The investigation of linkage between a quantitative trait and a marker locus, Behav Genet., 2:3.

Holm, S., 1979, A simple sequentially rejective multiple test procedure, Scand. J. Statist., 6:65.

Kempthorne, O., 1978, Logical, epistemological and statistical aspects of nature-nurture data interpretation, Biometrics, 34:1.

Li, C. C., 1955, "Population Genetics," University of Chicago Press, Chicago.

Ott, J., 1985, "Analysis of Human Genetic Linkage," The Johns Hopkins University Press, Baltimore.

THE ARROGANCE OF INTELLECTUAL POWER

Sheldon W. Samuels

Director, Health, Safety and Environment
Industrial Union Department, AFL-CIO
815 Sixteenth Street, N.W., Room 301, Washington, D.C. 20006

Little more than a week ago, in Bologna, I attended the annual conference of Collegium Ramazzini. The highlight of the meeting is the Ramazzini Lecture, this year presented by Arthur Upton, formerly of this laboratory.

Arthur sketched for us the first century of the investigation and control of ionizing radiation. It was his able history that moves me to title my remarks to you this evening: The Arrogance of Intellectual Power. His presentation led me to some perceptions critical to understanding the ethical and institutional parameters of phenotypic variation in risk assessment:

- There has been a radical change in the prevailing ethic (and therefore in the law) from merely protection of the individual and a person's rights to protection in addition of the physical and biological milieu itself (the environment) and the imputed rights of nature itself.

- The change in the perception of causation in ethics and law from Blackstone's distortion of Newton's reductionist single cause-single effect paradigm is more than an understanding of the multi-factoral and often multiplicative vector system that explains biological phenomena. It is the triumph of "population thinking".[1]

Population Thinking

During the past century, a fundamental change in our understanding of biology has taken place which enables us to shed approaches to management of disease inscribed in archaic law and medical custom. Ernst Mayr, a crystallizer of this view, stresses the uniqueness of everything in the organic world. Every individual in a sexually reproducing species is uniquely different from all others. There is not a "typical" individual. Averages are abstractions, deviations from which have little biological meaning. This uniqueness is true not only for individuals but even for stages in the life cycle of any individual. Averages used to describe inherited differences, in blood enzymes, for example, are man-made calculations that may have no meaning for an expressed difference. The expressed differences are a response to what individuals inherit plus environmental conditions. In a very broad sense, the meaning of "inherit" includes the fact that we differ by age and sex. By "environment", we mean nutrition, life-style, the work and community environment, and another critical environment: the continually changing internal environment of the body which provides the medium for the populations of cells that make up our tissues and organs.

The long-held[2] and strong consensus among geneticists is that the final expression of any gene (the individual characteristics that vary according to a pattern associated with a gene) depends upon the complex end results of physiochemical reactions that may be started by the gene and other factors, but are influenced by the internal and external environments of the organism -- and by other genes. Differences in environment result in differences in the expression of genes. The phenotypic expression is a graded response, a continuum that often depends upon the extent of the environmental exposure. Indeed, many geneticists hold that no statement about genetic differences has meaning unless the environment in which the gene manifests is specified.

Given this understanding, we can develop significant new tools in our struggle to manage populations at risk. A barrier to using this understanding is the failure to understand at the same time that even the simplest organisms are not pieces of putty, infinitely moldable, but are rather resilient structures.

Some will see in genetics an opportunity to ignore this organic limitation as part of their continuous effort to bypass environmental control, to attempt to mold man to the machine, and, failing that, to eliminate some men and women either from work or, by distortion of science, from just care and compensation for damage related to workplace exposures. The scientific legitimacy of genetic analysis is perverted by the rising tendency to isolate and favor it as an explanation of disease for ideological and economic purposes in the briefs of government and management, to shift the blame for disease, and to rationalize the continuing tragedy in which the workplace is permitted to contribute unnecessarily to death and sickness.

This approach flies in the face of the reality of an added burden of occupationally-attributable risk of disease that will be eliminated only if the occupational exposure to the population is eliminated; that is, there is a population burden independent of genetics and other factors outside the workplace.[3]

Our inability to identify with certainty the role of that added burden in the natural history of an individual means that, as an ethical axiom, we must treat all members of the population as if they are equally at risk and will inevitably suffer without intervention. Implementing such intervention, however, is dependent upon an appropriate social context, a human community in which ethical behavior is possible.

The Macro-Context

Human ecology teaches us to look at the community in terms of the relations of its components -- institutions and individuals -- in terms of the relations of one community to others.

The components of the human community are limited in large part by the division of labor and adjustment to physical habitat. Habitat adjustment can mean exploitation of natural resources. Dependence upon local habitat resources for our population as a whole has progressively declined, as seen most clearly in the pattern of activity and in the decline in the proportion of population engaged in food production. This change may be attributable almost entirely to positive technologic-based changes in the division of labor.

The changes wrought by technology have not all been positive and are often viewed as the main factor in environmental decay. The significance of technology in negative change is not without challenge. Population growth and the multiplication of per capita impacts also can be seen, e.g. producing over-development, including a decrease in the quality of life which is magnified in affluent societies.

Regardless of their relative significance in environmental change, there is a parallel alteration of the structure of our habitat associated with its industrial composition not necessarily related to changing technology or population growth, i.e. a third factor the relative importance of which may be accelerated but not initiated by technological and population change: a fundamental social change through the reduction of the empowerment of a sub-population, a change associated with a reduction in size alone of the sub-population, which implies potential changes in the political process currently a characteristic of the North American community.

The decreasing numbers of family food producers (farmers and waterment) and supporting white collar workers in the same socio-economic spectrum -- the bulk of a society "middle class" in character, i.e. in social values, financial utilization pattern, mobility (social and geographic), and cultural values reflected in language, leisure-time use and mating behaviour -- impacts the essential character of the entire population. The mobility factor is especially important. In America, there has been no "working class" in the Marxian sense because of our flexible class structure. The traditional ability to move up and down the social-economic scale traditionally militates against rigid social class identification and acceptance.

The massive elimination or downgrading (in earnings and skills) of perhaps thirty million jobs since World War II tends to create a two-tier society characterized by class inflexiblity with a concentration of economic burden and other symptoms of <u>anomie</u> -- a sick society -- concentrated in the lowest tier. From a society with social mobility and loosely defined classes, we are tending toward a rigid caste structure in which the largely blue collar lower tier is characterized by upper tier-imposed and indigenous cannibalism, suicide, transgenerational poverty, worklessness, alcohol and drug dependency, socially-bifurcated public education and safety, institutionalized illegitimacy (no recognizable nuclear families), endemic violence, and decreased community communication through radical changes in language, art forms and leisure-time use. Parallel this with changing (relativistic) moral values associated with increasingly unrestrained concentration of political power in the upper tier, powers that would utilize existing molecular biological technologies to select workers with compliant genotypes! In these kinds of societies, change historically has not taken place in the polling booth but by revolution.

Consider just two typically unrecognized aspects of what could be the emerging structure of our society: cannibalism and suicide.

Cannibalism did not disappear with the demise of a few primitive tribes. Nor is it found only in unusual, stressed circumstances routinely found among species (e.g. termites) living in crowded communities.

Awaiting the approval* of the President are recommendations to guide Federal agencies in radiation protection for its workers transmitted by the Administrator of the Environmental Protection Agency. The cannibalism is explicit: ". . . any activity involving occupational exposure should be determined to be useful enough to society to warrant the exposure of workers . . .". This use is to be determined by making "informed value judgments" in a process of "quantifying in comparable terms costs (including risks) and benefits."

The consequences are measurable in terms of a social class mortality gradient even for those workers who have survived to retire.[4] Our social structures have incorporated cannibalism among their mores as a matter of nearly uncontested public policy.

A human society that permits the practice of cannibalism is sick and suicide rates measure the extent of the disease. Only a couple of decades ago, suicide was a minor cause of death. Today, in America, suicide is the eighth leading cause of death. From our own observations, we know that an increasingly common factor in these deaths is despair over the consequences to self and family of occupational disease.

The trend toward a two-caste system denoted by occupation is likely to be reversed by the countervailing force of the democratic institutions in our society still controlled by a middle class that has not yet disappeared either in fact or in the memory of those who have recently fallen into the lower tier. Pressures to support legislation against corporate raiders and their hollow and unproductive corporations, unfair international competition, continued strong support for unions and other citizen organizations and increasing or persisting demands for environmental protection are among the factors that militate against a two-tier society. The economic basis is being laid for reindustrialization fed by emerging technologies that will spur our need to site and house the changing techniques in manufacture and agriculture.

The consequences of not shaping the industrial process to human and physical environmental limits needs no reiteration. Most of the existing literature on the work, community and natural environments consists of a compilation of such negative impacts. From these data alone, however, a comprehensive management process cannot be conceived. Issues of environmental regulation are not solely related to science and economics. Implicit in each option for regulatory policy and practice is a set of human values. Historically, we have largely ignored these values.

Even among those of us who are not guilty of this charge, even among the most thorough pantheists, there is a lack of understanding that the impacts on human life are the paramount concerns. This is not to say that life per se is not a concern, or that there are not animal (even plant) "rights". If it is true, however, that human life is dependent upon all other life, the interdependence means that only if we are successful in protecting that of which we are most aware and in a position to control -- ourselves and our actions -- only then will we be successful in protecting the whole. Without this success, there can only be anomie, a diseased society.

---

*This document was approved by President Reagan subsequent to this presentation.

There are, of course, extreme difficulties in establishing even factual understandings. Investigations establishing an effect on the health of populations has been plagued with a difficulty analogous to that of determining physiological causation, in which the tendency towards equilibrium in the internal milieu often obscures clear cut single cause and effect relationships let alone the multifactoral biological reality. In the external environment, this kind of homeostatic phenomenon produces the same kind of obscurity among entire populations. These ecologic effects are evident in the disappearance of quantitative limits to our cities (but without a total loss of heterogeneity).

Nevertheless, a dose-response relationship -- a key relationship in establishing causation in populations as well as in individuals -- has been demonstrated in a number of studies establishing a continuous response in the form of a rural-urban gradient of adverse effects associated with this change.[5]

One consequence of this finding is the absence of established thresholds of "safety" in populations at even very low levels of exposure (a concept widely recognized for carcinogens but apparently valid for all toxic agents).

In the assessment of human risks from exposure to environmental agents, evidence is extrapolated from effects observed under one set of conditions in one population group or biological system to estimate the magnitude of effects expected under a different set of conditions in the human population of interest. In this process, models used to describe the dose-response relationships have traditionally fallen into two general categories: threshold and non-threshold response models. Threshold models assume that the toxic reaction to a particular stimulus depends on an individual's "tolerance level"; a level of the stimulus above this tolerance will produce a specific, singular toxic response with a high level of certainty, whereas a stimulus level below this tolerance will produce no response with certainty.

Even if we were to assume that tolerance levels can be -- or have been -- found in individuals, they must be rejected in population analysis because of the wide spectrum of individual biological and environmental variability in any exposed population. In populations, it is heuristic to assume that any level of exposure is certainly expected to produce a toxic effect over time in any population, the ease of discovery being dependent only on population size, length of study, modes of detection and methods of analysis. It is not necessary to assume a straight line relationship between dose and response, except for regulatory purposes which require the most conservative set of assumptions. Thus, the National Cancer Advisory Board has concluded that the concept of "safe" has no demonstrable scientific base.[6]

The repetitive arguments of the polluters and their echoes in government that assume "safe" dose levels are based on converting the response of a median human, who does not exist, and ignoring genetic variability (and therefore significant numbers of sensitive sub-populations). The acceptance of these arguments in evolutionary terms constitutes social, as distinct from natural, selection against these groups.

What is the practical consequence of this understanding of thresholds? It means that when a government official tells you there is no danger, rather than little danger, of toxic chemical spill or of radiation from Chernobyl, they are lying. They are lying because they know thresholds have not been found or because they have re-defined "safety" without telling the listener. This lie, among others, has not been accepted by a skeptical public and in part explains the low level of confidence we have in pronouncements of government and industry when disaster occurs. People are not stupid and they can assess danger qualitatively, if not quantitatively. The polluters and their echoes, however, have a substitute notion ready and polished for you to swallow -- it's called "acceptable risk".

The concept requires an omniscient being able to engage successfully in massive data manipulation implied by cost-benefit analysis prior to even the simplest decisions, such as crossing the street. Is it also the basis for complex decisions such as taking a job or swallowing a pill?

The concept of "acceptable risk" -- an exercise in necromancy -- has become part of the intellectual armory in health policy.

What is "acceptable risk"? The message is clear. Determining an acceptable risk is like playing Monopoly with the Mafia: they always start the game owning the Boardwalk.

What I am saying is that the greatest good (determined by special interests in a position to have social leverage) for the greatest number (without regard for the welfare of the less powerful few) can mean precisely that form of collective tyranny which we as a society supposedly reject. It is a game in which the rules can be changed at the will of the most lawless players regardless of the toll in human life or the distortion of the humblest concept of truth.

Ironically, it can result in precisely those despotisms most feared by the well-meaning progenitors of some of the concepts both used and abused in this game.

In nearly any Washington-focused forum the latter-day sophist can be found taking advantage of the utilitarian, albeit superficial utilitarianism, poltergeist that has dominated governmental thinking for the past quarter century. Even Jeremy Bentham, the godfather of cost/benefit analysis, recognized that the existence of evil is not justified by greater evils.

What are our alternatives?

My own answer is in the concept of Necessary Risk, based on discoverable historical reality, that is, the need to choose life utilizing not the form of precision identified with mere numbers but the substance of precision through the platonic dialectics of democracy.

What do I mean? Are the uses (benefits), none of which may be necessary to society, of any benzidine-based dye, used in any quantity, with any dollar value, worth the risk of a single case of bladder cancer? Would any kind of quantitative risk assessment change the qualitative character of the morally critical data suggested by the question? Would the mere quantification of a socially unnecessary benefit permit a morally heuristic calculation or judgment?

The determination of what is "necessary" is a political process that can be morally heuristic and yield an appropriate "datum" for use in a balanced judgment. The key role in this process is played by the legislators. But the intellectual, when not arrogant, can assist this process.

Why do we not point out that cost/benefit analysis used in determining acceptable risks is an impoverished concept fundamentally because it ignores generic laws of clear thinking such as the impossibility of a calculus of incommensurates.

Why do we not point out that the presumption of so-called voluntary risks assumes not only a free will, but the freedom to exercise that will, a concept not intellectually difficult, but ethically difficult because it is dependent upon a caste system defined by the color of one's collar.

There is an historically persistent myth that the clear thinking associated with scientific endeavors must be abandoned in dealing with issues of value. This is an absurd instance of arrogance. The conceptual framework of science is applicable to examinations of morality, for example, through a method in which ethical axioms postulate empirical information, or postulate presumptions about the empirical, in two forms: observations, which presume that we correctly perceive the world as it is, and presumptions, which make no pretense of reality, but permit us to act as if fact is established. Presumptions are necessary to bridge gaps in knowledge and to systemize our experience. They are methodologic assumptions neither true nor false and are retained only as long as they are fruitful.

The use of axiomatic methods has been a part of the art of science at least since Euclid. The classic gene, noted Sewall Wright,[2] is primarily a "hypothetical entity postulated to make sense out of the results of breeding experiments." They are an important tool not for wishful thinking, but for dealing with the world "warts and all"!

Presumptions enable us to act without solving in advance recurring issues that defy scientific consensus; determinism v. chance in disease causation, "practical" v. biological thresholds, specific mechanisms of causation, or the quantification of the weight of any etiologic factor in a specific case. Their use in deriving ethical axioms is fruitful because such axioms are needed to guide moral judgments. Without them, we become dependent upon social caste-derived personal preferences judgeable only in political trial devoid of any semblance of consistency either with an idea of the good society or (more pertinent to the issue here) the protection of life.

To determine which set of ethical axioms is heuristic is to determine which will best preserve human life. We are not required to go beyond deciding which have been more successful in this regard. Although they are formulated with less precision than in some other sciences, axioms that are derived from this absolute standard need not be obscure or culturally relative, i.e., result in moral uncertainty. No recourse to misleading intuitions or felicific calculi is needed. While moral judgments ascribe "good" and "bad" values to human action made in a specific and variable cultural context, the ethical axioms that guide these judgments must and can have in common this historically and rationally justified transcendent, a universal need necessary to be met whose achievement determines whether or not the axiom "works' or is fruitful.

Life preservation is both an objective criterion for evaluating axioms and a premise in their derivation. More, mandating the life principle reduces uncertainty in the judgments themselves.

Thus, we can construct an ethical axiom that guides us in the selection of the risks we may impose on others. A risk is ethically acceptable only if it is necessary to protect life and well-being or is 1) culturally-impacted and very difficult to eliminate or control and 2) another biologically-adverse hazard has a higher priority for control within a rational abatement scheme.

Still another example: the worker's right to be notified of membership in a population clearly at risk is an ethical axiom that must be protected without compromise because the information generated in its exercise is absolutely necessary to essential decisions a worker must make if he or she is to participate in reducing his or her own risk and, therefore, preserve his or her own life.

The right-to-know, to be protected from unnecessary risks, and other rights or axioms in the class are what the master moral philosopher Alan Gewirth[7] calls "specifications of the rights to freedom and well-being." For Gewirth, freedom and well-being are generic, human, fundamental rights because they are the necessary conditions by which we act as humans. Only when we act as humans will the arrogance -- the tyranny -- of intellectual power find its constraint in reason.

References

1. E. Mayr, "The growth of biological thought: diversity, evolution, and inheritance," Harvard University Press, Cambridge, MA (1982).
2. S. Wright, Genes as physiological agents: General considerations, Am. Naturalist, 79:289 (1945).
3. N. Nelson, A personal view of occupational cancer and its prevention, J. Epid and Comm. Hlth., 39:1 (1981).
4. A. J. Fox, P. O. Goldblatt, and D. R. Jones, Social class mortality differentials, J. Epid. and Comm. Hlth. 39:1 (1985).
5. I. J. Brightman, A. Rihm, and S. W. Samuels, Air pollution and health, J. Air Pollut. Control Assoc., 12:225 (1962).
6. S. W. Samuels, and R. H. Adamson, Quantitative risk assessment, J. Natl. Cancer Instit., 74:945 (1985).
7. A. Gewirth, Human rights and the workplace, in: "The Environment of the Workplace and Human Values," S. W. Samuels, ed., Alan R. Liss, New York, (1986).

RISK ASSESSMENT, REGULATION, AND THE LIMITS OF SCIENCE

Alvin M. Weinberg

Institute for Energy Analysis
Oak Ridge Associated Universities
Oak Ridge, Tennessee

My paper deals with two different topics: first, the relation between population heterogeneity and dose-response at low dose; and second, the intrinsic limits to what science can say about dose-response at low dose, and how this affects regulatory policy.

POPULATION HETEROGENEITY AND DOSE RESPONSE

In 1977 John Totter and I, in a paper entitled Repair and Dose-Response at Low Dose[1] proposed a mathematical model for low-dose response to carcinogens based on population heterogeneity. We assumed that each member of a population exposed to a carcinogen is characterized by a threshold D_t. Only if the exposure exceeds D_t, does the individual contract cancer. The distribution of susceptibilities, that is the fraction of individuals whose threshold lie between D_t and D_t+dD_t, we denote as $f(D_t)dD_t$, where $f(D_t)$ is normalized to unity, i.e.:

$$\int_o^\infty f(D_t)\, dD_t = 1. \tag{1}$$

Suppose this population is exposed to carcinogen of magnitude D (if the carcinogen is radiation, D is expressed in rems or sieverts). Then the fraction of individuals that will contract cancer, that is the response to a dose D, is:

$$R(D) = \int_o^D f(D_t)\, dD_t , \tag{2}$$

i.e., every individual whose threshold D_t is below D will succumb.

At low dose, we can expand $f(D_t)$ in Taylor series around the origin:

$$f(D_t) = f(o) + f'(o)D_t + \frac{f''(o)}{2} D_t^2 \tag{3}$$

$$R(D) = Df(o) + \frac{D^2}{2} f'(o) + ... \tag{4}$$

In other words, a linear dose-response curve implies there are some individuals whose threshold is zero. We used this argument in support of the claim that the dose response could not be linear at extremely low dose, since if there were some individuals with zero thresholds, they could hardly have survived background radiation in the first place.

We further noted that, according to (2):

$$f(D_t) = R'(D_t) \tag{5}$$

i.e., $f(D_t)$, the distribution of thresholds within the population, is simply the first derivative of the dose-response, $R(D_t)$. From this we can conclude two things:

(i) In principle, a determination of the dose-response accurate enough to allow us to compute the first derivative of R(D), would allow us to determine the threshold distribution, $f(D_t)$. Unfortunately at the time we did not try to carry out this differentiation of R(D), and so I cannot say how practical this suggestion might be.

(ii) Of more practical importance might be the evidence relation (5) gives against a super-linear dose response at low dose. A super linear response is exemplified by:

$$R(D) \sim \sqrt{D} \tag{6}$$

According to (5), this would lead to a distribution of thresholds

$$f(D_t) \sim \frac{1}{\sqrt{D_t}} \tag{7}$$

i.e., the distribution is singular at the origin! This seemed to be so unphysical a result that we became, and remain, skeptical of claimed super-linear dose-response at extremely low levels of exposure!

Our paper was not published since it was considered that the model which we used was too schematic, even though it led to a better agreement with the observed low dose leukemia response at Nagasaki than did the usual linear hypothesis.

UNDECIDEDNESS IN SCIENCE

I retell this parable in part because it may be relevant at this meeting on phenotypic variation in populations; but mostly to bring out the enormous uncertainty that is involved in establishing the dose-response, of whatever kind, at very low dose. Yet, as Ruckelshaus said in his 1985 paper, "Risk, Science & Democracy,"[2] government regulators are more and more required to establish standards of occupational and population exposure, at levels so low that science can no longer say whether any harm is caused. In short one is dealing not with science, but with what I call trans-science, i.e., questions that are isomorphic with questions answerable by science, but which are beyond the capacity of science to answer.

Trans-scientific questions fall into at least three categories: Poincare instabilities, rare events, and ethically inadmissible issues. Poincare instabilities are phenomena governed by underlying nonlinear differential equations whose solutions at long times are extremely sensitive to tiny changes in the initial conditions. Such situations arise in hydrodynamics, in climatology, and, very probably, in economics. Thus we can predict the weather tomorrow; we shall never be able to predict the weather 366 days after today, since the long-term unfolding of weather patterns is too sensitive to tiny uncertainties in the initial conditions. Poincare instabilities are intrinsic and can never be overcome; though the two questions: What is the weather one day after today and 366 days after today are identical in structure, the one is answerable, the other is not--and no improvement in computers or understanding of the weather is likely to remedy the matter.

Rare events, such as the increased incidence of cancer among 1,000 humans each subjected to, say, 50 millirems of radiation, are also trans-scientific, though in a rather different sense. Here the difficulty is statistical. In principle, we could expose the entire world's population of 5×10^9 souls to 50 mr, and (assuming the linear hypothesis with say, 10,000 person rems per cancer), detect the additional 25,000 cancers. In practice, we can do no such thing; thus at least with our science in its present stage of development, we must regard dose-response in humans at very low dose as being trans-scientific.

Time in principle annihilates uncertainty of this kind. I can well imagine that, over the next 1,000 years, human epidemiology will become a much more exact science than it now seems to be. After all, when Henry Ford introduced his autos, no one could predict the fatalities per passenger mile. Today, we know that each year about 45,000 Americans will lose their lives on the highways, the uncertainty being about 10 percent!

A third kind of trans-scientific question involves those questions that can be answered unequivocally only by unethical experiments on humans. The monstrous violation of this barrier by the Nazi physicians during World War II evokes well-justified revulsion among civilized people. I cannot imagine this boundary of science ever being breached: it constitutes a limit on science every bit as formidable as a Poincare instability.

Of course, even in discourse that is regarded as scientific, large uncertainties often remain. Of relevance in this gathering are perhaps (i) the existence of ambiguous carcinogens, and (ii) the importance of natural carcinogens. In a paper[3] Storer and I published two years ago we pointed out that a surprising number of agents increase the incidence of some cancers but reduce the incidence of others. One particularly controversial example is, surprisingly, smoking which, according to the Framingham study seems to reduce colon cancer at the same time it increases lung cancer. Should such agents be regarded as carcinogens even if their net effect is to lengthen life?

Finally, I mention the view of people such as Ames[4] and Totter[5] that cancer is primarily caused by agents that are natural in the sense that they cannot be eliminated. Most important are the oxidizing radicals resulting from normal metabolism. Evidence for this view comes from the observation, that the cancer mortality, when corrected for competing risks, seems to be remarkably independent of degree of industrialization, as measured by per capita energy production.

I mention these two complications not to insist that their elucidation is beyond our reach--but simply to remind ourselves that much is still to be learned about cancer, and much remains uncertain.

Let us grant then that there are uncertainties, as well as trans-scientific questions, and that at least for the foreseeable future, the dose-response at very low dose will remain very poorly known. Under the circumstances it is not surprising, as pointed out by Whittemore,[6] that value judgments enter into scientific discourse to a far greater degree than in scientific discourse concerned with answerable scientific questions. A Friend of the Earth and a Nuclear Engineer agree completely on the fission cross-section of U^{235}. They disagree seriously on the probability of a reactor accident, and perhaps even more seriously on the number of casualties caused by fallout from Chernobyl.

As an aside, I might mention that this undeniable injection of irrelevant non-scientific value judgments into scientific discourse at the boundary between science and trans-science, has led some extreme "sociologists of science"[7] to claim that such value judgments pervade science as a whole. To be sure, even in scientific discourse regarding answerable questions ad hominem and even value judgments surely arise; but to claim that science generally is simply a branch of sociology, and that truth in science bears more relation to the relative prestige and power of competing scientific claimants on truth, rather than upon the objective facts, seems to me to grossly caricature science!

Jasanoff in a recent study[8] pointed out that the degree to which regulatory bodies, faced with difficult decisions, depend upon scientific bodies for help in deciding on acceptable risk depends on the political culture. In Germany, resolution of scientific issues, including those marked by uncertainty, is delegated to the technical experts, who apply and explain their own criteria for establishing acceptable risk. In Britain and Canada, the process involves both administrative and scientific bodies: but the government does not feel compelled to explain the basis for its action. In the United States, with its strongly litigious, openly participatory, and fragmented political structure, regulators rather than scientists are expected to resolve conflicts caused by scientific uncertainty, generally in accordance with agency guidelines. The effort going into regulation in the U.S. is ever so much greater than it is in these other countries; yet, according to Jasanoff, the regulations themselves are not so very different.

Is there a better way? Can regulators somehow change their relation to and dependence on scientific advisors so that they do not forever ask scientists for answers to unanswerable questions? Is it possible to frame some of the questions asked by regulators so as to avoid having to answer the unanswerable?

This question is itself probably unanswerable. Nevertheless I believe there may be certain approaches that deserve more attention than they have received thus far--namely, the technical fix, and the background-mediated de minimis.

The Technical Fix

My example here is derived from nuclear engineering. The safety of all nuclear reactors is probabilistic, not deterministic--that is, though there is a certain probability of a reactor accident, we accept nuclear reactors as long as this probability is low enough. Since we do not have enough data to determine this probability by observing tens of thousands of reactors--Chernobyl occurred after 100 reactor years, Three Mile Island (TMI) after 400 reactor years--nuclear engineers resort to

Probabilistic Risk Analysis; that is, they try to determine the probability of a reactor failure by estimating the failure probabilities of the various sub-systems that make up the reactor. Presumably there is enough data on the failure probabilities of pumps, of valves, of electronic switches, to allow an analyst to estimate the sub-system failure rate. By adding up the probabilities for all imaginable failure sequences, the analyst can estimate P(C), the probability of an accident whose consequences are C. In this way, Rasmussen in 1975[9] estimated the median likelihood of failure in a Light Water Reactor (LWR) to be $5x10^{-5}$ per reactor year. Though the failure at TMI occurred much sooner than this, the TMI reactor was one which, in retrospect, was more susceptible to failure than were the reactors examined by Rasmussen. At any rate, LWRs have accumulated around 3000 reactor years of operation without "core melt" since TMI, which means that we can say with 78 percent confidence that the a priori failure probability is no higher than $3x10^{-4}$/RY.

All this is reassuring, but it may not be good enough. Many nuclear technologists therefore have proposed, especially after Chernobyl, to design reactors whose safety was deterministic, not probabilistic--that is, reactors whose safety depended on immutable laws of nature rather than upon timely interventions by electro-mechanical devices, or by human beings. Such reactors are called "inherently safe," and much imagination has gone into their design.

Inherently safe reactors constitute a technical fix for the problem of nuclear safety. Indeed, were all our reactors to be inherently safe, the need for the body that regulates nuclear safety, the Nuclear Regulatory Commission, would diminish greatly; and one would hope the public's apprehension about nuclear energy would also fade.

Can the principle of the technical fix be applied to the underlying issues considered at this symposium, namely the relation between regulation of carcinogens and other toxics and the science that determines individual susceptibility? I can see several ways in which this might be accomplished.

First, and this applies to occupational risk much more than to population risk, inherently safe technologies, those which do not expose workers to carcinogens, or at least greatly reduce the degree of exposure are possible. For example, in the wake of the 1974 Flixborough Disaster, T. Kletz of Loughborough Technical University advocated inherently safe chemical plants which were not susceptible to catastrophe, or even to untoward chronic exposure of workers.[10] Substitution of inherently safe, i.e., non-polluting, technologies for polluting technologies would obviate many current concerns over exposure of workers to noxious materials.

Such inherent safety costs perhaps more than the society can afford. A second avenue for avoiding occupationally induced disease is opened if we could identify by a simple test the susceptible sub-population so that every individual would routinely be categorized as to susceptibility, just as we are now routinely informed as to our blood group. With this knowledge, each individual would be able to choose that lifestyle, including workplace, that minimizes risks.

But second, and I think eventually more practical, is it too much to expect that premature cancer can eventually be cured? Note that I speak only of premature cancer. I believe that most cancer is a disease of senescence, and that to completely "cure" cancer is equivalent to granting immortality. I am, in effect, arguing that to identify and regulate all the environmental insults that may be carcinogens is hopeless. Ames in his famous EAT-DIE paper[4] estimates that the naturally occurring carcinogens are 10,000 times more important than those imposed by the use of pesticides. Would it not be more practical in the long run to cure cancer rather than to avoid contact with carcinogens?

Our experience with infectious disease may hold some lesson for us. Here three technical fixes were responsible for our triumph over these diseases. First and most important, sanitary engineering; second, immunization; and third, antibiotics. When we compare infectious disease with cancer we recognize that though at one time many were convinced that almost all cancer was of environmental origin--that by cleaning the environment or the workplace sufficiently, in the same way the sanitary engineers cleaned up our wastes, we would conquer cancer--I think many are having second thoughts on this matter. The etiology of cancer is still a matter of dispute; so I should think that the first technical fix, clean up, is much less appropriate than are early detection and cure. And, should our science lead to the equivalent of immunization for premature cancer, or indeed, reliable early detection and cure (after all, Hodgkins disease is now regarded as largely curable), I would imagine that the need for environmental regulation and the kind of analysis represented by the Jasanoff study would fade, just as a truly safe reactor would gradually put NRC out of a job, or at least reduce its scope.

De Minimus

A technical fix, i.e., a cure, for cancer is hardly realistic today. In the meantime we shall be required to regulate carcinogens and mutagens, even when we have only a dim view as to the actual significance of a particular agent in causing cancer. Are there approaches to such regulation that do not depend so strongly on some uncertain assumption as to the dose-response at low dose, or the occurrence of particularly susceptible individuals in the population?

Some nine years ago, Adler and I[11] suggested such an approach; it was simply to relate the allowed exposures of a deleterious agent, in particular, radiation, to the natural background rather than to some level deemed safe for those exposed occupationally.

This is the scheme originally considered by BEIR-I in 1958, but was unfortunately rejected by the committee. We proposed that the acceptble radiation dose be the standard deviation of the natural background--around 20 mr/yr--which is the standard proposed by the EPA for the population exposure for the entire fuel cycle. This we suggested as a De Minimus level.

Westermark[12] suggested the same approach for three carcinogens that occur naturally--Beryllium, Cadmium, and Arsenic--proposing a De Minimis at 10 percent of the natural background.

This scheme does not work where the carcinogen does not occur in nature. Here there are several, possibly fanciful suggestions, but all depend on some knowledge of dose response at high dose. One suggestion is to use radiation as the primary standard, and then set standards of other carcinogens at a level which, according to the linear hypothesis, has the same effect as the standard set for radiation.

Another suggestion would be to define a "Below Demonstrable Effect" threshold as that level below which no effect is discernible in mammals. The De Minimis would then be some fraction, say 10 percent, of the Below Demonstrable Effect threshold.

My suggestions for population regulations, in particular De Minimis (where one basically concedes the inability of science to give proper answers), may strike some as heartlessly condemning those "unknown others who happen to have a genetic or phenotypic susceptibility" to death by industrial cannibalism. I stand so accused; yet in extenuation I would point out that any who insist that they know that this individual, exposed to a De Minimis exposure of whatever agent has died because of that exposure, are being scientifically arrogant. They are claiming knowledge when they do not know; they are attributing a cause of death when they do not know the cause of death.

Is this view fundamentally different from the attribution of death and other misfortunes to witches, an affliction that spread over Europe during the 14th to 16th centuries, and resulted in the execution of over a million "witches"? As Clark[13] described it, this hysteria subsided but only after the Inquisitor of Spain convened an advisory council of learned savants who decided that the connection between witches and misfortune was anything but proven. Will it take a similar council to demonstrate that the connection between low-level environmental insult and human health is similarly weak, and that our society ought to devote its efforts to managing the many real health problems we face rather than waste its energy on essentially insoluble and, by comparison, intrinsically unimportant problems? I should hope that we can come to our senses long before two centuries have passed, and that the next generation can look back at our current environmental hypochondria with the same bemused wonderment with which we view the witch hunts of the late Middle Ages.

REFERENCES

1. J. Totter and A. M. Weinberg, Repair and dose-response at low dose, ORAU/IEA(O)77-11, Institute for Energy Analysis, Oak Ridge Associated Universities, Oak Ridge, Tennessee (1977).
2. W. Ruckelshaus, Risk, Science & Democracy, Issues in Science and Technology I: 19-38 (1985).
3. A. M. Weinberg and J. B. Storer, On ambiguous carcinogens and their regulation, Risk Analysis 5: 151-155 (1985).
4. B. N. Ames, Dietary carcinogens and anti-carcinogens, Science 221, 1256-64 (1983).
5. J. R. Totter, Spontaneous cancer and its possible relation to oxygen metabolism, Proc. Nat'l Acad. Sciences 77: 1763-67 (1980).
6. A. Whittemore, Facts and values in risk analysis for environmental toxicants, Risk Analysis 3, 23-33 (1983).
7. T. J. Pinch and W. E. Bijker, The social construction of facts and artifacts or how the sociology of science and the sociology of technology might benefit each other, Social Studies of Science 14: 22-30 (1983).
8. S. Jasanoff, "Risk Management and Political Culture," Russell Sage Foundation, New York, New York (1986).
9. U.S. Nuclear Regulatory Commission, Reactor Safety Study: An Assessment of Accident Risks in U.S. Commercial Nuclear Plants (WASH-1400, NUREG 75/014) Washington, D.C. (1975).

10. T. Kletz, Inherent safety and the nuclear industry, The Chemical Engineer, p. 35 (July/August 1984). Also, T. Kletz, Cheaper, safer plants, or wealth and safety at work, Institution of Chemical Engineers (1984).
11. H. Adler and A. M. Weinberg, An approach to setting radiation standards, Health Physics 34: 719-720 (1978).
12. T. Westermark, Persistent Genotoxic Wastes: An Attempt at a Risk Assessment, Royal Institute of Technology, Stockholm (1980).
13. W. C. Clark, Witches, Floods and Wonder Drugs: Historical Perspectives on Risk Management, RR-81-3, Laxenburg, Austria, International Institute for Applied Systems Analysis (1981).

VARIABILITY IN DIET AND ITS RELATION TO RISK IN ETHNIC AND MIGRANT GROUPS

Laurence N. Kolonel

Epidemiology Program
Cancer Research Center
University of Hawaii
Honolulu, Hawaii

VARIATIONS IN RISK FOR CANCER

The inhabited islands of Hawaii encompass a land mass of 6,422 square miles[1] and an ethnically heterogeneous population. Five ethnic groups in particular have resided in the islands for many decades and comprise the majority of the present population. These include Caucasians, Japanese, Chinese, Filipinos, and native Polynesians or Hawaiians. Although these ethnic groups are generally intermixed throughout the islands, their risks for disease are markedly different[2]. The incidence rates for cancer well illustrate this variability[3], as shown in Table 1.

ENVIRONMENTAL VERSUS GENETIC INFLUENCES

Of interest to researchers and public health officials alike are the reasons for this variability in cancer rates. The contribution of genetic factors is a first consideration. The role of such factors can be addressed at the population level in two ways: 1) by examining secular trends in cancer incidence in these groups; and 2) by comparing incidence rates between Hawaii and the parent countries of its inhabitants, or between first and second generation migrants living in Hawaii.

Table 2 shows trends in cancer incidence for selected sites and ethnic groups. Because these data are based on a comprehensive cancer registry which has existed in Hawaii since 1960, one can be confident that improvements in reporting are not responsible for the observed trends. Furthermore, diagnostic practices in Hawaii have not changed greatly over this period. As seen in the table, cancer incidence rates have not been static during this 20-year period for any of the groups. For example, breast cancer incidence increased 100% among Filipino women during this interval. In contrast, stomach cancer declined by 45% among Japanese women during this same period. Such impressive changes in risk within a single generation must largely reflect environmental influences.

Table 3 compares cancer incidence rates among Japanese in Hawaii and Fukuoka Prefecture in southern Japan, the region from which most of Hawaii's Japanese population originated. The Japanese population in

Table 1. Cancer Incidence for Selected Sites among Five Ethnic Groups in Hawaii, 1978-1981

Cancer Site	Rate per 100,000 Population[a]				
	Caucasians	Japanese	Chinese	Filipinos	Hawaiians[b]
Lung	58.2	28.7	33.0	28.8	68.0
Breast[c]	97.4	52.8	66.1	38.9	111.1
Prostate	83.0	46.1	32.4	51.6	57.9
Stomach	12.2	28.5	10.1	8.2	32.4
Colon	33.8	34.4	29.1	20.7	18.4
All Sites	390.9	251.9	239.7	229.4	357.9

[a]Data for both sexes combined, age-adjusted to the 1970 U.S. population
[b]Includes part-Hawaiians
[c]Rate for females only

Hawaii has been quite stable in recent years; most of the migration of Japanese to Hawaii occurred between 1886 and 1924[5]. Furthermore, there was little intermarriage between Japanese and other ethnic groups until more recent years. Thus, in the age groups where most adult cancers occur, the comparison of rates between Hawaii and Fukuoka involves a genetically homeogeneous group. As the table reveals, the incidence rates are markedly different for the Japanese in these two locations[4]. For example, breast cancer incidence among Japanese women in Hawaii is three times greater than among women in Japan, while stomach cancer incidence among Japanese women in Japan is 2.5 times greater than among the women in Hawaii.

To address the thesis that the migrants to Hawaii were a selected subset of the Fukuoka population whose cancer rates initially were more like those in Hawaii than those prevailing in Japan, we can examine data based on two generations of Japanese living in Hawaii, namely, the migrant group (Issei) and their offspring (Nisei)[6]. As shown in Table 4, there are remarkable differences in incidence rates between these two generations. Clearly, one cannot use the migrant selection argument to explain these differences. Thus, the migrant comparisons of both Tables 3 and 4 offer compelling evidence that environmental factors play a dominant role in determining the risks for cancers of several major sites.

ROLE OF DIET

Of the many possible environmental factors that might account for the variations in cancer incidence among ethnic groups in Hawaii, diet seems likeliest. Hawaii has generally low levels of air or water pollution and little regional variation within the state[1]. Hawaii also has little heavy industry. The main differences in environmental exposures among the ethnic groups pertain to lifestyle. Chief among these lifestyle differences is diet.

Table 2. Trends in Cancer Incidence of Selected Sites and Ethnic Groups in Hawaii, 1962-1977

Cancer Site	Sex	Ethnic Group	Rate per 100,000 Population[a]				
			1962-65	1966-69	1970-73	1974-77	1978-81
Lung	M	Filipinos	15.9	20.2	20.6	26.3	27.3
Breast	F	Filipinos	18.2	22.6	22.6	25.6	36.2
Prostate	M	Caucasians	33.7	34.4	27.3	59.6	69.0
Stomach	F	Japanese	26.9	24.5	18.1	17.4	14.6
Colon	M	Japanese	19.1	25.4	22.3	27.3	34.2

[a]Age-adjusted to the World Population Standard[4]

Table 3. Comparison of Cancer Incidence for Selected Sites between Japanese in Hawaii and Fukuoka, Japan, 1973-77

Cancer Site	Incidence Rate per 100,000 Population[a]			
	Males		Females	
	Hawaii	Fukuoka	Hawaii	Fukuoka
Breast	--	--	47.1	15.5
Prostate	35.9	4.1	--	--
Stomach	34.0	75.0	15.1	38.4
Colon	27.5	8.1	18.8	6.7

[a]Age-adjusted to the World Population Standard[4]

During the period 1975-1980, we collected dietary information from representative samples of the adult population of the state of Hawaii. This information was obtained by direct personal interview in the home and included all ethnic groups. Although more than 50,000 persons were sampled for broad categories of dietary intake, detailed information that could be used to estimate nutrient intakes was only collected on a smaller subset of approximately 5,000 subjects.

Table 5 compares the five major ethnic groups in Hawaii on intakes of a variety of foods and nutrients based on data from this survey[7]. From this table, it is evident that not only food preferences, but also overall nutrient intakes vary among these groups. These differences could provide an explanation for at least some of the observed differences in cancer incidence by ethnicity within the population of Hawaii.

We have compared these dietary patterns with cancer incidence rates in several analyses. For example, we correlated dietary fat, protein and carbohydrate intake for different ethnic, sex and age groups with corresponding cancer incidence rates and found certain significant associations[8], as shown in Table 6.

On further study, the fat association with prostate cancer was confirmed in a case-control study among five ethnic groups, although the relationship was apparent only in men 70 or more years of age[9]. The finding for fat and breast cancer was also seen in a case-control study among Caucasian and Japanese women in Hawaii[10] (Table 7).

Another example of a relationship between diet and cancer in this population concerns cholesterol. We found a significant positive association between dietary cholesterol and lung cancer risk in both a correlational analysis[8] and in a subsequent case-control study[11] (Table 8).

Analyses of alcohol consumption also showed significant correlations[12-14]. Table 9 shows an ethnic comparison of mean alcohol

Table 4. Comparison of Cancer Incidence for Selected Sites between First Generation (Issei) and Second Generation (Nisei) Japanese in Hawaii, 1973-1977

Cancer Site	Incidence Rate per 100,000 Population[a]			
	Males		Females	
	Issei	Nisei	Issei	Nisei
Breast	--	--	35.9	57.2
Prostate	35.2	21.1	--	--
Stomach	46.9	28.5	22.9	13.2
Colon	29.2	28.0	19.4	18.8
Lung	47.2	28.0	17.5	9.1

[a]Age-adjusted to the World Population Standard[4]

Table 5. Ethnic Differences in Average Daily Food and Nutrient Intake in Hawaii, 1975-1980[a]

Food or Nutrient	Caucasian	Japanese	Chinese	Filipino	Hawaiians
			MEN		
Rice (g)	90.2	339.9	237.2	431.9	218.6
Beef (g)	51.4	40.4	41.1	34.6	46.5
Broccoli (g)	6.8	4.2	5.9	3.6	4.8
Fat (g)	81.9	68.0	72.1	57.9	74.8
Protein (g)	69.6	66.0	65.3	61.8	69.1
Vitamin C (mg)	305.6	292.4	200.7	136.1	262.6
			WOMEN		
Rice (g)	59.8	211.8	172.5	300.6	133.7
Beef (g)	37.0	30.5	30.9	24.2	34.5
Broccoli (g)	7.1	4.3	6.2	3.5	3.9
Fat (g)	63.0	53.0	56.7	48.1	58.7
Protein (g)	54.4	51.3	53.8	51.2	53.4
Vitamin C (mg)	349.9	288.1	227.3	208.1	239.2

[a]Age-adjusted by analysis of covariance

intake levels, as well as the correlation between consumption and the incidence of cancers of the oropharynx and esophagus[14].

There is also consistency between some of the previous dietary findings and observations on the Japanese migrants. For example, alcohol use and cholesterol intake in the migrant generations show the same correspondence with esophageal and lung cancer incidence, respectively, as was seen in the correlational analyses among the five ethnic groups[15] (Table 10).

Table 6. Significant Correlations between Mean Daily Nutrient Intakes and Cancer Incidence for 10 Ethnic-Sex Groups in Hawaii

Cancer Site	Correlation Coefficient[a]			
	Saturated Fat	Animal Protein	Cholesterol	Complex Carbohydrate
Breast	0.95	0.92	--	-0.71
Corpus uteri	1.00	0.96	--	-0.82
Prostate	0.87	0.83	--	--
Lung	--	--	0.94	--

[a]Partial correlation cofficient, adjusted for sex where appropriate

Table 7. Odds Ratios for Saturated Fat Intake and Risk of Cancers of the Breast and Prostate

Intake Quartile	Breast Cancer[a]		Prostate Cancer[b]
	Japanese	Caucasian	
1 (lowest)	1.0	1.0	1.0
2	1.5 (0.8,3.1)[c]	0.9 (0.4,1.7)	1.1 (0.7,1.7)
3	0.9 (0.5,1.8)	0.8 (0.4,1.8)	1.5 (1.0,2.3)
4 (highest)	2.2 (1.1,4.4)	2.0 (0.9,4.1)	1.7 (1.0,2.8)
	p = .14[d]	p = .08	p = .01

[a]Adjusted for age, age at first birth, age at menopause, history of benign breast disease, and family history of breast cancer by conditional logistic regression analysis.
regression analysis.
[b]Among men ≥70 years, adjusted for age and ethnicity by multiple logistic regression analysis
[c]95% confidence limits
[d]Test for linear trend

Table 8. Association between Dietary Cholesterol Intake and Male Lung Cancer Risk among Five Ethnic Groups in Hawaii

Intake Quartile	Odds Ratio[a]	95% Confidence Limits
1 (low)	1.0	--
2	1.3	0.9 - 2.0
3	1.4	0.9 - 2.1
4 (high)	2.0	1.3 - 3.1

[a]Adjusted for age, sex, ethnicity, pack-years of smoking, occupational status and vitamin A intake by multiple logistic regression analysis

COMMENT

The data presented in this review indicate that environmental, especially dietary, influences are major determinants of risk for cancers of such sites as the breast, prostate, stomach, colon and lung. There is probably little reason to consider other sources of phenotypic variation to explain group differences in risk for these cancer sites. Indeed, available evidence suggests that purely genetic factors probably account for less than 2% of cancer incidence overall[16-17] and are not of public health significance. On the other hand, despite widespread exposure to such risk factors as dietary fat, not all exposed individuals develop cancer. Possible explanations that might be considered for this observation include the following:

1) The incidence of cancer is a stochastic phenomenon. Since the interaction between the carcinogen and the genome of the cell is a chance occurrence, only a small fraction of appropriately exposed individuals will develop cancer during their lifetimes. However, while this explanation can account for variations in risk among similarly-exposed individuals, it does not explain group differences, such as the more than 2-fold greater lung cancer incidence in Hawaiian than Japanese men, despite comparable cigarette smoking rates in the two groups.

Table 9. Alcohol Intake Levels and Correlations with Cancer Incidence[a] for 10 Ethnic-Sex Groups in Hawaii, 1975-1980

	Mean Intake (g/d)					Correlation Coefficient (r)	
Sex	Cauc.	Japn.	Chin.	Fili.	Hawn.	Esophageal Cancer	Oropharyngeal Cancer
M	15.4	8.9	4.4	7.1	14.1	0.70	0.80
F	5.3	0.5	0.4	0.8	3.0		

[a]Age-adjusted to 1970 U.S. Standard Population

Table 10. Correspondence between Dietary Intakes and Cancer Incidence for Japanese Migrants in Hawaii

		Males		Females	
Cancer Site		Issei	Nisei	Issei	Nisei
Esophagus	Incidence Rate[a]	8.5	2.0	0.6	0.3
	Alcohol Use[b]	46.5	37.3	11.2	7.5
Lung	Incidence Rate[a]	47.2	28.0	17.6	9.1
	Cholesterol Intake[c]	356.3	326.7	273.3	246.2

[a]Per 100,000 population, age-adjusted to the World Population Standard[4]
[b]Regular drinkers (at least one drink per week)
[c]Mean daily intake (mg)

2) The etiology of cancer is multifactorial, involving complex interactions between both risk and protective factors in the environment. Examination of only one or two of these variables can lead to errors in assessment of true risk in individuals or groups. For example, differences in consumption of carotenes may partially explain why some heavy smokers do not develop lung cancer. Other environmental factors may act even more indirectly, influencing the body's general response to carcinogenic exposures through effects on the immune or other systems.

3) Genetic factors may influence responses to environmental exposures to carcinogens. For example, there may be sufficient variability in the inducibility of enzymes involved in the activation or deactivation of carcinogens (such as aryl-hydrocarbon-hydroxylase) to account for at least some variations in risk at the individual or group level.

We can examine variations in cancer rates among genetically homogeneous population groups to estimate the minimal contribution of the environment to risk for certain sites. For example, from the incidence data for Fukuoka Prefecture and the Nisei population in Hawaii, one could infer that at the very least, 73% of the incidence of breast cancer among Nisei women in Hawaii is attributable to environmental influences (Table 11). Similarly, for the other sites shown, the minimal environmental influence ranges from 62% to 81%. It is unlikely, however, that even the cancer levels in the low risk groups in the table represent non-environmental factors or influences.

Table 11. Estimated Minimal Contributions of Environmental Factors to Risk for Selected Cancers among Japanese in Hawaii

		Incidence per 100,000 Population[a]		Minimal Environmental
Cancer Site	Sex	Fukuoka	Nisei in Hawaii	Contribution to Risk
Stomach	M	75.0	28.5	62.0%
Colon	F	6.7	18.8	64.4%
Breast	F	15.5	57.2	72.9%
Cervix (invasive)	F	19.4	5.2	73.2%
Prostate	M	4.1	21.1	80.6%

[a]Age-adjusted to the World Population Standard[4]

REFERENCES

1. Hawaii Department of Planning and Economic Development, State of Hawaii data book; a statistical abstract, Honolulu (1985).
2. T. A. Burch, Ethnicity and Health in Hawaii, 1975, R & S Report, No. 23, Research and Statistics Office, State Department of Health, Honolulu, Hawaii (1978).
3. J. W. Horm, A. J. Asire, J. L. Young, Jr., and E. S. Pollack, eds., SEER Program: Cancer Incidence and Mortality in the United States, 1973-81, NIH Publ. No. 85-1837, U.S. Department of Health and Human Services (1984).
4. J. Waterhouse, C. Muir, K. Shanmugaratnam, and J. Powell, eds., Cancer Incidence in Five Continents, Vol. IV, IARC Scientific Publ. No. 42, International Agency for Research on Cancer, Lyon (1982).

5. L. H. Fuchs, Hawaii Pono: A social history, New York:Harcourt, Brace and World, pp. 106-107 (1961).
6. L. N. Kolonel, M. W. Hinds, and J. H. Hankin, Cancer patterns among migrant and native-born Japanese in Hawaii in relation to smoking, drinking, and dietary habits, in: Genetic and Environmental Factors in Experimental and Human Cancer, H. V. Gelboin, et al., eds., Japan Scientific Society Press, Tokyo, pp. 327-40 (1980).
7. L. N. Kolonel, J. H. Hankin, A. M. Y. Nomura, and M. W. Hinds, Studies of nutrients and their relationship to cancer in the multiethnic population of Hawaii, in: The Role of Essential Nutrients in Carcinogenesis,,L. A. Poirier, P. Newberne, and M. Pariza, eds. (in press).
8. L. N. Kolonel, J. H. Hankin, J. Lee, S. Chu, A. M. Y. Nomura, and M. W. Hinds, Nutrient intakes in relation to cancer incidence in Hawaii, Br. J. Cancer 44:332-39 (1981).
9. L. N. Kolonel, M. W. Hinds, A. M. Y. Nomura, J. H. Hankin, and J. Lee, The relationship of dietary vitamin A and C intake to the risk of cancers of the lung, bladder and prostate in Hawaii, Natl. Cancer Inst. Monogr. 69:137-42 (1985).
10. T. Hirohata, A. M. Y. Nomura, J. H. Hankin, L. N. Kolonel, and J. Lee, An epidemiologic study on the association between diet and breast cancer, J. Natl. Cancer Inst. (in press).
11. M. W. Hinds, L. N. Kolonel, J. H. Hankin, and J. Lee, Dietary cholesterol and lung cancer risk in a multiethnic population in Hawaii, Int J. Cancer 32:727-32 (1983).
12. L. N. Kolonel, Smoking and drinking patterns among five ethnic groups in Hawaii, Natl. Cancer Inst. Monogr. 53:81-87 (1979).
13. M. W. Hinds, L. N. Kolonel, J. Lee, and T. Hirohata, Association between cancer incidence and alcohol-cigarette consumption among five ethnic groups in Hawaii, Br. J. Cancer 41:929-40 (1980).
14. L. Le Marchand, L. N. Kolonel, and C. N. Yoshizawa, Alcohol consumption patterns among the five major ethnic groups in Hawaii: correlations with esophageal and oropharyngeal cancer incidence rates, in: Epidemiology of Alcohol Use and Abuse among U.S. Ethnic Minority Groups, Natl. Inst. on Alcohol Abuse and Alcoholism (in press).
15. J. H. Hankin, L. N. Kolonel, K. Yano, L. Heilbrun, and A. M. Y. Nomura, Epidemiology of diet-related diseases in the Japanese migrant population of Hawaii, Proc. Nutr. Soc. Austral. 8:22-40 (1983).
16. J. Higginson, and C. S. Muir, Environmental carcinogenesis: misconceptions and limitations to cancer control, J. Natl. Cancer Inst. 63:1291-1298 (1979).
17. A. G. Knudson, Jr., Genetic predisposition to cancer, in: Origins of Human Cancer, Book A, H. H. Hiatt, J. D. Watson, and J. A. Winston, eds., Cold Spring Harbor Laboratory, pp. 45-52 (1977).

CANCER RISK AND LIFE-STYLE: CANCER AMONG MORMONS FROM 1967-1975

Joseph L. Lyon, John Wl. Gardner, and Dee W. West

Department of Family and Preventive Medicine
University of Utah School of Medicine
Salt Lake City, Utah 84132

Since 1950, the state of Utah has had the lowest cancer mortality of all the states (Mason and McKay 1974). The area now comprising Utah was settled, beginning in 1847 by a religious group that actively advocates certain behaviors which have been found to have a direct bearing on the risk of developing cancer. This religious group, The Church of Jesus Christ of Latter-Day Saints (LDS), commonly called Mormons, has proscribed the use of alcohol, tobacco, coffee, and tea in all forms, for health reasons, for at least 80 years. Additional church teachings emphasize strong families (Spicer and Gustavus 1974), high educational attainment (Hard 1974), and strict sexual mores proscribing premarital and extramarital sexual intercourse for both men and women (Gardner and Lyon 1977).

Since about 70% of the Utah population are presently members of the LDS church, this presents the opportunity to study, in a defined geographic area, two populations sharing the same physical environment but differing in a number of personal habits and behaviors that relate to the risk of developing cancer.

METHODS

There were 20,379 cases of cancer diagnosed in Utah residents in the period 1967-75. These cases were identified by the Utah Cancer Registry, a population-based cancer registry whose operations have been described previously (Lyon et al. 1977; Young et al. 1978). Table 1 shows the percentage of all cancer cases in this period, verified histologically, and the overall percentage for all cancer sites identified by death certificate only. To characterize each cancer case as to religion, we used the central membership files maintained by the LDS church, which have been described elsewhere (Lyon et al 1976, 1978). Briefly, the matching procedure involved search of this file using the individual's name, birthdate, place of residence, and next of kin as matching variables.

Table 1
Utah Cancer Registry from 1966 to 1975, Percentage of Cases by Site Confirmed by Histology

ICD[a]	Site	Percent	ICD[a]	Site	Percent
140	lip	96	181	placenta	95
141	tongue	97	182	corpus uteri	98
142	salivary gland	95	183	ovary-tube-ligament	97
143-145	mouth	97			
146-149	pharynx	97	184	female genital	96
150	esophagus	91	185	prostate	94
151	stomach	86	186	testis	97
152	small intestine	97	187	male genital	98
153	colon	93	188	bladder	98
154	rectum-anus	96	189	kidney	93
155	liver	73	190	eye	92
156	gall bladder	94	191-192	brain and central nervous system	91
157	pancreas	73			
160	nasal cavity-sinus	96	193	thyroid	98
161	larynx	97	194	other endocrine glands	79
162	lung	88			
163	pleura	95		ill-defined sites	81
164	mediastinum	95	199	unknown primary	80
165	respiratory	100	200-202	lymph, non-Hodgkins,	95
170	bone	96			
171	connective tissue	97		Hodgkins	98
172	melanoma	98	204-205	multiple myeloma	91
174	breast	97		acute leukemia	95
175	breast (male)	94		chronic leukemia	93
180	cervix uteri	98		other hemopoietic	83
				Total sites	94

Death certificate only cases, 1967-1975; all cases registered, 20,379; death certificate only, 652.

[a]International Classification of Diseases number.

Populations for the midpoint of the interval 1967-75 were obtained by linear interpolation of annual church censuses. The age distribution was estimated from a 5% systematic sample of the church population taken in August 1971 (Lyon et al. 1976, 1978). The non-LDS population was obtained by subtraction of the LDS from the total state population, which was derived by linear interpolation of the 1970 U.S. census and a 1975 population estimate from the State Bureau of Vital Statistics. The incidence of cancer in the LDS and non-LDS populations for the state was compared to the Third National Cancer Survey (TNCS) white rates, using standardized incidence ratios (SIRs) (Cutler and Young 1975). The expected cases were calculated by applying the TNCS age-specific incidence rates to the respective Utah populations, using 5-year groupings. Statistical significance of the difference for each population from the TNCS and U.S. were determined using the method of Bailar and Ederer (1964), and differences between LDS and non-LDS rates were tested using a modification of the

Mantel-Haenszel procedure controlling for sex and age in 5-year age intervals (Mantel 1963; Lyon et al. 1978). Because of the large proportion of the Utah population residing in the urban areas (approximately 80% at the 1970 census) and the known increased risk to urban residents versus rural residents, we also divided the state into urban and rural areas and calculated rates for each geographic area, using the procedure described above.

Beginning in 1977, we carried out three case-control studies in the State of Utah, using a random digit dialing (RDD) technique to select control groups as representative of the state general population. The overall response rate from the control group was 85% with the majority of non-completions being due to individuals moving between the time of ascertainment through the telephone census and t he time when they were approached by an interviewer.

The control groups, although randomly drawn from the general population of the state, generally had age distributions reflecting a disease under study. Weighting factors were therefore necessary to adjust their responses to the general population of the state.

RESULTS

Of the 20,379 cases, 439 (2.2%) were excluded because of inability to ascertain religion, and an additional 187 (0.9%) because no county residence was available (63 LDS and 124 non-LDS cases). Of the 19,753 cases remaining, 12,112 were classified as LDS (9,002 urban and 3,110 rural) and 7,641 were classified as non-LDS (6,158 urban and 1,483 rural). Tables 2-5 present SIRs by cancer site for both LDS and non-LDS populations of the state. Figures 1-8 contain the same data, represented graphically.

Utah's comparative advantage in cancer incidence, compared to the U.S. population, is clearly reflected and is contributed exclusively by the LDS portion of the state population. The non-LDS have cancer rates slightly higher than expected from the TNCS. The incidence of cancer for urban and rural areas of the state shows the expected gradient (Haenszel et al. 1956; Clemmsen and Neilsen 1957; Levin et al. 1960; Buell and Dunn 1967; Haenszel and Dawson 1972), but only for non-LDS men and women. A slight gradient was observed for LDS women, but virtually none for LDS men (Fig. 1).

The cancer sites associated with cigarette use in prior studies (Department of Health, Education, and Welfare 1973)(lung, larynx, tongue, gum and mouth, esophagus, and bladder) demonstrate the largest difference, with the incidence in LDS men and women about 55% less than that of the U.S. population (see Figs. 2 and 3). Non-LDS men and women have SIRs about 7% below that of the U.S. population primarily because of a deficit of lung cancer cases.

For LDS men, there was no difference in cancer risk for the tobacco-related sites by place of residence, but for LDS women there was a small (8%) but significant difference. For non-LDS, large urban-rural gradients were present for all cancers related to tobacco.

For digestive tract sites of stomach, pancreas, and colon and rectum (see Figs. 4, 5, and 6), significant differences between the two religious groups were present, with the LDS substantially lower than the non-LDS. Again, these same sits (particularly colon) demonstrated an urban-rural difference for the two religious groups, with the

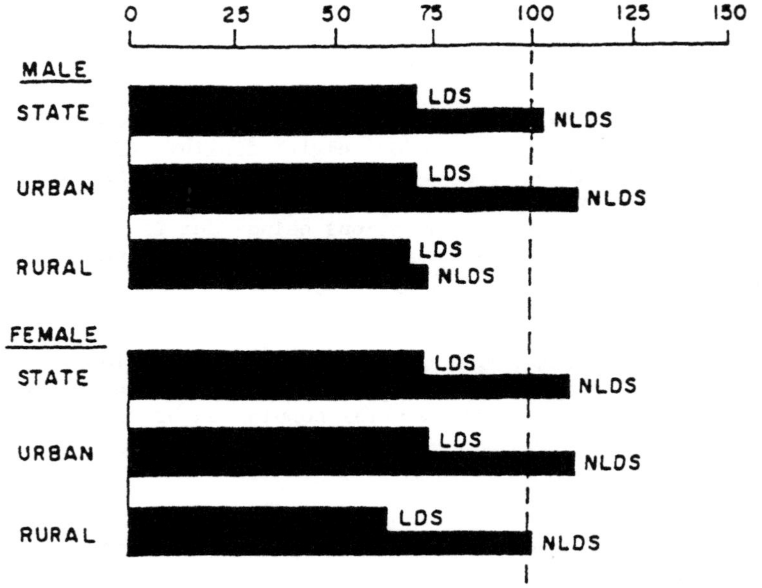

Figure 1
SIRs for men and women by religion and residence--all sites

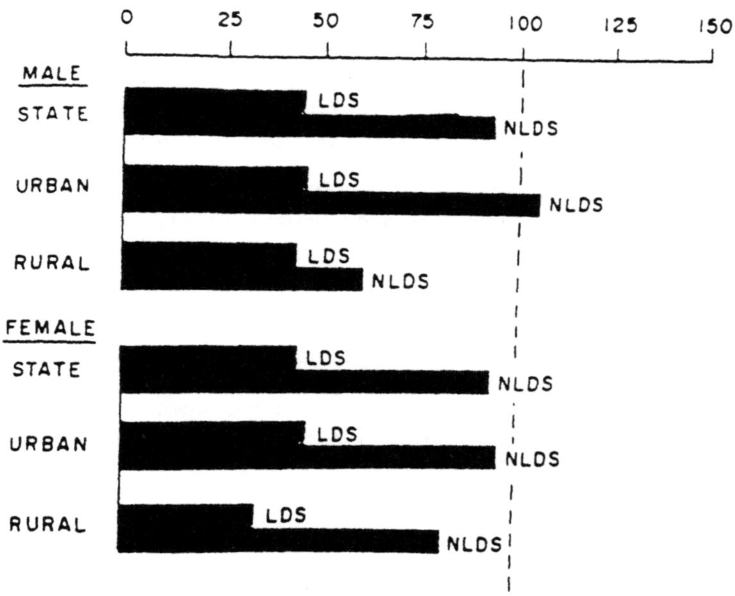

Figure 2
SIRs for men and women by religion and residence for smoking associated sites (mouth, pharynx, larynx, lung, esophagus, bladder)

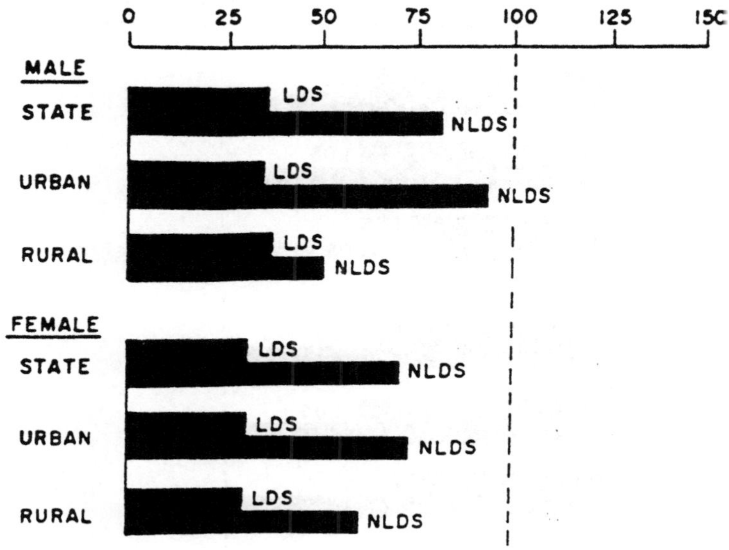

Figure 3
SIRs for men and women by religion and residence for lung

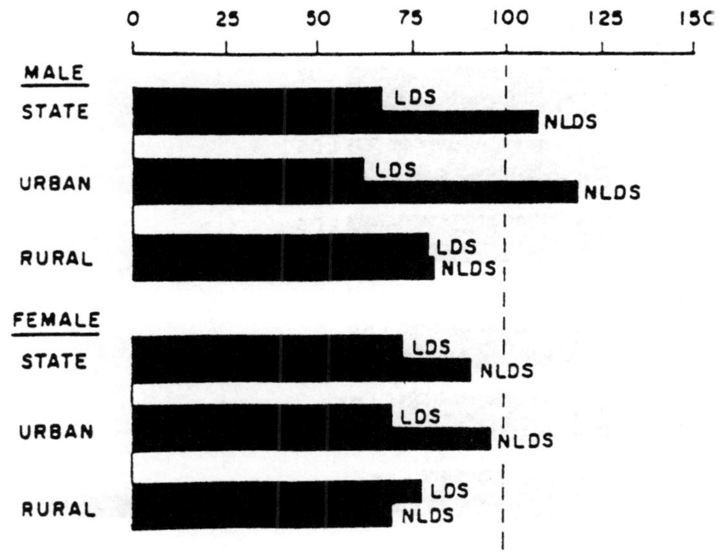

Figure 4
SIRs for men and women by religion and residence for stomach

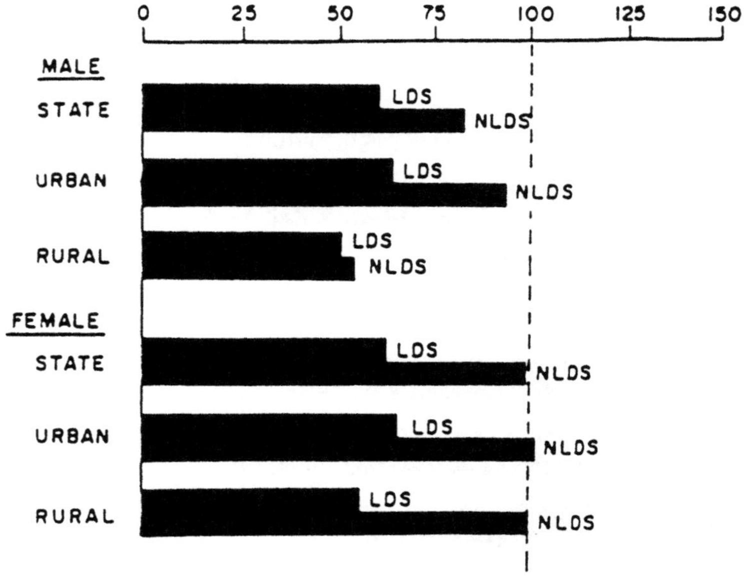

Figure 5
SIRS for men and women by religion and residence for colon-rectum

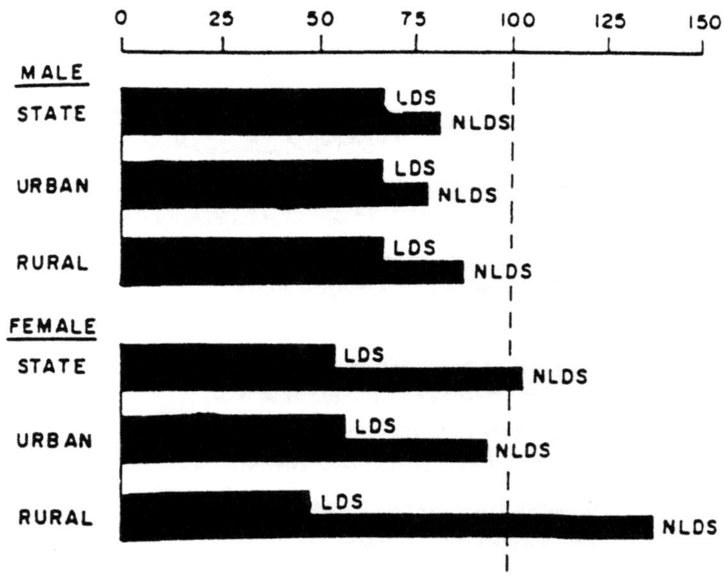

Figure 6
SIRs for men and women by religion and residence for pancreas

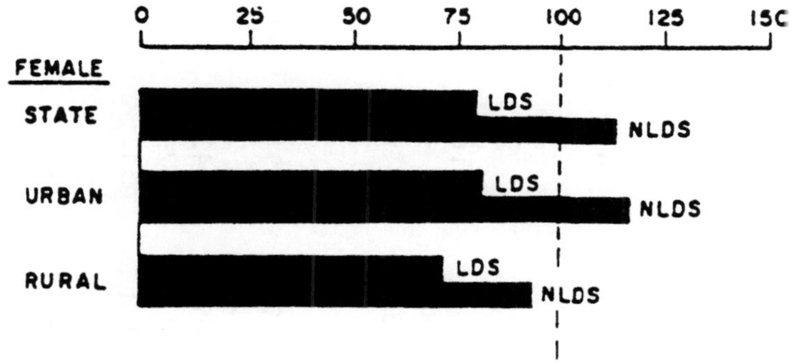

Figure 7
SIRs for women by religion and residence for breast

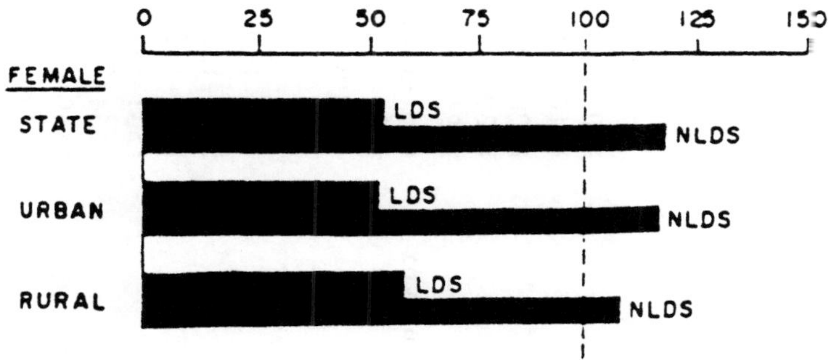

Figure 8
SIRs for women by religion and residence for uteri-invasive

Table 2

Observed and Expected Numbers and SIRs for Cancers by Site Occurring Among Utah LDS Males and Females 1967–75

Primary site of malignant neoplasms	MOTNAC[a] topography code number[b]	Male			Female		
		number observed	number expected	SIR[g]	number observed	number expected	SIR[g]
Total malignant neoplasms		6070	8347.6	73†	6105	8050.0	76†
Lip, oral cavity, and pharynx		(434)	(413.2)	(105)	(91)	(158.9)	(57)
Lip	1400–1409	294	100.4	294†	26	7.9	329†
Tongue	1410–1419	31	76.0	41†	13	32.2	40†
Salivary glands	1420–1429	28	30.7	91	19	27.0	70
Gum and mouth	1430–1459	38	94.5	40†	16	52.6	30†
Nasopharynx	1471–1479	14	17.6	80	9	7.2	125
Other and unspecified pharynx	1461–1469, 1480–1489, 1499	29	93.8	31†	8	29.6	27†
Digestive organs and peritoneum		(1326)	(2137.1)	(62)†	(1191)	(1844.9)	(65†)
Esophagus	1500–1509	42	111.6	38†	7	39.1	18†
Stomach	1510–1519	216	323.1	67†	142	192.2	74†
Small intestine	1520–1529	24	23.3	103	22	19.0	116
Colon	1531–1539, 544[c]	489	787.7	62†	542	869.3	62†
Rectum, rectosigmoid junction, and anal canal	1540–1542, 1549	257	425.6	60†	225	324.7	69†
Liver	1550	32	71.2	45†	21	40.8	51†
Gallbladder	1560	22	26.4	83	53	64.6	82
Other biliary	1551, 1561–1569	28	38.3	73	31	30.3	102

Primary site of malignant neoplasms	MOTNAC[a] topography code number[b]	Male			Female		
		number observed	number expected	SIR[g]	number observed	number expected	SIR[g]
Pancreas	1570–1579	198	287.7	69†	122	214.2	57†
Retroperitoneum, peritoneum, and unspecified digestive organs including abdomen	1580–1588, 1599	18	40.1	45†	26	48.3	54†
Respiratory system		(745)	(1924.5)	(39)†	(166)	(461.3)	(36)†
Larynx	1610–1619	77	196.1	39†	10	26.4	38†
Lung	1620–1622, 623–624[c]	639	1691.8	38†	137	414.7	33†
Other respiratory organs including pleura, mediastinum, intrathoracic site	1600–1609, 1630–1639, 649[c]	29	36.6	79	19	19.5	97
Bones and joints	1700–1709	41	28.4	144*	19	22.9	83
Connective subcutaneous and other soft tissues	1710–1719	65	61.9	105	60	51.2	117
Melanomas–skin	1730–1739 for M-8723–8783	150	126.3	119*	183	137.1	133†
Breast	1740–1749	17	17.4	98	1786	2184.4	82†

Continued

Table 2 – *Continued*

Primary site of malignant neoplasms	MOTNAC[a] topography code number[b]	Male number observed	Male number expected	Male SIR[g]	Female number observed	Female number expected	Female SIR[g]
Female genital system					(1259)	(1635.7)	(77)†
Cervix-in-situ[d]	1800–1809 for M-8-2				517		
Cervix	1800–1809 excluding M-8-2				252	455.1	55†
Corpus uteri	1820				609	602.0	101
Uterus, NOS	1829				29	68.5	42†
Ovary	1830				308	419.0	74†
Vagina	1840				5	17.2	29†
Vulva and clitoris	1842, 1843				23	52.9	43†
Other female genital	1810, 1832–1839, 1849				33	19.6	168†
Male genital system		(1589)	(1471.7)	(108)†			
Prostate	1859	1453	1332.5	109†			
Testis	1869	127	111.3	114†			
Penis	1870	7	22.8	31†			
Scrotum and other male genital	1871–1874, 879[c]	2	4.2	48			
Urinary system		(519)	(793.3)	(65)†	(219)	(318.3)	(69)†
Bladder	1889	370	558.2	66†	132	183.9	72†
Kidney and renal pelvis	1890, 1891	135	212.9	63†	77	121.0	64†

Primary site of malignant neoplasms	MOTNAC[a] topography code number[b]	Male			Female		
		number observed	number expected	SIR[g]	number observed	number expected	SIR[g]
Other urinary organs	1892–1898, 899[c]	14	21.7	65	10	13.2	76
Eye	1900–1909	27	23.3	116	29	24.3	119
Nervous system		(142)	(166.6)	(85)	(141)	(136.8)	(103)
Brain	1910–1919 except M-9533						
Other nervous system	1920–1920 and 1910–1919 for M-9533						
Endocrine system		(67)	(76.6)	(87)	(193)	(182.4)	(106)
Thyroid	1930–1931	57	61.6	93	182	172.1	106
Other endocrine glands	1940–1949	10	15.0	67	11	11.0	100
Lymphomas		(371)	(396.7)	(94)	(248)	(312.2)	(79)†
Lymphosarcoma and reticulum cell sarcomas all sites[c]	M-9613, M-9623, M-9633, M-9643	197	204.2	96	139	166.9	83*
Hodgkin's disease all sites[c]	M-9653–M-9683	130	128.2	101	67	95.7	70†

Continued

Table 2 – *Continued*

Primary site of malignant neoplasms	MOTNAC[a] topography code number[b]	Male number observed	Male number expected	Male SIR[g]	Female number observed	Female number expected	Female SIR[g]
Other lymphomas including mycosis fungoides all sites[e]	M-9593, M-9603, M-9693–9723 M-9743, M-9753, T-1692, T-1690 T-1692, T-698[c], T-1699 except M-9803–9933	44	64.6	68†	42	50.2	84
Multiple myeloma all sites[e]	M-9733	78	93.3	84	65	80.9	80
Leukemia		(244)	(345.6)	(71)†	(207)	(244.1)	(85)*
Lymphatic (lymphocytic) all sites							
Acute	M-9825	54	53.0	102	45	35.1	128
Chronic	M-9827	47	86.7	54†	28	54.7	51†
Other	M-9823, M-9828–9829	8	13.6	59†	5	11.1	45
Other leukemia (granulocytic, *monocytic, etc.*) all sites							
Acute	M-9805, M-9865, M-9895	75	103.6	72†	74	80.8	92
Chronic	M-9807, M-9867, M-9897	38	51.5	74	34	33.8	101

Primary site of malignant neoplasms	MOTNAC[a] topography code number[b]	Male			Female		
		number observed	number expected	SIR[g]	number observed	number expected	SIR[g]
Other	M-9803–9933 except those specified above under leukemia	22	36.4	60*	21	28.9	73
Other and unknown primary	1543, 589[c] 1730–1739[f] except M-8723–M-8793 and M-8003, M-8013 M-8073 and M-8093, 1960–1969 except M-9593–9933, 1991	255	271.8	94	248	255.3	97

[a] Manual of Tumor Nomenclature and Coding.
[b] In certain places morphologic code numbers must be taken into account.
[c] TNCS special code.
[d] If carcinoma-in-situ of cervix figures are available, include here, but exclude from any total figures for malignant neoplasms.
[e] All sites for the specific types of lymphomas are being placed here, even extranodal lymphomas (e.g., lymphosarcoma of stomach). This is a different rule than was followed in TNCS.
[f] Exclude superficial skins.
[g] †$p < .05$; *$p < .01$.

Table 3

Observed and Expected Numbers and SIRs for Cancers by Site Occurring among Utah non-LDS Males and Females, 1967-75

Primary site of malignant neoplasms	MOTNAC[a] topography code number[b]	Male number observed	Male number expected	Male SIR[g]	Female number observed	Female number expected	Female SIR[g]
Total malignant neoplasms		3943	3708.5	(106)†	3822	3314.3	115†
Lip, oral cavity, and pharynx		(320)	(197.0)	(162)*	(96)	(65.8)	(146)†
Lip	1400-1409	169	47.0	360†	17	3.1	548†
Tongue	1410-1419	46	36.3	127	22	13.3	165*
Salivary glands	1420-1429	20	13.6	147	13	10.7	121
Gum and mouth	1430-1459	44	45.2	97	28	22.2	126
Nasopharynx	1471-1479	5	8.7	57	5	3.0	167
Other and unspecified pharynx	1461-1469, 1480-1489, 1499	36	46.1	78	11	12.5	88
Digestive organs and peritoneum		(838)	(943.1)	(89)†	(745)	(739.5)	(101)
Esophagus	1500-1509	57	50.2	114	13	15.8	82
Stomach	1510-1519	153	139.1	110	68	76.4	89
Small intestine	1520--1529	13	11.0	118	15	7.7	195*
Colon	1531-1539, 544[c]	311	343.5	91	372	348.4	107
Rectum, rectosigmoid junction, and anal canal	1540-1542, 1549	144	191.9	75†	122	131.4	193
Liver	1550	18	31.9	56†	10	16.1	62
Gallbladder	1560	15	10.9	138	30	25.3	119
Other biliary	1551, 1561-1569	10	17.3	58	11	12.2	90

Primary site of malignant neoplasms	MOTNAC[a] topography code number[b]	Male			Female		
		number observed	number expected	SIR[g]	number observed	number expected	SIR[g]
Other urinary organs	1892–1898, 899[c]	10	10.0	100	7	5.3	132
Eye	1900–1909	15	10.5	143	13	9.8	133
Nervous system		(71)	(78.8)	(90)	(58)	(55.9)	(104)
Brain	1910–1919 except M-9533						
Other nervous system	1920–1929 and 1910–1919 for M-9533						
Endocrine system		(29)	(33.6)	(86)	(107)	(70.3)	(152)†
Thyroid	1930–1931	22	26.7	82	99	66.2	150†
Other endocrine glands	1940–1949	7	6.7	104	8	4.3	186
Lymphomas		(161)	(170.8)	(94)	(162)	(122.5)	(132)†
Lymphosarcoma and reticulum cell sarcomas all sites[e]	M-9613, M-9623, M-9633, M-9643	94	91.6	103	74	68.2	109
Hodgkin's disease – all sites[e]	M-9653–M-9683	49	50.4	97	53	34.5	154†

Continued

Table 3 – *Continued*

Primary site of malignant neoplasms	MOTNAC[a] topography code number[b]	Male number observed	Male number expected	Male SIR[g]	Female number observed	Female number expected	Female SIR[g]
Female genital system					(799)	(685.8)	(117)†
Cervix-in-situ[d]	1800–1809 for M-8–2				597		
Cervix	1800–1809 excluding M-8–2				232	190.1	122†
Corpus uteri	1820				324	255.5	127†
Uterus, NOS	1829				11	28.6	38†
Ovary	1830				184	175.2	105
Vagina	1840				9	6.7	134
Vulva and clitoris	1842, 1843				21	21.3	99
Other female genital	1810, 1832-1839, 1849				18	7.6	237†
Male genital system		(763)	(586.4)	(130)†			
Prostate	1859	709	531.3	133†			
Testis	1869	47	42.4	111			
Penis	1870	7	10.5	67			
Scrotum and other male genital	1871–1874, 879[c]	0	1.9	0			
Urinary system		(363)	(355.9)	(102)	(141)	(128.5)	(110)
Bladder	1889	264	247.0	107	86	73.4	117
Kidney and renal pelvis	1890, 1891	89	98.8	90	48	49.7	97

Primary site of malignant neoplasms	MOTNAC[a] topography code number[b]	Male			Female		
		number observed	number expected	SIR[g]	number observed	number expected	SIR[g]
Pancreas	1570–1579	108	128.6	84	92	86.3	107
Reptroperitoneum, peritoneum, and unspecified digestive organs including abdomen	1580–1588, 1599	8	7.4	108	8	5.8	138
Respiratory system		(829)	(924.6)	(90)†	(163)	(193.9)	(84)*
Larynx	1610–1619	118	96.7	122*	16	11.2	143
Lung	1620–1622, 623–624[c]	684	811.5	84†	129	174.6	74†
Other respiratory organs including pleura, mediastinum, and intrathoracic site	1600–1609, 1630–1639, 649[c]	27	16.4	165*	18	7.7	234†
Bones and joints	1700–1709	19	11.0	173*	12	8.4	143
Connective subcutaneous and other soft tissues	1710–1719	46	26.3	175†	36	20.2	178†
Melanomas–skin	1730–1739 for M-8723–8783	89	56.7	157	111	55.6	200†
Breast	1740–1749	9	8.1	111†	1084	927.0	117†

Continued

Table 3 – *Continued.*

Primary site of malignant neoplasms	MOTNAC[a] topography code number[b]	Male number observed	Male number expected	Male SIR[g]	Female number observed	Female number expected	Female SIR[g]
Other lymphomas including mycosis fungoides all sites[c]	M-9593, M-9603 M9693–9723, M-9743, M-9753, T-1692, T-1690, T-1692, T-698[c], T-1699 except M-9803–9933	18	28.8	63*	35	20.1	174†
Multiple myeloma all sites[c]	M-9733	44	42.0	105	39	32.4	120
Leukemia		(141)	(144.4)	(98)	(85)	(95.5)	(89)
Lymphatic (lymphocytic) all sites[c]							
Acute	M-9825	23	22.7	101	21	13.6	154
Chronic	M-9827	35	36.1	97	15	21.6	69
Other	M-9823, M-9828–9829	7	5.3	132	2	4.2	48
Other leukemia (granulocytic, monocytic, etc.) all sites							
Acute	M-9805, M-9865, M-9895,	38	43.6	87	23	31.2	74
Chronic	M-9807, M-9867, M-9897	24	21.0	114	18	13.4	134
Other	M-9803–9933 except those specified above under leukemia	14	15.2	92	6	11.3	53

Primary site of malignant neoplasms	MOTNAC[a] topography code number[b]	Male			Female		
		number observed	number expected	SIR[g]	number observed	number expected	SIR[g]
Other and unknown primary	1543, 589[c] 1730–1739[f] except M-8723–M-8793 and M-8003, M-8013, M-8073 and M-8093, 1960–1969 except M-9593–9933, 1991	206	119.0	173†	171	102.9	166†

[a] Manual of Tumor Nomenclature and Coding.
[b] In certain places morphologic code numbers must be taken into account.
[c] TNCS special code.
[d] If carcinoma-in-situ of cervix figures are available, include here, but exclude from any total figures for malignant neoplasms.
[e] All sites for the specific types of lymphomas are being placed here, even extranodal lymphomas (e.g., lymphosarcoma of stomach). This is a different rule than was followed in TNCS.
[f] Exclude superficial skins.
[g] †$p < .05$; *$p < .01$.

Table 4

Cancer Incidence in Utah, 1967–75, by Religion and Residence

			LDS			Non-LDS		
ICD[a]	Site	Sex	urban[b]	rural[b]	difference[c]	urban[b]	rural[b]	difference[c]
140–207	all sites	M	73†	72†	–	115†	76†	$p = .0005$
		F	78†	67†	$p = .02$	116†	105	–
	tobacco-related sites	M	44†	43†	–	106	59†	$p = 10^{-5}$
		F	46†	33†	$p = .01$	97	86	–
141, 143–9	oral cavity and pharynx	M	39†	39†	–	108	54†	$p = .0006$
		F	41†	30†	–	128	127	–
150	esophagus	M	36†	38†	–	134	63	$p = .02$
		F	21†	9†	–	79	97	–
161	larynx	M	39†	37†	–	130*	90	$p = .08$
		F	41†	28†	–	157	86	–
162	lung	M	37†	39†	–	96	54†	$p = .00003$
		F	33†	32†	–	76†	64*	–
188	bladder	M	69†	59†	–	122†	66†	$p = .002$
		F	83	41†	$p = .0006$	12	107	–
140	lip	M	250†	370†	$p = .004$	304†	406†	–
		F	296†	357†	–	431†	808†	–
151	stomach	M	62†	80	–	120	81	$p = .05$
		F	72†	78		95	62	–
153	colon	M	67†	49†	$p = .02$	104	54†	$p = .0003$
		F	66†	53†	$p = .09$	105	112	–
154	rectum	M	62†	55†	–	78*	57†	–
		F	69†	68†	–	95	70	–
157	pancreas	M	69†	69†	–	81	91	–
		F	60†	50†	–	98	144	–

exception of non-LDS women. Interestingly, among the LDS we found significantly lower rates of cancers of the colon and stomach, a pattern not generally seen elsewhere in the world (Waterhouse et al 1976).

Cancer of the female breast showed a significant difference between the two religious groups and demonstrated an urban-rural gradient in both groups (see Fig. 7). Cancer of the uterine cervix demonstrated the largest difference in a nontobacco-related site and, for LDS women, had slightly lower urban incidence than rural incidence. The reverse was not, however, held for the non-LDS (see Fig.8).

Finally, cancers of the prostate and lip and malignant melanoma both demonstrated rates above expectation. Tables 2-5 contain information concerning different risk factors in the LDS population. These tables contain a proportion of respondents reporting Church membership, and a proportion of the smokers of each of the control groups, the information on education level, marital status, reproductive and sexual factors, and preliminary data on the use of fats in cooking.

Significant differences between the two religious groups and their reported use of alcohol, tobacco, coffee, and tea are striking, as are differences in marital status and reproductive factors.

DISCUSSION

The validity of the data in the Utah Cancer Registry has been discussed in a number of prior publications (Lyon et al. 1976), 1977, 1978).

Cancer Associated with Cigarette and Alcohol Use

Much of the difference in cancer incidence between Utah and the remainder of the U.S. occurs because of the strikingly lower rates in the LDS population at certain cancer sites. Using the formulas for attributing an etiologic fraction to an incidence rate (MacMahon and Pugh 1970), and using the state incidence rate and the control-group data on smoking to estimate the incidence in the unexposed, we find that for lung cancer the predicted incidence explains 96% of the difference observed between the LDS and the state rates. however, applying the same formula to cancer of the larynx leaves a residual of about 22% (LDS rates are 22% less than predicted if smoking were the single risk factor involved and using a relative risk of 5). This finding, however, is compatible with the reported synergistic association between alcohol and tobacco for cancers of the oral cavity, larynx, and esophagus (Rothman 1975).

The urban-rural cancer risk reported in previous studies does not hold for LDS men, but is quite striking in non-LDS men and women. Again, past explanations have attempted to implicate air pollution as a causal factor (Dean 1966; Shy 1976). The paucity of any gradient in the LDS population, particularly males, is counter to this explanation. Unfortunately, our case-control studies did not contain an adequate number of rural residents to permit precise estimates of smoking for LDS and non-LDS by rural areas.

The issue of whether smoking-related cancer explains the differences between Utah and the remainder of the U.S. can partly be

Table 5
Cancer Incidence in Utah, 1967-75, by Religion and Residence

			Urban			Rural		
ICD[a]	Site	Sex	LDS[b]	non-LDS[b]	difference[c]	LDS[b]	non-LDS[b]	difference[c]
140–207	all sites	M	73†	115†	$p < 10^{-5}$	72†	76†	
		F	78†	116†	$p < 10^{-5}$	67†	105	$p = .0000$
	tobacco-related sites	M	44†	106	$p < 10^{-5}$	43†	59†	$p = .009$
		F	46†	97	$p < 10^{-5}$	33†	86	$p = 10^{-5}$
141, 143–9	oral cavity and pharynx	M	39†	108	$p < 10^{-5}$	39†	54†	–
		F	41†	128	$p < 10^{-5}$	30†	127	$p = .0002$
150	esophagus	M	36†	134	$p < 10^{-5}$	38†	63	–
		F	21†	79	$p = .0004$	9†	97	$p < 10^{-5}$
161	larynx	M	39†	130*	$p < 10^{-5}$	37†	90	$p = .006$
		F	41†	157	$p = .0003$	28	86	–
162	lung	M	37†	96	$p < 10^{-5}$	39†	54†	$p = .03$
		F	33†	76†	$p < 10^{-5}$	32†	64*	$p = .009$
188	bladder	M	69†	122†	$p < 10^{-5}$	59†	66†	
		F	83	120	$p < 10^{-5}$	41†	107	$p = .02$
153	colon	M	67†	104	$p = .0001$	49†	54†	–
		F	66†	105	$p < 10^{-5}$	53†	112	$p = .0004$
154	rectum	M	62†	78*	–	55†	57†	–
		F	69†	95	$p = .04$	68†	70	–
174	breast	F	84†	121†	$p < 10^{-5}$	74†	97	$p = .03$
180	cervix-in-situ[d]	F			$p < 10^{-5}$			$p < 10^{-5}$
	invasive	F	54†	120*	$p < 10^{-5}$	60†	111	$p = .008$
140	lip	M	250†	304†	–	370†	406†	–
		F	296†	431†	–	357†	808†	–

ICD[a]	Site	Sex	Urban			Rural		
			LDS[b]	non-LDS[b]	difference[c]	LDS[b]	non-LDS[b]	difference[c]
151	stomach	M	62†	120	p = .05	80	81	–
		F	72†	95	–	78	62	–
157	pancreas	M	69†	81	–	69†	91	–
		F	60†	98	p = .005	50†	144	p = .002
173	melanoma	M	125*	164†	p = .06	99	129	
		F	142†	194†	p = .04	108	213	p = .01
182.0	corpus uteri	F	104	130†	p = .02	91	107	–
183.0	ovary	F	76†	108	p = .003	65†	92	–
185	prostate	M	108†	145†	p = .01	111	98	–
		M	62†	92		68*	85	
189.0–1	kidney	F	68†	93	–	52†	109	p = .07

SIRs compared to the TNCS with comparison of LDS to non-LDS.

[a] International Classification of Diseases number.

[b] $*p < .05$, $\dagger p < .01$ indicates significance of difference from TNCS.

[c] p Values from modified Mantel-Haenszel chi-square tet of difference in religious status.

[d] Not included in "all sites" category.

answered by removing these sites from consideration and computing SIRs from remaining observed and expected numbers of cases. For LDS men, an SIR of 87.7 is obtained, and for LDS women, 79.5 if the tobacco-related sites are removed. If we further remove the two sites that were found to be significantly higher for LDS men (lip and prostate), and SIR of 75.7 is obtained. This contrasts with SIRs for non-LSD men and women of 113.6 and 117.6. If we remove cancers of the lip and prostate from consideration in non-LDS men, we obtain an SIR of 101.3. These differences are not explained by tobacco, but must have some other causal factor or factors.

Cancers Not Associated with Smoking

Differences between the LDS and non-LDS populations persist for cancers at a number of sites not associated with cigarette smoking. These include cancers of the stomach, colon, breast, ovary, and uterine cervix. For cancer of the uterine cervix, a more complex pattern emerges between urban and rural risks, with rural LDS risks higher than urban. This may be due to the possible effect of better acceptance of screening in the urban areas. Again, applying the formula for attributable risk in a population to cervical cancer data, some interesting results emerge. If we assume that sexual intercourse with multiple sexual partners is a risk factor (with risk of 4.7 for our control group), we then apply these data to the LDS and non-LDS population to predict the expected LDS incidence from the observed frequent of intercourse with more than one sexual partner. We find that 92% of the LDS rates would be explained by this factor. However, if we used the smaller risk ratio of 2, then only about 77% of the LDS rates would be explained by this factor.

For cancer of the female breast, significant differences were present between LDS and non-LDS. This disease does show an urban-rural gradient for both the LDS and non-LDS in the state.

Finally, cancer of the lip and prostate and melanoma all show incidence significantly above U.S. expectation. The reasons for these excesses are not clear.

Thus, factors in life-style relating to use of alcohol, tobacco, and sexual behavior, appear to have a significant modifying behavior on the risk of cancer for a subset of the U.S. population either compared to other populations in the U.S. or to a similar group sharing the same environment in the state of Utah.

REFERENCES

Bailer, J.C. III and R. Ederer. 1964. Significance factors for the ratio of a Poisson variable to its expectation. Biometrics 10:639.

Buell, P. and J.E. Dunn. 1967. The relative impact of smoking and air pollution on lung cancer. Arch.Environ.Health 15:291.

Clemmsen, J. and A. Neilsen. 1957. Comparison of age-adjusted cancer incidence rates in Denmark and the United States. J.Natl.Cancer Inst. 19:989.

Cutler, S.J. and J.L. Young, eds. 1975. Third National Cancer Survey: Incidence data. DHEW publication number (NIH) 75-787. Government Printing Office, Washington, D.C.

Dean, G. 1966. Lung cancer and bronchitis in Northern Ireland 1960-61. Brit.J.Med. 1:506.

Department of Health, Education, and Welfare. 1973. The health

consequences of smoking. DHEW publication number (HMS) 73-8704. Government Printing Office, Washington, D.C.
Gardner, J.W. and J.L. Lyon. 1977. Low incidence of cervical cancer in Utah. Gynecol.Oncol. 5:68.
Haenszel, W. and E.A. Dawson. 1972. A note on mortality from cancer of the colon and rectum in the United States. Cancer 18:265.
Haenszel, W., S.C. Marcus, and E.T. Zimmerer. 1956. Cancer morbidity in urban and rural Iowa. Public Health Monograph no.37, PHS publication no. 426. Government Printing Office, Washington, D.C.
Hardy, R. 1974. Social origins of American scientists and scholars. Science 185:497.
Levin, M.L., W. Haenszel, and B.E.Carrol. 1960. Cancer incidence in urban and rural areas of New York State. J. Natl.Cancer Inst. 24:1243.
Lyon, J.L., J.W. Gardner, and D.W. West. 1978. "Cancer in Utah, risk by religion and place of residence." Paper read at Workshop on Low Risk Populations, August 23-25, at Snowbird, Utah.
Lyon, J.L., M.R. Klauber, J.W. Gardner, and C.R. Smart. 1975. Cancer incidence in Mormons and non-Mormons in Utah, 1966-1970. N.Engl.J.Med. 194:129.
Lyon, J.L., H.P. Wetzler, J.W. Gardner, M.R. Klauber, and R. R. Williams. 1978. Cardiovascular mortality in Mormons and non-Mormons in Utah, 1969-1971. Am J Epidemiol 108:357.
MacMahon, B. and T. Pugh. 1970. Epidemiology principles and methods, p. 274. Little Brown and Company, Boston.
Mantel, N. 1963. Chi-square tests with one degree of freedom: Extensions of the Mantel-Haenszel procedure. J.Am Stat. Assoc. 58:690.
Mason, T.J. and F.W. McKay. 1974. U.S. cancer mortality 1950-1960. DHEW publication number (NIH) 74-615. Government Printing Office, Washington, D.C.
Rothman, K.J. 1975. Alcohol. In Persons at high risk of cancer (ed., J.F. Fraumeni, Jr.) p. 139. Academic Press, New York.
Shy, C.M. 1976. Lung cancer. In urban environment review and clinical applications of pollution research (eds., A.J. Finkle and W.C. Duel), p.3. Publishing Sciences Group Incorporated, Acton, Massachusetts.
Spicer, J.O. and S.O. Gustavus. 1974. Mormon fertility through half a century: Another test of the Americanization hypothesis. Soc.Biol.21:70.
Waterhouse, J., C. Muir, P. Correa, and J. Powell. 1976. Cancer incidence in 5 continents, vol. III. IARC scientific publication number 15. International Agency for Research on Cancer, Lyon, France.
Young, J.L., Jr., A.J. Asire, and E.S. Pollack, eds. 1978. Cancer incidence and mortality in the U.S. 1973-1976. DHEW publication number (NIH) 78-1837, National Cancer Institute, Bethesda, Maryland.

GENE-ENVIRONMENTAL INTERACTION AS A CAUSE OF HUMAN VARIATION

H. Eldon Sutton

Genetics Institute and
Department of Zoology
The University of Texas at Austin
Austin, Texas 78712

To Mendel has often been attributed the good luck or good judgment of choosing for study traits that were clearly alternative characters and that were free of environmental influence. Galton, on the other hand, studied characteristics that were complex and that often had the potential for alteration by the environment, so-called multifactorial traits. The Galtonian approach, although it uses ever more sophisticated statistical and computational tools, has provided little insight into the mode of action of individual genes. It has, of course, been useful in plant and animal breeding experiments to study the contributions of both genetic and environmental variation and, as we have heard at this symposium, may help us to estimate inherited risk.

During the course of Mendelian analysis in many species, mutant forms have been identified that make an individual more susceptible to environmental influences. In many instances, such mutants do little to clarify an already complex genetic system. In other instances, the mutants may identify new loci and are important in dissecting complex biological systems. Among the more thoroughly studied classes of mutants are the many temperature-sensitive mutants in which a change in the structure of a polypeptide chain leads to increased thermal lability. Even in warm blooded mammals such mutants may be observed, as in the case of Himalayan rabbits, in which fur on colder surfaces is dark, while fur on warm surfaces is albino. Temperature-sensitive mutants occur in humans also, as exemplified by the many unstable variants of hemoglobin and glucose 6-phosphate dehydrogenase. And even the permissive and nonpermissive temperatures of certain mutations in Drosophila find a parallel in human cystic fibrosis.

A number of other mutations are known that make us more sensitive to environmental factors. DNA-repair defects have been studied in many species and occur in humans as well. Xeroderma pigmentosum is associated with deficiencies in excision repair of DNA, causing persons homozygous for this allele to be sensitive to ultraviolet light. While we do not know how to modify the sensitivity, affected persons can reduce the effects by avoiding exposure to the offending agent. In keeping with Muller's classification of mutations based on their phenotypic effects, we may use the term exoalleles to designate those mutations that make us more responsive to environmental variables.

Table 1. Vitamin-responsive inherited metabolic diseases

Thiamine	Cobalamin
branched chain ketoaciduria	ileal transport defect
cerebellar ataxia	inert intrinsic factor
lacticacidosis	intrinsic factor deficiency
megaloblastic anemia	methylmalonic acidemia
	transcobalamin II deficiency
Pyridoxine	
cystathionuria	
homocystinuria	Folic acid
hypochromic anemia	formiminotransferase deficiency
infantile convulsions	homocystinuria + hypo-methioninemia
oxalosis	intestinal malabsorption
xanthurenic aciduria	megaloblastic anemia
Biotin	
beta-methylcrotonyl-glycinuria	Nicotinamide
propionic acidemia	Hartnup disease

From L. E. Rosenberg, 1976, Vitamin-responsive inherited metabolic disorders. Adv. Human Genet., 6:1-74.

In this discussion, I should like to focus on a group of mutations that have been studied very little but that may contribute to normal and abnormal variability. These are low activity enzyme variants. There are good reasons why relatively few such mutants are known. Since we are talking about low activity rather than zero activity, many are not associated with any striking metabolic abnormality. Indeed, many such mutants, perhaps most, are associated with completely normal phenotypes. We know from the number of recessive metabolic disorders that 50% of normal activity is often normal, at least insofar as obvious pathology is concerned. Yet we also learn from these metabolic mutants that the extreme departures from normality that are easily recognized as overt disease are generally the result of complete absence of activity of a specific enzyme.

A model system for low activity mutants is found in hypoxanthine phosphoribosyl transferase (HPRT). Complete absence of activity of the enzyme causes Lesch-Nyhan syndrome, a disorder involving mental retardation and other aberrant functions of the nervous system. The gene for HPRT is on the X chromosome. Therefore, only hemizygous males are deficient. Of special interest are the males with mutant forms of the enzyme and activities on the order of 10% of normal. These males would be considered normal, but they do have a rare form of gout. In this case, the X-linked transmission distinguishes these patients from others with gout, and the elevated uric acid levels suggested HPRT as a possible target for study. Had the locus been autosomal, it is doubtful that this group of patients would be distinguished as yet from the more numerous other patients with gout due to other primary causes.

Another group of mutants that merit special consideration are those that cause vitamin-responsive disorders. Some of these are listed in Table 1. Each of the conditions listed is due to low or absent activity of a specific enzyme and is known in two forms. In one, very large doses of the vitamin that serves as coenzyme will produce a beneficial response. Patients with the second form do not respond to vitamin therapy.

The explanation for this difference lies in the nature of the mutations. Persons who are vitamin responsive produce a variant form of enzyme with a lower affinity for the coenzyme. By simple mass action, increased levels of coenzyme cause more active enzyme to form, thereby allowing the metabolic reaction to occur at a greater rate. Persons who do not respond to large amounts of vitamin have mutant forms of the enzyme that are defective in ways other than reduced affinity for the coenzyme, or they may have a mutation that leads to complete absence of any polypeptide product at that locus.

The vitamin-responsive disorders are known because of the profound defects in development associated with these particular enzyme deficiencies. However, one may speculate that these are but the extreme expressions that are possible. As we know from studies of many other loci, there are likely to be many other mutations that produce apoenzymes with affinities for coenzyme that are reduced but to a lesser extent. These may not be associated with frank abnormality. They may be considered normal variants but they may make us relatively vitamin-dependent. Such a concept was put forth many years ago by Roger J. Williams, who coined the term genetotrophic disease to describe an unusually high requirement for a vitamin or other nutritional element (Williams, Berry, and Beerstecher, 1949). One can imagine mutant forms of an enzyme that have diminished but not absent activity at the usual levels of intake of a particular vitamin but that are fully active at somewhat higher levels.

One question to be addressed is the frequency with which such mutants may occur. No direct answer is possible, but there are several observations that bear on the question. First, we may assume without substantial error that all such mutants are amino acid substitutions, hence nucleotide substitutions at the DNA level. Frameshift mutants, splicing mutants, and deletions would produce a grossly abnormal polypeptide or none at all. Regulatory mutants would produce an altered amount of a completely normal product. Approximately one-third of the nucleotide substitutions produce an amino acid substitution associated with a difference in charge, so-called electromorphic mutants.

The frequency of such mutants in randomly chosen proteins has been estimated in several studies. The most relevant for our purposes would appear to be the studies of H. Harris and associates. These investigators found that 24 of 104 randomly selected enzyme loci are polymorphic in European populations (Harris, 1980). The average heterozygosity for these 104 loci was .063, that is, for any one locus, 6.3% of the population is heterozygous. This figure is slightly higher than reported for studies of 2D gels that also detect nonenzymatic proteins (e.g. Goldman & Merrill, 1983; Takahashi et al., 1986), but I shall use it as representative of the enzymes under discussion. Keeping in mind that the figure is based only on electrophoretic variants, the total heterozygosity should be three times 6.3%, or approximately 20%. Most of this is due to polymorphic variation, although some 1 per 1000 alleles is a rare nonpolymorphic variant.

What this figure means is that for the average enzyme locus, there is an expectation that 20% of the population will be heterozygous for a variant allele associated with an amino acid substitution. Many, probably most of these variant forms function normally. But many will vary somewhat from other normal forms in their properties, including thermal stability, pH optima, and affinities for substrates, coenzymes, and regulatory molecules. Most such variation would not lead to abnormality, even when the variant is homozygous, but some variants would surely be associated with increased risk of metabolic imbalance. Considering the large number of loci that code for enzymes, one can conclude that all of us are heterozygous for many alleles with altered activity. Indeed, most are also homozygous for alleles that produce enzymes with properties distinct from those of the majority of the population.

Table 2. Frequency of G6PD variants with increased Km among all G6PD variants*

Class	N	Electromorphs	Nonelectromorphs
1	67	26/41 (.63)	12/26 (.46)
2	50	16/36 (.44)	6/14 (.43)
3	41	14/38 (.37)	2/3 (.67)
4	22	9/21 (.43)	1/1
Total	180	65/136(.48)	21/44 (.48)

Class 1: severe deficiency.
Class 4: very mild or no deficiency.
*Compiled from V. A. McKusick, 1983, Mendelian Inheritance in Man, 6th ed., Johns Hopkins Univ. Press, Baltimore, pp. 1110-1129.

Such a conclusion is, of course, not surprising to geneticists. However, geneticists have been largely limited experimentally to studying one locus at a time or to estimating the frequencies of recessive lethals that are otherwise not identified. In particular, the opportunities to study environmental interactions have been limited. We do have examples from the field of pharmacogenetics. The best known is the acetylator locus (isoniazid inactivation) in which rapid actylation of various drugs is inherited as a simple dominant trait as opposed to slow inactivation. This polymorphic trait is significant in isoniazid therapy, since, for a given dose, rapid inactivators will have a lower blood level and faster rate of removal.

Another way in which variant forms of enzymes vary is their affinities for cofactors and substrates. I am especially interested in cofactors and should like to ask the question, what fraction of structural variants have diminished binding of cofactors? There is obviously no body of observations that permits us to give a general answer to this question. The best we can do is to examine the one enzyme locus for which a very large number of variants is known, glucose 6-phosphate dehydrogenase (G6PD). This enzyme may well be atypical. Our knowledge of variants is almost certainly biassed in favor of those with diminished enzyme activity. With these caveats, let us see if the available information provides guidance on the question.

The 6th edition of McKusick lists 180 G6PD variants that have information both on electrophoretic mobility and on the affinity for the cofactor NADP. These data are summarized in Table 2. The variants are also broken down into classes based on severity of defect, class 1 being the most severely deficient and class 4 being the least, with very mild or no deficiency. The numerator of each fraction is the number of variants for which an increased Km or other evidence of lower affinity for NADP was available.

It is apparent from inspection of the table that a high proportion of variants, almost half, have an increased Km. This is true whether or not the variant is an electromorph. It is also true even though the deficiency may not be severe, although this group is dominated by the electromorphic variants. With only a mild deficiency, most nonelectromorphic variants would escape attention. I shall use the value 1/2 as the best available estimate of the fraction of structural variants likely to have reduced affinity for cofactor. This value may be high by some unknown amount, but it seems unlikely to be high by an order of magnitude. The same argument can be extended to substrates and other specific regulators.

Among the cofactors that are especially interesting from the genetic viewpoint are the B vitamins. These have been identified primarily by the association of severe deficiencies with various pathological disorders, such as pellagra and beriberi in humans. In addition, a number of Mendelian conditions in humans lead to increased nutritional requirement for a vitamin, the vitamin-responsive disorders mentioned earlier. In each of these cases in which a specific enzyme defect has been identified, the increased requirement is due to a structural alteration of the enzyme molecule that produces a lower affinity for the coenzyme. Increased intake can compensate in part for the low affinity. In addition to cases that are vitamin responsive, there are other clinically identical cases due to enzyme defects that cannot be reversed nutritionally.

These defects illustrate two aspects of vitamin nutrition that have not been fully exploited: (1) Not everyone has the same quantitative requirement. (2) The expression of a deficiency is a function of which enzyme activities are impaired by marginal intake of the various vitamins. Expressed otherwise, our nutritional requirements are determined by the enzyme that is least effective in binding the cofactor in question. The phenotype produced by deficiency of that cofactor depends on the specific enzyme or enzymes that cannot function at the level of cofactor available. Only in the case of gross deficiency do the more sensitive of the normal enzymes drop below a critical threshold of activity, thereby producing the classic deficiency phenotypes.

I should like now to consider one particular cofactor, vitamin B6 or pyridoxal phosphate (PLP), that we have been studying and that I think exemplifies the interaction of genes and environment. Furthermore, I think some of the genes that code for B6 enzymes are good candidates for genes that make certain members of the population susceptible to pathological and degenerative changes. Our reasons for selecting PLP-enzymes are several. One consideration is the very large number of enzymes for which PLP is a cofactor. The various amino acid transaminases, deaminases, decarboxylases, and racemases depend on PLP. It is also involved in beta-elimination and replacement enzymes and transsulfuration. Large amounts are bound to glycogen phosphorylase. In short, there are many dozens of enzymes that depend on PLP for activity.

A second reason for interest in PLP enzymes is that the PLP is bound to the apoenzyme in a reversible Schiff base. The catalytic reactions involve various rearrangements of this structure, but the net effect is that the binding of PLP can be viewed as reversible, dependent both on the concentration of PLP and the dissociation constant of the PLP-apoenzyme complex. The existence of several inherited vitamin B6-responsive disorders (Lui and Lumeng, 1986) suggests that many of the enzymes may have Km's that are not too different from the levels of PLP that are commonly encountered.

A third reason is the involvement of PLP-enzymes in so many of the reactions of the nervous system. The principal signs of vitamin B6 deficiency include disorders of the central nervous system. PLP-enzymes are required for the formation or breakdown of many molecules that are critical to nerve function: dopamine, serotonin, epinephrine, tryptamine, tyramine, histamine, gamma-aminobutyric acid, and taurine (Sturman 1986). Any insight that can be gained into genetic variation in the formation and destruction of these substances is likely to aid in understanding the biological background of behavioral disorders.

These facts led us to attempt to develop a general method of detecting PLP enzymes. The method that we are currently using is based on selective reduction of the Schiff base with tritium-labeled cyanoborohydride at pH 7 (Jentoft and Dearborn, 1979). Under these circumstances, there appears to be no nonspecific labeling of proteins, although we cannot yet be sure that all labeling indicates the presence of PLP. Indeed, we suspect that is not the case. However, we have demonstrated that a variety of PLP-enzymes do label under the conditions of the reaction. Furthermore, when various labeled lysates or other biological preparations are subjected to electrophoresis, a number of radioactive bands are observed, as shown in Figure 1. This particular figure illustrates the varieties of patterns obtained in different tissues of a mouse. There are many incompletely resolved bands, and we currently are working out the conditions for 2D electrophoresis for these systems. Our early results lead us to believe that the method holds potential for detecting a large array of PLP-enzymes with great sensitivity. In addition to detecting electrophoretic variants, the method should reveal marked changes in the amount of enzyme in a particular spot, although such a quantitative variation is more difficult to detect and to interpret than a qualitative variation.

Whether or not this particular laboratory method proves to be the ultimate approach, it suggests studies that have bearing on the issue of phenotypic variation and risk. First, of course, is the question of polymorphic forms of the PLP-enzymes. From earlier arguments, one would expect a substantial fraction of the loci to be polymorphic. It will be especially interesting to examine the frequency of variant alleles in persons with behavioral disorders.

A second question is the extent to which function of the various enzymes is influenced by nutrition. Some enzymes bind PLP avidly; others do not. For example, cystathionine synthase of rat liver is saturated with PLP on a normal diet. Cystathionase, which functions in the same metabolic pathway, is

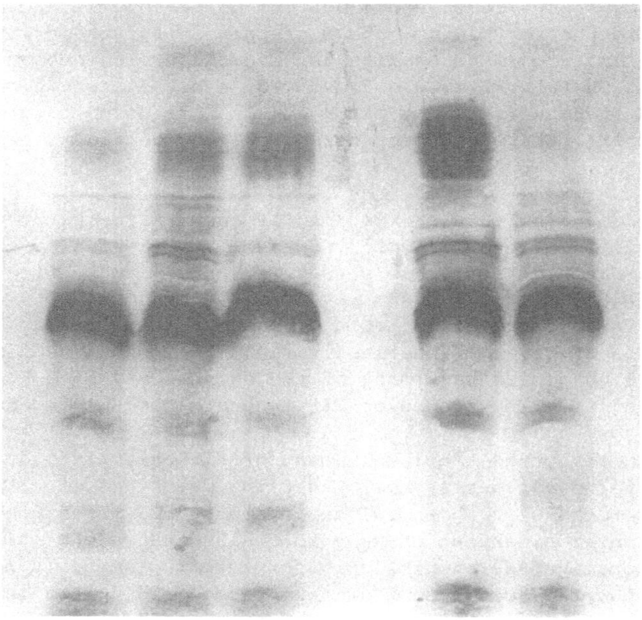

Figure 1. Autoradiograph of proteins from cell lysates of various mouse tissues. The proteins were labeled with tritium-cyanoborohydride under conditions that should limit reduction to Schiff bases. Labeled proteins were separated by isoelectric focusing, with the acidic region at the bottom. Left-to-right: brain, heart, kidney, markers, liver, muscle. (Furnished by Merle Kennard.)

not saturated. Addition of vitamin B6 to the diet increases the activity (Finkelstein and Chalmers, 1970). The latter situation has been reported for various transaminases. The formation of gamma-aminobutyric acid from glutamic acid is catalyzed by glutamic acid decarboxylase, and its breakdown is catalyzed by a gamma-transaminase, both PLP enzymes. Dietary deficiency of vitamin B6 causes a reduction in brain gamma-aminobutyric acid because the formation is inhibited more than the breakdown, apparently due to the higher Km of the decarboxylase.

At this point I should like to speculate on the topic of my presentation: gene-environment interaction and phenotypic variation. Let us suppose that there are a hundred enzymes that depend on PLP, a figure that almost certainly is low. Some 20% of the population would be heterozygous for variants of these enzymes, of which most would involve polymorphic alleles and a third would be electromorphic. About 10% of persons would be heterozygous for a rare nonpolymorphic variant. Half of the nonpolymorphic variants and perhaps almost that many of the polymorphic variants would have reduced affinities for PLP. Some unknown but substantial fraction of these would have reduced enzyme activity because the usual Km for PLP is near the normal tissue levels.

Reduced enzyme activity would not necessarily lead to impaired function. However, in many cases one might expect a particular reaction to become limiting if the activity drops to 50% of its normal level. These would be less likely to show up as the phenotypically distinct metabolic errors expressed in newborns. Rather, they would be likely to appear as chronic or late onset problems, the kinds of problems that often accompany ageing but which many persons seem to escape, perhaps because of their genes and perhaps on occasion because of good nutrition.

The arguments advanced above suggest that the activities of many of the variants should be influenced by the level of coenzyme, which is a function of nutrition in the case of the vitamin B cofactors. Another way of looking at the situation is to judge the adequacy of nutrition not by the level of coenzyme or the presence of classical deficiency syndromes but by the functional adequacy of each of the many enzymes that depend on a particular coenzyme. This argues against judging the adequacy of a diet by the amount of a nutrient consumed, although that is by far the easiest approach. Rather, each person has an array of enzymes, many of which vary from the more common forms. Judgments of nutritional adequacy should take into consideration the fact that the least functional, that is, the variant enzymes with the lowest affinities for cofactor, set the standards for each individual. Statistical analyses often disregard the outlying values of a distribution because of the distortion introduced by them. But in assessing dietary requirements for a vitamin, it is the outlying value that sets the requirement. Included in these arguments is the assumption that any one of the many enzymes that require PLP, for example, might be the variant outlier, depending on the genotype of the individual.

One speculation that I should like to put forward is that many persons whose diets meet accepted minimal standards may nevertheless be suboptimal for a specific nutrient because of inherited variants of one or more enzymes. Such persons may be essentially normal, but one would expect many to express the deficiency, not by the accepted measures of deficiency for that nutrient but by other phenotypic changes.

Similar considerations have led some to advocate much higher levels of vitamin intake than is currently recommended. Occasional efforts to treat disorders, especially behavioral disorders, with megadoses of vitamins have led to reports of success in some individuals, a success that cannot be repeated in others. There are various explanations of such discrepancies;

one possibility is that conditions that may be indistinguishable clinically are due to many different causes. One of the causes may be a higher than usual requirement for some coenzyme because of a variant apoenzyme. Whatever benefit that individual may derive from megavitamin therapy would not extend to other persons who have different genotypes.

Present evidence does not support the general use of high levels of vitamins or other nutrients as insurance against possible high requirements. Even so innocuous a vitamin as B6 has now been shown to cause problems when taken in very large doses. The evidence and the considerations presented here do argue that increased attention be given to the existence of persons with unusual requirements. They may pass all the tests for nutritional adequacy because those tests are based on enzymes other than the one that is responsible for the unusual requirement. It is interesting to note that plasma PLP levels tend to decline with age unless vitamin supplements are used. One can speculate that such diminished levels of PLP may interact with genotype to make some elderly persons less able to cope with the demands of existence.

In considering genetic risk, we must not be constrained in our thinking to present knowledge and approaches. The technology now exists to saturate the human chromosomes with genetic markers. This will permit analyses that are substantially beyond anything done at present. For example, in a paternity suit, it will be possible to exclude every male in the world except the true father or his identical twin. Within a family, it will be possible to identify which parts of each chromosome are transmitted from parents to children. This will permit establishment of risk, indeed certainty, for many inherited disorders in an embryo. In addition, a potentially high risk will often be signaled by the genotype of a relative. Let us suppose the relative is a biological parent of an adopted child. What information will be transmitted to the foster parents and the child? How will we settle the conflict between the right of the child to know and the right of privacy of the biological parent? What will we do with information that an individual's genotype creates twice the health risk in a certain occupation than is experienced by other workers?

We are ill prepared to respond to these questions at present, but we haven't much time to ponder them. We have too often balanced risks from different sources by equating the stimulus rather than the response. In the context of my own profession of teaching, we treat the students equally by exposing them to (more or less) identical experiences rather than giving each the experience that would yield an equal result. Equal risks are not always generated by equal exposure.

My summary statement is to urge the continuation of research that is designed to identify variant enzymes that influence our phenotypes, particularly those enzymes whose activities can be manipulated for our welfare. The many spectacular achievements in understanding gene structure and regulation at the DNA level have tended to obscure the rather limited progress made in relating the structure of a gene product to function of the organism. In particular, our knowledge of enzyme variants is highly biassed, being limited largely to those with little or no function and about which little can be done to ameliorate symptoms. If we look with the right perspective, we may find that some of the disorders that have so far proved intractable can be explained by variant genotypes that create special nutritional or other environmental requirements. Those risks may be under our control.

REFERENCES

Finkelstein, J. D., and Chalmers, F. T., 1970, Pyridoxine effects on cystathionine synthase in rat liver, J. Nutr., 100:467-469.

Goldman, D., and Merrill, C. R., 1983, Human lymphocyte polymorphisms detected by quantitative two-dimensional electrophoresis, Am. J. Hum. Genet., 35:827-837.

Harris, H., 1980, The Principles of Human Biochemical Genetics, 3rd ed. Elsevier/North-Holland, New York.

Jentoft, N., and Dearborn, D. G., 1979, Labeling of proteins by reductive methylation using sodium cyanoborohydride. J. Biol. Chem., 254: 4359-4365.

Lui, A., and Lumeng, L., 1986, Pharmacology and therapeutic usage of vitamin B_6, in: Vitamin B_6 Pyridoxal Phosphate: Chemical, Biochemical, and Medical Aspects, Part B (D. Dolphin, R. Poulson, and O. Avramovic, eds.), John Wiley & Sons, New York, pp. 601-674.

Sturman, J. A., 1986, Vitamin B_6 and sulfur amino acid metabolism, inborn errors, brain function, and megavitamin therapy, ibid. pp. 507-572.

Takahashi, N., Neel, J. V., Nagahata-Shimoichi, Y., Asakawa, J., Tanaka, Y., and Satoh, C., 1986, Inherited electrophoretic variants detected in a Japanese population with two-dimensional gels of erythrocyte lysates, Ann. Hum. Genet., 50:313-325.

Williams, R. J., Berry, L. J., and Beerstecher, E. Jr., 1949, Individual metabolic patterns, alcoholism, genetotrophic diseases, Proc. Natl. Acad. Sci. (U.S.), 35:265-271.

RISK ASSESSMENT: SHORT-TERM EXPOSURE AT VARIOUS AGES

David W. Gaylor

National Center for Toxicological Research
Jefferson, Arkansas 72079

Studies to estimate tumor incidence are frequently conducted in rodents exposed daily to a chemical for approximately two years. Dosing may be followed by a period of several weeks to allow tumors to develop before terminating the study. Exposure of humans to many carcinogens may occur for less than a lifetime; from occupations, changing lifestyles, or accidents. The question arises as to how to estimate the risk of tumors for short-term exposure at various ages from lifetime chronic bioassays.

Cancer risk is a function of the dose rate, length of exposure, and age at exposure. A simplifying assumption often is made in risk assessment that risk is proportional to the total dose. That is, dose rate and length of exposure are combined into one measure (total dose = dose rate * length of exposure) and the age at the time of exposure is ignored. Hence, the estimated cancer risk from an exposure for a fraction (1/F) of a lifetime is the lifetime tumor incidence divided by F, where the daily exposure rates are the same. These assumptions are seldom true, but they provide a first approximation to risk for short-term exposure.

The multistage model of carcinogenesis of Armitage and Doll (1961), has been used extensively for estimating cancer risk (Anderson et al. 1983). For the multistage model, the probability (P) of an individual developing a tumor from continuous exposure to a dose rate (d) of a carcinogen up until time (t) is:

$$P(d,t) = 1 - \exp[-(b_0+b_1d+\ldots+b_rd^r)(t-w)^k / k!]$$

where k is the number of stages, r is the number of stages affected by the carcinogen, w is the latent period and the b's are constants which are estimated from dose-response data. This model provides a mathematical framework from which risk from short-term exposure at various ages can be estimated from lifetime tumor incidence. Expanding on the work of Whittemore and Keller (1978), Day and Brown (1980), and Crump and Howe (1984), Kodell et al. (1987) showed that the risk from a short-term exposure to a carcinogen is less than k/r times the risk predicted from the total dose where r out of k stages are affected by the carcinogen. For example, risk at any early age to a carcinogen that affects the first stage of the carcinogenic process may be up to k/r times the risk from the same dose obtained over a lifetime. These results are based upon the premise

Table 1. Ratio of Observed to Estimated Tumor Incidence for Fractional Lifetime Exposure

Reference	Chemical	Species/Sex/Site	Exposure Short / Long	Incidence Observed/ Estimated
Littlefield, N.	2-AAF*	Mouse/F/Bladder	9/24 mos.	0.6
J. Env. Path. Tox.			12/24	0.6
3:17-34, 1980			15/24	0.8
		Mouse/F/Liver	9/24	1.6
			12/24	1.2
			15/24	1.0
Lijinsky, W.	NMEA*	Rat/F/Esoph	7/24	0.9
Food Cos. Tox.		Rat/F/Forstom	7/24	3.4
20:393-399, 1982		Rat/F/GI	7/24	3.1
Lijinsky, W.	NDEA*	Rat/F/Liver	14/24	1.7
Cancer Res.		Rat/F/Esoph	14/24	0.3
41:4997-5003, 1981				
Lijinsky, W.	NTHP*	Rat/F/GI	6/23	0
Ecotox. Env. Safety		Rat/F/Liver	6/23	2.7
6:513-527, 1982				
Kimbrough, R.	Aroclor	Mouse/M/Liver	6/11	0.2
J. Natl. Cancer Inst.				
53:547-549, 1974				
Hong, C.	Vinyl	Mouse/M/Lung	1/6	3.4
J. Tox. Env. Hlth.	Chloride	Mouse/F/Lung	1/6	6.0
7:909-924, 1981		Mouse/F/Mammary	1/6	6.0
Lee, P.	BaP*	Mouse/?/Skin	6/24	3.1
Unpublished			8/24	2.6
Tomatis, L. et al.	DDT*	Mouse/M/Liver	3.5/7.0	0.9
Z. Kreb. Klin. Onk.		Mouse/F/Liver	3.5/7.0	0.7
82:25-35, 1974				
Richardson, F.	DES*	Mouse/F/Mammary	1/22	11.4
J. Natl. Cancer Inst.			2/22	11.9
18:813-822, 1957		Mouse/M/Mammary	1.0/27	0.7
			1.5/27	2.3
			2.0/27	1.4
Richardson, F. & Hall, G.	DES*	Mouse/M/Mammary	1.0/24	1.8
J. Natl. Cancer Inst.			1.5/24	10.2
25:1023-1033, 1960			2.0/24	9.8

* 2-AAF: 2-acetylaminofluorene
NMEA : Nitroso-N-methyl-N-(2-phenyl) ethylamine
NDEA : N-Nitrosodiethylamine
NTHP : Nitroso-1,2,3,6-tetrahydropyridine
BaP : Benzo(a)pyrene
DDT : Dichloro-diphenyl-trichloroethane
DES : Diethylstilbestrol

that at low dosages the transition rate for a stage affected by the carcinogen is proportional to the dosage rate.

The multistage model, as it is generally used, does not allow for different sensitivities to a carcinogen at different ages. The different risks arising from these calculations for exposures at different ages are due to the different lengths of time available for the previous and subsequent stages to occur.

When time-to-tumor observance data are available, the proportion of individuals with tumors is a function of the time (age) to the kth power. Also, for low doses the degree of the dose response curve is r. Crump et al. (1976), Peto (1978) and Hoel (1980) show that when a carcinogen augments a spontaneously occurring process (e.g., when tumors occur in untreated animals) the dose response is linear (r=1) at low doses. When estimates of k and r can not be obtained, it has been observed that k is generally 6 or less and since r may frequently be one, the maximum value of k/r is around 6. Hence, a conservative estimate of risk from an exposure for a fraction of a lifetime (1/F) is less than 6 * (lifetime risk) / F where 1/F is less than 1/6. The significance of this result is that lifetime tumor incidences available from animals exposed continuously from existing chronic bioassays can be used to obtain conservative estimates of cancer risk for any short-term exposure at any age without conducting any additional chronic bioassays for different exposure patterns. Also, it can be shown that the risk from intermittent exposures is the sum of their short-term exposures. For a latent period of w, the risk at time t also needs to be multiplied by t/(t-w) (Kodell et al., (1987).

There is a rather limited data base in which tumor incidence at the same age can be compared for different lengths of exposure at the same dose rate. From ten such studies, the observed tumor rates from shorter exposures were from near zero up to 12 times the rates predicted from total dose, Table 1. The estimated tumor incidence for the shorter exposure from the longer exposure was obtained by multiplying the tumor incidence from the longer exposure by the ratio of the length of the shorter exposure to the longer exposure. For the first entry in Table 1, the bladder tumor incidence in female mice for a 24-month exposure to 2-AAF was 0.77. The incidence estimated for a 9-month exposure was (9/24) * 0.77 = 0.29. The observed tumor incidence was 0.18 for a 9-month exposure. The ratio of the observed to the estimated tumor incidence was 0.18/0.29 = 0.6, as reported in Table 1. A ratio of one indicates that the age of exposure was not important and that tumor incidence was only a function of the total accumulated lifetime dose.

Tumor incidence can vary considerably depending upon the age at the time of exposure. Differences in tumor incidence among different age subgroups in a population does not necessarily indicate different sensitivities to a carcinogen at different ages. Differences in tumor incidence from exposures to carcinogens at different ages may be due to the different lengths of time available from the previous or subsequent stages in a multistage process to occur.

REFERENCES

Anderson, E. L., and Carcinogen Assessment Group of EPA, 1983, Quantitative approaches in use to assess cancer risk, Risk Analysis, 3:227.

Armitage, P., and Doll, R., 1961, Stochastic models for carcinogenesis, in "Proc. of the Fourth Berkeley Sympos. on Mathematical Statistics and Probability," 4:19, University of California Press, Berkeley, Ca.

Crump, K. S., Hoel, D. G., Langley, C. H., and Peto, R., 1976, Fundamental carcinogenic processes and their implications for low dose risk assessment, Cancer Res., 36:2973.

Crump, K. S., and Howe, R. B., 1984, The multistage model with a time-dependent dose pattern: applications to carcinogenic risk assessment, Risk Analysis, 4:163.

Day, N. E., and Brown, C. C., 1980, Multistage models and primary prevention of cancer, J. of the Natl. Cancer Instit., 64:977.

Hoel, D. G., 1980, Incorporation of background in dose-response models, Fed. Proc., 39:73.

Kodell, R. L., Gaylor, D. W., and Chen, J. J., 1987, Using average lifetime dose rate for intermittent exposures to carcinogens, Risk Analysis, 7: in press.

Peto, R., 1978, Carcinogenic effects of chronic exposure to very low levels of toxic substances, Environmental Health Perspectives, 22:155.

Whittemore, A., and Keller, J. B., 1978, Quantitative theories of carcinogenesis, SIAM Review, 20:1.

VARIABILITY IN LIFE SPAN FUNCTIONAL CAPACITY*

David W.E. Smith

National Institute on Aging
National Institutes of Health
Bethesda, Maryland

Northwestern University Medical School
Chicago, Illinois

Aging is a process in which both risk and phenotypic variability have important roles and significant interactions. Other contributions to this volume include examples of age as a determinant of responses to environmental challenges and examples in which variations in longevity are the ultimate consequence of phenotypic variability.

Age accounts for much diversity in the human population. Young, old, and middle aged individuals are readily recognized on the basis of phenotypes and stereotypes which are generally accepted. Still, chronological age is only part of the story. Biological age as defined by anatomical, physiological, biochemical and behavioral characteristics does not always agree with chronological age, and chronological age is often not a good indicator of the nearness of death or the functional capacity of the individual. The reason is that each chronologically defined cohort is heterogeneous and contains individuals who differ considerably in any characteristic that is studied. Moreover, characteristics vary more or less independently with respect to each other unless they happen to be functionally or causally related. Traditionally it is held that the variability within a cohort increases with age, and casual observation tends to support this generalization.

A point which must be made early about diversity as a function of age is that with increasing age, populations include increasing numbers of individuals who are sick and moribund and show, therefore, variability beyond what can be considered normal or healthy. While it is true that being sick and being old are not the same, the incidence of the diseases of which humans die today, for example, most kinds of cancer and ischemic heart disease, increases with age -- in some cases by the fourth or fifth power. It must also be recognized that the individuals surviving in an elderly cohort have lived beyond their mean life expectancy, have outlived most of their contemporaries, and can, in this respect, be regarded as superior beings. In most studies on functional changes in aging there is a problem of comparing cohorts. What is a normal 90 year old? Can a 20 year old who will die at 50 and a 90 year old be compared meaningfully? Such questions are addressed but not answered by investigators.

Diversity which increases with age is sometimes more apparent than real. Thus, newborn kittens appear to be uniformly small while at a later age large cats and small cats and fat and thin cats are readily distinguishable. Yet, if the scatters in kitten and adult cat weights are compared, the variability as a standard deviation from the mean body weight is about the same percentage of the mean body weight (1). A scatter of $\pm$ one kilo in adult cats with a mean body weight of three kilos is comparable with a scatter of $\pm$ 100 g in the weight of kittens with a mean body weight of 300 g. This is an obvious point but one which is often overlooked in casual observation.

In surveying diversity or variability as a function of age by examining more or less well-defined functional parameters, several patterns of variability emerge. Sometimes variability increases with age, sometimes it does not change, and sometimes it decreases. More subject to generalization than changes in variability is that most functional characteristics and measurements undergo decrements with age. When there is an increase, it is in something negative like blood pressure or serum cholesterol.

EXAMPLES OF PHYSIOLOGICAL VARIABILITY AS A FUNCTION OF AGE

Much data are available comparing young and old humans and other mammals in characteristics which reflect function (2-4), and more data are becoming available from research supported by the National Institute on Aging on biomarkers of aging -- characteristics which change with age and reflect the biology of the aging process more accurately than chronological age or any characteristic as studied up until now. Several such physiological measurements will be considered here. These examples from the literature are classics in that they are widely cited; however, the problems of defining and selecting elderly subjects are evident.

Peripheral Vascular Resistance

Peripheral vascular resistance is an example of a negative characteristic which increases with age (5). It is also an example of a characteristic that increases in its variability with age, and it has real significance for the health and survival of the individual. It is the resistance of the vascular beds in the tissues to the perfusion of blood pumped form the heart, and is one of the determinants of blood pressure which, in the mean, increases with age (6). The age-related increase in peripheral vascular resistance is the result of the gradual but progressive occlusion of small vessels and this has a negative effect on the oxygenation and nourishment of tissues and has a role in the dropping out of parenchymal elements. The occlusion of the vasculature with age does not occur uniformly in all organs but generally affects, for example, the splanchnic and renal circulations more than the cerebral and coronary circulations. The occurrence of localized atherosclerosis in larger vessels affects the pattern of peripheral blood flow and makes measurements of peripheral vascular resistance in elderly subjects suspect. The increased variability of peripheral vascular resistance with age is not surprising. Elderly individuals have more variation in their blood pressure than younger individuals (6). A pathologist could find variable degrees of occlusion of small vessels and variable distribution of these occlusive lesions in different tissues.

Some elderly individuals have peripheral vascular resistance similar to that of young people. In trying to interpret these findings, the advantage of longitudinal over cross-sectional studies becomes apparent. Are individuals with lower peripheral vascular resistance healthier or will they live longer than those with higher peripheral vascular resistance, or if they die, will it be of something other than ischemic vascular disease?

Glomerular Filtration Rate

Sometimes there is a general decrement in function but no change in variability as, for example, in measurements of the glomerular filtration rate -- an aspect of renal function (7). In the study cited, in fact, there appears to be a small decrease in variability, but this could easily be the statistical consequence of the small numbers of elderly subjects. In the case of the glomerular filtration rate, the decrements are not life-threatening. Even the subjects with the lowest glomerular filtration rates were not dying of renal failure, but their renal function was within the limits of viability. Such decrements may be considered as neutral for survival, although it can be predicted that if the subjects lived long enough and function continued to decline as shown, renal failure would eventually occur. Glomerular filtration rate decreases for the same reasons that peripheral vascular resistance increases with age -- vascular occlusion and the dropping out of glomeruli. Still, the kidneys provide great functional reserve which is more than adequate to maintain renal function and homeostasis throughout the life spans of most people. Changes in functional reserve with aging will be discussed further.

The Internal Environment

There is neither an age-related decrement nor a change in variability in some characteristics. For example, the composition of the internal environment changes little with age (8). In some respects life is possible only within narrow limits, and this is an imperative that constrains changes in level and variability. If homestasis is not maintained in certain parameters, then death results.

Resting Cardiac Output

A functional decrement combined with a physiological limit below which life is not sustained may result in decreased variability. Consider the cardiac output at rest normalized for body size (9). One study, admittedly now criticized for the selection of its subjects, estimated that between ages 20 and 80 there is a mean 50% decline in the cardiac index. With age, cardiac output in some subjects may approach the limit below which life is not possible, thus restricting the amount of possible variability.

Maximum Cardiac Output

Variability which increases with age is seen in the maximum cardiac output (10), consistent with the fact that some elderly people can participate in a marathon while others cannot get out of bed. The resting cardiac output can be expanded several-fold in the first group, which has some functional reserve, while in the second group the cardiac output at rest is the maximum cardiac output. A fair generalization is that the most striking examples of increased variability with age among individuals are in measurements of reserve or adaptive capacity. In describing the reserve capacity of elderly individuals, the question arises, of course, what changes should be considered an normal with age and what changes are the consequence of disease.

Serum Free Testosterone Levels of Males

Another example of a functional measurement that undergoes a decrement in its mean value and also a decrease in its variability with age is the free serum testosterone level in human males. These changes are secondary to the decreased responsiveness with age of the Leydig cells of the testis to gonadotropic stimulation. The change in the Leydig cells usually occurs in human males during the sixth decade of life. The range of values for free serum testosterone, which is large in young males, is smaller in older males (11) in whom the higher values are no longer seen. Males become more alike in this measurement. On the other hand, the free serum testosterone level correlates poorly with other aspects of maleness, so, not only is it neutral for survival, but it is not very significant to the phenotype of the elderly male.

RELATIONSHIP OF FUNCTIONAL CHANGES TO LONGEVITY

Challenges to Homeostasis

What do these patterns have to do with longevity? How are the variability and the life spans of individuals related? As described above, some functional parameters are more important to survival than others. Functional decrements mean an ever smaller reserve and an ever declining capacity to respond to challenges to homeostasis and to keep the internal medium within limits where life is possible. Inasmuch as the maintenance of homeostasis is a complex process, the vulnerability of the individual is most related to the most rapidly declining of the critical functions.

An example from life is a comparison of the ability of young and old mice to respond to an environmental challenge, namely, a low environmental temperature, by maintaining homeostasis -- in this case, a body temperature compatible with life (12). The necessary responses include heat conservation and generation and tolerance of cold. Younger mice are more successful than older mice, and therefore, older mice are more subject to hypothermia and to death from this cause. The variability of the adaptive ability is greater in older mice, reflecting the variable persistance of reserve capacity. This reduced capacity combined with greater variability is in agreement with an earlier study (13), on the ability of mice to survive at low temperature for several days. Survival was 95% in the young mice compared to only 20% in the older animals.

Predisposition to Disease

Not only is the older individual more vulnerable to external challenges, but, as mentioned above, is predisposed to the development of the diseases of old age and more vulnerable to some of the life-shortening effects of these diseases. There is, of course, variability in the predisposition to the various diseases.

One aspect of variability in the human species and probably in other mammals which is both phenotypic and genotypic and which has a profound effect on longevity is gender. Human females have a mean longevity in Western society which is nearly 8 years longer than males -- about 10% of the mean life expectancy (14). The mechanism of inheritance of sex is basic to the gender gap in longevity, with female mammals having two X chromosomes and males having one X and one Y chromosome. Testicular differentiation, which is a Y chromosome determined process, establishes the hormonal physiology of the male, and sex hormones modulate processes like the immune response and the synthesis of lipoproteins which have significant effects on vulnerability and predisposition to diseases (14). There are genes for vital functions on the X chromosome, and it must be advantageous to the female to have two alleles for each of these genes and selective X chromosome inactivation in different cells with a resulting mosaicism of gene expression.

The Effects of Risk and Risk Factors

Finally the interplay of age, risk and risk factors should be considered. Exposure to risk factors affects the pheontype in various ways. Cells are damaged or killed that cannot be replaced, and molecules that cannot be repaired are damaged. To some extent each individual is a consequence of its cumulative exposure to risk factors, and the exposure to risk factors is a determinant of the predisposition to disease.

The effects of risk factors vary with age. Individuals past the reproductive age can no longer pass the effects of mutagens and teratogens on to the next generation, although this is not to say that such individuals will not suffer from the effects of these substances on their own somatic cells in the form of neoplastic disease. The experimental chemical and viral carcinogenesis literatures are replete with examples of agents which have effects on prenatal and newborn animals which are not seen in adult or aged animals. Mechanisms for handling xenobiotic agents differ with age with complex results which are specific to each agent because several processes are involved including distribution, metabolism to both more active and to detoxified intermediates and products, variable inducibility of metabolizing enzymes, and effectiveness of excretion.

CONCLUSIONS

Thus age is a variable that must be reckoned with in any risk assessment or consideration of phenotypic variability. Hopefully enough examples and issues are raised here to emphasize this point and to convince the reader that the effects of age must not be overlooked or over-simplified. Each risk factor must be considered separately and in detail in assessing its effect on aged individuals who are different from younger individuals and from each other.

* ACKNOWLEDGEMENT. The author wishes to thank Dr. Richard L. Sprott, Associate Director, National Institute on Aging who prepared the original abstract for this presentation on aging and functional variability and who provided the author with much helpful discussion.

REFERENCES

1. L. Rosentstein, and E. Berman, Postnatal body weight changes of domestic cats maintained in an outdoor colony, Am. J. Veterinary Res. 34: 575 (1973).
2. C.E. Finch, and L. Hayflick, "Handbook of the Biology of Aging," Van Nostrand Reinhold Company, New York (1977).
3. C.E. Finch, and E.L. Schneider, "Handbook of the Biology of Aging," Second Edition, Van Nostrand Reinhold Company, New York (1985).
4. E.J. Masoro, "Handbook of Physiology in Aging," CRC Press, Boca Ratan (1981).
5. M. Landowne, M. Brandfonbrenner and N.W. Shock, The relation of age to certain measures of performance of the heart and circulation, Circulation 12: 567 (1955).
6. W.E. Miall, and H.G. Lovell, Relation between change of blood pressure and age, Brit. Med. J. 2: 600 (1967).
7. L.G. Wesson, "Physiology of the human kidney," Grune and Stratton, New York (1969).
8. H.W. Shock, Physiological aspects of aging in man, Ann. Rev. Physiol. 23: 97 (1961).
9. M. Brandfonbrenner, M. Landowne, and N.W. Shock, Changes in cardiac output with age, Circulation 12: 557 (1955).
10. M.R. Becklake, F.G.R. Dagenaic, G.L. Ostiguy and C.A. Guzman, Influence of age and sex on exercise cardiac output, J. Appl. Physiol. 20: 938 (1965).
11. K.M. Pirke and P. Doerr, Age realted changes in free plasma testosterone, dihydrotestosterone, and oestradiol, Acta. Endocrinol. 80: 171 (1975).
12. C.E. Finch, J.R. Foster and A.E. Mirsky, Aging and the regulation of cell activities during exposure to cold, J. Gen. Physiol. 54: 690 (1969).
13. B. Grad and V.A. Kral, Response of young and old mice to cold, J. Geront. 12: 172 (1957).
14. W.R. Hazard, Biological basis of the sex differential in longevity, J. Am. Geriatrics Soc. 34: 455 (1986).

CONSTITUTIONAL, SOMATIC GENETIC AND ENVIRONMENTAL ASPECTS OF THE PHENOTYPIC DIVERSITY OF AGING IN HUMAN SUBJECTS

George M. Martin

Department of Pathology and Genetics
University of Washington
Seattle, Washington 98195

INTRODUCTION

For the case of a large number of parameters, gerontologists typically report an increase in variance as a function of age. This is particularly true when the parameter of interest is subject to physiological stress, thus testing the degree to which the organism can maintain homeostasis. Such observations are so common that the phenomenon could be a candidate for one of the few "laws" of gerontology so far uncovered. Like all laws, there are exceptions, the best example of which is the loss of accommodation of the ocular lens as a function of age in human subjects. As one approaches age 50, the lens has already lost most of its mobility, with very little interindividual variation, much less than what is observed during the early phases of life (Friedenwald, 1952; Ponten, 1977). Most such studies of individual variations are cross-sectional in design. The question can therefore be raised that the observed differences may derive, at least in part, from a cohort effect--some differential environmental experience of the contrasting age groups. Therefore, longitudinal studies of individual variations during aging should be pursued whenever feasible. Unfortunately, such studies are rare, although we can expect to learn a great deal from ongoing investigations such as those of the Baltimore Longitudinal Study of the National Institute on Aging (Shock et al., 1984).

What are the determinants of individual variation in patterns of aging? This review will consider three such categories: i) differences in one's constitutional genetic makeup; ii) stochastic somatic genetic events; and iii) environmental factors. Because of the author's special interests in the first two categories and, more importantly, because of the exceedingly limited information on putative environmental "gerontogens" and "anti-gerontogens," only brief attention is given to the last category, despite its obvious great importance to society. Of course, in the final analysis, the senescent phenotype, like all phenotypes, is the result of nature-nurture interactions. A thorough understanding of the nature of individual variations in patterns of aging will therefore require detailed information on both the genetic substrate and its environmental context.

THE BIOMARKERS PROBLEM

A basic difficulty in assessing the potential role, in aging, of an agent--be it genetic or environmental--is the confusion over what might be regarded as bonafide biological and behavioral markers of aging. In an influential review published in 1964, George Cassarett (Cassarett, 1964) proposed that an agent (in his case, ionizing irradiation) can be "regarded as causing premature aging" if it:

"1. Causes the force of mortality to increase earlier in the treated than in the nontreated control group, without alteration of the shape of the entire mortality curve.
2. Brings forward proportionately in time the age of onset and the time of development of all the diseases or causes of death affecting the control group, without alteration of degree, sequence, or absolute incidence of the disease and causes of death, and without induction of disease.
3. Causes all the morphological and physiological manifestations of the aging process to appear and develop at proportionately earlier chronological ages, to degrees and rates in the various organs proportional to those degrees and rates in organs of nonirradiated animals."

In my view, it is extraordinarily unlikely that any single agent--be it a gene or particular environmental intervention--can fulfill the above criteria. There is little evidence, either on theoretical or experimental grounds, that we are dealing with a single "aging process." It would seem much more likely that there are a number of different aging processes; Cassarett himself used the plural term in the concluding remarks of his review. Multiple processes imply multiple families of markers. Agents might therefore influence only discrete subsets of such markers, or even a single marker. This is the view that I shall pursue in the subsequent discussion. I shall not be concerned with the question of the extent to which a marker is an epiphenomenon versus a more proximal concomitant of aging. At this stage of our ignorance of fundamental cellular and molecular mechanisms of aging, it would seem prudent to cast a broad net, inquiring as to how agents might influence pathological as well as physiological age-related alterations.

THE ROLE OF THE CONSTITUTIONAL GENOME

The most compelling evidence for the existence of constitutional genetic factors comes from comparisons of the maximum life-span potentials (MLSP) of different species. Among mammals, the range is perhaps 30-fold (Altman and Dittmer, 1962), humans being the longest-lived mammals, with an MLSP estimated at around 120 years; the best authenticated longevity record is between 114-115 years (Comfort, 1979). When environmental factors are well controlled, reproducible and predictable differences in rates of aging can be documented with laboratory murine species of comparable sizes, as is illustrated in the now classical research of the late George Sacher, who showed that a wild-type cohort of Mus musculus ages at twice the rate as a wild-type cohort of Peromyscus leucopus (Sacher, 1977). Substantial differences in the life spans of these two species have also been observed in different environments, including that of my own laboratory (Martin, et al., 1983).

We can safely assume that changes in the expression of a large number of genes are involved in the evolution of a new species. For example, chromosomal rearrangements typically accompany speciation (Busch et al., 1977); a single such rearrangement has the potential, via a position effect, of influencing the expression of a large number of genetic loci. A polygenic basis for species-specific differences in MLSP would therefore appear probable.

The question of the extent of the genetic complexity underlying aging might be approachable, in part, by a consideration of mutations and polymorphisms within a species. I have made a crude attempt to carry out such an analysis in our own species by taking advantage of McKusick's systematic compilations of loci and phenotypes (McKusick, 1986). Unfortunately, physicians, pathologists, and medical geneticists rarely examine the Mendelian basis for unusually well-preserved structure and function. One is therefore largely limited to an examination of predominantly abiotrophic mutations with phenotypes that overlap, to some extent, with the debilities of ordinary aging. The particular set of criteria chosen (Martin, 1978) could easily be criticized, especially since they included preconceived notions about loci relevant to certain extant theories on mechanisms of aging. Nevertheless, the exercise did serve to yield order-of-magnitude estimates of the number of genes capable of modulating one or more features of the senescent phenotype. The upper limit of the proportion of total loci having a potential role in aging, as estimated from three successive editions of McKusick's catalogues, was close to 7%. Even if this estimate was exaggerated by a factor of ten, one would still have to conclude that a large number of genes had the potential to modulate aspects of aging in man. How many genes would depend upon one's estimate of the total number of <u>functioning</u> genes in humans, a subject of continuing controversy. Recent experiments on insertional mutagenesis in yeast (Goebl and Petes, 1986) raise the question that a surprisingly large proportion of genomic DNA might be without any known function; 70% of random insertions gave no discernible phenotype. Thus, one could argue that the traditional figure of 100,000 for the number of functional genes in humans might be excessive. Perhaps we have as few as 30,000 functional genes. The finding of much larger numbers of species of polyadenylated and nonpolyadenylated mRNA (approximately 150,000 species in adult mouse brains) (Chaudhari and Hahn, 1983) is no guarantee of functionality, although this would seem likely. In any event, a conservative conclusion is that at least several hundred genes and perhaps thousands of genes can modulate aspects of aging. This is not to say that there do not exist a few genetic loci of extraordinary importance to aging in humans. One such locus might be that involved in the pathogenesis of the Werner syndrome, sometimes known as adult progeria (Salk et al., 1985). Patients affected with this autosomal recessive disorder appear to be perfectly normal at birth. While they may exhibit lesser growth than siblings, they show no obvious pathology until about the time of adolescence, when they fail to exhibit the expected growth spurt. There follows an apparent acceleration of such age-related features as premature graying and loss of hair, atrophy and wrinkling of skin with pigmentary aberrations, ocular cataracts, osteoporosis, diabetes mellitus, various forms of arteriosclerosis (arteriolosclerosis, medial calcinosis and atherosclerosis) and a large variety of benign and malignant tumors (Salk et al., 1985). The median age of death is 47 years, usually as the result of a myocardial infarction (Epstein et al., 1966). I have referred to such syndromes, which appear to affect multiple aspects of the senescent phenotype as "segmental progeroid syndromes," (Martin, 1978). Use of the suffix -oid is deliberate, since there is plenty of evidence that Werner syndrome and other progeroid syndromes, including progeria (Hutchinson-Gilford syndrome, progeria of childhood) differ from ordinary aging in a number of ways (Epstein et al., 1966; Martin, 1978; Salk et al., 1985). While such differences might suggest a pathogenesis different from that of ordinary aging as it occurs in most of us, allelic variation at such loci may nonetheless have the potential to modulate, for better or worse, important aspects of aging in at least some individuals. Similar arguments can be made for the importance of identifying genetic loci associated with "unimodal progeroid syndromes" (Martin, 1982), in which predominantly a single aspect of the phenotype is involved. The most important example is probably familial dementia of the Alzheimer type, an autosomal dominant (St. George-Hyslop et al., 1987). Affected individuals typically have comparatively early onset and a rapid progression of a set of pathologies that are ordinarily not evident until advanced old age: neuritic plaques, neurofibrillary tangles, amyloid depositions, decreased cholinergic and other neurotransmitter activities, associated clinical features of memory loss and dementia. The extent to which such alterations are tightly coupled to the aging process in humans is still controversial. Clinically significant cognitive dysfunction is not an inevitable consequence of advanced age, although some features of the pathology are essentially always present to some degree.

Similar controversy exists concerning the extent to which the common age-related neoplasms are coupled to a basic aging process. Age-specific incidences of many such cancers begin to exhibit striking increases about halfway through the maximum life-span potentials of mammalian species, strongly suggesting that the phenomenon is closely related to the biology of aging. (Although thoroughly documented in mice and humans, we need much more systematic information for the case of other species.) Thus, one is justified, I believe, in designating such genetic disorders as familial polyposis and certain complementation groups of xeroderma pigmentosum as "unimodal progeroid syndromes," resulting in a greatly increased susceptibility, respectively, of adenocarcinoma of the colon and various malignant neoplasms of sun-exposed skin, all of which are common age-related tumors.

Thus, a picture emerges of an enormous potential repertoire of constitutional genetic variation for differing susceptibility patterns, presumably involving susceptibility to intrinsic and/or extrinsic factors affecting particular features of aging.

THE ROLE OF STOCHASTIC EVENTS WITHIN THE SOMATIC GENOME

Nature has evolved two contrasting reproductive strategies. Semelparous species, such as flowering plants, migrating Pacific salmon and certain species of marsupial mice are characterized by synchronized periods of somatic and organismal death following sharply sychnchronized periods of massive reproduction ("big bang" reproduction) (Diamond, 1982). There is little opportunity for the playing out of stochastic events following sexual maturation. In contrast, virtually all mammals exhibit an iteroparous mode of reproduction and a prolonged period of gradual decline in physical and reproductive fitness following sexual maturation; for the case of the human male, this period is typically around half a century--plenty of time for the emergence of a panoply of random somatic cell genetic events.

Table 1 briefly summarizes the enormous range of possibilities for remodeling the genomes of one's somatic cells during aging. Much of my own research career has been devoted to documenting different modes of heritable somatic cell variation in mammalian cells and to considering the potential role of such variation in the pathogenesis of the debilities of aging in human subjects, including the genesis of the major age-related diseases. It is virtually certain that, to a greater or lesser extent, a number of the mechanisms listed in Table 1 are contributing to our varying patterns of aging. One important line of evidence of their potential importance is the ubiquitous observation of striking variations in the life span and times of origin of various pathophysiologies among individual members of cohorts of genetically inbred rodents kept under environmentally controlled conditions (unpublished observations).

Which of the various mechanisms of somatic cell variation listed in Table 1 are of special significance to the pathobiology of aging? There are as yet no definitive answers to this question. Our research, however,

Table 1. The Plasticity of the Somatic Genome: Processes That May Lead to Alterations in the Quantity, Quality, or Arrangements of the Genetic Material of Somatic Cells

I. Changes in gene dosage
   A. Ploidy
   B. Aneuploidy
   C. Tandem duplications
   D. Selective gene amplification
   E. Deletions
   F. Faculative heterochromatization

II. Changes in gene arrangements
   A. Chromosomal inversions
   B. Chromosomal translocations

III. Modifications in the primary structure (sequence of nucleotide bases of genes)
   A. Base substitutions
   B. Depurinations and depyrimidinations
   C. Frameshift mutations
   D. Insertional mutation via transposable elements
   E. Mitotic crossing-over
   F. Gene conversion
   G. DNA-mediated transformation or transfection

IV. Modifications in the structure of DNA that do not change the sequence of nucleotide bases.
   A. Base modifications
      1. Methylation of cytosine residues
      2. Adduct formation

(Martin et al., 1985) supports the pioneering investigations carried out at Brookhaven National Laboratories by the late Howard Curtis, (Crowley and Curtis, 1963; Curtis et al., 1966; Curtis and Miller, 1971) in that relatively gross levels of genetic instability (various types of chromosomal mutations) appear to be much more frequent concomitants of aging than are point mutations. Such findings highlight the need, in aging research, to investigate genetic and environmental susceptibility factors for chromosomal instability.

We have already heard evidence, at this conference, for the important role of chromosomal rearrangements in the genesis of neoplasia (Yunis, this volume). It remains to be seen to what extent such gross levels of genomic instability might play a role in the aging of postreplicative cells, such as neurons. Microbial geneticists now have good evidence for the existence of a class of transposons that operate via a "cut and paste" mechanism, without the necessity of semiconservative DNA replication (Bender and Kleckner, 1986), so the idea of gross chromosomal rearrangements in postreplicative cells, such as neurons, with resulting potential aberrations in gene expression, is no longer so far fetched.

THE ROLE OF ENVIRONMENTAL AGENTS

Given the enormous differences in lifestyle within and between human populations, the rapid rate of environmental change in developed and developing societies, the remarkable increases in the geographical mobility of modern humans, and the many decades during which exogenous agents can act and interact, it would be safe to predict an increasingly major role of the environment in the genesis of phenotypic variations in patterns of aging. We know surprisingly little, however, about the impact of specific physical, chemical, nutritional and microbial agents on basic aging processes, mainly because there is as yet no unanimity concerning the molecular and cellular nature of aging. Because of its potentially great importance on the length and the quality of life and the related issue of special vulnerabilities of aging subjects, a committee of the National Research Council of the National Academy of Sciences is currently addressing this question.

We have already considered some evidence for certain types of genomic instability as possible mechanisms of aging. Thus, there is a developing rationale for the assessment of the impact of clastogenic agents and of agents that impact on different modalities of the repair of DNA damage.

There is a special need, in my opinion, for an assessment of the role of exogenous neurotoxins in depleting specific subsets of neurons known to be particularly vulnerable to age-related declines in structure and function. An excellent model system is the population of dopaminergic neurons of the substantia nigra, depletion of which can lead to Parkinson's disease, a common debility of aging human. It would be surprising if there did not exist both intrinsic and extrinsic modulation of the rates of decline among various neuronal populations, including those of the substantia nigra. The discovery of MPTP (Langston et al., 1983; Burns et al., 1983) as a potent and specific neurotoxin for the dopaminergic family of cells provides a dramatic model for future lines of such research, hopefully focused on the neurotransmitter systems associated with dementia of the Alzheimer type.

Of particular interest, from the point of view of possible nature-nurture interactions, is the evidence for a role of glial enzyme monoamine oxidase B in converting MPTP to a proximal neurotoxin (Del Zompo et al., 1986). Are there polymorphisms that determine differences in the levels of induction of such enzyme systems? Are there allelic variants at such loci that confer important quantitative variations in substrate specificity? Another important lesson from the MPTP story is that this chemical probe has identified a family of related compounds that are also effective neurotoxins for that system, including compounds, such as paraquat, that are of greater epidemiologic significance.

Potentially excitatory amino acid analogues are also candidates for environmental neurotoxins that might accelerate particular patterns of age-related neuronal loss. One such agent, beta-N-methylaminopropionic acid (or alpha-amino-beta-methylaminopropionic acid) has been implicated as the etiologic agent of a neurodegenerative disorder producing an amyotrophic lateral sclerosis--Parkinsonism-dementia complex on the Island of Guam, where natives are known to have ingested the seeds of a false sago palm known to contain that compound (Spencer et al., 1986)

On a more positive note, there is increasing experimental evidence (summarized by Masaro, 1985; Weindruch et al., 1986; and Holehan and Merry, 1986) that, at least for the case of rodent species, dietary restriction leads to substantial enhancements of both mean and maximum life spans of experimental cohorts. I am not yet convinced, however, that the species-specific maximum life-span potentials of these species have been exceeded by such experimental manipulations. In other words, given sufficiently large cohort sizes (thousands rather than the usual 100-400) of genetically inbred controls, subsets of animals that are fed ad libidum may in fact achieve comparable or even greater life spans. A further difficulty is that the possibility of a toxic component in the laboratory chow has yet to be rigorously excluded, although Masaro and his colleagues have gone a long way towards ruling out that possibility. Nevertheless, the dietary restriction experiments do argue in favor of the existence of comparatively few fundamental mechanisms of aging. Holehan and Merry (1986) suggest that a major effect of dietary restriction is to enhance protein turnover, thus ameliorating the effects of accumulations of a variety of abnormal proteins that are known to accumulate with aging, especially posttranslationally modified proteins (Adelman and Dekker, 1985).

You will recall that in the section above on "The Role of the Constitutional Genome," arguments were developed that implicated a large number of genes (at least several hundred if not thousands) in the modulation of the rates of development of aspects of aging in human aging. This would suggest the existence of a rather large number of fundamental aging processes. It remains to be seen which view--many processes or a few processes--is closer to the truth.

REFERENCES

Adelman, E. C., and Dekker, E. E., eds., 1985, "Modification of Proteins During Aging," Alan Liss, Inc., New York.

Altman, P. L., and Dittmer, D. S., 1962, Lifespans: Mammals, in: "Growth. Biological Handbook," page 445, Fed. Soc. Exp. Biol., Washington, D.C.

Bender, J., and Kleckner, N., 1986, Genetic evidence that Tn10 transposes by a nonreplicative mechanism, Cell, 45:801.

Burns, R. S., Chierek, C. C., Markey, S. P., Ebert, M. H., Jacobowitz, D. M., and Kopin, D. J., 1983, A primate model of Parkinsonism: selective destruction of the pars compacta of the substantia nigra by N-methyl-4-phenyl-1,2,3,6-tetrahydropyridine, Proc. Natl. Acad. Sci. USA, 80:4546.

Busch, G. L., Case, S. M., Wilson, A. C., and Patton, J. L., 1977, Rapid speciation and chromosomal evolution in mammals, Proc. Natl. Acad. Sci. USA, 74:3942.

Cassarett, G. W., 1964, Similarities and contrasts between radiation and time pathology, Adv. Gerontol. Res., 1:109.

Chaudhari, N., and Hahn, W. E., 1983, Genetic expression in the developing brain, Science, 220:924.

Comfort, A., 1979, "The Biology of Senescence," 3rd edition, Elsevier, New York.

Crowley, C., and Curtis, H. J., 1963, The development of somatic mutations in mice with age, Proc. Natl. Acad. Sci. USA, 49:626.

Curtis, H. J., Leith, J., and Tilley, J., 1966, Chromosome aberrations in liver cells of dogs of different ages, J. Gerontol., 21:268.

Curtis, H. J., and Miller, K., 1971, Chromosomal aberrations in liver cells of guinea pigs, J. Gerontol., 26:292.

Del Zompo, M., Piccardi, M. P., Bernardi, F., Bonuccelli, U., and Corsini, G. U., 1986, Involvement of monoamine oxidase enzymes in the action of 1-methyl-4-phenyl-1,2,5,6-tetrahydropyridine, a selective neurotoxin, in the squirrel monkey: Binding and biochemical studies, Brain Res., 378:320.

Diamond, J. M., 1982, Big-bang reproduction and aging in male marsupial mice, Nature, 298:115.

Epstein, C. J., Martin, G. M., Schultz, A. L., and Motulsky, A. G., 1966, Werner's syndrome: A review of its symptomatology, natural history,

pathologic features, genetics and relationship to the natural aging process, Medicine, 45:177.
Friedenwald, J. S., 1952, The eye, in "Cowdry's Problems of Aging, Biological and Medical Aspects," page 239, A. Lansing, ed., Williams and Wilkens, Baltimore.
Goebl, M. G., and Petes, T. D., 1986, Most of the yeast genomic sequences are not essential for cell growth and division, Cell, 46:983.
Holehan, A., and Merry, B., 1986, The experimental manipulation of aging by diet, Biol. Rev., 61:329.
Langston, J. W., Ullard, P., Tetrud, J. W., and Irwin, I., 1983, Chronic Parkinsonism in humans due to a product of Meperidine-analog synthesis, Science, 219:979.
Martin, G. M., 1978, Genetic syndromes in man with potential relevance to the pathobiology of aging, in: "Genetic Effects on Aging, Birth Defects Original Article Series," vol 14, no. 7, page 5, D. Bergsma and D.E. Harrison, eds., Alan R. Liss, Inc., New York.
Martin, G. M., 1982, Syndromes of accelerated aging, Natl. Cancer Inst. Monogr., 60:241.
Martin, G. M., Ogburn, C. E., and Wight, T. N., 1983, Comparative rates of decline in the primary cloning efficiencies of smooth muscle cells from the aging thoracic aorta of two murine species of contrasting maximum lifespan potentials, Am. J. Pathol., 110:236.
Martin, G. M., Fry, M., and Loeb, L. A., 1985, Somatic mutation and aging in mammalian cells, in: "Molecular Biology of Aging: Gene Stability and Gene Expression," page 7, R. S. Sohal, L. S. Birnbaum and R. G. Cutler, eds., Raven Press, New York.
Masaro, E., 1985, State of knowledge on action of food restriction and aging, in: "Molecular Biology of Aging," page 105, A. D. Woodhead, A. D. Blackett and A. Hollaender, eds., Plenum Press, New York
McKusick, V. A., 1986, "Mendelian Inheritance in Man," 7th edition, Johns Hopkins, Baltimore.
Ponten, J., 1977, Abnormal cell growth (neoplasia) and aging, in: "Handbook of the Biology of Aging," page 536, C. E. Finch and L. Hayflick, eds., Van Nostrand Reinhold, New York.
Sacher, G. A., 1977, Life table modification and life prolongation, in: "Handbook of the Biology of Aging," page 582, C. E. Finch and L. Hayflick, eds., Van Nostrand Reinhold, New York.
Salk, D., Fujiwara, U., and Martin, G. M., editors, 1985, "Werner's Syndrome and Human Aging.," Adv. Exper. Med. Biol. 190, Plenum Press, New York.
Shock, N. W., Greulich, R. C., Andres, R., Arenberg, D., Costa, P. T., Jr., Lakatta, E. G., and Tobin, J. D., 1984, "Normal Human Aging: The Baltimore Longitudinal Study of Aging," NIH Publication No. 84.2450, U.S. Government Printing Office, Washington, D.C.
Spencer, P. S., Nunn, P. B., Hugon, J., Ludolph, A., and Roy, D. N., 1986, Motorneurone disease on Guam: Possible role of a food neurotoxin, Lancet, 1:965.
St. George-Hyslop, P. H., Tanzi, R. E., Polinsky, R. J., Haines, J. L., Nee, L., Watkins, P. C., Myers, R. H., Feldman, R. G., Pollen, D. Drachman, D. et al., 1987, The genetic defect causing familial Alzheimer's disease maps on chromosome 21, Science, 235:885.
Weindruch, R., Walford, R. L., Fligiel, S., and Guthrie, D., 1986, The retardation of aging in mice by dietary restriction: Longevity, cancer immunity and lifetime energy intake, J. Nutrition, 116:641.

VARIABILITY IN COGNITIVE FUNCTION IN THE ELDERLY:

IMPLICATIONS FOR SOCIETAL PARTICIPATION

K. Warner Schaie

The Pennsylvania State University
University Park, PA 16802

INTRODUCTION

There is a vast literature on the course of psychometric intelligence over the adult life span that has made us familiar with the finding that most abilities tend to peak in early midlife, plateau until the late fifties or early sixties, and then show decline, initially at slow pace, but accelerating as the late seventies are reached (Botwinick, 1977; Cunningham, in press; Labouvie-Vief, 1985; Schaie, 1980a). There remains some controversy on the specific ages at which certain abilities peak and on the ages at which significant decline can first be detected (Botwinick, 1977; Willis, 1985). Data from cross-sectional studies usually draw relatively pessimistic conclusions for those variables where positive cohort trends have been observed, and unduly optimistic conclusions for those variables where cohort trends have been negative. Age-comparative work is often flawed, moreover, because of the fact that it is difficult or impossible to match samples differing widely in age with respect to other variables that might critically effect the dependent variable of interest. Longitudinal studies are consequently called for, because they control for cohort effects and, of course, allow within-subject comparisons. Nevertheless, longitudinal studies may also yield under- or over-estimates of mean age changes, depending upon whether the longitudinal panel has been exposed to favorable or unfavorable attrition (Schaie, 1983b; Schaie & Hertzog, 1982).

Most of this research literature on cognitive functioning in adulthood has been useful primarily in informing us on group trends. Such trends, however, do not necessarily represent the patterns of cognitive change found for all or most individuals. Vast individual differences have been observed in virtually all biological and behavioral processes involved in human development (Shock et al., 1984). It thus becomes necessary to give close consideration to the many variations in which individual aging may be expressed (cf. Birren & Renner, 1977; Birren & Cunningham, 1985; Schaie, in press). No one would deny the inevitability of an accumulation of deleterious changes as we age. Many different factors, however, whether genetically or environmentally programmed, will influence the rate at which age changes occur. The specific purpose of this paper, therefore, is to examine the issue of variability in cognitive function by examining data on variability in a number of mental abilities. To do so, I shall present some detailed analyses from the

Seattle Longitudinal Study (SLS) for which data are available for five panels over a period of 28 years.

I will begin by presenting traditional cross-sectional data on group means from our most recent data collection to show that there are reliable average age differences between groups of different ages at one point in time. These data will also inform us on gender differences in abilities at various ages, as well as the age levels at which negative differences occur for various abilities. I will introduce a criterion at that point that will give us a first clue as to the extent of the overlap that is to be noted between the youngest and successively older samples. Next, I will examine the cohort gradients for selected abilities to show that the steep age differences observed at advanced ages might be spurious projections obtained by contrasting groups of individuals that have started adult life at different levels of ability. I will then contrast age differences with age changes, as estimated from seven-year longitudinal data to show that reliable age changes do occur as well within many individuals as they reach advanced age. I will further consider the distribution of individual differences across the age range from the twenties to the eighties and examine the extent of the empirically observed overlap between performance distributions at successive ages. Finally, I will comment on some of implications of these data for the societal participation of the elderly.

CHARACTERISTICS OF THE DATA BASE

The Subject Population

I began my inquiry into adult cognitive functioning some 30 years ago by randomly sampling 500 subjects equally distributed by sex and age across the range from 20 to 70 years from the approximately 18,000 members of a health maintenance organization in the Pacific Northwest (Schaie, 1983a). I reassessed survivors of the original sample and added additional panels in seven-year intervals. The sampling frame represents a broad distribution of educational and occupational levels, probably well representing the upper 75 per cent of the socio-economic spectrum. The population frame from which I have been sampling repeatedly has grown to a membership of over 300,000 individuals, but the general characteristics remain very comparable. The primary data to be examined here include the 1629 community-dwelling individuals (741 males and 888 females) who were examined in the fifth SLS cycle during 1983/85. These individuals had an average educational level of 14.3 years (*SD* = 3.06;Range: 1 to 20 years); their family income averaged $23,200 (*SD* = $9,606; Range: $1,000 to $50,000+). Occupational levels were rated on a scale from 0 for unskilled to 9 for professional occupations. Those individuals gainfully employed at the time of assessment averaged an occupational level of 6.8 (*SD* = 1.87). Most frequent occupations represented involve skilled trades, clerical, sales, managerial and semi-professional jobs.

The Measurement Variables

The variables to be discussed here include the first five Primary Mental Abilities identified by the Thurstones (1941). They were assessed with the SRA Primary Mental Abilities test (Thurstone & Thurstone, 1949; Schaie, 1985). *Verbal Meaning* (V) involves the ability to recognize and comprehend words; it is a measure of a person's recognition or passive vocabulary. This ability is assessed by providing individuals with a stimulus word and asking them to match it from a multiple choice list. Verbal Meaning is thought to be a crystallized ability that is acquired and maintained by exposure to culture-determined experiences. *Spatial Orientation* (S) is the ability to rotate objects mentally in two-dimensional space. This ability is involved, for example, in visualizing the direction one might enter a highway after having inspected a map, or in assembling a piece of furniture by following a set of instructions. Spatial Orientation is measured by providing the subject with an abstract stimulus figure and then asking the subject to select rotated examples of that figure that would match the stimulus upon mental rotation. Inductive Reasoning (R) is the ability to identify regularities and to infer principles or rules. It is a critical component of most problem - solving tasks. This ability is measured by asking subjects to complete a letter series task. Both Spatial Orientation and Inductive Reasoning are thought to be fluid abilities that are involved in the mastering of novel experiences. Number (N) is the ability to apply numerical concepts. The ability is measured by requiring subjects to check simple addition problems. Word Fluency (W) reflects the ability to retrieve words from long-term memory by means of a lexical rule; it is a measure of a persons's recallable or active vocabulary. Subjects are given a letter and are then asked to write as many words beginning with that letter as they can think of during a short time period. All of these measures are slightly speeded paper and pencil tasks.

In addition to the first five primary mental abilities, we will also report data on a verbal memory task, requiring immediate recall of a list of twenty meaningful words studied by our subjects (Zelinski, Gilewski, & Schaie, 1979). Finally, we present data on a basic skills test (Educational Testing Service, 1975) that measures a series of real life tasks (e.g., interpreting medicine bottle labels, obtaining information from bus schedules, charts, yellow pages in the telephone book, newspaper advertisements and editorials, and interpreting maps).

The Assessment Procedure

These measures were administered to small groups of subjects as part of a broader test battery that originally required approximately two hours in a single session, but has since grown to a 5-hour battery spread over two sessions. The Primary Mental Ability measures, however, always have been given in the same position during the first part of the testing session. The tests are administered in a standard format and order by an examiner assisted by a proctor. Testing locations are at familiar sites close to the homes of our participants. Subjects first were tested in 1956 and survivors were retested in 1963, 1970, 1977 and 1983/85. The data discussed here, however, are restricted to those obtained in 1977 and in 1983/85.

FINDINGS ON AVERAGE AGE DIFFERENCES

We begin our exploration by examining the cross-sectional age differences for the 1983/85 assessment. To facilitate convenient comparisons across all the measures, all raw scores were rescaled in T-score form (M = 50, SD = 10) using the parameters obtained for the entire 1983/85 sample. Scaling in this fashion also helps us to understand the magnitude of age differences by placing them within the context of a broader population frame. For example, since 50 per cent of the population is found within the range of plus/minus 2/3 SD about the mean, an average shift of 13 T-score points would be required before the middle half of one age group would cease to overlap with the middle half of another age group.

Performance differences for the seven variables described above are listed in Tables 1 and 2, with means, standard deviations and sample sizes for each age group from mean age 25 to mean age 88 in seven-year intervals. Since one of the major individual difference variables is gender, we have

Table 1. Means and standard deviations for five Primary Mental Abilities for mean ages 25 to 88 years in T-Score units (M = 50, S.D. = 10).

Mean Age	N	Verbal Meaning		Spatial Orientation		Inductive Reasoning		Number		Word Fluency	
		Mean	S.D.	Mean	S.D.	Mean	S.D.	Mean	S.D.	Mean	S.D.
25	(84)	54.38	7.87	56.25	10.45	59.11	7.59	48.87	8.61	55.06	10.86
32	(81)	54.53	7.58	55.40	7.87	58.15	7.80	51.44	9.80	55.11	9.16
39	(124)	56.17	6.54	55.21	10.39	57.84	6.83	51.39	8.78	54.93	9.01
46	(154)	55.68	7.88	55.69	9.47	56.23	7.51	51.77	9.51	53.64	8.43
53	(194)	53.90	7.43	53.46	9.30	54.17	8.01	50.98	10.55	52.58	9.44
60	(262)	52.65	8.16	51.44	8.71	51.43	7.97	52.31	10.73	50.09	10.00
67	(292)	49.31	8.90	48.27	8.68	47.44	8.18	50.67	9.64	48.06	8.82
74	(261)	44.59	8.72	44.63	7.70	43.37	7.59	48.80	9.16	46.58	9.05
81	(136)	39.14	8.77	41.53	6.48	38.74	6.59	44.15	9.20	43.53	9.04
88	(41)	34.42	8.49	37.54	5.12	36.31	6.17	41.29	8.70	40.58	7.66

Table 2. Means and standard deviations for measures of immediate recall and for performance on real life tasks for mean ages 25 to 88 years in T-Score units (M = 50, S.D. = 10).

Mean Age	N	Immediate Recall		Real Life Tasks	
		Mean	S.D.	Mean	S.D.
25	(37)	59.48	7.78	56.06	3.52
32	(74)	56.94	7.95	55.87	4.78
39	(112)	57.23	7.89	56.07	2.33
46	(144)	55.62	8.39	55.21	3.93
53	(182)	52.12	8.38	54.02	4.09
60	(246)	50.53	8.79	52.76	5.63
67	(288)	48.77	9.72	50.51	8.53
74	(254)	45.04	8.32	45.19	10.25
81	(124)	41.99	8.83	37.30	12.80
88	(39)	39.68	9.38	28.22	11.94

provided graphic representations of age differences in performance separately for men and women in Figures 1 to 7. As will become evident, there are substantial reliable age differences favoring younger adults, as well as significant gender differences. However, the age level at which significant differences from young adults can be detected, as well as the presence and direction of gender differences are quite ability-specific. These specific patterns of age differences will next be examined.

Figure 1 shows the age difference patterns for Verbal Meaning, a measure of recognition vocabulary. Overall there is a slight trend for women to perform better then men ($p = .06$). However, sex differences reach statistical significance only at age 60. Note that positive age differences prevail to a peak at age 39. A significant negative age difference is first detected at age 67. However, it is not until age 81 that the middle half of that age group ceases to overlap with the youngest sample (25 year-olds). Variability within samples decreases slightly until age 39, increases until age 67 and then remains at the same level.

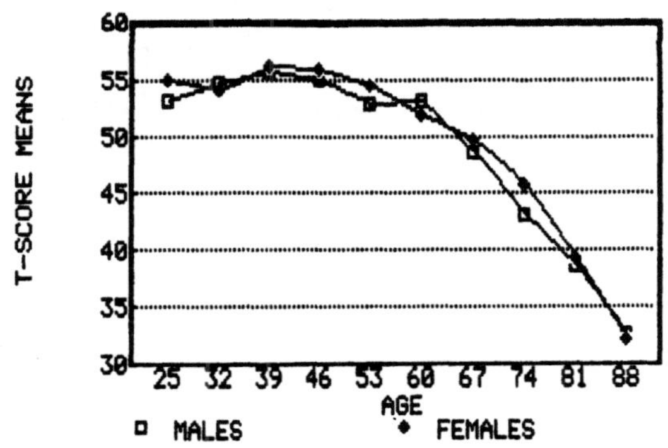

Fig. 1. Age difference patterns for Verbal Meaning

Age difference patterns for Spatial Orientation is shown in Figure 2. There is a highly significant gender difference in favor of males. This difference appears throughout the adult life span, although it is not statistically significant for the two oldest groups. Significant negative age differences for Spatial Orientation are first shown at age 53. Again, it is not until age 81 that there is no overlap for the middle half with the youngest sample. Variability on Spatial Orientation, however, peaks in young adulthood and linearly decreases thereafter.

Figure 3 shows the age difference patterns for Inductive Reasoning, the ability to draw inferences and identify rules; skills that are basic for activities requiring complex problem-solving. Overall, women perform significantly better than do men. When examined separately by age, however, this female superiority is statistically significant only during middle age and early old age (46 through 67 years). Significant negative age differences are first noted as early as age 46. Overlap of the middle half of the older sample with the younger group ceases to be found by age 74. Variability decreases slightly in young adulthood, then rises again until early old age, with decreasing variability thereafter.

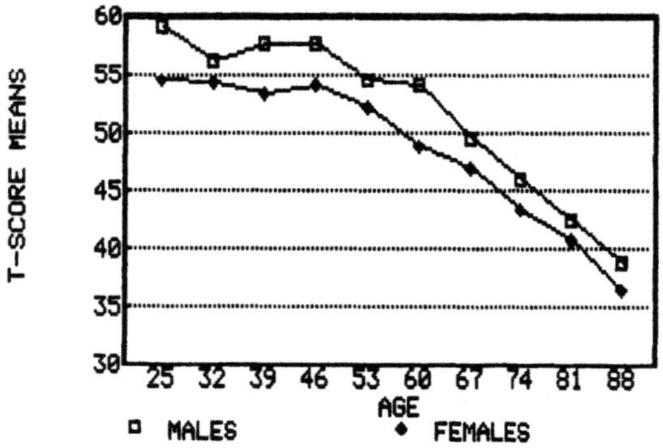

Fig. 2. Age difference patterns for Spatial Orientation

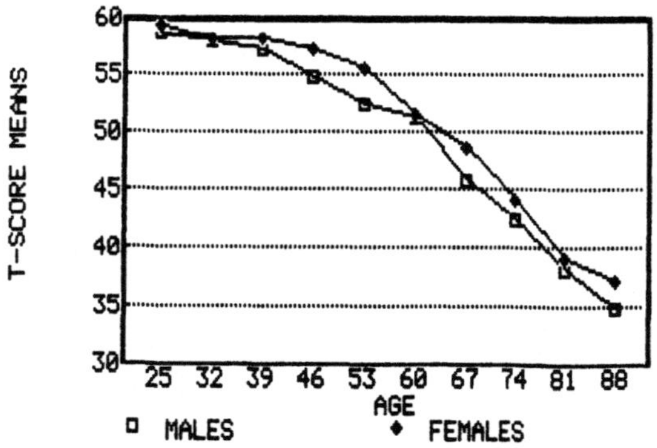

Fig. 3. Age difference patterns for Inductive Reasoning

Age difference patterns for Number, our measure of quantitative skills, are shown in Figure 4. Although there is an overall significant gender effect favoring males, we can detect reliable sex differences within age groups only at ages 32 and 60. Age differences for this variable differ markedly from those previously examined. Statistically significant positive age differences are found up until age 60, and significant negative differences do not occur until age 81. Even at age 88, the middle half of the sample still overlaps with the youngest group. Further, variability on Number increases until age 60, with subsequently decreased variability remaining at about the young adult level.

Word Fluency is our active vocabulary measure involving the recall of words; its age difference patterns are shown in Figure 5. Overall gender differences for this variable favor women. However, statistically significant within sub-sample differences are found only at age 46 and for the three oldest sub-groups. Significant negative age differences are first detected at age 60, but overlap of the older and youngest middle halfs does not cease until age 88. Word Fluency shows a modest decline in variability from young adulthood until middle age, with increased variability into early old age, and then further restriction of variability.

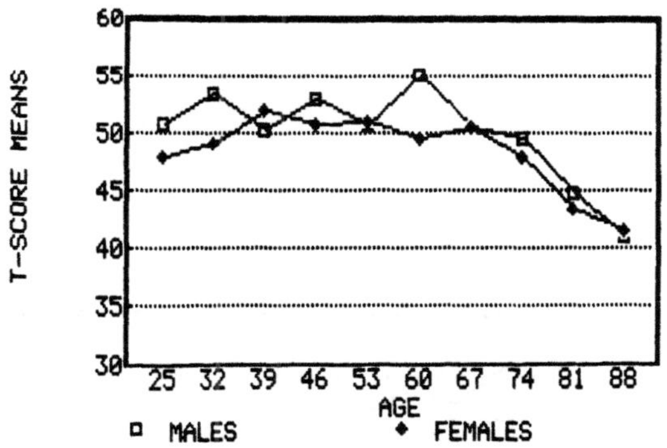

Fig. 4. Age difference patterns on Number.

Figure 6 provides the age difference pattern for our memory measures involving Immediate Recall of a list of meaningful words. Gender differences in memory clearly favor women. However, gender differences are not significant for the two youngest, the 60 year-old, and the oldest sample. Negative age differences in memory are the earliest detected difference and occur at age 39. Overlap of middle halves ceases to prevail by age 74. There are only relatively modest age differences in variability, with a trend for greater variability with advancing age.

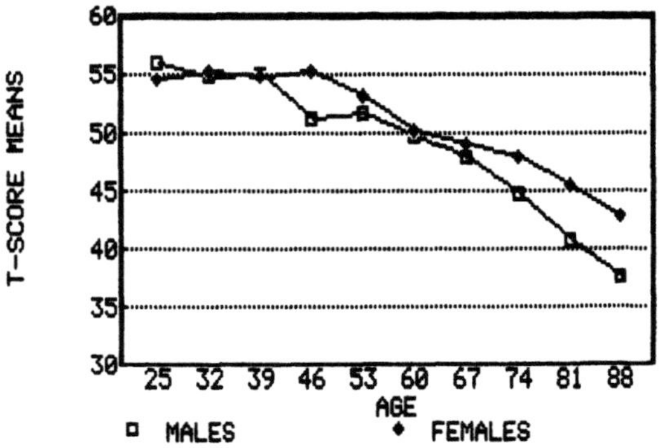

Fig. 5. Age difference patterns on Word Fluency.

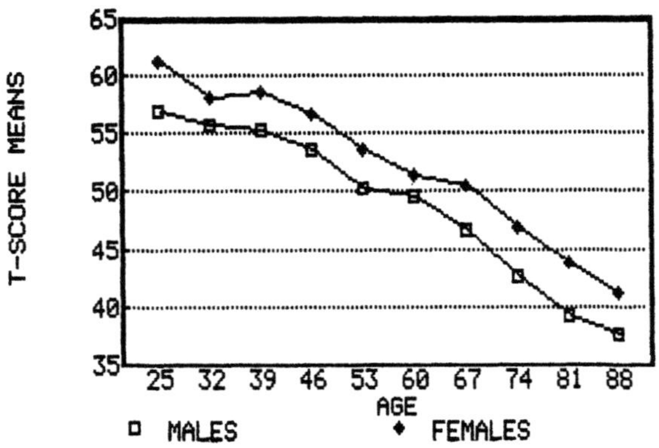

Fig. 6. Age difference patterns on Immediate Recall.

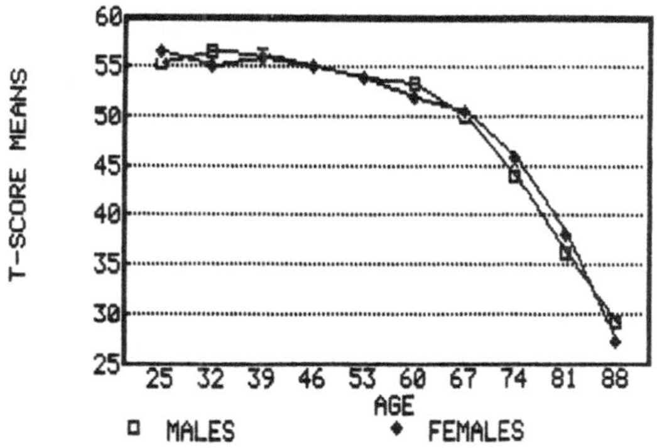

Figure 7. Age Difference Patterns on Real Life Tasks.

Our final variable is the measure of Real Life Tasks, age difference patterns for which are shown in Figure 7. No significant gender differences were found on this measure. Significant negative age differences are first detected here at age 53, but once again, overlap of middle halves for the older and youngest groups does not ceases until age 81. By contrast with the other variables, there is a marked and almost exponential increase in variability from young adulthood until old age. That is, there is much greater variability in old age on the complex measure of everyday activities than in the more specific and abstract laboratory measures of the basic mental abilities.

EFFECTS OF COHORT CHANGES IN ABILITY LEVEL

We must next consider the possible effects of socio-cultural change and consequent changes in population characteristics that might affect performance on measures of cognitive abilities (Schaie, 1986). For those abilities that have been measured in the SLS on several occasions it is possible to obtain fairly good estimates of differences in average performance for successive cohorts at the same age. In fact, we have available as many as four estimates for successive cohorts data for the Primary Mental Ability measures which were reported above, so we can obtain cumulative estimates of cohort changes. In Figure 8 we contrast the cumulative effects of cohort changes upon four of the abilities discussed earlier. Cumulative changes have been computed from the 1896 base cohort, the earliest included in our study.

There are substantially different patterns. The cohort change gradient for Inductive Reasoning displays virtually linear increment. If the youngest and oldest cohort could have been compared at the same ages we would have found no overlap between the middle halves for the two groups. The cohort changes for Verbal Meaning are almost as substantial. However, change here has slowed, with no further increment observed for the two most recent cohorts. Spatial Orientation shows modest positive cohort change until the 1938 cohort. From then on the cohort profile is mildly negative. The pattern for Number is one of positive change for the two oldest cohorts followed by a shallow negative profile up until the most recent cohorts. Given these performance level changes across cohorts, it follows that

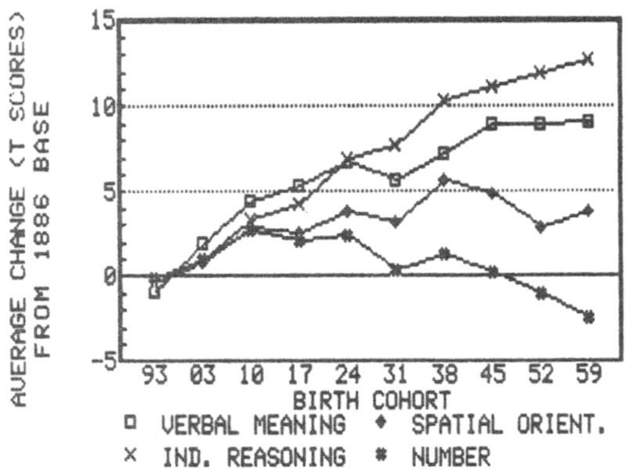

Fig. 8. Cumulative cohort changes for the Primary Mental Abilities.

cross-sectional data should yield over-estimates of negative age differences for Inductive Reasoning and Verbal Meaning, relatively realistic estimates for Spatial Orientation, and under-estimates of negative differences for Number. We can test this proposition by contrasting cross-sectional with short-term longitudinal data.

COMPARISON OF CROSS-SECTIONAL AND LONGITUDINAL ABILITY DATA

We are interested in obtaining sample parameter estimates that tell us whether age-comparative data collected at one point in time provide a distorted estimate of age changes within the same cohort. We consequently base our estimates of longitudinal change over time on the differences between average scores for each cohort obtained in 1977 and 1983/85. To obtain the largest possible cell sizes we aggregate the data across gender. The within-cohort differences then are cumulated from the youngest age level. Since the estimates come from independent random samples from each cohort they control for attrition, practice and testing effects, and are thus directly comparable to the cross-sectional data (Schaie, 1977). These cross-sectional/longitudinal comparisons are shown in Figures 9 to 12.

As predicted, the discrepancy between cross-sectional and longitudinal data is the greatest for Inductive Reasoning and Verbal Meaning, those abilities that showed the most dramatic cohort change gradients. For Inductive Reasoning, that the early decrement suggested by the cross-sectional data appear to be an artifact of the cohort changes. In the longitudinal data, the age difference profile is virtually flat until age 60, with the first statistically significant negative age difference shown by age 67 (see Figure 9). Moreover, the difference between the youngest and oldest group is now less than a standard deviation. Equally dramatic are the differences between cross-sectional and longitudinal data for Verbal Meaning. Here there are significant positive differences until age 60 is reached. Thereafter modest negative differences occur that become statistically significant by age 74. However, estimated performance in old age remains equal or better than that shown in young adulthood; e.g., there is no significant difference between the longitudinal estimates for ages 25 and 88 (Figure 10).

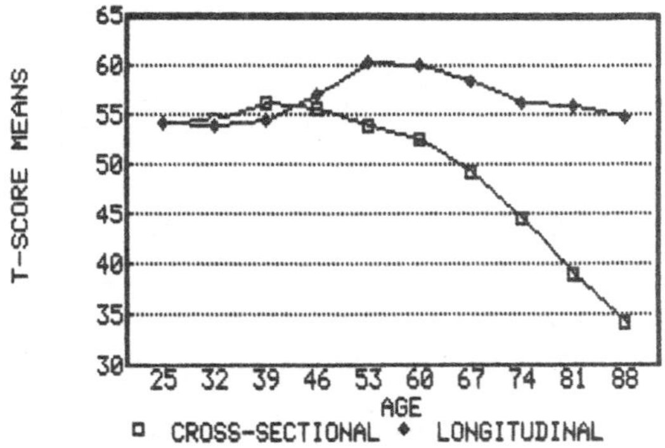

Fig. 9. Comparison of cross-sectional and longitudinal age differences for Inductive Reasoning.

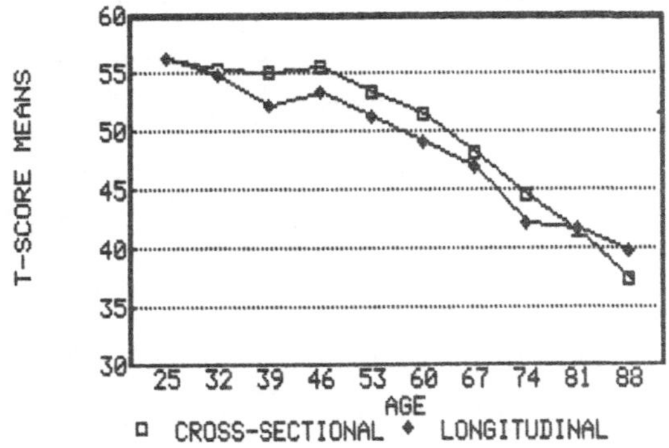

Fig. 10. Comparison of cross-sectional and longitudinal age differences for Verbal Meaning.

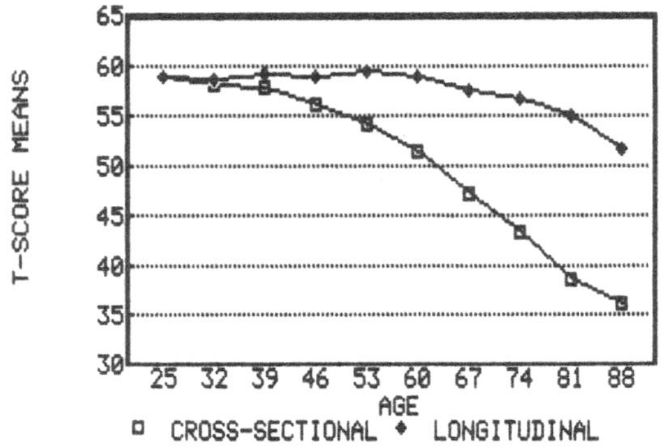

Fig. 11. Comparison of cross-sectional and longitudinal age differences for Spatial Orientation.

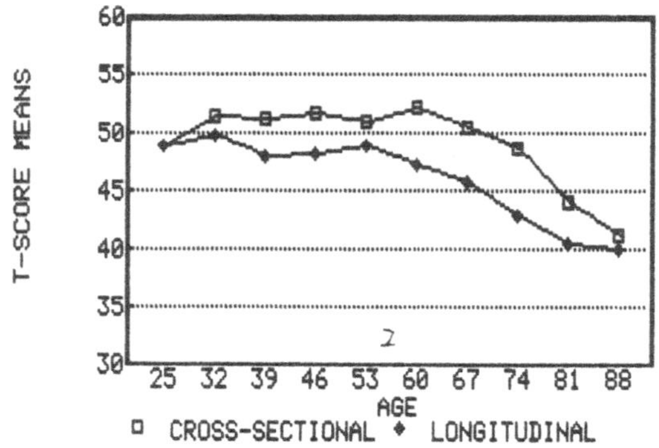

Fig. 12. Comparison of cross-sectional and longitudinal age differences for Number.

Quite different findings occur for Spatial Orientation and Number. The longitudinal age gradient for Spatial Orientation shown in Figure 11 has a negative slope quite comparable to the cross-sectional data. The major difference is that longitudinal data suggest possibly even earlier age changes (albeit not statistically significant until age 53), but somewhat less pronounced differences in advanced old age. Likewise, the longitudinal data for Number (Figure 12) suggest a virtually level age difference pattern until age 53, with negative age differences becoming apparent by age 60 and statistically significant by age 67. Just as the positive cohort gradients for the first two abilities suggest the possibility of greater decline within individuals than shown in the longitudinal data, so do the negative cohort gradients lead to over-optimistic projections for the latter abilities. The moral, of course, is that one needs to obtain data across time to fully understand the magnitude of changes within individuals or populations.

CONCURRENT OVERLAP OF PERFORMANCE IN SAMPLES OF DIFFERENT AGE

Whether cross-sectional samples under- or over-estimate age differences that may occur within individuals as a function of cohort changes, they are, nevertheless, of considerable interest in examining concurrent levels and distributions of performance at different ages. In fact, such data are needed to give us the kind of information on the relative advantage or disadvantage of populations at different ages that are required to adjudicate a number of current policy issues. For example these data allow us to determine what proportion of individuals have sufficient cognitive competence to live independently, or to consider what might be the consequences of modifications of retirement rules. For these purposes it does not suffice to consider merely data on group averages such as those provided in Tables 1 and 2 and displayed graphically in the first seven figures. First of all we must examine just how powerful age is as a predictor of performance, and then examine specifically the degree of empirically observed overlap of performance across age levels to determine the probability that older persons at specific ages will be at a disadvantage when compared with younger individuals, or conversely to note the proportion of older individuals that are found to function within the range provided by a younger reference population.

Rather than computing correlations between age and abilities directly, we used our ten seven-year cohort classifications as our independent variable. Positive correlations, consequently, imply that the later born cohorts perform at a higher level than the cohorts born earlier. As suggested by the mean age difference data presented earlier, the highest age/ability correlation is shown by Inductive Reasoning ($\underline{r}$ = .621); with age thus accounting for roughly 38 per cent of the individual difference variance in the dependent variable. Considerably less variance is explained by age for the other four ability measures. Age accounts for approximately 25 per cent of the variance for Verbal Meaning ($\underline{r}$ = .496); 22 per cent for Spatial Orientation ($\underline{r}$ = .470); 13 per cent for Word Fluency ($\underline{r}$ = .365); and only 2 per cent of the variance for Number ($\underline{r}$ = .147). Age is a more important predictor with respect to our memory measure of Immediate Recall, accounting for about 24 per cent of the variance ($\underline{r}$ = .488); and even more so for the measure of Real Life Tasks ($\underline{r}$ = .545), where age accounts for approximately 30 per cent of the variance.

These figures show that age is an important characteristic that may indicate an individual's relative cognitive performance with respect to the population distribution at a particular point in time. They also suggest, however, that in all instances variables other than together are more important than age in assigning an individual's position on the ability

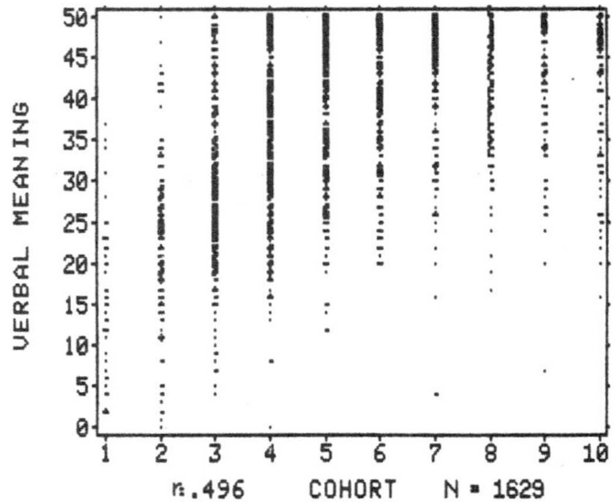

Fig. 13. Scattergram for the age distribution for Verbal Meaning.

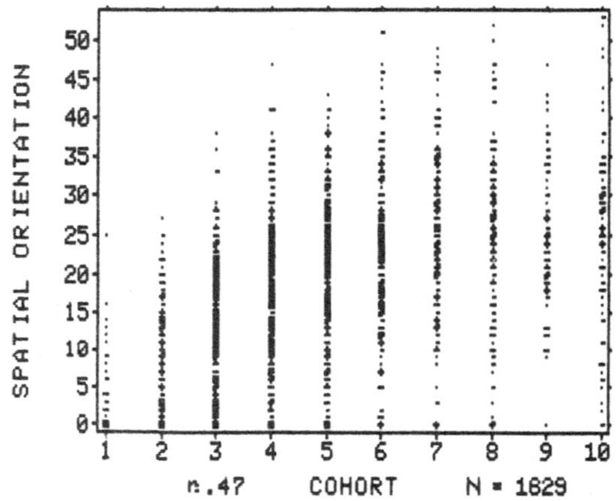

Fig. 14. Scattergram for the age distribution for Spatial Orientation.

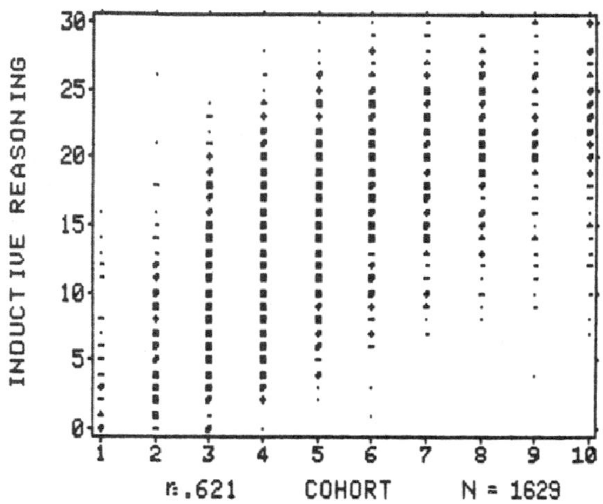

Fig. 15. Scattergram for the age distribution for Inductive Reasoning.

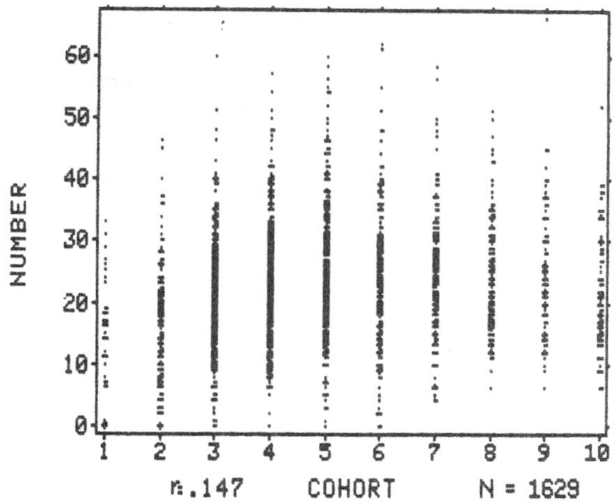

Fig. 16. Scattergram for the age distribution for Number.

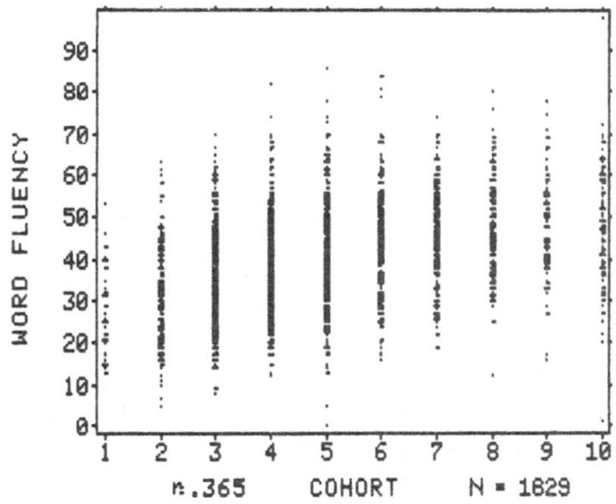

Fig. 17. Scattergram for the age distribution for Word Fluency.

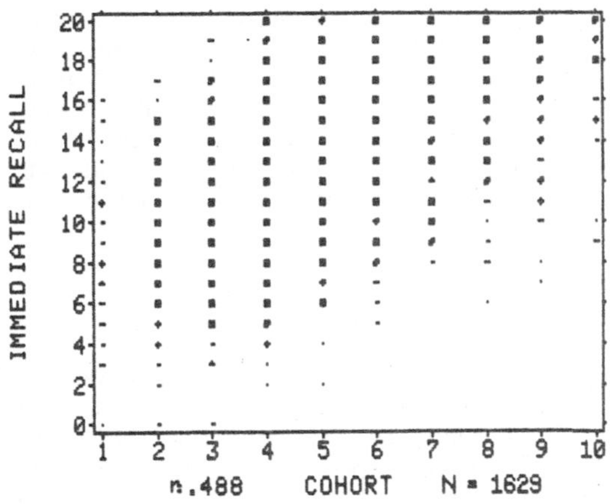

Fig. 18. Scattergram for the age distribution for Immediate Recall.

spectrum. To illustrate the resultant overlap of sample distributions over the adult life span, we provide scattergrams linking cohort membership and performance level in Figures 13 to 19. These scattergrams show the oldest to the youngest cohorts (age range from 25 to 88 years) from left to right. Although, with the exception of numerical skills, there are clear age trends, we also find that there is substantial overlap of distributions well into old age.

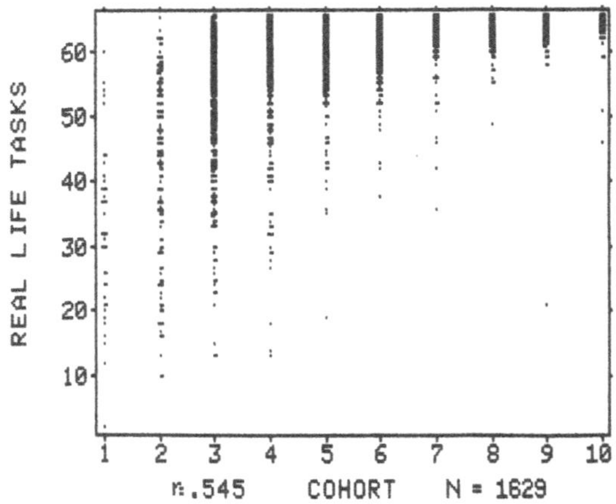

Figure 19. Scattergram for the age distribution for Real Life Tasks.

To examine the degree of overlap in a somewhat more formal fashion, I have computed proportions of overlap of successive age groups with the youngest sample (average age 25), from the variance estimates provided in Tables 1 and 2. If one assumes that the underlying populations are normally distributed,tables of the normal curve can be used to estimate the proportion of the joint distribution of two samples shared by members of both samples. Table 3 provides the results of these calculations for the seven variables shown in the scattergrams. The data immediately show that for all groups until age 60 there is greater than 90 per cent overlap for all variables with the youngest age group. Even at age 67 that degree of overlap prevails for all variables except Inductive Reasoning. At age 74 there is still better than 90 per cent overlap for Verbal Meaning, Spatial Orientation, Number, and Word Fluency, all variables other than Inductive Reasoning. That degree of overlap prevails at age 81 for the latter two variables, and even at 88 for number skills. Indeed, it is only for Inductive Reasoning that there is complete lack of overlap at any age.

SOME IMPLICATIONS FOR SOCIETAL PARTICIPATION

The major portion of this paper has been concerned with presenting current data on variation with age in cognitive abilities across the major portion of the adult life span, to characterize the distortions introduced by differential cohort flow, and then to demonstrate the tremendous degree of overlap in performance across the adult age range. It now remains to comment briefly on some of the implication of these findings for the societal participation of older individuals.

Table 3. Proportion of overlap at successive ages with score distribution at age 25.

Mean Age	Verbal Meaning	Spatial Orient.	Inductive Reasoning	Number	Word Fluency	Immediate Recall	Life Tasks
				Per Cent Overlap			
32	99.74	99.63	99.59	99.90	99.74	99.25	99.69
39	99.86	99.62	99.52	99.90	99.72	99.32	99.72
46	99.87	99.68	99.12	99.91	99.66	98.93	99.34
53	99.68	99.32	98.19	99.86	99.40	96.18	97.76
60	99.66	98.74	95.91	99.91	98.81	94.39	97.23
67	97.34	96.87	86.97	99.85	98.04	91.87	91.28
74	93.01	90.25	70.08	99.72	94.71	76.91	42.07
81	75.16	70.83	12.55	98.72	93.20	51.72	43.70
88	53.39	38.69	0.00	96.64	81.90	49.05	24.86

To begin with, it might be suggested that limitations imposed upon the full participation of our society's older members may generally be related to three major influences: increasing physical frailty, reduced cognitive competence, and societal constraints imposed by erroneous stereotypes. With the increased availability of environmental support reducing the physical demands of most occupations or everyday pursuits, physical frailty, except for those suffering from an acute disease, has ceased to be a major limitation for most older persons prior to the late eighties and above (Schaie & Willis, 1986a). As a consequence cognitive limitations have assumed increased importance in determining whether older individuals can continue to remain employed, participate in societal decision-making, or even continue to enjoy independent living and exert control over the economic resources they have acquired over a life time.

The data on age differences presented here demonstrate that the average older person, whether because of age-related decline or having started out at a lower level than today's young adults, may well be at disadvantage on many cognitive skills when compared with young adults. It is important to note, however, that statistically significant age differences may represent quite limited absolute orders of magnitude. For example, although average reaction times tends to increase by a factor of 1.5 to 2 from the twenties to the seventies, the actual increment in time required for the successful performance of a task of reasonable complexity will typically not exceed one or two seconds (Salthouse, 1985). Likewise, data from the SLS suggest that more complex cognitive processes show changes that are large in terms of absolute performance do not occur until the late seventies or early eighties (Schaie, 1980b, 1983a). Again, it is quite rare, that age differences reported in the literature prior to the late seventies attain a magnitude that on average would interfere with successful job performance.

To give a specific example, let me share with you my own observations, in the course of developing testimony in age discrimination litigation, of the performance of operators weighing trucks on a highway scale. I found that it took a truck on average something like 30 seconds to pass a scale operator's station, while only 6 seconds were required to perform the measurements. Slowing of reaction time leading to an increase of a second or two in time needed for the job operation consequently would be irrelevant to the operator's ability to do the job.

Much of the literature on adult cognitive development deals with very specific aspects of cognition and employs laboratory paradigms that are not necessarily representative of the complex processes involved in everyday tasks or occupational pursuits. For example, it is not at all clear whether the age distributions shown for performance on laboratory tasks would also be found for occupational pursuits. The literature on expertise shows that although many individuals experience some behavioral decrement by the time the late sixties are reached, such decrement does not seem to occur for highly practiced tasks at which the individual is an "expert." Maintenance of "expert" functions typically involves experience in carrying out a complex task. In other words, experience usually suffices to compensate for behavioral slowing on well-practiced tasks that are part of a person's job skill requirements (Charness, 1981; Glaser, 1987; Salthouse, 1987; Salthouse & Somberg, 1982).

It would seem to me, that the evidence suggests strongly that many factors other than age are more salient in determining cognitive performance than does chronological age until late mid-life. As old age approaches an increasing proportion of individuals, for a variety of physiological and experiential reasons, do suffer some decline in cognitive performance, albeit those aspects of decline that are primarily experiential are reversible (Schaie & Willis, 1986b). What is most important to keep in mind, however, is that the range of individual differences is so great, that until the late eighties are reached, many older persons can still be found who function at least within the average range of young adults. Consequently, it seems necessary to conclude that chronological age is not a proper indicator for the development of public policies that would exclude any person from full societal participation. The United States Congress in its recent revision of the Age Discrimination Employment Act seems to agree with this position.

The above considerations raise some exciting possibilities for behavioral and social scientists to engage in primary prevention of cognitive dysfunction in later adulthood at a number of different levels. There are three major areas that seem to be particularly amenable to behavioral intervention. The first is concerned with educating the media and the public services sector. Many of the assumed cognitive disabilities of early old age, as shown by our data, are for most persons not fact, but the presumption of such disabilities is directly related to stereotypes about aging that become self-fulfilling prophecies. It is of considerable importance therefore to provide guidance to the media that will lead journalists to concentrate upon the 95% of the elderly who are not institutionalized and to report on and show successful older individuals who display full cognitive competence. The public service sector, moreover, must be educated to be more understanding of the moderate cognitive changes occurring with age in some individuals and to consider the possibility of intervention in many such instances regardless of their client's age. Obviously this involves adoption of attitudes that lead to value their older clients as being of equal importance as those at other life stages and deserving of equally high quality service and attention.

Applied developmental scientists need also become active in the area of health education. Although an increasingly successful effort is being made to convince the public that dietary, smoking and drinking behaviors must be controlled by mid-life at the latest to assure physical fitness in old age, similar efforts still remain to be implemented in other behavioral areas. For example, educational efforts are needed to convince individuals to seek adequate compensation for sensory changes by attending to suitable modifications of their working and living environments. The data presented here suggest that many older persons function at cognitive levels that are well within the range of much younger populations groups. Those who do have the personality characteristics that let them structure their environment in appropriate ways can contribute serendipitously to maintain active stimulation of their cognitive processes (Schaie, 1984). But it is also possible to program formal obsolescence-reducing educational mechanisms and cognitive training programs that will improve the functional level of those older persons who show significant but experientially induced cognitive decline (Schaie & Willis, 1986b).

A third area in which behavioral and social scientists can provide interventions that would maintain the societal participation of a greater proportion of the elderly relates to the transition from the world of work to that of (not infrequently enforced) leisure. In the United States, recent changes in mandatory retirement legislation have led retirement to become an increasingly complex decision. The arbitrary guideposts of chronological age now provide constraining time frames rather than specific end points. With the end of legally permissible mandatory retirement for most employees, many employers are beginning to offer more flexible retirement options, with the intent of better utilization of older workers, but also providing more realistic plans for change and continuity in industrial organizations. These developments open new options and opportunities for individuals moving into old age but also add much uncertainty. Applied developmental scientists consequently need to become increasingly active in preretirement counseling programs, including formal assessment programs that help workers and their employers to appraise needs and abilities as they relate to reassignment or retirement decisions. Such processes will lean heavily on our understanding of the variability of individual performance at all ages.

ACKNOWLEDGEMENT

Preparation of this paper was supported in part by research grant R01 AG04470 from the National Institute on Aging. The cooperation of members and staff of the Group Health Cooperative of Puget Sound is gratefully acknowledged.

REFERENCES

Birren, J. E., and Cunningham, W., 1985, Research on the psychology of aging: Principles, concepts and theory, in: "Handbook of the Psychology of Aging," 2nd ed., J. E. Birren and K. W. Schaie, eds., Van Nostrand Reinhold, New York.

Birren, J. E., and Renner, V. J., 1977, Research on the psychology of aging: Principles and experimentation, in: "Handbook of the Psychology of Aging," J. E. Birren and K. W. Schaie, eds., Van Nostrand Reinhold, New York.

Botwinick, J., 1977, Intellectual abilities, in: "Handbook of the Psychology of Aging," J. E. Birren and K. W. Schaie, eds., Van Nostrand Reinhold, New York.

Charness, N., 1981, Age and skilled problem solving, J. Exper. Psychol. Gen., 110:21.
Cunningham, W. R., in press, Recent developments in research on psychomteric intelligence in adulthood, in: "Annual Review of Gerontology and Geriatrics," Vol. 7, K. W. Schaie, ed., Springer Publishing Co., New York.
Educational Testing Service, 1975, "Basic Skills Test - Reading," Educational Testing Service, Princeton, NJ.
Glaser, R., 1987, On the nature of expertise, in: "Cognitive Functioning and Social Structure over the Life Course," C. Schooler and K. W. Schaie, eds., Ablex, Norwood, NJ.
Labouvie-Vief, G., 1985, Intelligence and cognition, in: "Handbook of the Psychology of Aging," 2nd ed., J. E. Birren and K. W. Schaie, eds., Van Nostrand Reinhold, New York.
Salthouse, T. A., 1985, Speed of behavior and its implication for cognition, in: "Handbook of the Psychology of Aging," 2nd ed., J. E. Birren and K. W. Schaie, eds., Van Nostrand Reinhold, New York.
Salthouse, T. A., 1987, Age, experience and compensation, in: "Cognitive Functioning and Social Structure over the Life Course," C. Schooler and K. W. Schaie, eds., Ablex, Norwood, NJ.
Salthouse, T. A., and Somberg, B. L., 1982, Skilled performance: The effects of adult age and experience on elementary processes. J. Exper. Psych. Gen., 111:176.
Schaie, K. W., 1977, Quasi-experimental designs in the psychology of aging, in: "Handbook of the Psychology of Aging," J. E. Birren and K. W. Schaie, eds., Van Nostrand Reinhold, New York.
Schaie, K. W., 1980a, Age changes in intelligence, in: "Age, Learning and Intelligence, R. D. Sprott, ed., Van Nostrand Reinhold, New York.
Schaie, K. W., 1980b, Intelligence and problem solving, in:."Handbook of Mental Health and Aging," J. E. Birren and R. B. Sloane, eds., Prentice-Hall, Englewood Cliffs, NJ.
Schaie, K. W., 1981, Psychological changes from midlife to early old age: Implications for the maintenance of mental health, Amer. J. Orthopsy., 51:199.
Schaie, K. W., 1983a, The Seattle Longitudinal Study: A 21-year exploration of psychometric intelligence in adulthood, in: "Longitudinal Studies of Adult Psychological Development, K. W. Schaie, ed., Guilford Press, New York.
Schaie, K. W., 1983b, What can we learn from the longitudinal study of adult psychological development, in: "Longitudinal Studies of Adult Psychological Development, K. W. Schaie, ed., Guilford Press, New York.
Schaie, K. W., 1984, Midlife influences upon intellectual functioning in old age, Int. J. Beh. Devel., 7:463.
Schaie, K. W., 1985, "Manual for the Schaie-Thurstone Test of Adult Mental Abilities (STAMAT)," Consulting Psychologists Press, Palo Alto, CA.
Schaie, K. W., 1986, September, Social context of cognition in old age, Paper presented at the annual meeting of the American Sociological Association, New York.
Schaie, K. W., in press, Individual differences in rate of cognitive change in adulthood, in: "Adult Development: The Search for Meaning," V. L. Bengtson and K. W. Schaie, eds., Springer Publishing Co., New York.
Schaie, K. W., and Hertzog, C., 1982, Longitudinal methods, in: "Handbook of Developmental Psychology," B. B. Wolman, ed., Prentice-Hall, Englewood Cliffs, NJ.
Schaie, K. W., and Willis, S. L., 1986a, "Adult Development and Aging." 2nd ed., Little, Brown, and Co., Boston.

Schaie, K. W., and Willis, S. L., 1986b, Can intellectual decline in the elderly be reversed? Developm. Psych., 22:323.
Shock, N. W., Greulich, R. C., Andres, D. A., Costa, P. T., Jr., Lakatta, E. G., and Tobin, J. D., 1984, "Normal Human Aging: The Baltimore Longitudinal Study of Aging," U.S. Government Printing Office, Washington, DC.
Thurstone, L. L., and Thurstone, T. G., 1941, "Factorial Studies of Intelligence," University of Chicago Press, Chicago.
Thurstone, L. L., and Thurstone, T. G., 1949, "Manual for the SRA Primary Mental Abilities, 11-14," Science Research Associates, Chicago.
Willis, S. L., 1985, Towards an educational psychology of the adult learner, in: "Handbook of the Psychology of Aging," 2nd ed., J. E. Birren and K. W. Schaie, eds., Van Nostrand Reinhold, New York.
Zelinski, E. M., Gilewski, M., Schaie, K. W., 1979, August, Age differences in memory for facts vs. inferences, Paper presented at the annual meeting of the American Psychological Association, New York.

A LEGAL VIEWPOINT ON THE RELEVANCE OF PHENOTYPIC VARIATION TO RISK ASSESSMENTS

John G. Harkins, Jr.
Ellen Kittredge Scott and
William J. Walsh

Pepper, Hamilton & Scheetz
2001 The Fidelity Building
123 South Broad Street
Philadelphia, PA

INTRODUCTION

Despite substantial efforts to regulate the discharge of hazardous and potentially hazardous substances into the general environment and into the workplace, there is a residual level of such substances that will remain there for some time. Moreover, much remains to be learned about materials which are still regularly discharged; and continuing discharges at some level are virtually inevitable even as to substances about which we know a great deal.

Two societal goals have emerged from these circumstances. First, there is broad recognition of the desirability of taking all feasible steps to ensure that the level of environmental contaminants created by humans is not so high as to present a significant risk of harm. What level presents a "significant" risk is, of course, the subject of frequent dispute. And second, there is a sense that it is moral, or some would say only fair, that means be found to compensate those who can demonstrate that they have been harmed as a result of the risks created by others. One of the most complex and important challenges arising from these goals is the need to develop and apply methods by which risks can be assessed, both prospectively and retrospectively, as a predicate to intelligent decision making.

The challenge is a difficult one, especially in the context of the relationship between low level exposures and late effects, such as cancer. Since we have a very imperfect understanding of the precise manner in which and the circumstances under which a cell progresses from an initial condition of apparent stasis to a clinically recognizable tumor, science presently cannot provide definitive answers to such issues.

Against this background, to express a "legal viewpoint"

concerning the relevance of phenotypic variation to risk assessment is a formidable task. One must begin with the recognition that there may be almost an infinite number of variations in the human genomic structure, with risk consequences ranging from life-protective to life-threatening and life-extinguishing. Relevance, which is at best an ambiguous concept, must at least serve as a screen to distinguish the consequential from the inconsequential within this enormous range of significance. Moreover, while the state of knowledge concerning the implications of such variations is well advanced, it is far from complete. In fact, it might more accurately be said that the study of the interaction of phenotypic variation and environmental and workplace pollutants is filled with possibilities, but little more than possibilities, at this point. A "legal viewpoint" therefore must be tentative and sufficiently flexible to accommodate this state of uncertainty while recognizing the promise of greater certainty to follow.

Still another reason the task is formidable lies in the type of concerns forcefully stated by Sheldon Samuels (this Symposium). In the interaction between science and law, one must take into account ethical and moral concerns as well as a whole spectrum of other questions of social policy. Scientists demand no less. In communicating beyond the realm of science, and even within it, scientists, as concerned humans, often couch their scientific conclusions in a larger ethical framework. And the law, which in a sense is an ordered means of expressing social policy, receives these communications as only one part of an agenda of concerns which extends far beyond pure science itself. In general, science does not become law except as filtered through a complex value-oriented process; and even then there may be conflicts with other laws or policies which bar full recognition of scientific advances.

Finally, the very concept of relevance differs depending on the circumstances. What is relevant to Congress in adopting a health protective statute is almost anything which Congress decides is relevant. In a rulemaking proceeding, what is relevant to a regulatory agency which has a mandate to resolve uncertainties in favor of protecting public health may not be limited to what is considered relevant by the scientist who performs the original research or his or her scientific peers. Other standards of relevance may apply in agency compensation decisions and in judicial adjudications. And, as will be seen, the formulation of certain judicial rules may render irrelevant certain kinds of evidence which a scientist would consider relevant and may admit other evidence which most scientists would reject or view with caution.

All that having been said, the marriage of law and science ought at least to be promising. Law can help translate the discoveries of science into practical applications, such as measures for the protection of human health and safety. And science can assist the law by reducing uncertainties and permitting surer resolution of issues which the law must confront.

As science gains greater knowledge about the relation

between phenotypic variation and risk, in theory more precision should be possible in crafting regulations to protect human health. That process, as we report, is underway. Too much should not be expected of it, however, for at least three reasons which we will explore.

In the adjudicative area -- the world of tort litigation, for example -- knowledge of phenotypic variation and its relation to risk might be seen as supplying better answers to questions of causation. That promise, however, is probably largely an illusion. In many cases, the possible contribution of a biological explanation for the ultimate result is irrelevant. And in other cases in which a phenotypic variation or its absence might have some role to play in establishing or negating causation, there is a high risk that the complexities of legal doctrine, legal procedures and the rules of evidence may negate the benefit. More specifically, expert testimony may be misunderstood, misused or ignored.

Having in mind these preliminary thoughts, we will comment briefly on three aspects of the general subject assigned to this paper. First, we will examine the relevance of phenotypic variation in the risk assessment and management process as practiced by federal agencies. Second, as a kind of case study in the accommodation of competing values, we will look at the so-called "gene screening" issue from the perspective of two federal statutes which promote the goals of fairness and nondiscrimination in employment. And third, we will comment on the very cloudy and probably limited role that phenotypic variation may play in claims for compensation, focusing here on an area of friction between science and law.

THE RELEVANCE OF PHENOTYPIC VARIATION IN FEDERAL RISK ASSESSMENT AND RISK MANAGEMENT

Congress only has occasionally made explicit reference to the importance of susceptible subpopulations in the context of the regulation of risk. Nevertheless, all of the major federal health-related regulatory statutes are drawn in terms broad enough to permit, if not require, the agency to consider such subpopulations generally and the implications of phenotypic variation more particularly.

There are at least two cases in which Congress has specifically referred to susceptible subpopulations. In the legislative history of the Clean Air Act, reference is made to the fact that the public to be protected by the statute includes "sensitive and vulnerable groups" and specific mention is made of bronchial asthmatics and emphysematics.* Similarly, the Congressional Conference Report, in addressing Section 313 of the Superfund Amendments and Reauthorization Act of 1986, indicates that the EPA Administrator "is to consider individuals who are sensitive

*Comm. on Public Works, National Air Quality Act of 1970, S. Rep. No. 91-1196, 91st Cong., 2d Sess. 7, 10 (1970).

to a particular chemical"* in selecting for listing chemicals which are known to cause or are reasonably likely to cause human health effects if they are released and travel beyond a facility's boundary.

Whether or not Congress has spoken explicitly, in practice federal agencies have taken account of sensitive subpopulations, although that subpopulation may be defined other than by reference to a phenotypic variation. For example, EPA's National Ambient Air Quality Standard for lead** was based on protecting young children, a sensitive subpopulation which EPA defined as:

> Population at risk is a segment of a defined population exhibiting characteristics associated with significantly higher probability of developing a condition, illness, or other abnormal status. This high risk may result from either greater inherent susceptibility or from exposure situations peculiar to that group. What is meant by inherent susceptibility is a host characteristic or status that predisposes the host to a greater risk of heightened response to an external stimulus or agent.***

EPA also takes into account sensitive subpopulations in its risk assessments at hazardous waste sites. The soil cleanup values used by EPA are derived by assuming that a child may eat a certain amount of soil per day.**** Since children not only may eat soil but are at higher risk than adults from a given exposure to a chemical, the cleanup level is designed to protect that sensitive subpopulation. If sufficient scientific data were available, EPA might use other subpopulations at higher than "normal"

---

*Conference Report on SARA, H. R. Rep. No. 99-962, 99th Cong. 2d Sess. 294, reprinted in, 1986 U.S. Code Cong. & Ad. News 3276, 3387.

**EPA, Air Quality Criteria for Lead, 42 Fed. Reg. 63076 (December 14, 1977). See also Lead Industries Association v. EPA, 647 F.2d 1130, 1155-56 (D.C. Cir.), cert. denied, 449 U.S. 1042 (1980) (statute is preventative in nature and requires EPA personnel to use their judgment in face of uncertainty and to err on the side of protecting people's health).

***EPA, Air Quality Criteria for Lead, 42 Fed. Reg. 63076 (December 4, 1977).

****See R. Kimbrough, et al., Health Implications of 2, 3, 7, 8-Tetrachlorodibenzo-p-Dioxin (TCDD): Contamination of Residential Soil, 14 J. Toxicol. Environ. Health 47 (1984) (describing the rationale for the one part per billion soil cleanup level for TCDD used by EPA at hazardous waste sites which assumes a child eats 10 grams of soil per day).

risk based on phenotypic variation to derive cleanup levels at hazardous waste sites.

The desirability of taking into account increased risk arising from phenotypic variation is explicitly recognized in EPA's recent final guidelines to be used in carcinogen exposure and risk assessments.* These guidelines acknowledge that uncertainty in risk assessment arises on account of the variability of human populations in terms of genetic constitution, as well as other factors. In assessing risk, account is to be taken of pharmacokinetic and metabolism data, which would frequently include reference to phenotypic variation.** And, when possible, the guideline directs that assessments of exposure will identify subpopulations with heightened susceptability based on predisposition.***

Another example of an agency addressing an added risk to a sensitive subpopulation is found in a recent series of actions taken by the Food and Drug Administration. FDA may not approve a food additive unless "the proposed use of the food additive, under conditions of use to be specified in the regulation, will be safe."**** The legislative history of the applicable statute indicates that "safety requires proof of a reasonable certainty that no harm will result from the proposed use of an additive," although the "concept of safety ... does not -- and cannot -- require proof beyond any possible doubt that no harm will result under any conceivable circumstances."*****

Relying upon this statutory authority, the FDA revoked the "generally recognized as safe" status of sulfiting agents****** because of evidence that demonstrates or suggests reasonable grounds to suspect a hazard of unpredictable severity to a fraction of the public who are sensitive

*EPA, Guidelines for Carcinogen Risk Assessment, 51 Fed. Reg. 33,992 (Sept. 24, 1986).

**Id. at 33,998.

***Id.

****21 U.S.C. §348(c)(3)(A).

*****H.R. Rep. No. 2284, 85th Cong. 2d Sess. 4-5 (1958), reprinted in, Legislative Record of 1958 Food Additives Amendment to Federal Food, Drug, and Cosmetics Act at 12-13, (C. Dunn ed. 1959) ("Legislative Record"); S. Rep. No. 2422, 85th Cong. 2d Sess. 2-3 (1985), reprinted in, Legislative Record, supra at 64 and n.106.

******FDA, Sulfiting Agents: Revocation of GRAS Status for Use on Fruits and Vegetables Intended to be Served or Sold Raw to Consumers, 51 Fed. Reg. 25,012 (July 9, 1986) (Final Rule).

to sulfites.* The agency ordered the elimination of the use of such agents as a preservative on fresh fruits and vegetables and required warning labels, effective June 3, 1987, on drugs containing sulfites.**

In sum, three conclusions can be drawn:

First, the relevant federal agencies have the power derived from Congressional delegation to take into account phenotypic variation when scientific evidence is available to support such action.

Second, the risk assessment and risk management techniques of agencies are so structured as to accommodate use of evidence of phenotypic variation when available.

And third, agencies have shown a disposition, even if in a limited number of cases, to make regulatory decisions protective of sensitive subpopulations.

The question then becomes what are the practical prospects for future action. For at least three reasons, significant additional action based on phenotypic variation should not be expected in the near term.

First, wide ranges of uncertainty already exist in the process of risk assessment depending on such things as the quality of the data available, its source (human epidemiologic studies, animal studies, in vitro studies), and models chosen to express risk. The practice today is to acknowledge these uncertainties, while at the same time compensating for them by a variety of health-protective assumptions, including introduction of safety margins into the process. The result frequently reflects an estimate of the upper limit of risk to the general population at a stated exposure level which in most instances may be sufficient to protect more susceptible subpopulations. Put differently, except in special cases adding more data about phenotypic variation may not add precision to the risk estimate chosen.

Second, the influence of phenotypic variation on risk is not always, nor perhaps generally, sharply defined. Individual susceptibility to risk may reflect a complex interaction among phenotypic variation and such other factors as age, general health, nutritional status, lifestyle and

---

*Id. See also Sulfiting Agents: Proposal to Revoke GRAS Status for Use on Fruits and Vegetables Intended to be Served or Sold Raw to Consumers, 50 Fed. Reg. 32,830 (August 14, 1985) (Proposed Rule); Report of the Ad Hoc Review Panel on the Re-examination of the GRAS Status of Sulfiting Agents at 60 (January 31, 1985).

**51 Fed. Reg. 43,900 (December 5, 1986); 51 Fed. Reg. 25,021 (July 9, 1986).

behavior.* As a practical matter, the phenotypic variation component may be incapable of separation from other variables. Moreover, even when it is separable, it is probable in most cases that major uncertainties will still be present in any quantification of added risk. In practice, then, the major relevance of phenotypic variation may be in providing qualitative support for agencie's decisions to assume in their models that virtually any concentration of a chemical may result in a small increased risk to a large population and that at least a few people out of a large population might be adversely affected by a relatively low level of exposure.

Third, the rate at which knowledge of the role of phenotypic variation is absorbed by agencies is bound to be slow because of the limitations on the agency's resources, the priorities placed on those resources, and the procedural requirements imposed by statute on the process by which an agency may adopt or amend specific regulations.

Nothwithstanding what may seem to be a slow process, it is clearly desirable that science impart to regulators its growing awareness of the significance of phenotypic variation, making certain, however, that the uncertainties are elucidated. It should be expected that with improvement in risk assessments made possible by keener appreciation of the significance of phenotypic variation, more refinement should be possible in defining the options available for risk management decisions.

"GENE SCREENING" AS A RISK MANAGEMENT TECHNIQUE

Let us assume that scientific knowledge has reached the point at which screening in the workplace for certain types of phenotypic variations would represent a valid means of reducing future risk. Before such a risk management strategy is adopted, however, consideration must be given to other ethical, economic and political concerns. The tensions are significant. In an analogous situation, OSHA elected in connection with its lead regulations not to make medical monitoring after exposure mandatory.** Participation in such monitoring is voluntary because of sensitivity to concerns of an individual's right of privacy and freedom of religion.

Assume further, however, that an employer decides to adopt a screening program, even though not compelled to do so. The motivation may be a legitimate health concern, a wish to avoid other, more costly controls, a desire to

---

*See E. Calabrese, Ecogenetics, Genetic Variation in Susceptibility to Environmental Agents at 331 (John Wiley & Sons, 1984).

**See United Steelworkers of America v. Marshall, 647 F.2d 1189, 1238 (D.C. Cir. 1980), cert. denied, 453 U.S. 913 (1981).

minimize future liability or some combination of all three. It is here that other legal constraints may become operative.

Societal concern for fairness in employment is embodied in Title VII of the Civil Rights Act of 1964, the Rehabilitation Act of 1973 and various state laws on fair employment practice.* These statutory enactments may serve to protect workers from the impact of decisions on employment that are based on an individual's peculiar biological makeup. For example, may an employer lawfully refuse to hire or assign to certain jobs all persons carrying the sickle-cell trait or exhibiting a G-6-PD deficiency to avoid hemolytic episodes upon exposure to various agents? Should the answer depend on the fact that such a policy would have a disproportionate impact upon a particular racial or ethnic population? These are not the only racial or ethnic examples which might be given, since the apparent origin of other phenotypic variations may be in a selection process protective against disease or other conditions found in areas largely inhabited by a certain race or ethnic group. Moreover, some kinds of phenotypic variation may corollate with sex, thus giving rise to another class of cases in which there is a disproportionate impact which might have legal significance.

Title VII of the Civil Rights Act of 1964 prohibits discrimination in the hiring, discharge, compensation, or other terms, conditions, or privileges of employment because of an individual's race, color, religion, sex or national origin.** When an employer uses a selection criterion which itself classifies employees on a basis protected by the Act, the employer has engaged in overt discrimination.*** The Act permits such differentiation only where certain criteria are a "bonafide occupational qualification reasonably necessary to the normal operation of that particular business

---

*Other potential sources of protection may be found in the United States Constitution and the Civil Rights Acts. For a variety of reasons, these avenues of relief are often less successful. See McGarity and Schroeder, Risk Oriented Employment Screening, 59 Tex. L. Rev. 999, 1022 n.104 (1981).

Many states have fair employment practice laws which in some instances prohibit discrimination on the basis of factors not contained in federal law. For instance, New Jersey law protects against employment discrimination based on "atypical hereditary cellular blood traits," N.J. Stat. An. §10:5-12a (West Supp. 1985), while Florida, North Carolina and Louisiana prohibit discrimination in employment based on sickle cell trait. For a discussion of these state law analogies, see [1986] 3 Empl. Prac. Guide (CCH) ¶¶20,000-29,335.

**42 U.S.C. §§2003 et seq. (1964).

***See generally B. Schlei and P. Grossman, Employment Discrimination Law, Ch. 2 (2d ed. 1984).

or enterprise.* This is a narrow exception to the proscription against discrimination which has been strictly construed.** It should apply only where the employer has a factual basis for believing that all or substantially all persons within the category selected out would be unable to perform safely and efficiently the duties of the job involved.***

Where employee selection criteria which are neutral on their face, that is, they are applied to all employees, have a disproportionate impact upon persons of a particular race, sex, religion or national origin, they may also be found to be discriminatory in effect and thus unlawful.**** To make out a prima facie case of this sort of discrimination, a plaintiff must establish that a particular employment practice has a disparate impact upon a protected group of which he is a member.***** The burden then shifts to

---

*42 U.S.C. §2000e-2(e).

**B. Schlei and P. Grossman, supra note 18 at 341.

***See, e.g., Dothard v. Rawlinson, 433 U.S. 321 (1977) (state correctional facility had valid defense against claim that policy of refusing to hire women in maximum security male prison due to the impact of womanhood on a woman's relative ability to maintain control); Weeks v. Southern Bell Telephone and Telegraph Co., 408 F.2d 228, 235 (5th Cir. 1969) (BFOQ defense did not apply to justify refusal to hire females for jobs requiring lifting over 30 pounds). In Diaz v. Pan American World Airways, 442 F.2d 385, 388 (5th Cir.), cert. denied, 404 U.S. 950 (1971), the Court of Appeals for the Fifth Circuit also required a showing that the "essence of the business operation would be undermined by not hiring members of one sex exclusively." See generally B. Schlei and P. Grossman, supra note 18 at 244, 327, 341-60. See also Rothstein, Employee Selection Based on Susceptibility to Occupational Illness, 81 Mich. L. Rev. 1379, 1459 (1983).

****Griggs v. Duke Power Co., 401 U.S. 424, 432 (1971) ("Congress directed the thrust of the Act to the consequences of employment practices, not simply the motivation"); Albemarle Paper Co. v. Moody, 422 U.S. 405, 425 (1975) (plaintiff's prima facie case is made by showing that "the tests in question select applicants for hire or promotion in a racial pattern signficantly different from the pool of applicants.")

*****Generally, statistical data is used to establish plaintiff's prima facie case, which data must be validated and relevant to the geographical area and the labor pool. To support a finding of sufficient statistical significance, courts have employed a rule of "greater than two to three standard deviations" from the expected rate, see Castineda v. Partida, 430 U.S. 482, 496 n.17 (1977), or 80% of the selection rate of the group with the highest selection rate. See Uniform Guidelines on Employee Selection Procedures, 29 CFR Pt. 1607 (1978). See generally B. Schlei and P. Grossman, supra note 18 at 98 and Supp. 1985 at 15.

the employer to justify the practice. As stated by the Supreme Court, the "touchstone" of Title VII's prohibition of employment selection practices that are "fair in form, but discriminatory in operation" is "business necessity."* Thus, "If an employment practice which operates to exclude [a protected group] cannot be shown to be related to job performance, the practice is prohibited" and the burden is on the employer to show that the practice "bear[s] a demonstrable relationship to the successful performance of the jobs for which it was used."** If an employer can establish that the selection device at issue is job-related, the plaintiff may still rebut the employer's evidence by showing that the practice does not constitute a "business necessity" in that an alternative selection device with comparable utility exists which would have a lesser adverse impact.***

One example in which discriminatory practices are implicated in a context analogous to screening arises when employers refuse to hire pregnant women or women of child bearing age on the grounds that such exclusion is necessary to protect fetal health or the reproductive capacity of the female employee. In this context it has been held that employers who exclude fertile women workers from a toxic environment must show two things: first, that such exclusion is "necessary" not to protect the women, but to protect unborn children, that is, that the workplace exposure presents a significant risk of harm to the unborn; and second, that the exclusion is "effective", which would require a determination that the policy is not under-inclusive in that its nonapplicability to males is justified.****

---

*Griggs v. Duke Power Co., 401 U.S. 424, 431 (1971).

**Id. See also B. Schlei and P. Grossman supra note 18 at 83.

***Id. at 92.

****See Wright v. Olin Corp., 697 F.2d 1172 (4th Cir. 1982). See also Hayes v. Shelby Memorial Hospital, 726 F.2d 1543 (11th Cir. 1984). In Hayes the court held that "when a policy designed to protect employee offspring from workplace hazards proves facially discriminatory there is, in effect, no defense, unless the employer shows a direct relationship between the policy and the actual ability of a pregnant fertile female to perform her job" and questioned whether the hospital's desire to avoid litigation which might arise from an injury to the fetus could constitute a business necessity. Id. at 1549, 155-53 n.15. See generally Rothstein, supra note 21 at 1460-66; Williams, Firing the Woman to Protect the Fetus: The Reconciliation of Fetal Protection with Employment Opportunity Goals Under Title VII, 69 Geo. L. J. 641 (1981); Comment, Birth Defects Caused by Parental Exposure to Workplace Hazards: The Interface of Title VII with OSHA and Tort Law, 12 J. L. Ref. 237 (1979).

Similar contentions of discrimination have been raised by blacks expelled from or denied entry into certain occupations in the armed services on the ground that as carriers of the sickle cell trait they would be subject to a risk of harm from rigorous training at high altitudes or other places of potential oxygen deprivation. Lawsuits were filed but prior to their resolution the allegedly discriminatory policies were withdrawn.*

Where the use of genetic screening devices has an impact which cuts across the workforce in a nondiscriminatory manner, the employee who has been refused employment may still have a remedy under the Rehabilitation Act of 1973.** This Act protects individuals from discrimination based on handicap, regardless of their race, gender or origin. The Act applies to employers who receive federal funding and bans them from discriminating against an otherwise qualified handicapped individual. The Act defines a handicapped individual as:

> any person who (i) has a physical or mental impairment which substantially limits one or more of such person's major life activities, (ii) has a record of such impairment, or (iii) is regarded as having such an impairment.***

Individuals who have been determined to be peculiarly susceptible to disease in a particular environment may be entitled to the protection of the Act. Regardless of whether a particular susceptibility actually falls within the definition of "handicapped," the effect of the "regarded as having such an impairment" provision of the definition

*See Matthewman, Title VII and Genetic Testing: Can Your Genes Screen You Out of a Job?, 27 How. L. J. 1185, 1206 (1984); Rothstein, supra note 21 at 1387; C. Holder, Air Force Challenged on Sickle Trait Policy, 211 Science 257 (January 16, 1981); D. Uddin, L. Dickson, C. Brodire, Screening of Military Recruits for Hemoglobin Variants, 227 JAMA 1405 (March 25, 1974).

**29 U.S.C. §§701-796 (1982). Many states have adopted their own laws prohibiting discrimination against handicapped individuals which, in many instances, provide greater protection than the Rehabilitation Act by encompassing a greater number of employers and including a greater number of persons within the protected group of handicapped individuals. See McGarity and Schroeder, supra note 16 at 1054-56; Rothstein, supra note 21 at 1436-37 n.392; Hoffman, Employment Discrimination Based on Cancer History: The Need for Federal Legislation, 59 Temp. L. Q. 1, 14-21.

***Id. at §706(7)(B).

protects individuals based on an employer's perceptions.* To be within the terms of the Act, the perceived impairment must "substantially limit" a "major life activit[y]" and the individual must be "otherwise qualified" for the job.**

The statutory proscriptions against discrimination discussed thus create a barrier, albeit an incomplete one, to the use of genetic screening as a basis for employment decisions. Title VII does not reach all workers and the Rehabilitation Act is subject to procedural constraints

---

*School Board of Nassau County v. Arline, 107 S. Ct. 1123, 1129 (1987) ("By amending the definition of "handicapped individual" to include not only those who are actually physically impaired, but also those who are regarded as impaired ... Congress acknowledged that society's accumulated myths and fears about disability and disease are as handicapping as are the physical limitations that flow from actual impairment.").

**Regulations promulgated by the Department of Health and Human Services define "major life activities" as:

> functions such as caring for one's self, performing manual tasks, walking, seeing, hearing, speaking, breathing, learning, and working.

45 C.F.R. §84.3(j)(2)(ii) (1985). Whether an impairment of employment, for example, is "substantial" necessitates a case-by-case inquiry into the "number and type of jobs which the individual's impairment affects, the geographical area and employment opportunities therein and the individual's own expectations and desires." E.E. Black, Ltd. v. Marshall, 497 F. Supp. 1088, 1100-1101 (D. Hawaii 1980). An "otherwise qualified" individual is one who is able to meet all of the employment requirements in spite of his or her handicap. School Board of Nassau County v. Arline, 107 S. Ct. 1123, 1131 n.17 (1987) (citing Southeastern Community College v. Davis, 442 U.S. 397, 406 (1979)). In Mantolete v. Bolger, 767 F.2d 1416 (9th Cir. 1985), the court held that in order to screen out a handicapped individual on the basis that he or she is not otherwise qualified due to possible future injury, there must be a showing of a "reasonable probability of substantial harm," a mere 'elevated risk' standard would not be sufficient. Id. at 1422. When a handicapped individual is not otherwise qualified, the court must also consider whether any "reasonable accommodation by the employer would enable the individual to perform the essential functions of the job. Arline, supra at 1131 n.17 (citing 45 C.F.R. §84.3(k) (1985)). "Accommodation is not reasonable if it either imposes ... 'undue financial and administrative burdens upon an [employer]' ... or 'requires a fundamental alteration in the nature of the program.'" Id. (quoting Southeastern Community College v. Davis, 442 U.S. 397, 410 (1979)).

as well as the potentially confining definition of "handicapped individuals" who are "substantially limited" in their pursuit of employment. The full reach of these proscriptions is not clear at this time. But as long as their proscriptions are not breached, risk-oriented screens with high predictive values may be an appropriate tool of risk management. There would then remain the moral and other issues referred to previously.

PHENOTYPIC VARIATION AND ITS RELEVANCE TO RETROSPECTIVE RISK ASSESSMENT IN THE CONTEXT OF CLAIMS FOR COMPENSATION

The statutes, regulations and risk management issues discussed have their primary focus on the future. Measures which they require to be taken today should help tomorrow in the prevention of disease and other undesirable effects, such as degradation of the environment more generally. But our society is also enormously concerned with the compensation of victims of yesterday's hazardous exposures. Such compensation is sought in tort actions within the judicial system and through alternative compensation systems administered by agencies other than courts.

Before exploring the possible relevance of phenotypic variation in this context, a few background comments may be useful. First, the word "compensation" often connotes something that is owed. And when people use the word "victim" in juxtaposition with "compensation", they are implicitly expressing a judgment that causation has been demonstrated or can be assumed and that what is owed is justified by the fact that some harm was caused to the individual by another or others. Discussion of the subject often begins in an emotional, judgmental atmosphere.

Second, the word "compensation" has different meanings in different contexts. Under various types of social programs, compensation may be largely, if not entirely, intended to fill a perceived social need, without attribution of fault. In these programs, the amount of compensation may be modest, but it is widely available under non-stringent conditions. Medical benefits may or may not be separately paid. In most workmen's compensation programs and other workers' disability schemes, a showing of exposure and work-relatedness may be sufficient for eligibility. The tendency in these programs, which are often regarded as substitutes for the tort system, is to err on the side of granting compensation rather than denying it and to develop conclusive or nearly conclusive presumptions that as to certain work environments, certain illnesses are work-related.* Recent legislative initiatives to award partial compensation under circumstances where the probability

---

*See A. Larson, The Law of Workmen's Compensation §§ 2.00, 6.60, 7.00, 41.90, 80.33.

of causation is less than fifty percent reflect the same orientation to social needs.*

In the tort system, compensation originally was conceived as a justifiable shifting of the risk of loss from someone who had suffered injury to someone who had caused it, when the person who caused it was at fault in doing so. If fault were established, then all injury proximately caused thereby would be compensable. While the common law also recognized limited circumstances in which compensation without fault would be allowed, for example, in some situations said to constitute nuisances, the fault principle was firmly established and a notion of deterrence was an element in the justification for the imposition of liability.

The tort system is now quite different and the changes are an interesting reflection of changing social values and attitudes. First, what constitutes adequate compensation has undergone change. More items of damage are recognized, such as pain and suffering and loss of life's pleasures. And the amounts of money thought to be necessary adequately to compensate a victim have grown. Second, the definition of what constitutes fault has been expanded greatly and, at the same time, a whole body of strict liability law has grown up to permit the awarding of compensation even where fault is not, and perhaps cannot, be demonstrated. And even while more bases are sought for awarding damages without proof of fault, the notions of fault, deterrence and even punishment are alive and well in the form of increasingly frequent punitive damage awards.

In legal theory, causation remains an issue on which the plaintiff has the burden of proof, whether he or she is proceeding under a fault theory or a strict liability theory. The trier of fact, whether a jury or a court sitting without a jury, is not supposed to find for the plaintiff unless, after weighing all the evidence, it concludes that the scales tip in favor of the conclusion that defendant's conduct was a substantial factor in causing plaintiff's injury.

The ultimate issue of causation thus, is regarded as an issue of fact. The outcome of the deliberation on this issue, no matter how sharp the conflict in the evidence, must be a "yes" or "no" answer. In this respect the situation differs dramatically from the regulatory context. In that context, a "yes" or "no" answer concerning causation is not necessary. A great range of uncertainty is recognized

---

*<u>See</u>, <u>e.g.</u>, The Radiogenic Cancer Compensation Act. S. 921. 98th Cong., 1st Sess., 129 Cong. Rec. §3924 (March 24, 1983), which proposes that all radiation cancer victims who, by use of radioepidemiological tables developed pursuant to the Orphan Drug Act, 42 U.S.C. §241, can establish a probability of causation of 51% or more, may recover damages in full up to a ceiling amount, while those who show a 10% or less probability of causation would be denied compensation, with those between 10% and 51% recovering proportionally.

and policy judgments are advertently made to compensate for that uncertainty.

In a tort action, the evidence which may be offered by either side on the causation issue, as on any other issue, must be deemed to be "relevant evidence". Under the Federal Rules of Evidence, "'Relevant evidence' means evidence having any tendency to make the existence of any fact that is of consequence to the determination of the action more probable or less probable than it would be without the evidence."* All states apply the same or a similar definition.

When the existence or nonexistence of a fact is outside the usual grasp of the trier of fact, it is then appropriate to offer expert testimony on that fact. Again citing the Federal Rules of Evidence, "If scientific, technical, or other specialized knowledge will assist the trier of fact to understand the evidence or to determine a fact in issue, a witness qualified as an expert by knowledge, skill, experience, training, or education, may testify thereto in the form of an opinion or otherwise."** Thus, the expert may assist the trier of fact by interpreting data, for example, data gathered in the form of scientific studies, or may express an opinion with respect to an issue such as causation. If an opinion is expressed, it is conventional that such opinion be expressed to a reasonable degree of medical or scientific certainty.

Lawyers have a great deal of difficulty with these seemingly simple precepts and it is no wonder that scientists, called upon to act as expert witnesses, have an enormous amount of difficulty with them.*** While the trier of fact is expected to answer a "yes" or "no" question, the scientist in a late-effects case, such as a cancer case, can rarely, or perhaps even never, answer a causation question in such black or white terms.

For example, more is probably known about the induction of cancer by radiation than by any other agent. In the case of low-level radiation exposure, it is known that a quantal change in a cell in the form of what might be termed its transformation may result from a single stochastic encounter between a charged particle and a cell target; but the precise nature of the mechanism or mechanisms of action is not fully known. The progression of the cell from that point forward to a clinically observable tumor can only be characterized by after-the-fact conclusions based on epidemiologic evidence. From this evidence, risk coefficients can be derived which, in turn, lead to the

*Fed. R. Evid. 401.

**Fed. R. Evid. 702.

***See Abraham and Merrill, Scientific Uncertainty in the Courts, Issues in Science and Technology 93 (Winter 1986).

possibility of expressing an opinion on the probability of causation or attribution or assigned share of risk in the context of a given exposure and a known end-point. Certain other data such as sex and age at exposure and diagnosis are helpful in arriving at that probability or attribution.* Even then, the conclusion may be suspect, given the fact that the calculation is not really specific to the individual in question, given the uncertainties in the underlying models, given dose uncertainties and the possibility of other unknown, but relevant, information which may affect the risk of that individual. This is about all that can be said and no competent scientist would opine with certainty that a particular tumor was caused by a certain exposure.** Indeed, to make the point more graphic, if the tumor in question is of a type which may have a radiogenic origin and if a sufficient period has elapsed since exposure for the expression of a tumor, no competent scientist would testify with complete certainty that the tumor was not caused by the exposure. In the case of most other agents, the evidence is less extensive, which may further cloud any expression of opinion.

Let us assume that it is documented that the plaintiff has a repair mechanism deficiency. One might suppose that this additional information would hold some further explanatory power in terms of the causation issue. In fact, it is doubtful that this would be so, for two reasons. First, there is the problem of interpreting the data available with respect to the significance of the deficiency, in risk terms. And second, if it is concluded that there is a higher order of risk, then natural background radiation, other radiation and other types of insults to which such an individual would have been exposed would have involved a higher than normal level of risk. Attempting to superimpose knowledge that there is a higher level of risk, but a level which may not be capable of expression in quantitative terms, upon general population-based data would be a highly suspect exercise. We will return to the subject of phenotypic variation and late effects cases but it might be useful

---

*Lagakos and Mosteller, Assigned Shares in Compensation for Radiation-Related Cancers, 6 Risk Analysis 345 (1986).

**At best, in such circumstances, an expert can only state a probability of causation, and the most important evidence of that probability is epidemiology. For a discussion of judicial treatment of epidemiological evidence, *see*, *e.g.*, McElveen and Eddy, Cancer and Toxic Substances: The Problem of Causation and the Use of Epidemiology, 33 Cleveland St. L. Rev. 29 (1984); Black and Lillienfeld, Epidemiologic Proof in Toxic Tort Litigation, 52 Fordham L. Rev. 732 (1984); Comment, Epidemiologic Proof of Probability: Implementing the Proportional Recovery Approach in Toxic Exposure Torts, 89 Dick. L. Rev. 233 (1984); Hall and Silbergeld, Reappraising Epidemiology: A Response to Mr. Dore, 7 Harv. Env. L. Rev. 441 (1983); Dore, A Commentary on the Use of Epidemiological Evidence in Demonstrating Cause in Fact, 7 Harv. Env. L. Rev. 429 (1983). *See also* Kaye, The Limits of the Preponderance of the Evidence Standard: Justifiably Naked Statistical Evidence and Multiple Causation, A.B.A. Res. J. 487 (1982).

first to illustrate why a phenotypic variation is likely to hold the potential of relevance only in that type of case and perhaps a few other special situations, as well.

Most tort litigation arises in a context in which the insult and the initial manifestation of the effect are virtually simultaneous. In these cases, such as automobile accident cases, there is no real issue of causation. And even in those situations in which the severity of the effect is unusual and unexpected, and might be explained by phenotypic variation, the law is not interested in the explanation.

For example, assume that "A" negligently drives his automobile and grazes pedestrian "B". "B" is a hemophiliac and dies of loss of blood before help can arrive. Assume further that the "normal" pedestrian would have suffered only minor injuries in this accident. In this case, the estate of the deceased pedestrian could collect the full range of damages arising out of the wrongful death. The familiar rule of law is that the defendant takes the plaintiff in whatever condition the plaintiff is found and is liable for all injuries that flow from the negligence.* The explanation which science could offer for the severity of the injury suffered by the pedestrian in this hypothetical case is of no interest to the law.

Suppose in a second case a plant emits fumes which cause only minor irritation to most of the neighbors but send six of the neighbors to the hospital the next day with extreme respiratory distress. If exposure is established, it is probable that a court would not inquire into why these six individuals were hospitalized while other seemingly similarly situated individuals were not. So long as it is shown that an expected effect of exposure to the chemical or chemicals involved is some level of respiratory distress, a delayed, more severe reaction, which might well depend upon phenotypic variation, would be compensable without further scientific explanation.**

---

*Restatement (Second) of Torts §461 (1965) ("The negligent actor is subject to liability for harm to another although a physical condition of the other which is neither known nor should be known to the actor makes the injury greater than that which the actor as a reasonable man should have foreseen as a probable result of his conduct.")

**See, e.g., Tiderman v. Fleetwood Homes of Washington, 102 Wash.2d 335, 684 P.2d 1302 (1984) (because formaldehyde used in construction of mobile home was "harmful to some extent to a reasonably foreseeable and appreciable percentage of users," manufacturer had duty to make its product safe for the plaintiff who allegedly sustained a severe and permanent case of asthma from her exposure); Advance Chemical Co. v. Harter, 478 So.2d 444 (Fla. App. 1985), rev. denied, 488 So.2d 829 (Fla. 1986) (abnormally severe reaction to ammonia fumes compensable); Ferebee v. Chevron Chemical Co., 736 F.2d 1529 (D.C. Cir.), cert. denied, 469 U.S. 1062 (1984) (rare reaction to long-term exposure to paraquat compensable).

Now consider a third case in which fumes from the plant give rise to a chronic low level exposure to a suspected carcinogen. After some years, members of a neighboring population develop a variety of neoplastic diseases. Assume further that an epidemiology study demonstrates that there are 120 cases of cancer in this population in which 100 might have been expected. It is in this type of case that the most troublesome issues of causation arise. If, as is almost always the case, there is no valid way of establishing the etiology of any single individual's cancer, then, it would seem, no recovery by any individual should be allowed under these assumed circumstances.

It should come as no surprise, however, that "experts" can be found who will nevertheless testify to causation in such a case. And it would not be surprising to see such experts basing their opinions in the future on grounds of increased risk accounted for by a reference to phenotypic variation.

These comments are not intended as an indictment of the morality of all such experts since many may proceed on an honest belief that the data before them and their experience are sufficient to justify the conclusion. For example, it is not unusual for treating or examining physicians to so testify and many courts will permit a treating or examining physician simply to opine to a reasonable degree of medical certainty that A's latent injury was caused by B's conduct.* If that testimony is admitted into evidence,

---

*See, e.g., Ferebee v. Chevron Chemical Co., supra note at 1535, in which the Court stated:

> a cause-effect relationship need not be clearly established by animal or epidemiological studies before a doctor can testify that, in his opinion, such a relationship exists. As long as the basic methodology employed to reach such a conclusion is sound, such as use of tissue samples, standard tests, and patient examination, products liability law does not preclude recovery until a "statistically significant" number of people have been injured or until science has had the time and resources to complete sophisticated laboratory studies of the chemical. In a courtroom, the test for allowing a plaintiff to recover in a tort suit of this type is not scientific certainty but legal sufficiency; if reasonable jurors could conclude from the expert testimony that paraquat more likely than not caused Ferebee's injury, the fact that another jury might reach the opposite conclusion or that science would require more evidence before conclusively considering the causation question resolved is irrelevant.

it will often be tremendously persuasive even though other qualified experts opine that there is either no scientific basis for assigning a causal relationship or that the probability of causation is less (often a good deal less) than 50 percent.* This is because lay persons, including judges, believe that a physician's diagnosis should be trusted, not realizing that the issue is not one of diagnosis but of etiology, a far different question.**

The point is simply that courts, which must decide whether evidence is either admissible as relevant, or not, are often unable to discriminate between testimony which has a sound scientific basis and testimony which does not. An ingrained notion is that if a condition occurs subsequent to an insult it is plausible that the insult caused the condition. If someone with apparent scientific credentials is then prepared to bless that logic with an opinion, courts may be prone to admit it.

Given the enormous complexity surrounding the relationship between phenotypic variation and increased risk, it should be the unusual case in which such evidence will have explanatory power in terms of the causation issue. But it is probable that courts would have difficulty in discriminating between sound and unsound opinions, just as they do today.

---

*See, e.g., Wells v. Ortho Pharmaceutical Corp., 788 F.2d 741 (11th Cir.), cert. denied, 107 S. Ct. 437 (1986); Reyes v. Wyeth Laboratories, 498 F.2d 1264 (5th Cir.), cert. denied, 419 U.S. 1096 (1974).

**The point is illustrated by an opinion written by a well respected federal jurist, Judge John Minor Wisdom. In Reyes v. Wyeth Laboratories, 498 F.2d 1264 (5th Cir.), cert. denied, 419 U.S. 1096 (1974), Sabin oral polio vaccine had been administered to a child who thereafter contracted polio. Virus recovered from the child was of a wild type, thereby tending to negate on scientific grounds a causative relationship between the vaccine and the subsequent illness. The court nevertheless affirmed a jury verdict for the plaintiff on the ground of a failure to warn of a very small risk that the vaccine could cause polio and on the additional ground that it is desirable to spread the risk of an untoward result as a cost of manufacturing a product. While this case has nothing to do with phenotypic variation, per se, it seems to ignore evidence a scientist would deem relevant (the identity of the virus) and to credit evidence a scientist would view with caution (the mere sequence of events involving administration of the vaccine followed by the onset of polio).

COMPARATIVE RISK MEASURES FOR HETEROGENOUS POPULATIONS

Louis Anthony Cox, Jr.

U. S. West Advanced Technologies
Englewood, CO 80111

INTRODUCTION

Comparing population risks is a crucial part of many policy-directed risk analyses. In estimating the public health risks from operation of a power plant, sale of a new pharmaceutical product, exposure of individuals to ionizing radiation, reductions in automotive safety standards, or other proposed changes in the status quo, the risk analyst typically compares the estimated population risk in a target population in the presence of the proposed change with the estimated population risk in the same population (or in a matched control population) in the absence of the proposed change. If the absolute population risk at any time is defined as the average incidence rate of an undesirable event or "response" (such as death, illness or injury) in the target population, then the population risk attributed to the proposed change is commonly expressed through epidemiological measures such as relative risk (the ratio of response incidence rates with and without the proposed change), attributable risk (the difference between the two incidence rates), or the odds ratio (the ratio of the odds of response among members of the exposed and unexposed groups.) [1,2]

Average incidence rate is a useful measure of the population (and each individual's) risk when all members of the target population have constant, identical probabilities of response as a function of time (i.e., identical constant hazard functions.) Under these conditions, a lower incidence rate is unambiguously preferred to a higher one, other things being equal. If different individuals have different hazard functions, however, e.g., because of differences in exposure or in probabilistic response characteristics, then the average incidence rate at any time may not indicate anything useful at all about population risk. Three principal reasons for this are as follows:

1. If the target population consists of several internally

homogeneous subgroups, then it is possible for exposure to be associated with a decrease in the incidence rate within each subgroup and yet to be associated with an increase in the aggregate incidence rate for the group as a whole. (This is sometimes called "Simpson's Paradox" in the statistics literature. 3,4) For example, consider the following two groups:

Population A (Occupational Group): 50% of those exposed in any year show a response, while 91% of those not exposed develop the response.

Population B (General Public): 5% of those exposed respond, while 10% of those not exposed respond.

In both groups, exposure is associated with a lower individual response probability. (Individual response probabilities, given exposure conditions, are assumed to be identical within groups, although heterogeneous across the two groups.) Now consider the association between exposure and average response probability for the population as a whole. To calculate the overall response percentages, the numbers of exposed and unexposed people in each subgroup must be known. Suppose that out of the entire target population, 1000 group A people but only 100 group B people are exposed; while 1000 group B people but only 11 group A people are unexposed. Thus, exposure is also heterogeneous across groups. Then the observed average response probabilities for the entire target population will be [(0.5)(1000) + (0.05)(100)]/1100 = 46% in the exposed group, and [(0.10)(1000) + (0.91)(11)] = 11% in the unexposed group. Aggregation causes average response rate to be higher in the exposed group than in the unexposed group for the population as a whole, even though it is lower in the exposed group than in the unexposed group within each of the homogeneous subpopulations.

2. If hazard functions are constant over time for each individual but different for different individuals, then the group average incidence rate will be decreasing over time (as relatively high-risk individuals develop responses, and thus drop out of the group still at risk relatively early on.) More generally, consistent aggregation of individual hazard functions into a single "equivalent" group hazard function is not usually possible: the group hazard function will have qualitative properties (e.g., being decreasing over time) that do not correspond to the qualitative properties of any individual's hazard function.

3. Finally, even if all individuals have the same age-specific hazard function for development of a response, the observed average incidence rate at any moment will reflect age-specific hazard rates weighted by an age composition of the population that is usually changing over time. Thus, the observed incidence rate for the population as a whole will be confounded by population dynamics.

For at least these reasons, the term "population risk" needs to be redefined to be useful when individual response probabilities given exposure conditions are heterogeneous and change over time.

This paper investigates quantitative definitions of population risk for populations with members having heterogeneous individual risks. Each individual is assumed to have a true hazard function that depends on his own endogenous characteristics or "type" as well as on the exogenous risk factors to which he is exposed. (In some works, "type" is assumed to be a numerical variable, and is referred to as "frailty" (5); more general, e.g., vector-valued or function-valued, "type" variables are sometimes realistic.) An individual may be uncertain about his own hazard function, either because he does not know his exposure or because he is uncertain about his exposure-response "type".

The purpose of risk assessment in this context is assumed to be support of a policy decision: whether to implement a change that will, among other things, change individual hazard functions by changing exposure conditions. Without looking at the benefits produced by the proposed change, we can ask whether the set of individual hazard functions in the target population following the proposed change will be preferable to the original set. If so, I will say that the change reduces "population risk" in the target population. In other words, I propose that "population risk" be defined as a <u>numerical measure of the desirability of a set of individual risks</u> (here represented by hazard functions) in a target population: a greater population risk corresponds to a less preferred set of individual risks. It seems to be a minimal common ground for any useful definition of risk that more of it is less desirable, other things being equal.

When all individuals have identical, constant hazard functions for a response, average incidence rate (i.e., the value of the hazard function) and average lifetime probability of response are both adequate measures of population risk according to this criterion. In heterogeneous populations, however, adequate measures of population risk are harder to come by. The relative desirabilities of different sets of heterogeneous individual risks can often not be unambiguously decided without examining individual preferences and specifying a decision mechanism. The problem of defining population risk for heterogeneous populations merges inextricably with broader problems of social decision making.

The remainder of this paper examines approaches to defining population risk in which the roles of individual preferences and social decisions are made explicit. The fundamental questions addressed are (i) Given two sets of individual risks, which is preferable? and (ii) Can the relative desirabilities of different sets of individual risks be measured and compared numerically?

ANALYTIC FORMULATION

Consider a target population consisting of N individuals. At time $t = 0$, each individual i faces a future hazard function $h(.;i) = h[.;s(i)]$, where $s(i)$ indicates his "type" and $h[t;s(i)]$ is defined as the conditional probability that he will develop a response (e.g., death) in year t, given that he has not developed it prior to year t and that he is of type s(i). (For simplicity, let us assume that i's hazard function depends only on his type.) At time 0, a public decision maker (d.m.) has the opportunity to take a decision that will, among other things, change each type-specific hazard function h(.;s) to a new hazard function, g(.;s). The question is, does this change increase or decrease the risk to the target population? Equivalently, is the N-tuple [h(.;1),…,h(.;N)], where h(.;i) denotes i's future hazard function at time 0, preferred or not preferred to the new N-tuple [g(.;1),…,g(.;N)]?

Known Population Risks, Unknown Individual Risks

In practical applications, the hazard functions (and, indeed, the types) of specific individuals will not be known. Although there has been some theoretical research on the "risk equity" of different N-tuples of individual risks (9,10), there is usually no way of obtaining the data to support such a comparison. Instead of trying to compare N-tuples of known individual risks, therefore, let us initially assume that the d.m. knows only the hazard function h(.;s) for each type, s, and the frequency distribution of types in the population. If there are M types in the target population, each corresponding to an internally homogeneous subpopulation, and if the number of individuals of type s is N(s), then the policy problem is to compare the two population risk M-tuples [h(.;s), N(s), s = 1,…,M] and [g(.;s), N(s), s = 1,2,…,M.] For brevity, I shall refer to these two population risks as h* and g*, respectively.

Population Risk and Social Choice

How can preferences for population risks be evaluated for decision making purposes, and whose preferences should be used to make the evaluation? Equivalently, who should decide whether h* or g* represents the greater risk, and how? Possible answers include

- Paternalistic evaluation by the public d.m., e.g., through development of a multi-attribute utility function for risk M-tuples.

- Utilitarian evaluation, in which each affected individual computes his own expected utility for population risks h* and g* and in which social expected utility is defined as the sum of individual expected utilities (assuming that each individual knows h* and g* but knows nothing further about population risks, including his own type.)

- Collective evaluation, in which ordinal social preferences between h* and g* are determined from ordinal individual preferences by a preference aggregation rule.

- Political and other process-based approaches, in which individuals (or their agents) negotiate, bid, or contract, or otherwise reach agreement with each other on what social choices shall be made.

I shall explore the consequences of assuming that (i) The social choice between h* and g* should be based only on the preferences of the N affected individuals; and (ii) Conflicts among individual preferences are resolved by majority rule. Similar issues would arise for other social choice mechanisms based on preference aggregation.

In summary, I am proposing that h* be defined as riskier than g* (i.e., as less desirable than g*, other things being equal) if the N members of the target population collectively think that h* is riskier than g* — assuming that they all know h* and g* exactly. Collective preference is defined here as majority preference, although other definitions could well be considered. In practice, of course, members of the target population affected by a social decision may not know about the alternative risks h* and g* being decided on, or even that a decision affecting their individual risks is being made. But h* can still be defined as being riskier than g* if the N affected people would collectively think so, were they given the relevant information. The public d.m. need not actually hold a referendum to decide which of h* and g* is riskier if he knows what the outcome would be; indeed, this is one of the important differences between preference aggregation and process-based definitions of social preference. I shall assume for most of the remainder of this paper that the d.m. bases his decision at time 0 on the following "implicit referendum" process: first, he calculates the preferences that individuals would have for the different risky options if they were fully informed; and then he applies majority rule to these implicit preferences to reach a decision. Various definitions of "fully informed" are explored below.

INDIVIDUAL RISKS AND TIME-VARYING EXPECTATIONS

The account just given is incomplete in an important respect: it fails to specify <u>when</u> individual preferences between alternative population risks h* and g* are to be assessed. An obvious choice is the decision date, t = 0. But at time t, each of the N individuals can know only that he has probability p(s) = N(s)/N of belonging to group s (i.e., of being of type s) and thus of being exposed to hazard function h(.;s) if h* is chosen or to g(.;s) if g* is chosen. As time passes, however, the probability that individual i belongs to group s changes to become conditioned on his survival experience to date. If we let H(t;s) denote the cumulative (integrated) hazard up to time t for a member of type s if h* is chosen, then after he has survived for an amount of time t under scenario h*, the posterior probability that i is of type s will be given by

$$p(s;t) - r(s;t)/[r(1;t) + \dots + r(M;t)],$$

$$\text{where } r(s;t) = p(s) \times \exp[-H(t;s)].$$

This evolving sequence of posterior probability measures over types induces a flow of individual risk for each individual, where the "risk" for individual i at time t is defined as his expected hazard rate at time t, conditioned on all information available up to time t. (That is, i's risk at time t, say h(i;t), is the sum over s of p(s;t)h(t;s).) If individual i develops a response at time T(i), then his beliefs about his type will typically be different at time T(i) than they were at time 0.

Now individual i's preferences between population risk scenarios h* and g* presumably depend (only) on (i) his knowledge about the frequency distribution over types, captured in [N(s), s =- 1,…,M]; and (ii) his beliefs about his own type. Although the former remains fixed (since the frequency distribution of types in the population is assumed to be correctly known), the latter change over time. Therefore, i's preferences between h* and g* may also change over time, as he gains more information about his own probable type. This means that his time 0 preferences, computed with respect to his prior probability measure p(s), are not necessarily the ones that should be used in the time 0 social choice.

Although the d.m. cannot at time 0 know the future preferences of specific individuals, he can, under certain assumptions, estimate the frequency distribution of future preferences in the population as a whole. Majority rule decision making requires only knowledge of the distribution of preferences, and not of the identities of the individuals holding them. (Similarly, in a utilitarian calculation, only the distribution of utilities is needed to calculate their sum.) A d.m. who at time 0 can predict the frequency distribution of future preferences in a population thus has the option of implementing the social choice that the majority of the population will eventually come to prefer. Since future preferences will be based on better information, it can be argued that the d.m. should use them (if he can predict them) to make his time 0 comparison of h* and g* h*. Then h* will be defined to be riskier than g* (at time 0) if and only if a majority of the members of the target population would prefer g* and h* at time 0 if they were given all the information at time 0 that they will ever have, i.e., if each individual had the same probability measure for his type at time 0 as he will have at the time of his death. In effect, the d.m.'s evaluation of h* and g* at time 0 is based on the results of an implicit "exit poll" in which each individual is asked at the time of his death which of h* and g* he would, in retrospect, have preferred for selection at time 0 (if the choice could be made over again), given what he has learned about his own probable type. Knowing in advance what the results of such an exit poll would be (though not who will have which preferences), the d.m. can implement the retrospective majority preference at time 0. Predicted retrospective preferences can be made the basis for current social choices and population risk comparisons, even if they conflict with current (forward-looking) preferences based on time 0 information.

Prospective and retrospective collective preferences may differ sharply and predictably. For example, if survival times are identically exponentially distributed with mean E(T) = 1/h, then the median survival time is only 0.693/h, and 63% of the population will perish before time T. Everyone expects ex ante to survive for longer than most of them actually will. Suppose that a decision whether to accept this risk in exchange for a deterministic flow of benefits per unit time to each member of the target population must be made at t = 0, and that the "break even" survival time that an individual must survive in order to obtain a net benefit from the process is between the mean and the median survival times. Should this risk be accepted? All individuals are of the same type and each individual knows his own type at time 0; thus, in this case, there is no evolution of individual type probabilities to justify paternalistic interference with time 0 majority preferences. Nonetheless, the d.m. must still decide whether it is socially desirable to implement a risk-benefit combination that everyone expects to gain from ex ante if he knows that the majority will regret the decision ex post. I leave this as an open question.

Application to a Proportional Hazards Model

The idea of an implicit referendum with improved individual information (but with aggregate results that are predictable from present information) as a normative basis for present choice can be pushed even further. Instead of using the improved (but still incomplete) information that individuals will eventually have as the basis for time 0 evaluations, we can imagine using theoretically "perfect" information as the basis for current social choice. Suppose that each member of the target population could have the amount of time that he will survive under each of the alternative risk scenarios h* and g* revealed to him at time 0, and that, with this perfect foresight, he will prefer the alternative under which he lives longer. Suppose further that the effect of h* is to multiply the hazard function h(.;s) in each group s by some constant, k(s), relative to g(.;s). That is, h(t;s)/g(t;s) = k(s) for all t. (This "proportional hazards" model is common in many risk-analytic assessments of population risks (5,6).) The expected frequency distribution of survival times in group s will be shifted right, if k(s) is less than 1, or left, if k(s) is greater than 1. If there are sufficiently many members of the target population in each group s so that the empirical distribution of survival times is guaranteed to be close to the theoretical (expected) distribution (e.g., using the Kolmogorov-Smirnov metric) then with probability 1, the perfect-information majority preference for members of group s will be for h* if k(s) is less than 1, and for g*(s) if k(s) is greater than 1.

Let e(s) be an indicator function taking the value -1 if k(s) is smaller than 1 and +1 if k(s) is greater than 1. Then an ordinal numerical measure of the population risk induced by h* compared to g* is the sum over all groups s of N(s)e(s). It follows that h* is "riskier than" g*, with respect to a hypothetical perfect-information referendum, if and only if this sum is positive.

A UTILITARIAN APPROACH

This section shows how the type of "preposterior analysis" just outlined for majority rule might be adapted for application by a paternalistic public decision maker. For simplicity, I shall assume that the d.m.'s objective is to maximize the total number of remaining life-years in the target population; thus, rather than comparing only ordinal survival times for each individual under h* and g* , as in the implicit referendum model, the probability distributions over each individual's total remaining survival time under h* and g* are of interest. Taking the sum of individual life times as the objective function is compatible both with decision making by a single benevolent social decision maker (having this objective function) and with a strict Benthamite utilitarian model in which the additional psychological utility contributed by each individual to total social welfare is assumed to be proportional to his remaining life.

For a given population risk scenario, the remaining survival times of the N(s) members of group s, starting from time 0, are independent, identically distributed random variables with finite means and variances. Assuming that there are a "large" number of members of the target population (e.g., at least thirty) in each group s, the total number of remaining life years of group s members under risk scenario h* will therefore be approximately normally distributed with mean and variance, say m(s;h*) and v(s;h*) respectively, equal to N(s) times the mean and variance of the underlying survival time distribution for each individual. The remaining life time in the target population as a whole under risk scenario h* will be approximately normal with mean M(h*) and variance V(h*), where M(h*) is defined as the sum over all types s of N(s)m(s;h*) and V(h*) is defined as the sum over s of N(s)v(s;h*). In choosing at a time 0 between population risks h* and g*, therefore, the d.m. is choosing between alternative normal distributions over total remaining life-years (and average remaining life) for the individuals in the target population.

The choice between alternative normal distributions can be analyzed using the tools of single-attribute utility theory. I will assume that the d.m.'s preferences are strictly increasing in the attribute "remaining life-years in the target population," and that for any four values, u, v, x, and y of this attribute, with u greater than v and x greater than y, he prefers u to v as the outcome more strongly than he prefers x to y if the only if u - v is greater than x - y. This makes it possible to apply the recent theory of "measurable value functions" (7,8) to conclude that, under plausible conditions, the d.m.'s preferences among probability distributions over remaining life-years can be represented by a von Neumann-Morgenstern utility function of the form u(x) = 1 - exp(-kx), where x is the total (or average) number of remaining life years in the population, and k is the d.m.'s "coefficient of relative risk aversion." Using this exponential utility function, any two normal distributions over x can be compared as follows:

THEOREM: Let N(m,v) denote a normal distribution with mean m and variance v. Then a d.m. with a positive relative risk aversion coefficient k will prefer N(m,v) to N(m',v') if and only if m+kv/2 is greater than m'+kv'/2; while a d.m. with a negative relative risk aversion coefficient will prefer N(m,v) to N(m',v') if and only if m-kv/2 is greater than m' - kv'/2.

This may be proved by noting that the expected utility of

a probability distribution with respect to an exponential utility function is essentially its moment generating function, which for a normal distribution has the form $\exp[k(m+kv/2)]$. Taking natural logarithms preserves order and establishes the theorem.

An index of the "population risk" from a risk scenario h*, for a relatively risk averse d.m. (i.e., one for whom the relative risk coefficient k is negative) can now be defined as

$$r(h^*;k) = k' + kV(h^*)/2 - M(h^*),$$

where k' is an arbitrary constant and M(h*) and V(h*) are the mean and the variance of the total number of remaining life years, as defined above. A "relatively risk neutral" d.m., for whom k=0, will consider h* riskier than g* if and only if average remaining life for members of the target population is smaller under h* than under g*. A relatively risk-averse d.m. adds a risk premium equal to k/2 times the variance in remaining life years, to obtain his assessment of population risk.

Although there is no objective way of fixing the origin of the above risk scale (i.e., of determining k'), it provides a ratio scale for measuring "attributable risk," defined as the <u>change</u> in risk caused by a decision made at t=0. Let N(m,v) be the distribution of total remaining life years in the target population before the change is made, and let N(m',v') be the distribution following the change. [The difference between these two normal distributions will also be a normal distribution (assuming a sufficiently large target population), and will be N(m' - m, v' + v).] Thus, the change in population risk, as assessed by a d.m. with negative relative risk coefficient k, is

$$d(m, m',v,v') = (k/2)(v' - v) + (m - m').$$

This expression may be used as a definition of "attributable risk" for heterogeneous populations with time-varying individual risks. Interpretively, it is proportional (with constant of proportionality 1/k) to the deterministic number of life years gained or lost (depending on the sign of the expression) that a relatively risk averse d.m. considers "equivalent" to (or indifferent to) the random change in life years produced by the time 0 decision.

In the special case where individuals are exposed to identical, constant hazard functions over time, the variance of the total number of remaining life years in the population is the square of the mean, and the above expression for attributable risk factors is

$$(m - m')[1 - (k/2)(m + m')].$$

For any k less than or equal to zero, the sign of this expression is the sign of (m - m'): there is an increase in attributable risk if and only if m' is greater than m. This agrees with the classical definition of attributable risk for a homogeneous population as (1/m) - (1/m'). Despite this ordinal agreement, however, the interpretation of the magnitude of attributable risk as proportional to the ex ante "equivalent" number of life-years lost or saved by a change in population risk is only possible with the new definition of attributable risk proposed above.

CONCLUDING COMMENTS

Definitions of "population risk" that are to be used to help guide policy decisions must incorporate a decision-analytic component to be useful for this purpose. In this paper, I have proposed two approaches to public decision making about population risks: an "implicit referendum" approach, in which a public d.m. bases his choice at time 0 on the preferences that individuals would have if they were well informed about their own types; and a utilitarian model, in which the d.m. maximizes the expected utility of total remaining lie years in the target population. In the latter case, the central limit theorem for the sum of individual remaining lives in each homogeneous subpopulation of the target population, combined with an assumption that all life years are equally valued on a ratio scale, leads to a simple generalization of the conventional "attributable risk" formula for homogeneous populations. The new formula for the risk attributed to a source that changes the distribution of survival times from N(m,v) to N(m',v') is

$$d(m,m',v,v') = (k/2)(v' - v) + (m - m'),$$

where k is a subjective coefficient of relative risk aversion, usually assumed to be less than or equal to zero. This measure of attributable risk is unique up to positive scalar multiplication, i.e., up to choice of units. If it is multiplied by 1/k, it can be interpreted intuitively as the "equivalent" deterministic number of life-years gained or lost by the change in risk.

Rather than positing a single public d.m. who assesses the attributable risk from a possible change at time 0 using his own relative risk attitude, each member of the target population could assess d(m,m',v,v') based on his own risk attitude. Since each individual knows only the frequency distribution of types in the population, choosing the option that maximizes his own expected utility of remaining life with respect to this distribution is equivalent to choosing the option that will maximize the expected total social utility of all remaining life years in the population, given his risk attitude. Individuals with different risk attitudes may disagree about the comparative risk magnitudes of different population risk scenarios, even though they agree on the distribution of individual survival times under each scenario. In such cases, it is natural to turn again to preference aggregation methods such as majority rule to reconcile conflicting individual preferences and to decide which options are considered socially "riskier" than others, given the relative risk preferences of the individuals affected. In the view offered here, there is no purely "objective" definition of comparative population risk that can help resolve such conflicts: comparative risks for heterogeneous populations depend on the relative risk attitude of the assessor.

REFERENCES

1. S. Anderson, et al, "Statistical Methods for Comparative Studies," John Wiley, New York (1980).

2. J. Schlesselman, "Case Control Studies: Design, Conduct, Analysis," Oxford University Press, London (1982).

3. C. R. Blyth, On Simpson's Paradox and the Sure Thing Principle, Journal of the American Statistical Association, 67:364 (1972).

4. L.A. Cox, Statistical Issues int he Estimation of Assigned Shares for Carcinogenesis Liability, Risk Analysis, 1987 (in press.)

5. K.G. Manton, et al, Alternative Models for the Heterogeneity of Mortality Risks among the Aged, Journal of the American Statistical Association, 81:395 (1986).

6. J.D. Kalbfleisch, and R.L. Prentice, "The Statistical Analysis of Failure Time Data", Wiley, New York (1980).

7. J.S. Dyer and R.K. Sarin, Relative Risk Aversion, Management Science 28:875 (1982).

8. D.E. Bell, Regret in Decision Making Under Uncertainty, Operations Research 30:961 (1982).

9. P.C. Fishburn, Equity Axioms for Public Risks, Operations Research, 32:901 (1984).

10. R.L. Keeney and R.L. Winkler, Evaluating Decision Strategies for Equity of Public Risks, Operations Research, 33:955 (1985).

RISK ASSESSMENT:

EXTRAPOLATION TO INDIVIDUAL RISK

Renate D. Kimbrough and Philippe A. Grandjean*

Centers for Disease Control, Public Health Service
U. S. Department of Health and Human Services
Atlanta, Georgia 30333

INTRODUCTION

Environmentally related disease is, in principle, preventable. Therefore, public health policies must be developed to minimize the risk from hazardous exposures which may be associated with some environmentally related diseases. An effort must be made to determine what the hazards of specific chemicals might be and how the hazards of one chemical compare with those of another. A variety of environmentally related factors are major determinants for human health: lifestyle (nutrition, smoking, etc.), exposure to infectious agents, and exposure to multiple chemicals and physical factors. However, it is extremely difficult to determine the health risk of low-level exposure to individual environmental pollutants and the impact that current preventive measures make on human health. For example, although a chemical exposure may theoretically cause some effect, in practice, at very low concentrations, many competing elements come into play, and the isolated contribution of individual chemicals to adverse health effects may appear to be of no consequence. Thus, the relationship between human health and environmental pollutants is extremely complex. Further, this relationship becomes even more complicated when considering its health significance on an individual level. Genetic predisposition, pre-existing disease and physiological variations, such as those due to age or pregnancy, will determine considerable differences in individual susceptibility. Thus, the extrapolation of risk assessment to individual risk is fraught with difficulties.

BASIC ASSUMPTIONS IN RISK ASSESSMENT

Risk assessments are mainly based on experimental data, and properly conducted animal experiments have provided the main basis for assigning risk to humans exposed to pollutants. Epidemiological studies have identified associations between various human health risks and environmental factors, frequently in the form of heavy, occupational exposures. However, such studies rarely provide detailed dose-response relationships, thus limiting their use for risk assessment.

The measured effects of chemicals can be divided into acute and

*Present address: Dept. of Environmental Med., Odense Univ. 5000 Denmark

chronic effects. There is usually less controversy about acute health effects. With chronic effects, less information is available and variation among and between species seems greater. For example, 2,3,7,8 tetrachlorodibenzodioxin (TCDD), benzene, and B-naphthylamine, and trichloroethylene, show marked species variation in their effects on specific organs and in the dose needed to elicit such effects.

For logistic and economic reasons, most experimental animal studies are conducted with relatively high dose levels and small groups of animals. On the basis of such studies, investigators (1) make extrapolations based on mathematical models to determine effects at dose levels to which the general population would or could reasonably be exposed, or (2) employ a safety factor to determine a dose considered virtually safe. Such predictions are then used for various enforcement policies, with the intent of reducing human exposure to levels that are unlikely to have any impact on human health.

When information from epidemiological studies is available, the assumption is usually made that the exposed occupational cohort is a representative sample of the general population, although most cohorts mainly comprise an initially healthy sub-set of the male population. Due to insufficient follow-up, limited size of cohorts and problems related to possible bias, conclusions from epidemiological studies tend to err towards the null hypothesis.

The basic assumptions in risk assessment usually include: (1) dose-response relationships are monotonous functions which can be accurately described by mathematical models, (2) extrapolation to low-dose exposures is warranted, (3) extrapolation to other species is permissible, and (4) intra-species variation is limited.

SOURCES OF INACCURACY

Several parameters are of crucial importance in risk assessment and may contribute significant inaccuracy to the predictions. In particular, assessments of both exposure and effect may be inadequate.

The degree of absorption is often unclear, particularly for dermal exposure. Absorption may also be affected by the medium in which the chemical is carried, such as solvents, soil or particulate matter. Once a chemical is absorbed its toxicity will be affected by its metabolism. Chemicals to which humans are exposed can be divided into those that are rapidly metabolized and excreted and those that are retained for days, weeks, or even years. Most medications, ethanol and other solvents, such as acetone and hexane are excreted relatively rapidly. Chemicals that are retained from a day up to a few weeks include the organophosphorus compounds and/or their metabolites, the chlorinated aliphatic solvents, such as the chlorinated ethylenes and ethanes; hexachlorophene and pentachlorophenol, also fall into this category. Certain halogenated aromatic compounds and some metals have very long half-lives and therefore are very persistent in biological systems; these chemicals bioaccumulate in humans and build up in the food chain. When dealing with long-term, variable exposures from a variety of sources and pathways, a considerable amount of inaccuracy is introduced. That these chemicals bioaccumulate, pass through the placenta and are excreted in milk has been known since methods of analysis were developed to detect concentrations of such chemicals in the mg/kg to the ng/kg range (Kimbrough, 1982; Jensen, 1983). The problems in relation to accurate exposure estimations are perhaps best illustrated by the chlorinated dibenzodioxins and dibenzofurans.

Most recently, studies have determined that the chlorinated dibenzodioxins and chlorinated dibenzofurans are present in fish, and that they are present in low concentrations in human tissues (Patterson et al. 1986; Stanley et al. in press; Ryan et al. 1985). These chemicals appear to come from a variety of sources, such as incinerators, industrial processes, contaminated products, automobile exhaust and cigarette smoke (Rappe, 1980; NRCC 1981; Ballschmitter et al., in press). Once the presence of such chemicals has been determined quantitatively, questions about the magnitude of human exposure and their significance for human health arise.

Another source of uncertainty relates to the adverse effects. Usually, we have access to information from some animal experiments in which the effects of chemicals have been studied at doses much higher than those to which the general population is exposed. Particularly for persistent chemicals, it is important to determine chronic health effects. The lesions produced by specific chemicals in different species vary, and this variation may be either qualitative or quantitative. For instance, the type of morphological changes and the target organs affected by 2,3,7,8-TCDD vary widely in different species (Kociba and Schwetz, 1982). Similarly, some organophosphorus compounds are neurotoxic in humans, as well as in cats and chickens, but this effect is difficult, if not impossible, to demonstrate in other species (Durham et al., 1956).

Thus, a major source of inaccuracy is the question of validity for both the exposure and the effect parameters. More specific sources of inaccuracy include two other factors: the unknown or incompletely known health significance of early changes; and the variability of individual susceptibility.

HEALTH SIGNIFICANCE OF EARLY CHANGES

Exogeneous chemicals interact with body constituents and, at higher doses, may cause a variety of biochemical and morphological changes. What is the significance of these findings? What is their importance as predictors for health outcomes? Studies have not yet been conducted in which populations have been adequately followed to determine whether individuals with these types of abnormalities will develop clinical disease (Kimbrough, in press).

Many common diseases such as hypertension, heart attacks and most cancers (e.g., breast and colon cancer) are multifactorial diseases, and a simple measure of the impact of one factor cannot predict the future health of the individual. For example, a person with an elevated serum cholesterol level is more likely to have a heart attack than somebody with a low cholesterol level. Whether or not the person will actually have a heart attack depends on other factors as well. Which patient with atypical cells in a cytological examination will ultimately develop cancer? Certainly not every patient will do so. Which individual with non-hereditary chromosomal aberrations above background level will ultimately have cancer? At present, these questions simply cannot be answered. Before we can use results of such tests as predictors of disease, rather than as indirect measures of exposure, we need to learn much more about the significance of these findings.

During the last two decades, scientists have introduced biological tests as screening methods for early indicators of chemical exposure in humans. These tests are designed to measure, e.g., the inhibition or induction of specific enzymes, effects on chromosomes, changes in the immune response, changes in plasma and erythrocyte proteins, occurrence of hemoglobin adducts, and morphological changes in sperm. Bloom (1981) and Vainio et al. (1981) have summarized information on available tests for genotoxic agents.

The problem with such non-specific biological tests is illustrated by the induction of mixed-function oxidases in the liver. D-glucaric acid, a urinary end product of the inducible glucuronidation/deglucuronidation pathway, is considered to be an indirect indicator of hepatic microsomal enzyme induction by xenobiotics (Herzberg et al., 1977). For example, TCDD-exposed children with chloracne showed an increased level of D-glucaric acid in urine (Ideo et al., 1982). However, the normal range of urinary D-glucaric acid in the general population has not been established, and many variables might influence D-glucaric acid levels, such as age, sex, kidney disease, smoking, ethanol intake, and the use of medication or recreational drugs. Induction of mixed-function oxidases in liver cells may, on the one hand, be beneficial because it increases the metabolism of exogenous substances; in that respect, such induction is a defense mechanism. Induction of mixed function oxidases in liver cells may, on the other hand, accelerate the metabolism of endogeneous substances, such as hormones, which would be less desirable. The formation of reactive metabolites of some xenobiotics could also be increased (Fouts, 1970). Therefore, the ultimate health significance of induction of mixed-function oxidases is still unclear. At present, increased excretion of D-glucaric acid as a result of the induction of mixed-function oxidases should be interpreted as a biological marker, but not as a predictive test for chronic disease.

Many genotoxic chemicals alkylate DNA. For instance, dimethyl nitrosamine may methylate guanine at the nitrogen atom at position seven (Cooper and Kimbrough, 1980). Through hydrolysis, the methylated guanine is freed and excreted in urine and, theoretically, could be measured. However, the normal background variation for the excretion of methylated guanine in the general population and its significance is not known. Many other similar tests (Vanio et al., 1981) could be listed, but the results of such tests can rarely be interpreted intelligently.

Some changes in human chromosomes are always detectable and include breaks, aberrations, and sister chromatid exchanges. For practical purposes, studies of such chromosomal changes have been primarily conducted with human lymphocytes.

Although chromosomal aberrations are deemed undesirable--as are induced mutations in general--the presence of cytogenetic changes cannot be used to predict specific health effects. However, they may give an estimate of the magnitude of an exposure that could increase the risk of disease in a given population. Under those circumstances, measurement of cytogenetic changes may be very useful for prevention strategies. Such studies must be done carefully, however, with appropriate controls and with proper methods for statistical analyses. The chromosomes may be affected by many factors other than exposure to the chemicals under study. Such other factors include, age medications, viral infections, nutritional deficiencies, and smoking habits (Bloom, 1981). Thus, changes noted in chromosomes may indicate exposure only, if confounders have been effectively eliminated. So far, even for radiation, it has not been established how frequently individuals with chromosome aberrations will subsequently develop cancer or other adverse health effects.

INDIVIDUAL SUSCEPTIBILITY

In experimental animal studies, inbred strains may be used to limit biological variability and achieve more homogeneous results. However, human populations represent a wide diversity of genetic predispositions which may constitute a major determining factor in relation to health effects associated with an environmental exposure. Also, epidemiological studies of gainfully employed males followed in studies of occupational exposures may not represent the range of individual variation present in the population at large. Thus, the basic data available may not reflect the whole range of risk associated with a defined exposure.

Many uncertainties are inherent in the evaluation of variability. Major uncertainties include the partially unknown species variation on a quantitative and qualitative basis (Kimbrough, 1984), in particular variations associated with gender, age and genetic differences, as reflected, e.g., by the metabolism of chemicals in different species, and differences in metabolic pathways at high and low doses. Also, effects of other insults such as infections and variation in nutrition play a major role in health outcomes (Kimbrough, 1984).

The individual variability relates to three different forms of susceptibility: 1) Increased transport of the active compound to the action site in the target organ; 2) Increased susceptibility of the action site to the presence of the compound; and 3) Increased progression of the disease process following the initial toxic reaction at the action site (Breimer, 1983).

The range of relevant factors may be illustrated by some examples. With regard to absorption, the oral intake of the same amount of lead may result in a 5-fold higher absorption in a small child, as compared to an adult (Ziegler et al., 1978). Distribution and retention patterns may also vary considerably. Thus, blood-brain barrier passage may be increased in small children, while placental transfer may significantly influence toxicokinetic characteristics in pregnant women. Also, lactation may be an important route of excretion for persistent, lipophilic compounds which are otherwise not excreted to any major degree (Jensen, 1983). Induction of the mixed-function oxidases in the liver, e.g., due to prior exposure to chemical inducers, may result in an augmented rate of break-down or, in some cases, increased formation of reactive metabolites (Davison 1955). The health effects of absorbed chemicals will also depend on individual resistence and repair potentials, e.g., in the case of DNA damage (Inoue et al., 1982; Setlow, 1978).

THRESHOLDS AND LIMITS

Recently, Aldridge (1986) reviewed the concept of thresholds. The effect of a chemical depends on its dose: At high doses it may be lethal; lower doses may have no clinically discernible effects, but finer measures of, e.g., behavioral effects may still detect subtle impairment. Eventually at even lower doses, a point is reached where no impairment of health can be documented. At this level, the exposed individuals are tolerant to the chemical. A variety of factors influence this tolerance. For example, if a chemical is poorly absorbed, the received dose will be small. If the nuclei of particular cells are the target for a given substance, sufficient amounts may not reach the nucleus, e.g., because the chemical is bound in plasma or in cytoplasm or because it is rapidly metabolized and excreted.

For practical purposes, methods to assess risk often utilize mathematical models of varying complexity. However, the use of generalized mathematical schemes for assessing risk cannot at present accommodate the wide variation in animal and human response and the variable quality and quantity of available data. The biological information required for a logical approach to the problem includes measures of received dose at the target cell rather than the concentration in the external environment and knowledge of mechanisms of action derived from experimental studies on animals (Wright 1983).

Short of employing thresholds, as discussed by Aldridge (1986), regulatory agencies have tended to set tolerance levels, levels of acceptable risk and other types of exposure levels at low concentrations or at the lowest "practicable" or "feasible" level. For enforcement purposes, in some instances such levels have most recently been set at concentrations corresponding to 2.5 times the detection limit by the current analytical method, or two standard deviations above the detection limit. Occasionally levels have been set at concentrations which could not be reliably measured.

At times, levels found in food or drinking water may be slightly above such levels of "acceptable risk." What does it mean if concentrations of chemicals found in drinking water or in foods are slightly above regulatory levels? For example, would it make a difference if the polychlorinated biphenyl (PCB) concentration in the edible portion of fish were occasionally 2.5 ppm (mg/kg) rather than below 2 ppm (mg/kg)? Most likely, the effect would be negligible, if exposures were not continuous for extended periods of time. Whether the drinking water levels of chemicals measured in ppb (mg/l) are slightly below or above the standards set by EPA also would not be likely to make any difference as far as the health of individuals is concerned. At these very low concentrations, the analytical methods may introduce imprecisions which may, in part or totally, account for excursions above the limit. However, larger excursions over longer time periods could obviously represent a health risk, but enforcement policies would require strict criteria and clear-cut limits, even when not documented by scientific evidence.

CASE EVALUATION

Individual cases or clusters with a possible link to chemical exposure are sometimes reported as a proof of hazardous pollution without reference to other potential etiologies. It is beyond the scope of this paper to address this problem in detail, but the complexities have recently been pointed out (Kimbrough and Simonds, 1986; Feinberg et al., 1986). The criteria used to identify population at risk because of chemical exposure are usually not sufficient to determine whether a particular illness was caused by the exposure. The diseases are multifactorial, the effect a chemical may have on the health of an individual will vary with the dose, the type of exposure, the susceptibility of the individual and other risk factors in the individual's environment.

Unless a logical approach is taken to evaluate these different factors the individual may be rendered a disservice. A proper diagnosis may not be made and other possible etiologies may be overlooked. A great deal of anxiety could be created in the patient. In a worst case scenario it could lead to improper treatment and exploitation. Only by critically evaluating each situation will the health and interests of the individual be protected.

CONCLUSIONS

Risk assessments are to a large degree based on laboratory animal experiments. Such assessments can be used as a basis for introduction of preventive efforts to reduce perceived risks for populations. However, they cannot be used to predict the likelihood of future illness in an individual. With few exceptions, they can also not be used to establish if a specific illness in an individual was caused by such an exposure. Similarly, biological indicators of exposure may not necessarily be predictors of disease. How significant biological indicators are and how they should be interpreted with regard to individual risk is not known in detail. Individual susceptibility is related to genetic predisposition, preexisting disease, physiological variations, lifestyle and concomitant exposure to other environmental factors. Variability in susceptibility of human population groups has not yet been sufficiently addressed. Future use of risk assessment must confront these problems and include realistic estimates of individual variability. Evaluation of cases and clusters of a particular disease must also confront these factors.

References

Aldridge, N., 1986, The biological basis and measurement of thresholds, Ann. Reviews Pharmacol. and Toxicol., 26:39.

Ballschmiter, K., Buchert, H., Niemczyk, R., Munder, A., and Severev, M., 1986, Automobile exhausts versus municipal-waste incineration as sources of the polychlorinated dibenzodioxins (PCDD) and-furans (PCDF) found in the environment, Chemosphere, 15:901.

Bloom, A.D., ed., 1981, Guidelines for studies of human populations exposedto mutagenic and reproductive hazards. White Plains, NY: March of Dimes Birth Defects Foundation: pp. 1-140.

Breimer, D.D., 1983, Interindividual variation in drug disposition, clinical implications and methods of investigation, Clin. Pharmacokinetics, 8:371.

Cooper, S.W., and Kimbrough, R.D., 1980, Acute dimethylnitrosamine poisoning outbreak: A case report, J. Forensic Sciences, 25:874.

Davison, A.N., 1955, The conversion of Schradan (OMPA) and parathion into inhibitors of cholinesterase by mammalian liver, Biochem. J., 61:203.

Durham, W.F., Gaines, T.B., and Hayes, W.J., 1956, Paralytic and related effects of certain organic phosphorus compounds, A.M.A. Arch. Industr. Health, 13:326.

Feinberg, K.R., Cheek, L., Nicholas, R.B., Priest, G. and Whittenberger, J.L., 1986, Causation and financial compensation. Final report of the conference panel. The Institute for Health Policy Analysis. Georgetown University Medical Center 2121 Wisconsin Ave. N.W., Suite 220, Washington, D.C. 20007.

Fouts, J.R., 1970, Some effects of insecticides on hepatic microsomal enzymes in various animal species, Rev. Can. Biol., 29:377.

Herzberg, M., Fishel, B., and Wiener, M.H., 1977, Hepatic microsomal induction and its evaluation in a clinical laboratory, Isr. J. Med. Sci., 13:471.

Ideo, G., Bellate, G., Bellabuono, A., Mocarelli, P., Marocche, A., and Brambilla, P., 1982, Increased urinary D-glucaric acid excretion by children living in an area polluted with tetrachlorodibenzoparadioxin (TCDD), Clin. Chem. Acta, 120: 273.

Inoue, S., Brown, L. Ravindranath, Y., Ottenbreit, J., 1982, Normal sister chromatid exchange frequency in long term survivors with acute leukemia, Cancer Res., 42:2906.

Jensen, A.A., 1983, Chemical contaminants in human milk, Residue Reviews, 89:1.

Kimbrough, R.D., 1982, Disposition and body burdens of halogenated aromatic compounds possible association with health effects in humans, Drug Metab. Reviews, 13:485.

Kimbrough, R.D., 1984, Relationship between dose and health effects, Clinical Lab. Med., 4:507.

Kimbrough, R.D., 1987, Early biological indicators of chemical exposure and their significance for disease, Dahlem Conference (in press).

Kimbrough, R.D., Mitchell, F.L., and Houk, V.N., 1985, Trichloroethylene: An update, J. Toxicol. and Environ. Health, 15:369.

Kimbrough, R.D. and Simonds, M., 1986, Compensation of Victims exposed to environmental pollutants, Arch. Environ. Health, 41:185.

Kociba, R.J. and Schwetz, B.A., 1982, Toxicity of 2,3,7,8 tetrachlorodibenzodioxin (TCDD), Drug Metabolism Reviews, 13:387.

NRCC (National Research Council of Canada), 1981, Polychlorinated dibenzo-p-dioxins: limitation to the current analytical technique, Pub. No. 18576, NRCC/(National Research Council), Ottawa, Canada.

Patterson, D.G., Hoffman, R.E., Needham, L.L., Roberts, D.W., Bagby, J.R., Pirkle, J.L., Falk, H., Sampson, E.J., and Houk, V.N., 1986, Levels of 2,3,7,8-tetrachlorodibenzo-p-dixoin in adipose tissue of exposed and control persons in Missouri, JAMA, 256:2683.

Rappe, C., and Buser, H.R., 1980, Chemical properties and analytical methods, in: Halogenated Biphenyls Terphenyls, Naphthalenes, Dibenzodioxins and Related Products, R.D. Kimbrough, ed., Elsevier-North Holland, Amsterdam, New York.

Ryan, J.J., Schecter, A., Lizotte, R., Sun, W.F., and Miller, L., 1985, Tissue distribution of dioxins and furans in humans from the general population, Chemosphere, 14:929.

Setlow, R.B., 1978, Repair deficient human disorders and cancer, Nature, 271:713.

Stanley, J.S., Boggess, K.E., Onstot, J., Sack, T.M., Remmers, J.C., Breen, J., Kutz, F.W., Carra, J., Robinson, P., and Mack, G.A., 1987, PCDDs and PCDFs in human adipose tissue from the EPA FY 82 NHATS Repository, Chemosphere (in press).

Unger, M., and Nordberg, G.F., 1979, Distribution of PCB and DDT among human tissues, Arch. Ind. Hyg. Toxicol., 30(Suppl.):537.

Vainio, H., Sorsa, M., Rantanen, J., Hemminski, K., and Aitio, A.,1981, Biological monitoring in the identification of the cancer risk of individuals exposed to chemical carcinogens, Scan. J. Work Environ. Health, 7:241.

Wright, Alan, S., 1983, Molecular Dosimetry Techniques in Human Risk Assessment: An Industrial Perspective, in: Developments in the Science and Practice of Toxicology. Elsevier Science Publishers, Amsterdam, pp. 311-318.

Ziegler, E.E., Edwards, B.B., Jensen, R.L., Mahaffey, K.R., and Fomon, S.J., 1978, Absorption and retention of lead by infants, Pediat. Res., 12:29.

DIFFERENTIAL SUSCEPTIBILITY: IMPLICATIONS FOR EPIDEMIOLOGY, RISK ASSESSMENT, AND PUBLIC POLICY

Stephen L. Brown

Environ Corporation
Washington, DC

INTRODUCTION

In conventional toxicologic analysis for acute toxicity, differential susceptibility is assumed as the explanation for the dose-response relationship. For example, if susceptibility to the fatal effects of a chemical substance is distributed normally in a population, then the dose-response relationship will follow the cumulative normal distribution and will appear linear on probit graph paper. Some of the explanation for the spread in susceptibility can lie in genetic factors such as the presence or absence of detoxifying enzymes, while the remainder is usually assumed to be associated with age, body morphology, general health status, and other environmental factors. Chance is not often assigned a significant role in acute toxicity.

If two inbred strains of laboratory animals are tested for such acute toxicity, the distributions may be relatively narrow, because the environment is controlled and the animals in each group are not very genetically diverse. The doses that cause 50% mortality, however, may be quite different in the two strains, and the distributions may not overlap significantly. If a regulatory agency then sets a standard using the laboratory results as a guide, it often uses only the more sensitive strain as a starting point. Furthermore, it often assumes that an outbred human population, with greater genetic diversity and living in an uncontrolled environment, will show a wider distribution of sensitivities. If the goal is to protect the more susceptible individuals (even if not the single most sensitive individual), the agency often applies a safety or uncertainty factor to the data from the animal experiment (in addition to any other factors applied for different reasons).

When scientists analyze data on carcinogenicity or some other "stochastic" effect, a quite different assumption is often made. The shape of the dose-response relationship, whether linear or more complicated, may be attributed solely to the joint action of the probabilities of various chance events that, occurring together (or in some particular order), produce an overt effect. With such an assumption, it becomes unnecessary to point to genetic or environmental factors that determine why one individual develops cancer as a result of a given dose, while another individual escapes at the same dose; only chance is to blame. With such an assumption, the public policy stance is different: the agency does not attempt to protect a hypothetical very susceptible individual but instead attempts to keep every exposed individual from exceeding a specified probability (or "risk") of incurring the effect.

In this symposium, we are trying to examine the implications of a synthesis of these two views of toxic action. We assume that genetic differences manifest themselves as phenotypic variations that cause some people to metabolize chemicals differently, or to be more or less efficient at repairing damage from toxic substances or removing initiated cells before they can be promoted into tumors. The primary intent is to infuse the study of stochastic effects with more consideration of phenotypic variation, but the toxicology of nonstochastic or graded effects could also be enriched by the introduction of probabilistic concepts taken from the study of carcinogenicity.

If a phenotypic variation involves a unimodal continuum of susceptibilities, its significance will probably be lost in the general spread of susceptibilities due to environmental factors. If the variation is expressed as discrete differences upon which environmental variation is superimposed, however, then the distribution will be bimodal or even multimodal. If these modes are reasonably well separated, interesting consequences for epidemiology, risk assessment, and public policy arise. To illustrate these consequences, I will first present a hypothetical example derived from some reasonably reliable findings about differential susceptibility to cancer from exposure to benzidine. Then I will discuss some wider questions that stem from the existence or even suspicion of phenotypic variation in susceptibility.

Benzidine has long been recognized as a bladder carcinogen in occupational populations such as dye workers (Case et al., 1954). Not so well known is that it shows convincing evidence of a phenotypic variation in susceptibility explainable by biochemical processes. Figure 1 shows a chronology of some important discoveries that have led to our current understanding.

Polymorphism in Isoniazid Metabolism

One line of evidence came from a different set of substances. In the late 1950s it was found that some people metabolized the tuberculosis drug isoniazid differently than did others, so that different amounts of the drug could be found in serum a few hours after administration. The distribution of levels appeared bimodal (Knight et al., 1959; Evans et al., 1960). Figure 2 shows a typical distribution, smoothed from the data presented by Evans et al. (1960).

By analyzing the levels in members of families, it was shown that the trait for metabolizing isoniazid seemed to follow simple Mendelian genetics,

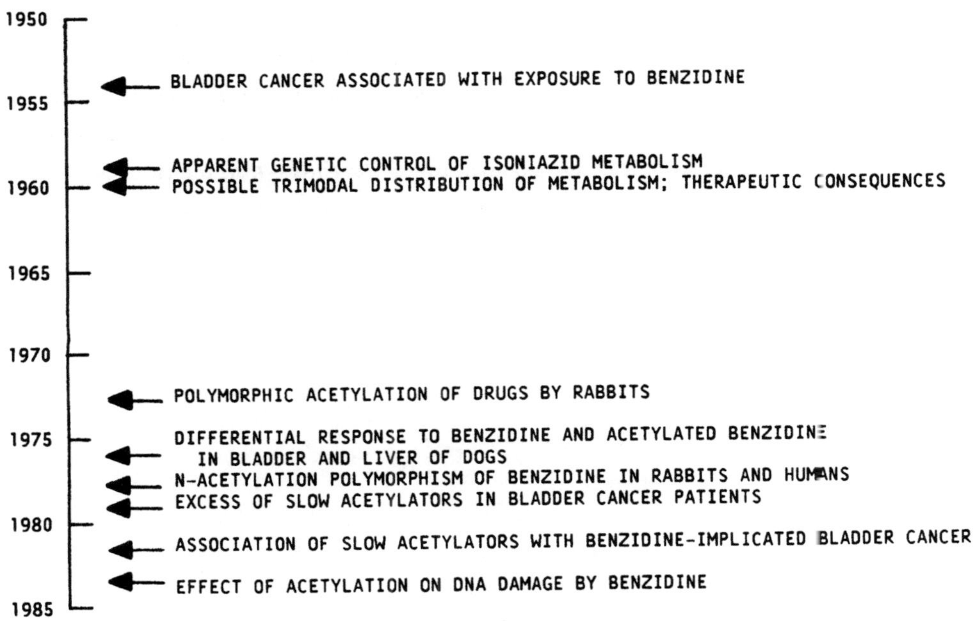

Fig. 1. Selected events in the understanding of the genetic control of susceptibility to bladder cancer from exposure to benzidine.

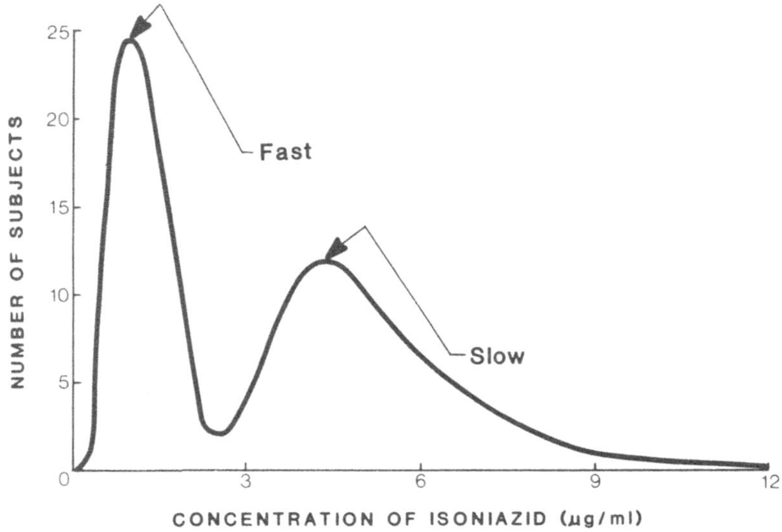

Fig. 2. Plasma isoniazid concentrations six hours after ingestion of 9.8 mg of the drug. Adapted from Evans et al., 1960.

with the "slow" gene recessive. About 72% of the genes of black and Caucasian North Americans appear to be "slow", meaning that about 52% of the population show the "slow" phenotype. Consequently, about 8% of the population would be homozygous for the "fast" trait, and 40% would be heterozygous but exhibit the "fast" phenotype. The evidence is not strong, but there may be a further phenotypic difference between the "fast" homozygotes and heterozygotes, so that the distribution of isoniazid levels may be trimodal (Figure 3). Different frequencies can be found in other populations; Japanese-Americans showed only about 10% "slow" phenotype (Knight et al., 1959), while a rural Swedish population showed 67% "slow" phenotype (Lower et al., 1979).

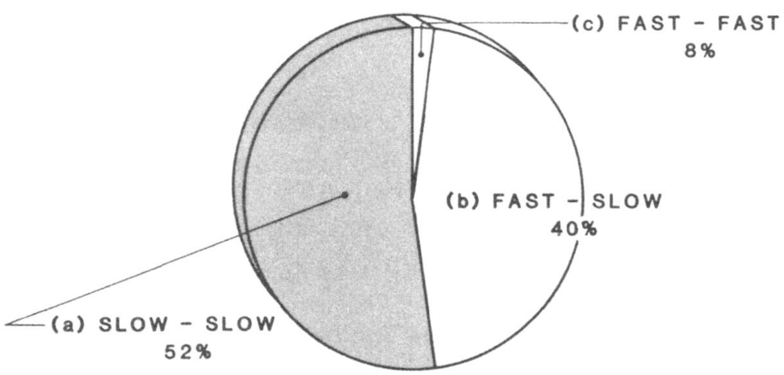

Fig. 3. Distribution of acetylation genotypes in the U.S. population. (a) Slow phenotype; (b) fast phenotype; (c) very fast phenotype (?).

Acetylation by Liver Enzymes

In the 1960s, it was found that the metabolism involved was the N-acetylation of the isoniazid and that the same liver enzyme, N-acetyl transferase or NAT, also acted on a number of other substances. In the 1970s, it was discovered that rabbits exhibited the same polymorphism in acetylation capacity as do humans (Gordon et al., 1973), and later that the difference could be quantified in both rabbits and humans and that it applied to several aromatic amine carcinogens including benzidine (Glowinski et al., 1978). Initial N-acetylation rates differed by about 9-fold between "slow" and "fast" human phenotypes, but perhaps by 200-fold or more in rabbits. (Note that these initial acetylation rates in response to a challenge may not be indicative of the overall capacity of an individual to detoxify substances.)

Meanwhile, Lower and Bryan (1976) showed that acetylated aromatic amines caused liver cancer in dogs, while the corresponding unacetylated compounds would cause bladder cancer but not liver cancer (Figure 4). (Dogs cannot detoxify aromatic amines by acetylating them, but can deacetylate the acetylated compound. Thus they are especially prone to bladder cancer from administration of either benzidine or acetylated benzidine.)

Differential Susceptibility to Bladder Cancer

Lower et al. (1979) studied acetylation phenotypes in bladder cancer patients and found that there was a small excess of the "slow" phenotype in urban patients (64.8% versus 51.4% in controls, significant at $p = 0.065$). The excess in rural patients (69.6% versus 66.9% in controls) was not significant.

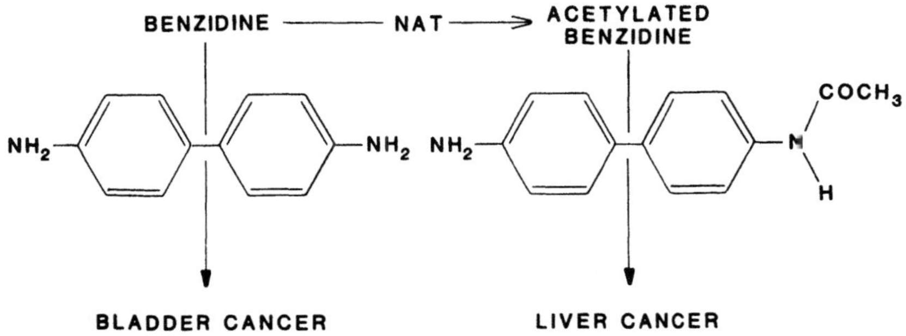

Fig. 4. Benzidine is associated with bladder cancer but not with liver cancer. Acetylated benzidine is associated with liver cancer but not with bladder cancer. NAT = N-acetyl transferase.

The authors suggested that arylamine carcinogens might have been involved in about 40% of the urban bladder cancers but few of the rural ones.

The general concept was confirmed in a study of bladder cancer patients in England (Cartwright et al., 1982). For patients never exposed to dye chemicals, there seemed to be no excess of "slow" over "fast" acetylators, but in dye workers, 22 out of 23 were "slow" acetylators, when only about 13 would be expected, based on the frequency in controls. Cartwright et al. also suggested that the types of bladder cancer induced by benzidine were different from the types induced by other factors such as smoking, and that only the former showed polymorphism with respect to acetylation rate.

Finally, McQueen et al. (1983) showed that acetylation enhanced damage to DNA in rabbit hepatocytes treated with benzidine and that these cells exhibited polymorphic differences in acetylation rates and consequent damage, thus providing the missing mechanistic link in the story of benzidine and cancer induction.

Benzidine, Polymorphism in Acetylation, and Cancer

In summary, the following assumptions seem reasonable for benzidine carcinogenesis in humans:

- Benzidine causes bladder cancer, but not all bladder cancer is caused by benzidine or even by other aromatic amines.

- Acetylated benzidine may cause liver cancer (demonstrated in dogs and rodents but not confirmed epidemiologically).

- Among the majority of Americans, about 52% are "slow" acetylators, about 40% are heterozygous for the "fast" acetylator trait, and about 8% are homozygous for the "fast" trait and are potentially very fast acetylators.

- Acetylation rates may be 8 times higher in "fast" acetylators than in "slow" ones; alternatively, heterozygotes might have five times higher rates and "fast" homozygotes 20 times higher rates than "slow" acetylators. (These numerical ratios are hypothetical but are consistent with the data.)

- o Benzidine will therefore likely be a more potent bladder carcinogen in "slow" acetylators than in "fast" ones. (The differences in susceptibility are not necessarily the same as the differences in acetylation rates but are presumably related to them.)

- o Benzidine might be a more potent liver carcinogen in "fast" acetylators than in "slow" ones, if it is a human liver carcinogen at all.

Figure 5 illustrates some of these findings about benzidine metabolism and the risks of cancer.

DIFFERENTIAL SUSCEPTIBILITY TO BENZIDINE AND RISK ASSESSMENT

The consequences of the above assumptions about differential susceptibility to benzidine can be illustrated by a hypothetical example.

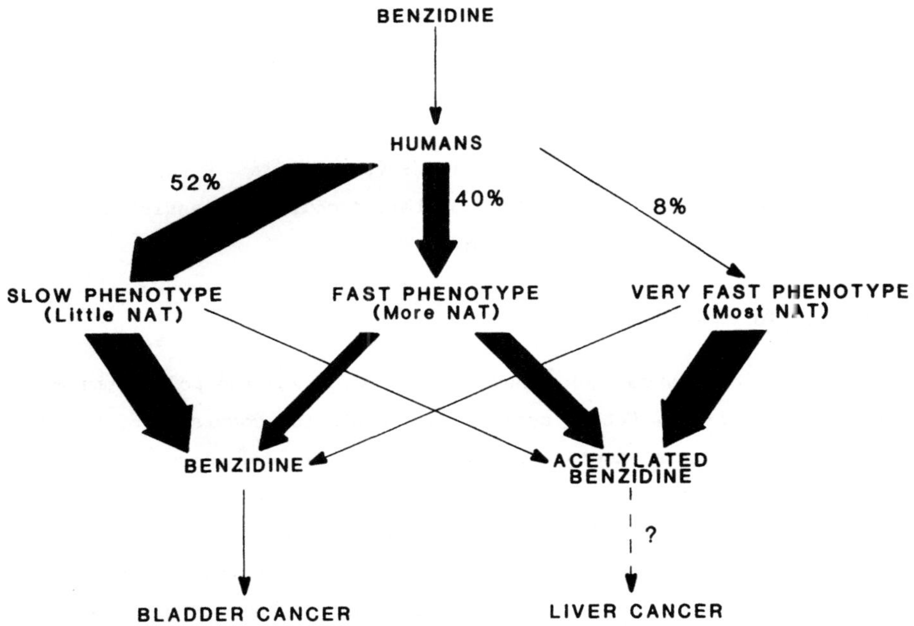

Fig. 5. Summary of principal factors in the risk of cancer from exposure to benzidine.

Knowing that 200 g of benzidine can cause detectable excess cancer rates in a relatively small group of people (Williams et al., 1985), let us suppose that we study a group of 1000 people all exposed to 100 g of benzidine over an occupational lifetime of 40 years, and compare their cancer experience with that of a control group of 1000 people not exposed to benzidine but otherwise reasonably similar. According to the SEER data base (NCI, 1981), the control group is expected to incur about 13 cases of bladder cancer, of which 3 will be fatal, and about 2 cases of liver cancer, both of which will be fatal.

Conventional Analysis

Now suppose we followed the exposed group until all its members had died of some cause, and found that 40 had developed bladder cancer, of whom 10 had died. The relative risks of incidence and mortality would be 40/13 = 3.08 and 10/3 = 3.33, respectively. The excess relative risks are 2.08 and 2.33, for an average of 2.2, which we will consider our best estimate of the increase in incidence rate caused by 100 g of benzidine. If we further assume that the relative risk model is linear in administered dose, then the "potency" of benzidine is 0.022 per g. On the basis of absolute lifetime risk of death from bladder cancer, it is 0.022×0.003 or 6.6×10^{-5} per g.

If we adopted a criterion risk level of 10^{-4} per lifetime for the occupational environment, we would need to limit exposure to $10^{-4}/6.6 \times 10^{-5}$, or about 1.5 g for the working lifetime. Over 40 years of 225 working days, exposure would need to be limited to 1.5/9000 or about 170 μg/day. If exposure were exclusively by inhalation, this criterion could be translated into an air concentration of about 170/10 = 17 $\mu g/m^3$.

Recognizing Polymorphism

How might our perception change if we recognized the polymorphism in benzidine metabolism? Let us suppose our population consisted of 520 "slow" acetylators, 400 "fast" acetylators (heterozygous), and 80 "very fast" acetylators (homozygous dominant). For the sake of argument, but without any specific evidence, let us further assume that of the 100 g administered dose, 10 g passes through the bladder as untransformed benzidine in the "slow" acetylators, but only 2 g in the "fast" acetylators and 0.5 g in the "very fast" acetylators. These are the biologically significant doses as far as bladder cancer is concerned, and we will assume the risks are proportional to these doses.

The average dose to the bladder for the 1000 people is:

$$[(520)(10) + (400)(2) + (80)(0.5)]/1000 = 6.04 \text{ g},$$

and the relative risk per unit target organ dose is 2.2/6.04 or 0.36 per g. The corresponding absolute risk of death is 0.003x0.36 or about 10^{-3} per g.

Using this target-organ risk, the excess deaths in the population at risk are estimated as (520)(10)(0.001), (400)(2)(0.001), and (80)(0.50)(0.001) or 5.2, 0.8, and 0.04. With the three expected deaths, we almost account for the 10 deaths observed. (The difference is due to the fact that we averaged the excess relative risk between the mortality and incidence estimates in the original analysis.) Note that the half of the population composed of "slow" acetylators accounts for 5/6 of the excess deaths.

With these estimates, we estimate that the potency of the administered dose is (5.2)/(520x100) or 10^{-4} per g in the "slow" acetylators but only 2×10^{-5} and 5×10^{-6} per g, respectively, in the "fast" and "very fast" acetylators. The corresponding criterion air concentrations are about 11, 55, and 220 $\mu g/m^3$ for the three groups if each was allowed to reach the 10^{-4} risk level. To protect the susceptible subgroup, we would need to reduce the workplace standard by about a third; if we screened for acetylation capacity and hired only "fast" and "very fast" acetylators, we could increase the standard by a factor of three. (It is doubtful that it would be socially acceptable to exclude over half of the population from an employment opportunity to achieve this looser standard. Moreover, if over half of the population is "susceptible," which members of that population are "normal"?)

Incorporating Liver Cancer Risk

We now introduce a final complication. From laboratory studies with mice and rats, we know that benzidine can also cause liver cancer (Williams et al., 1985). These species do not seem susceptible to bladder cancer from benzidine and produce copious amounts of NAT (Lower and Bryan, 1976); from these observations and the previously discussed findings in the dog, we suspect that acetylated benzidine is necessary for liver carcinogenesis. It is reasonable to suspect also that some risk of liver cancer may exist in the human cohort, even though no statistically significant excess was detected. (With only 2 deaths expected, the excess relative risk would need to be substantial to be detected.)

If we assume that excess absolute risk is the same in humans as in rodents for equal dose per unit body weight, we can use the data summarized by Williams et al. (1984) to estimate the number of excess liver cancers in our cohort. The risks range from about 10^{-6} to 10^{-4} per (mg/kg) or from about 1.5×10^{-5} to 1.5×10^{-3} per g for a typical adult human weighing between 60 and 70 kg. The risk for 100 g doses thus ranges between 0.15% and 15%. Because we know that humans seem not to acetylate as strongly as rodents, we will assume that the overall excess is near the lower end of the range at 0.2%, producing 2 excess liver cancers, or an excess relative risk of 1.0.

We can arrive at the same result by another set of assumptions that, while plausible, have no direct support. Suppose that a pool of benzidine exists that can either appear in the bladder unreacted or reach the liver in acetylated form. Let us assume that this pool amounts to 15 g out of the 100 g administered dose. Then the liver doses (benzidine-equivalents) will be 5, 13, and 14.5 g in the "slow," "fast," and "very fast" acetylators, respectively. Finally, assume that (at the target organ) the potency for liver cancer from acetylated benzidine is one third that for bladder cancer from benzidine, i.e., 0.12 excess relative risk per g to liver. The estimated excess number of liver cancers in the "slow" acetylators would then be (520)(0.002)(5)(0.12) = 0.62 cases, that in the "fast" acetylators (400)(0.002)(13)(0.12) = 1.25 cases, and that in the "very fast" acetylators (80)(0.002)(14.5)(0.12) = 0.28 cases, for a total of 2.15 excess liver cancers.

We could use these liver cancer rates to derive a different set of limits on air concentrations for the three acetylator types. Instead, we will examine the limits suggested by the combined risks of bladder and liver cancers. The totals are 5.82, 2.05, and 0.32 excess cases, which translate to 1.1×10^{-4}, 5.1×10^{-5}, and 4.0×10^{-5} risks per g administered dose for "slow," "fast," and "very fast" acetylators, respectively. The allowable concentrations are 10, 22, and 27 $\mu g/m^3$, respectively. If we knew only the total cancer risk and did not suspect differential susceptibility, the excess of 8.19 cancers yields 8.2×10^{-5} risk per g and a criterion for air concentrations of about 14 $\mu g/m^3$. Thus, because of the tradeoff between bladder cancer risks and liver cancer risks assumed for benzidine, the standards would not be very different whether or not phenotypic variations in susceptibility were considered.

PHENOTYPIC VARIATION AND LABORATORY EXPERIMENTS

Suppose a lifetime bioassay is conducted with animals, such as rabbits in our benzidine example, that show a phenotypic variation in the activation or deactivation of a carcinogen. Suppose that 10% of the animals process the administered material in such a way that 100% reaches the target organ, while the other 90% process it so that only 1% reaches the target organ. Suppose that the organ responds as in a one-hit model with dose to target organ, with a slope of 1/10 $(mg)^{-1}$. Suppose finally that the two test doses produce 20 and 40 mg to the target organ for the susceptible animals, and therefore 0.2 and 0.4 mg for the nonsusceptible animals. The theoretical cancer rates would therefore be as shown in Table 1.

The rates shown as "whole group" combine the rates shown weighted by the fraction of animals in the group. The rates shown as "best fit" would provide the best fit to a one-hit model forced through the origin. Such would be the result of the test analysis if the phenotypic variation were not recognized by the experimenters. Obviously the overall response is not well represented by a one-hit model as a function of administered dose, even though each group responds according to a one-hit model as a function of target organ dose. The potency is underestimated in the low-dose range by the one-hit fit, but the slope estimated by the low-dose point would overestimate the potency in the high-dose range (see Figure 6).

The complete dose-response curve that will occur in the heterogeneous group of rabbits is indicated by the dashed curve in the inset to Figure 6. At

Table 1. Theoretical lifetime cancer rates in a phenotypically diverse group of experimental animals.

Group of animals analyzed	low dose	high dose[a]
Susceptible (10%)	0.865	0.932
Not susceptible (90%)	0.020	0.040
Whole group	0.105	0.134
Best fit[b]	0.081	0.156

[a]high dose = 2 x low dose
[b]one-hit model, forced through origin

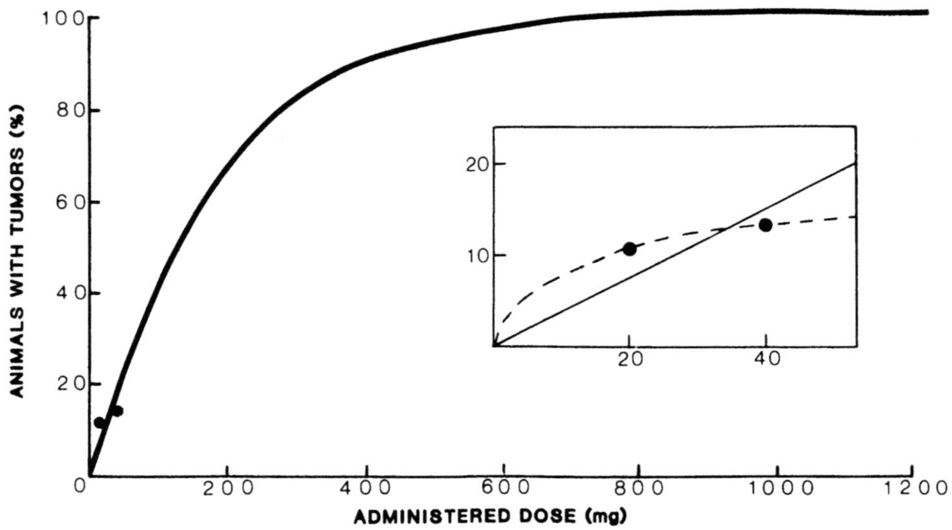

Fig. 6. One-hit dose-response relationship fitted to data from a population of animals 10% of which do not detoxify the administered dose and 90% of which detoxify it by 99% Closed circles are data points; curve is best fit.

low doses, it becomes linear with a slope of (1/10)(0.1) + (1/1000)(0.9) or 0.0109 per mg of administered dose. In this region, the 10% of animals that are susceptible would account for 91% of the cancers.

The corresponding policy questions are manifold. Are humans more like the susceptible or the nonsusceptible animals? Do humans also have a discrete phenotypic variation? If so, is the difference between the susceptibilities smaller or greater than in the laboratory species? How does one act when one acknowledges the possibility of phenotypic variation in either laboratory animals or humans but has no evidence for one? Should one preferentially study highly inbred strains to narrow the spread in dose-response relationships due to phenotypic variation, or outbred ones to show more similarity to the human situation? If the phenotypic variation in the laboratory animals is known, should only the susceptible animals be tested, to give a (possibly very) conservative estimate of potency?

PHENOTYPIC VARIATION AND EPIDEMIOLOGY

Epidemiology is subject to almost exactly the same problems from phenotypic variation as is experimentation with laboratory animals. Except for the greater variation in environmental conditions, the potentially greater variability in genetic makeup, and the poorer definition of exposures, Table 1 could apply equally well to the analysis of a cohort mortality study with internal controls, at least if the study population had all died of some cause by the end of the study. Thus, most of the people who are presumed to have incurred a fatal cancer from exposure to the agent under study in fact may come from the group of more susceptible individuals. If the same distribution of susceptibilities existed in humans as in the example of Table 1, but doses were ten times lower, 90% of the cancers would occur in the 10% of the population that are susceptible.

As with the animals, the analysis of these data in the absence of suspicion of the phenotypic variation may underestimate risks to susceptible people and overestimate it for less susceptible people. The proper course of action for protecting another group of people may depend on whether the distribution of susceptible and nonsusceptible people is the same as in the studied group as well as on the criterion for protection (population risk versus greatest individual risk).

PROTECTING SUSCEPTIBLE INDIVIDUALS

As suggested in the introduction, both scientific approaches and policy responses have tended to differ between carcinogens and conventional toxicants. Conventional toxicology is oriented to safety factors that are presumed to protect the most <u>sensitive</u> individual on the assumption of a distribution of susceptibilities not fully captured in animal experiments. For carcinogens, however, risks per unit dose are often assumed to be uniform among all people; thus protection of the most <u>exposed</u> individual (MEI = most or maximally exposed individual) is the corresponding conservative philosophy. Acknowledgment of phenotypic variation in susceptibility to carcinogens may introduce a second conservative practice in regulation of carcinogens: protection of the most sensitive individual, perhaps borrowing from conventional toxicology the idea of safety factors.

Again, many questions arise. In a protection decision for a carcinogen, is the criterion the risk to the most susceptible individual or to the "average" member of the population? (Using an "average" person, who does not exist if the phenotypes are discrete, is equivalent to using population risk or body count as a criterion.) If the same genetic variation is known to occur in humans as in animals, but has not been demonstrated to result in phenotypic differences in susceptibility, how should it be treated? Should we be doubly conservative by assuming the most susceptible individual is also the MEI? If the difference in susceptibility is large but the fraction of the population that is susceptible is very small, should the protective response be different than if the differences are less? When is it acceptable to use warnings instead of restrictions on exposure? When is it sufficient to screen individuals for the phenotype before exposure, controlling exposures only enough to limit the risks for nonsusceptible people to an acceptable level?

The answers to all the above questions transcend science and clearly involve value judgements that must be made in the political realm. Decisions may be distorted if regulators either fail to recognize phenotypic variation at all or seriously misinterpret its significance. Scientists need to ensure that their risk assessments include a careful exposition of the significance of phenotypic variation if it is suspected to play a role in the carcinogenicity of the substance under study.

REFERENCES

Cartwright, R. A., Rogers, H. J., Barham-Hall, D., Glashan, R. W., Ahmad, R. A., Higgins, E. and Kahn, M. A., 1982, Role of N-acetyltransferase phenotypes in bladder carcinogenesis, a pharmacogenetic epidemiological approach to bladder cancer, Lancet, 842.

Case, R. A. M., Hosker, M. E., McDonald, D. B., and Pearson, J. T., 1954, Tumors of the urinary bladder in workmen engaged in the manufacture and use of certain dyestuff intermediates in the British chemical industry, Brit. J. Indust. Med., 11:75.

Evans, D. A. P., Manley, K. A., and McKusick, V. A., 1960, Genetic Control of Isoniazid Metabolism in Man, Brit. Med. J., 485.

Glowinski, I. B., Radtke, H. E., and Weber, W. W., 1978, Genetic variation in N-acetylation of carcinogenic arylamines by human and rabbit liver, Mol. Pharm., 14:940.

Gordon, G. R., Shafizadeh, A. G., and Peters, J. H., 1973, Polymorphic acetylation of drugs in rabbits, Xenobiotica, 3:133.

Knight, R. A., Selin, M. J. and Harris, H. W., 1959, Genetic factors influencing isoniazid blood levels in humans, in: "Transactions of the 18th conference on the Chemotherapy of Tuberculosis," Veterans Administration, Washington, 52.

Lower, G. M. Jr. and Bryan, G. T., 1976, Enzymic deacetylation of carcinogenic arylacetamides by tissue microsomes of the dog and other species, J. Toxicol. Environ. Health, 1:421.

Lower, G. M. Jr., Nilsson, T., Nelson, C. E., Wolf, H., Gamsky, T. E., and Bryan, G. T., 1979, N-acetyltransferase phenotype and rise in urinary bladder cancer: approaches in molecular epidemiology. Preliminary results in Sweden and Denmark, Environ. Health Perspect., 29:71.

McQueen, C. A., Maslansky, C. J., and Williams, G. M., 1983, Role of the acetylation polymorphism in determining susceptibility of cultured rabbit hepatocytes to DNA damage by aromatic amines, Cancer Res., 43:3120.

National Cancer Institute, 1981, "Surveillance, Epidemiology, and End Results: Incidence and Mortality Data, 1973-1977," NCI Monograph 57, U.S. Government Printing Office, Washington.

Williams, G. M., Reiss, B., and Weisburger, J. H., 1985, A comparison of the animal and human carcinogenicity of environmental, occupational and therapeutic chemicals, in: "Advances in Modern Environmental Toxicology," Vol. XII, W. G. Flamm and R. J. Lorentzen, eds., Princeton Scientific Publishers, Inc., Princeton, 207.

EFFICIENCY, LIBERTY AND JUSTICE IN SCREENING FOR PHENOTYPIC VARIATION

Thomas H. Murray

Institute for the Medical Humanities
The University of Texas Medical Branch
Galveston, TX 77550

The scientific and social issues raised by the subject of this conference--phenotypic variation and risk assessment--are clearly significant. What is less clear is why one should turn to philosophy for enlightenment on questions that appear to depend more on technologic complexities. Yet once we ask what we should do with our scientific knowledge, we have entered the realm of non-scientific values and in the case before us, of conflict between values. On the one hand is the important non-moral value <u>efficiency</u>; on the other hand are the moral values <u>justice</u> and <u>liberty</u>. A mature science and technology of screening for phenotypic variation could hold great promise for enhancing efficiency. And a tool for public policy decision-making such as cost-benefit analysis that so emphasizes efficiency might well commend the technology for just that reason. Yet if we did adopt large scale screening for phenotypic variation, we could do grave damage to justice and liberty.

Since my readers likely will be non-philosophers, a few comments about what one can reasonably expect from philosophy are in order. Philosophers have a few simple, though powerful, tools at their disposal: making distinctions; developing reasoned arguments; creating analogies that help us see the familiar within the unfamiliar; some modest theories, more or less useful over a given range of moral problems; hypotheticals designed to illuminate points by pressing them to their logical conclusion (while avoiding the ever-present danger of creating a burlesque). What we hope for is clear thinking--lucidity--and, on rare but satisfying occasions, insight or illumination. I will avoid unexplained technical language, since I believe that even complex moral ideas can be communicated in plain English, given care and time. (The same is true of complex scientific ideas.)

I hope that the discussion will show that rational discourse in ethics is possible, and for people first trained as scientists such as myself, not even such a foreign or hostile territory. I will propose some answers, but not to all the important ethical questions. In addition, judgments about the moral acceptibility of screening for phenotypic variation will depend heavily on the answers to a number of empirical questions, some of which can only be anticipated.

At times, all I can do is try to make clearer the grounds for disagreement. It is often helpful to distinguish between matters of moral and empirical disagreement. We may disagree over what the likely effects of a policy will be, and over the moral significance of these consequences. The former conflict can be alleviated by gathering more data; the latter cannot, although moral disputes may be addressed through rational discourse. It is important to know the nature of our disagreement before we attempt to resolve it.

The array of data on phenotypic variations presented at this conference brings to mind a tension present almost from the beginning of a research project on ethical issues in workplace genetic screening conducted by an interdisciplinary research group at the Hastings Center. On the one hand, the scientists working on our project argued persuasively that at that time (circa 1982), there was no good scientific evidence linking any asymptomatic genetic anomalies to occupational diseases at the levels of exposure found in contemporary U.S. industries.[1] Without such evidence, the only public policy that made any sense was to continue to do research. Certainly no company could be justified in using genetic screening tests to decide whom to hire. There was no moral subtlety there. Whether or not the law would prohibit it, such a coercive use of genetic screening in the complete absence of evidence as to its efficacy was clearly unwarranted. It was a violation of justice and an insult to the dignity of persons. Several of my colleagues argued that it was a waste of time to research this issue.

On the other hand, though, there were two forces. First, the same scientists who declared that no good evidence existed at that moment linking screenable genetic anomalies with exposures with disease also were saying that it would not be long in arriving--five years, ten at most seemed to be the common wisdom. Second, public interest in the issue remained high. Whether it took the form of a project by the U.S. Congress Office of Technology Assessment[2] or the seemingly unquenchable desires of the media[3], the public wish to know more about workplace genetic screening persisted.

Eventually I came to believe that people were after all correct in wanting to know more about this potent mixture of scientific knowledge and technologic capacities just over the horizon. They saw correctly that along with the abundant promise came a potential threat to profoundly important moral and political values--especially to justice and to liberty. Let me outline briefly why that is so.

First the principle concern all along has not been the knowledge, per se, but potential uses of it that would be coercive; in general, the use of characteristics to sort and sift people, without their permission; in particular, the use of genetic screening to identify so-called "hypersusceptible" workers and deny them jobs on that basis.

Second, genetic characteristics, identified to some degree with ethnicity or race, evoked memories of the not-long-past misuses of genetics or pseudo-genetics for iniquitous political purposes. With good reason the American public is suspicious of schemes for sorting people out by race or ethnicity. That the first publicized instance of workplace genetic screening took place at a DuPont plant for sickle-cell trait among black employees did little to dampen that suspicion, even though DuPont denies any bad motives or coercive use of the information generated through the screening. Company officials plausibly assert that the screening was offered as a service to black employees at about the same time that community-based screening programs for sickle-cell trait were initiated. Especially if DuPont's motives were good, the incident serves as a powerful reminder of the political sensitivity of genetic screening associated with race.

Third, workplace genetic screening touches one of the most contested and important intersections in U.S. society: the nexus between employers and workers. For most adults, work is a economic and psychological necessity. They regard obstacles to finding or keeping a job as a serious threat to their well-being.

These three considerations help explain why so much negative attention has focused on one example of a much larger class of possible policies based on a wide variety of phenotypic variations. It will be my reference point for a discussion of the ethical possibilities and pitfalls of phenotypic variation and risk assessment in general. If there are significant dissimilarities with other forms of screening, then whatever conclusions are reached may not be generalizable. But if the similarities are more impressive, then workplace genetic screening may be an illuminating case study for public policy on phenotypic variation in general.

NEW VARIATIONS ON OLD MORAL ISSUES

The rapidly emerging capacity to detect individual differences in reactions to toxic exposures creates new social possibilities and new variations on old moral problems.

Although this is a very rough typology, it may be helpful to think of three possible relationships between scientific and technological advances on the one hand, and moral problems on the other. First, science or technology may soften or diminish a moral problem. Until this century, widespread, virulent epidemics of infectious diseases made medicine and nursing hazardous professions. Nurses and physicians sometimes faced difficult moral choices about whether to assume the risks associated with exposure to such diseases. Antisepsis, the germ theory and then the antibiotics greatly reduced the chance that physicians or nurses would become seriously ill or even die from diseases contracted through their work. The moral problem of balancing duties to patients with the understandable desire not to die of some horrible infectious disease faded along with the risk of contracting untreatable, lethal infections. It took the entry of AIDS patients into the modern hospital to revivify the old moral dilemma.

Second, science or technology may create a novel moral problem. Much, perhaps too much, has been said about how medical technology leads to new moral dilemmas. This claim has become such a bromide that it is easy to overlook the kernal of truth it contains. Before antibiotics were available, when an old person was dying of bacterial pneumonia, there was no moral dilemma. Pneumonia, the so-called "old man's friend" was likely to kill that person. Once the technology of the antibiotics appeared, we faced a choice: should we treat the pneumonia and perhaps prolong life--or perhaps merely prolong dying, possibly by some less peaceful, more horrible and painful cause--or should we allow death to claim that person unopposed? We now confronted a moral choice, an opportunity for human intervention, where before there was no moral choice, certainly no ethical dilemma.

Lastly, advances in science or technology may sharpen an existing moral problem. I believe that is a major facet of what has happened with the so-called "Babies Doe", including Baby Jane Doe--newborns who enter the world with a tenuous grip on life. Some of these babies will survive with standard medical treatment but with disabilities of various types and severities, for others the odds for survival are longer but impairment less certain, and commonly iatrogenic. In addition to the questions about using medical technologies on persons who may be dying, these babies have brought age-old, latent moral conflicts to the surface. At present, I am trying to identify disparate, conflicting ideas about the moral status of children--the "worth" of a child. These ideas have deep historical roots, but they take an especially pointed form in the context of decisions of whether to treat imperiled newborns. They also are relevant in other biomedical contexts including reproductive technologies, fetal therapies and abortion.

THE MORALITY OF EQUALITY AND THE SCIENCES OF INEQUALITY

Where does the science and technology of phenotypic variation in populations as it relates to risk assessment fit into this admittedly oversimplified, but I hope useful, schema? I believe it is an instance of the third type, the sharpening of an old moral and political conflict. It is the conflict any society must face when it subscribes to moral ideals of human dignity, liberty, and justice, and to political ideals that include some vital form of egalitarianism. The religious heritage of so many of our citizens shares, with the secular moral tradition of the Enlightenment, profound convictions about the importance of individual human dignity, liberty, equality and justice. And what more ringing political endorsement of egalitarianism could be found than that in our own Declaration of Independence? The first of the "self-evident" "truths" enumerated there is simply "that all men are created equal..."

The sciences that study individual differences should not be seen as efforts to undermine our moral or political commitments to equality. Of course, individuals differ in countless ways. All the various demonstrations of such differences are, strictly speaking, only further refinements of what we have always known: that people vary enormously in their talents, capacities, and circumstances. Only the crudest reading of the Declaration of Independence, or of our secular and religious traditions would find any direct, logical contradictions between the empirical proofs of human variation--of empirical inequality--and the insistence on equal treatment and equal regard as fundamental moral and political principles. (Unfortunately, such crude readings are possible: e.g., the claims of some fundamentalists that the empirical belief in evolution is incompatible with their religious narratives on the origins of life.) When the founders of our nation asserted the equality of all persons (or at least, in the original, all male persons), we can assume that they were not offering a scientific hypothesis.

We may be safe, then, from any logical contradiction between the sciences of inequality and the principles of moral and political equality. But there is a corollary to this thesis: that the mere existence of scientific evidence or of technological capabilities is never sufficient to justify a social practice. To put it slightly differently, sound and defensible public policy requires _both_ good facts _and_ good moral and political justifications.

RISK ASSESSMENT AND RISK MANAGEMENT

Some of the points I have made are reflected reasonably well in the distinction between risk _assessment_ and risk _management_. The former, though it requires judgments that must incorporate other than strictly scientific values, can provide fair accounts of the scientific evidence regarding particular risks in the hands of competent and unbiased practitioners. (Risk assessments depend heavily upon judgments incorporating values epistemic to science--e.g., values pertaining to the quality of research as a function of its design, analysis, etc. Less obvious, perhaps, is the role of non-epistemic values in risk assessment: what the NRC report Risk Assessment in the Federal Government: Managing the Process calls choices among "inference options."[4] The report urges that such unavoidable judgments be made explicit.) Risk management, while it certainly should be based on the best evidence available, ultimately rests upon consideration of moral and other values.

COST-BENEFIT ANALYSIS

One very popular tool for making policy decisions, including risk management decisions, is cost-benefit analysis. The title of this session is "Cost Benefit Ethics," which comes perilously close to being an oxymoron. Like any other tool, cost-benefit analysis can work very effectively on the kind of job for which it is best fit. Also like any other tool, when it is used to do a job for which it is not well-designed, it can do more harm than good.

Cost-benefit analysis may provide an objective means for making certain kinds of decisions with at least two fundamental properties. First, all of the significant inputs and outputs should be identifiable and quantifiable on the same metric--usually in terms of money. Second, the only important value to be considered should be efficiency, in this instance, economic efficiency. If the problem is whether to buy machine *x* or machine *y*, or whether to adopt manufacturing process *a* or *b*, then cost-benefit analysis might be a very helpful tool. But when the inputs and outputs are not readily or objectively quantifiable on the same metric, in dollars, and when efficiency is not the only or the most important value to be considered, then cost-benefit analysis could be useless or worse--worse if it creates a false belief that it somehow permits decisions to be made "objectively," that all factors are being given their due weight, and that under such circumstances decisions are either value-free, or else take all relevant values into account. In this way, it conceals the arbitrary assumptions it makes, its awkwardness with the non-quantifiable consequences of choices, and its heavily value-laden nature. That ineluctable confrontation with values takes place on at least two levels: first, in the assumptions necessitated by attaching some finite number to such things as the value of a human life; second, by its exclusive focus on a single, non-moral value--efficiency.

EFFICIENCY, MACHINES, AND PERSONS

To my knowledge, not even the fiercest proponent of the rights of animals or trees believes that machines have any moral standing. So if I choose gear-grinder *a* over gear-grinder *b* because *a* is marginally more efficient, I have done no moral wrong to anyone or anything. But what about denying a job to a person on the same grounds? Like the two machines, both persons can do the job. But perhaps person *b* is marginally less efficient than person *a*. Let us assume that *b* has a disability, say, she requires a wheelchair to move any distance. Since the job involves monitoring the performance of the gear-grinding machine, and therefore depends on the abilities to see, hear, think, and manipulate, the disability is irrelevant to job performance. But, let's face it, job candidate *b* will take longer getting back and forth to the bathroom, and so will lose a few more minutes of work each day than an otherwise comparable person who is not dependent on a wheelchair. So *b* is less efficient than a. Is that a good enough reason for denying the job to b, as it was for not purchasing machine b?

Of course, the reasoning behind either choice is more complex than this. Most importantly, we usually understand the differences between machines as a prediction based on statistical analyses of classes of such machines. We never really know that the particular machine a we buy will outlast b, although we may know that as outlast bs on average. But if anyone claimed that we had discriminated against a particular machine b because we had judged it as a member of a class instead of on its individual merits, we would dismiss this as absurd and confused--treating a machine as if it were a person.

The question facing this conference resembles the second scenario. Rather than a virtually 100 percent probability of a very small difference in productivity, we will face many small probability differentials in perhaps major risks to health and therefore productivity. But we will only know about classes of persons: all those with particular HLA-antigen profiles; all heterozygotes for sickle-cell, all people with G-6-PD deficiency. We will not know with certainty that worker b who is in one of the classes with higher relative risk will, in fact, become ill more quickly or be less productive than worker a. Is choosing people according to such uncertain probabilitic predictions of efficiency a bit like treating persons as if they were machines?

AN "EFFICIENCY FANTASY"

Imagine for a minute an "efficiency fantasy" where all potential workers were screened for their susceptibility to a wide range of job-related illnesses, and individuals were placed in jobs with very low risks to themselves. If we could do this accurately, there would be benefits to those workers who would avoid occupational diseases and to employers who would incur fewer direct and indirect expenses associated with occupational disease. If free to do so, employers could choose to relax emission controls, work practice rules and the like, so that production would be more efficient, while workplace-related illness remained the same. A policy choice would have to be made balancing our desire for efficient production against our desire to avoid human suffering. Of course we might have some of both in a workplace populated by low-susceptibility workers: enhanced efficiency as capital and process costs are lessened, and fewer work-related illnesses and deaths.

But why stop there? This is, after all, a fantasy. If we can improve efficiency by telling people where they may and may not work, why not also find out their susceptibility to environmental hazards and then steer people to live in whatever community poses the least risk to their health?

In practice, we would not tolerate anyone forcing us to live in a certain place because of some notion of probabilistic minimizing of risk to our own health. (On the other hand, we might be grateful for the same information which we would be free to use in deciding where to live.) Yet there is serious discussion of allowing analogous information about individual susceptibility to health risks to be used by employers to deny jobs to individuals who happen to be in a class with an elevated risk. From the point of view of ethics, what reasons do we have for favoring or opposing such a policy?

What is wrong, if anything, with the "efficiency fantasy"? One caveat is simply that it could not be as efficient in practice as it is in principle; even if the technology were perfectly errorless, the policy would be administered by fallible human beings. All known bureaucracies muddle things, make erroneous classifications and bad judgments. This is still an argument about efficiency, and only indirectly about morality.

A more direct moral problem is that we would be stripping people of their liberty to decide where to live, and what sort of work to pursue. It may also violate justice, the moral requirement of equal treatment. Let us examine them in turn.

LIBERTY

There are many good reasons for making a strong presumption in favor of liberty; that is, for requiring those who would interfere with liberty to bear the burden of proving that their interference is justified. One of the most common arguments is that since human flourishing requires "a dynamic process of growth and self-realization,"[5] people must be given the freedom to make choices, including the freedom to make poor choices: otherwise how do we learn?

The presumption in favor of liberty is rebuttable: there can be convincing reasons for restricting the free choices of individuals, but the proponent of such restrictions must offer good reasons for them. Four of the most typical reasons for infringing on liberty are:

1. that by reason of age or impairment, the person lacks the mental competence to decide (lack of rational autonomy);
2. that because of coercion, the person is not free to choose (coercion);
3. that the person's choice would result in harm to others (harm to others);
4. that the person's choice would be harmful to himself or herself (paternalism).

Would these four grounds for interfering with liberty justify a program of workplace genetic screening that would deny jobs to workers with genetic anomalies? The first, lack of rational autonomy, is mostly irrelevant. We should assume that adult workers are of sufficient age and sound mind to make their own choices in the absence of compelling evidence to the contrary.

The second, coercion, is dubious. If workers are being coerced into accepting a job with great risks to their life and health, we may conclude that there is something so seriously wrong with the organization of work in that society that workplace screening does not begin to address the core problems. In most cases, whatever coercive pressures workers will face, their choice whether to accept a job is more free than not. So the argument from coercion does not support limiting liberty in this circumstance.

The third reason for limiting liberty is when the unrestrained actions of a person would result in harm to others. Most people in the U.S. do not feel that being forced to drive on the right side of the road is an odious infringement on their liberty. Clearly, this requirement is justified to prevent harm to others (as well as harm to self). Workplace genetic screening capable of identifying individuals who, if they became suddenly ill, would pose a significant danger to others could be justified on that ground. The usual sort of example cited for justified workplace screening is that of a commercial airline pilot prone to sudden loss of consciousness or control. We would not object to denying a pilot's job to someone subject to uncontrollable seizures. But few if any genetically linked diseases appear to have much potential for such catastrophic harm to others. So, while this could justify workplace genetic screening under a highly restricted set of facts (immediate danger to others because of genetically linked disease), preventing physical harm to others is not a valid reason for most imaginable programs of workplace genetic screening.

What about economic harm? Employers could argue that being forced to hire people who might, on average, be more likely to fall ill would be inefficient and might harm the employer's economic interests. Employers have legitimate interests in making efficient use of their resources. The crucial question is whether, in the context of workplace genetic screening, the likely small marginal gains employers might achieve in efficiency and profit are enough to outweigh the infringements on liberty and justice that such a program would entail. While harm to employers' economic interests is certainly a relevant consideration, it is unlikely to be compellingly persuasive in this instance.

A fourth possible justification for limiting liberty is paternalism--infringing on persons' liberty for the sake of their own good. While paternalistic interventions can be justified, they impose a heavy burden of proof on the paternalist to show that persons are either ignorant of their own interests or incapable of pursuing them, or both. When dealing with presumably rational adults who are applying for jobs, even jobs that may pose increased risks to them because of some genetic anomaly, the paternalist must show that he or she knows better than the applicant what is best for that individual. There may be isolated cases of people stubbornly or stupidly insisting on an unnecessary and highly probable risk to their own health, but a program of screening and job denial is based on a presumption that all applicants are irrational, and that is obviously absurd.

JUSTICE

In perhaps its oldest formulation the principle of justice admonishes us to "treat like cases alike." The trick, of course, is to determine what attributes are relevant to making cases dissimilar. This is no easy job. Indeed, one of the chief tasks of any society is to decide what shall weigh as like and unlike on the scales of justice.

When it comes to employment, we regard a host of attributes as morally relevant differences, among them talent, energy, training, experience, creativity, and loyalty. But other things strike us as not morally relevant including such things as race, sex, religion and disability (unconnected to job performance). I assume that a sense that these attributes are not morally relevant but were nonetheless figuring in employment practices was an operative force behind the legislation forbidding discrimination on account of race, sex, etc. Our laws now reflect, to this extent, our moral convictions about what is just and unjust in employment decisions--about what factors are irrelevant to making people "unlike" in this context. To the question Why can't I work here? some answers strike us as clearly valid: you are incompetent, untrained, dishonest, lazy... Other answers are just as clearly invalid: you are a woman, black, Catholic, disabled...

Suppose an employer defends not hiring someone on grounds of efficiency only indirectly related to one of the invalid categories: hiring a black supervisor would anger white employees who will try to undermine the supervisor by subverting production; a woman on the factory floor will distract males resulting in inefficiency and increasing the risk of accidents due to inattentiveness. Most of us, I suspect, would reject these rationales on the grounds that the social good achieved, including opening employment opportunities for categories of people who have suffered discrimination, far outweighs the marginal and probably temporary losses in efficiency. Efficiency, that is, must give way in these circumstances to liberty and justice.

PRACTICAL CONSIDERATIONS

The ethical acceptability of workplace genetic screening (and by analogy other policies with respect to phenotypic variation) cannot be settled in the abstract. I have tried to show why efforts to justify such programs on the grounds of efficiency are often seductive but never sufficient. We must always take other values into account, especially those of liberty and justice. Liberty and justice, and efficiency as well, may be "abstract" principles, but their application to specific problems must always take empirical realities into account. In these concluding practical considerations, I suggest a number of empirical factors that could influence the ethical acceptability of a program of workplace genetic screening.[6] I will phrase them as considerations that would tend to make such a program more likely to be justifiable:

1. the number of people affected should be small;
2. both relative and absolute risk should be high;
3. misidentifications should be few. (The number of false positives and false negatives should be low.);
4. the number of jobs affected should be small. (Especially in isolated labor markets, applicants' opportunities should not be seriously restricted.)
5. the illness in question should be severe and irreversible. (It is easier to justify denying jobs in order to prevent lethal cancers than it would be to prevent psoriasis or some reversible metabolic disorder.)
6. though this should go without saying, there must be adequate scientific evidence linking anomaly with exposure with disease. (Without this minimum condition, no coercive screening program could be morally justified);
7. programs with disproportionate impact on groups that have suffered from discrimination should be subject to special scrutiny;
8. possible alternative policies must be considered. (There will usually be other means of reaching the same goal without the ethically objectionable features of the one in question, even if it may not be as efficient in theory.)

It is possible to take ethical considerations into account when choosing what policies to adopt with respect to human phenotypic variation. More than possible, it is necessary to do so if we are to retain those qualities that make us a society worth preserving.

REFERENCES

1. Omenn, G. S., 1982, Predictive identification of hypersusceptible individuals, J of Occ Med 24:369-374, (1982).
2. U.S. Congress Office of Technology Assessment, 1983, "Genetic Testing in the Workplace," U.S. Government Printing Office, Washington, D.C.

3. Murray, T. H., 1984, The Social Context of Workplace Screening, Hastings Cent Rep Oct:21-23.
4. National Research Council, 1983, Risk assessment in the federal government: managing the process, National Academy Press: Washington, D.C.
5. Feinberg, J., 1973, "Social Philosophy," Prentice-Hall: Englewood Cliffs, N.J.
6. Murray, T. H., 1983, Warning: screening workers for genetic risk, Hastings Cent Rep Feb:5-8.

VARIATION IN INDIVIDUAL RESPONSE - WILL IT REALLY AFFECT THE REGULATORY RESPONSE?

Roger S. Cortesi

Office of Exploratory Research
Office of Research and Development
Environmental Protection Agency
Washington, DC 20460

INTRODUCTION

The question this paper addresses is whether knowledge of variation of individual human response to toxicants introduces elements into the regulatory process that, in some sense, are radically different, thereby forcing major changes into the regulatory process. In this paper I will examine the regulatory process as I perceive it, i.e., the views presented here do not bear the nihil obstat or imprimatur of any agency or instrumentality of the U.S. Government. The views will also perforce reflect the fact that virtually all the regulatory processes I have observed have been those of the U.S. Environmental Protection Agency. However I hope by examining the workings of the regulatory process to see where and to what extent information on individual response will effect the regulatory process.

STRUCTURE OF THE REGULATORY PROCESS

The particular regulatory process I will discuss is the one of deciding what human exposures will be allowed to a chemical or physical toxicant. It is useful to identify three main forces that drive the regulatory process as it relates to human health. They are:

1. legal forces
2. scientific and technical forces
3. policy and economic forces

These forces are not orthogonal; they interact, sometimes quite strongly, in the regulatory process.

Legal Forces

The legal forces on the standard-setting process are great. Some specifics are discussed below, but an almost invariable result, either proximate or ultimate, of setting a standard is the forcing of someone to spend money or to give up a source of it. This situation leads to disputes that will have to be resolved by a legal process, with the courts being the final decision maker if necessary. That is: the legal process is how we resolve disputes and disagreements when a decision must be made lacking the agreement of the parties involved.

The specific legal forces on the process are, I believe, mainly four. First, it is the law that allows or insists that regulation occur and exposure limits be set. Second, the law defines the procedures to be followed in arriving at exposure limits. This has great influence because almost inevitably this means that the views of the public and its various components are solicited for their views on the subject, pertinent information they have or are aware of. In some serious sense of the word, the standard-setting process must take into account the information presented to it. This is a very time consuming process and in many cases is highly controversial, as the submissions will be flatly contradictory. Even where this is not the case, the opinions as to what the information implies for regulatory action can be wildly divergent. It should be noted that this process can easily become adversarial, as it pushes towards a decision.

Third, legal forces tend to prescribe what findings can and need to be made. There are a couple of interrelated points to be made here. The legislation under which health standards are issued either requires the standard to be based on health considerations alone (as, for example, the criteria and hazardous pollutant sections of the Clean Air Act) or to be balanced against benefits derived from using the substances (as in the pesticides and toxic substances acts). However when you look how the standards for protecting health are set, they look remarkably similar under both kinds of legislation. I believe the reason for this is that the law shies away from absolutist positions on "health consideration alone" and also from any precise definition as to how benefits, etc., can make a health risk acceptable. Because of this distaste for opposing absolutes the standard-setting process, and the court's review of it, the result is a mushing towards the middle, and the process essentially becomes the same under both types of legislation.

These factors raise a point that is worth expansion because it is very important to the standard-setting process and is one cause of a common perception that the process has too much slop in it. As I see it, the legal process does not like to get pushed into ridiculous positions, and hence has evolved some safety-valve principles. I mention two that I think are particularly relevant to standard setting. First, courts are reluctant to make decisions that will cost a lot of money for no practical benefit. (This is the principle that the law does not concern itself with trifles or the de minimis principle). Second, the law seems to allow standard-setters to do things, for example to grant exceptions, not explicitly authorized by the legislation when failure to do so would lead to an "unintended" and absurd result.

The fourth major legal force is the obvious one, that the final decision maker of unresolved disputes in standard-setting is the courts. Everybody in the standard-setting process must keep an eye on the possibility that a court will be the decision-maker. I emphasize this here, because a point that will arise later is that courts make decisions where consensus does not exist. Courts "resolve" disagreements in a different sense of word, than the way that the scientific disagreements are resolved. Scientific resolution implies consensus.

Scientific and Technical Forces

Many people believe that the setting of an exposure standard for a toxicant is a "scientific" process. Others believe that even if it is not now a "scientific" process that it can and should be such. One of the points of this paper is that not only is the standard-setting process not scientific but that it cannot so be. However this does not mean that scientific and technical forces have only a minor influence on the process. They influence it substantially.

I will discuss the scientific and technical forces separately. Scientific forces are those derived from the health threat the toxicant poses and generally come from information about (i) the health effect of concern, (ii) the vulnerable segment of the population and (iii) the dose-response. Technical forces arise from knowledge about the methods and their cost of reducing the level of exposure to the toxicant.

To understand the nature of the scientific forces we should understand what is meant by "science says". Science resolves disputes by consensus. There are no imposed rules as to how that consensus is reached, what evidence can be used, who can present and argue, or when such consensus will be reached. A scientific dispute is resolved (i.e., "science says" something) when all knowledgeable scientists essentially agree about the matter in question.

Such consensus cannot be forced into a standard schedule and in fact it may never be reached. Of the three areas of scientific information mentioned, the most difficult place to reach consensus is usually in dose-response. For environmental pollutants typically consensus might be reached on the effect, the vulnerable population and that exposures of less than X are alright and exposures of 3X are too much. Such consensus would almost assure that the standard would be somewhere in that range.* The standard setting problem is, of course, that the cost of meeting X may be hundreds of millions of dollars per year more than meeting 3X (as, for example, is the use for some of the ambient air pollutants).

Technical forces arise from a distaste for setting standards that we do not know how to meet without paying an unacceptable cost of one kind or another (e.g. banning a significant fraction of cars from Manhattan to meet an air standard may be an unacceptable cost). In other words, if the risk is caused by something that is important, an exposure standard level will be very strongly influenced by available engineering or other fixes. A recent example of this technical force is EPA's implied no action level for radon in houses. The EPA calculated lifetime incremental probability of lung cancer at this implied no action level was $1.3 - 5 \times 10^{-2}$.** This is an incremental risk 100 to 1000 times higher than other situations where acceptable fixes have been available. The EPA statement about this level is: "Exposures in this range are considered average or slightly above average for residential structures. Although exposures in this range do present some risk of lung cancer, reductions of levels this low may be difficult, and sometimes impossible, to achieve."

*In most of EPA's health standards such a range would usually be considered very narrow. This occurs because EPA, when it can, sets standards at levels with an incremental lifetime risk of less than 10^{-4} or 10^{-5}. This means that there will be no experimental data; and hence the dose-response curve must be extrapolated from data points with exposures orders of magnitude larger than where the standard is set. Present knowledge on mechanism of toxicity make such extrapolations a policy finding rather than a scientific one.

**A lifetime risk of 5 X 10-2 means that one out of twenty people living in such a house all their lives will get a lung cancer which they otherwise would not have gotten.

Policy and Economic Forces

From the above, we see that neither law nor science is capable, either alone or in combination of setting a level for a health-based exposure standard. They can only set boundaries within which such a standard must lie. This means that in practice the actual level chosen for the standard can and will be effected by policy (including economic) considerations. That is: the setting of such a standard is, and must be a profoundly political process (in the nonpejorative sense). In dealing with exposure to toxicants the first standard-setting position is to get rid of it, i.e., set the exposure level at zero. Hence the pressure is to set the standard as low as one can and still take the pressure from adversely affected people, groups and interests. Different standards will be set by different standard setters because they will differ in their ability to handle pressure from different groups and constituencies. Health, engineering and economic data affect this process only indirectly via the vehemence by which different groups press their views at various possible standard levels, and the concern that the standard setter has for those groups.

That the process proceeds this way is repellant to those who believe that somewhere in the legal, scientific and economic data (e.g. cost/benefit studies) and rules, there should be a way to get the "right" standard level with which no sensible person could disagree. Alas, this is not to be this side of paradise. To emphasize: it should be noted that this process does not produce results that are consistent in terms of such things as incremental risk or cost per life; and in my opinion it would be foolish to try to force it to be consistent in such ways.

CONCLUSION

Will knowledge of the variation in the human population's response to toxicants have a material effect on the standard setting procedure? I must conclude that such knowledge will not have a material effect. Knowledge on population variation is information that is not different from health effects information used now. Ideally such information allows more precise identification of the three key health factors, i.e., effect of concern, vulnerable population and dose-response. Since this information is what the process handles now, it is reasonable to expect it to be able to do so in the future. Furthermore, the problem of variation of response has been handled in past standard setting (e.g. EPA's lead and ozone standards).

Worry over the regulatory effects of variation of response arises, I think, from the belief that absolute health protection requirements in some laws will force standards to be set to protect the most sensitive individuals under all circumstances thereby bringing ridiculous results. I believe the likelihood of this happening to be very low in light of health based exposure standards set and upheld in the courts, not only under EPA s legislation but also under those of the Food and Drug Administration and the Occupational Safety and Health Administration.

Disclaimer: The views expressed here are those of the author and do not necessarily reflect the views of the U. S. Environmental Protection Agency or any part of it.

FEAR, FIAT, AND FIASCO:

CAUSATION IN CANCER RISK ASSESSMENT

Paolo F. Ricci and Andrea F. Henderson

Joint Research Center, European Communities
Ispra, Italy

INTRODUCTION

Causation is a central issue in toxic tort cases as it must be proven by the plaintiff to prevail against a defendant. If a tort action deals with obvious cause, causation may not be the focal point of the case and the central issue may turn to defining a product's defect or determining liability. Causation becomes the focal point when the link between cause and effect cannot easily be determined. Where such links have been needed in science and regulation, the process of risk assessment has been heavily relied on. However, considering recent tort cases and regulatory decisions, questions exist as to the reliability of risk assessment given uncertain cause and effect, its relevance in court, and its usefulness in regulation.

Fear, Fiat, and Fiasco is the topical framework for the paper; it provides examples of difficult decisions regarding causation. Three examples are used: a) a tort law case that tested the theory of causation for "fear" of an adverse health effect; b) the determination of causation by regulatory agencies by "fiat"; and c) a regulatory "fiasco" where regulatory action contradicted scientific and policy determination of causation. In different ways, these approaches attempt to determine causation and compensate those affected through legal recovery or regulation. Although all approaches share the goal of protecting and compensating individuals and industry while balancing the net benefit to society, meeting this goal is difficult and the course taken by agencies and the court has not been consistent.

CAUSATION IN LAW AND SCIENCE

Over the last two decades, there has been an overwhelming growth in the right of injured individuals to gain legal redress. Lengthy and complex litigation against the producers and distributors of drugs, devices, and chemicals is now feasible under a variety of legal theories in tort law and through various federal statutory actions.

Causation is central to notions of responsibility and compensation. Cancer risk assessment considers causation as the biologic process leading to an effect. For cancer, it begins at the molecular level, ranging to include epidemiological results. Biological cause and effect is the strongest scientific proof of causation as it directly bears evidence to the cause of a disease. This evidence is useful in litigation; it provides the data necessary in tort law cases to show: a) cause-in-fact, and b) proximate cause.

Cause-in-fact means that a consequence of the act occurred in a manner which a fact-finding may infer causation. This is usually measured by the "but for" test: If, but for the act, the harm would not have occurred, that act is a cause-in-fact of the harm. Proximate cause is the extent to which the court finds the injury and victim are legally, as opposed to factually, linked to the wrongdoer's act to determine liability.[1] If there have been post factum intervening events of sufficient unpredictability or unrelatedness that were sufficient contributers to the final result, the wrongdoer may not be liable, depending on the tortious legal theory adopted by the plaintiff. In negligence and strict liability law, to examine proximate cause, judicial scrutiny is directed to the foreseeability of intervening factors, to the injury, and to whether the victim is in the class of persons the law protects.

The aspect of causation that is difficult to deal with is that the nature of the scientific information is often conjectural and the data - in particular the probable incidence of cancers resulting from environmental exposure - are quite uncertain. Thus, the cause and effect relationship is uncertain. This is also true in medicine as there are many diseases for which the causes are unknown, and there are drug therapies whose mechanism of action is not clear. Biologists hypothesize a mechanism between cause (*e.g.*, exposure to total arsenic in the drinking water) and effect (*e.g.*, non-melanoma skin cancer). Results from epidemiology studies provide data gathered from examining a population of individuals; however, these do not normally demonstrate causation, and are generally inapplicable to a single individual. Such information can take years to gather and is often debated. The legal system, however, often requires data sooner than science can provide them. There are no principles for the evaluation of scientific evidence or medical testimony in a formal way; the credibility of the expert witnesses is a matter for the fact finder to consider, accept, or reject. The expert serves as an advisor, and the jury's decision is not a formal or probabilistically rigorous one.

FEAR: A JUDICIAL VIEW

The courts continue to struggle with the problem of causation. The struggle becomes more difficult where fear of a potential hazard is alleged as causally related to psychological disorders and other effects. This issue not only involves causation that is difficult, if not impossible, to quantify, but also a concern that is individualistic, as one individual's perception of a risk and their resulting fear (if any) may be much different from another individual's perception. The perception and understanding of the potential adverse effect and of its causes is not uniform, is biased, and often does not reflect the probability and uncertainty associated with the event. The causal link between fear and psychological distress was considered by the Supreme Court ruling on the restart of the undamaged unit at the Three Mile Island (TMI) nuclear power plant, Unit 1.

The operating utility, Metropolitan Edison, proposed to restart the Unit 1 which had been unaffected by the TMI-2 accident of March 12, 1979. An association of local residents, People Against Nuclear Energy

(PANE), petitioned to the Nuclear Regulatory Commission (NRC to prevent the start-up, alleging that it would cause severe psychological distress to people living nearby, and harm the stability, cohesiveness, and well-being of the local community. PANE argued that the Environmental Policy Act (NEPA), requires that "all major Federal actions" be preceded by an Environmental Impact Statement considering all of the potential impacts from the proposed action. The psychological distress caused by the restart of Unit 1 would qualify as potential sociological impact from the proposed action. Although this legal issue arises under the key federal environmental statute, it does present the causation issue.

After a legal battle, in which the District of Columbia Court of Appeals agreed with PANE's contention, that the NRC should consider PANE's concerns, the Supreme Court unanimously held that the "adverse environmental effect(s)" that must be considered under NEPA do not include psychological harm.[2] Focusing on the causation issue raised by this case, the Court stated "Some effects that are 'caused by' a change in the physical environment in the sense of 'but for' causation, will nonetheless not fall within (NEPA) because the causal change is too attenuated." NEPA requires "a reasonably close causal relationship between a change in the physical environment and the effect at issue. This requirement is like the familiar doctrine of the proximate cause from tort law." The Court believed psychological fear, from a causative viewpoint was too remote because it was based on the possibility of a future accident, and because it hinged on a subjective individual belief. The Court noted that the "risk of an accident is not by definition an effect on the physical environment(.)"; it is "unrealized in the physical world. In a causal chain from renewed operation of TMI-1 to psychological health damage, the element of risk and its perception by PANE's members are middle links. We believe that the element of risk lengthens the causal chain beyond reach of NEPA."

The problem of causally evaluating individual fear has long been a subject of law suits under tort law. In such cases it has been shown that it is exceptionally difficult, for evidenciary and policy reasons, for the law to redress individual perception of risk leading to fear - especially when physical injury is absent. The legal system, however, is being asked to decide whether an individual faced with increased risk of harm, may recover damages. Such harm may be fear of a potential event or of exposure that could result in future illness. The law has steadily evolved toward a broader definition of compensable injury and has allowed recovery for emotional damages created concurrently with physical injuries, such as anxieties or persistent phobias. However, the courts have been reluctant to allow recovery when the claimant alleges emotional injury in the absence of physical injuries. The established view has been that lacking such injury, recovery is barred, as the cause-effect link is too conjectural. Without evidence of causation there would be no way to determine if the allegations of fear are frivolous or fraudulent. As one's own fears and the way one faces fear are unique to each individual, there is no reliable legal standard for measuring the emotions of one individual relative to others.

In recent years, however, a few states have allowed claims where the victim suffered no physical injury at all, but only showed "serious mental distress" or the equivalent. For example, the California Supreme Court decided in 1980 that serious emotional distress existed where "a reasonable man, normally constituted, would be unable to cope adequately with the mental stress engendered by the circumstance of the case."[3] Other courts have added a requirement of medical proof to document the victim's response to stress but limit the recovery to "secondary recovery," such as phobias, nausea, weight loss, and headaches, to reduce the number of frivolous claims. In such cases, expert diagnosis has replaced scientific evidence of causation.

As knowledge about health and the environment increases, the awareness of risks and their origins may increase enough to make future health effects appear predictable, but perhaps not enough to provide logical solutions to this class of cases. As courts confront them, they will require standards which balance the probability of causality and the magnitude of the harm with the benefits resulting from the defendant's act. There is ample precedent in tort law for this balancing, as well as more complicated forms of balancing which relate to the overall acceptability of the defendant's action and the resulting benefits. Causation, we believe, can be established to satisfy the court as to its scientific validity.

FIAT: CANCER POLICY

The issue of uncertain causation poses difficulties to the regulatory system as well. Regulatory approaches provide various procedural ways through which their proposed policy can be discussed and reviewed. However, scrutiny of formal or informal record is difficult. Agencies are given a considerable amount of scientific freedom by the court that review their actions.

The use of policy in regulatory decision-making most often occurs when the link between cause and effect is uncertain. Therefore, policies that are credible only through their endorsement by the scientific community and accepted by regulatory agencies, exist as accepted fiat, subject to judicial scrutiny. This approach has the advantage of being detailed and certain, at least on the surface, as it is subjected to extensive peer reviews, administrative record-keeping, and quasi-judicial hearings. This is a dogmatic approach, as new ideas can not be readily incorporated into policy-making. Indeed, the reviewing courts can require that an agency adhere to mainstream scientific thinking. However, reliance on science policy may only provide seemingly precise answers, although what is required is an accurate answer. Paradoxically, where the necessary scientific facts are given, science policy may be contradicted casting doubts on future application.

Evaluating the use of science policy and its role becomes increasingly muddled as there are inherent links with social policy and politics; science policy decisions involve social values, both of which are influenced by political views. As political and social values change, so can science policy. Scientific knowledge, relevant to the policy, may have remained constant. Such can be the case with the policy of assessing carcinogenic risk to humans by regulation based solely on confirmed positive animal data; and where positive human epidemiological data are not available to conclude that a chemical substance poses significant human risk. Such approach is consistent with the accepted social policy that it is preferable to err on the side of caution in setting standards to avoid failure to regulate a serious health hazard. However, where society benefits from the use of a potentially hazardous substance, economically or otherwise, regulatory actions may be delayed by pressures from affected industries or users. More conclusive evidence of toxicity to humans is desired from science before regulatory agencies act to limit or ban exposure to a substance, if there is a high price to society resulting from banning a useful and ubiquitous chemical.

Uncertain cause and effect may be used to delay accepted regulatory policy. This is a pernicious situation: uncertainty becomes a defense. The argument is that the uncertainty - more specifically, its upper and lower bounds - are too large to provide useable information: more research is needed. The decision-maker is stymied by being told that the exposure to the chemical in question can cause, let us say, between zero and 100 excess cancer deaths per annum, with the uncertainty properly indicating that the results cannot be considered as a single number and that the value of interest to the decision-maker may fall - with a specific probability - within the interval of zero to 100. Depending on the level of confidence chosen for the analysis, the bound can be made more narrow, thus avoiding the zero lower confidence limit. This is a seemingly plausible approach: if certain statistical criteria (*i.e.* false positive and false negative rates) are considered and made explicit, the decision-maker is provided with results that are apparently more "realistic". The fundamental flaw with this approach is that the upper and lower confidence limits can be made arbitrarily larger or smaller. Thus, there is a degree of arbitrariness that can be used to support one view or the other, depending on who is making the argument. In other words, the well known 95% confidence level (1 in 20) reduced to 90% (1 in 10). The cost is measured by the power of the statistical test. Decision-science methods are available and can be used to address some of the issues discussed. A first paradox of cancer policy: scientific data and their statistical uncertainty forestall decision-making. This has occurred both in the judicial and at the agency level. Formaldehyde provides an interesting example. In the decision in which overturned the ban of urea-formaldehyde by the Consumer Product Safety Commission (CPSC) for use in certain consumer products, the 5th Circuit Court of Appeals held that the uncertainty in the number of cancers predicted by the agency (0 to 51 per 10^6 individuals exposed) was unacceptably large; it amounts to information without legal weight. The Environmental Protection Agency (EPA), chose not to regulate, as discussed in the "Fiasco" section.

Guidelines currently exist to promote consistent cancer policy; they provide frameworks for analysis and evaluation of data. For instance, guidelines have been established by the EPA[4] for determining carcinogenic risks from chemical exposure at low doses and for evaluating data to formulate judgements concerning the nature and magnitude of the cancer hazard from suspect carcinogens. The guidelines attempt to detail the steps of cancer risk assessment, but also recognize a need to be flexible so that new knowledge and new assessment methods may be accommodated. Uncertainty as to cause and effect (scientifically appropriate) under the current state of knowledge remain. The guidelines state that "No single mathematical procedure...(is) recognized as the the most appropriate for low dose extrapolation in carcinogenesis." Although the linear multi-stage model yields a "plausible upper limit" on cancer risk, it may not be a "necessarily realistic prediction of the risk (as) the true value...is...unknown and may be as low as zero." Finally, established procedure does not yet exist for establishing "most likely" estimates of risk.[4] Thus a second paradox arises: policy provides a thoughtful framework which recognizes the limitations inherent to cancer risk assessment, at low environmental doses, but it can fail because of the limitations of establishing causality, given the current state of knowledge.

To overcome some of the effects of uncertain knowledge of causation, the guidelines provide a weight-of-evidence scheme for human carcinogenicity based on animal and human data, numerical risk values, and lettered categories to bridge the cause-effect relationship between exposure to a substance and cancer, absent causative evidence in humans. Thus, an investigation of a substance for regulation using the guidelines could result in a determination of the chemical's carcinogenic potential by fiat (the agreed upon scheme). For instance, the basis for classifying a chemical a "Probable" human carcinogen is based solely on "Sufficient" evidence of carcinogenicity in a long-term animal bioassay.

FIASCO: CAUSATION AND FORMALDEHYDE

In the fall of 1980, an interim report from the Chemical Industry Institute of Toxicology (CIIT) indicated that formaldehyde was a carcinogen in rats and mice. According to the final report[5], nasal squamous cell carcinomas were observed in 103 of 232 rats exposed by inhalation to 14.1 ppm of formaldehyde, in 2 of 235 rats exposed to 5.6 ppm of formaldehyde, and 2 of 225 mice exposed to 14.1 ppm of formaldehyde. No such cancers were found in mice exposed to 5.6 ppm of formaldehyde, and rats and mice exposed to 2.1 ppm, or in the control animals. An other animal experiment carried out in 1981 at New York University[6], supported the CIIT findings.

In response to the findings, the Federal Panel on Formaldehyde, convened by the National Toxicology Program, concluded, "Formaldehyde may be carcinogenic to species other than the rat and to tissues other than nasal." and "Formaldehyde should be presumed to pose a carcinogenic to humans."[7] The National Institute of Safety and Health recommended that formaldehyde be handled as a potential occupational carcinogen[8] and the American Cancer Society issued a statement urging regulatory agencies to set appropriate standards to minimize occupational and public exposure to formaldehyde as well as in industrial products and applications.[9] In response to the scientific findings and recommendations, many of the actions taken by the responsible agencies were not consistent with what had already been established as a broad cancer policy. For example, the EPA chose not to consider formaldehyde as a priority chemical for regulatory assessment under section 4(f) of the Toxic Substances Control Act which directs the Administrator to prevent or reduce to a sufficient extent risk from a chemical that "presents, or will present a significant risk of serious or widespread harm to human beings from cancer, gene mutations, or birth defects." Concurrently, the Occupational Safety and Health Administration denied a petition from 14 unions to issue an Emergency Temporary Standard (ETS) that would provide protective requirements for the handling of formaldehyde because the agency concluded there was insufficient evidence to find either that employees were in grave danger from exposure or that an ETS was necessary to protect workers. The petitioner's appeal to the District Court for the District of Columbia was also denied.[10]

In contrast, CPSC established that UFFI posed an unreasonable risk of injury from cancer and irritation and banned its use. Although the Commission's decision followed established cancer policy by relying on positive animal data, the ban was overturned in subsequent litigation when the court held that the Commission failed to support the ban by the substantial evidence standard. The court concluded that "...the Commission's cancer prediction of up to 51 in a million provides.....no basis for review under the substantial evidence standard." Declaring that "it is not good science to rely on a single experiment," the court found the Commission's "exclusive reliance" on the CIIT rat bioassay in its projection of human cancer risk to be unsupportable.[11] Yet, showing the uncertainty in the estimate of the magnitude of an adverse health effect is a well-established scientific practice and method of expressing the results of a risk assessment. Moreover, the court could have adopted as a risk measure the expected value for the cancers (thus implying to be risk neutral, altogether not an unreasonable approach). More on point, the CIIT study was well-conducted, had been validated, and it was of a sample size consistent with a good experimental protocol. The 5th Circuit gave short answers to these points, finding that the study was too small, that a single study was insufficient for causation, and that rats are poor substitutes for humans.

Arguments against the courts decision have been focused on its lack of consistency with accepted cancer policy set forth by the National Cancer Advisory Board stating that, "If a substance has been shown to be carcinogenic under the conditions of a single properly designed and conducted test, it should be considered as posing a risk of cancer to humans.....(T)he agency should attempt to obtain additional data,....(and) should not take the risk involved in waiting the two to four years required to complete an additional animal bioassay before initiating regulatory action."[12] Considering this, the 5th Circuit did not base its position on the Commission's statutory mandate or the National Cancer Advisory Board cancer policy, but rather on its own understanding of scientific methodology and, as such, substituted its policy judgement for that of the agency. The court's positions contradicts both principles that have been widely accepted by the scientific community and traditional review of regulatory agencies.[13] These principles assert that confirmed positive animal data are sufficient for use in establishing threshold or no-effect levels that can be reliably applied to the human population; and that positive human epidemiological data are not necessary to conclude that a chemical substance poses a significant human risk.[14] More specifically, agencies have long formulated their policies and the courts have deferred to agency expertise.

The nature and extent of positive evidence of carcinogenicity varies widely between chemicals and animal species, and yet, the assertion that animal carcinogens pose a cancer threat to humans remains steadfast in cancer regulation. Skepticism toward regulatory decisions may pose undue delay to regulatory action as the evaluation of the scientific evidence is questioned. The recent performance of the EPA and OSHA regarding formaldehyde suggests that these agencies based their regulatory decisions on rationale different from that of established policy.

Although the CIIT study is considered to be valid through rigorous peer-review, questions have been raised on the validity of the formaldehyde animal data for use in rulemaking, in view of the limited epidemiological evidence. Direct evidence that shows formaldehyde causes cancer in humans is very weak.[5] Many scientists dismiss the potential of formaldehyde as a human carcinogen by arguing that the animal studies focus on rats which are obligatory nose breathers and that the nasal tissues of the animals in the CIIT study may have been traumatized by high levels of the chemical. Some preliminary epidemiological investigations which have considered professionals who use formaldehyde such as embalmers, anatomists, and pathologists consistently have shown excess incidences of brain cancer and leukemia. Moreover, industrial workers exposed to formaldehyde consistently show increased incidents of skin cancer.

Many researchers believe that formaldehyde only reacts at a site of contact. Formaldehyde is quickly metabolized to formic acid and then to carbon dioxide and water and therefore, it may nearly be impossible for the chemical to enter the blood system or reach the brain. Because of this factor, the link between formaldehyde, leukemia and brain cancer is often dismissed. Others believe that a small percentage of formaldehyde may not be metabolized when the exposure levels are high and that the chemical may diffuse through the cell membrane, damage DNA and inhibit its repair. To further complicate the understanding of formaldehyde exposure, apparently not a single case of nasal cancer has been found among the professionals or industrial workers studied, except for a slight excess of incidents at a particleboard factory in Sweden. Nasal cancer, however, is a very rare form of cancer in humans and therefore difficult to detect by epidemiological studies because of the size of the sample necessary to detect the effect in the populations studied.

The example of formaldehyde presents questions regarding the validity of causative evidence from animal testing from a regulatory standpoint. Realizing that data from animal tests will continue to be the basis for regulation for the foreseeable future, and that protective regulatory action should not be delayed or barred altogether pending the development of long term epidemiological data, future agency action on other potentially hazardous chemicals may also contradict accepted policy. The inconsistent application of policy arises form the need for more convincing causative evidence, especially, as in the case of formaldehyde, where regulation of a chemical poses potential loss to society.

CONCLUSION

Although science and the law require "proof" of causation, it is important to remember their different roles and methodological differences. The results from each should not raise unrealistic expectations on the part of the user of risk assessment results. Both science and law deal with facts and attempt to link cause and effect; however, scientific proof often reflects uncertainty. This makes risk assessment results difficult to use at law when the results are given with very large uncertainty about the central value chosen for analysis.

Although courts rely on evidence provided by science, holdings by the courts have different standards of proof, procedural requirements, and, perhaps more importantly, look at scientific proof principally as aid to judicial decision-making and fact-finding. For example, under the predominant court-related outcome (*i.e.*, the plaintiff either wins or loses), biological causation need only be proven by the preponderance of evidence (51%). However, it is not the role of the court to quantify its decisions or quantify the uncertainty. If a decision cannot be made with the available information, the the judicial process has a number of options it may choose from, including out-of-court settlements, dismissals before trials or direct verdicts by the judge, procedural safeguards against spurious lawsuits, and other judicial tools. The court may also look to science for additional information, understanding that it may take considerable time.

Hence, when science cannot provide acceptable evidence of cause and effect, the court may provide a mechanism for resolving issues where causation is problematic. Risk assessment and decision science techniques provide necessary, but by no means sufficient, inputs to the judicial process. Thus, the courts provide a forum, with various levels of appeal, to consider the entirety of the problem under very carefully drawn guidelines subject to advisarial argumentation. Some neutrality can be expected in this process, perhaps above that found in other branches of government, resulting - on the average - in just decisions. These means are costly to those who chose them. Nevertheless, individual freedom to seek redress should not be foreclosed, especially when causation is iffy and as a result, regulatory agencies may fail to act and Congressional guidance may be limited.

REFERENCES

1. L.S. Molton and P.F. Ricci. Increased risk in science and law. Toxics Law Reporter. The Bureau of National Affairs, Inc. October 8, 1986.
2. *Metropolitan Edison Co.* v. *NRC*, 1033 SCt 1556 (1983).
3. *Molien* v. *Kaiser Foundation Hospitals*, 27 Cal3rd 916, 616 P2d 813 (1980).
4. Environmental Production Agency. Guidelines for carcinogenic risk assessment. Fed. Regist. 51:33991(1986).
5. Battelle Columbus Laboratories. Final report on a chronic inhalation study in rats and mice exposed to formaldehyde. report to: Chemical Industry Institute of Technology, submitted September 18, 1981; revised December 31, 1981.
6. R.E. Albert, A.R. Sellakumer, S. Laskin, M. Kuschner, N. Nelson, and D.A.Snyder. Gaseous formaldehyde and hydrogen chloride induction of cancer in the rat. J. Natl. Cancer Inst. 68:597(1986).
7. Report of the Federal Panel on Formaldehyde. Environ. Health Perspect. 43:139(1982).
8. National Institute for Occupational Safety and Health. Formaldehyde: evidence of carcinogenicity. National Institute for Occupational Safety and Health Intelligence Bulletin 34, Cincinnati, Ohio (1981).
9. American Cancer Society. Board of Directors Proceedings. February 1982.
10. Department of Labor, Occupational Safety and Health Administration. 1985. Occupational exposure to formaldehyde; proposed rule and notice of public rulemaking. Fed. Regist. 50:50421(1985).
11. *Gulf South Insulation* v. *U.S. Consumer Product Safety Comm.*, 701 F2nd 1137 (1983).
12. Regulatory Council. Statement on regulation of chemical carcinogens: Policy request for public comments. Fed. Regist. 44:650038 (1979).
13. N.A. Ashford, C.W. Ryan, and C.C. Caldart. A hard look at federal regulation of formaldehyde; a departure from reasoned decision making. Harv. Environ. Law Rev. 7:297(1983).
14. Office of Technology Assessment. Assessment of Technologies for Determining Cancer Risks from the Environment. Washington, D.C. (1981).

PARTICIPANTS

ABDULWAJID, Abdulwahid
Biology Dept.
Brookhaven National Lab.
Upton, NY 11973

ANDERSON, Carl
Biology Dept.
Brookhaven National Lab.
Upton, NY 11973

ARNHEIM, Norman
Dept. of Biological Sciences
U. of Southern California
Los Angeles, CA 90089

BANZON, Rosana B.
Biology Dept.
Brookhaven National Lab.
Upton, NY 11973

BARTLETT, John D.
Dept. of Neurology
U. Health Center
One South Prospect Street
Burlington, VT 05405

BAUM, John W.
Safety and Environmental Protection
Brookhaven National Lab.
Upton, NY 11973

BENDER, Michael A.
Medical Dept.
Brookhaven National Lab.
Upton, NY 11973

BERGER, Beverly
Office of Health and Environmental Research, ER-72, GTN
U. S. Dept. of Energy
Washington, DC 20545

BERGER, Kenneth R.
Dept. of Medicine
Johns Hopkins U. School of Medicine
600 N. Wolfe Street
Baltimore, MD 21205

BOND, Victor P.
Medical Dept.
Brookhaven National Lab.
Upton, NY 11973

BOUGHMAN, Joann A.
Dept. of Obstetrics/Gynecology
U. of Maryland School of Medicine
Baltimore, MD 21201

BROWN, Stephen L.
Environ Corporation
1000 Potomac Street, N.W.
Washington, DC 20007

BROWER, James F.
Safety and Environmental Protection
Brookhaven National Lab.
Upton, NY 11973

CONKLING, Katherine S.
Medical Dept.
Brookhaven National Lab.
Upton, NY 11973

COREY, Linda A.
Dept. of Human Genetics
Medical College of Virginia
Richmond, VA 23298

CORTESI, Roger S.
Office of Exploratory Res.
U. S. Environmental Protection Agency
RD 675, 401 M Street SW
Washington, DC 20460

COX, Jr., Louis Anthony
U. S. West Advanced Technologies
Englewood, CO 80111

DELIHAS, Neva C.
Biology Dept.
Brookhaven National Lab.
Upton, NY 11973

DE LISI, Charles
Office of Health and
Environmental Res.
ER-70, GTN
U. S. Dept. of Energy
Washington, DC, 20545

DUNMORE, Cheryl
Biology Dept.
Brookhaven National Lab.
Upton, NY 11973

DUNN, John J.
Biology Dept.
Brookhaven National Lab.
Upton, NY 11973

ELSTON, Robert C.
Depts. of Biometry and Genetics
Louisiana State U.
Medical Center
1901 Perdido Street
New Orleans, LA 70112-1393

FINKEL, Adam M.
Harvard School of Public Health
665 Huntington Avenue
Bldg. I, Rm. G-13A
Boston, MA 02115

GAYLOR, David W.
Natl. Center for Toxi-
cological Res.
Food and Drug Admin.
Dept. of Health and Human
Services
Jefferson, AR 72079

GRANDJEAN, Philippe
Dept. of Environmental Medicine
Odense U.
J. B. Winslowsnej 19
5000 Odense, Denmark

GRIMSHAW, Caroline
Dept. of Applied Science
Brookhaven National Lab.
Upton, NY 11973

GRIST, Eleanor
Biology Dept.
Brookhaven National Lab.
Upton, NY 11973

GROER, Peter G.
Medical and Health
Sciences Div.
Oak Ridge Associated U.
Oak Ridge, TN 37831

HAMILTON, Leonard D.
Dept. of Applied Science
Brookhaven National Lab.
Upton, NY 11973

HARKINS, Jr., John G.
Pepper, Hamilton and Scheetz
2001 The Fidelity Building
123 South Broad Street
Philadelphia, PA 19109

HEOTIS, Peter M.
Medical Dept.
Brookhaven National Lab.
Upton, NY 11973

HOLTZMAN, Seymour
Physiology Dept.
N. Y. College of Osteopathic
Medicine
Old Westbury, NY 11568

HYMAN, David H.
Dept. of Pediatrics, T11 020
Health Sciences Center
State U. of New York
Stony Brook, NY 11794

JOHNSON, Barbara Lea
Dept. of Oncology
State U. of New York
Stony Brook, NY 11794

KASTENBAUM, Marvin A.
The Tobacco Institute
1875 Eye Street, NW
Washington, DC 20006

KIMBROUGH, Renate D.
Center for Environmental Health
Centers for Disease Control
Public Health Service
Dept. of Health and Human
Services
Atlanta, GA 30333

KITTREDGE-SCOTT, Ellen
Pepper, Hamilton and Scheetz
2001 The Fidelity Building
Philadelphia, PA 19109

KOLONEL, Laurence N.
Cancer Research Center
U. of Hawaii
1236 Lauhala Street, Rm 407
Honolulu, Hawaii 96813,

LEONARD, Robin C.
Medical Dept.
Brookhaven National Lab.
Upton, NY 11973
LYON, Joseph L.
Dept. of Family and
Preventive Medicine
U. of Utah School of
Medicine
50 North Medical Drive
Salt Lake City, Utah 84132

MARTIN, George M.
Dept. of Pathology and Genetics
SM-30
U. of Washington
School of Medicine
Seattle, WA 98195
MARTINEZ, Susana
Biology Dept.
Brookhaven National Lab.
Upton, NY 11973
MILES, Carolyn
Dept. of Applied Science
Brookhaven National Lab.
Upton, NY 11973
MILLER, Robert W.
Clinical Epidemiology Branch
National Cancer Institute
8C41 Landow Building
National Institutes of Health
Bethesda, MD 20892
MILLER, Valerie M.
Medical Dept.
Brookhaven National Lab.
Upton, NY 11973
MOTULSKY, Arno G.
Depts. of Medicine and Genetics
Center for Inherited Diseases
U. of Washington
1959 N.E. Pacific
Seattle, WA 98195
MURPHY, Edmond A.
Dept. of Medicine
Division of Medical Genetics
Johns Hopkins U.
School of Medicine
600 N. Wolfe Street
Baltimore, MD 21205
MURRAY, Thomas H.
Institute for the Medical
Humanities
U. of Texas Medical Branch
Galveston TX 77550

NAWROCKY, Marta
Medical Dept.
Brookhaven National Lab.
Upton, NY 11973

NEBERT, Daniel W.
Lab. of Developmental
Pharmacology
Natl. Institute of Child
Health and Human Development
Rm 6C-101, Building 10
Natl. Institutes of Health
Bethesda, MD 20892
NOVAK, Kenneth M.
Dept. of Applied Science
Brookhaven National Lab.
Upton, NY 11973

PESCATORE, Claudio
Dept. of Nuclear Energy
Brookhaven National Lab.
Upton, NY 11973

RICCI, Paolo F.
Commission of the European
Communities
Joint Research Centre
Ispra Establishment
21020 Ispra (Varese)
Italy
RUDENKO, Larisa
Biology Dept.
Brookhaven National Lab.
Upton, NY 11973
RYBICKA, Krystyna
Dept. of Applied Science
Brookhaven National Lab.
Upton, NY 11973

SAMUELS, Sheldon W.
Health, Safety and Environment
Industrial Union Dept., AFL-CIO
815 16th Street, NW, Rm 301,
Washington, DC 20006
SCHAIE, K. Warner
Dept. of Individual and
Family Studies
S-110 Henderson
Human Development Building
Pennsylvania State U.
University Park, PA 16802
SCHWARTZ, Ann G.
Division of Epidemiology
Michigan Cancer Foundation
110 E. Warren Avenue
Detroit, MI 48201-1379
SETLOW, Richard B.
Biology Dept.
Brookhaven National Lab.
Upton, NY 11973
SHELLABARGER, Claire J.
Medical Dept.
Brookhaven National Lab.
Upton, NY 11973

SONNENBLICK, Benjamin P.
91 Chestnut Street
Millburn, NJ 07041

SMITH, David W. E.
Natl. Institute on Aging
Building 31, Rm 5C19
Natl. Institutes of Health
9000 Rockville Pike
Bethesda, MD 20892

STONE, Judith
St. Joseph's College
155 Roe Boulevard
Patchogue, NY 11772

SUTTON, H. Eldon
The Genetics Institute and
Dept. of Zoology
Patterson Laboratories
U. of Texas at Austin
Austin TX 78712

THOMPSON, Margaret H.
Medical Dept.
Brookhaven National Lab.
Upton, NY 11973

TRUNCA, Carolyn
Dept. of Obstetrics and
Gynocology
State U. of New York
Stony Brook, NY 11973

WANG, Long-gui
Biology Dept.
Brookhaven National Lab.
Upton, NY 11973

WEINBERG, Alvin M.
Institute for Energy Analysis
Oak Ridge Associated U.
P.O. Box 117
Oak Ridge, TN 37831

WIELAND, Judith M.
Medical Department
Brookhaven National Lab.
Upton, NY 11973

WOLFF, George L.
Natl. Center for Toxicol-
ogical Research
Food and Drug Admin.
Dept. of Health and
Human Services
Jefferson, AR 72079

WOODHEAD, Avril D.
Biology Dept.
Brookhaven National Lab.
Upton, NY 11973

YUNIS, Jorge J.
Div. of Laboratory Medicine
and Pathology
U. of Minnesota Medical School
P.O. Box 198
420 Delaware Street, SE
Minneapolis, MN 55404

INDEX

Aberrant splicing, 59
Acceptable risk, 118
Acetylated benzidine, 259-263
Acetylation polymorphism
  and malignancy, 46
Acetylator locus, 166
  phenotypes and bladder cancer, 47
Acute lymphocytic leukemia
  age-peak of, 68
Additive multifactorial model, 99
Age, 177, 203
  and mental abilities, 192-208
Age differences
  vs. age changes, 192
Age discrimination in Employment Act, 208
Age, of exposure
  to carcinogens, 175
  and vitamin supplements, 170
<u>Ah</u> locus, and lung cancer, 53, 54
  and occupational genetics, 56
  in inbred mice, 52
  polymorphism of, 52
AHH induction, 52
Alcohol
  and cancer incidence, 133, 157
  and Japanese migrants, 132
  and esophageal cancer, 132
  synergism with tobacco, 157
Aldehyde dehydrogenase locus, 8
Alkylating agents, 4
Allele-specific oligomer probes, 41
Alpha-amino-beta-methylamino
  propionic acid, 188
Ambiguous carcinogens, 123
Amplification technique, 42
Analysis of variance, 31
Analytical imprecisions
  at low carcinogen concentrations, 250
Angular homeostasis
  theory of, 26
Aniridia
  and Wilm's tumor, 68

Assessment
  of human risks, 117
Assessment procedure
  and measures of mental ability, 193
Assigned share of risk, 228
Ataxia telangiectasia, 2, 66
Attributable risk, 241
Autochthonus variation, 29
Averages
  as abstractions, 113

"Babies Doe"
  and moral choice, 273
Bach dynasty, 29
Bacterial, 49
Bayes' theorem, 107, 108
Below Demonstrable Effect
  threshold, 127
Biological age
  vs. chronological age, 177
Biomarkers of aging, 178, 184
Biotin
  and vitamin disorders, 164
Birth defects
  cancer-chemotherapeutic drugs, 7
Bladder cancer, 259-264
  and slow acetylation, 46
Blood pressure
  twin studies, 81-89
  familial relationships, 87
Bluff
  survival value of, 29
Bone cancer
  ethnic differences, 65
Breast cancer, 129
  and Filipino women, 130
  and Japanese in Hawaii, 130, 134
  urban-rural gradient in, 157
Bronchogenic carcinoma, 51, 54
  and AHH, 54
Burkitt's lymphoma, 11

Cancer
  and benzidine, 257-264

Cancer (continued)
cases by site in Mormons, 138
environmental factors, 130, 133
ethnic differences, 65, 129-131
and migration, 129-130
site-specificity, 69
urban vs. rural areas, 139
Cancer policy, 288
Cannibalism, 115
Case evaluation, 250
Cassarett
and ionizing radiation, 184
Causation
for fear, 285
by fiat, 285
proof of, 292
Cause-effect relationship, 230
Cause-in-fact
of cancer, 286
Chaotic variation
value of, 28
Chernobyl, 124-125
Cholesterol
and esophogeal cancer, 132
and lung cancer, 131-133
and Japanese migrants, 132
Chromatin hypersensitivity, 16
Chromosomal syndromes, 95
Chromosomes
aberrations, 247-248
fragile sites in, 12
multiple recurrent deletions, 12
mutations in, 187
rearrangements, 184, 187
Chronic low-level exposure, 230
Chronological age, 177, 208-209
Cigarette smokers, 51, 54
and cancer, 139, 157
Civil Rights Act, 220
Clastogenic agents, 188
Clean Air Act, 215
Cloning vector bacteriophage, 39
Closely linked markers, 9
Cobalamin
and vitamin-responsive disorders, 164
Cofactor NADP, 166
Cognitive abilities, 199, 207-208
in elderly, 191-192
cognitive training programs, 209
Cohort changes
in ability level, 192, 199
Cohort membership
and performance level, 206
Colorectal cancer
ethnic differences in, 67
Compensation, 225
for injuries, 285
Concept of relevance, 214
Concordance, 96
Congenital adrenal hyperplasia, 49
Congenital cardiovascular malformations (CCVM), 93, 95, 99-101
Coronary heart disease, 7
Cost-benefit analysis, 119
and risk management decisions, 275
and values, 275
Covariance
genotype-environment, 83
between relatives, 83, 85
Critical DNA sequences
and fragile sites, 16
Cross-sectional age differences
in mental abilities, 193, 200-203
Cryptic variation, 30
judging of, 30-31
Cumulative cohort changes, 199
for mental abilities, 199-200

Debrisoquine 4-hydroxylase
polymorphism, 59
and hypertension, 51
Declaration of Independence, 274
DeMinimis level, 126-127
Diet
and cancer, 133
and ethnic groups in Hawaii, 130-131
Dietary restriction
and protein turnover, 188-189
in rodents, 189
Differential susceptibility, 255, 259
D-glucaric acid, 248
Direct DNA sequencing, 37
Disagreement
moral and empirical, 272
Discrimination
in employment, 222, 278
statutory proscriptions, 224
DNA damage
rates of, 3
DNA repair, 1
rates of, 3
DNA sequence variation, 39-40
Dose-response curves, 1
Dose-response relationship
and causation, 117

Early indicators
of chemical exposure, 247
Economic forces
in standard setting, 284
Economic harm, 278
Efficiency
and employment, 275, 278
and liberty, 278
and phenotypic variation, 271, 275
and hiring practices, 278
Efficiency fantasy, 276

Elderly
and cognitive competence, 207
and physical frailty, 207
and stereotypes, 207
Emergency temporary standard
for carcinogens, 290
Empirical realities
and alternative policies, 278-279
and discrimination, 279
Endoplasmic reticulum, 48
Environmental factors, 134
and blood pressure, 81
and carcinogenic exposures, 106
Enzymatic amplification
for DNA sequence, 39
Epidemiological associations
227, 245
Equality, 274
Ethics, 271
axiom for risk, 120, 214
and phenotypic variation, 279
and genetic screening, 272
Ethnic differences
in cancers, 65-69
Etiology of cancer, 134
Exogenous DNA damage, 3
Expert function, 208
Exponential utility
function, 240
Extensive metabolizers
of debrisoquine, 51
Extrapolation
to other species, 8, 246

Fair employment practice, 220
Familial covariance, 82
Familial dementia
Alzheimer type, 185
Fat, 131
and breast cancer, 132
and prostate cancer, 131-132
Fault principle, 226
Federal risk assessment, 215
Federal Rules of Evidence, 227
Fetal alcohol syndrome, 7
Flexible retirement options, 209
Follicular lymphoma, 12,15
Food additives, 217
Food and Drug Administration, 217
Formaldehyde
and brain cancer, 290-291
Fragile-site breakpoints, 16
Fragile site 3p14.2, 11, 17
and evolution, 16
Free serum testesterone
and aging, 180
Functional reserve
in organs, 180

Gamma globulins
uniqueness of, 29
Gamma radiation
genetic susceptibility to, 66
Gastrointestinal cancer
ethnic differences, 65
Gene-environmental interaction, 164
and human variation, 169
Gene loci, 9
Genes
for drug-metabolizing enzymes, 45
Genetic polymorphisms, 3
Genetic screening, 215, 217, 272
moral issues, 273
coercive use of, 277
for sickle-cell trait, 272, 276
Genetic variability, 65
epidemiological evidence for, 180
Genetic factors, 45
and cancer, 129, 133
and environmental exposures, 134
heterogeneity of, 45, 105, 107, 117
and linkage analysis, 106
Genetic susceptibility, 37, 100, 165,
170
Genomic rearrangements in
human cancers, 11
Gerontogens, 183
Glucose 6-phosphate, 166
dehydrogenase, 8
Glomerular filtration rate
and aging, 179
Gradient denaturing gels, 42
Growth factor
inhibitors of, 12
receptors for, 12
Guidelines
for carcinogenic risks, 289

Handicapped individuals, 224
Hazard functions, 234-235
type specific, 236
Hazardous waste sites, 216
Health education, 209
Heavy chain immunoglobulin gene, 11
Hemoglobin adducts, 248
Hepatocellular adenomas
in mice, 74-77
Heterozyogosity, 165
Heterogeneous populations
defining risk for, 235
Homeostasis, 72
and aging, 179-180
Housekeeping genes, 16
Human beta globin gene, 39
Human chromosomes, 111
and genetic markers, 170
map of, 15
Human dbl gene, 52
Human dignity, 274

Humans
major histocompatability complex, 39
p450 genes, 48
Hybrid-gene mechanism
of oncogene deregulation, 11
Hypoxanthine phosphoribosyl transferase, 164

Identical by descent, 107-111
and genetic linkage, 111
Idiosyncratic drug response, 45
Immediate recall, 194
Immune response, 248
Implicit referendum, 237-242
Inaccuracy
in risk assessment, 246
Independent random samples, 200
Individual differences, 37, 192, 208
in response, 281
in susceptibility, 218, 249-251
Inducible AHH activity
in human lymphocytes, 55
Inferential ambiguity, 25-26
Infringing on liberty
and coercion, 277
and paternalism, 277-278
Inherent safety, 125
Intellectual power, 113
Internal environment, 77
and aging, 179
Invasiveness
and acetylator status, 46
Ionizing radiation, 113
Isochromosome, 12
Isoniazid inactivation, 166

Justice, 271
and phenotypic variation, 274 276-278

Klenow fragment, 38-39

Law
courts and standard setting, 282
and science, 214, 285
and standard setting, 281-282
Lead regulations, 219
Lean pseudoagouti mice, 73-77
Lesch-Nyhan syndrome, 164
Levels of acceptable risk, 250
Liberty
and phenotypic variation, 271, 276
presumption in favor of, 277
reasons for infringement, 277
Lifespan
functional capacity, 177
in Western countries, 8
Lifestyle
and cancer risk, 137
in ethnic groups, 137
Lifetime bioassay, 265
Lifetime incremental probability, 283
of cancer, 173, 175
Lifetime risk, 283
Lindane administration, 75
in mice, 76
Linkage analysis, 106
and marker locus, 111
and polymorphic markers, 110
Linkage equilibrium, 106
Liver cancer, 259-264
in mice, 76
Longevity, 177, 180, 182
and aging, 183, 192
Low level exposures and late effects, 213
Low melting temperature domain, 42
Lung cancer, 7
in mice, 76
Lymphoma
ethnic differences, 68

Majority rule, 237
Mandatory retirement, 209
Marker loci, 111
Marker-trait association, 105-106
Maternal influences, 83, 101
on blood pressure, 81
microenvironment of, 78
and sex linkage, 84
Mathematical models, 246, 250
Maximally exposed individual, 267
Maximum cardiac output
and aging, 179-180
Maximum life-span potentials, 184
Maximum likelihood, 84, 86
Mean life expectancy, 177
Measurable value functions, 240
Mechanistic classifications, 95
Medical benefits, 225
Megavitamin therapy, 170
Membrane-bound P450 systems, 48
Mendel, 31
Mental abilities, 191
distress, 287
Moral ideals, 271-274
Morally relevant differences
and employment, 278
Mormons
and cancer, 137
Multifactorial diseases, 247, 250
Multifactorial model
for liability, 101
Multilocal control
evolution of, 23

Multiple myeloma
ethnic differences, 66
Multistage model, 173, 175
Mutagens
and cancer, 11

N-acetyl transferase, 259
Nasal cell carcinomas
and formaldehyde, 290
Nasopharyngeal cancer
ethnic differences, 67
National Ambient Air
Quality Standard, 216
Natural carcinogens, 123
Necessary risk, 118
Neurotoxins, 188-189
Nicotinamide
and vitamin-responsive
disorders, 164
Non-threshold response models, 117
Nutrition, 168
and enzyme function, 169

Obese yellow mice, 73-77
Occupational disease, 114, 116
Odds ratio, 233
Office of Technology Assessment, 272
Oligogenic additive models, 100
Oligomer restriction, 40-41
Oncogenic viral integration, 16
One-hit model, 265
Osteosarcoma, 12
Ozone depletion, 1
Overlap
of mental abilities, 206-207
Oxidizing radicals, 123

P450 gene superfamily, 45-49
inducibility of, 56
in plants, 49
in Pseudomonas, 48
Paraoxonase locus, 8
Parkinson's disease, 51, 188
Paternalism
and liberty, 278
Pedigrees
covariance structure, 82
Peripheral vascular resistance, 178
and aging, 179-180
Pharmacogenetic defects, 46
and cancer, 57
and drug responses, 45
Phase I enzymes, 47
Phase II enzymes, 47-48
Phenotypic diversity
of aging, 183
Phenotypic expression
as graded response, 114
Phenotypic variation, 122, 177
180-181, 229, 256, 257,
265-268
ethnics of, 113
and epidemiology, 71, 74-77
in homogenous populations, 71, 77
legal view, 213
Polycyclic hydrocarbons, 54
Polymerase chain reaction, 37, 39
Polymorphism in acetylation, 259-260
Poor metabolizers
of debriosoquine, 51
Population heterogeneity
and dose response, 121-124
Population risks, 45, 233-235, 267
preferences for, 236
social choice of, 236
Posterior probability measures, 237
Posttranslationally
modified proteins, 190
Predisposition
to cancer, 19
to disease, 180-182
Prenatal diagnosis
sickle cell anemia, 40
Preposterior analysis, 239
Privilege
of observer, 31
Probability of causation, 228
Problem-solving, 195
Proportional hazards model, 239
Proto-oncogenes, 11
Proximate cause
of cancer, 286
Polymorphic markers, 105-106, 111
Psychological harm, 107
Psychometric intelligence, 191
Public decision maker, 236
Public policies
and chronological age, 208
Pyriodoxine
and vitamin-responsive
disorders, 164

Race
and genetic screening, 272
Radiogenic Cancer Compensation
Act, 226
Rapid acetylator phenotype, 46, 57
Random data
interpretation of, 27
Random variation
and antibody formation, 28
and coding of proteins, 27
and family size, 27
lyonization of, 27
and stable frequencies, 33
Rational autonomy, 277
Reaction time, 208
Real life tasks, 193-194

Reciprocal translocations, 11
Recognition, vocabulary, 195
Recombination fraction, 108
Regulatory decision-making,
9, 121, 126, 288
and variability, 281
Rehabilitation Act, 1973, 223
Reindustrialization, 116
Relative risk aversion
coefficient of, 240
Relevant evidence, 227
Repair mechanism deficiency, 228
Resting cardiac output
and age, 179-180
Restriction fragment length, 105
polymorphisms, 55
Retinoblastoma, 11, 13, 15
Retirement rules, 203
Rheumatic chorea
and chaotic variation, 28
Right-to-know, 120
Risk
absolute, 279
attributable, 233
factors in, 181-182
management of, 274
premium, 241
relative, 233, 279
Risk assessment, 121, 261, 268
assumptions, 245, 251
and cancer, 291
legal view, 213
and risk management, 274

Safety factors, 246
Sciences of inequality, 273
Scientific forces, 282-283
in standard setting, 114
Screening programs, 272
for sickle-cell traits, 276
Seattle Longitudinal Study, 192
Segmental progeroid syndromes, 186
Sensitive subpopulation, 117, 216
Sexual behavior
and cancer, 160
Sex-limited effects
in twins, 83
Short-term exposures, 173
Sibling environment, 88
Sickle cell trait, 223
and beta globulin locus, 124
Significant risk, 213
Simpsons Paradox, 234
Single-attribute utility
theory, 240
Skin cancer, 1
ethnic differences in, 1
Slow acetylator phenotype, 46, 57
Small cell lung cancer, 17
Social choice
and risks, 237
Social class mortality gradient, 116
Societal participation
and chronological age, 207-208
Sodium phenobarbital, 75-76
Solid tumors
and genomic defects, 12
Somatic cell variation, 187
Southern blot analysis, 37
Species variation, 246, 249
Standard setting, 264
economic forces, 289
legal forces, 281-282
scientific forces, 283
Stomach cancer, 7
and environment, 129, 133
and Japanese, 130
Subject population
and educational level, 192
and family income, 193
Subsites for cancer
ethnic differences, 67
Suicide, 115
Susceptible subgroups
in humans, 267
in mice, 76
and risk, 109, 215
of sib pairs, 107

TCDD-receptor complex, 53
Target sequences, 39
Technical fix, 124-126
Testing effects, 200
Threshold traits, 100
Temperature-sensitive mutants, 163
Testicular cancer
ethnic differences, 65
Tetrachlorodibenzo-p-dioxin, 52
Thiamine
and vitamin-responsive
disorders, 164
Three Mile Island, 124-125
Thresholds, 249
for carcinogens, 291
models of, 117
of safety, 117
Tolerance level, 117
Tort litigation, 215, 226
and causation, 285
Total accumulated lifetime dose, 173
Trans-science, 122, 124
Twin kinships, 7, 81
and blood pressure, 84-90
monozygotic, 82, 86
dizygotic, 82, 86
variability in traits, 81

Uncertainty
and risk assessment, 218
and scientific data, 289

U.S. Congress Office of Technology
Assessment, 272
Utah Cancer Registry, 137-138
Uterine glandular hyperplasia
in female mice, 74
Utilitarian model, 240

Value-laden choices, 275
Values
of liberty and justice, 278
Variation
in complex organisms, 23
in DNA, 37
in humans, 23
random, 26
sources of, 24
systematic, 25
Verbal memory task, 193
Vitamin B, 167-169
cofactors for, 167-168
Vitamin-responsive disorders, 164
Virginia Twin Registry, 82
Von Neumann-Morgenstern
utility function, 240

Weight-of-evidence scheme, 289
Weiner syndrome, 186
Wilm's tumor, 11, 15-16
and aniridia, 68
Workplace genetic screening, 272

Xeroderma pigmentosum, 2, 66
and DNA repair, 163

GPSR Compliance

The European Union's (EU) General Product Safety Regulation (GPSR) is a set of rules that requires consumer products to be safe and our obligations to ensure this.

If you have any concerns about our products, you can contact us on ProductSafety@springernature.com

In case Publisher is established outside the EU, the EU authorized representative is:

Springer Nature Customer Service Center GmbH
Europaplatz 3
69115 Heidelberg, Germany

Batch number: 10684222

Printed by Printforce, the Netherlands